中国煤矿水害防治技术

国家煤矿安全监察局　编

中国矿业大学出版社

图书在版编目(CIP)数据

中国煤矿水害防治技术/国家煤矿安全监察局编. 徐州:中国矿业大学出版社,2011.12

ISBN 978-7-5646-1347-1

Ⅰ.①中… Ⅱ.①国… Ⅲ.①煤矿-矿山水灾-灾害防治-中国 Ⅳ.①TD745

中国版本图书馆CIP数据核字(2011)第247262号

书　　名　中国煤矿水害防治技术
编　　者　国家煤矿安全监察局
责任编辑　李士峰　姜　华　周　丽　王江涛　吴学兵　陈　慧　郭　玉
责任校对　何晓惠
出版发行　中国矿业大学出版社有限责任公司
　　　　　(江苏省徐州市解放南路　邮编 221008)
营销热线　(0516)83885307　83884995
出版服务　(0516)83885767　83884920
网　　址　http://www.cumtp.com　**E-mail**:cumtpvip@cumtp.com
印　　刷　江苏淮阴新华印刷厂
开　　本　889×1194　1/16　**印张** 41　**字数** 1238 千字
版次印次　2011 年 12 月第 1 版　2011 年 12 月第 1 次印刷
定　　价　180.00 元

(图书出现印装质量问题,本社负责调换)

《中国煤矿水害防治技术》编写委员会

主　　任：赵铁锤

副 主 任：王树鹤

成　　员：刘云涛　王金华　葛世荣　乔建永　王春秋　杨庚宇　董书宁　孙继平　武　强　赵苏启

编写人员：赵苏启　武　强　姚友超　王铁根　尹尚先　许延春　董东林　王信文　崔芳鹏　赵龙生　李　浩

前　言

“十一五”期间(2006～2010 年)，在党中央、国务院的正确领导下，全国煤矿安全监察监管部门、行业管理部门和煤矿企业，坚持“安全第一、预防为主、综合治理”的方针，牢固树立安全发展的科学理念，实现了煤矿安全状况持续稳定好转。煤矿事故总量连年下降，由 2006 年的 2 945 起减少到 2010 年的 1 403 起，下降 52.4%，死亡人数由 4 746 人减少到 2 433 人，下降 48.7%；煤炭百万吨死亡率由 2.04 下降到 0.749，下降了 63.3%。

党中央、国务院高度重视煤矿防治水工作，重特大水害事故发生后，中央领导同志都及时做出重要指示和批示，典型事故亲赴事故现场指导救援和调查工作。2009 年国家安全生产监督管理总局、国家煤矿安全监察局制定了《煤矿防治水规定》(国家安全生产监督管理总局令第 28 号)，2010 年又修改了《煤矿安全规程》(防治水部分)(国家安全生产监督管理总局令第 37 号)，推动了煤矿防治水工作。煤矿防治水工作者按照“预测预报，有疑必探，先探后掘，先治后采”的防治水原则，认真落实“防、堵、疏、排、截”五项综合治理措施，在各方面共同努力下，水害防治工作取得了新成效，水害事故大幅度下降。2010 年与 2006 年相比，全国煤矿水害事故起数由 99 起下降到 38 起，下降了 61.6%，死亡人数由 417 人下降到 224 人，下降了 46.3%。但是，我们也要清醒地认识到，煤矿重特大透水事故在一些地区还时有发生，必须引起高度重视，充分认识防治水工作的艰巨性和复杂性。

为了进一步加强煤矿防治水工作，交流经验，相互促进，提高防治水技术和工作水平，有效遏制重特大透水事故，国家煤矿安全监察局在全国范围内征集煤矿水害防治新技术和典型经验材料，经有关专家认真审查，编写了这本书。本书共分三部分，第一部分是防治水技术，主要包括老空水、底板水、顶板水、水体下采煤、注浆治理、防排水以及物探等技术；第二部分是水害救援与监管监察经验，主要有水害预警、救援和监管监察方面的经验；第三部分是典型案例，主要包括 2006 年至 2010 年重特大水害事故案例。

国家煤矿安全监察局在 2006 年底曾出版《全国煤矿典型水害案例与防治技术》一书，主要是对 2005 年以前我国发生的典型水害案例进行总结和分析，并收集了全国典型矿井淹井后治理技术和大水矿区防治水技术。本书可以看做是上一本书的续篇，有一定的连贯性，介绍的是最新的防治水技术、经验总结和最新的典型水害案例。本书的出版必将对提升我国煤矿防治水水平起到有力的促进作用。

本书的编写工作，得到了煤矿监管监察行管部门、煤矿企业和科研院所等单位的大力支持，在此谨向参与本书编写、出版的有关人员表示衷心的感谢。

《中国煤矿水害防治技术》编写委员会

2011 年 10 月于北京

目录

中篇　水害救援与监管监察经验

下篇 典型水害案例

上 篇

防治水技术

第一章　水害综合防治技术

中国煤矿水害防治技术

国家煤矿安监局调查司　赵苏启

中国煤矿的水文地质条件是十分复杂的。华北地区的煤矿受煤层底板奥灰水影响越来越严重，而华南地区煤层开采既受底板岩溶水影响又受顶板岩溶水威胁。同时，近几年煤炭行业整顿关闭了大量不具备安全生产条件的各类小煤矿，这些小煤矿积聚了大量老空积水，对正规煤矿安全开采造成严重威胁。我国煤矿企业、科研院所和监管监察行业管理等部门在“十一五”期间按照“预测预报，有疑必探，先探后掘，先治后采”的防治水原则，认真落实“防、堵、疏、排、截”五项综合治理措施，煤矿防治水工作取得了新的进展，水害防治技术不断进步。吸取事故教训，总结已经取得的技术经验和工作方法，对提升我国防治水工作水平必将起到有力的推动作用。

一、中国煤矿水害的分布特征

根据我国聚煤区的不同水文地质特征和自然地理条件，并考虑矿井水对生产的危害程度，可将全国煤矿水害划分为以下6个水害区。

1. 华北石炭二叠纪煤田岩溶—裂隙水水害区

该区主要分布在阴山—燕山—沈阳—辉南—和龙一线以南、秦岭—大别山—张八岭以北、贺兰山—六盘山以东广大区域，东濒黄海、渤海。该区主要聚煤期为石炭二叠纪，其次为早、中侏罗世。该区属于亚湿润-亚干旱气候区，降雨量为600～1 000 mm的地区约占70%，降雨量为200～600 mm的地区约占20%。区内煤矿的特点是矿井涌水量大(常大于1 000 m^3/h)，需负担巨额排水费用；突水较频繁(最大达2 053 m^3/min)，常影响生产或导致淹井。矿井安全时刻受到奥灰水或寒灰水严重威胁，区内中深部下组煤的几百亿吨煤炭资源开采受到限制。位于黄淮平原中的煤田，上覆巨厚层新生界松散含水层，亦给井筒施工和浅部开采造成一定困难。

案例1　2008年4月18日，安徽省国投新集能源股份公司板集矿(基建)井筒发生透水涌砂事故(设计年产300万吨)，矿井被淹没，当班入井622人，621人安全升井，1人死亡。

2. 华南晚二叠世煤田岩溶水水害区

该区主要分布在秦岭—大别山—张八岭以南、西昌—昆明以东的广大区域，东南濒临东海和南海。该区主要聚煤期为晚二叠世，其次为晚三叠世。晚二叠世煤田底部为茅口灰岩，上部广泛覆盖着长兴灰岩。该区属于湿润气候区，降雨量为1 200～2 000 mm的地区占95%以上。区内煤矿的特点是矿井出水、突水很频繁，经常影响生产或导致淹井，矿井正常涌水量较大，突水量也较大，需负担巨额排水电费。地面塌陷严重，井下黄泥突出常堵塞井巷。矿井安全时刻受到水害严重威胁，雨季更加危险，如湖南省国有大矿受顶底板岩溶水威胁严重。据统计，我国受茅口灰岩水严重威胁的大水矿井有14对，最大矿井涌水量可达5 000～8 000 m^3/h，主要分布在娄底、邵阳、常德、湘潭等地。

3. 东北侏罗纪煤田裂隙水水害区

该区主要分布在阴山—燕山—沈阳—辉南—和龙一线以北、内蒙古狼山以东的广大区域。主要聚煤时代为侏罗纪～早白垩世，其次为古近纪。该区属于湿润—亚湿润气候区，降雨量为400～600 mm的地区约占60%，降雨量为600～800 mm的地区占25%左右。区内煤矿的特点是水灾一般不影响生产，部分矿区受地表水和第四系松散层水危害较重，有时也造成淹井事故。

案例2　吉林省辽源矿务局梅河矿开采的煤层上部被第四系含水砂砾层覆盖，含水砂砾层厚9～

17 m，含水量丰富，透水性良好。煤层（急倾斜煤层）露头直接与含水砂砾层不整合接触，地表多水库和灌渠。1977 年 12 月 19 日，梅河矿一井发生重大溃水溃沙事故，溃入井下的水和泥沙总量达 5.6 万 m^3，死亡 64 人，轻伤 92 人，淹没设备 283 台。

4. 西北侏罗纪煤田裂隙水水害区

该区主要分布在贺兰山—六盘山以西、昆仑山以北广大区域。该区主要聚煤期为早、中侏罗世，其次为晚三叠世和晚石炭世。该区属于干旱气候区，降雨量为 25～75 mm 的地区占 40%，降雨量为 75～100 mm 的地区占 40%，降雨量为 100～400 mm 的地区占 20%。区内煤矿的特点是严重缺水，存在供水问题，主要水害是老空（窑）水，少部分矿区有地表水害。

案例 3 甘肃省张掖地区山丹县吴涛煤矿在 2004 年 5 月 23 日发生老空透水，造成 17 人死亡。2010 年 7 月 18 日，甘肃省酒泉市金源矿业公司芨芨台子煤矿发生老空透水，造成 13 人死亡。

5. 西藏—滇西中生代煤田裂隙水水害区

该区主要分布在昆仑山以南、西昌—昆明以西的广大区域。该区主要聚煤期为晚三叠世和早白垩世。该区属于湿润—亚湿润气候区，降雨量为 300～600 mm 的地区约占 55%，降雨量为 800～1 000 mm 的地区约占 35%，降雨量为 1 000～2 000 mm 的地区约占 10%。区内煤矿的特点是煤炭储量少，水文地质条件比较简单，水害也不严重。

6. 台湾古近纪煤田的裂隙—孔隙水水害区

该区主要分布在台湾省区域。该区属于湿润气候区，降雨量为 1 800～4 000 mm 的地区约占 95%以上。区内煤矿的特点是煤炭储量少，水文地质条件比较简单，水害也不严重。

综上所述，我国矿井水害主要分布在华北和华南两大区域，是煤矿防治水研究的重点地区。

随着煤矿向深部延深开采、在水体下开采以及废弃和关闭大量不具备安全生产条件的各类煤矿（我国小煤矿最多达 8 万多处，目前有 1 万多处），煤矿开采的矿压和水文地质条件变得越来越复杂，水害隐患越来越严重。原来水文地质条件简单的矿井，随着向深部延深，条件变得复杂了；在干旱少雨的地区井下甚至也会发生水害事故；一些地区地面缺水而在井下却水害不断；一些井田在勘查阶段水文地质条件简单，建井以后却发现与原来的条件差异很大，不得不对矿井排水系统和防治水措施重新进行设计和修改。

可见，我国煤矿水文地质条件极为复杂，无论是受水威胁的面积、类型还是水害威胁的严重程度，都是世界罕见的。对此，煤矿企业、科研工作者和政府管理部门都要有清醒的认识。

二、主要水害类型及原因分析

我国煤矿地质条件复杂，煤矿突水与地质构造、采矿活动、地应力、地下水水力特征等因素有关。水害类型，按水源划分可以分为：地表水、孔隙水、裂隙水、岩溶水、老空水；按导水通道划分可以分为：断层水、裂隙水、陷落柱水、钻孔水；按与煤层的相对位置划分可以分为：顶板水、底板水。

1. 地表水水害

在有地表水体（如常年有水的河流、湖泊、水库、水塘等）分布的地区，由于煤矿井下防隔水煤（岩）柱留设不当，当井下采掘工程发生冒顶或沿断层带坍裂导水时，地表水将大量、迅速灌入井下而发生水害事故，类似水害事故曾多次发生。尤其是在一些平时甚至长期无水的干河沟或低洼聚水区，多年来一直平安无事，从未引起人们的注意和重视。当突遇山洪暴发、洪水泛滥时，某些早已隐没不留痕迹的古井筒、隐蔽的岩溶漏斗、浅部采空塌陷裂缝甚至某些封孔不良的钻孔，由于洪水的侵蚀渗流就会突然陷落，造成地面洪水大量倒灌井下，也可沿某些强充水含水层露头强烈渗漏，从而造成水害事故。在特定条件下，地表水水害有时可冲毁工业广场，直接从生产井口倒灌井下，迫使井下作业人员无法撤出。这种水害往往来势突然、迅猛，有时无法抗拒，可造成重大损失。近几年，极端天气多发，暴雨洪水引发的煤矿事故灾难时有发生，特别是在干旱缺水地区（如新疆、内蒙古）的煤矿，都发生过暴雨洪水引发的矿井水害。

案例 4 1993 年 8 月 5 日，山东省临沂市罗庄朱陈公司龙山煤矿，由于地面大面积突降暴雨，地面洪水通过古井倒灌井下，造成59名矿工遇难。经过170天的昼夜奋战抢救，新打排水井6眼，共排水190万 m^3，修复巷道1 750 m，最终才找到59名遇难矿工尸体。

案例5 2005年8月19日，吉林省舒兰矿务局五井，由于地面突降暴雨，造成矿区地面水体（连河泡积水体）水位上涨，淹没废弃矿井回填土标高，在水体浸泡和压力作用下导通废弃立井采空区和五井的采空区、巷道，地面积水溃入井下，造成16人死亡。

案例6 2007年8月17日，山东省华源矿业有限公司发生洪水淹井事故，当班756人，死亡172人，与其相邻的名公煤矿也被洪水淹没，致使9名矿工遇难。事故的主要原因是强暴雨导致山洪暴发，流经华源矿区的柴汶河水位暴涨漫过河岸，漫溢的洪水冲蚀河岸、掏空基础，最终冲开约65 m的决口，冲入落差约5 m的岸外低洼处，在洪水强烈冲刷作用下形成3个集中溃水点溃入井下。溃入井下的水量约1 260万 m^3，砂石和粉煤灰约30万 m^3。事故教训深刻：一是预防自然灾害的机制不健全。二是暴雨期间井下停产撤人不及时。华源矿业公司发现井下透水后没有及时做出人员一次性撤离升井的决定，而是分三次下达撤人命令，延误了部分人员的最佳撤离时机。事故灾难发生后，没有在规定时间内按程序立即上报，贻误了当地政府在第一时间组织抢救的时机。三是开采防隔水煤柱、超层越界开采。四是应急排水设备不完善。“8·17”事故发生后，由于当地没有大流量排水设备，只能从外地调大功率、高扬程水泵进行抢险排水，致使开始时排水进度不理想。五是企业超定员组织生产。

2. 老空（窑）水水害

老空（窑）水主要是指矿井周围缺乏准确测绘资料的乱掘小窑积水，或矿井本身自掘的废弃采空区积水，或年代久远且采掘范围不明的老窑积水。这种水贮集在采空区或与采空区相联系的煤岩或岩石巷道内，水体的几何形状极不规则，不断推进的生产矿井采掘工程与这种水体的空间关系错综复杂，难以分析判断。而这种水体又十分集中，压力传递迅速，其流动与地表水流相同，不同于含水层中地下水的渗透，采掘工程一旦接近便可突然溃出。事实表明，这种积水即使只有几立方米也可毁矿伤人。这种水体不但存在于地下水资源丰富的矿区，也可能存在于干旱贫水的矿区，是煤矿生产普遍存在的一种水害，曾发生过多次意想不到的事故。

案例7 2007年3月10日，辽宁省抚顺矿业（集团）有限责任公司老虎台矿发生老空透水事故，死亡29人。事故的直接原因是：位于73003#采面上方的68002#西采面采空区积水，受73003#采面采煤影响而突然溃出，导致事故发生。

3. 孔隙水水害

孔隙水是指松散岩层孔隙中的水。新生界第四系松散孔隙充水含水层、甚至古近系充水含水砂砾层往往呈不整合覆盖于煤系地层之上，直接接受大气降水和展布其上的河流、湖泊、水库等地表水体的渗透补给，形成在剖面和平面上结构极其复杂的松散孔隙充水含水体。这些含水体长年累月不断地向其下伏煤层和煤层顶底板充水含水层以及断层裂隙带渗透补给，其水力联系的程度因彼此间接触关系的不同和隔水层厚度及分布范围的不同而变化，同时还会因各类钻孔封孔质量的好坏，引起上述水力联系的变化。这些变化往往导致有关充水含水层的渗透性和采空区冒落裂缝带的导水强度难以真实判断，因而采掘工作面往往会发生涌水量突然增大的异常现象，情况严重时就会造成突水淹井事故。在一些特定条件下，甚至可能造成水与流沙同时溃入矿坑的伤亡事故。

案例8 2002年11月10日，安徽省淮北矿业集团公司桃园煤矿发生突水、溃沙事故，造成4人死亡、1人受伤。主要原因是煤矿提高开采上限，防水、防沙煤（岩）柱留设不合理。

案例9 2004年3月7日，新疆哈密煤业（集团）有限责任公司井采公司二井发生1起溃水、溃沙事故，造成9人死亡。主要原因是开采塌陷和勘探钻孔沟通了第四系含水层。

4. 裂隙水水害

裂隙水是指坚硬基岩裂隙中的水，可分为风化裂隙水、成岩裂隙水和构造裂隙水。煤系中砂岩裂隙水如果没有动静储量补给，往往不会对煤矿安全构成较大威胁，但却往往对煤矿生产有较大影响，主要采取超前疏放水措施来解决其影响生产问题。对于动静储量丰富的裂隙水，在查明其补给水源和主要通道后，应采取有效措施如封堵后再进行有效的疏放水。

案例 10 2005 年 5 月 21 日，安徽省淮北矿业集团公司海孜煤矿发生顶板砂岩透水事故，造成 5 人死亡、2 人轻伤。煤层顶板上方 50 m 处为岩浆岩，其厚度达 100 m。采煤后在岩浆岩下方形成“离层水体”，在回柱作业时顶板聚集的离层水体瞬间溃入工作面，瞬时溃水量达 3 887 m^3/h，造成工作面人员伤亡。

5. *岩溶水水害*

岩溶水水害还可细分为北方薄层灰岩、厚层灰岩和南方厚层灰岩水害。北方石炭二叠纪煤系下部常含有数层灰岩，由于它们夹在几个可采煤层之间，或夹在煤层与奥陶系灰岩之间，在构造断裂作用下常发生突水事故，一般情况下对矿井构不成淹井威胁。北方石炭二叠纪煤系地层的基底是奥陶系灰岩，由于特定的水文地质条件富水性极好，地下水动静储量十分丰富，在我国煤矿开采史上曾多次发生重大淹井事故，造成的损失十分巨大。南方开采煤层的底板以茅口灰岩、顶板以长兴灰岩为代表，其特点是灰岩层厚、发育洞穴和暗河，其发育情况与当地侵蚀基准面的相对标高有关，水源主要来自地表降水和地表径流渗入。由于这类灰岩多赋存于主采煤层的顶底板附近，与煤层之间几乎没有可利用的隔水保护层，矿井的开拓、开采根本无法摆脱其影响，因而常发生突水、突泥甚至突暗河水等灾害，事故来势迅猛，具有极大的破坏力。

案例 11 2004 年 10 月 20 日，河北省邯郸市武安市德盛煤矿发生奥灰突水事故，造成矿井被淹，29 人死亡。该矿主要开采石炭二叠系下组煤，与奥灰距离很近，奥灰承压水从工作面后方采空区的断层破碎带发生滞后突水，导致矿井被淹。与其相邻的邯郸煤业集团陶一煤矿、陶二煤矿等生产矿井亦受到水害严重威胁。

案例 12 2004 年 12 月 12 日，贵州省铜仁地区思南县天池煤矿发生溶洞突水事故，突水量约 3 万 m^3，造成 36 人死亡。矿区内主要含水层为茅口组(底板)和吴家坪组(顶板)，岩性均为石灰岩，主要为含岩溶裂隙水和岩溶溶洞水。

案例 13 2005 年 10 月 4 日，四川省华蓥山龙滩煤电有限责任公司龙滩矿井(在建)发生溶洞突水事故，死亡 28 人。该矿采用平硐开拓，发生事故的工作面已进入长兴组灰岩 13.3 m。事故直接原因是：事故当班作业人员未按规定施工探水钻孔，违章掘进施工，在有透水征兆的情况下仍然爆破而诱发岩溶透水；在整个事故救援和巷道清理过程中，又先后发生 3 次突水。这 4 次突水以岩溶水静储量为主，共疏干静储量约 98.6 万 m^3，疏干总淤泥量约 6.5 万 m^3，其中巷道内沉淀 2 万 m^3；井下所有设备、设施均遭到不同程度摧毁，突水口内冲出大量块石。

6. *钻孔水水害*

钻孔水水害主要是指封闭不良钻孔导致的水害事故。井田内所有钻孔必须全部标注在采掘工程平面图上并建立台账。煤矿应根据钻孔台账记录逐孔检查，特别是对打穿多个含水层和煤层的钻孔处理更要查清历史资料，无资料的必须在一定区域内采用相应的预防措施并落实到相关人员。

对照矿井钻孔台账，查找正在使用中的观测孔等钻孔，确保每个钻孔均按照规定安装孔口管并加盖封好；同时还要查找台账中的报废钻孔，对照现场位置检查是否已及时封孔，以确保防止地表水或含水层水沿钻孔灌入井下。

对其他资料不清或封孔质量不良的钻孔，要在现场检查落实，防止此类钻孔导水诱发矿井水害。对于地面观测孔、注浆孔、电缆孔、与井下或者含水层相通的钻孔，其孔口管的高程应当高出当地最高洪水位高程；对于低于此规定的，必须采取措施解决，以确保矿井安全。

案例 14 1999 年 6 月 18 日，河南省郑煤集团超化煤矿在井下 21 下山开拓时发生突水，最大突水量达 600 m^3/h，导致采区被淹。经认真分析发现该突水处附近有一个未封孔的水文勘查孔，也未标绘在采掘工程平面图上，经重新封孔处理才解除了水患。

通过对历年水害事故进行分析，我国煤矿水害事故主要有以下特点：水害事故主要发生在乡镇煤矿，占80％以上；透水事故的主要水源为老空（窑）区积水，占80％以上；透水事故矿井中资源整合、技改矿井、基建矿井的比例较高；违法、越层越界开采导致透水事故的比例也较高；国有煤矿突水淹井（采区）损失巨大。发生事故的主要原因是：对防治水工作不重视，防治水基础工作薄弱，防治水措施不落实，防治水职工队伍不适应，吸取事故教训思想和措施不到位。

三、煤矿防治水原则和措施

煤矿防治水工作应当坚持“预测预报、有疑必探、先探后掘，先治后采”的十六字原则，采取防、堵、疏、排、截的五项综合治理措施。

防治水十六字原则科学地概括了水害防治工作的基本程序。“预测预报”，是水害防治的基础，是指在查清矿井水文地质条件基础上，运用先进的水害预测预报理论和方法对矿井水害做出科学分析、判断和评价。“有疑必探”，是指根据水害预测预报评价结论，对可能构成水害威胁的区域采用物探、化探和钻探等综合探测技术手段，查明或排除水害。“先探后掘”，是指先综合探查，确定巷道掘进没有水害威胁后再掘进施工。“先治后采”，是指根据查明的水害情况，采取有针对性的治理措施排除水害隐患后再安排采掘工程，如井下巷道穿越导水断层时必须预先注浆加固方可掘进施工，防止突水造成灾害。

五项综合治理措施是水害治理的基本技术方法。“防”，主要是指合理留设各类防隔水煤（岩）柱和修建各类防水闸门或防水墙等，防隔水煤（岩）柱一旦确定即不得随意开采破坏。“堵”，主要是指注浆封堵具有突水威胁的含水层或导水断层、裂隙和陷落柱等通道。“疏”，主要是指探放老空水和对承压含水层进行疏水降压。“排”，主要是指完善矿井排水系统，排水管路、水泵、水仓和供电系统等必须配套。“截”，主要是指加强地表水（河流、水库、洪水等）的截流治理。

四、综合防治水技术

“十一五”期间，我国在水害探查治理、排水技术、抢险救援、预测预报以及法规建设等方面都取得了长足进步。

1. 探查技术

随着科学技术的进步，地质勘查技术也在不断发展，已从单一的钻探手段发展到遥感、物探、化探等技术，全球卫星定位、地理信息系统也广泛应用在地质勘查之中。每一种技术都有成功的应用实例，而每一种技术也都有其应用条件、受到一定条件制约。如物探技术适合大范围探查，效率高，但有时也会造成误判。钻探技术可以实现随钻测斜、自动纠偏、准确命中设计靶域，但也存在工程量大、打中的只是一个点、获得的资料少等缺点。目前比较普遍认可的探查技术是各种技术相互配合、取长补短，一般都有好的效果。《煤矿防治水规定》要求，每一个掘进、回采工作面在施工前都要采取物探、化探和钻探等方法查明矿井水文地质条件，特别要查明5 m以上断层和特殊地质构造体（如陷落柱、老空积水），物探成果要经过钻探验证后方可作为开采设计依据。

皖北煤电集团任楼矿，通过地面三维地震勘探、地面电法和井下物探、钻探等多种方法，查明一个隐伏导水陷落柱，利用井上下联合钻探注浆一举成功地封堵了陷落柱。

2. 合理留设防隔水煤（岩）柱

防隔水煤（岩）柱是确保安全生产的必要条件，经过多年的实践我国在留设防隔水煤（岩）柱方面已有成功经验，有效促进了煤矿安全开采。《煤矿防治水规定》对各种情况下如何留设防隔水煤（岩）柱都有明确的计算方法。但由于采矿秩序的混乱，矿与矿之间的防隔水煤（岩）柱仍会遭到严重破坏，经常发生事故灾难。一些在冲积层下开采的煤矿，为了多采煤而盲目提高开采上限，加之防隔水煤（岩）柱留设不合理，也发生过透水事故。矿井井田内的防隔水煤（岩）柱也应按规定留设或采取注浆加固等措施。矿井边界煤柱已被破坏的要重新恢复，同时要建立防隔水墙。防隔水墙必须由具有资质的单位进行设计，按设计进行施工并组织验收，方可投入使用。

3. 注浆堵水技术

该技术分为预注浆和突水后注浆加固两种。预注浆是指对可能发生透水的含水层或薄弱地带进行注浆加固。如在华北地区，随着向深部开采，矿井安全生产受奥灰水影响越来越严重，底板突水的可能性增大。因此，对底板进行预先加固，不仅可减少矿井突水，而且还可以保护地下水资源。肥城、焦作、郑煤、峰峰等集团公司采取对煤层底板进行注浆加固的措施均取得了良好效果。对井田内构造进行预先注浆加固，可减少突水，且有利于矿井支护。注浆材料可采用粉煤灰、黏土、水泥浆等材料。

突水后注浆又可分为动水注浆和静水注浆两种。注浆技术的关键是要搞清地质资料，打钻要准确。在动水条件下，首先要通过注骨料把过水通道由管道流变为渗透流，再进行注浆封堵。我国已成功制造了大浆量、高密度造浆系统，单孔每日注水泥量超过 600 t 以上，能够保证在短时间内对过水通道快速封堵成功。

4. 排水技术

井下排水已实现无人值守和地面远程监控集控系统，受水威胁严重的矿井已使用地面操控的潜水电泵排水系统。目前我国已成功制造了额定流量超过 1 000 m^3/h、扬程超过 1 000 m 的大功率、高扬程潜水泵，对煤矿排水、抢险救援有重大意义。如峰峰集团梧桐庄矿、河南焦煤集团都使用了大功率、高扬程潜水泵，效果较好。为了安全起见，煤矿应尽量减少多级排水。《煤矿防治水规定》要求：水文地质条件复杂、极复杂的矿井，应当在井底车场周围设置防水闸门，或者在正常排水系统基础上安装配备排水能力不小于最大涌水量的潜水电泵排水系统。

5. 探放水技术

探放水技术包括探水技术和放水技术。实践证明，煤矿用煤电钻和风钻进行探放水虽有个别成功案例，但大部分是不成功的，而且还多次发生事故，导致探放水作业人员伤亡。《煤矿安全规程》和《煤矿防治水规定》已明确规定——井下探放水必须由专业人员、专职队伍和专用探放水设备进行施工。探放老空水的最小水平钻距不得小于 30 m，止水套管不得小于 10 m；在岩层中探放水最小水平钻距不得小于 10 m，止水套管不得小于 5 m。专业技术人员应对地质情况、老空水分布进行分析预测，确定探水警戒线，编制探放水设计，指导专职队伍用专用设备进行探放水。专职队伍需经过培训合格后方可上岗。在放水过程中要加强观测，防止钻孔堵塞而造成放水结束的假象。

6. 水体下安全开采技术

我国已成功在水库下（河南义煤集团新安矿）、湖底下（大屯煤电集团）、海底下（龙口北皂煤矿）采煤，取得了一些成功经验，如煤柱留设合理、加强观测、隔离开采等。但是，在水体下开采风险较大，只要有一个薄弱环节出问题，就可能导致整个矿井淹没，发生灾害性的严重后果。急倾斜煤层易发生抽冒，而且在水体下开采发生过重大灾难，所以，《煤矿防治水规定》明确规定，严禁在水体下（包括老空水下）开采急倾斜煤层。

7. 抢险救援技术

总结河南省陕县支建煤矿“7·29”透水事故（被困 76 h，成功救出 69 人）、山西省华晋焦煤公司王家岭矿“3·28”透水事故（被困 8 天 8 夜，成功救出 115 人）、黑龙江省七台河市勃利县恒太矿业有限责任公司四井“8·23”透水事故（被困 165 h，成功救出 22 人）的成功经验，主要是领导重视、采取加大排水力度、从地面打钻等措施。潜水泵在水害救援中发挥作用较大，多台泵可同时排水，效果较好；从地面打钻主要可以通风供氧、输送食物而增加被困矿工信心、保持矿工体力。所有矿井都应建立健全矿井排水系统，配备应急救援潜水泵排水系统，一旦发生突水即能够及时排水，加快救援进程，使被困矿工能早日获救。

8. 预测预报和监测技术

对煤层顶板含水层评价的方法有“三图双预测法”，对煤层底板水害预测的方法有“脆弱性指数法”、“五图双系数法”、“突水系数法”等。每个矿区都应结合实际，探索符合本矿实际情况的预测方法。

有一些矿井，每月都要对下个月各掘进头、采煤工作面从地质构造、水文地质条件、物探异常区等方面进行分析评价，然后联合会审，使防治水工作更加严密和科学，避免了水害事故的发生。

有一些矿井，已实现了矿井水文地质文字资料收集、数据采集（长观孔水位、矿井涌水量、地应力变化等）、图件绘制、计算评价和矿井防治水预测预报一体化，不仅提高了工作效率，也有利于领导决策。

五、防治奥灰水的技术和方法

我国华北型煤田遍布京、晋、冀、鲁、豫的全部，辽、吉、内蒙古的南部，甘、宁的东部，以及陕、苏、皖的北部，占全国煤田总量的38%，是我国的重要产煤地。随着开采深度的向下延深和石炭二叠系下组煤的开发，这些矿井受奥陶系灰岩（简称奥灰）水害影响越来越大，开采环境日趋复杂。

华北型煤田煤系地层内有多层灰岩含水层，煤层基底为奥陶系灰岩，厚度从0到800多米不等，分布面积大、岩溶发育、含水性强但不均匀。由于经历多期构造运动，含水层之间水力联系密切，致使华北型煤田矿井涌水量大、突水频繁。

案例15　2009年1月8日，河北省峰峰集团公司九龙矿发生陷落柱突水，造成整个矿井被淹。

案例16　2010年10月15日，山西省大远煤业公司某在建矿井1201运输巷掘进面发生底板奥灰突水，造成整个矿井被淹，突水量达1 390 m^3/h。

案例17　2011年8月7日，陕西煤业韩城矿业公司桑树坪煤矿相邻的禹昌煤矿（乡镇资源整合矿）开采的11#煤层发生底板奥灰突水，水通过采空区进入桑树坪矿北二采区，在280大巷密闭墙处溃入矿井。桑树坪矿发现井下大量涌水时便立即组织撤人，未造成人员伤亡。由于突水量大，7个多小时桑树坪矿遂被淹。

总结新中国成立以来奥灰发生突水的主要原因有：矿井水文地质基础工作薄弱，水文地质资料不清，造成水害预报有误；盲目施工，误揭断层、陷落柱等构造；防治水措施不落实等。突水的主要通道有导水断层、导水陷落柱、导水裂缝带以及采矿扰动引起的矿山周期来压和底板奥灰高承压水作用下的煤层底板隔水层破坏带等。

奥灰水水害是可防可控的，发生突水后也是可治的，关键是要加强矿井水文地质基础工作，落实防治水各项措施。

1. 利用多种勘查手段查明矿井水文地质条件

可采用物探、钻探、化探等方法查明矿井水文地质条件，做出水害预测预报，制定防治水措施。有条件的矿井可采用“脆弱性指数法”或者“五图双系数法”等方法，对底板突水危险性进行综合分区评价，还可以采用比拟法、解析法和数值模拟法等方法预计矿井最大涌水量。

脆弱性指数法，是指把可确定底板突水多种主控因素权重系数的信息与具有强大空间信息分析处理功能的GIS耦合于一体的煤层底板水害评价方法。

五图双系数法，是一种煤层底板水害评价方法。五图是指底板保护层破坏深度等值线图、底板保护层厚度等值线图、煤层底板以上水头等值线图、有效保护层厚度等值线图、带压开采评价图；双系数是指带压系数和突水系数。

2. 留设防隔水煤（岩）柱

对于水文地质条件复杂、有突水危险的区域，如断层、导水裂缝带、导水陷落柱等构造薄弱地带，可预先留设防隔水煤（岩）柱，以保障矿井安全。

3. 加固底板隔水层厚度和改造含水层

当煤层底板隔水厚度太小时，煤层下部的高承压奥灰水就会发生突水、造成淹井，甚至对人员造成伤害。所以，应根据隔水层厚度、奥灰水压等因素对底板进行注浆加固和改造含水层，这是防止底板突水的有效措施之一。

4. 疏水降压开采

疏水降压，是指借助于专门工程（如疏水巷道、抽水钻孔或疏水钻孔）和相应的排水设备，有计划、有步骤地疏放影响采矿安全的奥灰含水层，直到奥灰水水压能够满足安全开采需要为止。奥灰水也是优质的水资源，有条件的地区应将疏放奥灰水与排供水结合起来，一方面保证矿井安全开采，另一方面把排出的奥灰水用作生产生活用水。

5. 改变采煤方法

对于底板隔水层厚度较薄、突水威胁严重的矿井，可改变为适当的采煤方法，以保障矿井安全。如短壁开采、房柱式开采、条带开采、充填法采矿等，都能减小矿压和提高隔水底板抵抗水压的能力，以避免或减少底板岩体因蠕变而降低其力学强度的危险。然而，短壁开采、房柱式开采会降低采煤效率、损失煤炭资源。

6. 建立健全矿井防排水系统

正确评价矿井涌水量，按有关规定要求健全矿井排水系统。在井底安装使用大功率潜水泵，一旦发生突水，可利用潜水泵排水，以争取时间采取措施迅速救援。在有突水危险的区域，可建立防水闸门，一旦发生突水，立即撤退人员、关闭闸门，以防水患扩大。

7. 突水后注浆复矿

奥灰含水层一旦发生突水，由于水源补给充足、动水量大，一般宜采取打钻命中导水通道，通过注浆切断导水通道，再进行排水复矿。

淮北矿区水害成因及防治对策

淮北矿业集团有限公司　李　伟

摘　要：本文系统分析了淮北矿区水文地质条件、各类充水因素及水害现状，在此基础上提出了矿区水害防治对策，确立了“预测预报、超前探查、综合治理、安全评估、验收审批”二十字的淮北矿业集团防治水工作程序，编制了集团公司防治水规划及水害事故应急预案，构建了“管理、投入、科研、培训”并重的“四位一体”防治水安全保障体系，连续多年杜绝了水害伤人事故。

关键词：淮北矿区；水害现状；防治对策

淮北矿区位于安徽省北部，面积 1 万 km^2，以宿北断裂为界，分为南北两区，其中北区为濉肖区，南区又以南坪断层和丰涡断层为界，分为东段的宿县区、中段的临涣区和西段的涡阳区。矿区自 1958 年开发建设以来，目前已形成 17 对生产矿井、5 对在建矿井、2 对筹备矿井，年产原煤近 3 000 万吨的大型煤产地。淮北矿区地质构造复杂，煤层赋存状况不稳定，地压大，瓦斯含量高，岩浆岩侵蚀严重，煤系地层富水性强，开采条件恶劣。矿区开采历史上水害事故多发，防治水工作难度较大。本文在对矿区水文地质条件深入分析的基础上，提出不同类型的水害治理对策。

1　矿区地质及水文地质概况

淮北煤田基本为隐伏煤田，除局部地段有震旦系、寒武系、奥陶系、石炭系和二叠系地层出露外，其余均为新生界松散层覆盖。煤田处于华北板块东南缘的豫淮坳陷东部，以燕山运动后形成的断裂隆起或凹陷为主。受多期构造运动的影响，形成了由一系列近东西向和北北东向构造复合的网状格局。矿区共发现大中型断层 600 余条，其中落差大于 100 m 的有近 200 条，矿区总体构造为复杂型。

煤田含煤岩系为华北型石炭、二叠系地层，主采煤层位于二叠系下统。本区含煤 5～25 层，可采煤层 13 层，平均厚度 22.89 m。受地质构造及岩浆侵蚀影响，煤层稳定性差。主采煤层为上石盒子组的 3 煤、下石盒子组的 7、8 煤（濉肖区为 4、5 煤）及山西组的 10 煤（濉肖区为 6 煤）。

淮北平原地面标高一般为＋20～＋50 m，地表发育多条季节性河流，对井下安全生产影响不大。

矿区有 4 个主要含水层，自上而下分别为第四系（第三系）孔隙含水层组、煤系砂岩裂隙含水层组、太灰岩溶含水层组及奥灰岩溶含水层组。

淮北矿区被宿北断裂等大断层分割成为不同的小区（地质单元），水文地质条件差异性很大。濉肖区冲积层厚度小，底部黏土隔水层普遍发育，无“底含”，第四系松散层地下水对矿井开采无直接影响。但太灰及奥灰岩溶水丰富，补给强度大，含水层可疏性差，对矿井安全威胁大。朱庄、杨庄等矿多次发生灰岩突水事故。宿县区、临涣区、涡阳区新生界松散层厚度大，三隔（第四系主要隔水层）普遍发育，隔水性能好，地表水及新地层一、二、三含水对矿井安全影响不大。“底含”分布不均，桃园、祁南等矿对浅部煤层开采有直接影响。石灰岩岩溶水总体上不丰富，补给强度小，含水层可疏性好。煤系地层砂岩裂隙水对煤矿安全影响相对较小，但临涣区的 K_3 砂岩、濉肖区的 5 煤顶板砂岩经常涌水影响生产。临涣区的任楼、许疃等矿存在导水陷落柱，对煤矿安全威胁较大。矿区断层较发育，部分断层导水性好，因此煤系地层各含水层存在一定的水力联系（见图 1）。

煤层	柱状简图	含（隔）水层组		
		名称	厚度/m	岩性简述
	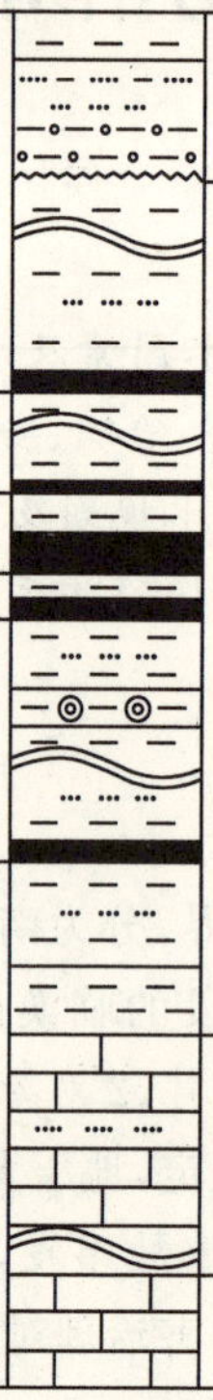	四含	0～50	由松散的砂砾及泥灰岩组成，厚度一般10～50 m，对浅部煤层开采影响较大
3煤 7煤 8煤 9煤 10煤		煤系地层砂岩裂隙含水层组	70～140	砂岩、泥岩互层K_3砂岩富水性较强，厚度一般为15～50 m，对生产影响较大
		太灰含水层	40～67	厚度一般130～150 m，含灰岩13层，上部1～4灰对生产影响较大
		奥灰含水层	＞500	中厚层白云质石灰岩

图1　淮北矿区含水层关系柱状图

2　典型突水事故及水害因素分析

淮北矿区大部分矿井水文地质条件复杂，水害类型多样，有煤层底板灰岩水害、顶板离层水害、断层水害等，历史上突水伤人事故发生多起。

截至2009年6月底，淮北矿业集团发生突水量大于30 m^3/h的水害事故183次，其中砂岩裂隙水害87次，冲积层水害35次，灰岩水害23次，老塘水害21次，断层水害9次，其他水害8次。在突水事故中，淹井2次，淹采煤工作面9次，突水死人事故5次，死亡25人（见图2）。

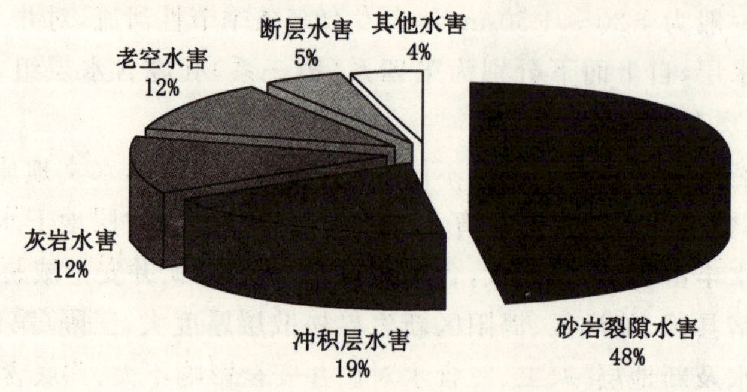

图2　淮北突水事故饼图

2.1　煤层底板灰岩突水

1988年10月24日，杨庄矿Ⅱ617综采工作面发生底板灰岩突水，瞬时最大突水量3 153 m^3/h，因矿井排水能力不足造成淹井事故，经济损失达 1.5 亿元。突水原因是煤层底板因断层错动造成隔水层变薄，突水系数剧增，事前因不知道断层的存在而没有采取注浆加固隔水层等防治水措施。

2005 年 1 月 25 日，朱庄矿Ⅲ622 工作面底板灰岩突水，最大突水量 1 420 m^3/h，工作面被淹，直接治理费用 7 000 多万元。2009 年 3 月 4 日，朱庄矿Ⅲ628 工作面临近收作时发生底板灰岩突水，突水量达 600 m^3/h，工作面被淹，损失十分巨大。

6(10)煤底板以下 50～60 m 的太灰水及深部的奥灰水，是矿区主要突水水源，受此威胁严重的矿井有濉肖区的朱庄矿、杨庄矿，宿县区的桃园矿、祁南矿，涡阳区的刘店矿等。太灰厚度一般为130～150 m，含灰岩 13 层，其中上部 1～4 灰对生产影响较大，此组单位涌水量 0.992～0.815 L/(s·m)，渗透系数 2.857～0.045 m/d。受灰岩水威胁的矿区煤炭储量达 9 亿吨。

2.2　采空区突水

1989 年 6 月 13 日，芦岭矿 10210 工作面风巷掘进时发生采空区突水，瞬时水量达 2 000 m^3/h 以上，突水淹没巷道 400 多米，造成 9 人死亡。事故原因是施工区队没有探放上阶段老空积水，风巷顶水施工，而在巷道迎头有明显突水征兆情况下没有采取停头撤人措施，最终酿成事故。生产矿井采空区积水是煤矿突水的主要水源，也是矿井防治水的主要目标之一。

2.3　第四系底含抽冒溃砂

2002 年 11 月 20 日，桃园矿 1022 上工作面开切眼上口发生溃砂溃水事故，溃砂堵塞巷道百余米，造成 4 人死亡。事故原因是对上覆第四系底含富水性及泥砂抽冒性认识不足，留设的防砂煤柱偏小，巷道掘进没有采取有效的防漏、防抽冒措施，以致巷道贯通后发生滞后溃砂伤人。

袁店二矿主井井筒 301 m 以上采用沉井法施工，301 m 以下采用普通法施工，基岩段 296 m 以下进行了地面预注浆。2008 年 11 月 27 日井筒锅底揭开后出现突水，最大水量 54 m^3/h，突水伴有泥砂，含砂量 3%～4%，井筒被淹。分析认为水源为松散层水，突水通道主要为壁后局部泥浆转换充填不完全，水泥未完全充填密实，导致松散层水沿壁后空隙流入井下。经静水抛碴注浆封水，在壁后注浆充填截水处理后恢复井筒施工。

淮北矿区第四系(第三系)新地层底部发育由松散的砂砾及泥灰岩组成的含水层，厚度变化大，一般为 10～50 m，单位涌水量 0.37～11.86 L/(s·m)，渗透系数 4.21～7 m/d，受底含威胁较大的矿井有宿县区的桃园矿、朱仙庄矿等。

2.4　顶板离层水

2005 年 5 月 21 日，海孜矿 745 回采工作面发生顶板离层水体突出，瞬时突水量达 3 887 m^3/h，造成工作面内 5 人死亡。事故原因是 745 工作面上方分布有厚度 170 m 的岩浆岩体，而 745 工作面下方的 10 煤因消除煤与瓦斯突出需要先于 7 煤开采。10 煤采后，巨厚岩浆岩体下面的砂岩离层而积聚水体，在 7 煤开采时，顶板的离层水体因采动影响而突出，酿成事故。类似海孜这种条件的突水并不多，但危害性很大。

2.5　陷落柱突水

1996 年 3 月 16 日，皖北煤电公司任楼煤矿 7222 工作面发生隐伏陷落柱突水，最大突水量为 34 570 m^3/h，因排水能力不足，造成淹井事故，矿井停产治水一年多，损失巨大。事故原因是工作面误入导水陷落柱，事前因地质资料不清，对陷落柱的分布规律缺乏认识，没有采取超前探放措施。根据三维地震资料，淮北矿区陷落柱多发育在任楼、孙疃、许疃等矿。

2.6　煤系地层砂岩裂隙水

主采煤层顶板砂岩裂隙水较丰富，其中 3 煤顶板的 K_3 砂岩富水性强，厚度一般为 15～50 m，渗透系数为 0.0126～0.326 m/d，曾造成多次井巷掘进出水。濉肖区杨庄等矿 5 煤顶板砂岩裂隙发育，富水性较强，对生产影响较大。

2.7　断层水

淮北矿区地质构造复杂，断层十分发育。部分张性及张扭性断层联通灰岩、砂岩裂隙、新地层底含等，造成采场突水。

2.8 封闭不良钻孔水

历史上因施工质量问题造成的封闭不良钻孔在淮北矿区分布较多，仅朱庄矿就发生过7次突水，最大突水量达180 m^3/h，影响生产时间长达10天以上。

2.9 小煤窑的潜在水患

杨庄等矿煤层露头附近分布一些小煤窑，小煤窑的违规开采有可能造成的突水威胁大矿安全。

3 矿区水害防治对策

淮北矿区历史上曾多次发生突水淹井伤人事故。因此，加强防治水技术研究与管理，加大水害防治投入，努力消除矿井水害隐患，是实现矿区安全生产的重要保障。

3.1 建立矿区防治水保障体系

建立集团公司、矿两级防治水机构，明确各级领导防治水职责，坚持“预测预报、超前探查、综合治理、安全评估、验收审批”二十字的防治水工作程序，构建“管理、投入、科研、培训”并重的四位一体防治水安全保障体系，定期召开水害排查例会，严格执行水害预测预报和水患排查闭合管理制度，全面推广使用水害预测图，建立并严格执行受水害威胁采掘工作面安全准入制度、投产前安全评估制度及重大问题专家评估制度。

3.2 编制矿区防治水规划

根据矿区存在的主要水文地质问题，结合矿业集团主业发展规划，编制和完善矿区防治水五年规划。明确防治水总体目标，规划防治水工程及防治水投入，确定矿区不同水害类型的防治技术方案。

3.3 开展补勘，完善观测系统

水文地质补勘包含水文地质物探和水文地质钻探。由于多种因素的影响，淮北矿区部分矿井特别是基建矿井水文补勘工作还有一定的欠缺，今后将逐年安排补勘工程，开展水文地质补勘工作，建立和完善井上、下水文观测系统。

3.4 矿区各类水害防治

淮北矿区突水因素多，水害治理难度大，因此要不断研究各种水害的治理技术，安排充足的治理工程，保证矿区的安全生产。

(1) 底板灰岩水害防治

淮北矿区地质构造复杂，受地质构造影响，6(10)煤距灰岩含水层间距仅30～50 m，灰岩突水系数较大，6(10)煤的开采受底板高压灰岩水的威胁较大。

6(10)煤底板灰岩水的防治，初期在开采浅部煤层时很少进行防治水工作，直接采用带压开采。随着开采深度的增加，水压不断增大，灰岩突水事故时有发生，集团公司意识到灰岩水害防治的重要性，加大了底板灰岩水的治理力度，与科研院校开展合作，开展灰岩水害防治方法的研究，灰岩水害防治由带压开采转向限压开采(降压开采)和抗压开采。

限压开采主要是针对灰岩水可疏性好的矿区，采前在井下施工一定数量的灰岩疏水孔，加大放水量，将灰岩水压降至安全水头以下，构造地段进行探查加固，采取疏降和局部探查加固相结合的综合防治方法，取得了不错的效果。

抗压开采主要是针对灰岩富水性好、补给充沛、可疏性差的矿井，工作面采前进行底板注浆加固，改造含水层为隔水层，增强底板岩层的抗水压能力，达到安全开采的目的。抗压开采与中国矿业大学合作，在朱庄矿进行试验研究，已安全开采了Ⅲ6210工作面，但Ⅲ628工作面在临近收作时发生了突水。Ⅲ628工作面采前对一、二灰进行了全面注浆改造，三灰上段局部注浆改造，钻探工程量11 718 m/62孔，底板注浆量达10 204 t水泥。尽管做了大量工作，灰岩还是突水，这说明抗压开采还需进一步研究和总结。

淮北矿区近年来灰岩水的治理方法多为先根据底板隔水层条件进行宏观分类，临涣区、宿县区多数矿灰岩补给条件较差，富水性不强，防治难度相对较小，多采用疏降限压开采；濉肖区朱庄、杨庄等矿，灰岩水补给条件好，富水性强，不具备疏降开采条件，只能采取注浆加固底板和改造含(隔)水层，降低灰岩突水系数，保证安全开采。

灰岩水一般治理程序为：先对6(10)煤工作面进行电法勘探，确定煤层底板富水部位，然后采取注浆加固底板，注浆结束后再次进行电法验证效果，效果不好的采取二次补注。

治理灰岩水工艺方法也不断改进，钻探工艺多采用大功率钻机施工小角度长距离钻孔，尽可能多揭穿灰岩含水层，增加注浆加固控制范围。一般矿井建立井下集中注浆站，大水矿井建地面注浆站，提高注浆压力及注浆量，确保注浆效果。目前主要是采用水泥单液浆加固隔水层，改造含水层。由于注浆量较大，朱庄矿Ⅲ628工作面单孔注浆量最大876.4 t，下一步将对地面注浆系统进行升级改造，注浆时考虑添加黏土和粉煤灰，做到既降低材料消耗，又能保证加固改造效果。

(2) 顶板砂岩裂隙水害防治

顶板砂岩裂隙水是淮北矿井的重要充水水源，水量约占矿井涌水量的50%，对矿井的危害主要是恶化井下作业环境。砂岩裂隙水一般以静储量为主，水量10～50 m^3/h，易疏干。防治措施以打钻疏干为主，疏干钻孔要超前1～3个月施工，工作面要建立自流排水系统，回采期间做到煤水分流。此类水害威胁较大的有杨庄、海孜、许疃、孙疃等矿。

(3) 新地层底含水害防治

新地层底含水害在淮北矿区多次发生。祁东矿底含溃水造成淹井，桃园矿也曾因溃水溃砂发生过伤人事故。底含水的防治措施一般先要查清底含的赋存条件，评价富水性以及与其他含水层的连通情况。二要确定合理的防水煤柱，严格按审批回采上限作业。三是对于留设防砂防塌煤柱的工作面，采前一定要布置足量的疏放钻孔。四要加强矿压和顶板移动的观测，制定相应的防范措施。淮北矿区近年来对底含的研究程度较高，通过大量的防治工程，尽量提高回采上限，近几年已安全回收防水煤柱1 000多万吨。

(4) 老空水害防治

矿区各生产矿井均存在老空水的威胁。多年来淮北对老空水的治理主要是坚持无压探放。不具备无压探放条件的，首先要查清积水范围、积水量、水头高度，设计安全合理的探放工程，制定切实可行的探放安全措施。淮北矿业集团每年安全疏放老空水量几十万立方米，连续十几年杜绝了老塘突水伤人事故。

(5) 陷落柱水害防治

陷落柱是淮北煤矿主要导水因素之一。矿区陷落柱多发育许疃、桃园等矿，由于陷落柱体积规模一般不大，其内部充填物的物性与围岩差异较小，因而采用地面物探的方法探测效果不是很好。淮北陷落柱探测方法一般采用地面与井下相结合的综合勘探方法。首先利用地面三维地震初步拟定大概位置，重点在井下对疑似陷落柱采用直流电法、音频透视、坑透雷达、槽波地震等手段超前定位，然后使用钻机针对异常区打钻探查，井下钻探陷落柱要编制专门的安全措施。在没有弄清陷落柱富水性之前，一般情况下应避免巷道揭露陷落柱。

(6) 顶板离层水害防治

海孜矿"5·21"突水事故后，淮北矿业集团首次提出"离层动力突水"概念及防治方法。离层水体的积聚与突出有特定的地质条件及采矿环境。因此首先要分析采区煤层顶板岩性、结构及开采顺序，分析离层水体形成条件，探测水体积聚位置，设计施工离层水体勘查、疏放钻孔，观测疏放情况，计算疏放水量。疏放工程结束后，要进一步探测，分析疏放效果，在确保离层水体安全疏放后，才能组织生产。近年来，海孜煤矿成功地组织实施了84、86采区顶板离层水体的探查与防治工程，收到了很好的效果(见图3)。

(7) 断层水及钻孔水防治

常用方法是利用多种手段查明断层及封闭不良钻孔位置，留足防水煤柱。对于封闭不良钻孔也经常采用启封钻孔，重新封闭，不留煤柱回采。

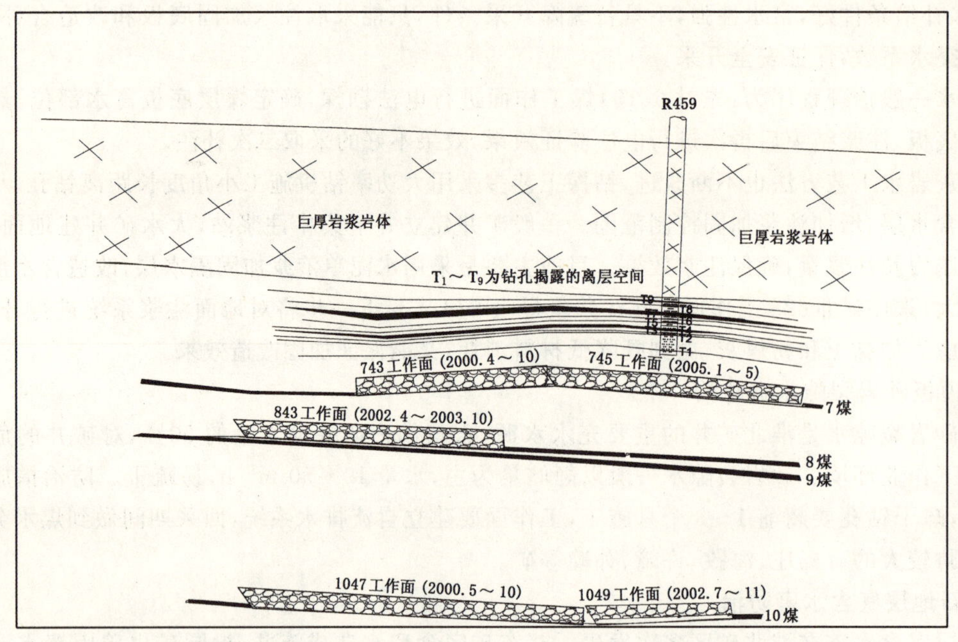

图3 淮北海孜矿离层水体赋存位置示意图

(8) 大矿井田范围内小煤窑水害防治

由于历史原因,在大矿井田范围内分布一些小煤窑,开采大矿遗留的各类煤柱。由于监管不到位,受利益驱动小煤窑多存在超层越界开采,对大矿安全威胁十分严重。杨庄矿煤层露头附近分布有6个小煤窑,开采杨庄矿上限残留的煤柱。小煤窑水文地质条件复杂,技术力量薄弱,存在地表水、灰岩水、老空水、新地层孔隙水的突水威胁,尤其是非法越界开采上限防水煤柱,很有可能因控制不当发生抽冒,导致地表水体溃泄进入大井,造成恶性淹井伤人事故。

对于小煤窑开采水害的治理应采取以下措施:一是树立"大矿自保,小矿自律,地方监管,国家监察"的安全管理理念,对小煤矿实施有效的监督管理;二是严厉打击超层越界开采,对于资源枯竭、超层越界、不具备安全条件的小煤矿,政府应立即采取措施实施关闭;三是经常开展对小煤矿安全检查,限制其活动范围,规范其开采行为,定期交换采掘图纸,防止违法盗采防水煤柱;四是加强小煤矿自身的水文地质工作,没有防治水人员、不实施防治水工程的不准生产;五是大矿要建立防止小煤矿越界开采发生突水淹井事故的应急预案。多年来,淮北矿业集团公司配合安全监察监管部门采取很多措施,对小煤窑实施监管,收到了很大成效。但是,安全隐患依然存在,小煤窑引发的大矿突水淹井威胁依然很大,切不可掉以轻心。

3.5 建立各类水害预警系统

针对各类水害发生的特点,应分别建立水害预警系统,预防恶性事故的发生。2004年,朱庄煤矿在Ⅲ622工作面安装使用了底板灰岩水害预警系统,在突水危险区通过监测煤层底板应力、应变、水压、水温变化情况,预测底板破坏及灰岩突水的可能,系统使用情况良好。2008年,杨庄矿建立了小煤窑突水淹井预警系统,在与小煤窑有联系的巷道防水墙处在线监测小煤窑水量的变化以及地面塌陷区水位和水文孔水位的动态变化情况,提前预警小煤窑的突水事故,防止小煤窑突水引发大矿淹井灾害的发生。

3.6 编制水害防治预案

水害防治预案是针对煤矿出现水害事故而预先准备的系列防治方案。预案的内容包括:①各级水害治理机构职责及进入水害紧急状态汇报调度程序;② 启动专家会诊程序;③ 井上、下水情动态观测汇报程序;④ 各级排水、供电、抢险救灾物资供应程序;⑤ 井下避灾路线;⑥ 矿山救护大队调动指挥；⑦ 抢险救援队伍的安排调动；⑧ 各类水灾事故的抢险处理方案；⑨ 防止事故扩大范围预案；⑩ 组织政府及友邻单位协调支持；⑪ 伤亡人员的善后处理等。

4 结束语

淮北矿区水文地质条件复杂，历史上水害事故频发，矿井防治水工作难度很大。近年来，淮北矿业集团公司十分重视矿区防治水工作，加大了防治水工作力度，建立了集团公司工程技术研究院，加强与科研院校的合作，研究了各种水害的防治对策。建立了矿区防治水管理机构，编制了中长期防治水规划及水害防治预案，构建了“管理、投入、科研、培训”并重的防治水安全保障体系，连续多年杜绝了水害伤人事故，实现了安全生产。

作者简介：李伟(1956—)，男，安徽亳州人，教授级高工，现任淮北矿业股份有限公司总经理。

兖州矿区煤矿水害与综合防治技术

兖矿集团有限公司 胡东祥

摘 要：本文通过分析兖州矿区不同水害类型及其形成原因，阐述了各种水害类型的防治技术，对华北型石炭—二叠含煤建造煤田矿井具有重要借鉴意义。

关键词：兖州矿区；水害类型；防治水技术

1 概 况

兖州矿区位于鲁西南平原地区，是我国主要煤炭产地之一。兖州矿区煤田为华北石炭—二叠系含煤建造的全隐蔽煤田，整体为一轴向NE并倾俯的不完整向斜构造，主采煤层为山西组特厚3煤和太原组薄层16、17煤。煤系地层上覆巨厚第四系冲洪积层(平均厚度124 m)，下伏巨厚奥陶系石灰岩基底地层。矿床水文地质条件属中等～复杂类型。在我国煤矿水害分区上，属华北石炭—二叠系岩溶—裂隙水害区，矿井水害表现形式多样，既受第四系冲洪积层水的危害，又受二叠系砂岩裂隙水影响，还受奥陶系灰岩水的威胁。

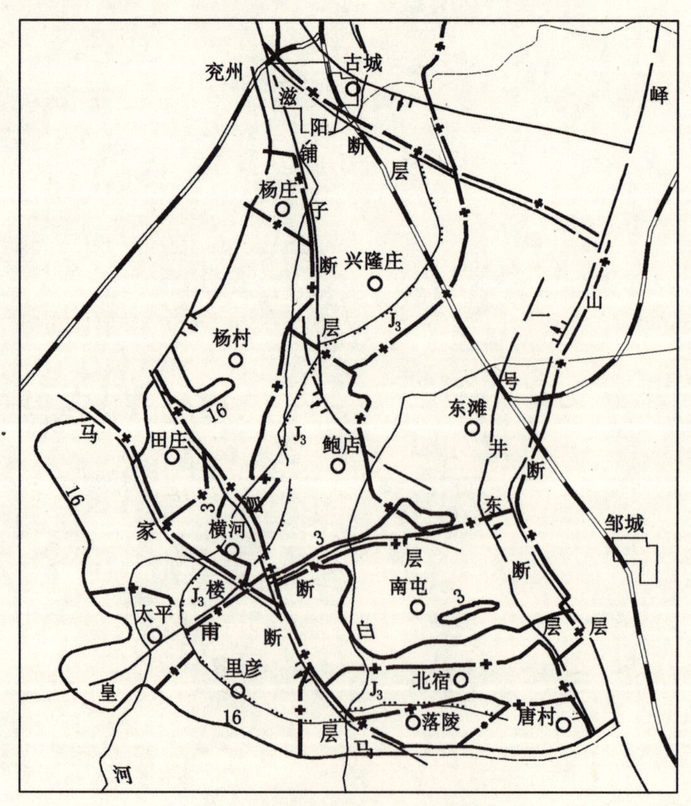

图1 兖州煤田矿井分布图

矿区经过40余年的开发，随着煤矿开采深度加大、特殊地质条件下开采增多，提高上限开采松散沉积层水、厚煤层覆岩复合结构离层涌突水、断层活化导水等水害事故时有发生，第四系水、老空水、

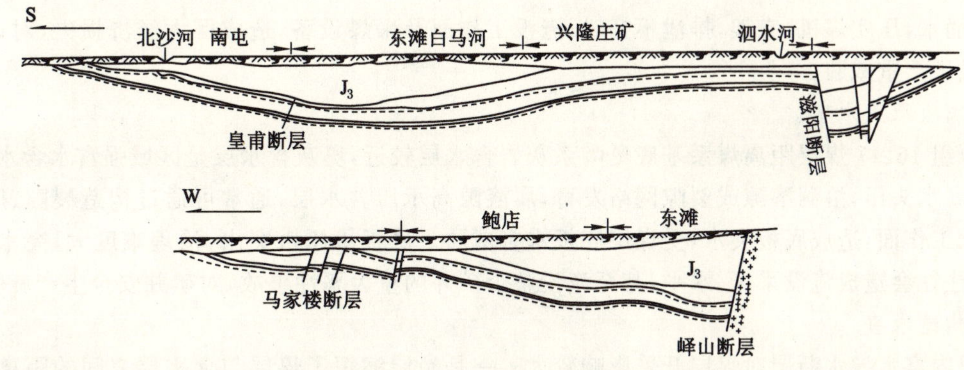

图 2 兖州煤田地质剖面图

顶底板水等灾害威胁着煤矿安全开采。

对无岩石集中巷设计的地质条件相对复杂的现代化井工矿井，以上水害类型一定程度上威胁着矿井安全生产，矿区水害防治工作任务繁重而艰巨。通过多年的科学研究与实践，兖州矿区矿井水害防治技术取得了一些颇具实用性的成果。

2 矿区水害

2.1 主要水害事故

自 1983 年以来，矿区曾多次发生过突水淹工作面、淹采区，甚至淹井等恶性水害事故。1992 年 1 月，杨庄煤矿 16 煤掘进迎头揭露断层引发奥灰突水 5 890 m^3/h，造成特大淹井水害事故；2002 年 10 月，横河煤矿 1931W 工作面提高上限开采时，第四系底部流砂溃入矿井，引发上覆第四系含水层流砂溃入工作面的恶性水害事故，经 9 天多科学营救，2 名遇险人员成功脱险；1994 年 3 月，单家村矿上组煤 3321 工作面运输巷迎头，揭露大断层导通奥灰水突出最大水量 2 100 m^3/h，淹没三采区水害事故；淹工作面顶板水害事故时有发生，1999 年 7 月，东滩矿 4308 工作面 3 煤层顶板砂岩突水事件中最大突水量达 450 m^3/h；2001 年 7 月，济宁三号煤矿 6301 工作面最大突水量 527.13 m^3/h；1983 年 10 月，南屯矿 7309—2 工作面上覆侏罗系红层砂岩突水量最大达 413 m^3/h。

2.2 主要水害成因

2.2.1 第四系冲洪积层水害

兖州煤田煤系地层上覆巨厚第四系松散沉积，下部含水层富水性由弱至中等，局部较强，浅部煤层开采存在突水危害。

在兖州煤田西、北部，第四系下组含水层直接覆盖于煤系之上，成为煤田浅部开采的间接或直接充水含水层，矿井开采煤层露头时，上覆岩层中导水裂缝带波及该含水层时，若防治水措施不当，可能引起工作面直接充水、溃水、溃砂，甚至可能淹没工作面、采区或矿井，威胁矿井安全。

2.2.2 老空积水水害

矿井采掘活动形成大量的采空区、废弃巷道、老硐等老空体，受顶、底板含水层充水或采煤过程中防火注浆等因素影响，形成大量老空区积水体。特别是现代化大型矿井采用综采综放开采方法，开采强度大，采空体积大，采空积水多。老空积水具有隐蔽性，地质条件复杂区的积水体难以准确预计，一旦采掘工程偶遇揭露便会发生恶性突水事故，来势猛，强度大。老空积水量大时，可能淹没工作面或采区，对职工人身安全和国家财产造成巨大危害。

2.2.3 顶板砂岩水害

兖州矿区经过 20 余年的开采，3 煤顶板砂岩的应力条件发生了巨大变化，采动裂隙含水网络十分复杂，3 煤顶板砂岩突水的危险性逐渐增加。矿区 3 煤顶板砂岩富水性不均一，局部富水性强，特别是在构造或裂隙发育区富水性相对较强，对复杂地质条件工作面的安全生产影响较大，煤层顶板复合沉积结构，具备形成顶板离层水条件，加剧了顶板水危害，常伴随周期性压力显现，工作面短时间内大量淋、涌水，压实煤机、支架，排泄不畅时，淹没工作面及采煤设备，造成巨大经济损失，对矿井安全生产构成了严重威胁。

2.2.4 底板承压水害

太原组16、17煤层距离煤系基底奥陶系灰岩含水层较近，奥灰含水层是区域强富水含水层，赋存厚度大，高水头压，溶洞溶隙或裂隙网络发育，属溶隙高承压含水层，通常可通过构造裂隙、底板薄弱块段导入工作面，造成底板突水，受煤层底板水害威胁。底板承压水突出，治理难度大，突水时间长，水量大，往往会造成淹没采区、水平，甚至淹没整个矿井的重大恶性事故，对矿井安全生产威胁严重。

2.2.5 构造水害

煤田内富水导水断层对煤层开采影响较大。一是断层缩短了煤层与含水层之间的距离，近断层开采易引发突水；二是断层附近裂隙发育破坏了隔水层的完整性，降低了隔水层的有效厚度，在裂隙发育区易发生承压水突水事故；三是断层带自身富水，采掘工程接近或揭露富水断层，就发生断层水突出事故。

3 矿区防治水技术

3.1 特厚煤层综放工作面提高上限开采第四系水害防治技术

兖矿集团自1982年开始提高上限开采技术攻关，围绕“巨厚含水砂砾层下控水采煤”、“特厚煤层变防水煤柱为防砂煤”展开攻关，进行了系统的试验研究，针对不同的水文地质条件，合理设计和优化开采技术方案，通过优化设计和采煤方法留设经济合理的安全煤岩柱尺寸，探寻出适合兖州矿区水文地质条件的采煤方式。通过采取先采顶分层、后网下综放的开采控水采煤技术，实现了防水煤岩柱变防砂煤岩柱的安全开采，总结出一套安全技术管理经验，对于促进全国水体下采煤技术的发展具有一定的借鉴意义。

通过现场大量实测数据，得出了综放开采条件下预计覆岩破坏高度的经验公式。冒落带高度(H_m)与采厚(M)的关系为[1]：

$$H_m=\frac{100M}{2.13M+15.93}\pm 2.72(\mathrm{m})$$

上述经验公式为正确预计综合机械化放顶煤开采条件下的覆岩破坏高度及范围提供了可靠依据。填补了国内外的技术空白，并可为填补《“三下”采煤规程》空缺提供了技术数据。

3.2 厚煤层综放工作面覆岩水害防治水技术

兖矿集团自2002年起积极探索厚煤层综放工作面覆岩水害防治技术方法，先后开展了“兖州矿区3煤顶板砂岩含水层赋水规律及水害防治研究”、“兖州矿区侏罗系红层赋水规律及充水规律预测研究”、“采场顶板离层水涌水机理与防治技术”等科技攻关[2]。从覆岩的微观结构组成和宏观沉积特征等两个方面，研究了3煤顶板砂岩含水层含水介质组合特征、赋水规律、采动裂隙发育特征、采场顶板砂岩含水层突水机理及充水规律，划分出两类覆岩突水水害类型——巨厚砂岩原生沉积赋水覆岩突水水害、复合结构沉积覆岩离层突水水害，首次提出覆岩离层积水突出的两种模式(离层动力突水、离层静水压突水)和判别方法。针对两种不同水害类型，制定了覆岩突水危险性预测评价方法和一系列具体措施，制定了综放工作面防排水系统技术规定，对于指导华北型沉积煤田采场覆岩水害防治具有重要的现实意义。

3.3 底板高承压水害防治水技术

兖州矿区经过40余年的开发，随着矿井开采深度的不断增加，水压不断增大，底板水突出危害日趋严重。兖矿集团围绕矿区下组煤大埋深、大地压、大水压的“三大”开采技术要求，开展了“兖州矿区下组煤开采底板奥灰水防治关键技术参数探测与水害防治技术”研究，探讨了“三大”煤层底板突水机理，结合开采实践，划分了下组煤不同底板类型——完整型、断层切割型、裂隙网络型，归纳出不同类型底板突水判据公式。通过不同埋深条件下的采场地应力测试、底板采动位移与应力监测、底板岩石力学性质及渗透性测试等技术手段，综合研究了以煤层底板破坏带发育规律、复合隔水层结构隔水性能判别、底板奥灰水原始导升高度、水压及富水性分区等关键技术参数，探寻出底板突水危险性预测和评价方法——模糊聚类危险性分区评价法，综合考虑多种因素，突破了以往底板突水研究方法和突水预测方法，弥补了以往不同水文地质、工程地质条件均采用底板突水系数单一因素评价突水危险性方法的不足，比较符合矿区实际。经过多年的研究和实践，大水压矿区在带（水）压开采煤层底板破坏规律预测、水害防治等方面取得了重要的理论研究成果和实践经验，形成了一些定量评价、预测新理论和新方法。

3.4　老空水害防治技术

老空水害是矿井普遍存在的一种水害类型，据不完全统计，矿井恶性水害事故90%以上是老空透水引发水害事故。老空水突出具有水压力大，压力传递迅速，采掘工程一旦意外接近便可突然溃出，来势猛、突水迅速快，具有很大的破坏性。虽然突水前常有突水征兆显现，但突水征兆常常单一出现，加上井下作业环境、现场条件复杂多样，单一突水征兆有时被忽视，难以及时、准确地作出预警而引发恶性水害事故。

兖矿集团加强了防治水技术管理，在总结以往老空水害事故经验与教训的基础上，针对矿区老空水害特点，制定了老空水害防治技术管理规定。从基础资料分析、超前探测、安全评估、超前探放等环节，作了详细规定，并严格做到分步实施、逐一落实，形成了一套较为成熟的老空水害防治技术，有效防止了老空水害事故。

3.4　构造水害防治技术

矿井构造规律研究对于煤矿水害防治研究至关重要，兖州矿区在大量实测矿井地应力基础上，运用模糊综合评判、灰色系统理论及构造应力场分析等技术方法，研究了矿区构造发育规律，矿井构造规律得以定量预测，结合矿区地下水赋存和已揭露构造导水特征，进行构造控水和方法技术研究。形成了一套超前分析、物探探测、安全评价、综合治理等系统方案，有效地预防和治理了构造导水。

4　结　论

兖州矿区经过多年的开采，矿井水文地质条件发生了极大变化，水害类型多样化，既有水体下开采地表水水害、提高上限开采第四系冲洪层水水害，还受矿井自身采空区积水及相邻闭坑老窑积水等老空水危害，下组煤层开采更受大埋深、大地压作用下底板奥灰强含水层水害威胁。通过多年来的矿井水害防治工作实践，结合科技攻关，通过落实有效的防治水技术，兖州矿区近年来杜绝了重大水害事故发生。

参考文献

[1] 黄福昌，倪兴华，张怀新. 厚煤层综放开采沉陷控制与治理技术[M]. 北京：煤炭工业出版社，2007.

[2] 曹丁涛，韩宝平，等. 兖州矿区3煤顶板砂岩含水层赋水规律及水害防治研究. 2009年度山东省科学技术进步三等奖.

[3] 曹丁涛，李文平，等. 采场顶板离层水涌水机理与防治技术. 2010年度山东省科学技术进步二等奖.

作者简介：胡东祥（1971—），男，山东梁山人，高级工程师，从事矿区水文地质、防治水技术管理工作。

皖北煤电水害防治技术和管理经验

皖北煤电公司

摘　要：煤矿水害防治根本：树立“水害事故是可防可控的”意识，坚持“预测预报、有疑必探、先探后掘、先治后采”的原则，采取防、堵、疏、截、排的综合治理措施，做到“严标准、建体系；精勘探、细预报；强技术、控过程；慎评价、重总结”，不断提高水害防治技术和管理水平。

1　视现实，入理念

正视矿区水害现实，科学总结水害防治的经验教训，导入先进的水害防治理念。

(1) 水患不查，心不安；水害不治，矿不宁。

皖北煤电集团现有10对生产矿井，其中1对水文地质极复杂，3对水文地质复杂，6对水文地质中等复杂。历史上曾经发生过2对矿井突水淹井事故，教训极为深刻。

(2) 水害事故是可防可控的。

松散层含水层下开采，在煤岩柱边界必须打采前对比孔，严格按照水体采动等级留设不同类型的防隔水煤(岩)柱；顶底板砂岩裂隙含水层中开采，坚持超前探放，工作面优化设计，确保排水通畅；底板承压含水层上开采，采取疏水降压，或底板含水层充填注浆改造，降低突水系数至安全范围；大中型断层留设足够的断层保护煤柱，井巷工程需要穿越断层时，坚持先探后掘；存在岩溶陷落柱，地面无法有效查明矿井水文地质条件和充水因素时，坚持有掘必探，先探后掘。

(3) 煤矿防治水是一项系统工程。

矿井水害防治是一项系统工程，要系统思考，把握过程，环环相扣，综合防治，才能消除水患，实现安全生产。具体是要坚持勘探—预测—井下物(钻)探—评价—措施—检查—监测—防护“八位一体”防治水工作程序模式，进而全面、系统、综合有效地开展矿井水害防治工作。

2　严标准，建体系

严格水害防治各项工作标准，完善煤矿水害防治四项基本制度，建立水害防治领导责任体系、技术管理体系和技术、资金、物质保障体系。

(1) 成立防治水领导小组和执行机构。

集团公司成立了以董事长为组长，总工程师为副组长的防治水领导小组，与通风专业一并组建了通防地测部。各矿也相应成立了防治水领导小组，领导小组组长是防治水工作第一责任人，主要负责防治水工作所需的人力、物力和资金的统筹，防治水各项规章制度的制定等；总工程师具体负责防治水的技术管理工作，承担起水害防治工作的技术责任；有关部室按照水害防治工作各级岗位责任制的要求，负责相关业务，承担相应责任。

(2) 制定矿井防治水基础资料技术标准和矿井防治水工作实施细则。

(3) 制定并严格落实“六项制度”：一是月度隐患排查制度；二是严格水情预报制度；三是会审审批制度；四是工程过程管理制度；五是验收评价制度；六是严格奖惩制度。

3　精勘探，细预报

实施矿井精细勘探，加强对矿井地质规律的研究与认识，坚持开展全面的矿井水害预测预报制度。

(1) 地质勘探是源头。地质勘探居于“八位一体”矿井防治水工作方法之首。按地质勘探规律，实施好找、普、详、精阶段勘探，尤其重视针对采掘工程对象和地质及水文地质特别要求的生产补充勘探。集团公司每年勘探投入在 3 000 万元以上。

(2) 因地制宜，综合运用各种勘探方法、采用先进技术手段查明地质及水文地质条件。地面使用三维地震、瞬变电磁新技术，井下实施放水试验，与地质钻探有机结合，实施矿井精细勘探。

(3) 运用煤矿地面三维地震数据叠前偏移处理技术，推广三维地震资料精细解释。安装使用煤矿地面三维地震数据动态管理系统，贴近于煤矿生产。

(4) 预测预报是基础。坚持年报、季报、月报(月排查)和临时预报，对重点头、面和主要含水层实施预警监控。结合矿井年度生产计划，制定“一矿一策，一面一策”水害防治计划。

4 强技术，控过程

建立矿井防治水专业队伍，配备先进的防治水防控设备，推广应用煤矿防治水新技术，监测防治水工作全面过程管理。

(1) 组建水害防治专业队伍，配备先进的防治水防控设备。建成 9 支钻探专业化队伍(刘一、恒源、五沟、任楼、祁东、卧龙湖、孟庄、前岭、钱营孜煤矿)，专业化物探队伍 1 支(任楼煤矿)。建立专业水化学试验室 4 座(刘一、任楼、祁东、五沟煤矿)，专门地面注浆站 3 座(刘一、恒源、五沟煤矿)；各矿均建成地测成图系统，配备有多种型号钻机和注浆泵。拥有井下无线电波透视仪、井下电法仪、井下震波、井下瑞利波、瞬变电磁仪、井下钻孔测斜仪、钻孔窥视仪等多种物探仪器，并根据生产接替和水害威胁程度，建立水害预警系统。大水矿井各含水层均已建立地面遥测系统，共建成地面遥测系统 8 套(刘一、恒源、五沟、任楼、祁东、卧龙湖、孟庄、钱营孜煤矿)，实现水文数据的实时监测。井下矿井涌水量和水压监测监控系统正在试验中。

(2) 做好新建矿井防治水基础工程，增加生产矿井防治水技术改造工程，提升矿井防灾、抗灾能力。

(3) 加强雨季“三防”工作。

(4) 积极推广应用煤矿防治水新技术，形成和发展具有皖北煤电特色的煤矿水害防治技术：

① 新生界松散层含水层下煤层开采技术：一是开展底部含水层的富水性特征、渗透稳定性和采动裂隙疏放的可行性(试验开采的基础与安全开采的必备条件)研究。二是开展基岩风化的工程地质特征、阻隔水性能、水砂运移机理及破坏移动演化动态规律研究。三是开展含水层下薄基岩浅埋煤层开采覆岩破坏移动演化规律研究。四是采取行之有效的防治突水溃砂的关键技术措施：实行采空区滞后控水，即先采条件简单的中深部煤层，后采条件复杂的薄基岩含水层下煤层，先采煤岩柱厚的工作面，后采煤岩柱薄的工作面(即实行上行式开采)；利用开采沉陷原理和采动裂隙疏放煤系地层砂岩裂隙水、风化裂隙水和底含水，使回采工作面的出水形式由“管涌”转变为“渗流”，利用先开采工作面的采空区储存后开采工作面出水，起到滞后出水的目的。

② 顶底板砂岩裂隙水超前探查探放技术：一是在采区或工作面采掘前，分析煤层顶板砂岩层的地质构造区段岩性特征、岩性结构、断裂构造的发育程度、富水性等，收集和分析相邻矿井或采掘工作面赋水特征及实际开采资料、砂岩的疏排水位，预测正常涌水量和最大涌水量。二是富水采区在开采顺序安排上，先下后上，下部首采工作面三巷布置，预留疏排水巷道。三是工作面回采前进行顶板物探、探明隐伏构造和富水区，结合钻探疏放或巷道疏放，疏放一定时间后再进行回采。四是工作面回采前下面巷道于初次来压位置布设超前疏放孔，超前疏放或导流顶板砂岩裂隙水。五是工作面巷道布置应利于排水，并于一侧按涌水量大小要求开挖水沟，对于不能完全自流的巷道应提前布置水仓，水仓大小应根据涌水量预计最大值及疏放水量等情况综合考虑。

③ 底板灰岩承压水上开采安全技术：一是分析研究矿井地质及水文地质条件，适时做好矿井补充勘探工作。二是对大中型断层与陷落柱的设计处理。三是改变采区或工作面的巷道布置，增加必要的防治设施，确保工作面排水系统畅通。四是加强工作面掘进期间的地质及水文地质调查，发现构造、水文异常情况，需认真分析并进一步予以查明。五是查明工作面内部地质构造，排除工作面内含、导水构造。六是查明工作面底板厚度、岩层结构、岩石力学性质，并进行注浆加固。七是疏水降压(带

压)开采。八是工作面底板注浆加固及改造。九是涌水量预计与排水系统完善。十是采前安全评价。

④ 管棚注浆过断层破碎带技术:一是断层构造特征研究、断层含导水性分析、断层突水地质模型和分析,合理选择巷道穿越断层位置。二是通过对断层破碎带支护机理分析,编制管棚注浆设计和专门巷道设计。三是对管棚注浆效果进行预测分析和现场检测及动态监测。

⑤ 隐伏陷落柱预测与治理技术:一是突水水源及通道的快速判识(水温、水质、水量及出水形式)。二是隐伏导水陷落柱的探查(井上下物探钻探综合立体探查)。三是隐伏导 水陷落柱的治理(采用井上下相结合的地面钻探注浆封堵,井下物探钻探验证封堵质量的探与注、注与探的治理技术)。四是通过地面探注孔的压水试验、井下物探钻探检查、井下涌水点及地面钻孔水位变化分析等手段检查治理效果。

⑥ 地下水水化学快速判识技术:一是建立矿井正常井深温度特征函数及异常分析函数。二是建立矿井各含水层水质特征资料库和判别函数。三是水质快速检测及水源初步判别。

⑦ 物探新技术:

无线电波透视、CT探查工作面地质构造技术。

瞬变电磁、三极电法测深超前探查技术。

电法测深、音频电透探查工作面及底板含水异常体技术。

瞬变电磁探查工作面及顶底板含水异常体和注浆堵水质量验证技术。

网络并行电法探查各类含水体技术。

电法监测"两带"及地下水动态技术。

电法监测上覆水体、地下水流场变化技术。

井上下物探立体综合探查技术。

煤矿地面三维地震数据管理系统应用技术。

煤矿地面三维地震数据叠前偏移处理技术。

⑧ 监测监控新技术:

利用太阳能驱动遥测系统监测地下水动态技术。

利用放水试验地下水流场变化判识异常高水位区技术。

含水层上下煤层开采地下水预警技术。

矿井涌水量适时动态监测技术。

(5) 坚持矿井"八位一体"的防治水工作方法,对防治水的每一过程,公司都建立了相应的管理制度和工作标准。

(6) 坚持矿井水文动态日分析、防治水工程日兑现制度。

(7) 为将防治水工程管理落到实处,坚持防治水工程专款专用及专项补助。

5 慎评价,重总结

建立防治水项目实施效果评价制度,严格检查验收,重视防治水项目的总结提高及推广应用。

(1) 实施矿区所有防治水项目公司验收制度。

(2) 规范各种防治水项目检查、检验、评价、验收工作标准。

(3) 严格防治水评价报告审批制度。

(4) 公司要求所有防治水项目均要编制完整的技术总结,要求防治水工程技术人员有责任推广应用防治水新技术、新方法和新手段。

西山煤电集团公司矿井防治水综合管理模式

西山煤电地质处水文科

摘　要：矿井水害是安全生产的重大隐患之一。本文从水害事故类型及现状出发，结合西山煤电集团矿井水害防治实践，总结了矿井水害防治的综合管理模式。对防治水而言，加强基础工作是前提；先进技术应用是条件；严格监管是保障。三者相结合，形成矿井防治水综合管理模式。

1　水害及其类型

矿井水害一直是威胁煤矿安全生产的主要隐患之一，近些年来，矿井水灾事故不断发生，轻则造成经济损失，重则造成重大人员伤亡事故，2005～2009年五年中全国发生各类透水事故215起，死亡1 373人。

矿井水害的充水水源一般有：地表水、第四系水、岩溶水、裂隙水、煤层顶底板含水层水和采空区积水。根据2005年到2009年上半年统计，全国215起透水事故中，老窑、采空区透水占81%，说明老窑、采空区透水是主要水害类型。其次，随着煤炭开采深度的不断增加，开采过程中承受的水压越来越大。在西山矿区，其下伏中奥陶统碳酸盐岩含水层成为矿井突水的主要威胁之一，多个生产矿井属带压开采，最大压力可达2.54 MPa/m^2。

2　防治水综合管理模式

2.1　加强基础工作是矿井防治水的前提

2.1.1　完善管理制度

健全的制度是一切工作得以顺利开展的必要基础，以《煤矿防治水规定》为准则，结合公司实际，各生产矿井建立健全水害防治岗位责任制、水害防治技术管理制度、水害预测预报制度、水害隐患排查治理制度、探放水制度、重大隐患停产撤人制度等各项防治水业务管理制度。通过完善的制度，明确了工作内容与岗位职责，达到人人有事做，事事有人做。同时，各生产矿井均制定了防治水中长期规划、年度防治水计划、防治水措施、水害应急预案等管理措施，并在实际工作中严格考核。

2.1.2　扩展基础资料

各生产矿井要补充完善“三个报告、五类图纸、十五种台账”等水文地质基础资料。西山煤电集团及所属各矿每月必须编制水情水害预报，水害隐患排查报告；同时与有关科研部门合作，编制了矿井水文地质类型划分报告；开展了防治水安全技术会诊，完成了矿井水害预警图的编制，收集完成了所属矿井防治水基本情况调查。所有这些都为矿井防治水工作打下了坚实的基础。

2.1.3　健全管理机构

从矿井防治水需要出发，西山煤电集团公司成立了矿井防治水领导组，办公室设在地质处，各矿相应成立了防治水领导机构，集团公司设立了地测副总工程师，有条件矿井相应配设地测副总工程师，各矿均成立了专职物探队伍及钻探队伍，进行超前钻探、探放水。

2.1.4　强化硬件设备

为了保证防治水工作的有效进行，各生产矿井均配备有相应的物探及钻探设备。主要是有瑞利波探测仪、直流电法仪、音频电穿透仪、全方位探测仪、便携式地质探测仪、坑透仪、高密度电法仪等8种物探仪器，共37套。同时配有各类超前探测钻机227台，如长距离探水钻机、岩石钻机等。

2.1.5 提高人员素质

防治水专业人员是一切制度、机构、设备等有效运行的核心，人员素质的提高意味着生产效率与工作效率的提高，也是前述所有措施得以顺利实施的关键。对于矿所有相关人员都要进行防治水安全培训，特别是要结合典型水害案例，加强对职工水害防治知识的培训和教育，提高安全生产技能和综合素质。制定并不断完善矿井水害应急预案，开展应急预案的演练，使职工掌握逃生的路线。一旦矿井发生水害事故，能够立即启动矿井水害应急预案，并积极开展救援工作，把事故损失降低到最低程度。

近些年来，公司多次邀请国家煤矿安全监察局水害防治专家、西安煤科院专家到西山授课，对西山煤电集团公司的领导、有关处室、各矿的总工程师、地测副总、地质科长及技术人员进行培训学习；与职教办合作编写了防治水知识问答宣传手册；公司各矿井都各自举办了防治水知识及遇灾自救常识讲座，全体职工的防治水意识都有了极大提高，同时各级领导对防治水工作的认识也得到加强。

2.1.6 推进防治水工程

防治水工程建设是一项长期任务，西山公司积极制定了防治水工程规划，投入了大量的人力物力。在井下，主要修建了防水闸门、防水密闭、泄水巷、中央水仓，进行井下探放水；地面工程主要有河床治理、疏通河道、防洪挡水墙及小煤窑井口封堵等。

2.2 先进技术手段的应用是矿井防治水工作的必要条件

作为生产单位，与专门科研机构相比，自身科技力量相对薄弱，而不断的技术革新是企业得以快速发展、提高竞争力的必要条件。在矿井防治水方面，西山煤电集团公司积极利用了各方面优势力量。

2.2.1 积极开展科研合作

针对防治水工作中存在的问题，如带奥灰水压开采、水源快速判别、“上三带”与“下三带”研究、矿井物探技术等，与相关科研院所联合研究，通过研究，在一些防治水核心技术方面有了突破性进展，为矿井安全生产提供了技术依据。

近年来主要科研项目有：古交矿区奥灰水文地质补勘报告；镇城底矿、马兰矿、屯兰矿、白家庄矿、东曲矿等5个带压开采矿井的防治水中长期规划；屯兰矿18207工作面的带压开采评价；各矿带压防治水设计研究；西山矿区地表重复采动规律及沉陷现状的监测研究；镇城底矿、马兰矿带压开采矿井的防治水工程；西山矿区奥灰水机理研究；西山矿区突水水源快速判别信息辅助决策系统研发；古交矿区河流煤柱留设研究。

2.2.2 充分发挥信息化优势

计算机远程信息管理是企业实现管理现代化的必要手段，也是企业提高工作效率、改善工作环境、增加经济效益的重要途径。1998年以来，西山煤电集团与北京龙软科技有限公司合作开发了地测资源信息管理系统，使地测图件的计算机化成为可能。在此基础上，利用网络技术，开发地测远程管理信息系统，实现了公司地测系统内的图形、文件网上传输、浏览、查询，真正实现了矿井防治水工的信息化、数字化，提高了工作效率，方便了公司对所属各矿的决策指导，同时也为公司创造了丰厚的社会效益、经济效益与安全效益。

在网络中，公司有关领导通过浏览器或客户端对集团公司各矿地测工作运行情况，对各矿地测数据、图形等实时查看，监督管理给出反馈信息，另外提出新的议案、做出相应的决策。地测处和生产处实现采掘工程平面图、数据报表等资料的远程管理，实现报表的自动传输、自动汇总。按照集团公司现行报表标准，各矿只要按时，按照规定标准将有关数据放入数据库服务器中，通过浏览器即可自动下载图形或直接打开图形进行查看、分析，同时可以获取各种报表资料和汇总数据供管理单位查询与管理。同时，矿井间可以获得符合集团公司要求的其他矿使用的图件和报表，实现矿与矿之间的相互交流。各矿之间、各矿与地测处之间可以相互发送通知，传递或索取信息、资料。

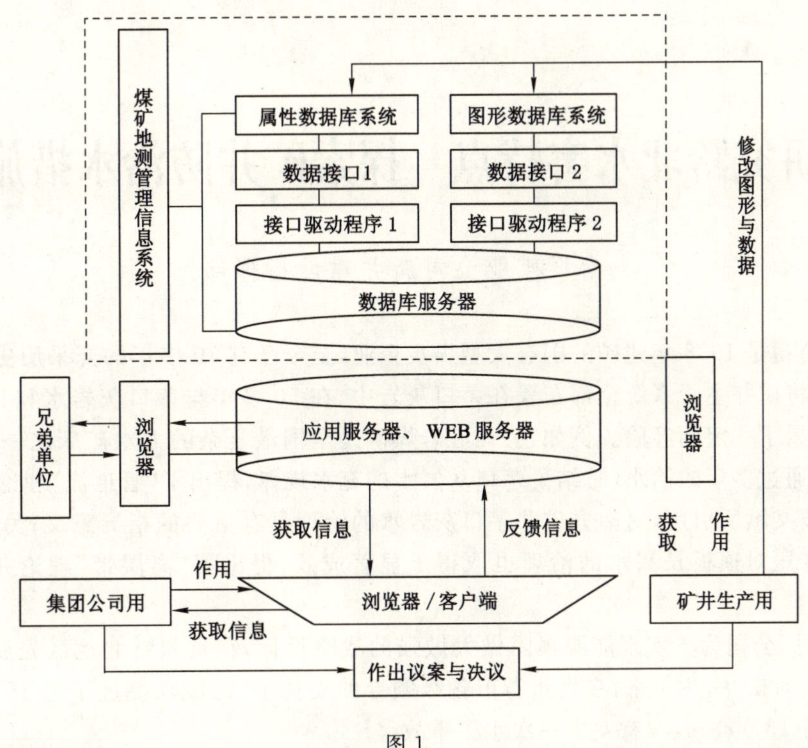

图1

2.3　加大监管力度是防治水工作有效实施的保证

加强防治水监管监察工作力度是各项措施得以实施的有效保证。各级相关部门要认真履行对煤矿水害的日常监管职责，加强对所属矿井的监督检查力度，特别是对受老空水、地表水、承压水或溶洞水威胁的煤矿进行重点监察。凡防治水措施不落实或落实不好的，必须责令其立即停产或整改。凡存在重大水害隐患的煤矿，要限期整改。对发生水害事故的矿井，要按照“四不放过”原则和“依法依规、实事求是、注重实效”的基本要求，认真调查事故原因，严肃追究事故责任，促使煤矿吸取教训，举一反三，提高防治水工作水平。为强化防治水管理，公司召开了多次防治水工作会议，总结并安排地测防治水工作及防治水示范矿井建设，落实防治水隐患整改情况，重点落实山西焦煤下发的防治水“十严格”、“十加强”工作。

3　结束语

矿井水害防治是一项综合工程，加强基础工作是矿井水害防治的前提；先进技术应用是矿井水害防治的条件；严格监管是矿井水害防治的保障。三者相互联系、紧密结合，形成矿井防治水综合管理模式。实践证明，这一模式是有效的。

研究黔北水害特点　探索矿井防治水措施

南桐矿业公司新井建设指挥部

南桐矿业公司是1938年建矿的国有大型煤炭企业，至今已有70多年的开采历史，自20世纪50年代末期开始，将矿井主干系统全部布置在茅口灰岩中，在50多年与茅口灰岩水和其他矿井水害的探索治理中，积累了一定的经验。例如：公司红岩煤矿是全国最复杂的大水矿床之一，茅口灰岩水害威胁严重，公司通过多年的治水，总结了茅口灰岩水的充水规律，提出了“管道流”理论，该理论和研究成果被很多科技文献所引用，对南方矿井茅口灰岩水的治理具有重要的指导意义；另外，公司采用离层注浆和疏水降压对顶板长兴水的治理也取得了显著成效，提出了“离层带”理论并得到了实践的检验。

2004年6月，公司为了实现能源集团做大做强的战略目标，在贵州黔北地区先后与贵州能发公司合作开发了5对矿井，几年来，在贵州省市各级领导的支持下，已成功掘进了近15 000万m，其中在茅口灰岩掘进13 000 m，没有发生一次水害事故。

1　对黔北矿区水文地质条件的基本认识

黔北矿区大多开采二叠系龙潭组煤层，煤系顶板为玉龙山、长兴灰岩，属中等岩溶含水层，为矿井间接充水水源；底板为茅口灰岩，属岩溶强含水层，为矿井直接充水水源。该套地层组合情况与毗邻的重庆南桐、松藻矿区水文地质条件基本相似，其水害类型主要包括浅部小窑老空水、封闭不良钻孔水和底板茅口灰岩岩溶水，而顶板玉龙山、长兴灰岩与可采煤层之间一般有煤系地层相隔，只有当冒裂带波及顶板含水层时才可能形成“水患”，但基本不会形成“水害”。

黔北煤矿一般为多煤层开采，需布置底板集中运输系统，所开采煤层多为高变质的无烟煤，基本上属于高瓦斯矿井或煤与瓦斯突出矿井，在煤系地层中布置底板集中运输系统，极易误穿煤层，防突工作量大，难度高，且巷道后期维护成本高，不利于矿井的长远发展；而布置在茅口灰岩中，虽然具有防水压力，但与防突压力相比，安全可靠性更高。

2　对矿井水害防治工作的认识

要搞好煤矿水害防治工作，需要对煤矿防治水具有较为深刻的认识，这样才能起到事半功倍的效果。

2.1　对“水害”与“水患”认识

矿井防治水包括两个方面的内涵，一是“水害”的防治，二是“水患”的防治。“水害”是指矿井发生井下突水，可能导致淹井、威胁井下员工生命并造成国家或个人财产损失的一种灾害；而“水患”的出水形式表现为淋水、滴水、渗水，只会造成采掘作业环境的恶化和矿井排水费用的增加，但不会形成灾害。

通常人们将“水患”和“水害”混为一谈，对可能存在的“水害”和“水患”采取相同的防治措施，导致水害的防治工作缺乏针对性，我们认为正确的方法是区别对待、抓住重点，对“水害”采取严格的防治措施，而对“水患”则采取相对简单的防范措施。

2.2　对“探”的认识

煤矿水害防治，“探”是一个非常重要的手段。王家岭煤矿发生的特大透水事故以及众多国有、地方煤矿发生的大量透水事故，其最主要的原因是未严格执行“探掘”措施，国家三令五申明确要求加强“探掘”工作，但效果仍然不好，其根本的原因一是“探”制约矿井生产、降低掘进速度、增加生产成本，二是对“探”的认识深度不够。

我们认为，“探”必须采取“区别对待、抓住重点、有的放矢”的原则，针对不同的水文地质条件，采取不同的探放手段。对突水危险区（水害威胁大），必须采用探水钻机进行严格的探放水，并保持足够的超前距；对突水威胁区（水害威胁较小），则采用物探和钻探相结合的探放水手段；对无突水威胁区可采取物探为主。否则，不分析具体的水文地质条件，“眉毛胡子一把抓”，不管是否存在“水害”威胁，均要求采用钻机进行“长探”，其结果：一是导致“什么情况下都不探”，而煤矿的探放水钻机、编制的探放水设计只是为了应付检查和装点门面；二是煤矿初期严格执行了探放水，但长期未出现水害，导致思想“麻痹”，久而久之，就会放弃执行“探掘”，待真正出现“水害”时才追悔莫及。

同时，“探”不仅仅是指钻探，在充分认识矿井水文地质特征，熟练掌握物探技术的条件下，采用物探方法也是一个有效的探测手段。

2.3　对煤系底板茅口水的基本认识

茅口灰岩属岩溶强含水层，这是大家共有的认识，但茅口灰岩的含水性强弱具有明显的不均一性、各向异性、层选性，在茅口灰岩的不同水文分层中，其含水性差别极大，例如柿花田煤矿在靠近煤系地层的茅口灰岩一分层中，岩溶不发育，而在距煤系地层较远的茅口灰岩三分层，岩溶非常发育。不仅南方地区茅口灰岩如此，北方“奥灰”强含水层仍然分为若干分层，有的“奥灰”分层为强含水层，有的则为弱含水层甚至隔水层。因此不能将茅口灰岩视为一个均质的含水体。

虽然北方“奥灰”和南方茅口灰岩同属强含水层，但二者之间具有较大的差异。

北方“奥灰”水为岩溶裂隙含水层，岩溶裂隙分布范围广，相互之间具有联通性，属统一的承压含水体，一旦揭露，则可能造成含水层大范围的水位降低而发生重大突水事故。而南方地区特别是在重庆南桐、松藻以及贵州黔北地区的茅口灰岩属山区岩溶水，以岩溶管道流为主，各管道之间在横向上水力联系微弱，具有相对的独立性，不形成统一的含水系统，即便揭穿岩溶管道，也不会导致含水层水位的大幅降低；同时在当地排泄基准面以上，岩溶地下水一般不承压，只有在特定条件下短时承压。因此，对茅口灰岩强含水层应采取“在战略上藐视敌人、在战术上重视敌人”的指导思想，消除对茅口灰岩的恐惧心理，既要认识到茅口灰岩属强含水层，易发生水害事故，同时也要认识到茅口灰岩水是可以采取科学的手段进行有效防治的。

3　水害治理的基本对策

公司总的防治水理念是“区域防治是基础、局部防治是关键、管理体系是保障、消除水害是目的”，“物探先行、钻探验证、区别对待、综合治理”，在区域防治的基础上，依据不同的水文地质条件，将采掘头面的水害防治划分为突水危险区、突水威胁区、无突水威胁区，然后针对不同的情况，采取不同的局部防治手段，真正体现“区别对待、综合治理，切实搞好矿井水害防治工作”的指导思想，同时，采用最先进的排水系统，防止突水而不淹井。

3.1　区域防治是基础

区域防治水的目的：一是尽量减少大气降水、地表水体进入矿井的可能性，二是为局部防治水提供科学依据。

区域防治水内容包括：① 留设各类防隔水煤柱（“防”）；② 依据地表水体的漏失情况和地形汇水情况，对河床进行治理，在地表修建防洪工程进行截流（“截”）；③ 选择岩溶发育相对较弱的层位作为掘进底板的掘进层位；④ 为井下划分突水危险区、突水威胁区、无突水威胁区提供科学依据。

区域防治水的主要工作包括以下内容：

3.1.1　开展水文地质基础工作

(1) 建井前开展水文地质勘探，查明矿井水文地质条件。

(2) 开展三维地震勘探工作，补充查明探查范围内落差大于 5 m 的断层位置、性质、导水性以及老窑、采空区的大致位置和积水分布情况。目前，柿花田煤矿与贵州西能物探公司合作开展了三维地震勘探，下一步公司将在其他四矿开展三维地震勘探工作。

(3) 与科研单位合作，开展水文地质调查和矿井水害防治方案的编制，如木孔煤矿委托了成都理工大学、官仓煤矿委托了重庆地质矿产研究院贵州分院。

通过水文地质调查工作，特别是通过对茅口灰岩水的调查研究，基本查明了茅口灰岩水的补给、径流、排泄条件，为茅口底板大巷层位选择和防治水工作提供了科学依据。

在柿花田煤矿和庙新煤矿的调查中，查明了茅口灰岩在煤系底板 50 m 左右的范围内富水性弱，基本不发育岩溶管道，地下水主要以岩溶裂隙水方式出现，发生水害威胁的可能性小；而在 50 m 以下的茅口灰岩中岩溶发育，主要以岩溶管道流方式出现，发生水害威胁的可能性大；同时查明了在山区岩溶中，浸蚀基准面以上地下水一般不承压，仅在暴雨季节可能出现短时承压。基于以上分析，我们将柿花田煤矿和庙新煤矿茅口底板巷布置在距煤系 25 m 附近。目前，柿花田煤矿和庙新煤矿在茅口灰岩中已掘进约 12 000 m，未发生一次水害事故，证明对茅口灰岩的认识是正确的。

3.1.2　划分突水危险区、突水威胁区、无突水威胁区

依据区域防治工作研究成果资料，按照突水威胁的可能性大小作为划分原则，结合矿井初步设计及年度采掘计划，在 1∶2 000 采掘工程平面图上将各采掘工作面划分为突水危险区、突水威胁区、无突水威胁区。其划分依据和原则为如下所述。

(1) 突水危险区：

① 临近浅部小窑的所有煤、岩巷(包括平巷和上山)；

② 岩溶含水层中的上山掘进；

③ 穿过含水层的集中径流带；

④ 岩溶地下水集中排泄区 50～100 m 范围，属水文地质条件复杂区；

⑤ 临近封闭不良钻孔区；

⑥ 茅口大巷中过大、中型张性断层带。

(2) 突水威胁区：

① 在茅口灰岩下山、平巷掘进中除突水危险区外的一般地段；

② 临近一般的勘探钻孔区；

③ 茅口大巷中过大、中型压、扭性断层带；

④ 煤系地层掘进中过大、中型张性断层带。

(3) 无突水威胁区：

主要是指远离浅部小窑、在煤系地层中掘进时，除过大、中型张性断层带外的煤道和岩巷。其理论依据是煤系地层属弱含水层(相对隔水层)，可能局部存在少量裂隙水，不会形成“水害”。

3.2　局部防治是关键

局部防治水属于“短兵相接”，是防治水害工作的核心。

3.2.1　突水危险区的局部防治水

采取“物探先行、钻探验证”，物探的目的是为专门的探放水钻孔设计提供依据并指明方向；对于该类突水危险区，应严格按《煤矿防治水规定》进行探放水。

(1) 依据物探成果编制专门的探放水设计；

(2) 必须采用探水钻机进行超前探测，其超前距必须满足规范要求，不能采用物探代替钻探，物探只能作为一种辅助手段；

(3) 掘进现场标注防水基点，悬挂防水图板，按“允掘通知书”的要求，由施工单位和地测管理部门严格控制安全掘进距离；

(4) 对完成的探放水钻孔进行现场验收；

(5) 若前方探到水体，视不同情况采取不同的安全技术措施，若分析前方为静储量水，则采取“放”的方案并确保前方无水害威胁后才能向前掘进；若为动储量水，则采取“绕”、“堵”等方案。

柿花田煤矿在＋950 m 标高掘进 11701 风巷时，由于可能受上部小窑水影响，存在较大水害威

胁，在该风巷的掘进中，设计了5个探水钻孔，超前距为15 m，每次探50 m，允掘35 m。目前11071风巷已安全掘进了约120 m。

3.2.2　突水威胁区的局部防治水

采取“物探先行、钻探补充”，即先采用物探手段对前方进行探测，依据物探探测成果资料，采取不同的处理方式：

（1）物探查明的异常区，作为突水危险区对待，严格按照突水危险区方式进行探放水。

（2）对非异常区，则采用“短探”进行超前探，一般每次探3个钻孔，探5 m，掘3 m，保持2 m超前距。

按照物探理论，对于探测的非异常区，基本不会出现水害威胁，理论上可不再采用钻探，但考虑到我们的物探工作尚处于摸索阶段，还需要一个经验积累的过程，因此对非异常区，仍然采用了“短探”的补充加强措施。

3.2.3　对非突水威胁区的防治水

非突水威胁区可能存在局部小的“水患”，但不会形成“水害”，主要通过物探和加强工作面现场观察开展防治水工作。

3.3　完善防治水管理体系是保障

仅有先进的防治水理念和防治水方法，如果没有完善的防治水体系作为保障，仍然无法达到消除矿井水害的目的。

（1）建立健全水害防治机构。

（2）配备专门的水害防治技术人员和物探人员。

（3）依靠科技进步，配备先进的钻机、钻具和物探设备。

（4）完善矿井防治水有关的管理制度，每年编制年度防治水计划和中长期防治水规划，做到心中有数。

（5）加强培训，让各级管理人员和井下操作人员懂得各种水害类型的突水征兆。

3.4　采用先进的排水系统，确保灾害性突水后不淹井

由于水害防治工作的复杂性，矿井还不能完全做到彻底消除水害，因此，为了做到发生灾害性突水事故而不淹井，公司选用了全国最先进的排水系统。

（1）对传统的井下排水系统进行优化设计。传统的排水系统是将中央变电所和中央水泵房设计在同一水平标高，并高出井底车场500 mm。优化设计后，将中央变电所底板标高在原标高基础上提高约一条巷高并且与地面出口相通，发生淹井后，不至于短时间内淹没中央变电所，大大提高了排水设备用电的可靠性。

（2）选用全国最先进的矿用大型潜水泵代替以前的矿用主排水泵，该型潜水泵型号和能力已形成了系列化，最大排水能力可达2 000 t/h以上，最大扬程可达1 000 m以上，可满足各种条件下的排水要求。同时其最大的优点是潜水泵不怕被水淹，可直接安装在水仓内。

（3）选择了与潜水泵匹配的自动化控制系统，预设了由地面控制的潜水泵供电和启动系统，该自动化控制系统在井下中央变电所被水淹没后，仍然可由地面计算机自动控制系统启动潜水泵进行救灾排水。

矿井水害防治工作任重而道远，目前的水害防治经验和做法还存在很多不完善的地方，还有待于进一步总结并接受生产实践的检验。

坚持预防为主 强化防治措施 提升矿井防治水安全保障能力和管理水平

枣庄矿业集团公司柴里煤矿 宋 勇 刘国利 于国强 马如庆 邓新刚

摘 要:柴里煤矿经过40余年的开采,老空区积水点多面广,为矿井开拓延伸带来了极大困难。针对这种隐患特点,通过不断提升管理水平、加大技术投入、引入新装备、尝试新方法,成功总结出了一套解除老空积水隐患的先进经验,为同类矿井治理此类隐患提供了比较可靠的借鉴依据。

枣矿集团柴里煤矿是我国第一对厚含水冲积层下开采厚煤层的试验矿井,自1964年矿井投产以来,经过三次改扩建,2004年设计生产能力240万t。随着矿井服务年限的不断延长,采空区面积不断增加,受特殊地质构造特征的影响,老空区内的顶板砂岩水、防灭火注浆水无法自然流出,造成老空区内积水。虽然积水量不大,但如果处理方式不当,积聚的老空水容易造成溃水事故,是矿井水害的主要隐患。因此,柴里煤矿防治水工作重点已经由过去的防治含水层水,转移到防治老空区积水、断层导水等方面。针对以上隐患的特点,柴里煤矿大胆引进新技术、新工艺,更新防治水管理理念,拓展隐患排查治理途径,取得了较好的治理效果,实现了矿井安全生产。

1 积极引入新技术、新工艺,建设现代化新型矿井

引入高科技矿井水文自动监测系统,强化水文数据监控。矿井随着煤矿开采年限延长,受老空区积水、断层水等水害威胁的程度逐渐加大,需要正常观测的水文项目也不断增多,采用人工测量,测量精度低,实效性差,不能及时发现各项水文要素出现的异常,导致抢险应急救援滞后,不能有效防止灾害发生。为进一步完善矿井安全监测监控系统,全面做好矿井井上、下水文地质工作,我矿积极引入新技术、新设备,安设了先进的矿井水文自动监测系统,实现了矿井安全生产。

该系统分为井下与地面两部分,井下部分实现了矿井涌水量、水仓水位、挡水墙水压的实时监测,通过监测能够及时发现局部采区涌水量及水仓水位变化情况,有效指导各级水仓泵房合理配置排水系统,确保涌水及时排出。挡水墙水压实时监测能时时掌握挡水墙内水压情况,为解除采区隔离工程安全实施提供强有力的数据保障。

地面部分包括降雨量实时自动监测、地面塌陷积水区水位无线遥测、水文常观孔水位遥测,地面系统能实时收集降雨量数据监测地面塌陷区积水水位异常以及各水文常观孔水位异常情况,对执行灾害性天气停产撤人制度等地面水位异常情况提供可靠的数据依据。

完善井下通讯报警系统,提升矿井应对突发事故能力。目前,我矿安全生产管理干部及现场跟班人员均配备井下小灵通,所有入井工作人员均配备人员定位系统(编码器);井下各施工地点、重要岗点均安装有井下电话,井下主要大巷及开拓巷道均安装了语音广播(喇叭),主要排水口安装KXH127水位报警仪。同时,在井口和调度室分别制作了井下报警紧急撤人有关规定公示牌板。当井下发生水灾事故时,能够及时采用上述五种通讯方式实现井下全方位报警,即井下生产电话、KJ236入井人员定位系统(编码器)、井下手机短信群发系统(小灵通)、井下语音广播、KXH127水位报警仪等,能够确保所有井下工作人员及时收到报警信息并撤离。

2 努力尝试技术创新,采用井壁帷幕注浆和壁后注浆治理井筒渗涌水,打造科研品牌企业

不断引用新工艺,提升矿井安全保障系数。井筒是井工煤矿的咽喉要道,在煤矿安全生产中起着

举足轻重的作用。受第四系潜水、地表水位上升的影响，主井井壁位于井口平台下 9.5 m 处的西侧出现一处出水点，由井壁接茬处 260 mm 长的横向裂隙向外涌水，涌水量达 6 m^3/h，超过了《煤矿安全规程》规定，出水水源为第四系第一层砂。同时，在北副井井壁深 20～72 m 范围内，有近 20 处不同程度的渗、涌水点，其中渗涌水较大的有 5 处，分别位于井口平台下 21.5 m、23.4 m、24.3 m、37.5 m、71.4 m 处位置，四处位于井壁东侧和南侧，一处位于井壁西南侧，有三处目测涌水量约 1 m^3/h，合计总涌水量约 5～6 m^3/h，有逐渐增大的趋势，经过分析出水水源为第四系砂层水。

井壁渗涌水的不断增加，将加速罐梁的损坏以及对井壁的破坏程度，使井底淤煤增加，同时，井筒内金属构件、提升钢丝绳在淋水的作用下会很快锈蚀，电缆的安全性能也会下降，直接威胁到主井和北副井的提升及矿井的安全生产。依据此情况，我矿及时召开主井、北副井井壁渗涌水治理专题工作会议，实地勘察和测量、分析现场渗涌水情况及井壁破裂地段生产地质条件，研究分析井壁破裂的原因和机理，通过多套井壁治理方案的比较，根据注浆工艺要求，确定采用地面对第四系砂砾松散层及风化基岩帷幕注浆的治理方案，增加井壁厚度以有效提高井壁的承载能力。选用注浆材料为工期短、可注性强、浆液稳定性好（析水少）、堵水效果好的单液水泥浆作为注浆堵水材料，其组成为水泥、水及速凝剂。每次注浆前均进行压水试验，持续时间不少于 15 min，依据压水试验资料，计算注浆层段单位吸水量和吸水率，并据此选择浆液初始配方。根据 GBJ 213—90《矿山井巷施工及验收规范》，结合以往注浆施工经验，在确保井壁安全的前提下，确定本次注浆压力为 1～3 MPa，注浆期间，注浆压力可根据实际情况作适当调整，以确保井壁安全及注浆堵水效果。注浆工艺流程见图 1。

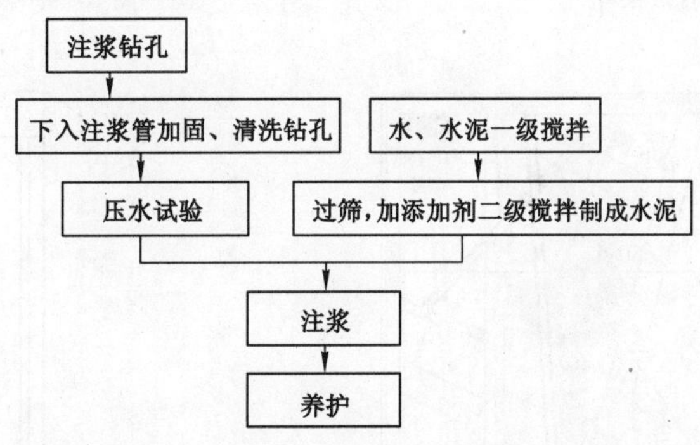

图 1　注浆工艺流程图

此次治理，重点对井筒原出水点处加密布置钻孔，其余部位均匀布置。按照治理方案，钻孔施工个数、注浆、封孔质量均达到设计要求，主井井口以下 15 m 范围内 85%以上已干燥无涌水现象，原涌水点得到了有效控制；北副井井壁 20～72 m 范围内无涌水现象，渗水也大大减弱，有三处略有微渗，达到了预期的治理效果，通过 3 个多月的观察，治理效果良好。

攻克不具备启封条件的地面钻孔井下封闭技术难题。在矿井建设初期，因供水、供浆、供电以及防灭火需要，自地面向井下施工了大量钻孔，钻孔大部分施工时间较早，随着采场的变化、转移，多数已经不再使用，虽然大部分钻孔在废弃时进行了启封，但仍有部分钻孔由于工广范围扩张，被电厂主厂房、主办公楼、西注浆站等建筑物覆盖，导致这些钻孔从地面已不存在找孔封闭的可能。在管壁出现严重锈蚀、管壁穿孔、脱落等情况下，极易造成第四系含水层水通过钻孔向井下溃水，成为危及矿井安全的重大安全隐患，当工作面开采到封闭不良钻孔时，曾使用过跳切眼留设保安煤柱、打木垛减少冒落高度或专门打泄水巷，安设大功率的排水设备等措施，这些措施不但浪费了大量人力、物力及煤炭资源，且仍存有较大风险。因此，必须对这些钻孔进行封闭。为解除该隐患，矿组织精干技术力量，积极开展了在井下进行封闭的技术研究，最后确定采用反向压浆封闭工艺，该工艺主要创新点是由下向上清孔法（采用岩石电钻安装在孔口下，沿孔向上扫孔，清理杂物）；承压孔口封闭法（① 海带孔口封闭，② 胶皮压实封闭，③ 预注浆孔口封闭）；承压浆液管道输入法（① 采用耐压管道输入法，② 浆液直接压入法)；带水钻孔输排法(含水钻孔应安设引水管路，在浆液输入的同时将水靠压力排出)。－80孔位于柴里煤矿一水平东翼井底车场附近，钻孔治理前常年渗涌水，不但破坏了巷道的稳固性，而且排水耗电较大；采用井下封闭技术治理后巷道干燥，防止了巷道被水侵蚀，切断了地表水及含水层与井下的水力联系；通过对－80孔在井下的治理，我矿积累了宝贵的经验，该技术适用于多种地面不具备启封条件在井下进行启封，对于类似钻孔的治理具有指导意义，并且有较大的推广和实用价值。治理情况如图2、图3、图4和图5所示：

图2 治理后效果图

图3 －80孔平面位置图

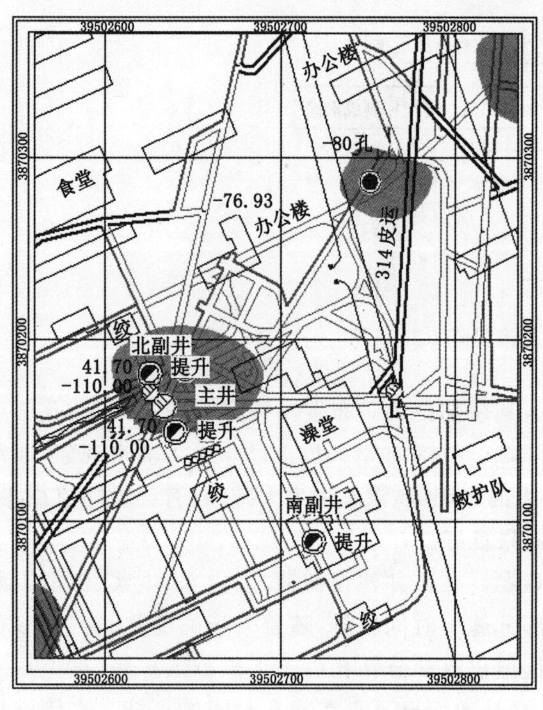

图4 钻孔施工图

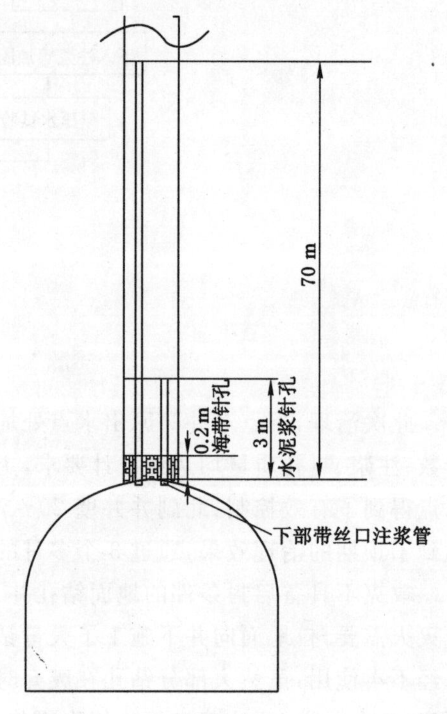

图5 钻孔地质柱状图

3 隔离区域风险，打造矿井分块战略

实施采区隔离，降低矿井整体风险。由于矿井地质条件复杂，煤层走向变化大，造成直线定向巷道起伏较大。经过近45年的开采，老空区分布范围广，头多面广难于管理，老硐老巷众多，分层开采导致的空间关系复杂，极易造成巷道及采空区低洼积水；加上防灭火工作需要，大部分工作面采空区都进行了防灭火注浆，又带来新的水患，增加了防治水工作难度，特别给巷道掘进带来极大的安全隐患，成为矿井主要的水害隐患防治对象。

为此，通过认真分析各采区、工作面的地质构造、巷道连通关系等资料，将矿井按照采区进行划分，对存在发生溃水威胁的区域，制定防治水隔离方案、措施，在 314 材联、350 溜联、332 材联、西大巷 1 号通道等地点施工了挡水墙，在袁堂井九采区 3 煤层与小槽煤之间的轨道运输联络巷安装施工了防水闸门，做到超前预防，对可能发生溃水的区域建立挡水门(墙)进行隔离，一旦该区域发生溃水，挡水门(墙)能有效阻断溃水的漫溢，减少或杜绝对其他区域的影响，将事故危害程度降到最低。

4　强化“三基”建设，狠抓精细化管理

苦练扎实基本功，提升业务技能水平。结合当前矿井防治水工作实际，从基础做起，加强资料的收集与整理，建立健全各类水文地质图纸及台账，重点加大水害隐患的分析排查及治理力度，突出治理重点，强化现场管理，狠抓防治水方案、措施的落实兑现，加强水害隐患的预测预报、调查和探放水现场管理工作，坚持开展防治水专项整治检查活动，有效杜绝水害事故的发生。

注重安全培训投入，提高职工整体安全素质。我矿企业文化教育机构——柴里大学专门设立防治水知识教育培训办公室，配齐了教学设备，实现了安全教育培训的网络化，制定特殊工种、全员培训计划，按要求选派各级管理人员和特殊岗位工种人员到省安培中心及市劳动局等部门参加培训，使每名入井工作人员都熟悉规避水害事故的基本常识，熟记工作岗位所在地点的避水灾路线，提高了职工的综合素质和业务水平。

健全完善安全技术措施，严格措施落实兑现。一是严把设备采购关，采购矿用防排水设备时，凡是没有产品合格证和矿用安全标志的一律不准订货。二是在安全投入及安全技术措施专项经费提取方面，每年年初编制安全技术发展和安全措施计划，建立专项安全技术措施专项基金，做到专款专用，专人负责。三是每年年初编制矿井灾害预防和处理计划，编制《矿井水害事故应急预案》，并结合矿井生产实际不断进行修编、完善。雨季来临前进行井上下排水联合试运转，并组织防洪抢险救灾演练。四是狠抓矿井停产检修安全管理工作，矿井停产检修时，编制矿井防治水专项措施传达下发，所有检修项目必须编制检修安全措施，并集中召开检修安全会议，做到无措施不准施工。五是强化井口安全检身和安全防护用品的使用，在井口设立专职检身员，所有入井人员在入井前必须进行安全确认，对安全防护、携带物品进行细致检查，发现不符合规定要求的，坚决不准下井工作。矿劳保部门按要求及时发放劳保用品，严格采购与审批发放制度，保证安全防护物品按时发到员工手中。矿组织人员对员工劳动保护用品的使用情况进行专项检查，对存在职业危害的地点不佩戴劳保用品或不正常使用的人员进行处罚，保证劳保用品发放到位，使用到位。

推行“安全环境准入评定”，定期排查现场隐患。首先，在所有采掘、巷道修复、设备安装、撤除等工程开工前，都要进行“安全环境准入评定”。凡是未按防治水规定要求完善防治水设备、排水通道、管路的，未达到防治水措施要求的，一律评定为不合格，不准进入施工。待整改完毕，重新评定合格后方可进入，真正从源头上把住了安全关口，消除威胁安全生产的隐患。其次，重点监控现场问题，定期进行现场检查。防治水专业及安监部门定期对采掘现场进行排查，发现隐患立即整改，将隐患消灭在萌芽状态。严格实行重点隐患的 ABC 环式闭合卡“一卡通”制度。对现场查出的重点隐患问题，按照“现场问题现场落实、当班问题当班落实、出现问题当天分析”的原则，均以 ABC 环式闭合卡的形式进行了快速、有效闭合，专业负责人、整改人、巡查人、监察人分别在闭合卡上签字，把隐患治理的责任落实到了负责人专业、区队、班组和个人，形成隐患落实、治理、复查、闭合“一条龙”的管理模式。

实行层级管理，坚持隐患与事故分级追究制度。建立安全管理的塔式垂直管理模式，对责任范围内出现的人身安全事故、重大非人身事故、质量低劣问题、重大隐患和主要不安全问题、严重违章事件等安全质量管理问题实行连责处罚，逐级追究。从直接责任者，到分管现场直接领导，再到分管主要领导层层追究，责任连带。

柴里煤矿近年来通过严格管理，狠抓技术，加强装备改造升级，克服了采空区点多面广等重重困难，有效地治理了老空积水等矿井隐患，保障了矿井的安全生产，为今后防治水工作顺利开展积累了宝贵的经验。

加强预测预报　落实防治措施
为矿井安全生产提供有力地质保障

靖远煤业集团有限责任公司红会第一煤矿　吴克福

摘　要：甘肃靖远矿区红会煤田小煤窑破坏严重，小窑老空老巷分布复杂，其采空区内存在大量的水、火、瓦斯等灾害隐患，给矿井的安全生产构成极大威胁。近年来，矿井认真贯彻落实国家安全生产的方针政策，按照“预测预报，有疑必探，先探后掘，先治后采”的水害防治原则，科学决策，超前安排，认真组织，严格管理，狠抓矿井防治水工作，为矿井安全生产提供了有力的地质保障。文章从加强领导、整章建制，不断完善“地测防治水”工作等六个方面介绍了近年来矿井在防治水方面的成功经验。

20世纪80年代中后期至90年代末，红会一矿井田曾遭受过众多小煤窑掠夺式破坏性开采，破坏程度非常严重，致使井田内遍布纵横交错的小窑老空、老巷，小窑破坏面积达50%以上，存在大量的水、火、瓦斯等灾害隐患，使矿井水文地质情况变得异常复杂，给矿井的安全生产构成极大威胁，矿井的水患防治任务十分繁重。近年来，我矿认真贯彻落实国务院关于安全生产的方针政策，全面落实国家和集团公司关于矿井地测防治水的要求和指示精神，始终坚持“预测预报，有疑必探，先探后掘，先治后采”的十六字水害防治原则，科学决策，超前安排，认真组织，严格管理，狠抓矿井防治水工作，为矿井安全生产提供了有力的保障。近10年来，矿井从未发生过透水事故，为矿井的安全生产奠定了坚实的基础，取得了显著的经济效益和社会效益。

1　加强领导，整章建制，不断完善“地测防治水”工作

我矿井田受小窑严重破坏，水情水害情况复杂，小窑老空、老巷积水严重威胁矿井安全生产。因此，我们始终把地测防治水作为安全生产工作的重中之重。一是年初按照集团公司“地测防治水”会战工作的总体部署，及时下发关于矿井“地测防治水”会战工作安排的通知，同时成立矿防治水工作领导小组，加强领导，将矿井防治水工作的目标任务分解下达到相关部门及区队。二是从转变管理干部和职工的思想观念入手，定期组织职工学习《煤矿防治水规定》、《煤矿安全规程》等有关防治水的法律法规，进一步提高职工对矿井防治水工作重要性的认识。要求每一个管理干部和职工把防治水工作当做安全工作的头等大事来抓。三是健全和完善了矿井水害防治岗位责任制、水害防治技术管理制度、水害预测预报制度和水害隐患排查治理制度。制定了红会一矿探放水、探小窑管理办法，及时修编矿井防治水中长期规划和年度防治水计划，使矿井防治水工作做到了有章可循，目标清楚，措施明确，责任到人。四是矿防治水领导小组定期召开专题会议，对防治水工作进行阶段性的总结和部署，使防治水的各项工作及措施真正落到实处。

2　认真收集资料，加强预测预报，不断强化水文地质基础工作

预测预报工作是煤矿防治水工作的前提，为了做到超前预防，我矿把水情水害预测工作提高到一个新的高度来认识，切实提高水情水害预测预报准确率，做到防患于未然。一是严格按照《煤矿防治水规定》、《煤矿安全规程》要求，加强矿井日常水文地质调查工作，完善和健全地下水动态观测网，坚持每月至少对矿井生产水平涌水量观测两次。二是实测、收集、核对相邻煤矿和井田范围内废弃小煤窑资料，调查小煤窑的开采范围、开采年限及积水情况等资料，并及时填绘到相关图纸上。三是及时组织地质、采掘、通风灭火技术人员、安检部门主管人员认真研究分析水文地质资料，预测采掘工作面

区域范围内容易引起水害事故的小窑破坏区域位置、地质构造、充水来源、充水途径、水害类型等，制定预防水害事故的措施，确定矿井防治水害的工作重点。根据年度、季度、月度生产计划和矿井涌水量变化情况，有针对性地编制下发矿井地质预报及水情水害预报，并且做到了年有年报，季有季报，月有月报，水情发生变化时有临时性预报，有效地指导了安全生产。四是按照安全质量标准化的要求，严格进行防治水隐患排查，及时下发隐患整改通知单，责令限期整改，矿生产技术部建立了水害隐患排查分析记录和台账，实行隐患整改消号管理制，将水患危害消灭在萌芽状态。

3　认真落实地面防治水工程，加强“雨季三防”工作

近年来，受综采放顶煤开采及井田周边现存小煤窑开采的影响，我矿井田地表沉陷严重，雨季洪流对矿井安全生产威胁较大，为了防止地表洪流沿沉陷裂缝及废弃小窑井口导入井下，我矿认真落实地面防治水工程，确保防治水工程按期完成。一是雨季来临前，对流经我矿井田的紫泥沙河、马家宽沟河道及 1502、1504 等综放工作面塌陷区进行检查，并针对检查出的问题对紫泥河、马家宽沟河道进行疏通、清理。对地表塌陷坑、塌陷裂缝及水流汇水面积较大的低洼区域进行反复推填、夯实，封严裂缝。对在洪水线以下关闭的小窑井口多次推填加固，防止洪流沿小窑井筒进入我矿井下。二是矿安检部门派专人对地表塌陷区、废弃小窑井口、防洪工程不定期进行巡查，建立巡查记录，责任到人，发现问题及时进行处理，确保地表防治水工程安全可靠。

4　加大投入，强化检修，充分发挥探放水设备效能

良好的探放水装备是实现钻探高效的关键环节，只有充分发挥设备的机械效能，探放水的技术优势才能真正体现出来。前几年，我矿探放水手段单一、探放水设备严重不足，使用的钻机落后，个别钻机已到报废期，尤其是实施长距离岩孔探测非常困难，严重影响探放水工作的顺利开展。针对以上情况，我们在设备投入和管理上狠下工夫。一是加大了资金投入，给两个钻探队各配备了两台 75 型和一台 150 型探放水钻机，同时针对矿井七采区、三采区小窑超层越界频繁的实际，给一号井装备了一台 5S 大型长距离探放水钻机，实现了探放水钻机的更新换代。二是切实提高探放水设备的检修及保养质量，在设备使用过程中包机到人，责任到人。每天落实检修内容，实行队与班组签订检修责任书的办法，促进设备维护保养质量的提高，最大限度地减少机械影响。三是在资金紧缺的情况下，矿抽出一部分资金对现使用钻机进行大修，保证两个钻探队正常情况下各有 4 台完好钻机，从而确保探放水工程的顺利开展。

5　严格落实措施，提高探放水工作质量

为了确保水害防治工作落到实处，首先在设计和措施上进行严格落实。一是采掘工作面设计前，地测部门根据工作面区域内的水文地质、小窑破坏情况等资料编制工作面的探放水方案、防治水安全技术措施，对每个采掘工作面探放水工作建立水文档案，掌握第一手资料。二是每条巷道施工前，生产技术部首先拿出切实可行的施工方案和探放水设计，组织相关人员进行严格细致的会审，并将方案和探放水设计下发施工单位组织学习。三是在小窑严重破坏区掘进过程中，始终坚持“先探后掘、不探不掘”的原则，实施长钻控制、短钻搜索的全方位立体式的探测。巷道掘进过程中每 40～50 m 施工一个钻场，布置 7～9 个探孔，孔深 80～90 m，对掘进区域前方及巷道两侧小窑破坏情况进行探测，探孔终孔垂距不大于 1.5 m，平距不大于 3.0 m，帮距不小于 20 m(巷道两侧安全外围线)，确保超前掘进迎头探距 20～30 m；否则，停止掘进。探孔施工过程中，生产部主管技术员不定期对钻孔施工参数进行抽查验收，重要钻孔采取部室长、区(队)长、主管技术人员现场跟班记录验收制，确保了探孔资料的真实、可靠。每组长钻孔施工完毕后，由生产技术部牵头，组织钻探队、主管区长、安检部门相关人员进行联合验收，不合格的探孔进行重新补打，确保探孔施工质量。

6　突出重点，加大对相邻工作面采空区、小窑老空区积水的探放力度

一、三矿合并后，原三矿八采区剩余资源划归我矿开采，但其小窑破坏非常严重，38202、38204 等工作面采空区内存在大量积水，因此，七采区探放水工作成为我矿安全管理工作的重中之重。我们采取的具体措施是：一是矿防治水领导小组召开专题会议，对七采区的防治水工作进行了周密的安排部

署，矿生产技术部制定了切实可行的防治水方案设计和探放水安全技术措施。二是对原三矿井田范围内及周边现存的5座小煤窑在集团公司和地方政府部门的协调下对其采掘场所进行了实测，对已关闭废弃的小窑全部进行了调查，并查阅了三矿大量地质和水文地质资料，通过综合分析，确定了七采区小窑破坏区及积水边界线、探水线、警戒线。三是利用原三矿巷道，使用5S大型长距离坑道探放水钻机，实施长距离岩孔探测，最长孔深达到210 m。四是在1701、1703等工作面施工过程中，采用75型、150型及5S型多种型号探放水钻机配合探测，有效探放出了原三矿工作面采空区及小窑积水。2007～2009年，在七采区共探放出三矿采空区及小窑老空、老巷积水43.3万m^3，排除了水患，确保了七采区的安全生产。

7　大力推广应用新技术、新设备，依靠自主创新，提高水害综合探测能力

长期以来，我矿主要依靠长、短钻孔相结合的探测方法超前疏放小窑老空、老巷积水，由于钻探工程量大、探测手段单一落后，不仅费时费力，而且钻探成本高、探测资料精度较低，难免出现误探、漏探等情况，很难满足安全高效开采技术条件下矿井安全生产对地质保障工作的要求。为此，我矿组织相关专业技术人员进行技术攻关，结合矿井受小煤窑严重破坏，小窑老空、老巷内存在大量水、火、瓦斯危害的实际情况，积极探索研究小窑破坏区域掘进工作面超前探测技术。一是采用直流电法探测仪、便携式矿井地质探测仪等先进的物探技术在掘进工作面迎头超前实施探测，通过对比分析，圈出小煤窑破坏区域及含水构造等地质异常区的大致范围，对其进行基本界定后，针对标定的异常区范围适当打钻进行探测，这种物探与超前探孔相结合的综合探测方法，集多种探测手段于一体，可全方位进行分析对比，从而提高了探测的准确性，实现了地质量化预测，可准确探测掘进前方小窑破坏范围及灾害的分布情况，通过采取针对性的措施对小窑灾害进行超前处理，保证了掘进工作面的安全生产。二是回采接续工作面掘进工程完工后，我矿积极配合集团公司测试中心对工作面进行无线电波坑道透视探测，若发现地质异常区，再次进行补探，直至确认没有积水，并经矿有关领导及生产、通风灭火、安检等相关部门负责人进行安全评估后，认为该工作面无水患威胁时才准进行正常回采。

虽然我矿在地测防治水方面取得了一定的成绩，但与兄弟单位相比，我们还有许多不足之处，井田周边小窑破坏活动仍在继续，今后的防治水工作依然任重而道远。我们将进一步认清形势，坚定信念，正视现状，开拓创新，在地测防治水方面不断探索工作新思路，创建新水平。

镇城底煤矿防治水技术与工作总结

西山煤电股份有限公司镇城底煤矿

摘　要：镇城底煤矿地质构造复杂(属Ⅲ—Ⅲa—Ⅱb—Ⅱd—Ⅰef 类型)，水文地质条件复杂，属带压开采矿井，影响我矿安全生产的水患有：奥灰水、小窑水、采空积水、上覆基岩裂隙水和地表水，其中奥灰水是我矿的主要水患。我矿严格按照《煤矿防治水规定》、《煤矿安全规程》及公司防治水安全示范矿井的六条标准等要求和规定开展防治水工作，对不同水害类型采取有针对性的技术措施，不断引进新技术、新装备、新工艺，认真进行防治水工作经验总结，从而提高我矿的防治水工作能力和水平，确保矿井安全生产。

关键词：镇城底煤矿；水害类型；技术总结

1　镇城底矿概况

西山煤电股份有限公司镇城底矿是古交矿区的第二对现代化矿井，是全国第一对矿井与选煤厂同时投产的矿井。我矿 1986 年 11 月投产，矿井设计生产能力 150 万 t/a，2005 年生产能力核定为 190 万 t/a，尚可服务年限 50 年。井田位于西山煤田的西北隅，南北长约 5.6 km，东西宽约 5.9 km，面积为 23.839 6 km^2(扩区 7.4 km^2 待批)。

矿井开拓方式采用一对斜井单水平开拓，运输水平标高为＋760 m，位于最下一个可采煤层(10 号)的底板岩石中，＋820 设辅助运输水平；通风方式采用分区式通风；采煤方法为走向长壁后退式综合机械化采煤法；顶板管理为全部垮落法。

2　矿井地质及水文地质情况

镇城底矿地质构造复杂(属Ⅲ—Ⅲa—Ⅱb—Ⅱd—Ⅰef 类型)，水文地质条件复杂，属带压开采矿井。我矿处于西山区域地下水的径流区，自投产以来矿井涌水量在 149.6～467.8 m^3/h，正常涌水量为 264.7 m^3/h。

我矿属于带压开采，影响安全生产的主要水患有：奥灰水、小窑水、采空积水、上覆基岩裂隙水和地表水。上覆基岩裂隙水和地表水对矿井生产的影响较小；奥灰水、小窑水、采空积水对矿井生产的影响较大。奥灰水是最主要的水患，实际隔水层厚度大于安全隔水层厚度，在没有构造导水的情况下工作面是安全的，但我矿地质构造复杂，构造导水不能排除。

3　矿井排水系统

我矿井底水仓容量 3 600 m^3，排水设施是 3 台 450 kW 的 YB2400—4 电机，3 台 280 m^3/h 的 200D—43×8 型水泵，管路是 2 趟 8 寸钢管，扬程 396.4 m。这 3 台水泵，1 台工作，1 台检修，1 台备用。

潜水仓容量 3 000 m^3，排水设施是 3 台 75 kW 的 DJO2—4 型电机和 3 台 150 m^3/h 的 150D—30×3 型水泵，管路是 2 趟 6 寸钢管，扬程 84 m。这 3 台水泵，1 台工作，1 台检修，1 台备用。

4　镇城底矿防治水工作

按照《煤矿防治水规定》、《煤矿安全规程》及公司防治水安全示范矿井的六条标准(技术管理、技术装备及应用、基础水文地质资料、水情水害预报、防排水设施、防治水工程)，并结合我矿水文地质条件开展防治水工作。

4.1 技术管理

4.1.1 制度建设

我矿按照《煤矿防治水规定》建立健全了水害防治岗位责任制、水害防治技术管理制度、水害预测预报制度和水害隐患排查治理制度。具体包括：地面防治水管理制度；水文地质调查制度；水文孔定期观测及监测制度；隐患排查分析制度；防水闸门管理制度；防水密闭管理制度；水情水害预测、预报管理制度；探放水管理制度；探放水队管理制度；防治水工程管理制度；防治水隐患排查会议制度；水文地质培训学习制度；汇报请示制度；有掘必探制度；水害防治技术管理制度；测绘中心安全生产责任制；测绘中心主任岗位责任制；水文地质工程师岗位责任制；水文地质助理工程师、技术员岗位责任制；探放水工岗位责任制。

4.1.2 人员配备

我矿设立有专门防治水机构，矿长任领导组组长，总工程师为常务副组长，地质科为责任单位，具体负责实施防治水工作。

全矿共有在职地质测量人员 28 人，工程技术人员 9 人，其中地测副总工程师 1 人，地质工程师 2 人，测量工程师 1 人，地质助工 2 人，测量技术员 2 人；水文地质人员 1 名；水文地质人员较少。地质科内成立了物探组，地质物探人员共 8 名，开展全矿超前物探工作。

成立了专门的探放水队伍，编制 15 人，其中队长、副队长、技术员各一名。

4.2 技术装备及应用

4.2.1 物探设备

YT120(A)矿用音频电穿透仪；

YDZ(A)矿用直流电法仪；

YTD400(A)矿井全方位探测仪；

YTR(D)瑞利波探测仪；

YD32(A)高分辨电法仪。

4.2.2 钻探设备

SGZ—ⅢA(ZL300HA)型煤矿用坑道钻机 1 台；

KHYD40dIA 型矿用岩石钻机，2 kW 3 台；

KHYD75dIA 型矿用岩石钻机，3 kW 5 台；

KHYD140dIA 型矿用岩石钻机，5.5 kW 2 台。

根据生产需要，我矿还将配备 ZDY—1200S(MK—4)型煤矿用全液压坑道钻机 2 台、SGB 9—12 型注浆钻机 1 台。

4.2.3 设备应用

探放水队伍坚持“有掘必探、先探后掘”的原则，每个新开采掘工作面都编制了工作面防治水设计及措施。探放水队伍和物探组根据设计及措施采用钻探和物探手段对工作面进行超前探测，钻探和物探跟班人员将当班钻探和物探卡片及时交回地测中心。物探组对物探资料认真分析研究，编制物探成果资料，对物探异常区域，及时下发停掘、允许掘进通知单和钻探通知单，由探放水队伍进行钻探验证，钻探中如有异常情况及时汇报矿调度，在确保工作面安全的情况下施工队组方可进行采掘。

探放水队伍由地测中心负责管理，按一线计件队组进行管理；物探组按二线计件队组进行管理；制定并下发《镇城底矿探放水队、物探组管理及探放水工作检查验收考核办法》。每月下达钻探和物探进尺计划，按完成计划量考核。

物探人员经过培训，已经开始对工作面进行超前探测，目前处于探索阶段，还有待进一步加强培训、实践及经验总结。

4.3　基础水文地质资料

4.3.1　水文地质基础资料台账

矿井涌水量观测成果台账;气象资料台账;地表水文观测成果台账;钻孔水位、井泉动态观测成果及河流渗漏台账;抽(放)水试验成果台账;矿井突水点台账;井田地质钻孔综合成果台账;井下水文地质钻孔成果台账;水质分析成果台账;水源水质受污染观测资料台账;水源井(孔)资料台账;封孔不良钻孔资料台账;矿井和周边煤矿采空区相关资料台账;水闸门(墙)观测资料台账。

4.3.2　水文地质图纸

矿井充水性图;矿井涌水量与各种相关因素动态曲线图;矿井综合水文地质图;矿井综合水文地质柱状图;矿井水文地质剖面图;矿井含水层等水位(压)线图;区域水文地质图;矿区岩溶图。

矿井防治水基础资料符合《煤矿防治水规定》要求。

4.4　水情水害预报

水情水害预报有周分析、月预报、季预报、年预报等分阶段预报系统,根据生产各阶段水文地质情况有针对地进行预测预报,并按照预报实际情况制定防治措施。

4.5　防水工程

(1) 矿井按设计要求修筑了四道防水闸门,全部验收交付生产使用,并每年进行关闭试验。

(2) 井下在报废的南一上组采区、南二采区和西下组采区以地表最高洪水水位的抗压强度为标准修筑了10道水闸墙。

带压开采区各工作面回采结束后要严格按照带压水位的抗压强度为标准进行设计构筑采后水闸墙,以防构造滞后导水。

(3) 地面各沟谷构筑了63道防洪、防灌井工程,并坚持不定期巡查,确保工程完好。

4.6　排水设施

(1) 矿井、采区、工作面的水仓、水泵、排水管路、阀门、输电设备、输电线路等排水设备及能力符合《煤矿安全规程》的要求。

(2) 排水设施满足矿井要求,每年雨季前进行联合排水试验,对水沟、水仓及时进行清理。

4.7　针对性措施

镇城底矿主要水害类型为奥灰水、小窑水、采空积水、上覆基岩裂隙水和地表水,根据各水害类型的特性,制定了针对性防治水措施。

4.7.1　地表水防治

我矿地处西山煤田西北边缘,西北露头为小煤矿开采区域,私开井口多,针对这种状况,为防止地表洪水灌井,我矿对所有私开井口、报废井口进行彻底封闭,共修筑46道高强度防洪、防灌井工程,可抵御百年不遇的洪水。每月进行不定期检查,雨季增加观测次数,发现问题及时处理,确保工程处于完好状态。

同时在井下各封闭采区设立水闸墙,并留有泄水阀和水压观测装置,及时掌握采空区积水情况,根据具体水压情况疏排采空积水,确保水闸墙安全有效。2007年5月在南一采区主要回风、皮带、轨道巷以地表沟内最高洪水水位标高构筑了井下水闸墙3道,2010年5月在西下组采区主要回风、皮带、轨道巷以地表沟内最高洪水水位标高构筑了井下水闸墙3道,南二采区回风、皮带、轨道巷、22201工作面4道水闸墙已施工完毕。水闸墙可防止地表水和小窑水灌入矿井,满足矿井安全生产要求。井下水闸墙每月进行一次观测,雨后适当增加观测次数,确保矿井安全。

4.7.2　采空积水防治

我矿采空积水量不大,但积水范围广,始终威胁着采区、工作面的安全,是矿井防治水的主要防治对象。全矿现有采空积水40万 m^3,包括同层采空积水(相邻采区、工作面)和异层(上组煤)采空积水。我矿及时对采空积水进行探放,满足矿井安全生产要求。

(1) 同层采空积水的防治。我矿地质构造复杂,煤层倾角较小,属缓倾斜煤层,工作面衔接相对紧张，针对这一现状，工作面掘进时，采取预探放逐步减压的方式，即自警戒线开始探放，在确保工作面水头压力不大于 0.05 MPa 的前提下，每 20～30 m 探放一次(视煤层倾角而定)，工作面形成时，相邻采空积水的探放工作也随之而完成，从而避免了集中探放因水压过大造成安全隐患或水量大而影响工作面衔接。

相邻采区采空积水的水量大，但在水头压力不大于 0.1 MPa 的情况下可集中探放，采用多孔探放减少放水时间，尽快减小工作面水害威胁程度，以保证安全生产及正常衔接。

(2) 异层(上组煤)采空积水的防治。上组煤采空积水提前进行探放。下组煤回采工作面坚持配备不小于 80 m^3/h 的排水能力及配套管路等设施，有效防止了水淹工作面事故的发生，确保矿井安全生产。

我矿东二采区 18306 工作面共放上组煤采空积水 10 万余立方米，成功使用了止水套管，对放水时间及放水孔数准确进行了计算，保证了矿井的正常衔接和安全生产。

4.7.3 小窑水防治

因受开采条件影响，小煤窑采煤具有一定的区域性。在露头区由于煤层埋藏浅，小煤窑开采时间长，开采范围广，其积水量不易估算。由于小窑有与地表水沟通的可能性，因此小窑水对矿井的威胁是巨大的，是防灌井工作的主要对象。镇城底矿地处古交市与娄烦县交汇处，井田西北部为煤层露头区，煤层埋藏浅，特殊的地理位置及地质环境，成为小煤矿开采的有利区域。针对小窑不同情况制定了相应的防治措施，基本满足防治水工作及矿井安全需求。

(1) 加强日常资料的搜集，及时了解周边小煤窑的采掘动向及采空积水情况，及时填绘采掘工程平面图及充水性图等相关图件，为生产设计及探放水工作提供准确的依据。

(2) 在与小窑破坏区相邻的采区要严格按照《煤矿防治水规定》和《煤矿安全规程》关于井下探放水的有关规定布置探放水钻孔，并严格执行。

(3) 积极配合地方政府对可能与大矿贯通的小煤矿留设安全煤柱，有效避免小煤矿与大矿贯通。对地面可能对矿井造成威胁的私开井口进行高强度封堵，防止地表水通过私开井口溃入大矿。

(4) 对接近小窑区的报废采区以地面最高洪水位的抗压强度为标准进行设计，构筑高强度水闸墙，防止小窑水通过报废采区进入矿井造成事故。现有小窑水防治措施，涵盖了地面防灌井工程及井下高强度水闸墙的设置，基本满足防治水工作及矿井安全需求。

4.7.4 奥灰水防治

镇城底矿现采区域均处在奥灰水位以下，因为隔水层厚度远远大于安全隔水层厚度，所以带压开采是可行的。但构造导水的可能性不能排除，因此奥灰水是镇城底矿潜在的主要充水因素，是矿井的主要隐患和防治对象。由于水文地质人员匮乏，技术力量薄弱，一直无法从理论和实际工作中对矿井防治水工作有所突破，虽然没有造成严重后果，但随着开采的深入，突水事故发生的几率也在逐日上升，防治水形势更加严峻，为此我矿借助山西煤炭水文地质勘查设计院(229 队)的技术力量共同对矿井带压开采进行了可行性研究，收集完善了矿井水文地质资料，并制定了奥灰水防治措施，给矿井奥灰水防治提供了依据。为了及时了解地下水动态，我矿建立了奥灰水水位(水压)动态监测系统。在此基础上，根据我矿受奥灰水威胁程度及生产布局对矿井带压开采区域进行分区，即用四道防水闸门对现有生产上组煤的南一、南二、南六等南部采区与生产下组煤的东二采区隔离，然后分区采取防治措施，以确保不同区域防治问题时，不波及其他区域，达到分区治理的目的。

为了防治奥灰水，我矿根据自身的特点，做了以下相关工作：

(1) 防治奥灰水具体工作“程序化”。由于我矿现采采区均在奥灰水位以下，虽然实际隔水层厚度均大于安全隔水层厚度，但不能保证每个所揭露的构造点均不导水，因此我矿采用直流电法仪和全方位探测仪，判定掘进工作面周围 60～100 m 煤(岩)体的含水情况，如果发现异常，则采取钻探证实，并取样化验其与奥灰水的水力联系，如果有联系则根据具体情况制定相应措施。

形成回采工作面后，每个工作面在安装前必须采用无线电波坑透仪或音频电穿透仪圈定工作面内的构造情况和工作面内的含水情况，根据探测结果制定相应措施。

工作面回采结束后，以奥灰水最高水位的抗压强度为标准设计构筑高强度防水密闭，杜绝奥灰水在采动破坏影响后构造滞后导水造成淹井事故的发生。

采区开采完后，按照采区的带压开采水位或地表沟内洪水水位的抗压强度为标准，设计修筑采区高强度防水密闭，以防奥灰水滞后导水和地表洪水灌井事故的发生。

(2) 防治奥灰水局部问题"具体化"。我矿东二采区是矿井下组煤接替采区，采区煤层最底标高710 m，突水系数最大为0.37 MPa/m，隔水层厚度70 m，而且断层、陷落柱发育，根据229队《镇城底矿带压开采可行性分析及奥灰水防治措施》报告，预计奥灰水突水极限最大涌水量为1 168.09 m^3/h，是镇城底矿防治水重中之重，根据其基本水文地质情况，经多方面探讨，制定了针对性措施，能满足生产需求。

① 加强超前探测，降低事故风险。

掘进巷道必须坚持"预测预报、有掘必探、先探后掘、先治后采"的原则，采用直流电法仪、音频电穿透仪、全方位探测仪，判定掘进工作面周围60～100 m煤(岩)体的含水情况，如果发现异常采取钻探验证，钻探有涌水现象则取样化验其与奥灰水的水力联系，根据化验结果制定相应措施，以达到预防掘进中揭露隐伏构造突水淹井。

回采工作面在安装前必须采用无线电波坑透仪和音频电穿透仪圈定工作面内的构造情况和工作面内的含水情况，根据探测结果制定相应措施。工作面回采结束后，以奥灰水最高水位的抗压强度为标准构筑高强度防水密闭，杜绝奥灰水在采动破坏影响后构造滞后导水造成淹井事故发生。

② 增加临时水闸墙，避免殃及全矿。

东二采区为820水平的最后一个下组衔接采区，采区轨道和皮带巷由于断层影响巷道标高抬高到882.6 m，按我矿奥灰水位898 m计算，巷道低于水位线15.4 m，在采区两巷中，采取速建水闸墙的方式，可防止淹井。

(3) 防治奥灰水工作重点问题"特殊化"。我矿760大巷在井底布置在10号煤层底板岩石中，随着大巷的延伸，到南六采区760大巷与2、3号煤层层位相一致，南六下组采区必然布置暗斜井下山，这样突水系数增大，带压程度加强，760大巷水沟排水能力有限，因此需建下组煤防水闸门和下组煤采区水仓，并布置单独的排水管路或用排水立井直排地面，现正在规划设计中。

4.8　加强职工的学习和培训，提高防治水意识。

(1) 组织全矿职工进行《煤矿防治水规定》学习，并定期抽考，抽考成绩与工资挂钩，对工作面突水征兆和避灾路线在班前、班后会要反复学习，做到牢记在心，耳熟能详。

(2) 根据新规定，重新编制了《镇城底矿防治水知识手册》，做到入井人员人手一册。

(3) 每年组织进行全矿井的突水应急演练。

在防治水工作中，我矿虽然取得了一点成绩，但还有许多不足之处，在以后的工作中，我矿将根据防治水相关规定及水文地质类型划分报告和防治水安全技术"会诊"报告，充实防治水技术人员，加强防治水技术措施和安全措施，做好我矿的防治水工作。

5　存在问题和建议

(1) 水害探测手段多种多样，同时在用的物探设备各有特色，但如何让其真正发挥作用，尚需进一步研究、探索、总结，引进仅仅是一个方面，怎样根据矿井具体情况，正确解释探测结果，从而指导安全生产才是重中之重。

(2) 水患定期排查、分析是必不可少的重要环节。必须对矿井各采掘作业点的水患情况清楚、明白，需要制定针对性措施，付诸实践，责任到人。

(3) 我矿已构筑4道防水闸门，但轨道巷、皮带巷有活门柱、活门扇的两道防水闸门构件复杂，组合难度大，较难关闭，关闭时间长，应对防水闸门进行设计改造，采用电控或液压关闭为妥。

(4) 开展"上三带"和"下三带"的研究工作，特别是对构造下部进行导水性探测，分析安全探测距离，进行超前探测，防止构造滞后突水，需进行进一步的研究。

四川古叙矿区煤矿防治水工作

四川省古叙煤田开发股份有限公司 孙小林

摘 要：本文介绍了矿井水害的种类及防治方法，结合四川省古叙矿区的实际情况，提出了古叙矿区煤矿防治水工作重点。

关键词：煤矿；防治水；古叙矿区

从以往的地勘工作成果来看，古叙矿区的水文地质条件较复杂，属于岩溶地区，地表常见溶洞、溶斗、溶沟、溶蚀洼地、坡立谷、溶丘等，岩溶地貌类型发育齐全，暗河管道系统十分复杂。加上地方小煤矿在多年的开采中，形成大量的浅部采空积水区域，使古叙矿区的水文地质条件更加复杂，矿井受水害的威胁也越来越大。

1 古叙矿区地质概况

1.1 地形地貌

古叙矿区地处四川盆地南缘山地，南靠云贵高原，地势南高北低，最高海拔＋1 878 m（大山梁子），最低处位于古蔺县东部边界的赤水河谷太平镇小河口，海拔标高为＋290 m，两者相差 1 588 m。矿区内地形标高一般在＋700～＋1 200 m，相对高差一般达 500～700 m，起伏较大。飞仙关组至龙潭组地层出露区，山高谷深，地形陡峭，为构造剥蚀地形；茅口组、栖霞组、嘉陵江组地层出露区为山间平坝，喀斯特地貌发育，溶洞、溶沟、溶斗、暗河较为普遍，为典型的岩溶地貌。

1.2 矿区地层

矿区所在区域地层按 1978 年《西南地区区域地层表》划分，属扬子区黔北川南分区遵义南川小区、筠连镇雄小区和四川盆地分区泸州小区的接壤部位。

矿区出露地层主要有第四系，三叠系上统须家河组，中统雷口坡组，下统嘉陵江组及飞仙关组，二叠系上统长兴组、龙潭组，下统茅口组、梁山组等。

煤系地层为二叠系龙潭组，为海陆交互相沉积的含煤岩系，岩性主要由灰、深灰、灰黑色泥岩、黏土岩、砂质泥岩、泥质粉砂岩、粉砂岩、砂岩、碳质泥岩和煤层组成，含丰富的植物化石和少量动物化石。顶部夹 0～3 层薄层状泥灰岩、生物屑泥灰岩；底部为全区稳定的硫铁矿层。厚 60～130 m，平均 90 m。含煤 9～18 层，具对比意义的 14 层，其中全区可采的 2 层（C_{19}、C_{25}煤层），局部可采的 6 层（C_{13}、C_{14}、C_{15}、$C_{19上}$、C_{23}、C_{24}煤层）。

煤系地层顶部的长兴组（P_2c），为深灰色中～厚层状含生物碎屑泥晶、粉晶灰岩，含少量燧石，底部夹薄层状泥灰岩。厚 5～121 m，平均 50 m。

煤系地层底部的茅口组（P_1m），顶部为灰白色中至厚层状生物碎屑灰岩；上部为深灰色中厚层状砂屑灰岩、微晶灰岩，含有机质和硅质灰岩团块、燧石结核；中部为深灰、黑灰色中至厚层状灰岩、砂屑灰岩，含燧石结核；下部为黑色泥灰岩，砂纹层理发育，风化后似碳质泥岩；底部为深灰色中至厚层状微晶灰岩夹薄层砂屑灰岩，含硅质灰岩结核，具眼球状构造。厚 186～390 m，平均 230 m。

2 古叙矿区水文地质特征

2.1 水文地质条件

矿区内地表、地下水以古蔺复式背斜轴线为界分为南北翼两大水文地质单元。北翼又以西段的麻头窝（＋1 480 m）、尖子山（＋1 478 m）、箭竹坪（＋1 081 m）一带为最高，为北翼地表、地下水系的分水岭，将北翼分为赤水河系和永宁河系，其北西属永宁河水系、南东属赤水河水系。矿区内地下水丰富、岩溶极为发育，大气降水为矿区地下水的主要补给源。矿区水文地质条件由简单到复杂，其中除箭竹坪井田～胜利井田水文地质条件简单，其余井田(矿段)水文地质条件除海风段为中等外，皆为复杂。

2.2　地表水系

矿区河流属长江支流永宁河和赤水河水系，其中永宁河水系主要支流有大树河(永宁河上游)、震东河；赤水河水系主要有赤水河、古蔺河、石亮河、白沙河等。河流受降水补给，遇暴雨河水上涨，雨后迅速下跌，为典型的山区河流。

2.3　区域含、隔水层特征

矿区内主要的含水层为栖霞组、茅口组强含水层，长兴组裂隙～溶洞中等含水层，飞仙关组第一段中等裂隙～溶洞含水层，嘉陵江组强含水层以及雷口坡组中等裂隙～溶洞含水层。

矿区内含、隔水层相间产出，根据岩性及其水理性质，区内含、隔水层包括孔隙含水层、岩溶裂隙含水层、裂隙岩溶含水层、裂隙含水层和隔水层。

2.4　岩溶发育规律及特征

岩溶发育受气候、地下水、地质构造、岩性等因素的控制。

矿区属亚热带气候，温暖潮湿，年降雨量750.4～1 033.9 mm，5～9月为丰水期，相对湿度79%，给岩溶发育创造了极为有利的条件。

据《中国岩溶分区》，矿区处于扬子准地台内，元古代～中生代碳酸盐岩系岩溶区的黔西溶洼～丘峰山系亚区边缘。岩溶发育可分为早、中、晚三个时期。

早期岩溶以古蔺复式背斜核部的奥陶、震旦系地层岩溶为代表，分布在标高1 200～1 400 m，因遭受强烈的剥蚀作用，多呈孤峰独岭，溶斗、竖井发育不完整，但仍具有独立的补给排泄系统，地下水在地形低凹处及沟谷地带以泉的形式出露于地表。

中期岩溶主要分布在背斜北翼二叠系下统茅口、栖霞组灰岩地层，标高800～1 200 m。该期岩溶发育强烈，类型齐全，地下水垂直循环较快，给岩溶管道的形成奠定了基础。

晚期岩溶分布在标高400～800 m，是中期岩溶发育的继续，地下水沿裂隙及层面或构造破碎带，由垂直循环转变为水平循环，加剧了暗河管道系统的发育与形成，并使之复杂化。

岩溶发育受区域地质构造的控制，燕山期形成的褶皱、断裂及构造节理裂隙为岩溶形成发展和地下水的活动提供了有利的条件，并控制着岩溶发育方向和地下水的流向。据调查，岩溶发育方向与节理裂隙基本一致，其走向30°～70°和300°～350°。区域分水岭东侧岔角滩～宝山一带，暗河管道主要受以上两组节理裂隙的控制；西侧洛窝背斜之岩溶大致沿北东方向的节理裂隙发育；落叶坝背斜西段和大安向斜之岩溶则沿北西方向的节理裂隙发育。

新构造运动对岩溶发育分布也有影响。由于地壳运动和区域侵蚀基准面的升降，使早期岩溶被遗弃或改造，呈现多层性。如震东河一级水平溶道发育尚不完善时，又发育了以大树河为基准面的新一级岩溶，从而使地下水循环带厚度加大，水平循环带缩短。

当地壳间歇上升，在纵向上形成数层水平溶道，每层溶道一般都有相应的河流阶地。如杉木岩暗河入口分三个水平，从第一水平到第三水平相对高差达60 m左右。

岩溶发育和含水性受当地侵蚀基准面的制约，在侵蚀基准面以上岩溶发育，钻孔见岩溶率达8.4%～30.7%，抽水试验单位涌水量0.189 8～0.612 0 L/(s·m)，富水性强；在侵蚀基准面以下，钻孔见岩溶率一般在1%以下，并随深度的增加而减弱，抽水试验单位涌水量0.2×10^{-3}～0.091 L/(s·m)，富水性弱。

2.5　地下水的补给、径流、排泄条件

矿区地下水主要接受大气降水的补给，由南西向北东径流，一部分向深部径流储积，另一部分以泉的形式泄出地表。志留系沟谷之水沿栖霞组灰岩底部溶洞(暗河入口)补给地下，以岩溶管道流的

形式向河谷径流、排泄，又以岩溶泉(暗河出口)的形式补给河流，形成地表、地下水相互补给的关系。

3 影响矿井充水水源分析

3.1 充水水源

(1) 大气降水：矿区属亚热带气候，温暖潮湿，年降雨量 750.4～1 033.9 mm，5～9 月为丰水期，相对湿度 79%，既给岩溶发育创造了极为有利的条件，又是矿井充水的主要水源。

(2) 地表水：矿区内发育数条河流，受降水补给，季节性冲沟里的水都是矿井充水的主要因素之一。

(3) 地下水：煤系地层顶部的长兴组石灰岩岩层为矿井的主要含水层，通过断层、开采裂隙间接、直接充入矿井。煤系地层底部茅口组石灰岩发育有大量陷落柱、溶洞、暗河，岩溶地下水丰富，是矿井主要充水水源之一。

(4) 老窑水：区内煤层风氧化、露头线一带停采废弃小窑较多，开采时间长，采空区存积大量积水，若开采不慎，则可能出现突发性的充水。

(5) 断裂水：断裂带含水大，通过断层裂隙导通含水层，也是矿井充水的主要因素之一。

3.2 充水通道

水源只是可能构成矿井充水的一个因素。矿井是否充水还取决于一个重要因素，即充水通道。

根据充水途径的类型和地下水的水力特征，矿坑充水的导水通道按其成因不同可分为：① 构造类导水通道，如断层、裂隙等；② 采矿扰动类导水通道，如顶板冒落、底板破裂、煤柱击穿等；③ 人类工程类导水通道，如封闭不良钻孔、小煤窑等；④ 其他，如陷落柱、岩溶塌洞等。

3.3 造成矿井水害的水源

造成矿井水害的水源有大气降水、地表水、地下水和老窑水。其中地下水按其储水空隙特征又分为孔隙水、裂隙水和岩溶水等。根据水源分类，可把矿井水害分成地表水水害、老窑水水害、孔隙水水害、裂隙水水害和岩溶水水害五种类型。古叙矿区的矿井水水害最主要是岩溶水水害，其次为地表水水害和老窑水水害。

3.3.1 岩溶水水害

岩溶水水害是主要指煤系或煤层顶底板的灰岩陷落柱、溶洞、暗河水(常常受到地表水或其他含水层水的补给)经采后冒裂带、断裂带、采掘巷道揭露或封孔不良的老钻孔等进入巷道或工作面所造成的灾害，对煤矿开采威胁最大，后果也最为严重。

3.3.2 地表水水害

地表水水害指大气降水、地表水体(江、河、湖泊、水库、沟渠、坑塘、池沼、泉水和泥石流)经井口、采空冒落裂隙带、岩溶地面塌陷坑或洞、断层带及煤层顶底板或封孔不良的旧钻孔等进入巷道或工作面所造成的灾害。

3.3.3 老窑水水害

老窑水水害主要是指采、掘工作面接近或沟通废巷或采空区积水时，积水进入掘进巷道或工作面所造成的灾害。通常，小窑采空区积水有下述特点：① 由于采掘条件的限制，小窑只能开采浅部煤层，因此小窑采空区水多分布于煤层埋藏较浅的地方。② 由于排水能力的限制，小窑开采顶底板为含水层的煤层时，小窑采空区多数在含水层的水位标高以上。③ 小窑采空区的积水量取决于小窑的标高、开采范围、顶底板岩性、地质构造情况及小窑与其他水源的关系等。小者可能无水，大者水量可达数万、数十万立方米。④ 小窑采空区积水一般补给来源少，水量以静储量为主。⑤ 小窑采空区水由于长期处于停滞状态，一般呈黄褐色，具有铁锈味、臭鸡蛋味或涩味，酸性较大。⑥ 小窑采空区内经常积存有大量的 CO_2、CH_4 和 H_2S 等有害气体，突水时会随水溢出。⑦ 由于小窑采空区多分布于井田的浅部及周围，其积水具有一定的静水压力。在采掘过程中，当工作面接近小窑采空区时，由于静水压力的作用，在一定条件下往往会突然涌进巷道，造成事故。

3.4　矿井水害与水源的关系

矿井水害往往是由 2～3 种水源造成的，单一水源的矿井水害很少见。矿井水害的危害程度取决于水源水量及突水初期水头流量。地表江、河、湖、塘水体及采空区积水、溶洞水造成的水害往往来得突然，来势凶猛，危害时间短，但危害性极大，容易造成重大伤亡及重大财产损失；含水层的空隙、裂隙水造成的水害往往来势较小，危害时间长，有时间采取避险措施，不容易造成人员伤亡及重大财产损失。

4　矿井水害防治方法

我国在矿井水害防治方面，已有了比较成熟的技术和经验，如疏干降压、注浆堵水、突水预测和探放水等。

目前，对地表水的防治方法主要有：① 在河流(含冲沟、小溪渠道)的漏水、渗水地段铺底，修人工河床、渡槽，或使河流部分地段改道等；② 在矿区外围修筑防洪泄水渠道，在采空区外围挖沟排(截)洪；③ 填堵岩溶地面塌陷及采空区塌陷等地表水下渗渠道；④ 建闸设站，排除塌陷区积水或防止河水倒灌。

对老窑水、裂隙水的防治方法主要是：① 疏干降压，一般在井下设排水泵房、水仓、排水管路及排水沟等排水系统，或在井下施工专门疏干的疏水钻孔、疏水石门、疏水平硐等对水体进行疏干、排放，以减少积水量，降低水压；② 堵水截流，一般在井下留设防水煤(岩)柱，设置防水闸门及防水闸墙，或直接对突水点进行注浆封堵，以截断水流通道。

对岩溶水的防治方法主要有：① 在暗河的漏水、渗水地段铺底，修人工河床、渡槽等，减少流入暗河的水量；② 填堵岩溶地面塌陷等地表水下渗渠道，减少陷落柱、溶洞的补给水量；③ 探放水，对陷落柱、溶洞的积水和灰岩含水层水进行钻孔探放；④ 注浆封堵，对陷落柱、溶洞、暗河等岩溶突水点和灰岩含水层进行帷幕注浆封堵，以截断水流通道。

5　古叙矿区防治水工作现状及重点

5.1　防治水工作现状

古叙矿区各井田的勘探地质报告对其水文地质条件普遍掌握不清，特别是陷落柱、溶洞的分布和暗河的运移轨迹不清楚，给巷道施工和煤层开采留下很多安全隐患。矿区内正在基建的石屏一矿，在施工主要运输大巷时就误穿了一条暗河，造成河水涌入矿井，2009 年 6 月 29 日，涌入矿井的水量达到了 70 000 m^3/h，造成巷道被淹，洪水过后，花了近半年的时间来清理巷道淤泥和沙石，致使矿井迟迟不能投产。为此，修建了一条近 2 000 m 的专用排水巷道。2010 年 7 月 8 日，涌入矿井的水量达到了近 120 000 m^3/h，曾造成专用排水巷被水封顶，若水量再大些，后果将不堪设想。现在，只要一下雨，井下就要停产撤人，造成生产非常被动，严重影响矿井的投产日期。另外，矿区干部、职工对矿井防治水工作认识不高，重视不够，矿井防治水方面的工程技术人员严重缺乏，造成矿井水文地质基础工作不足。

5.2　防治水工作重点

古叙矿区属于新开发的矿区，水文地质条件比较复杂，矿井涌水量特别大，防治水工作任务重，难度大。为了杜绝重、特大水害事故发生，矿井防治水工作应重点做好以下几个方面。

5.2.1　提高对矿井水害的认识，重视防治水工作

古叙矿区水文地质条件较复杂，陷落柱、溶洞、暗河遍布。加之小煤矿不正规开采留下的采空区极易形成大范围积水，易形成水害隐患。而且多数开采属超层越界，矿主为了逃避制裁，对外资料都不反映超层越界部分，造成大矿对采空区积水的范围难以掌握，形成极大的安全隐患。随着矿井开拓延深，矿井涌水量将增大，要求矿井排水系统可靠性更高。当发生较大突水事故时，大量突水易通过暗斜井等巷道迅速灌入下山，造成淹井。溶洞和采空区积水的突水事故具有来势突然、猛烈的特点，极易造成群死群伤的重特大恶性安全事故和重大财产损失。因此，矿区干部、职工要充分认识水害事故的危害性和矿井防治水工作的重要性，认识到古叙矿区存在发生重特大水害事故的要素。只有全

面提高员工的防治水安全意识，认真贯彻“安全第一，预防为主，综合治理”的安全生产方针，全面搞好矿井防治水工作，才能杜绝水害事故的发生。

5.2.2　进一步健全机构，完善必要装备

煤矿应常设防治水工作机构，并配备相应的工程技术人员和工作人员。必要装备是防治水工作的基本条件，矿井必须装备足够的探水钻机、探水地质雷达（含相关分析软件），装备足够能力的排水设备。

5.2.3　明确防治水责任，建立防治水工作制度

矿井要建立完善的水害防治岗位责任制、水害防治技术管理制度，明确各岗位的防治水安全责任，矿井的主要负责人是本单位防治水工作的第一责任人，总工程师（技术负责人）具体负责防治水的技术管理工作，生产技术（地测）部门具体负责矿井防治水管理工作，安监部门负责对相关安全措施的制定和落实情况进行监督，各区（队）对责任区域的防治水工作负直接责任。

矿井要根据年度、季度、月度生产作业计划，进行水害预测预报，确定矿井水害防治的重点。要建立健全水害预测预报制度和水害隐患排查治理制度。水害隐患应按重大隐患执行上报、处理，并按资金落实、人员落实、措施落实、时间落实的“四落实”要求进行整改。要完善雨季防治水措施制度，雨季期间经常组织防治水工作检查，及时消除水害隐患。建立暴雨洪水可能引发淹井等事故灾害紧急情况下及时撤出井下人员的制度，明确启动标准、指挥部门、联络人员、撤人程序等。当发现暴雨洪水灾害严重可能引发淹井时，应当立即撤出作业人员到安全地点。经确认隐患完全消除后，方可恢复生产。要结合生产实际，定期检查，及时修改《灾害预防处理计划》，确保《灾害预防处理计划》能有效指导防治水工作。

5.2.4　进一步加强矿井水文地质基础工作

煤矿地质及水文地质工作是搞好矿井防治水工作的基础。矿井应根据《煤矿安全规程》和《煤矿防治水规定》等有关规定，查明矿井水文地质条件，查清矿区内断层、陷落柱、溶洞、暗河的分布情况，编制矿井中长期防治水规划和年度防治水计划；完善和健全地下水动态观测网，收集、调查和核对相邻煤矿及废弃老窑情况，并在井上、下工程图中标出其位置、开采范围、开采年限、积水情况等。健全水文资料档案，为防治水工作提供可靠基础资料；水文地质工作必须先行于采、掘工作，增强预见性，防止盲目性；定期对采、掘面所处位置周围的水文地质情况进行分析研究，并不断完善相关措施。同时，要加大防治水科技攻关力度，采用先进的探测技术和疏水、堵水技术。

5.2.5　认真贯彻“预测预报，有疑必探，先探后掘，先治后采”的原则

矿井水文地质情况不详，必须进行补充勘探，在地表采用三维地震勘探和瞬变电磁法勘探等物探方法以及钻探等手段，彻底查清矿区内陷落柱、溶洞及暗河的分布及运移轨迹等情况，把“有疑必探”的“疑”建立在科学的基础上，加强探放水工作。对有重大水患的区域，应设置安全警戒线，并制定可靠解决方案；接近未封闭有可能突水的钻孔时，必须编制探放水设计，并采取防止瓦斯和其他有害气体危害等安全措施。掘进中发现煤岩松软、片帮、来压或钻孔中的水压、水量突然增大，以及有顶钻等异常状况时，必须停止钻进，但不得拔出钻杆，现场负责人员应立即向矿调度室报告，并派人监测水情。如果发现情况危急时，必须立即撤出所有受水威胁地区的人员，然后制定探水施工方案及安全技术措施报告总工程师批准后，进行处理。地质构造复杂（如溶洞、暗河、陷落柱和断层发育等）的矿井（或区域），应综合采用物探、钻探和化探等相结合的方法探明区域内水文地质情况，并按要求制定施工方案；全过程认真贯彻落实探、放水安全技术措施。

5.2.6　加强矿井周边小煤矿的监控

古叙矿区内小煤矿采空区积水对安全生产存在较大威胁，矿井必须随时掌握周边小煤矿的采掘活动、涌水情况及老采空区范围、积水情况等。严防周边小煤矿越界开采破坏防、隔水煤柱；已经超层越界和破坏防水煤柱的，要及时上报政府有关部门，督促其无条件退回合法开采范围，并进行有效封堵，防止形成水害隐患；小煤矿有水进入大矿的，必须先进行封堵；无法封堵的，必须要求其进行机械

排水，确有困难的，要加强监控，明确其流经路线，并要求其尽可能减小流量。

5.2.7　合理开拓部署，防止形成水患

古叙矿区煤系地层顶部的长兴灰岩和底部的茅口灰岩均发育有较多的陷落柱、溶洞、暗河，而在矿井开拓设计时习惯把主要运输大巷等系统布置在茅口灰岩中，造成施工中易揭露这些陷落柱、溶洞、暗河，给施工安全造成极大威胁，同时也加大了矿井防治水的工作难度。今后，在矿井开拓设计时，我们要考虑把主要运输大巷等系统布置在陷落柱、溶洞、暗河相对发育较少的长兴灰岩中，甚至布置在龙潭组煤系地层中，以尽量少揭露这些陷落柱、溶洞、暗河。矿井的开拓水平、采区等也应进行正规开拓布置，连续延深。下部有储量时，上部不进行临时下山开拓，以防止上部进行下山开采后造成大面积采空区积水，以后开采下部时形成重大水患。有条件的，应尽量采用平硐开拓自流排水，以防止发生突水事故时造成淹井、截断通风及人员撤退路线。

5.2.8　建立安全可靠的排水系统

矿井涌水量是排水系统设计的依据，新水平、新下山采区排水系统设计前，必须准确分析计算正常涌水量和最大涌水量，设计时严格按《煤矿安全规程》和《煤矿防治水规定》等相关要求设计，确保主水泵、主排水管路、水仓容量、水沟断面等符合要求；生产矿井涌水量增大后，排水能力不能满足需要的必须配套调整专用排水巷道、水沟、过滤仓、清水仓、泵房、水泵、管道系统、供电系统等，以提高综合排水能力。要建立排水设备维护检修制度，保持设备完好。雨季前要清理水仓，疏通水沟，进行备用水泵、备用管路联合运行试验，确保排水系统处于最佳状态。同时，要加强地面排洪沟管理，保证排洪沟畅通。距河沟较近的井口，要制定防洪的措施，放止洪水倒灌井下。雨季前要对开采范围地表进行全面检查，及时填堵塌陷坑及汇水沟内的采动裂隙，防止山洪灌入井下。对流经矿区的暗河要采取地面截流引排，减少地下暗河的流量，降低井下防治水工作的难度。

5.2.9　建立完善的应急救援体系

虽说防范胜于救灾，一旦发生水害事故，完善的应急救援体系也能减少伤亡和损失。特别是救援工作在“王家岭透水事故”中创造了奇迹，成功救出115名被困人员。我们一定要建立完善的应急救援体系，制定水害应急预案和现场处置方案，装备必要的防治水抢险救灾设备；加强对职工进行防治水知识的教育和培训，保证职工具备必要的防治水知识，提高防治水工作的技能和抵御水灾的能力；加强防治水技术研究和科技攻关，推广使用防治水的新技术、新装备和新工艺，提高防治水工作的科技水平。

6　结束语

总之，古叙矿区的水文地质条件较复杂，随着今后开采程度和深度的增加将变得更加复杂，防治水工作任务也将越来越重。我们只有不断加强水文地质基础工作，加强对周边小煤矿的监控力度，坚持“预测预报，有疑必探，先探后掘，先治后采”的原则，加强探放水，综合采取“防、堵、疏、排、截”等有效治理措施，做好防治水工作，才能确保煤矿实现安全生产。

作者简介：孙小林(1970—)，地质高级工程师，现在四川省古叙煤田开发股份有限公司生产技术部从事地测防治水管理工作。

四川宝鼎矿区防治水工作总结

攀枝花煤业集团公司地测处　文泽康　王友长　魏克敏

摘　要:本文结合宝鼎矿区的实际情况介绍了矿井水害的种类及防治方法。

关键词:宝鼎矿区;防治水;水害

1　引　言

宝鼎矿区内沿浅部煤层露头开采的小煤矿和老窑较多,老窑积水一般位于矿区第一开采水平以上,距深部一般还间隔有第二、第三水平,不同水平均已形成排水系统,一般情况下,不会对深部开采水平的矿坑充水产生影响。但是近年来,浅部小煤窑开采规模越来越大,对保安煤柱破坏严重,致使老窑、小煤矿采空区大量积水,并沿采空塌陷裂隙大量渗入矿井,加大了大气降水对矿坑的渗入补给,若上部水平疏排不畅,易造成积水,太平、花山两对矿井采用机械排水,随着开采水平的延深,裂隙较发育,可能与地表河流导通,矿井涌水量逐年增大。如果在生产过程中疏于防范,一旦触及采空区积水或导通裂隙水,将给矿井安全生产造成较为严重的危害。

2　宝鼎矿区水文地质条件

2.1　地形、地貌与地表水体分布特征

宝鼎矿区位于大箐向斜水文地质单元北段。山脉走向与主要构造线延展方向大体一致,呈近南北向展布。矿区内近南北向展布的太平山,标高1 200～1 968 m;宝鼎山标高1 200～2 208 m。由于河流的切割和风化剥蚀作用,地形起伏较大,地势总体上为南高北低。山势陡峭,沟谷发育,地表坡降较大,矿区内最高点为西南边界的马鹿塘尖山,标高达+2 518 m,最低点为矿区最低侵蚀基准面,即北部边界的金沙江,标高为+1 002 m,相对高差一般为400～600 m。

宝鼎矿区内地貌形态多以倾斜槽谷出现或呈串珠状单面山近南北向展布,地形起伏不平,山高谷深,山顶上丛林密布,山腰杂草丛生,局部陡岩发育,特别是矿区东北角,因金沙江切割已成弧形绝壁,地势险要。

宝鼎矿区内除北部区域性主干河流金沙江外无其他大的地表水体和河流。常年性河流灰家所河、龙潭河、摩梭河分别发源于东部宝鼎山和西部太平山,以上各河流东部较西部发育,且流程较长。常形成"U"字形或"V"字形切割区内地层,其支沟呈树枝状分布,汇集周边地表水和地下水排泄。河流动态变化受大气降水的影响变化较大,属山区青～壮年河流。各河流均无舟楫之利,多被拦坝筑堰,用于饮用、农田灌溉等。

金沙江为区域性主干河流,由西向东流经矿区北外侧,流程长约10 km,最低水位标高为:灰嘎河口1 009 m、沿江矿1 002 m,最大流量12 200 m^3/s,最小流量409 m^3/s,多年流量一般为1 775.8 m^3/s左右,矿务局水站最高洪水位标高1 021.25 m。金沙江大致沿煤系地层底部由西向东流经矿区北部,局部斜切煤系。

摩梭河为矿区内主要河流,源于矿区南部红石岩水库,从南西角甘坪子进入矿区后,近NNE向流经本区中西部,沿途接纳东西两侧树枝状支流,于矿区北部陶家渡处汇入金沙江。矿区内流程长约13 km,横切了宝鼎组、大荞地组复合含水层组,上游红石岩水库附近水位标高1 192 m、摩梭河口标高1 007 m,流量0.001～11.04 m^3/s,属常年性流水河流。

2.2　宝鼎矿区水文地质单元

宝鼎矿区位于大箐向斜水文地质单元北段。

从水文地质角度判断，矿区水文地质单元：北以金沙江为界，为地表水排泄基准面；南以宝鼎山(+1 903.02 m)—玉麦地—马鹿塘山(+2 208.87 m)为界，为南部地表、地下分水岭；西以近南北向展布的太平山(标高+1 200～+1 968 m)为界；东以近南北向展布的宝鼎山(标高+1 200～+2 208 m)为界。

该水文地质单元内摩梭河、灰家所河等不同程度切割了宝鼎组、大荞地组地层，形成河间地块，并围绕以上各河流为局部排泄基准面，形成摩梭河、灰家所河两个次一级水文地质单元，并产生局部径流系统。次级水文地质单元地表、地下水主要受大气降水补给。雨后，一部分地表水顺坡流入溪沟、河流；另一部分渗入地下，补给地下水，最后以泉等形式在沟谷及地形低洼处排泄，补给河流。摩梭河次级水文地质单元以摩梭河为最低侵蚀基准面，摩梭河以西以近南北展布的太平山为地表、地下水分水岭。以东则又以摩梭河支流龙潭河、经堂湾沟形成小的河间地块，形成局部径流系统，地表、地下水汇入龙潭河、金塘河最终排泄入摩梭河。灰家所河次级水文地质单元则由宝鼎山北段—垭口—卧坪梁子为地表、地下分水岭形，构成矿区东北角独立地表汇水区，地表、地下水汇入灰家所河，最终排泄至金沙江。

2.3　宝鼎矿区复合含水层组结构划分

宝鼎矿区内三叠系上统宝鼎组、大荞地组，系多旋回沉积的碎屑岩及少量有机岩组成，每一旋回由砾岩、细～粗粒砂岩、粉砂岩、泥岩和煤层组成。一般以煤层为核心，与上、下泥岩、粉砂岩构成隔水层，煤层之间细～粗粒砂岩、砾岩等成为含水层，因此各含水层、隔水层频频叠置，分别达40层之多。各复合含水层组在含煤段划分的基础上，依据各含水层、隔水层的赋存形式、厚度变化、岩石粒度以及含水裂隙的发育程度、含水特征等综合因素，将巨厚多旋回沉积的复合含水层组自上而下划分为六个复合含水层组(以下简称含水层组)。

3　充水因素分析

3.1　降雨渗入补给量

这部分水是矿坑充水的主要来源，由于地下水径流量受降雨量及雨型的控制，随降雨量的大小而变化。

3.2　静储量

当坑道揭穿含水层，赋存在岩层含水裂隙中的地下水就向矿坑中运动。由于含水层的单层厚度较小，地下水动力补给来源有限。因此，水量随时间的增长迅速退减。迅速排泄静储量，形成降落漏斗，其涌水量达到最大值。石门揭露较大的含水层时可能发生较大的“突水”现象。随着开采时间的延续，静储量不断地消耗，降落漏斗必然逐渐向外扩张。这时流入矿坑的水由静储量转向为动力补给量。涌水量越来越小，直到降落漏斗趋于稳定，水量才变化不大，最后流入矿坑的水，全为降落漏斗范围内的降雨渗透的动力补给量及降落漏斗以外的动力补给量。其动态变化亦受季节性变化的控制。

3.3　断层影响带富水程度

断层影响带富水程度依附于岩层富水性，断层影响带内地下水运动不受断层制约，而主要受含隔水层控制，故不能形成单独良好的径流通道，仅F38、F21、F50逆断层展延至摩梭河，但断层通过处的岩层为细岩，错动后常常错位相接，揉皱变形后，裂隙被细岩、泥充填，因而往往形成隔水帷幕，阻碍河水汇集，减少对矿坑的动力补给量。

3.4　供水补给量

矿区实行集中供水，水源来自金沙江，生活污水经简易处理后顺山势自然排放，部分用作农田灌溉，部分排入江河，由于矿区居住区多集中在河谷、河畔，只有极少量生活污水渗入地下作为地下水补给；矿井生产用水全部利用矿井涌水，矿井涌水经地面或井下沉淀净化后再返回作为消尘、凿岩及乳化泵站水源。由于井下排水系统完善，井下生产产生的水作为矿井涌水的一部分，再次排出，基本不渗入岩体。

4 影响矿井充水水源分析

4.1 造成矿井水害的水源

造成矿井水害的水源有大气降水、地表水、地下水和老窑水。其中地下水按其储水空隙特征又分为孔隙水、裂隙水和岩溶水等。根据水源分类，可把矿井水害分成地表水水害、老窑水水害、孔隙水水害、裂隙水水害和岩溶水水害五种类型。宝鼎矿区的矿井水害最主要是老窑水水害，其次为地表水水害和裂隙水水害，近几年由于煤炭资源价格增长，煤炭私挖盗采现象十分猖狂，给矿井防治水工作带来了更大的压力。

4.1.1 老窑水水害

老窑水水害主要是指采、掘工作面接近或沟通废巷或采空区积水时，积水进入掘进巷道或工作面所造成的灾害。

4.1.2 地表水水害

地表水水害指大气降水、地表水体（江、河、湖泊、水库、沟渠、坑塘、池沼、泉水和泥石流）经井口、采空冒落裂隙带、岩溶地面塌陷坑或洞、断层带及煤层顶底板或封孔不良的旧钻孔等进入巷道或工作面所造成的灾害。

4.1.3 裂隙水水害

裂隙水水害是指砂岩、砾岩等裂隙含水层的水（常常受到地表水或其他含水层水的补给）经采后冒裂带、断层带、采掘巷道揭露的顶板或底板，或封孔不良的老钻孔等进入巷道或工作面所造成的灾害。

4.1.4 私挖盗采采空区积水水害

私挖盗采主要是在地表浅煤层露头部进行私挖盗采活动，主要破坏防隔水煤柱，地表水或河沟水经过盗采的煤层露头顺着煤层灌入井下而造成的灾害。

4.2 矿井水害与水源的关系

矿井水害往往是由 2～3 种水源造成的，单一水源的矿井水害很少见。矿井水害的危害程度取决于水源水量及突水初期水头流量。地表江、河、湖、塘水体及采空区积水造成的水害往往来得突然，来势凶猛，危害时间短，但危害性极大，容易造成重大伤亡及重大财产损失；含水层的空隙、裂隙水造成的水害往往来势较小，危害时间长，有时间采取避险措施，不容易造成人员伤亡及重大财产损失。

5 宝鼎矿区防治水工作现状及重点

5.1 防治水工作现状

宝鼎矿区各井田勘探地质报告对水文地质都有较详细的叙述，水文地质条件也已基本查清，属中等、简单类型。根据《煤矿防治水规定》的要求，本着“研究过去，评价未来”的原则，将小宝鼎煤矿水文地质类型划分为简单，太平煤矿、花山煤矿、大宝鼎煤矿水文地质划分为中等。各矿在建设、生产中揭露的矿井水文地质情况与勘探地质报告基本吻合。矿区建设、生产 40 年来，矿井没有发生过大的水害事故（仅小宝鼎矿 1999 年发生过一次突水事故，未造成人员伤害），没有大的防治水工程项目。所以矿区干部、职工对矿井防治水工作认识水平不高，重视程度不够。

5.2 防治水工作重点

宝鼎矿区经过 40 多年的开采，浅部的煤炭资源已基本采完，各矿井都向深部延深。随着开采深度的增加，水文地质条件逐渐变复杂，矿井涌水量越来越大，防治水工作任务加重，难度加大。为了杜绝重、特大水害事故发生，矿井防治水工作应重点做好以下几方面。

5.2.1 提高对矿井水害的认识，重视防治水工作

宝鼎矿区虽然水文地质条件较简单，不易形成水灾隐患，但近几年，小煤矿资源枯竭，多少转入下山开采，没有正规的开采水平，排水系统也不正规，采空区极易形成大范围积水。而且多数下山开采存在超层越界，矿主为了逃避制裁，对外资料都不反映超层越界部分，大矿对采空区积水的范围难以掌握，形成极大的安全隐患。随着水平延深，矿井涌水量增大，要求矿井排水系统可靠性更高。当发

生较大突水事故时，大量突水易通过暗斜井等巷道迅速灌入下山，造成淹井。采空区积水的突水事故具有来势突然、猛烈的特点，极易造成群死群伤的重特大恶性安全事故和重大财产损失。所以，矿区干部、职工要充分认识水灾事故的危害性和矿井防治水工作的重要性，认识到宝鼎矿区存在发生中特大水灾事故的要素。只有全面提高员工的防治水安全意识，认真贯彻“安全第一，预防为主”的工作方针，坚持“预测预报，有疑必探，先探后掘，先治后采”的防治水原则，全面搞好矿井防治水工作，才能杜绝水灾事故发生。

5.2.2　进一步健全机构，完善必要装备

煤矿应设立专业防治水工作机构，配备相应的工程技术人员和工作人员。必要装备是防治水工作的基本条件，矿井必须装备探水钻机、探水地质雷达（含相关分析软件）等物探设备，装备足够能力的排水装备。

5.2.3　明确防治水责任，建立防治水工作制度

矿井要建立完善的防治水责任制，明确各岗位的防治水安全责任，矿井主要负责人是防治水管理的第一制责任者，总工程师（技术负责人）对防治水负技术责任，生产技术（地测）部门具体负责矿井防治水管理工作，安监部门负责对有关安全措施的制定和落实情况进行监督，各区（队）对责任区域的防治水工作负直接责任。

矿井每年要根据年度、季度、月度生产作业计划，进行水害预测预报，确定矿井水害防治的重点。要建立矿井水害防治岗位责任制、矿井水害防治技术管理制度、矿井水害预测预报制度和矿井水害隐患排查治理制度，水灾隐患应按重大隐患执行上报、处理，并按资金落实、人员落实、措施落实、时间落实的“四落实”要求进行整改；制定年度地测防治水工作考核办法，对矿井地测防治水工作进行季度考核；每月以文件下发矿级包保矿井探水工作面责任领导的通知，落实矿级领导的防治水工作责任；下发《水害警示区隐患分级管理办法》、《水害分析评价管理办法（试行）》、《矿井探放水技术规定》等制度，对宝鼎矿区水患进行分级管理，对每新工作面进行水害分析评价，并对探放水进行了严格的规定；制定雨季汛期巡视制度、紧急情况停工撤人制度等制度和实施细则，并制定矿井防治水应急预案、矿井水害现场处置方案等，对水情水害进行年、月和临时预测预报。要结合生产实际，定期检查，及时修改《灾害预防和处理计划》，确保《灾害预防和处理计划》能有效指导防治水管理工作。

5.2.4　进一步加强矿井水文地质基础工作

煤矿地质及水文地质工作是搞好矿井防治水工作的基础。矿井应根据《煤矿防治水规定》，查明矿井水文地质条件，确定防治水隐患区域，编制水患警示图，并把隐患进行分级管理。根据矿井采掘接续安排编制 3～5 年矿井中长期防治水规划和年度防治水计划；完善和健全地下水动态观测网，收集、调查和核对相邻煤矿及废弃老窑情况，并在井上、下工程图标出其位置、开采范围、开采年限、积水情况等。健全水文资料档案，为防治水工作提供可靠基础资料；水文地质工作必须先行于采、掘工作，增强预见性，防止盲目性；定期对采、掘面所处位置周围的水文地质情况进行分析研究，以不断完善相关措施。同时，要加大防治水科技攻关力度，采用先进的探测技术和疏水、堵水技术。

5.2.5　认真贯彻“预测预报，有疑必探，先探后掘，先治后采”的原则

矿井水文地质不详，要进行补充勘探，首先是要把水文地质条件及水患调查清楚，才能做出正确的预测，同时才能做出正确的预报；要把“有疑必探”的“疑”建立在科学的基础上，对有重大水患的区域，应设置安全警戒线，并制定可靠解决方案，实行有掘必探；接近未封闭有可能突水的钻孔时，必须编制探放水设计，并采取防止瓦斯和其他有害气体危害等安全措施。掘进中发现煤岩松软、片帮、来压或钻孔中的水压、水量突然增大，以及有顶钻等异状时，必须停止钻进，但不得拔出钻杆，现场负责人员应立即向矿调度室报告，并派人监测水情。如果发现情况危急时，必须立即撤出所有受水威胁地区的人员，然后制定探水施工方案及安全技术措施报告总工程师批准后，进行处理；地质构造复杂的矿井（区域），应采用物探、巷探、钻探、化探相结合的方法探明区域内水文地质情况，并按要求制定施工方案；高度重视探放水过程管理，制定《矿井探放水技术规定》，明确探放水原则，规范探放水工程设

计、探放水钻孔布置、探放水钻孔孔口安全装置，制定安钻探放水前的技术要求、探水施工中的技术要求、放水的技术要求及探放水的安全措施，要求地测部门现场跟班并记录；公司每月下达矿井探放水工作面包保矿级责任人。

5.2.6 加强矿井周边小煤矿的监控

宝鼎矿区最大的水患威胁时小煤矿采空区积水，所以，矿井必须随时掌握周边小煤矿的采掘活动、涌水情况及老采空区范围、积水情况等。制定小煤矿监测管理办法，每年初下发重点监测小煤矿的通知，规范和加强对小煤矿的监测监控工作，根据各矿井的实际变化情况确定了重点监测监控的小煤矿，要求各矿对重点监测监控小煤矿每月(其他小煤矿每季度)进行实测调查，查清小煤矿和老窑采空区积水情况，及时标注和修改水患警示图纸；严防周边小煤矿越界开采破坏防、隔水煤柱；已经超层越界和破坏防水煤柱的，要及时上报政府有关部门，督促其无条件退回合法开采范围，并进行有效封堵，防止形成水灾隐患；小煤矿有水进入大矿的，必须先进行封堵，无法封堵的，必须要求其进行机械排水，确有困难的，要加强监控，明确其流经路线，并要求其尽可能减少流量。

5.2.7 合理开拓部署，防治形成水患

水平、采区应进行正规开拓布置，连续延深。下部有储量时，上部不进行临时下山开拓，以防治下山开采后造成大面积采空区积水，在开采下部时形成重大水患。有条件的，应尽量采用平硐开拓自流排水，以防止发生突水事故时造成淹井、截断通风及人员撤退路线。

5.2.8 建立安全可靠的排水系统

矿井涌水量是排水系统设计的依据，新水平、新下山采区排水系统设计前，必须准确分析计算正常涌水量和最大涌水量，设计时严格按《煤矿安全规程》相关要求设计，确保主水泵、主排水管路、水仓容量、水沟断面等符合要求；生产矿井涌水量增大后，排水能力不能满足需要的必须配套调整专用排水巷道、水沟、过滤仓、清水仓、泵房、水泵、管道系统、供电系统等，以提高综合排水能力。要建立排水设备检修制度，保持设备完好。雨季前要清理水仓，疏通水沟，进行备用水泵、备用管路联合运行试验，确保排水系统处于最佳状态。同时，要加强地面排洪沟管理，保证排洪沟畅通。距河沟较近的井口，要制定防洪的措施，放止洪水倒灌井下。雨季前要对开采范围地表进行全面检查，及时填堵塌陷坑及汇水沟内的采动裂隙，防止山洪灌入井下。

6 结束语

总之，宝鼎矿区的水文地质条件随着开采深度的增加将变得越来越复杂，防治水工作任务也将越来越重。只有加强水文地质基础工作，加强对周边小煤矿的监控力度，坚持"预测预报，有疑必探，先探后掘，先治后采"的原则，加强对煤矿水害防治工作的安全监管工作，加大对煤矿水害防治的监察力度，定能确保煤矿实现安全生产。

作者简介：文泽康(1976—)，男，四川营山县人，四川省攀枝花煤业集团公司地测处，主要从事矿井地质和防治水管理工作。

石屏一矿水害综合治理技术与措施

四川省泸州古叙煤电有限公司石屏一矿地测部　郑思亮

摘　要：石屏一矿在建井阶段发生多次突水及异常涌水，特别是岩溶突水，陷落柱突水以及大气降水水害，对矿井正常建设造成较大影响。文章针对石屏一矿建井过程中遇到的水害进行分析，并提出相应的治理措施，为保障煤矿的安全生产和防治煤矿水害工作提供一些技术支撑。这些技术同样适用于地质条件类似的其他矿区。

关键词：煤矿水害；岩溶突水；陷落柱突水；水害治理

0　引　言

石屏一矿是古叙矿区规模化开发的首对大型矿井。井田位于古叙矿区古蔺矿段中部，地处古蔺县石屏乡。煤系地层顶板长兴组以裂隙发育为主，接受大气降水的补给条件差，富水性弱，为煤系地层的直接充水含水层；茅口组以岩溶发育为主，受大气降水和地表水的补给能力较强，富水性强，为煤系地层底板直接充水含水层。矿区水文地质条件比较复杂，对矿井充水有影响的含水层主要是底板茅口灰岩，其岩溶和暗河发育，富水性较强。在建井阶段揭露多处溶洞及陷落柱，有的溶洞及陷落柱顺地下暗河与地表水导通，受大气降雨影响，在丰水期异常突（涌）水时常发生，严重影响矿井安全生产。

1　煤矿水害的类别

煤矿在开拓和开采过程中，只要作业场所位于含水层下面，在作业过程中就不可避免地会接近揭露或波及破坏某些含水层（体），水体就会在重力的作用下失去平衡，以各种形式涌向掘进或回采工作面，甚至淹没巷道等。正常情况下，由于采用防水措施，巷道煤壁和顶板会表现为一般性的淋水或滴水，而大量突发性的水体涌出会导致水灾事故。这些主要决定于作业场所的水文地质条件、上覆含水层的富水性、地表的水量补给情况以及作业施工对含水层的破坏程度。因此，水害的防治技术也要根据不同的情况采取相应的措施。

1.1　*石屏一矿含水层突水水害*

石屏一矿位于古蔺复式背斜北翼东段，即区域水文地质单元石亮河次级单元分水岭的西侧，为一平缓的单斜自流水斜地构造。主要含水层为煤系地层底板茅口灰岩。茅口灰岩岩溶、陷落柱及暗河管道较发育，且较复杂，各个暗河管道系统之间不存在水力联系或联系较差。因此，充（突）水性也有所不同。暗河突水具有突发性，来势凶猛，水量大，危害大，以动态为主，持续时间长等特点。如石屏一矿 2008 年“4・27”突水，是由于巷道遇杉木岩暗河旁的陷落柱，因暗河水压大而突水，突水峰值水量每小时上万立方米。因此，底板水害对矿井威胁十分巨大。

1.2　*石屏一矿地表水及大气降雨造成的水害*

石屏一矿矿区内茅口栖霞灰岩大面积裸露，溶蚀洼地、落水洞、陷落柱及构造裂隙发育，给接受大气降水的补给创造了有利条件。特别是建井阶段，在茅口灰岩中揭露多处陷落柱、溶洞及岩溶裂隙，其中＋435 m 水平揭露的陷落柱及地下暗河与地表水导通，受大气降水影响，因地区暴雨已发生多次突水及突泥。经过多次水文地质调查，矿井发生的突水主要是由地表杉木河和滥田口坝的地表水进入矿井，水量大，破坏性强，而且突水集中在＋435 m 水平揭露的陷落柱及岩溶裂隙。大气降雨对石屏一矿安全威胁十分大。

2 煤矿水害的防治技术与措施

2.1 矿井水害防治思路

根据石屏一矿的水害情况，结合目前国内外较为成熟的防治水技术，矿井防治水工作主要以对底板茅口、栖霞灰岩岩溶水的防治为主，同时在不同的区域和时段应有不同的侧重点：在浅部靠近煤层露头区将老空水的防治作为侧重点，在雨季将预防大气降水涌入作为侧重点。在做好重点与侧重点水害防治工作的同时，兼顾断层构造、顶板灰岩等次重点水害的防治工作。

2.2 矿井水害防治技术

2.2.1 岩溶水的防治技术

(1) 条件分析与方法研究。

水文地质条件分析与防治水方法研究是指在区域水文地质与岩溶发育规律分析的基础上，结合矿井的生产计划，确定即将进行水害治理的区域、类型、特点等基础资料；方法的研究主要是为了明确即将发生或已经发生的水害的条件，能明确水害的补给来源、补给通道、补给大小、受地质或降雨影响的程度、对矿井生产的影响程度等，对水害方法的研究以能达到对水害的控制或治理为目的。

(2) 水害探测手段。

矿井水害探测方法针对矿区岩溶水水害特点，结合矿井现有防治水技术，同时在借鉴国内外较成熟的矿井水害探测技术和预测方法的基础上，根据矿井具体的水文地质条件与水害特征分析，对岩溶水水害的探测工作主要集中在井下，探测技术以物探和钻探为主。

(3) 治理手段。

对岩溶水的治理方法应该以“防、疏、排、截”为主，适当考虑封堵，或将几种手段综合应用，以达到最佳效果。

矿井在加强超前探测后，在巷道掘进或工作面回采时，可能会探测到隐伏陷落柱或岩溶暗河、溶洞，对这些以岩溶为主要特征的水害，治理方法可根据矿井生产布置的不同，采取对应的治理方法：

① 当在巷道前方探测到充水或含水陷落柱或溶洞时，若探测到的含水量不大（$<60\ m^3/h$），水压不高（<1 MPa），根据连通实验或观测，与大气降水或其他水体之间不存在水力联系或水力联系较弱时，首先考虑对岩溶水进行疏放，或注浆后进行控制性疏放，疏放过程中应对水压、水量及其周围岩壁等情况严密监测。

② 当在巷道前方探测到充水或含水陷落柱或溶洞时，若探测到的水量较大（$<60\ m^3/h$），水压不高（<1 MPa），在施工绕道会严重影响矿井生产，或施工绕道通过难度较大时，可对陷落柱或溶洞进行注浆封堵，并采取一定的安全措施通过。具体的注浆措施应根据陷落柱或溶洞的实际情况，编制注浆方案的设计后，再依据设计进行施工。

③ 当在工作面内探测到强陷落柱或溶洞、暗河时，或探测到水压、水量较大，无法通过注浆或疏放进行治理时，应考虑留设安全防水煤柱，阻止岩溶水进入矿井。煤柱的留设应进行充分的论证和设计，并按规定进行报批和管理。

(4) 治理实例。

① 陷落柱治理。

对水害的治理需根据不同的水害类型与特点采取具体的措施，以“4·27”陷落柱突水点为例，治理手段根据陷落柱的特点及其与井巷开拓工程的关系确定，通过条件分析与探测，该陷落柱具有以水文地质特征：

——该陷落柱为强导水陷落柱；

——陷落柱突水与大气降水密切相关；

——受降雨影响，瞬时水量可能达到上万立方米，淹没巷道，对矿井安全生产构成威胁；

——陷落柱突水点同时往往伴有大量的泥沙、块石涌出，给突水后的巷道清理造成困难；

——陷落柱揭露标高为＋435 m，补给暗河的进口标高为滥田坝，为＋1 023 m，杉木岩为＋698

m，最低相差 263 m，最高相差 588 m，即在陷落柱揭露点可能承受的水压为 2.63～5.88 MPa 。

根据以上特点，确定对“4·27”突水点的隐伏陷落柱治理采用“探制性疏放”的方法：首先，应能对突水陷落柱涌水进行控制，避免自然突水时，由于瞬时水量过大对矿井安全的威胁；按常规陷落柱注浆封堵的方法对陷落柱周围进行高压注浆封堵，在注浆封堵时，在出水点预埋孔口管与滤网，并安装高压阀门与压力表。对陷落柱涌水的疏放主要是由于矿井采用平硐开拓，排水费用低，其次，能避免高水压对巷道的直接威胁，疏放水还可对陷落柱揭露标高以上部分的岩溶水进行疏放，减小对上部巷道掘进或煤层开采时的水害威胁。

② 专用放水巷。

2009 年 4 月份对石屏一矿“4·27”突水陷落柱封堵完成，在 2009 年 6 月，由于当地普降暴雨，导致封堵点被冲毁，井下瞬时涌水上万立方米，随水涌出大量的细沙与块石，此次涌水导致生产中断，＋435 m 运输大巷内部分设备被毁，巷道内淤积的沙石清理历时半年，为应对今后地区暴雨可能引发的大量瞬时突水，在认真分析研究后，决定修建一条与＋435 m 运输大巷平行、标高略低的泄水巷（＋428 m），用于专门排水。该排水巷的修建，有利于提高矿井主排水平硐的排水能力，增加矿井的抗灾能力。今后，当矿井因降雨引发的突水水量增大时，或由于揭穿陷落柱引发突水时，在有疏放水平硐地段，可保证排水畅通。

2.2.2　地表水与大气降水的防治

2.2.2.1　地表水的防治

矿区范围的地表水体主要由石亮河和一些大堰塘组成，另外还有一些由分散泉水排泄形成的小沟溪，矿区岩溶发育，岩溶漏斗、落水洞比比皆是，地表水与地下暗河等水体之间经常相互转换，根据这一特点，结合目前防治水工程现状，对地表水的治理从以下两个方面开展：

(1) 以石亮河为主，兼顾天堂河流域，展开地区岩溶水系统调查。分析确定雨季与旱季地区水资源的量，定量确定在不同地段地表水与地下水之间的相互转换关系，地表各岩溶发育点在雨季或旱季补给地下暗河的水量，或泉水接受地下水补给水量在雨季或旱季的变化，为今后地下水突水威胁的评估或涌水量的预测提供详细的数据。

(2) 进行顶板上三带发育高度的观测。

矿区煤层顶板以灰岩、砂岩、砂质泥岩等岩性为主，与华北型煤田的砂岩、泥岩地层组成差别较大，采动后形成的顶板冒落带高度、裂隙带高度与北方差别较大，因此，应当进行顶板采动裂隙带高度的探测，确定在矿井特定条件下，顶板采动裂隙带发育高度与采厚、工作面布置、顶板管理等因素之间的关系，为今后地表水体下采煤等工作提供科学可靠的依据。

2.2.2.2　大气降水的防治

矿井防治水工作的关键是减小大气降水的入渗补给，在矿区南部，存在大面积的灰岩裸露区，地形上又是南高北低，地表径流主要从古蔺背斜隆起的轴部向两翼，即自南向北流动，在接近煤层露头区附近，存在大量陡崖、陡坡，地表径流一般在崖底或坡地遇岩溶落水洞和漏斗而转入地下，成为暗河。

复杂的地下暗河系统为矿井的防治水工作增加了难度，依靠现在的技术手段，要想查清暗河在地下的运移轨迹及其分支途径目前是不可能完成的，这就为井下突水增加了不确定性。因此，对大气降水的防治应从根本上考虑，避免地表径流转入地下，或让地表径流从特定的途径穿过矿区。

(1) 地表截流。

通过修建拦水坝或疏水巷，引导地表径流通过矿区，或者不让其进入地下岩溶暗河是一种较好的方法。

(2) 降雨量自动观测系统。

矿区地表岩溶发育，大气降水能够通过岩溶洼地、落水洞等迅速灌入地下，通过暗河、陷落柱等到达井下出水点，井下涌水点水量的变化受降雨的影响较大，必须对地区的降雨进行监测，通过研究降雨量与涌水量之间的关系，总结降雨量与涌水量关系的规律。

(3) 矿井水文实时监测系统是对井下主要涌水点、地面水体的水压、流量、水温等进行连续自动监测，为矿井水害预测预报工作准确、及时地提供基础资料。

2.3 矿井水害的防治措施

2.3.1 巷道掘进时的防治水措施

矿井建井期间以巷道掘进为主，由于巷道掘进过程中是对井下水文地质条件的充分揭露过程，开挖的巷道是矿区内地下水集中排泄的通道，根据石屏矿区岩溶条件复杂性和水文地质条件的特点，巷道掘进过程中防治水工作以预防为主，防止误揭大的溶洞、暗河和陷落柱等岩溶水体，确保巷道的安全掘进。

(1) 严格巷道掘进过程中的超前探测。超前探测坚持以物探为主、钻探为辅的原则，加上必要的水文地质条件分析，可预测出巷道掘进前方 80 m 范围内的富水区和突水可能性，根据已有的资料和《煤矿防治水规定》的规定，针对不同的潜在突水水源，确定相应的探测手段及安全措施。

(2) 对井下新增出水点，在出水位置进行详细的物探工作，探测出水点周围的岩溶和构造发育情况，确定出水点与已知地下水体之间的联系，必要时结合水化学和环境同位素的分析，进行水源的分析判断。

(3) 根据井下突水点的水源和连通情况，制定相应的防治水措施：

① 对于和地表有联系的井下突水点，用连通试验确定补给通道后，可以对地表裸露的落水洞、漏斗、裂隙等进行充填，对暗河入口采用引流、截流的工程措施，以阻止地表水和大气降水对突水点的补给。

② 对于大的溶洞和暗河突水，在无法进行疏干的情况下，可采取留设防水煤柱或进行注浆封堵，在封堵时安装控制阀门和压力表，以便于今后将突水点作为一个井下观测点来利用。

③ 对于已确定查明的一般性裂隙突水，可以在注浆后利用水管引至巷道水沟进行疏排，突水裂隙在不影响回采和生产的情况下应加强观测。

(4) 加强掘进过程中日常水文地质工作。

2.3.2 工作面回采时的防治水措施

和掘进巷道相比较，回采后产生的顶板破坏高度和底板破坏深度更大，对矿井水文地质条件的揭露更加充分，因此应该在工作面回采前，利用已掘巷道，完成对工作面内顶、底板富水区的探测，以及岩溶、构造发育情况的探测，确保在工作面回采过程中不发生大的突水事故。

在采煤工作面布置的防治水工程主要是以物探、钻探为主，必要时辅以水化学特征和注水试验。

(1) 物探主要利用已掘巷道，采用直流电法、坑透法等物探方法，目的是发现工作面内的隐伏陷落柱、断层及灰岩含水层的导升高度。

(2) 钻探一般在物探标出的异常区段进行，目的是验证物探结果，进一步探查顶板或底板水情，必要时可兼作放水孔。

在施工时结合具体采煤工作面的地质和水文地质情况，编写出详细的物探和钻探施工设计，进行孔位、孔径、方位角、孔深等关键要素的分析，并且施工设计要求符合有关安全技术规程和安全规定。

(3) 水化学和同位素特征的研究是为了确定富水区积水的更新性和赋存特征，利用工作面回采过程中的自然出水点或回采前防水孔进行取样分析，对比分析结果和矿井已有的水化学库，即可得出积水的赋存情况；而通过同位素特征的研究，可以确定积水的可更新性和受大气降水的影响程度。

(4) 注水试验主要是为了研究煤层开采对顶板的破坏高度，确定煤层开采对顶板的破坏程度，以便对顶板不同标高的富水区积水采取不同的防治措施，为今后矿井对顶板水的防治提供依据，特别是地表水体下采煤。

对于探测到的工作面内富水区，根据富水性的大小、水源情况、与其他水源连通情况等因素综合判断应采取的措施，对于一般顶板灰岩水、底板灰岩水可以采用以预先疏放的方法；对断层、溶洞、暗河、陷落柱等大的地下水水体，在做好安全措施的前提下，可以进行试探性疏放，若水源延伸远，水量大，无法进行疏降，可以考虑留设防水煤柱或注浆封堵的方法。

3 结束语

水害防治应始终坚持“预测预报，有疑必探，先探后掘，先治后采”的原则，同时要做好“防、堵、疏、排、截”的综合治理措施。要在管理上牢固树立防水重于治水的理念，消除各种水害对煤矿安全生产的破坏。

参考文献

[1] 白玉杰. 煤矿水害原因分析及防治技术[J]. 煤炭技术，2009(11).
[2] 四川省煤田地质工程勘察设计研究院. 石屏一矿精查报告[R]. 2003.3.
[3] 国家煤矿安全监察局. 煤矿防治水规定[M]. 2009.

作者简介：郑思亮(1984—)，男，汉，四川省泸州古叙煤电有限公司石屏一矿地测部工作。

科学治水 确保矿井安全

晋神公司沙坪煤矿

晋神公司成立于2004年10月，是由山西煤销集团与神华集团合作按照现代企业制度成立的股份制公司。目前公司管理着“三矿一厂”，分别是沙坪煤矿、磁窑沟煤矿、芦子沟煤矿和沙坪洗煤厂。目前只有沙坪煤矿是生产矿井，其他两矿为基建矿井。由于公司所属三座煤矿均为通过小煤矿资源整合而成的矿井，小煤矿所留下的采掘资料与实际不符，开采范围不清，采空区积水不清等问题给矿井工作面布置及开采带来困难，尤其对矿井防治水工作带来严重威胁。井田内的奥灰水对部分13#煤层开采有影响，如果井田内有陷落柱与奥灰水沟通，也会威胁矿井安全开采，为此，公司及各级领导对矿井防治水工作非常重视，将矿井水害防治列为与“一通三防”同等重要的位置，作为公司安全工作的“重中之重”来抓。下面就沙坪煤矿防治水工作的做法和经验介绍如下。

1 矿井概况

沙坪煤矿处于黄河东岸河东煤田的河保偏矿区，位于山西省河曲县境内，是按照省政府“关小建大，资源整合”的煤炭产业政策而实施的资源整合煤矿。沙坪煤矿是在原河曲国营火山矿的基础上，由9座总计年产量为93万t的小煤矿整合而成的现代化矿井。区内共有6层可采煤层，现开采8#煤层，设计生产能力2.40 Mt/a，服务年限125.5年。

沙坪煤矿于2005年7月6日开工建设，到2006年10月矿井基本建成，创造了零伤亡建井记录。山西省煤炭工业局于2007年10月16日正式批准我矿进入带载联合试运转，目前矿井验收全部通过。

矿井主要面临的水害因素有地表水、奥灰水、老空水等。

1.1 地表水

(1) 县川河为黄河支流。据旧县水文地质资料：县川河河长109 km，平均宽14.18 m，流域面积1 610 km^2，平均水位标高882.5 m，最大洪水位标高889.7 m(1976年)，多年(1977～1986年)平均汛期流量0.88 m^3/s，年径流总量(汛期)0.123～0.299 m^3。平时河水断流，季节性明显。该河在黄河入口处标高为+840 m，河水流量不大，枯水期流量很小，甚至枯竭，对区域水文地质条件有一定影响。河、沟下部煤层开采后，存在导水裂隙，有雨季洪水灌井危险。

(2) 本区属半干旱大陆性季节气候，气温变化大，降雨量小，据河曲县气象局提供的近十年(1990～2000年)的气象资料，年最大降雨量715.3 mm，年最小降雨量211.4 mm，多年平均降雨量447.5 mm，降雨较少，且多集中在7～9月份。矿井部分区域煤层埋深较浅，采动影响地表开裂，雨季大气降水有可能通过上覆地层的裂隙渗入井下。

1.2 奥灰水

区内主要含水层有六层，区内8#煤层的直接顶板为泥岩和粉砂岩，厚度3～10 m，底板亦为泥岩、黏土岩，厚2～4 m，分布较稳定。奥陶系灰岩与最下部煤层间是一套泥岩、灰岩、砂岩及铝土质岩地层，厚度约30～50 m，其中灰岩裂隙、溶隙不发育，为隔水层。奥陶系灰岩中地下水较为丰富，水头高约845 m，矿区西部13号煤层底板约2/5面积低于此标高。尽管其间发育较厚的隔水层，仍存在底板突水的威胁。

1.3 老空水

本井田范围内原有九座小窑开采，分别为河曲县火山煤矿、石梯子煤矿、南正沟煤矿、双口煤矿、杨家沟煤矿、纸房沟煤矿、大石沟煤矿七座生产矿井和刘家沟煤矿、巨宝沟煤矿两个关闭小窑。各个旧煤矿都各自有坑口，都有一定的采空面积，最大的采空区面积达 40 000 m^2，经实地探查，发现大石沟井、石梯子井存在不同程度的越界开采现象，由于已经关闭，不再排水，降水补给的水全部以积水的形式储存于采空区中，这些采空区或多或少都有积水现象，且具体位置情况不详。

1.4　其他

从目前矿井涌水量来看，在两个工作面开采的条件下，总涌水量为每天 450 m^3。但随着开采的深入，特别是当开采东南部太原组煤层时，涌水量将加大。总的看来，煤系地层含水不会对矿井造成水害威胁，只要保持排水系统的正常运行，即可保证安全生产。

2　防治水工程

针对以上水患，沙坪煤矿采用了相应的防治措施。

2.1　综采工作面水害防治

在 1800 综采工作面回采之前在回风顺槽左帮与顶部每隔 50 m 施工一个孔深 100 m 的探水钻孔，并在 1800 回风顺槽安设一趟 ϕ219 排水管路，工作面安设一台 KGQ50—150—45 kW 水泵。

2.2　掘进工作面水害防治

(1) 根据"有掘必探，先探后掘"的原则，矿上成立专业的探放水队伍，购置 4 台 ZLJ—350 型矿用坑道钻机、2 台 ZDY—660 型矿用坑道钻机，负责各掘进工作面的探放水。在掘进工作面布置 3 个探放水钻孔(左、中、右)，连采机掘进巷道工作面探眼深度不小于 70 m，探眼数目 3 个；综掘机掘进巷道工作面探眼深度不小于 30 m，探眼数目 3 个，保证巷道掘进留足 20 m 煤柱。

(2) 积极利用先进的物探技术，探测井下采空区范围及积水情况，我矿多次与中国煤科总院西安研究院协商，计划购买两台 YD32(A)高分辨电法仪，用于探查掘进工作面前方、上方、下方及两侧积水情况。

2.3　老窑水防治

矿井老窑开采历史悠久，老窑分布范围广，2009 年 4 月矿方委托山西同地源地质矿产技术有限公司对井下采空区、古空区、水区等进行调查，并出示了调查报告。2009 年 12 月矿方委托北京煤科总院对原小煤窑采空区地表及井下进行补充勘探，再结合生产期间的实际调查，已基本查清老窑并上图，划定了积水范围及探水线。

2.4　地表水的防治

沙坪煤矿矿井部分区域煤层埋深较浅，采动影响地表开裂，为防止大气降水通过上覆地层的裂隙渗入井下及县川河雨季灌井，已对采空区地表裂隙及沉陷区及时进行回填治理。对采煤塌陷区及大石沟整治仍是沙坪煤矿防治水的重点之一。大石沟位于沙坪井田内北部，是一条东西走向的切割特别厉害的沟谷，由于长期受雨水侵蚀，形成两边悬岩高大，沟谷纵深，煤层开采后，沟谷两边岩石形成下沉、塌陷、倾覆，甚至多处形成危岩，危及大石沟内行人安全。同时大石沟采煤形成的塌陷坑如果不能及时填埋，暴雨时沟里的洪水将全通过采煤裂隙灌入井下，严重威胁煤矿井下安全，为此，公司每年需对该沟进行整治。公司将大石沟整治作为沙坪煤矿防治水重点之一，每年安排专项资金进行整治。2009 年在两条雨季有洪水威胁的沟谷内，分别沿两沟谷设置 1～2.0 m 和 1～3.0 m 的钢筋混凝土盖板排洪涵并结合相应的防排水措施及挡护工程，确保沟内洪水及时排走。

2.5　完善矿井排水系统，增强矿井抗灾能力

沙坪煤矿从设计到建设都是严格按照《煤矿安全规程》要求以及矿井涌水量设计矿井井上下排水系统。井下中央水泵房安设 3 台泵，一用一备一检修；两个水仓，一主一副；同时敷设两条排水管路，采用双电源供电，确保矿井排水安全可靠。地面工业广场设有完善的排水沟及排水渠，并定期清理井下水沟及地面排水沟、排洪渠的杂物淤泥。采掘工作面根据生产需要设置水窝和临时水仓，并按照工作面涌水量 200%的能力敷设排水管路，保证矿井涌水及时排走。

沙坪矿排水系统：各工作面涌水由排水管排至辅运大巷水沟，再由辅运大巷水沟自流至井底中央

水泵房水仓，中央水泵房安设3台(两用一备)型号为MDG155—30×3的水泵，通过2条直径114 mm的排水管排至地面。

(1) 随着巷道的延伸，根据2009年矿井最大涌水量，现有的排水泵能力不能满足排水需求，及时设计施工了东部水仓。

(2) 矿机运队日常派专人对排水管路、水泵及开关进行检查，确保排水设备完好，排水畅通。

(3) 每年4月前由机电科做联合排水试验工作，确保排水管路的完好、主水泵和备用水泵的排水能力符合要求。

(4) 及时将井下中央水仓的杂物及淤泥清净，确保水仓能容纳雨季期间的8小时正常涌水量。

2.6 封闭不良钻孔导水

矿区在勘探阶段施工的各类钻孔，在达到勘探目的后，选用高标号硅酸盐膨胀性水泥作为封孔材料，立即全孔封闭。

3 做好雨季“三防”

沙坪矿工业广场东面环山，且多有沟壑，西临黄河，排洪沟从工业广场由南至北穿过，且风井场地和主井场地均设置在沟内，为防止雨季山洪对生产系统和设施造成危害，采取如下措施：

(1) 矿成立雨季“三防”组织机构，成立抢险突击队，落实人员，明确责任，矿领导和基层单位坚持24小时值班，值班人员及时收听和记录气象部门的天气预报情况。

(2) 各单位要对责任范围内的防洪工程、险要地段、重点设施进行全面检查，并根据各自的情况确定“三防”工作重点及具体工作安排。机电管理部门要对全矿避雷设施进行逐项检查，及时安排检修。

(3) 供应站要对“三防”工作所需物资提前做好准备，确保汛期物资供应充足，做到有备无患。

(4) 抢险突击队要有高度的工作责任心，发现险情时，要冲锋在前，积极抢险，力争使损失减少到最低限度。

(5) 生产科在预计汛期来临前一个月，对井下排水系统进行一次全面检查，并安排将井下所有水仓全部清理。

(6) 各采掘队做好工作面的排水工作，并配备一定数量的排水泵和排水管路。

(7) 综合办负责与服务公司联系解决地面下水道的疏通工作。

(8) 生产指挥中心负责安排排洪沟的清理工作，调度值班员要及时了解汛情。

(9) 抢险突击队做好日常准备工作，汛期安排车辆值班。

(10) 在雨季，时刻关注大石沟塌陷区的漏水情况，发现大石沟沟底防洪帆布损坏必须立即更换，确保防洪设施完好。防洪设施的检查及维护工作必须在汛期前完成，以防洪水灌入井下。

(11) 在副井口、主井口，大石沟井口放置适量的防洪砂袋，在洪水有灌入井下的危险时用砂袋将井口砌起一定高度以阻挡洪水。

(12) 工业广场硬化要考虑到留有1‰～3‰的坡度，将广场水直接引入黄河。

4 成立防治水领导小组

煤矿成立防治水领导小组，贯彻执行国家和省有关防治水工作法规、规定、指令；落实具体防治水工作任务，监督检查各类防治水工程施工质量和进度；做好各种水情、水害的预测预报；按规程编制中长期防治水规划和年度防治水计划。

5 建立健全管理制度

按规定编制防治水管理制度，包括防治水岗位责任制、水害防治技术管理制度、水害预测预报制度、水害隐患排查制度、探放水管理制度及探放水工程设计审批制度。

6 防治水工作指导思想

(1) 加强职工安全教育和培训，提高职工对井下突水征兆的认识，了解突水征兆，掌握防治水的措施，熟知避灾路线，学会及时避险。

(2) 坚持“安全第一，预防为主，综合治理”的安全生产方针，不安全绝对不生产。

(3) 超前探放水是预防突水的重要措施，严格执行“有掘必探，先探后掘”的防治水原则。

(4) 做好防治水应急救援预案工作，提高员工自我保护、自救的能力。

(5) 对存在的水害隐患全面分析排查，杜绝漏排现象的发生。

(6) 认真分析采掘地点的水文地质情况，及时准确地预测预报。

第二章　老空水害防治技术

太原西峪煤矿三采区2301工作面安全探放100万m^3采空区积水技术研究

太原西峪煤矿　王克超　宋志平　黄天宇　武志高　郭　森

摘　要：采空区积水是矿井主要水害类型之一，近年来采空区水害事故发生起数有所上升，死亡人数有所增加。尽管原因不尽相同，但能够认识到采空区积水危害，采取积极有效的防治水措施，应用合理的探放水技术，可以消除水害威胁，有效预防采空区水害事故的发生。

一、概　述

太原西峪煤矿位于西山煤田东南边缘，矿井生产能力120万t/a，可采煤层上组(2^#^、3^#^)、中组(6^#^)、下组(8^#^、9^#^)。井田分两个水平开采，一水平(+823 m)采用平硐开拓，于1992年结束；二水平(+650 m)采用斜井开拓，分上山一、二、三采区，下山四、五、六采区，其中一、二采区上组、中组、下组均已开采结束，六采区上组、中组也已开采结束，现正开采三、四、五采区上组煤层。2005年开拓三采区，2007年掘进首采工作面2301。

2301工作面位于二水平三采区上山方向的左翼，开采2^#^煤层，煤层厚度2～2.2 m，切眼距上山方向一水平五盘区积水边界约40～60 m，积水上限标高+850 m左右，经估算一水平五盘区上组煤层(2^#^、3^#^)采空区面积约为75.5万m^2，富水系数按0.3计，积水量估算为114.75万m^3。在2301工作面切眼内开掘的探放水硐室标高为718～720 m，探水硐煤壁承受的水压为1.32 MPa。

如果不能安全地探放完一水平五盘区的采空区积水，将严重影响2301工作面及矿井的安全生产。为此，山西省监狱管理局和西峪煤矿把2301工作面探放一水平五盘区百万方采空区积水作为2008年～2009年度的防治水"天"字号重点工程，安全探放100万m^3采空区积水意义重大。

二、2301工作面的安全掘进

2301工作面掘进前严格按照采掘工程平面图积水线位置外推60 m划定警戒线，2301主巷、副巷及切眼掘进期间坚持超前探，正前及上山方向超前距不低于30 m。

三、探放水安全技术

2301工作面形成后，利用2301工作面切眼作为探水巷，利用2301工作面主巷、副巷作为两个安全出口及排水、避灾线路，采用在切眼一定距离内开掘探放水硐，然后在探放水硐内砌筑一定厚度的挡水墙，并预先埋设一定长度的探放水套管探放百万方采空区积水的安全技术方案。

1. 探放水硐

2301工作面切眼长190 m，在切眼的上山方向距主巷口26点的26 m、76 m、126 m和176 m处分别开掘6 m深、3.0 m宽、2.2 m高的A、B、C、D四个探放水硐。

据2301切眼与一水平五盘区采空区空间关系，选择A、C硐作为主要探放水硐，B硐作为A硐的辅助探放水硐，D硐作为C硐的辅助探放水硐，在A、C硐探水孔均无效时采用B硐、D硐放水。

2. 挡水墙

探放水硐内建挡水墙，墙厚0.5～1.5 m，墙体要嵌入煤壁中30～50 cm，使用料石砌双墙，中间用料石、砖块及矸石充填，砌墙时先预埋注浆管。

3. 套管

(1) 套管压力

从一水平五盘区的采掘情况分析，探水孔口壁承受的水压为 13.2 kgf/cm^2，约为 1.3 MPa，选用套管承压不小于水压的 1.5 倍。

(2) 套管长度

按照有关规定，应预先固结孔口套管，探放水钻孔的止水套管长度应不小于 10 m，超前距为 34～55 m(大于 30 m)。

(3) 套管安装

孔口套管选用 4 英寸(100 mm)钢管，止水套管外露 0.2 m。孔口高于底板 1.0 m，孔口套管外安装相应规格的双门岔管，管上安装测压表。

4. 注浆及压力试验

(1) 注浆的目的

固结探放水孔套管，加固挡水墙，确保探放水过程安全。

(2) 注浆加固地段的位置

在探放水地点编号分别为 A、B、C、D 的四处探放水硐。

(3) 钻孔结构

由于注浆孔较深，为 10 m 长套管，所以要将套管分成两段或三段，其间以管箍连接；挡水墙厚度设计为 0.5～1.5 m 之间，灌浆孔不换径，采用同径止浆。

(4) 注浆孔径的选择和花管的固定

① 对砌筑的挡水墙，本次注浆使用预埋 38 mm 花管。

② 对孔口套管(100 mm)采用钻孔的孔径 108～130 mm，人工下套管，下套管后管口与钻孔壁之间的空隙用防水剂、棉纱、水泥和水玻璃等按一定的比例充填固定。

孔口套管可利用本孔管实施注浆，注浆结束，凝固一定时间后再用小孔径的钻头扫孔钻探。

(5) 灌浆材料的选择

① 水泥。考虑到浆液结石强度、抗渗透性能以及注浆设备和操作等诸多方面的因素，选用 525# 普通硅酸盐水泥为主要注浆材料。

② 化学附加剂。采用模数 2.4～2.8、浓度为 30～40 Be′的水玻璃。

③ 配比。水泥浆液的水灰比(重量比)为小于或等于 1∶1。单液注浆时，水泥浆液的水灰比(重量比)为小于或等于 1∶1(估算为 5 袋水泥加入 250 L 水)，可适当添加一定量水玻璃(3%～5%)。双液注浆时，水泥浆液∶水玻璃(体积比)＝1∶0.3～1∶0.6。

为了保证挡水墙的封水成功率，必须进行双液注浆。

(6) 造浆系统和灌浆泵

制浆采用常规造浆系统，其运行顺序见图 1。

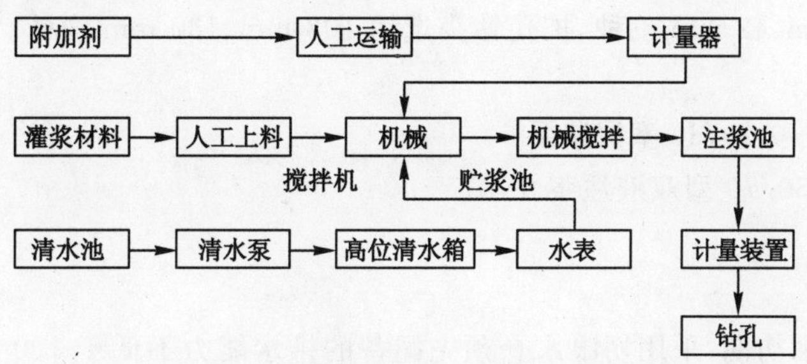

图 1　造浆系统运行顺序

注浆所使用的灌浆泵采用 KBY50/70 型双液注浆泵，机械搅拌机采用电动搅拌机。

(7) 注浆泵和输浆管路系统的耐压试验

注浆机具和输浆管路组装好后，做耐压试验。在试验时压力由小到大逐渐达到设计的最大注浆压力的1.5倍，并在维持15 min的条件下重点检查注浆泵运转有无异常响声，管路连接处是否漏水，否则需更换部件、重新试验。

(8) 灌浆工艺和灌浆方式

① 为防止浆液从墙壁与煤壁缝隙及注浆段以外的地方渗走和喷出，既浪费注浆材料又影响注浆效果，需采用先抹面封堵墙，在孔管壁缝与煤壁缝之间，先用棉线塞紧，打入木楔，并用1∶1～1∶0.5的水泥—水玻璃胶泥封堵。

② 采用压入分孔注浆，一孔一次完成灌浆全过程。

(9) 灌浆参数的设计和灌浆过程的控制

① 灌浆压力的确定。灌浆压力的主要作用是把浆液压入受灌层，并扩散到要求的范围；其次是在结束灌浆时维持一定的压力，帮助尽快析水，有利于提高结石强度。灌浆压力设计为最大注浆压力的1.5倍，积水区的静压力估计为1.32 MPa，灌浆的终止压力设计为1.98 MPa，以增强巷道及墙壁的抗压强度。注浆的初始压力0.1 MPa。

② 浆液的初始浓度。浆液的初始浓度确定为0.5 g/cm^3，相当于水灰比为1∶1。

③ 结束吸浆量的设计。灌浆压力达到终止压力时，吸浆量设计为30 L/min，并要求在保持终止压力的情况下逐渐达到，延续5～10 min后方可结束灌浆。

④ 浆液浓度的变换。浆液浓度开始灌浆5～30 min(或以灌入一定量浆液1～6 m^{3}左右)为一阶段，若压力上升值不大于初期压力的20%，把浆液浓度升高到水灰比为1∶1.5～1∶2。浆液浓度变换要视探放水硐室煤壁的坍塌情况而定。

⑤ 压力或进浆量的调节。在灌浆过程中，随着浆液的灌入，压力值也将不断升高，当压力值达到设计终止压力后，控制进浆量，直至在稳定压力的同时，将吸浆量减少到30 L/min，并持续5～10 min，结束灌浆。

(10) 注浆效果检查

分析注浆施工情况及有关施工记录等技术资料，采用压水试验检查孔壁和墙壁后预注浆效果，以防渗漏水。达不到设计要求，据实际情况再打加密孔，补充注浆，缩短灌浆距离，直至达到预期效果。

5. 设备选型

(1) 钻机

钻机选型，考虑到矿方已有的MK—3型钻机，就不再另选。MK—3型钻机为煤炭科学研究总院西安分院钻探研究所生产的全液压动力头式钻机，功率15 kW，回转速度10～280 r/min，最大扭矩660 N·M，给进能力24 kN，起拔能力36 kN，整机质量950 kg。

(2) 钻杆直径及总长度

本次钻探选用的钻杆，直径(ϕ)为42 mm，长度为100 m，单根钻杆为2 m和1 m的两种规格。钻进钻头用75 mm、54 mm、42 mm三种，扩孔钻头选用108 mm、130 mm两种。

(3) 注浆泵

单液时：选用NBH—120/30型泥浆泵。

双液时：选用KBY50/70型双液注浆泵

6. 排水

(1) 排水

打钻、扫孔及探放水初期，采用切眼水仓预先配备的排水能力不低于150 m^3/h的防腐卧式排水泵和潜水泵排水。

(2) 自流

压力稳定后，放水孔与2301工作面主巷铺设的两趟6英寸(150 mm)的排水管路直接连接，自流到中央大巷水沟。

四、放水孔的设计

根据估算的静储量和动储量的大小，巷道排水设施及矿井的排水能力，生产衔接允许的放水期限，以及地质和水文地质条件，设计相应数量的放水钻孔。

1. 钻孔布置

(1) 布孔原则

探放水硐室内的钻孔成组布设，并在平面上呈扇形，以打到 2# 或 3# 煤采空区为准。根据一、二水平的测量误差，将每一探放水硐内每一探孔的终孔位置，选择在采空区底板往上 0.5～0.7 m 的位置，消除因采空区多年的地壳运动造成的底鼓变形，同时根据其中的相对误差进行调整，终孔位置先打 2# 采空区，如果打不通 2# 煤采空区，继续往前钻探到 3# 煤采空区内，从理论上消除废孔的出现。

(2) 钻孔参数

钻孔设计参数见表 1。

表 1　2301 工作面钻孔设计参数表

硐室号	孔号	孔方位	孔倾角	孔深/m	备注
A	1	215°	−2°	54	以打透采空区为准
	2	225°	−1.87°	53～68	
	3	235°	0°	54	
	4	225°	0°	53	
	5	225°	2°	54	
B	1	217°	0.5°	54～65	以打透采空区为准
	2	225°	0°	54	
	3	240°	0.5°	56	
	4	225°	1°	55～65	
C	1	221°	8°	44～57	以打透采空区为准
	2	226°	7.2°	42	
	3	230°	0.8°	60～70	
	4	226°	7.5°	42～55	
	5	230°	0.6°	60～70	
	6	211°	7.3°	60	
D	1	222°	4.8°	57	以打透采空区为准
	2	222°	5.0°	57	

(3) 探放水顺序要求

硐室选择顺序：A(B)—C(D)。

钻孔施工顺序：1—2—3—4—5—6。

2. 钻孔孔径的选择

探放水钻孔孔径的大小，应根据煤层的坚实程度、钻孔深度等因素来确定。如煤层的坚实系数较大，钻孔较深，可选用稍大一点的孔径；反之，选用较小的孔径。根据多年放水的经验，常选用 42 mm、54 mm 和 75 mm 等孔径，但一般不会超过 75 mm，以免因流速过高冲垮煤柱。

3. 钻孔孔数的计算

(1) 单孔出水量的估算

单孔出水量可用下式进行估算：

$$q=c\omega\sqrt{2gH}$$

式中　q——单孔出水量，m^3/s；

c——流量系数，其大小与孔壁的粗糙程度、孔径的大小、钻孔的长度等因素有关，可由试验得出，无资料时可用0.6～0.62；

ω——钻孔的断面积，m^2；

g——重力加速度，$g=9.81\ m/s^2$；

H——钻孔出口处水头高度，m。

2301工作面探放水单孔出水量估算结果见表2。

表2　　2301工作面探放水单孔出水量估算表

标高/m	流量/(m^3/s) \ 孔径/mm	42	54	75
850	最大	0.0427 (154 m^3/h)	0.07 (252 m^3/h)	0.138 (497 m^3/h)
790	平均	0.032 (115 m^3/h)	0.053 (191 m^3/h)	0.10 (360 m^3/h)
764	扩孔(54 mm)	0.025 (90 m^3/h)	0.042 (151 m^3/h)	0.0801 (288 m^3/h)
732	扩孔(75 mm)		0.024 (86 m^3/h)	0.042 (151 m^3/h)

(2) 最大放水量的计算

最大放水量可用下式计算：

$$Q_{max}=W/t+Q_{动}$$

式中　Q_{max}——最大放水量，m^3/s；

W——静储量，取$W=114.75\times10\ 000\ m^3$；

t——允许放水期限，取1年，s；

$Q_{动}$——动储量，取$Q_{动}=0\ m^3/s$。

$$Q_{max}=114.75\times10\ 000/(365\times24\times3\ 600)=0.036\ (m^3/s)=130\ (m^3/h)$$

(3) 放水孔孔数的计算

放水孔孔数用下式计算：

$$N_{孔数}=Q/q$$

式中　$N_{孔数}$——放水孔孔数；

Q——放水量，m^3/s。

经计算，如果放水期为1年，最大放水量为130 m^3/h，那么，采用单孔放水时，首孔需选用42 mm孔径，当水位在850 m时，最大涌水量为154 m^3/h；当水位降至764 m，42 mm孔涌水量低于90 m^3/h时，可用54 mm孔径扩孔；当水位降至732 m，54 mm孔涌水量低于85 m^3/h时，可用75 mm孔径扩孔。采用多孔放水，必须保证总涌水量不大于150 m^3/h。当需要缩短放水周期时，必须增大排水能力，据排水能力计算单孔最大涌水量、钻孔孔数。如果单孔或多孔涌水量大于150 m^3/h，必须利用孔口阀控制放水。

五、效果分析

1. 积水量分析

首孔测得的采空区积水静水压力为0.9 MPa，换算成等水位线为809 m左右，比预计的850 m水位线低 41 m，计算积水量为 79.1 万 m^3，较预计积水量 114.75 万 m^3 偏低。接近 2010 年初（仍有涌水量 15～20 m^3/h），累计放水量 70 万 m^3。

2. 探水效果分析

(1) 精心组织，实现首孔成功放水

西峪矿高度重视 2301 工作面探放水工作，专门成立了以矿长为组长、总工程师为常务副组长的领导组，设立专门的安全决策机构、技术负责机构、工程施工机构，依据探放水设计和注浆设计，用一个半月时间完成了钻探施工前的准备工作。2008 年 10 月 5 日开始探放水，10 月 8 日中午 13:10，首孔（A 硐室 1# 孔）钻探放出采空区积水，初始涌水量 130 m^3/h 左右，静水压力 0.9 MPa。

(2) 严把质量关，实现钻探成孔率 100%

依据本次探放水方案，共施工了 3 个钻孔，针对钻孔的开孔位置、倾角、方位和终孔位置等技术要求，加强安全质量管理，严把人、机、料、法、环每一环节，对施工的每一个硐室和钻孔进行 24 h 全过程有人监控，即现场把关，把施工过程中出现的细小误差消灭在萌芽状态。首孔 A 硐室 1# 孔成功出水，当涌水量低于 75 m^3/h 时，C 硐室 1#、2# 孔又成功打通采空区（未出水），成孔率达 100%。

(3) 科学管理，实现单孔安全放水 70 余万立方米

依据钻探及采掘实际情况，A 硐室 1# 孔为本次主要放水孔，为保证钻孔顺利放水，专人负责放水孔排水、水情监测。据涌水量及水压情况分别进行班监测、日监测、周监测，发现涌水量突变、水压异常、管路排水量减小现象，及时分析原因，先后采取了 42 mm 钻扫孔、54 mm 钻扩孔、控制放水、排水管路疏通等有效手段，确保单孔累计安全放水 70 余万立方米，单孔放水时间达 450 d 以上。

采空积水水患治理研究与实践

山东安阳矿业有限责任公司洪村煤矿 陈 涛 宋忠亮

摘 要:本文提出了洪升煤矿采空水对矿井安全生产的影响,在认真分析洪升煤矿采空区资料的基础上,针对性地提出了洪升煤矿采空水治理的思路并组织实施,采空水治理工作取得了显著成效。

关键词:采空水;治理;探掘并举

1 基本情况

洪村煤矿位于枣庄市薛城区邹坞镇境内,于1980年1月建井,1984年4月投产,设计生产能力9万t/a,2006年矿井核定生产能力为15万t/a,开采6、9、14、16、17、18煤层。6层煤为该矿的接续煤层,6层煤直接顶为页岩,底板为中砂岩,煤层平均厚度0.55 m。6层煤为极薄煤层,平均煤厚不足0.60 m,开采利用价值相对较小。但矿井煤炭资源的日趋枯竭,赋存条件较好的煤层储量已近枯竭,为进一步延长矿井服务年限,缓解接续紧张的压力,6层煤的开采势在必行。

2 问题的提出

在洪村煤矿井田范围内有一乡镇煤矿——洪升煤矿,该矿于1996年建井,1999年关井,主要开采6层煤,采空区位于洪村煤矿井田中部,采空积水约10 000 m^3,对洪村煤矿开采6层煤造成水患威胁。6层煤能否成功高效开采,关键取决于对洪升煤矿采空积水水患的治理。为此,在6层煤开拓前,洪村煤矿就对洪升煤矿开采积水情况进行详细调查,对该采空水患对开拓、开采6层煤的影响程度予以充分考虑,经过详细的技术分析,采取了开拓前穿层疏放降压及开拓中探掘并举等措施,对洪升煤矿采空积水进行超前疏放。通过在6层煤开拓过程中实施这些措施,6层煤彻底摆脱了洪升煤矿老空水的威胁,实现了成功开拓。

3 洪升煤矿采空水水患治理

3.1 治理方案的选择

方案一:在9层煤现有巷道内由上而下逐步采用打穿层探放水孔对洪升煤矿采空水逐级疏放降压后,再进行6层煤开拓。

方案二:先在9层煤现有巷道内对洪升煤矿采空区中下部打一个穿层探放水孔进行疏放降压后,再进行6层煤开拓,开拓过程中采用单巷先进、探掘并举的方法对洪升煤矿采空区水进行探查、疏放。

由于6层煤的开拓工作比较紧迫,采用方案一能有效治理好洪升煤矿采空水对6层煤开拓、开采的影响,但治理工期长、不能完全查清疏放洪升煤矿采空水、治理成本高、开拓准备期长;采用方案二能完全治理好洪升煤矿采空水水患、不影响6层煤正常开拓、治理成本低、开拓准备期短。

基于以上分析,经过详细的安全、经济及技术比较,最终确定采用第二套治理方案。

3.2 穿层探放水孔施工疏放情况

根据洪升煤矿图纸,洪村煤矿决定在9层煤903风巷3#处施工探放水孔排放洪升煤矿采空水。该钻孔于2008年10月10日开始施工,10月23日施工完毕,钻孔钻透洪升煤矿采空区−90 m水平。经过1个月的疏放,排出采空水约5 000 m^3。

3.3 开拓过程中洪升煤矿采空水治理情况

根据洪升煤矿资料及其采空水治理方案,在进行6层煤采区设计时着重对洪升煤矿采空水治理予以考虑，故选择开拓6层煤的见煤点在洪升煤矿采空区以西200 m处，采区主副上山在洪升煤矿采空区以北40 m处。在从9层煤开拓穿层主、副上山时就采取探掘并举的施工方案，见煤后先施工6层煤副上山至－85 m水平，然后从上到下每40 m施工一条探水巷探查、疏放洪升煤矿采空水。601上巷(－90 m)施工45 m探透洪升煤矿采空区，疏放采空水约1 500 m^3；601下巷(－95 m)施工75 m探透洪升煤矿采空区，疏放采空水约1 000 m^3，并清理洪升煤矿巷道150 m，对洪升煤矿采空区范围进一步排查。排查发现该巷道为洪升煤矿最下部的巷道，但巷道下部尚有部分残采采空区，为此又施工了603上巷，603上巷(－100 m)施工120 m探透洪升煤矿残采采空区，疏放采空水约500 m^3。为彻底排除洪升煤矿采空水对洪村煤矿6层煤开采的影响，又施工了603下巷，603下巷(－105 m)施工240 m至洪升煤矿采空区南边界未再发现采空区。至此，共疏放洪升煤矿采空区积水约8 000 m^3，比原计算采空水少2 000 m^3，洪升煤矿采空水水患得以彻底排除。实践证明，对老空水的有效疏放是一种对治理老空水水患可行而有效的方法。

洪升煤矿采空水治理成果图见图1。

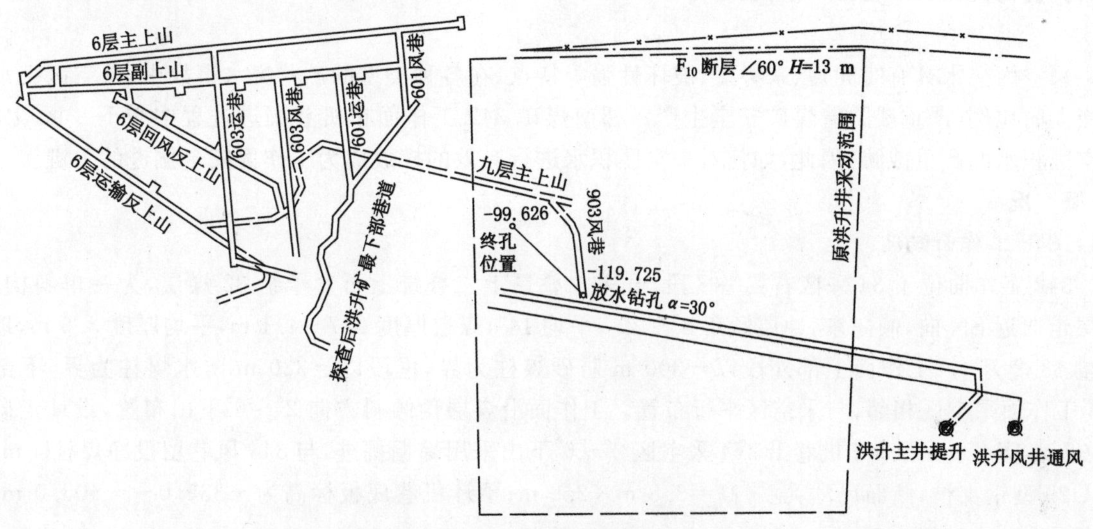

图1 洪升煤矿采空水治理成果图

3.4 采空水水患治理过程中采取的措施

(1) 施工穿层放水孔的方案、设计、措施齐全。

(2) 开拓中的探放水工作由洪村煤矿专业探水队施工，探水人员经过专业培训，方案、设计、措施齐全。

(3) 6层煤为上山采区，探水作业时不需设专用水仓及泵房，只需清理与中央水仓连接的水沟。每次探水作业时均下5 m长套管，套管上设有水门，用水泥和套管加固孔口。放水时由水门控制水量，采空水经水沟流入中央水仓。

(4) 探掘并举的施工方法是采用两巷一队的方法施工，即设一主巷和一副巷由一个掘进队施工，主巷和副巷为近距离平行巷道，主巷超前副巷不少于50 m，正常掘进时掘进队在主巷施工，探放水时掘进队转到副巷施工。采用此方法减少了探放水对开拓进度的影响。

4 结 语

(1) 经过本次治理方案的实施，6层煤开拓准备期缩短约4个月，为矿井采掘接续赢得充足时间。

(2) 通过本次对采空水的疏放，6层煤开采过程中的采空水水患得以排除，并解放受采空水威胁的煤炭资源约5万t。

(3) 实践证明，对老空水的有效疏放是一种对治理老空水水患可行而有效的方法。

作者简介：陈涛(1980—)，泰安煤炭工业学校采煤专业毕业，现任安阳公司洪村煤矿地质防治水副总工程师。

综掘工作面沿空无压探放水快速掘进工程实践

淮北矿业集团公司 孙尚云 朱慎刚 赵 杰

摘 要:祁南煤矿342机巷沿下一区段采空区掘进,根据分析采空区内存有近13万立方米的积水,严重威胁机巷的安全掘进。根据积水情况采取了无压探放水掘进措施,取得了较好的效果,该项工程是典型的探放水掘进工程实例,为老空水的防治提供了借鉴和帮助。

关键词:探放;采空区积水;掘进

采空区突水具有时间短、来势猛、破坏性强等特点,在各种类型的矿井突水事故中,采空区突水占相当大的比例,严重威胁着煤矿安全生产。祁南煤矿342工作面在机巷掘进过程中受下一区段344采空区积水的严重威胁,因此,如何对采空区积水进行有效的探放成为工作面安全掘进的关键。

1 概 况

1.1 342工作面概况

342工作面位于34采区右翼一区段,开采二叠系上二叠统上石盒子组32煤层,为一单斜构造,地层走向近SN向,倾向东,地层倾角8°~20°,平均14°,煤层厚度2.7~4.1 m,平均厚度3.0 m,地质储量88.2万t。工作面上部外段以-300 m防砂煤柱为界,里段以-330 m防水煤柱为界,下部与344工作面采空区相邻,与采空区平行布置。工作面沿煤层伪倾斜方向2°~6°下山布置,设计走向长1 400 m,宽150 m。342机巷沿344采空区2°~6°下山采用综掘掘进,与344风巷留设净煤柱4 m;采用U29型钢支护,断面尺寸:宽×高=3.8 m×2.9 m;预计机巷底板标高为-335.0~-405.0 m,标高差70.0 m。

1.2 344采空区积水情况

344采空区位于342工作面下一区段,沿煤层伪倾斜方向布置,煤厚2.3~3.2 m,平均2.8 m;煤层倾角12°~18°,平均14°;机、风巷倾角为2°~8°下山,平均5°。工作面走向长1 140 m,倾斜宽155 m;风巷底板标高-331.2~-407.9 m,机巷底板标高-368.2~-444.2 m,里低外高,标高差113.0 m。工作面自2004年3月10日开始回采,于2005年1月13日收作。2005年9月发现344机巷沿封闭墙下部出水,同时34轨道上山机巷过硐点淋水,总出水量约5 m^3/h,说明344采空区已充满积水,动水补给量约5 m^3/h。

2 积水量预计

经分析,344工作面积水外缘标高为机巷出口标高-368.2 m,预计工作面自切眼到收作线及344风巷f_{13}测量导线点一个近似梯形块段存有积水,如图1所示(图中阴影部分表示积水区),积水区标高为:-368.2~-444.2 m,积水区平均长度930 m,水头高度76 m,积水面积145 080 m^2。采空区积水量计算公式:

$$Q=KMS/\cos\alpha$$

式中 Q——采空区积水量;

K——充水系数(取值0.25~0.5);

M——工作面采高;

S——积水面积;

α——煤层倾角。

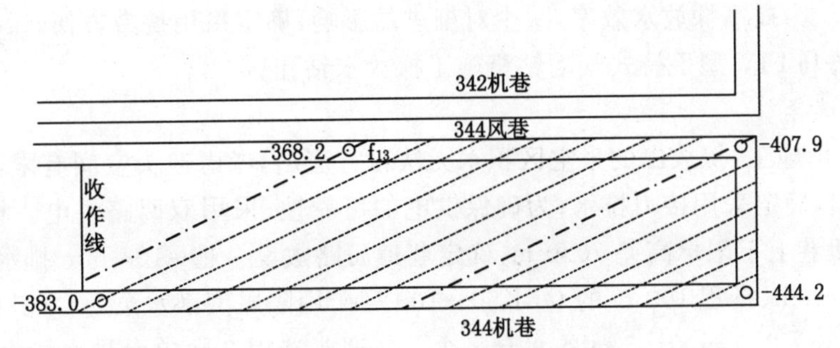

图1　344 工作面采空区积水情况示意图

工作面采高 M 取 2.8 m，考虑工作面收作时间较长，K 取 0.3，则 344 采空区积水量约 125 600 m^3。其中 344 风巷积水段标高为 −368.2～−407.9 m，积水长度 860 m，水头高度 39.7 m，需探放的积水为 −407.9 m 等高线以上约 71 420 m^3 的积水。342 机巷沿 344 采空区施工，与 344 风巷留设净煤柱 4 m，在不进行探放水的情况下，344 采空区积水将突破煤柱涌入 342 机巷，对 342 机巷的安全威胁较大。

3　探放水方案设计

3.1　探放水设计

根据"煤矿防治水工作条例"关于水头高度不超过 1.5 m 的规定，考虑机巷下山掘进，且煤柱宽度仅留 4 m，水头高度过高可能造成积水突然涌出淹没迎头设备，确定每进尺 20 m 左右，按照水头高度约 1.0 m 进行一轮探放水工作，共设计 45 轮探放水钻孔。

(1) 钻孔布置。自 344 风巷探水警戒线(距 344 风巷 f_{13} 点约 30 m)开始施工第一轮钻孔，以后根据煤层倾角，每进尺 15～20 m 左右为一循环，再施工一轮钻孔，直至施工过采空积水区确认不受水害威胁时，方可结束探放水工作。

(2) 钻孔参数。每轮钻孔设计 2 组钻孔，每组 3 个孔，2 组钻孔分别开孔于巷道右帮距巷道顶板 1.5、2 m 处，其中 1# 孔垂直于巷道，2#、3# 孔与 1# 孔左右各偏 15°夹角，呈扇形布置，钻孔水平施工，深度不小于 4 m，以打透采空区为准。

(3) 每一组钻孔施工到位后要求来回疏孔，如有水，要停钻空转一个班，然后视水压及水量情况适当增加钻孔个数。

(4) 为防止积水涌入迎头淹没设备，施工探放水钻孔前在探放水点施工深约 1.2 m 的 1 个水仓硐室作泄水巷使用，放水时根据排水能力控制放水量。

(5) 钻孔结构。开终孔直径 ϕ42 mm。

3.2　单孔涌水量预计

根据计算公式：

$$q=c\omega\sqrt{2gH}$$

式中　q——钻孔涌水量，m^3/s；

c——流量系数，取 0.6；

ω——钻孔断面积，按孔径 ϕ42 mm 计算，m^2；

g——重力加速度，$g=9.8\ m/s^2$；

H——钻孔出水口的水头高度，考虑钻孔出水时水头高度不断变小，属非稳定流状态，分别取探放水水头高度 1.0 m 和 0.5 m 计算最大涌水量和平均涌水量，得平均单孔涌水量为 9.4 m^3/h，最大单孔涌水量为 13.2 m^3/h。

3.3　钻探设备的选择

根据 344 风巷揭露的煤层情况分析，进入积水区后基本无断层发育，342 机巷沿煤层 2°～6°下山施工，无起伏变化。为提高探放水效率，减少对掘进的影响，确定采用携带方便、操作简单的德国哈泽玛格公司生产的腾马 FIV 型手持式气动钻机施工探放水钻孔。

3.4 排水设施的选择

342 机巷沿下山施工，探放出的采空区积水无法自行流出，考虑迎头空间有限，且排水距离较长，不能一次将水排出，确定采用接力排水；为确保供电的可靠性，采用双回路供电。根据单孔最大涌水量 13.2 m^3/h 和机巷上下限标高差 70.0 m，确定巷道后路敷设一趟 ϕ108 mm 排水管路，选用单台排水能力不低于 50 m^3/h、扬程 100 m 的 QBK50—100 型矿用隔爆型潜水泵 2 台(其中 1 台备用)，施工长×宽×深＝2.0 m×2.0 m×1.5 m 的水仓 1 个。在迎头选用 2 台单台排水能力 25 m^3/h、扬程 40 m 的 KWQ25—40 型矿用隔爆型潜水泵，敷设 2 趟 ϕ54 mm 排水管路，自水仓硐室向后路水仓内排水，经后路水仓排至采区轨道上山，再自流至井底水仓。

3.5 探放水效果检验

探放水效果的检验，按照淮北矿业集团公司防治水技术管理规定执行，即：终孔钻孔标高最低钻孔有水流，但没有压力；或者采用透孔检验无出水时，才可确定放水结束。

3.6 安全技术措施

(1) 严格探放水掘进管理工作，加强探放水期间跟班及效果检验工作。在确保采空区积水已放净的情况下，迎头方能恢复进尺，防止因积水突然涌出而造成安全事故。

(2) 为防止采空区受动水补给重新积水，在施工至积水区最低标高点(－407.9 m)处需施工 1 条泄水巷与采空区连通泄水，并在泄水巷内施工永久水仓。

(3) 掘进期间因煤层受水浸泡变软，为防止支架下陷，U 型棚支架需采取穿鞋措施，柱鞋为 400 mm×400 mm、厚 80 mm 的木板。

(4) 探放水期间需加大迎头风量，加强迎头瓦斯检测，人员配齐防护用具，防止有毒有害气体涌出。

4 总结及认识

(1) 342 机巷探放水掘进自 2007 年 1 月 22 日开始到 2007 年 6 月 18 日结束，历时近 5 个月，累计进行了 44 轮探放水工作，探放水量约 11.2 万立方米，进尺 860 m，最大单进尺 220 m/月，平均单进尺 172 m/月，实现了安全、快速掘进，缓解了采掘接替紧张局面。

(2) 采空区充水系数的选取与顶底板岩性及碎胀程度、采后间隔时间长短、采煤方法、采出率等因素有关，本次探放采空区积水面积约 82 200 m^2，除去探放水期间砂岩裂隙水的动水补给水量(按砂岩裂隙水涌水量 5 m^3/h 计算，探放水量包含砂岩裂隙水量 17 760 m^3)，探放采空区积水量为 94 240 m^3，较预计探放积水量 71 420 m^3 多 22 820 m^3。根据 $Q=KMS/\cos\alpha$ 反算采空区充水系数 K 应为 0.4，与原先选取的 0.3 出入较大。通过分析获取采空区充水系数为 0.4，为精确统计积水量提供了依据。今后应进一步总结分析采空区充水规律，以获取相对准确的采空区充水系数数值。

(3) 排水工作是探放水工作的关键环节，掘进速度的快慢直接受排水工作的制约，因此，需加强排水设备检查与维修，确保供电的可靠性，防止因停掉电影响排水，同时尽可能提高排水能力以缩短排水时间。

(4) 加强劳动组织，协调好进尺与排水的关系，尽量减小排水对进尺的影响。

(5) 因采空区有动水补给，施工至积水区最低点时需要施工泄水巷与采空区沟通泄水，防止因动水补给造成采空区二次积水，威胁工作面的安全。

作者简介：孙尚云(1974—)，男，安徽临泉人，高级工程师，从事矿井防治水工作。

钻孔探放水技术在明锦煤矿防治水中的应用

贵州省贵阳市清镇明锦煤矿

摘　要：探放水即在各种生产及工程施工过程中用超前勘探方法，查明工作区的含水构造(包括陷落柱)、含水层、积水老窑等水体的具体位置、含水量等基本情况，然后采取有效的排水措施，在施工前消除施工过程中可能因水灾引起的安全隐患，确保安全生产、施工。本文以明锦煤矿钻孔探放老空水工作为实例，对钻孔探放技术在防治水工作中的应用作了分析探讨。

1　探放矿井老空水的基本原则

煤炭采掘工作必须执行“预测预报、有疑必探、先探后掘、先治后采”的原则，因而遇到下列情况之一时，必须探水：接近水淹或者可能积水的井巷、老空区或相邻煤矿时；接近含水层、导水断层、暗河、溶洞和导水陷落柱时；打开隔离煤(岩)柱进行放水前；接近可能与河流、湖泊、水库、蓄水池、水井等相通的断层破碎带或裂隙发育带时；接近有出水可能的钻孔时；接近水文地质条件复杂的区域时；接近有积水的灌浆区时；采掘破坏影响范围内有承压含水层或含水构造、煤层与含水层间的防隔水煤(岩)柱厚度不清而可能突水时；等等。

探放老空水应遵循“积极探放，先隔离后探放，先降压后探放，先堵后探放”的原则。

2　探放老空水的方法及措施

2.1　收集有关水文地质资料，关键是探放水对象调查

每个采掘工作面开工之前，矿井必须组织有关人员查阅有关资料并进行现场勘察，尽最大可能查清采掘范围内以及周边老空区的积水情况，进行安全论证。此阶段的关键是探放水对象调查，根据探放水对象不同，探放水前应进行内容不同的调查研究。见表1。

表1　探放水对象调查表

探放水对象	调查研究内容
老窑老空积水	老窑名称、编号、地理位置、经纬度、标高、开采时间、层别、范围、采出煤量、停产原因、各层间的关系、相邻老窑的关系、老窑距地表的深度及积水范围、积水量、经常涌水量、水头等
老采区积水	积水巷道名称、标高、层别、积水量、经常涌水量、水头等
煤层底板的强含水层	含水层名称、岩性、厚度、水位水量及其与可采煤层的间距等

2.2　估算老空积水量

老空积水量可按下式进行估算：

$$W_{静}=KMLh/\sin\alpha$$

式中　$W_{静}$——老空积水的静储量，m^3；

M——采厚，m；

L——老空区走向长度，m；

h——小窑采空区的垂高，m；

α——煤层的倾角，(°)；

K——老空区的充水系数，$K=0.3\sim0.5$。

2.3 设计放水孔及安装放水孔孔口管

在探明老空水的确切位置之后，根据其静储量和动储量的大小、巷道排水能力、矿井实际排水能力、生产衔接允许的放水期限以及地质和水文地质条件，再设计放水钻孔。

2.4 探水起点及探水线的确定

(1) 探水起点的确定

由于老空积水范围是通过调查得出来的，所以其积水的边界不是十分准确，可用物探方法或其他方法查明。为了确保采掘工作和人身安全，防止误穿积水区，将水淹区的积水范围、水位标高、积水量等资料填绘在采掘工程图上，经过分析划出三条界线：积水线、探水线、警戒线。

根据经验，我们将调查和勘探获得的老空区分布资料经过分析后划出3条界线：

① 积水线。积水边界线(小窑采空区范围)即为积水线，其深部界线应根据小窑或老空的最深下山划定。

② 探水线。沿积水线外推60～150 m的距离划一条线(如上山掘进时为顺层的斜距)，此数值大小视积水范围可靠程度、水头压力、煤的强度大小来确定。当掘进巷道达到此线，就应开始探水。探水线具体划定见下述"严格划定探水线"。

③ 警戒线。沿探水线外推50～150 m(在上山掘进时指倾斜距离)即为警戒线。当巷道进入此线，就应警惕积水的威胁，注意迎头的变化，当发现有透水征兆时就应提前探水。

(2) 严格划定探水线

① 探水线的划定应根据积水区的位置、范围、水文地质条件及其资料的可靠程度，以及采空区、巷道受矿山压力的破坏情况等因素综合确定。

② 对本矿开采所造成的老空、老巷、水窝等积水区，能确定积水区边界位置且水压不超过10 kPa时，探水线至积水区的最小距离：在煤层中不少于30 m，在岩石中不得少于20 m。

③ 对本矿的积水区，虽有图纸资料，但不能确定积水区边界位置时，探水线至推断积水区的边界的最小距离不得小于60 m。

④ 对有图纸资料可查的老窑，探水线至老窑边界的最小距离不得小于60 m；对没有图纸资料可查的老窑，可根据已了解到的小窑开采最低水平，作为预测的可疑区，有物探条件的可以用物探控制可疑区，再由可疑区向外推100 m，作为探水线；对老窑无任何资料，无法推测其可疑区的，必须坚持有疑必探，确保安全。

⑤ 对已知的断层、陷落柱的探水线，由断层、陷落柱所留设的防水煤柱至少向外推20 m作为探水线。

⑥ 石门揭开含水层的探水线，探水线至含水层的水平最小距离不得小于20 m，垂直距离应根据水压和隔水层的岩性等资料综合分析确定其最小距离。

⑦ 探水眼的布置和超前距离，应根据水头高低、煤(岩)层厚度和硬度以及安全措施等综合确定。

2.5 钻孔超前距、允许掘进距离、帮距和钻孔密度等的确定

(1) 超前距

$$a=0.5AL\sqrt{3P/K_P}=0.5\times4\times2.6\times\sqrt{3\times490/98}\approx20\ (\mathrm{m})$$

式中 a——超前距，m；

A——安全系数，一般取2～5，最大取4；

L——巷道跨度，取2.6 m；

P——水头压力，取490 kPa；

K_P——煤的抗张强度，取98 kPa。

(2) 允许掘进距离

经探水后，证实无水害威胁后，可安全掘进的距离为：

$$L_{允许}=L_{孔深}-a=(25\sim40)-20=5\sim20\ (\mathrm{m})$$

式中　$L_{允许}$——允许掘进距离，m；

$L_{孔深}$——最短的钻孔长度(水平投影长度)，设计取 25～40 m；

a——超前距，m。

(3) 钻孔密度(孔间距)

钻孔密度指竖直扇形面内钻孔间的终孔垂距不得超过 1.5 m，水平扇形面内各组钻孔间的终孔水平距离不得大于 3 m。

(4) 帮距

为使巷道两帮与可能存在的水体之间保持一定的安全距离，呈扇形布置的最外侧探水孔所控制的范围与巷道帮的距离为帮距，其值应与超前距相同，有时可略比超前距小 1～2 m。根据《关于加强小煤矿水害防治工作的通知》(黔煤办字〔2007〕37 号)规定，帮距本设计取 16～20 m。

(5) 钻孔深度

探水钻孔终孔位置始终要超前掘进工作面一段距离，一般采用 20 m。经探水证实无水害威胁，可安全掘进即超前距的长度为 20 m。因此，探水钻孔的距离，长钻为 80～120 m，短钻为 25～40 m。本文主要说明短钻在探放水中的独特作用。

短钻钻孔超前距、帮距、允许掘进距离示意图见图 1。

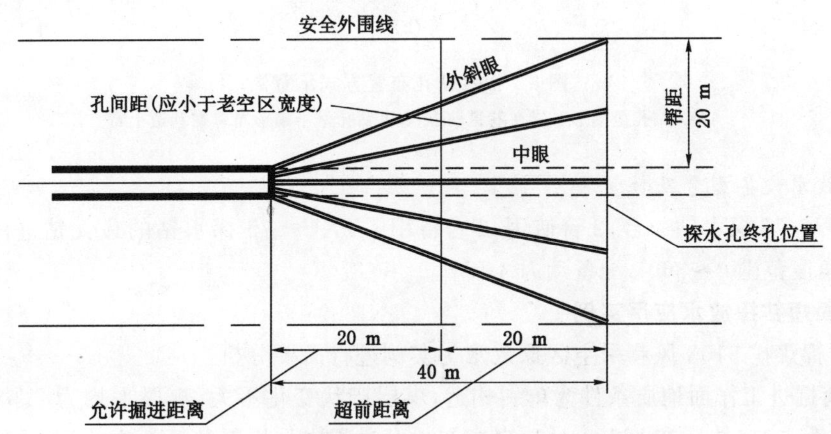

图 1　探水孔的超前距、帮距、允许掘进距离示意图

(6) 钻孔孔径

本设计配备 TXU—75 探水钻，最大钻进深度 75 m，孔径 75 mm。

(7) 钻孔数目及布置

探水效果的好坏与钻孔布置方式有很大关系。在布置探水钻孔时必须注意两个问题：其一要确保安全；其二既要保证工作效果又要工作量最小。

探水钻孔布置从平面上看，一般常布置成扇形和半扇形(见图 2)。上山巷道常布置成扇形，倾斜煤层平巷掘进常布置成半扇形。扇形和半扇形布置又分为“大夹角”扇形布置(中间沿巷道前进方向一组，两侧各 2～3 组钻孔，每组 1～2 个钻孔，每组钻孔之间的夹角 7°～15°)和“小夹角”扇形布置(每组钻孔之间的夹角 1°～3°，其他与“大夹角”要求相同)，如果运用得当，两种形式都可以取得良好的效果。

3　探放水设备的选择

3.1　探放水设备选择依据

煤矿配备的探放水设备必须能用于井下探水、放水，必须有防爆及煤安标志。选择的主要依据是钻孔直径、深度及所需钻取的围岩力学性质等。

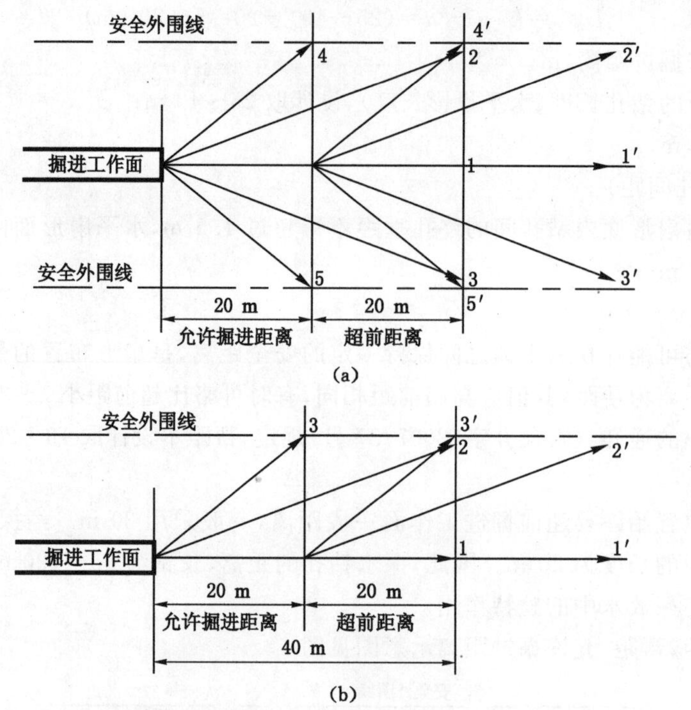

图 2 探水钻孔布置方式示意图

(a) 钻孔呈扇形布置在巷道前方；(b) 钻孔呈半扇形布置在巷道上帮

3.2 井下探放水设备型号及数量

配备 TXU—75 探水钻 4 台，2 台使用，2 台备用。TXU—75 探水钻的最大钻进深度 75 m，孔径 75 mm，钻孔角度范围 0～360°，配备动力 4 kW。

4 掘进工作面短钻探放水应用实例

本文以明锦煤矿 9103 风巷采空区探放水为实例进行简要分析。

9103 风巷掘进工作面地质条件为单斜构造，煤层产状变化不大，煤厚平均为 2.0 m。根据调查，该区分布有 1 个老窑(估计在 160 m 处)，老窑在生产过程中采用斜井开拓方式，并采用房柱式采煤方法，如蚂蚁洞穴般无规则乱挖，遗留了大量的空棚、空巷(每一空棚、空巷长度，少则达数十米，多则达数百米，高度多在 2 m，宽度有的达数十米，形状、大小极为不规则)。明锦矿要生存，只有按计划整体复采井田资源。但在揭露之前，没有资料能够准确说明小窑空棚、空巷的具体位置和积水情况，因而施工要冒很大的透水危险。因此，防治小窑老空水患必然成为明锦煤矿的防治水重点。

据了解，该积水区为三角形，面积为 600 m^2，积水量约为 1 800 m^3。当运输巷掘至 160 m 处接近该区域时，放水量控制在 10 m^3/h 左右。放水期间设专人看守放水孔，监视放水全过程，记录并核对放水量。当钻孔水量变小或无水时，反复多次下钻捅孔，以防钻孔被堵造成积水放完假象。

巷道接近积水区时，无论积水是否已探明放净，均采取了以下措施确保安全：① 必须按设计施工，在探放水期，掘进中必须注意是否有出水征兆，如有征兆，则应停止掘进，撤出人员；② 在巷道掘至设计钻场位置时不准放炮，以利于探放水时布置钻孔和安设套管，掘至下一个钻场前超 5 m 停止掘进。

新开口的巷道，在开口位置都必须先打一次长钻，探明前方空棚情况。长钻以巷道中心为中点，沿煤层顶底板区域成扇形布置，根据煤层赋存情况及掌握的空棚大体位置，设计 5 个钻孔，对巷道两边各 15～20 m 范围的煤层进行了长钻探测，孔深一般为 80～120 m。巷道开掘后，在距长钻最短钻孔剩余保护距离 30 m 时，重新设计布置长钻钻孔。钻探实践证明，通过打长钻，基本掌握了工作面前方钻孔遍及范围内的小窑老空区分布情况，初步探明了前方空棚内的积水和有害气体情况，做到了心中有数，避免了盲日冒险掘进。但是，这种探法还存在一定的不足，钻孔数量少、密度小、覆盖范围小，仅仅几米或几厘米的差距，就可能探不到附近的隐患，造成钻探失误。然而，要达到全方位、高覆盖探测要求，耗物、耗时的钻孔施工将会大大拖延现场的施工进度，其存在的不足只有靠短钻探测来补充。

长钻探测未发现异常情况时，巷道每掘进 5 m 用 1 m 每节的节式钻杆钻 25～40 m 探测 1 次。

长钻探测如发现异常情况，在距异常区域 20 m 时，巷道每向前掘进 2 m 用 15 m 长的节式钻杆探测 1 次，距异常区域 5 m 时，每前进 0.8 m 用 5 m 长的节式钻杆探测 1 次。

短钻探测时，探眼布置 5 个，距底板 1 m 成扇形分布，见表 2。

表 2　短钻探测钻孔布置参数表

孔号	孔径/mm	与巷道方位夹角	倾角	距巷中/m	孔深/m	备注
1	42	32°	−7°	1.2	30	
2	42	16°	−3.3°	0.6	26	
3	42	0°	0°		25	
4	42	16°	+3.3°	0.6	26	
5	42	32°	+7°	1.2	30	

短钻探测补充了长钻探测存在的不足，无论长钻探测前方有无异常，都必须坚持短钻探测，坚持“先探后掘”。实践中，为提高探测效率、减轻劳动强度、提高掘进速度，在探测中力争减少不必要的重复探测，但是对前方情况每小班都必须做到清楚明了。

实践证明，短钻探测效果比较理想，通过对前方 10 m 的距离进行全方位的探测，基本避免了冒险掘进。明锦煤矿仅 2010 年 3 月就应用短钻探测准确揭穿老巷 4 次。

5　问题及建议

煤矿探放水只是煤矿水灾防治技术的一种，另外还有井下防水煤(岩)柱留设、疏干降压开采、含水层改造与隔水层加固和建防水闸门与水闸墙等多种水灾防治技术。

近年来，我国煤矿安全生产形势保持了总体稳定发展的态势，取得了较好的效果，但形势仍然严峻，作为煤矿主要灾害之一的水灾事故仍时有发生。究其原因主要有以下几个方面：对矿井防治水工作重要性认识不到位；矿井防治水技术管理弱化；矿井防治水措施不落实；违法超层越界开采，破坏防水保安煤柱；对潜在的突水水源和突水通道缺乏研究。

针对存在的问题可采取以下对策：明确煤矿水害防治工作责任，健全工作体系；完善煤矿水害防治工作机制，严格落实有关措施，“预测预报、有疑必探、先探后掘、先治后采”的原则要严格执行；加强科技攻关，提高煤矿水害防治技术，例如采用多种方法多方位、多层次法联合治水等；开展以水患为重点的隐患排查活动，严密防范水灾事故；加强对水害防治工作的监管，严厉打击违法违规生产行为。

软岩矿井煤层采空区裂隙率及积水量分析与验证

龙矿集团洼里煤矿 曹思云 慕瑞香 王德斌

摘 要:本文通过对软岩矿井探放煤层采空区积水实例的总结分析,论证了正确分析预计煤层采空区裂隙率及积水量,对探放水工作的实施及保证工作面安全开采的重要性。

关键词:采空区;积水量;分析验证

1 概 况

1.1 井田位置及范围

洼里井田位于黄县煤田中部及东南部边缘,井田内地势平坦,东南高西北低,海拔高程 7.30～29.15 m。

洼里井田北面与柳海井田相邻,东至王会断层、NF3 断层,东南至黄县北沟断层,西面、南面与洼东矿相邻。井田共由 47 个坐标点控制,东西长 11.8 km,南北宽 6.5 km,面积 45.8 km^2。

1.2 井田地层及可采煤层

井田内地层为第四系覆盖下的第三系黄县组,黄县组分为五段,从下而上分别为:下红色岩段、下含煤岩段、上含煤岩段、钙质泥岩段、上红色岩段。其中含煤岩段共含可采煤层两层,即煤$_1$、煤$_2$。煤$_1$平均厚度 1.86 m,全区稳定可采;煤$_2$平均厚度 1.12 m,为部分可采的不稳定煤层。煤$_1$与煤$_2$平均间距为 14.8 m。

煤$_1$顶板为含油泥岩,平均 8.13 m,井田深部局部为碳质泥岩、含油粉砂岩和粉砂岩,粉砂岩最大厚度 6.08 m。煤$_1$底板为油页岩、含油泥岩,平均厚度 1.78 m,

煤$_2$顶板岩性随沉积环境改变而变化。以官曲至西南泊一线,此线东南煤$_2$顶板为砂岩,此线西北为泥岩。砂岩与泥岩之间为砂质泥岩过渡带。煤$_2$底板为泥岩和砂岩。

1.3 井田内含水层及对煤$_1$、煤$_2$开采的影响

井田内主要含水层自上而下有:第四系松散层孔隙含水层(组)、泥灰岩裂隙含水层、煤$_1$裂隙含水层、煤$_2$及其顶底板砂岩裂隙—孔隙含水层(组)。

煤$_1$为主采煤层,平均厚度 1.86 m。煤$_1$的开采主要受到位于其上方 30～40 m 处的泥灰岩裂隙含水层的影响和威胁,该含水层也是煤$_1$开采后老空水的主要补给水源。

煤$_2$为部分可采的不稳定煤层,平均厚度 1.12 m,煤$_1$与煤$_2$平均间距为 14.80 m。煤$_2$的开采主要受到煤$_1$采空区积水的威胁。因此,正确分析预计煤$_1$采空区裂隙率及积水量,对探放水工作的实施及保证煤$_2$工作面安全开采至关重要。

2 实例分析

2.1 一水平(－108 水平)

2.1.1 三采区:3111 采空区

3213 工作面顶部为已回采的 3111 工作面采空区,3111 采空区西部与 5103 采空区连通,5103 采空区涌水以正常涌水量 3 m^3/h 补给 3111 采空区,形成 5103 与 3111 采空区连通的积水区。根据采空区积水标高、积水范围及煤$_2$ 回采冒裂高度等因素分析,3111 采空区积水对 3213 工作面回采构成严重的水害威胁。3111 采空区积水面积 37 000 m^2,水位标高－123 m,水头高度 23 m,3111 工作面平均采高 2.5 m,采空区裂隙率按 15%计算,积水区的积水量预计为 13 875 m^3。

为了保证3213工作面的安全回采，在3213材料巷对3111采空区实施了探放水工程，累计放出水量19 037 m^3，其中5103采空区对3111采空区的补给量为5 616 m^3（78 d×24 h×3 m^3/h），则3111采空区积水量为13 421 m^3，由此求得3111采空区实际裂隙率为13 421/(37 000×2.5)×100%=14.5%，与预计的15%裂隙率基本一致。

2.1.2　七采区：7103采空区

7203工作面上方为7103工作面采空区，根据采空区积水标高、积水范围及煤$_2$回采冒裂高度等因素分析，7103采空区积水对7203工作面回采构成严重的水害威胁。7103采空区积水面积25 000 m^2，7103工作面平均采高2.5 m，采空区裂隙率按15%计算，积水区的积水量预计为9 375 m^3。

为了保证7203工作面的安全回采，在7203材料巷对7103采空区实施了探放水工程，累计放出水量11 660 m^3。通过回采证实，疏放效果较好，确保了安全回采。由此求得7103采空区实际裂隙率为11 660/(25 000×2.5)×100%=18.6%，与预计的15%裂隙率相接近。

2.1.3　八采区：8104采空区

8204工作面上方为8104工作面采空区，根据采空区积水标高、积水范围及煤$_2$回采冒裂高度等因素分析，8104采空区积水对8204工作面回采构成严重的水害威胁。8104采空区积水面积8 050 m^2，8104面平均采高2.5 m，采空区裂隙率按15%计算，积水区的积水量预计为3 019 m^3。

为了保证8204工作面的安全回采，在8204材料巷对8104采空区实施了探放水工程，累计放出水量2 400 m^3。通过回采证实，疏放效果较好，确保了安全回采。由此求得8104采空区实际裂隙率为2 400/(8 050×2.5)×100%=11.9%，较预计的15%裂隙率要小一些。

2.2　二水平（－250水平）

十二采区：12101采空区

11203工作面位于十二采区上部，其南为设计的11205工作面，北为12101工作面采空区，西至－250 m东大巷保护煤柱，东至－290 m等高线。

12101采空区位于11203工作面北侧，该面于2001年7月16日回采结束。因12101工作面回采前曾于下运输巷底部施工了一条煤$_2$底板砂岩泄水巷，因此12101采空区与煤$_2$底板砂岩含水层已有水力联系，可以作为同一个含水层来考虑。

通过与12101采空区相距6～7 m的11203运输巷施工过程中揭露情况看，12101老空水水位线在－260 m左右，积水范围－260～－290 m（倾斜长250 m，走向宽200 m），积水面积50 000 m^2，预计积水量18 750 m^3（积水冒裂层高度按2.5 m，孔隙率暂按－108 m水平所取得的经验数值15%计算），预计水压为0.3 MPa。该部分老空水对11203运输巷的施工及11203工作面的回采均有较大影响，因此必须对其进行疏放。

通过在11203切眼施工的4个放水钻孔的疏放及11203运输巷的排放，截至2002年10月30日已累计放出老空水4 050 m^3，现老空区涌水量稳定在2 m^3/h。通过11203运输巷施工及与切眼贯通后的情况看，12101老空区内积聚的老空水已基本放净，现涌水量为老空水的正常补给量。由此可以得出12101采空区裂隙率为4 050/(50 000×2.5)×100%=3.2%，较－108 m水平的15%孔隙率有较大差别，由此造成了预计水量与实际放出水量出入较大。

本次疏放水工作不仅解除了12101老空水对11203运输巷、切眼掘进施工及11203工作面回采的影响和威胁，而且还初步取得了12101老空区孔隙率的分析数据，为今后－250 m水平预计煤$_1$老空区积水量提供了参考。

3　结论与建议

(1) 通过以上探放煤$_1$采空区积水实例的分析总结，可以看出：正确分析、预计煤$_1$采空区裂隙率及积水量，对探放水工作的实施及保证煤$_2$工作面安全开采至关重要；而且可以看出：洼里煤矿水平之间、水平内各采区之间，煤$_1$采空区裂隙率各不相同，水平之间相差较大，水平内各采区之间相差较小。

(2) 一水平（－108 m水平）煤$_1$采空区裂隙率一般为15%左右，二水平（－250 m水平）煤$_1$采空区裂隙率为3.2%(仅验证了一个工作面),需在今后工作中进一步分析验证。

(3) 洼里煤矿的六采区位于一水平与二水平的过渡地段,围岩性质介于二者之间,由此推测其煤$_1$采空区裂隙率不会等同于一水平或二水平,而应介于二者之间。因此,在今后六采区煤$_2$工作面开采时需探放煤$_1$老空水的地段,建议采用9%的裂隙率(一、二水平的中间值)来预计煤$_1$采空区积水量,并进一步在实践中验证。

作者简介:曹思云,男,1991年7月毕业于山东矿业学院煤田地质系,地质高级工程师。

介休正益煤业矿井老空水害防治与实践

山西焦煤介休正益煤业公司

摘　要：矿井老窑水水害事故，是造成群死群伤的主要事故之一。水害事故的发生，大多数是由于思想麻痹、探放水措施不落实和防治技术措施缺陷等引起的。提高煤矿老窑水防治工作绩效，实现安全开采，必须加强煤矿老窑水防治技术工作。

介休正益公司是投资公司兼并重组煤矿之一，位于介休市连福镇甘草村，井田位于介休市东北20 km，向东10 km与沁源县交界。介休—沁源公路从井田东部及北部经过，距大运公路及南同蒲铁路义安火车站23 km，且有简易公路相通，交通较为方便。井田周边及井田内存有4个小窑，经调查了解，在多年的相互争资源、求生存的竞相开采中，小窑对井田内及周边进行了大面积、局部性的破坏开采，在完整的煤田中遗留了大量的空棚、空巷(每一空棚、空巷长度少则达数十米，多则达数百米，高度3 m左右，宽度有的最宽达8 m，形状、大小极为不规则)，并且小窑基本连通。正益公司井田位置低于周边4个小窑位置，造成采空区积水全部汇聚在正益公司井田采空区内，采空区积水变为采掘过程中灾害区。巷道掘进期间和采煤过程中，必然要揭露和通过这些隐藏着多种隐患(主要是有害气体和水)的小窑空棚、空巷，只有加强水害防治工作，及时发现并消除水害，才能保证矿井安全生产。

1　概　况

11-101工作面位于正益公司二水平，与矿井南部边界相邻。二水平11#煤层首采工作面地质储量35万t，煤层呈单斜构造，工作面顺槽沿煤层走向布置，煤层厚度3.2～3.5 m，倾角2°～12°，平均8°；切巷沿煤层倾向布置，倾角15°～20°，平均17°；工作面标高1 010～1 075 m，埋深281.9～346.9 m。

2　充水水源

11-101工作面充水水源有两个，一个为同一煤层小窑采空区积水，最大水压为0.09 MPa；另一个为顶板上覆9#煤采空区积水，此区域9#煤与11#煤层间距20 m，最大水压0.4 MPa。由于小窑采空区彼此连通，成为地下水体，对11-101工作面安全构成严重威胁。

3　老空水的防治措施

3.1　利用物探技术超前预测预报

为了更加安全地开采11-101工作面，从巷道掘进到工作面形成，先后采用瞬变电磁法、直流电法勘探等物探技术，彼此验证，超前圈定工作面异常区。

(1) 地面物探基本查明积水情况

由于正益公司小窑破坏严重，9#、11#煤积水情况不清，为了进一步摸清采空区的积水范围、积水量，采用地面瞬变电磁探测技术在11-101工作面进行探查，基本圈定探查区9#、11#煤层电性变化特征，圈定电阻率异常区域并分析其富水性，探明了采空区富水区域的分布情况。根据综合瞬变电磁的探测资料，在工作面圈定4个富水区域，11-101工作面顶板有富水区域2处，靠近11-101正巷，其中一处富水面积较大，积水量大；同一煤层有富水区域2处，靠近11-101正巷。该探测结果为本区域采掘9#、11#煤层提供防治水物探依据。

(2) 采用直流电法仪探测进一步查明工作面积水情况

为进一步查清工作面煤层正前及顶板上覆9#煤层采空区的水分布情况以及空巷位置，核实积水区和空巷，提高钻孔见水、见空的成功率，在11-101正、副两巷进行了直流电法勘探。11-101正巷实际控制巷道长度 530 m，11-101 副巷实际控制巷道长度 560 m。根据探测结果，综合分析探测资料，在 11-101 工作面内同一煤层圈定 2 个富水区域、7 个空巷位置；顶板上覆 9# 煤有积水区 2 处，与瞬变电磁法探测结果基本吻合。

3.2 钻孔验证物探结果

鉴于正益公司小窑破坏严重，11-101 工作面掘进期间准备采用长探与短探相结合的办法落实“有掘必探”工作。

(1) 在巷道掘进前先用大钻机进行长钻，对物探成果进行验证，大致探明前方空巷和积水情况。钻孔布置严格按煤矿防治水规定进行，通过长钻，基本掌握清楚工作面前方和巷道两边 20 m 范围的小窑采空区分布以及积水和有害气体情况，做到心中有数。

(2) 对可能存在的积水范围及积水量不大的积水体，长探未探明，可采取浅孔短探措施进行短探，即在做好超前长探工作的同时，利用小钻机进行浅孔短探，补充长探存在的不足，以达到全方位、全覆盖探测要求，彻底查明并消除工作面水患。

(3) 对 11-101 正巷顶板上覆 9# 煤两处异常区进行了钻探验证。

通过钻探验证：

(1) 在 11-101 正巷，成功探放采空区积水 2 820 m^3，单孔最大涌水量 50 m^3/h，钻孔见水率 100%，安全揭露 2 条空巷。

(2) 在 11-101 副巷，成功揭露空巷 5 条，短探疏放巷道左侧老窑空巷低洼处积水 55 m^3。

(3) 在 11-101 正巷，成功探放顶板上覆 9# 煤采空区积水 20 020 m^3。

3.3 钻孔疏水量及水位监测控制

通过钻孔孔口管阀门和压力表显示值，可以达到控制放水量大小和监测水压情况的目的。因此，通过对钻孔疏水量与水位变化情况进行分析，绘制水压和放水量综合曲线图，结合矿井老空水分布情况，系统论证工作面采掘的安全性。

3.4 提高工作面排水能力

探放水工作面在巷道低洼处施工一个仓容 55 m^3 临时水仓，根据单孔最大涌水量配备了 45 kW 水泵 2 台和一趟 6 英寸排水管路、一趟 3 英寸排水管路，并进行了联合排水试验，保证了水泵的正常运转和排水能力满足要求。

4 防治效果

通过 11-101 工作面实践，以上防治措施达到了预期的目的，实现了工作面的采掘安全。由于 11# 煤层稳定，煤质较好，取得了较好的经济效益和安全效益，为同类矿井的采掘提供了可供借鉴的经验。

微山崔庄煤矿 $3_{上}$ 煤层老空水探放技术应用浅析

微山崔庄煤矿有限责任公司　班训海　朱贻振　桑春阳

摘　要：微山崔庄煤矿有限责任公司二采区 $3_{上}$ 煤层位于柴里向斜的轴部，回采后形成的采空区内积聚了大量的老空水。$23_{下}01$ 工作面运输顺槽位于 $3_{上}$ 煤层老空区下方，巷道迎头标高－434.5 m，二采区（$3_{上}$）老空区积水外缘标高－419 m，因距离近，水量大，严重威胁 $3_{下}$ 煤层采掘。为避免产生水害事故，崔庄煤矿采用 ZDY650 型钻机打放水孔疏放二采区（$3_{上}$）老空积水，取得了良好的效果。

关键词：放水；老空积水区

1　积水区范围

1.1　积水区的形成

积水区位于 $3_{上}$ 煤柴里向斜的底部，积水区正上方已开采工作面为：2005 年开采的 $23_{上}11$ 工作面，2003 年开采的 $23_{上}09$ 工作面。积水区向北已开采工作面依次为：2006 年开采的 $23_{上}13$ 工作面，2007 年开采的 $23_{上}15$ 工作面。积水区向南已开采工作面依次为：2006 年开采的 $23_{上}07$ 工作面，2004 年开采的 $23_{上}05$ 工作面，2002 年开采的 $23_{上}03$ 工作面，2000 年开采的 $23_{上}01$ 工作面。本次探放水区域为以上工作面开采后形成的积水区，积水面积 13.3 万 m^2，积水量 9.11 万 m^3（见图 1）。

1.2　$3_{上}$ 煤老空水赋存条件

（1）$3_{上}$ 煤各工作面开采完毕并密闭后，$3_{上}$ 煤老空区积水主要是由顶底板砂岩水和防灭火的注浆水所构成。

（2）井下钻探工程及生产用水等水源部分流入 $3_{上}$ 煤老空区。

（3）开采实践证明，由于第四系底部有一层分布较厚的黏土层与第四系中部隔水层的作用，地表微山湖水与井下不连通，不存在湖水导入井下问题，因此 $3_{上}$ 煤老空区不含地表水补给。

（4）积水区地表无村庄及重要建筑物，因此进行 $3_{上}$ 煤积水区排放水不存在地表建筑物损害问题。

由上述可见，$3_{上}$ 煤老空区基本上是静水，没有接受地表水补给，能够完全放尽。

2　探放水的目的

$3_{下}$ 煤开拓巷道探放水是指在 $3_{上}$ 煤老空积水区下开展探放水工程，其目的是有效防治矿井 $3_{上}$ 煤老空水害，保证 $3_{下}$ 煤安全开拓、开采。

3　探放水原则

根据《煤矿安全规程》的规定，执行“有疑必探，先探后掘”的原则，做到隐患不消除不生产。

按探水—掘进—探水循环进行的方案探放 $3_{上}$ 煤老空区积水。

探放水钻孔的布置以不漏掉老空积水区、保证安全生产、探水工作量最小为原则。

探放水工作原则为钻孔放水连续，放水通道畅通。

4　钻　探

4.1　钻探设备

（1）设备使用

钻机：ZDY650 型；

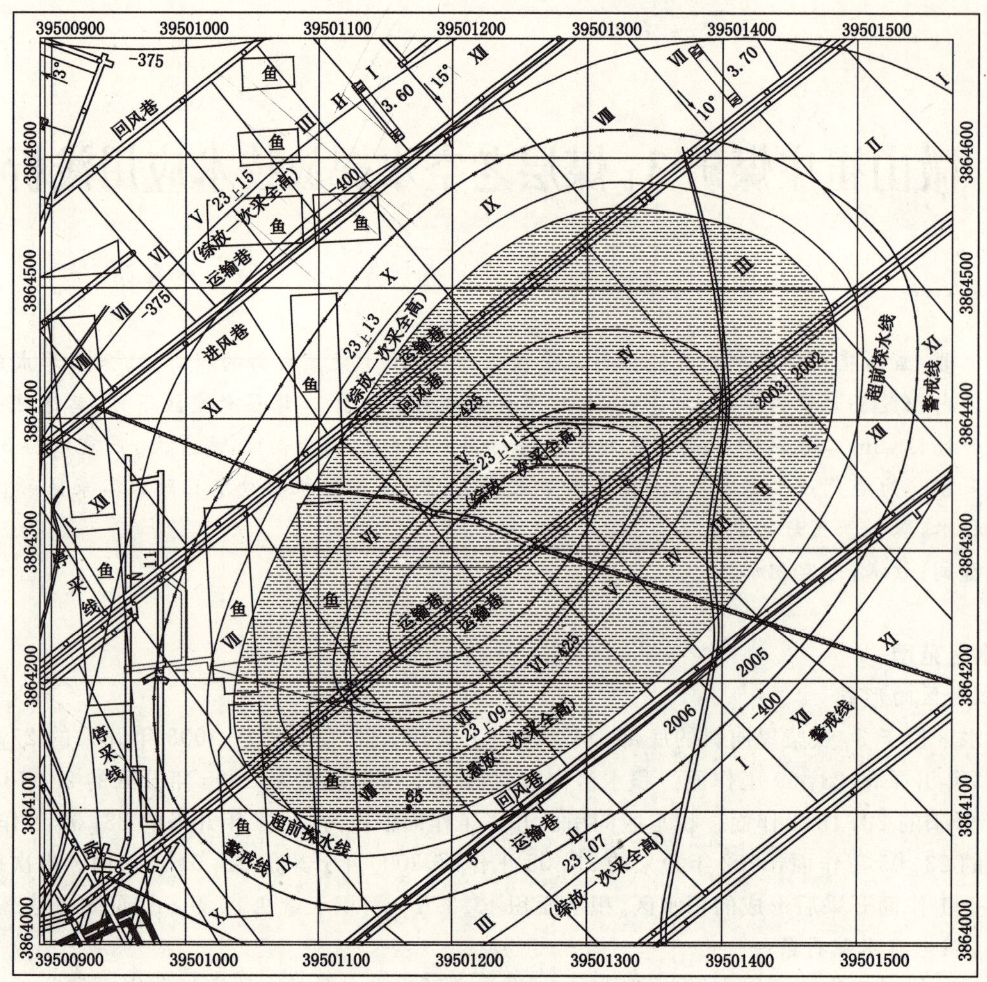

图1　二采区($3_下$)放水前平面图

注浆泵:BW—200型;

试压泵:BW—200型;

动力:18 kW、22 kW防爆电机2台。

(2) 循环系统

煤矿井下供水系统,接钻机立轴直接冲洗钻孔,保证岩粉排出。

4.2　钻孔施工工艺设计

(1) 开孔用ϕ133 mm圆径钻头扩孔钻进至8 m,下ϕ108 mm孔口管8 m。

(2) 清水冲孔后用425#水泥调浆,用注浆泵井口封闭注浆至井口管外返浆,封闭孔口管。

(3) 待水泥凝固后(48 h)用ϕ89 mm钻头扫孔10.00 m。

(4) 做孔口管水泥封闭固管耐压试验,压力不小于2 MPa,试压时间不小于30 min,耐压试验合格后方可施工。

(5) 孔口安装高压水阀。

(6) 用ϕ56 mm钻头钻至$3_上$煤的采空区,测水压值与涌水量。

(7) 加减压阀后,用ϕ75 mm钻头扩孔,正常放水并加水流计测量放水量(见图2)。

5　钻探成果

5.1　第一次放水

2008年8月至9月,在二采区$3_下$轨道下山打探水钻孔,钻探工程量220 m,探明积水标高

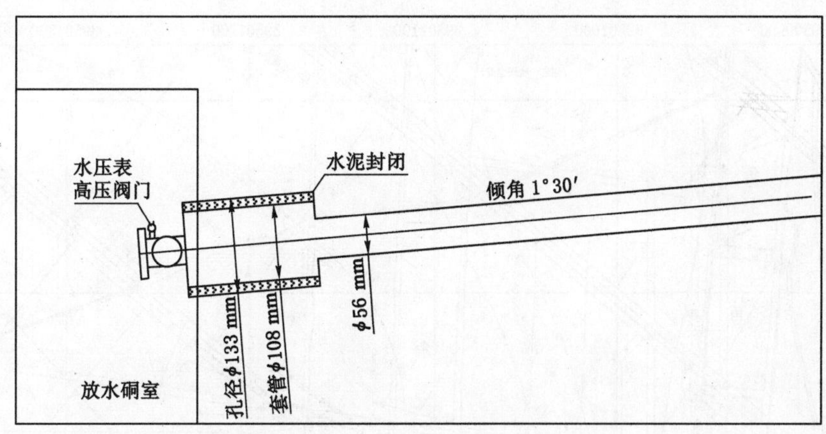

图 2　$23_{下}01$ 运输顺槽放水钻孔结构图

－412.5 m，并推算出了积水范围和积水量。

2008 年 11 月 15 日开始，崔庄矿利用探积水区范围钻孔扩孔放水，放水量约 70 m^3/h，随着时间延长，水量减小不能满足排水需要，于是又打了一个放水孔，钻探斜长 72 m，增加了放水量。自 2009 年 1 月 15 日开始到 2 月 12 日，共监测放水 767 小时 49 分钟，共放出水量 91 800 多立方米，积水标高降至－419 m，积水区边缘距二采区 $3_{下}$ 轨道下山之间的距离 63 m，达到了二采区（$3_{下}$）轨道下山掘进的安全距离。

5.2　第二次放水

自 2009 年 10 月 10 日至 2010 年 1 月 1 日，在 $23_{下}01$ 运输顺槽导 3 点前 18 m 处打钻放水，钻探工程量 469 m，共放水 72 480 m^3，水位降到－429.2 m，积水区边缘距 $23_{下}01$ 运输顺槽迎头之间的距离 83 m。

5.3　第三次放水

自 2010 年 4 月 2 日至 2010 年 5 月 15 日，在 $23_{下}01$ 运输顺槽导 5 点前 18 m 处继续打放水孔放水，钻探工程量 366 m，共放水 46 000 m^3，根据所测水压计算，水位已降到－433.35 m。

5.4　第四次放水

自 2010 年 9 月 18 日至 2010 年 10 月 16 日，崔庄矿在 $23_{下}01$ 运输顺槽导 7 点前 31 m 处，往二采区（$3_{上}$）最低洼处预计有水的 4 个位置施工了 4 个钻孔，钻探工程量 174 m，其中只有 1 个钻孔出水，共放水 10 100 m^3，水位已降到－436.5 m，根据推算出水钻孔透点就是老空积水区最低处。

通过 26 个月的艰苦工作，崔庄矿 4 次放水共施工钻孔 17 个，钻孔进尺 1 301 m，放出老空积水 22.1 万多立方米，加上在 4 次放水间隙 3 万余立方米放水量，一共放出 25 万余立方米，有效地疏放出了二采区（$3_{上}$）老空区积水。

截至 2010 年 10 月 17 日，除正在放水的 1 个钻孔外，其余钻孔均已用水泥砂浆封孔，剩余的一个放水孔经实际测量涌水量是 3 m^3/h。通过核对，3 m^3/h 的涌水量是 $3_{上}$ 老空区的正常涌水量（见图 3）。

6　小　结

（1）探放老空水，打好放水孔是关键，长距离钻进要充分考虑钻场岩石岩性、倾角、钻杆自重等因素。为防止钻头向下偏斜，应加扶正器，钻孔倾角要比设计坡度大 2°～3°。

（2）在穿透积水区前要安装好控水装置，以便出水后能控制放水量。在实际工作中，当单孔最大水量达到 1.67 m^3/min 时，必须控制放水量，防止因排水而冲垮巷道。

（3）扩孔时由于钻头直径比钻杆直径要大得多，接近透点要缓慢钻进避免卡住钻头抽不出钻杆。

（4）加强放水地点的通风，增加有害气体的检测次数或设瓦斯警报器，防止有害气体突然涌出。

（5）放水过程中会经常出现出水量减小、浮渣堵住钻孔的情况，因此要不定期地疏通放水孔。

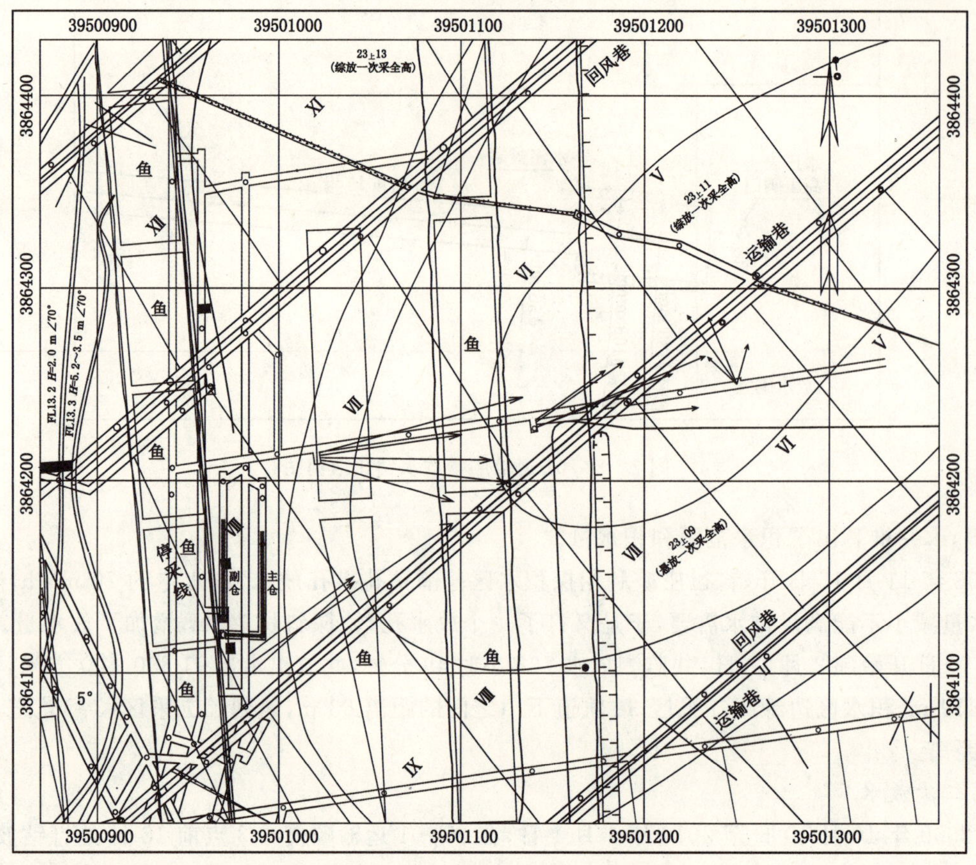

图 3　二采区($3_下$)放水后平面图

(6) 放水期间设专人看守放水孔，监视放水全过程，记录并核对放水量。

作者简介：班训海(1965—)，男，工程技术应用研究员，注册安全工程师，微山崔庄煤矿地测副总工程师。

沿空掘进探放水方法探讨

兖州煤业股份有限公司济宁二号煤矿　周玉华

摘　要：受区域地质构造影响，济宁二矿井田内褶曲、断层发育以致形成大量的构造穹窿和构造盆地，表现为煤层起伏变化大、工作面回采后易形成老空积水，成为矿井的安全生产主要隐患之一。本文就沿空掘进巷道特别是下山沿空掘进巷道的探放水问题，借鉴以往经验教训，进行了优化，在具体应用中取得了明显的效果。

关键词：沿空掘进；问题；探放水方法

1　问题的提出

济宁二号煤矿主采煤层 $3_{上}$、$3_{下}$，对井下开采造成影响和潜在威胁的水害，包括老空水、3 煤顶底板砂岩水、断层水、封闭不良钻孔水和上覆岩层离层水。受区域地质构造影响，济宁二矿井田内褶曲、断层发育以致形成大量的构造穹窿和构造盆地，表现为煤层起伏变化大、工作面回采后易形成老空积水，积水量几十至几百万立方米，成为矿井的安全生产的主要隐患之一。特别是老空水，对矿井开采危害和影响大。

由于水的赋存状况是动态变化的，且具有较强的隐蔽性和不可预见性，给采掘生产造成潜在威胁。在工作面顺槽沿空掘进过程中，老空积水对安全和生产的影响很大，特别是下山施工对生产的影响更大。济宁二号煤矿在 11 306 等多个工作面因老空积水的影响造成不能按期投产，不仅造成了安全隐患治理时间拖长，安全压力大，而且打乱了矿井的正常接续计划，对矿井效益带来了较大影响。其主要原因：一是老空积水量多，外排压力大；二是沿空掘进巷道探放水掘进效率低。因此，如何做到安全高效探放老空水就成了矿井比较突出的问题。

2　矿井水文地质条件

济宁二矿井田为隐伏煤田，上覆地层第四系厚 149.40～250.00 m；上侏罗统平均厚 244.53 m。$3_{上}$ 煤层顶板砂岩之上有二叠系隔水层组，平均厚 165.42 m，煤系埋藏深度在 490 m 以下。因此，大气降水，南阳湖和洸府河、辽沟河等地表水，第四系砂层水和上侏罗统砂岩水，很难下渗补给煤系各含水层，与矿井涌水量无直接关系。最下一个可采煤层，与奥灰之间沉积有比较厚的压盖隔水层组（平均厚度约 80.00 m），正常情况下，能阻止奥灰底鼓水。

上组煤直接充水含水层，根据所在构造块段的富水性和补给水源情况，分为三个区：

Ⅰ_{1A}区：位于八里铺断层与孙氏店断层之间，八里营断层以南。直接充水含水层富水性弱。孙氏店断层处长达 11 km 范围内与奥陶系强含水层富水区相对，补给水源充沛。但因孙氏店断层的附生断层、分支断层多，使直接充水含水层被连续错断，与奥灰相对而不接触，补给途径不好，水文地质条件比较简单。

Ⅰ_{1B}区：位于八里铺断层以西。直接充水含水层富水性弱，八里铺断层处仅有 2.3 km 范围与奥陶系顶部灰岩相对，补给水源差，水文地质条件简单。

Ⅱ_{1}区：位于八里铺断层与孙氏店断层之间，八里营断层以北。直接充水含水层露头远在二十里铺断层以南第四系之下，富水性中等。东面孙氏店断层处补给条件与Ⅰ_{1A}区基本相同，水文地质条件中等。

自矿井投产以来，矿井涌水量较小，总体变化不大，只是随着矿井开拓、回采范围的扩大，矿井涌水量有所增大。

目前矿井开采的范围在I_{1A}区和I_{1B}区，水文地质条件比较简单，采掘巷道揭露的岩层主要是3煤层顶底板砂岩。在该水文地质区域，3煤层顶底板砂岩的富水性弱，以静储量为主。因此，矿井涌水形式主要是构造裂隙水以及工作面回采后的老空水。

矿井开采主要水害及影响表现为：

(1) 3煤层顶板砂岩水通过采动裂隙直接涌入采空区，为矿井正常涌水的来源。

(2) 揭露三灰含水层时，灰岩溶隙、裂隙水直接涌入巷道内，对生产有一定影响。

(3) 断裂破碎带、构造裂隙发育区掘进揭露时，水量较大，给矿井正常、安全生产造成一定影响。

(4) 老空突水会影响矿井安全生产。

(5) 上覆岩层离层砂岩水的动态突发性、瞬时性对矿井安全生产的危害巨大。

3 沿空掘进巷道探放老空积水经常遇到的问题

(1) 沿空下山掘进放水时，控水和止水效果差。

(2) 水与煤、泥混合，一是影响放水时的掘进效率，水煤进入煤流还会造成污染沿途、损坏设备和煤仓拉仓；二是排污水不仅对水处理造成很大压力，而且易淤积水沟、水仓，给水仓清淤和疏通清理水沟带来很大的工作量；三是对排水泵的磨损加剧，损坏排水泵。

(3) 选用的排水泵，扬程低、上水量小、易损坏，给排水工作带来很大影响。

(4) 老空区水位监测不准确，随意性较强。

(5) 排水池、排水箱问题。

4 解决办法

(1) 认真分析水文地质资料，做好老空积水调查分析。在采掘过程中，测绘工作认真、准确、系统，作为防治老空水的依据。

(2) 认真编制探放水设计和探放水措施并严格落实。

(3) 沿空掘进放水，特别是沿空下山掘进放水时，为了保证放水量可控，使用带阀门的孔口管，并与煤壁间密封良好，保证控水和止水效果，保证在停电或其他意外情况出现时，不致因施工现场积水淹没设备造成损失，同时要起到保护煤壁作用。

(4) 使用管路与放水口连接，引入专门的集水池或集水箱，避免放出的清水落地与煤、泥混合，这样做有以下优点：一是减少放水时对正常掘进施工的影响，避免水煤进入煤流造成污染沿途和煤仓拉仓；二是排清水不仅提高了排水效率，减小地面外排水处理压力，而且避免了水沟、水仓淤积问题；三是减小了排水泵排污水造成的磨损，从而延长排水泵修理和更换周期。如果操作得当，对施工作业循环基本无影响，可做到放水、掘进两不误。

(5) 当放水点与管路出水口之间高差大、距离远时，充分考虑高差、管路长度造成的损耗，选用相应型号的排水泵。可考虑多级泵作为主排水泵，选择合适位置相对固定，在迎头放水点采用移动方便的排水泵接力排水，提高排水效率，减少对探放水工作的影响。

(6) 老空区水位监测施工专门的观测钻孔，用一端放入老空积水区内与水体联通透明细水管，另一端固定在巷道掘进沿空侧标有标高的标尺上，并随巷道施工前移，这样可以准确、直观地了解采空区水位变化情况。

(7) 在巷道低洼出水点施工长期放水孔，并施工标准排水池或加工排水箱。加工小排水箱靠沿空帮放置，随迎头施工挪移，并将排水泵放入排水箱内一同前移，根据放水情况灵活对水箱进行串联连接，这样既解决了放出的清水落地问题，又解决了大水箱对迎头施工空间的影响。

(8) 施工安装验收和试运转要把关严格到位，确保排水系统完善可靠，排水能力满足设计要求。

(9) 钻孔要严格按施工参数施工，在受地质构造、矿压、煤层赋存情况等现场特殊因素影响，需要调整施工参数时，必须由防治水专业人员现场确定。

(10) 为了保护煤体的完整性，减少对煤体的破坏，同时解决钻孔在放水过程中的塌孔堵塞等问题，在较破碎煤体和软岩段应下护壁套管。

(11) 有条件时，应提前考虑地面水处理能力，协调排水能力问题。对井下现有的大的积水区进行施工改造，把老空区当做大水仓来使用，不仅提高蓄水能力，避免探放老空水期间的集中外排处理问题，而且通过老空区的过滤作用，能有效提高水质。

5　应用情况

在 11307 工作面轨道顺槽沿空施工过程中，根据实际揭露，确定 11305、11306 采空区积水范围，实测水位标高估算采空积水区总面积 35.27 万 m^2，总积水量 41.3 万 m^3，采空区平均涌水量约 60 m^3/h。由于积水量、补给量大，且在 11307 轨道顺槽施工初期采取措施不得力，放水、排水等问题没有得到有效解决，不能做到协调一致，导致施工组织困难，有时甚至出现排放水能力小于补给量的情况，月进尺仅 70 m，给安全管理和施工组织带来了一定的困难。采取以上方法组织探放水施工后，排水效果得到明显改善，排水量保持在平均 150 m^3/h，在沿空压力较大情况下月进尺达到了 300 m 的较高水平，是之前的 4 倍多。避免了皮带拉回煤和煤仓拉仓现象等安全问题，改善了掘进头、巷道及沿途文明施工形象，保证了工作面的正常接续，提高了矿井经济效益，效果显著。

6　结　论

(1) 沿空掘进巷道，特别是下山沿空掘进巷道，老空积水对巷道施工的影响是巨大的，表现在掘、探、放、排带来的工序穿插，工作协调上组织不好，将会对安全和生产带来一定的不利影响。

(2) 实践证明，在总结以往经验教训的基础上，充分考虑、认真研究沿空掘进巷道的探放水问题，合理优化施工工序，采取有效措施，能做到安全、高效地组织施工。

作者简介：周玉华(1968—)，男，济宁二号煤矿地测副总工程师，主要从事矿井地质测量工作。

三软岩层积水采空区侧巷道施工与维护

龙矿集团洼里煤矿 倪绍洲 曹思云 邹德山 姜 浩

摘 要:本文通过分析洼里煤矿三软岩层条件下,积水采空区对邻近工作面巷道的施工和维护产生的不利影响,研究采取了有效措施,即通过加强施工过程中的探放水工作和巷道施工后进行补强等措施,确保三软岩层采空区侧巷道的支护效果,取得了成功经验,为今后类似工作面巷道的施工提供了借鉴。

关键词:三软岩层;积水区;巷道施工与维护

1 矿井概况

1.1 矿井位置及井田范围

洼里煤矿位于黄县煤田中部及东南部边缘,北面与柳海煤矿相邻,东至王会断层、NF3断层,东南至黄县北沟断层,西面、南面与洼东矿相邻。井田共由47个坐标点控制,东西最长11.8 km,南北最宽6.5 km,面积45.765 8 km^2。

1.2 井田内地层及煤层情况

井田内地层为第四系覆盖下的第三系黄县组。岩体为典型的软岩,成岩期短,岩石强度低(普氏系数0.05~1.2),蠕变性强,抗风化能力差,具有易软化崩解、稳定性差等特征,且不同程度地含有蒙脱石等膨胀性矿物。

井田内共含可采煤层两层,油页岩三层。可采煤层为:煤$_1$和煤$_2$,煤种为褐煤。其中煤$_1$平均厚度1.86 m,全区稳定可采;煤$_2$平均厚度1.12 m,为部分可采的不稳定煤层。煤$_2$与煤$_1$平均间距为14.8 m。油页岩为:油$_{上3上}$、油$_{上3}$和油$_{2上2}$。其中油$_{2上2}$为煤$_1$夹层,与煤$_1$一同采出。

煤$_1$直接顶板为含油泥岩,平均厚度8.13 m,井田深部局部为碳质泥岩、含油粉砂岩和粉砂岩,粉砂岩最大厚度6.08 m。煤$_1$直接底板为油页岩、含油泥岩,平均厚度1.78 m。

煤$_2$直接顶板岩性随沉积环境改变而变化。矿井西北部为泥岩,东南部沉积为砂岩,砂岩与泥岩之间为砂质泥岩过渡带。煤$_2$直接底板为泥岩和砂岩。

1.3 井田构造情况

黄县煤田赋存区域东西向构造和新华夏构造的复合部位,为一向南倾斜的多边断陷盆地。煤田构造总的特征是断层多、褶皱少,且褶皱均系断层的伴生构造。煤田地层总体产状向东南倾斜。

洼里井田位于黄县煤田中部及东南部边缘,四农背斜的南翼,为一向东南倾伏的宽缓波状构造。地层倾角比较平缓,一般为6°左右,受断层影响地段有的可达16°以上。

井田内断层构造发育,多为低角度正断层,且多数具有逆牵引特征。其展布形态不但受煤田边缘断裂的控制,而且还受派生的低序次断层的影响。

1.4 井田水文地质情况

井田内主要含水层自上而下有:第四系松散层孔隙含水层(组)、泥灰岩裂隙含水层、煤$_1$裂隙含水层、煤$_2$及其顶底板砂岩裂隙—孔隙含水层(组)。第四系松散含水层(组)主要威胁浅部煤层开采,其余含水层(组)为矿井生产的直接充水含水层。

2 问题的提出

洼里煤矿目前的主要生产水平为-250 m水平,其采区布置一般为剃头下山,工作面布置采取跳采方式进行仰采。由于采区设计和生产顺序的原因，决定了有的工作面将面临在采空区之间布置，而下山工作面采空区一般均有较多的积水，因为工作面巷道布置的原因，无法提前对其进行打钻探放，因此采空区积水对邻侧工作面巷道的施工和生产期间的巷道维护带来不利影响，加之三软地层的物理力学特征等因素，更使得巷道的施工和维护困难加剧。因此，如何采取有效的措施，确保三软岩层采空区侧巷道的支护效果，已经成为摆在我们面前必须解决的问题。我们在九采区 1905 工作面运输巷的施工过程中取得了较为成功的经验，为今后类似工作面巷道的施工提供了借鉴经验。

3　1905 工作面概况及巷道施工不利因素分析

3.1　工作面概况

1905 工作面位于九采区中部，其南为设计的 1909 工作面，北为 9103 工作面采空区，西至－250 m 西大巷保护煤柱，东至落差 7 m 的断层煤柱。

1905 工作面内煤层较稳定，平均厚度 2.05 m，煤层走向北东，倾向南东，倾角 4°～10°，平均 7°。煤$_1$直接顶板为灰黑色页岩，厚 5.0 m，岩性软弱，易冒落；直接底板为次油页岩，厚 3.41 m，岩性软弱，易膨胀底鼓；直接底板以下为灰黑色页岩及煤$_2$顶板灰白色砂岩，厚 12.18 m，煤$_1$、煤$_2$间距为 15.59 m。

1905 工作面区域内，自上而下含水层主要有：泥灰岩含水层、煤$_{上1}$含水层、9103 工作面采空区及煤$_2$底板砂岩含水层。9103 工作面回采前曾对煤$_2$底板砂岩水进行了疏放，回采后砂岩水继续向 9103 采空区补给，由此造成采空区大面积积水。见图 1。

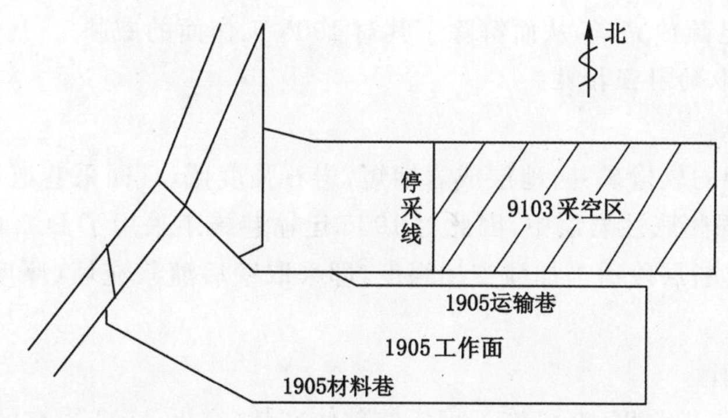

图 1　1905 工作面平面示意图

3.2　邻近工作面采空区积水情况分析

9103 采空区位于 1905 工作面北侧，该面于 2000 年 7 月 15 日回采结束。因 9103 工作面回采前曾于运输巷底部施工了一条煤$_2$顶底板砂岩泄水巷，因此 9103 采空区与煤$_2$顶底板砂岩含水层已有水力联系，并接受砂岩水的补给。

通过原 9103 运输巷积水情况分析，9103 采空区积水水位线在－255 m 左右，积水范围－255～－286 m，积水面积 32 750 m^2，积水岩层厚度按 2 m、孔隙率按 10％计算，预计积水量为 6 550 m^3。因为 1905 运输巷为平行于原 9103 运输巷施工（净煤岩柱 5 m 左右），两巷标高基本一致，老空水无水头压力，掘进过程中该部分老空水将沿煤层裂隙逐渐渗入 1905 运输巷内，对巷道施工将造成较大影响。

4　采取的主要措施

4.1　加强施工过程中探放水工作

通过分析，邻近工作面采空区积水无法提前进行探放，只能在巷道掘进过程中逐步施工探放水钻眼，对采空区积水进行同步疏放。

4.1.1　探放水技术要求

因为 1905 运输巷与原 9103 运输巷净煤岩柱仅为 5 m 左右，两巷水位标高基本一致，因此，要求 1905 运输巷在施工过程中，需在每一硐左帮用 KHYD40dIA 岩石钻施工一个疏放水探测钻眼，并每隔 15～20 m 施工两个固定放水孔及相应水仓，疏放采空区积水，确保迎头施工不受采空区积水威胁。

4.1.2 安全技术措施及排水设备要求

(1) 在每一碹施工的探放水钻眼，要提前预埋 2 英寸套管，并用砂浆固定，套管外端要安设阀门，以便控制水量。

(2) 施工探放水钻眼前，巷道内的排水设备必须安装到位，系统排水能力不小于 30 m^3/h，以便及时排除涌水。

(3) 每个探放水钻眼放水前，必须检测水头压力，当压力超过 0.5 kgf/m^2(约 5 MPa)时，控制放水量，防止因放水量与排水量不一致而淹了迎头。

(4) 同时放水的钻眼不得超过两个，第三个钻眼放水前，须在第一个钻眼内无压力、自然流水的情况下进行。

(5) 临近迎头的钻眼压力超过 1 kgf/m^2(约 10 MPa)时，迎头要停止掘进，进行放水。

(6) 掘进迎头与放水钻眼的距离不超过 25 m。

(7) 巷道内必须保持两台完好水泵，一台备用，一台正常排水。

(8) 为防止瓦斯及其他有害气体危害，施工钻眼时需将风筒接到迎头，并使用好便携式瓦检仪，加强对现场的气体检查，发现气体超限，必须立即停止作业，采取措施进行处理。

截至工作面回采前已累计疏放采空区积水 6 600 m^3，临近切眼的钻眼无水头压力，因此分析 9103 采空区积水静储量已疏放完毕，从而解除了其对 1905 工作面的威胁。

4.2 巷道施工过程中采取的补强措施

4.2.1 采取壁后砂浆充填

洼里煤矿是一个典型的软岩矿井，地层成岩期短，岩石强度低，且回采巷道均布置在次油页岩、页岩段，即煤$_1$～煤$_2$之间的强膨胀性岩层中，因此对 1905 运输巷施工采用了 D 2.6 m 料石圆碹支护，并在施工过程中于巷道揭露断层段适当加强支护强度，即采取壁后灌浆充填(厚度 100～200 mm)等措施，以确保支护效果。

4.2.2 采用碹帮上打锚杆

为提高 1905 运输巷支护强度，在已施工完毕的碹体左帮(靠近 9103 采空区侧)打锚杆进行加固。要求砌碹时把锚杆打上，待撤除模板后再上托盘。锚杆长度 1.8 m，直径 14 mm，装速凝药卷 2 卷，沿起拱线 30°角及起拱线上 60°角打两排锚杆，间距 0.9 m，允许偏差±100 mm，锚杆的抗拔力不小于 3 t，锚杆露出托板≤50 mm。托板用废旧 U 型钢展开压平，截成长度 300 mm 一段，中间钻 ϕ16 mm 孔，托板横放，外上托盘。通过该项措施，有效地提高了碹体的支护强度。

4.2.3 采取碹后煤体注浆措施

为了进一步提高 1905 运输巷支护强度，对揭露构造地段在巷道两帮打注浆锚杆进行注浆加固。巷道两帮各采用两排注浆锚杆加固，第一排沿起拱线 30°角打眼，第二排沿起拱线 60°角打眼，眼间距 0.9 m；注浆锚杆采用长度 1.2 m 的 4 分铁管，注浆液质量配比为：水：水泥＝1：0.8。通过该项措施，使碹体的支护强度进一步加大。

4.2.4 回采期间巷道支护加强措施

由于 1905 运输巷临近积水采空区，积水疏放后，采空区产生空隙，采空区顶板二次压实，引起顶板压力重新分布，且 1905 工作面形成后，短时间内即将回采，回采工作面超前动压和邻侧采空区压力重新分布，必将对 1905 运输巷产生很大影响。为此，回采期间采取了特别加强措施，由原来的 1 m 铰接顶梁常规支护，改为碹内架棚支护，棚距为 0.4 m，一梁支 4 柱(2.2 m 单体支柱)，柱底穿 500 mm×400 mm 的椭圆形铁鞋，一鞋两柱，取得了较好的支护效果。

5 结 论

1905 工作面的安全回采，有力证明了在三软岩层条件下，通过采取加强施工过程中的探放水工作和巷道施工后进行补强等措施，成功解决了积水采空区对邻近工作面巷道的施工和维护产生不利影响这一难题，确保了巷道的支护效果，取得了较为成功的经验，并为今后类似工作面巷道的施工提供了借鉴。

作者简介：倪绍洲，1984 年毕业于山东矿业学院，高级工程师，现任洼里煤矿副总工程师。

第三章 底板水害防治技术

新汶矿区高承压岩溶水害防治技术实践

山东新汶矿业集团公司 闫 勇

摘 要：新汶矿区是一个有着百年开采历史的老矿区，目前，矿区平均开采深度 1 020 m，是全国最深的矿区之一。该矿区前组煤开采比重由 62% 下降至 41%，矿区开采将转入以后组煤为主，后组煤受底板徐奥灰水的威胁，开采难度增大。为充分开发利用煤炭资源，保持矿井的可持续发展，在后组煤徐奥灰突水防治方面做了大量工作，取得了良好的效果。

关键词：岩溶；水害；防治

1 概 况

新汶矿区地处鲁中丘陵地带，受莲花山、蒙山、泰山断层影响，分割为新汶、莱芜煤田。含煤地层均为华北型石炭二叠纪含煤岩系，含煤地层为山西组和太原组。煤系上覆地层为侏罗系蒙阴组、第三系官庄组和第四系松散层；煤系基底为奥陶系、寒武系灰岩。

新汶煤田煤系地层含煤 17～20 层，其中可采或局部可采 11 层，主要可采煤层为第 2、4、6、11、13、15 层煤，其中 2、4、6 层煤为前组煤，11、13、15 层煤为后组煤。

矿区地表有柴汶河、牟汶河沿煤层走向流经煤层及含水层露头，各含水层露头大面积隐伏在第四系砂砾层之下，接受大气降水与第四系潜水的补给，富水性强，为矿井充水的主要因素之一。各井田主要充水含水层有：第四系含水砂砾层、第三系砾岩含水层、煤系中的砂岩裂隙含水层和薄层灰岩一、四灰、徐灰、草灰及煤系基底的奥灰岩溶含水层等。

矿区属典型的华北型石炭二叠系煤田，后组煤的开采普遍受底板徐、奥灰岩溶承压水突水威胁。新汶煤田 15 层煤和莱芜煤田 19 层煤下距徐灰仅 20 m，距奥灰仅 60 m，而矿区各矿目前平均开采深度已达到 900 m 以上，其中孙村、潘西、华丰、协庄已达 1 200 m，由于开采深度大，徐、奥灰水压高。根据目前观测资料，孙村矿 −800 水平奥灰水压最高 8.0 MPa，协庄矿最大 8.7 MPa，华丰矿 −750 水平 8.0 MPa，均大大超出安全水压值，在高矿压和高水压共同作用下，富水异常区突水危险大大增加，几乎是有水必突。底板徐奥灰水害已成为影响矿区安全生产、服务年限、经济效益的突出难题之一。

2 影响徐奥灰突水的因素分析

根据突水案例的分析，影响徐奥灰底板突水的主要因素是地质构造，同时底板岩层岩性组合特征、含水层富水性、含水层水头压力、矿山压力、地应力等在其中也起到了非常重要作用。

2.1 地质构造

地质构造，尤其是断层是造成煤层底板突水的主要原因之一。构造结构面是承压水从煤层底板突出的薄弱面，它导致工作面内不连续面的存在，破坏了岩体本身的完整性，所以易形成导水通道。特别是当这些结构面与工作面边缘煤柱内的剪切破坏带相连接或相重叠时，它对煤层底板突水起着控制作用。

2.2 底板岩层岩性及其组合特征

隔水岩层厚度、岩性及其组合对底板突水起着重要的制约作用。隔水层越厚越安全，但不同岩性组合的抵抗水压能力是不同的。

2.3　含水层的富水性

岩溶含水层的富水条件是底板突水的基本因素。奥陶系石灰岩为含水丰富的高压承压含水层，其富水性是决定底板突水的水量大小和突水点是否能持久涌水的基本条件。一般来说，可溶性岩层富水性较其他岩层好，在断裂附近的补给区岩溶地层的含水性好。

2.4　含水层水头压力

如果仅有水源，而水压很小，在有一定厚度隔水层的条件下，一般不会发生底板突水事故，即使有少量涌水，也不会造成底板突水灾害。因此，足够的水头压力是引起突水的一个重要条件。在煤层底板地质条件基本相似的情况下，承压水水压越高，越容易突水。

2.5　矿山压力

不同的开采条件下造成的矿山压力也不同，其中工作面斜长、采深和回采面积三者的影响较大。

2.5.1　工作面斜长

工作面的斜长对底板突水有很大的影响。通过理论计算获得的工作面斜长与底板水压力的关系曲线，进一步说明了斜长越短，其抗水压能力越强，如图 1 所示。若取底板隔水层厚度为定值（如 $M=30$ m）可更清楚看出，随工作面斜长的增加，抗水压能力逐渐趋于定值，其变化明显区段是从 60 m 斜长到 100 m 斜长范围内。

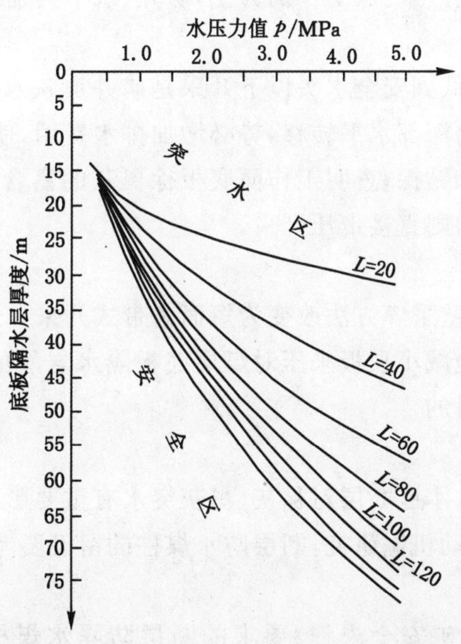

图 1　工作面不同斜长抗水压能力示意图

2.5.2　采深

新汶矿区开采深度达到近千米。上覆第三系的巨厚粉砂岩和侏罗系的中细砂岩，累计厚度达 560 m，随着煤层的开采，覆岩的周期性运动，巨厚第三系粉砂岩和侏罗系中细砂岩积聚着巨大的势能，当覆岩发生断裂将要垮落时，地表即将发生沉陷时，煤层底板受着巨大的支承压力，会对底板岩体造成严重的破坏。

2.5.3　回采面积

工作面底板突水与回采面积也有一定的关系。当开采工作面的地质、水文地质及采矿条件不同，其突水时工作面回采面积也不相同。随着回采工作面的不断推进，应力会在采空区边缘部位集中，回采面积不断增大，应力集中区也在增大，当增到某范围时，应力集中到足以使底板岩体发生破坏时，底板岩层的隔水性能就会降低，有利于底板承压水的突入。

2.6　地应力

地应力是底板突水的附加力源。它是岩层自重、构造应力、采动矿压、承压水水压等综合作用的结果,而且是一个变化的力。

3 采取的防治水措施

根据新汶矿区的水文地质条件,重点针对影响徐灰、奥灰突水的6大因素采取相应的措施,对徐灰、奥灰水害,在未查边界水文地质条件前,以"防水"为主,增大排水能力,工作面采取大流量疏水降压和带压开采的措施,防止淹面或淹井事故发生。在"防水"的同时,对边界条件进行探查,查明过水通道,并结合放水试验或连通试验,查清矿井主径流带的位置。采取"外堵内降"的方式,减少补给量,降低工作面水压,达到减小突水规模和减少矿井涌水量的目的。

3.1 水文补勘,查明水文地质条件

水文补勘主要采用井上下物探、钻探相结合的综合勘探方法。由于矿井采深大,为缩短施工周期,提高勘探效率,充分发挥物探探测技术优势,综合确定了物探先行、钻探验证、综合分析评价的水文补勘思路,对受水威胁严重的所有采区进行了水文补充勘探,为采区设计和工作面合理布置提供了可靠的依据,取得了较好的效果。

3.2 完善矿井水文地质观测系统

针对矿区水文观测系统不完善的情况,开展水文自动观测系统建设。在目前水力单元分区暂时不清的情况下,基本形成了以生产采区、工作面为主,矿井、水平为辅的四级水文观测系统。

3.3 疏水降压、带压开采

疏水降压,使徐、奥灰水降低到安全水头以下开采是矿井奥灰水防治的必由之路,但一味采取工作面疏水降压,促使涌水逐渐向深部水平转移,势必增加排水费用,使经济效益变差。因此,在深部开采时,首先对工作面进行物探和钻探,查明工作面底板徐奥灰的富含水性,对含水丰富的工作面进行局部疏水降压,对含水不丰富的则直接带压开采。

3.4 条带开采

将矿井以往传统的大面长壁采煤方法改变为短面条带式开采。通过缩短面长和留设煤柱来减小矿压作用的强度和规模,相应地减小顶板来压对煤层底板隔水岩层的破坏深度及诱发断层重新活动的机会,达到控制底板突水的目的。

3.5 断层煤柱留设

根据突水资料和物探成果,本区断层对徐灰、奥灰突水有重要影响,因此必须留好断层防水煤柱。根据对断层在采场条件下的活动机制研究,断层防水煤柱的留设要考虑采场应力条件,特别是支承压力分布。可按下列两种方法:

(1) 对于导水断层,按《煤矿安全规程》要求的断层防隔水煤柱的留设方法,计算留设煤柱的尺寸。

(2) 对于非导水断层,根据支承压力分布情况确定采场支承压力是否是导致断层活化的主要因素。因此,对于非导水断层,煤柱留设要能使得断层不发生活化,即断层应在采场支承压力影响范围之外。支承压力的分布范围应进行实测,无实测资料的情况下,可按经验曲线确定。煤柱留设尺寸为:

$$L \geqslant X_2$$

式中 L——煤柱留设宽度,m;

X_2——支承压力分布范围,m。

3.6 改造排水系统,扩大排水能力

针对矿区目前部分矿井排水设备陈旧、效率低,矿区开采深度大、水平多,排水环节多,系统复杂,采用的接力排水方式严重制约矿井排水能力的提高,通过优化了排水系统,解决了以往多级排水中存在的系统复杂、管理难度大、排水效率低的难题,又提高了矿井抗灾排水能力,为超深矿井防排水系统的改造提供了新的途径。

3.7　加强防治水安全管理信息化建设

针对目前矿区防治水安全管理信息渠道不畅通，信息化和数字化进展不快，安全生产信息收集不及时的实际，先后在各矿推广应用了水文自动监测和报警装置，并和矿井安全监测系统联网，初步构建了以矿井水文自动监测报警系统为主要内容的防治水保障体系，实现地面与井下一些重要水文信息的自动采集，矿井防水设施、各类保护煤柱的实时监测监控功能，使所获取信息在监控中心集中显示、存储，一旦出现异常情况，立即进行远程和就地报警，以便及时采取措施，保证井下人员的安全。通过建立水文自动监测和报警系统，改变了以往涌水量观测全部靠人工到现场用流速仪或采用浮标法进行测算，钻孔水位大多靠人工用“量绳入井法”进行测量，解决了测量方法、人与人之间等主观因素造成的误差较大、各测点测量时间不一、得不到同一时段的水位信息等难题，同时大大改善了水文地质工作手段，提高了工作效率。

3.8　完善矿井防水设施，实现分区隔离开采

为切实保障涌水量大的矿井的防水抗灾能力，通过建设隔离水闸墙实现与有突水危险地区的分区隔离，保证矿井主要系统的防水安全。

4　结　语

针对高水压岩溶水害通过查明水文地质条件，以疏为主，带压开采，完善疏排水、水文观测系统，扩大排水能力等综合措施，基本保证了后组煤的安全开采，为矿井的可持续发展提供了可靠技术保障，也为华北石炭系煤田的开发提供了可借鉴的经验。

作者简介：闫勇(1968—)，山东淄博人，现任职于山东新汶矿业集团公司地质测量处，高级工程师，从事煤田地质及矿井物探工作。

兖州煤田奥灰富水性研究

兖矿集团有限公司地质测量部 刘瑞新

摘 要:为了兖州煤田奥灰水的防治,根据以往地质资料、开拓开采资料及补充勘探资料,对兖州煤田奥灰的水文地质条件尤其是富水性进行分析,并进行富水性分区,探讨其富水性规律。结果表明:奥灰富水性具有明显的不均一性,煤田深部与浅部、向斜轴部与翼部、断层破碎带与正常区段,奥灰富水性差异明显,即使同一区域,富水性也存在明显差异现象。

关键词:兖州煤田;奥灰;富水性;分区;涌水量

0 前 言

目前对于煤层顶底板含水层富水性,主要用物探方法及钻探和开拓开采资料进行分析研究。物探方法主要有瞬变电磁法、高密度电阻率法及综合物探法等[1-3],主要用于富水性的探测,进而综合钻探及开拓开采等资料对含水层富水性进行分析研究,查明含水层富水规律,提出安全有效的防治水措施。

兖州煤田是鲁西南大型煤田之一,位于兖州、曲阜、邹城市境内,为全隐蔽式石炭二叠系煤田,是我国重要的能源基地。

兖州煤田各煤矿大多开采上组煤,且多数均已开采20年左右,其上组煤的资源储量已不能满足煤矿的长期发展要求,深部下组煤的开采是大势所趋。但下组煤开采不同程度的受底板含水层奥陶系灰岩(简称奥灰)水的威胁。本文根据以往地质资料、开拓开采资料及补充勘探资料,对兖州煤田奥灰的水文地质条件尤其是富水性进行分析,综合考虑各种水文资料,对富水性进行分区,探讨其富水性规律,以对奥灰水防治提供指导。

1 兖州煤田概况

1.1 兖州煤田构造

兖州煤田为轴向北东、向东倾伏的不对称向斜,煤田东以峄山断层为界(对盘为太古界片麻岩),南、北及西三面以煤系底界奥灰隐伏露头为界,外围分别为邹西、曹洼及曲阜奥灰水源地,为一不完整的向斜盆地。

兖州煤田地层倾角较为平缓,一般2°～15°,平均在10°左右。从整体上看,煤田内部大中型断层不甚发育,主体向斜内部次级断层比较少(见图1)。煤田内主要存在三组断裂构造,即:近南北向、北西向、北东向断裂构造。兖州煤田以构造分布和发育特征可分为两个构造区段。其中,滋阳断层以北为曲阜构造区,以南为兖州构造区。

在兖州向斜轴部(里彦、鲍店、东滩等3个井田),次一级褶曲发育(约29个)且规模较大,而两翼褶曲少且规模较小。北翼(杨村、兴隆庄、曲阜等3个井田)只有6个小褶曲,无较大褶皱。东南翼(唐村、北宿、南屯等3个井田)有21个褶曲,规模较小。

1.2 兖州煤田水文地质概况

兖州煤田为一轴向北东的不完整向斜盆地。上为第四系及侏罗系(煤田东部)所覆盖,下以奥陶系为基底。煤田南、西、北三面以煤层露头为界,外围分别为奥灰水源地,东被峄山断层所切割。故兖州煤田为一相对独立的水文地质单元。对煤矿开采充水的主要含水层为第四系孔隙含水层、侏罗系上统砂岩含水层、二叠系山西组3煤顶底板砂岩含水层、石炭系薄层石灰岩含水层组和奥陶系石灰岩含水层。其中除第四系上组砂层和奥灰富水性强、补给条件好外,其余各含水层,富水性弱至中等,补

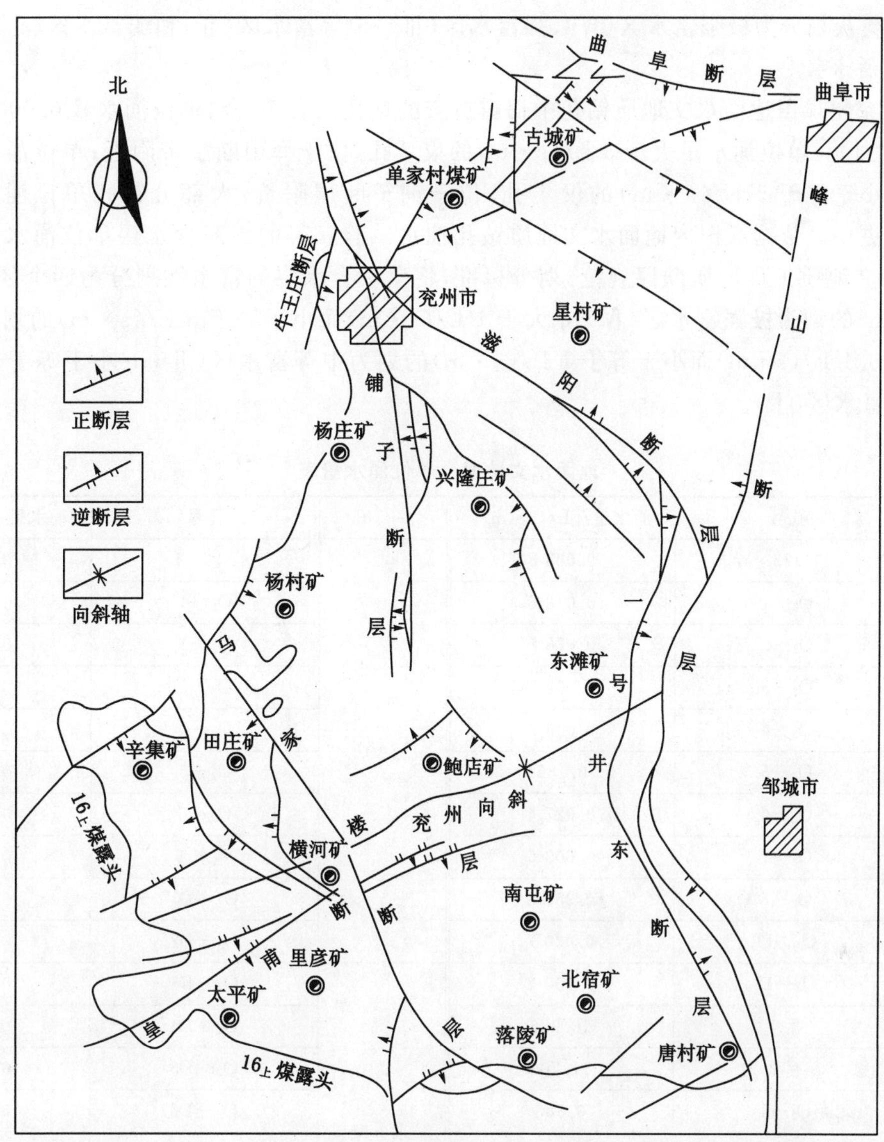

图 1　兖州煤田构造示意图

给条件不良,以静储量为主。

1.3　奥灰水文地质特征

奥灰最大厚度 750 m,浅灰至青灰色,质纯,致密坚硬。奥灰在兖州煤田外围有零星出露,被侵蚀成残山和缓丘,煤田内钻孔揭露最大 100 余米。奥灰上部岩溶裂隙发育,局部地段呈蜂窝状并有溶洞,但富水性不均一。奥灰属溶穴裂隙承压含水层,原始水位＋34.56～＋39.37 m,单位涌水量 0.002 09～11.079 L/(s·m),井下水文地质钻孔单孔出水量最大 230 m^3/h,矿化度 0.35～2.948 g/L,水质类型 $HCO_3 \cdot SO_4$-$Ca \cdot Mg$、$SO_4 \cdot HCO_3$-$Ca \cdot Mg$、SO_4-$Ca \cdot Mg$ 型。目前水位＋26.68(南屯井田)～＋32.60 m(杨村井田)。奥灰主要通过断裂构造向矿井充水,最大突水量 5 890 m^3/h,可造成矿井局部甚至全部被淹,是矿井生产,特别是下组煤开采的重点防治对象。

2　奥灰富水性分区

2.1　依据

评价奥灰富水性的资料,主要有三个方面的来源,即地面水文地质钻孔、井下水文地质钻孔、井下采掘工程奥灰出水点。因此,奥灰富水性划分,主要依据地面水文地质钻孔单位涌水量、井下奥灰突水量、井下水文地质钻孔单孔涌水量三方面的资料进行划分。参考《矿区水文地质工程地质勘探规范》[4]

划分类型，将奥灰划分为极强富水区（Ⅳ）、强富水区（Ⅲ）、中等富水区（Ⅱ）和弱富水区（Ⅰ）四个区域。

2.1.1　单位涌水量

据统计，兖州煤田地面水文地质钻孔中揭露奥灰的钻孔约有56个，单位涌水量0.000 6～16.986 L/(s·m)（表1）。单位涌水量大于5 L/(s·m)的仅2孔，位于峄山断裂带附近；单位涌水量大于1 L/(s·m)而小于等于5 L/(s·m)的仅1孔，位于铺子断层附近；大部分钻孔单位涌水量小于1 L/(s·m)或更小。依据煤田内地面水文地质钻孔抽水试验获得的奥灰含水层单位涌水量(q)资料，按照《矿区水文地质工程地质勘探规范》划分标准，将奥灰含水层的富水性划分为四个区域，即：q大于5 L/(s·m)的划为极强富水区（Ⅳ）；q大于1 L/(s·m)而小于等于5 L/(s·m)的划为强富水区（Ⅲ）；q大于0.1 L/(s·m)而小于等于1 L/(s·m)的划为中等富水区（Ⅱ）；q小于等于0.1 L/(s·m)的划为弱富水区（Ⅰ）。

表1　　地面水文地质孔单位涌水量表

井　田	孔号	涌水量/[L/(s·m)]	井　田	孔号	涌水量/[L/(s·m)]
南　屯	173	0.003 8	鲍　店	L14—1	0.002 9
	O_2—1	0.018 6		O_2—1	0.021 9
	O_2—2	0.078 5		O_2—2	0.004 9
	O_2—3	0.002 9		O_2—3	0.005 6
	O_2—4	0.003 5		O_2—4	0.006 9
	O_2—5	0.155		O_2—5	0.013 7
	O_2—6	0.027 4		O_2—6	0.291 6
	O_2—7	0.003 6		鲍水1	0.014 7
	O_2—8	0.355 8		O_2—D1	0.001 6
	O_2—11	0.020 7		O_2—D2	0.026 2
	O_2—12	0.000 6	东　滩	O_2—D3	0.001 8
	岳1	16.986		O_2—D4	0.001 9
	岳2	11.709		O_2—D5	0.001 8
兴隆庄	O_2—1	0.388		O_2—D6	0.002 8
	O_2—2	0.33		O_2—D7	0.008 0
	O_2—3	0.67		补45	0.370 6
	O_2—4	0.902		丁87	0.514
	O_2—5	0.003 9		水1	0.073
	O_2—6	0.016 9	北　宿	220	0.058 2
	O_2—7	0.828 3		L14—2	0.061
	O_2—8	0.003 8	杨　村	L14—3	0.009 6
	O_2—9	0.015 7		L14—8	0.047
	O_2—10	0.049 3		D66	0.199
	O_2—11	0.020 6		O_2—1	0.117
	O_2—15	0.033 3		O_2—3	0.022
	兴4	0.146		O_2—4	0.063 3
	兴18	1.855		YSO—1	0.020 3
其　他	B1	0.167		鲍52	0.731

2.1.2　井下突水资料

兖州煤田杨庄煤矿、单家村煤矿各发生一次奥灰突水事故。杨庄煤矿二采区 2604 面中顺槽掘进迎头 1992 年 1 月 16 日发生奥灰突水，涌水量 5 890 m^3/h；单家村煤矿三采区－290 m 水平巷道迎头 1994 年 3 月 22 日发生奥灰突水，涌水量 2 100 m^3/h[2]。矿井奥灰突水（巷道直接揭露奥灰、采动破坏隔水层或构造导通奥灰水）水量的大小，同样反映了奥灰的富水性强弱。为此，将奥灰含水层的富水性同样划分为四个区域，即：奥灰突水点涌水量大于 1 800 m^3/h 的划为极强富水区（Ⅳ）；大于 600 m^3/h 而小于等于 1 800 m^3/h 的划为强富水区（Ⅲ）；大于 60 m^3/h 而小于等于 600 m^3/h 的划为中等富水区（Ⅱ）；小于等于 60 m^3/h 的划为弱富水区（Ⅰ）。杨庄煤矿、单家村煤矿这两个发生突水的局部区域属于极强富水区（Ⅳ）。

2.1.3　井下水文地质钻孔单孔涌水量

兖州煤田部分矿井在下组煤水文地质补充勘探中，在井下施工了许多水文地质钻孔，其中一半以上的钻孔为奥灰水文地质钻孔，获取了大量的水文地质资料。其中最重要的是钻孔涌水量资料。据统计，兖州煤田井下水文地质钻孔中揭露奥灰钻孔的有 39 个，单孔涌水量 0.16～231 m^3/h，平均 42.78 m^3/h（表 2）。奥灰单孔涌水量的大小，从一个侧面反映了奥灰的富水性强弱。根据同一地点地面钻孔抽水试验获得的奥灰含水层单位涌水量与井下水文地质钻孔单孔涌水量对比分析，也将奥灰含水层的富水性同样划分为四个区域，即：单孔涌水量大于 600 m^3/h 的划为极强富水区（Ⅳ）；单孔涌水量大于 300 m^3/h 而小于等于 600 m^3/h 的划为强富水区（Ⅲ）；单孔涌水量大于 60 m^3/h 而小于等于 300 m^3/h 的划为中等富水区（Ⅱ）；单孔涌水量小于等于 60 m^3/h 的划为弱富水区（Ⅰ）。

表 2　　井下水文地质孔涌水量表

井　田	孔号	涌水量/(m^3/h)	井　田	孔号	涌水量/(m^3/h)
南　屯	O_2x—1	12	兴隆庄	FO_2—1a	8.16
	O_2x—2	32		FO_2—1b	60.24
	O_2x—3	37		FO_2—2a	64.38
	O_2x—4	3.6		FO_2—2b	20.94
	O_2x—5	0.5		FO_2—2c	126.31
	O_2x—6	9.8		FO_2—3a	31.68
	O_2x—7	77		FO_2—3b	48.51
	O_2x—8	0.4		FO_2—4a	65.83
东　滩	O_2dx1	2.31		FO_2—4b	36.86
	O_2dx2	0.45		FO_2—5a	23.36
	O_2dx3	0.6	鲍　店	O_2x—1	11.9
	O_2dx4	23.56		O_2x—2	183.46
	O_2dx5	25.2		O_2x—3	57.3
	O_2dx7	53.68		O_2x—4	96
	O_2dx8	0.16		O_2x—5	19.2
	O_2dx9	172.6		O_2x—6	0.75
杨　村	O—1	30.2		O_2x—8	231
	O—2	40		O_2x—9	30.4
	O—3	29		O_2x—10	5.2
	O—4	31			

2.2 奥灰富水性分区结果

依据上述划分标准，兖州煤田奥灰富水性分区结果如图 2 所示。从图 2 可以看出，强及极强富水区主要分布在曹洼、邹西水源地及峄山断层带的南部。中等富水区分布在煤田浅部的杨庄煤矿、田庄煤矿、辛集煤矿、落陵煤矿大部分区域和兴隆庄煤矿西部、北宿煤矿南部、鲍店和南屯煤矿公共边界附近地区及鲍店煤矿、东滩煤矿的局部区域。南屯煤矿、北宿煤矿、东滩煤矿、古城煤矿、兴隆庄煤矿、鲍店煤矿、杨村煤矿、横河煤矿、太平煤矿及里彦煤矿大部分地区都位于弱富水区内。

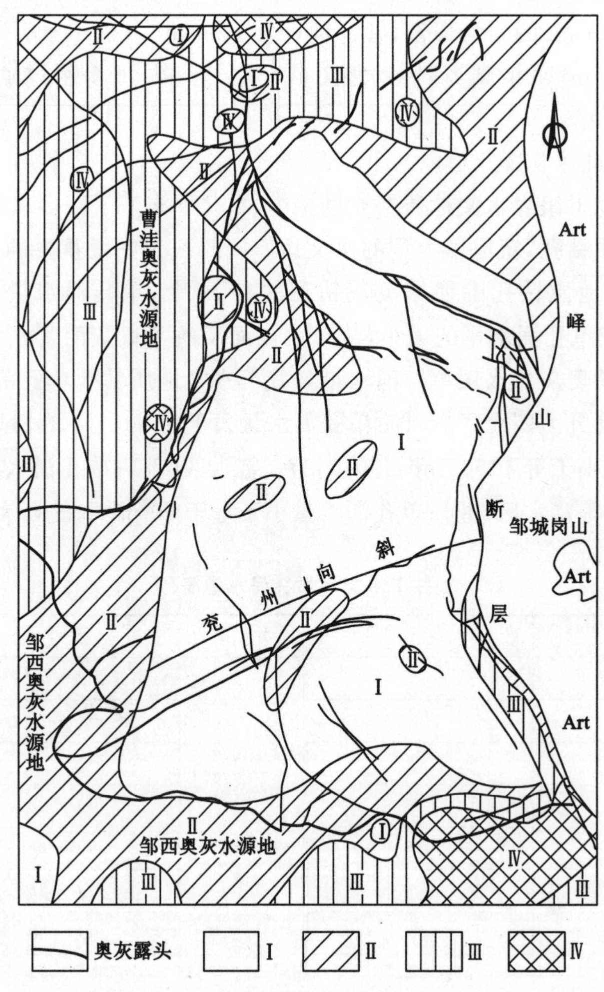

图 2 兖州煤田奥灰富水性分区图

3 关于奥灰富水性的几点认识

(1) 从图 2 明显可以看出，总体上奥灰含水层在煤田浅部溶洞、裂隙较发育，含水中等至丰富；深部富水性相对较差。其富水性由煤田外围到中心呈逐渐减弱的分布趋势。

(2) 奥灰富水性与构造发育程度密切相关。在构造相对发育区（如曲阜构造区），在断层带附近（如峄山断层带附近），奥灰突水量及钻孔单位涌水量均较大，富水性相对较好。如单家村煤矿三采区－290 m 水平巷道迎头，1994 年 3 月 22 日发生断层导通奥灰突水，涌水量 2 100 m^3/h[5]。又如南屯井田，距峄山断层 246 m 的岳庄 1 号、2 号水源井，单位涌水量分别为 16.986 L/(s·m)、11.079 L/(s·m)，而远离峄山断层的奥灰水文地质孔，单位涌水量 0.000 6～0.358 8 L/(s·m)，平均 0.061 L/(s·m)。在向斜轴部，如兖州向斜轴部的鲍店井田，往往局部出现富水区域，井下水文钻孔单孔涌水量普遍较大（表 3）。

表3　井下水文钻孔单孔涌水量表

井　田	南　屯	鲍　店	兴隆庄
相对位置	向斜南翼	向斜轴部	向斜北翼
单孔涌水量/(m^3/h)	0.4～77	0.75～231	8.16～126.31
平均单孔涌水量/(m^3/h)	21.54	70.58	48.63

(3) 奥灰富水性具有明显的不均一性,即使同一区域,其富水性往往具有明显的差异。如鲍店煤矿 O_2x—3、O_2x—6 号井下水文地质钻,两孔相距 260 m,钻孔结构相同,不存在断层等因素的影响,O_2x—3 号孔奥灰水出水深度为奥灰顶面以下 15.48 m,单孔涌水量为 57.3 m^3/h;O_2x—6 号孔钻至奥灰顶面以下 103 m,单孔涌水量仅 0.8 m^3/h。两孔水文参数差异非常显著。这种特性给奥灰水防治带来了较大的难度。因此,必须采取一定的手段,探查其富水区域,采取得力措施,防止奥灰突水,确保矿井安全生产。

参考文献

[1] 王录合,王新军.瞬变电磁技术探测含水层富水性的研究与应用[J].矿业安全与环保,2007,34(4):46-48.

[2] 施龙青,翟培合,魏久传,等.三维高密度电法技术在岩层富水性探测中的应用[J].山东科技大学学报:自然科学版,2008,27(6):1-4.

[3] 高俊良,段建华,郭粤莲.综合物探技术在探测煤矿采空区及其富水性中的应用[J].中国煤田地质,2007,19(2):111-113.

[4] 国家技术监督局.GB 12719—91 矿区水文地质工程地质勘探规范[S].北京:中国标准出版社,1991.

[5] 康延雷,彭新宁,李士东.单家村煤矿井下巷道预注浆加固过古断层[J].煤炭科学技术,2004,32(2):34-36.

作者简介:刘瑞新(1963—),男,山东郓城人,高级工程师,从事矿区水文地质、防治水技术管理、研究及井筒治理工作。

复杂区域受底板高承压水威胁8煤层安全开采技术研究

山东新查庄矿业有限责任公司 姜 华

摘 要:查庄煤矿8600采区为－350 m水平的首采区,三面被断层包围,地质条件极为复杂,8601工作面为－350 m水平下山采区的第一个工作面,在肥城矿区开采最深,受底板徐家庄灰岩和奥陶系灰岩水威胁最为严重,通过探查水文地质条件、实施高压接力注浆、帷幕截流、疏水降压等措施,实现了安全开采,开创了大采深、高水压条件下下组煤安全开采的先河,为开采深部8层煤以及其他受水害威胁的煤层进行了较好的尝试,提供了一种技术途径,同时也坚定了治理深部下组煤的信心和决心。

关键词:复杂区域;高承压水;安全开采

0 前 言

查庄煤矿由华东煤炭设计研究院设计,1960年破土兴建,1968年4月建成投产,原设计能力为年产60万t。1986年10月原煤炭部批准矿井改扩建工程,设计生产能力150万t/a,2003年改扩建工程结束。2006年矿井核定生产能力140万t/a。经四十余年开采,上组煤资源枯竭,下组煤受承压水威胁,自开采下组煤以来,共发生突水52次,每次突水都给矿井带来极大的损失,甚至威胁矿井的安全。然而为了解决职工家属的生活,延长矿井服务年限,矿井被迫试采深部下组煤,探索一条深部下组煤开采的有效途径。

1 概 况

8600采区为－350 m水平的下山采区,该采区北邻F_{27}断层(H＝30 m);西邻F_5(H＝200 m)和F_{5-1}断层(H＝50～280 m);东邻F_{40}断层(H＝20～45 m)。采区三面被断层包围,尤其是西部F_5和F_{5-1}断层落差较大,使本采区下组煤煤系地层与对盘的奥灰含水层对口接触,地质水文地质条件复杂。该采区上覆7601、7603、7605和7604、7606、7608共6个工作面分别于1998～1999年和2007～2008年实现了安全开采,开采最低高程－500 m,开创了肥城矿区深部受五灰、奥灰水害威胁7煤层安全开采的先河,同时也为矿井深部开采奠定了基础。

8601工作面是查庄煤矿－350 m水平以下第一个、也是肥城矿区开采高程最低的8煤层工作面,回采高程－365.4～－434.8 m。该面设计资源储量11.5万t,揭露落差大于1.5 m的断层8条,工作面被分成上、中、下三个块段,上面、下面采用高档普采,中面因断层较多而残采。

2 水害威胁程度

2.1 7煤层突水情况

－350 m水平以下7煤层共动用3个采区,开采11个工作面,其中4个工作面发生突水15～135 m^3/h,－350 m水平以下7煤层开采受底板承压水害威胁。8煤层开采受矿压水压影响更大,回采突水系数明显增加,出水几率更高,威胁更为严重。

2.2 水文地质条件

8煤层下距五灰31.4～34.4 m,平均32.8 m,五灰厚2.7～10 m,平均6.4 m,五灰下距奥灰1.9～7.3 m,平均5.1 m。8601工作面共施工23个五灰钻孔,单孔水量0.5～63 m^3/h。8600帷幕巷、8601泄水巷共施工56个五灰钻孔,单孔水量0.5～150 m^3/h,采区内共施工8个奥灰孔,单孔水量1～35 m^3/h。根据该区钻孔分析,底板五灰、奥灰含水层的富水性极不均一,个别块段富水性较强,大部分块段富水性较弱,奥灰顶部 10 m 左右富水性弱,五灰、奥灰导高不发育。因采区三面被断层切割,构造裂隙发育,且西部 F_5 断层致使对盘奥灰含水层与该区四灰、五灰含水层对口接触,使水文地质条件更加复杂。

2.3 突水系数

空水系数按下式计算:

$$T_s = P/M \tag{1}$$

式中 P——隔水层底板承受的最大水头压力,$P_{五灰}$=4.579 1(工作面)～5.016 1 MPa(区域),$P_{奥灰}$=4.040 1(工作面)～5.135 1 MPa(区域);

M——隔水层厚度,五灰 32.8 m,奥灰 43.2 m。

代入式(1)得:

$$T_{s五灰}=0.14\sim0.153\ \text{MPa/m}$$

$$T_{s奥灰}=0.093\ 5\sim0.119\ \text{MPa/m}$$

工作面五灰突水系数为临界突水系数 0.06 MPa/m 的 2.3～2.55 倍;奥灰突水系数为临界突水系数的 1.56～1.98 倍,工作面受五灰、奥灰水害威胁严重。

3 防治水工作

鉴于 8601 工作面的特殊性和复杂性,多次召开专业会,确定必须在采取钻探、物探、放水试验等多种手段查清水文地质条件,取得合理有效的疏降方案基础上,制定注浆改造、帷幕截流、疏水降压,并辅以留设断层煤柱、扩大排水能力、完善疏水系统等综合治理措施。

3.1 水文地质条件探查工程

3.1.1 四灰水源补给条件

由于西部 F_5 断层落差较大,使得对盘的奥灰含水层与本盘的四灰含水层对口接触,奥灰水直接补给四灰含水层,为此施工了 8601 泄水巷对西部边界水源补给情况进行了探查。该巷道长 180 m,揭露 0.8～15 m 断层 5 条,裂隙发育地点 8 处,通过巷道揭露的四灰含水层情况看,顶板裂隙发育,淋水较大,巷道淋水量为 30 m^3/h。在泄水巷迎头利用钻机超前探查时揭露一条落差 15 m 的断层,钻孔揭露 9 层煤顶板泥灰岩时钻孔出水量 35 m^3/h,该孔放水过程巷道顶板淋水逐渐减小,最后全部消失,关闭该孔后顶板淋水恢复到初始水量。2008 年 11 月 28 日～12 月 9 日,8601 上、下面同时放水时,稳定放水量 252 m^3/h,测得该孔水量 10 m^3/h,将所有放水孔关闭以后,该孔水量增大到 20 m^3/h,通过水量变化说明 8601 泄水巷顶板四灰淋水水源来源于底板五灰含水层,四灰、五灰水力联系密切。8601 泄水巷内施工 8 个五灰放水孔,单孔水量 5 ～150 m^3/h,其中水量大于 100 m^3/h 的钻孔 3 个,均靠近西部,放水时钻孔水量降幅较小,分析认为可能与西部边界构造发育、奥灰水源补给充分有关。

3.1.2 钻探情况

为查清该区域五灰、奥灰含水层的富水性,工作面开采前,在浅部施工五灰、奥灰钻孔 106 个,其中五灰单孔最大水量 0.2 ～150 m^3/h,8601 工作面 23 个五灰钻孔单孔水量 0.5～63 m^3/h,8 个奥灰孔单孔水量 2 ～35 m^3/h。分析认为五灰含水层富水性极不均一,局部富水性较强,大部分块段含水较弱,奥灰顶部 10 m 左右富水性较弱,导高不发育。

3.1.3 放水试验

为查清五灰含水层的水源补给,以及五灰、奥灰含水层之间的水力联系,8601 工作面开采前在浅部进行了两次放水试验。

(1) 第一次放水试验

利用 13 个五灰放水孔,14 个五灰、奥灰观测孔,13 个放水孔单孔累计水量为 501.4 m^3/h,放水期间最大放水量为 457 m^3/h,稳定放水量 181 m^3/h。放水 7 h 30 min 后水量稳定,水位下降最快的是 WG—11 孔,最低水位－412.5 m,最大降深 391 m。通过这次放水试验发现沿走向方向水位变化较快，而且下降幅度较大；沿倾向方向水位变化较小；五灰、奥灰水有一定的水力联系。

(2) 第二次放水试验

根据第一次放水试验钻孔水位沿走向变化较大的成果，在 8602 泄水巷、8602 出口增加了 7 个放水孔，利用 7 个五灰放水孔，7 个五灰、奥灰观测孔，进行了第二次放水试验，7 个放水孔累计水量为 223 m^3/h，放水时最大水量为 200 m^3/h，稳定放水量为 102 m^3/h。历时 9 小时 45 分钟后水量稳定，五灰最大水位降深 270 m，最小水位降深 40 m。

(3) 第二次放水稳定时下面各孔对应的突水系数

放 4：T_s＝1.105/32.8＝0.034 MPa/m；

放 23：T_s＝1.211/32.8＝0.037 MPa/m；

放 20：T_s＝1.02/32.8 ＝0.031 MPa/m；

放 21：T_s＝1.12/32.8＝0.034 MPa/m。

通过计算可以看出，放水期间 8601 下面的五灰突水系数均小于 0.06 MPa/m，因此该工作面在注浆改造的基础上，通过疏水降压开采措施是可行的。

3.1.4 工作面物探

为了进一步查清 8601 工作面底板五灰、奥灰含水层的富水性及异常区，做到有的放矢地开展防治水工作，委托西安煤科分院利用直流电测深法对 8601 工作面底板五灰、奥灰顶部含水层的富水性进行了探测，经探测工作面存在 5 处异常区，针对 5 处异常区的 1#、2#、3#、5# 异常进行了钻探验证，验证情况如下。

(1) 1# 异常区。巷道揭露 0.5～7.0 m 断层三条，预计下部一条落差 0.5～1.6 m 断层将延伸在异常区内。施工了探 1、探 2、探 3 三个钻孔，探 1 孔水量 137 m^3/h，和周围钻孔相比水量偏大，探 2、探 3 两孔水量较小，根据钻探资料分析，两孔可能穿过两条落差 2.5 m 的断层。

(2) 2# 异常区。巷道揭露一条落差 2.3 m 的逆断层，针对 2# 异常施工了检 4 孔进行验证。通过钻孔资料分析，8 层煤距五灰、五灰距奥灰间距正常，五灰含水层富水性较弱，但是五灰水位偏高，分析认为该地点可能存在奥灰水补给。

(3) 3# 异常区。巷道未揭露断层，针对 3# 异常施工了检 3 孔进行验证，该异常区 8 层煤距五灰间距比正常值大 6.0 m 左右，分析认为该处可能存在一条落差(或叠加落差)6.0 m 左右的隐伏断层。

(4) 4# 异常区。巷道揭露一条落差 1.3 m 的正断层，该地点位于 8601 中面残采区，没有施工钻孔进行验证。

(5) 5# 异常区。巷道附近有 0.3～0.9 m 的断层 2 条，断层延至五灰正好位于异常区中心，针对 5# 异常区施工了检 4 孔进行了验证，该异常区 8 层煤距五灰间距正常，五灰、奥灰间距偏小(4.3 m)，在整个下面施工的 11 个钻孔中，检 4 孔的水量大于其他 10 个钻孔水量之和。

通过巷道工程、钻探资料综合分析认为，工作面物探 5 处异常中均存在断层，由于断层的影响造成物探异常，其中有 2 处异常区富水相对较强，物探结论和现场以及钻探资料基本相符。

3.2 五灰高压注浆改造

8601 工作面为－350 m 水平以下第一个 8 层底板注浆改造工作面，钻孔水压为 3.4～4.1 MPa，钻孔实际注浆过程中终孔压力不低于 9.0 MPa。

8601 下面施工 11 个五灰孔，共注黏土 82.9 t，水泥 88.19 t，吨水干料 1.7。施工 2 个奥灰孔共注入黏土 30.5 t，水泥 18.34 t。

8601 上面施工 12 个五灰孔，共注黏土 410.61 t，水泥 231.04 t，吨水干料 2.78。施工 3 个奥灰孔共注入黏土 104.2 t，水泥 53.64 t。

根据高压注浆施工情况分析，大部分钻孔起压较快，进浆量相对较小，进一步说明五灰含水层岩溶裂隙不发育。

3.3　帷幕截流工程

8600采区东、西、北三面被断层切割包围，该采区处于相对封闭的区域内，为此在工作面南部施工了480 m八层帷幕巷，东至F40断层，西至F5断层。目的是通过实施帷幕截流工程，减小工作面开采时钻孔的疏放水量。该工程设计63个帷幕钻孔，因工程量较大，8601工作面开采前重点对靠近8601工作面外部的帷幕孔进行了施工，帷幕钻孔单孔水量0.5～100 m^3/h。8601上面的18个五灰帷幕孔全部实施了高压注浆，共注黏土245.9 t，水泥174.4 t，吨水干料1.27。

第一次放水试验单位降深疏放水量0.59 $m^3/(h·m)$，第二次放水试验单位降深疏放水量0.38 $m^3/(h·m)$，减少0.21 $m^3/(h·m)$，8600五灰帷幕截流及工作面注浆改造对于下部钻孔放水有一定效果。

3.4　扩大排水能力

8601工作面泄水路线是通过8601泄水巷、8600泄水巷进入－500 m水仓，经－350 m水平泵房排至地面。

－500 m泵房安设MD500—57×4水泵4台，装机能力2 000 m^3/h，原水仓容积2 500 m^3/h；由于水仓容积较小，2007年8月～2008年5月对－500 m水仓进行扩容，扩容后水仓的总容积为5 260 m^3。

－350 m水平中央泵房安装水泵12台，其中9台D500—57×8水泵，3台D500—57×4水泵，排水管路仅有2趟ϕ402 mm×12 mm的独立排水管路，其余3趟与－250 m泵房共用。－350 m原水仓容积5 832 m^3，根据正常涌水量，不能满足安全规程要求。为此2007年10月～2008年3月对－350 m水仓进行了扩容，排水管路进行了改造，扩容后的水仓容积为11 014 m^3；－350 m排水系统改造后，4趟ϕ402 mm×12 mm、1趟ϕ325 mm×10 mm直排管路，1趟ϕ325 mm×9 mm接力排水管路，额定装机能力为6 000 m^3/h，改造后的－350 m泵房能够满足抗灾需要。

4　工作面开采期间的安全工作

4.1　加强了顶板管理

强制放顶是减小矿压对工作面底板破坏的一项重要措施，回采前在工作面上下两巷提前接好2趟供风管路，工作面配备3部风钻，2部施工1部备用，施工时按最大仰角(≥70°)、眼距1.0 m、眼深2.2 m施工，隔一排施工一排放顶眼，收到了较好的效果。

4.2　加强了工作面的矿压观测

工作面推采期间对矿压显现进行了跟踪观测。从工作面工作阻力来看，推采6～12 m时阻力由20 MPa增大至28 MPa，16～20 m时阻力最大在20～32 MPa之间，21 m时阻力在20～28 MPa之间，22～24 m时阻力最大19～30 MPa之间。自20 m回柱放顶时基本顶初次来压后，工作面支柱最大工作阻力稳定在28～30 MPa之间，推采期间循环最大移近量20.67 mm，班最大移近量在第20 m时为11.60 mm。

4.3　加强了水动态监测

防治水专业人员重点观测了工作面及周围钻孔水位水量的变化情况，及时掌握了工作面开采期间的水动态变化，做到了超前预测。工作面推采16 m，各观测孔水位降至最低，最低水位－406 m，最大降深375 m。通过工作面推采各观测孔数据分析，工作面推采矿压对底板含水层的超前影响可达到85～94 m，超前60 m左右影响的幅值较大，矿压侧向影响范围在6.0 m以外。该工作面推采18～22 m区段，工作面周围钻孔水位升高，工作面推采23 m时钻孔的水位普遍反映下降，经分析认为工作面初次来压的推采进度应该在22 m，这和矿压观测初次来压在20 m基本吻合。因此推断在初次来压前工作面附近的钻孔水位普遍升高。该工作面矿压对底板含水层的影响最大使水位升高10 m，因此受水威胁的工作面加强在初次来压和周期来压时防治水措施，可减小水害事故的发生。

5　工作面停采后采取的措施

8601工作面推采28 m时，因工作面出口揭露0.7 m的断层延伸至面内落差增大为2.0 m，而且仍有增大的趋势，使工作面出现近 10 m 的全岩，对工作面影响较大，决定该面停采。由于工作面停采位置与断层走向基本一致，经研究制定并落实了以下措施。

5.1 继续进行疏水降压

工作面回撤期间，12 个五灰放水孔继续放水，坚持水压水量观测，工作面回撤 7 d 以后，将钻孔全部关闭，钻孔关闭前各阶段钻孔的水位水量无变化，钻孔关闭以后由于上面正在放水试验（上面稳定放水量 81 m^3/h），受上面放水影响各孔的水位恢复较慢，32 h 以后各孔的水位基本稳定，但是同钻孔原始水位差距仍然较大。钻孔关闭过程中，水量较小的钻孔关闭后对观测孔的水位影响较小，水量较大的钻孔关闭以后对观测孔的水位影响较为明显。

5.2 继续加强矿压观测

工作面停采后继续矿压观测，支柱工作阻力在 22～28 MPa 之间，停采后工作面顶底板移近量变化较小，但工作面支柱工作阻力一直维持在 20 MPa（面前）～30 MPa（老空侧）之间。

5.3 进一步加强－350 m、－500 m 泄排水系统的管理

加强了－350 m、－500 m 泵房的管理维修，使水泵始终处于完好状态。及时清理－500 m 水仓，确保水仓的有效容积。

5.4 保持通讯畅通，严格控制施工人员

撤面期间严格控制进入该区域的人员，各地点安排专人接听电话。撤面期间调度室一旦接到 8601 工作面有突水征兆的汇报后，立即通知 8601 工作面以下各单位人员撤离，每个地点由区队干部、安监人员组织该地点人员沿避水灾路线上井。8601 工作面如果发生突水，而且水情变化较快，调度室立即通知－350 m 水平的各地点人员沿避水灾路线撤人。

5.5 工作面回撤的有关措施

撤面前工作面提前施工两排放顶眼，眼间距 1.0 m，按最大仰角施工，孔深 2.2 m，放顶眼进行了逐孔验收。在回撤面过程中由上向下进行，边回柱边放顶，放顶时每孔装药量 0.8～1.2 kg，确保了放顶效果。

6 体会和认识

8601 工作面为全集团公司开采标高最低的 8 层煤工作面，开采深、矿压大，受水害威胁严重，通过开展扎实有效的防治水工作，严格落实行之有效的防治水措施，实现了安全开采。主要体会如下。

6.1 领导重视是前提

鉴于 8601 工作面的特殊性和复杂性，各级领导对该工作面的安全开采高度重视，查不清水文地质条件，不能保证工作面安全开采就不能投入生产。查庄煤矿对此也始终保持清醒的头脑，围绕安全生产开展了大量扎实有效的工作。

6.2 查清条件是基础

该面为水文地质条件复杂块段，要采取多种手段对水文地质条件进行探查。围绕工作面的安全开采，分别采用钻探手段探查五灰、奥灰的富水性和隔水层厚度、岩性组合、导水高度等；采用放水试验手段查清五灰含水层的补给、径流条件，取得疏水降压方案，检查帷幕截流效果；同煤炭科学研究总院西安分院合作，利用直流电法物探手段探查异常地段及相对富水区，并经钻探验证。经过综合分析，认为该面为水文地质条件相对简单块段，出大水的可能性较小，集团公司同意对该面进行试采，并制定有针对性的防治水措施。

6.3 综合治理是关键

在条件探查及防治水工作过程中，坚持钻探、物探与放水试验相结合，注浆改造与帷幕截流相结合，强制放顶降矿压与放水降水压相结合，五灰水治理与奥灰水预防相结合，矿压观测与水动态监测相结合，断层防水煤柱留设与疏排水系统完善相结合。针对深部含水层岩溶裂隙发育及富水性不均一、方向性强的特点，采取了高压注浆改造措施。

6.4　落实措施是保障

针对工作面试采，制定了以下防出水措施：一是调整工作面的回采范围，对上覆7层煤柱压力集中区不能实行正规推采。二是回采过程中确保五灰突水系数降至0.06 MPa/m以下。三是切实加强顶底板管理，支柱垫 ϕ400 mm的大铁鞋，在断层附近或底板变软地段，加垫板梁，坚持人工强制放顶措施，推采时严禁悬顶超过规定。四是加强工作面推采过程中的水情监测，一旦发现出水征兆，立即停采，并及时采取相应措施，备足木垛物料，以备急用。五是清挖工作面至－500 m水仓的水沟，保持泄水畅通，并提前在8601、8600泄水巷各施工两道高度不低于1.0 m的挡墙，防止煤岩粉淤积水仓。六是回采前对－500 m水仓彻底清挖，对排水泵进行检修并联合试运转，确保4台水泵台台完好，排水系统正常运转，水仓保持最低水位，泵房两侧分别施工半截挡水墙。七是留足断层防水煤柱。八是开采前将水害应急预案传达到有关施工单位，确保人人皆知。

6.5　加大投入是根本

从建设－500 m排水系统和疏水系统开始，陆续开展了条件探查、注浆改造、帷幕截流、工作面改造等一系列采区和工作面的防治水工程，直接投入资金72.218万元，对解放深部受水害威胁煤层，盘活煤炭资源提供了技术途径，坚定了治理的信心和决心，发挥了积极的作用。

作者简介：姜华(1970—)，水文地质工程师，现为山东新查庄矿业公司防治水副总工程师。

祁南煤矿灰岩水文地质条件分析及防治技术研究

淮北矿业集团公司祁南煤矿　孙尚云　朱慎刚

摘　要:本文结合祁南煤矿矿井地质构造展布规律,对该矿灰岩含水层水文地质条件进行了综合分析,介绍了矿井水化学数据库水源判别系统的建立、灰岩水突出实时监测技术、灰岩含水层放水试验及其防治技术的应用实践情况,对煤矿灰岩水害防治技术的应用发展有一定的参考价值。

关键词:水文地质条件;突水预测;放水试验;灰岩水防治

淮北矿业集团公司祁南煤矿位于宿州市祁县镇境内,矿井核定能力 300 万 t/a。矿井 10 煤层的开采受到下伏太原组灰岩含水层的严重威胁。2004 年 8 月矿井的 1028 工作面发生了 110 m^3/h 的突水,相邻的桃园煤矿频繁发生水量约 100 m^3/h 的底板灰岩突水,严重影响生产安全和效率,进行矿井水文地质条件及灰岩水害防治研究,对解放受水害威胁的煤炭资源意义重大。

1　矿区水文地质条件分析

祁南煤矿位于淮北煤田宿县矿区,宿南向斜西翼南部的转折端,为一走向近似南北转至东西,向西凸出,倾向东至北的弧形单斜构造。地表为厚约 330 m 的巨厚新生界松散层所覆盖,以下地层依次为二叠系石千峰组,上、下石盒子组,山西组,基底为石炭系太原组及奥陶系石灰岩。

通过水文地质补充勘探和相邻桃园煤矿的水文地质资料结合矿区地质构造发育情况分析,祁南煤矿灰岩水水文地质条件特征如下:

(1) 太原组总厚 192.81 m,含石灰岩 14 层,厚度 82.66 m(见表 1),占太原组总厚度 42.87%。据抽水试验资料 $S=12.09\sim31.02$ m,$q=0.339\sim0.249$ L/(s·m),$K=1.541\ 3\sim1.252$ m/d,矿化度为 1.583 g/L,水质为 SO_4·Cl-Na·Ca·Mg 类型,属富水性中等的含水层。据井下灰岩探查孔结合勘探资料分析,太原组灰岩富水性不均一,其规律是浅部露头带岩溶裂隙发育,富水性较深部强;井下钻孔揭露一灰、二灰时一般不出水或水量较小,说明一灰、二灰富水性一般较弱。

表 1　　**太原组石灰岩厚度情况表**

灰岩层数	1	2	3	4	5	6	7
真厚/m	3.79	7.97	9.27	10.42	20.39	0.75	1.97
灰岩层数	8	9	10	11	12	13	14
真厚/m	4.16	3.76	4.70	0.56	0.85	1.41	12.66

(2) 矿井的王楼背斜和张学屋向斜之间存在着隐伏基底断层(F8 断层)。张学屋向斜和王楼背斜为基底断裂的牵引褶皱。据应力场分析,F8 断层和宿北大断裂为同期构造,属其伴生断层,该 NWW 向断层为导水断层,底板隔水层内的张扭性裂隙相当发育,隔水能力大为削弱。通过对比 F8 断层两盘 1415、1417 钻孔资料,两钻孔平面距离 50 m,但新生界底界面深度相差 10～40 m。102 采区三维地震也发现 F8 断层露头附近新生界地层厚度剧烈变化,从地震时间剖面线可清楚看到,被连续追踪的 T0 波到 F8 断层后突然错断十几毫秒,出现了较为明显的陡坡现象。由此可见,F8 断层是由新构造运动形成的。矿井的 1028 工作面沿 F8 断层保护煤柱施工时,发现羽状派生断层较为发

育，并沿派生小断层发生了 110 m^3/h 的灰岩突水。

(3) 矿区古地下水排泄基准面位于矿区的北部，在宿南向斜以北，宿北大断裂的上盘有大面积第三系沉积。推断该区在喜山早期，宿北大断裂形成以后有一个断坳盆地，为当时的排泄基准面。地下水沿地层走向向北流动。103 采区东西走向的地层，地下水沿地层走向流动并在向斜转折端处改变方向，形成涡流，预计该段陷落柱可能较为发育。

(4) 桃园矿多次底板灰岩突水为基底断层所致。基底断层在祁南煤矿变成显式断层，祁南煤矿的东部膝折构造部位也是底板突水的危险部位。

综合分析，矿井太原组灰岩含水层富水性中等，太原组一灰、二灰厚度相对较薄，富水性一般较弱，三灰～四灰厚度较大，且矿井开采水平深，灰岩水压值高，矿井灰岩水防治的难度较大。

2　灰岩水突水预测技术及测试工作

2.1　水化学资料数据库和水源类型判别系统

水源类型判别系统利用“数理统计——多元逐步判别分析”方法，对矿井不同的含水层具有代表性的水质建立判别模型，该模型的变量可以选择若干个指标，对突水水样进行判别计算，计算结果可指示该水样归属的水源概率，给以定量的概念。当进行两类水源判别时，若为混合水则自动计算混合水的比率。

水化学数据库是在 Foxpro 的平台上开发的，它具有数据录入、数据智能查询、自动生成水化学分析结果报表等功能。水化学数据库和水源类型判别系统有机结合即形成水化学成果管理信息系统，水样一旦输入数据库中即可自动进行单位的换算以及水质类型的计算，通过建立判别模型标准水样的输入选择就可以自动进行判别计算并能将判别的结果写入数据库中。系统菜单包含以下内容：系统管理、数据录入、分析计算、数据查询、报表输出、水质图像以及系统帮助。水化学资料管理系统的框架结构见图 1。

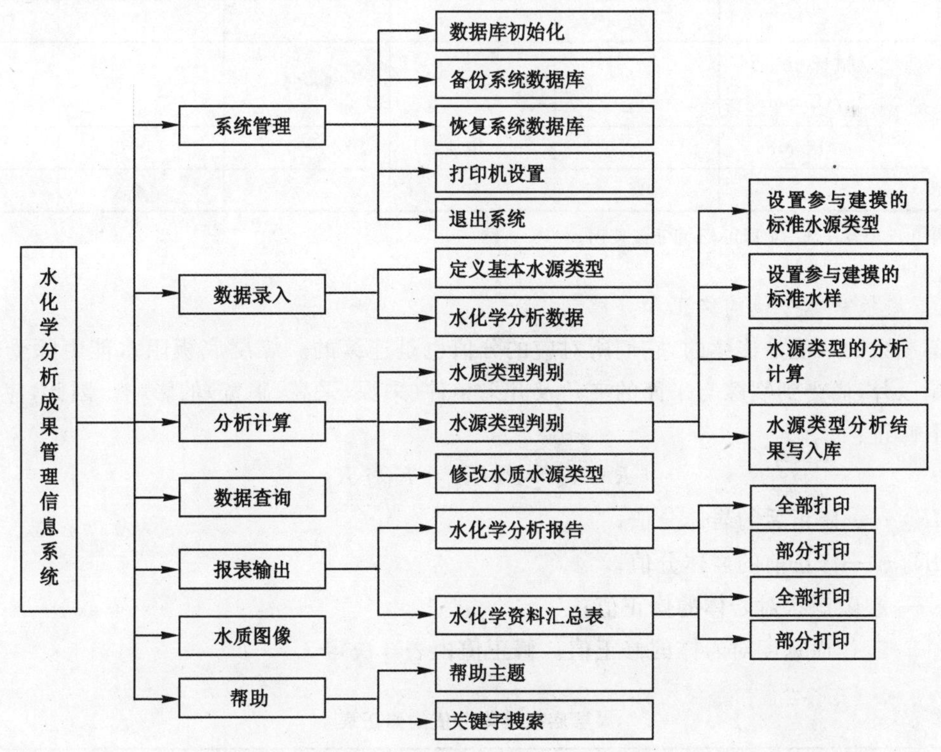

图 1　水化学分析成果管理系统结构框架图

2.2　底板水文地质条件的分级与评判及其在突水评价中的应用

2.2.1　影响煤层底板岩体的分级因素

根据力—水系数、突水系数两种突水判别经验方法知，影响煤层底板突水的主要因素是：开采深度、含水层的富水性、水压，底板隔水层的有效厚度、强度及完整性，底板的裂隙发育程度及其导水性等。其中开采深度和水压直接影响到底板的破坏深度，可合并到底板的有效厚度；煤层底板完整性由岩芯采取率反映；含水层的富水性，导升高度通过物探及钻探手段取得。可以将上述因素作为岩体分级因素，在国际上较为流行的岩体分类标准 Bieniawski 的 RMR(Rock Masses Rating) i 的分类基础上建立了一套新的岩体分级方法，如表 2 所示。表中分值是根据各因素对岩体稳定性的影响而定的经验值；地下水流量为巷道内每 10 m 长度段内的涌水量。

表 2　　岩体分类参数及其分值

	参数		分值范围				
1	完整岩体强度	荷载强度/MPa	>10	6～10	3～5	1～2	
		单轴抗压强度/MPa	>250	99～250	49～100	25～50	<25
	分值		15	12	7	4	2
2	岩芯采区率		90～100	74～90	49～75	25～50	<25
	分值		20	17	13	8	1
3	裂隙带宽度/m		<0.005	0.006～0.05	0.051～0.1	0.11～0.5	<0.5
	裂隙开口宽度/m		<0.001	0.002～0.005	0.006～0.01	0.011～0.05	>0.05
	分值		20	15	10	5	0
4	突水系数 T/(MPa/m)		<0.025	0.025～0.05	0.049～0.08	0.08～0.1	>0.1
	分值		30	25	20	10	0
5	地下水	流量(10 m)/(L/min)	0	<10	9～25	24～125	>125
		水压/MPa	0	<0.1	0.1～0.2	0.19～0.5	>0.5
	分值		15	10	7	4	0

注：表中第 1、5 项各任选一项即可，不可重复使用。

2.2.2　煤层底板岩体分值的修正和分级

以上各参数的取值是连续的，它们所对应的分值也是连续的。煤层底板阻水能力除受表 1 所列的因素影响以外，尚受到裂隙与采面的夹角及开采条件(采深、采高、采宽)的影响。因此，应对底板的分值作如下修正：

$$RMR_{修}=RMR_{初}+K_1+K_2$$

式中 $RMR_{修}$——修正后的岩体分值；

$RMR_{初}$——修正前的岩体分值；

K_1——裂隙产状对岩体的修正值；

K_2——工作面宽度对岩体的修正值。修正值由表 3 决定。

表 3　　煤层底板岩体分值的修正表

导水裂隙与采面的夹角/(°)	0～15	14～30	29～45	44～60	59～90
修正分值 K_1	−10	−7	−5	−3	0
工作面宽度/m	>150	120～150	100～119	80～99	<80
修正分值 K_2	−10	−7	−5	−3	0

经修正后得到的底板岩体分级的水文地质意义如表4所列。

表4　煤层底板岩体分级与隔水性对照表

总分值	81～100	61～80	41～60	21～40	<21
级别	Ⅰ	Ⅱ	Ⅲ	Ⅳ	Ⅴ
描述	高强阻水	强阻水	一般阻水	弱阻水	不阻水

2.2.3　底板岩体分级与防治水工程

从表4可以看出，不同级别的底板阻水能力不同，因此所投入的防治水工程也应该不同。对于Ⅰ类底板其隔水性很强，在没有导水构造的情况下不需做底板防治水工作。

对于Ⅱ类底板，尽管总体的隔水性较强，但突水系数达0.05 MPa/m以上，导水裂隙相对发育时，应进行电法探测，做简单的评价。如果富水异常明显，应打钻探查，查明底板灰岩富水情况。

Ⅲ、Ⅳ类底板具有一定的突水可能性，电法探测以后应打钻探查，如果和灰岩含水层有一定联系，或水量较大应采取注浆加固底板、疏水降压的治理措施。

Ⅴ类底板因不具有阻水能力，不能正常开采，必须采取注浆加固底板、疏水降压的治理措施。

2.2.4　煤层底板质量分级法在本矿突水评价中的应用

底板质量分级法在矿井的1027、10210和1028工作面进行了应用，收到了较好的效果，现以10210工作面为例加以说明。

根据电法及钻孔揭露工作面底板隔水层平均厚度约58 m，含水层水位标高－5 m左右，局部裂隙较发育，富水性较强。井下电法探测发现工作面机风巷分别发育3个和2个水文地质异常带，其中机巷沿断层发育的2个异常带富水性较强，并具有导升现象，导升高度大于10 m，这样煤层底板的有效隔水层厚度就不足30 m，突水系数高达0.15 MPa/m。底板岩体分级情况如表5所列。

表5　10210工作面底板岩体分级表

底板完整性	岩芯分值	采取率/%	裂隙带宽度/m	分值	突水系数/(MPa/m)	分值	水压/MPa	σ_{min}分值	修正值	总分	阻水能力
完整	80	17	0.005	15	0.15	10	0.15	10	－10	42	一般阻水
非完整	65	13	0.04	10	0.15	10	0.20	4	－10	27	弱阻水

根据上述分级，10210工作面在Ⅲ级的部分地区和Ⅳ级的全部地区需要做进一步的防治水工作。经过方案对比和试验，认为Ⅲ级底板的部分地区和Ⅳ级底板的裂隙发育吸浆性较强，决定采用局部底板加固的方法。经过注浆改造，该工作面在回采过程中没有发生突水，证明这种方法是可行的。

2.3　底板突水实时监测技术

2.3.1　底板突水可视化监测原理

底板突水可视化监测的基本依据是地下承压水的递进导升原理，在导升的递进发展过程之前，底板将有应力、应变和声发射等现象，在发展过程中将有由下伏较高灰岩水温引起的温度变化和水压力变化，突水预测预报根据这些变化反求参数，正演计算仿真模拟来实现。

2.3.2　底板突水可视化监测基本思路

煤层底板隔水层的破坏是采动过程中的矿压变化引起底板地应力的变化导致的。底板的破坏分底板上部一定深度的破坏和底板下部的破坏两种形式。根据有关试验观测数据，底板下部的破坏是由下而上地发展的，这种破坏开始于开采的前方，结束于开采后方。底板不同深度岩体的位移也具有同样的规律，底板的深部位移破坏较早，而浅部则较晚，这是进行底板位移、应力监测、突水预测的依据。底板不同深度位移的变化可以应力、应变的形式表现出来，监测应力、应变的变化就可以判断出岩体的状态;又因突水是由下而上的发展过程,在地热增温的规律下,下伏灰岩水的温度较高,灰岩含水层的水压也较高,监测裂隙中水温和水压变化就可以检测裂隙的扩展或岩体的断裂,水温升高、水压增大时,即认为导水裂隙扩展到传感器的位置,由此反演、拟合求参,然后正演模拟以预测突水,这就构成了煤层底板突水可视化监测的基本思路。

2.3.3 煤层底板突水前兆检测系统及工作流程图

以上述原理为基础研制的突水前兆监测系统在矿井的1026工作面得到成功的应用。监测系统由主控台(总站)、分站和传感器组成。总站设在中央调度室,分站布置在1026工作面机巷内,传感器埋设于煤层底板钻孔内。钻孔布置在断层发育、底板隔水层裂隙相应发育的地段。流程图的计算部分由反分析和正分析两部分组成,总流程如图2所示。

图2 突水监测系统工作流程图

3 放水试验

为查明101与102采区太灰含水层的富水性、补给来源、补给方式,得出两采区灰岩水流场分布特征,矿井进行了101、102采区太灰含水层联合放水试验。

此次放水试验采取了水位遥测(井下水压自记)系统观测水位,试验采用非稳定流的方法,按照井下集中放水,井上、下同步观测进行试验。放水试验充分利用已有井上下太灰、奥灰、四含等观测孔,形成放水试验观测网。放水分两个阶段,先期利用102观3孔放水,后期102观3孔与102放5孔联合放水,放水量40～140 m^3/h。试验共利用水文钻孔10个,其中太灰放水孔2个,太灰观测孔6个(地面及井下观测孔各3个),"四含"和奥灰观测孔各1个。

综合放水试验水质、水位、水量动态观测资料结合地下水数值模拟结果,得出如下结论:

(1) 放水试验期间,太灰水质类型保持不变,各离子含水量变化幅度均在太灰平均值附近变动,无明显变化。证明太灰与奥灰以及松散层含水层水力联系较弱,所疏水量为太灰含水层本层储量。

(2) 101与102采区太灰含水层富水非均一性特征明显。在放水过程中,102放5孔水量衰减明显,放水过程中水位不易稳定,经较长时间水位未恢复到初始水位,显示太灰水储量及补给强度有限;定量计算太灰补给水量 $Q_{补}=28\ m^3/h$。

(3) 采用数值模拟方法与常规分析方法进行对比研究。初步确定F9断层为隔水断层,101与102采区边界大部分为水量交换微弱的流量边界。合理确定了研究区水文地质单元,求得各水文地质单元地下水动力学参数。发现了101采区两个太灰含水层高水位分布区(101放4孔所处F9断层上盘、2001观1孔为中心的两个区域)。

(4) 分析了10煤底板与一灰顶板隔水层厚度与岩性组合特征,并结合采区太灰含水层水压分布规律,得到了采区突水系数分布情况,初步确定安全区、过渡区与危险区。并将水位等值线、底板隔水层等厚线与突水系数等值线图综合在一起,得出101与102采区10煤底板太灰突水预测图。在此基础上,得出101与102采区太灰含水层整体疏水降压开采可行。

4 灰岩水防治技术

祁南煤矿灰岩水防治工作坚持近期与远期相结合,地面与井下相结合,以治带查,查治结合的原则,重点是做好灰岩水的水文地质条件探查工作,健全太灰含水层水位监测网,建立局部疏水降压系统,掌握地下水的流场及其补给通道。布置10煤层区段排水巷,确保排水系统完善,做好10煤工作面局部薄弱地段底板注浆加固和疏水降压开采工作。

4.1 底板注浆加固

根据钻探资料,10煤底板至太灰顶间距一般为48～77 m,平均60.8 m,底板岩性组合为:煤层直接底板以下0～10 m为泥岩和粉细砂岩;10～20 m为中粒砂岩;20～45 m为粉砂岩和泥岩;45 m到一灰顶板多为一层海相泥岩，泥岩和粉砂岩结构较为完整，局部砂岩段裂隙相对发育。灰岩含水层富水性不均一，一灰和二灰含水层富水性相对较弱，钻孔施工至该段时一般不出水或水量较小（单孔涌水量一般为 5～8 m^3/h），局部二灰相对富含水。根据底板隔水岩层的岩性组合及灰岩含水层的富水性不均一的特点，工作面灰岩水的防治一般采取正常区段带压开采，对电法探测发现的富水异常区和构造破碎的底板薄弱地段采用注浆改造的方法进行开采。考虑砂岩的注浆量相对较好，注浆段一般选取海相泥岩以上的砂岩。同时对富水异常区的一灰和二灰进行打钻探查工作，并进行充填注浆改造，变含水层为隔水层，有效增加了隔水层的厚度。底板经注浆加固后提高了底板的完整性和强度，增强了隔水性能，目前矿井已安全回采 10 煤层工作面 11 个，未出现威胁矿井安全生产的水害事故。

4.2　疏水降压开采

根据放水试验结果，矿井在回采 10211 工作面时采取了局部疏水降压措施，该工作面沿煤层倾斜方向布置，地层倾角一般为 10°～20°，平均 13°。工作面里高外低，上下限标高－344.6～－536.8 m，10 煤至一灰隔水层厚度 65 m。工作面回采期间利用 102 观 3 孔（距离工作面平距约 300 m）放水，在放水量 40 m^3/h 的情况下，太灰水水位由－20 m 下降至－90 m。计算得工作面最大突水系数 0.069 MPa/m，突水系数降至淮北矿区 0.07 MPa/m 的临界值以下，满足承压含水层上带压开采的要求。工作面通过回采前采取局部富水异常区底板注浆加固，结合回采期间疏水降压的综合措施，实现了安全回采。

5　结　语

（1）灰岩水防治的前提是查明灰岩水文地质条件，祁南矿 10 煤层开采期间采取地面与井下相结合，以治带查，查治结合的方法，既节约了水害治理成本，查明了灰岩水文地质条件，又防治了灰岩水害。矿井现已安全采出 10 煤层储量 500 多万吨，效益显著。

（2）通过建立矿井水源判别模型和水化学数据库，为突水治理快速、准确地识别出水水源提供了可靠依据。

（3）通过监测煤层底板应力、应变和温度变化实现底板突水可视化监测和预测预报，对后来采用的电法及微震等实时监测底板突水技术的应用有一定的参考价值。

（4）101、102 采区太灰含水层放水试验，查明了太灰含水层富水性及与其他含水层之间的水力联系，计算了太灰补给量，实现了太灰疏水降压开采，对矿井灰岩水治理工作有着极为重要的指导作用。

作者简介：孙尚云（1974—），男，安徽临泉人，高级工程师，从事矿井防治水工作。

8# 煤轨道联巷综合防治水措施

汾西矿业集团双柳煤矿地测科　王国飞

摘　要:8# 煤轨道联巷布置在二叠系山西组下段的 3#、4# 煤层底板到石炭系上统太原组中段 8#、9# 煤层之上的煤系地层之中,受太原组 L_1～L_5 灰岩水水害的影响严重。本文分析研究了各种水文资料,为下一步采取有效的防治水措施提供了依据。

关键词:探放水;水质分析;注浆堵水

双柳井田位于黄河东岸,属吕梁山系,为典型的黄土高原地貌,地势东北高、西南低,地表水系不发育,沟谷两岸切割地层,形成黄土基岩侵蚀中等山地地形,受区域地势和构造影响,区域煤系地下水由浅部顺层自东向西径流。由于含水层充水条件的限制,地下水径流强度区域减小,在地层薄弱带诸如断层、裂隙带等排泄或补给其他含水层,或以泉的形式排泄于沟谷。

8# 煤轨道联巷布置在二叠系山西组下段的 3#、4# 煤层底板到石炭系上统太原组中段 8#、9# 煤层之上的煤系地层之中。该段地层主要为下组煤的赋存地层,主要由灰岩、泥岩、砂岩、煤层等组成,灰岩层水文地质条件较为复杂。该巷道不仅是双柳煤矿首次穿越太原组地层 L_1～L_5 灰岩的巷道,而且受到下部奥灰水承压水水害的影响严重,因此对该区域进行水文地质研究及采取有效的防治水措施十分重要。

1　8# 煤轨道联巷工作面概况

8# 煤轨道联巷主要担负下组煤的进料、行人任务,并作为下组煤的进风大巷。该条巷道从双柳煤矿的二采三联巷前进方向东侧帮以 90°方位角开口,水平沿底板向东掘进 70.506 m 后,以底板标高＋550.094 m、方位角 90°,以 16°的下山继续向前掘进 199.879 m 后到达＋495 m 水平。

2　区域水文地质特征

双柳井田为带压开采矿井,所承受的主要承压含水层有:奥陶系中统岩溶裂隙承压含水层和石炭系上统太原组灰岩岩溶裂隙承压含水层。

2.1　奥陶系中统岩溶裂隙承压含水层

奥陶系中统由下马家沟组、上马家沟组和峰峰组组成。岩性以灰岩为主,次为泥灰岩、角砾状泥灰岩及厚层石膏层。

(1) 中奥陶统上马家沟组(O_{2s})

由于井田地处埋藏区,地下水交替缓慢,径流条件差,因此长期与围岩发生溶滤作用,溶解含水层中的化学成分,由此造成水质恶化。水质类型为 $Cl \cdot SO_4$-$Na \cdot Ca$ 型,矿化度分别为 1.41～2.305 g/L,水位标高为＋790～＋800 m,含水层单位涌水量 Q=0.010 21～2.838 L/(s·m)。

(2) 中奥陶统峰峰组(O_{2f})

岩性以深灰色中厚层状灰岩为主,隐晶质泥晶或微晶结构,角砾状构造,岩石致密、坚硬,矿物成分以方解石为主,次为白云石,微含泥质。灰岩含水层的岩溶形态以溶蚀裂隙即溶隙为主,溶孔稀少,且连通性较差,是该组普遍规律。自然水位标高＋789.85～＋796.629 m,水质类型为 HCO_3-$Ca \cdot Mg$、CO_3-Na 型,矿化度 1.41～2.374 g/L,含水层单位涌水量 0.000 28～0.001 163 L/(s·m)。

2.2　石炭系上统太原组灰岩岩溶裂隙承压含水层

石炭系上统太原组为下组煤的赋存地层,主要含水层为 L_1～L_5 薄层石灰岩,灰岩的单层厚度

2.50～12.75 m，累计厚度 27.83～34.26 m，平均厚度 29.96 m，含石灰岩层的厚度（L_1～L_5之间厚度）39.50～47.71 m，平均厚度 42.44 m，约占整个太原组厚度的 35%～53%。矿区太灰含水层渗透系数 0.012 20～0.037 96 m/d，导水系数 0.408 8～1.232 2 m^2/d，水质类型多为 HCO_3·Cl-Na 型，矿化度 1.19～3.21 g/L。

3 探放水工程

3.1 探水工程

双柳矿在 8# 煤轨道联巷的掘进过程中，聘请相关技术人员于 2010 年 04 月开始进行了探放水。考虑到探水和放水过程中不影响巷道的施工，在巷道的一帮施工了 5 m×4.5 m×5 m 的钻窝用来探放水。

8# 煤轨道联巷施工了两个钻窝，共施工了 7 个钻孔，孔号分别为 1#～7#。第一钻窝施工在变坡点处，共施工两个钻孔 1# 和 2#，孔口标高为 548.5 m，钻孔倾角均为−30°，方位角分别为 90°、93°，在水平面内呈扇形布置，钻孔孔深分别为 73.6 m、101.2 m，终孔层位分别为 K_2砂岩、L_3灰岩顶面。第二钻窝在距变坡点 104 m 处，共施工了 5 个钻孔即 3#～7#，孔口标高为 519 m，钻孔倾角分别为−30°、−30°、−90°、−60°、−90°，3#、4# 和 6# 三个钻孔的方位角分别为 93°、90°和 90°，孔深分别为 68.8 m、71.5 m、32 m、24 m 和 28.8 m，终孔层位分别为 8# 煤、L_1灰岩、L_2灰岩、L_3灰岩。综上所述，探放水总进尺为 399.9 m。

在第二钻窝施工钻孔过程中发现 5#、7# 钻孔在 L_1灰岩段水力传递极为迅速，说明该区岩溶发育较好。

3.2 放水工程

本着“一孔多用”的原则，上述 7 个探水孔都兼做了该条巷道的放水孔，历经放水 4 个多月，放水量总计 25 万 m^3。经过一段时间放水后，一号钻窝钻孔于 7 月初没有水再向外涌出，而二号钻窝主要是 3#、5#、7# 钻孔的涌水量较大，最大单孔涌水量 70 m^3/h 左右。经过长时间的观测，水量基本稳定在 130 m^3/h 左右，因此可以说明该区域内的太灰水含水层富水性较好、补给充沛。为了更好地查明该区域内的水文地质条件，矿方于 8 月 19 号关闭了该区域放水孔的放水，各放水孔放水量统计如表 1 所列。

表 1　钻孔放水量统计

钻孔		放水量统计表/m^3					
		4 月份	5 月份	6 月份	7 月份	8 月份	总计
第一钻窝	1#	2 011	—	—	—	—	2 011
	2#	19 245	13 784	9 265	2 706	—	45 000
第二钻窝	3#	—	—	17 278	12 153	4 176	33 607
	4#	—	—	3 381	2 424	1 440	7 245
	5#	—	—	29 957	45 223	29 040	104 220
	6#	—	—	—	—	—	—
	7#	—	—	621	33 360	24 480	58 461
合计		21 256	13 784	60 502	95 866	59 136	250 544

4 水质化验资料分析

地下水水化学特征与该地区特有的地质与水文地质条件密切相关，地下水的化学特征是围岩矿物和水流之间内在关系所形成的结果，决定于地下水运动时接触的围岩成分、水文地质条件和氧化还原环境等。地下水的水化学成分及不同离子含量的多少，与其赋存条件有着十分密切的关系。水质化验资料分析是通过研究该区域地下水水质特征来查明地下水补给、径流、排泄条件的，即与矿区主要含水层的水质化验资料进行分析、对比，研究 8# 煤轨道联巷水的水化学成分及其背景含量特征，从而揭示该区域水文地质条件等。

本次除在不同时间段收集了 8# 煤轨道联巷 10 个水样外，还收集、整理了井田内其他不同含水层的水质资料 21 份。这些水质资料涵盖了不同含水层，其中中奥陶统上马家沟组(O_{2s})含水层水质资料 8 份、中奥陶统峰峰组 O_{2f} 含水层水质资料 11 份、上石炭统太原组 C_{3t} 含水层水质资料(2 份)。由上述水质化验资料整理如表 2 所列。

表 2 水质化验资料

含水层	水质类型	总硬度/(mg/L)	矿化度/(mg/L)	耗氧量/mg
上马家沟组	Cl・SO₄-Na・Ca	868～1 485	2 305～3 702	0～20
峰峰组	Cl・SO_4-Na Cl・SO_4-Na・Ca Cl ・SO_4-Na・(Ca) SO_4・Cl-Na	127～993	1 165～2 874	0～20
太原组	Cl・SO_4・HCO_3-Ca・Mg・(K+Na) Cl・HCO_3-(K+Na)	44～713	1 011～1 310	1.6～1.9
8# 煤轨道联巷	Cl・SO_4・HCO_3-Mg・Ca・(K+Na) Cl・SO_4・HCO_3-Mg・(Ca)・(K+Na) Cl・SO_4・HCO_3-Mg・(K+Na)	391～1 014	1 148～1 522	1.1～16.2

从收集的资料和上表分析、研究可初步得出以下认识：

(1) 8# 煤轨道联巷的水质类型与奥陶系中统上马家沟组和峰峰组的水质类型有较为明显的差别。上马家沟组和峰峰组的水质主要是以较高的氯化物配以较高的 Na^+、Ca^{2+} 等，是深层地下水的标志；而 8# 煤轨道联巷的水质是以较高的 SO_4^{2-} 和 HCO_3^- 配以较高的 Mg^{2+}，与太原组灰岩水的水质类型基本吻合。

(2) 一般矿化度会随着含水层埋深的增加而增加，表 2 的水质化验资料基本符合这一规律，说明该区域的水质也有比较明显的垂直分带性，这表明了 8# 煤轨道联巷这一区域内太原组含水层与下伏奥灰水含水层间的水力联系不密切。

(3) 分析 8# 煤轨道联巷水样的耗氧量这一指标可以认为，在该区域的太灰水处于封闭的还原环境之中，水质较差。

存在的问题：双柳矿含水层较多，水质类型复杂，同一含水层由于水文地质条件的不同或时间的不同水样也存在一定的差异。由于不同含水层的相互混合作用、水质类型相互重叠异常复杂，使得以水质的差异区分和判别含水层的难度加大，对 8# 煤轨道联巷的水质分析存在一定的影响。

5 水力联系分析

为了查清该区域太灰水各含水层间、太灰水与奥灰水的水力联系，双柳矿在 8# 煤轨道联巷放水前后，进行了对井下的各观测站(孔)的涌水量、水压的分析和研究，可以初步得出以下认识：

(1) 为了解决太原组灰岩含水层对下组煤层的影响，已经施工 11 个疏放水钻孔(其中 2 个奥灰孔、9 个太灰孔)，通过对这些钻孔的涌水量观测(均为 2～5 m^3/h)，结合以往的资料相关结论，认为太原组 L_1～L_5 含水层相对富含水层为 L_4～L_5，且横向水力联系相对较弱，但与 8# 煤轨道联巷 L_1～L_3 灰岩含水层的单孔涌水量 60～70 m^3/h 相比有很大的差别，说明太灰水富水性区域性较强。

(2) 在 8# 煤轨道联巷放水前后，通过对其他观测站涌水量的观测，发现一部分观测站的涌水量发生了变化，如：

FS_6 太灰水疏放钻孔漏水 1～3 m^3/h，8# 煤轨道联巷停止放水区域内恢复水位后涌水量约 1～2 m^3/h。

$8^{\#}$煤回风联巷的探放水钻孔为干孔，$8^{\#}$煤轨道联巷停止放水区域内恢复水位后涌水量约1～2 m^3/h 。

$8^{\#}$煤轨道联巷的$1^{\#}$放水孔无水，$8^{\#}$煤轨道联巷停止放水区域内恢复水位后涌水量约10 m^3/h。这说明区域小范围内L_1～L_3灰岩含水层岩溶较为发育，水压传递迅速、水力联系较好。

(3) 根据水压观测值绘制了放水后的双柳煤矿太灰水水位等值线图(图1)，另外，还以8月19日$8^{\#}$煤轨道联巷停止放水为分界线，对井下施工的所有太灰水疏放钻孔的水压进行了整理分析，水压在放水前后有明显变化的有：距离1 400 m的G_4太灰孔、距离190 m的FS_6太灰孔、距离260 m的$8^{\#}$煤回风联巷的探放水钻孔、距离1 550 m的地面长观孔MS_7、$5^{\#}$放水孔等(图2～图6)。

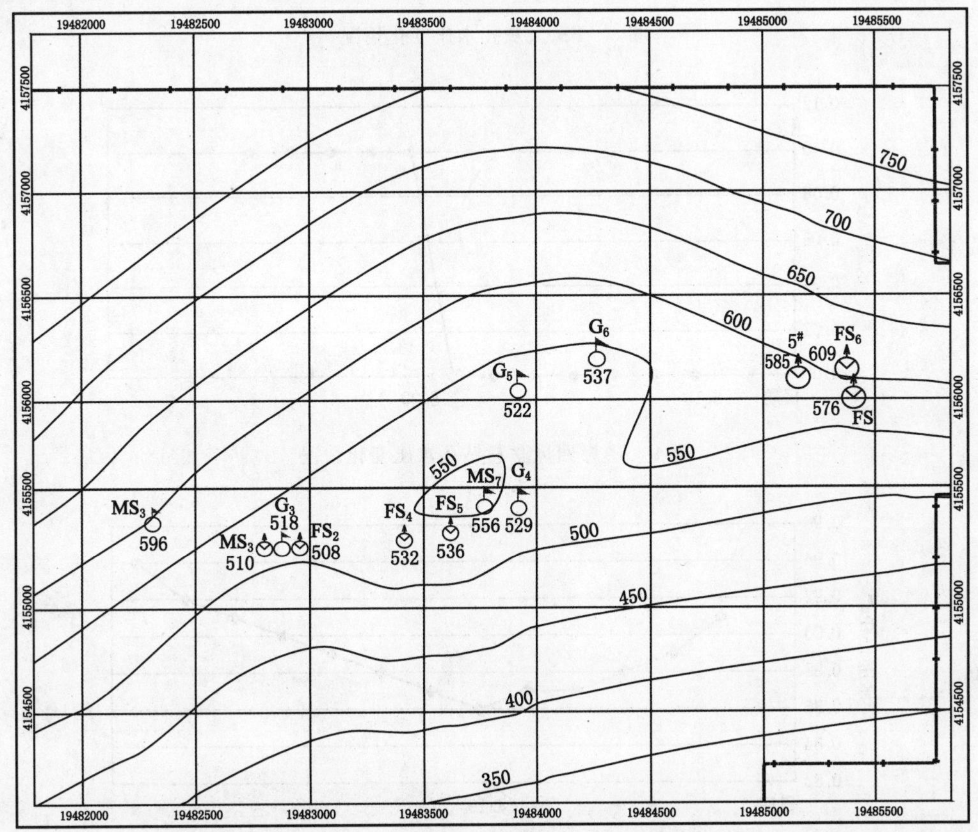

图1　双柳煤矿太灰水水位等值线图

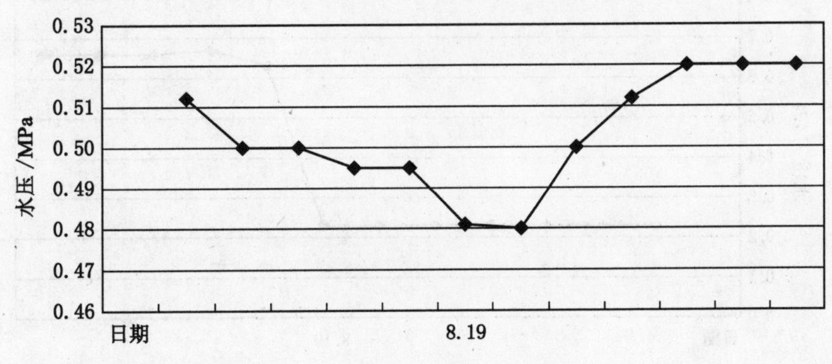

图2　G_4太灰孔水压变化情况

综上所述：太原组灰岩含水层的岩溶裂隙发育不均一，富水性差异性较大，$8^{\#}$煤轨道联巷的疏水影响半径较大，太灰水在局部范围内有统一的流场，水位标高东北高、西南低，径流方向为东北—西

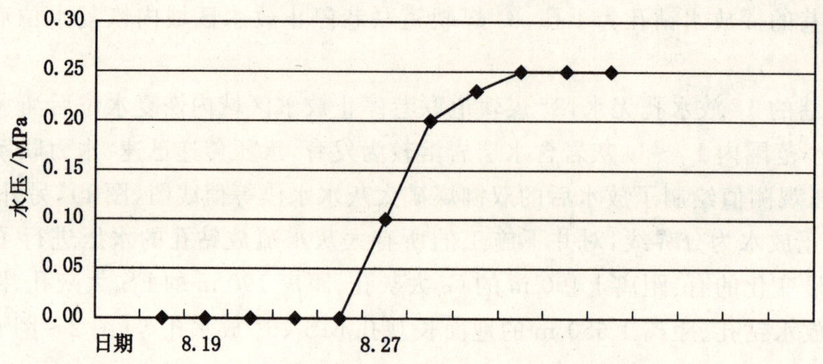

图 3 FS_6 太灰孔水压变化情况

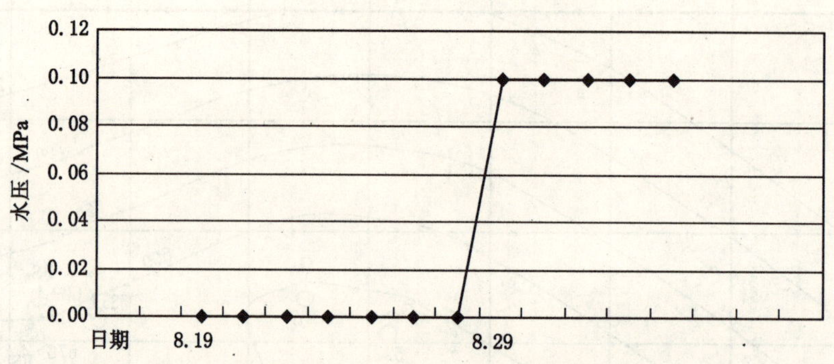

图 4 8# 煤回风联巷钻孔水压变化情况

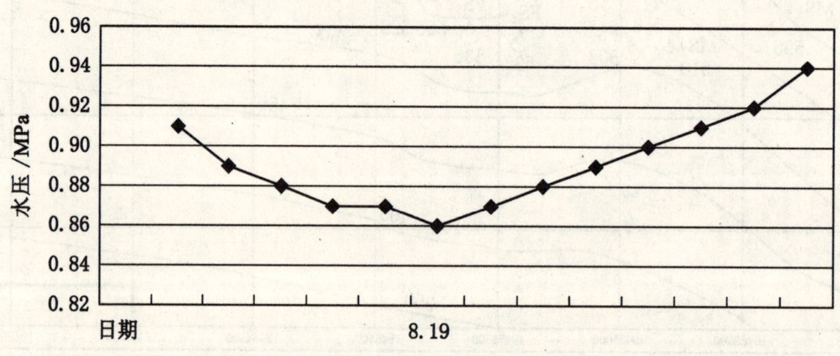

图 5 MS_7 长观孔水压变化情况

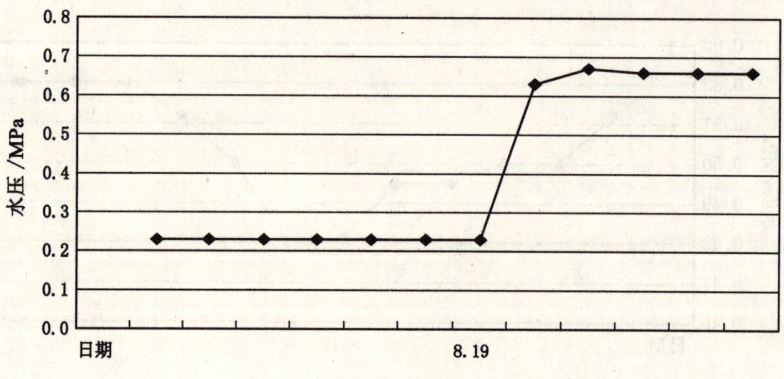

图 6 5# 放水孔水压变化情况

南，该区域的水位恢复速度快，表明径流条件较好。

6 注浆堵水工程设计

注浆堵水是将水泥浆或化学浆通过管道压入井下岩层空隙、裂隙或巷道中，使其扩散、凝固和硬化，从而使岩层具有较高的强度、密实性和不透水性，达到封堵截断补给水源和加固地层的作用，是矿井防治水害的重要手段之一。

8[#]煤轨道联巷必须穿过太原组的 L_1～L_3 强含水层，根据目前情况来看，如不堵截水源，将给巷道的施工带来很大困难和危害，甚至导致无法施工，因此确定双柳矿下一步将采取的防治水措施为注浆堵水。

6.1 注浆工作程序

(1) 注浆材料

为了加大浆液的扩散半径，本次注浆选择以水泥为主，辅以水泥—水玻璃。在注浆过程中，凡是水泥浆能解决问题的尽量不采用水泥—水玻璃混合浆，水泥—水玻璃混合浆主要用于弥补水泥浆的不足，解决一些水泥浆难以解决的问题。

(2) 注浆段高

因采用单液注浆(水泥浆)，为确保注浆量、注浆质量及浆液的扩散均一性，本次选择分段注浆，又因为该区域的裂隙较为发育，根据经验将注浆段的段高定为 20～30 m。

(3) 注浆方式

考虑到注浆效果和使用止浆塞时的技术要求，注浆方式定为下行式，即钻一段孔，注一段浆，反复交替，直至全深，最后复合注浆一次。为使注浆钻孔能有效命中富水地段，减少钻探工程量，注浆孔要依次施工，完成一个注一个，且不得同时穿透含水层，以免串浆，造成废孔。

(4) 注浆压力

注浆压力是浆液克服流动阻力的过程，是给予浆液在裂隙中扩散、充塞、压实的能量。本次按该区域的静水压力(1.0 MPa)加上注浆管路的消耗压力(0.5 MPa)，即为设计的注浆压力 1.5 MPa。给压过程中应该视地层的吃浆量，由小到大逐渐增大。

(5) 注浆前压水

为了将裂隙中松软的泥质充填物推送到注浆范围以外，从而提高注浆质量和堵水效果。压水时间定为 15～30 min，压水时压力应由小增大，最大不得超过注浆终压。

(6) 注浆结束标准

注浆压力的终压为设计压力值 1.5 MPa、浆液注入量不小于设计注入量的 80%、终压稳定时间不小于 20 min 以上三个条件同时满足时才可认为注浆结束。

6.2 注浆孔的布设和施工

(1) 钻孔布设的原则

由太灰水水位等值线图可知，该区域内太灰水的径流方向为由东北—西南方向，因此将主要的注浆钻孔布置在来水方向，即巷道前进方向的左帮，在布置钻孔时由稀到密分批布置。另外，根据探放水过程中收集的资料可知，在该区域 8[#]煤顶板之上 5 m 的范围内，太原组灰岩岩溶裂隙发育、富水性较好，因此将该层位定为注浆层位。

(2) 钻孔结构

注浆孔的终孔孔径不小于 73 mm，钻孔要下二级套管，一级管直径 146～159 mm，二级管直径为 89～108 mm。一级套管深度不低于 5 m，二级套管深度不低于 15 m。两级套管均需进行注浆、固结、耐压试验，合格的方可继续钻进。

6.3 注浆堵水效果的判断

(1) 在注浆前后，地下水流的流动方向和水化学成分会发生变化，这些可看成判断堵水效果的定性指标。

(2) 建立地下水动态观测网，在堵水前、堵水后和堵水过程中对井下放水前后水位发生明显变化的观测孔(FS_6、MS_7、G_4等钻孔)进行动态观测，并编制注浆观测孔历时曲线和等水位(压)线图，以指导注浆工程和注浆效果评价。

(3) 施工钻孔进行检查。检查孔的数量不少于注浆孔数量的20%。检查孔水量大于10 m^3/h时要继续进行注浆改造，注后再检查，直至小于10 m^3/h。检查孔要重点布置在巷道掘进的前进方向。

6.4 注浆过程中的若干问题

(1) 注浆层或段裂隙细小，钻孔单位吸水量小到中等的钻孔，一般耗浆量不大时，可采用连续注浆法，即自始至终连续不断地注浆，直到达到注浆设计结束标准。

(2) 岩溶通道大、钻孔单位耗浆量大时，可采用间歇注浆，时间长短主要依浆液达到初凝所需时间而定。间歇的次数以孔口压力上升快慢而定。当注浆孔口压力上升较快时，可改为连续注浆。每次停注后需冲入一定量清水，以保持注浆通道不被堵塞。

(3) 若发现邻孔有窜浆现象，应串联两孔同时注浆；若设备不足，依钻孔水位高低，可采取在下游注浆孔压入清水保持通道通畅、上游注浆孔注浆的办法处理。

(4) 注浆前每孔都要进行冲洗钻孔及压水试验，目的是冲洗岩层中空隙通道，利于浆液扩散并与围岩胶结提高堵水效果；通过压水试验计算岩层单位吸水量，了解岩层的渗透性，以选择浆液材料及其浓度与压力。

7 结 语

(1) 8#煤轨道联巷通过探放水工程疏放太灰水近25万m^3。

(2) 进行了放水前后的地下水动态观测，分析、研究了该区域太灰水各含水层、太灰水与奥灰水的水力联系并编制了双柳煤矿太灰水水位等值线图。

(3) 为下一步的注浆设计提供了技术依据。

作者简介：王国飞，现在汾西矿业集团双柳煤矿地测科工作。

滨湖煤矿灰岩含水层富水特征及有效防治途径

枣庄矿业集团公司滨湖煤矿　孙家利

1　井田概况

枣庄矿业集团公司滨湖煤矿位于滕州煤田(北部),井田面积44.02 km^2,设计生产能力110万t/a,2005年5月26日建成投产。煤田全为隐蔽式煤田,属于浅海过渡相沉积,井田内二叠系煤层受到冲刷剥蚀缺失,矿井主要开采石炭系太原组的$12_下$、16煤层,地层系统由老到新依次为震旦系、寒武系、奥陶系、石炭系、二叠系、侏罗系和第四系。

2　井田水文地质基本特征

2.1　井田主要含水层情况

在煤层顶、底板中,对生产有影响的主要含水层有:三灰含水层,五灰含水层,八、九灰含水层、十下灰含水层,十四灰以及奥灰含水层。

(1) 太原组三灰含水层

区内三灰局部被剥蚀,该灰岩厚度6.15～8.70 m,平均7.16 m,裂隙岩溶发育,局部全漏水,水位标高+12.63 m,单位涌水量Q=0.186 L/(s·m)。

(2) 太原组五灰含水层

太原组五灰含水层厚2.30～3.30 m,高角度裂隙岩溶较发育。勘探期间揭露该层未发现有漏水现象,经矿井实际揭露证实该层基本无水。

(3) 太原组八、九灰含水层

该含水层是$12_下$煤层附近的薄层灰岩含水层,其中,八灰厚度0.83～4.18 m,平均2.32 m,九灰1.40～2.95 m,平均2.03 m。根据精查地质报告,井田内44—13号孔在九灰露头附近抽水,单位涌水量Q=0.221 L/(s·m),静水位9.61 m,在主、副井的流量测井中,八灰的静水位－30～－35.00 m,渗透系数K=0.10～0.19 m/d。

矿井在建设过程中,主、副井筒,12石门,集中强力皮带机巷等共四处揭露和穿过九灰,厚度约2.0 m,均无水。

(4) 太原组十下灰含水层

区内十下灰岩厚2.40～7.70 m,平均4.68 m,浅部裂隙发育,局部有溶蚀现象,充填有方解石脉与泥质,据43—7、44—3、37—35钻孔抽水资料,单位涌水量Q=0.006 9～0.103 L/(s·m),渗透系数0.16～2.4 m/d,矿化度3.5～4.16 g/L,水质类型为硫酸钙钠型水。十灰的富水性随埋深加大明显变弱,静止水位+1.59～+2.26 m,抽水后水位恢复缓慢,72 h后恢复于静止水位差11.61 m,表明补给不畅。

在主、副井检孔的流量测井中,单位涌水量Q=0.006 9～0.008 6 L/(s·m),静水位为－12～－14 m,渗透系数0.21～0.46 m/d。

(5) 本溪组十四灰含水层

区内十四灰厚度8.05～14.6 m,平均12.24 m,该层灰岩质纯,裂隙不太发育,据43—2号孔抽水试验资料,单位涌水量Q=0.001 L/(s·m),渗透系数0.006 5 m/d,矿化度4.329 g/L,水质类型为硫酸钙钠型水,由于埋藏较深,补给较差,富水性弱。根据抽水资料分析,该层与奥灰无直接水力联系。

(6) 奥陶系石灰岩含水层

该层以质纯石灰岩为主，夹豹皮状石灰岩及泥灰岩，厚度约 800 m，其中马家沟组厚度约 630 m。按照岩性和富水性将该组地层划分为上、中、下三部分。

其中：中、下部分在本区含水丰富，上部其岩性为棕灰色白云质灰岩、石灰岩等，隐晶质至细晶质结构，厚层状，具缝合线构造，并间夹灰绿色泥岩，富水性较弱，厚度 66.70～79.75 m。

该井田揭露灰岩的最大厚度为 204.17 m，浅部裂隙较发育，据 38—10 孔水位标高＋35.84 m，单位涌水量 $Q=0.268$ L/(s · m)。

根据矿井施工的水文钻孔资料，2004 年 2 月奥灰的水位为－75 m，目前奥灰的水位为－142 m。

2.2 薄层灰岩含水层地下水的补给、径流与排泄情况

根据矿井开采揭露情况及调查周边矿区的规律，基本可以确定地下水水流方向是由东北向西南径流，水循环慢，径流微弱。受矿区排水的影响，各含水层发生了分异，根据含水层静止水位及抽水试验过程分析，各含水层静水位差异较大，水力联系较差，多数无直接联系，各含水层抽水后水位恢复较慢，并且多年持续下降，均表现其以静储量为主。

井田各含水层，补给不良，地下水以静储量为主，含水层间水力联系较差。

2.3 矿井含水层充水特征

矿井开采 $12_{下}$ 煤层时，累计开采 6 个工作面，主要出水来自顶板“五灰”含水层以及附近的砂岩层水，出水量较小，现场表现为局部出水，出水点集中，水压较小，通过观察分析主要是在小构造地点出水，静储量为主，很容易疏干，对生产影响较小，水文条件简单。

开采 16 煤层时，累计开采 12 个工作面，每个工作面都受不同程度的出水影响，底板出水影响较大，主要是来自十四灰以及奥灰含水层的水，特征是水压小，出水范围大，衰减周期长，一般 2～3 年，出水形式表现为极不均一，有的区域出水极小，有的出水比较大，说明灰岩水富水性极不均一，这给预测治理带来较大难度。顶板十下灰岩富水性较简单，出水形式多表现为淋水，一般对生产影响较小。总体 16 煤层水文条件中等。

2.4 主要含水层充水因素分析

矿井在生产期间的充水因素主要是 $12_{下}$ 和 16 层煤开采影响到的各含水层充水和断层导水。

(1) $12_{下}$ 煤层开采时充水条件

$12_{下}$ 煤层上覆较强的含水层为三灰，而本井田内三灰大部分被剥蚀，12101 首采工作面经井下钻探证实该区三灰缺失。三灰层位距 $12_{下}$ 煤层正常间距 41.25～70.65 m，一般 50.65 m，$12_{下}$ 煤层厚 0.2～1.95 m，平均 1.24 m，据周边矿井开采 $12_{下}$ 煤层实测“两带高度”为 21.75 m。

根据《建筑物、水体、铁路及主要井巷煤柱留设与压煤开采规程》导水裂隙带高度计算公式：$H_m=100M/(1.6M+3.6)+5.6$，煤层开采厚度按照最大值 1.95 m，计算出 $12_{下}$ 层煤开采的导水裂隙带发展高度为 34.6 m。

故三灰即使存在，由于下距 $12_{下}$ 煤层约 50 m 以上，三灰水正常情况下对 $12_{下}$ 煤层开采也无充水影响，在 $12_{下}$ 煤层开采范围内主要充水含水层为八灰、九灰，因薄层灰岩富水性较差，充水条件简单。在矿井建设中实际揭露基本无水，故在正常情况下，本层无重要充水危害。

(2) 16 煤层开采充水条件

十下灰是 16 层煤的直接顶板，也是直接充水含水层。经实际揭露富水性弱，在巷道掘进过程中初次揭露以滴水或淋水形式出现，工作面在开采过程中基本无水，只局部出现顶板淋水。该层在邻近矿井最大涌水量为 100～150 m^3/h，区内十下灰岩除在浅部露头处富水性较强外，在深部富水性均较弱，并以释放静储量为主。

底板以下十四灰以及奥灰含水层是影响煤层开采的主要因素，两层灰岩受酸性水侵蚀，较易形成溶隙和溶洞以及陷落柱等。

3　灰岩水防治的有效途径

我国煤矿煤层灰岩水突水事故约占水害事故总数的60％左右，滨湖煤矿是枣矿集团公司开采太原组煤层的主要矿井之一，灰岩水威胁问题突出，因此必须把防治水工作作为全矿安全管理工作的重点。通过几年的开采实践，加之不断总结探索，对灰岩水防治有了一定的认识，主要总结为以下几点。

(1) 针对灰岩富水不均一、以静储量为主的特点，首先要调查清楚强含水层与煤层间的实际间距以及岩层组成状况，再根据施工揭露的地质情况及时圈出富水性较强块段。例如，当掘进16煤层时，一定多调查顶、底板完整情况，煤层产状变化大的地点，出水大于产状正常地段；对于裂隙率情况、裂隙分布方向、淋水状况应进行仔细调查记录；分析垂向和横向的含水层补给关系。掘进12煤层时应注意查明与16煤的层间距情况，八灰、九灰、十下灰厚度情况，周围构造情况，特别是对生产影响较大的有落差的断层要注意分析，多注意断层尖灭点处水文调查，多注意褶皱枢纽部位的调查，多对张性断层导水性进行调查，对照钻孔漏水状况，综合上述因素作出正确判断，有针对性地采取疏、防、排、堵、截等措施，就能很好地解决防治水预测预报问题。

(2) 根据石灰岩视电阻率值高、密度大、自然放射性强度低的特点适时采用井下瞬间电磁法对含水层情况进行探测。优点是可以迅速查清强富水裂隙、溶隙、溶洞陷落柱，解决了钻探水压大不安全，需用时间长影响生产的矛盾，是最直接的有效办法。

(3) 由于灰岩水水质特征极其相近，通过细化的水质分析确定水质类型非常必要，因此还需要建立井田各含水层的地下水化学特征判别模型，以便发生突水后，为及时判别工作面出水水源、出水含水层及其水力联系或相互补给关系创造条件。

(4) 由于两层煤上下开采，容易出现需在采空区水体下进行工作面布置，因此，做好生产地点煤层开采“两带”发育高度的研究和岩移观测工作是做好防治水工作的关键。

(5) 有效开展井上下补充勘探，进一步做好已知断裂构造和隐伏断裂构造的探查工作，特别是陷落柱是否存在等对于防治水工作同样重要。

(6) 对井田内所有地质勘探钻孔的封孔质量进行认真分析排查，凡封闭不良的钻孔或可能导水的钻孔，根据轻重缓急重新启封，以消除钻孔导水隐患。

(7) 根据矿井水文地质条件，结合矿井水体下采煤的经验，对顶板直充含水层的防治措施，以超前疏水降压最为有效。因此，工作面防治水主体方案就是对开采煤层导水裂隙带预计可能波及的含水层水进行提前打钻疏放。其作用是为工作面回采大幅度降低水压，以防止顶板冒落时高压力、大流量突水冲溃工作面；缓减涌水高峰；改善顶板管理自然条件，缩短工作面及矿井最大涌水量的量值和持续时间。

开拓巷道小岩柱过承压含水层防治水措施

中泰煤业集团山东省朝阳矿业有限公司 高建光 范三阳 姜福磊

摘 要：当承压含水层与巷道安全隔水层厚度较小有突水威胁时，采取超前钻探、物探、钻探疏水降压、注浆堵水等过承压含水层的措施，最终安全穿过承压含水层上部。

关键词：巷道；防治水；措施

1 基本情况

朝阳煤矿工业广场保护煤柱以东的井田部分（以下简称东翼）地层自上而下依次为第四系、侏罗系蒙阴组、石炭系太原组和本溪组、奥陶系马家沟组（奥灰），赋存 $12_{下}$煤和16煤两层可采煤层。区内断裂构造复杂，以NE向断层为主，总体赋存形态为一不规则马鞍状背斜（朝阳背斜），轴部在副井井筒以东320 m处，轴向NW，两翼宽缓，其中西翼岩层倾向SSW～SSE，倾角10°左右，东翼倾向NE，倾角5°左右，轴部煤层埋深约－630 m，区内可采范围多位于背斜轴部以东，－700 m以深，因此，从实际情况出发，本着经济、合理、高效、实用的原则，决定以平硐形式进入东翼，开拓水平为－700 m井底车场水平。

2 地质及水文地质条件

2.1 地质条件

本区断裂构造较发育，走向多为NEE及近NS向，其中NEE向断层较发育，根据已有的揭露资料和勘探资料（钻探资料和三维地震资料）综合分析，区内对采掘施工影响较大的断层（或断层组）有8条（组），包括 F_2、F_3、F_4、$F_{东4}$、F_{31-1}、F_8、F_9 及北徐楼断层，本区内重要断层构造较复杂。

已揭露资料证实，本采区北部断层、节理异常发育，以NE向为主，局部煤岩层异常破碎，产状变化较大，总体倾向为SE～SW，倾角10°～24°。

2.2 水文地质条件

朝阳煤矿于2005年下半年进入东翼开拓，开拓巷道为东翼轨道巷和东翼胶带巷。鉴于朝阳背斜东翼可采煤层标高多低于－700 m，开拓大巷原则上在－700 m水平以平硐形式进入东翼。根据采区设计，首先施工东翼轨道，该巷自副井回撤硐室处开门，方位角45°，平硐开拓，设计长度1 000 m。巷道在前方360 m处预计揭露 F_3 断层，该断层走向NE，倾向NW，倾角70°～75°，落差30～35 m。巷道接近断层处于断层下盘时，距奥灰十分接近，小于安全隔水层厚度。因岩层倾伏，与东翼轨道巷平行开拓的东翼胶带巷，距下覆奥灰含水层较大，已安全穿过 F_3 断层。

2.3 掘进揭露地质情况

两条开拓巷道揭露资料表明，朝阳背斜以西，煤岩层产状较稳定，断裂构造相对较简单，以节理和小断层为主，揭露一条中型正断层 F_3，走向NEE向，倾向NNW，落差30 m左右，该断层在东翼胶带巷导1点东40 m处被揭露，东翼轨道巷导7点前134 m处由2006—7#钻孔揭露。东翼胶带巷在 F_3 断层下盘巷道底板揭露十二灰，进入断层上盘后，巷道始终在九灰下，十灰上泥岩中掘进，层位正常，产状稳定。东翼轨道巷开门点层位为九灰下泥岩，掘进过程中岩层始终呈上升趋势，掘进层位逐渐降低，巷道穿过十一灰后，与下伏十四灰和奥灰的层间距进一步减小，而十四灰和奥灰均为含水层，具有水压高、赋水性不均一等特点，特别是奥灰为区域性含水体，具有富水性强且不均一、水压高的特点，十四灰与奥灰间距8 m左右，易发生水力联系，因此本巷道继续掘进有受到十四灰和奥灰出水威胁的可能。巷道布置如图1所示。

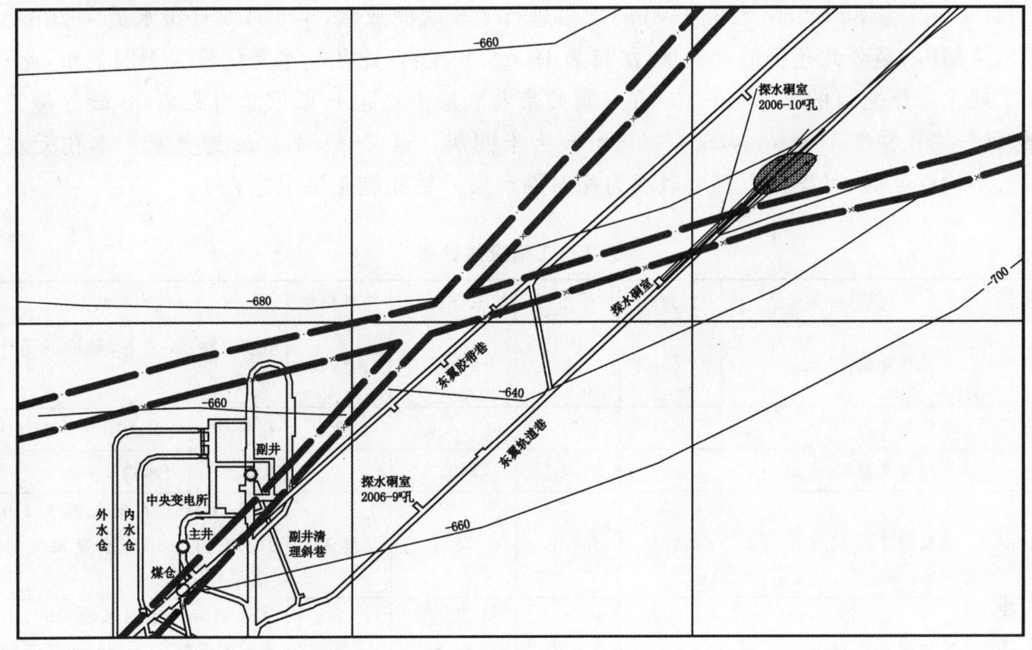

图1　巷道布置平面图

3　防治水措施

3.1　防治水指导思想

为消除水害威胁，按“有疑必探，先探后掘”的防治水原则，巷道掘进之前，必须采用钻探、物探等方法查清水文地质条件。东翼轨道巷在穿 F_3 断层前，必须进行注浆堵水加强底板抗压强度。东翼轨道巷穿过 F_3 断层及下部承压含水层，做了以下防治水工作。

3.2　超前钻探

东翼胶带巷施工层位为十灰上，受十四灰和奥灰水威胁的可能性较小，没有将其作为探水重点，超前探水钻孔主要集中在东翼轨道巷，以探测奥灰水为主。东翼轨道巷揭露16煤后，在2006年2月19日、5月10日、6月28日三次停止掘进，实施探水掘进。三次钻探位置分别距断层160 m、85 m、40 m。经钻孔证实前方层位，无突水危险，方可继续施工至钻孔控制安全距离内。注浆前迎头距 F_3 断层40 m。

3.3　物探

2006年6月6日，利用瞬变电磁法超前探测技术对掘进前方可能存在的富水区域进行了探测，探测起点为导7点前73 m(距断层70 m)，有效控制区域为探测点周围100 m范围内。结论表明：巷道前方45 m范围无明显含水构造发育，巷道前方55 m左右构造发育，且构造含水，已施工的2006—7#钻孔和2006—8#钻孔均已穿过该含水构造，钻孔总出水量6.3 m^3/h，目前趋于疏干。

根据钻探及物探资料分析，东翼开拓受断层水和底板水威胁。开拓过程中主要受断层水威胁，但在背斜轴部主要受底板水(奥灰水)威胁，迎头前方50 m范围内尤甚。当前的水害防治重点区段主要集中在东翼轨道巷迎头前方50 m范围内，即导7点前105～155 m之间。

3.4　钻探疏水降压

2006—9#和2006—10#钻探目的是查明十四灰及奥灰的富水性，进行放水实验与疏水降压试验，查明奥灰的水文地质条件及十四灰与奥灰的水力联系，并达到疏水降低含水层水压，2006—9#达到钻探目的，此孔在东翼轨道巷内，距开门处78 m左帮探水硐室内，方位0°，俯角90°，终孔深度44.6 m，37.2～44.6 m为十四灰。孔深41 m出水，初始水量为5 m^3/h，水压5 MPa，孔深44 m时，水量增大，孔深44.6 m时无法钻进，起钻观测水量：7月5日水量90 m^3/h，水压3.5 MPa；7月6日水量50 m^3/h；7月7日水量36 m^3/h，水压3 MPa；之后进行了长时间放水，至8月5日出水量为20 m^3/h，水压降至1.9 MPa，至今此孔仍进行放水，水量为18 m^3/h左右，此孔经水质化验为十四灰水，此孔较好地达到了疏水降压之目的。2006—10#在东翼胶带巷断层上盘距F_3断层垂直距离60 m处施工，方位0°，俯角90°，终孔深度154.3 m，46.4～50.4 m为十四灰，54.3～154.3 m为奥灰。本孔无水，证明奥灰赋水不均性明显，且奥灰上部可以视为相对隔水层。钻孔施工情况见表1。

表1　钻孔施工情况统计表

钻孔孔号	钻孔位置	方位角/(°)	仰俯角/(°)	终孔深度/m	终孔层位	出水情况
2006—1	东轨导1前18 m	45	0	123.7	十四灰	孔深120 m左右，钻孔出水约3.5 m^3/h
2006—5	东轨导1前18 m	15	0	120.7	十灰上	孔深80～90 m，钻孔出水约0.5 m^3/h
2006—7	东轨导7前56.8 m	45	0	120.2		孔深55 m出水约2.4 m^3/h
2006—8	东轨导7前56.8 m	45	−15	70.5	奥灰	孔深21 m左右出水约3.3 m^3/h，27.0～70.5 m，出水量稍微增大，约3.9 m^3/h
2006—9	东轨导6后24 m		−90	44.6	十四灰	孔深41 m左右出水约5 m^3/h，44 m出水增大至90 m^3/h，水压5 MPa，目前水量稳定在20 m^3/h
2006—10	东轨导3后17 m		−90	154.3	奥灰	无水
2006—11—2	东轨导7前105 m左右	45	10	77	十四灰	无水
2006—11—4	东轨导7前105 m左右	45	−20	50.3	奥灰	42 m出水，水量8.6 m^3/h
2006—12—1	东轨导7前105 m左右	15	−25	100.7	十四灰上	无水
2006—12—2	东轨导7前105 m左右	40	−20	89.5	奥灰	孔深38 m有少量出水
2006—12—3	东轨导7前105 m左右	50	−20	81.1	奥灰	44 m出水（可能是奥灰水，也可能是断层水）；56 m水量加大，73 m水量加大，至终孔无变化。79 m孔深处，2006—12—2钻孔返红水
2006—12—4	东轨导7前105 m左右	70	−25	113.5	奥灰	水

3.5　注浆堵水

根据钻探与物探分析出水区域，为消除出水威胁，进行注浆堵水（图2），主要在迎头展开，共对13个钻孔进行了注浆，其中已有钻孔5个，新施工钻孔8个，总进尺343.9 m，新施工钻孔中，一孔出水，四孔不成功。本次注浆消耗水泥170袋，合8.5 t，其中固定孔口管用水泥53袋，注浆封孔用水泥117

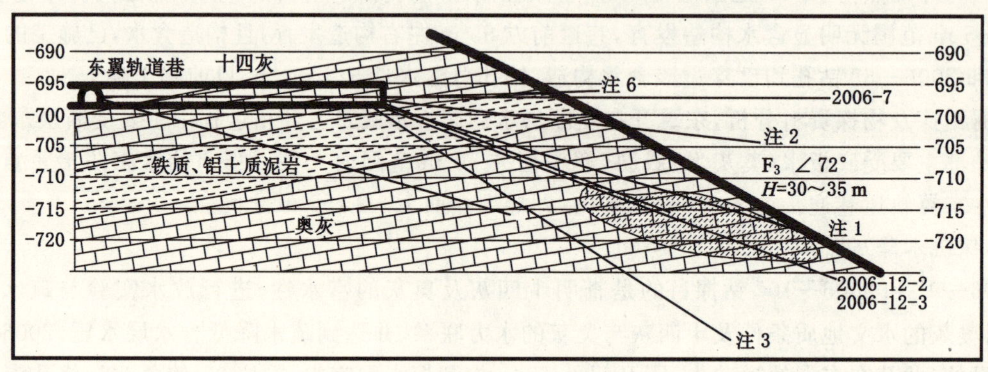

图2　钻孔注浆示意图

袋，其中2006—12—3#钻孔和注1号钻孔消耗水泥41袋，注浆终压达到10 MPa和12 MPa后浆液无法注入，遂停止注浆。注浆对含水层进行了一定的封堵，底板抗压强度也有相应的提高，减小了底板出水的可能性，注浆较少，表明奥灰含水层的裂隙发育程度一般。

3.6　公式计算

根据资料，核算东翼轨道巷穿F_3断层及下部含水层能否满足安全隔水厚度，计算过程如下：

(1) 安全隔水层厚度计算

① 所需的铝土质、铁质泥岩安全隔水厚度(t_1)：

$$t_1=\frac{L(\sqrt{\gamma^2L^2+8K_PH}-\gamma H)}{4K_P}$$

式中　t_1——铝土质、铁质泥岩安全隔水厚度，m；

L——掘进巷道最大宽度，取3.8 m；

γ——隔水层岩石的视密度，铝土质、铁质泥岩取2.495 t/m^3；

K_P——隔水层岩石的抗张强度，铝土质、铁质泥岩取0.88 MPa，合88 t/m^2；

H——隔水层底板承受的水压，取奥灰水压5.537 MPa，合553.7 t/m^2。

将以上参数代入公式计算得：

$$t_1=6.64\ \text{m}$$

② 所需的灰岩安全隔水厚度(t_2)：

$$t_2=\frac{L(\sqrt{\gamma^2L^2+8K_PH}-\gamma L)}{4K_P}$$

式中　t_2——灰岩安全隔水厚度，m；

L——掘进巷道最大宽度，取3.8 m；

γ——隔水层岩石的视密度，灰岩取2.678 t/m^3；

K_P——隔水层岩石的抗张强度，灰岩取3.700 MPa，合370.0 t/m^2；

H——隔水层底板承受的水压，取奥灰水压5.537 MPa，合553.7 t/m^2。

将以上参数代入公式计算得：

$$t_2=3.3\ \text{m}$$

钻探查明，巷道下距相对富水区13.0 m，其中奥灰上部相对隔水层段10 m，而根据计算，巷道掘进所需的安全隔水厚度为6.64 m，因此，本巷道掘进段内的隔水层厚度满足安全需要，东翼轨道向前掘进发生底鼓突水的可能性较小。

(2)"突水系数"计算

$$T_s=\frac{p}{M-C_P}$$

式中　T_s——突水系数，MPa/m；

p——隔水层承受的水压，取5.537 MPa；

M——底板隔水厚度，取13 m；

C_P——采矿对底板隔水层的扰动破坏厚度，取3 m。

突水系数计算为：0.55 MPa/m。

就全国实际资料，底板受构造破坏块段突水系数一般不大于0.06，正常块段突水系数一般不大于0.15。本区段原始突水系数达0.55 MPa/m左右，存在突水威胁。但经过注浆后，富水区上部的相对隔水层厚度可增加至36 m，经过2006—9#孔一段时间的疏放和水文观测(2006—9#孔十四灰水与注浆区段有水力联系)水压降至2.8 MPa，按此计算突水系数可降至0.077 MPa/m，突水威胁程度大幅度减小。

以上计算表明，注浆后满足安全需要，东翼轨道巷可以安全穿过F_3断层及下部强承压含水层富水区。

3.7　结论

根据探测结果综合分析及通过注浆封堵，巷道受承压水威胁段发生突水事故的可能性较小，突水威胁程度已大幅度减小。

(1) 富水区域范围较小，发生灾害性事故的可能性较小。

(2) 富水区与2006—9#钻孔存在水力联系，对2006—9#钻孔放水也能对本富水区进行疏降。

(3) 富水区上部奥灰以泥质灰岩为主，厚10余米，具有良好的隔水性和抗压强度。

(4) 富水区与下部水力联系弱，无强含水层进行水源补给。

(5) F_3断层充填断层泥，黏性强，密实性好，隔水性能优，打钻证实，该断层基本不导水或弱导水，通过断层出水的可能性很小。

根据以上工作，朝阳矿于2007年3月12日至2007年4月8日安全穿过F_3断层及下部承压含水层，通过观测受水害威胁区段至今无压力显现及出水现象，在东翼防治水所做的一系列的工作是成功有效的。

今后华北地区很多矿井进入深部开采，水文地质条件较为复杂，巷道穿过大断层及承压含水层较为普遍，希望朝阳矿在东翼轨道巷所做的防治水工作能给今后同类工程起到借鉴作用。

作者简介：高建光(1968—)，男，山东平邑人，高级工程师，1991年毕业于山东矿业学院，现任山东省朝阳矿业有限公司副总工程师，长期从事地质与防治水工作。

潘西煤矿 6196 工作面奥灰水防治的研究与实践

山东省莱芜市万祥矿业有限公司潘西煤矿　张仕同　王道刚　刘成利　高建华

摘　要：在复杂水文地质条件下，对工作面采用地面、井下物探、钻探结合查清工作面水文地质条件，采取反程序开采、通过水位控制疏水量等合理的“疏水降压带压开采”措施，实现工作面安全开采，实际应用表明：所研究的系列综合防治水技术方法是可行的，可为类似条件下工作面的综合防治水提供指导。

关键词：工作面；复杂水文地质条件；物探；钻探；疏水降压带压开采

潘西煤矿主采煤层第 19 层煤的开采受底板奥灰水的严重威胁，矿井在开采－200 m 以下 19 层煤时，几乎面面发生奥灰突水，单面突水量在 3.7～15.0 m^3/min 之间，且随着采深加大，单个突水点的突水量也有增大的趋势，曾发生多次淹面淹采区事故。目前，矿井涌水量为 26.6 m^3/min，奥灰水占 93%以上，每年的排水费用达 2 000 多万元，这对本来就是靠挖潜来生存发展的老企业来说，无疑是一个沉重的负担，而奥灰水水压大、赋存又不均一，这给奥灰水防治工作带来很大的困难。近几年，在综合分析以往勘探、生产等水文资料的基础上，针对奥灰水防治存在的难题，不断进行探索、研究、实践和改进，取得了丰硕的成果，有效保证了矿井安全生产，并取得了良好的经济效益。其中后六采区 6196 面的开采便是一个典型实例：为改变以前工作面由上向下顺序开采而造成面面突水的实际情况，改变开采顺序，在矿井西翼的后六采区将首采面(6196 工作面)放在采区最下部，采取合理的“疏水降压带压开采”措施，确保了工作面的安全开采，同时解放了上部 5 个工作面，经济效益显著。

1　6196 工作面概况

6196 工作面位于潘西煤矿－740 水平西翼后六采区第六亚阶段，为后六采区的首采面也是最下部的一个工作面，采区可采储量 450 万 t，工作面标高－609.1～－725.1 m，埋深 850～970 m。本工作面设计开采煤层为第 19 煤层，为中厚煤层，平均厚 2.80 m，倾角 10°～32°，平均 28°，可采储量 111.6 万 t。工作面小断层发育，掘进过程中共揭露断层 27 条，构造较复杂。本面的主要充水水源为底板的五、六灰和奥灰，19 层煤距五灰、六灰、奥灰的间距分别为 15 m、30 m、60 m，在矿压与水压综合作用下，奥灰水容易突破底板泄入矿井，尤其是在断层破碎带附近，奥灰水更容易突水。根据矿井多年的开采经验，奥灰水临界突水水压为 4.2 MPa，临界突水系数为 0.07 MPa/m，开采前工作面水压在 4.6 MPa 以上，因此受奥灰水严重威胁。

2　查明工作面水文地质条件

为摸清底板各含水层富水情况，搞好该面疏水降压及安全带压开采，在该工作面采取了“物探先行、钻探验证”探查方案。

2.1　地面物探基本查明区域水文地质条件

由于后六采区地质条件及水文地质条件复杂，为全面分析含水层的含水性，在地面进行了瞬变电测探测，共布置测线 23 条，网度 80 m×40 m，完成物理点 774 个，主要探查了后四采区 4196 西面、后六采区、后六回风石门及 F_2、F_6 断层带。查明后四、后六徐灰、奥灰富水情况，确定测区内徐灰、奥灰视电阻率小于 48 Ω·m 为含水异常区，视电阻率小 38 Ω·m 为强富水异常区，绘制了 19 层煤底板徐灰、奥灰下 10 m、下 30 m、下 50 m 及下 100 m 富水性评价图。从赋水分布区域上看，后六采区可能存在两个奥灰过水通道：在采区浅部西边界存在一个过水通道，该通道使得奥灰水通过 $F_{副}$、F_{2-1} 和

F_3断层与侏罗系红砂水相联系；在采区深部东边界存在一个过水通道，该通道使得后六采区通过F_3断层组与后四采区的奥灰水相联系。另外，受F_3断层组的影响，在采区深部靠近F_3断层组的区域，存在五灰、六灰与奥灰相联系的垂直裂隙，表现出奥灰较强的赋水性。五灰、六灰、奥灰赋水或相对赋水的区域，是开采6196面时有可能发生突水的区域。从赋水形态上看，后六采区富水区呈现从采区东北部至西南部条带状分布，富水带宽度约400～800 m。具体到6196面，后六运输上山保护煤柱线以西1 000 m范围内均为富水区域。

大面积的富水区说明工作面底板奥灰富水性较好，因此工作面底板奥灰突水的可能性较大，因此必须采取必要的防治水措施。我们根据物探结果决定采取"疏水降压带压开采"、反程序开采釜底抽薪(水)式的采区防治水方案。

2.2 采用直流电法仪探测查明工作面水文地质条件

本区煤层埋藏较深，瞬变电磁布点密度小，因此对深部一些相对孤立的岩溶裂隙发育带控制精度可能会较差，为进一步查清6196工作面煤层底板徐、奥灰岩溶水分布规律及富水性，寻找富水区进行疏水降压，提高钻孔见水的成功率，我们在6196工作面上、下两巷及疏水巷内进行了直流电法勘探。本次探测采用对称四极法，共布设测点129个，相邻测点间距为30 m，其中：上巷内布设测点62个，实际控制巷道长度1 860 m；运输巷布置测点45个，实际控制巷道长度1 350 m；疏水巷布置测点22个，实际控制巷道长度660 m。根据探测结果，综合瞬变电磁的探测资料，在工作面内圈定5个富水区，表明本面富水面积大，富水性强，对工作面的开采将会构成严重威胁，必须采取有效的防治水措施。

2.3 施工探水钻孔验证物探结果

为验证物探结果查明19煤底板的奥灰水的富水性，在探明富水区内共施工24个钻孔，其中2个水文观测孔、22个探查孔兼放水孔，钻探总进尺2 837 m，仅有一孔未见水，水量在1～200 m^3/h之间，见水孔率95.8%，小于10 m^3/h的孔6个占25%。

通过钻探验证，给我们带来以下信息：

(1) 施工24孔有23孔出水，出水孔率为95.8%，且单孔出水量最大为200 m^3/h，说明该面19煤底板下各含水层含水面积大，且含水性较强。

(2) 五灰有5孔出水，但出水量为0.5～9 m^3/h，出水量较小，说明五灰富水相对较弱。

(3) 六灰有1个钻孔出水，但出水量较小，说明六灰富水相对较弱。

(4) 奥灰有23个钻孔出水，并且水量大，最大水量为200 m^3/h，水量持续时间长，水压为4.6 MPa，说明该面奥灰富水以岩溶裂隙含水为主，奥灰富水面积大，富水性强，同时证明物探的可靠性较高。

3 疏水降压带压开采

3.1 施工专用疏水巷道

疏水降压方案确定后需要施工群孔放水，由于工作面运输巷不具有自然疏水能力，因此需要在运输巷下部施工具有自然疏水能力的专用疏水巷道，6196面施工疏水巷1 480 m，运输巷所有低洼地点均有泄水贯眼与疏水巷相联络，共施工联络贯眼7个。疏水巷的主要作用一是确保工作面突水后涌水能自然流出工作面，二是施工钻孔进行群孔放水，是实施疏水降压的主要场所。

3.2 施工疏水钻孔进行疏水降压

6196工作面为后六采区的首采工作面，水文地质条件十分复杂，根据6196疏水巷施工的第一个钻孔6196—1—1# 水文孔，竣工后测得的水压高达4.6 MPa(水位－270 m)，采区上部的奥33孔水位－230 m，高于安全水压4.2 MPa。

为确保工作面安全生产，从2007年4月开始至2007年底，在6196运输巷及疏水巷施工放水孔，对底板奥灰水进行群孔放水，共施工完成24个钻孔，单孔最大放水量为200 m^3/h，6196面最大放水量为698 m^3/h。截止工作面开采前，累计总放水量368万 m^3，工作面水压降至4.0 MPa以下。

3.3　钻孔疏水量及水位监测控制

疏水降压、带压开采是潘西矿长期以来形成的奥灰水防治的成功之路，但疏水降压是有限度的，若疏水量过大不仅增加矿井排水费用，增加吨煤成本，同时可能导致奥灰水的降落漏斗过大，波及新的补给水源，增加今后奥灰水的防治难度；若疏水量过小，水压难以下降，工作面的突水威胁将不能解除。因此通过对钻孔疏水量与水位变化情况进行分析，结合矿井奥灰赋水区分布情况，系统论证局部疏水降压的安全性。

首先在采区及工作面内和周边施工水文观测孔，密切关注钻孔放水量与水位的变化，并绘制钻孔放水量与观测孔水位相关曲线图（图 1），观测孔主要有 4 个，在切眼西南 450 m 处（矿井边界）施工地面 05—1 水文观测孔，井下在采区上部距 6196 面上巷（中部）1 200 m 处的－302 回风石门施工奥 33 水文观测孔，在 6196 上巷绕道施工 07—1 水文观测孔，在 6196 疏水巷施工 4—1 水文观测孔。通过钻孔放水量和观测孔水位的长期观测，只要增加疏水量，观测孔水位能够明显下降，当下降至安全水位以下，即 6196 西面水压下降至 4.2 MPa 以下时，便保持放水量基本不变，若水位有明显回升，便通过疏通现有钻孔或新施工钻孔增大放水量。

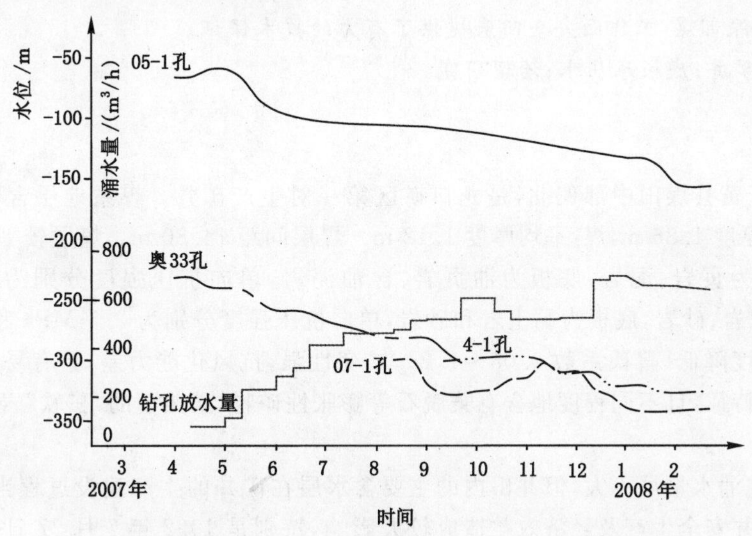

图 1　6196 面钻孔放水量与观测孔水位相关曲线图

4　结　语

在电磁法、直流电法探测成果的指导下，采用钻孔进行疏水降压，通过观测孔水位控制放水量，在经济合理的情况下达到工作面带压开采的目的，同时采取反程序开采釜底抽薪（水）式的采区防治水方案，不仅使本面能够实现安全开采，而且使整个采区得到解放，解除了水害威胁，使其余 5 个工作面不需要疏水降压，便能实现安全开采。

作者简介：张仕同（1967—），男，山东沂源人，高级工程师，1992 年毕业于山东矿业学院，现任万祥矿业有限公司潘西煤矿总工程师。

软岩矿井煤层底板承压含水层治理技术研究

山东省龙矿集团洼里煤矿　曹思云　朱同祥　杨风成

摘　要：龙矿集团洼里煤矿是典型的软岩矿井。本文通过对洼里煤矿主采煤层煤$_1$底板承压含水层(即煤$_2$顶底板砂岩承压孔隙水)突水实例的总结探讨，分析了洼里煤矿煤层底板砂岩水突出特征，并根据生产过程中收集的一系列资料，研究出了一套安全、经济、合理的治理煤$_1$底板承压含水层的方案，即：采取施工水文观测孔观测含水层水压、水量变化情况与施工泄水巷疏水降压相结合的防治水方案，取得了较好的治理效果和可观的经济效益，为洼里煤矿−250水平深部煤$_1$工作面安全回采提供了有力的技术保证。

关键词：软岩矿井；底板承压水；治理研究

1　概　况

洼里煤矿位于黄县煤田中部偏北，是龙口矿区第一对生产矿井。煤系地层含可采煤层两层，即煤$_1$、煤$_2$，煤$_1$平均厚度1.86 m，煤$_2$平均厚度1.12 m。煤层间距14.80 m。煤层较平缓，倾角2°～10°，平均6°。煤$_1$顶板为页岩、泥岩，底板为油页岩、含油泥岩，单向抗压强度分别为9.2 MPa和7.4 MPa；煤$_2$顶板为泥岩、砂岩，底板为黏土岩和砂岩，单向抗压强度分别为2.5 MPa和3.1 MPa。岩石遇水膨胀泥化，强度降低(普氏系数0.05～1.2)，蠕变性强，抗风化能力差，具有易软化崩解、易膨胀变形、稳定性差等特征，且不同程度地含有蒙脱石等膨胀性矿物，属典型的"三软"岩层。

2　立项背景

洼里煤矿矿井涌水量虽不大，但井田内的主要含水层在矿井的生产建设过程当中均发生过不同程度的突水，给矿井安全生产及经济效益造成较大影响，特别是1992年7月27日发生的6101综采工作面突水将整个综采工作面淹没，给矿井造成巨大的经济损失。

6101工作面救灾工作结束后，即着手进行防治煤层砂岩突水方面的研究，当时进行这项研究主要有以下几方面的原因。

2.1　安全生产的需要

龙口矿区矿井涌水量小，历来被认为水文地质条件简单，6101面的突水否定了多年来人们对水文地质工作的乐观预计。为了矿井的安全生产迫切需要对矿井水文地质条件重新认识，查清主要含水层突水性质、类型等，为今后矿井防治水工作提供安全保证。

2.2　深部水平煤炭开采的需要

洼里煤矿六采区第一个下山工作面开采即发生开采煤$_1$导致煤$_2$底板砂岩水突出的事故，说明矿井深部水文地质条件与浅部差异较大，需要对矿井深部各岩层的富水性、隔水性能重新进行研究，采取相应的防范措施来保证深部水平煤炭开采。

2.3　衰老矿井扩大储量持续发展的需要

洼里煤矿二水平以下煤$_1$受煤田沉积环境影响，全部受煤$_2$顶底板砂岩水的威胁，解放这些受水威胁的煤炭储量，扩大开采储量范围，可以减少矿井不必要的煤炭损失，延长矿井的服务年限。

2.4　矿区生产建设发展的需要

龙口矿区所在黄县煤田为新生代古近系褐煤煤田，从总体看，煤$_2$以上为潟湖海湾夹沼泽相为主，煤$_1$至煤$_2$层段为湖泊相及过渡相为主，煤$_2$以下以洪积、冲积相为主。因而煤$_2$以下岩层普遍沉积厚度较大的砂岩体，含水丰富，对煤$_1$开采构成威胁。龙口矿区各矿井开采同一煤田的煤层，洼里煤矿砂岩突水特征研究也为矿区其他矿井防治砂岩水提供了借鉴。

2.5 提高矿井经济效益的需要

解放受水威胁煤炭储量，势必要进行疏水降压，经过研究找出含水层突水规律，进而采取合理的疏水降压方法，做到有的放矢，将减少矿井不必要投入，避免不必要损失，提高矿井经济效益。

3 防治煤层底板砂岩突水研究

洼里煤矿煤层底板砂岩突水在龙口矿区属首例，软岩矿区尚无治理经验，同时由于过去一直认为矿井水文地质条件简单，井田精查勘探时未进行专门的水文地质工作，因而水文地质资料相对缺乏，给防治砂岩水突出研究增加了困难。根据现实情况，我们进行了如下研究：

(1) 收集整理 6101 工作面突水原始资料，分析研究砂岩水突水特征，确定含水层性质，探索砂岩水突出规律，为砂岩水防治提供基础资料。

(2) 全面整理已有的勘探资料、生产资料，查明煤系地层的含水性、隔水性及主采煤层顶底板的岩石物理力学性质。

(3) 制订方案进行试采。依据突水系数计算工作面煤层底板安全隔水层厚度，根据需要施工必要的水文地质钻孔，进行水文地质补充勘探工作，查明水文地质条件，并根据勘探成果确定疏水方法，在疏水降压后进行试采。

(4) 在试采成功的基础上逐步推广到其他工作面，并不断进行总结分析，进而对原先试验数据进行优化，使之不断完善。

3.1 煤层底板砂岩水突出特征

矿井生产期间，先后在 7107、6101、10103 和 −250 东副巷等处发生过底板突水，现对 6101 面突水案例分析如下：

6101 综采面位于六采区中部，为六采区煤$_1$首采面，也是 −108 水平下山采区开采标高最低的工作面。该面为沿倾向条带仰采布置，走向长 158 m，倾斜长 1 050 m，采高 2 m，可采储量 44 万 t。工作面回采区域煤$_2$厚 1.30 m，与煤$_1$间距 11.48 m。煤$_2$顶板为灰黑色页岩，底板为灰白色粗砂岩。工作面于 1991 年 5 月形成，7 月 8 日投产。在设备安装期间，材料巷靠切眼 100 m 范围内，巷道变形较严重，底鼓较大，综采支架难以通过，被迫反复落底，总落底量在 1～3 m 之间不等，其中切眼处落底量最大，切眼与材料巷三岔口处在落底期间曾出现少量涌水和瓦斯涌出。工作面于 7 月 8 日正式生产，在推采 37 m 后，于 1992 年 7 月 27 日 18 时，在材料巷溜尾处发生底板突水，初期涌水量为 2.5 m^3/h，后迅速增大，至 28 日水量增大至 30 m^3/h，29 日达 45 m^3/h，将整个工作面淹没，两巷开始局部通风机通风，至 30 日水量最大，达到 51 m^3/h，后加大排水能力，使排水量达到 80～90 m^3/h。31 日工作面恢复正常通风。8 月 3 日，工作面积水排出，此时，涌水量仍为 35 m^3/h，其后继续稳定减小，经 4 个多月的疏放，至 12 月中旬水量降至 1 m^3/h 以下。该工作面从 1997 年 7 月 27 日出水至 1998 年 12 月底累计排出水量 4.4 万 m^3，同时给矿井造成了巨大的经济损失。

通过对 6101 面突水实例分析，结合掘进巷道揭露情况，我们发现煤$_1$底板砂岩突水有以下特征：

(1) 突水水源：在煤$_2$顶底板砂岩同沉积区域，以煤$_2$顶板砂岩水为主，在煤$_2$顶板砂岩沉缺地段，以煤$_2$底板砂岩水为主，另有少量煤$_2$裂隙水。水量以静储量为主，外界水量补给不明显。

(2) 突水多发生在煤$_2$顶底板砂岩未曾揭露的封闭的水文地质单元内，在巷道已揭露砂岩的地质块段内极少发生底板突水。

(3) 在砂岩水突出以前，巷道变形较严重，伴有较强烈的底鼓、片帮等。如 6101 面材料巷在工作面投产前，多次落底，最大落底量在 3 m 以上，由于巷道落底较严重，破坏了岩层的原始应力状态，造成底板岩石近乎直立，隔水性能降低，成为砂岩水的突出通道。

(4) 砂岩突水形式为底板裂隙张开型，并伴有细沙随水溢出，底板见明显张裂隙，涌水量大小与裂隙张开程度呈正比关系。

(5) 突水的同时伴有气体涌出，气体主要成分为 CH_4。

(6) 涌水量变化规律是由小很快增大(承压水对过水裂隙不断软化、冲蚀、延扩联通的量变过程)，在短时间内达到最大值，其后逐渐缓慢减小，变化形态为前急后缓的曲线。

(7) 水质：经化验水质为 $Cl^- \cdot HCO_3^- \text{-} Na^+$ 型水，是循环条件不畅矿化度较高的地下水。

3.2 砂岩水突出机理分析

通过对洼里煤矿以往突水实例的分析认为：煤层底板砂岩突水机理首先是由于煤层围岩本身松软，并含有大量膨胀性矿物，在采掘过程中这些矿物吸收空气中的水分，发生膨胀泥化，造成巷道底板膨胀底鼓，从而使煤层底板隔水层的原始平衡状态遭到破坏，岩层破碎，降低了岩层的抗拉强度，形成了煤层底板承压水涌出的薄弱地带；其后在底板承压水和矿山压力的共同作用下，薄弱地带的张裂隙逐步扩大形成了涌水通道，导致承压水沿导水通道涌出，发生突水。

3.3 煤层底板砂岩水治理措施

通过对矿井砂岩突水案例的剖析和突水特征的分析，可以看出煤$_1$底板砂岩含水层为承压含水层，有突破隔水层而发生突水的危险。为防止砂岩水突出，保证矿井安全生产，必须采取以下防治措施：

(1) 重新认识矿井水文地质条件。洼里煤矿在浅部水平开采 20 余年，从未发生过煤$_1$底板砂岩水突水，随着矿井生产水平向深部转移，砂岩水对煤矿生产的威胁越来越大。由于深部水平和浅部水平水文地质条件差异较大，原先在浅部水平开采许多行之有效的防治水方法可能会不适应深部水平，因此应该重新认识矿井水文地质条件，进行必要的水文地质补勘工作，重点查明矿井深部各水文地质单元的构造形态、充水因素，特别是煤$_2$顶底板砂岩含水层的水文地质特征，为今后矿井防治水工作提供基础资料。

(2) 在查明含水层水文地质特征的基础上，详细分析每个水文地质单元内的含水层及隔水层厚度，根据以往资料确定含水层水位；在巷道未揭露砂岩含水层块段施工井下水文地质钻孔，查明含水层水量、水压等基本参数，根据水压计算需要隔水层厚度，验算实际隔水层能否满足隔水需求，如果实际隔水层厚度小于计算所需隔水层厚度，必须施工专门泄水巷，对含水层进行疏水降压，将水压降到安全水头值以下工作面方可回采。

(3) 加强对软岩地层控制的研究。矿井深部开采矿压显现强烈，巷道易变形，尤其是巷道底鼓比较普遍，反复落底造成巷道失稳，岩层强度降低，隔水性能减弱，极易造成砂岩水突出。对这种特殊的突水类型和机理，应深入进行研究和分析，总结规律。对巷道底鼓问题具体应该采取刚性支护加大支护强度控制岩石膨胀，还是采取卸压法，先柔后刚，二次支护，则要在查清水文地质条件，明确是岩层本身软弱，还是承压水作用结果的基础上，区别不同地点、不同层位采取不同的治理方法。

(4) 改进开拓布局，选择合理的开采顺序。矿井采用立井多水平上下山开拓，如果采用下山沿倾斜上行开采方法，工作面不具备疏水条件，一旦出水极易淹面，今后应在对矿井水文地质条件重新认识的基础上，改进采区布置方式，有条件的尽量布置上山采区，下山采区要有完善的排水系统。

(5) 矿井要有足够的抗灾排水能力。排水设施要有一定的储备并应定期进行检查维修，保持完好状态，做到常备不懈，一旦突水能立即投入抢险救灾，使矿井灾害能在短时间内得到控制。

(6) 加强矿井水文地质基础工作，健全地下水动态观测系统。水文地质工作人员要加强业务学习，不断提高技术素质，深入进行水文地质调查和综合分析，全面掌握地下水变化规律，做好地质和水文地质预报工作，为采掘生产提供准确的水文地质资料，真正做到有的放矢，保证矿井安全生产。

3.4 煤层底板砂岩水治理实践

为了保证防治煤层底板砂岩水研究的成功，我们首先将 10103 工作面作为试采面进行了研究。

根据原洼里煤矿二水平设计，首采区(十采区)开采时，为了解除煤$_2$顶底板砂岩水对煤$_1$工作面的威胁，防止 6101 灾害重演，在 10103、10105 工作面下方设计专用泄水巷，从 10102 运输巷底部下扎到煤$_2$底板砂岩，施工主、副水仓后，过 F_{21} 断层与 10105 材料巷相连通，全长 782 m。主要目的：一是工作面回采前对煤$_2$顶底板砂岩水进行疏放降压，二是一旦工作面回采期间发生突水时可进行排水。

我们根据掌握的工作面水文地质情况，对工作面防治水工程进行了优化。根据10103工作面分为上、下两个面的特点，采取了疏放与水压观测同步进行的治理原则，即：首先在10103中间巷下切眼处（标高－280 m）施工水压观测孔兼放水孔，用以观测煤$_2$顶底板砂岩水水压变化情况，同时获取相应水文地质参数，查明该区域水文地质情况；其次在10103下材料巷最低点处施工一条泄水巷进行疏水降压，将工作面底板砂岩水水位降低，有效地解除水患威胁，从而保证了工作面安全回采。

10103工作面试采成功后，我们又在10106、12101、12107、11200等工作面进行了推广试验研究，均获得了成功。

4　结　论

通过对洼里煤矿煤层底板岩石性质、砂岩水突出特征的分析，结合试采期间及推广阶段取得的一系列资料总结，我们得出以下结论：

(1) 洼里煤矿煤层底板砂岩含有较丰富的孔隙水，且具有一定的承压性，对工作面安全回采构成威胁，必须提前进行疏放。

(2) 为了保证生产过程中不发生突水，采掘工作面设计前，必须对区域水文地质资料进行综合分析，计算采掘生产过程中隔水层所能承受的最大静水压力（安全水头值）。如果含水层实际水压小于计算水头压力，工作面即可正常生产；如果实际水压大于计算水压，则需要编制专门设计，进行疏水降压。

(3) 疏水降压一般采用以下两种方法：一是利用疏水钻孔降低水头压力，二是施工专门疏水巷道。

(4) 通过在对矿井水文地质条件重新认识的基础上，进一步优化开拓布局，确定合理的开采顺序，尽量布置上山采区，使工作面具备自然疏水条件；对下山采区除了要有完善的排水系统外，可以考虑施工集中泄水巷进行区域疏水降压。

作者简介：曹思云（1969—），男，汉族，山东龙口人，1991年7月毕业于山东矿业学院煤田地质系，获工学学士学位，地质高级工程师，毕业后一直从事煤矿地质、水文地质及储量管理等工作。

受高承压水威胁开拓延深工程水文地质特征及涌水量预计

兖州煤业股份有限公司兴隆庄煤矿　张光明　赵连涛　于旭磊

摘　要:兴隆庄煤矿下组煤开采开拓延深工程受到底板高承压水威胁,本文介绍了开拓工程概况,分析了底板岩性组合和泥岩所占比例等隔水层特征和充水含水层水文地质特征,利用放水试验成果初步分析了局部流场特征,在此基础上用地下水动力学原理和管道流理论对开拓延深工程底板薄层灰岩岩溶水和奥陶系岩溶水进行了涌水量预计。

关键词:开拓工程;岩溶水;水文地质;涌水量

1 引　言

国内煤矿开采过程中,各种巷道开拓突水事故时有发生,甚至矿井在建井期间即发生突水,造成淹井或停产事故。大量实践表明,巷道突水在煤矿水害事故中占有很高的比例。1993 年 1 月 15 日,肥城国家庄煤矿在开采太原群下部煤层时,受底部承压灰岩水的严重威胁,在巷道掘进时发生 32 970 m^3/h 特大突水淹井事故[突水原因是巷道超压掘进,底板奥灰存在富水区及强径流带,$q=0.85\sim101$ L/(s·m)]。2006 年 8 月 28 日,安徽马鞍山白象山铁矿发生突水,瞬时最大水量 928 m^3/h,造成井巷被淹,矿井治水停建(突水原因分析是巷道接近 F_4 导水断层所致)。2010 年 3 月 1 日,神华集团公司骆驼山煤矿在矿井建设巷道开拓时,发生 70 000 m^3/h 底板奥灰岩溶水特大突水事故,事故造成 32 人死亡。部分学者对巷道突水做了研究[1-4]。

兖州煤田的下组煤由于深部矿床水文地质条件复杂,奥陶纪灰岩含水层富水性强,水压值大,可达到 2.0～6.5 MPa。下组煤层与其下伏的灰岩岩溶含水层之间的隔水层厚度一般只有 10～20 m,最大 50～60 m。由于深部巷道开拓延深工程大都处于强度较低的沉积岩层中,其巷道围岩大多由强度、受力特征等力学性质存在很大差异的不同岩性的岩体组合而成,而其中强度较低、变形较大或受力较大的弱结构岩体很容易失稳而导致巷道突水。本文以兴隆庄煤矿下组煤开采开拓延深工程为例,在分析起水文地质条件的基础上对受承压水威胁开拓延深段进行了涌水量预计。

2　开拓延深区段水文地质特征

2.1　开拓延深工程基本概况

兴隆庄矿下组煤各暗斜井上部平巷与上组煤四采区下部井底车场相连,长度 30 m,标高 −346 m。下部落平标高 −445 m 与下组煤井底车场连通。整个暗斜井段长约 476 m,倾角 12°30′,断面呈半圆拱形式,锚网喷支护,净断面 9.6 m^2,掘进断面 10.9 m^2。

下组煤首采区开拓工程通过三条暗斜井延深主、副井立井至 −445 m 水平,采用大巷加上、下山布置开采,在三条暗斜井下部落平标高布置下组煤首采区开采井底车场。矿井现有井底车场及硐室为 −350 m 水平,下组煤首采区配套井底车场及硐室为 −445 m 水平。

兴隆庄矿下组煤西翼采区包括下二采区和下四采区。其中下二采区为首采区,以上山开拓方式为主,其上山巷道沿铺子支二断层走向约平行布置,轨道上山和回风上山沿 $16_上$ 煤煤层顶板施工,坡角约 6°,胶带上山则沿 17 煤煤层顶板施工,坡角约 6°。

2.2　开拓延深区段岩层关系

开拓工程直接顶为中厚层中砂岩含水层,十下灰是下组煤主体开拓工程主要布置层位,平均厚约

5.5 m；$16_{上}$煤、17 煤是下组煤可采煤层，平均厚约 1 m。开拓工程底板至奥灰隔水层沉积有十二灰或十三灰、十四灰薄层灰岩含水层，期间夹杂不等厚度的薄层砂岩含水层；开拓工程底板至奥灰隔水层中泥岩以铝制泥岩为主。

2.3　开拓延深区段主要含水层特征

2.3.1　薄层含水层分析

(1) 中砂岩含水层

由于$十_{上}$灰与$十_{下}$灰之间普遍沉积有太原组中厚层中细砂岩含水层，为裂隙承压含水层，厚度 10～28 m。动态流量测井结果显示该层位的中砂岩含水层出水量占整个动态流量测井出水量的 28%，钻探岩芯显示 RQD 值为 76%。

(2) $十_{下}$灰含水层

暗斜井、−455 m 井底车场开拓区段$十_{下}$灰厚度约 4.8～5.8 m，开拓区段稳定分布，其中铺子支二断层下盘$十_{下}$灰较上盘厚约 5 m。该含水层为静储量，富水性中等，其基本顶为太原组中砂岩含水层，直接底为 $16_{上}$煤，是下组煤开采开拓的直接含水充水层。$十_{下}$灰是出水率最高的含水层，涌水量为 0.30～20.94 m^3/h，水压为 0.3～2.2 MPa，水温为 27.0～32.0 ℃。

(3) 十四灰含水层

暗斜井、−445 m 井底车场开拓区段十四灰厚度较小，厚约 2 m。由于十四灰的涌水量偏小，最大水量为 9.76 m^3/h，整体上富水性较弱，补给条件差，以静储量为主，具疏干可能性。

2.3.2　奥灰高承压含水层分析

(1) 开拓区段奥灰厚度、水位和单位涌水量

对于各暗斜井过铺子支二断层开拓区段奥灰含水层，其厚度约 450～470 m，水位标高＋27.2～＋27.3 m。单位涌水量 q＝0.034～0.453 L/(s·m)，富水性中等，渗透系数 k＝0.032 5～1.066 6 m/d，平均水温为 26 ℃。地面钻孔单孔抽水试验的参数见表 1。

表 1　　地面奥灰孔单孔抽水试验

孔号	钻孔半径 r/m	水位下降 S/m	涌水量 Q/(L/s)	单位涌水量 q/[L/(s·m)] 分次值	单位涌水量 q/[L/(s·m)] 使用值(s=10)	渗透系数 K/(m/d)
O_2—2	0.055	21.35	6.94	0.33	0.453	0.781 5
		14.63	5.58	0.38		0.882 0
		7.15	3.58	0.50		1.066 6
O_2—6	0.055	36.13	0.610	0.016 9	0.034	0.032 5
		22.76	0.483	0.021 3		0.038 5
		9.47	0.325	0.034 5		0.056 1

(2) 开拓区段奥灰径流条件分析

一次叠加放水显示奥灰水连通性强，径流条件均较好(表 2)。

表 2　　各孔奥灰水位动态特征

奥灰孔号	初始水位 /m	初期(至 6 h)水位降 /m	(至 72 h)水位降 /m	第二次叠加前水位 /m	与 FO_2—2 孔间距 /m
FO_2—2c	17.992	20.500	28.504	−10.512	0
O_2—2	26.471	1.627	2.391	24.08	

续表 2

奥灰孔号	初始水位 /m	初期(至 6 h)水位降 /m	(至 72 h)水位降 /m	第二次叠加前水位 /m	与 FO_2—2 孔间距 /m
O_2—6	25.368	2.531	3.283	22.085	
FO_2—1b	25.296	1.392	2.319	22.977	

一次叠加放水孔 FO_2—2c 对观测孔 O_2—6 孔和 O_2—1 孔影响，在此三角方位，奥灰水力连通性差距很大，径流条件不一致，同时反映出铺子支二断层在 O_2—1 处基本上是不导水的，即铺子支二断层带导水性的差异性很大(表 3)。

表 3　　奥灰水动态特征

奥灰孔号	初始水位 /m	初期(至 6 h)水位降 /m	(至 72 h)水位降 /m	第二次叠加前水位 /m	与 FO_2—2 孔间距 /m
FO_2—2c	17.992	20.500	28.504	−10.512	0
O_2—1	27.458	0.266	0.471	26.987	
O_2—6	25.368	2.531	3.283	22.085	

FO_2—1b 孔和 FO_2—4a 孔二次叠加放水：在一次叠加放水试验后各观测孔水位稳定不进行恢复的基础上，继续叠加 FO_2—1b 孔和 FO_2—4a 孔进行二次叠加放水。二次叠加防水试验结果表明本区共有 3 个水位降中心，其中一个以 FO_2—1b 孔为中心，水位降较小，该孔的放水量较小。奥灰水沿铺子支二断层带径流系数较正常岩体高(O_2—6 孔和 FO_2—1 孔成直线形贴近铺子支二断层带，O_2—2 孔和 FO_2—1 孔成直线形垂直于铺子支二断层带)，同时该三角方向上奥灰径流条件均较好(表 4)。

表 4　　各孔奥灰水动态特征

奥灰孔号	初始水位 /m	初期(至 6 h)水位降 /m	(至 72 h)水位降 /m	初期(至 6 h)恢复值 /m	(至 96 h)恢复值 /m	最后恢复水位 /m	与 FO_2—1 孔间距 /m
FO_2—1b	22.977	18.347	20.226	20.965	22.590	25.341	0
O_2—2	24.080	2.660	3.576	4.546	6.041	26.545	555.8
O_2—6	22.085	2.439	3.316	5.212	6.575	25.344	601.1

2.4　开拓延深区段隔水层变化规律

对于首采区开拓工程，其位于铺子支二断层下盘巷道底板隔水层岩性变化规律可以参考 O_2—6 孔柱状图，位于铺子支二断层带上巷道底板隔水层岩性变化规律可以参考兴 23 孔柱状图，位于铺子支二断层上盘巷道底板隔水层岩性变化可以参考 L_{14}—14 孔柱状图，从图 1 可知开拓工程底板隔水层岩性在铺子支二断层上、下盘及断层带上变化很大。

(1) 暗斜井开拓区段底板隔水层变化规律

由于暗斜井水害主要取决于铺子支二断层带的导水性强弱，所以其底板隔水层主要考虑在断层带的区段，位于铺子支二断层带上暗斜井底板隔水层岩性和厚度变化见表 5。各岩性强度和渗透性见表 6。

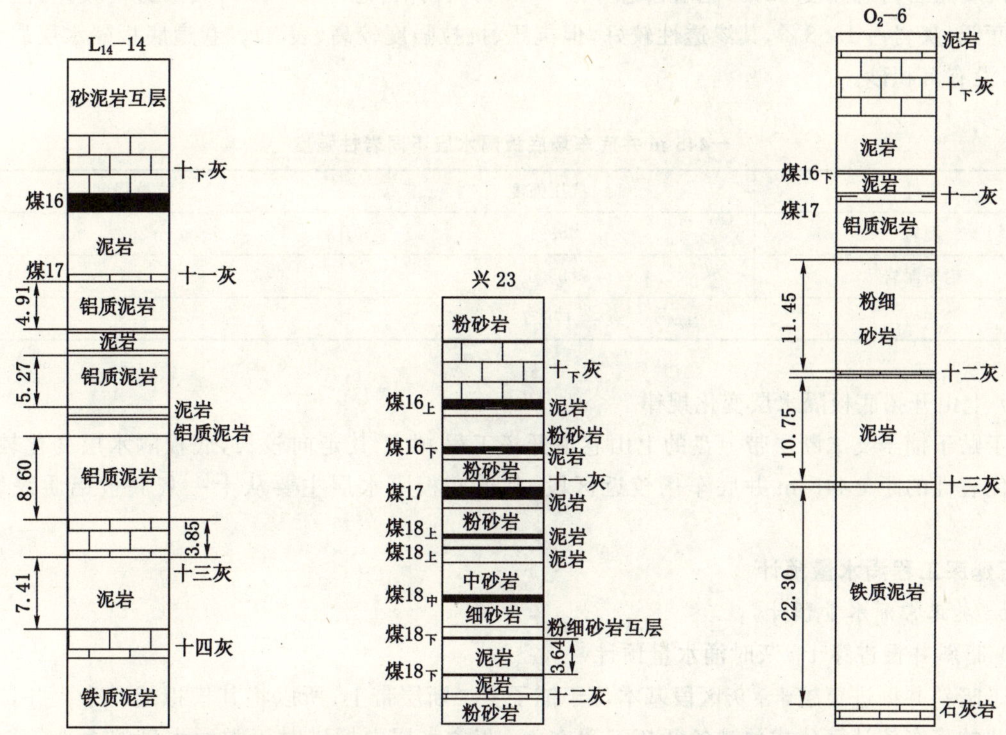

图1　铺子支二断层上、下盘及断层带上底板隔水层岩性变化对比图

表5　　断层带上暗斜井底板隔水层岩性组合

孔号	总厚度/m	岩性组合(厚度/m和百分比/%)															
		泥岩		铝铁质泥岩		灰岩		煤层		粉砂岩		粉细砂岩互层		砂泥岩互层		杂色泥岩	
兴23	56.6	15.4	27.2	10.6	18.7	3.0	5.3	3.3	5.8	11.6	20.5	1.1	1.9	2.6	4.6	9.0	15.9

表6　　暗斜井底板隔水层不同岩性强度、渗透性

岩性	抗压强度/MPa	抗拉强度/MPa	渗透性系数/(m/d)
泥岩	9.39	0.92	—
铝质泥岩	—	—	—
薄层灰岩	82.80	3.05	0.023 4～0.035 7
粉砂岩	7.88	0.88	—
杂色泥岩	—	—	—

(2) －445 m井底车场底板隔水层变化规律

对于位于铺子支二断层上盘的－445 m井底车场开拓工程，通过分析断层带附近钻孔，巷道底板隔水层主要从16煤底板泥岩至奥灰。隔水层岩性主要为灰色铝质泥岩、深灰色泥岩，间夹薄层灰岩和煤层，巷道底板隔水层岩性和厚度变化见表7。

表7　　－445 m井底车场底板隔水层岩性组合

孔号	总厚度/m	岩性组合(厚度/m和百分比/%)							
		泥岩		铝铁质泥岩		灰岩		煤层	
L_{14}—14	55.2	16.5	29.9	28.7	52.0	7.6	13.8	2.4	4.3

铝铁质泥岩占总厚度52%，泥岩占总厚度29.9%，合计占总厚81.9%，其渗透性较差，但抗压及抗拉强度低；灰岩占13.8%，其渗透性较好，但抗压、抗拉强度较高(表8)。巷道底板隔水层岩性组合较简单，没有沉积砂。

表8　－445 m井底车场底板隔水层不同岩性强度 MPa

岩性	抗压强度	抗拉强度
泥岩	53.1	2.2
铝质泥岩	85.0	3.1
灰岩	176.3	5.8

(3) 上山开拓底板隔水层变化规律

对于贴于铺子支二断层带上盘的上山巷道开拓工程，由于其走向较长，底板隔水层变化较大，所以选取代表性的距－445 m井底车场较近区段，巷道底板隔水层主要从十一灰底板铝质泥岩层至奥灰。

3 开拓延深工程涌水量预计

3.1 十$_下$灰正常涌水量预计

(1) 暗斜井掘进穿十$_下$灰时涌水量预计

由于暗斜井掘进穿越十$_下$灰区段基本位于铺子支二断层带上，所以将其模拟成一个大井，利用承压潜水井的裘布依计算公式预测各开拓工程在十$_下$灰含水层中掘进时正常涌水量的大小(不考虑铺子支二断层在此的导水性)，公式如下：

$$Q=1.366\frac{K(2SM-M^2-h_w^2)}{\lg\frac{R_0}{r_0}} \tag{1}$$

式中 K——渗透系数，m/h；

M——含水层厚度，m；

S——水位降深，m；

r_0——“大井法”引用半径，m；

R_0——“大井法”引用影响半径，m；

h_w——静水断面高度，m。

具体计算参数为渗透系数$K=2.070$ m/d(C14—1孔抽水试验资料平均值)；含水层厚度$M=5.0$ m；十$_下$灰初始水位标高$H_1=-100$ m；十$_下$灰底板标高$H_2=-445$ m；水位降深$S=345$ m；引用半径$r_0=8$ m；引用影响半径$R_0=r_0+10S\sqrt{K}=4\ 971.5$ m；静水断面高度$h_w=0$ m(疏干十$_下$灰)。

将以上数据分别代入公式计算得出在巷道掘进过铺子支二断层十$_下$灰涌水量大小，计算得$Q=158.5$ m^3/h，此值为先期开拓的暗斜井十$_下$灰最大涌水量。考虑到各暗斜井之间及其他开拓工程对水源分配的相互影响，今后十$_下$灰正常涌水量将逐渐减小。综合以上考虑，各暗斜井在过铺子支二断层带块段十$_下$灰实际稳定涌水量预计介于40～50 m^3/h之间。

(2) －445 m井底车场在十$_下$灰中掘进时涌水量预计

由于整个－445 m井底车场均布置在十$_下$灰岩层中，考虑到井底车场施工时对十$_下$灰水进行疏水降压，所以在此将其模拟成一个大井，利用承压—潜水井的裘布依公式计算－445 m井底车场在十$_下$灰含水层的正常涌水量：

$$Q=1.366\frac{K(2SM-M^2-h_w^2)}{\lg\frac{R_0}{r_0}} \tag{2}$$

式中各参数同式(1)。其中，$S=H_1-H_2$(H_1为十$_下$灰初始水位，m；H_2为十$_下$灰底板标高，m)；$r_0=$

$\sqrt{A/\pi}$（A 为－445 m 井底车场包含的面积，m）；$R_0=r_0+10S\sqrt{K}$（K 为十$_{下}$灰渗透系数，m/d）。

具体计算参数：渗透系数 $K=2.070$ m/d(C14—1 孔抽水试验资料平均值)；含水层厚度 $M=5.5$ m(十$_{下}$灰平均厚度，本次勘探钻孔统计资料)；－445 m 井底车场面积 $A=140\times110=15\ 400.0$ m^2；十$_{下}$灰初始水位标高 $H_1=-100$ m；十$_{下}$灰底板标高 $H_2=-445$ m(开采水平－445 m)；水位降深 $S=345$ m；引用半径 $r_0=\sqrt{A/\pi}=70$ m；引用影响半径 $R_0=r_0+10S\sqrt{K}=5\ 033.5$ m；静水断面高度 $h_w=0$ m(疏干十$_{下}$灰)。

将以上数据分别代入公式计算得出巷道在十$_{下}$灰掘进中正常涌水量大小 $Q=239.0$ m^3/h。

(3) 十$_{下}$灰正常涌水量结果分析

考虑到暗斜井开拓工程、－445 m 井底车场开拓工程较近，以及上山开拓工程均揭露十$_{下}$灰，在施工上前后相接，其十$_{下}$灰正常涌水量存在相互影响，以致各开拓工程的十$_{下}$灰涌水量存在较大偏差，所以预计实际十$_{下}$灰涌水量要小于预计的涌水量。

3.2　奥灰突(涌)水量预计

(1) 暗斜井掘进奥灰涌(突)水量预计

由于奥灰高承压含水层涌(突)水的特点，其正常涌水为孔隙流，最大突(涌)水为管道流，所以通过不同计算公式分别预测在不同条件下奥灰含水层的涌(突)水量。

对于孔隙流阶段涌(突)水量计算，其公式如下：

$$Q=\frac{a^2b^2\gamma n^2p_w}{8\pi\mu L} \tag{3}$$

式中　a——断层突水通道的长度，m；

b——断层突水通道宽度，m；

γ——流体的重力密谋，kN/m^3；

μ——流体的动力黏滞系数，Pa·s；

n——孔隙率；

L——断层突水点距承压含水层的长度，m；

p_w——突水压力，MPa。

对于管道流阶段突(涌)水量计算，其一般采用 Darcy-Weisbach 公式，如下：

$$Q\approx\frac{3g^{\frac{5}{9}}J^{\frac{5}{9}}d^{\frac{8}{3}}\rho^{\frac{1}{9}}}{\mu^{\frac{1}{9}}}=19.05\frac{g^{\frac{5}{9}}p_w{}^{\frac{5}{9}}(abn)^{\frac{4}{3}}\rho^{\frac{1}{9}}}{\mu^{\frac{1}{9}}L^{\frac{5}{9}}\pi^{\frac{4}{3}}} \tag{4}$$

式中　ρ——水的密度；

g——重力加速度；

其他物理量意义同前。

① 断层突水通道的长度 a

断层突水通道的长度 a 为巷道在断层带上掘进长度在平面上的投影长度，孔隙流阶段取 5.0 m，管道流阶段取 10.0 m。

② 断层突水通道宽度 b

断层突水通道宽度 b 即为巷道的宽度，孔隙流阶段取 1.8 m，管道流阶段取 3.6 m。

③ 流体的重力密度 γ 为 10 kN/m^3

④ 水的动力黏滞系数 μ

奥灰水温约 20～30 ℃，平均 26 ℃，其动力黏滞系数取值为 0.84×10^{-3} Pa·s。

⑤ 奥灰承压含水层沿断层带至突水工作面的距离 L

本次是预计各暗斜井过断层突水时突(涌)水量，过断层处标高约－445 m，奥灰基岩标高约－520 m，考虑到断层落差，所以有效距离 $L=70.0$ m。

⑥ 断层突水时突水压力 p_w

先根据补充勘探奥灰孔水位资料，奥灰水压 5.47 MPa，结合评价区的标高（－450 m）以及孔隙流阶段隔水层的阻水作用，综合确定断层涌水时孔隙流阶段奥灰涌水压力为 4.8 MPa，管道流阶段奥灰突水压力为 5.1 MPa。

⑦ 突水通道孔隙率 n

根据模型试验，得到铺子支二断层的突水通道孔隙率 n 的近似值 $n_1=0.15$，突（涌）水量达到最大时的突水通道孔隙率 $n_2=0.56$。

对区内 4 条有突水危险的断层进行初始突（涌）水量和最大突（涌）水量预计，计算结果见表 9、表 10。

表 9　暗斜井过铺子支二断层奥灰初始突（涌）水量预计表

断层名称	a/m	b/m	L/m	p_w/MPa	n_1	初始涌水量/(m^3/h)
铺子支二断层	5.0	1.8	70.0	4.8	0.15	394.5

表 10　暗斜井过铺子支二断层奥灰最大突（涌）水量预计表

断层名称	a/m	b/m	L/m	p_w/MPa	n_2	最大突（涌）水量/(m^3/h)
铺子支二断层	10.0	3.6	70.0	5.1	0.56	893.2

以上为暗斜井穿越铺子支二断层在断层导水下的奥灰涌水量预计，由于实际涌水量与导水通道的形成及其突水状态存在较大关系，因此有必要对铺子支二断层带在深部破碎程度、胶结程度及巷道底板隔水层实际隔水能力进行细化和研究。

（2）－445 m 井底车场奥灰涌（突）水量预计

只有在底板隔水层被破坏突水情况下，才会发生十四灰、奥灰涌水现象，将底板突水口视为一口大井，因计算的水位标高低于十四灰、奥灰含水层水位，故采用承压水稳定流公式计算涌水量。根据放水试验结果，放水孔 FO_2—1b 孔稳定的放水量为 37.5 m^3/h，观测孔 O_2—6 孔水位 6 h 后降深 S 为 2.660 m，72 h 后降深 S 为 3.576 m，6 h 后水位恢复 5.212 m，96 h 后水位恢复 6.575 m，综合考虑取其降深 5.5 m，两孔间距 595 m，放水孔半径 r_0 为 0.055 m。采用承压水裘布依公式计算导水系数。

$$T=\frac{Q\lg\dfrac{R}{r_0}}{2.73S} \tag{5}$$

计算得 T 约为 10.07 m^2/h。

因奥灰以上底板隔水层的隔水作用，即使发生突水其仍具有一定的隔水能力。隔水层的临界突水系数为 0.06 MPa/m，隔水层的平均厚度为 55.5 m，有效隔水层厚度为 43.5 m，实际突水一般沿断层或裂隙发生，突水时按每米抵抗 0.06 MPa 水压计算，隔水层抵抗水压 2.61 MPa，计算公式为：

$$Q=\frac{2.73TS}{\lg\dfrac{R}{r_0}} \tag{6}$$

式中　R——影响半径；

S——降深；

r_0——模拟的突水点半径。

计算结果如表 11 所列。

表 11　－445 m 井底车场奥灰涌水量预计表

水位标高/m	降深/m	影响半径/m	模拟半径/m	涌水量/(m^3/h)
－445	211.3	5 000	0.5	1 452

以上为 －445 m 井底车场开拓工程在稳定构造岩层中的涌水量，基于其开拓布置位于铺子支二断层附近，所以其实际涌水量与该断层带的导水性存在较大关系。

参考文献

[1] 王卫军，赵延林，李青峰，等. 矿井岩溶突水灾变机理[J]. 煤炭学报，2010，35(3)：443-448.

[2] 卢授光. 试论岩溶水在煤矿建设中的危害及防治[J]. 贵州地质，1992(3)：279-284.

[3] 李建民，朱斌，武强. 赵各庄矿大倾角煤层综放开采突水条件的力学机理分析[J]. 煤炭学报，2007，32(5)：453-457.

[4] 史忠毓，王晓峰. 运用 FLAC2D 程序对某隧道突水事故机理的探讨[J]. 企业科技与发展，2009(22)：87-89.

作者简介：张光明(1981—)，男，山东曲阜人，2004 年毕业于山东农业大学水文与水资源工程专业，中国矿业大学地质工程在读工程硕士，现在兖州煤业股份有限公司兴隆庄煤矿工作，主要从事矿井防治水研究。

桌子山煤田棋盘井矿区奥灰水防治技术研究

神华集团有限责任公司安监局　刘生优

摘　要:本文分析了桌子山煤田棋盘井矿区奥灰水特征和突水机理,认为对突水通道的探查与治理,是矿区防治奥灰水的关键技术。从水文地质条件分析评价,采区(盘区)精细勘探技术,生产布局要充分考虑奥灰水防治,奥灰水上掘进巷道的防治水技术,奥灰水上采煤工作面的防治水技术,实施防治水应急救援等六个方面,杜绝奥灰水害事故发生。

关键词:奥灰水特征;突水机理;防治技术

1　问题提出

神华乌海能源公司是我国西部稀缺的焦煤生产基地,棋盘井矿区的骆驼山、平沟、棋盘井、利民煤矿主要可采煤层为9—2、10、16—1、16—2四层,总厚度10.41 m。16—1号煤,井田主要可采煤层之一,煤层平均厚度2.88 m;16—2号煤,井田主要可采煤层之一,煤层平均厚度2.23 m。全井田稳定可采,煤种均为强黏结性的优质炼焦煤,其中16煤属肥煤和焦煤,但16煤层全部受到奥灰水威胁。

长期以来,勘探以及生产部门一直认为桌子山煤田含水层富水性弱、矿区水文地质条件简单,水患威胁较轻。但从矿井建设和生产情况来看,底板奥灰水富水性极不均一,已多次发生奥灰涌水、突水,给矿井生产安全构成严重威胁。骆驼山"3·2"特大突水事故,突水后3月1日7:30～8:40期间,70 min所淹没巷道的体积为67 000 m^3,本次突水的峰值突水量达60 036 m^3/h,位于国内第二。

因此,针对本地区水文地质条件的认识存在偏差,对奥灰水防治工作被动,必须从理论到实践全方位对棋盘井矿区水文地质条件进行具体分析,合理地安排水文地质条件探查工程,探究奥灰水的突水规律,制定奥灰水的综合防治措施,确保采掘工作面安全生产。

2　区域水文地质条件

桌子山煤田北起千里山之北部,南至雀儿沟以南,西自岗德尔山,东至桌子山,南北长近100 km,东西宽约5～25 km,总面积约1 000 km^2。煤田东西两侧之桌子山、岗德尔山呈南北向延伸,构成中高山地,因构造及流水作用形成悬崖陡壁、蛇形沟谷。煤田内地形以宽谷洼地为主,其间山丘起伏,阶地发育。沟谷发育,受地形影响,水流由东向西注入黄河。各沟谷均为季节性径流,平时干涸无水,雨季山洪暴发,可形成洪流,历时短,雨后数小时即近于干涸。

2.1　地质构造

桌子山煤田位于内蒙古西部鄂尔多斯地台边缘,祁(祁连山)、吕(吕梁山)、贺(贺兰山)山字型构造脊柱的北端,成煤时代为石炭二叠纪,其构造形态为一走向近南北的背斜和压扭性大断裂。

2.2　地层

本区为新生界地层掩盖区。地层(图1)由老到新有下古生界奥陶系,上古生界石炭系,二叠系、三叠系及新生界第四系,其中奥陶系地层厚度大于200 m,石炭系地层厚度40～100 m,二叠及三叠系地层厚度236～897 m,第四系地层厚度0～25 m。

2.3　主要含水层

2.3.1　第四系含水层

由冲洪积层、风积砂、黄土状亚砂土和残坡积层组成,最大厚度25 m,平均厚6 m。冲洪积层分布于近代干河谷及不同高度的阶地,由砂砾石组成,含微量孔隙潜水,水位埋深1.15～19.13 m。风

地层年代		地层厚度	煤岩层柱状	煤岩层名称
系	符号	平均/m		
第四纪	Q	5.97		砂砾石
三叠系	T	73.5		砂泥岩、泥岩夹中砂岩
		97.2		粗砂岩
		16.07		砂泥岩
		25.05		粗砂岩
二叠系	P	50.61		砂泥岩、砂岩底部1号煤
		8.32		砂泥岩、2、3号煤
		30.08		砂泥岩、砂岩8煤
		14.45		砂泥岩、黏土岩9、10号煤
石炭系	C	34.19		砂泥岩、泥岩含12号煤
		34.18		砂泥岩、砂岩14、15、16、17号煤
		18.11		砂岩18、19煤
奥陶系	O	>200		石灰石

图1 综合地质柱状图

积砂、黄土状亚砂土和残坡积层因分布位置及厚度限制，一般不含水。本组地层直接受大气降水的补给并补给下伏岩层。

2.3.2 砂岩裂隙含水层

第Ⅰ含水带：为石千峰组和上石盒子组，分布于矿区西半部，厚度大于487.03 m。钻孔单位涌水量q=0.109～0.115 L/(s·m)，渗透系数k=0.119 m/d。

第Ⅱ含水带：属下石盒子组，厚度144 m。钻孔单位涌水量q=0.001 29 L/(s·m)，渗透系数k=0.001 18 m/d，地下水位标高+1 262.25 m。本层局部裂隙发育，个别地段含水较大。

第Ⅲ含水带：在3号煤层与8号煤层之间，厚15 m。钻孔单位涌水量q=0.001 62～0.000 026 7 L/(s·m)，渗透系数k=0.006 69～0.000 085 2 m/d，地下水位标高+1 295.93～+1 272.12 m。

第Ⅳ含水带：在10号煤层与16号煤层之间，厚11.5 m。钻孔单位涌水量q=0.001 02～0.001 82 L/(s·m)，渗透系数k=0.003 60～0.0002 29 m/d，地下水位标高为+1 210.67～+1 274.02 m。

2.3.3 奥陶灰岩岩溶含水层

根据骆驼山、平沟、棋盘井、利民煤矿水文地质补勘初步成果显示，桌子山组(O12)岩性上部为灰黑色泥岩、黄绿色砂岩，下部为青灰色厚层状生物碎屑灰岩。其上部裂隙较发育，奥灰含水层静止水位标高为+1 065～+1 085.2 m，渗透系数k=0.153～178.99 m/d，单位涌水量在0.019～0.887 L/(s·m)，富水性中等。

3 矿区奥灰水特征及突水机理

3.1 奥灰水特征

(1) 奥灰富水性极不均一，在裂隙、溶洞不发育的地段富水性弱，反之，在裂隙、溶洞发育的地段富水性强。

(2) 16# 煤下距奥灰顶面25.2～45.91 m，承受奥灰水压达0.83～2.62 MPa，突水系数在0.03～

0.081 MPa/m。根据煤层底板突水系数等值线图,将突水系数小于 0.06 MPa/m 的区域划分为安全区,大于 0.06 MPa/m 小于 0.1 MPa/m 为过渡区,大于 0.1 MPa/m 属于危险区,采掘时存在突水危险。但在个别地段,由于断层、岩溶的发育,奥灰水已越过 16# 顶板,按突水系数划分的安全区也仍存在突水的可能性,因此对突水通道的研究与治理,是矿区防治奥灰水的关键技术。

(3) 水质、水温特征。本区奥灰水水质化学类型为 $HCO_3^- \cdot SO_4^{2}\text{-}Na^+ \cdot Ca_2^+$,水温为 20.5 ℃左右。

3.2 奥灰水突水机理

采掘工作面的底板或侧壁接近断层、岩溶陷落柱、封闭不良钻孔、底板薄弱带或地质破碎带等形成导水通道,采掘工作面的底板或侧壁在承压水和采动应力作用下,诱发采掘工作面底板或侧壁破坏带形成集中过水通道,导致奥陶系灰岩水从煤层底板或侧壁突出。

骆驼山煤矿 16 煤回风大巷掘进工作面遇煤层下方隐伏陷落柱,在承压水和采动应力作用下,诱发该掘进工作面底板底鼓,承压水突破有限隔水带形成集中过水通道,导致奥陶系灰岩水从煤层底板突出(图 2)。该突水通道是在奥灰顶界面处直径约 10 m 左右陷落柱,四周导水裂隙非常发育,探查钻孔施工过程中钻孔液漏、掉钻、岩芯破碎(图 3)。

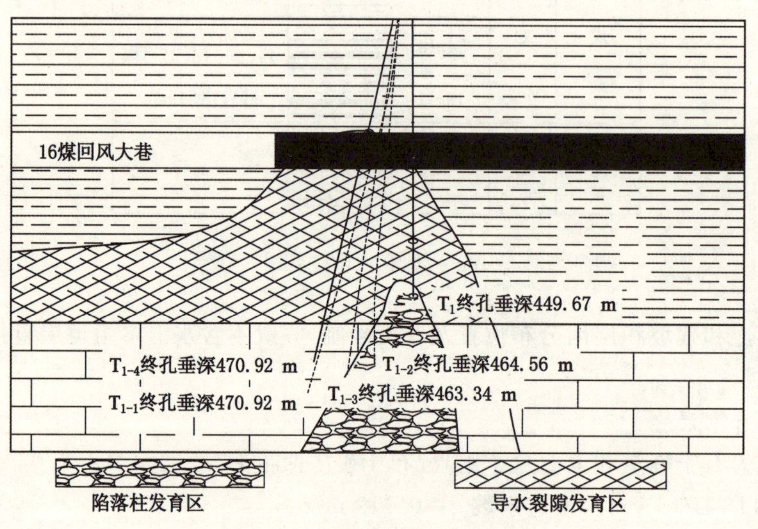

图 2 陷落柱推测剖面示意图

图 3 陷落柱内堆积物岩芯照片

4 矿区奥灰水防治技术

4.1 水文地质条件分析评价

分析各矿井地下水系统边界条件,水文地质条件分区,平面上边界位置、性质,垂向上接受其他地层的补给量；通过水文地质补勘，探查含水层和隔水层特征，尤其是奥灰含水层的岩溶发育规律、富水性及其补给、径流、排泄条件；为矿井涌水量预测、突水危险性评价、带压开采条件评价提供依据；建立和完善矿区水文地质长期动态观测系统；研究本矿区构造成因、分布规律、导水性控制因素，导水性规律及分类。

进行矿井水文地质单元划分，搞清地下水补径排关系；研究矿井充水条件，含水层垂向水力联系，预测矿井涌水量；研究奥灰岩溶发育及富水性规律，岩溶陷落柱成因、特征、发育分布规律等。

4.2　采区(盘区)精细勘探技术

华北奥灰水治理经验表明，采区设计前必须采用地面三维地震或其他手段查明采区范围内可能存在的岩溶陷落柱、落差较大的断裂构造、灰岩含水层的赋存情况等。同时结合钻探资料查清构造的导、含水性、富水区范围、隔含水厚度变化、小窑水害位置等；利用常规水化学分析、井液和水温测定、水电阻率测定、水同位素测定等化探手段分析水动力场、水温水电阻率场和水化学场，建立各含水层水位观测系统和水质分析资料数据库，详细掌握各含水层的水文参数和水质等资料，辨别突水水源，奥灰水、薄层灰岩水、底板砂岩水。

4.3　生产布局要充分考虑奥灰水防治

棋盘井矿区的采区的巷道与奥灰含水层之间的隔水岩柱要大于安全厚度；开采顺序上煤层之间要下行开采，采区工作面尽量上行开采，利于排水；排水系统上尽量设计自流排水；骆驼山水文地质极复杂矿井的16#煤层设计使用防水闸门，采用分区隔离开采。

4.4　奥灰水上掘进巷道的防治水技术

在灰岩含水层上部的煤层(岩层)布置巷道工程，巷道底板与灰岩含水层之间隔水层能够承受的水头值，必须大于实际水头值，并且掘进施工时必须采用物探(例如：直流电测深技术)手段超前探清巷道前方的突水异常区，用钻探对突水异常区进行验证，对危险段进行探放水或底板注浆加固，排除水患威胁后方可掘进。

4.5　奥灰水上采煤工作面的防治水技术

受底板灰岩水害威胁的采煤工作面，回采前必须做好以下防治水工作：一要采用物探技术(例如：井下音频电透视技术)查明工作面底板含(隔)水层厚度变化、灰岩富水性及可能存在的导水断层、岩溶陷落柱等突水异常区。二要对突水异常区进行钻探验证；钻探工程要按《煤矿防治水规定》编制探防水措施，并组织实施。三要对勘探成果进行综合分析研究，编制防治水工程设计。具有突水威胁的工作面，根据其底板隔水层条件及突水系数的大小，采取疏降开采、在构造破碎带及突水异常区进行局部注浆改造、对含水层进行整体注浆改造等治理措施；防治水工程竣工后，要经子公司组织验收合格后方可回采。

4.6　防治水应急救援预案

任何突水事故的发生都是有征兆的，有透水征兆时，应当立即停止受水害威胁区域内的采掘作业，撤出作业人员到安全地点，采取有效安全措施，分析查找透水原因。针对奥灰水突水特征制定水害应急救援预案和现场处置方案。救援内容应当具有针对性、科学性和可操作性，处置方案应当包括发生水害事故时人员安全撤离的具体措施；每年都应当对应急预案进行修订完善，并组织救灾演练。

5　结　论

(1) 桌子山煤田棋盘井矿区奥灰水富水性极不均一，溶陷落柱、断层及其他导水构造是奥灰水突水的最重要因素，因此对突水通道的研究与治理，是矿区防治奥灰水的关键技术。

(2) 做好水文地质条件分析评价，建立和完善矿区水文地质长期动态观测系统，建立奥灰水水害防治预警系统是矿区防治奥灰水的基础。

(3) 棋盘井矿区的奥灰水是可防可治的，通过水文地质条件分析评价，实施采区(盘区)精细勘探技术；生产布局充分考虑奥灰水防治，奥灰水上掘进巷道的防治水技术，奥灰水上采煤工作面的防治水技术和防治水应急救援，可以杜绝奥灰水害事故发生。

参考文献

尹尚先,等.华北煤田岩溶陷落柱及其突水研究[M].北京:煤炭工业出版社,2008.

作者简介:刘生优(1967—),男,安徽合肥人,正高级工程师,1989年毕业于焦作矿业学院水文地质与工程地质专业,现就职于神华集团有限责任公司安监局,从事安全技术管理与安全监督检查工作。

受高承压水威胁煤 10 安全开采探索与实践

山东新查庄矿业有限责任公司　张　明　姜　华

摘　要：查庄煤矿太原群地层的煤 10 下距五灰间距小，平均 18 m。而五灰含水层岩溶裂隙发育，富水性强，对煤 10 开采构成严重威胁。其上覆的煤 8、煤 9 开采前均对底板五灰含水层进行了注浆改造，改变了含水层的富水性。在煤 8、煤 9 相继开采后、煤 10 开采前，对五灰含水层再一次进行了注浆改造，但煤 10 开采中仍多次发生底板突水事故。通过分析认为，在注浆改造流程中存在影响改造效果的几个关键因素不完善，针对上述问题，对各环节跟踪分析，采取了针对性的措施，降低了煤 10 开采过程中出水的概率，通过实践取得了较好的效果。

关键词：含水层；威胁；注浆；改造；安全；开采

1　前　言

查庄煤矿太原群地层的煤 7、煤 8、煤 9、煤 10 受五灰、奥灰水严重威胁，尤其是煤 10 下距五灰间距小，平均 18 m。而五灰含水层岩溶裂隙发育，富水性强，对煤 10 开采构成严重威胁。矿井自开采下组煤以来共发生突水事故 52 次，其中煤 10 开采突水概率最高。煤 8、煤 9 开采前均对底板五灰含水层进行了注浆改造，改变了含水层的富水性，并在煤 8、煤 9 相继开采后，煤 10 开采前对五灰含水层再一次进行了注浆改造，但煤 10 开采中仍多次发生底板突水事故，给矿井的安全生产带来极大的影响。通过跟踪分析认为，由于钻孔的质量、注浆终孔压力控制、注浆浆液质量、注浆的连续性、钻孔的封堵等措施还不完善，导致浆液进入被矿压破坏的隔水层破碎带内，无法达到对五灰含水层注浆改造的目的，从而造成煤 10 开采时突水事故的发生。针对上述问题，我们采取了对底板改造钻孔进行多次注浆、多次试压的方法，封堵钻孔周围的岩石裂隙，杜绝了浆液进入隔水层现象；并对浆液进行一次旋流多次除砂，提高了浆液质量，增大浆液黏度和扩散半径；实施井上下接力注浆，保证了注浆的连续性；控制注浆压力，减小对隔水层的破坏；注浆结束前更换了钻孔控制阀，用于控制浆液的回流泄漏，提高了钻孔的封闭质量。采取以上措施经实践证明取得的效果比较理想，降低了煤 10 开采过程中出水的概率。

2　煤 10 开采的基本情况

2.1　煤 10 的赋存情况

查庄井田内煤 10 大部分地区分为两个独立分层，即煤 $10_{Ⅰ}$、煤 $10_{Ⅱ}$，个别地点有合并现象。煤 $10_{Ⅰ}$ 局部可采，厚 0.36～1.1 m，平均 0.69 m，煤层内含夹石一层为 0.05～0.15 m 的黏土岩，煤 $10_{Ⅰ}$ 上距煤 9 为 1.5～3.5 m。煤 $10_{Ⅱ}$ 区内全部可采，厚度 1.11～3.50 m，平均 1.85 m，煤层内一般不含夹石，井田西部煤层较厚块段含夹石 1～3 层，为厚度 0.1～0.85 m 的黏土岩，夹石变化较快，位置不稳定，该层煤上距煤 $10_{Ⅰ}$ 一般为 0.7 m。我矿开采的十层煤均为煤 $10_{Ⅱ}$。

2.2　煤 $10_{Ⅱ}$ 的顶底板岩性

煤 $10_{Ⅱ}$ 直接顶板为 0.6～0.9 m 的粉砂岩，平均 0.7 m，其上为 0.36～1.11 m 的煤 $10_{Ⅰ}$，平均 0.69 m，其上覆的 9 层煤约距煤 $10_{Ⅱ}$ 3.4 m，8 层煤距 $10_{Ⅱ}$ 煤的间距平均为 11.6 m，由于 8 层、9 层、10 层煤间距较小，因此 8 层、9 层煤的开采将直接影响 10 层煤顶底板的完整性，极易造成 10 层煤底板破坏而突水。

煤 $10_{Ⅱ}$ 直接底为 0.4～1.4/0.8 m 的粉砂岩，煤 $10_{Ⅱ}$ 下距五灰含水层 14～ 27 m，平均 21 m，其岩性分布依次为：直接底为灰白色黏土岩，厚 1.98～6.77 m，平均 3.5 m，遇水极易膨胀，其次为 3.7 m 的灰色粉砂岩，1.0 m 的无名灰，1.1 m 的煤，9.0 m 的灰色粉砂岩，2.0 m 的砂岩，然后为厚 6.5 m 五灰。五灰同奥灰间距 1.41～14.54 m，平均 10 m 左右。

3 煤 10 开采受底板五灰水威胁程度分析

3.1 影响煤 10 开采的含水层

井田内影响 10 层煤开采的含水层主要是本溪组五灰（徐家庄灰岩）和奥陶系石灰岩（奥灰）。

五灰（徐家庄灰岩）：厚 5.5～10.58 m，平均 8.7 m，上距 10 层煤 14～27 m，平均 21 m，下距奥灰 1.41～14.54 m，平均 10 m，为灰色质纯致密厚层状细粒结晶灰岩，岩溶裂隙发育，单位涌水量 q＝0.001 7～16.12 L/(s·m)，富水性较强。因径流条件构造等因素影响，富水性不均一，具有明显的块段性和垂直分带性，靠近井田的东西边界，五灰富水性相对中部强，在倾向上一般向深部五灰岩溶发育趋于减弱，富水性亦呈浅大深小，但个别地段仍有富水区。

奥陶系石灰岩（奥灰）：为煤系地层底盘的强含水层，厚约 800 m，岩溶裂隙发育不均匀，具有成层性，其中最上一个含水层段含水量最为丰富，直接与矿井充水有关。从井田内奥灰水文孔统计资料看，奥灰顶部 30 m 左右岩溶裂隙不发育，仅在局部地段顶部岩溶裂隙发育，单位涌水量 q＝0.017～16.203 L/(s·m)。奥灰原始水位＋64 m，由于奥灰地表出露广泛，直接受大气降水的补给，动水量十分丰富，奥灰水是威胁 10 层煤开采的主要强含水层。

3.2 煤 10 开采受五灰、奥灰水严重威胁

10 层煤下距五灰强含水层平均 18 m。同 7、8、9 层煤相比，10 层煤和五灰间距最小，有效隔水层厚度最薄，随着 7、8、9 层煤开采对底板的重复叠加破坏深度的加深，再加上 10 层煤开采时对底板再次破坏，有效隔水层厚度降至最低。因此开采时受五灰、奥灰承压水威胁最大，突水概率最高。我矿在开采 10 层煤时也发生过 10 次底板突水，最大水量为 241 m³/h（10100 4# 工作面）。表 1 为煤 10 开采底板突水情况统计表。

表 1　　煤 10 开采底板突水情况统计表

序号	时间	地点	最小水量 /(m³/h)	最大水量 /(m³/h)	稳定水量 /(m³/h)	出水点标高 /m	水源层
1	2003.11.28	10106 工作面	10	113.4	110	－194	五灰水
2	2004.8.2	10100 1# 面	12	177	150	－110	五灰水
3	2004.12.3	10100 2# 下面	23	79	70	－210.7	五灰水
4	2004.12.21	10108 工作面	23	183	163	－207.6	五灰水
5	2005.1.21	10100 2# 上面	17	107	98	－193.7	五灰水
6	2005.11.23	10100 3# 面	5	114	80	－216.1	五灰水
7	2006.4.25	10109 工作面	15	73	53	－169	五灰水
8	2006.7.22	10100 5# 面	39	67	53	－223.7	五灰水
9	2006.8.29	10100 4# 面	30	241	222	－220.2	五灰水
10	2006.10.11	10100 1# 外小面	10	161	150	－194.3	奥灰水

根据各层煤开采受五灰水威胁情况分析：煤 7、煤 8、煤 9、煤 10 虽然在开采时受底板五灰、奥灰承压水的威胁，在开采时多次发生突水事故，但是通过隔水层对比可以看出，10 层煤受水威胁最严重，煤 $10_{Ⅱ}$ 距五灰、奥灰间距最小，突水系数最大，同时受顶部煤层开采矿压的影响，开采时极易发生底板突水。在所有矿井水害事故统计数据中，煤 10 开采突水占的比率最高，因此五灰一旦突水，可能引发奥灰突水，奥灰水会以垂直或侧向的形式补给五灰，直接威胁矿井的安全。

4　煤10开采底板突水原因分析

4.1　矿压对底板的叠加破坏，增大了底板出水的危险性

(1) 煤7开采矿压对底板的影响

在7604、7606工作面推采过程中进行了矿压观测，在8600泄水巷施工的五灰观测孔F—17，终孔位置位于工作面下部五灰含水层，工作面推采过程中距F—17钻孔五灰段29 m时，水压开始增高，由原来1.55 MPa增加到2.14 MPa，水位上升了59 m，工作面推采超过钻孔五灰段5.0 m时水压开始下降，水压由2.14 MPa下降到1.2 MPa，水位下降94 m。从钻孔水位的变化可以看出，煤7工作面开采矿压对底板的影响已达到五灰含水层。

为了观测七层煤采动对底板的破坏影响，我矿同山东科技大学合作进行7604工作面底板巷道应力应变观测，在8600泄水巷3#点和74#点之间安设12台动态仪和18台压力盒，动态仪和压力盒布置见图1。通过实测10号观测点的顶底板移近量达118.8 mm，在距工作面推采位置2～5 m时位于工作面正下方的8600泄水巷有35 m出现掉顶，掉顶厚度0.4～1.5 m，在掉顶之前位于该范围的8#观测点顶底板移近达到2.38 mm/m，压力每天增加0.31 MPa。从此现象看位于煤7回采工作面中下部的煤8巷道，在回采时受矿压影响较大。煤7回采矿压对底板的破坏已超过了27 m。

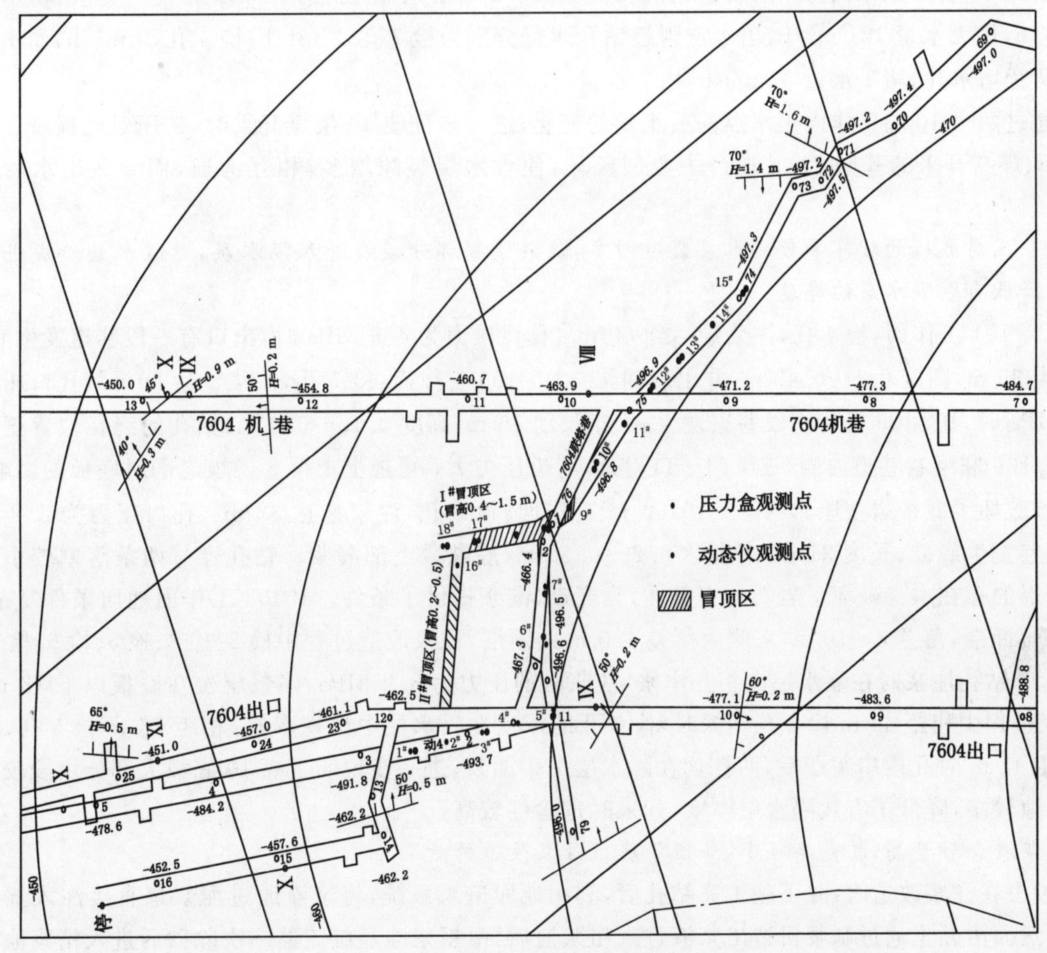

图1　动态仪和压力盒布置平面图

(2) 煤8开采矿压对底板五灰含水层的影响

8503工作面推采58 m时，工作面突然顶底板来压，底鼓支柱断裂，底板突水，初始水量15 m^3/h，最大水量395 m^3/h，稳定水量340 m^3/h，出水点标高－321 m，工作面出水以后对出水点进行封堵，首先将工作面面前10 m的检2孔重新扫孔，扫孔到底后水量为97 m^3/h，该孔出水前水量为2 m^3/h。

对终孔位于采空区的注5孔、检27孔扫孔后水量分别为110 m^3/h和85 m^3/h(钻孔原水量108 m^3/h和12 m^3/h),回采前3孔已注浆封堵,扫孔后水量明显增加,可见煤8开采矿压对底板的影响已达到了五灰含水层,使五灰含水层岩溶裂隙重新相互沟通而造成水量增加。

(3) 9层煤开采矿压对底板五灰含水层的影响

9100 4#工作面回采标高−223.4 m,工作面推采80 m时发生突水,初始水量15 m^3/h,最大水量79 m^3/h,出水前出水点附近钻孔水量分别为检2孔,10 m^3/h;补2孔,1.5 m^3/h;注4孔,16 m^3/h,而出水后在出水点施工的堵2孔水量为65 m^3/h。出水点前后水量的变化,说明煤9开采矿压对底板破坏已达到五灰含水层。

(4) 10层煤开采矿压对底板五灰含水层的影响

10100 4#工作面:工作面回采标高−226.8 m,工作面推采55 m时发生突水,初始水量30 m^3/h,最大水量241 m^3/h,出水前出水点附近钻孔水量分别为检5孔,2 m^3/h;检3孔,1 m^3/h;检4孔,1 m^3/h,而出水后在出水点以下20 m原9层施工的注1孔扫孔后水量为113 m^3/h,钻孔施工结束时的水量为15 m^3/h。

中井10层1工作面:工作面回采标高−186～−233 m,工作面推采65 m时发生突水,初始水量33 m^3/h,最大水量101 m^3/h,出水点附近钻孔水量分别为检7孔,3 m^3/h;检4孔,9 m^3/h,而出水后施工两个堵水孔,堵1水量37 m^3/h,堵2水量56 m^3/h。

通过两个10层工作面出水点前后水量的变化,进一步证明10层煤开采时,矿压对底板破坏在煤7、煤8、煤9开采的基础上,又进行了叠加破坏,使含水层裂隙增多,相互沟通,而导致出水后水量增加。

4.2 矿压对底板的破坏导致隔水层裂隙增多,注浆过程部分浆液进入隔水层,对隔水层造成进一步破坏,降低有效隔水层的厚度

$10_{Ⅱ}101$工作面:检4孔,注浆量达到60 m^3,孔口压力为4.8 MPa时,出口有一段巷道发生底鼓,长度为35 m,高度0.1～0.45 m,并出现漏浆。$10_{Ⅱ}106$工作面:检7孔,注浆量达39 m^3,孔口压力为4.7 MPa时,$10_{Ⅱ}106$机巷一段巷道发生底鼓,长度15 m,高度0.15～0.4 m,钻孔的终孔位置正好位于$10_{Ⅱ}106$联络巷巷道内侧,三叉门子口附近,巷道压力大,再加上上覆8层煤老硐对底板的影响,巷道底鼓破坏了底板岩石原始状态。10100 1#工作面:检5孔,注浆量达32 m^3,孔口压力为4.2 MPa时,机巷发生底鼓,长度31 m,高度达0.2～0.55 m,底鼓段上部漏浆。钻孔穿过两条落差较小的断层,断层的存在本身破坏了岩石的完整性,为底鼓、漏浆提供了条件。10103工作面地质条件复杂,西侧为F_{40}断层,落差3～10 m,东侧为落差4.0 m的断层,注浆改造过程中检2、检3、检5、检6、检8、检9等6个钻孔注浆时在隔水层内相互串浆,注浆时的压力为3.2 MPa,串浆层位在底板以下13 m,检2注浆过程中相距44 m检3孔钻探时,检3孔的深度在隔水层中出现串浆,相距76 m检5孔,在钻探施工41 m时孔内串浆严重,两孔均在隔水层中串漏浆,进一步说明了煤10底板大部分块段较为破碎,裂隙较多,降低了有效隔水层厚度,开采时危险性较高。

4.3 浆液含砂量高,扩散半径小,降低了底板注浆改造的效果

过去在注浆改造时,井下施工完钻孔后,利用地面造浆系统,将浆液通过泥浆泵直接注入五灰含水层,然而由黏土通过制浆机造出浆液进入粗浆池后,由粗浆池经旋流器一次除砂后进入精浆池含砂量较多,然后通过管路进入二搅池,添加一定量的水泥后利用泥浆泵将浆液直接压入钻孔,进入五灰含水层,在钻孔注浆结束后,拆卸孔口注浆连接器时发现,孔口管底部留有较多的砂粒,为此对注浆效果进行验证,对注浆结束的钻孔附近重新施工钻孔,发现新施工的钻孔水量较大,扩散半径没有达到预期的效果。由于浆液含砂量高,在扩散过程中沉淀较快,扩散半径较小,这样大大降低工作面的改造效果,工作面开采过程中极易发生突水事故。如10100 1#外小面、10100 4#面均因含砂量高,浆液扩散半径小,工作面改造效果不理想而出水。

4.4　注浆过程管路泄压造成注浆不连续，影响钻孔进浆量和工作面的改造效果

利用地面造浆系统将黏土水泥浆液通过泥浆泵将注浆管路和钻孔相连，直接注入五灰含水层中，这种注浆方式，由于管路较长，注浆站距注浆地点距离较远，至少在 2 000 m 以上，注浆过程中孔口压力临近结束时，注浆泵挡位低，浆液流速慢，容易造成管路沉淀淤积，从而导致注浆过程中地面和孔口压力悬殊较大，而出现地面泥浆泵泵压较高，造成管路中途打垫子泄压漏浆现象。在长期注浆过程中，由于管路压力持续时间较长，管路处在拉紧状态，一旦泄压拆开连接头时难以合拢，会造成处理管路时间较长，影响钻孔进浆，难以保持注浆的连续性，从而影响注浆改造效果。

4.5　钻孔注浆控制阀关闭不严，造成浆液回流泄漏，导致钻孔封闭不实，使钻孔成了人为导水通道

井下施工的钻孔所用的控制阀为四寸闸板式，钻孔注浆时容易造成孔口控制阀下的闸板槽被泥浆沉淀淤实，注浆达到终孔压力时，没有向孔内压水注纯水泥浆进行封孔，由于孔口闸阀关闭不严造成浆液回流，使钻孔出现残流水，工作面推采时在矿压作用下，钻孔成了人为导水通道。如中井 10 层 1# 工作面推采过程中，推采 305 m 时机巷以上 11 m 处底板出水，水量为 5.0 m^3/h，随即揭露中井 9 层 1# 工作面注 17 钻孔，由于注 17 孔封堵不实，使钻孔成为人为通道。又如 10100 5# 工作面机巷掘进时，当掘至机巷门子口以里 99 m 和 115 m 时，掘进迎头顶板以下 1.3 m 处煤体出水，水量 7.6 m^3/h，经打钻探查出水点上部下部无异常，继续掘进 2.0 m 时，揭露了 8 层的两个钻孔，发现为钻孔导水所致。

5　改造注浆流程过程存在的问题并进行了效果验证

针对煤 10 开采过程的出水原因分析及注浆改造流程过程存在的问题，在 10115 工作面底板注浆改造过程进行了逐项改进，并进行了效果验证。

5.1　10115 工作面概况

工作面回采标高－173.2～－197.4 m，北邻 $10_{Ⅱ}$100 4# 工作面(已回采)；南部为未采区；东邻 F_{25} 断层保护煤柱；西邻 CF_{24} 断层保护煤柱，上覆的 9115 工作面已经回采。工作面煤厚 1.75～2.2 m，平均 2.0 m 左右。煤层上距 $10_{Ⅰ}$ 煤 0.4～0.8 m，平均 0.6 m，上距煤 9 层采空区 3.0～4.5 m，平均 4.0 m，下距五灰 19～23.5 m，平均 21.9 m，五灰与奥灰间距 5.45 m。

5.2　10115 工作面底板含水层注浆改造情况

$10_{Ⅱ}$115 工作面范围内上覆的 8115 工作面和 8113 工作面，开采 8 层煤前对底板五灰承压含水层进行了注浆改造，共布置注浆检查孔 23 个，共注入干料 712.6 t，水量与干料之比为 1∶0.61，两工作面实现了安全回采。$10_{Ⅱ}$115 工作面上覆的 9115 工作面施工五灰注浆、检查孔 26 孔，合计注入干料 2 205.5 t，水量与干料之比 1∶9.63，工作面推采 48 m 时，底板出水水量为 6 m^3/h。

$10_{Ⅱ}$115 工作面共施工五灰检查孔 20 孔(钻孔布置见图 2)，单孔最大涌水量为 25 m^3/h，单孔最小涌水量 0.2 m^3/h，单孔平均涌水量 4.41 m^3/h，合计注入干料 2 884.8 t，水量与干料之比 1∶32.74，该工作面实现了安全开采。

5.3　对钻孔揭露含水层前进行多次试压，查清钻孔的漏浆层位

10115 工作面施工的钻孔结构，开孔直径 110 mm，下一级套管，套管直径 108 mm，套管深度 40 m，然后反循环注浆封闭，凝固 48 h 以后扫孔，扫孔深度超过套管长度 0.5 m 进行打压试验，合格后用 73 钻头施工，穿过五灰 0.5 m 结束。按照常规耐压试验的标准，钻孔下好套管，注浆后扫孔深度超过套管长度 0.5 m，试压合格后为整个钻孔试压合格，钻孔结束后开始利用钻孔对含水层进行注浆改造。而本工作面钻孔试压由原来的常规一次试压改为现在的多次试压，第一次耐压试验是套管注浆封固后扫孔距套管底口 1.5 m 时，对套管的密封性进行第一次耐压试验，重点检查套管的完好程度；第二次耐压试验是扫孔深度超过孔底套管 0.5～1.0 m 时，进行第二次耐压试验，重点检查套管底口的密封程度；第三次耐压试验是在前两次试压合格的基础上进行的，第二次耐压试验合格后，开始钻探进尺，钻探深度达到五灰顶部的砂岩时，进行第三次耐压试验，重点是检查套管底口到五灰顶部砂岩这段岩石隔水层的完整性，本工作面钻孔试压情况统计见表 2。

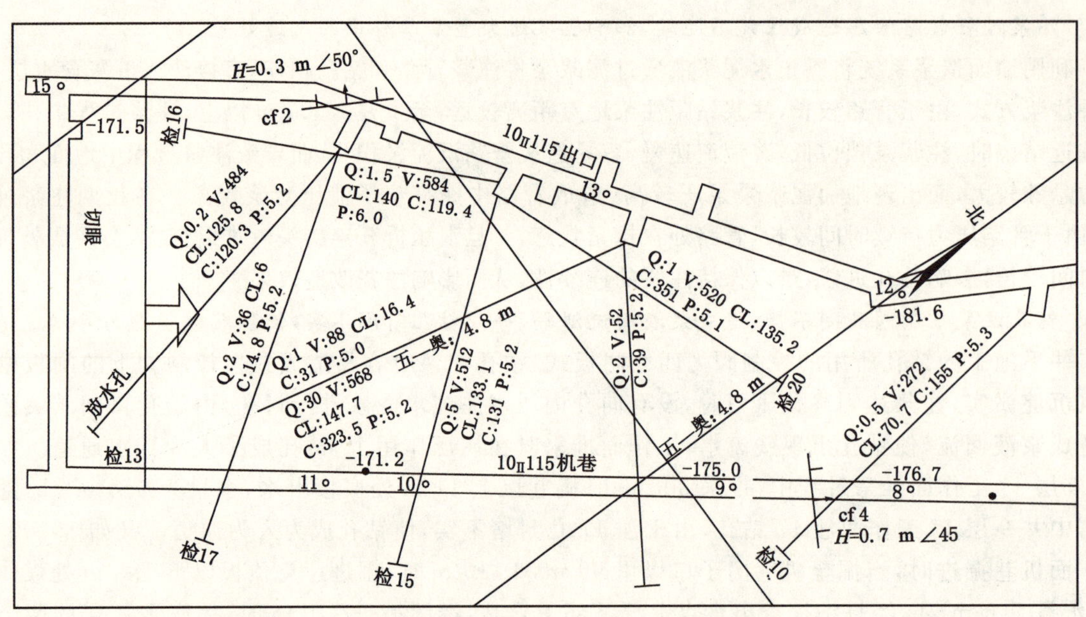

图 2 10115 工作面注浆改造平面图

表 2 **钻孔耐压试验统计表**

孔号	第一次试压/MPa	第二次试压/MPa	第三次试压/MPa	备注
检 1	6.0	6.0	3.5(5.5)	4 次试压
检 2	6.0	3.7(6.0)	6.0	4 次试压
检 3	6.0	6.0	4.3	3 次试压
检 4	3.7	6.0	4.3	套管脱丝
检 5	4.3	6.0	2.7(5.6)	套管脱丝
检 6	6.0	6.0	3.9(5.7)	4 次试压
检 7	6.0	5.5	5.6	3 次试压
检 8	5.7	3.1(5.3)	4.0(5.2)	5 次试压
检 9	5.7	5.6	5.7	3 次试压
检 10	6.0	6.0	3.5(5.4)	4 次试压
检 11	6.0	6.0	6.0	3 次试压
检 12	5.0	6.0	1.75(5.8)	4 次试压
检 13	5.5	6.0	4.5	3 次试压
检 14	5.5	2.5(5.3)	5.5	4 次试压
检 15	5.7	5.7	2.7(5.5)	4 次试压
检 16	5.8	3.1(5.8)	6.0	4 次试压
检 17	6.1	5.3	5.5	3 次试压
检 18	6.3	2.9(5.7)	2.0(5.8)	5 次试压
检 19	5.5	6.1	3.7(6.1)	4 次试压
检 20	5.6	5.3	5.5	3 次试压

通过耐压试验统计表可以看出，如果按照原来常规耐压试验，就无法查出套管底口到含水层上这段隔水层的完整性，如果利用黏土水泥浆进行注浆，浆液将进入隔水层，对隔水层的裂隙进行了充填，对隔水层进行了破坏，而起不到围岩裂隙固结作用，而且容易造成含水层进浆量大的假象，从而导致

工作面注浆改造资料分析偏差，因此工作面推采时容易造成底板突水。通过采取多次试压的方法，对于隔水层不完整的钻孔利用水泥浆加固围岩的方法，起到了较好的效果。

5.4　对注浆浆液进行了一次旋流，多次除砂的方法，提高了浆液的质量和钻孔进浆量

对于严重影响注浆质量和扩散半径的黏土浆中的细砂，采取了一次旋流多次除砂的方法，粗浆池中的泥浆通过旋流器以后进行了第一次除砂，除砂后的浆液通过滤砂器进入精浆池，进行了第二次除砂，地面泥浆泵将浆液通过管路送入井下滤砂器，然后流入盛浆池，进行了第三次除砂。经过至少3次除砂以后黏土浆液黏度得到了提高，从而增加了浆液扩散半径，提高了钻孔进浆量，通过煤9、煤10注浆情况对比可以清晰看出：

9115工作面施工五灰注浆、检查孔26孔，共注入黏土1 344 t，水泥861.5 t，合计注入干料2 205.5 t，平均每孔注入干料84.83 t，水量与干料之比1∶9.63。

$10_{Ⅱ}$115工作面施工五灰检查孔20孔，共注入黏土1 347.5 t，水泥1 537.3 t，合计注入干料2 884.8 t，水量与干料之比1∶32.74。

此项措施的落实，在10115工作面取得的效果比较明显。同时经过一次旋流多次除砂后的浆液，减小了对泥浆泵的磨损，从而降低了工人的劳动强度和维修量。

5.5　选择合理注浆压力参数，保证每个孔的注浆效果

过去工作面注浆改造的钻孔终孔压力均规定为同一个压力数，不管钻孔位置、水压的大小，这样极不科学，注浆终孔压力原则上是达到水压2.5～3.0倍，通过10115工作面的注浆实践得出：钻孔方位同巷道之间的夹角在10°之内，终孔位置平距距巷道10 m之内，注浆终孔压力可以控制在水压的2.0～2.5倍之间。钻孔终孔位置在工面中部，注浆终孔压力可以控制在水压的3.0～3.5倍之间，原因是位于工作面中部的钻孔，周围为煤体，抗压性较高，而和巷道夹角较小的钻孔，注浆时在巷道壁子容易形成剪切力，导致煤体片帮底鼓漏浆，对隔水岩层造成破坏。

5.6　更换钻孔孔口控制阀，将黏土浆改为水泥浆，有效地防止了浆液回流和泄漏，保证了钻孔封堵质量

注浆改造的最后一环，也是关键的一环，就是钻孔注浆结束时的水泥封孔，如果封堵质量达不到要求，使钻孔成为导水通道，就增加了工作面推采时的突水概率，因此每个钻孔注浆临近结束前，向孔内压清水0.5 h，然后将4英寸截门控制阀更换为1英寸截门4英寸法兰盘孔口浆液控制阀，然后向孔内压入比重1.55～1.70的纯水泥浆，注纯水泥浆时间不低于1.5 h，持续0.5 h后，停止注浆，关闭孔口1英寸阀门，注浆结束48 h之后，方可将孔口短节拆下，这样杜绝了钻孔导水，消除人为制造导水通道的隐患。

6　结　论

通过长期的实践和摸索，对受承压水威胁工作面在注浆改造工艺流程中进行了创新改造，经验证收到较好的效果，几点做法为：

(1) 对注浆改造工作面施工的钻孔在揭露五灰含水层前进行多次试压，依次查清五灰强含水层上隔水层、套管底口、套管接口泄压部位等，并利用425#优质水泥浆进行泄压部位注浆加固，以减小对隔水层的破坏，达到注浆改造含水层的目的。

(2) 对于底板注浆改造的黏土浆及黏土水泥浆液实施一次旋流多次除砂，提高了浆液质量和浆液扩散半径，同时减小了设备的磨损和维修率。

(3) 实施井上、下接力注浆，减少了注浆接头泄压漏浆和管路的淤积堵塞，保证了注浆的连续性，提高了钻孔进浆量。

(4) 对于工作面不同方位的钻孔，选择不同的注浆压力参数。注浆结束标准，因孔而定，充分发挥每个孔的效能，提高每个孔的注浆效果。

(5) 在注浆结束前更换钻孔孔口控制阀，改变不同性质的浆液，利用纯水泥浆封堵钻孔，防止浆液回流和泄漏，保证了钻孔封堵质量。

总之,通过注浆流程中关键环节的创新改造,使工作面底板注浆改造质量得到了根本改善和提高,降低了工作面的突水几率,为下一步利用注浆改造工艺解放受水威胁工作面提供了成功的注浆经验,也为开采受水威胁煤层防止底板突水做了较好的尝试。

作者简介:张明(1966—),毕业于山东科技大学,现为山东新查庄矿业有限责任公司总经理。在全国煤炭期刊上发表论文多篇,获得中国煤炭协会、山东省煤炭工业局、山东省经贸委等多项科技成果奖励。

兴隆庄煤矿下组煤主要充水含水层特征及首采区开采涌水量预计

兖州煤业股份有限公司兴隆庄煤矿　于旭磊　赵连涛　张光明

摘　要：本文在兴隆庄矿下组煤开采水文地质补充勘探工作的基础上，分析该矿下组煤各主要充水含水层特征，并对照相关规范判定兴隆庄矿下组煤属“水文地质条件复杂的矿床”；同时采用地下水动力学中的解析法对下组煤首采区涌水量进行了预测，为兴隆庄矿下组煤安全开采提供设计和决策保障，具有一定的指导意义和实用价值。

关键词：下组煤；充水含水层；涌水量

0　序　言

兖州兴隆庄井田属于属华北型石炭二叠系全隐蔽式煤田，是华北地区石炭二叠纪煤田煤炭资源开采受到水害严重影响的典型代表。兖州兴隆庄煤矿位于兖州市境内。兴隆庄井田位于兖州向斜的北翼，属华北型石炭二叠系全隐蔽式煤田，下组煤 $16_上$ 煤、17 煤的配套开采受到底板奥陶纪灰岩(以下简称奥灰)承压含水层的威胁。

1　井田水文地质概况

兖州煤田为一不完整的向斜盆地，东部为峄山断裂，西、北、南部为奥灰隐伏露头。盆地内除第四系上组外，其他含水层补给、径流、排泄条件均不好。

煤田的南、西、北三面以煤层露头为界，外围分别为邹西奥灰水源地、曹洼奥灰水源地、曲阜奥灰水源地，东以峄山断层为界(对盘为太古界片麻岩)。其水文地质边界在西部、北部、南部为奥灰露头区，东部为峄山断层，构成一种完整的水文地质单元(图 1)。

兴隆庄井田位于兖州向斜的北翼，本井田总体为一单斜构造，主要含煤地层为石炭—二叠系地层，其基底为奥陶系灰岩。井田内主要含水层自上而下为第四系下组砂层、侏罗系砂岩、第 3 层煤顶板砂岩、三灰、$十_下$灰、L_{13}灰、L_{14}灰和奥陶系石灰岩，各含水层主要接受第四系下部孔隙水补给，除奥陶系灰岩外，其余含水层均以静储量为主。

2　下组煤主要充水含水层特征

矿区下组煤主要可采煤层为 $16_上$、17 煤，其主要含水层为薄层石灰岩第$十_下$层灰、第十四层灰岩和煤系地层基底奥陶系石灰岩，均属岩溶裂隙承压含水层。

2.1　奥灰水文地质特征

奥灰水位目前约在＋25～＋29 m 之间，据 1966 年《山东省兖州煤田兴隆庄勘探区精查地质报告》，奥灰水位＋38.29～＋39.47 m，40 年间奥灰水位下降了约 10 m。奥灰水位比较稳定，年度变化不大，根据 2006 年奥灰的水位动态，7 月初奥灰水位最低，10 月初水位最高，波动幅度大约为 3～4 m。奥灰水位大体上为北高南低。

根据奥灰单孔抽水试验，奥灰单位涌水量 q 值的范围为 0.002 3～1.025 L/(s·m)。矿外靠近露头的 D78 孔的 q 值较大，为 3.28 L/(s·m)。根据奥灰放水试验计算，奥灰 q 值的范围为 0.1～1.0 L/(s·m)，综合评价本勘探区奥灰的富水性中等。总体上，勘探区西北部埋藏浅接近露头的区域奥灰富水性强，东南部埋藏深远离露头的区域富水性差。

奥灰的水质类型为 SO_4-CaMg，矿化度为 1 090.37～2 046.12 mg/L，平均为 1 859.29 mg/L。

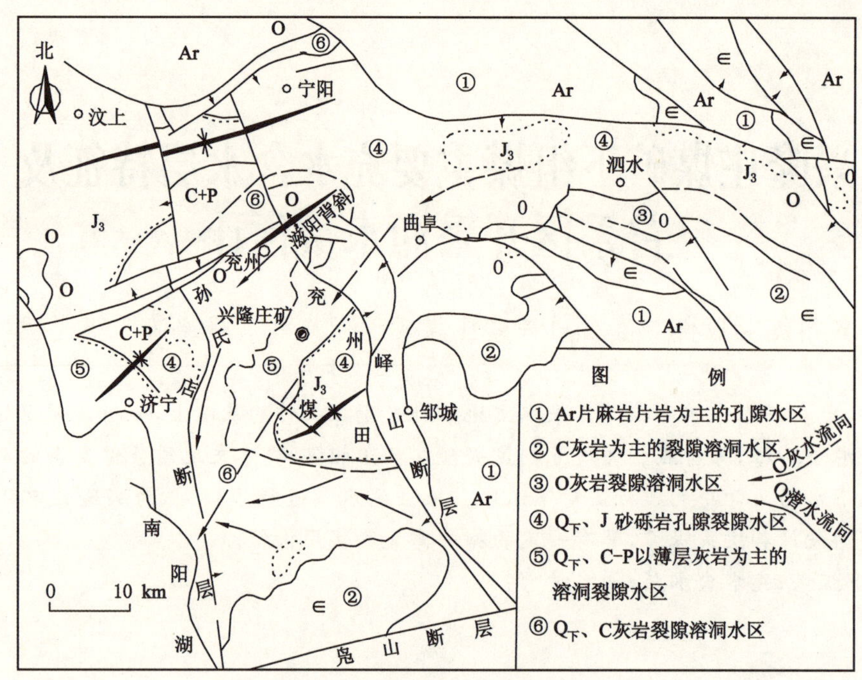

图1　兖州煤田区域水文地质示意图

勘探区奥灰补给量大，补给能力强，径流条件较好，但有很大不均一性，勘探区西北部径流条件优于东南部，径流方向自北东向南西，南四湖为奥灰排泄区，与奥灰有水力联系的薄层灰岩含水层和各矿奥灰涌水点也是奥灰的排泄点。

2.2　十四灰水文地质特征

根据220孔，十四灰的历史水位为＋39.94 m，勘探期间十四灰的水位约为－70～－115 m，水位高低不一，埋深较大，十四灰的典型水质为类型应为HCO_3-Na，混入奥灰后阴离子中SO_4^{2-}会变大，阳离子中Ca^{2+}和Mg^{2+}会增大，十四灰矿化度为796.99～2 228.32 mg/L，平均1 654.24 mg/L。

根据抽水试验，本勘探区其单位涌水量q为0.000 2～0.003 3 L/(s·m)，富水性弱，不均一，早期矿外的220钻抽水试验，q可达0.178 L/(s·m)，富水性中等。井下钻探中，奥灰钻孔揭露十四灰没有出现过涌水，6个十四灰孔中只有FL_{14}—2孔出现过涌水，涌水量为9.76 m^3/h，其余钻孔所见水量很小。通过井下FL_{14}—3孔十四灰放水试验，仅仅5 m^3/h的放水量就引起勘探区所有十四灰观测孔的水位大幅度下降，FL_{14}—8孔的水位至今还在下降，可知勘探区十四灰富水性弱。

在兖州向斜盆地里，十四灰的边界在奥灰内侧，北、西、南部露头处受第四系覆盖或直接裸露，第四系下组砂岩水为十四灰主要补给源，十四灰放水试验证明，十四灰的补给能力有限，十四灰有可能在巨王林断层、铺子支二断层的上盘处接受奥灰补给，铺子断层推测为其隔水边界。十四灰径流条件差，容易受断层切割影响，下组煤开采后，开采区会成为其排泄点。

2.3　十下灰水文地质特征

据矿井地质报告，十$_下$灰的历史水位为＋27.31～＋40.73 m，目前十下灰的水位约为－110～－130 m，水位埋深较大，水位低，水质为类型基本为HCO_3-Na，矿化度为1 057.8～5 737.15 mg/L，平均2 292.86 mg/L。根据抽水试验，本勘探区其单位涌水量q为0.000 03～0.095 L/(s·m)，富水性弱，很不均一，根据早期矿外钻孔资料，q可达0.348 L/(s·m)，富水性中等。井下钻探中，16个孔中有12个孔都发生了十$_下$灰涌水的现象，出水率高，所见十$_下$灰涌水量为0.30～20.94 m^3/h，涌水量大小不一，FO_2—2b孔涌水量最大。

十$_下$灰的边界在兖州向斜盆地里面，外围为奥灰，北、西、南部为露头，东部为峄山断层，第四系下组砂岩水为其主要补给源，补给能力有限，十$_下$灰有可能在巨王林断层、铺子支二断层的上盘处接受奥灰补给，铺子断层推测为隔水边界。十$_下$灰径流条件差，容易受断层切割影响，下组煤开采后，开采区会成为其排泄点。

2.4 下组煤的水文地质特征

在分析下组煤主要充水含水层水文地质特征的基础上，总结下组煤各主要充水含水层总的水文地质特征：

(1) 十$_下$灰是16$_上$煤顶板直接充水含水层，奥灰是16$_上$、17煤底板直接充水的岩溶裂隙含水层，奥灰为补给条件好的强含水层。

(2) 矿井－350 m生产水平，16$_上$、17煤隔水底板承受奥灰水的压力约4.25 MPa。据《煤矿防治水工作条例》第三十四条规定计算，16$_上$、17煤的安全水头值分别为2.74 MPa、3.24 MPa，分别超压1.38 MPa、0.88 MPa。可见下组煤开采存在超水头压力的突水隐患。

(3) 下组煤受大、中型断层切割，构造破坏带可能成为沟通各含水层的通道，造成水文地质条件复杂化。

《矿区水文地质工程地质勘探规范》第4.1.3条规定，水文地质条件复杂的矿床：主要矿体位于当地侵蚀基准面以下，主要充水含水层富水性强，补给条件好，并具较高水压；构造破碎带发育，导水性强且沟通区域强含水层或地表水体；第四系厚度大、分布广、疏干排水有产生大面积坍塌、沉降的可能、水文地质条件边界复杂，因此下组煤属"水文地质条件复杂的矿床"。

3 下组煤开采涌水量预计

兴隆庄井田下组煤直接充水含水层是十$_下$灰岩含水层，间接充水含水层是十四灰等薄层灰岩含水层和奥灰含水层。在不疏降奥灰的前提下，开采下组煤时矿井正常涌水量为十$_下$灰涌水量和十四灰（包括十三灰、十二灰及十一灰等）疏降涌水量之和。

3.1 十$_下$灰涌水量预计

将下组煤首采区模拟成一个大井，利用承压潜水井的裘布依公式计算下组煤首采区十$_下$灰含水层的正常涌水量：

$$Q=1.366\frac{K(2SM-M^2-h_w^2)}{\lg\frac{R_0}{r_0}} \tag{1}$$

式中 K——渗透系数，m/h；

M——含水层厚度，m；

S——水位降深，m；

r_0——"大井法"引用半径，m；

R_0——"大井法"引用影响半径，m；

h_w——静水断面高度，m；

其中：

$S=H_1-H_2$（H_1——十$_下$灰初始水位，m；H_2——十$_下$灰底板标高，m）；

$r_0=\sqrt{\frac{A}{\pi}}$（A——首采区包含的面积，m）；

$R_0=r_0+10S\sqrt{K}$（K——十$_下$灰渗透系数，m/d）；

水文地质补充勘探及以往勘探十$_下$灰抽水试验资料见表1。

从表1中可以看出各个钻孔数据的离散性比较大，而且多数为早期的矿外钻孔，所以本次计算选取矿内最接近下组煤首采区的钻孔C14—1的数据，具体计算参数如下：

渗透系数$K=2.070$ m/d(C14—1孔抽水试验资料平均值)；

含水层厚度$M=5.443$ m（十$_下$灰平均厚度，本次勘探钻孔统计资料）；

表 1 **十$_下$灰钻孔抽水试验成果汇总表**

孔号	钻孔半径 r/m	水位下降 S/m	涌水量 Q/(L/s)	单位涌水量 q/[L/(s·m)]		渗透系数 K/(m/d)	备注
				分次值	使用值(s=10)		
O_2—5	0.055	39.91	0.001 2	0.000 03	0.000 03	0.000 4	
C_{14}—1	0.055	28.498	2.172	0.076	0.095	1.946 0	
		23.267	1.961	0.084		2.112 6	
		17.091	1.519	0.089		2.151 4	
220	0.055	31.35	2.967	0.096 4	0.157	2.564	早期抽水试验矿外钻孔
		22.79	2.600	0.114 0			
		14.38	2.000	0.139 0			
88	0.046	18.12	4.918	0.271	0.348	6.895	早期矿外钻孔
		9.27	3.256	0.351			
C—33	0.055	16.26	0.003	0.000 18	0.000 18	0.003 76	早期抽水试验
C—42	0.046	27.81	0.283	0.010 2	0.016 7	0.187	早期矿外钻孔
		19.83	0.236	0.011 9			
		9.87	0.167	0.016 9			
D78	0.046	9.87	0.167	0.016 9	0.016 9	0.187	早期矿外钻孔
鲍 34	0.055	17.99	4.446	0.247 0	0.270	6.158	早期抽水试验矿外钻孔
		10.64	2.766	0.260 0			
		5.57	8.784	1.577 0			

首采区面积 A=2 000 000 m^2；

十$_下$灰初始水位标高 H_1=−100 m；

十$_下$灰底板标高 H_2=−450 m(开采水平−450 m)；

水位降深 S=350 m；

引用半径 $r_0=\sqrt{\dfrac{A}{\pi}}=798.087$ m；

引用影响半径 $R_0=r_0+10S\sqrt{K}=5\ 833.710$；

静水断面高度 h_w=0 m(疏干十$_下$灰)；

由以上数据代入公式(1)计算得出十$_下$灰矿井涌水量为 Q=515.516 m^3/h。

十$_下$灰涌水量只是十$_下$灰在正常情况下的涌水量，由于十$_下$灰具有很大的非均质性，个别地段涌水量可能会大于或小于计算涌水量。

3.2 十四灰等疏降涌水量的预测

十四灰含水层在下组煤底板以下，距 16$_上$、17 煤间隔水层平均厚度分别为 47.94 m 和 38.74 m，下组煤底板在十四灰水压力作用下也有可能形成底板突水。由于十四灰水量有限，下组煤开采时可以采取疏降的方法降低其突水系数 T_s。

目前已知的十四灰的抽水试验仅有 3 次，其中 220 孔的抽水试验为早期矿外抽水资料，所得渗透系数 K 没有代表性，O_2—10 孔位于勘探区东南东滩煤矿内，抽水得渗透系数 K 为 0.029 1 m/d，L_{14}—16 位于矿区西南，靠近鲍店煤矿，抽水得渗透系数 K 为 0.002 2 m/d，两孔距离较远，不在首采区，渗透系数 K 值相差 10 倍以上，用解析法渗透系数 K 值的选取较难。本次十四灰疏降涌水量计算采用富水系数比拟法，利用相邻杨村矿开采下组煤十四灰疏降涌水量来计算兴隆庄煤矿开采下组煤十四灰疏降涌水量。杨村煤矿在疏降十四灰时，16$_上$ 煤底板的十三灰、十二灰、十一灰也随之疏降，故十四灰的疏降水量实际为十四灰等薄层灰岩的水量之和。富水系数比拟法的计算公式如下：

$$K_p=\frac{Q_0}{P_0} \tag{2}$$

$$Q=K_pP \tag{3}$$

式中　K_p——富水系数；

Q_0——某段时间内矿井排出的涌水量；

P_0——同时期内矿井的采矿量；

Q——某段时间不同矿井排出的涌水量；

P——同时期不同矿井的设计开采量；

杨村矿下组煤的矿井开采量大约为 20 万 t/a，开采时十四灰等灰岩疏降水量约为 20 m^3/h 左右，兴隆庄煤矿下组煤设计采矿量为 40 万 t/a，将以上数据代入公式最终算得兴隆庄煤矿下组煤十四灰等灰岩的疏降涌水量 Q=40 m^3/h。

3.3　矿井涌水量计算结果和评价

将首采区正常涌水量按经验乘以系数 1.2 作为采区最大涌水量，计算结果见表 2。

表 2　**下组煤首采区涌水量计算表(不疏降奥灰)**

涌水量	十$_下$灰	十四灰等	总计
正常涌水量/(m^3/h)	516	40	556
最大涌水量/(m^3/h)	619	50	669

表 2 表明，下组煤开采矿井涌水量以十$_下$灰的水量为主。

下组煤开采时，若对首采区奥灰实施疏降，根据前文数值模拟计算，将 17 煤隔水层底板突水系数 T_s 降至 0.1 时奥灰的疏降水量为 2 050 m^3/h，此时矿井涌水量计算结果见表 3。

表 3　**疏降奥灰首采区涌水量计算表**

涌水量	十$_下$灰	十四灰	奥灰	总计
正常涌水量/(m^3/h)	516	40.0	2 050	2 606
最大涌水量/(m^3/h)	619	50.0		2 719

4　小　结

(1) 兴隆庄矿下组煤主要可采煤层为 16$_上$、17 煤，其主要含水层为薄层石灰岩第十下层灰、第十四层灰岩和煤系地层基底奥陶系石灰岩，均属岩溶裂隙承压含水层。

(2) 根据《矿区水文地质工程地质勘探规范》第 4.1.3 条规定，兴隆庄矿下组煤属“水文地质条件复杂的矿床”。

(3) 采用地下水动力学解析法对静储量进行了分析，得到了下组煤首采区十$_下$灰矿井正常涌水量为 515.516 m^3/h，十四灰疏降正常涌水量为 40 m^3/h。

(4) 下组煤开采时，若对首采区奥灰实施疏降，将 17 煤隔水层底板突水系数 T_s 降至 0.1 时奥灰的疏降水量为 2 050 m^3/h，加上十$_下$灰和十四灰总的正常涌水量 2 606 m^3/h，最大涌水量 2 719 m^3/h。

(5) 研究所得到的数据可以为兴隆庄矿下组煤安全开采提供设计和决策保障，具有一定的理论和实用价值，同时其他类似水文地质条件的采区的涌水量预测提供理论依据。

作者简介：张光明(1981—)，毕业于山东农业大学，现就职于兴隆庄煤矿地质测绘中心。

第四章 顶板水害防治技术

东滩煤矿综放开采顶板涌水机理及防治方法

兖州煤业股份有限公司东滩煤矿

邓小林 王春耀 王言剑 张新武 赖映星 张 冬

摘 要:煤炭资源开采中采场顶板水水害是威胁工作面生产的灾害之一。本文以东滩煤矿综放开采14310工作面在回采过程中的涌水情况为例,在地质和水文地质条件分析基础上,从构造控水机理出发,介绍了为保障综放开采14310工作面安全回采的探(放)水工程、泄水巷工程和排水系统的完善等相关防治水方法。

关键词:综放开采;顶板涌水;涌水量预计;构造控水;防治方法

1 引 言

煤层开采是较为剧烈的工程与环境效应,常引发地质与环境灾害问题。综采放顶煤开采技术(以下简称综放开采)是一种高产高效采煤技术,由于采厚较大,其顶板防治水工作难度较大。根据国内外大量的现场观测和理论研究,垮落带和导水裂隙带的发育高度往往受诸多因素的影响,如采高、开采面积和时间因素等[1-17]。开采引起的导水裂缝带高度主要与煤层的开采厚度和相应的覆岩岩性及其结构有关,涌(突)水的必要因素是富水区域的存在,尤其在沿向斜轴迹和向斜核部位置等构造破碎带附近的地下水相对富集,在此区域下进行综放工作面的布置和回采,如何清晰把握水文地质条件,分析防治水对策,保障安全回采是防治水工作的重点和难点。

2 地质及水文地质概况

兖州煤业股份有限公司东滩煤矿14310(东)综放工作面位于十四采区北部,北邻东滩和兴隆井田边界,南邻14309(东)采空区,东邻澹台墓新村保护煤柱,西邻十四采轨道巷,开采3($3_上$、$3_下$)煤层,煤厚8.5~9.1 m,平均厚8.8 m。工作面标高-585~-510 m,走向长:轨顺972.74 m、运顺938.51 m,倾斜宽261.8 m,面积251 162.1 m^2。

2.1 综放开采工作面顶板砂岩层地质及水文地质概况

工作面3煤顶板砂岩为裂隙承压含水层,厚38.54 m,其中直接顶为中细砂岩,厚2.81 m。煤层顶板以上14.5 m为中细砂岩,厚3.89 m,往上的工作面上覆砂岩层依次为5.66 m厚的粉细砂岩(距3煤顶板18.39 m)、4.21 m厚的粗粒砂岩(距3煤顶板36.92 m)、6.86 m厚的中粒砂岩(距3煤顶板41.13 m)、13.10 m厚的含砾粗粒砂岩(距3煤顶板50.99 m)、2.01 m厚的中粒砂岩(距3煤顶板64.09 m)。富水性不均一,以静储量为主,富水性主要受岩性和构造控制。受C8向斜构造的影响,向斜轴部区域顶板砂岩裂隙较发育,局部富水性较好,特别是工作面3煤顶板之上50~65 m处的厚层含砾粗砂岩,富水性好。

2.2 其他岩层水文地质概况

工作面3煤底板砂岩为裂隙承压含水层,厚10.39 m,受构造影响局部裂隙较发育,富水性主要受岩性及构造控制,总体富水性相对较弱。侏罗系上统蒙阴组砂岩(简称“红层”)含水层,厚206.04~263.81 m,以粉、细砂岩为主,富水性不均一,总体富水性相对较弱。

3 涌水过程

2010年4月4日上午10:40,工作面回采推进至轨顺51.7 m时,在轨顺端头165#~175#架后采空区内发现出水，现场调查初始涌水量约 5 m^3/h，16:00 时涌水量达到 36 m^3/h；4 月 6 日 16:00涌水量最大达到 45 m^3/h，之后涌水量衰减，至 4 月 18～19 日涌水量基本稳定在 10 m^3/h 左右；4 月 27 日涌水量稳定在 2 m^3/h；4 月 30 日至 5 月 11 日涌水量稳定在 1 m^3/h。工作面涌水量变化曲线见图 1。

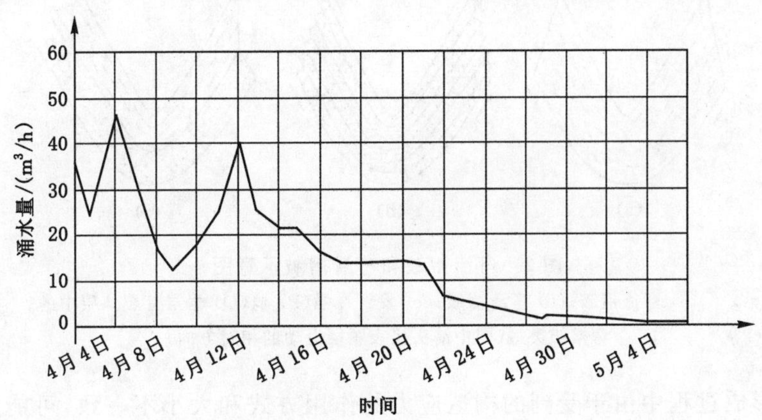

图 1　工作面涌水量变化曲线图

回采过程中最大涌水量为 45 m^3/h，随后水量衰减，总涌水量相对较小，在可控范围之内。

4　综放开采顶板涌水机理

4.1　顶板水形成条件

工作面回采时的直接充水含水层为 3 煤顶板砂岩，其厚度为 38.54 m，岩性以中粗砂岩为主，其次为细砂岩。侏罗系红层含水层厚 206.04～263.81 m。14310 工作面煤层顶板距红层底间距大于 140 m，因此红层水不会直接向 3 煤工作面充水。3 煤顶板砂岩含水层为回采过程中的主要充水水源。

工作面涌水水源经现场采集，水质分析结果如下：工作面采后冒落区的顶板水质经采样分析为 $SO_4^{2-}\cdot HCO_3^{-}$-Na^+ 型水，矿化度为 1 962.00 mg/L；泄水巷 2# 探孔水质经采样分析为 $SO_4^{2-}\cdot HCO_3^{-}$-Na^+ 型水，矿化度为 2 056.16 mg/L；泄水巷 4# 探孔水质经采样分析为 $SO_4^{2-}\cdot HCO_3^{-}$-Na^+ 型水，矿化度为 1 953.04 mg/L。经工作面采后冒落区的出水及探放水钻孔水样分析结果，判定充水水源为 3 煤顶板砂岩水，从矿化度相对较高也反映出含水层以静储量为主，补、径条件较差。

14310(东)轨顺掘进过程中经探放老空水，证实此低洼地段已无老空积水威胁，对回采基本无影响。

4.2　构造控水机制

岩层受到构造应力作用而发生褶皱时，往往会改变岩层的产状，可能使地层变得缓倾开阔，也有可能使地层变得陡倾紧密。由于受到的构造应力作用的强弱和方式不同，在褶皱的不同部位产生的构造裂隙也往往会有明显的不同。这些因素都直接控制地下水在岩层中的运移情况。

褶皱一般是由弯曲、滑动和流动因素三种作用产生的。变形岩石中存在的许多褶皱都是由顺层作用的压应力造成的。当各层具有不同性质时，就产生失稳面导致岩体中的较强硬层的弯曲作用；滑动褶曲发生滑动时岩石物质多沿与褶曲近于平行的面移动，且滑动面常切割层面；流动褶曲主要是指褶曲错动的发生形式为黏塑性流动形式。流动过程在整个岩体内的发展是均匀的。由于砂岩大多属于较坚硬岩石，由上述可知，顶板砂岩区域的向斜主要是由于岩石在受到应力作用产生弯滑作用而形成的。

在由岩层弯曲和滑动作用形成的褶皱中，如果在整个褶皱岩层内这种单剪应变均匀分布，则形成弯流褶皱；如果单剪应变的分布不均匀，岩层界面上的剪切滑动比岩层中心部分大，则形成弯滑褶皱，如图 2 所示。

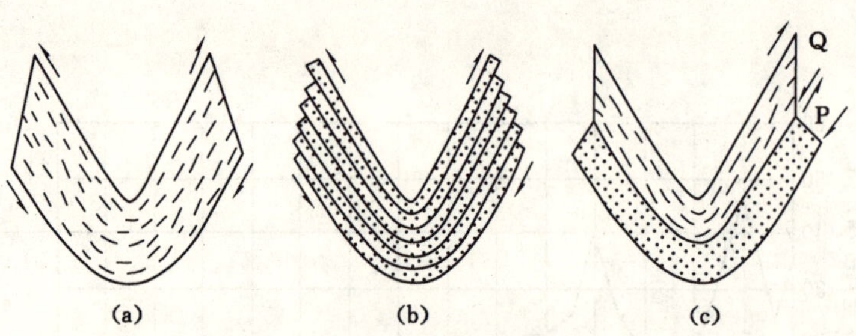

图 2 弯流褶皱和弯滑褶皱示意图

(a) 弯流褶皱；(b) 弯滑褶皱；(c) 发育在强(P) 弱(Q) 岩层互层地层中的弯褶皱类型(图中箭头代表顺层滑动的相对方向)

向斜构造在形成过程中由于受到的构造应力的作用方式和大小不一致，可能形成陡倾紧密和缓倾开阔等向斜。前者由于受到构造应力作用强烈，在向斜的核部横张、纵张裂隙以及层间滑脱等都较发育，这就使得地下水较为活跃，如图 3 所示。

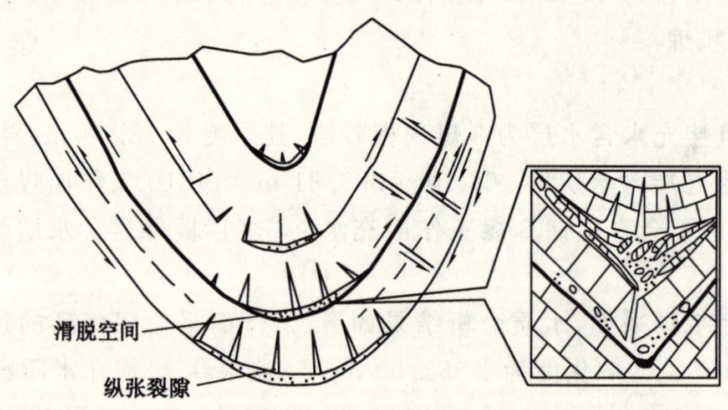

图 3 向斜核部滑脱空间与纵张裂隙示意图

4.3 涌水通道分析

工作面内未有封闭不良钻孔，因此不存在钻孔导水通道。采动导水裂缝带是开采活动形成的人为导水通道，裂缝带导水性好，如遇强含水层、富含水构造或富水体导通，可造成大的突、透水事故。14310 工作面导水裂缝带高度可以根据兖州矿区导水裂缝带高度经验公式计算：

$$M \leqslant 5.5\ \text{m时}, H_{\text{Li}} = 12M \tag{1}$$

$$M = 5.5 \sim 7.5\ \text{m时}, H_{\text{Li}} = 11M \tag{2}$$

$$M \geqslant 7.5\ \text{m时}, H_{\text{Li}} = 10M \tag{3}$$

式中，M 为开采煤层厚度，H_{Li} 为导水裂缝带高度。

C8 向斜轴区域 3 煤厚度为 5.8～9.5 m，根据式(2)、(3)得出，开采过程中导水裂缝带高度为 63.8～95 m。说明工作面回采形成的采后导水裂缝带高度已导入顶板砂岩含水层。14310 工作面的出水，即为采后裂缝带导通 3 煤顶板砂岩含水层所致。由于工作面回采距离短，顶板处于初次来压阶段，且采动部位为顶板砂岩富水较弱地段，因此初次出水量较小。

5 综放开采顶板水防治方法

一般情况下，井田水文地质条件具有一定的分区性，防治水工作的难度也有明显的差异。因此，应在收集和整理区域、井田水文地质资料的基础上，进行井田水文地质条件分区，明确矿井防治水的重点区域，从而采取针对性的防治措施。

5.1　水文物探工程圈定异常区域

按照"预测预报、有疑必探、先探后掘、先治后采"的原则，利用瞬变电磁法对14310(东)工作面运顺和轨顺先后进行3煤顶板砂岩富水性探测，轨、运顺分别探测出5处异常区，如图4所示。

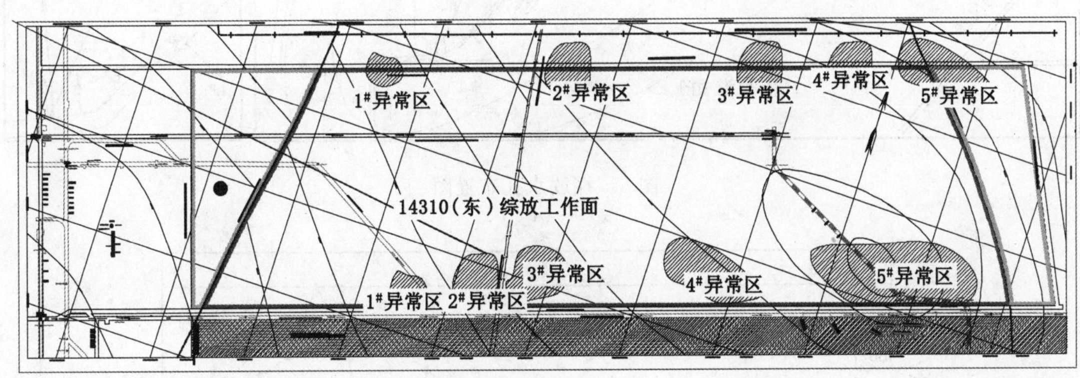

图4　瞬变电磁探测异常体分布示意图

5.2　钻探探放水工程

根据水文物探及构造分析认为14310综放工作面顶板砂岩局部富水，为超前疏放含水层水，降低回采期间涌水峰值及涌水量，开展顶板探放水工程。

5.2.1　顶板探放水施工

(1) 14310工作面运顺顶板探放水

2009年7月，针对工作面运顺水文物探资料探测的5处异常区，在14310(东)运顺对工作面顶板砂岩含水层进行探放水工作。在运顺共施工了10个探水钻孔。钻孔施工过程中，5#孔涌水量为4 m^3/h，9#孔涌水量为6 m^3/h，其余钻孔施工过程中基本未见出水现象，探孔累计疏放3煤顶板砂岩水700 m^3。

(2) 泄水巷顶板探放水

为有效疏放3煤顶板砂岩水，在14310(东)综放工作面轨顺下方泄水巷内HX19点东5 m处施工探放水孔2个，HX19点东10 m处施工探放水孔3个。对工作面上部3煤顶板砂岩含水层进行探放，各探孔均穿过富水性较好的3煤顶板中砂岩及粗砂岩层位。

根据前期施工的5个探放水孔出水情况及揭露煤层底板标高变化分析，C8向斜轴向西偏移，对钻孔放水效果有一定影响。为此，又增加了5个探放水孔，并对探水钻孔的产状要素进行了调整。

6#、7#、9#、10#探放水孔施工后，放水量较1#～5#孔有较大幅度的减少，且施工晚的探孔放水量小于施工早的探孔放水量，同时单孔放水时间也逐渐缩短，至4月25日9个探孔放水量有明显减少，为验证含水层的疏干效果，决定施工11#探孔作为验证孔，终孔深度110 m，孔内未见出水。至此，14310工作面在泄水巷的探放水工程结束。各探水孔布置如图5所示。

5.2.2　泄水巷探放水孔放水情况

2010年4月13日先施工1#探孔，4月20日，已施工1#、2#、3#、4#、5#五个探孔，4月20日14:00，最大放水量为350 m^3/h，加上工作面出水量，此时总放水量达到370 m^3/h，日放水量达到5 218 m^3；4月21～23日继续施工6#、7#、9#、10#探放水孔；4月25日施工11#验证孔。各钻孔放水情况如下(图6～图13)。

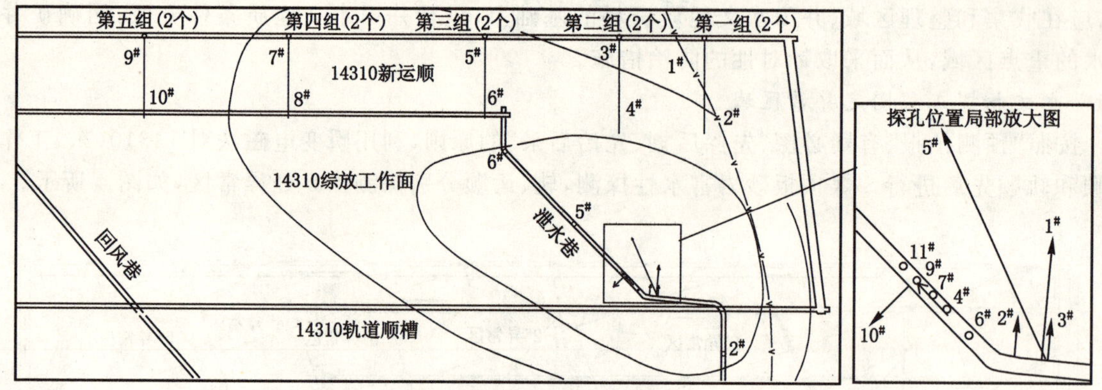

图5 探放水孔布置图

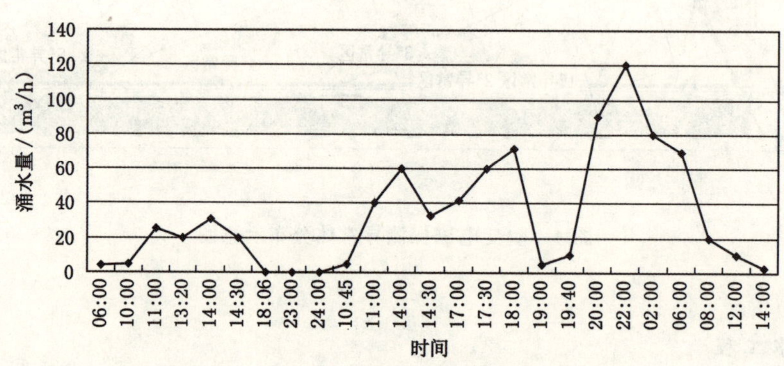

图6 1#探孔放水量与时间变化曲线图

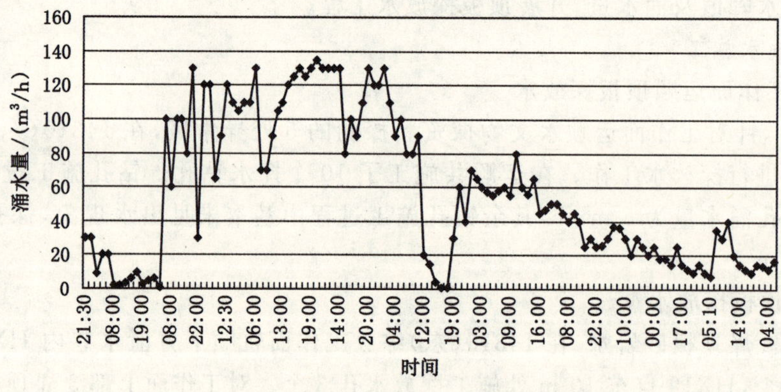

图7 2#探孔放水量与时间变化曲线图

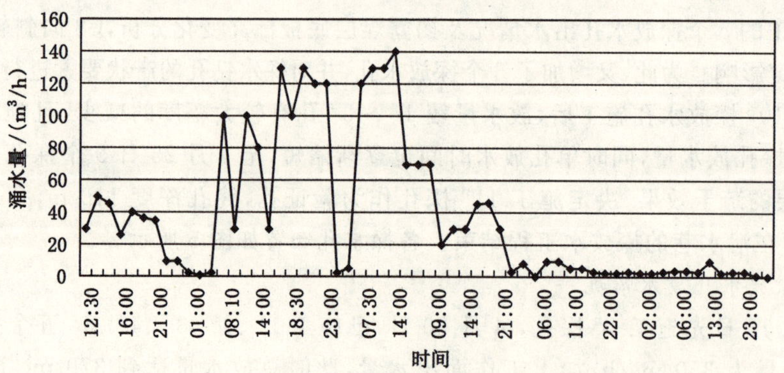

图8 3#探孔放水量与时间变化曲线图

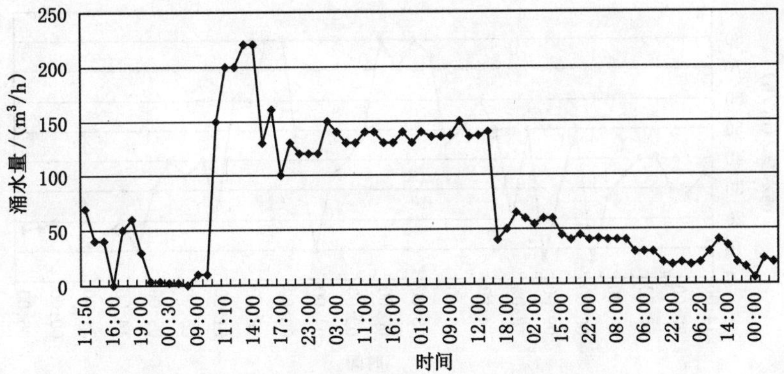

图 9　4# 探孔放水量与时间变化曲线图

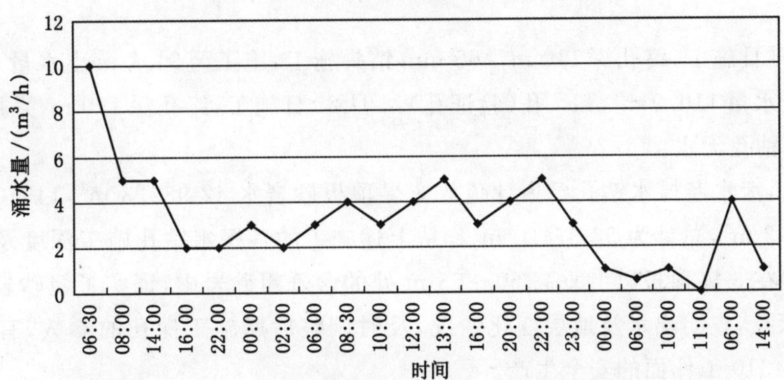

图 10　5# 探孔放水量与时间变化曲线图

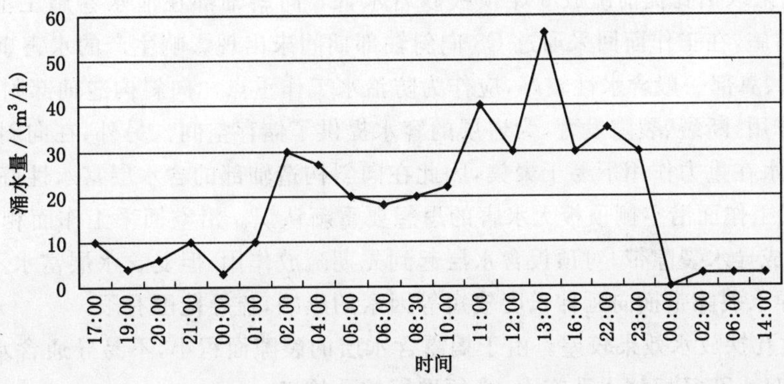

图 11　6# 探孔放水量与时间变化曲线图

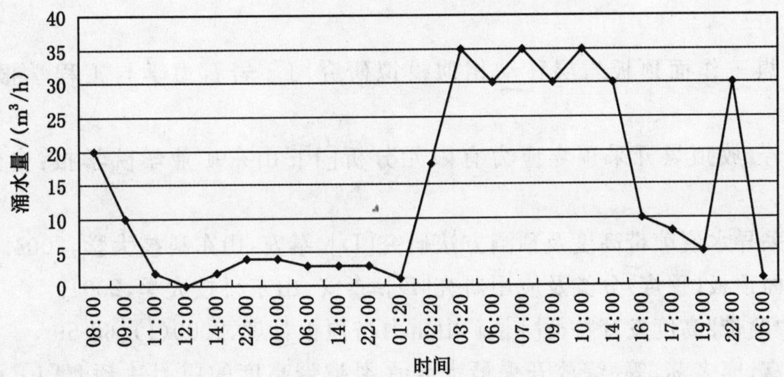

图 12　7# 探孔放水量与时间变化曲线图

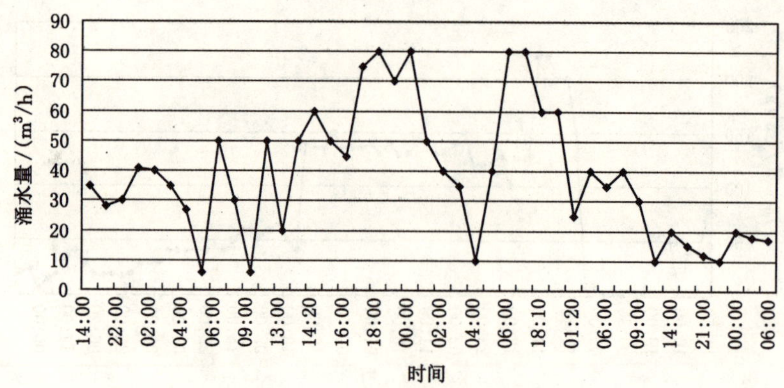

图 13 10# 探孔放水量与时间变化曲线图

9# 孔:4 月 23 日施工,终孔深 110 m,ϕ65 mm 钻头施工,施工至 91.2 m 出水量 1 m^3/h,出水位置在粗砂岩中,总放水量 110.0 m^3。11# 孔(验证孔):4 月 25 日施工,终孔深 110 m,采用 ϕ65 mm 钻头施工,施工 98.8 m,钻孔无水。

至 5 月 11 日,泄水巷探水钻孔已累计疏放 3 煤顶板砂岩水 42 932.8 m^3,14310(东)工作面内总涌水量为 10 489.2 m^3,总计为 53 374.0 m^3。从上述施工的各探水钻孔施工深度及放水情况综合分析,主要出水层位在 3 煤顶板以上垂高 50～65 m 处的含砾粗砂岩中,证实了粗砂岩富水性强。经先期施工 1#～5# 探孔,查明出水及地层变化情况,及时调整后期施工探孔的参数,有效地疏放了顶板砂岩水,确保了 14310 工作面的安全生产。

6 结 论

14310 工作面采取钻孔提前疏放 3 煤顶板砂岩水,C8 向斜轴部在泄水巷施工泄水孔,增强工作面防排水能力等措施,在工作面回采通过 C8 向斜轴部期间未出现影响生产的水害事故。

(1) 向斜轴部、翼部一般含水性较好,应作为防治水工作重点。向斜构造轴部附近的岩层由于受到挤压与拉伸的作用,断裂、裂隙发育,为岩层的容水提供了储存空间。另外,在向斜构造轴部由于岩层在此处位置低,水在重力作用下易于聚集,因此在向斜构造轴部的含水层富水性好。

(2) 沿空回采工作面沿空侧顶板无水害的思想要重新认识。沿空回采工作面相邻先期开采的工作面,采后虽然形成导水裂隙带,对顶板含水层起到先期疏放作用,但受含水层富水不均一性、岩层裂隙的延伸长度和导水裂隙带横向延伸长度较短等因素的影响,疏导范围有限。

(3) 小孔径钻孔探放水效果较差。由于揭露含水层的裂隙面积小,不易导通含水层裂隙,探放水效果差。因此,一旦小孔径探放水孔有水,必须进行扩孔施工。

参考文献

[1] 翟新献.放顶煤工作面顶板岩层移动相似模拟研究[J].岩石力学与工程学报,2002,21(11):1667-1671.

[2] 宋传文,柴正芳.放顶煤开采顶煤应力有限元分析[J].山东矿业学院学报:自然科学版,1999,18(2):28-35.

[3] 杨贵.综放开采导水裂隙带高度及预测方法研究[D].泰安:山东科技大学,2004.

[4] 司荣军.综放面顶板(顶煤)分类及应用研究[D].泰安:山东科技大学,2001.

[5] 蔡东.综放面"两带"高度发育特征[J].矿山压力与顶板管理,2000(1):68-69.

[6] 桂和荣,周庆富,廖多荪,等.综放开采最大导水裂隙带高度的应力法预测[J].煤炭学报,1997,22(4):375-379.

[7] 程国明,黄侃,陈祥军.综放开采顶煤应力分布特征及其对渗透性的影响[J].煤炭工程,

2002(10):35-37.

[8] 陈涛.综采工作面过断层技术[J].同煤科技,2003(1):4-5.

[9] 潘启新,鞠超,于辉华,等.综放工作面顶煤活动规律分析[J].煤炭技术,2000,19(5):23-24.

[10] 申宝宏,孔庆军.综放工作面覆岩破坏规律的观测研究[J].煤田地质与勘探,2000,28(5):42-44.

[11] 尹增德,李伟,王宗胜.兖州矿区放顶煤开采覆岩破坏规律探测研究[J].焦作工学院学报,1999,18(4):235-238.

[12] 倪兴华,郑远任,谢业良,等.综采放顶煤工作面覆岩冒裂带高度观测研究[J].煤矿开采,1996增刊(1):53-57.

[13] 王坚刚,柏正才.综放工作面过大落差断层技术[J].矿山压力与顶板管理,2003(1):74-75.

[14] 吴健,陆明心,张勇,等.综放工作面围岩应力分布的试验研究[J].岩石力学与工程学报,2002,21(增):2356-2359.

[15] 邹海,桂和荣,王桂梁,等.综放开采导水裂隙带高度预测方法[J].煤田地质与勘探,1998,26(6):43-46.

[16] 李树刚,钱鸣高,石平五.综放开采覆岩离层裂隙变化及空隙渗流特性研究[J].岩石力学与工程学报,2000,19(5):604-607.

[17] 张健全,廖国华,黄在文,等.综放开采条件下覆岩离层动态发育规律[J].北京科技大学学报,2001,23(6):492-494.

工作面顶板动态离层水预疏放实践

淮北矿业集团海孜煤矿 李忠凯 胡 杰

摘 要：采煤工作面顶板动态离层水是煤矿突水的一种新的水源，通过对离层水突水的原因和特点分析，采取了在工作面回采影响以外的下山方向布置钻孔，同时在钻孔内下入防堵装置，保证了钻孔在工作面采前、采中和采后持续放水，有效地阻止了离层水源的产生，保证了工作面安全生产。

关键词：动态；离层水；预疏放

1 引 言

淮北矿业集团海孜煤矿是一座设计年产 1.5 Mt 的现代化矿井。2005 年 5 月 21 日正在回采的 84 采区 745 工作面发生瞬时最大水量 3 887 m^3/h 的特大溃水事故，给生产和安全造成极大的被动。经分析研究，发现该次事故机理是因为受 7 煤层顶板巨厚火成岩支撑，多煤层采动作用，造成煤系地层不均匀沉降，使 7 煤层顶板砂岩产生离层并积水，在火成岩动力作用下，积水冲破有限的隔水层而发生特殊突水现象。如此强度的顶板水突水现象在国内十分罕见，如何进行防治，避免类似事故的再次发生，成为扭转生产和安全的被动局面、保证工作面安全恢复生产的关键。

2 顶板动力突水原因和特点

2.1 745 工作面地质及水文地质概况

工作面煤层属二叠系下石盒子组全隐伏煤层，煤层厚 0.2～3.2 m，平均 1.29 m，倾角 18°。该区地层自上向下有第四系和火成岩及煤系地层，对 7 煤层开采充水有影响的主要含水层有第四系四含和 7 煤顶板厚层砂岩，隔水层有四含底部黏土层、火成岩和 7 煤直接顶泥岩。

2.1.1 四含

四含为第四系地层的最下一层，直接覆盖在煤系地层之上，与煤系地层不整合接触。四含底部发育一层黏土层，含砾石，黏土层发育不均一，局部具“天窗”，四含水通过“天窗”缓慢向煤系地层补给。

2.1.2 火成岩

厚 76.3～88.77 m，下距 7 煤层 61.2～62.83 m，属闪长岩和闪长玢岩，整体块状结构，总体属隔水层，能阻隔四含对煤系地层的补给。但当有断层等裂隙发育与四含沟通时，局部丧失隔水作用，通过地面补勘钻孔采取钻孔电视技术可清晰地看到该区火成岩发育有大量纵向和层状拉伸裂隙，但不含水。

2.1.3 7 煤顶板砂岩

厚 14.07～30.87 m，下距 7 煤层 12.86～28.03 m，含脉状裂隙承压水，属弱含水层，是 7 煤开采的直接充水水源。

2.1.4 7 煤底板煤岩层

8、9 煤层相距约 3 m，8 煤层上距 7 煤层约 22 m，与 7 煤层同属于二叠系下石盒子组，在该区两煤层均未开采。

上距 7 煤层约 116 m 为二叠系山西组 10 煤层，该层煤工作面于 2002 年 11 月全部采完收作。

2.2 745 工作面突水原因

工作面发生突水后，为了查明突水原因，在位于停采线外 5 m、机巷向上 10 m 施工了一个钻孔

R455,孔深 368.53 m,终孔层位位于 7 煤顶板 34.8 m,钻孔离层发育柱状见图 1。钻孔在施工过程中发现岩浆岩底板 1.6 m 至粉砂岩 1.4 m 段,被掰开形成 T3 离层带,段高 3 m,具典型的硬软岩层界面易产生离层的规律特征。注水实验测流结果,单位吸水量为 0.16 L/(s·m)(相当于中等富水含水层)。

岩层水位及离层起止深度段高	岩性柱状	钻厚累计/m	钻探厚度/m	底层倾角/(°)	岩石名称
8月30日水位埋深319.8 m，标高-294 m 9月21日水位埋深321.19 m，标高-295.39 m 井中测流单位吸水量q=0.16 L/(s·m)		331.10	87.77		闪长岩
井中测流单位吸水量q=0.056 L/(s·m)		337.60	6.50	12	粉砂岩
10月9日水位埋深340 m，标高-314.2 m		339.80	2.20	12	砂岩
		351.10	11.30	10	粉砂岩
井中测流单位吸水量q=0.32 L/(s·m)		369.17	18.07	10	砂岩

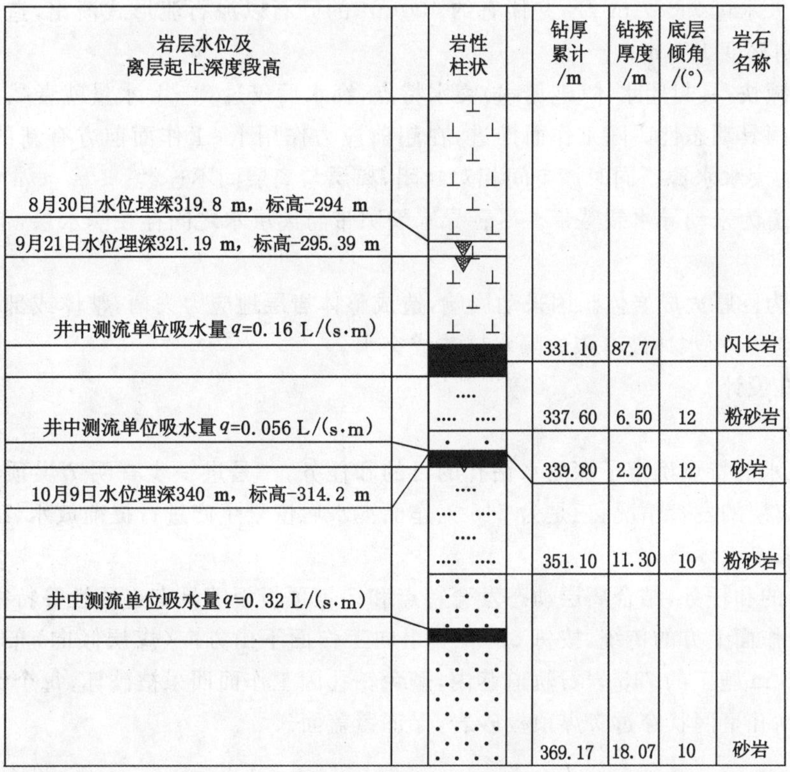

图 1　R455 孔离层发育及水位变化示意图

煤系地层中,在孔深 339.5～341 m 孔段的砂岩,厚 2.15 m,与粉砂岩孔空 339.61 m 界面分布有段高为 1.5 m 的 T2 离层带,其中砂岩掰开 0.11 m,粉砂岩掰开 1.39 m,也是软、硬岩层界面。其单位吸水量为 0.056 L/(s·m)(相当于弱含水层),表明离层带为破碎岩石充填,而不是空腔。

在孔深 350.74～368.53 m 的巨厚(大于 17.8 m)的砂岩中,砂岩顶界 6.76 m 以下发现有段高为 1.2 m 的 T1 离层带,单位吸水量为 0.32 L/(s·m)(相当于中等富水含水层),K 值为 31.16 m/d。总吸水量为 13.64 m^3/h。

R455 孔终孔时位为 333 m(−306 m),在岩浆岩孔段的水柱高度为 16.1 m。T1、T2、T3 三个离层带均有积水。44 d 后水位为 340 m,已低于岩浆岩底板 18.9 m,表明 T3 离层带已处于水位之上而成为“无水离层带”。T2 离层带顶界为 339.5 m。表明该离层带上部 0.5 m 已处于水位之上,只有 T1 离层带仍保持水位,水柱高达 17.5 m。这说明:① R455 孔内水位保持 44 d,原因是有 T3“积水离层带”存在。② R455 孔深 368.53 m,孔底距 7 煤顶 34.8 m。孔底有水位说明其下部砂岩还没有被导水裂隙所波及。46 d 后孔内水位消失,钻孔发生吸风现象,说明 T3 积水离层带被疏干。

上述现象说明 T1 积水离层带的单位吸水量为 0.32 L/(s·m),是“5·21”突水的直接水源。当山西组 10 煤层回采后,下石盒子组及其以上地层属整体弯曲下沉带,但受巨厚火成岩板支撑,其上部岩层并未随之下沉,受自身重力和火成岩板拉伸共同作用,下石盒子组地层不均匀下沉,并在 7 煤顶板砂岩中形成拉伸破坏,从而形成离层。因该层砂岩自身就是弱含水层,加之四含水通过浅部露头和火成岩裂隙对其缓慢补给,使离层内积水。当 7 煤层采动后,破坏了火成岩原有的应力平衡,并活动产生动力,在该动力作用下,压挤离层,积水冲破了离层于 7 煤采动后导水裂隙带间有限的隔水层,从而发生突水。该次突水事故是极复杂水文工程地质条件下发生的动力突水的特例。

2.3 动力突水的特点

本次突水和其他工作面顶板砂岩突水存在明显的区别，主要有以下几方面的特点：

(1) 无明显征兆。本次突水并未有顶板突水从小到大的规律，而是瞬间溃出，几乎无何征兆。

(2) 瞬时最大水量 3 887 m^3/h，并伴有约 400 m^3 的矸石以泥石流形式溃出，造成沿途巷道被切割冲刷，最大冲刷深度 1.5 m。

(3) 水量衰减快，具封闭水体（老塘水）突水特点，突水后仅过 3.5 h 水量就衰减了 97%。

(4) 储水空间具动态性。随工作面推进，在超前应力作用下，工作面前方有新的离层形成，并不断积水，产生新的突水水源。同时该空间相对封闭，离层与离层间不连续。

(5) 突水通道为采动导水裂隙带。尽管导水裂隙带与离层水之间存在隔水层，但较薄，极易被动力水冲破。

(6) 动力源为巨厚火成岩体。因采动影响，造成整体岩层地应力失衡，整体或部分岩层位移产生动力，挤压储水空间，积水冲破有限的隔水层造成突水。

3 预疏放水钻孔设计

3.1 目的和任务

针对动力突水的特点确定了探放水钻孔的目的和任务，一是进一步查明 7 煤顶板砂岩含水和富水性；二是查明离层的发育情况；三是为 745 工作面突水后恢复生产进行提前放水，疏干降压。

3.2 预疏放钻孔布设方案

根据前述目的和任务，结合离层动态发育特点和 7 煤顶板裂隙具有连通性等特征，打破顶板水探放钻孔布设在工作面上方的传统，按每 50 m 一组向工作面下山方向（煤层倾向）布置。钻孔开孔于在 7 煤底板约 15 m 施工的 745 岩石轨道巷内，避免钻孔因工作面回采被破坏，每个钻窝布置 3 个孔，呈扇形分布，使钻孔呈网状穿过 7 煤顶板砂岩，保证覆盖面。

3.3 技术要求

钻孔开孔直径 127 mm，两层套管结构，孔口管 8～10 m，用标号不小于 500 号水泥固管，压力不小于 5 MPa 进行耐压试验，合格后缩径 89 mm 钻进至终孔。然后全程下入 ϕ73 mm 花管作为过滤器，防止孔内掉矸堵塞钻孔，保证钻孔持续有效放水。

钻孔在施工过程中若存在出水现象，需详细记录出水层位、孔深，测量水量、水压，采取水样进行水质分析。

4 预疏放效果分析

4.1 简易放水试验效果

所有钻孔施工完成后，选取了水量较大的 3 个钻孔进行简易放水疏干，其他钻孔进行测压，监测钻孔水压变化情况。简易放水试验为期 10 d，3 个孔总放水量 1 025 m^3，钻孔水压从 0.54 MPa 降到 0.2 MPa。经计算砂岩水位从原始高出风巷约 5 m，下降到放水后仅高出机巷 0.2 MPa。放水试验结束后，进行了为期 72 h 的恢复水位试验，24 h 后钻孔水压恢复到 0.25 MPa 并保持稳定。

4.2 TEM 检测结果

在钻孔施工前，为了准确掌握 7 煤顶板砂岩的含水富水情况，在 745 工作面风巷、腰巷和机巷向工作面顶板采取了瞬变电磁探测，共查出 3 处低阻（视电阻率小于 1 Ω）异常，视电阻率曲线横向上表现出起伏变化较大，与高阻曲线明显不协调。探测结论为 3 处视电阻率低阻异常对应工作面顶板存在 3 处较强富水性，为赋水异常区。

为了进一步确定钻孔放水效果，保证工作面恢复生产后的安全开采，工作面恢复生产前再次用瞬变电磁法对钻孔放水效果进行检验，重点探查先期探测 3 个低阻异常的视电阻率变化。通过对比发现二次瞬变电磁视电阻率明显增大，均大于 1.5 Ω，且视电阻率等值线横向变化较均匀，与其他高阻曲线协调性较好，煤层顶板电性横向分布均匀，说明原探测富水区已降为弱含水或不含水，钻孔放水效果较好。

4.3　工作面回采过程的预疏放效果

在工作面恢复生产过程中，受超前应力影响，所有放水孔水量均有不同程度变化，突出表现在3#钻场1#孔。

该钻孔施工后到工作面恢复生产推进距钻孔约50 m期间，钻孔水量一直保持在0.8 m^3/h的稳定水量；当工作面推进距钻孔50 m后，钻孔水量持续增大；距钻孔约20 m时，水量已增大到5 m^3/h；当工作面采到钻孔上方时，钻孔水量增大到9.8 m^3/h，达到极值；随工作面继续向前推进，钻孔水量虽有所下降，但仍保持在7 m^3/h的稳定水量。在工作面恢复生产的整个过程中，只有钻孔水量发生变化，而工作面内却未出现任何淋水和滴水等水情异常。见图2。

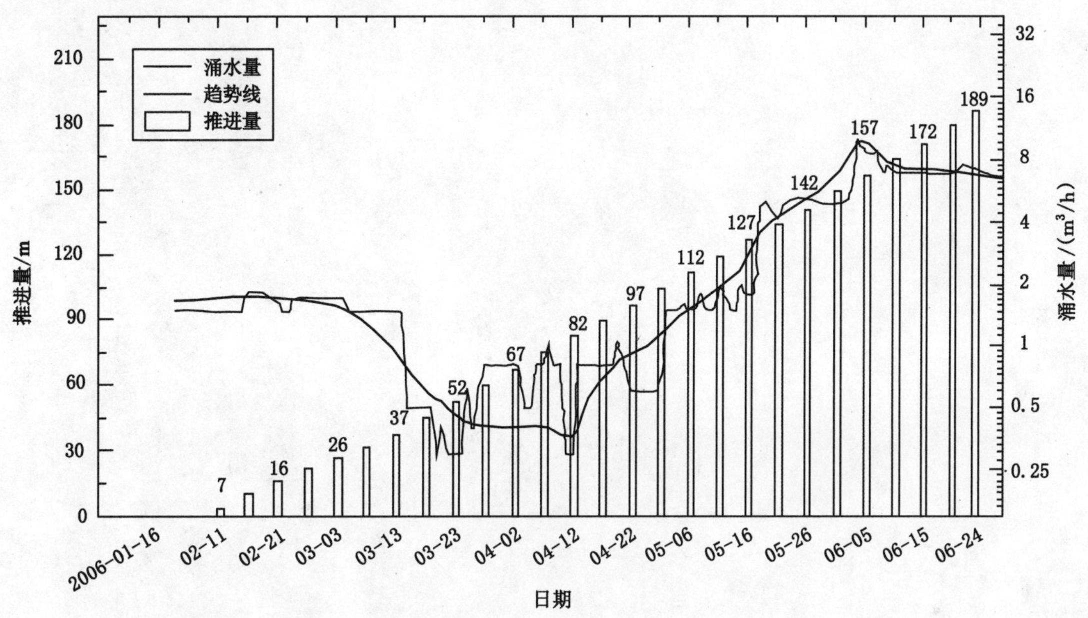

图2　3#钻场1#孔疏水量变化趋势曲线与工作面累计推进度对照关系图

通过对整个回采过程钻孔疏放水量计算，发现钻孔放水总水量是745工作面突水水量的2.3倍，说明钻孔疏放水对超前疏放砂岩水、截断离层积水水源发挥了重要作用。

5　结　语

745工作面恢复生产后，先后采出原煤约7万t，工作面内未出现任何水情异常，实现了安全开采，工作面预疏放顶板动态离层水技术为类似顶板条件下水害防治积累了治理经验，具有较可观的经济和社会效益。

由于离层动力突水现象在国内较为罕见，如何防治尚无成功的先例，因此采取何种布孔方式、孔组间距需要多大以及孔与孔之间如何排列等才能实现最经济合理地预疏放煤层顶板离层积水、截断离层积水水源，以保证预疏放效果，均处于摸索状态。通过对745工作面顶板离层水的预疏放钻孔设计和实施，主要积累了以下几点经验：

(1) 严格按规程要求，每50 m布置一组钻孔，保证了预疏放水钻孔的覆盖面，确保砂岩水预疏放。

(2) 钻孔布置在工作面下山方向和采动影响范围之外，保证钻孔在工作面采前、采中和采后持续有效放水。

(3) 在钻孔结构上，改以往裸孔为两层套管结构，钻孔全程下入花管作为过滤器，有效地防治了碎矸堵孔，保证钻孔水流畅通。

(4) 采取放水试验、压力对比和物探对比验证等方法对放水效果进行检验，使放水效果更直观明了，有效地促进了安全生产。

参考文献

[1] 沈继方，于青春，胡章喜. 矿床水文地质学[M]. 北京：中国大学地质出版社，1992.

[2] 庞渭舟，刘维周. 煤矿水文地质学[M]. 北京：煤炭工业出版社，1986.

[3] 柴登榜. 矿井地质工作手册[M]. 北京：煤炭工业出版社，1984.

作者简介：李忠凯(1974—)，男，安徽蒙城人，工程师，1998年毕业于辽宁工程技术大学水文地质与工程地质专业，一直从事矿井水文地质和矿井地质工作。

厚煤层大跨度综采放顶煤工作面涌水特征分析

兖矿集团有限公司地质测量部　刘瑞新

摘　要:本文根据鲍店煤矿5308厚煤层大跨度综采放顶煤工作面涌水资料,详细论述了5308工作面的涌水特征,并提出了涌水预测及防治措施。

关键词:厚煤层;大跨度;综采放顶煤;涌水分析

1　前　言

鲍店煤矿五采区首采面5308工作面,走向(南北向)长2445 m,倾斜(东西)宽196 m,跨度较大。周围均为实体煤。工作面总体呈南北高、中间低的向斜构造,面内发育8条小断层,以正断层为主,落差0～3.1 m不等。开采煤层为山西组3层煤,煤层厚度8.05～9.14 m,平均煤厚8.53 m。切眼在工作面的北端,走向长壁综采放顶煤开采,1999年12月1日开始回采,月推进速度85～212 m,平均145 m。

5308面上覆地层第四系厚195～226 m,其中上、中组厚145 m左右,下组厚度较大,为50～80 m,岩性主要为黏土、砂质黏土、黏土质砂、砂(砂砾)。砂土类所占比例较大,含水丰富。以该工作面东侧距该面420 m的第四系下组水位观测孔$Q_{下}$—14号孔为例,第四系下组深度145.72～203.16 m,厚度57.44 m,砂土类厚33.68 m,所占比例59%,黏土类厚23.76 m,所占比例41%。抽水试验单位涌水量1.074 L/(s·m),渗透系数为3.933 m/d,水质类型HCO_3^--K^++Na^+·Ca^{2+}型水;侏罗系仅局部发育,分布于工作面的东南部,厚0～67 m,分布区内东南厚西北薄,以红色中细砂岩为主,富水性差,强度低,为软弱岩层;3层煤以上煤系,中、北部厚南部薄,厚度136～205 m。以中、细砂岩与粉砂岩、泥岩互层为主,富水性中等～差,强度较高,属中硬岩层;3层煤以上基岩总厚度东厚西薄,厚度138～230 m。

2　工作面涌水情况

5308工作面开采以来,共发生6次较大涌水(表1)。其中最大涌水量80.48～260 m^3/h,平均涌水量65.09～102.28 m^3/h;每次涌水期间工作面推进距离6～104 m,两次涌水之间间隔距离12～359 m;每次涌水天数9～20 d,两次涌水之间间隔天数5～85 d;每次涌出水量1.8万～3.8万m^3,累计涌水总量18.3万m^3。

于工作面淋涌水处取水样进行全分析(表2),分析结果显示,水质类型属HCO_3^--K^++Na^+·Ca^{2+}。矿化度为578 mg/L,偏低。水质资料表明工作面涌水以煤层顶部砂岩水为主。

3　工作面涌水特征

由表1和表2可见,工作面涌水特征如下:

表1　5308工作面涌水情况

序号	涌水日期/涌水天数/d	涌水间隔天数/d	推进度/m/涌水距离/m	涌水间隔距离/m	涌水量/(m^3/h)最大～最小/平均	涌水总量/万m^3	
						本次	累计
1	1999-12-17～12-31/15		80.5～144/63.5		155.54～59.10/100.06	3.0	

续表 1

序号	涌水日期/涌水天数/d	涌水间隔天数/d	推进度/m/涌水距离/m	涌水间隔距离/m	涌水量/(m^3/h)最大～最小/平均	涌水总量/万 m^3	
						本次	累计
2	2000-03-26～04-10/16	85	503～573/70	359	80.48～37.30/63.79	2.4	5.6
3	2000-04-24～05-02/9	14	640～682/42	67	260～57.78/100.06	2.2	7.8
4	2000-05-07～05-21/15	5	709～746/37	27	180.24～71.40/119.98	3.8	11.6
5	2000-05-29～06-17/20	8	758～764/6	12	192.92～56.18/102.28	4.9	16.5
6	2000-07-20～08-07/19	32	963～1067/104	199	107.59～40.37/65.09	1.8	18.3

表 2　5308 工作面水质分析成果

项目	K^++Na^+	Ca^{2+}	Mg^{2+}	Cl^-	$SO_4{}^{2-}$	$HCO_3{}^-$
毫克当量/%	90.52	3.01	6.01	9.98	26.57	58.93

(1) 每次工作面涌水，往往来水突然，来势猛，水量大，危害严重。如该工作面初次涌水，1999 年 12 月 17 日 12 时，工作面情况正常，实测工作面涌水量 18 m^3/h。13～14 时，工作面突然来水，实测工作面涌水量 130 m^3/h 左右。再如，该工作面第三次涌水，2000 年 4 月 24 日 16 时 45 分，工作面情况正常，实测工作面涌水量 48 m^3/h。17 时 20 分发现工作面突然来水并迅速增大，19 时 10 分实测工作面涌水量 260 m^3/h。由于煤水混合严重，且下山开采下顺槽坡度大(4°～12°,平均 8°)，水煤流急速下泄，对巷道、胶带架等冲蚀破坏严重，低洼区淤积严重，涌水排泄困难。煤水混合影响正常胶带运输，往往造成溜煤眼、煤仓发生“捅仓”事故，严重威胁矿井安全生产。

(2) 工作面涌水以采后涌水为主，该工作面第一、二、三、六次涌水，大部分都从采空区涌出，工作面面前淋水较小。但工作面推进受阻时，也有可能跟至工作面面前。如第四、五次涌水，由于受客观因素的影响，工作面推进缓慢甚至停止推进，工作面采后涌水跟至工作面回采迎头，造成采煤支架前后大量淋涌水，严重恶化工作环境。

(3) 工作面涌水区域主要在以下几种异常地点：① 工作面开采初期，覆岩采动导水裂隙带第一次发育到最大高度的区域，该工作面第一次涌水即属此类。该工作面自切眼推进 80.5～144 m，覆岩裂隙带发育至最大高度，造成工作面突然大量涌水。② 工作面的上端覆岩采动裂隙带发育的峰部位置，该工作面第三次涌水即属此类。第三次涌水位置位于工作面上端的 185～196 m 范围，同覆岩采动裂隙带发育的峰部位置基本相对应。③ 小断层发育的区域。该工作面第四、五次涌水，主要在工作面面内下部发育的 V－F_7 断层附近。该断层为正断层，落差 0～6 m，倾角 50°～60°，走向与工作面推进方向斜交，延展长度约 120 m。由于断层影响，顶板破碎，覆岩导水裂隙带发育高度增大，连通的覆岩含水层层数、厚度增多，造成断层附近大量涌水。④ 向斜轴部的两侧。该工作面除第一次涌水外，第二～六次涌水位置均位于该面向斜轴部的两侧，距向斜轴的距离为 40～290 m 不等。

(4) 工作面的正常区域与异常区域比较，涌水量差异显著。该工作面回采期间发生 6 次突水，突水区域平均涌水量 65.09～119.98 m^3/h，最大涌水量 80.48～260 m^3/h。而大部分正常区域涌水量较稳定，一般在 30 m^3/h 左右。两者差异显著。

(5) 工作面涌水与开采活动引起的覆岩导水裂隙带密切相关。该工作面每次涌水过程中，该工作面东侧的第四系下组水位观测孔 $Q_下$—14 号孔水位均明显下降，从 1999 年 12 月 13 日的水位标高

－55.6 m 下降到 2000 年 7 月 21 日的－60.3 m，累计下降 4.7 m(图 1)。每次涌水过后，$Q_下$—14 号孔水位部分有回升现象，回升幅度 0.7～2.4 m。从图 1 中明显看出，$Q_下$—14 号孔水位升降与该工作面涌水量大小明显负相关。分析认为，回采工作面一次典型的涌水过程是，煤层回采后，覆岩破坏，迅速产生采动裂隙，导致煤层顶部砂岩水通过采动裂隙涌入回采工作面，造成工作面来水突然，来势猛，峰值大，并引起第四系下组水随之下降。随后，在上覆岩层重力及其他因素作用下，采动裂隙发生密实现象，导水性明显降低，工作面涌水量(迅速)减小，第四系水位缓慢下降以至逐渐回升。随着工作面的开采推进，工作面发生多次涌水。因此，回采过程与涌水过程是密切相关的。

(6) 第四系下组水对工作面涌水有一定的补给作用。该工作面每次涌水，井田内第四系下组观测孔水位均大幅度下降，如该工作面第一次涌水，15 d 的时间，距该面 420 m、1 800 m、3 000 m、3 900 m、4 300 m、5 300 m 的 $Q_下$—14、$Q_下$—7、$Q_下$—9、$Q_下$—6、$Q_下$—12、$Q_下$—2 号孔第四系下组水位分别下降了 2.4 m、2.0 m、1.6 m、0.8 m、1.0 m、0.7 m(正常情况下第四系下组水位下降速度为 2～3 m/a)。从第四系下组水位大范围、大幅度下降以及从 $Q_下$—14 号孔水位变化资料与该面涌水资料相关性分析，第四系下组水对 3 煤顶部砂岩水有一定的补给关系。

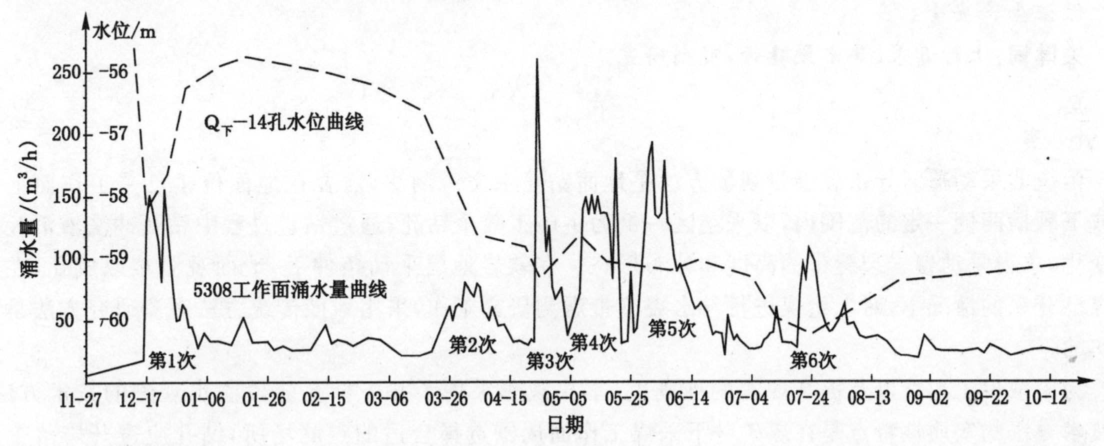

图 1　5308 工作面涌水量与 $Q_下$—14 号孔水位相关曲线图

4　主要结论及防治水措施

(1) 厚煤层大跨度综采放顶煤工作面往往来水突然，来势猛，对回采生产影响严重。因此，工作面回采前一定要提前设计、提前施工防排水工程，做到有备无患，以确保工作面正常安全生产。

(2) 回采工作面涌水量大小受两个方面的因素影响：一是覆岩的富水性强弱，与所在区的覆岩岩性、断层等构造裂隙发育程度密切相关；二是煤层开采活动以及由此引起的覆岩采动裂隙的发育程度及过程。

(3) 工作面涌水构成以煤层顶部砂岩水为主，第四系下组水对煤层顶部砂岩水有一定的补给，回采工作面涌水预测时应予以考虑。

(4) 加密观测煤层顶部砂岩水位观测孔、第四系下组水位观测孔，能够及时观测覆岩采动导水裂隙带的发生、发展与稳定闭合的过程，对分析工作面涌水有一定的帮助。

(5) 工作面回采过程中，应采取原有水文资料、工作面富水性探测(如音频电透视探测)资料的静态分析和工作面回采推进情况、含水层水位资料动态观测相结合的方式，进行工作面涌水的预测预报工作，以提高工作质量，更好地指导回采生产。

作者简介：刘瑞新(1963—)，男，山东郓城人，高级工程师，从事矿区水文地质、防治水技术管理工作。

煤$_1$上行开采导水裂缝带观测

龙矿集团梁家煤矿 薛 梅 张同洲 唐鹏飞

摘 要：煤$_1$的回采是在煤$_2$、煤$_4$回采后进行的，煤$_2$回采后的导水裂隙带已波及煤$_1$，对煤$_1$上下岩层已造成破坏，同时煤$_4$的回采对其也造成了一定的影响。通过采用井下仰孔分段注水技术探测覆岩导水裂隙带高度，取得煤$_1$开采覆岩导水裂隙带观测成果，掌握导水裂隙带高度、侧方边界向采空区外凸距离、冒落裂隙带在工作面倾向方向上的形状以及最大裂高形成、稳定、回缩的时间，有效地指导煤$_1$回采工作面矿井水预测、防治工作，保证生产安全。

关键词：上行开采；导水裂缝带；观测研究

1 引 言

传统的采动覆岩导水裂缝带观测方法是地面钻孔水文观测法，需要在地面位于已采工作面上顺槽或下顺槽两侧一定的范围内，以采空区一侧为主施工数个钻孔，通过钻进过程中钻孔冲洗液消耗量的变化，求得采动覆岩裂缝带的高度和分布形态。在软岩地层采动条件下，地面观测难以成孔，在下组煤已开采的情况下，对上组煤进行导水裂缝带观测研究工作，采用地面传统方法观测研究方法是不现实的。

为了减少工程费以及提高观测的准确度，本次观测采用了井下仰孔分段注水观测的技术方法。该技术方法的实质性特点是在煤矿井下采煤工作面周围选择合适的观测场所，钻孔应避开垮落带而斜穿导水裂缝带，达到预计的裂缝带顶界以上一定高度。使用“钻孔双端封堵测漏装置”沿钻孔进行分段封堵注水，测定钻孔各段水的漏失流量，以此了解岩石的破裂松动情况，确定裂缝带的上界高度。

煤$_1$的回采是在煤$_2$、煤$_4$回采后进行的，煤$_2$回采后的导水裂隙带已波及煤$_1$，对煤$_1$上下岩层已造成破坏，同时煤$_4$的回采对其也造成了一定的影响。目前矿区对煤$_1$反采的导水裂隙带发育情况未进行专门的研究。为了进一步掌握煤$_2$、煤$_4$回采后煤$_1$反采导水裂隙带发育的高度，促进矿井防治水工作，计划实施该项目。

2 开采技术条件

2.1 工作面开采条件

1111工作面为煤$_1$油$_2$层首采工作面，设计走向长度681 m，倾斜长度97.4 m，设计开采厚度4 m。该面东为煤$_2$一采轨道、一采胶带上山，南为西主巷，西为龙口镇保护煤柱，下方为已回采完毕的煤$_2$层1207、1209工作面和煤$_4$层4111等工作面采空区。现1111工作面已成面。综合机械化采煤工艺，全部垮落法顶板管理，参考煤$_2$开采矿压显现规律，煤$_1$油$_2$开采时初次来压步距20～25 m，周期来压步距6～10 m。

2.2 地质条件

1111工作面煤$_1$、油$_{2上2}$、油$_{2上1}$各层赋存稳定，厚度变化较小。其中上部煤$_1$结构简单，平均0.90 m，中部油$_{2上2}$厚2.15～2.22 m，下部油$_{2上1}$厚1.05～1.13 m。

工作面煤岩层走向总体呈NE向，倾向SE，平均倾角10°。受下部采动影响，工作面岩层产状在对应下方采空区边界附近变化较大，特别是受煤$_2$、煤$_4$重叠开采影响，产状变化更大，可达20°～25°。

本区构造简单，主要在工作面下顺槽揭露一条南倾正断层，落差为1.1 m。此外，分析在工作面内有可能揭露其他隐伏小断层和不均匀塌陷造成的假断层。

与本次 1111 工作面导水裂缝带探测关系密切的煤$_1$ 油$_2$ 顶板岩层(参考 2～5 号钻孔柱状图)自上而下主要为：

(1) 泥灰岩。层厚 15 m。1111 工作面泥灰岩层与煤$_1$ 顶板间距约 40 m。

(2) 煤$_{上2}$。层位较稳定,层厚 6.90 m。

(3) 泥岩泥灰岩互层。层厚 8.0 m,与煤$_1$ 顶间距约 24.87 m。

(4) 煤$_{上1}$。层位较稳定,层厚 11.6 m。

(5) 粉砂岩。层厚 8.4 m。

(6) 含油泥岩。层厚 4.87 m。

煤$_1$ 油$_2$ 底板至煤$_3$ 层为：

(1) 含油泥岩。层厚 13.2 m。

(2) 煤$_2$。层厚 4 m,为采空区,局部低洼处积水。

(3) 砂质黏土岩。层厚 1.2 m,灰色,质地粗糙,较坚硬。

(4) 砂质黏土岩夹粗砂岩。层厚 12.68 m,灰色粗砂岩,胶结坚硬。

(5) 煤$_3$ 油$_3$。层厚 0.88 m,黑色,沥青光泽,呈棱角状断口,内生裂隙发育。

(6) 泥砂岩互层。层厚 65.39 m,深灰—灰白色,泥质胶结砂岩。

(7) 煤$_4$。开采厚度 7 m,为采空区。

3　煤层覆岩导水裂缝带高度观测

3.1　煤$_1$ 油$_2$ 开采覆岩裂缝带高度预计

梁家煤矿煤$_1$ 油$_2$ 赋存于古近纪新近纪地层中,上覆岩层岩性主要有泥岩、泥岩与泥灰岩互层和泥灰岩,属于典型的软弱岩层。

根据《建筑物、水体、铁路及主要井巷煤柱留设与压煤开采规程》,煤层覆岩为软弱岩层时,覆岩导水裂缝带高度的预计公式为：

$$H_{\mathrm{Li}}=\frac{100\sum M}{3.1\sum M+5.0}\pm 4.0 \tag{1}$$

式中,H_{Li} 为导水裂缝带高度,m；$\sum M$ 为累计采厚,m。

按开采厚度 4 m 计算,由公式(1)预计得出采后覆岩导水裂缝带最大高度为 27 m。这一预计结果与以往在梁家煤矿煤$_2$ 和煤$_4$ 冒裂带高度是采高 7～9 倍的观测结果相差较大,为了确保能够观测到煤$_1$ 油$_2$ 开采导水裂缝带的最大高度,观测钻孔设计的终孔位置距离煤$_1$ 油$_2$ 顶板的垂直高度应控制在 36～40 m 之间,根据 1111 工作面顶板实际地层情况,终孔位置应设计在煤$_{上2}$或泥灰岩中。

3.2　1111 工作面导水裂缝带高度观测设计方案

为了有效地观测 1111 工作面开采导水裂缝带发育的最大高度,考虑 1111 目前的实际开采情况,并考虑泥灰岩和泥岩泥灰岩互层的含水弱的特点,决定在 1111 工作面下顺停采线附近设计观测钻窝。在 1111 工作面下顺施工观测钻窝 A,设计一组钻孔,用于观测煤$_1$ 油$_2$ 反采覆岩导水裂缝带的发育高度及其发育形态。

3.3　实际观测钻孔施工和观测过程总结

2008 年 6 月至 9 月,在 1111 综采工作面下顺观测钻窝施工观测钻孔。因 1111 工作面为反采工作面(下部煤$_2$、煤$_4$ 已开采),钻孔穿过的顶板岩层曾遭受移动破坏过程,加之该区域软岩地层岩性的特殊性,所以钻孔施工过程中出现了多个钻孔塌孔、挤钻和采后钻孔出水现象,影响了正常施工和观测。实际钻孔施工是根据现场实际情况,在原设计方案的基础上不断修改完成的。

4　煤$_1$ 上行开采导水裂缝带发育高度探测研究

由于钻孔塌孔、出水等非人力所能控制的诸多因素,致使采后只完成了 A—9 一个钻孔的分段注水观测。为了能够比较准确地界定煤$_1$上行开采导水裂缝带发育高度，根据采前2个钻孔和采后1个钻孔的分段注水观测结果，充分利用在采后观测钻孔施工过程中钻孔和工作面出水情况，结合1111工作面瞬变电磁探水成果，对煤$_1$反采导水裂缝带发育高度进行综合分析。

4.1　1111工作面回采过程中出水情况分析

根据1111工作面顶板泥岩与泥灰岩互层和泥灰岩含水性瞬变电磁探测结果，泥岩与泥灰岩互层共圈定较强富水异常区10个，其中5#和10#异常区富水性相对最强；泥灰岩圈定较强富水异常区4个，靠近停采线位置4#异常区富水性相对最强。

工作面下顺距开切眼240 m揭露一小断层，落差1.1 m，倾角80°，工作面在240～310 m开采范围涌水量不断减小，表明这一小断层对工作面涌水没有产生明显的作用。

1111工作面9月1日采至680.8 m停采，停采后一段时间(9月3日至9月27日16时之前)工作面涌水量基本稳定在5 m^3/h左右；9月27日16时(停采26 d)，工作面回撤到最后一架支架时，顶板开始大面积淋水，工作面涌水量约15 m^3/h，同时，A—9孔锐减至1 m^3/h；9月28日(停采27 d)工作面涌水量增至30 m^3/h，9月29日(停采28 d)逐渐减小，9月30日(停采29 d)涌水量减至10 m^3/h，10月5日(停采34 d)以后涌水量基本稳定在5 m^3/h。图1为停采后工作面涌水量与时间关系图，由此推断1111工作面导水裂缝带在采后26～27 d发育最充分或达到最大发育高度。

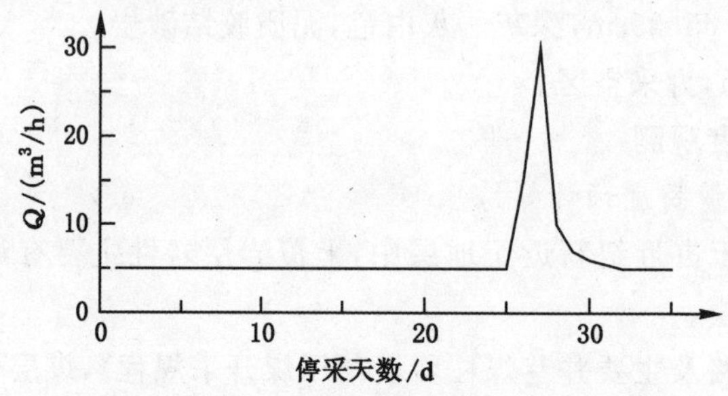

图1　停采后工作面涌水量与时间关系图

工作面回采过程中的出水情况，涌水量峰值与泥岩与泥灰岩互层的相对富水区有比较明显的相关性，而与泥灰岩相对富水异常区相关性较差。

由以上工作面出水特征，推断煤$_1$油$_2$反采导水裂缝带最大高度主要波及泥岩与泥灰岩互层含水层，而未波及泥灰岩含水层。

4.2　1111工作面煤$_1$上行开采导水裂缝带观测成果分析

(1) 采前A—1号钻孔观测结果分析

A—1孔所处位置离下部煤$_2$、煤$_4$开采区比较远，岩层状态基本不受煤$_2$和煤$_4$开采的影响，所测注水漏失量反映地层的原生裂隙及裂缝的发育状态。

(2) 采前A—7号钻孔观测结果分析

A—7孔所处位置靠近下部煤$_2$、煤$_4$开采区，岩层状态受煤$_2$和煤$_4$开采的影响，所测注水漏失量反映地层的煤$_1$油$_2$开采前、煤$_2$和煤$_4$开采后的裂隙及裂缝发育状态。

(3) 采后A—9号孔观测结果分析

在施工A—9孔时，分两段施工。第一段用ϕ50钻具钻进至42 m，再用ϕ89钻具扩孔至42 m，完成第一段钻孔分段注水观测，所观测地层为粉砂岩和煤$_{上1}$，钻孔还未揭露互层，故此段观测时孔内出水量相对较小；第二段从42 m处继续施工至62.45 m。42.5 m见互层，钻至43 m时出水量25～35 m^3/h，水压0.8 MPa，由于钻孔出水，且水压大于胶囊封堵压力和注水压力，此时所测漏失量为零，观测失效。当探管推至56 m时，观测读数不为零，观测工作正常。

根据以上开采前后钻孔漏失量的变化可以确定A—9孔的导水裂缝带上界在孔深59.0 m处，即泥岩与泥灰岩互层和煤$_{上2}$的交界处。导水裂缝高度由下式计算：

$$H_{裂} = [l\sin(\alpha-\beta) - h + h']/\cos\beta + h'' \qquad (2)$$

式中，$H_{裂}$ 为导水裂缝带高度，m；α 为钻孔倾角，(°)；β 为沿钻孔方向的煤层伪倾角，(°)；l 为导水裂缝带上界孔深，m；h 为开采高度，m；h' 为孔口距煤层底板的高度，m；h'' 为回采顶板到煤$_1$ 顶板的距离，m。

将 $l = 59.0$ m，$\alpha = 45°$，$\beta = 7°$，$h = 3.97$ m，$h' = 2.0$ m，$h'' = 1.9$ m 代入(1)式，得 A—9 孔实测导水裂缝带高度 $H_{裂} = 36.5$ m。

4.3 1111 工作面煤$_1$ 反采导水裂缝带发育高度

梁家煤矿煤$_1$ 油$_2$ 采用综采工作面，开采高度一般为 3.97 m。从实测结果看，粉砂岩原生裂隙和裂缝发育相对较弱，采动后粉砂岩地层遭受破坏比较严重，有大量的新生裂隙和裂缝产生，表现在注水漏失量上采动前后变化较大；煤$_{上1}$地层原生裂隙和裂缝发育比较均匀，受煤$_2$ 和煤$_4$ 开采影响较小，但受煤$_1$ 油$_2$ 开采影响大，产生了大量的新生导水裂隙和裂缝；泥岩与泥灰岩互层原生裂隙、裂缝和溶洞发育极不均匀，互层中泥灰岩的原生裂隙、裂缝和溶洞发育较强，而互层中的泥岩原生裂隙和裂缝发育相对较弱，受煤$_2$ 煤$_4$ 开采影响大，产生了较为明显的新生裂隙和裂缝，煤$_1$ 油$_2$ 开采后重复破坏，产生了大量的新生裂隙和裂缝，并且在纵横两个方向上都具有非常好的连通性；煤$_{上2}$地层受煤$_2$、煤$_4$ 及煤$_1$ 油$_2$ 开采影响小，基本上是整体下沉形式，没有产生明显的新生裂隙和裂缝，原生裂隙和裂缝发育相对较弱，具有阻隔水作用。

综合工作面回采过程工作面涌水情况及采后 A—9 钻孔的实测结果，最大导水裂缝带高度发育至泥岩与泥灰岩互层和煤上 2 的交界面，A—9 孔实测高度为 36.5 m，按正常情况下平均采高 3.97 m 计算，裂高采厚比约 9.2。导水裂缝带高度发育的最大高度与岩层的岩性有着密切的关系，煤$_{上1}$地层采前与采后比较地层未产生明显的导水裂缝通道，但其上的泥岩与泥灰岩互层却产生了明显的新生裂缝，但由于煤$_{上1}$的阻水作用，其导水裂缝带发育最大高度不会超过煤$_{上1}$地层，这时裂高采厚比显得意义不大。

5 结 论

(1) 工作面回采过程中的出水情况表明，涌水量峰值与泥岩与泥灰岩互层的相对富水区有比较明显的相关性，而与泥灰岩相对富水异常区相关性较差。涌水量增大的位置滞后相对富水异常区，其滞后的距离与顶板周期来压步距有关，一般滞后 1 个周期来压步距。工作面揭露的小断层与工作面涌水量无明显关系。

(2) 实测资料表明，煤$_{上1}$地层原生裂隙和裂缝发育比较均匀，受煤$_2$ 和煤$_4$ 开采影响较小，但受煤$_1$ 油$_2$ 开采影响大，有大量的导水裂隙和裂缝产生；泥岩与泥灰岩互层原生裂隙、裂缝和溶洞发育极不均匀，互层中泥灰岩的原生裂隙、裂缝和溶洞发育较强，而互层中的泥岩原生裂隙和裂缝发育相对较弱，受煤$_2$ 和煤$_4$ 开采影响大，煤$_1$ 油$_2$ 开采后重复移动破坏，在纵横两个方向上都具有非常好的导水连通性；煤$_{上2}$地层受煤$_2$、煤$_4$ 及煤$_1$ 油$_2$ 开采影响小，基本上是整体下沉形式，原生裂隙和裂缝发育相对较弱，具有阻隔水作用。

(3) 根据实测结果，梁家煤矿煤$_1$ 油$_2$ 开采高度 3.97 m 时，导水裂缝带最大高度泥岩与泥灰岩互层和煤$_{上2}$的交界面，最大裂高 36.5 m，裂高采厚比为 9.2。

(4) 由停采后工作面涌水量随时间的变化关系分析，导水裂缝带发育到最充分所需要的时间大约 26 d，这也可能是最大裂高形成的时间。

(5) 虽然采后只完成了 A—9 钻孔的分段注水观测，但通过综合分析获得了比较符合实际的结论，基本达到了煤$_1$ 反采导水裂缝带发育高度探测的目的。

作者简介：薛梅(1968—)，女，汉族，1991 年毕业于焦作矿业学院，学士学位，高级工程师，从事矿井地质与水文地质工作。

济宁二号煤矿煤层顶板离层水成因分析

兖州煤业股份有限公司济宁二号煤矿　周玉华

摘　要:济宁二号煤矿11306工作面切眼在探水线处疏放11305工作面老空水过程中,发生上覆岩层离层积水下泄入老空区,给工作面的安全生产和正常接续造成了不利影响。工作面顶板离层水作为一种新的水害形式成为矿井的安全生产的主要隐患之一。本文结合工作面的地质水文地质情况,对工作面顶板离层水的成因进行了分析并提出几点认识,为下一步有针对性地防治离层水打下基础。

关键词:离层水;成因分析;认识

1　问题的提出

11305工作面位于矿井十一采区东部,工作面停采后,为确保相邻11306工作面切眼和轨道顺槽的施工安全,提前编制了专门的探放水设计,进行超前探放水。

11306工作面切眼东端为11305面采空区,切眼施工至距11305面采空区30 m处停头打钻探放水,疏放期间,出现了迎头来压煤壁破碎片帮,放水孔塌孔现象严重,实际疏放老塘水水量明显异常变化等情况,实际疏放老空水量远远超出原预计水量,表明存在新的水源进入$113_{下}05$工作面采空区。

2　11305工作面地质及水文地质概况

11305工作面开采的$3_{下}$煤层属石炭—二叠系的山西组,工作面面宽147.35 m,实际回采长度1 073.35 m,揭露煤层平均厚度4.92 m,煤层倾角2°～12°,平均6°,煤层起伏变化大,南部及东北部煤层倾角较大;煤层走向基本上为NWW,倾向NNE;煤厚变化较大,南部及北部相对较厚,中部较薄;煤层结构复杂,局部含一层厚0.2～0.4 m的泥岩夹矸,煤层普氏系数(f)一般在1.91左右,为软～中等硬度煤层。

济宁二井田位于济东煤田(东区)中部,含煤地层为石炭—二叠系的太原组和山西组,本井田为隐伏煤田,上覆地层第四系厚149.40～250.00 m;上侏罗统平均厚244.53 m。$3_{上}$煤层顶板砂岩之上有二叠系隔水层组,平均厚165.42 m,煤系埋藏深度在490 m以下。

对$3_{下}$煤有充水影响的主要含水层为直接充水含水层3煤顶底板砂岩、第三层石灰岩,间接充水含水层第四系砂砾层、侏罗统红砂岩。因第四系底部普遍发育一层隔水性能良好的泥质岩,加之第四系与3煤层距离远,对3煤层开采时的涌水无明显的影响。

(1) 3煤层顶底部砂岩。3煤开采的直接充水含水层主要为山西组砂岩(3煤层顶底板砂岩)。$3_{上}$煤层顶板砂岩,最大厚度43 m,平均20.18 m,$Ⅱ_1$区较厚;$3_{下}$煤层顶板砂岩最大厚度58.3 m,平均21.57 m;3下煤层底板砂岩最大厚度36.24 m,平均12.85 m。3煤层顶底板砂岩富水性弱,开采过程中涌水方式以淋水为主,较少出现大的涌水点。

(2) 第三层石灰岩(三灰)。第三层石灰岩是3煤层开采的直接含水层,据勘探时期抽水资料,其富水性弱。本矿井巷道掘进过程中揭露三灰,初期涌水量较大,随后逐渐减少,三灰仅在开拓巷道局部揭露,对3煤层开采充水影响较小。

(3) 第四系砂砾层。因第四系底部普遍发育一层隔水性能良好的泥质岩,加之第四系与3煤层距离远,对3煤层开采时的涌水无明显的影响。

(4) 侏罗统红砂岩。侏罗统红砂岩为3煤层开采的间接充水含水层,其水位的变化与采区的开采有直接关系，侏罗统砂岩含水层水是矿井涌水的重要组成部分，它是3煤层开采的间接含水层，可能通过补给3煤层顶底板砂岩而构成矿井涌水，但侏罗统砂岩本身的富水性弱，补给条件差。

3　水源分析

$113_{下}05$ 工作面采空区新加入水源具有总水量大、短时间内补给能力强等特点，具备封闭水体特征。而且，采取的水样水质分析结果也同样表明为煤层顶板砂岩水。

11305 工作面附近的15—7号钻孔柱状资料（见表1）显示，在3下煤层底板上方49.73 m处发育一段厚5.19 m的黏土岩，其上发育约38 m厚的砂岩。11305工作面回采揭露煤厚平均4.92 m，根据 $3_{下}$ 煤开采采后的冒裂带预计公式，计算冒裂高度为55.29 m。上述黏土岩段处在冒裂带高度顶部，此处裂隙发育微弱，以弯曲沉降为主。黏土岩塑性好，强度低，易弯曲变形；而其上的巨厚砂岩强度高，弯曲下沉量小。这样，11305工作面回采后，顶板冒落造成 $3_{下}$ 煤层上方49.73 m处黏土岩弯曲变形与上层巨厚砂岩离层形成离层空间。砂岩具有一定的富水性，砂岩水便在离层空间内逐渐积聚而形成离层水。

表1　　15—7号水文孔部分岩性柱状资料

深度/m	厚度/m	岩　性	间距/m
736.80	25.13	无芯（测井资料分析为细砂岩）	
741.99	5.19	黏土岩	49.73
765.70	23.71	无芯	
776.70	1.00	中细砂岩	
767.82	1.12	煤 $3_{上}$	
768.42	0.60	黏土岩	
768.82	0.40	煤 $3_{上}$	
770.15	1.33	黏土质粉砂岩	
788.98	18.83	无芯（测井资料分析为中细砂岩）	
791.72	2.74	煤 $3_{下}$	
792.92	1.20	粉砂质黏土岩	
796.24	3.32	粉砂岩	
797.64	1.40	粉细砂岩互层	

全面分析11305面及其周围岩层、含水层、构造和采场条件，别无水源，只有一种可能——离层水。而11305面上方有形成离层和离层水的条件。

4　离层水下泄原因分析

（1）黏土岩塑性较强，裂隙不发育，隔水性好，加之处于裂隙带顶部，此处本来裂隙发育微弱，故第一次冒落时黏土岩仅发生弯曲而未遭受破坏，积水无法下渗至采空区。老空区积水经11306工作面疏放后，采空区进一步压实，导致二次冒落，裂隙进一步向上发育，穿透黏土层，导致离层积水下泄采空区，致使11305工作面采空区积水量增大。

（2）11305工作面于2006年9月5日回采，2007年4月30日停采，2007年7月8日开始疏放老空水，疏放老空水距工作面回采结束的时间间隔较短（69 d），采空区上覆岩层尚未沉稳，可能在疏放老空水过程中由于动压影响再次冒落，造成离层水在较短时间内涌入采空区。

5　几点认识

（1）本次探放水过程中，我们第一次认识到煤层顶板离层水作为一种新的矿井水害类型出现于兖州矿区，而且水量巨大（经计算达18.6万 m^3）。如果离层水瞬间溃入采空区，将造成淹没井巷甚至出现人身伤亡事故，后果不堪设想。因此，需要积极开展采场顶板离层水体形成条件、离层水体涌水机理、离层水体水量预计及离层水防治研究，搞好矿井防治水工作，保证安全生产。

(2) 在疏放老空水过程中，即使现场条件许可，放水量也不宜过大过猛，避免水位下降过快，水压急剧降低(卸压过快)，导致上覆及四围岩体失稳而突然下沉，使离层水瞬间大量溃入采空区而发生透水伤亡事故。

(3) 受沿空侧压力影响，探放老空水钻孔孔壁极易坍塌堵孔，影响放水效果，采用下护壁套管的方法可以有效解决这一问题，从而提高放水孔利用效率，减少透孔次数和废孔数量，提高放水效果，同时也对煤壁有一定的保护作用。

作者简介：周玉华(1968—)，山东莒县人，济宁二号煤矿地测副总工程师。主要从事矿井地质测量工作。

软岩地层采场顶板离层涌水机理初探

龙矿集团北皂煤矿　王永全　李恭建　邢　程

摘　要:本文分析了“三软”地层工作面的涌水规律,结合顶板岩性结构、含水层动态监测及水化学资料,确定了离层积水水体的存在,并对其形成机理进行了初步研究,同时提出了离层水防治措施,在实际应用中取得了较好的效果。

关键词:软岩地层;水位监测;离层涌水;涌水机理

北皂煤矿是国内唯一一个海滨矿,2001 年开始了海下采煤的工程实践,2005 年首采面试采成功,现正回采第四个工作面,海水下采煤中如何预防海水侵入是煤矿防治水工作的重中之重。在海域 H2106 工作面回采后期,发生了多次顶板含水层水通过采空区向工作面充水的现象,瞬时涌水量达到 60 m^3/h。通过涌水规律观测,系统分析回采过程中顶板含水层水位的动态变化过程,结合水化学资料,确认顶板离层积水为主要充水水源。为了防止类似涌水对工作面回采和安全造成影响,矿井开展了离层积水涌水机理和防治技术研究并应用于生产实践,取得了较好的效果。

1　采场水文地质条件

北皂煤矿海域 H2106 工作面回采古近系李家崖组煤$_2$ 层,采用伪倾斜长壁布置,综采放顶煤全部垮落法采煤,平均采放高度 4.2 m。工作面顶板由下而上存在煤$_1$ 油$_2$ 含水层、泥岩夹泥灰岩含水层和泥灰岩含水层。

煤$_1$ 油$_2$ 厚度 4.4 m,其下距煤$_2$ 层 17.6 m,与煤$_2$ 层间有含油泥岩隔水层相隔。含少量裂隙水,连通性不好,富水程度差。

泥岩夹泥灰岩互层含水层为泥岩和泥灰岩交互沉积结构,厚度 7~8 m,下距煤$_2$ 层 45 m,与煤$_1$ 油$_2$ 间有碳质泥岩和泥岩隔水层相隔。泥灰岩质地坚硬,裂隙发育,含裂隙水,循环和补给条件较差,以静储量为主,水质类型为 Cl^--Na^+ 或 HCO_3^--Na^+ 型,根据以往揭露资料,其涌水量一般在 6~7 m^3/h,富水程度弱且不均一。

泥灰岩含水层平均厚度 4.36 m,距煤$_2$ 层 59 m,与泥岩夹泥灰岩互层之间有碳质泥岩和泥岩隔水层相隔,质地较坚硬,局部发育溶蚀裂隙和小溶洞,单位涌水量 0.125~0.14 L/(s·m),富水程度中等。

工作面回采前,矿井建立了泥岩夹泥灰岩互层含水层和泥灰岩含水层地下水动态监测网(图 1),常设了观 1、观 2、观 3 和观 6 几个水文观测孔,可以有效地监测到工作面回采过程中两主要含水层水位随工作面开采动态变化过程。

2　H2106 工作面涌水情况

2.1　工作面涌水情况

H2106 工作面面宽 1 46.6 m,面长 1 442 m,采高 4.2 m,采用综采放顶煤工艺回采,全部垮落法顶板管理。2008 年 7 月开采,前期主要受煤$_2$ 底板砂岩水影响,涌水量一般小于 3 m^3/h。自 2009 年 6 月份以后,工作面开始出现涌水,其中 2009 年 7 月 5 日、7 月 16 日和 7 月 26 日三次涌水规模较大,涌水具有一定的周期性(图 2)。涌水量情况见表 1。

工作面为俯采,老空向工作面充水为主要涌水形式,偶见顶板直接充水。通过水质化验对比分析确定,除 2009 年 6 月 5 日涌水水源是煤$_1$ 油$_2$ 层外,其余涌水水源均为泥岩夹泥灰岩互层。

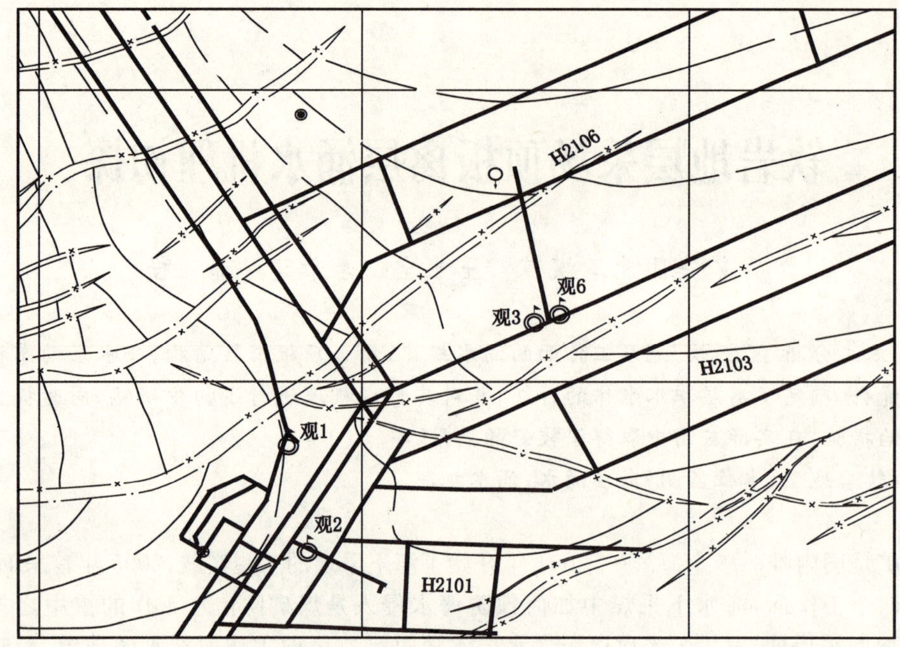

图 1　地下水动态监测网

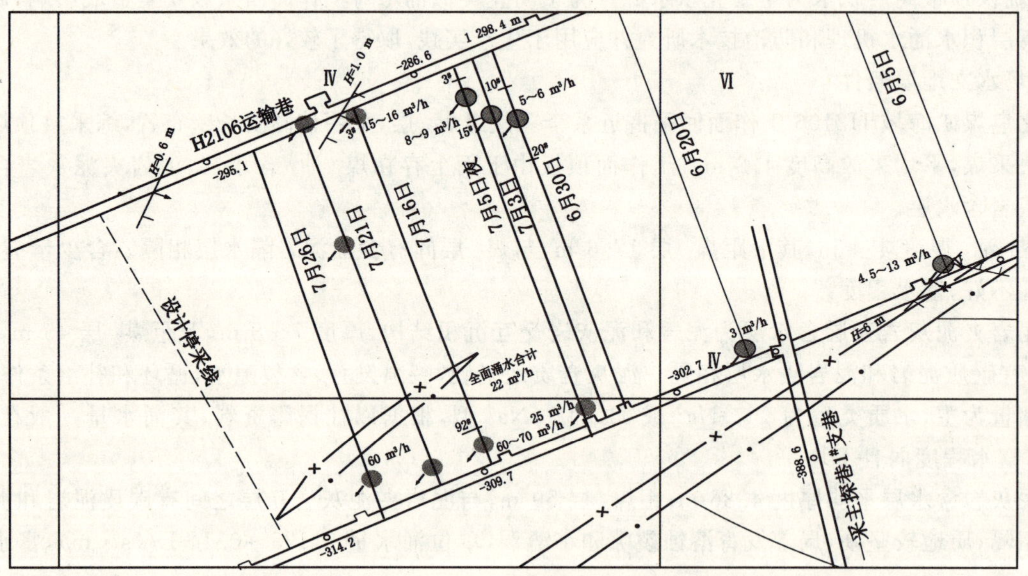

图 2　H2106 工作面涌水平面图

表 1　　　　**H2106 工作面涌水情况表**

时间	涌水位置	瞬时涌水量/(m^3/h)	稳定涌水量/(m^3/h)	累计涌水量/m^3	总矿化度/(mg/L)	水质分析水源
2009-06-04	距材料巷 0～9 m 老空	13	2～4		6 817.8	油$_2$
2009-06-20	材料巷后尾老空	3	1～2	1 130	3 853.34	互层
2009-06-30	距材料巷 138～84 m 老空	5～6	1～2	1 490	2 910.14	互层
2009-07-05	距材料巷 142～12 m 老空、材料巷后尾	40	11～13	1 730	3 052.52	互层

续表 1

时间	涌水位置	瞬时涌水量/(m³/h)	稳定涌水量/(m³/h)	累计涌水量/m³	总矿化度/(mg/L)	水质分析水源
2009-07-16	距运输巷 1.5～4.5 m 老空、材料巷后尾	55	15～17	7 470	3 360.19	互层
2009-07-21	溜头、距运输巷 18～80 m 老空、溜尾	32	7～9	10 862	3 132.54	互层
2009-07-26	距材料巷 9～12 m 老空	60	9～12	12 994	3 218.61	互层

2.2　顶板含水层水位变化情况

工作面开采过程中，通过地下水动态监测网监测到的泥岩夹泥灰岩互层及泥灰岩含水层水位变化过程如图 3 所示。

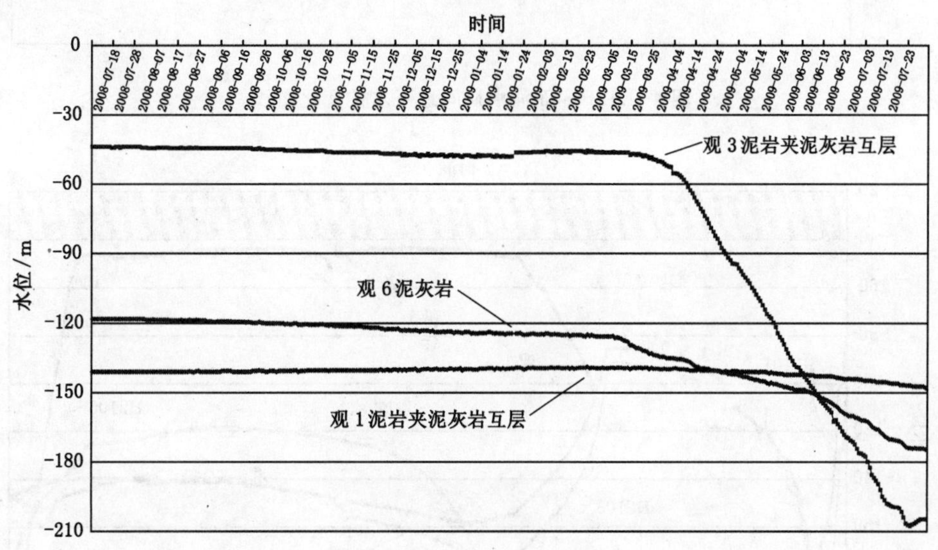

图 3　H2106 面回采期间地下水位变化历时曲线图

从水位变化曲线可以看出，工作面开采初期，地下水位呈缓慢下降状态，由于工作面距观测孔越来越近，2009 年 3 月 13 日起监测到地下水位呈显著下降，说明顶板含水层地下水发生重新分布，但工作面未出现涌水。自 2009 年 6 月 16 日起，工作面出现涌水后，距工作面较近的观$_3$ 和观$_6$ 孔水位，在工作面出水期间水位下降速度随工作面出水出现周期性波动(图 4)，观$_3$ 孔最大下降速度达到 2.0 m/d，最小为 0.39 m/d。

3　离层涌水机理分析

3.1　煤 2 层顶板储水空间分析

与 H2106 工作面相邻的 H2101 和 H2103 工作面回采过程中，地下水位也存在显著的下降过程(图 5)。H2101 回采期间最大水位下降值为 99.8 m，H2103 工作面回采期间最大水位下降值为 80.8 m，表明回采过程中工作面顶板互层含水层存在显著释水过程，但两工作面均未出现顶板涌水，且回采结束后出现明显的水位恢复，表明互层释出的水量必定存在于顶板的某个层位中。互层底板主要由含油泥岩、泥岩和碳质泥岩组成，与泥岩夹泥灰岩岩性差别较大，在下部采动条件下，泥岩夹泥灰岩互层与碳质泥岩附近具有产生离层的可能，具备积水条件。由于该层位仍处于导水裂隙带之上，所以工作面回采过程中出现含水层释水但工作面未见顶板涌水现象。

H2106 工作面回采时，在导水裂隙带之上的该层位也同样会产生离层，成为储水空间，当工作面

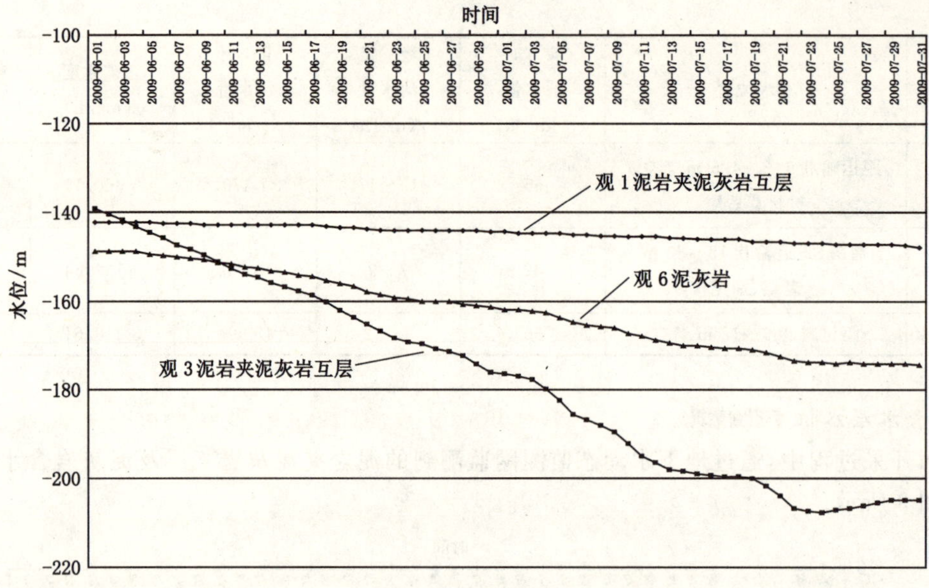

图 4 H2106 面涌水期间地下水位变化曲线

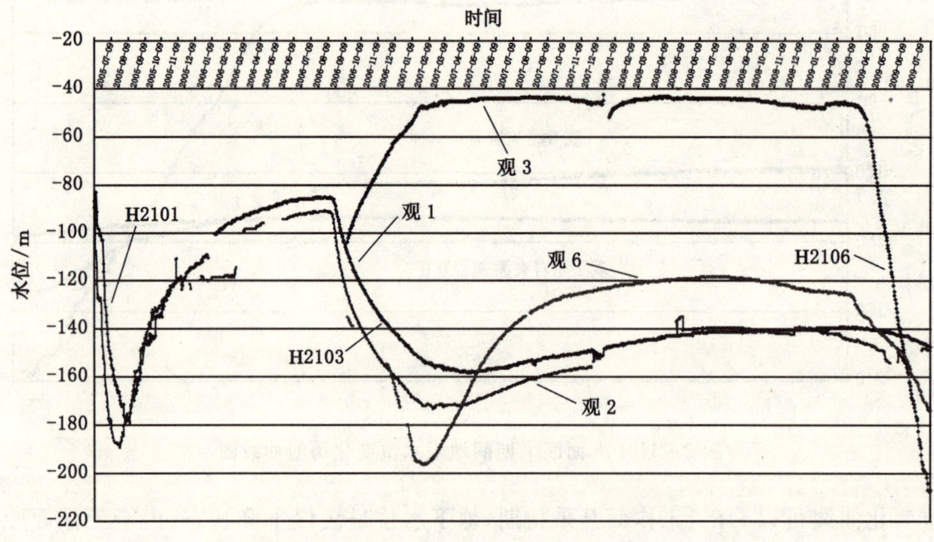

图 5 海域工作面回采地下水位变化历时曲线图

距观 3 和观 6 孔分别为 485 m 和 515 m 时，监测到了该变化过程，而工作面在 2009 年 6 月以前顶板未出现涌水，说明上部储水虽空间存在，但导水裂隙未波及该储水体。

3.2 导水通道分析

根据矿井导水裂隙带实际观测成果，在正常条件下导高采厚比为 8.3，在断层或构造破碎带存在时导高采厚比为 9.5。因此该面在正常条件下导水裂隙高度为 4.2×8.3＝34.86 (m)，导水裂隙顶界距互层有 10 m 的隔水岩柱，波及不到泥岩夹泥灰岩含水层。当工作面处于断层或构造破碎带时，导水裂隙高度将达到 4.2×9.5＝39.9 (m)，导水裂隙顶界与互层底板仅有 4～5 m 的隔水岩柱，该隔水岩柱岩性又是碳质泥岩，而离层存在于该 4～5 m 岩柱内，在存在断层或其他构造等因素的影响下有可能与下部导水裂隙导通。

3.3 工作面涌水规律

2009 年 7 月 5 日前，工作面涌水相对稳定，涌水量呈现小幅度波动，之后涌水量呈现大幅度波动，综合水源、导高、离层储水分析结果，可以得出如下涌水规律。

（1）涌水呈阵发性，初期涌水量增加急剧、峰值涌水量大、衰减快。

顶板离层储水是工作面直接充水水源。由于离层较为发育，储水条件较好，因而一旦导水裂隙达到该层，初期涌水量将急剧增加，峰值涌水量大，但由于储水量空间有限（一般储水量在 1 000 m^3 左右），因而涌水衰减较快。

（2）间接水源为泥岩夹泥灰岩互层水，水质稳定。互层富水程度虽然较弱且富水性不均一，但作为在全区稳定存在的含水层，向离层空间充水仍较为充沛。

（3）受老顶周期性断裂影响，涌水呈现 35～40 m 的周期性。

（4）随涌水规律性变化，地下水位呈周期性变化。

4　离层涌水防治措施

根据离层发育规律及离层积水的特点，可采取超前疏放充水水源、预留离层疏水钻、加大采高破坏离层积水条件或降低采高隔离离层积水体等措施。根据工作面条件，现场采取的是降低采高来抑制导水裂隙带发育高度，避免离层积水向工作面充水的方式。在工作面回采后期，采放高度降低到 3 m 后，工作面再未出现离层积水涌水工作面，确保了工作面安全生产。

5　结　论

离层是工作面开采过程中顶板特有的下沉开裂现象，并伴随工作面开采全过程。当其位于含水体附近且位于导水裂隙带之上时，具有积水的可能，当导水裂隙波及离层积水体时，离层积水将成为矿井充水的一个新的临时水源。离层充水具有水量有限、瞬时水量较大的特点，可从消除水源、破坏积水条件或隔离开采等方面进行离层水防治工作。该项研究不但确保了工作面的安全生产，而且提高了对软岩地层采场顶板离层水文地质规律的认识，使矿井防治水技术得到升华，对类似水文地质条件的煤矿防治水工作具有较好的借鉴意义。

作者简介：王永全（1971—），男，工程师，1996 年毕业于山东矿业学院（现山东科技大学），获学士学位，从事矿井防治水工作。

软岩矿井采煤工作面顶板出水治理技术研究

龙矿集团洼里煤矿 李 波 杨风成 曹思云 王明智

摘 要:本文通过剖析洼里煤矿11219工作面溜尾段出水后的治理过程,探讨软岩矿井采煤工作面出水原因、治理技术及今后防范措施,积累了防治水方面的一些经验。

关键词:出水;治理;效益

1 工作面地质及水文地质情况简介

洼里煤矿11219工作面设计为回收十二采区上部煤柱,工作面地质条件及巷道关系复杂。巷道在掘进期间共揭露落差0.3~3.0 m的断层20条,其中落差1 m以上断层11条,对工作面回采有较大影响。

工作面区域内自上而下主要有四层含水层,分别为泥灰岩裂隙含水层、碳质页岩裂隙含水层、煤裂隙含水层及煤$_1$采空区。

(1) 煤$_1$顶板上部26.5处为泥灰岩含水层,平均厚度12 m,含有较丰富的裂隙水,正常情况下对回采无影响,但若工作面发生冒顶将可能沟通该含水层,因此工作面回采期间应加强顶板管理,防止发生冒顶。

(2) 煤$_1$顶板上部4.6 m处为碳质页岩含水层,平均厚度2.5 m,含有少量裂隙水,但含水性不均,正常涌水量1 m^3/h,预计最大为3 m^3/h。在断层附近或顶板裂隙发育段,易出现淋滴水现象,应重点加强支护质量,控制好顶板,防止出现切顶、漏顶现象。

(3) 煤$_1$本身裂隙发育,含有少量裂隙水,在巷道掘进期间已基本疏放完毕,对回采无影响。

(4) 工作面运输巷外侧为11218面采空区,经巷道掘进期间探测,证实采空区内无明显老空水积聚,其对11219工作面开采没有威胁;但巷道内低洼处有少量积水,因此,工作面回采期间应保留巷道内现有的排水管路及设施,并加强排水管理,及时排出巷道积水,以免影响生产。

2 11219工作面溜尾出水经过

11219工作面溜尾从2009年2月5日早班开始受落差3.0 m断层影响,把子处开始出现淋水,刚开始林水量不大,滴水成线,约0.2~0.3 m^3/h。至2月11日中班14:00左右,11219工作面在溜尾把子处(材料巷内A13以里46 m前后),工作面揭露$H=3$ m的断层接合面,溜尾向里4~7 m处出现顶板淋滴水现象。后随着工作面向前推进放顶后,顶板淋水量突然加大,瞬时涌水量达15 m^3/h左右,顶板破碎掉落,随水掉落的碎矸石岩性主要为灰黑色、灰绿色及灰白色泥岩,随水冲入材料巷的拐角低洼处。至2月11日中班17:30,涌水量减少至3~4 m^3/h左右。2月11日22:00左右出水量又突然加大至14 m^3/h左右,出水点位置随着工作面推进距溜尾出口距离基本不变;至2月12日下午14:00,出水量稳定在10 m^3/h,从2月12日下午至2月15日,涌水量稳定在3~4 m^3/h之间,出水范围一直比较稳定;出水点范围仍控制在2月12日位置处,没有扩大也未跟随工作面前移,随工作面的向前不断推进,出水点逐渐被甩向采空区。

3 出水原因分析

根据现场情况分析,本次出水有以下三方面的原因:

一是工作面揭露落差3 m断层,顶板胶结程度差;

二是工作面过断层期间,因为周期来压的影响,断层带顶板破碎程度加重,加上受淋水的影响,导致出现漏顶现象；

三是此处为该面的较低点处，局部积聚了较多的碳质页岩裂隙水。

由于以上三方面原因，工作面刚放完炮，控顶面积较大，支柱钻底歪斜，造成顶板下沉，碳质页岩裂隙水沿顶板下沉形成的裂隙涌出。

4　采取的处理措施

11219 工作面顶板出水后，主要采取了下列切实有效的措施进行处理。

(1) 矿职能科室跟班人员及时将现场准确情况汇报调度室，并指导采煤区队抓紧排水。

(2) 针对工作面溜尾段 15 m 左右由于受淋水影响而导致压力较大、高度低、支柱歪斜严重、行人困难的情况，现场确定了工作面起棚及起棚结束后溜尾段调面方案。

(3) 工作面溜尾段从 2 月 11 日 17:00 开始起棚作业，至 12 日 16:00 工作面起棚结束，然后溜尾段 30 m 向前调面推进。起棚破顶采用了手镐、尖钎作业，没有采取爆破作业的方式。至14 日早班开始正常推进。

5　今后防范措施

(1) 针对碳质页岩含水层含水性不均的特点，今后工作面巷道掘进期间，要对出现渗水等可疑地段及时进行分析，并采取措施进行探测。

(2) 掘进工作面在送巷过程中，要严格控制好巷道层位，尽量不脱层或少脱层。

(3) 今后在编制采煤工作面作业规程时，要明确受水灾威胁地点所应备用的排水设施及抢险救灾物资的配备数量。要求工作面具备完善的排水系统，并加强日常维护与保养，确保排水设施状态良好。

(4) 采、掘工作面(尤其是过断层和顶板破碎段)要制定专门措施，加强对顶板破碎段的支护管理，防止出现冒顶、漏顶而发生导通碳质页岩含水层或泥灰岩含水层现象。

(5) 采、掘工作面一旦发生出水，且水量较大时，要立即停止现场作业，跟班人员、安监员等发出警报，撤出所有受水威胁地点的人员并按规定的避水灾路线撤离，同时及时汇报矿调度室。

(6) 采、掘工作面发生淋滴水现象，在水量可以控制的情况下，要立即汇报矿调度室和区队，区队现场跟班人员立即组织人员安设水泵排水，并采取措施对工作面出水段进行加固，保护工作面机电设备，防止进水短路或损坏。

(7) 采、掘工作面出水期间，区队必须安排专职电工负责排水，并巡回检查排水管路及设备等运转情况，确保完好。

(8) 采煤工作面顶板发生出水期间，必须采取以下具体的加固工作面措施：

① 要在出水地段加密套支 Π 型钢，连续在三个铰接梁棚空间分别套支一根 2.2 m 或 2.6 m 的 Π 型钢后，要留设一个铰接顶梁棚空不套支，留设的棚空净宽不得小于 0.5 m，以方便行人。

② 若出水地点矿压显现明显、高度低，可在出水地段支设 2.2 m 或 1.6 m 小柱，但支柱必须穿 ϕ450 mm 的双柱窝铁鞋，并在铁鞋下铺设平整大板，以减轻支柱的钻底量。

③ 必须在工作面出水地段人行道内，打设道木垛或半圆木垛，加强对顶板的支护。道木垛或半圆木垛间距不大于 2.0 m，工作面其余地段可根据现场情况打设道木垛，间距 3～4 m。

④ 在控制好出水地段的顶板后，要加快工作面的推进速度，及时脱离出水点。

作者简介：李波，男，汉族，1994 年 7 月毕业于山东矿业学院，毕业后一直从事采矿技术工作。

山东赵楼煤矿首采1302工作面涌水分析

兖矿集团有限公司地质测量部　刘瑞新

摘　要：兖矿集团巨野煤田赵楼煤矿首采1302工作面在2009年5月底发生了一次突水事故，最大涌水量为290 m^3/h，造成工作面停产5 d、处理被压实支架39 d的后果。在分析井田地质及水文地质条件的基础上，通过现场水质化验以及观测孔水位等资料的研究，认为该工作面涌水水源为3煤顶板砂岩水，涌水通道为采动裂隙。提出了今后对矿井、采区首采工作面水害防治一定要采取查清水文地质条件、采前疏放、匀速推进、健全排放水系统等确保安全开采的防治水措施。

关键词：水文质条件；首采工作面；涌水分析；防治水措施

1　前　言

兖矿集团巨野煤田赵楼煤矿位于山东省菏泽市境内，行政区划归郓城县管辖。井田面积143.36 km^2，可采储量2.54亿t，设计年生产能力300万t，采用立井单水平开拓（水平标高－860 m），中央并列式通风，主采山西组3煤，综合机械化放顶煤回采工艺。

1302工作面为赵楼煤矿试生产工作面（首采工作面），设计面长150 m，由于受岩浆岩侵入影响，工作面分两段开采，总推进长度899.7 m。回采煤层倾角2°～13°，平均4°，煤层厚度0～7.4 m，平均4.17 m，煤层厚度变化总体趋势为东北部高、西南部低。工作面于2009年3月28日开始试采，2010年8月10日回采结束。2009年5月底，工作面发生了一次突水事故[1]，最大涌水量为290 m^3/h，造成工作面停产5 d、处理被压实支架39 d的后果。

2　井田地质及水文地质条件

赵楼井田为新生界巨厚松散层（厚度474.60～746.60 m，平均649.18 m）覆盖的全隐蔽煤田。东界为田桥断层，落差＞500 m，该断层使井田内煤系地层与对盘石盒子组接触；西界为奥灰隐伏露头，各基岩含水层隐伏于新生界之下；南、北以人为边界分别与龙固、郭屯井田为界（图1）。

井田内主要含水层自上而下依次是新生界松散层含水层、二叠系石盒子组砂岩、山西组3煤层顶、底板砂岩裂隙含水层和石炭系太原组三灰、十$_{下}$灰及奥陶系灰岩岩溶含水层。

2.1　新生界松散层含水层

区内新生界松散层含水层主要为第四系砂层含水层。该含水层由黏土、砂质黏土和粉、细砂组成，与下伏新近系地层呈不整合接触，厚度131.80～188.10 m，平均厚度160.90 m。含水砂层以中、细砂为主，局部有粉砂和粗砂。一般含砂层3～14层，砂层总厚5.70～91.40 m，占第四系厚度的25%，据巨野煤田梁宝寺井田L6—1孔抽水试验资料，抽水段砂层累计厚度13.60 m，单位涌水量0.639 6 L/(s·m)，水质类型为 $SO_4^{2-}\cdot Cl^- - Na^+$ 型，矿化度1.522 g/L，属中等富水含水层。

2.2　山西组3煤层顶底板砂岩含水层

井田内3煤层顶、底板砂岩，统称为“3砂”，厚14.10～49.75 m，平均30.33 m，以细砂岩为主，局部为中砂岩，裂隙发育。据Z—15、ZS—4及验证孔（图1）抽水试验资料，水位标高35.76～37.95 m，单位涌水量0.002 0～0.009 1 L/(s·m)，矿化度2.622～4.255 8 g/L，水质属 $SO_4^{2-} - Na^+$ 型水，富水性弱，为3煤层开采的直接充水含水层。

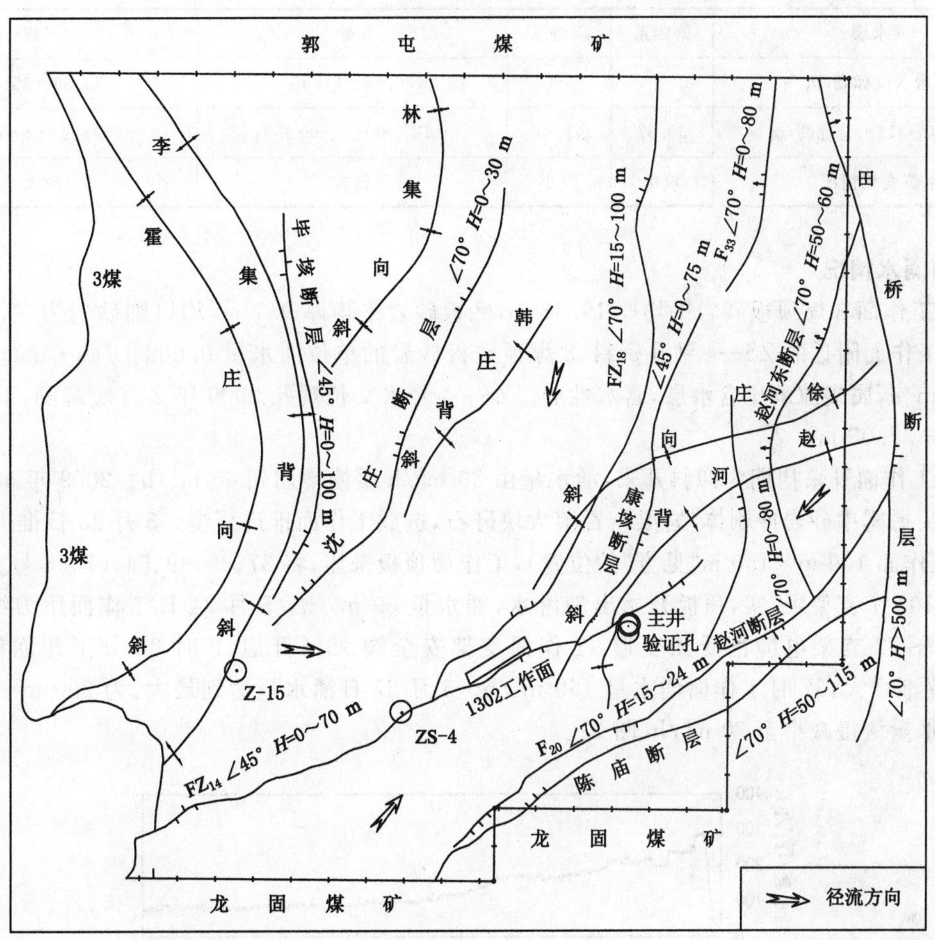

图1　赵楼矿井3煤构造纲要图

2.3　太原组三灰岩溶裂隙含水层

厚5.12～9.84 m，平均6.95 m。浅部裂隙较发育，岩溶裂隙常充填方解石和泥质。据漏水的Z—4孔抽水资料，水位标高35.88 m，单位涌水量0.123 L/(s·m)，矿化度4.126 g/L，水质属SO_4^{2-}-Na^+型水，富水性中等；但不漏水的Z—10孔的单位涌水量仅为0.000 319 L/(s·m)，说明三灰富水性差异较大。三灰是开采3煤层底板进水的间接充水含水层。

2.4　断层的富水性

根据井田内13个揭露断点的钻孔统计，均未发现泥浆消耗量有明显增大及漏失现象，这从一个侧面反映了断层带富水性及导水性较弱。但是从基岩含水层漏水钻孔分布看，漏水点大多位于大断层附近，说明在大断层的两侧，岩石较破碎，裂隙发育，含水层中常形成相对富水区。

2.5　地下水的补给、径流和排泄条件

根据区域规律，未开发前浅层地下水顺地势径流，深层地下水随着补给与排泄区的分布变化而变化，地下水循环慢，径流微弱。由本井田含水层静止水位及抽水试验过程分析，各含水层静止水位差别不大，水力联系程度差，多数无直接联系；新近系底部砂层及3砂含水层抽水后水位恢复缓慢，矿化度高，表明其径流不畅，水循环慢，地下水以储存量为主。含水层之间隔水层较为发育，受矿区排水影响后，各含水层水位将发生分异，直接充水含水层水位大幅度下降(表1)，总体流向井下涌水点(图1)。

表1　　赵楼矿井各含水层水位变化对比表

含水层	第四系	新近系	3砂	三灰
原始水位标高/m	—	—	35.76～37.95	33.59～35.88
(2010-07-31)水位标高/m	30.87	41.47	－122.85～－600左右	－268.72～－808左右
水位变化情况	较小	较小	较大	较大

3　工作面涌水情况

1302工作面3煤顶板砂岩平均厚19.48 m,底板砂岩平均厚9.1 m,均以细砂岩为主,局部为中砂岩。据工作面附近的ZS—4钻孔资料,3煤顶底板砂岩的单位涌水量0.009 L/(s·m),渗透系数0.312 74 m/d,属裂隙承压含水层,富水性弱。ZS—4号水文长观孔2009年2月底观测,3煤顶板砂岩水位为－32.05 m。

1302工作面开采初期为仰斜开采,涌水量由30 m^3/h缓慢增加到60 m^3/h。2009年5月22日,工作面溜头揭露中砂岩冲刷体“岩梁”,冒落大块矸石,造成工作面推进缓慢。5月23日推进至132 m时(接近工作面150 m×150 m“见方”的位置),工作面顶板来压,将37、38、39、64、67、68号支架(工作面共安装101个支架)压实,顶板开始出现淋水,涌水量69 m^3/h。5月24日工作面压力继续增大,23～42、60～72支架电缆槽受压变形,工作面支架安全阀90%开启,8时30分工作面涌水量85 m^3/h,并逐渐增大,22时工作面涌水量160 m^3/h。5月27日涌水量达到最大,为290 m^3/h。以后,工作面涌水量缓慢减小至70 m^3/h(图2)。

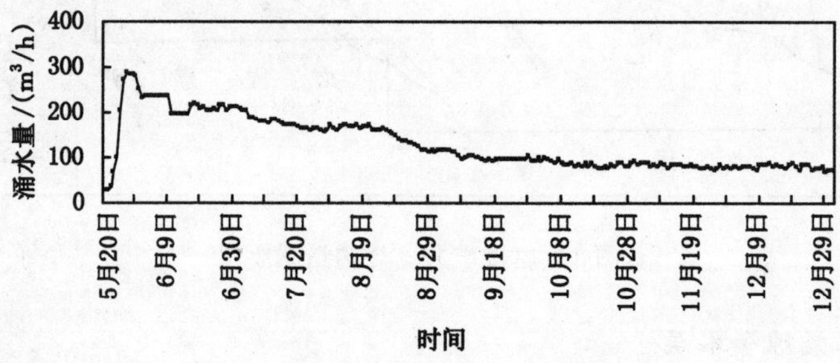

图2　1302工作面涌水量曲线图

该工作面面内存在两个低洼区(10～19支架、28～38支架)。受涌水及排水因素的双重影响形成低洼区积水。5月24日工作面积水范围最大,致使两低洼区积水连在一起,此时积水水位距离工作面支架顶梁下侧尚有0.6 m。工作面涌水期间,通风系统基本正常。经矿有效组织排水,至5月31日6时面内低洼区仅有少量积水(工作面涌水量约200 m^3/h)。6月初工作面开始扩帮卧底,处理被压实的支架。至7月9日,工作面开始回采(工作面涌水量约160 m^3/h)。

4　涌水原因分析

4.1　涌水水源

1302工作面埋深约908 m,工作面开采不受地表水的影响。据调查,工作面周围为实体煤,无老空积水。

4.1.1　现场取水样分析

据采样分析,工作面涌水水质类型为SO_4^{2-}-Na^+型(表2),与3煤顶板砂岩水水质一致,与奥灰水质(SO_4^{2-}-Ca^{2+},SO_4^{2-}·HCO_3^--Ca^{2+}·Mg^{2+})明显不同。据此分析工作面涌水与奥灰水无关。

表 2 1302 工作面涌水水质分析成果表

项目	K^+	Na^+	Ca^{2+}	Mg^{2+}	Cl^-	SO_4^{2-}	HCO_3^-
$\rho(B^{Z\pm})/(mg/L)$	16.67	1521.74	52.06	56.56	52.47	3348.01	250.50
$X(1/zB^{Z\pm})/\%$	0.57	89.20	3.5	6.27	1.96	92.45	5.44

4.1.2 钻孔水位分析

工作面开采初期，曾施工了 2 个三灰疏放水孔，最初涌水仅 0.5 m^3/h，几天后被疏干。工作面附近施工的三灰水文观测孔，水压仅 0.5 MPa，水位标高为 −860.1 m，而工作面煤层底板标高 −858～−870 m，两者基本相当。三灰至 3 煤间距约 58 m，由此计算突水系数仅 0.008 6 MPa/m，因此判断三灰水不可能涌入工作面。另外，据附近的地面水文长观孔观测资料表明，在工作面突水期间，ZS—4、ZS—7 号孔 3 煤顶板砂岩水位分别下降了 17.01 m、16.32 m，下降幅度较大，ZS—10 号孔三灰水位受开拓巷道直接揭露疏水的影响下降了 11.23 m，继续保持了工作面突水前的水位降速(表 3)，也说明涌水水源主要为 3 煤顶板砂岩水。

表 3 3 煤顶板砂岩、三灰水位升降对比表

孔号	ZS—4	ZS—7	ZS—10
2009-03-28 水位/m	−35.60	−126.40	−194.61
2009-07-09 水位/m	−52.61	−142.72	−205.84
升降	−17.01	−16.32	−11.23

另外，二叠系石盒子组钻孔漏水点深度下距 3 煤大于 200 m，均位于采煤裂隙带之上，排除了石盒子组砂岩水的因素。根据工作面涌水特征及水质、水位分析，工作面涌水水源为 3 煤顶板砂岩水。

4.2 充水通道

依据覆岩裂缝带及断层发育的空间状况等资料分析，1302 工作面的充水通道主要为采动裂隙，依据如下：

(1) 根据工作面与附近断层的位置关系及导水裂缝带空间发育形态分析，导水裂缝带与断层带之间尚有一定的距离，否定了断层水的因素(图 3、图 4)。

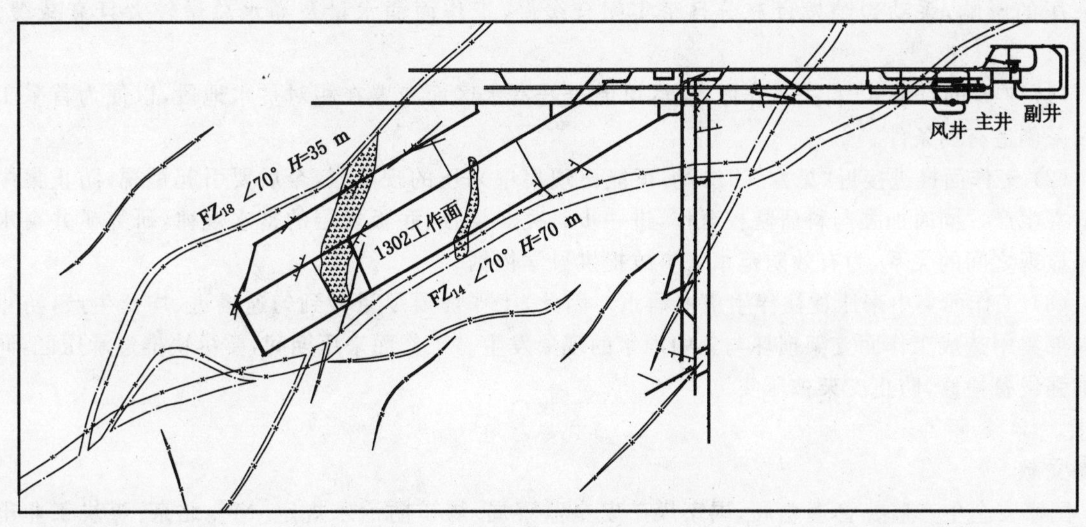

图 3 1302 工作面位置示意图

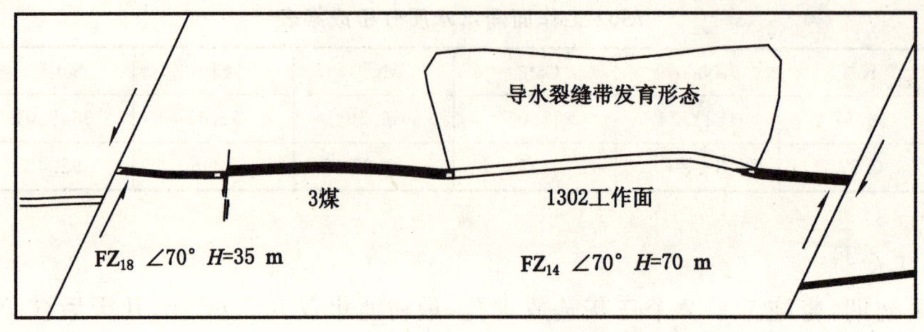

图4 1302工作面导水裂缝带与断层空间位置示意图

(2) 工作面淋涌水位置主要在工作面的中下部，而不是靠近 FZ14 断层的上部。

(3) 工作面涌水前开采区域内及开采区域外 170 m 范围内无钻孔，不存在钻孔导水的可能。

4.3 充水强度

1302 工作面布置在 FZ14(逆断层，落差为 70 m)和 FZ18(正断层，落差为 35 m)两大断层之间，宽度仅约 350 m 的狭长条带内(图 3)，受两断层的影响，富水性相对较好。

正常情况下，回采过程与涌水过程是密切相关的[2-5]。回采工作面一次典型的涌水过程是，煤层回采后，覆岩破坏，迅速产生采动裂隙，导致 3 砂水通过采动裂隙涌入回采工作面，造成工作面来水突然，来势猛，峰值大。随后，在上覆岩层重力及其他因素作用下，采动裂隙发生密实现象，导水性明显降低，工作面涌水量(迅速)减小。随着工作面的开采推进，工作面发生多次涌水过程。

1302 工作面揭露中砂岩冲刷体"岩梁"，面前冒落大块矸石，造成工作面集中来压，部分支架被压实，工作面无法推进。由于来压集中，促使顶板砂岩导水裂隙带充分发展，造成了 3 砂水集中疏放，工作面涌水量迅速较大的现象。同时由于工作面停止推进，致使覆岩导水裂隙带无法密实闭合，从而使工作面涌水衰减缓慢。工作面 3 砂水集中疏放点"袭夺"了工作面覆岩大部分的岩层水，造成了 1302 工作面仅在开采初期发生了一次较大的涌水过程，后续开采未发生明显涌水的现象。由于该矿井首次开采，含水层水首次集中疏放，因此，工作面疏放水量较大。

目前工作面回采结束，工作面涌水稳定在 70 m^3/h 左右，3 砂水水位下降与工作面涌水量处于稳定的平衡状态。在没有新的突水点之前，工作面涌水量衰减缓慢。

5 结 论

综合分析认为 1302 工作面涌水水源为 3 煤顶板砂岩水，涌水通道为采动裂隙。由于受工作面集中来压的影响，采动裂隙发育充分且密实闭合缓慢，工作面涌水量及涌水总量较大且衰减缓慢。建议：

(1) 矿井的首采区、首采工作面，应尽可能避开富水区而布置在相对贫水地段，以便为首采工作面回采创造有利条件。

(2) 工作面推进接近"见方"的位置，可能出现集中来压的现象[6]，今后要引起重视，防止集中来压危害生产。同时加强与科研院校合作，进一步研究 3 煤顶、底板岩层的富水规律，研究矿井突水与矿压显现之间的关系，为有效防范水害事故提供科学依据。

(3) 工作面集中来压往往伴生集中涌水。因此，工作面要尽量做到匀速推进、均衡生产，防止应力局部集中造成工作面支架损坏与集中涌水的现象发生。工作面来压期间，要尽快推过承压区，同时要加强设备检修，防止支架被压实。

参考文献

[1] 国家安全生产监督管理总局，国家煤矿安全监察局.煤矿防治水规定[M].北京：煤炭工业出版社，2009.

[2] 刘瑞新.鲍店煤矿 5308 厚煤层大跨度综采放顶煤工作面涌水分析[J].煤田地质与勘探，2004，

32(增刊):175-177.

[3] 曹丁涛.兖州矿区3煤顶部砂岩水文地质特征研究及突水危险性评价[J].勘察科学技术，2009(1):37-41.

[4] 刘瑞新.红层采动裂隙及其导水性[J].中国煤田地质，1995(7):59-61.

[5] 刘瑞新.采动对红层水涌入矿井的影响[J].煤田地质与勘探，1992(20):37-39.

[6] 姜福兴，王存文，杨淑华，等.冲击地压及煤与瓦斯突出和透水的微震监测技术[J].煤炭科学技术，2007,35(1):26-28.

作者简介：刘瑞新(1963—)，男，山东郓城人，高级工程师，从事矿区水文地质、防治水技术管理工作。

山西经坊煤业3—700回采工作面治水方案浅析

山西煤炭进出口集团 李新明

摘 要:本文主要分析了山西经坊煤业3—700回采工作面出水情况,进一步了解工作面出水的原因,并列出了一系列防治水措施。结合经坊煤业出水所造成的经济损失,总结提出了防治水措施,对煤矿防治水有指导意义。

关键词:地质概况;防治水;措施;效益分析

1 矿井概况

山西省长治经坊煤业有限公司始建于1960年,位于山西省长治市长治县韩店镇,现属山西省煤炭进出口集团公司控股管理。矿井井田面积为30.742 2 km²,矿井储量25 047万t,煤质主要是贫煤,后经多次改建,现已形成设计能力为240万t/a的现代化大型矿井。现开采3号煤层,井田区域内分为南、北两翼开采。

2 矿井地质及水文地质概况

经坊矿位于沁水煤田东南部,井田内东北部有断层发育,并有少量无炭柱,煤层总体是单斜构造,为构造简单型矿井。该矿井批采3～15号煤层,现采3号煤层,煤层底板标高为－565～－722 m。

2.1 井田地表水及河流

该矿区属海河流域,漳河水系。井田内地表无大的河流,各沟谷平时基本干枯无水,雨季汇集洪水沿沟排泄往西汇入浊漳河。

2.2 井田含水层

(1) 奥陶系中统石灰岩溶裂隙含水层

是井田主要含水层之一,峰峰组地层厚度在本区一般为190 m左右,上部岩性主要为石灰岩及少量泥灰岩,厚60～80 m;中部由石灰岩、泥灰岩及白云质灰岩组成,厚约70 m;下部为白云质灰岩、泥灰岩夹有薄层石膏,以底部石膏层作为与上马家沟组的分界,厚30～50 m。几乎所有揭露峰峰组的钻孔均发育有溶隙、溶孔及蜂窝状溶洞,水位标高总保持在一个水平。

根据井田内水源井资料,水位标高－652.50 m,单井出水量34 m³/h,单位涌水量4.722 L/(s·m),水量丰富。

(2) 二叠系砂岩含水层组

指二叠系山西组及下石盒子组底部砂岩裂隙含水层段。其中K7砂岩段为山西组底部与太原组分界的标志层,一般厚3.50 m左右,以中砂岩为主。3号煤层顶板砂岩一般厚9.50 m左右,多为中砂岩。K8为下石盒子组与山西组分界砂岩,厚1.25～30.04 m之间,多为粗砂岩,裂隙局部发育,含水性一般视裂隙发育程度而定,钻孔冲洗液消耗量一般不大,井田内仅J203孔的K8段有漏失现象。

据井田北界外100 m处2102孔对山西组K7砂岩及3号煤顶板砂岩段混合抽水试验结果:水位标高－876.10 m,单位涌水量0.001 86 L/(s·m),渗透系数为0.009 64 m/d。

(3) 基岩风化裂隙含水层

井田内大部分为上下石盒子组的风化岩层与第四系的接触带,岩性破碎,风化裂隙发育,风化深度一般为基岩面以下50 m左右。据调查,经坊煤矿巷道穿过此层段时,水量较大。

井田现开采3号煤层,3号煤层直接充水含水层为山西组砂岩裂隙含水层,含水性较弱,间接充水含水层为基岩裂隙含水层，局部含水性较好，但由于该含水层大部分距3号煤较远，其间又有众多层间隔水层阻隔，一般不易渗入坑道。井田内仅东北部黎岭村一带距煤层间距较小，基岩风化裂隙水易沿采空塌陷裂隙渗入坑道，但由于补给条件不好，渗入水量不会很大。至于深部奥灰水，属强含水层，3号煤层底板仅在井田西北角低于奥灰水位标高，煤层最低点的突水系数为0.025 MPa，低于正常块段突水系数0.150 MPa，所以奥灰水对3号煤层的正常开采没有影响。矿井生产能力为150万t/a时，井下正常涌水量为1 800 m^3/d，雨季最大涌水量为2 700 m^3/d，由此综合分析，开采3号煤层矿井水文地质类型应属简单型。

3　3—700工作面地质概况

3—700回采工作面位于经坊矿区北翼采区，于2009年4月开始跟3号煤层底板掘进，2009年9月形成顺槽1 526 m、切眼长185.6 m、可采储量203万t的综采放顶工作面。该面3号煤层的平均厚度为5.98 m；伪顶一般为泥岩，时有碳质泥岩，厚度0.40～0.80 m，随采随落；直接顶为粉砂岩或砂质泥岩，厚12.24 m，岩性较脆，放顶后随之垮落；基本顶为砂岩，厚度5～10 m，胶结坚硬，强度较大。一个工作面的初次来压一般在推进40 m左右，周期垮落步距为20～30 m，基本顶塌陷后引起上部岩层下陷，致使上部的含水层进入坑内。3号煤层底板多为粉砂岩或砂质泥岩，强度较小(表1)。因本区内地层平缓，下部的承压含水层距3号煤层较远，据矿井带压开采评价报告显示本区系安全区域。

表1　　3号煤层顶底板岩层性质

	顶底板名称	岩石名称	厚度/m	岩性特征
煤层顶底板情况	基本顶	砂岩	5～10	胶结坚硬，强度较大
	直接顶	泥岩	12.24	深灰色，均匀层理，含菱铁质结核，岩芯极破碎
	伪顶	碳质泥岩	0.4～0.8	黑色碳质泥岩，随采随落
	直接底	粉砂岩	1.00	深黑色、薄层状，含植物化石
	基本底	泥岩	14.07	深灰色，均匀层理，局薄层粉砂岩，含植物根化石碎片

根据五采区三维地震资料的成果报告和3—700工作面在掘进过程中揭露的实际情况以及J1—2钻孔资料的成果，该工作面地质条件比较复杂，坡度为5°～6°，局部地点坡度较大达到18°。在3—700工作面回风顺槽9号测点前75 m处，遇到一断层F_1该断层落差为2.5 m，走向N77°W，倾向S13°W，倾角64°，为正断层。在3—700工作面运输顺槽10号测点前60 m处，遇到断层F_1。3—700工作面回风顺槽20号测点前23 m处，遇到一断层F_2，该断层落差为0.8 m，走向N81°W，倾向S9°W，倾角75°，为正断层(表2)。

表2　　3—700工作面断层情况

断层	走向	倾角/(°)	倾向	性质	落差/m	对回采的影响
F_1	N77°W	64	S13°W	正	2.5	有
F_2	N81°W	75	S9°W	正	0.8	有

在掘进过程中，有个别锚索处存在顶板淋水情况，经汇总研究，两顺槽共发现淋水点32处，其中有9处淋水较大，涌水量达到2 m^3/h，全部淋水点合计涌水量达20 m^3/h。

4　工作面出水情况

3—700回采工作面安装有MG300/700—WD双滚筒采煤机、ZFS4000/15/32液压支架，采煤机采高2.6 m，采放比例为0.7，在2009年10月开始试开采。随着工作面回采35 m时，顶板初次垮落产生的裂隙导致工作面开始出水，水量初期为80 m^3/h，回采至40～50 m基本顶周期来压时，顶板岩层断裂，工作面涌水突然变大，最大时达到180 m^3/h，危及机电设备和人身安全。

5 出水原因分析

(1) 出水后，立即取水化验，化验结果显示，矿化度 127 mg/L，硬度 60 mg/L，阳离子(K^+、Na^+)含量 90%，阴离子主要为 HCO_3^-。

(2) 结合矿井水文地质情况及基本顶垮落时间和顶板含水层位分析，初步确定为是基本顶砂岩含水层出水。

6 出水影响程度

3—700 回采工作面是先下山开采后上山开采，坡度为$-1°$，出水时，由于采煤工作面中间较低，造成落山出水时输送机处大面积积水，最深达 1.2 m，因出水增大致使拉煤困难，又因为排水设备的增加，影响正常出煤，影响了正常的生产。

7 出水影响效益分析

(1) 经坊矿正常割煤情况为每天 5 刀煤，煤炭回收率为 95%，正常出煤每天 5 800 t，因出水影响，造成每天出煤 2 刀，回收率仅为 70%，出煤量每天减为 1 700 t。

因回采回收率降低，直接经济损失达(5 800－1 700)×700 t＝287 (万元/d)，间接经济损失达 610×700＝42.7 (万元/d)，在前后治水的 12 d 中，停产 2 d，共计经济损失约 4 109 万元。

(2) 在出水后，先后增加临时排水泵 16 台，增加职工 12 人，造成成本增加约 150 万元。

(3) 因出水原因，造成机电和安全管理责任加大。

8 采取措施

工作面出水后，集团公司技术人员立即赶赴现场，与经坊矿相关人员深入井下，观察情况，分析讨论，最终制定了下列措施：

(1) 增加配备了排水设备。出水前两顺槽有 55 kW 排水泵两台，出水之后增加了排水能力，增加到 55 kW 排水泵 4 台、110 kW 排水泵 4 台，回采工作面增加了 8 台风泵，总排水能力增加到 250 m^3/h，并保证各排水系统畅通、正常运行。

(2) 在顺槽两端建立临时水仓，并将临时水仓和排水通道连接，使排出的水和采空区出水直接流入临时水仓，避免流入回采工作面。

(3) 工作面积水导致放顶煤回收率下降，要求煤矿由以前的每日割 5 刀减少到每日割 2 刀。

(4) 矿领导、生产科、技术科相关工作人员要在现场跟班组织排水工作，保证矿井 24 h 内不间断排水。

(5) 对所有水泵均增设各种安全保护装置，并要求每班对各水泵进行漏电试验，排水现场至少分配 2 名电工对设备进行检验。

(6) 在工作面中部的低洼地带，提高采煤机的高度，抬高支架底座，尽可能使工作面的积水由胶带巷排出，在采面减少人为排水量。

(7) 加强采煤机、支架的检修，保证支架的初撑力不低于 28 MPa，并彻底杜绝工作面冒、跑、滴、漏现象。

(8) 配备专业的水文地质工作人员，做好日常生产中的水文地质工作，并积累丰富的水文地质资料，掌握矿井水的变化情况，指导矿井的正常生产。

(9) 根据矿井的水文地质条件和煤层赋存条件预留足够的防水煤(岩)柱，并加强防水煤柱下帮的永久支护，保障矿井正常生产。

(10) 工作面接近积水区时，要制定安全措施。从透水事故调查分析看，一般都有透水预兆，所以要注意透水征兆的识别。要坚持“有掘必探，先探后掘”的探放水原则进行探放水设计，采取探放水措施，采用科学的方法，应用钻探和先进的物探仪器进行全方位探测。

(11) 对矿井工作面的主要出水点进行封堵。

(12) 制定工作面排水专项措施，在全矿进行防治水救灾演练，提高职工防治水意识和救灾能力。

(13) 每班至少测试两次现场的出水水量，以便及时调整排水能力和掌握给水来源，并每天化验水源。

(14) 定期(2 d)观测采区对应地表裂缝情况，若出现地表渗水，立即夯实处理。

(15) 加大矿井防治水投资力度，立即购置探水物探仪器并投入使用。

9　采取措施后效果

(1) 采取上述措施后，在回采到 45 m 时，工作面积水逐渐减少；在回采到 50 m 时，回采工作面几乎没有出水情况，此时统计总水量为 150～170 m^3/h，说明落山出水全部进入临时水仓，不再影响生产。

(2) 采取上述措施后，在回采到 45 m 时，由原来的每天割 2 刀煤增加到每天割 3 刀，并在接下来的 3 天内每天割煤的刀数逐步增加，在工作面回采至 60 m 时，日采煤量恢复到出水前的水平。

10　总结和建议

(1) 总结

通过上述措施，从回采工作面采至 35 m 出水到 60 m 工作面基本无水，前后共计 12 d，投入了大量人力、物力对其采取针对性措施，有效地解决了回采工作面出水对生产的影响，安全地通过采煤出水点，同时也暴露出一些问题：

① 对工作面水文地质情况没有全部搞清楚，没有提前采取针对性措施。

② 对顶板充水情况及出水预测预报掌握不准确，排水能力不足，造成对安全生产的影响。

③ 在回采前没有提前对顶板含水层进行有效的探放。

(2) 建议和要求

① 建立完善的防治水机构和探防水队伍，配备防治水技术人员和必要的设备。

② 执行好防治水各级责任制；完善各种地质防治水图纸、资料、台账。

③ 编制应急救援预案，定期进行演练。对防治水安全资金投入到位。

④ 做好防治水工作的全员培训，熟悉和掌握避灾线路。尽可能使用新技术，新装备。联合科研院校对防治水进行研究以便提出综合措施。

⑤ 所有采区均做电法探测，以便有效地了解、掌握顶底板含水情况，有效预测出水情况，分析、提出切实可行的防治水措施。

⑥ 对带压开采矿井要做好突水危险性评价，在带压区域全部做防水密闭。突水危险性较大区域要实现分区开采，做好采区间隔离措施。

⑦ 探放水工作要作为生产过程中的一道工序，做到有定员、有定额、有验收、有考核。不执行有掘必探，则不能进行下一道工序。

⑧ 井下有掘必探，进一步采用新理念，首先使用井下物探方法从立体上超前探测，再进行打钻验证，确保在安全距离内进行开掘延深。做到先物探、再钻探、后掘进，使掘进前方从点到面全部得到探测。

⑨ 增大矿井的水仓容量和排水能力，重点矿井要建立应急救援泵房。

⑩ 所有井下采、掘、开设计全部增加防治水设计，所有作业规程增加防治水措施章节并贯彻到工作的始终。

⑪ 所有采掘巷道要设置足够能力的排水系统。

⑫ 建立水文水患监测系统，并联网运转。

矿井防治水是一项长期而艰苦的工作，需要针对不同区域的水文地质条件，收集水文地质基础资料，多分析、多研究，有针对性地采取措施。执行好有掘必探、有采必探、先探后掘、先探后采等一系列措施，矿井方可长治久安。

作者简介：李新明(1967—)，男，高级地质工程师，注册安全工程师。1990 年 7 月毕业于焦作矿业学院(现已更名为河南理工大学)，现任山西煤炭进出口集团有限公司煤管局生产技术处副处长。2009 年 6 月之前在山西焦煤集团西山屯兰矿工作，多年以来一直从事矿井地质、矿井水文地质工作。曾编制了屯兰矿水害应急救援预案、防治奥灰水措施、带压开采设计。

上行开采层间岩移参数评价及开采地质条件分析

龙矿集团公司梁家煤矿　曲德强　张同洲　李再峰

摘　要：本文对煤$_2$、煤$_4$ 的回采给煤$_1$ 油$_2$ 的采掘带来的地质条件和水文地质条件等变化进行了预测和分析，并通过采掘实践，对软岩条件下煤$_1$ 上行开采采间岩移情况有了一些规律性认识。

关键词：上行开采；层间岩移；地质条件

1　问题由来

梁家煤矿原主要开采煤$_2$、煤$_4$ 两层煤，由于地面压覆，现在开始上行开采煤$_1$ 及伴生矿产油$_2$。下部煤$_2$、煤$_4$ 的回采，给煤$_1$ 油$_2$ 的采掘带来了一系列地质条件、水文地质条件等变化，特别是相邻煤层煤$_2$ 的回采，给煤$_1$ 油$_2$ 带来的变化更为直接，对上述变化的预测分析，关系到矿井生产安全和经济效益。同时，井下直接观测与地面的观测分析效果也是不尽相同的，通过 1111、1101、1109 三个采掘工作面的采掘实践，对软岩条件下煤$_1$ 上行开采层间岩移情况有了一些规律性认识。

2　矿井地层

2.1　煤$_1$ 油$_2$ 特征

煤$_1$ 结构简单，不含或偶含一层夹矸，厚度 0.88～0.95 m，平均 0.90 m，东部相对较薄，西部厚度相对较厚。

油$_2$ 为煤$_1$ 直接底板，平均厚度 6.81 m，层位稳定，按其结构和质量分油$_{2上2}$、油$_{2上1}$、油$_{2中}$、油$_{2下}$ 四个分层：

油$_{2上2}$厚 2.15～2.22 m，呈黑褐色，水平层理发育，富含大量动物化石，密度小，含碳量及含油率较高，结构简单，底部夹薄煤层。

油$_{2上1}$厚 1.05～1.13 m，呈褐灰色，较致密均一，含油较高，密度大，质量较差，赋存稳定，厚度变化较小。

油$_{2上1}$以下依次是 1.05 m 含油泥岩、0.5 m 油$_{2中}$、1.25 m 含油泥岩、0.62 m 油$_{2下}$。

煤$_1$ 油$_2$ 为梁家井田内稳定可靠的主要标志层，该层段为浅湖相及泥炭沼泽相沉积。其顶底板岩石为深灰至灰黑色粉砂岩、泥岩和含油泥岩。

煤$_1$ 直接顶板为含油泥岩～含油粉砂岩，局部为油$_1$，上部为粉砂岩，岩性致密，较坚硬，韧性大，属中等冒落顶板，自然状态下顶板抗压强度平均为 397 kgf/cm^2。底板为油$_2$ 及含油泥岩。油$_2$ 自然状态下平均抗压强度为 491 kgf/cm^2。

油$_2$ 直接底板为含油泥岩，致密，韧性大，其厚 8.32～17.00 m，自然状态下抗压强度为 280 kgf/cm^2。

2.2　煤$_1$ 油$_2$ 顶板以上岩性概况

煤$_1$ 顶板向上依次是 0.70 m 含油粉砂岩、5.28 m 含油泥岩、7.20 m 粉砂岩、10 m 煤$_{上1}$（以泥岩为主夹煤线）、12.20 m 泥岩与泥灰岩互层、4.5 m 煤$_{上2}$（以泥岩为主夹煤线）和 13.60 m 泥灰岩。

2.3　煤$_1$ 油$_2$ 以下岩层概况

油$_2$ 底板向下依次是为 13.02 m 含油泥岩、4.5 m 煤$_2$。

煤$_1$ 顶板上距泥岩与泥灰岩互层底板 23.1 m，距泥灰岩（煤系地层主要含水层）底板 38.8 m；煤$_1$ 底板下距煤$_2$ 顶板 21 m，距煤$_4$ 顶板 101.3 m。

3　煤$_1$油$_2$受采动影响预测分析

3.1　层位变化预测分析

煤层采出后，采空区上覆岩层将形成冒落带、裂隙带和整体下沉带，冒落带、裂隙带称为导水裂缝带。开采煤层上覆煤岩层的冒落、沉降，改变了其原始赋存状态，也造成上覆煤岩层开采条件发生一些变化：

下部煤$_2$采出后，冒落岩石充填在冒落区内，直到冒落岩石充满冒落区支撑上部未冒落岩层，因此预计冒落带高度：

$$H = M/(K-1) = 4/(1.3-1) = 13.3\ (\text{m})$$

式中，M 为采高，K 为岩石松散系数，泥岩一般为 1.3。

煤$_2$采空区经长时间下沉压实后，原冒落岩体碎胀系数变小，从采空区充水系数看，冒落岩体碎胀系数多在 $K_1 = 1.05$，此时采空区充满系数为：$H_{冒} \times K_1/(H_{冒}+M) = 13.3\times1.05/(13.3+4) = 0.81$，其余空间由上覆岩层下沉占据，煤$_1$油$_2$的下沉值为：

$$W = (H_{冒}+M)\times(1-0.81) = 3.3\ (\text{m})$$

下沉系数 $q = 3.3/4 = 0.83$。此下沉系数为下沉平均值，充分开采地表塌陷区将高于 0.81，中国矿业大学计算最大下沉值 $W_0 = 0.95$ m，不充分开采地表塌陷区将低于 0.81，煤柱附近将更低。

3.2　塌陷角、塌陷范围预测分析

根据矿地表岩移观测成果：移动角下山方向为 63°、上山和走向方向为 72°，煤$_1$与煤$_2$间距为 21 m。

因此煤$_2$影响范围为：

下山方向：煤柱两侧各 21×cot 63°＝10.7 (m)

上山、走向方向：21×cot 72°＝6.8 (m)；

煤$_4$影响范围为：

下山方向：煤$_4$煤柱两侧各 101×cot 63°＝52 (m)

上山、走向方向：101×cot 72°＝33 (m)

3.3　构造及裂隙的变化分析

上行开采条件下，上覆岩体的重新位移必然会造成原有构造和裂隙的利用改造并形成新的小规模构造和裂隙，主要表现在：

(1) 原有断层构造活化，裂隙被拉开；

(2) 局部地段小断层、裂隙被利用改造形成后生断层，形成小规模的正断层或逆断层；

(3) 新生的冒落裂隙及离层产生横向裂隙。

3.4　工程地质条件变化分析

(1) 回采使得上覆岩层地应力部分得到释放和转移。因此，顶帮压力比原始状态小，且油$_2$自然状态下平均抗压强度为 491 kgf/cm^2，最大为 737 kgf/cm^2，硬度较大，有韧性，因此煤$_1$油$_2$巷道比其他煤岩层支护强度适当降低，煤$_1$工作面布置大面是完全可能的。但顶板由于处于煤$_2$冒落裂缝带，原煤$_1$顶板冒落难易程度定为易—中等，在上行开采条件下，将变成易冒落顶板。同时顶板可能会产生离层，因此顶板是支护的重点。

(2) 部分地应力转移到附近煤柱上。由于煤层的采出，下部煤柱的存在对煤$_1$的赋存影响最大，煤柱的存在打破了原上覆岩层地应力平衡状态，煤柱附近煤岩层的应力状态也变得更为复杂，采空区边界煤柱成为新的平衡状态下的支撑点，增加了采空区原上覆岩层分解的地应力，造成局部应力集中，也可能产生一些新的裂隙和断层。同时，由于煤柱处于移动边界附近，存在水平拉张和斜向剪切应力，因此移动边界附近是地应力得到较充分释放的区域，也是裂隙最为发育区域。下部煤$_2$、煤$_4$的重复开采使其影响范围内上覆煤$_2$采后裂隙更加发育、高度更大。煤$_1$工作面设计时，应尽可能避开煤柱附近。

3.5　水文地质条件变化

（1）基本水源

梁家井田水文地质类型为简单—中等：煤$_1$油$_2$为含水层，煤$_2$回采期间煤$_1$油$_2$水已得到较为充分的疏放；煤$_1$油$_2$以下无强含水层，且煤$_2$已回采，因此煤$_1$油$_2$以下含水层对煤$_1$油$_2$采掘无影响；煤$_1$油$_2$以上有层泥岩与泥灰岩互层和泥灰岩两个直接含水层。

（2）基本涌水通道

按井田煤$_1$冒落裂隙带测试结果为采高的9.2倍推断：正常情况下，泥岩与泥灰岩互层不在冒落带内，但处于裂隙带内，互层水一定会进入煤$_1$回采工作面。

精查报告中指出：泥岩与泥灰岩互层和泥灰岩都是煤$_1$的直接充水层。在构造发育区域或因煤$_1$到泥灰岩间距被断层拉近，或因构造附近张性裂隙发育，泥灰岩水也会进入工作面。另外，间距小的区域，煤$_1$冒落裂隙带也应发育到泥灰岩。

综上所述，即使正常情况下，泥灰岩水也有可能进入回采工作面。但由于泥灰岩层位较高，处于冒落裂隙带末端，裂隙导通程度差，加上其只是局部赋水，富水弱—中等，上下及左右水力联系较差，尽管泥灰岩下发育有厚度分别为4.5 m、10 m两段泥岩（夹碳质泥岩和煤线），泥岩遇水膨胀率为0.1%，对泥灰岩水补给有一定隔水作用，但许多钻孔在泥灰岩下的泥岩段坍塌漏失量大增的现象可以说明：虽然上行开采时泥灰岩水有可能进入回采工作面，但补给是比较缓慢的，不会造成大的涌水。

另外，上行开采可能造成断层局部活化和构造裂隙。

3.6　瓦斯变化

上行开采条件下，煤$_1$油$_2$层的瓦斯含量、赋存状态有可能发生一定变化。

4　煤$_1$油$_2$三个工作面采掘观测情况

4.1　下沉率

从已回采完毕的油页岩首采工作面1101测算结果看：

上顺A_9在只受煤$_4$影响的情况下下沉率为0.67，A10～A16处于塌陷较充分状态，下沉率为0.718～0.9，平均为0.795，与预测中的0.81基本吻合，同时也说明回采后的底鼓现象多产生在煤柱附近，工作面内正常情况下底鼓量很小。下顺下沉率较小显示出煤$_4$在边界40～50 m之外，对煤$_1$塌陷影响较小，主要影响来自于煤$_2$（C11、C12、C13处于1209面中部），C14虽然离1209面下顺只有15 m，但其下沉值仍较大，也充分说明煤柱对上部岩层的塌陷影响范围较小，这也正是软岩的独特之处。

从煤层回采后地面下沉观测情况看，煤$_2$1207工作面回采后引起的地面下沉量为2～2.5 m，下部煤$_4$4111回采后，和煤$_2$共同影响引起的地面下沉量为5～6 m，地面下沉率在0.5左右，说明煤$_4$、煤$_2$回采后，煤$_1$以上岩层虽然处于整体下沉，但仍有离层现象。

另外，采空区底板经过减压膨胀、采空区底板泥岩遇水亦可造成膨胀、煤$_1$油$_2$可能产生离层、重复开采引起下沉率变化等原因，使得如何准确预测不同地点的下沉值或变化范围仍需分析总结。

4.2　变化范围及角度

从1111工作面实测剖面看：走向上塌陷角度为65°（与水平线），下山方向上变化范围为54°，煤柱附近下沉率在0.25～0.55之间，下沉率与埋深、煤柱走向、工作面位置和走向有关。

4.3　断层、裂隙变化

受下部煤层开采影响，煤$_1$油$_2$层裂隙发育较好，最大裂隙宽度达0.12 m，长度为2.0 m。

工作面回采期间还观测到一条新生断层。

假断层的出现对层位有一定影响，对回采裂隙带发育高度也可能有一定影响，即下部煤柱附近的冒落裂隙带高度应高于正常冒落块段。

4.4　矿压观测情况

随工作面推进，顶煤不断冒落，采空区基本顶悬顶不断增加，采场矿压显现逐步明显，支架受力及缩量略有增加。1月8日工作面推进到20 m左右时起，工作面顶板及底板有出水情况，1月9日出水量明显增加，支架受力也明显加强，而且顶板岩层比较破碎，表明顶板因拉应力超限而产生了断裂，从现场矿压观测情况判定，基本顶初次来压步距为 20 m。由于目前工作面两侧为实体煤，因此矿压显现比较缓和，对采场压力显现影响不明显。

基本顶进入周期运动阶段后，矿压显现表现为煤壁轻微片帮及顶板有破碎情况，基本顶的周期来压对工作面压力显现影响不明显。结合支架缩量曲线、支架受力曲线矿压观测资料分析，可以确定基本顶第一、第二、第三、第四次周期来压步距分别为 10 m、8.5 m、11 m、9 m，平均来压步距为 9.6 m。

由于该面是在已经回采结束的工作面塌陷区上部，因此工作面煤壁有裂隙，顶板比较破碎，给移架工作造成许多不便，掉矸情况较多。工作面来压步距与下部煤$_2$工作面的来压步距基本一致。

4.5 瓦斯变化

1101 工作面下顺在西二面上方地段时，曾出现过局部瓦斯异常情况。

4.6 水文地质观测

(1) 1111 工作面停采线附近曾施工了一个观测孔，终孔层位在泥灰岩底板上 1 m，施工完后 2 d 只有少量滴水，工作面停采后，钻孔突然出水，最大达 50 m^3/h，至今仍有 5 m^3/h 的出水量。

(2) 1111 工作面矿压观测也对裂隙发育和出水情况有所反映。

4.7 下部煤 2 冒顶区的观测

1109 上顺掘进到 1205 工作面停采线附近时，揭露 6 m 冒顶区：煤$_1$ 与正常层位错差在 1 m 左右，煤及上下岩层杂乱破碎；1101 工作面回采到西 1 面停采线附近时也揭露煤$_2$ 冒顶区，形成 7 m×5 m×0.7 m 的空洞，上部油$_{2上2}$稍有弯曲现象。

5 结论

综合 1101、1111、1109 三个工作面采掘情况，可以得出如下认识：

(1) 在煤$_2$、煤$_4$ 回采沉陷较为充分的情况下，煤$_1$ 的下沉率为 0.72～0.9，平均为 0.8；沉陷不充分的情况下（即煤柱两侧一定范围），下沉量、下沉率变化较大，最低下沉量为 1 m，最低下沉率为0.25。下沉率与埋深、煤柱走向、工作面位置和走向等因素有关。

(2) 沉陷造成煤$_1$ 层位变化的角度（移动角）：上山方向 65°左右，下山方向 50°左右。

(3) 煤$_2$ 煤柱对上部岩层的塌陷影响范围较小，主要影响范围为 10～12 m，产状变化最大范围为 8 m 左右。煤$_4$ 主要影响范围为煤柱外侧 40 m。

(4) 产状变化：处在煤柱附近的煤$_1$ 油$_2$ 产状变化最大（1111 工作面实际揭露最大可达 45°，呈膝状褶曲），然后向采空区中心方向上的产状变化很快减小，据实测煤$_2$ 煤柱两侧 8 m 以外，下沉变得较为均匀。

(5) 构造及裂隙的变化：上行开采条件下，上覆岩体的重新位移必然会造成原有构造和裂隙的利用改造并形成新的小规模的构造和裂隙。

从两回采工作面煤$_2$ 上延断层看，延伸发育到煤$_1$ 的小断层主要呈现出以下几个特点：

① 分叉：分成落差小、相近的两条断层，类似于平面上断层尖灭端附近的构造特点，是应力正在消亡的特征，因此，大多数煤$_2$ 断层上延到煤$_1$，落差会变小。

② 倾角变化：剖面上，断层倾角在减小；平面上短距离内倾角变化较大，由 55°变到 35°。

③ 落差变化：在 1101 工作面回采期间，发育在煤$_2$ 落差 3.5 m 的断层，没有延伸到相距 20.5 m 的煤$_1$ 中。

今后工作中，既要注意下部回采带来的变化，也要注意断层变化给采掘层位带来的变化。

(6) 水文地质条件变化：主要是原有断层构造、裂隙活化，不均匀下沉导致新增的断层构造、裂隙和离层。

从裂隙观察结果看，裂隙最发育范围在煤柱两侧 35～40 m。新生裂隙大多表现为原构造裂隙方向的拉开，上下延伸距离也很短，未发现沿煤柱方向的裂隙。原生构造裂隙有不同程度的拉开，上下延伸距离无法观察，可能发育成为导水裂隙。

回采煤$_1$油$_2$时，煤$_1$冒落裂隙有可能利用已有弱结构面，有可能波及泥灰岩含水层，但由于泥灰岩处于裂隙末端，并且发育一定时间(煤$_2$为15～30 d)达到最大后会逐渐闭合，因此一般情况下不会造成较大涌水。

(7) 地应力的变化。上行开采一方面给采掘生产带来了有利条件：下部的煤$_2$开采的冒落裂隙使油$_2$的力学性质发生一些有利变化，裂隙发育，强度降低，下沉区域部分地应力分布到煤柱上，降低巷道压力，顶板易冒落，油页岩较易破碎。另一方面，上行开采应力的重新分布给采掘生产和安全带来一定困难：由于煤层的采出，下部煤柱的存在对煤层的赋存影响最大，煤柱的存在打破了原上覆岩层地应力平衡状态，煤柱附近煤岩层的应力状态也变得更为复杂，采空区边界煤柱成为新的平衡状态下的支撑点，增加了采空区原上覆岩层分解的地应力，造成局部应力集中，也产生了一些新的裂隙和断层。

由于煤柱处于移动边界附近，存在水平拉张和斜向剪切应力，因此移动边界附近是地应力得到较充分释放的区域，也是裂隙最为发育的区域。下部煤$_2$、煤$_4$的重复开采使其影响范围内上覆煤$_2$采后裂隙更加发育、高度更大。

兖州煤田侏罗系红层充水特征及其水害防治

兖矿集团有限公司地质测量部　胡东祥

摘　要：通过对兖州煤田侏罗系红层含水层微观含水结构的分析，总结了红层含水层充水特征，提出了防治水害的建议。

关键词：含水层；充水；突水危险区；防治

1　引　言

红层是中生代炎热气候条件下沉积形成的一套紫红色砂岩、泥岩和砾岩层，工程地质上俗称“红层”。在我国华北含煤盆地中，该地层的沉积环境和岩石成分等因素存在差异，导致其富水性不同，在煤矿开采中对矿井充水程度差异较大，在某些地段含有丰富的地下水。红层突水问题已经对矿井安全生产构成一定的威胁[1-2]。

2　兖州煤田侏罗统红层分布

兖州煤田为华北型石炭二叠系煤田，煤系地层被第四系及侏罗系所覆盖，煤田整体为一轴向北东东向东北倾俯的不完整向斜盆地(图 1)。红层赋存形态受总体向斜构造的影响，它被第四系松散层所覆盖，是主采煤层(3 煤)的间接或直接充水水源，主要分布在南屯、鲍店、东滩和北宿等井田内。

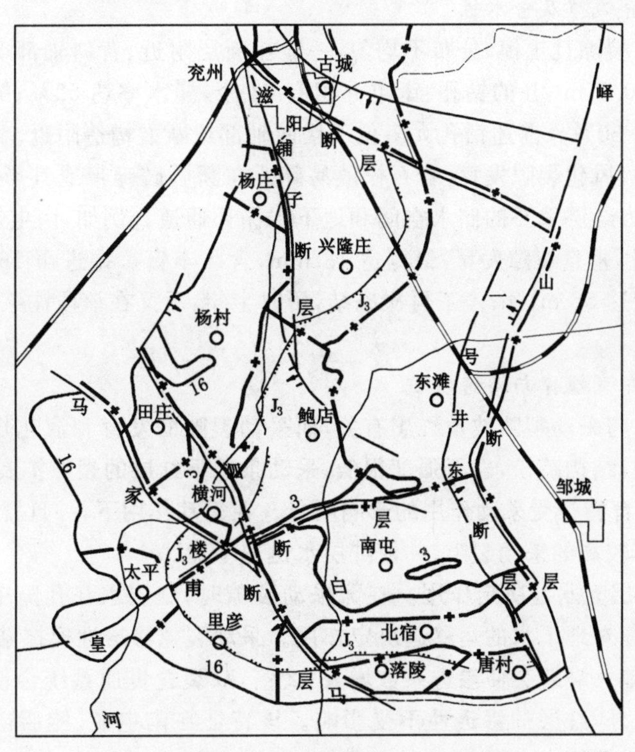

图 1　兖州矿区矿井及红层(J3)分布图

3 红层含水层结构与含水性

兖州矿区侏罗纪红层水赋存特征与孔隙裂隙密切相关。分选均匀、胶结疏松的中粗砂岩孔隙发育、连通性好,其含水性较好。钙质胶结的砂岩,钙质胶结物被溶蚀后,常常扩大粒间的孔隙,有利于红层地下水的赋存。通过薄片鉴定、扫描电镜等多种手段观察,兖州煤田红层砂岩中既有原生的孔隙,又有风化溶蚀形成的溶孔、孔洞、溶穴和溶洞。

3.1 孔隙

煤田水文长观孔岩芯扫描电镜资料表明:红层呈半成岩、未成岩状态,孔隙率可以大于20%;成岩的砂岩孔隙率明显降低,小于8.77%;紫红色的中粗砂岩孔隙率为6.99%～27.7%。红层中下段的中粗砂岩,扫描电镜下见钙质被溶解后结构疏松。由粉砂岩到粗砂岩,其孔隙直径逐渐增大,孔隙连通性变好。砾岩胶结物孔隙率高,钙质成分被溶蚀后,其孔隙率明显升高,最大可达11.2%。

风化带的砂岩由于风化溶蚀作用结构疏松、孔隙率高。

3.2 溶孔与孔洞

主要发育在钙质砂岩及灰质角砾岩中,钙质砂岩中孔洞少见,这与其溶蚀后的崩解有关;灰质角砾岩中的溶蚀孔洞常见,甚至成蜂窝状。北宿矿角砾岩中孔洞7～15 mm,南屯矿砾岩中孔洞发育,直径为10～25 mm。

3.3 洞穴

兖州向斜中下部红层中洞穴(含裂隙)是相当发育的。在南屯井田范围内漏失量大于0.5 m^3/h的钻孔有84个,占总数的51.9%,共135孔次,最大漏失量达32.4 m^3/h,其中丁117、丁123号孔各出现8次漏水。再如丁64孔在88.2 m中砂岩段漏水严重,并使地面塌坑150 m^3,丁93孔在183 m的中粗砂岩见裂隙洞穴0.5 m,丁73孔在226.0 m的砂岩中见15 cm的洞穴。

4 红层含水层裂隙与含水性

4.1 红层原生裂隙发育规律及含水性

侏罗纪红层中发育裂隙且规模、分布不均匀,一般在断层附近、背斜轴部等地段裂隙发育。据统计,红层段冲洗液大于0.5 m^3/h的钻孔:南屯井田有84个,漏水率达52%;鲍店井田有14个;东滩井田有28个,漏水率达20%。前述钻孔大多位于褶曲轴部或断裂构造附近。

红层顶部风化带中,风化裂隙发育,岩石松散易碎。在断层破碎带或其影响范围内,构造裂隙和微裂隙也十分发育,成为红层重要的储水空间和地下水循环通道。例如,南屯煤矿主井和副井掘进过程中,在130～185 m段,垂直裂隙发育,最宽达18 mm,含水丰富。掘进至163.8 m时,因冻结未能交圈,裂隙出水,涌水量达56 m^3/h;停工再次冻结,历时半年,后又在该段注浆眼中出水,最大水量达90.4 m^3/h。

4.2 红层采动裂隙的发育规律与渗透特征

兖州煤田红层突水与采动裂隙波及红层有关,而采动裂隙的发育和演化规律控制着红层水的运动特征。红层胶结性差,结构疏松,岩石强度很低,采动条件下红层的裂隙扩展表现出以下特点。

(1) 红层裂隙的发育特征受采动作用的影响明显。在采动作用下,一旦冒裂高度波及红层,红层在纵向上迅速形成发育较高的采动裂隙,并使红层水迅速下泄。

(2) 采动裂隙对红层充水起决定作用。在无采动裂隙时,红层水在孔隙中均匀、缓慢运动,当采动裂隙形成后,采动裂隙对地下水的运移起决定作用。采动裂隙渗透性模拟结果表明,在红层孔隙率相同的条件下,红层中单一裂缝会使渗透系数增大22倍,双裂缝贯通系统会使渗透系数增大45倍,在采动裂隙波及范围之外,红层的渗透性不受影响。该特征在南屯矿、鲍店矿的突水过程中均有反映,以鲍店矿四采区最为典型。

(3) 红层水—岩作用对采动裂隙的形成和扩展有很大的影响。在红层软岩中起膨胀作用的黏土矿物普遍存在于紫红色泥岩和砂砾岩胶结物中,红层遇水膨胀。红层中采动裂隙形成后,地下水侵入裂隙,水与蒙脱石等黏土矿物发生作用,导致黏土矿物膨胀,裂隙宽度减小,且在上覆岩层重力作用下压实闭合而阻碍地下水下泄。

5　兖州矿区红层充水特征

兖州煤田红层充水的矿井有南屯煤矿和鲍店煤矿，红层突水对上述矿井的安全生产造成很大的威胁。自1973年12月南屯煤矿开采以来，由于疏放了大量的红层地下水，整个兖州煤田红层水位大幅度下降，由勘探时期＋33.81 m疏降到－110.49 m，形成了以南屯矿为中心的降落漏斗。

红层对矿井的充水特征如下：

(1) 采动裂隙波及红层就会造成红层水下泄。在南屯煤矿大部分地区、鲍店煤矿四采区和十采区东部、东滩煤矿一采区南部红层是直接的、主要的充水水源。

(2) 红层富水性具有不均一性，在红层富水区，红层的涌水来水突然，水势猛，峰值大，因此，红层突水可能造成严重的危害。其中，南屯煤矿7309工作面最大涌水量为413 m^3/h，鲍店矿4303—1工作面最大涌水量为285.4 m^3/h。

(3) 红层突水峰值与涌水递增期、峰值稳定期呈负相关。突水峰值愈高者，其涌水递增期和峰值稳定期愈短。也就是说，涌水增长速度快者，峰值可能愈高，危害愈严重，但持续时间较短；反之，涌水增长速度慢者，峰值可能较小，危害较轻，但持续时间较长。

(4) 一般情况下，红层充水位置主要位于回采工作面至采空区约40 m范围内，且随工作面的推进而前移。

(5) 红层涌水量大小与回采推进速度密切相关。回采推进速度快，同时期内红层受采动影响的范围和强度大，红层采动裂隙形成迅速，发育充分，工作面涌水量递增快，峰值大，红层涌水量大；反之，回采推进速度慢，则红层涌水量小。

(6) 红层多为泥质胶结，胶结性较差，结构疏松，这种特性使得红层一方面在采动作用下易产生采动裂隙，但另一方面又使得红层遇水易软化。尤其是红层软岩中黏土矿物含量较高，遇水后表现出较强的膨胀性和崩解性。因此，采动冒落后期，由于红层软岩中黏土矿物的崩解和膨胀以及上覆岩层的重力压实，红层中的采动裂隙逐渐充填、闭合而阻碍其地下水的下泄。

(7) 红层厚度大、分布广，补给相对充足，因此回采结束后工作面仍然有较大的水量。

6　兖州煤田红层水害的预防

6.1　划分红层富水区

红层岩层富水性与孔隙和裂隙发育程度及构造部位有密切的关系，富水性的强弱表现在漏失量、单位涌水量和渗透系数等水文地质参数的差异性。其中，漏失量是富水性的综合反映，漏失量高则表明孔隙或裂隙发育情况。

为此，采用漏失量作为兖州煤田红层划分富水区的指标：漏失量＜1 m^3/h为弱富水区，漏失量1～5 m^3/h为中等富水区，漏失量＞5 m^3/h为强富水区。根据上述指标对煤田矿井进行富水性分区。

6.2　划分突水危险区

红层突水危险性首先取决于采动裂隙是否波及红层，断层的存在会造成突水危险性的增大，而富水性的强弱对突水量有一定的影响。因此，选取红层底界和3煤顶板间距(H_m)与冒裂高度(H_L)的比值作为突水危险性的判别依据，突水危险性指数

$$T=\frac{H_m}{H_L}\text{（正常地段）}$$

或

$$T=\frac{H_m}{1.2H_L}\text{（裂顶可能有断层存在地段）}$$

当突水指数$T\leqslant 1$时为危险区；当$1<T\leqslant 1.5$时为过渡区；当$T>1.5$时为安全区。

7　结论与建议

通过过兖州煤田侏罗系红层充水性特征分析和红层突水危险性评价，划分出南屯煤矿大部、鲍店四采区和十采区东部、东滩矿3煤露头区等地段为红层突水危险区。以上区域应注意对红层水水害

的预防，在采区或采掘工作面设计时，必须充分考虑红层突水的因素，合理、适当地设计和安排防排水工程，或布设专门泄水巷工程或在回采工作面生产前超前疏放红层水。

参考文献

[1] 吴恩江，韩宝平，王桂梁. 红层中水—岩作用微观信息特征及对孔隙演化的影响——以兖州矿区为例[J]. 中国矿业大学学报，2005(1).

[2] 吕小民，吕继民. 济宁鹿洼煤矿侏罗系红层水的危害及防治[J]. 煤炭技术，2004(5).

作者简介：胡东祥（1971—），男，山东梁山人，高级工程师，从事矿区水文地质、防治水技术管理工作。

新集一、二矿推覆体水文地质特征研究与应用

国投新集能源股份有限公司

刘　谊　朱　林　梁　袁　郝劲松　傅先杰　金吕锋

摘　要：新集一、二矿主要构造为推覆构造，属推覆体下、阜凤逆冲断层带下厚～特厚煤层群开采，开采水文、工程地质条件复杂。本文根据勘探及生产阶段的实践，对推覆体下片麻岩和寒武系的地质及水文地质条件进行分析研究，取得坚硬推覆体片麻岩下厚～特厚煤层综放开采技术条件和寒武系灰岩水文地质条件，为其下伏13—1煤的开采布局及防治水提供技术依据。

关键词：推覆体片麻岩；推覆体寒武系；水文工程地质；水害防治

1　前　言

国投新集公司新集一矿、新集二矿为年产原煤4.0 Mt和3.0 Mt的特大型矿井。13—1煤层隐伏于新生界松散层水体和推覆体片麻岩水、寒武系灰岩水下。上部松软（松散层）、中部坚硬（推覆体片麻岩）和中硬（推覆体寒武系）、下部软弱～坚硬（煤层顶板）并间夹软弱结构面（阜凤逆冲断层）的复杂覆岩类型条件下的厚～特厚煤层开采（图1），构成了特殊的开采破坏因素和覆岩破坏条件，开采水文地质条件复杂。13—1煤层能否开采及合理留设安全防水煤柱高度成为研究的重点。因此，在工作面回采前，采用了类比、模拟、电算和理论分析等多种方法对覆岩破坏作了预测研究，并在一矿1303、1307工作面和二矿1306、1307工作面布置覆岩破坏观测孔，获得导水裂隙带、离层裂隙带等相关参数。这些为13—1煤层的安全开采提供了保证，累计回采煤量2 380万t，社会效益和经济效益显著。

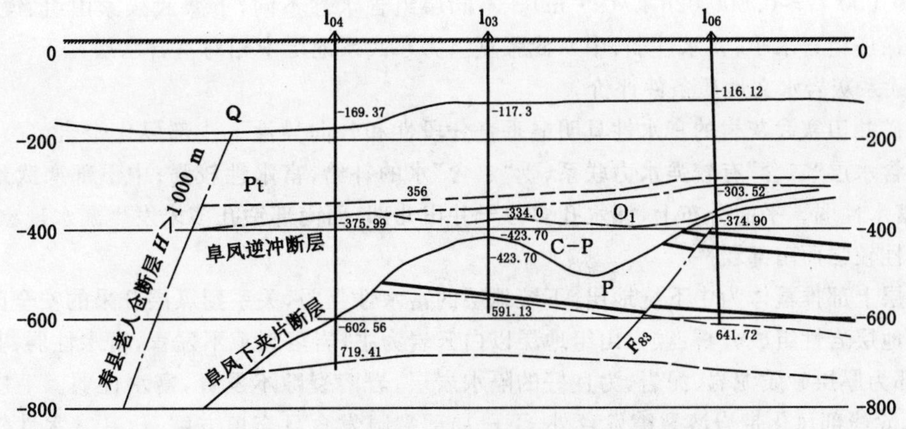

图1　井田推覆构造示意图

2　推覆体水文地质特征及覆岩破坏规律研究

2.1　工作面开采水文和工程地质条件

新集一矿1303工作面大部处于推覆体缺失的“构造窗”内，仅在工作面西北角覆盖有15.6 m厚的片麻岩，已风化为软弱岩体，属松散层下开采。

新集一矿 1305 工作面跨 F02 断层；1307、1309 工作面煤系地层上覆坚硬片麻岩或寒武灰岩，为松散层、推覆体下开采。

新集二矿 1307 工作面位于推覆体寒武系灰岩下，据寒武系层组对比分析，认为 F10 断层以南主要分布为富水性弱的寒武系下统馒头组和猴家山组，自然状态下富水性弱且导水性差。

2.1.1　推覆体片麻岩

元古界片麻岩岩性主要由下元古界片麻岩、角闪片麻岩、混合片麻岩和花岗片麻岩组成。垂厚 0～154.6 m，倾向上南厚北薄、走向上西厚东薄，呈楔形分布，裂隙发育不均，漏水孔率为 20.3%，漏水点多分布于中、上段，具上段相对发育、向下减弱的特征。

含承压裂隙水，单位涌水量 q =0.104 L/(s・m)，富水性弱。新集一矿 1309 工作面回采时涌水量达 52 m^3/h。根据工程地质条件，自上而下分为三段：

上部风化段：厚 20～30 m，散体～碎裂结构，抗压强度 0.107～16.5 MPa，抗拉强度 0.187～3.12 MPa，整体强度低。

中部完整段：厚 100 m 左右，岩体致密、坚硬，抗压强度 59.09～133.2 MPa，抗拉强度 2.44～7.77 MPa，整体强度高。

底部破碎段：厚 10～30 m，受推覆构造影响，裂隙和滑面发育，岩体完整性差，抗压强度 2.95～90.7 MPa，抗拉强度不大于 1.49 MPa。

2.1.2　推覆体寒武系

(1) 寒武系岩性特征

寒武系由灰岩、白云质灰岩、鲕状灰岩、硅质灰岩、泥质灰岩、白云岩、泥岩、砂质泥岩、粉砂岩及砂岩等岩性组成，区内见寒武系总长 13 089.26 m，其中灰岩 8 467.46 m，占 64.69%，即岩性以灰岩为主。

(2) 寒武系富水性特征

推覆体寒武系灰岩含承压岩溶裂隙水，单位涌水量 q =0.000 026～0.974 L/(s・m)，含水小～中等，富水性不均一。平面富水性特征与寒武系平面岩溶裂隙发育程度相一致，即北部富水性相对较强，南部富水性相对较弱。垂向富水性受岩性、风化营力和构造应力等多种因素影响而呈很大差异，顶部风化带和上段富水性较强，单位涌水量 q =0.54～0.974 L/(s・m)，下段富水性相对较弱，单位涌水量 q =0.000 77～0.000 026 L/(s・m)。不同层组含水性不同，下寒武猴家山组、馒头组、中寒武毛庄组和徐庄组含水小，富水性弱，中寒武张夏组为寒武系地层中相对富含水层。

(3) 寒武系灰岩水文地质条件评价

新集二矿井田寒武灰岩的富水性具明显垂直分段性和各向异性。浅部风化带岩溶裂隙发育，且与新生界强含水层"二含"有较强水力联系，受"二含"水的补给，富水性较强；中下部寒武地层岩溶裂隙不发育，富水性弱。平面分布上，漏水孔多位于井田北部，而南部钻孔多未发生漏水现象，即北部寒武灰岩富水性较强而南部弱。

煤系地层上部推覆体为中下统地层，下统地层的富水性强弱，关系到煤层开采的安全问题。据寒武地层下统地层岩性组成分析：猴家山组地层以白云岩为主，岩溶裂隙不发育，富水性弱；其上馒头组地层，顶底部为厚层砂质泥岩、泥岩，为良好的隔水岩层，岩溶裂隙不发育，富水性弱。毛庄组地层有 6 个孔揭露，除浅部风化带岩溶裂隙发育外，下段局部裂隙发育且充填方解石，其富水性较弱。本井田北部仅有 01102 孔揭露寒武中统地层，富水性较强。

综上分析，新集二矿寒武灰岩距可采煤层较近的下统馒头组、猴家山组地层富水性弱，其泥灰岩、砂质泥岩，抗压强度为 0.42～81.27 MPa，为软弱～中硬岩体，可作为隔水层或相对隔水层。依据上述分析结果，对新集二矿 13—1 煤(1306、1307 工作面)可进行补充水文地质勘探并进行试采。

2.2　煤层顶板

顶板由泥岩、砂质泥岩、花斑泥岩和砂岩组成。新集一矿 1303 工作面总厚 117～137.5 m，1305、

1307 工作面最小厚度为 80 m，1309 工作面最小厚度为 48 m。其中，风氧化带厚 13.3～18.8 m，风化砂岩抗压强度 13.5 MPa，风化泥岩抗压强度 5.8 MPa，为软弱岩体；泥岩至粉砂岩类总厚 37.1～105.5 m，抗压强度 10.6～26.1 MPa，为软弱岩体；砂岩类总厚 13.9～32.5 m，单位涌水量 $q \leqslant 0.143$ L/(s・m)，抗压强度 22.6～102.1 MPa，为中硬～坚硬岩体，如图 2 所示。

工作面顶板上 80 m 内岩层呈多层结构并以泥岩类为主，厚度约占 74.2%，可划为软弱～中硬类型。泥岩尤其是风化泥岩的膨胀特征，有利于抑制导水裂隙带的发展，减弱裂隙导水性。

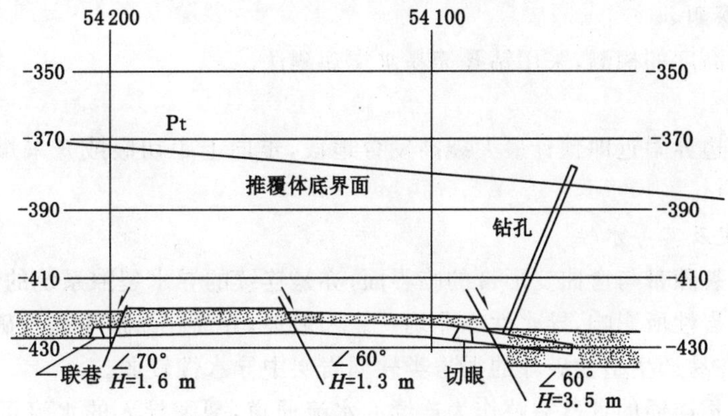

图 2　工作面上巷剖面图(局部)

3　覆岩破坏预测

3.1　裂高预测

采用类比、相似材料模拟试验和线弹性理论应力计算等多种方法对覆岩破坏形态进行预测，表明：① 放顶煤综采也不例外，最高点的形成受开采方法、采厚、覆岩结构、岩性和采后时间等多种时空因素影响而呈动态变化。裂高最高点分布于开采边界附近，即支撑应力最大位置，产生于工作面推进线后方 30～50 m，走向和倾向上呈“马鞍”形。② 在软弱～中硬覆岩条件下，采厚 6～8 m，裂采比为 10～12。

3.2　覆岩破坏形态预测

预测结果表明，松散层推覆体下采煤，覆岩破坏形式既与松散层下采煤有相同之处，又有很大的差异。

当防水煤柱高度大于导水裂隙带最大高度时，在煤层顶板中形成通常的“三带”，即冒落带、裂隙带和弯曲下沉带，因有推覆体的存在，还形成离层裂隙带和岩土体滞后变形带(图 3)。

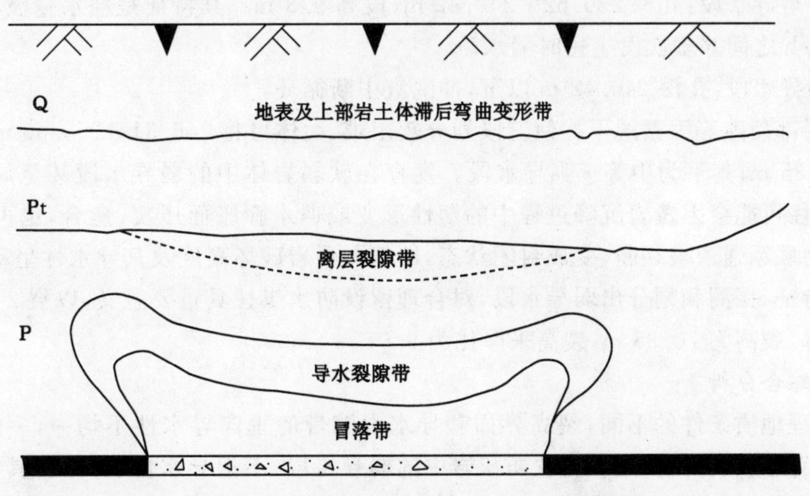

图 3　覆岩破坏形态特征示意图

由于推覆体厚度大、覆岩变形、破坏过程中,坚硬、完整性好的片麻岩能起“悬臂”作用,产生滞后弯曲沉降,沿阜凤断层带或推覆体底部破碎带即软弱结构面形成“离层裂隙带”,随采空面积的扩大和采过时间的延长,可形成“离层空间”,离层空间大小及持续时间取决于推覆体地质条件和开采技术条件。

当防水煤柱小于预测导水裂隙带高度时,仅发育“四带”,即冒落带、导水裂隙带、离层带和岩土体滞后弯曲变形带。

4 导水裂隙带高度探测

本次导水裂隙带高度的探测,采用钻孔简易水文观测法。

4.1 钻孔布置

钻孔布置在开采边界附近即预计最大裂高发育地段,走向上距切眼或开采煤壁 35～45 m,倾向上距机巷内侧 8～10 m。

4.2 裂高界面的确定及其导水性

裂高界面是冒落裂隙带与弯曲变形带的临界面,亦是连续的导水裂隙系统的终止区,因此该处裂隙发育程度减弱并受岩性所影响,导水性亦非均一。一般地,界面在易产生脆性破坏的砂岩类坚硬岩层中导水性较强,而在易产生塑性破坏的泥岩类软弱岩层中导水性较弱。

由于有与采空区相连通的冒落裂隙作为连续的水流通道,裂隙导入的水流可以向采空区渗透排泄,但不可能在界面贮存,水在带内主要是垂向的扩散流动而不同于地下水在含水层中的径向流,因此构成钻孔进入裂高界面后所特有表征——冲洗液消耗、漏失。中断给水后,钻孔水位降至孔底。向下钻进中,稳定水位等于孔深,即孔内无水位。

4.3 导水裂隙带的垂向导水特征

一般地,导水裂隙带内,自上而下裂隙发育程度增强,导水性亦增强,但由于岩体组合结构、物理力学性质等条件不同,带内裂隙发育和垂向连通程度不均一,因此钻孔进入裂高界面后的耗水量变化可出现以下三种形式。

(1) 渐变:冲洗液消耗量随钻深而逐渐增大至漏失。

(2) 波变:冲洗液消耗量出现小—大—小—大的变化,有时呈断续性漏水,最终中断循环。

(3) 突变:在界面位置冲洗液突然漏失,向下钻进时一直中断循环。

依据裂 2 孔在裂隙带中的耗水量变化可划分垂向导水性不同的三段(图 4):

(1) 上部弱导水段:孔深 217.06～230.62 m,段高 13.56 m。其特征是耗水量由 0.21 m^3/h 渐增至 2.58 m^3/h,然后变化在 0.85～3.04 m^3/h 之间。

(2) 中部中等导水段:孔深 230.62～240.42 m,段高 9.8 m。其特征是耗水量波状增大,变化在 1.11～3.96 m^3/h 之间并多次发生短时漏水。

(3) 下部强导水段:孔深 240.42 m 以下,冲洗液中断循环。

裂 1 孔因局部裂隙等因素的干扰使三段划分较困难,大体可将 246.31～255.66 m 划为弱—中等导水段,段高 9.35 m,其下为中等—强导水段。发育在软弱岩体中的弱导水段甚至局部中等导水段的冒落裂隙,往往可能会因覆岩沉降过程中的塑性形变或遇水膨胀而压实、愈合,也可能因此与冒落裂隙系统的水力联系通道被切断,变成封闭状态,即软弱覆岩破坏高度及其导水性呈动态变化。

研究上述特征,探测和划分出弱导水段,对合理留设防水煤柱具重要意义,以裂 2 孔为例:采用中等导水界面计算,裂高为 70.38 m,裂高采厚比为 9.07。

4.4 探测结果综合分析

因地质、工程地质条件的不同,裂高界面和导水裂隙带的垂向导水性不均一,一般可划分为弱、中、强三类。发育在软弱,尤其是风化软弱覆岩中的弱导水段,不但导水性弱,而且具有压实、愈合的动态变化特性,因此在研究查明覆岩工程地质条件和工作面允许短暂少量充水的条件下,可试验将该段作为防水煤柱可保护层来利用。

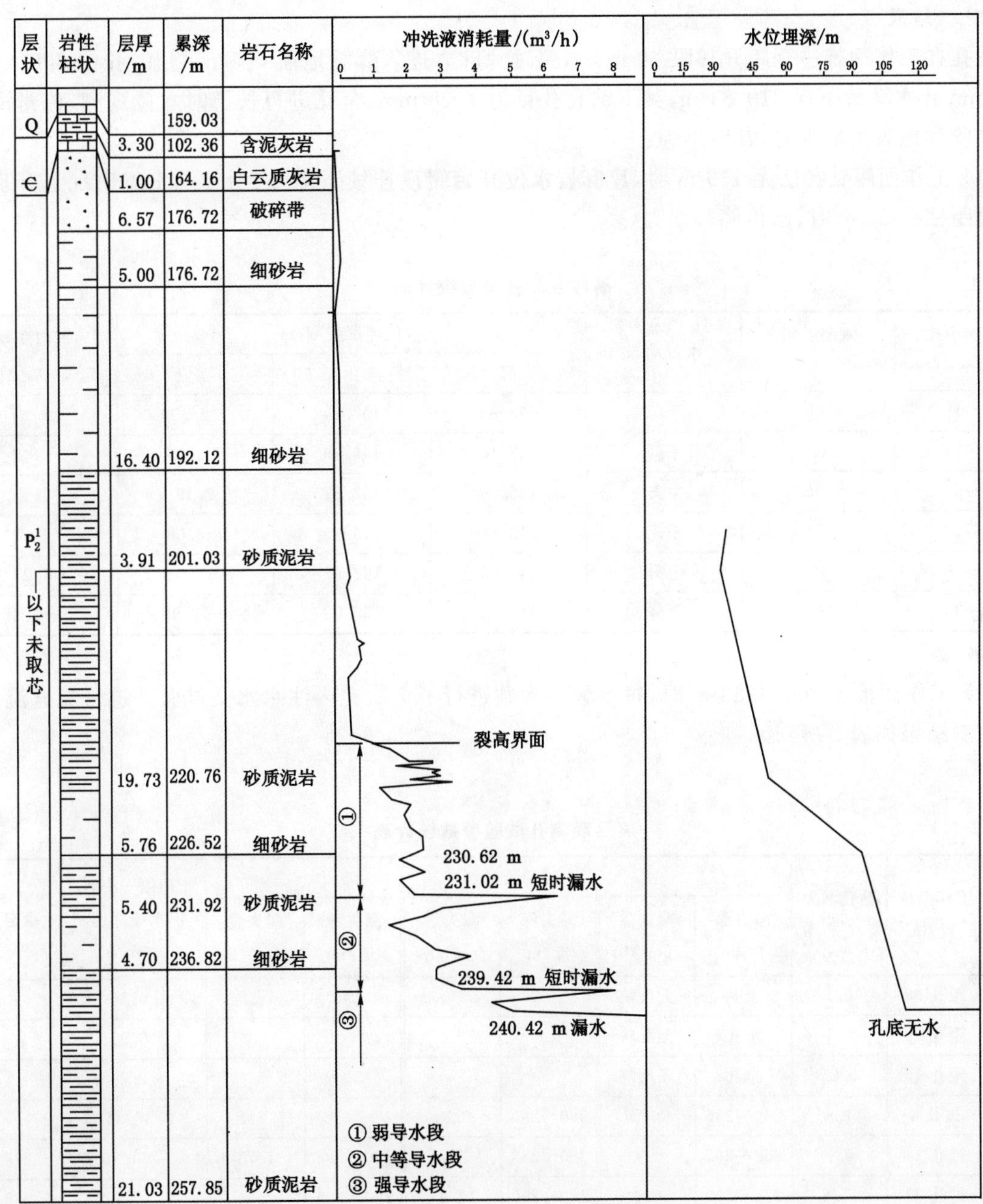

图 4 1303 裂 2 孔简易水文观测曲线

裂高孔终孔在工作面过孔 15～20 d，距采线平距 30～50 m，止水套管下置后 10 d 内停钻，能获得较好技术效果。1303 综放工作面实测最大裂高 83.94 m，裂高采厚比为 10.59～10.82，与预测值相吻合。

5 离层裂隙带观测

离层观测孔布置在新集一矿厚层、坚硬推覆体下 1307 综放采煤工作面，该面推进长度 1 820 m，面长 156 m，采深 371～434 m，倾角 10°，平均煤厚 7.79 m。

5.1 钻孔布置

钻孔布置在该面距切眼 236 m，距机巷内侧 10 m，既能观测离层裂隙带的动态变化，又尽可能减小覆岩破坏对钻孔的影响；并布置在该面片麻岩和开采煤层厚度较大地段。

5.2 观测结果

钻孔在工作面推进至距开切眼 40 m 时，穿过片麻岩进入煤系地层 6.5 m 终孔，孔深 306.47 m，ϕ146 mm 止水套管下深 210.84 m，其下钻孔孔径为 ϕ108 mm。全孔进行长历时水位观测、流量测井、注水试验和地表沉陷观测，其结果为：

(1) 工作面距钻孔法距 139 m 时，片麻岩水位开始缓慢连续下降，之后钻孔水位出现上升现象，到采面距钻孔 56 m 时，水位降幅增大(表 1)。

表 1 **离层观测孔参数统计表**

工作面距孔/m	观测时间/h	水位动态	水位埋深观测/m			平均变幅/(cm/h)
			起	止	差值	
139～197	400	下降	133.85	157.84	−23.99	−6
89～84	46	下降	142.10	146.06	−3.96	−8.6
84～67	135	上升	146.06	143.87	2.19	1.6
67	9	下降	143.87	143.95	−0.08	−0.9
67～56	94	上升	143.95	142.95	1.00	1.1
56～38	165	下降	142.95	155.92	−12.97	−7.9

(2) 工作面推进 200～283 m 时，每 5 天一次共进行了 7 次孔内注水水文试验并进行流速流量测井。观测结果如表 2 所列。

表 2 **离层观测孔试验参数统计表**

次数	工作面位置/m	钻孔漏失量/(m^3/h)	流速流量测井						初始一小时水位降速/(m/h)	稳定水深
			漏失深度/m	漏失量/(m^3/h)	漏失深度/m	漏失量/(m^3/h)	漏失深度/m	漏失量/(m^3/h)		
1	距孔 38	0.1	全孔	无反映					0.16	
2	距孔 29	0.1	全孔	无反映					0.91	
3	距孔 13	0.25	全孔	无反映					5.24	
4	过孔 4	1.8	250～255	0.76	280～290	0.34			48.84	
5	过孔 14	6.1	262～265	1.4	285～287	2.8	290～296	1.73	151.19	285.87
6	过孔 33	15.6	275～290	0.9	280～290	13.47	290～295	0.54		283.00
7	过孔 45	>16.28	>262							281.50

前三次试验，工作面距孔 38～13 m，钻孔漏失量渐增，但仍小于流速仪启动流量，测井曲线无反映，水位下降速度有所增快。

后四次试验，工作面过孔 4～45 m，钻孔漏失量逐渐严重，流速测井反映漏失主要产生在 260～265 m、275～280 m、280～290 m 三段，第五次水位初始降速达到 151.19 m/h。

5.3 观测结果分析

(1) 工作面推进至距钻孔 139 m 时，片麻岩中开始产生微细裂隙，但其渗透性弱，造成水位缓慢下降；微细裂隙产生张、闭过程，水位呈升→降→升的动态变化。

(2) 工作面推进至距钻孔 56 m 时，离层裂隙开始产生，随工作面的推进，裂隙的连通性和渗透性增强。

(3) 工作面推进至距钻孔 4 m 时，离层裂隙开始形成，随工作面的推进，裂隙的发育程度和渗透性进一步增强。离层裂隙带发育初期为多段，最高点为 260 m，即完整片麻岩底段上 30 m 处。渗透性较强的离层裂隙带主要集中在 280～290 m 段的片麻岩底部破碎带。

(4) 注水试验后钻孔水位未降到孔底和片麻岩底界面，而是稳定在 281.5～285.87 m，即离层带之上，表明：离层带不但透水，还具有贮水性质；导水裂隙带未与离层带相连通，裂高小于防水岩柱高度，即裂高小于 114 m。

(5) 工作面推进至距开切眼 126 m 时，地表方有沉降呈现，地表沉陷观测资料表明：反映到地表的滞后下沉时间要推迟 3 个月，启动距为 0.38 H，地表最大下沉点的下沉系数为 0.2，下沉量小，证明坚硬、厚层片麻岩体具有“悬臂”作用，在完整片麻岩底部形成离层。

(6) 离层带具有储导水性，应予以重视，开采过程中，须预防离层带水对工作面突然充水和离层带上覆坚硬岩层断裂产生影响而导致冲击地压等灾害事故的发生。

6　防水煤岩柱留设研究

在寒武系覆岩水文、工程地质条件研究的前提下，采用大量岩体物理力学试验，利用理论分析计算及矿井调查资料给定参数，建立计算模型，进行相似材料模拟，得出采后覆岩内部变形、破坏规律，其最大导水裂隙带高度一般分布于开采边界附近的支撑应力较大位置，走向及倾向均呈两端高、中间低的“马鞍”形，最大裂高为采厚的 8～15 倍。根据“三下”开采规程，1307 工作面可留设 70 m 防水煤岩柱进行试采。

7　结　论

(1) 通过对推覆体片麻岩下煤层开采水害防治研究，仅 1309 面就解放煤储量 60 万 t。构成了特殊的含水层下采煤的条件：一是煤层上覆推覆体片麻岩厚度大；二是合理的防水煤岩柱高度留设，导水裂隙带波及阜凤断层带和片麻岩产生水害；三是片麻岩致密坚硬，采后产生悬顶，不易下沉，大面积垮落后造成冲击地压、瓦斯和水害。为类似条件下的煤矿全面提高开采上限提供了依据，具有良好的技术借鉴价值和广阔的效益前景。

(2) 通过对推覆体寒武系下煤层开采水害防治研究，应用相似材料模拟试验、物探手段等对推覆体破坏进行预测，并结合井上下钻探和水文试验，获得了较好的效果：将防水煤柱缩小到 80 m；取得了推覆体片麻岩下综放开采覆岩破坏资料尤其是离层悬顶资料；基本搞清矿区推覆体、寒武系灰岩、水文工程地质条件。

参考文献

[1] 薛禹群，等. 地下水动力学[M]. 北京：地质出版社，1979.
[2] 王大纯，等. 水文地质学基础[M]. 北京：地质出版社，1986.
[3] 沈照理，等. 水文地质学[M]. 北京：科学出版社，1985.
[4] 郑世书，陈江中. 专门水文地质学[M]. 徐州：中国矿业大学出版社，1999.
[5] FETTER C W . Applied Hydrogeology[M]. Chanles E. Merrill Publishirlg Co，1980.

作者简介：刘谊，男，国投新集能源股份有限公司总经理，正高级工程师。

综放工作面回采过采区泄水巷措施

龙矿集团北皂煤矿　万　蕾　邢同昊　侯永武

摘　要：4402 综放工作面顺利完成采区泄水巷下回采，为以后类似条件下的工作面回采提供了经验借鉴，值得推广。

关键词：综放面；积水；回采

1　问题提出

北皂煤矿位于龙口矿区北部，主采煤层为煤$_2$层和煤$_4$层，随着煤$_2$层资源的逐步减少，矿井的主采面逐渐向煤$_4$延深，上组煤四采区作为煤$_2$收尾的最后一个采区，在 2421 工作面开采结束后，将上组煤四采区主要系统全部报废，同时造成上组煤四采区原有－260 排水系统被破坏，使该范围内的水汇积到－260 大巷附近，形成大范围积水无法排出。下组煤四采区工作面回采时，会导致－260 大巷以及四采轨道下山塌陷，可能造成－260 大巷内积水随冒落裂隙充入工作面内，给工作面正常生产带来极大的安全隐患。

2　4402 工作面概况

4402 工作面为下组煤四采区首采面，采用倾斜长壁综采放顶煤采煤法进行回采。工作面走向长度 2 097 m，倾向长度 157.4 m。

工作面回采时将会造成四采轨道下山及下车场垮落，二者最小净岩柱仅 23 m 左右，－260 大巷排水系统撤除后形成的积水大部分可通过冒落裂隙进入工作面(按四采油$_2$集运巷水排出不流入－260大巷考虑，从撤除－260 大巷排水系统到垮落后冒落裂隙波及－260 大巷按最少 20 d 计算，－260大巷可积水 $14\times24\times20=6\ 720\ m^3$)，对工作面煤质和安全均有较大影响；同时积水将工作面后部老空充满后将跟随工作面，增加回采难度，并恶化生产环境。

3　前期疏排水工作

根据采区涌水和汇水情况以及积水对工作面回采安全生产和煤质的影响，最终确定工作面回采前采取如下方案进行排水。

3.1　疏排上组煤积水

由于四采油$_2$集运巷水与－260 大巷水经－175 东大巷水沟排出，预计水量 28 m^3/h，－260 大巷水仓水泵能力为 54 m^3/h，可以满足排水需要；－175 东大巷水沟正常排水能力预计为 60 m^3/h，保持畅通，可以满足排水要求。将－260 大巷积水排至－175 东大巷，同时回撤前将－260 大巷水仓填平，避免水仓内存水。根据－260 大巷排水系统回撤时情况，考虑在 4402 工作面两巷与四采轨道下车场间施工一至两个疏水钻孔，保证在－260 排水系统回撤后，4402 工作面回采将四采轨道下场垮落前，将－260 大巷积水通过疏水钻孔经 4402 两巷排入－250 东大巷，避免－260 大巷大量积水突然涌入工作面，造成工作面突水事故。

3.2　施工下组煤四采下部泄水巷疏排积水

为避免－260 大巷大量积水突然涌入工作面而影响 4402 工作面正常生产，确定在 4402 面 1# 联络眼施工四采下部泄水巷，并施工一水仓，安设好相应的排水设施(按现四采油$_2$集运巷排水系统装两路 108 mm 排水管，两台 55 kW 泵)，然后施工两个疏放水钻孔(ϕ89 mm)将－260 大巷水通过该处疏放出来，同时在 4203—1 探巷处水通过施工两个疏水钻孔，将四采油$_2$集运巷水导入疏水孔处，将四采油$_2$集运巷水通过4204外部联络巷与4203—1探巷处水汇合在一起，经－260大巷再经疏水钻孔从四采下部泄水巷排至－250东大巷。

4　工作面回采

4.1　回采前资料分析及水情预测

(1) 矿压资料分析：－260大巷位于4402综放面上方，底板标高为－260.7 m(水仓底低于大巷1.5 m左右)，4402面运输巷侧距－260大巷最小垂距为22.5 m，材料巷侧与－260大巷垂距为55.5 m。根据在4301过－80回风巷、4305回采对－175东大巷矿压观测分析。

① 4402面回采距－260大巷180 m范围时，其采动将对－260大巷产生动压影响；

② 4402面回采距－260大巷60～70 m时，－260大巷积水才有可能开始渗入煤$_4$顶板裂隙中；

③ 4402面回采距－260大巷40～60 m时，－260车场料石砌碹段将首先被压垮。

(2) 冒落裂隙观测资料分析：由于矿区尚无综放开采实际观测资料，只能根据预测和4301工作面回采对上组煤影响程度和已回采工作面涌水情况分析，冒落裂隙发育到最高时要滞后工作面回采，一般滞后50～60 m。

(3) 基本结论：① 回采冒落裂隙将首先波及－260大巷水仓，预计最大出水量8.0 m^3/h左右。② 随工作面推进，当裂隙波及运输巷侧，预计两巷总汇水量最大达8.0 m^3/h左右。③ 4402材料巷外侧－260大巷密闭受动压影响完全不起作用，预计运输巷侧水量不超过3.0 m^3/h。

4.2　工作面回采措施

4.2.1　加强水情观测

(1) 对四采下部泄水巷、4402两巷疏水孔水量进行监测工作，掌握工作面回采影响前正常出水量，然后随工作面回采观测水量变化情况，特别是四采下部泄水巷疏水孔和4402两巷疏水孔水量变化，每周不少于两次，在工作面距－260大巷40 m开始每隔一天观测一次，必要时再加密观测。

(2) 进行工作面顶板及老空水情观测，重点对1$^{\#}$～30$^{\#}$附近顶板的水情进行观测，加密工作面水情观测，出现特殊情况时及时采取相应措施。

4.2.2　完善排水系统

为防止4402材料巷外侧－260大巷密闭受动压影响完全破坏，大巷内涌水量增大至12 m^3/h，水进入工作面后，分别在运输巷和材料巷工作面外安设大泵，大泵有效排水能力材料巷侧不小于15 m^3/h，运输巷侧不小于10 m^3/h；同时在工作面运输巷侧安一台潜水泵、备用一台，材料巷侧安设两台潜水泵、备用一台。

4.2.3　工作面回采推进过程中的要求

(1) 工作面按正常的回采速度推进。

(2) 材料巷推进到－260大巷正下方时，由于材料巷与－260大巷垂直距离达54 m，冒落裂隙波及不到－260大巷，但要注意：

① 最大限度降低回采动压对4402材料巷外侧－260大巷密闭和巷道的影响，在材料巷侧回采时控制采放高度，在材料巷侧经过老巷前后各10 m，工作面材料巷侧10架(95$^{\#}$～105$^{\#}$架)只采不放。

② 材料巷推进到泄水孔位置时，将泄水孔下的阀门卸掉，使管路中的水自流到泵窝内。

③ 当泄水孔进入老空后，要观察水管是否仍向外流水，若不流水需注意老空侧出水情况，如有水则需用在后巴子处挖设泵窝设泵排水。

④ 如果后巴子有水且水位上升较快，则必须加快推进速度，最大限度降低水对回采和煤质的影响。

⑤ 当材料巷后巴子推过泵窝位置时，要随后巴子逐渐外移潜水泵并挖设泵窝。

(3) 随着工作面的不断推进，自溜尾开始逐渐通过－260大巷，当14$^{\#}$～26$^{\#}$架将通过－260大巷水仓部分时，需做好以下工作：

① 加强顶板管理，严禁出现掉顶、漏顶现象，防止出现冒落裂隙导水。

② 当顶板出现淋水时，在支架前梁下架设废旧风筒布遮挡，将水顺到前溜子以外，减少煤质污染。

③ 当面前煤壁渗水较大时，要在面前设泵排水降低水对煤质的影响，同时加快工作面的推进速度。

④ 当泄水孔到端头架前时，将泄水孔下的阀门卸掉，使管路中的水自流到泵窝内。

⑤ 当泄水孔进入老空后，要观察水管是否仍向外流水，若不流水需注意老空侧出水情况，如有水则需在后巴子出挖设泵窝设泵排水。

(4) 当整个工作面均通过－260 大巷时，对大巷的破坏作用最剧烈，冒落裂隙也将波及大巷：

① 观察老空出水情况，特别是材料巷后巴子，出水较大时要及时设泵排水。

② 老空水受工作面的坡度影响将向溜尾侧流动，随着水量加大，后巴子的水位将逐渐上升。

③ 当材料巷后巴子水位上升时，要增设潜水泵进行排水，必要时加快推进速度将水甩到老空。

(5) 当工作面通过－260 大巷 60 m 时，冒落裂隙发育到最高，如老空没水或水量不大，则工作面安全顺利通过－260 大巷。

4.2.4 工作面突水时应急预案

(1) 工作面推进过程中出现大量涌水时应沿以下路线撤离：工作面→ 4402 运输巷→ 4402 煤仓联络巷→ －250 东副巷→ 下组煤集中胶带巷→ －90 回风巷→ 总回风道巷→ 风井→地面。

(2) 在两巷设拦水坝设泵排水：根据老空涌水量，在两巷出口以外 100～300 m 位置设拦水坝，将水控制在两巷以内，然后设泵排水。

4.3 工作面排水能力演算

依据两巷最大涌水量、排水距离、两巷平均坡度等地质参数，对 4402 两巷水泵排水能力进行核定。

(1) 最大涌水量：材料巷 12 m^3/h，运输巷 7 m^3/h。

(2) 排水距离：

① 材料巷 37 kW 大泵排水距离 600 m，潜水泵排水距离 80 m；

② 运输巷 37 kW 大泵排水距离 770 m，潜水泵排水距离 80 m。

(3) 巷道平均坡度：3°～15°，平均 7°。

(4) 计算结论：由于 4402 材料巷的涌水量远大于运输巷，因此通过对 4402 材料巷排水设备的排水能力核定，两巷的排水系统满足 4402 工作面回采期间的排水要求。

(5) 经实测，运输巷实际排水能力为 32 m^3/h，材料巷实际排水能力为 30 m^3/h。

经计算与实测后两巷排水系统的排水能力均达到排水要求，核定两巷的排水系统满足 4402 工作面回采期间的排水要求。

5 4402 工作面回采实际情况

4402 工作面材料巷、运输巷分别于 2005 年 1 月 25 日及 2 月 6 日通过－260 大巷泄水孔，至 3 月 5 日，材料巷通过－260 大巷 66.6 m，运输巷通过－260 大巷 37.6 m，工作面过－260 大巷时没有出现较大积水现象，4402 面已顺利通过－260 大巷。

5.1 水情观测情况

工作面开采开始观测以来，分析总体水量变化比较正常，但观测中也出现多次波动。

(1) 第一阶段：回采前期生产中有生产水及注浆水的影响，此时总体水量较大，为 20～22 m^3/h 左右；但随着 2421 面停产，总体水量趋于稳定，保持在 16～17 m^3/h 左右。

(2) 第二阶段：回采中期进行疏水孔关闭试验，关闭运输巷侧疏水孔 8 小时，观测材料巷侧疏水孔，材料巷侧无反映，为防－260 大巷积水过多，又打开运输巷侧疏水孔放水，造成运输巷侧水量偏大。

(3) 第三阶段：回采后期总体水量较稳定，比第二阶段少 3 m^3/h，保持在 17 m^3/h 左右，分析原因可能是受冒落裂隙影响，少量积水充入 4402 工作面老空区。

5.2 工作面回采情况

(1) 4402 工作面通过 −260 大巷前，为减少回采动压对 4402 材料巷外侧 −260 大巷密闭和巷道影响，在材料巷侧经过老巷前后各 10 m，工作面材料巷侧 10 架(95# ～105# 架)只采不放。

(2) 工作面水情情况：工作面溜尾段开始有少量积水，15 d 后无积水出现；运输巷侧回采中在溜头段顶、底板开始出现少量积水、淋水现象，持续 30 d 后溜头段积水消失；而后工作面无积水出现，进入正常生产。

6 结 论

通过 4402 工作面回采实践证明，工作面回采所采取的措施切实可行、效果明显，有效地控制了出水对工作面回采的影响，保证了安全生产，为今后同条件下工作面回采积累了宝贵经验。

作者简介：万蕾(1983—)，男，毕业于山东科技大学采矿工程专业，现在北皂煤矿技术科从事技术管理工作。

第五章 水体下安全开采技术

海域综放工作面回采防治水

龙矿集团北皂煤矿 邢同昊 万 蕾 侯永武

摘 要:通过 H2101 综放工作面的成功回采,大大提高了矿井生产的经济效益,延长了矿井服务年限,并为今后其他类似条件下工作面回采提供了宝贵的借鉴。

关键词:海域;综放工作面;海下;回采

1 工作面概况

H2101 工作面位于北皂后村北部海域－350 水平井底车场以东、一采区西南部,属首采工作面,开采煤层为煤$_2$,为海域一采区埋藏最深的块段,工作面上方海水深 3～3.5 m,工作面标高－355～－371.4 m,第四系底界标高－126.5～－131.5 m,煤层厚度 4.35 m,煤层顶板上距第四系底界227～236.9 m,是采厚的 50.4～52.6 倍。

2 工作面水害因素分析

H2101 工作面煤层顶板与第四系底界面相距 227～236.9 m,在一般情况下,海水不会溃入井下。另外,海水仅与第四系含水层发生水力联系,与下伏煤系地层无水力联系。海水只能通过第四系地层才有可能向井下充水。因此,H2101 工作面最主要的风险是第四系含水层水通过断层溃入井下,这是该工作面防治水的重点。

对 H2101 工作面采掘有影响的断层主要是 DF—3 断层,工作面处在该断层上盘。此外,在切眼附近分别揭露落差 1.8 m、2.2 m 和 2.5 m 三条断层,在工作面停采线附近预计有一条落差 2.5 m 左右的断层。

3 工作面防治水的基本技术措施

为了防止海水溃入工作面内,按照我国煤矿防治水的有关规定,结合海域采煤的具体情况,其基本措施主要有分区隔离开采、井下排水系统、断层防水煤(岩)柱留设。

3.1 分区隔离开采

海域首采工作面掘进以前,必须把海域与陆地部分用防水闸门进行分区隔离。由于 H2101 工作面海下采煤在我国尚属首次,且海域扩大区地质勘探程度较低,对水文地质条件了解不够充分,所以在 H2101 工作面未掘进前构筑防水闸门。

3.2 井下排水系统

北皂矿陆地井下排水设计为－175 m 水平及－250 m 水平均设置泵房,排水方式是将－250 m 水平的涌水排至－175 m 水平水仓,再由－175 m 水平的排水设施转排至地面。

由于海域扩大区－350 m 水平正常涌水量为 260 m^3/h,三个水平的涌水量已超过－175 m 水平的排水能力,因此,海域扩大区－350 m 水平的涌水应直接排至地面。在海域扩大区－350 m 水平设置水泵房,将－350 m 水平的涌水经东风井直接排至地面。

3.3 断层防水煤柱留设

陆地断层导水性差,只有落差较大的断层(草泊断层,落差 20～70 m)才局部导水,回风暗斜井掘进时,揭露断层 20 余条,H2101 工作面巷道掘进中揭露断层 10 余条,均未发现落差大于 20 m 的断层,而且这些断层均不含水,也不导水,据此对于落差大于 20 m 的断层,有必要留设断层防水煤柱。

4　H2101 工作面防治水阶段性技术措施

H2101 工作面防治水技术措施可分为掘进前，巷道掘进过程，工作面回采前，工作面回采过程四个阶段分步实施。

4.1　巷道掘进前阶段

这个阶段主要购置设备、仪器仪表，做好探放水准备工作，并形成井下注浆系统。

4.2　巷道掘进阶段

由于是首采工作面，在上下顺槽和切眼掘进过程中要坚持“先探后掘，有疑必探”的原则。重点探测断层的位置及延伸情况，探测断层及两侧的含导水性。

对于 H2101 工作面，主要探放断层水。探放水要严格按以下原则设计和施工。

(1) 探放过程中要加强巷道水情观测，一旦发现异常应立即停止，及时处理，情况紧急时必须马上发出警报，撤出所有受威胁地区的人员。

(2) 水压大于 2 MPa 的断层，不宜沿煤层探放断层水，应沿顶板岩层进行探放。

(3) 开孔层位必须在坚硬的岩层中，孔口管的长度、钻孔超前距离应符合有关规定。

(4) 钻孔的安全深度必须保证由孔口至断层之间的岩壁厚度能在关闭孔口阀门时足以防止水压对岩壁的破坏。水压大于 2 MPa 时，在穿过煤层的探断层孔打穿断层之前，还应下好第二层孔口管并超过煤层 1 m 以上，用以封水护壁。

(5) 水压大于 2 MPa 时，应选用钻深 200～300 m 的井下大中型钻机，水泵应能单独启动，水泵压力应大于实际水压的 1.5 倍，以便停钻时可以不停泵。

(6) 揭露断层或含水层时，孔径应小于 60 mm，同时采用肋骨钻头，以控制孔内涌水量和防止高压水使钻杆顶出。

(7) 孔口安全装置要特别重视各部件组装的密封程度，防止高压水造成的漏水射流使构件损坏。

(8) 钻孔终孔时，孔内有水时应进行简易水文试验，孔内无水时，应选择一个孔进行压水试验，检验断层的隔水性能。钻孔完成各项任务后，可根据实际情况，留作监测孔，如果不再需要，要全孔注浆封闭，并做好封孔记录。

(9) 探放水地点必须安设电话，严格执行交接班制度，做好钻探记录。

(10) 探放顶板水的钻孔应布置在工作面下顺槽，终孔直径 58 mm，开孔应安装孔口管(不小于 5 m)，并根据水压确定套管长度。

(11) 高压水一旦喷出，必须进行注浆，其效果经检验合格后方可继续掘进。

4.3　回采前阶段

从防止海水溃入井下的角度，探放水工作要达到以下标准才能开始回采：

(1) 通过井下物探或经打钻验证，工作面内没有含水构造。

(2) 工作面内有含水构造，但通过水质分析，不是海水或没有混合海水。

(3) 工作面内没有涌水，或者有涌水，但通过水质分析，不是海水或没有混合海水。

4.4　回采阶段

根据工作面水情分析，对工作面开采影响较大的主要是顶板互层(离层)含水层和底板(煤$_3$)砂岩含水层。综合各类水害的特点，防离层突水是本工作面回采防治水的重点。离层充水的水源是泥岩夹泥灰岩互层含水层水，虽然该含水层富水性总体较弱，但不具备短期内进行疏干的条件。

4.4.1　顶板(互层)水防治措施

根据工作面水文地质条件，防止离层突水的有效手段是隔离离层积水，减少离层突水的可能性，重点是合理控制采放高度，抑制导水裂隙带发育高度，确保安全岩柱的厚度。在隔离离层积水的同时，也可以有效地防止泥岩夹泥灰岩互层涌水。由于水文地质条件的复杂性，完全防止离层突水的难度较大，应同时加强工作面排水系统，研究有效的仰采工作面排水方法，确保工作面安全生产。

合理控制采放高度，抑制导水裂隙带发育，确保安全岩柱不小于 10 m。根据不同的地质及水文地质条件，工作面分 5 个分区进行不同的采高控制。

Ⅰ区：采放高度不超过 4.13 m，基本可以进行全煤厚开采；

Ⅱ区：采放高度不超过 3.60 m；

Ⅲ区：采放高度不超过 2.80 m；

Ⅳ区：采放高度不超过 3.00 m；

Ⅴ区：采放高度不超过 3.60 m。

各区内需严格按采放高度回采，严禁出现超采、掉顶和漏顶现象。

4.4.2　底板水防治措施

4.4.2.1　回采前

工作面回采过程中水情复杂，对底板水防治原则是超前探放、以疏为主，进一步降低底板水压，最大程度降低底板水对工作面的影响。

由于组架硐室内施工的两个底板探放水孔疏水量较大，回采前封孔易造成底板水压恢复，重新威胁材料巷里段回采期间的底板安全，不宜进行封孔，回采前采取引出疏水管、回采过程中采空区埋管方式，继续进行疏水。

(1) 在材料巷组架硐室到 3# 支巷门口水仓间安设一条 ϕ51 mm 高压胶管作为疏水管，长度为 470 m。两疏水孔均与该疏水管连接。

(2) 回采前根据技术科提出的组架硐室底板疏水孔防护要求，对疏水孔进行有效防护，并定期敷设疏水管并维护。

(3) 为了确保在工作面回采期间有效疏水，回采前必须对组架硐室内两个底板放水孔进行保护。要求如下：

① 将两个钻孔大阀门上连接的小阀门拆除，分别将高压管连接到大阀门上，两高压管用三通连接到同一高压管上，且长度合宜。引出高压管另一段要有完好接头，留待继续接管。将两孔口阀门完全打开。该项工作要在第 2 项工作前 4 天完成。

② 将引出高压管连接到中间巷水仓，硐室内水仓用混凝土填平。

③ 在组架硐室小断面距迎头 2.0 m 处打设一道料石墙，高度 1 m，灰浆饱满。料石墙施工时，应使引出的高压管呈自然状态，不得挤压。

④ 在保证高压管正常出水的条件下，向孔口周围预留空间内用混凝土充填，要求把整个预留空间填实填满。填充前，检查高压管连接及高压管出水情况，合格后方进行充填。

⑤ 在充填体及料石墙之上用编织袋装矸石堆砌整齐，直到巷顶。

4.4.2.2　回采期间

工作面回采期间，定期对疏放水孔水量和压力变化进行观测，分析底板砂岩水对工作面开采影响程度，根据出水量和压力变化情况及分析结论确定对疏水孔封闭的时间。回采中结合瞬变电磁探测结果制定底板异常富水区的探测规划，根据底板水探放规划，在回采过程中继续在材料巷瞬变电磁探测的富水异常区施工钻探工程，对底板水进行疏放。

5　结　论

H2101 综放工作面的成功回采，标志着我国已加入世界上少数几个海域下采煤的国家行列，可大大提高矿井生产的经济效益，延长矿井服务年限，并为今后其他工作面回采提供了宝贵的借鉴。

作者简介：邢同昊(1980—)，男，毕业于山东科技大学采矿工程专业，现在北皂煤矿技术科从事技术管理工作。

小浪底水库下采煤覆岩破坏规律的综合探测研究

义煤集团新义煤业有限公司　姜玉海

摘　要：本研究首次尝试采用钻探与物探手段相结合、多种物探手段动态监测并结合数值模拟、工程地质力学模型模拟试验相互验证和对比来综合判断和评价新安煤矿顶板导水裂隙带的发育规律，为新安煤矿合理设计小浪底水库下采煤方法和制定矿井防治水措施提供了重要的参数依据和技术支撑。

关键词：水下采煤；覆岩破坏规律；综合探测

1　概　况

新安煤矿于1988年底建成投产，开采范围50 km^2，开采二叠系山西组二$_1$煤，煤种为贫瘦煤，煤层厚度为0～18.88 m，平均为4.22 m。当小浪底水库蓄水达到设计水位高程+275 m时，新安煤矿40%面积将位于库盆之下，水体下可采煤炭储量高达8 000万t，最大覆水深度约80 m，蓄水后，相当范围的二叠系砂岩地层被淹没在库水之下，直接接受库区水补给。如有采动裂隙等通道沟通其与矿井的联系，很容易发生突水事故。

为实现在小浪底水库下安全开采，必须通过深入研究整个矿区不同开采条件下形成的导水裂隙带高度及其发育规律，确定开采上限。目前研究导水裂隙带高度的主要方法有经验公式法、物理模拟、数值模拟和现场实测，将几种方法相互结合是准确得到导水裂隙带高度计算方法的重要途径。

2　导水裂隙带发育规律的工程地质力学模型研究

2.1　模拟情况概述

根据现场地质和开采条件，模型比例定为200∶1，即模型的相似比为200。模型在平面应变模型架上进行，模型体的尺寸为2.0 m×1.0 m×0.24 m(长×高×宽)，煤层覆岩施加的应力采用施加外力荷载补偿法来实现，模型开采的时间相似系数=相似比的平方根=14.14。中国矿业大学工程地质实验室先后进行了多次配料的调配以满足力学模型试验对试验参数的要求，选取重晶石粉、石膏、甘油、河砂、膨润土等为模型相似材料，制成11201工作面、14141工作面、14191工作面工程地质力学模型。

2.2　模型的开采及导水裂隙带发育规律分析

现场推进速度为45 m/月，模拟试验拟取推进速度21.2 m/d。根据11201工作面的岩层结构铺设该工作面的工程地质力学模型，试验照片举例如图1、图2所示。

图1　11201工作面开采196 m覆岩破坏情况

图2　11201工作面断层模拟覆岩破坏情况

2.3 模拟结果

以11201、14141及14191三个工作面地质结构条件和其物理力学参数为基础，先后进行了4个工程地质力学模型在矿井不同工作面的地质和开采条件下、相同工作面在有无断层情况下、相同工作面在是否留设煤柱情况下以及相同工作面在不同开采方法下覆岩破坏规律的8次模拟开采，得出了不同开采条件下的覆岩破坏规律，如表1所列。

表1 工程地质力学模型模拟结果

模拟工作面	模拟条件	煤厚/m	冒高/m	裂高/m	冒采比	裂采比
11201	原始条件	5	23.77	68.98	4.75	13.80
	分层全采	9	41.23	117.35	4.58	13.04
	模拟断层	5	25.96	75.22	5.19	15.04
14141	原始条件	4	21.82	63.36	5.46	15.84
	分层全采	8	31.80	104.63	3.98	13.08
14191	原始条件	5	20.93	69.87	4.19	13.97
	分层全采	9	31.38	106.72	3.49	11.86
	一次采全高	9	30.59	113.73	3.40	12.64

3 导水裂隙带发育规律的数值模拟研究

3.1 数值模型的建立

选取14191工作面的FLAC^{3D}数值模拟覆岩破坏过程进行分析和说明。在取得14191工作面地质结构参数基础上，建立煤层开采等效工程介质平面模型，根据该工作面的实际开采条件，整个模型长400 m，宽200 m，高200 m，采厚5 m，模型共计12层。数值计算时此模型被划分为若干长方体网格组成，共由25 500个单元和25 396个节点组成。

3.2 模拟结果及分析

数值模拟的实际过程采用FLAC^{3D}软件分步开挖实现，考虑工作面推进20 m、40 m、60 m、80 m、100 m、120 m、140 m、160 m共8步的情况，本次模拟的重点是研究随工作面的推进上覆岩层的破坏过程，通过数值模拟来判断覆岩破坏后导水裂隙带的发育高度，主要通过用塑性区范围和应力分布两个方面来分析，回采160 m时塑性区范围和应力分布如图3、图4所示。

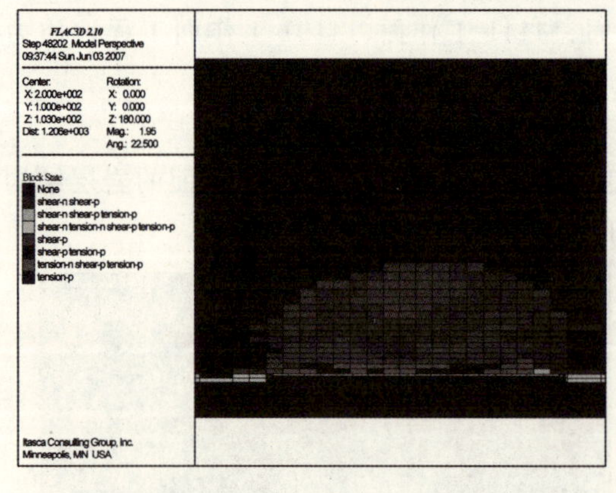

图3 14191工作面回采160 m时塑性区范围

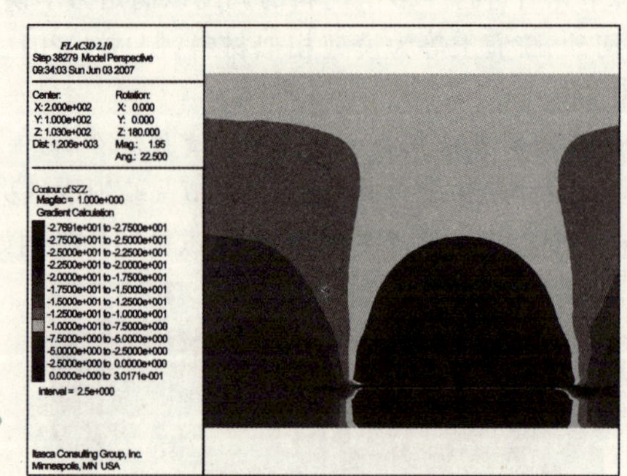

图4 14191工作面回采160 m时应力分布

通过对14191、11201以及14141三个工作面的数值模拟，取得的主要成果如表2所列。

表 2　数值模拟结果

工作面	煤厚/m	导水裂隙带高度/m	导高发育到最大所需时间/d
14191	5.0	70.48	59
11201	5.0	71.39	41
14141	4.0	62.84	43

4　导水裂隙带发育规律的现场实测研究

4.1　并行网络电法 CT 探测技术

4.1.1　并行网络电法 CT 探测技术原理

并行网络电法 CT 技术是继常规电法和高密度电法后发展起来的新一代电法数据采集技术，每次供电可同时获得多个测点数据，是一种全电场观测技术，集成了远程通讯、智能控制等先进技术，形成了高效、可靠的电法动态监测系统，通过上位 PC 上的软件发送指令可以智能控制井下电法仪器，实现电法数据远程获取和智能控制，并能实时对所获取的电压和电流数据进行成图。

4.1.2　并行网络电法 CT 探测成果分析和解释

由于本次为动态连续观测，密度高数据量大，仅选择 14141 工作面 Y6 孔在不同时期具有代表性的剖面(图 5)进行举例分析，说明获得工作面煤层开采后的覆岩破坏规律。

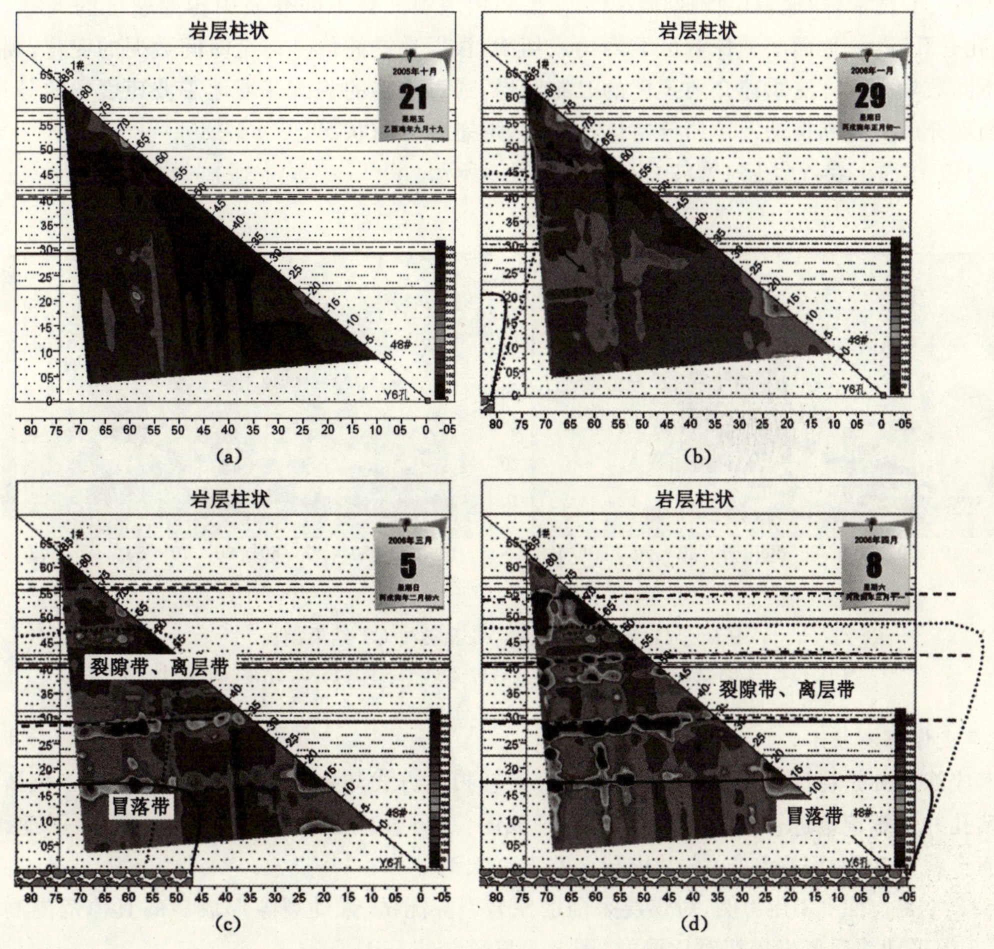

图 5　14141 工作面 Y6 孔在不同时期具有代表性的剖面

综合钻孔资料、关键层理论和连续变化的并行网络电法 CT 观测资料，分析得到该工作面煤层开采后冒落带平均高度为 18 m，导水裂隙带发育平均高度为 45 m。

新安煤矿 11201、14141、14191 工作面井下进行了 5 孔次的导水裂隙带发育高度探测，结果如表 3 所列。

表 3　并行网络电法 CT 技术探测结果

孔　号	位　置	煤厚/m	冒高/m	裂高/m	冒采比	裂采比
Y1	11201 风巷	4.0	27.5	70.0	6.87	17.50
Y2	11201 机巷	3.9	24.5	70.0	6.28	17.95
Y5	14141 机巷	4.2	25.5	65.8	6.07	15.67
Y6	14141 风巷	3.0	18.0	43.0	6.00	14.33
Y3	14191 机巷	4.8	30.0	82.0	6.25	17.08

4.2　地震波 CT 探测技术

地震波 CT 技术，即地震层析成像技术，它是利用地震波在不同介质中传播速度的差异，通过在孔—巷、孔—孔、孔—地面间的探测区域内构成切面，根据地震波信号初至时间数据的变化，利用计算机通过不同数学处理方法重建介质速度的二维图像，通过重建的测试区域地震波速度场的分布特征，来推断剖面介质的精细构造及地质异常体的位置、形态和分布状况。

14141 工作面上巷 Y6 孔地震波 CT 成果如图 6 所示。

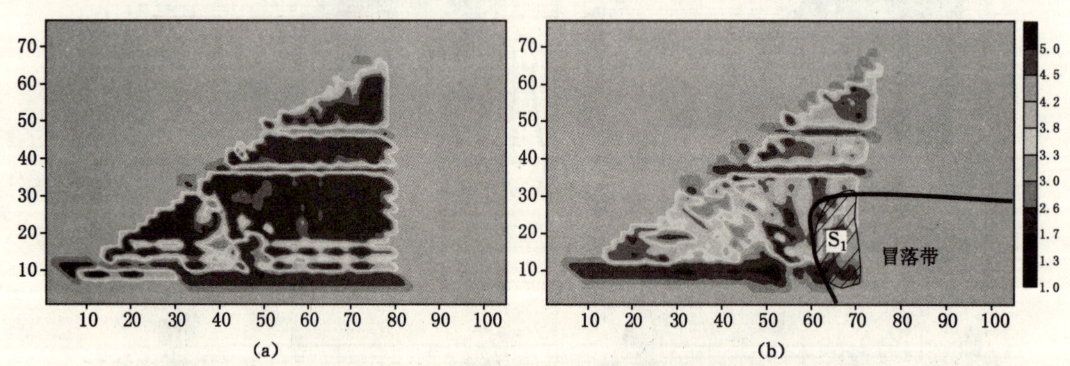

图 6　14141 工作面上巷 Y6 孔震波 CT 结果剖面

(a) 2005-11-28 震波 CT 结果纵波切片；(b) 2006-02-10 震波 CT 结果纵波切片

4.3　超声成像探测技术

超声成像测井是将探头下入孔内，采用外部旋转扫描方式与井液直接接触，随着井下仪器的提升将整个钻孔井壁螺旋地进行扫描，经计算机处理成图像，可直接观察出孔壁岩性、裂缝、层理、洞穴及钻孔几何形状的变化、深度和方位，共进行 2 孔次 9 次测井。

以 11201 工作面 K3 孔为例，对煤层采前的原岩裂隙测试、采动裂隙形成后的具体范围测试进行说明，图 7 为采动前后覆岩破坏对比图像；图 8 为冒落带特征图像。

4.4　地面钻孔验证

2006 年 3 月 23 日，14141 工作面施工的专门地质孔 K7 孔钻进到孔深 512.2 m 时(K7 孔地面标

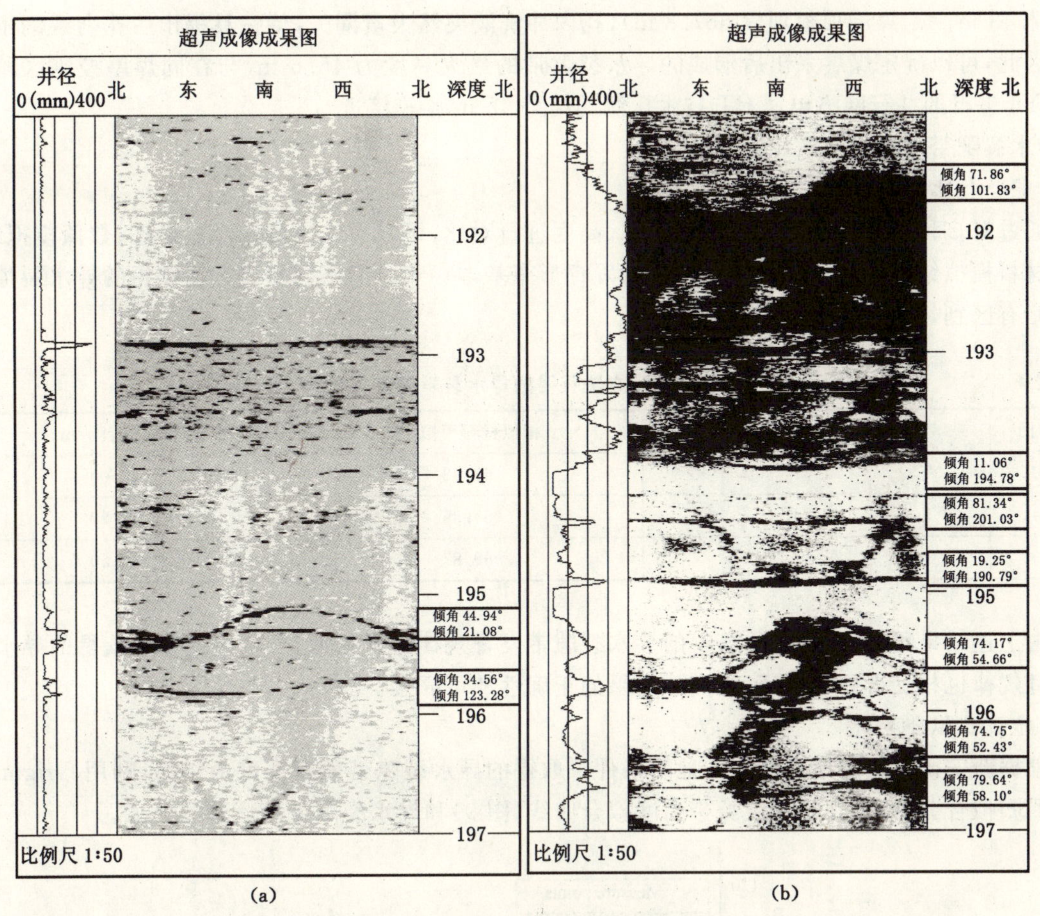

图 7　采动前后覆岩破坏对比图像

(a) 新安煤矿 K3 号孔第一次测量；(b) 新安煤矿 K3 号孔第二次测量

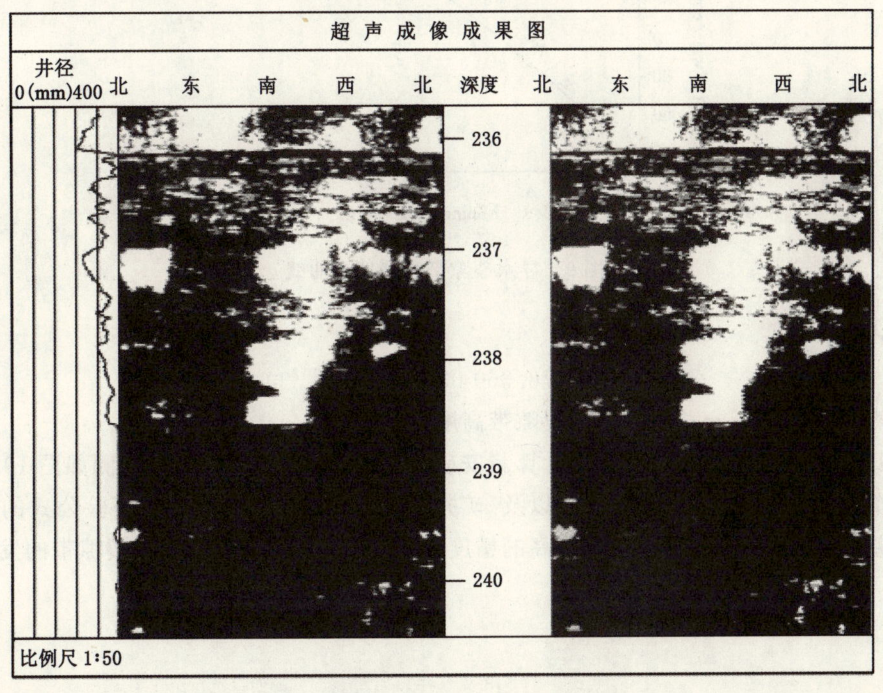

图 8　K3 孔冒落带成像

高 597.48 m，二$_1$ 煤层顶板埋深 557.8 m)，孔内冲洗液突然大量漏失，待钻具提出后孔内观测不到水位。因此，可以确定煤层采出后形成的导水裂隙带的最大高度为 45.6 m，与在同煤厚控制区域井下仰孔 Y6 进行的并行网络电法 CT 技术探测的结果 45 m 比较接近。

5 导水裂隙带发育规律的综合分析

5.1 综合对比分析

通过对多种研究方法裂隙带发育形态、高度进行对比，可以总结出理论经验形态、数值模拟结果、相似材料模拟结果和现场动态监测四者的发育形态基本一致。但不同研究方法获得的导水裂隙带高度值略有区别，如表 4 所列。

表 4 不同研究方法获得的导水裂隙带高度值

工作面	数值模拟/m	相似材料模拟/m	现场实测/m
11201	71.39	68.98	70.00
14141	62.84	63.36	65.80
14191	70.48	69.87	82.00

由上述结果可知，三种方法获得的导水裂隙带发育规律非常相似，这些研究方法获得的导水裂隙带发育规律也相互得到了验证，提高了结果的正确性和可靠性。

5.2 非线性拟合分析

根据新安矿在特定地质及水文地质条件下取得的导水裂隙带发育高度的结果，利用 Origin 软件进行回归拟合分析，得到导水裂隙带高度拟合曲线(图 9)和导水裂隙带高度预测公式。

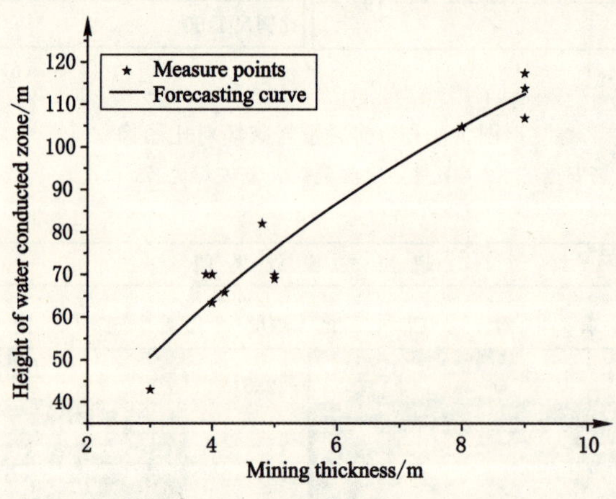

图 9 导水裂隙带高度拟合曲线

拟合公式为：

$$H = 176.360\ 03(1 - e^{-0.112\ 78m})$$

式中，m 为煤层开采厚度，m；H 为导水裂隙带高度预测值，m。

利用回归分析得出的导高预测公式计算新安矿区导水裂隙带发育高度，预测如图 10 所示。通过与现场实测资料的对比发现，"三下规程"以及《矿井水文地质规程》中提供的经验公式的计算结果与实际情况偏差较大，而回归公式则具有较高的精度，能够较好地反映矿区导水裂隙带的发育情况。

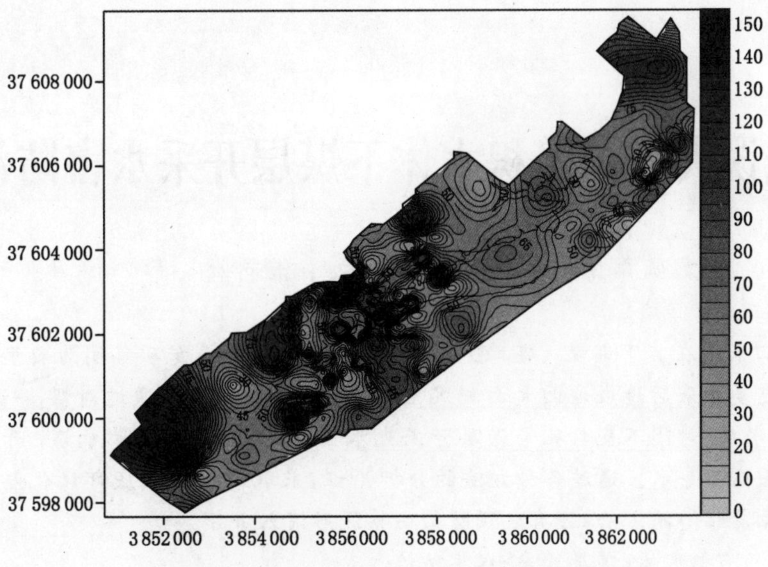

图 10　新安矿区导水裂隙带发育高度预测图

6　结　论

采用地面钻孔超声成像、井下仰孔并行网络电法 CT 为主的多手段综合观测方法获取采动前后覆岩破坏规律有关数据的方法是可行的，丰富和发展了研究煤层顶板导水裂隙带发育规律的研究手段，具有创新性意义。同时，以此为基础并结合常规分析和研究手段，可为研究“三下”压煤安全开采及顶板水害防治问题提供较为可靠的依据。

作者简介：姜玉海(1969—)，男，河南南阳人，从事矿井地质及防治水工作，现在义煤集团新义煤业公司地测部工作。

浅谈大型沉陷积水体下煤层开采水害防治

龙矿集团梁家煤矿 曲培臣 张同洲 薛 梅

摘 要:煤$_1$ 回采是在其下部煤$_2$、煤$_4$ 已开采的条件下进行的。龙矿集团为典型的“三软”地层,煤$_2$、煤$_4$ 重复开采后造成地面大面积沉陷,形成地面积水区。通过对煤$_1$ 一采区的地表水、地下水含水层、封闭不良钻孔等煤层开采充水因素的分析,提出影响煤$_1$ 开采的主要水害是封闭不良钻孔导水。通过各种方法的分析论证,采取对第四系底部风化层和底部含水层进行水泥注浆封闭的方法,可有效预防第四系泥砂溃入井下。

关键词:大型沉陷积水体;煤层开采;水害防治

1 问题的提出

梁家煤矿为1992年投产的现代化矿井,设计生产能力180万 t/d,核定生产能力280万 t/d。现开采煤层三层,即:煤$_1$、煤$_2$、煤$_4$。煤$_2$、煤$_4$ 先于煤$_1$ 开采。煤$_1$ 是上行开采,其开采水文地质条件比较复杂。1101工作面是煤$_1$ 层规划开采的第二个工作面,该面位于煤$_1$ 一采区西翼,处于煤$_2$、煤$_4$ 开采沉陷范围内,地表沉陷区常年积水,积水量达13万 m^3。同时,由于工作面内封闭不合格钻孔的存在,给煤$_1$ 层工作面回采期间的防治水工作带来新的课题。

2 矿井水文地质基本情况

梁家井田属古近系煤田,是最年轻的煤系地层。古近系地层总厚达1 600 m,梁家井田钻孔揭露厚度已达1 095 m,煤系上覆岩层最大残留厚度在760 m以上;煤系厚度190～260 m;煤系地层下伏岩层厚度大于94 m。除地表水体外,主要含水层有:第四系砂砾石层、钙质泥岩、泥灰岩、泥岩与泥灰岩互层、煤$_1$ 油$_2$、煤$_2$、煤$_2$ 底板砂岩、煤$_3$ 煤$_4$ 间砂岩、煤$_4$、煤$_4$ 下部砂砾岩等十层含水层。其中:煤$_1$ 油$_2$ 含水层距煤220 m左右,泥岩与泥灰岩互层距煤240 m左右,泥灰岩含水层距煤260 m左右,煤$_2$ 与煤$_3$ 间距13 m左右,煤$_3$ 煤$_4$ 间泥砂岩厚度为65～130 m左右,各含水层之间多为泥岩、含油泥岩、碳质泥岩等隔水岩层。本矿井各含水层富水性从弱到中等,以裂隙式和孔隙式含水为主,含水层间无明显水力联系,含水层含水量以静储量为主,补给条件差。矿井正常涌水量与大气降水和采空区面积等无明显的关系,随着矿井的开采矿井涌水量略有减少。

矿井水文地质条件类型为“简单型”。矿井正常涌水量为每小时90余立方米。

3 1101面水文地质条件分析

3.1 地表水情况

地表水可分为河流水、塌陷区水或湖泊水、海水;该区域地表为沉陷区,估算水量13万 m^3。由于煤系地层上部隔水层的存在,正常情况下地表水、第四系潜水不会进入井下,这也为梁家矿开采实践所证实。但是由于封闭不合格钻孔的存在,可将地表水导入井下,造成水害事故。

3.2 含水层情况

正常情况下,影响1101工作面开采的主要有三层含水层,自下而上为煤$_1$ 油$_2$、泥岩与泥灰岩互层、泥灰岩含水层。含水层之间多为泥岩隔水层,正常情况下不发生水力联系。煤$_1$ 油$_2$ 本身是含水层,但由于下部煤$_2$ 回采后冒落裂隙已发育到煤$_1$ 油$_2$,本层水已经过疏放,回采时煤$_1$ 油$_2$ 本层不会出现大量涌水现象,对工作面回采影响较小。泥岩与泥灰岩互层是煤$_1$ 油$_2$ 的直接充水层,赋水不均,局部较富水;1101工作面西北部位于泥灰岩中等富水区。根据已回采工作面含水层的出水情况看,泥灰岩中等富水区之下的各含水层的赋水性相对较强。

3.3　老空积水情况

1101 工作面下部有煤$_2$1200、1202、1201 工作面，西$_1$、东$_1$ 工作面老空区和煤$_4$4101、4103 工作面老空区。1202 工作面积水标高为－371～－386 m，积水量为 23 000 m^3，现集中轨道钻机窝内老空区出水量为 0～0.5 m^3/h，经分析对工作面掘进不会造成大的影响。

3.4　钻孔封孔情况

根据地质报告资料，对各钻孔具体封闭情况分析如下。

3 号孔：位于工作面内，无孔斜资料。钻孔距下顺 27 m，距切眼 394 m。第四系深度为 52.26 m，煤$_1$ 底板深度 324.98 m，按较可靠每袋水泥封闭 7 m 计算，封闭段为 343～437.51 m，层位应为煤$_2$ 顶板上含油泥岩（煤$_1$ 顶板以下 17.27 m，煤$_1$ 厚 0.75 m），按每袋水泥封闭 10 m 计算，封闭段为 302.51～437.51 m，层位是煤$_{上1}$顶板（煤$_1$ 顶板以上 21.72 m），回采煤$_2$ 一采区煤柱时安全通过。

4 号孔：位于工作面内，无孔斜资料。地表有积水，积水深度约 0.2 m。钻孔距下顺 1 m，距切眼 905 m。第四系深度为 43.5 m，煤$_1$ 底板深度 351.73 m，按每袋水泥封闭 7 m 计算，封闭段为 368.08～463.98 m，层位应为煤$_2$ 顶板上含油泥岩（煤$_1$ 顶板以下 15.65 m，煤$_1$ 厚 0.70 m），按每袋水泥封闭 10 m 计算，封闭段为 326.03～463.98 m，层位是泥岩与泥灰岩互层下部（煤$_1$ 顶板以上 25 m），回采 1202 工作面时安全通过。

2—27 号孔：见煤点位于工作面外，距上顺 4 m，距切眼 784 m。煤$_1$ 底板深度 322.72 m，按每袋水泥封闭 7 m 计算，封闭段为 263.56～445.56 m，层位应为泥灰岩顶板（煤$_1$ 顶板以上 58.32 m，煤$_1$ 厚 0.84 m），按每袋水泥封闭 10 m 计算，封闭段为 240～445.56 m，层位是泥灰岩以上（煤$_1$ 顶板以上 81.88 m），回采 1200 工作面时安全通过。

通过对 1101 工作面开采水文地质条件进行分析，认为主要水害表现在以下三个方面：一是地表水，要做好防地表水溃入井下工作；二是封闭不良钻孔导水，要做好防钻孔漏水工作；三是回采工作面顶板出水，要做好防排水工作。

4　1101 工作面回采前的防治水工作

针对前期的水文地质条件分析，工作面回采前做了如下重点工作。

4.1　利用瞬变电磁技术对 1101 工作面进行探水工作

2009 年 3 月 26、27 日利用瞬变电磁技术对 1101 工作面赋水情况进行现场探水工作。结果显示泥岩与泥灰岩互层含水性相对较强的区域有 7 个，预计所占该含水层的比例小于 20%；含水性中等到弱的区域范围较大，预测所占该含水层的比例约为 30%。泥灰岩含水性相对较强的区域有 12 个，区域范围均较小；含水性中等的区域范围较大，预测含水层相对较强和中等所占该含水层的比例约在 40%～50%；含水性相对弱的区域范围约占该含水层的 50%～60%。

4.2　钻机探水情况

根据瞬变电磁探水情况，在下顺切眼东 300 m 处对泥岩和泥灰岩富水区域进行了探放水。

具体施工情况如下：2009 年 4 月 15 日至 18 日，在下顺切眼东 300 m 处钻孔，钻孔方位 310°，倾角 45°，终孔深度55.15 m，终孔层位为泥岩与泥灰岩互层中上部。施工过程中孔内无出水现象。

4.3　钻孔水害处置方案

根据“预测预报，有疑必探，先探后掘，先治后采”的水害防治原则，采取“地面与井下治理相结合，钻探注浆与物探探查相结合，堵、截、排、探、防相结合”综合治理措施。根据梁家煤矿 3—26 号钻孔出水的情况，封闭不良钻孔导水主要是通过钻孔将第四系泥沙水导入井下从而造成突水的。根据三个钻孔的不同情况制定不同的处置方案。

(1) 地面注浆治理方案

由于 3 号、4 号钻孔均已受到采动影响，孔口发生位移，钻孔也发生不均匀沉降变形，钻孔原始状态发生变化，存在找孔困难，即使找到孔口也很难沿原孔下钻具启封。采取以地面高压注浆封堵第四系水为主的方案，防止第四系水砂沿钻孔溃入井下。

① 测放孔位。根据孔口坐标，测放中心孔位。

② 注浆盖帽封堵。即以原钻孔坐标位置为中心，以 5 m 为半径均匀布置 4 个注浆钻孔，原钻孔处施工 1 个孔，共施工 5 个注浆钻孔，终孔层位为第四系底部风化层。通过对第四系底部风化层和底部含水层进行水泥注浆封闭，在钻孔顶部形成一个直径为 10 m 的实体，可有效预防第四系泥砂溃入井下。

(2) 井下注浆治理方案

鉴于 2—27 号孔有孔斜资料，预测井下孔体位置偏差较小，采取井下打钻探放孔体周边泥灰岩水与高压注浆封堵孔体周边泥灰岩水的方法进行处置，以防止泥灰岩层及其以上含水层的水沿钻孔导入井下。

① 井下打钻探测。在巷道施工一个钻机窝，对预测的泥灰岩层段孔体周围施工 3 个探测孔，若有水，则放水并进行观测分析。

② 井下注浆封堵。利用井下探放水孔，采取高压注浆的方式对孔体周边的泥灰岩层注浆，封闭泥灰岩层段孔体及其周边裂隙，达到堵截泥灰岩以上含水层水沿钻孔溃入井下的目的。

(3) 物探探查方案

充分利用先进的物探手段，在井上下分别对 3 个钻孔孔体周围含水等情况进行区域性探测，并对井上下注浆效果进行监测检查。

① 地面注浆效果检测。在 3 号、4 号孔注浆前后，用先进的物探手段分别对两个孔的地面注浆效果进行对比分析、检测，确保达到地面注浆封堵第四系水的目的。

② 井下物探探查。一是对 4 号孔、2—27 孔在顺槽走向上掘进迎头距钻孔 20 m 时，停止掘进，采用瞬变电磁等先进的物探技术对钻孔孔体方向进行区域性探测，查看是否存在区域性富水异常区；二是在顺槽通过钻孔后，在钻孔两侧 40 m 范围内对顶板进行富水异常性探测，发现富水异常区，有目的地实施探放水工作。

③ 井下注浆效果检测。在对 2—27 号孔进行井下注浆封堵后，采用先进的物探手段对注浆效果进行检测，确保通过井下注浆封堵泥灰岩层段孔体及其裂隙的目的。

5 1101 工作面水害因素分析及结论

(1) 根据瞬变电磁探水结果说明泥岩与泥灰岩互层和泥灰岩含水层赋水不均，虽对赋水异常区进行了探放水，但由于含水层的裂隙发育不均且连通性差，探放水钻孔不出水并不能说明该区域不富水。

(2) 1202 工作面积水标高为－371～－386 m，积水量为 23 000 m^3，现集中轨道钻机窝内老空区出水量为 0～0.5 m^3/h。1101 工作面该处巷道标高为－368 m，老空积水最高标高位于巷道底板下 3 m 左右，对工作面开采基本无影响。

(3) 工作面内 2—27 号、3 号、4 号孔在煤$_2$工作面回采时已安全通过，无出水现象。1101 工作面回采前，在井下对 2－27 号孔孔体及周边的泥灰岩层用高压注浆的方式进行了封堵，在地面对 3 号、4 号孔采取地面高压注浆方式对孔体及周边第四系水进行了封堵。钻孔处理后分析对回采不会造成影响，但距钻孔见煤点 20 m 前后应加强观测，注意水情变化。

综上所述，通过地面钻孔注浆封堵，地表水已经对工作面开采不构成威胁。泥岩与泥灰岩互层、泥灰岩含水层赋水不均且较富水，两个含水层是影响 1101 工作面开采的主要水害因素。泥岩与泥灰岩互层是 1101 面开采的直接充水层；正常情况下，泥灰岩含水层对工作面开采不构成威胁，但在工作面局部构造裂隙发育区域，泥灰岩水有可能导入工作面，影响回采。通过上述分析，根据梁家矿以往采掘工作面出水情况，结合工作面水文地质条件，预计 1101 面开采最大涌水量为 50 m^3/h，正常涌水量为 15 m^3/h。

6　工作面回采期间的防治水措施

(1) 预计工作面正常出水量为5～15 m^3/h，最大出水量为50 m^3/h。工作面不具备自然泄水条件，工作面回采前要完善排水系统，排水能力达到75 m^3/h以上，现场应配备备用排水泵。

(2) 工作面回采前铺设一路ϕ108 mm排水管路，完善排水系统，并做好工作面开采过程中的水情观测和排水系统的维护管理工作。

(3) 编制1101工作面防治水应急救援预案，做好水害突发事故的应急处置工作。

7　开采验证

1101工作面设计走向长度为1 062 m，于2009年6月开始回采。截至2010年10月底已经回采推进走向长度900 m。在工作面回采过程中，只发生一次老空出水现象，即：在工作面上顺推进至452.5 m，在工作面中下部发生老空出水，最大出水量15 m^3/h，出水时间历时10 d，累计出水量约1 150 m^3。分析为工作面过煤$_1$顶板泥岩与泥灰岩相对富水区，冒落裂隙带波及富水区所致。工作面过3号、4号、2—27号孔期间没有出水现象。工作面开采证实，地面注浆封堵封闭不合格钻孔方案正确可行，能够有效阻止地表水、第四系水沿不合格钻孔未封闭段导入井下。

8　安全和经济效益分析

8.1　安全方面

通过对1101面开采水文地质条件进行分析，封闭不良钻孔将地表水、第四系含水层水导入井下是矿井安全生产的重大隐患。一旦发生钻孔导水诱发地表水溃入井下，将造成工作面乃至矿井灾害性事故。通过采取地面钻孔注浆封堵第四系水措施，有效防止地表水、第四系水溃入井下，实践证明此方法可靠、有效，能够保障安全生产。工作面回采之前对封闭不良钻孔进行封堵，有效地解除了工作面的隐患，为煤$_1$工作面安全生产提供了保障。

回采工作面顶板出水，也是矿井工作面开采的一个隐患。在工作面回采前对工作面进行了瞬变电磁探水项目，探测煤层上覆岩层的赋水性，并利用钻机探放水对其赋水性进行验证。通过采取安设排水系统等有效防治水措施，降低了工作面顶板、老空出水对生产的影响，保障了工作面安全生产。

8.2　经济效益分析

对矿井来说，效益主要体现在资源回收率、成本和效率上。利用有效的方法解除防治水方面的隐患，可以减少煤柱损失，提高矿井资源回收率，大大降低成本。1101工作面设计走向长度为1 062 m，倾斜长度为192.8 m，若不对钻孔注浆封堵，则为了保证工作面安全回采需要留设煤柱。通过本项目的实施，减少煤柱量11万t，按每吨煤及油页岩纯利润为100元计算，增加利润1 100万元。减去本次项目实施费用163万元，本项目实际创造利润937万元。

9　结　语

水害是矿井主要灾害之一。随着矿井开采时间的延长和开采区域的扩大，矿井水害隐患的表现形式也各不相同。坚持“预测预报，有疑必探，先探后掘，先治后采”的水害防治原则，因地制宜、科学地防止水害事故的发生，是防治水工作者面临的任务。本文从矿井水文地质条件出发，较系统地分析了工作面开采水害影响因素，评价了水害隐患的主要因素，提出的治理措施具有针对性和科学性，实践证实方法正确、安全可靠。

急倾斜煤层上覆第三系水文地质条件研究

国投新集能源股份有限公司　朱　林　梁　袁　郝劲松　傅先杰　金吕锋

摘　要:第三系弱富水性含水层下急倾斜煤层群开采,地下水是矿井安全生产的主要危害。水文地质条件复杂程度的不同,关系到矿井生产的整体规划和部署,涉及井下水害防治措施的多个方面。本文在综合分析勘探和生产补勘水文地质资料的基础上,着重对煤层上覆新生界松散层中第三系下段泥灰岩含(隔)水性进行评价,为防水煤柱高度的留设等矿井生产决策服务。

关键词:急倾斜;第三系泥灰岩;水文地质条件

新集三矿是新生界第四系流砂层、第三系泥灰岩下急倾斜煤层群开采矿井,于1996年10月投产。矿井采掘实践、水文地质试验和水动态观测等生产补勘资料表明:煤层上覆第三系底部泥灰岩呈云朵状分布于黏土和钙质黏土之间,富水性弱;黏土、钙质黏土、基岩中的风化泥岩可塑性好、膨胀性大,隔水性强,此种覆岩类型有利于抑制导冒高度的发展,是提高回采上限的重要依据之一。

矿井设计回风水平－220 m,运输水平－340 m。后回风水平上提至－200 m,经对第三系下段泥灰岩含(隔)水性进行评价及矿井水文地质特征研究后,回采上限再次提高至－160 m,成功解放优质煤炭103万t,经济效益显著。

1　地质条件

新集三矿位于淮南复向斜谢桥向斜南翼,东隔淮河与孔集矿相望,西与花家湖矿毗邻,东西走向长约8.3 km,南北倾向宽约2 km,面积约16.6 km^2(图1)。

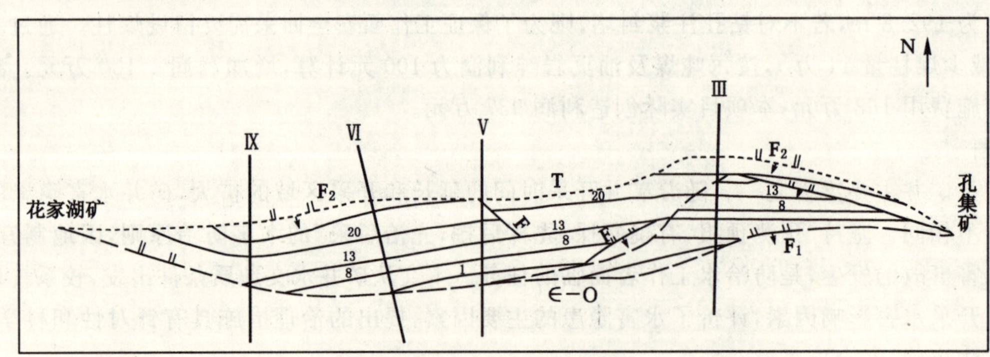

图1　新集三矿地质构造示意图

井田地层属阜凤逆冲断层的上覆系统,走向255°～265°,倾角75°～90°,局部倒转。二叠系含可采煤层8层,煤系及其底部灰岩均隐伏于新生界之下。

2　水文地质条件

2.1　水文地质边界条件

井田位于阜凤逆冲断层(F_1)和舜耕山断层(F_2)的推覆构造断夹块内,F_1、F_2断层构成了井田的地质边界。

(1) 第四系广泛分布，属区域松散含水层，是其下伏含水层的顶部给水边界。

(2) 第三系在井田内赋存稳定，覆盖于煤系及其底部灰岩之上，为煤系地层顶部弱给水边界。

(3) F_2 断层落差大于 1 000 m，使煤系与下盘三叠系、二叠系相接触，构成了北部及东西两端的阻水边界。

(4) F_1 断层落差大于 1 000 m，将奥陶系、寒武系地层推覆于井田太原组、奥陶系之上，构成了南部给水边界。

2.2　第三系含(隔)水层

总厚 52.5～87.87 m，平均 69.11 m。南薄北厚，东西略有起伏，底界平均标高－127.76 m，根据其岩性、相组、砂类和泥灰岩类的赋水特征，自上而下划分为：

(1) 上部含水段：厚 12.23～19.96 m，平均 15.33 m。以钙质黏土为主，夹 1～5 层泥灰岩，泥灰岩分布不稳定，厚度变化大，平均为 4.43 m。局部蜂窝状溶孔发育，全井田 7 孔漏水，漏水孔率为 33%，含承压溶隙水，水位标高＋18.204 m，q＝0.005 7 L/(s·m)，含水小，富水性弱。

(2) 上部弱隔水段：厚 4.24～14.95 m，平均 9.65 m。以黏土、钙质黏土为主，局部夹薄层泥灰岩及砂岩透镜体，隔水性能稍差。

(3) 中部含水段：厚 7.55～17.45 m，平均 12.10 m。以黏土、钙质黏土、泥灰岩为主，其中，泥灰岩 1～3 层，累厚 2.11～12.01 m，平均 5.52 m，局部岩溶现象较发育，水位标高＋17.814 m，q＝0.028 7 L/(s·m)，含水小。

(4) 下部弱隔水段：厚 15.88～51.80 m，平均 31.71 m。该段岩性复杂，总体上是以浅灰色钙质黏土为主，夹多层泥灰岩，局部夹砂类透镜体或砾石层，呈云朵状分布。其中，黏土 1～13 层，厚 7.45～39.03 m，平均厚度 8.89 m；泥灰岩 0～7 层，厚 0～17.96 m，平均厚度 5.02 m，分布不稳定；砾砂类 0～7 层，厚 0～17.79 m，平均厚度 3.30 m。据水 2 孔盐化测井，该段无异常含水现象，属不均质弱含水层。但从整体条件分析，认为该段除砾岩、砂类土层外，泥灰岩可以和黏土、钙质黏土类统为相对隔水层，其累厚 11.7～34.01 m，平均 27.24 m，能起一定的隔水作用，是提高回采上限的主要依据之一。

3　新生界水位动态特征

3.1　第四系

矿井建井出水之前，新生界水位起伏变化但幅度不大，具有丰水期回升、枯水期下降及各含水层之间水位差值不大、水位极差相近的特征，如表 1 所列。

表 1　　**第四系含水层水文参数**

<table>
<tr><th colspan="2">观　测</th><th colspan="2">最　低</th><th rowspan="2">差 值
/m</th><th colspan="2">最　高</th><th rowspan="2">差 值
/m</th><th rowspan="2">本孔水位极差
/m</th></tr>
<tr><th>孔 号</th><th>层 位</th><th>水位/m</th><th>时间</th><th>水位/m</th><th>时间</th></tr>
<tr><td>专水 1</td><td>第四系砂层</td><td>17.214</td><td>1994-02-27</td><td>0.953</td><td>19.037</td><td>1994-09-12</td><td>1.156</td><td>1.823</td></tr>
<tr><td>水 1</td><td>第三系上段</td><td>16.261</td><td>1994-06-10</td><td>1.649</td><td>17.881</td><td>1994-09-12</td><td>1.613</td><td>1.62</td></tr>
<tr><td>水 2</td><td>第三系中段</td><td>14.612</td><td>1994-06-10</td><td></td><td>16.268</td><td>1993-12-02</td><td></td><td>1.656</td></tr>
</table>

建井出水后，第四系松散层(专水 1 号)水位变化在 17.032～19.20 m 之间，极差为 2.17 m，变幅也不大，故其对第三系的补给不明显。

3.2　第三系

(1) 上部含水段

水 1 孔为第三系上段观测孔，矿井建井出水后，水位变化在 13.813～17.478 m 之间，极差为 3.628 m，比出水前的极差 1.62 m 增大了 2.008 m；其与第四系松散层的水位差值亦逐渐增大，1996 年 2 月 25 日已达 3.153 m，表明该含水段水位受井下出水影响而下降。水位变化大体上可划为两个阶段：

① 井筒及井底车场出水阶段

1994年12月16日至1995年12月15日。由于水1孔距井底车场出水点(出水点出水量为52 m^3/h)距离为654 m,相对较远,水位变化受影响相对较小。该阶段钻孔水位变化在15.577～17.478 m之间,水位动态仍具有丰水期回升、枯水期下降的特征。

② 西一石门出水阶段

－200 m水平西一石门至水1孔平距119 m,该石门于1995年12月出水,加大了水1孔的水位下降幅度,自1995年12月20日至1996年1月30日,水位自15.632 m降至14.073 m,降深1.559 m;其后,水位趋于稳定,但略有起伏,变化在13.813～14.55 m之间,其与西一石门涌水量趋于稳定的动态相一致。

(2) 中部含水段

水2孔为第三系中部观测孔,位于水1孔以北175.5 m,在水2孔抽水试验时,抽水流量为1.8～3.96 m^3/h,主孔水位降深10.76～38.3 m,水1孔水位降深0.06～0.13 m,进一步证明两含水层之间存在着水力联系。

建井出水后,水2孔水位变化在16.012～3.303 m之间,极差为12.709 m,其总的趋势为下降。根据水位变化的不同,可划分为五个阶段。

① 水位初始下降阶段:1994年12月30日至1995年4月20日,水位自16.012 m降至11.682 m,降深4.33 m,平均日降幅0.04 m。该阶段内井筒施工出水,其水位下降显然是补给井筒砂岩水点的结果。

② 水位回升～缓变阶段:1995年4月20日至8月30日,水位由11.682 m回升至13.837 m,回升值为2.155 m。该阶段内,水位变幅不大,水位回升与井筒涌水量减小至趋于稳定和大气降水影响有关,由于降水影响程度较小,因此回升幅度不大。

③ 水位重新下降阶段:1995年8月30日至12月20日,水位由13.837 m降至9.813 m,降深4.024 m,平均日降幅0.036 m,相当于－200 m水平井底车场等处出水阶段。

④ 水位陡降阶段:1995年12月20日至1996年1月30日,水位由9.813 m降至3.755 m,降深6.058 m,平均日降幅0.418 m,相当于－200 m水平西一石门出水阶段。

⑤ 水位近似稳定阶段:1996年1月30日至5月30日,水位变化在3.923～3.303 m之间,与西一石门涌水量近似稳定的动态特征相一致。

(3) 下部含水段

水3孔为第三系下部观测孔,自1995年5月成孔后,水位一直下降。1995年5月3日至1996年6月10日,水位自7.499 m降至－45.58 m,降深53.079 m。该孔距井底车场平距大于等于530 m,距西一石门平距119 m,根据其水位动态,大体可划分为两个阶段。

① 水位缓降阶段:1995年5月3日至11月30日,水位自7.499 m降至－6.665 m,降深14.164 m,平均日降幅0.067 m,相当于井底车场出水阶段。

② 水位陡降阶段:1995年11月30日1996年6月10日,水位自－6.665 m降至－45.58 m,降深38.915 m,平均日降幅0.203 m,相当于西一石门出水及井底车场出水量有所增加阶段。

水文长观孔水动态如图2所示。

综上所述,矿井充水造成第三系三个含水段水位下降,水3孔水位变化与水1、水2的不同点是:水位降深大、降速快,无似稳定阶段,但幅度不同,具有自下而上降幅减小和距出水点近、降幅大的特征。表明第三系底部虽然局部存在弱含水段,但与上部泥灰岩含水层水力联系弱,为静储量消耗型。

4　第三系下段泥灰岩含(隔)水性评价

将第三系下段划定为隔水段或弱含水段,其基本考虑是:

(1) 岩性一般以黏土、钙质黏土为主,如表2所列。

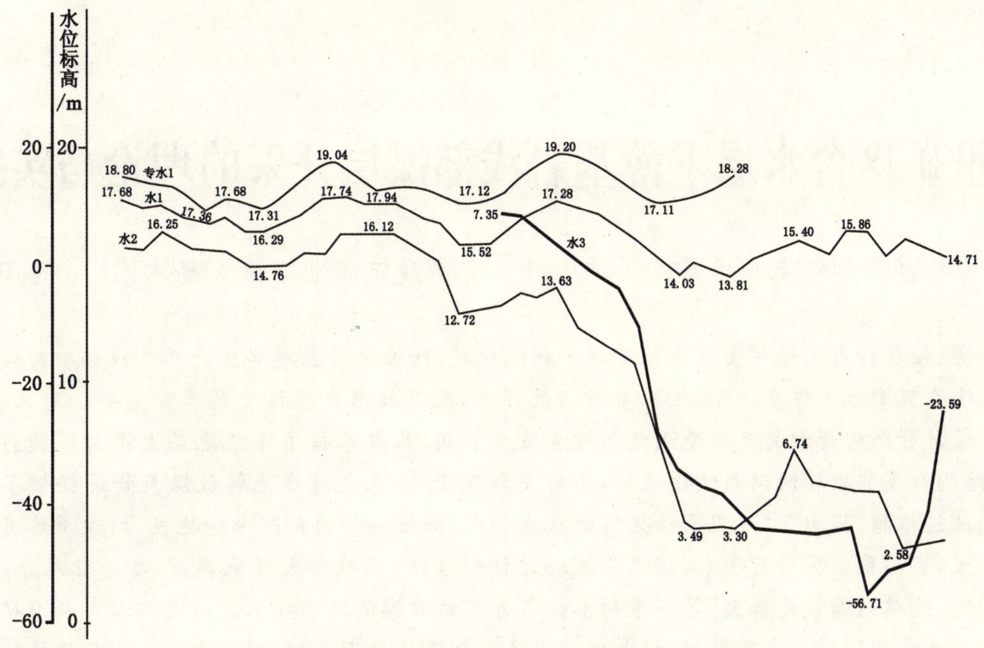

图 2　水文长观孔水动态

表 2　**第三系下段泥灰岩含(隔)水段岩性**

内容＼项目	泥灰岩(砾岩)总厚/m			泥灰岩(砾岩)平均总厚占层段比例/%
	最　大	最　小	平　均	
上部含水段	19.16	12.2	15.5	28.5
下部含水段	17.45	7.55	12.1	25.6
隔　水　段	17.96	1.36	11.6	38.1

(2) 该段钻探无漏水现象。

(3) 地面水文孔盐化扩散测井显示此段无异常反映。

(4) 泥灰岩可以和黏土、钙质黏土统为相对隔水层。底部泥灰岩呈云朵状分布于黏土、钙质黏土之间,水平分布无连续性,单层厚度小、变化大,且与可塑性极好的黏土、钙质黏土(据钻孔、井筒工程地质资料,黏土类塑性指数为 11.3～29.4,平均为 23.2)交互沉积,此层段可划为隔水段,是提高回采上限的重要技术依据之一。

5　结　论

(1) 新集三矿井田位于推覆构造断夹块内,F_1 断层为井田南部基岩给水边界,F_3 断层为井田东部局段基岩给水边界,煤系及其底部灰岩隐伏于新生界含水层之下,煤层急倾斜～倒转,构造及砂岩裂隙较发育,开采水文地质条件复杂。

(2) 第四系松散层受降水入渗补给,与第三系有水力联系,但联系程度较弱。

(3) 第三系下段为弱含水段,与中、上段水力联系不密切。现有条件下,第三系水是煤系砂岩的主要补给水源。

(4) 底部泥灰岩呈云朵状分布于黏土、钙质黏土之间,为相对隔水层,有利于抑制导水裂隙带高度的发展,是缩小防水煤柱开采的重要技术依据。

参考文献

[1] 薛禹群,等.地下水动力学[M].北京:地质出版社,1979.
[2] 柴登榜.矿井地质工作手册[M].北京:煤炭工业出版社,1981.

两淮矿区含水层下薄基岩浅部煤层开采的理论与实践

安徽省经济和信息化委员会 方恒林 安徽建筑工业学院 杨本水 宣以琼

摘 要:按现行有关煤矿安全规程及设计规范规定,两淮矿区在建和生产矿井浅部所留设的防水安全煤岩柱压煤高达18亿t,资源损失严重,经济技术合理性受到严重置疑。对此,进行了设计管理理念创新及现场测试等综合技术研究,基本掌握了煤系地层上覆岩层的富水性、结构和覆岩破坏的动态演化规律,为安全合理开采,最大限度地解放煤炭资源提供了可靠的理论依据,提出了"采用采动裂隙疏放底含水,降低底含的孔隙率和拖曳力;改革巷道布置方式,实施采空区滞后控水、煤水分流的设计新理念;实施加大开采高度,护—让结合;物探预测、地质弱面预先加固"等一系列水体下开采的关键调控新技术。这些技术在两淮矿区四大矿业集团得到了实践验证,极大地缩小了安全煤岩柱高度,期间安全地采出原设计防水煤柱煤量5 000余万吨,为两淮亿吨煤基地建设奠定了良好的资源基础,技术经济效益和社会效益非常显著。

关键词:含水层;覆岩破坏;安全开采

1 问题的提出

煤炭作为重要的基础能源和原料,在工业强省的进程中具有重要的战略地位,煤炭工业的可持续发展直接关系到全省国民经济和社会发展,安徽省"861"行动计划和"十一五"发展纲要都把煤炭产业作为经济增长的支柱产业之一。2008年底,安徽建成了全国第一个亿吨级能源基地,两淮矿区已成为煤炭调出基地、电力供应基地、煤化工基地和资源综合利用基地,实现上下游产业联营和聚集的新型能源基地,正按照循环经济的理念,综合开发利用煤炭资源及其伴生资源。

根据地勘资料,两淮新区新生界松散层厚度多在130～600 m,其底部有一层5～60 m的含水砂砾层(简称"底含",下同),富水性为弱～中等程度,水压多为1～6 MPa,且直接覆盖在煤层露头之上,对浅部煤层的安全开采构成了明显的威胁。按现行有关煤矿安全规程及设计规范规定,两淮矿区在建和生产矿井的浅部留设的防水安全煤岩柱垂高均在50～100 m,压煤高达18亿t,占其可采储量的10%左右,煤炭资源损失严重。这些宝贵资源具有埋藏浅、勘探程度高、瓦斯灾害程度低、生产系统齐全、开采成本低等突出优点。

此前,由于缺乏深入系统的研究,尤其是对巨厚含水松散层影响下,风化损伤岩体力学性能的劣化、岩石的强度和弹性模量的降低、风化损伤岩体的渗流特征、水砂在风化损伤岩体内的运移机理等特定损伤属性、失稳条件、风化岩体的破坏演化有何特征、绿色开采的机理和应采用关键调控技术及对策掌握和认识不深,导致矿区内部分矿井浅部开采相继发生了局部冒顶、突水溃砂淹井、埋架埋人等重大安全事故,给国家、企业造成了重大经济损失。近年来,随着矿井开采技术水平的提高、支护等设施设备性能的改善、探测手段及试验条件的完善,对风化岩体的阻隔水特性的认知程度也逐步提高,越来越多的新建矿井和生产矿井均将缩小安全煤岩柱开采作为矿井挖潜革新和延缓衰老的首选目标。

因此,开展此方面的研究,对两淮矿区含水层下浅部煤炭资源的安全回收及资源即将枯竭矿井的稳定、繁荣和科学发展具有重大的理论和现实意义。

2　底部含水层的沉积结构与形态特征

2.1　岩性的多层复合结构和富水的不均匀性

两淮地区除了个别地区受古地形的控制，新生界地层比较薄外，绝大部分地区存在厚度大于 130 m 的深厚新生界含水松散地层，其中，近几年新建的矿井其松散层厚度均在 350 m 以上，水压较高。

松散层从垂向上均存在含、隔水层组相间的多层复合结构(图 1)其中两淮地区新建矿井中，“三隔”的厚度一般均大于 60 m 且分布稳定，基本阻隔了下部含水层与上部含水层之间的水力联系。

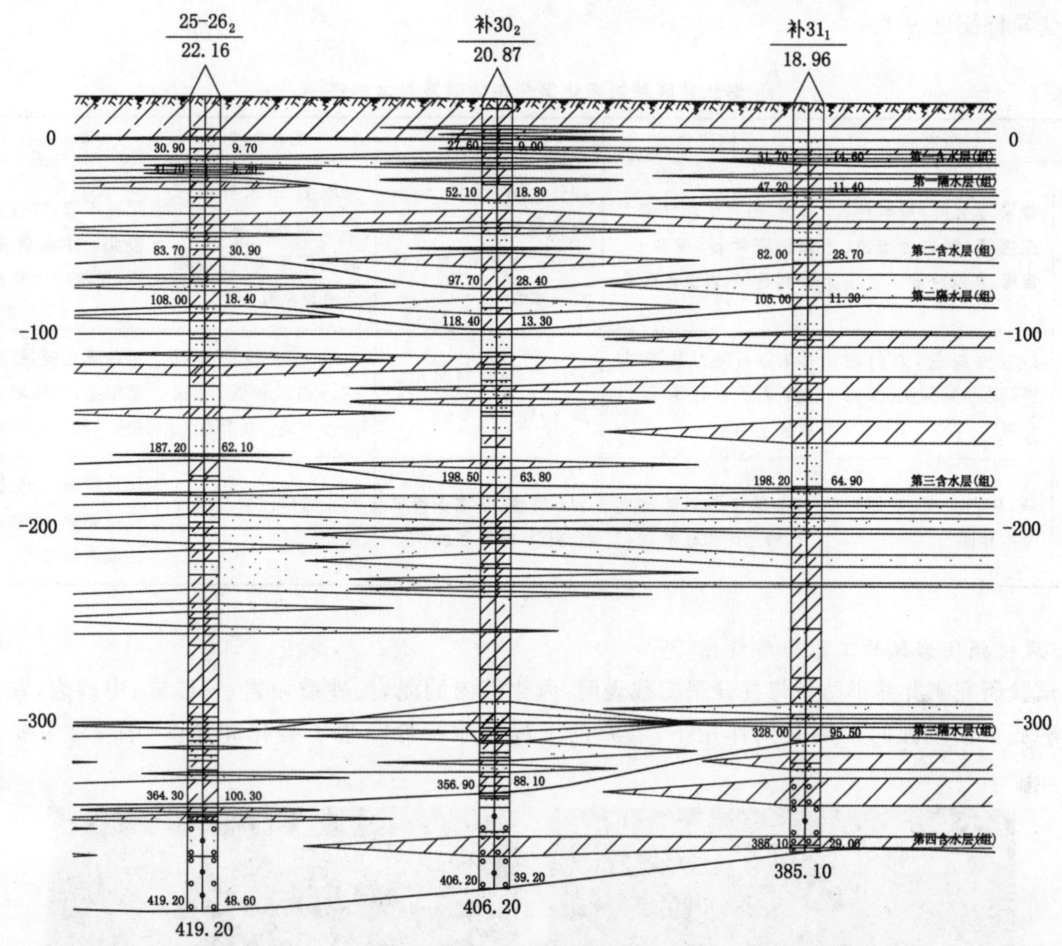

图 1　两淮矿区松散层结构示意图

含水层组主要由细、中、粗砂和砂砾层组成，试验矿井的抽水资料表明：底部含水层的富水性弱至中等，在探明基岩风化带的阻隔水特性的基础上，掌握其渗流特征，采取有效的控放水措施和留设合理的煤岩柱，缩小防护煤柱开采是安全可行的。

除了松散层具有多层复合结构外，各含、隔水层组一般也具有颗粒粗细渐变的多层结构。这一特征可以造成在同一区域内同一含水层组的水位不同，富水性差异也较大，对厚松散含水层下浅部煤层安全开采的影响也各不相同。例如，淮南潘谢矿区张集、谢桥等矿底含富水性较弱，而潘一、潘二、潘三等矿底含的富水性较强；淮北朱仙庄和芦岭矿“四含”的富水性较弱，而相邻的祁东煤矿“四含”的富水性却较强。

2.2　岩性的平面分布特征

深厚松散层岩性的平面分布特征主要表现为区域内的类似性和局部地段内的差异性。所谓区域内的类似性，是指在矿区大面积范围内深厚松散层岩性具有类似、稳定的结构，各含、隔水层有类似的结构，并且岩层由类似的矿物成分构成。例如，淮北的临涣矿区，在几十平方千米的井田范围内具有相同的“四含三隔”结构，其中，分布稳定的“三隔”黏土层以蒙脱石、伊利石矿物成分为主，具有良好的阻隔水特性；同样，在宿县矿区大范围内（朱仙庄、芦岭和祁东等矿）也具有类似的“四含三隔”结构特征。

3 基岩风化带的工程地质特性

3.1 全隐伏煤田风化带的分布特点与变异特征

钻孔柱状资料统计表明：风化带垂向分带明显，可分为强风化带、弱风化带和微风化带，其分带依据及变异特征见表1。

表1 淮北矿区基岩风化带分布依据及基本特征

类别	颜色	矿物成分	结构	测井曲线	渗流特征
强风化带	砂岩为土黄、褐黄色、棕色等，泥岩为土色、黄褐、灰绿色等	砂岩、泥岩中均含有大量的高岭石、蒙脱石、伊利石，砂岩中有石英	破碎、裂隙发育，但多为铁锰质及其他次生黏土矿物充填，具有相对隔水性	一般 ρ_s 曲线峰值较低，γ 曲线较高，而 μ_z 曲线则平坦，与泥质含量较高有关	层理不清，常有铁锈浸染，冲洗液消耗少，植物碎片发育
弱风化带	砂岩为灰色、灰白色等，泥岩为深灰、黄绿色等	砂岩以石英为主，含少量长石伊利石等，泥岩以黏土为主	较破碎，风化裂隙充填物少，保存较好	一般 ρ_s 曲线峰值较高，γ 曲线较低，而 μ_z 曲线出现正负异常	层理常显现，铁锈零星浸染，冲洗液消耗较大，偶见植物碎片
微风化带	灰、灰白色等，与原岩基本相同	基本保持原岩矿物成分，暗色矿物较多	岩石完整，基本保持早先裂隙，略有侵蚀	与正常砂泥岩测井曲线相同	层理清晰，少见铁锈等浸染物，砂岩中冲洗液消耗量大

3.2 风化损伤岩体的工程地质特性

试验研究矿井缩小防护煤柱开采实践表明：风化带内的泥岩、砂质泥岩、粉砂岩、中砂岩，在风化营力和底含水侵蚀的长期共同作用下，岩石的工程地质特性产生了劣化和质变（图2），主要表现如下。

(a)

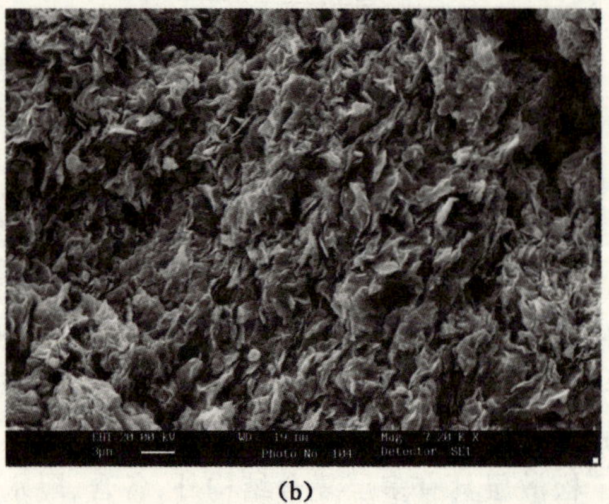

(b)

图2 风化岩体电镜扫描特征图

(a) 风化泥岩；(b) 风化砂岩

(1) 岩石强度降低，塑变能力增强，由弹脆性岩石渐变为柔塑性岩石

百余组岩石力学试验结果显示，随着岩体风化程度的提高，其抗压强度降幅增大，强风化岩石强度仅为未风化的6%～50%。岩体的孔隙率和饱和干燥吸水率增大，其抗变形破坏能力增强，塑性增大，自身承载能力降低，在风化裂隙和底含水的作用下极易发生失稳灾变。

(2) 岩石多趋泥化，裂隙易于弥合，再生隔水能力显著增强崩解泥化试验说明，泥岩质风化岩层受水侵蚀后，多迅速崩解、泥化，泥化速率在 30 min 内由未风化的 0.45%～5.39%增大到强风化的 58%～77%，采动影响的泥化、崩解速率比未受采动影响的平均提高 3 倍以上。风化岩层中的黏土矿物特别是长石的泥土化，水分极易进入岩石内部，其膨胀率都在 50%以上，一旦遭遇底含水层向下溃水，会迅速崩解、泥化，阻碍水渗流，使采动中产生导水裂隙弥合，减弱其储水、导水能力，形成阻碍松散层底含水向下渗透的良好再生隔水屏障。

(3) 黏土矿物成分含量高，亲水能力强

朱仙庄矿 24 组和芦岭矿 18 组岩矿鉴定和 X 光衍射分析表明：顶板强风化岩层中的中细砂岩和粉砂岩多为泥质胶结，砂岩和泥岩中的黏土矿物蒙脱石、高岭石和伊利石含量大于 65%；风化岩石中的长石几乎全部高岭土化。而蒙脱石又以钠蒙脱石为主，所以，岩层的亲水能力强，软化系数低。

(4) 失水后，强度逐渐增高

朱仙庄矿 873、874 和 1071 工作面上覆强风化岩体的测试结果如表 2 所列。由此可以看出：由于风化岩体的失水，其强度逐渐提高。因此，在厚含水松散层下采用先防水→后防砂→再防塌的煤岩柱留设新方法，将更科学、更合理。

表 2　风化岩体强度随时间变化特征

时间/d		1	2	3	4	5	6	7	15	28
抗压强度/MPa	泥岩	3.8	4.2	6.3	7.4	8.3	8.9	9.4	14.9	16.8
	粉砂岩	3.6	3.9	4.7	6.5	8.6	9.2	10.1	15.3	18.7
	砂岩	2.2	3.9	4.9	6.6	8.9	9.8	10.6	16.8	21.4

4　覆岩破坏移动演化规律与缩小防护煤柱机理

4.1　*覆岩破坏移动演化规律*

(1) 覆岩破坏高度大幅度降低，采动裂隙导水和透砂能力明显减弱

观测结果表明：在覆岩结构、性质等条件类同情况下，控水开采的薄基岩浅部煤层工作面由于强度降低，工程地质特征弱化，其冒高和裂高与顶板岩层未风化的工作面相比，分别减少了 55%～73%和 57%～76%；同时垮落裂缝的发育程度和连通、导水性随之减弱，不具透砂、透泥和大量透水能力。朱仙庄煤矿 871 综放工作面其垮落带高度仅为采高的 0.55～1.62 倍；控水开采后，由于顶板软弱岩层的抗裂能力强，特别是当裂缝带发展到强风化带以上的泥岩和砂质泥岩时，由于其抗裂能力更强，裂缝不易产生，突水溃砂能力明显减弱，采用最小二乘法拟合出淮南潘谢矿区获得了导水裂隙带高度与采厚关系的经验公式，如图 3 所示。

(2) 上覆岩层移动速度快，变形量大，回缩压密快，地表下沉量大

实测资料表明，缩小防护煤柱开采的工作面，上覆岩层破坏移动速度极快，变形量较大，下沉大。采后被压密、弥合也快，且冒落带内岩层块度较小；岩层与岩层之间的开裂程度大幅度降低，连通性较差；“两带”高度观测钻孔的冲洗液消耗量，并非都是连片的漏失段，也并非呈现由下而上漏水量由大到小的递减趋势。有时是连片漏水段，也有许多不连续段；有时是下段漏水量大、上段小的正常状态，也有的反之。

(3) 煤岩柱厚度与风化程度是影响导水裂隙带发育高度的主要因素

由观测资料可知：影响导水裂隙带发育高度的最主要因素是煤岩柱厚度，即煤岩柱高度越小，垮落带和导水裂隙带高度发育越低；同时，与风化程度也有密切关系，对强风化岩层，其垮落带和导水裂隙带高度发育较小。

4.2　*缩小防护煤柱开采的机理*

缩小防水煤柱开采的矿井，主采煤层之上 30 m 左右高度范围内，泥岩、砂质泥岩、粉砂岩和泥质胶结的砂岩，一般占 80%以上，坚硬、较坚硬砂岩总厚度较小，单层厚度一般不超过 2～4 m。在此条

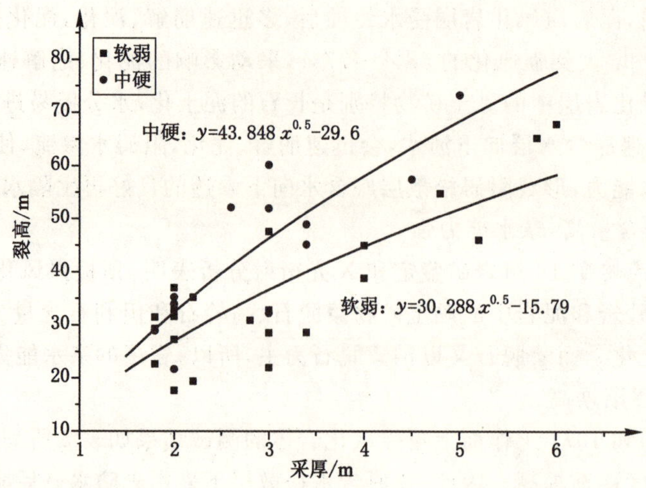

图 3　淮南潘谢矿区导水裂隙带高度与采厚综合关系

件下，在基岩风氧化带开采时，因风化岩层岩石强度普遍降低，塑性普遍增强，抑制了岩层破坏向上发展，使冒落裂缝高度大大降低；风化岩层受水浸迅速崩解、膨胀泥化，原生和采动裂隙易被压密、弥合，使渗透水性减弱，隔水能力大大增强，并在强风化段形成良好的阻隔水屏障。

概括地说，在煤层上覆岩层以泥质类岩层为主的情况下，基岩风氧化带岩层强度降低，塑性增强，易于崩解、泥化，经开采扰动并二次胶结后，具有抑制冒落裂缝向上发展和阻隔水的双重作用，从而使留设小尺寸防砂、防塌煤柱和进入风氧化带开采的工作面，实现无溃水和大量涌水的安全回采成为可能。这就是缩小防护煤柱安全开采的机理。

5　缩小防护煤柱开采的技术保障措施

含水层下薄基岩煤层开采水害防治是一项复杂的系统工程，也是同自然灾害作斗争的科学实践，需要采取综合治理的措施，既要抓全面，又要抓重点；既要治标，更要治本。为了有效遏制煤矿重特大水害事故的发生，防止零星事故发生，所采取的水害防治对策有：

一是加强管理、完善制度。两淮矿区含水层下薄基岩浅部煤层开采的矿井，建立了“管理、投入、科研、培训”四位一体的水害防治安全保障机制，组建了地下水动态监测网，对底含水位等水文数据实现同步、实时监测和共享。每个含水层下缩小防水安全煤岩柱的工作面，在开采前编制《含水层下开采可行性研究报告》，经集团公司批准后，编制专门的《开采设计》，由省级煤炭管理部门组织专家予以审查批准；工作面开采过程中，成立以矿长为组长的试采领导小组及工作机构，实行产学研结合进行覆岩破坏、矿压显现实时观测以及包括水、土、岩变化规律在内的综合性观测研究，收集、分析顶底板含水层厚度、含水性及井下涌水量等资料，对获取的资料影响开采上限的，立即停止开采，并对留设的安全煤岩柱及时分析研究，重新确定回采上限或开采厚度；开采结束后，按照《煤矿安全规程》规定，认真总结，提出开采报告，对工作面开采过程中所采取的行之有效的调控技术进行总结推广，试采的报省级煤炭管理部门审查。

二是补充勘探，查清水文地质条件，建立水害预警系统。凡含水层下开采的矿井，拟进入防水煤(岩)柱进行采掘活动时，必须采取必要的勘探手段，准确控制基岩面标高及其基岩面变化规律，建立地下水动态观测系统，研究并查明基岩面上覆松散层结构、隔水层赋存情况及含水层富水性，对水文地质条件进行分类，依此确定水体采动等级及允许采动程度。对未查明水文地质条件及水体采动等级无法确定的矿井，严禁进入防水煤(岩)柱内开采。在工作面形成以后，采用无线电坑透仪进行 CT 透视，发现地质弱面的部位，采用预先注浆加固，或预先备足加固抢险材料；防止局部冒顶，发生突水溃砂事故。

三是实行采空区滞后控水。在设计试采工作面时，先采条件简单的弱风化带内煤层，后采条件复杂的强风化带煤层，先采煤岩柱厚的工作面，后采煤岩柱薄的工作面(即实行上行式开采和仰采)。之所以要采取这样的技术措施，是因为第一，根据开采以后导水裂缝带动发育特征，上覆岩层中的砂岩裂隙水和底含水部分得到提前疏放，使出水形式由“管涌”变为“渗流”；第二，根据“水往低处流”原理，使开采期间上覆岩层的水流向采空区，起到滞后出水的目的。采用采空区滞后控水，控水开采期间各工作面采空区涌水变化见图 4 和图 5，由图可知，煤岩柱高度为 18.6 m 时，涌水量为 24.7 m^3/h，而煤岩柱高度为 11.6 m 时，涌水量却减少为 15.2 m^3/h，表明采用采空区滞后控水取得了满意的效果。

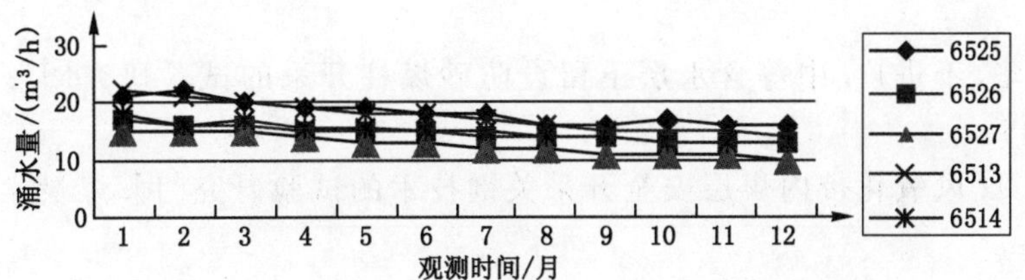

图 4　采空区滞后控水各工作面涌水量动态变化曲线

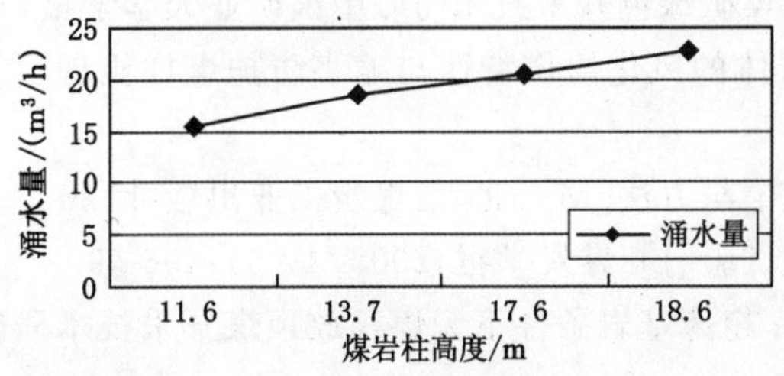

图 5　煤岩柱高度与采区涌水量关系动态变化曲线

四是实行煤水分流措施。综合机械化开采的工作面机巷往往铺设胶带输送机、移动变电站，设备和工作人员较多，为了降低回采工作面出水对机械化设备高效运转和人员的伤害，改革传统的巷道布置方式，将机巷布置在上，风巷布置在下，实行水向下流、煤向上运，煤水分流的方法，加快推进速度，这也是试验研究所采取的主要调控措施之一。

五是采用“护—让”结合，加大困难部位开采厚度。根据缩小防护煤柱开采，煤层顶板变异特征(无基本顶，无承载能力)和顶板变形移动演化规律，优化分析后，决定提高工作面支护设备的性能，选用强初撑、高阻力的支架，从而加大开采高度，综采工作面开采高度控制在 2.8 m，炮采工作面开采高度控制在 2.5 m，突破了现有规程规范控制采高的限制。

6　结　论

(1) 两淮矿区底部含水层的沉积结构特征为多层复合结构和区域类同性局部差异性以及富水不均匀性，其水平渗透能力比垂向渗透能力强。底部含水层中分布着较薄的砂质黏土及黏土层，微观特征又减缓了底含水的下渗能力。这样就形成了松散含水层下控水采煤的有利条件。

(2) 两淮矿区在漫长的沉积过程中形成的一层稳定均一的风化带，岩石风化损伤后，具有胶结性能差、结构松散、岩体和岩石抗压强度低、孔隙率高、塑性大、裂隙被泥质充填、泥化程度高、亲水能力强、易崩解和遇水膨胀等典型变异特性，从客观上为薄基岩浅部煤层控水开采提供了主要的外在客观条件。

(3) 受强烈风化作用的基岩风化带，岩石内凝聚力进展性减弱和微观组分的严重变异，移动快、变形大、压密快；一经开采扰动并二次胶结后形成的再生隔水能力较原岩的隔水能力更强，尤其是强风化段岩石具有阻碍上覆底含水垂直下渗和抑制弥合采动裂缝高度发展的双重作用，为控水开采提供了内在条件。

(4) 实践表明，改革巷道布置方式，优化工作面参数、实行采空区滞后控水，煤水分流，提高工作面支护能力，实施资料翔实、支撑有力、快速推进、煤水分流，是两淮矿区含水层下薄基岩下浅部煤层控水开采有效调控措施。

(5) 两淮矿区的百善、朱仙庄、五沟、任楼、张集、谢桥等矿已将防水煤柱高度原原设计的 50～80 m,缩小到采放高度为 9 m 的朱仙庄 871 综放工作面 15.1 m、综采工作面 14 m、炮采工作面 11.7 m,并有 120 多个工作面从原定防水煤柱中多回收 5 000 余万吨煤炭,累计增创直接经济效益 300 余亿元,实现了资源枯竭矿山的绿色可持续发展,经济效益和社会效益都非常明显。

参考文献

[1] 杨本水,吴玉华,于进广. 中等含水层下留设防砂煤柱开采的试验研究[J]. 煤炭学报,2002,27(4):342-346.

[2] 杨本水,孔一凡. 风氧化带内煤层安全开采关键技术的试验研究[J]. 煤炭学报,2003,28(6):608-612.

[3] 杨本水,梁广林. 综放工作面缩小防水煤柱的可行性研究[J]. 煤田地质与勘探,2000,28(1):43-45.

[4] 钱鸣高,许家林,缪协兴. 煤矿绿色开采技术[J]. 中国矿业大学学报,2003,32(4):343-348.

[5] 宣以琼,武强,杨本水. 岩体的风化损伤特性与缩小防护煤柱机理[J]. 中国矿业大学学报,2004,33(6):678-683.

[6] 虎维岳. 矿山水害防治理论与方法[M]. 北京:煤炭工业出版社,2005.

[7] 许延春. 含黏砂土流动性试验[J]. 煤炭学报,2008,33(5):496-499.

[8] 桂和荣,李伟,孙家斌,等. 超薄基岩条件下无煤柱放顶煤开采技术研究[J]. 煤炭科学技术,2003,32(4):14-17.

[9] 隋旺华,蔡光桃,董青红. 近松散层采煤覆岩采动裂缝水砂突涌临界水力坡度试验[J]. 岩石力学与工程学报,2007,26(10):2084-2091.

[10] 杨本水,宣以琼. 风化软顶矿压显现规律与控制[J]. 煤炭科学技术,2005,33(5):22-25.

小浪底水库下采煤覆岩破坏规律的相似模拟研究

义煤集团新义煤业有限公司　姜玉海

摘　要：本研究以相似材料模拟试验为基础，工程地质力学模型模拟为方法，根据新安煤矿11201、14141及14191三个工作面地质结构条件及其物理力学参数为依据先后进行了4个工程地质力学模型的8次模拟开采，得出了相同地质条件下不同开采方法、不同采厚，相同开采方法条件下不同覆岩结构以及存在断层等条件下的覆岩破坏规律，为以后解决小浪底水库下采煤的优化及解放水体下压煤问题奠定基础。

关键词：相似材料模拟；覆岩破坏；水下采煤

新安煤矿于1988年底建成投产，开采范围50.3 km^2，设计生产能力150万t/a，主采二叠系山西组二$_1$煤层，煤种为贫瘦煤，设计服务年限83 a。当小浪底水库蓄水达到设计水位高程＋275 m时，新安井田40％面积将位于库盆之下，水体下可采煤炭储量高达8 000万t。蓄水后，煤层顶底板的直接和间接充水层及第四系孔隙含水层都将得到库区地表水常年的补给，库区水可以通过库区内的塌陷区、废弃钻孔、废弃井筒等通道以灌入式方式进入矿井，对新安煤矿安全开采形成极大影响，存在严重的突水危险，其威胁的严重程度属国内外罕见。

1　试验模型设计

为了研究不同地质构造、岩性组合、开采方法及煤层采厚下的覆岩破坏规律，以11201、14141以及14191工作面的地质参数为基础，进行矿井不同工作面在实际地质和开采条件下、相同工作面在有无断层情况下、相同工作面在是否留设煤柱情况下以及相同工作面在不同开采方法下的覆岩破坏规律。

根据现场的地质和开采条件，模型比例定为200∶1，即模型的相似比为200，模型在平面应变模型架上进行，模型体的尺寸为2.0 m×1.0 m×0.24 m(长×高×宽)，煤层覆岩施加的应力采用施加外力荷载补偿法来实现，模型开采的时间相似系数$=\sqrt{200}=14.14$。为调配适合本次试验研究的相似材料，在取得研究工作面覆岩物理力学参数的基础上，选取重晶石粉、石膏、甘油、河砂、膨润土等为模型相似材料，在中国矿业大学工程地质实验室先后进行了多次配料的调配以满足力学模型试验对试验参数的要求，制成11201工作面、14141工作面、14191工作面工程地质力学模型。

2　模型的开采及导水裂隙带发育规律分析

现场推进速度为45 m/月，模拟推进速度21.2 m/d。观测内容包括岩层移动和覆岩破坏特征，通过每次各个测点观测结果相对于控制点的相对变化，确定该测点的位移，对模型开采中的特殊现象进行照相、丈量等以测量导水裂隙带高度，并记录出现的位置及与开采推进距离、时间之间的关系。

2.1　原始条件开采

下面以14141工作面的开采为例进行分析和说明。

整个14141工作面工程地质力学模型的开采过程中，在采厚一定的情况下，导水裂隙带的发育高度随着推进距离的增加而增大，但工作面推进到一定距离后，导水裂隙带不再向上发展。当工作面初次垮落前，覆岩能够维持较好的稳定状态，没有较大范围的岩层垮落，导水裂隙带的发育高度也较低，随着回采的进行，当工作面推进到54 m时，出现初次来压，覆岩急剧垮落，导致冒落带以及导水裂隙带的发育高度迅速增大，此后，冒落带发育高度逐渐回落，稳定在17～20 m之间。当工作面推进到

60 m时，煤层顶板中砂岩及粉砂岩层全部垮落，冒落带高度达到最大值21.82 m，此时的冒采比为5.46。随着工作面推进尺寸的逐步增大，导水裂隙带的发育高度也持续稳定增大，裂隙迅速向上扩散，并穿透顶板第一泥岩层，当推进到104 m时，发育到最大63.36 m(导水裂隙带发育最大值滞后于回采工作面72.5 m，按该工作面的实际推进速度1.5 m/d，该工作面采动形成的导水裂隙带高度在开采后约48 d发育到最大)，此时的裂采比为15.84。同时，在导水裂隙带上方形成明显的弯曲变形带。随后，随着推进长度的进一步加大，导水裂隙带发育高度逐渐回落，并稳定在57～60 m之间(图1、图2)。

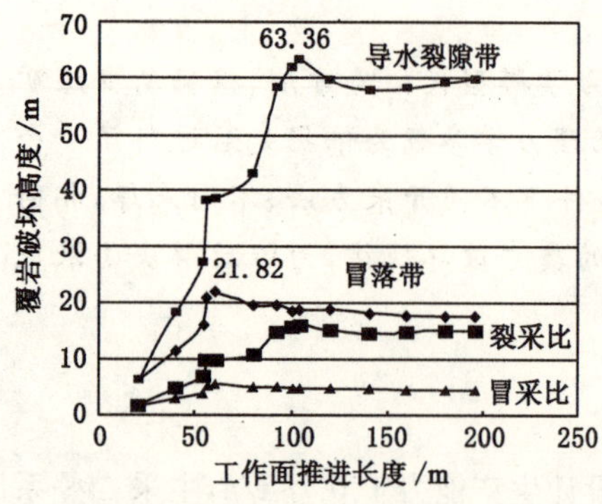

图1 14141工作面覆岩破坏高度与推进长度关系

(14141工作面煤层采厚以平均4 m计)

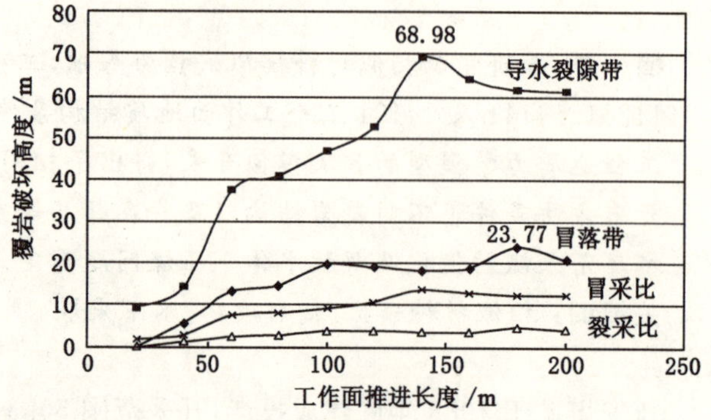

图2 11201工作面覆岩破坏高度与推进长度关系

(11201工作面煤层采厚以平均5 m计)

同时观察到，导水裂隙带的发育呈马鞍形分布，两边略高，中间略低，降低的范围出现在采空区中部，与覆岩破坏的理论研究得出的结果完全吻合，这是由于采空区边界受到煤岩壁的支撑，采空区中部断裂、垮落的岩层的受压程度大于采空区边界的压实程度而造成的。

11201工作面在同样开采方法和推进速度的条件下，冒采比和裂采比明显小于14141工作面。分析两个工作面的主要地质参数后得出产生以上结果的主要影响因素是11201工作面的覆岩结构呈软硬岩互层且层厚较薄交替明显的特征。统计两工作面覆岩的泥岩比发现，11201工作面泥岩比为55.8%，14141工作面的泥岩比为33.7%。可见，软硬互层结构明显且具有更高泥岩比例的覆岩地质结构不利于导水裂隙带的发育。

2.2 分层开采

由于新安矿煤厚变化大，为了研究对厚煤层进行分层开采后的覆岩破坏规律，在对各工作面进行实际地质和开采方式方法条件下的模拟开采后，本研究还根据新安矿实际煤层厚度大的特点进行了分层模拟开采试验。本部分主要选取14141工作面的分层模拟开采情况进行说明。

14141工作面在进行现场实际4 m煤厚开采后，再进行二分层共8 m厚度的开采，14141工作面煤层采高为8 m时，其裂采比为13.08，明显小于采高为4 m时的15.84。这说明虽然导水裂隙带发育高度与煤层开采厚度的关系最为密切，一般随着采厚增大，破坏高度也相应增加，但随着煤层采厚的增加，导水裂隙带发育高度的增大趋势有所减缓。

2.3 一次采全高

为了研究特厚煤层全层一次开采和分层开采分别对导水裂隙带高度的影响，本次模拟以14191工作面地质条件为基础，先后进行了分层以及一次采全厚等情况下开采的覆岩破坏规律。由观测上述一次采全高和分层开采两种开采方式下覆岩破坏的数据显示，在二者总采厚都在9 m的情况下，分层开采的冒落带发育高度为31.38 m，导水裂隙带发育高度为106.72 m，而在一次采全高的开采方式下，冒落带高度与分层开采基本一致，为30.59 m，而导水裂隙带发育高度则达到了113.73 m，明显大于分层开采的情况。

2.4 断层影响模拟

地质构造对采煤活动存在着巨大的影响，为了研究新安矿区断层发育对导水裂隙带发育规律的影响程度，以11201工作面地质条件为基础、新安矿区90%以上断层特征为参照，对导水裂隙带发育的断层影响情况进行试验。

模拟过程显示，在断层上下盘进行开采活动时，各留设不小于20 m的煤柱时可有效防止覆岩破坏范围波及断层带，当开采接近断层带时，覆岩破坏受断层带影响强烈，断层的存在使得覆岩破坏的高度也较无断层影响的冒落带23.77 m、导水裂隙带68.98 m有明显的增大：冒落带和导水裂隙带的发育高度分别达25.96 m和75.22 m。

同时，在采动过程中，断层的上下盘运动整体分异明显：在断层上盘进行采煤活动时，上盘呈整体移动趋势而下盘移动不明显；在断层下盘进行采煤活动时，覆岩运动规律则反之。当在上下盘各留设不小于20 m煤柱时，上述运动现象微弱。

2.5　模拟结果

以11201、14141及14191三个工作面地质结构条件和其物理力学参数为基础，先后进行了4个工程地质力学模型的8次模拟开采，得出了不同开采条件下的覆岩破坏规律。在不同开采条件下的覆岩破坏高度如表1所列。

表1　工程地质力学模型模拟结果

模拟工作面	模拟条件	采厚/m	冒高/m	裂高/m	冒采比	裂采比
11201	原始条件	5	23.77	68.98	4.75	13.80
	分层全采	9	41.23	117.35	4.58	13.04
	模拟断层	5	25.96	75.22	5.19	15.04
14141	原始条件	4	21.82	63.36	5.46	15.84
	分层全采	8	31.80	104.63	3.98	13.08
14191	原始条件	5	20.93	69.87	4.19	13.97
	分层全采	9	31.38	106.72	3.49	11.86
	一次采全高	9	30.59	113.73	3.40	12.64

3　建　议

以此为基础并结合实测资料及其他的分析研究手段，例如近年来发展起来的拉格朗日数值模拟分析研究等，加强对不同采煤工艺及状态下煤层覆岩破坏的测试物探，获得更多的技术参数，进行综合分析对比，为提高新安煤矿小浪底水体下安全开采及顶板水害防治问题提供更多的技术保证，从而为煤矿的高产高效安全生产服务。

作者简介：姜玉海(1969—)，男，河南南阳人，从事矿井地质及防治水工作，现在义煤集团新义煤业公司地测部工作。

泗河下厚煤层工作面开采河堤沉降预计与治理

兖矿集团公司杨村煤矿 曹思文 张 民

摘 要:313 工作面横跨泗河东堤,开采时造成河堤破坏,本文对 313 工作面开采对泗河河堤的影响情况进行预测,并对河堤破坏后提出了治理方法。

关键词:沉降预计;地表移动;河堤治理

1 矿井概况

兖矿集团有限公司杨村煤矿属国有煤矿,原设计生产能力为 60 万 t/a,设计服务年限 72.2 a,主采煤层 $16_{上}$、17 煤。1995 年经山东省煤炭工业管理局鲁煤管生〔1995〕782 号文批准,适当调整矿井东部边界,增加了部分厚煤层 3 煤储量。1998 年 7 月,矿井 3 层煤首采工作面 301 面开始生产,实现厚薄煤层合理配采。2006 年经山东省煤炭工业局重新核定,矿井生产能力为 115 万 t/a。

3 煤采用走向或倾向长壁综合综采放顶煤开采方法,$16_{上}$、17 煤采用走向或倾向长壁陷综合机械化采煤。

2 313 工作面概况

313 工作面地面位于梓椤树村北 150 m,分上下两个工作面。泗河流经工作面西部,井下北邻 307 工作面采空区,南邻 302 工作面采空区,西到－190 m 水平轨道大巷,东至梓椤树二号断层。

313 工作面走向长 359～604 m,倾向长 168 m,可采储量 69.51 万 t。工作面有一单斜构造面,地层走向 NE～SW,倾向 SE,总体趋势西部高、东部低。煤层起伏变化不大,煤层倾角平均 6°。工作面回采时受 Fv—9(落差 14 m)断层的影响,断层附近煤层破碎、裂隙发育。

313 工作面第四系厚 190.60～197.50 m,平均 194.01 m。工作面基岩柱厚度 47.02～83.77 m,自西向东逐渐变厚。

泗河流经 313 工作面西部,属山洪河道,除洪水期外(最高洪水水位＋45.30 m),河流常年处于干涸状态。泗河全长 159 km,流域面积 2 590 km²,河宽 100～1 000 m,最大流量 3 380 m³/s,在杨村井田 2.5 km 范围内自北向西南流经 3 煤层西部,共占压 3 煤层储量 1 065.7 万 t。

3 313 工作面泗河下开采河堤沉降预计

3.1 开采沉降影响的预测方法

对于河堤下开采,主要评价指标有河堤地表的下沉量(mm)和河堤地表的水平变形值(mm/m)。

杨村煤矿 313 工作面开采深度为 236.17～287.23 m,平均 266.76 m,第四系冲积层厚度 190.60～197.50 m,平均 194.01 m。根据兖州矿区的实际观测资料,厚含水冲积层条件下采动地层失水引起的砂层密压和黏性土固结是其沉陷范围、沉陷量及速度较大的重要因素。

本工作面采用走向长壁采煤方法,垮落法管理顶板,根据《建筑物、水体、铁路及主要井巷煤柱留设与压煤开采规程》,应用概率积分法数学模型进行河堤沉降变形预测。

3.2 预测计算参数选择

根据在 3 煤层采区地表岩移观测初步结果及地质开采条件近似矿区的地表岩移参数和沉陷一般规律,选取 313 工作面地表移动变形进行预测计算,主要参数如表 1 所列。

表 1　313　放顶煤开采岩移计算参数

参数	q	$\tan\beta$	b	θ	S
数值	0.86	1.80	0.30	86°	0.05H

其中，$\tan\beta$影响角正切；q为煤层开采下沉系数；b为水平移动系数；θ为开采影响传播角。

3.3　地表移动变形计算

(1) 河堤下沉、水平变形等值线

根据 313 工作面开采情况，输入地质开采基本条件、主要地物地貌、矿井格网坐标以及岩移计算参数，对开采引起的地表移动变形值分点分线进行网格化计算，计算结果组成必要的目标数据文件后，通过绘图软件绘制河堤下沉(图 1)、垂直河堤方向地表水平变形等值线图(图 2)、河堤方向地表水平变形等值线图(图 3)。

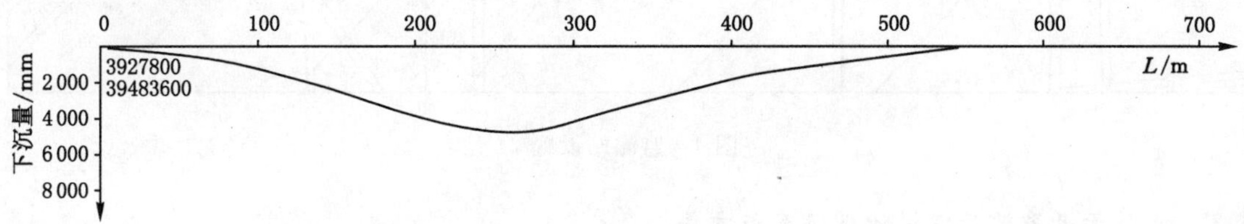

图 1　沿泗河东河堤开采下沉曲线图

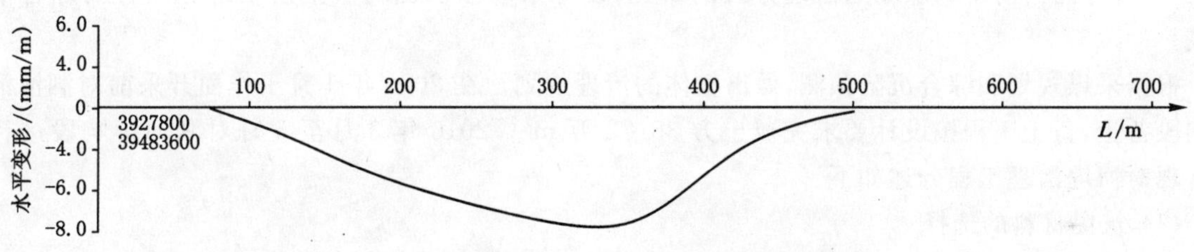

图 2　垂直河堤方向水平变形曲线图

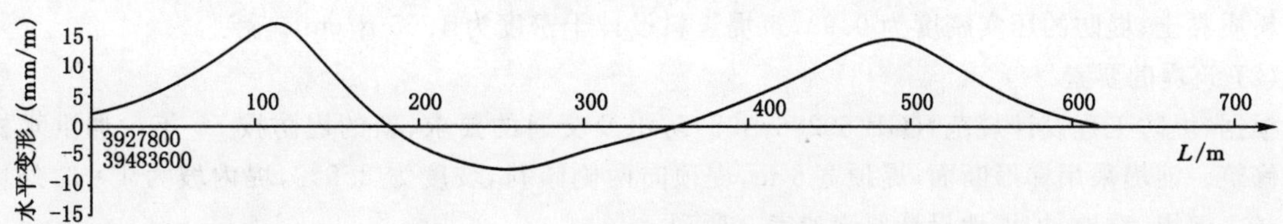

图 3　河堤方向水平变形曲线图

(2) 地表移动变形计算结果

313 工作面开采后，影响区域内其地表移动变形最大值见表 2。

表 2　313 工作面开采影响压域地表移动变形最大值

名称	最大下沉 /mm	河堤方向最大倾斜 /(mm/m)	河堤方向最大水平变形 /(mm/m)	垂直河堤方向最大倾斜 /(mm/m)	垂直河堤方向最大水平变形/(mm/m)
泗河东河堤	5 000	33.0	16.0	−8.0	−8.0

4　313 工作面开采后河堤治理方法

4.1　313 工作面开采时泗河河堤监测站设置

313 工作面胶带顺槽与泗河东河堤平面交点往南 180 m 为第 1 号桩点，沿东河堤向北，每隔 20 m

选择一个桩点，共设27个桩点，长度为520 m，分别对313面开采时泗河河堤下沉情况进行观测，并对观测数据进行整理、分析和上报。监观测站设计如图4所示。

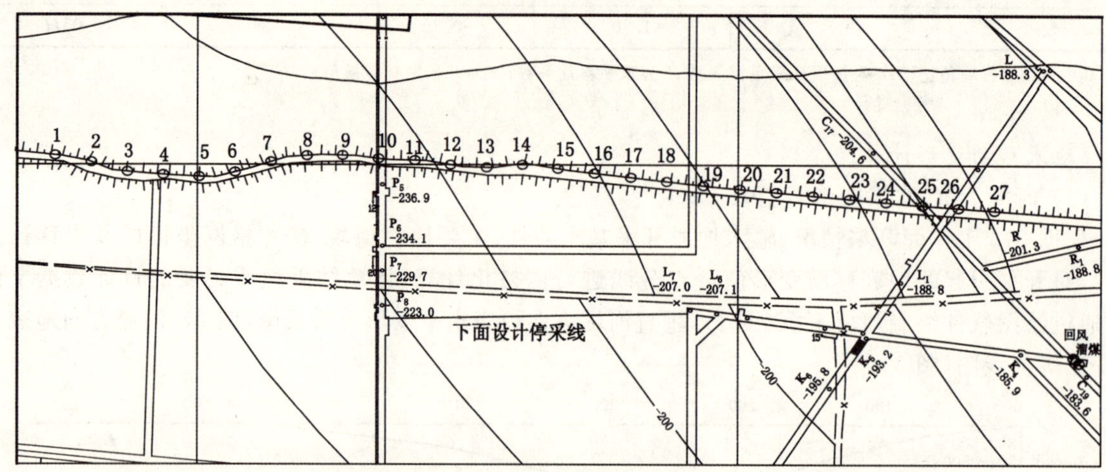

图4 监测站设置

4.2 313工作面开采前后河堤治理情况与方法

313工作面泗河下采煤影响河道范围较小，影响时间短，根据工作面采煤塌陷预计和河道的实际情况，并参考国内河下采煤塌陷治理方式的研究，设计采取预加固与沉陷后治理相结合的综合治理方式。

根据采煤规划和综合沉陷预测，做出整体的治理规划。在2009年1月工作面开采前对泗河河堤影响段备土，备土工程按设计要求完成土方35.72万 m^3。2010年3月至5月对泗河影响段进行治理。现对河堤治理工程分述如下：

(1) 筑堤材料的选择

经过地质勘查表明，该区土层为全新统与晚更新统冲洪积土，从上到下可分为素填土、粉土、细砂和粉质黏土。由于治理堤段为二级堤防，根据料场土料的力学实验结果，治理段采用土堤，筑堤材料选用粉质黏土；堤防的压实密度为0.90，筑堤土料设计干密度为1.55 g/cm^3。

(2) 筑堤的要素

根据《堤防工程设计规范》(GB 50286—98)防汛及交通的要求，新的堤防按50年一遇洪水标准进行修筑。河堤采用梯形断面，堤顶宽6 m，堤顶向两侧倾斜，坡度为2.5%，堤内坡为1∶3，外坡为1∶2.5。河堤、滩地、护堤地设计要素如表3所列。

表3 筑堤设计要素

要素名称	高程/m	要素名称	高程/m
堤顶	51.77	滩地	47.2
护堤地	45.5		

(3) 堤体裂缝的处理

堤体沉陷时产生的裂缝深度及广度较大，特别是横向裂缝对堤体影响最大，在洪水期堤基、堤身将因此而产生渗透破坏甚至溃堤，因此在堤防、滩地加固前，对堤防地表面发现的大于1 cm的裂缝采取开挖回填夯实的措施。对修复加固后的堤防进行灌浆，灌浆材料采用黏土浆液，灌浆深度至堤基下2.0 m以上；采用双排两序孔、梅花形布置，排距、孔距均为1.5 m。

(4) 滩地、护堤地恢复

由于地表下沉量较大，滩地及护堤地将因下沉而大量积水，因此，在地表沉陷前对滩地及护堤地按预计下沉量值加设计滩地高程进行预加高，沉陷后再对滩地按设计高程进行推平整治。按相关设计规范，护堤地宽度取 30 m，在滩地外侧 10 m 利用煤矸石护脚，以保证洪水来临时不会直接冲击滩地。

(5) 大堤灌浆设计

在综合整治工程阶段，对稳沉的堤防采用水泥黏土灌浆对堤身进行加密加固，这一措施不仅可以充填由于开采引起的裂缝，而且可以促使浅部新充填土及早密实，提高堤体的抗渗能力和稳定性。

灌浆设计：充填式灌浆是利用浆液自重将浆液注入坝体隐患处，以堵塞洞穴和裂缝的工艺。采用双排两序孔、梅花形布置，排距为 1.5 m，孔距 1.5 m，灌浆深度为堤顶下 1.0 m 至堤基下 2.0 m 以上。灌浆材料选用当地较好的粉质黏土作灌浆土料，并掺入 2% 的水泥，制成黏土混合浆液。大堤灌浆平面布置如图 5 所示。

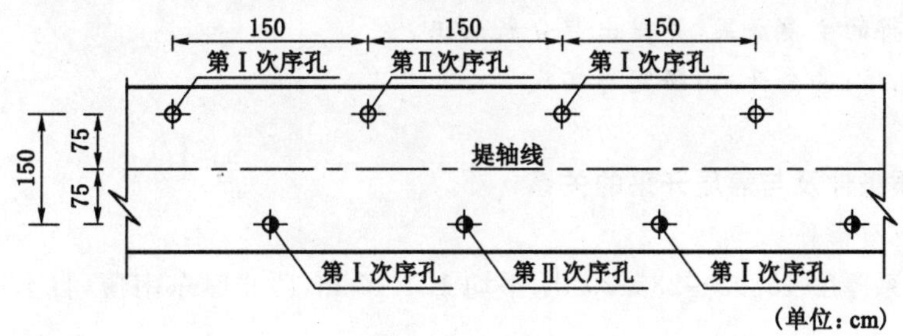

图 5　大堤灌浆平面布置示意图

5 结　论

(1) 313 工作面下沉区河堤塌陷综合治理工程由山东省水利二局、济宁水利工程公司承担，自 2010 年 3 月 1 日开始施工，至 2010 年 5 月 13 日竣工，工程投资 286 万元，安全采出泗河保护煤柱 33.57 万 t，销售单价按 690 元/t 计算，可产生经济效益 2.32 亿元。治理工程结束后，治理段堤防的防洪能力将达到 50 年一遇的水平，大大提高了堤防的防洪能力，为沿岸人民生命财产和国家财产提供了强大的保障，社会效益显著。

(2) 经过详细的论证和制定周密的河堤治理方案，证明在泗河河道下采煤是安全的。在河下采煤既可以为国家回收尽可能多的煤炭资源，又可以为企业创造大量利润，并且由企业投资治理破坏后的堤防，提高了堤防的防洪能力，达到了地企双赢的目的。

(3) 工作面开采时避开主汛期，并在主汛期来临前完成河堤治理，确保安全度汛。

(4) 矿地测部门大力开展地表沉陷规律的研究，为进行河下采煤方案设计、工程量估算等工作提供可靠的依据。

兖州矿区提高上限安全开采实践

兖矿集团有限公司地质测量部 刘瑞新

摘 要:结合开采资料,介绍了兖矿集团有限公司采用不同开采方法(薄煤层炮采、厚煤层分层开采、综放开采、网下综放开采)缩小厚煤层、薄煤层防水煤柱、提高开采上限安全开采所做的工作及取得的主要成果,并提出部分新认识。

关键词:提高上限;安全开采;研究与实践

1 第四系水文地质条件及与煤层开采的关系

1.1 第四系水文地质条件

兖州煤田第四系厚度15.92～235.29 m,平均124.17 m,西北厚东南薄,自上而下分为上、中、下三组。

上组($Q_{上}$):厚8.10～83.68 m,平均49.54 m。岩性以黄色或褐黄色黏土、砂质黏土、砂及砂砾层为主,含水砂层2～3层,含水丰富,透水性强。

中组($Q_{中}$):厚5.38～92.95 m,平均59.88 m。岩性为灰绿色黏土及黄褐、棕色含砾砂质黏土、砂质黏土、黏土质砂。黏土类厚度占本组厚度的60%～70%,较稳定的黏土层有4～5层,厚度较大,隔水性能良好,阻隔了第四系上组水对下组的入渗补给,为隔水层(组)。

下组($Q_{下}$):厚0～95.06 m,平均48.87 m,北厚南薄,兖州煤田东及东南部的南屯、北宿、唐村井田缺失。由浅灰白或浅灰绿色黏土、砂质黏土、黏土质砂(砂砾)、砂、砂砾层相间组成,较稳定的砂(砂砾)有2～4层,总厚10～20 m不等,最大厚度43 m。分上、下两个含水段,中间为厚10余米的黏土层阻隔。下段即“第四系底含”(兴隆庄煤矿二采区称为“三含”),属孔隙承压水。第四系底含富水性弱～中等,补给条件差,以静储量为主。采动作用下,水位已由+40 m降至−84.5 m,降幅120余米。大部分地区第四系底部发育一层较厚的黏土层,最厚达10余米。

1.2 第四系与煤层开采的关系

兖州煤田主采煤层为山西组3煤和太原组$16_{上}$、17煤。3煤厚度2.3～11.83 m,平均8.34 m。$16_{上}$煤厚度0～2.35 m,平均1.02 m。17煤厚度0.28～2.33 m,平均1.03 m。由于煤田为一向东倾伏的不完整向斜构造,所以各煤层露头位于兖州煤田北、西、南三面。其中第四系直接覆盖西部煤系,对浅部煤层开采产生充水(图1)。

1.3 第四系防水煤柱留设情况

兖州煤田第四系下组砂砾层是煤田浅部工作面开采的重要充水含水层。为确保矿井安全开采,兖矿集团本部矿井中的兴隆庄、鲍店、杨村煤矿矿井设计中对3、$16_{上}$和17煤分别留设了80 m、30 m、30 m的防水煤柱。由于煤层倾角小(3°～6°),造成了大量的煤炭资源呆滞。据统计,目前上述三矿防水煤柱剩余压煤资源量约9 716万t

2 缩小防水煤柱、提高开采上限开展的主要工作

为回收第四系防水煤柱内部分煤炭资源,1982年以来,兖矿集团有限公司与有关科研单位合作,开展了缩小防水煤柱、提高开采上限的研究工作。先后在兴隆庄、杨村、鲍店煤矿开展二维、三维地震勘探7.3 km^2,探测基岩面及煤层赋存状态;施工地面地质孔15个,钻进5 373 m;施工第四系下组水文地质及基岩探测结合孔5个,钻进1 520 m;施工第四系下组水位动态观测孔26个,钻进4 936 m;

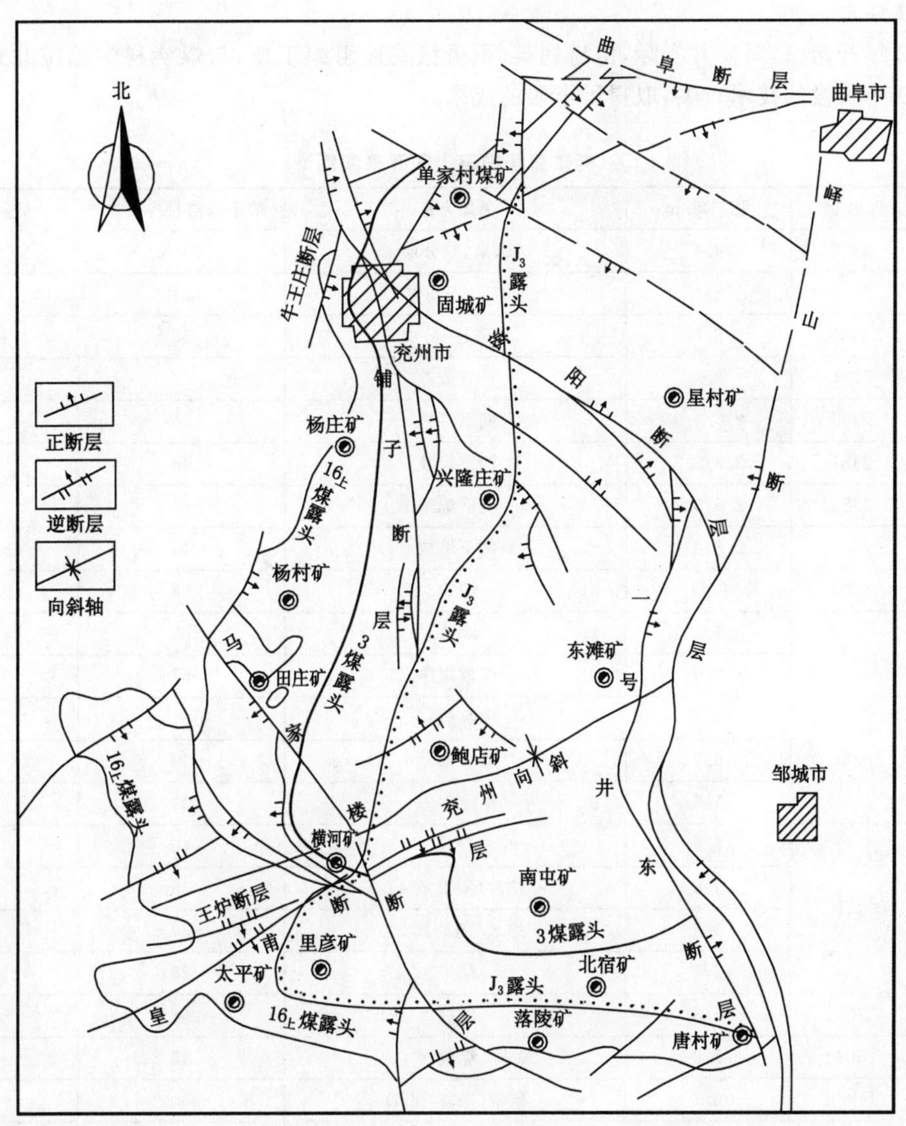

图 1　兖州煤田地质示意图

施工井下基岩及第四系底黏、底含探测孔 45 个，钻进 2 750 m；施工对比孔、“两带”探测孔 28 个，钻进 7 158 m；井下“两带”探测孔 9 个，钻进 1 450 m。同时采用瞬变电磁方法，对杨村煤矿 301 工作面覆岩“两带”发育高度进行了探测（施工测线 26 条，长度 7 000 余米）。此外，还施工井下观测岩巷 200 m，设置地表岩移观测线 2 条、矿压观测工作面 5 个。进行地面群孔抽水试验 2 次、井下直通孔放水试验 1 次。通过上述工作，掌握了提高开采上限试采区第四系底含的结构、富水性及覆岩厚度情况，取得了覆岩“两带”发育高度技术数据，为合理确定防水、防砂煤柱尺寸提供了可靠的基础资料。

工程实施中，通过现场观测（如钻孔冲洗液法、声速法、超声成像法及数字测井等方法综合确定导水裂缝带发育高度等）、室内测试、模拟试验、理论研究及计算机模拟等多种途径，系统研究了覆岩结构及变形、破坏规律，采场矿压及地表移动规律，基岩含、隔水性及渗透特征，底含分布及富水特征等，取得了特厚煤层全厚综放、网下综放、分层综采以及薄煤层开采等多种开采条件下覆岩破坏的规律，以及合理确定煤柱尺寸的技术参数和提高上限开采的途径，为提高上限开采工作提供了可靠的技术支持，有效地保证了提高上限开采的安全可靠性。

3　提高上限开采取得的主要成果

主要成果见表 1。

3.1　兴隆庄煤矿

自1982年开始，针对矿井实际，由易到难、积极稳妥地组织工作，与煤炭科学总院北京开采所合作，开展了四个阶段的技术攻关，取得了丰硕的成果。

表1　　兖矿集团提高上限开采实例

矿　名	工作面	采　高/m	采煤方法	最小基岩柱厚度/m	安全煤柱类型
兴隆庄矿	2302	8.4	综采、三分层	64.5	防水
	2300	8.4	综采、三分层	51	防水
	2301	8.4	综采、三分层	53	防水
	2304	8.7	综放	78	防水
	2303	2.5/5.9	网下综放	66	防水
	23S1	2.8/5.7	网下综放	46	防水
	23S2	2.8/3.0	网下综采	44	防水
	23S3	2.8/6.7	网下综放	44	防水
	4303	8.11	综放	68	防水
	4301	9.2	综放	65	防砂
		7.0	综放限厚	57	防砂
	4300	7.5	综放	51	防砂
		6.5	综放限厚	40	防砂
		5.5	综放限厚	33	防砂
杨村矿	301	7.8	综放	40	防砂
		5.6	综放(隔2放4)	35	防砂
		4.6	综放(隔2放2)	30	防砂
		2.8	综采	28	防砂
	307	7.8	综放	52	防砂
	302	7.8	综放	45	防砂
	TD302	6.7	条带(采宽28m)	50	防砂
	TD304	2.3	条带(采宽28m)	23.5	防砂
	305	7.8	综 放	36	防砂
		7.3	综放限厚	34	防砂
		5.5	综放限厚	32	防砂
	303	7.8	综放	38	防砂
	2605	1.15	炮采	15.1	防砂
	2606	1.16	炮采	20.09	防砂
	2608	1.15	炮采	10.42	防砂
	11704	0.97	炮采	15.0	防砂
	2705	1.13	炮采	15.54	防砂

第一阶段，围绕"特厚煤层综机分层顶水开采条件提高回采上限"进行研究。从1983年到1996年，在二采区完成了从理论研究到工业性试验的一系列工作，历时12年，共回采10个工作面(2302、2300、2301、2303工作面)，产煤401万t，防水煤柱由80 m缩小到51 m，提高开采上限29 m。

第二阶段，围绕"巨厚含水层下综放顶水开采及合理开采上限的确定"展开攻关，从1996年到1997年，历时2年，在二采区工业性试验回采出2个工作面(2304、2303工作面)，产煤204万t，将综放开采防水煤柱缩小到 66 m，提高开采上限 14 m。

第三阶段，围绕“巨厚含水砂砾层下控水采煤研究”展开攻关，从 1999 年到 2006 年，历时 8 年，采取先采顶分层、后网下综放的开采方式控水采煤，在二采区共回采 6 个工作面（23S1、23S2、23S3 工作面），产煤 232 万 t，缩小煤柱至 44 m，提高开采上限 36 m。

第四阶段，围绕“兴隆庄煤矿特厚煤层变防水煤柱为防砂煤柱的研究”展开攻关，从 1999 年到 2006 年，历时 8 年，在四采区完成 3 个综放工作面（4303、4301、4300 工作面，局部为限厚开采，最小采厚 5.5 m），产煤 320 万 t，将防水煤柱变为防砂煤柱，煤柱尺寸缩小到 33 m，提高开采上限 47 m。

3.2　杨村煤矿

3.2.1　3 煤提高上限开采

自 1997 年开始，在兴隆庄煤矿提高上限开采的基础上，与煤炭科学研究总院北京开采所、唐山研究院、山东科技大学协作，进行了综放开采、综放限厚开采、分层限厚开采等多种方式的提高上限工作，共开采 301、307、302、TD302、TD304、305、303 七个工作面，产煤 245 万 t。将防水煤柱变为防砂煤柱，综放全厚开采煤柱缩小到 36 m，综放限厚开采（最小采高 4.6 m）煤柱缩小到 30 m，只采底分层（采高 2.8 m）煤柱缩小到 28 m，分层限厚开采（最小采高 2.3 m）煤柱缩小到 23.5 m，分别提高开采上限 44 m、50 m、52 m、56.5 m，均实现了安全开采。

3.2.2　薄煤层（$16_{上}$、17 煤）提高上限开采

自 1998 年，与煤炭科学研究总院北京开采所合作，进行薄煤层留设防砂煤柱开采研究，在二采区、十一采区共开采 2605、2606、2608、11704、2705 五个工作面，产煤 57 万 t。将 $16_{上}$、17 煤的防砂煤柱缩小到 15 m，提高开采上限 15 m，实现了安全开采。

兴隆庄、杨村煤矿提高上限开采，无论是分层开采，还是综放开采、综放限厚开采、网下综放开采，工作面回采过程中均未发生明显的涌水过程，更没有出现溃砂等情况，实现了正常安全回采。20 多年来，上述两矿井提高上限开采，安全采出煤炭累计 1 458 万 t，既提高了资源回收率，又改革采煤方法降低了原煤生产成本，采煤工作效率和矿井经济效益都有了显著的提高。

4　对提高上限开采工作的认识

通过补勘、科研和试采实践，对提高上限开采工作有了新的认识。

(1) 矿井设计中对兴隆庄、鲍店、杨村煤矿 3、$16_{上}$ 和 17 煤留设的防水煤柱，是在当时的技术开采条件下确定的，在当时是合理的。随着 20 多年的发展，现在看来，其留设的高度偏大，有很大的缩小煤柱开采的空间，应当逐步减小煤柱高度，进一步回收煤炭资源。

(2) 随着矿井开采，第四系水文地质条件发生了较大的变化。第四系下组水特别是底含水得到较大幅度的疏降，水位降低了 120 余米，浅部已接近含水层顶板，含水层趋近疏干状态。

(3) 通过系统的试验、观测、研究，对开采后覆岩破坏规律有以下认识：

① 兖州煤田 3 煤覆岩以厚层、薄层砂岩和铝质泥岩交互沉积为主，力学结构为下硬上软型，软岩具有一定的再生隔水能力。导水裂缝带形成后，经过压实，覆岩又形成了具有一定隔水能力的再生顶板。这有利于提高上限开采。

② 深部开采和浅部开采时，由于受上覆岩层差异的影响，导水裂缝带发育高度也存在差异。一般情况下，岩柱厚度较大时，导水裂缝带发育高度也较大；反之，当岩柱厚度较小时，导水裂缝带发育高度也较小。

兴隆庄煤矿总结出分层开采导水裂缝带最大高度与采厚的关系式：

$$H_{\mathrm{Li}}=\frac{100M}{2.22\,M+0.66}\pm 4.43$$

当岩柱尺寸小于 80 m 时（浅部）：

$$H_{\mathrm{Li}}=\frac{100M}{2.32M+0.80}\pm 2.36$$

当岩柱的尺寸大于 80 m 时(深部)：

$$H_{Li}=\frac{100M}{1.64\,M+2.36}\pm 3.13$$

式中，H_{Li} 为导水裂缝带最大高度，m；M 为累计采厚，m。

③ 兴隆庄煤矿的开采实践表明，综采顶分层开采的裂高采厚比最大，其次是综采二分层(全煤厚综放开采的裂采比与综采二分层的基本相当或略小)，再次是综采三分层(网下综放开采的裂高采厚比与综采三分层的基本相当或略小)。

网下综放开采(分两层重复开采)的导水裂缝带高度明显小于全煤厚综放开采(整层一次开采)情况，说明分两层重复开采时，若在减小初次开采厚度的同时增大重复开采厚度，则导水裂缝带高度增大的幅度将远小于整层一次开采情况。这是利于实现安全高效顶水采煤的一条有效的技术途径。

④ 兴隆庄煤矿开采实践表明：23S1 网下综放工作面的最小保护层厚度为 8.6 m，约为采放厚度的 1.5 倍；23S3 网下综放工作面的最小保护层厚度为 5 m，约为采放厚度的 0.7 倍；2304 综放工作面的最小保护层厚度为 11.5 m，约为采放厚度的 1.3 倍。上述工作面开采过程中均未出现淋、涌水现象，采空区也未见明显涌水，说明该保护层厚度是可靠的。杨村煤矿、鲍店煤矿综放开采工作面最小煤柱设计也采用了保护层厚度为采厚 1.5 倍的倍数关系，均实现了安全开采。

因此证明，综放开采条件下，保护层的合理厚度应为采厚的 1.5 倍，比分层开采的倍数明显减小。

(4) 兴隆庄、杨村煤矿提高上限开采的实践表明，经科学论证和采取可靠预防措施，适当提高上限开采安全是有保障的。

5 结 论

兖矿集团有限公司通过 20 多年的提高上限开采实践，安全采出煤炭 1 458 万 t，未发生任何水害事故，取得了显著的经济效益。同时对煤田水文地质条件有了更充分的认识，积累了丰富的提高上限开采经验，可为类似条件下的提高上限开采提供借鉴。

参考文献

[1] 李志伟，康永华，刘秀娥，等.兴隆庄煤矿 4303 综放工作面松散含水层下试采研究[J].煤矿开采，2007,12(2):21-23.

[2] 康永华，黄福昌，席京德.综采重复开采的覆岩破坏规律[J].煤炭科学技术，2001,29(1):22-24.

[3] 康永华.巨厚含水砂层下顶水综放开采试验[J].煤炭科学技术，1998,26(9):35-38.

[4] 黄福昌，倪兴华，张怀新，等.厚煤层综放开采沉陷控制与治理技术[M].北京：煤炭工业出版社，2007.

[5] 杨德玉.高产高效矿区建设[M].徐州：中国矿业大学出版社，2008.

作者简介：刘瑞新(1963—)，男，山东郓城人，高级工程师，从事矿区水文地质、防治水技术管理工作。

第六章　物探技术

YDZ(A)直流电法仪在镇城底矿 28110 掘进工作面的应用及经验总结

山西焦煤西山煤电镇城底矿　薛　斌　白利明

摘　要:镇城底矿地质构造复杂(属Ⅲ—Ⅲa—Ⅱb—Ⅱd—Ⅰef 类型),水文地质条件复杂,属带压开采矿井。我矿坚持"有掘必探,有疑必钻"的探放水规定,采用 YDZ(A)直流电法仪对 28110 掘进工作面进行超前探测。通过对 28110 掘进工作面探测成果资料进行验证总结,不断提高我矿物探工作能力和水平,指导矿井安全生产。

关键词:直流电仪法;超前探测;水患

1　概　况

镇城底矿是山西西山煤电股份有限公司在古交矿区开发的第二对大型现代化矿井。矿井 1983 年 1 月开工建设,1986 年 11 月 20 日正式投产,设计生产能力 150 万 t/a,2005 年 3 月该矿经重新核定批复的生产能力为 190 万 t/a,地质构造复杂(属Ⅲ—Ⅲa—Ⅱb—Ⅱd—Ⅰef 类型),水文地质条件复杂,属带压开采矿井。处于西山区域地下水的径流区,自投产以来矿井涌水量为 149.6～467.8 m^3/h,正常涌水量为 264.7 m^3/h。影响我矿安全生产的主要水患有:奥灰水、小窑水、采空积水、上覆基岩裂隙水和地表水。奥灰水为我矿最主要的水患,实际隔水层厚度大于安全隔水层厚度,在没有构造导水的情况下工作面是安全的,但我矿地质构造复杂,构造导水不能排除。因此采掘中我矿坚持"有掘必探,有疑必钻"的探放水规定,采用 YDZ(A)直流电法仪对 28110 掘进工作面进行超前探测,确保安全生产。

28110 工作面沿 8 号煤层顶板掘进,煤层稳定,整体呈单斜构造,大致由北西向南东倾斜,厚度为 4.76 m,结构为 1.50(0.09)3.17,倾角 3°～9°,平均 6°。工作面副巷外有一条落差为 7.0 m 的 Fs51 正断层,对工作面的影响较小。工作面水文地质情况较复杂,属带压开采区,奥灰静止水位标高为 900 m,煤层底板标高为 818～852 m,工作面标高低于奥灰静止水位标高 48～82 m,底板最大突水系数为 0.022 MPa/m。煤层实际隔水层厚度(70 m)大于安全隔水层厚度(29.5 m),在没有构造导水的情况下,工作面是安全的。8 号煤层顶板 L1、K2、L4 三层灰岩含水层水是工作面的主要充水因素。正常情况下,工作面仅有滴水、淋水现象。工作面正常涌水量为 5.0 m^3/h,最大涌水量为 30 m^3/h。

2　YDZ(A)直流电法仪

YDZ(A)直流电法仪是为煤矿井下含有瓦斯煤尘粉尘等爆炸性危险环境中探测含水和导水地质小构造而设计制造的本质安全型仪器。仪器具有便于携带、操作简便、探测精度高和抗干扰能力强等特点。直流电法仪通过在井下巷道周围岩层中建立起全空间的稳定人工电场,测量该电场的变化规律,求取岩层的视电阻率,绘制视电阻率曲线或剖面图,从而达到了解巷道周围岩层中的导水和含水构造。仪器主要适用范围为掘进前方导含水构造、老窑采空区边界及富水性探查、工作面内隐伏含水构造等。

3　YDZ(A)直流电法仪在 28110 工作面的施工方法及资料解析

3.1　施工方法

工作面采用三极超前探测方法进行井下数据采集工作,即固定供电电极而移动测量电极 *MN* 的三极装置形式。超前探测井下装置示意图如图1所示。

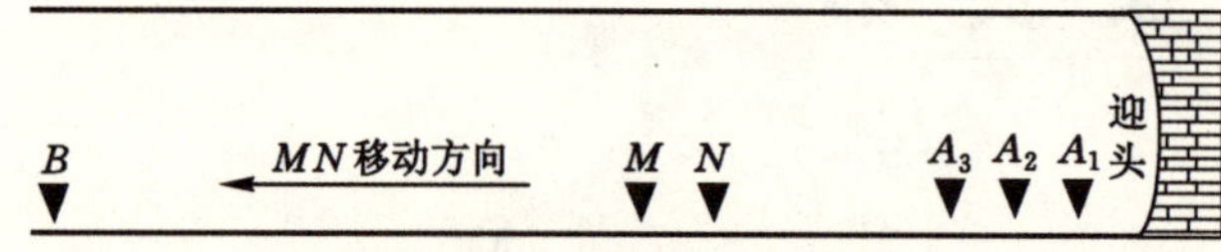

图1 超前探测施工布置图

超前探测井下施工，无穷远电极 B 固定在距离掘进头3～5倍的勘探距离外，在巷道掘进头附近以一定间距布置供电电极 A_1、A_2、A_3，各供电电极间距为4 m，测量电极 MN 在巷道内按箭头所示的方向以4 m的间隔移动，每移动一次测量电极 MN，测量一次 A_1、A_2、A_3 所对应的视电阻率值。依次移动 MN 电极直到测量完所有测点。

开机后参数设置如下：

(1) 点发射键，检查电流是否被保护(提示 error)，若被保护加外接电阻。

(2) 点设置键选择“Del all”，然后点删除键，把已存数据删除。

(3) 点设置键依次设置如下：

TT＝3；

MS＝1；

Zro＝0；

然后 $MN/2=2$。

(4) 如测量第1个测点，

A_1 电极供电：桩号 $=1$，$AB/2=14$，点发射键；

A_2 电极供电：桩号 $=2$，$AB/2=10$，点发射键；

A_3 电极供电：桩号 $=3$，$AB/2=6$，点发射键。

(5) 第1测点测完后，移动 MN，测量第2个测点，改变桩号和 $AB/2$，

A_3 电极供电：桩号 $=3$，$AB/2=10$，点发射键；

A_2 电极供电：桩号 $=2$，$AB/2=14$，点发射键；

A_1 电极供电：桩号 $=1$，$AB/2=18$，点发射键。

之后测点依次类推。每次探测范围为60～80 m，施工队组根据设计规定的超前距进行掘进。(每次超前物探，以上步骤循环进行)

物探施工过程采用单班作业，需要仪器操作员1名、锤击电极员1名、移动 MN 电极员1名、信号传递员1名，共需4名物探作业人员。

3.2 物探资料解析

每次物探在井下采集数据完成后，在地面用“直流电法处理系统”对本次物探数据进行解析，同时根据相关资料对数据结果进行判定，然后编绘“28110工作面直流电法探测成果”报告，对物探异常区域，及时下发停掘、钻探通知单，经探放水队钻探验证，确保安全后，下发允许掘进通知单，施工队组方可继续施工。

4 YDZ(A)直流电法仪超前探测验证及分析总结

28110工作面正巷用直流电法仪超前探测15次，副巷11次，切眼1次，共27次。以下按照不同低阻视电阻率进行分析总结：

(1) 低阻视电阻率为20～40：物探4次，有4处低阻区，3次为掌子面附近，1次为物探最远78～80 m处，原因为掌子面顶板有滴水现象，最远处经下次物探视电阻率为83～89，巷道实际揭露有落差为1.1 m的下跳正断层。

(2) 低阻视电阻率为40～50：物探8次，有13处低阻区，低阻区全部经钻探，没有发现异常情况。经过巷道实际揭露7处低阻区巷道顶板有淋水现象，最大涌水量约0.5 m^3，1处低阻区有落差为0.9

m 的下跳正断层。

(3) 低阻视电阻率为 50～60:物探 7 次,有 8 处低阻区,经过巷道实际揭露 1 处低阻区有落差为 2.3 m的下跳正断层。其他低阻区没有异常情况。

(4) 低阻视电阻率为 60～70:物探 5 次,有 5 处低阻区,经过巷道实际揭露 1 处低阻区有落差为 2.3 m的上跳正断层,1 处低阻区有落差为 0.9 m 的下跳正断层,其他低阻区没有异常情况。

(5) 低阻视电阻率为 70～80:物探 3 次,有 3 处低阻区,经过巷道实际揭露 1 处低阻区有落差为 2.5 m的下跳正断层,其他低阻区没有异常情况。

综上可知:低阻视电阻率在 40 以下的区域,为危险区域。低阻视电阻率在 40 以上的区域,为相对安全区。通过物探资料分析,低阻区域有时为断层影响,巷道接近低阻区域,必须加强水文地质观测,注意工作面情况变化,如有异常及时汇报矿调度。

5 综 述

镇城底矿严格坚持“有掘必探,有疑必钻”的探放水规定,及时对工作面进行超前探测。每个新开采掘工作面都编制了工作面防治水设计及措施,物探组根据设计采用 YDZ(A)直流电法仪对工作面进行超前物探,物探跟班人员将当班物探卡片及时交回地测中心,对物探资料认真分析研究,编制物探成果资料,对物探异常区域,及时下发停掘、允许掘进通知单和钻探通知单,由探放水队伍进行钻探验证,钻探中如有异常情况及时汇报矿调度,在确保工作面安全的情况下施工队组方可进行施工。

通过对 28110 工作面超前探测总结分析,还是比较合理的,但物探工作还处于探索阶段,有待进一步加强培训、实践及经验总结。

西马煤矿 1208 采面突水水源分析及采区剩余采面防治水方法

沈阳矿业集团西马煤矿　王　瑞　张丽苹

摘　要：以西马煤矿北二区 1208 采面突然涌水为例，通过生产中涌水量、水压、水质等变化，综合勘探中特殊现象，瞬变电磁探测解释，水质化验分析，高位泄水孔效果，地面钻孔示踪试验等，认为煤系地层之上的侏罗系地层底部有古暗河等充水空间，采动后冒落裂隙、弯曲下沉裂隙、原生裂隙与之导通，形成不完全开放天窗，产生突水，随采动岩层移动，天窗闭合，突水消失。针对采区剩余各采面防治水，提出了采取瞬变电磁法探测煤层顶板含水性、提前掘泄水巷、打超前泄水钻孔放水，排水等应对方法。

关键词：突水分析；瞬变电磁仪；超前泄水钻孔

0　引　言

北二区总体为倾伏向斜构造，工作面跨向斜轴开采，轴部下层有专用泄水巷，采区共布置 15 个综采面，1208 采面位于采区中部，上部已跳采 4 个采面，采面初采为俯采，工作面中部低洼，预计正常涌水量为 33 m^3/h，最大涌水量 65 m^3/h，工作面内设双电源、5.5～7.5 kW、流量 20～40 m^3/h 排水泵 6 台，回顺备 37 kW、流量 100 m^3/h 排水泵 2 台，排水管路铺设至两顺，两顺水沿泄水川流至下层专用泄水巷进入采区水仓。初采 80 m 时始有淋水，水量 5 m^3/h，150 m 后工作面顶板原生裂隙发育，涌水量 23 m^3/h，175～180 m 时工作面过一条落差为 3 m 的逆断层，造成顶板裂隙更为发育，周期来压后，水量急骤增大，工作面内水量达到 204.1 m^3/h，回顺 2 个抽瓦斯钻场内钻孔出水量 45.1 m^3/h，总水量达到 249.2 m^3/h，工作面立即停产探查突水原因及采取治水措施。先后采取两顺打钻探查前方是否存在陷落柱或较大的断层导水裂隙带；瞬变电磁仪探测工作面上方及两顺赋水空间及赋水高度；透地面勘探钻孔做示踪试验；工作面涌水量与采区水仓水量变化观测；上部采面涌水量变化观测；地表与井下水质化验对比；高位分层超前泄水孔泄水；沿工作面低洼轴线开掘泄水巷泄水等手段，工作面停产 13 天确认安全后恢复生产。

1　突水水源及原因分析

1.1　充水地层概况

① 第四系孔隙承压强含水层，全区发育厚度 75～82 m，本区底部有 6～9 m 厚黏土隔水，对第四系水下渗起隔水作用。

② 侏罗系砂岩、砾岩裂隙承压弱含水层，不整合于煤系地层之上，底部有 20～56 m 砾岩，其上部为紫红色厚层粉砂岩，厚度 30～150 m，由切眼向停采线方向变薄，单位涌水量 0.003 84 L/(s・m)，渗透系数 0.003 27 m/d，水质类型 HCO_3-Ca。

③ 山西太原组煤系地层裂隙承压微弱含水层，主要由砂岩、泥岩、粉砂岩、海相泥岩组成，开采层之上厚度 120～180 m，单位涌水量 0.001 23 L/(s・m)，渗透系数 0.005 93 m/d，水质类型 HCO_3-K-Na。

④ 本溪组灰岩溶隙承压微弱含水层，全层厚度 134 m，主要为砂岩、泥岩，灰岩、杂色泥岩组成，水质类型 HCO_3-K-Na-Mg。

⑤ 奥陶系灰岩溶隙含水层。

⑥ 据三下开采规程，导水裂隙带最大高度公式计算：

$$H_{\mathrm{Li}} = 20\sqrt{\sum m} + 10 = 20\sqrt{2.4} + 10 = 41\ (\mathrm{m})$$

据沈阳煤矿设计院对红阳煤田提供最大导水裂隙带高度25倍采高计算为2.4×25＝60 m，说明开采过程中直接充水水源应为煤系地层微弱含水层，工作面顶板的突然涌水说明冒落裂隙与水体导通，或通过原生裂隙与水体导通。

1.2 导水通道

工作面处于NE65°大向斜的一翼，采面内发育NW5°小向斜，随前采工作面内向斜两翼倾角逐渐变陡，顶板裂隙发育方向分别为1°、96°、127°，采至175 m时工作面中部发育一条91°∠30°，$H=3$ m逆断层，175～180 m来周期压，整个工作面片帮，来压步距23 m左右，工作面中部断层处突水，整个工作面淋水，回顺两个抽放钻场6个钻孔出水，此6个孔终孔均在180 m采线附近，终孔高度为采面上30 m左右，在工作面两顺向突水点前方煤层之上20 m、50 m、60 m、80 m、105 m打22个高位泄水钻孔，打到物探赋水范围，遇裂隙均有出水现象。

分析工作面内淋水、回顺抽放孔出水、煤层之上50 m内泄水孔出水，主要是受采动破坏后冒落裂隙带沟通导水，导致上层水涌入采空区，50 m之上的钻孔出水说明上部岩层内裂隙较为发育，裂隙与上部水体导通，裂隙为导水通道。

1.3 瞬变电磁探测成果

瞬变电磁对两顺侧帮及工作面上方进行了探测，作了煤层之上50 m、80 m、100 m视电阻率等值线图，探测结果表明存在两个富水异常区，一号异常区位于工作面前30 m内范围，视电阻率值都在0.5 Ω·m以下，裂隙发育，具有含水性，核心位于工作面前方25 m，该区多个钻孔出水，多位于断层处，说明该地段受采动破坏后裂隙联通好，具网格化。二号异常区位于工作面前70 m，顶板80 m以上，靠运顺附近，从50 m、80 m、100 m切面图看，越高低阻异常越大，范围越大，为顶板裂隙发育含水反应，可能为附近的封闭不良孔所致，也可能与上部某水体联系，见图1。

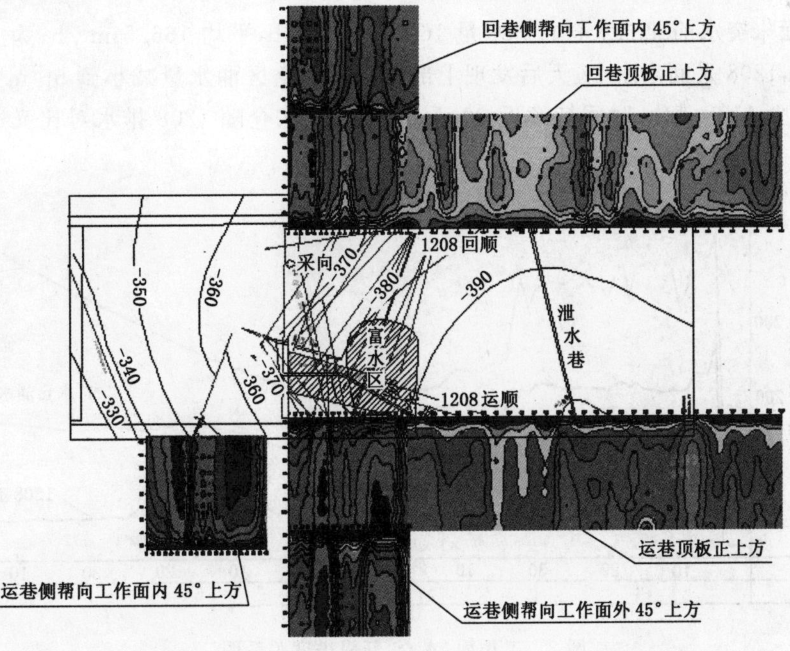

图1 1208工作面两帮及顶板瞬变电磁探测平面图

1.4 分层高位超前钻孔泄水结果

前采过程共施工超前泄水钻孔31个，高度为煤层之上30 m、60 m、80 m、100 m，测定压力最大1.45 MPa，水头位于侏罗系底界面35 m，有可能是上部裂隙发育不完全，造成水头流失。

水压稳定时间较长，28天后降至1.25 MPa，随前采裂隙波及压力减小消失，靠近工作面40 m、高度60 m以内钻孔压力较小，不稳定，随钻孔数量增加，泄水量增大，工作面出水量减小，总水量相对稳定，稳定期较长，达46天，以后水量由213 m³/h减至80 m³/h以下。

以上现象说明富水体较高，应在煤系地层之上，原由弯曲变形产生的导水裂缝与上部水体导通，弯曲裂缝通过原生裂隙与采动冒落裂隙导通造成突水，之后随采动顶板活动闭合，封闭了上部水体，造成水量突减。

1.5 水质化验对比

突水后即对井下水三次采样，地表水第四系一次采样，分三个科研单位化验，与勘探时期、生产时期矿井水、地表水质化验对比，结果不应为第四系水，最明显的数据是pH值差很大，水质类型、矿化度、离子合量等与侏罗系煤系地层水相近，说明直接充水水源并非第四系水。

1.6 地表透孔示踪试漏及钻孔封闭质量

050号勘探孔位于采面巷外22 m，位于瞬变电磁探测的二号异常区范围内。此孔本煤层之上封闭三段，分别为第四系底侏罗系段、侏罗系底煤系地层段、山西组底界面，封段较薄，均为10 m。封闭不良孔导水可能性成为一个排查点。透孔透至山西组底界面封闭段，透孔过程中未发现钻井液异常，侏罗系底封闭段未封(第二段)，有色示踪剂＋饱和盐水示踪试验地面观测无消耗，井下连续25天观测采样化验无变化，分析物探圈定的异常区地下水来源与050号钻孔无关。

1.7 勘探中特殊现象及工作面突水颜色变化

勘探钻进中，侏罗系底部发生多个孔钻具下陷现象，最大下陷6.57 m，一般下陷1.10 m。工作面初期出水颜色较深，灰黑，略有臭味，带有裂隙充填物颗粒，稳定后为浅乳白色，之间有3天突为淡浅红色，以后逐渐消失，后期无色。钻具下陷说明侏罗系地层底部有特别发育的裂隙或空洞储水空间，一段时间出现淡粉红色水说明富水体在侏罗系地层之内，因为井田内唯有侏罗系上部为紫红色巨厚层粉砂岩。

1.8 工作面出水量、采区水仓进水量、上部采空区水量变化对比

① 1208采面未突水前北二水仓总进水量160～170 m³/h，平均166.5 m³/h，为上部已开采的四个采面涌水总和，1208采面出水27天后发现上部四个采面空区涌水量减小到66 m³/h，北二水仓总涌水量对比约减少110 m³/h，时间持续近20天，后期北二水仓随1208排水对比又逐渐增大。详见图2。

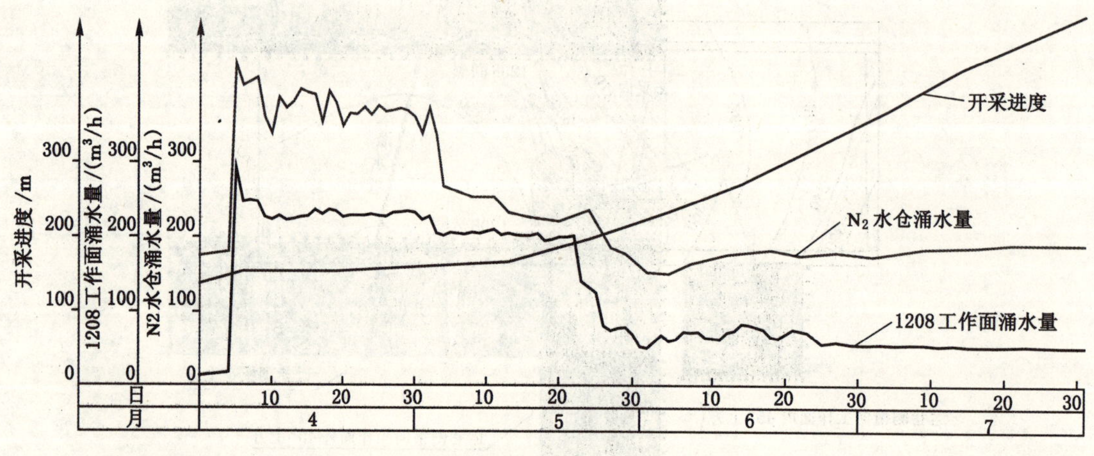

图2 工作面、水仓、开采进度关系图

分析1208采面与上部采面涌水为同一水体，下部采面进水量大上部采面出水量相对就减小。

② 上部的1204采面采空区涌水变化。

1204采面高于1208采面95 m，开采1204采面时其下部的泄水巷淤堵，水不能完全泄出，动水

39 m³/h,距1204空区7 m掘进1203顺槽时,对其空区打钻泄水,1208采面出水后26天,1204采面泄水孔泄水停止,停止后14天又开始泄水。一周之后泄水量又达到了39 m³/h,稳定。这一现象也说明上部的水体是联通的,是同一水体。

③ 开采上部采面出水情况。

跳采1205、1207后开采1204、1206采面时北二水仓水量均有突增现象,采1204时水量突增192 m³/h,平均163 m³/h,持续近1个月,采1206时水量突增194 m³/h,持续时间约13天(当时仰采,泄水巷直接泄出,查涌水记录和水仓排水时间得出),说明其上部是有水体的。

1.9 对1208采面突水的认识

① 从1208采面突水现象分析侏罗系应有古暗河空洞或较大裂隙储水空间,空间狭长范围较大,几乎贯穿整个采区。

② 随着工作面开采,达到充分采动后,工作面冒落裂隙带与上部的弯曲下沉产生的裂隙,上覆岩层原生裂隙相通,导通了侏罗系储水空间,造成工作面突水,随着前采,上覆岩层移动裂隙闭合,水量突减。补给侏罗系空洞的动水量量小,但补给时间较长。

③ 从1208开采突水,放水量与北二区采空区水量变化分析,侏罗系储水空间最大约2万 m³,将来开采采区其余上下各采面都有可能发生突水。

2 采区剩余采面防治水方法

2.1 提前掘泄水巷

北二区主向斜轴位于各剩余采面中部,并贯穿各采面。鉴于这一特点,考虑到采面的泄水问题,在其下部煤层沿向斜轴向开挖泄水巷,在各采面下顺向斜轴处打泄水川与之联通。俯采时空区水沿工作面下顺流至最低点向斜轴处,经泄水川流至泄水巷,当工作面采过向斜轴仰采时,空区水可自流至泄水巷。

2.2 瞬变电磁法探测工作面顶板含水性

针对北二区地层充水现状,查明采区剩余采面煤层顶板充水特征、范围和富水性显得尤为重要,通过1208采面探测成果与实际钻探对比,瞬变电磁法是能够完成这项地质任务的。

瞬变电磁法(Transient Electromagnetic Method,简称TEM)是利用不接地回线或电极向地下发送脉冲式一次电磁场,用线圈或接地电极观测由该脉冲电磁场感应的地下涡流产生的二次电磁场的空间和时间分布,来解决有关地质问题的时间域电磁法。瞬变电磁场呈全空间分布,全空间效应成为矿井瞬变电磁法固有的问题。煤层一般情况下为高阻介质,电磁波易于通过,所以煤层对TEM来说就没有像对直流电场那样的屏蔽性,故接收线圈接收到的信号是来自发射线圈周围全空间岩石电性的综合反映。因而在判定异常体空间位置时,需根据线圈平面的法线方向并结合地质资料加以综合分析确定。

矿井瞬变电磁法在煤矿井下巷道内进行,测点间距2～20 m。根据多匝小线框发射电磁场的方向性,可认为线框平面法线方向即为瞬变探测方向。因此,将发射接收线框平面分别对准煤层顶板、底板或平行煤层方向进行探测,就可反映煤层顶、底板岩层或平行煤层内部的地质异常。在富水异常平面图上,若层位分布稳定、不受低阻富水区域或含、导水构造控制、影响的情况下,电性分布均匀,视电阻率值不会产生明显的畸变,在图上表现为视电阻率值分布稳定,等值线分布均匀、平缓;反之,若地层含有相对低阻富水区或含、导水构造时,电性的均匀分布规律被打破,反映在平面图上为低阻异常区呈现视电阻率值减小,等值线扭曲、变形为圈闭或呈密集条带状等。见图3。

2.3 打超前泄水钻孔放水

根据瞬变电磁仪探测分析结果,提前在两顺内向工作面顶板富水区打钻,将水导出,以减小工作面回采期间的涌水量。

2.4 排水

工作面两顺铺设排水管路,在工作面及上顺低洼处设泵,工作面内积水用泵沿排水管路排至泄水

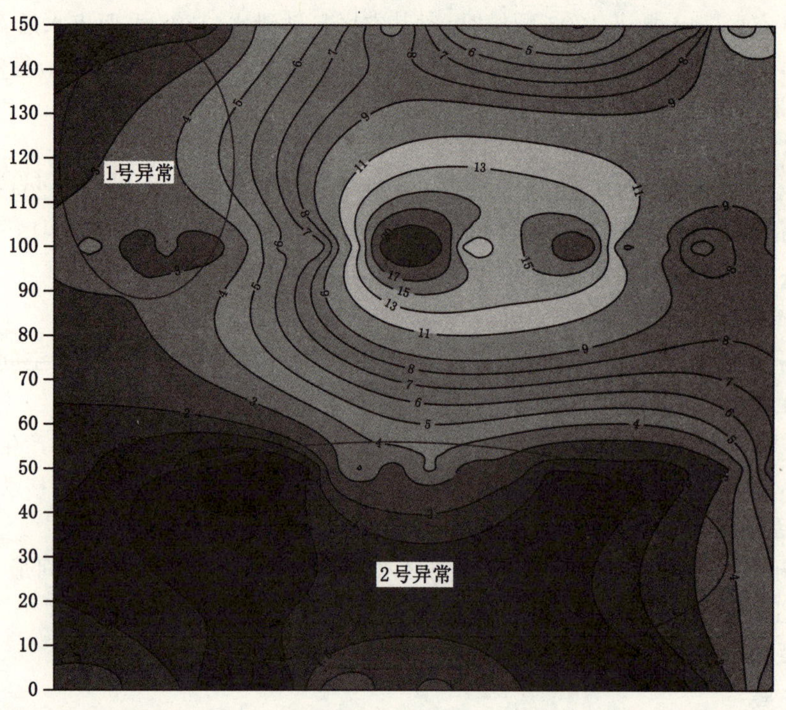

图3 视电阻率等值线平面示意图

川，上顺水排至上顺车场后沿水沟流出，此排水系统为双电源操控，排水能力必须大于预计涌水量。另外，分析充水水源大于导水冒裂带最大高度，不会造成较大突水瞬间淹面或整个采区以及整个矿井，采面来水时水仓保持最低水位，水仓备足备用水泵并及时清淤。

2.5 观测涌水量

定期观测采区内各工作面及水仓涌水量，及时分析并掌握其变化规律。

2.6 职工培训及演练

制定防排水措施及突水应急预案，并组织职工学习及实际演练。

3 结 语

为了今后更好地做好防治水工作，我们将这方面的点滴经验作了初步的分析和总结，并供其他矿区的工作人员参考，相互交流经验。另外，瞬变电磁技术在西马煤矿还仅限在生产实践摸索阶段，许多问题还有待进一步研究。

参考文献

[1] 房佩贤，卫中鼎，等. 专门水文地质学[M]. 北京：地质出版社，1987.
[2] 武强. 华北型煤田矿井防治水决策系统[M]. 北京：煤炭工业出版社，1995.
[3] 淮南煤炭学院. 矿井地质及矿井水文地质[M]. 北京：煤炭工业出版社，1979.

作者简介：王瑞，男，1986年毕业于辽源煤炭工业学校地质专业，一直从事地质工作，现任沈煤集团(公司)西马煤矿地质副总工程师。

高密度电法在工作面底板水害动态监测中的应用

山东新汶矿业集团公司　刘同彬

摘　要:通过在采空区内预先埋设电缆,利用井下使用工作面偶极技术,观测采空区底板突水过程中,工作面底板的变化情况,实现了对工作面底板、采空区底板的动态监测。高密度电法经在良庄煤矿 51302 工作面进行应用并取得较好的效果。

关键词:电法;动态监测;应用

0　引　言

煤矿的采煤活动,是一个随时间变化的动态过程,在工作面推进过程中,矿山压力、底板岩石破坏程度、底板水运移都是随时间动态变化的,因此动态监测工作面底板岩石的破坏程度及其底板水的运移活动对煤矿防治水意义重大。利用在工作面巷道中埋设的电极、电缆,一定的时间间隔对工作面底板进行一次监测,获得不同时间的工作面底板岩石电阻率变化情况,据此分析与开采活动有关的底板岩石破坏程度、底板水运移及其矿山压力变化等,保证工作面安全顺利地推进。对工作面底板水的动态监测以良庄煤矿 51302 工作面 2004 年 8 月 5 日底板突水为例进行说明。

1　51302 工作面概况

51302 工作面位于井田 5 采区东南部,为 5 采区 13 煤层首采工作面。工作面走向平均长 690 m,平均倾斜宽 165 m,工作面上限标高－428.7～－440.6 m,下限标高－467.0～－488.1 m,倾斜面积 113 850 m^2。对应地面标高＋186.8 m,相应埋深 613.8～669.8 m。总体为一单斜构造,局部表现为小褶曲。煤层厚度 1.07～1.60 m,平均厚 1.54 m,纯煤厚平均 1.12 m,煤层倾角 10°～22°,平均 15°。13 煤层下距徐灰约 40 m,距奥灰约 84 m。工作面开采受底板徐、奥灰水威胁。

2　高密度电阻率法探测的原理

高密度电阻率法是 20 世纪 80 年代才发展起来的一种新型阵列勘探方法,是基于静电场理论,以探测目标体的电性差异为前提进行的。该方法采集数据信息量大,可进行层析成像计算,成图直观,可视性强,采集装置种类多,仪器轻便。该方法在不同领域受到广泛的应用。高密度电阻率法是日本地质计测株式会社提出来的,原理上属于电阻率法的范畴,但与常规的电阻率法相比设置了较高的测点密度,在测量方法上采取了一些有效的设计,使得数据采集系统有较高的精度和较强的抗干扰能力,并可获得较为丰富的地电信息。高密度电阻率法既提供地下地质体某一深度沿水平方向岩性的变化情况,也能反映铅垂方向岩性变化情况,一次可完成纵、横二维的探测过程,所以观测精度高,采集的数据可靠,在岩体工程探测方面有着广泛的应用前景。

3　井下工作面偶极技术

几乎所有的井下电阻率法技术均是在一个巷道中进行,获得巷道下方电阻率断面图,而煤矿底板突水一般集中在工作面内部,探测工作面内部底板岩石的富水性变得至关重要,而这又是以往的井下电阻率法技术无能为力的。井下工作面偶极技术通过在工作面的两个大巷中布设电极能够获得工作面内部底板岩石的电阻率,进而分析其富水性。

图 1 是井下工作面偶极技术电极布设示意图,测量时,A、B 不动,M、N 逐点向右同时移动,得到一条滚动线;接着 A、B、M、N 同时向右移动一个电极,A、B 不动,M、N 逐点向右同时移动,得到另一条滚动线;这样不断滚动测量下去,得到平行四边形断面。该技术的电阻率测深工作是通过增加供电

电极 A、B 与测量电极 M、N 之间的距离实现的。

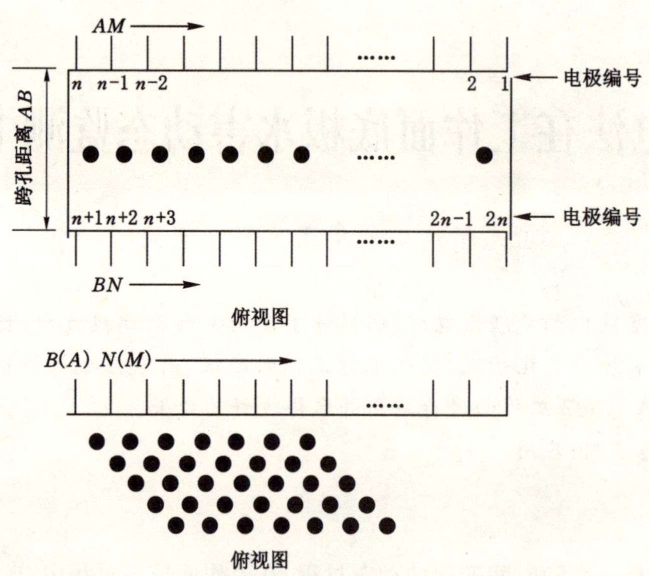

图 1 井下工作面偶极技术电极布设示意图

4 数据采集

2004 年 7 月 3 日井下电缆安装完毕后，分别于 2004 年的 7 月 4 日、7 月 14 日、7 月 27 日、8 月 5 日、8 月 7 日进行了 5 次数据采集工作，使用了四极、三极、工作面偶极 3 种采集方式，观测断面 15 条，采集数据点 11 000 个。具体见表 1。

表 1 **数据采集方式**

	51302 运输巷	51302 回风巷	51302 工作面
7 月 4 日	四极	四极	工作面偶极
7 月 14 日		三极、四极	工作面偶极
7 月 27 日	三极	三极	工作面偶极
8 月 5 日		三极	工作面偶极
8 月 7 日	三极	三极	工作面偶极

5 资料解释

数据处理后，获得了各条断面的电阻率色谱断面图，三极、四极电阻率色谱断面图反映了巷道下方的地层电性结构，工作面偶极电阻率色谱断面图反映了工作面内下方地层的典型结构，本次网络电法的解释工作主要依据工作面偶极电阻率色谱断面图，并以巷道下的三极、四极电阻率色谱断面图为辅助。

图 2～图 6 分别为 2004 年 7 月 4 日、7 月 14 日、7 月 27 日、8 月 5 日、8 月 7 日对良庄煤矿 51302 工作面进行动态监测获得的工作面底板色谱断面图，所有监测使用工作面偶极技术，采用同一采集参数。电阻率色谱断面图反映了地下地层的电性结构，为解释的主要依据，该图的横坐标为测线方向，靠近采煤方向为大号，纵坐标代表深度，单位均为 m。

7 月 4 日资料解释：在工作面偶极电阻率色谱断面图 320 m 桩号下方有一个幅度较小的低阻异常，说明该处有一隐伏地层破碎带，该破碎带胶结较好，富水性较差；在大于 560 m 处也存在一低阻区，采煤作业面已靠近该位置，但尚未到达断面位置，该低阻区为采煤作业影响带，该位置由于受采煤影响，地层相对破碎。

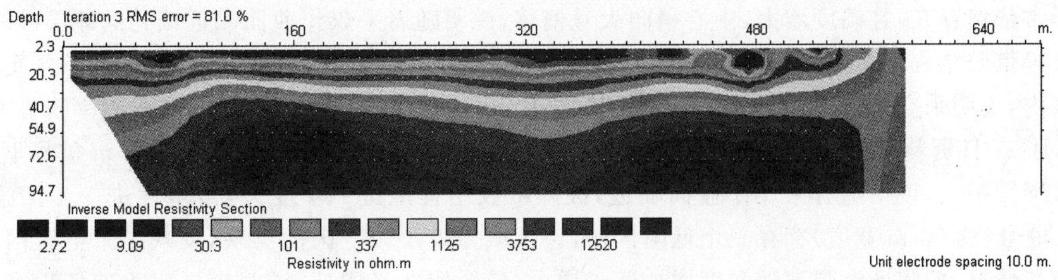

图 2 良庄煤矿 51302 工作面 7 月 4 日工作面色谱断面图

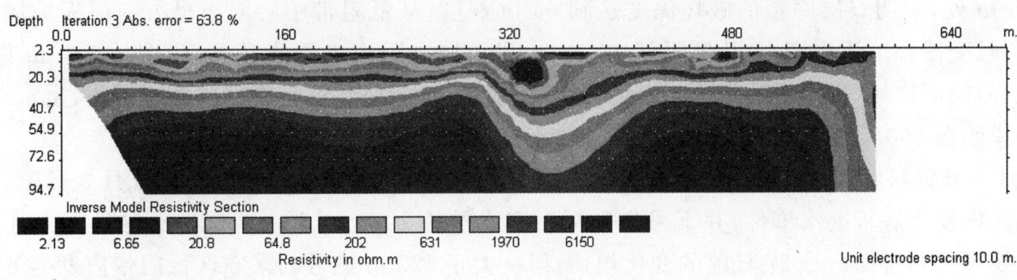

图 3 良庄煤矿 51302 工作面 7 月 14 日工作面色谱断面图

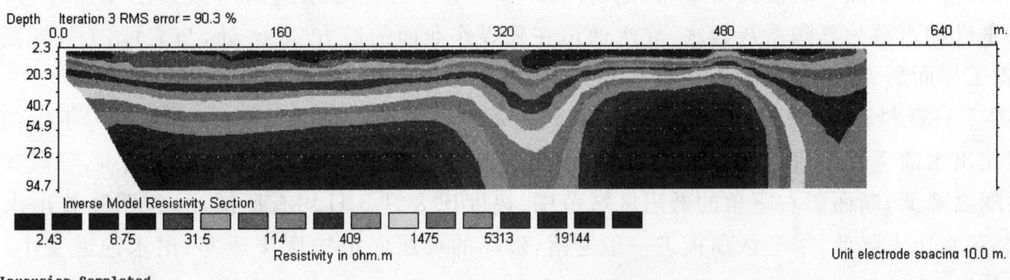

图 4 良庄煤矿 51302 工作面 7 月 27 日工作面色谱断面图

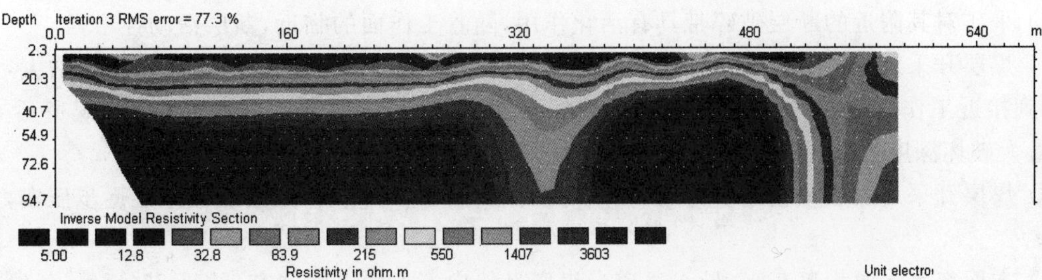

图 5 良庄煤矿 51302 工作面 8 月 5 日工作面色谱断面图

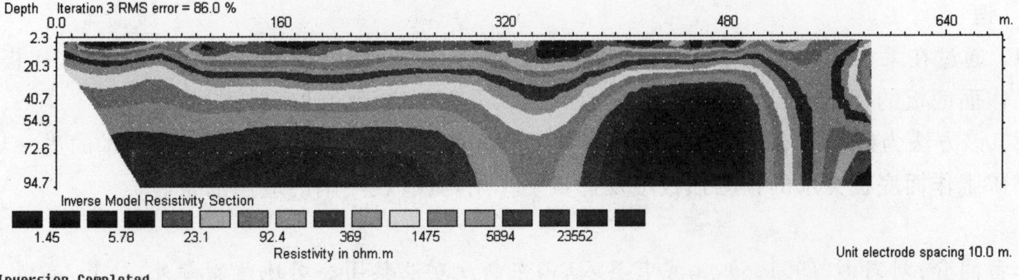

图 6 良庄煤矿 51302 工作面 8 月 7 日工作面色谱断面图

7月14日资料解释：该时间煤层开采已到570 m桩号处(进入断面15 m)。320 m桩号下方的低阻异常依然存在，且幅度增大，中心稍向大号偏移，说明随着采煤作业面靠近该处的地层破碎带，造成该破碎带胶结程度变差，富水性增强；大于570 m桩号处已出现一明显低阻区，该低阻区正好处于采空区内，说明采空区在断面上有极好的反映，煤层开采破坏了底板的电性结构，电阻率明显变低。

7月27日资料解释：该时间煤层开采已到540 m桩号处(进入断面45 m)。320 m桩号下方的低阻异常继续扩大，说明随着采煤作业面临近，破碎带胶结程度进一步变差，富水性进一步增强；大于530 m桩号(约55 m宽度)存在一个低阻区域，该区域为煤层采空区的反映，反映了采空区内煤层底板的破坏情况，低阻区电阻率随深度增加逐步增大，最低值在最浅部，说明煤层底板破坏程度随深度增加逐步减小，靠近煤层处最严重；低阻带的中心位于560 m桩号处，该处漏斗状低阻异常向下延伸到约55 m处，说明煤层底板的破坏深度达到55 m深度；从低阻带中心向小号方向底板破坏深度逐步变浅，且变浅幅度逐步变小；从低阻带中心向大号方向电阻率也逐步升高，说明从560 m桩号(低阻带中心)向后区域，采空区顶板已经垮塌，逐步压实破坏的底板，底板中的空隙度减小，富水性降低，同时也说明在560 m桩号处(采煤工作面后20 m)底板破坏深度达到最大(55 m)。

8月5日资料解释：该时间煤层开采已到530 m桩号处(进入断面55 m)，在8月5日凌晨，工作面采空区内发生底板突水事件，井下采集数据时突水量约为30 m^3/min。320 m桩号下方低阻异常的变化规律仍然遵循7月27日前的变化规律；但在大于520 m桩号的采空区低阻带内发生了明显的变化，在断面图右下角(540 m桩号以后、50 m深度以下)出现了低阻区域，且最小电阻率值在下部，说明下部的奥陶系灰岩已极其富水，并通过540 m桩号下方的导水通道于采煤工作面导通，因此本次突水事件的水源为奥陶系灰岩水，导水通道在采煤作业面的后方20 m处，与7月27日探测确定的“在采煤工作面后20 m底板破坏深度达到最大”相吻合。

8月7日资料解释：数据采集时采空区底板出水量稳定在16 m^3/min。320 m桩号下方的低阻异常幅度比出水前7月27日资料有所减小，说明由于采空区底板出水，奥灰水压力减少，导致破碎带富水程度随之降低；断面图右下角的低阻区域范围、幅度比8月5日均有所减小，说明随着出水时间的延长，奥灰水压力降低，采空区顶板进一步垮落，破坏的煤层底板被逐步压实，出水通道变小，导致出水量降低。

综合对比解释5次采集的数据资料，形成以下结论：

(1) 采矿对其附近的断层破碎带具有活化作用，随着工作面的临近，断层活动性增强。

(2) 煤层开采对煤层底板具有破坏作用，底板破坏深度随工作面推进距离的增加而增大，当工作面推进到接近工作面宽度(倾斜宽)时，底板破坏深度达到最大；底板最大破坏深度在煤壁后方约20 m处，最大破坏深度可达35 m。

(3) 煤层开采后煤层顶板逐步垮塌，在采煤工作面后20 m左右，煤层底板地层逐步压实，空隙度降低。

(4) 本面突水水源为奥灰水，导水通道自煤壁呈斜向下方的方向展布，约呈75°倾角，至奥灰位置约在后方20 m处。

6 结 语

(1) 通过在采空区内预先埋设电缆，利用井下使用工作面偶极技术，观测到了采空区底板突水过程中工作面底板的变化情况，实现了对工作面底板、采空区底板的动态监测。

(2) 该方法为矿井防治水提供了一种有效手段。可以预见，随着该探测方法技术的进一步完善，将在煤矿工作面底板突水的预测预报中发挥重要作用，具有较广阔的应用前景。

作者简介：刘同彬(1961—)，山东莒县人，山东新汶矿业集团公司地质测量处，处长，高级工程师，从事地质及水文地质管理工作。

矿井瞬变电磁法在杨村煤矿底板富水体探测的应用

兖矿集团杨村煤矿　尚衍峰　刘近国

摘　要：运用矿井瞬变电磁法探测兖矿集团杨村煤矿六采区 6601 工作面底板含水异常体，划分了 5 个富水体异常区域，结合工作面底板布置的 2 个放水孔，综合论证了底板富水异常区域划分的准确性，并得到了位于安全可采区内工作面工业性回采成功的验证，为煤矿底板富水异常体的探测方法提供了思路。

关键词：矿井瞬变电磁法；底板富水异常区；放水孔

1　引　言

华北石炭二叠系煤田下组煤位于含水丰富的奥陶系石灰岩含水层和太原群十四灰岩含水层以上，经常发生底板灰岩突水。据不完全统计，有 60%的煤矿不同程度地受到底板岩溶承压水的威胁，85%左右突水事故的水源自灰岩岩溶水，受水害的面积和严重程度均居世界各主要采煤国家的首位。据资料统计，1949～2004 年山东省共发生水害事故 96 起，其中老空水水害事故 61 起，承压含水层水水害事故 23 起。1992 年 1 月，杨村煤矿北邻矿井杨庄煤矿二采区 2604 面中顺槽掘进迎头发生奥灰突水，突水量为 5 213 m^3/h，淹没矿井；2010 年 8 月，南邻矿井田庄煤矿西翼－256m 水平 8602 中顺槽掘进工作面揭露断层奥灰突水，突水量为 900 m^3/h，造成全矿井停产。

煤矿突水事故频繁，造成的经济损失巨大，如何防治底板突水水害是下组煤安全开采的首要考虑问题。岩溶含水层的富水性是决定底板突水水量大小和突水点是否持久涌水的基本条件，因此查明煤矿底板富水异常区是防治底板突水水害的先决条件。目前，运用矿井瞬变电磁法探测煤矿富水异常区的作用越来越大，但在实际探测过程中，巷道空间、变化多样的支护条件及附属体对矿井瞬变电磁场的分布规律产生较为复杂的影响，由于这些规律认识不清，使得矿井瞬变电磁法的探测精度大为降低。因此，为了提高矿井瞬变电磁法在探测含水异常体上的精度，在杨村煤矿六采区 6601 工作面底板布置了 2 个放水孔，综合确定底板富水异常区域，并得到了位于安全可采区内工作面工业性回采成功的验证，为煤矿底板富水异常体的探测方法提供了思路。

2　杨村矿区 6601 工作面地质及开采条件

6601 工作面北到北许庄村庄保护煤柱，南至田庄村庄保护煤柱，西邻 6602 工作面（设计），东靠六采区皮带集中巷。工作面主采 16 上煤层。工作面走向长 706 m，倾斜宽 150 m，巷道标高为－190～－243 m，对应地面标高为＋41.20～＋42.32 m。6601 工作面对应地面，北到北许庄村庄保护煤柱，南至田庄村庄保护煤柱，西邻 6602 工作面（设计），东靠六采区皮带集中巷。该面煤层厚度变化为1.09～1.72 m，平均为 1.28 m，为暗亮煤，煤层结构复杂，含夹石 1～2 层，夹石岩性为碳质泥岩、黄铁矿结核层，厚度 0.02～0.44 m。可采性指数为 1，煤厚变异系数为 16.69%，属于稳定可采煤层。

6601 工作面为单斜构造，地层走向 NE～SW，倾向 SE。煤岩层产状较平缓，倾角 5°～14°，平均 8°，断层影响地段最大约为 14°。根据三维地震勘探资料与实际揭露，6601 工作面主要构造为下巷 FIV－5（ H ＝0～5 m）正断层，该面地质条件中等。

3　矿井瞬变电磁法工作原理

瞬变电磁法是在发射回线电流的作用下，周围地质介质中产生了过渡过程的感应电磁场（一次场），该场在良导介质内产生涡旋的交变电磁场（二次场），其结构和频率在时间与空间上均连续发生变化，通过所接受的地质信号研究这一变化规律，可以了解沿探测方向地层介质的变化情况。即在导电率为σ、磁导率为μ的均匀各向同性大地表面敷设面积为S的矩形发射回线，在回线中供以阶跃脉冲电流，在电流断开之前(时)，发射电流在回线周围与大地空间中建立起一个稳定的磁场，见图1；在$t=0$时刻，将电流突然断开，由该电流产生的磁场也立即消失。

$$I(t)=\begin{cases}I & t<0\\0 & t\geqslant 0\end{cases}$$

一次磁场的这一剧烈变化通过导电介质传至回线周围的巷道围岩中，并在围岩中激发出感应电流以维持发射电流断开之前存在的磁场，使空间的磁场不会即刻消失。由于介质的欧姆损耗，这一感应电流将迅速衰减，由它产生的磁场也随之迅速衰减，这种迅速衰减的磁场又在其周围的地下介质中感应出新的强度更弱的涡流(二次场)。这一过程继续下去，直至矿井巷道围岩的欧姆损耗将磁场能量消耗完毕为止。这便是矿井中的瞬变电磁过程，伴随这一过程存在的电磁场便是矿井的瞬变电磁场。

事实上，矿井瞬变电磁法基本原理与地面瞬变电磁法基本原理相同。所不同的是，矿井瞬变电磁法是在井下巷道围岩内进行，瞬变电磁场呈全空间分布，见图2。

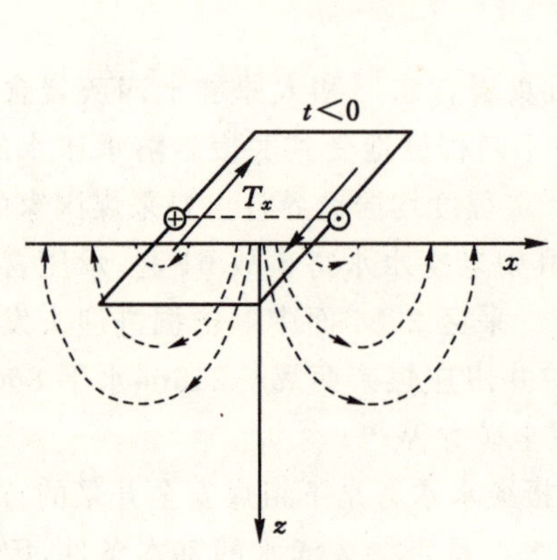

图1 矩形框磁力线

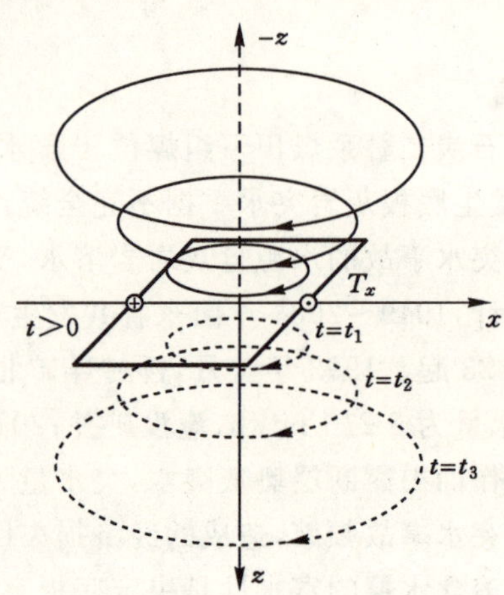

图2 全空间瞬变电磁场的传播

4 装置介绍及现场数据采集

目前，矿井瞬变电磁法经常使用的工作装置形式主要有重叠回线和偶极—偶极两种。重叠回线装置形式地质异常响应强、施工方便，但线圈间存在较强的互感，一次场影响严重；偶极—偶极装置收发线圈互感影响小，消除了一次场影响，但二次场信号弱，不易于地质异常体识别。本次矿井瞬变电磁法勘探采用重叠回线装置，采用多匝2 m×2 m矩形发射回线，发射线框40匝，接收线框60匝。采样时窗为1～34，叠加次数64，时间采用标准时间序列。

4.1 装置参数的设计

矿井瞬变电磁法在井下巷道中采用多匝数、小回线测量装置，参数选择是否合理直接影响测量结果。其装置参数主要有：回线边长大小、回线匝数、叠加次数、终端窗口和增益等。回线边长与匝数的选择由地质探测任务决定。线圈边长越小，其体积效应也越小，纵、横向分辨率也愈高；但边长太小，就会影响到发射磁矩，使得勘探深度大大降低。由于井下施工空间有限，回线边长不能太大，否则不便于施工。信号的强弱可通过选择中心探头的挡位和调整发送电流的大小进行控制。在回线边长确定的情况下，回线匝数愈多，发射磁矩愈大，接收回线感应信号也愈强，相应探测深度加大，但会增加装置移动的难度。叠加次数、终端窗口、增益等其他参数，在正式工作前可通过试验加以确定。总之，矿井瞬变电磁法在实际测量中，可根据探测任务的要求和井下实际人文设施情况，选择合理的回线边长大小和回线匝数，既能有效完成探测任务，又能够提高实际探测的工作效率和减小测量中的劳动强度。

4.2 测点布置及勘探工作量

矿井瞬变电磁法在煤矿井下巷道内进行，测点间距为 2～20 m。根据多匝小线框发射电磁场的方向性，可认为线框平面法线方向即为瞬变探测方向。因此，将发射接收线框平面分别对准煤层顶板、底板或平行煤层方向进行探测，即可反映煤层顶、底板岩层或平行煤层内部的地质异常，见图 3。其线框所在平面与顶底板夹角视探测要求与煤层倾角而定。

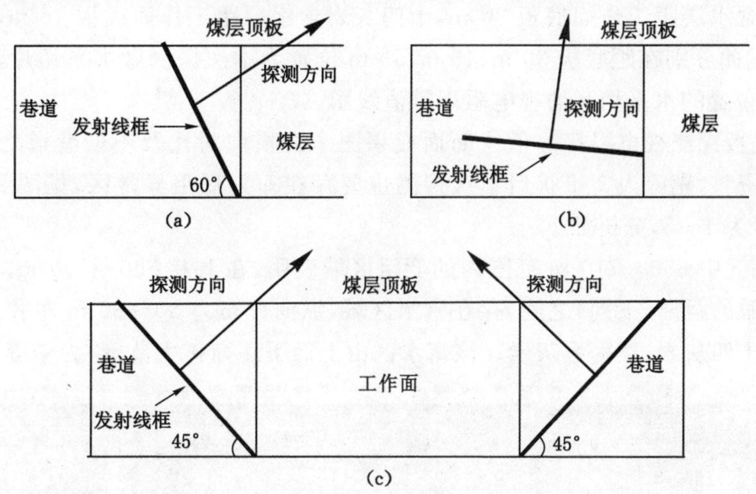

图 3 瞬变电磁法探测方向示意图

探测测点布置于 6601 工作面的上巷与下巷，测点点距 10 m，探测方向分别为 D_1、D_3（探测装置与底板成 60°角）、D_2、D_4（探测装置与底板成 30°角）方向，见图 4。6601 工作面上巷、下巷进行了底板方向的探测，如图 4 中 D_1、D_2 方向，发射与接收装置均与底板成 D_1(60°) 以及 D_2(30°) 两个方向的探测，实现了对 6601 工作面底板赋水性探测，完成物理测量点 146 个，数据采集点 292 个。探测完成，物理测量点总计 146 个，数据采集点总计 292 个。

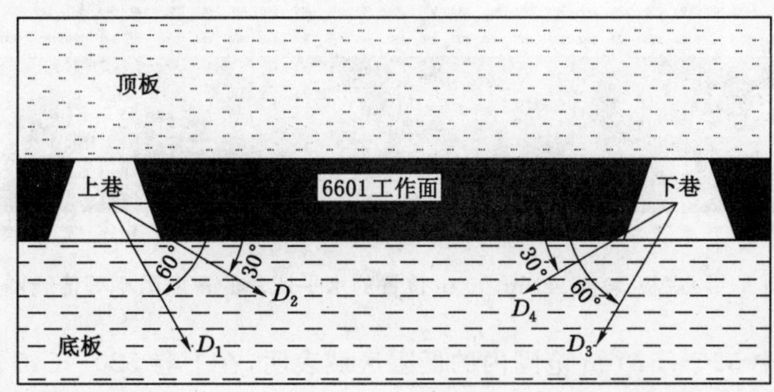

图 4 瞬变探测 D_1(60°) 方向、D_2(30°) 方向示意图

5 探测成果分析

5.1 划分富水异常区的依据

矿井瞬变电磁法视电阻率值的影响因素主要是：勘探体积内岩石的电阻率、探测系统与异常体的相对位置及周围人文设施的干扰等。而岩石电阻率的大小主要与岩石性质及其含水性有关，相同岩石在含水情况下其电阻率可减小数倍。考虑到工作面小范围内岩性横向变化较小且排除了人文设施（如铁轨、锚网、皮带架等）影响，则视电阻率值的大小及横向变化即可作为是岩层含水性的反映。

6601 工作面底板主要含水层为十$_{下}$灰岩含水层、十三灰岩含水层、十四灰岩含水层及奥陶系灰岩含水层，灰岩在不含水的情况下电阻很高，而当灰岩充含水时电阻值将急剧下降。通过断面图的横向对比分析，并参考以往探测经验，可以确定富水异常区。对每个异常区的富水性进一步确定，还应综合考虑异常区的范围大小、视电阻率最小值大小、地质构造及水文地质条件等因素，把那些异常范围大、视电阻率值很低及发育断层构造带的异常定为强富水区；把那些异常范围小、视电阻率值较低及无构造的异常定为弱富水区；介于中间的异常区定为中等富水区。

5.2 异常区的划分

6601工作面底板的主要含水层为十$_{下}$灰岩含水层、十三灰岩含水层、十四灰岩含水层和奥灰含水层，其中十三灰岩含水层距工作面底板30 m，十四灰岩含水层距工作面底板46 m，奥灰含水层距工作面底板50 m，据此分别在距底板30 m、40 m、50 m位置为本次探测做水平切片，图5为在距底板30 m、40 m、50 m位置的水平切片的视电阻率等值线图。

根据各巷道底板探测视电阻率等值线断面成果图本身横向对比及不同巷道之间的平面对比分析，结合水文地质资料，剔除人文干扰后本次探测主要存在5处低阻异常区，见图5。从工作面停采线到切眼依次编号为1～5，分析如下。

异常区Y1：图5中650～710 m范围内的低阻区域表明，在上巷660～700 m，下巷670～710 m（此处距离为距切眼的距离，下同）之间，存在富水区域，纵向分布为30～80 m左右，主要对应的充含水层为十三灰岩、十四灰岩、奥陶系灰岩。该富水区由上而下逐渐扩大范围，为中等富水异常区。

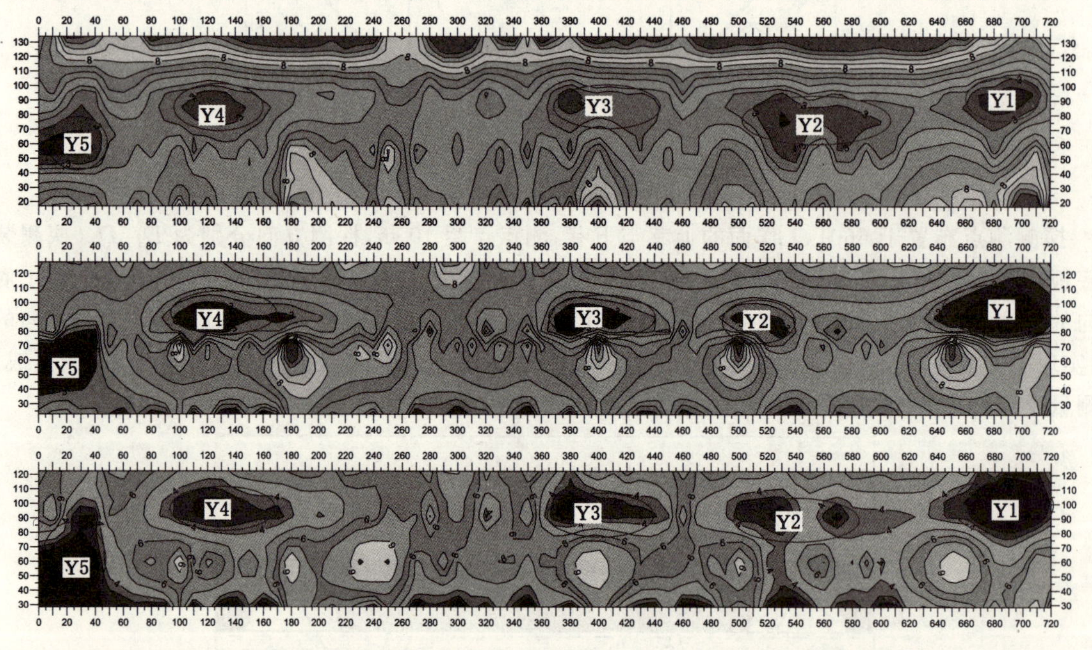

图5 距底板30 m、40 m、50 m位置的水平切片的视电阻率等值线图

异常区Y2：图5中520～570 m范围内的低阻区域表明，在上巷520～540 m，下巷550～570 m之间，存在富水区域，纵向分布20～40 m左右，主要对应的充含水层为十三灰岩、十四灰岩，为中等富水异常区；

异常区Y3：图5中350～420 m范围内的低阻区域表明，在上巷370～390 m，下巷340～380 m之间，存在富水区域，纵向分布30～100 m左右，主要对应的充含水层为十四灰岩、奥陶系灰岩。该富水异常区范围由上而下逐渐变大，为中等富水异常区。

异常区Y4：图5中100～160 m范围内的低阻区域表明，在上巷100～140 m，下巷100～180 m之间，存在富水区域，纵向分布30～80 m左右，主要对应的充含水层为十三灰岩、十四灰岩、奥陶系灰岩，该异常区为中等富水异常区。

异常区Y5：图5中0～40 m范围内的低阻区域表明，在上巷20～50 m之间，存在富水区域，纵向分布30～80 m，主要对应的充含水层为十三灰岩、十四灰岩、奥陶系灰岩，该富水异常区为弱富水异常区。

6 富水异常区论证

矿井瞬变电磁法确定了 6601 工作面 5 个富水异常区，为了论证其探测含水异常体上精度在 6601 工作面底板布置了两个放水孔 6601—2 与 6601—3（如图 6 所示，其中图中的 3 个区域 A、B、C 为矿井瞬变电磁法预测的部分富水异常体）。2010 年 5～6 月，经过近 2 个月疏放，两钻孔基本疏干，两放水孔水量均 2～5 m^3/h，6601—2 孔总放水量 2 609 m^3，6601—3 孔放水量 3 706 m^3。

表 1　　　　6601 工作面十四灰钻孔要素

孔号	开孔层位	方位角/(°)	倾角/(°)	地层倾角/(°)	开孔坐标	开孔位置	预计孔深/m	预计终孔坐标	终孔层位	水压/MPa
6601—2	$16_上$ 煤底板粉砂岩	300	−22	4	x:39 222 383.5 y:39 280 930.5 z:−215.8	巷道底板向上 0.3 m	113.0	x:3 922 2440.0 y:39 480 832.6 z:−258.1	十四灰底界	1.30
6601—3	$16_上$ 煤底板粉砂岩	300	−20	6	x:3 922 575.1 y:39 480 929.6 z:−215.2	巷道底板向上 0.3 m	98.7	x:3 922 724.4 y:39 480 844.2 z:−245.0	十四灰底界	1.28

6601 工作面于 2010 年 5 月 17 日开始回采，截至 2010 年 10 月 4 日，工作面累计推进长度 462 m，回采过程中无涌水现象。

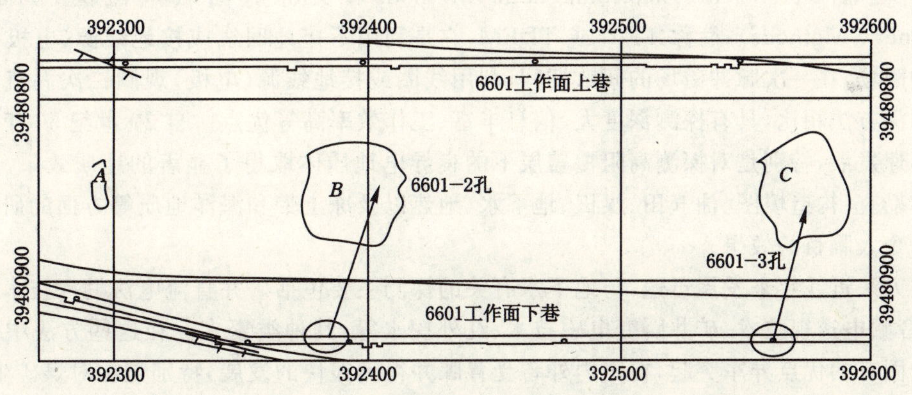

图 6　6601 工作面十四灰钻孔平面图

7 结 论

应用矿井瞬变电磁法探测 6601 工作面底板含水异常体，划分了五个富水体异常区域，通过工作面底板布置的两个放水孔对十四灰水进行了疏水降压，对富水异常区域的富水性进行了钻孔探测，并得到了工作面安全回采的成功验证，为杨村煤矿底板富水异常体的探测提供了实践经验和技术保障。

作者简历：尚衍锋(1969—)，汉族，1992 年毕业于山东矿业学院煤田地质专业，高级工程师，现在兖矿集团杨村煤矿从事地质、水文地质工作工作。

瞬变电磁探水技术在兴安煤矿三水平南24层中的应用

龙煤集团鹤岗分公司兴安煤矿　高玉涛　蔡万明

1 探测区域概况

龙煤集团鹤岗分公司兴安煤矿是一家国有煤炭生产企业，经过多年开采，上部采空区范围较广，老空区赋水情况复杂，严重影响安全生产，为查明采空水的具体位置及赋水情况，以确保兴安矿的安全生产，特引进顺便电磁探测方法，对我矿采空区进行探测。

本工作面位于三水平南24层一二区二段单一层，西自(－125.0～－116.8 m)标高轨道起，东至－184.2～－169.2 m标高机道，南部自切眼起，北部至设计停采线为界。工作面走向长平均310 m，倾斜长平均70 m，本区西部为F14和F14′号断层，东部为三段轨道，北部为工业广场，上覆23号煤层未采，间距平均30 m，下伏25、26号煤层未采，27号煤层已采，层间距平均为60 m，邻区24层三段已采。工作面开采时顶板出现大面积淋水，严重威胁安全生产。为察明水情水患险情，特进行本次探测。

2 瞬变电磁基本原理概述

2.1 瞬变电磁法概述

瞬变电磁法(Transient Electromagnetic Methods)，又称时间域电磁法(Time Domain Electromagnetic Methods)，简称TEM或TDEM，它是利用不接地回线或接地线源(电极)向地下发送一次脉冲磁场，在一次脉冲磁场的间歇期间，利用线圈或接地线源(电极)观测二次涡流场的方法。它与其他测深方法相比，具有探测深度大、信息丰富、工作效率高等优点。自20世纪50年代以来，该方法得到迅速发展，特别是对探测高阻覆盖层下的良导电地质体取得了显著的地质效果。它主要应用于金属矿勘查、构造填图、油气田、煤田、地下水、地热以及冻土带和海洋地质等方面的研究，在国内外已取得了令人瞩目的效果。

物探类方法近几年来发展迅速，与地下水有关的探测主要包括矿井直流电法勘探技术、无线电波透视技术、音频电透视技术、矿井瞬变电磁技术、红外探水等，其种类繁多。在这些方法中，瞬变电磁法以其本身固有的优点异军突起，在国内外备受青睐并得到很快的发展，特别是在对煤矿生产至关重要的煤田水文地质勘查方面，该法已经成为了首选的物探手段。

应用电磁场的偏振性质，有利于确定缺陷的方向性，且对与水有关的缺陷比较敏感，同时记录的是时间系列。一般情况下，时间域电磁法(TDEM，TEM)和频率域电磁法(FDEM)相比，在相同的频率范围情况下(主要指音频)，TDEM的分辨率比FDEM要高，这符合掌子面前方地质缺陷及含水性精细超前预测的要求。

2.2 瞬变电磁法探测原理

地面瞬变电磁的基本工作方法是：于地面设置通以一定波形电流的发射线圈，从而在其周围空间产生一次磁场，并在地下导电岩矿体中产生感应电流，断电后，感应电流由于热损耗而随时间衰减，衰减过程一般分为早、中和晚期(见图1)。

早期的电磁场相当于频率域中的高频成分，衰减快；而晚期成分则相当于频率域中的低频成分，衰减慢，趋肤深度大。通过测量断电后不同时间的二次场随时间变化规律，可得到不同深度的地电特征。如图2所示，在线圈中通以阶跃电流，在电流断开之前，发射电流在回线周围的大地和空间建立起一稳定的磁场，在$t=0$时刻，将电流突然断开，由该电流产生的磁场也立即消失。一次场的这一剧

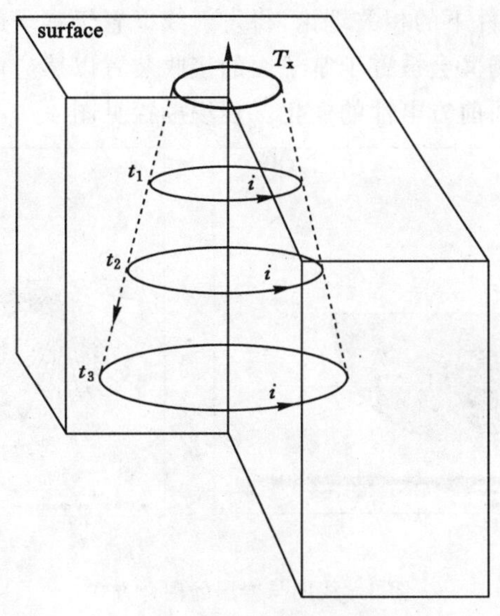

图 1　TEM 探测原理

烈变化通过空气和地下导电介质传至回线周围的大地中，并在大地中激发出感应电流以维持发射电流断开之前存在的磁场，使空间磁场不会立即消失。

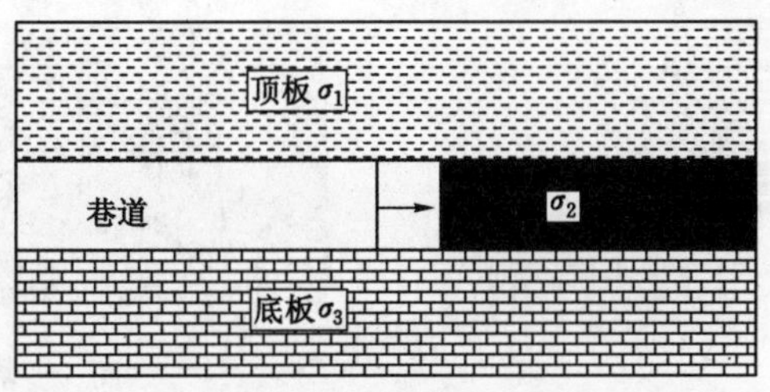

图 2　超前探测耦合示意图

由于介质的欧姆损耗，这一感应电流将会迅速衰减，这种迅速衰减的磁场又在其周围的地下介质中感应出新的强度更弱的涡流，这一过渡场继续下去，直至大地的欧姆损耗将能量消耗完为止。这便是大地中的瞬变电磁过渡场，伴随这一过渡场存在的电磁场就是大地的瞬变电磁场。

应该指出，由于电磁场在空气中传播的速度比导电介质中传播的速度大得多，当一次电流断开时，一次场的剧烈变化首先传播到发射回线周围地表各点，因此，最初激发的感应电流局限于地表，地表各处感应电流的分布也是不均匀的，在紧靠发射回线一次磁场最强的地表处感应电流最强。随着时间的推移，地下的感应电流便逐渐向下、向外扩散，其强度逐渐减弱，分布趋于均匀，感应电流呈环带分布。

瞬变电磁法测量装置由发射回线和接收回线两部分组成，工作过程分为发射、电磁感应和接收三部分。当发射回线中通以阶跃电流 I，发射电流突然由 I 下降到零，根据电磁感应理论，发射回线中电流突然变化必将在其周围产生磁场，该磁场称为一次磁场，一次磁场在周围传播过程中，如遇到地下良导电的地质体，将在其内部激发产生感应电流，又称涡流或二次电流。由于二次电流随时间变化，因而在其周围又产生新的磁场，称为二次磁场。由于良导电地质体内感应电流的热损耗，二次磁场大致按指数规律随时间衰减，形成瞬变磁场，二次磁场主要来源于良导电地质体的感应电流，因此它包含着与地质体有关的地质信息，二次磁场通过接收回线观测，并对观测的数据进行分析和处理，对地下地质体的相关物理参数进行解释。

矿井瞬变电磁采用同地面瞬变电磁法相同的工作原理，但是又区别于地面瞬变电磁法勘探，由于赋煤岩系成层分布，各岩层电阻率不同，当前采用的装置形式在井下巷道空间中进行超前探测时，线圈与岩层的耦合方式发生改变，由原来的平行层理变成垂直层理(图 3)，进而一次场的激发方式由原来的垂直层理变成平行层理，一次场激发方式的改变带来瞬变场分布与扩散方式的改变。因此，建立于垂直层理激发方式的瞬变电磁场传播的基本理论不再适用于瞬变电磁超前探测技术，在数据的采集与处理时应采取平行层理条件下的相关理论，将发射线框置于掌子面，其发射源激励下的涡流场在不同岩层中传播，形成的二次场又会被置于掌子面的接收装置以感应电位的形式所接收，通过观测感应电位的变化，从而推测掌子面前方电性的变化。现场勘探见图 4。

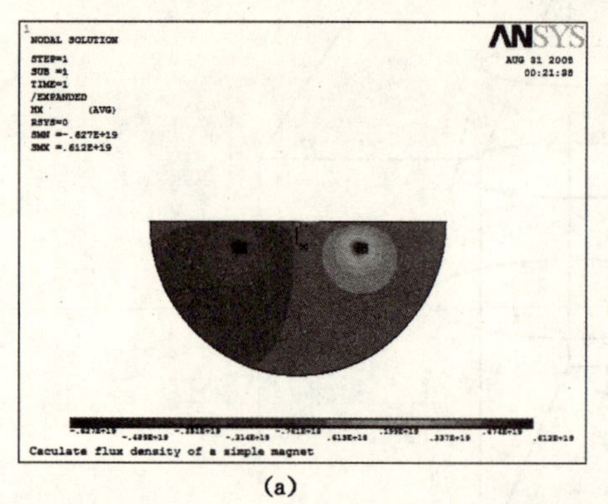

(a)

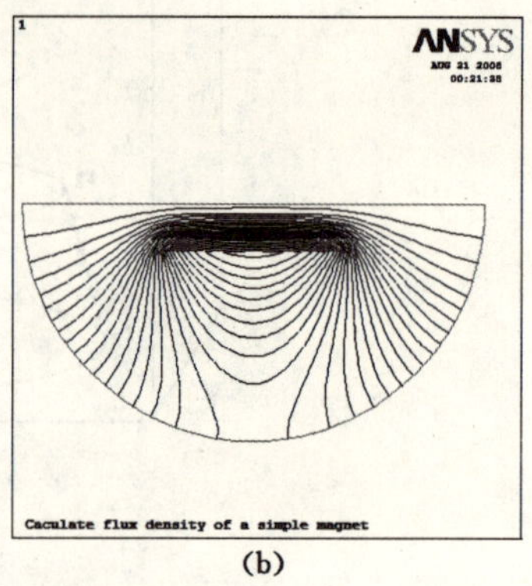

(b)

图 3 线图与岩层的耦合方式

(a) 通电线期圈产生的电场；(b) 通电线圈产生的磁力

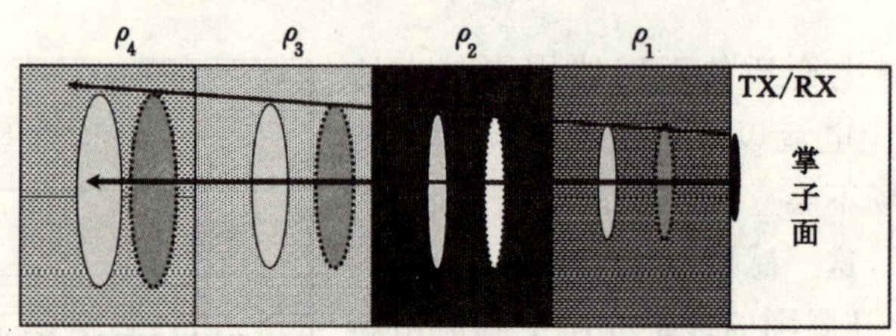

图 4 掌子面的现场勘探原理图

2.3 矿井瞬变电磁的特点及优点

矿井瞬变电磁和地面瞬变电磁法的基本原理的一样的，理论上也完全可以使用地面电磁法的一切装置及采集参数，但受井下环境的影响，矿井瞬变电磁法与地面的 TEM 的数据采集与处理相比又有很大的区别。由于矿井轨道、高压环境及小规模线框装置的影响，在井下的探测深度很受限制，一般可以有效解释 100 m 左右。另外地面瞬变法为半空间瞬变响应，这种瞬变响应来自于地表以下半空间层，而矿井瞬变电磁法为全空间瞬变响应，这种响应来自回线平面上下（或两侧）地层，这对确定异常体的位置带来很大的困难。在实际资料解释中，必须结合具体地质和水文地质情况综合分析。具体来说，矿井瞬变电磁法具有以下特点：

(1) 受矿井巷道的影响矿井瞬变电磁法只能采用边长小于 3 m 的多匝回线装置，这与地面瞬变电磁法相比数据采集劳动强度小，测量设备轻便，工作效率高，成本低。

(2) 采用小规模回线装置系统，因此为了保证数据的质量、降低体积效应的影响、提高勘探分辨率，特别是横向分辨率，在布设测点时一定要控制点距，在考虑工作强度的情况尽可能地使测点密集。

(3) 井下测量装置距离异常体更近，大大地提高测量信号的信噪比，经验表明，井下测量的信号强度比地面同样装置及参数设置的信号强 10～100 倍。井下的干扰信号相对于有用信号近似等于零，而地面测量信号在衰减到一定时间段接被干扰信号覆盖，无法识别有用的异常信号。

(4) 地面瞬变电磁法勘探一般只能将线框平置于地面测量，而井下瞬变电磁法可以将线圈放置于巷道底板测量，探测底板一定深度内含水性异常体垂向和横向发育规律，也可以将线圈直立于巷道内，当线框面平行巷道掘进前方，可进行超前探测；当线圈平行于巷道侧面煤层，可探测工作面内和顶底板一定范围内含水低阻异常体的发育规律。

另外矿井瞬变电磁法对高阻层的穿透能力强，对低阻层有较高的分辨能力。在高阻地区由于高阻屏蔽作用，如果用直流电法勘探要达到较大的探测深度，须有较大的极距，故其体积效应就大，而在高阻地区用较小的回线可达到较大的探测深度，故在同样的条件下 TEM 较直流电法的体积效应小得多。

工作中根据实际情况采取不同的回线装置，图 5 为几种中心装置类型图，一类为重叠中心装置，一类为分离中心装置，在本次探测过程中根据不同的探测地质体共选取了 8 字形线框和重叠回线装置。其中，使接收线框垂直于发射线框，使发射电流在发射线框中形成 8 字形回路，故称为 8 线框。这种装置常用在铁路系统，主要是屏除铁轨对瞬变响应的影响。

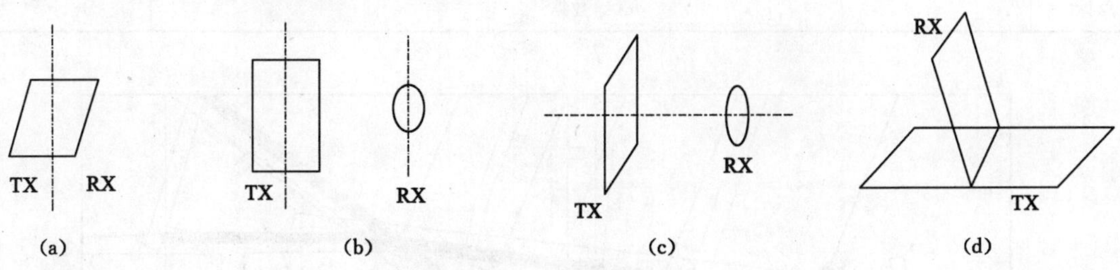

图 5　几种不同的野外工作装置

(a) 重叠装置；(b) 共面偶极装置；(c) 共轴线偶极装置；(d) 8 字形装置

3　探测布置

3.1　装置参数设计

回线边长响应的关系比较复杂，一般依据被测对象的规模、埋深及电性来选定。选择的原则是回线边长与探测对象的埋深大致相同，因为回线边长的增大对于局部导体的分辨能力变差，且受旁侧地质体的干扰增大。由于井下测量环境与地表不同，无法采用地表测量时的大线圈（边长大于 50 m ）装置，只能采用边长小于 3 m 的多匝小线框，本次探测采用的是边长 2 m 的多匝方形重叠回线装置。而探测的深度和装置的发射磁矩有直接的关系，要提高探测深度必然要使装置的磁矩达到相应的数值，而磁矩又正比于线圈的匝数、发射电流、边长（或有效面积）因此要提高发射功率，增加探测的有效深度，可通过增加线圈的匝数、加大发射电流以提高信噪比，达到提高探测深度的目的。由于采用的是小线框，点距更密，本次测量一般控制在 1～2 m 左右，现场观测淋水点或区时点距可再适当缩小。

3.2　工作装置的现场布设

本次瞬变电磁（TEM）探测施工主要是针对各煤井顶板上方进行探查。根据多匝小回线发射电磁场的方向性，可认为线框平面的法线方向即为瞬变电磁探测方向。因此，将发射、接收线框平面分别对准煤层顶板或平行煤层进行探测，便可反映煤层顶或平行煤层内部的地质异常（见图 6）。根据这个原理结合本次的探测目的，对顶板进行探测时可沿煤层将线框与底板倾斜一定的角度确保线框平面的法线指向巷道顶板。

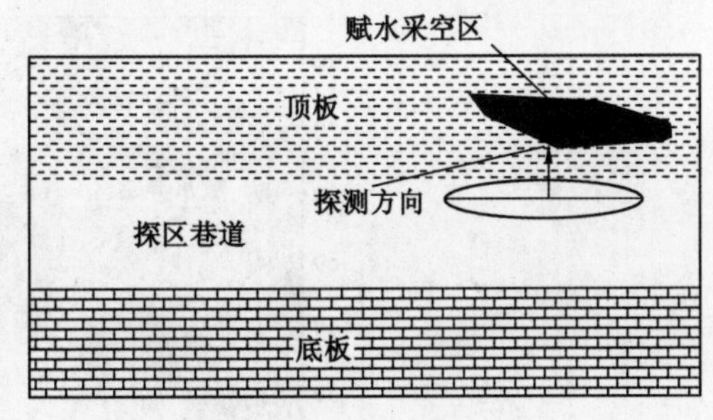

图 6　本次探测方向示意图

3.3　探测区域及完成工作量

探测工作开始于 2010 年 8 月 30 日，在兴安煤矿三水平南 24 号煤层轨道进行探测，顺利地对现场数据采集，于当日顺利完成井下的各项实测任务。现场探测时，对既定的探测区域先进行布点，点距为分别为 2 m，共布置 60 个物理测点，其中侧帮超前探 1 组共 60 个物理测点，总测线长 120 m。现将完成的全部测试工作量概述如表 1 所示。24 号煤层综采一队轨道巷顶板 TEM 探测测线布置图如图 7 所示。

表1　　**工作量表**

日期		2010年8月31日	备注
完成主要工作量	测线	探测1组	测点距均为2 m
	测点	60个物理测点	
	数据总量	60组数据	
总计		60组数据	

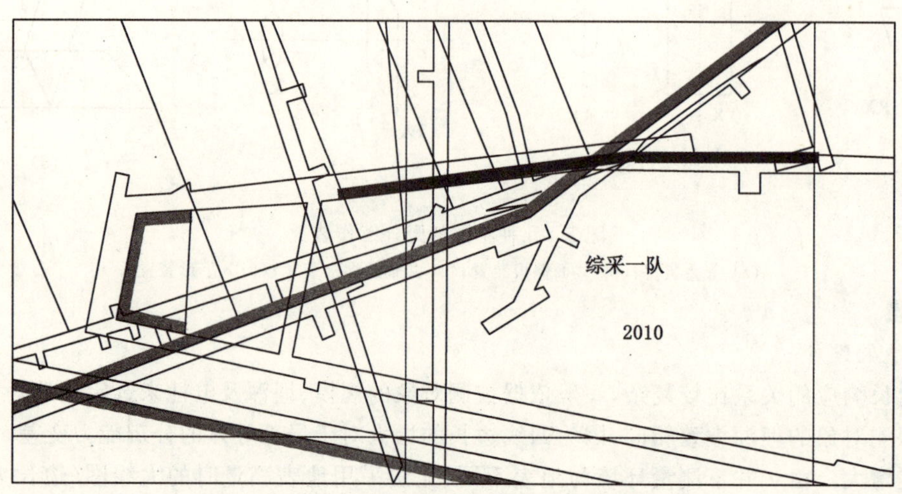

图7　24#层综采一队轨道巷顶板TEM探测测线布置图

图8为本次兴安煤矿三水平24#层综采一队轨道巷顶板TEM探测视电阻率拟断面图与对应的色标。图中不同的颜色表示不同的视电阻值，并呈从冷色调到暖色调升高的规律分布。因此填充了不同颜色的该断面图可以更直观地判断探测区域电阻率的分布情况。

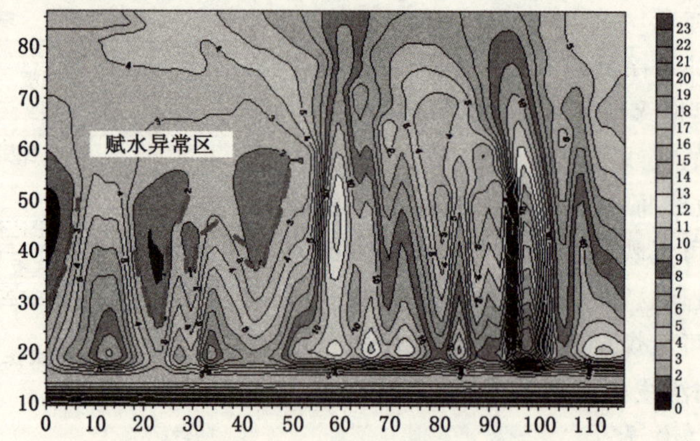

图8　24#层综采一队轨道巷顶板采空区赋水性TEM探测解析结果

一般情况下，在同一条件下岩石的电阻率不会发生变化。但如果岩石出现裂隙或者充水那么岩石的电阻率就会发生大的变化。从上图中可以发现，在测线前半段，视电阻率变化明显，说明上部采空区赋水。

3.4　综合分析及建议

在探测结果出来后，经过水文地质技术人员综合分析，确定水患为F14号断层上盘21号层采空区积水可能性极大，此位置正好为一相对低点，蓄水条件良好，经过断层裂隙将水导入工作面。

本次探测受现场条件影响较大，对本次数据解析造成一定影响。建议采取物探为先、钻探结合的办法进行综合防治水；矿方针对本次探测相对低阻区异常区域进行打钻疏水以保证安全生产；对异常区域进行打钻验证，以确定有效的深度系数及电阻率系数，为以后探测工作积累数据，保证探测精度。

3.5　结果验证与总结

物探测水结果出来后，由相关单位组织专业人员打钻进行放水验证，钻孔打到设计位置时，水压极大，钻孔直径为 2 寸，水量为满管水，每天预计放水 400 多 m^3，至今已放水 20 000 m^3。

物探测水在我国煤矿生产中得到了大量的应用，可以有效确定采空区积水位置。现在可以根据物探给出低阻异常区域进行高效率打钻，这样可以大量地节省生产成本，提高经济效益。同时也为煤矿探水提供一条有效的途径。

作者简介：高玉涛(1963—)，毕业于抚顺煤校，大学，工程师，现任龙煤集团鹤岗分公司兴安煤矿总工程师。蔡万明，毕业于辽宁阜新煤炭科技学院，大学，现任龙煤集团鹤岗分公司兴安煤矿地测副总工程师。

直流电法观测工作面底板导水破坏带深度

中国矿业大学(北京)资源与安全工程学院 许延春

摘 要:为了保障较高突水系数条件下水体上带压开采的安全,针对电法观测底板导水破坏深度的空间定位问题,研究了根据视电阻率变化确定工作面底板导水破坏带深度的定位方法。在赵固一矿和五阳矿探索了3种电极电缆钻孔测站的布置方式、观测方法和观测数据判读方法。为电法观测工作面底板导水破坏深度技术的深入研究及普及应用提供了借鉴。

关键词:直流电法;底板;导水破坏带

1 技术背景

煤层在开采过程中受采动影响,底板岩层存在"下三带"。从煤层底面至含水层顶面分为:底板导水破坏带(h_1);保护层带(h_2);承压水导升带(h_3)。

第 Ⅰ 带(h_1)—— 底板导水破坏带:煤层底板受采动矿压作用,岩层连续性被破坏,岩层导水性也因裂隙产生而明显改变。自开采煤层底面至导水裂隙分布范围最深部边界的法线距离称"导水破坏带深度",可简称"底板破坏深度"。

第 Ⅱ 带(h_2)—— 保护层带(完整岩层带或阻水带):是指底板岩层中保持采前的完整状态及原有阻水性能不变的部分。此带位于第 Ⅰ、Ⅲ 带之间。此岩层带虽然也受矿压作用,或有弹性甚至塑性变形,但其特点是仍保持采前岩层的连续性,其阻水性能未发生变化,起着阻水保护作用,故称其为有效保护层带或阻水带。为安全起见,将其与第 Ⅰ、Ⅲ 带上、下界面之间的最小法线距离称为保护层厚度。

第 Ⅲ 带(h_3)—— 承压水导升带:承压水可沿含水层顶面以上隔水岩层中的裂隙导升,导升承压水的充水裂隙分布的范围称为承压水导升带。其上部边界至含水层顶面的最大法线距离称含水层的原始导升高度。

煤层开采过程中底板在任何情况下都会产生破坏,即第 Ⅰ 带导水破坏带是一定存在的,而其他两带可能缺失。其中第 Ⅱ 带,即有效保护层带对预防底板突水至关重要,其存在与否及其厚度大小(阻水性强弱)是安全开采评价的重要因素。

华北石炭二叠系煤田下组煤位于含水丰富的奥灰含水层或太原群灰岩含水层上,在矿井开采向深部发展水压越来越大的趋势下,解决承压水体上采煤的安全问题是一重大课题,而掌握由开采引起的底板导水破坏深度是解决这个问题的关键。目前观测底板导水破坏深度主要有两类方法,一类是直接观测法,即钻孔注水法,在工作面开采前预定位置施工底板钻孔,通过观测工作面开采前后钻孔不同深度的漏水量变化情况,确定底板导水破坏深度。该方法直观准确、简便,但是存在观测过程中钻孔不能封孔,可能形成导水通道,采后钻孔变形大、观测困难、废孔率高,测站位置不能布置在同一工作面巷道等缺点。另一类是间接观测法,即通过观测工作面开采前后底板岩体变形、破裂的物理、力学特征的变化,间接确定底板导水破坏深度,包括有电磁波法,钻孔声波法,震波 CT 法,超声成像法,应力、应变法等,这些观测原理均各有不同的观测方法和优缺点,在此不逐一列举。

2 技术简介

直流电法观测底板导水破坏深度是近年发展的观测方法,主要是利用底板岩体受采动影响产生破裂后,岩体视电阻率将随之出现明显变化的特征,通过直流电法仪观测开采前后底板岩体视电阻率变化,从而解释底板导水破坏深度。与其他方法相比较具有明显的优点:钻孔在采前施工并且布置电极电缆后可封孔，不会作为导水通道；特别适用于突水系数较高的工作面；一般一个测站只布置一个孔；可以在任何工作面布置测站等。但是本方法中观测数据代表的地质点不在钻孔位置，以及如何根据视电阻率的变化值确定导水破坏带深度临界点等是影响该方法实用性和精确性的主要问题。本文根据赵固一矿和五阳矿的观测资料，介绍了测站布置方式，总结了采动影响视电阻率变化特征；研究了工作面底板导水破坏带深度的定位方法，得出赵固一矿 11011 工作面底板破坏深度为 23.48 m，接近理论预计值，为该方法的深入研究和普及应用提供借鉴。

3　观测实例

3.1　观测站布置

3.1.1　观测方法

矿井直流电法又称矿井电阻率法。根据现场观测深度要求，采用若干芯的通讯电缆加工出同等数目的铜环电极，根据观测精度的要求适当选取电极间距，一般情况下选取的电极间距为 1～2 m，制成专用条件下的电极电缆。工作面开采前设计观测站并施工钻孔，采用伴管将电极电缆顺入钻孔然后封孔；其后采用直流电法仪，应用对称四极电剖面法对工作面开采前、后的岩体视电阻率进行定期观测。

3.1.2　测站布置方式

五阳矿 7601 工作面采用相邻巷道布置钻场方式，观测钻孔布置在 76 南部回风巷和 7600 运输巷相交处，两个钻孔布设在同一剖面上，俯角分别为 10°和 20°，每个钻孔内埋设一根电极电缆，每根电极电缆前端加工有 40 个铜环电极，电极间距为 2 m。其测站布置方式如图 1 所示。

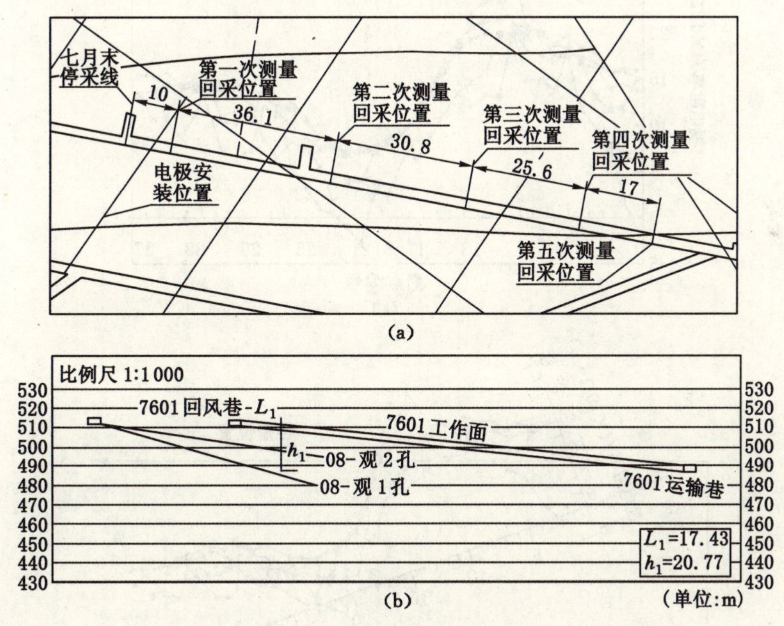

图 1　五阳矿测站布置方式

(a) 钻孔平面位置及工作面推进过程；(b) 钻孔剖面图

赵固一矿 11011 工作面采用同一工作面巷道布置钻场方式，观测站钻场布置在工作面轨道巷外帮，钻孔穿过巷道至工作面底板，设计 1 个钻孔，孔深 60 m；1 根电极电缆，长度 160 m，以便工作面开采过测站后仍然可观测底板岩层视电阻率，以全程监控底板导水破坏带的发育过程及确定最终底板破坏深度。其测站布置方式如图 2 所示。

3.2　采动底板视电阻率变化规律

3.2.1　五阳矿观测成果

选取观测效果较好的俯角 20°电极电缆一倍供电极距数据进行分析，图 3 为工作面开采过程中底板视电阻率变化及视电阻率与工作面位置关系。

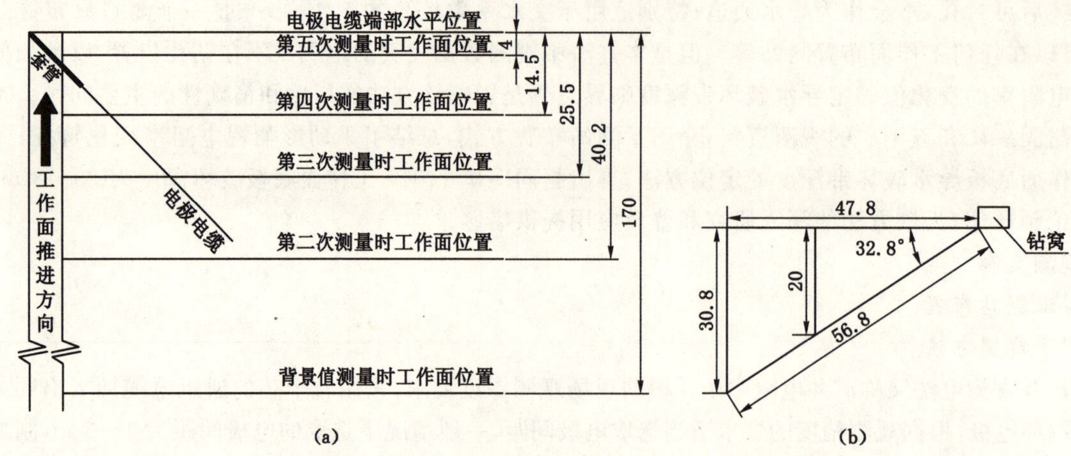

图 2　赵固一矿测站布置方式(单位:m)

(a) 钻孔平面位置及工作面推进过程;(b) 钻孔剖面图

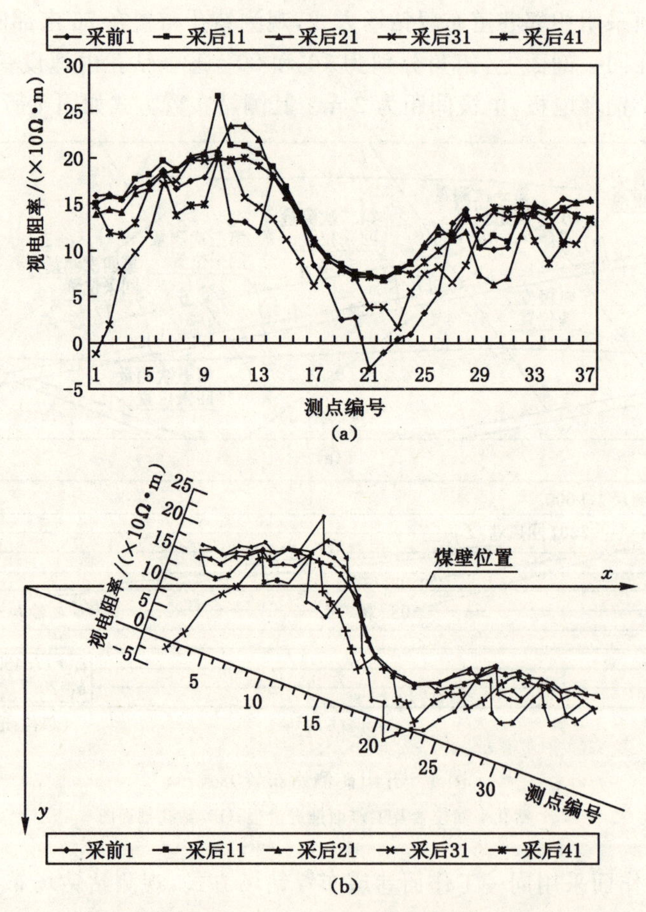

图 3　五阳矿 7601 工作面视电阻率变化规律

(a) 工作面底板视电阻率变化;(b) 视电阻率与工作面的位置关系

由图 3 和图 1(a)可见:

① 由原始视电阻率数据可知,初始视电阻率值在－22.6～200 Ω·m之间。视电阻率的背景值为一条曲线,主要是不同岩性有不同视电阻率,其后各次观测数据基本一致。

② 工作面回采后电极浅部段(0# ～15# 测点)由于处在煤柱内,因此视电阻率接近背景值;中部

段(16# ～26# 测点)岩体视电阻率明显现增大，分析认为随工作面推进，工作面应力场变化，岩体裂缝出现开合变化，影响了视电阻率在同一位置量值的变化；深部段(27# ～39# 测点)视电阻率仍然接近背景值。表明采动影响深度是有限度的。

③ 以 22# 测点位置为例，第一次测量时岩石仍然处于原始的完整致密状态，测得的视电阻率值相对较小，为 22.6 Ω·m；第二次测量时，视电阻率值明显大于初始观测结果，为 71.7 Ω·m，表明岩体已经破裂，且底板破坏深度的极大值位于工作面巷道煤壁的外侧；第三次、第四次和第五次数据分别为 67.7、38.6、71.68 Ω·m，接近第二次测量的数据，视电阻率较背景值高 3.2 倍。分析得出视电阻率变化可反映底板破裂的程度和范围。

3.2.2 赵固一矿观测成果

赵固一矿 11011 工作面观测所得的电极一倍距、二倍距和三倍距视电阻率的变化如图 4 所示。

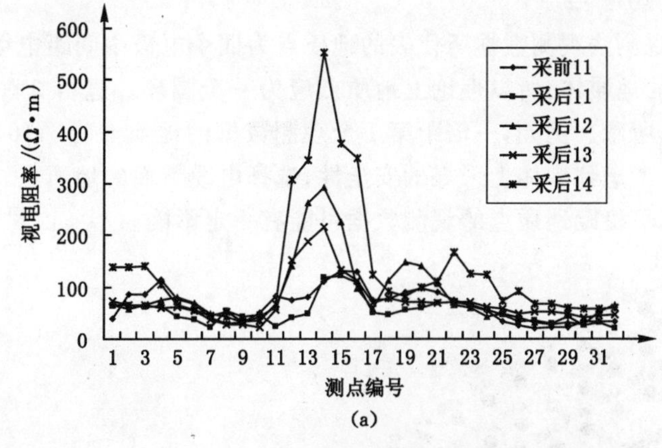

(a)

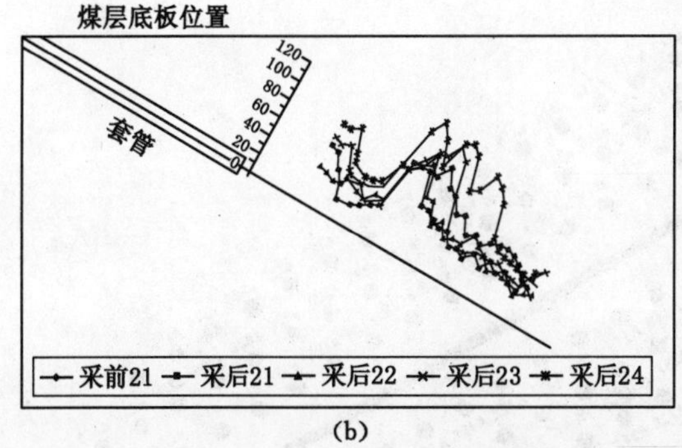

(b)

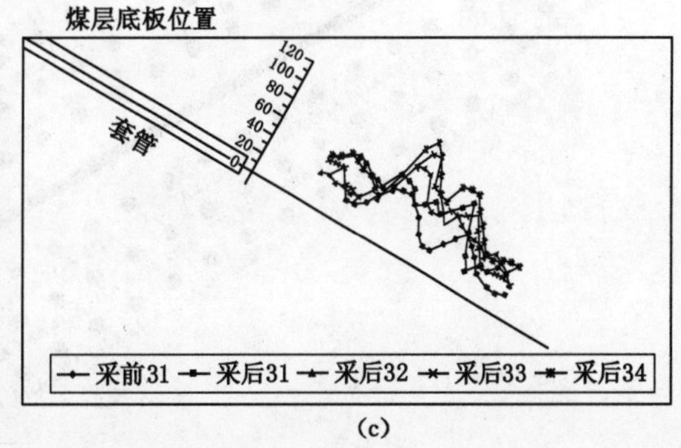

(c)

图 4 赵固一矿工作面视电阻率变化规律

(a)一倍距视电阻率变化；(b)二倍距视电阻率及位置；(c) 三倍距视电阻率及位置

由图 4 和图 2(a)可见：

① 一倍距观测结果表明电极电缆周围岩层初始视电阻率背景值比较稳定，基本在 40～140 Ω·m 之间，中间局部较大，为岩层岩性变化所致。工作面回采之后，电极电缆两端数据变化不大，在浅部和深部皆未触及岩体破碎带，视电阻率基本和背景值一致。中部 11# ～17# 测点视电阻率数值较背景值明显增大。以 14# 测点为例，背景值为 105 Ω·m，第二次观测时工作面刚刚采过电极电缆端部水平位置，电极电缆周围岩层视电阻率总体降低，视电阻率值为 103 Ω·m，第三次 300 Ω·m，第四次 205 Ω·m，第五次 550 Ω·m。视电阻率增大约 5.2 倍。

② 二倍距观测结果表明视电阻率背景值为 40～100 Ω·m。采后第一、二次测量时视电阻率小于背景值，因为此时底板岩层处于工作面煤壁下方的压缩区内，岩层被压实而使小裂隙闭合，使得底板岩层视电阻率变小。采后第三、四次测量视电阻率有小幅度的增大，这是由于底板岩层受到小幅度破坏产生一些小裂隙导致。底板岩层破坏相对于工作面推进过程有一个滞后过程，工作面采过之后

视电阻率在 10# ～16# 测点之间有明显的变大现象，视电阻率较背景值增大 1 倍多。

③ 三倍距观测结果表明，视电阻率背景值为 35～90 Ω·m。采后第一次测量视电阻率小于背景值，这也是由于岩层处于压缩区时裂隙闭合的原因。采后第二、三、四次测量的数据皆大于背景值；底板破坏深度的极大值位置出现在三倍距 15# 测点位置，视电阻率较背景值增大不足 1 倍。

通过五阳矿和赵固一矿观测结果表明，采用电极电缆和直流电法仪可观测到工作面开采前后底板岩体视电阻率的变化，并且视电阻率的变化特征反映了底板破裂的过程和范围。

3.3　底板破坏深度的空间定位

地球物理探测技术的最关键部分是观测成果解释，而定量解释物探成果也是技术难点。直流电法在地面探测地下导水构造方面是比较成熟的技术，但由于钻孔中电极电缆周围岩层是全空间的，因此底板岩层视电阻率与底板导水破坏深度的关系尚有待深入研究与探讨。

3.3.1　观测成果的地质点定位

直流电法四极剖面观测法观测数据所代表的地质点为四个电极中间距电缆 1/3 的位置。钻孔中电极周围岩层是全空间的地质体，所以理论上地质点应为一个圆环。进行 3 种电极距观测则形成三层圆环，剖面位置如图 5 所示。例如，一倍距第 1 个观测数据的地质点为 A101，二倍距第 15 个观测数据的地质点为 A215。考虑到水体上采煤的安全性，选择电缆下面的地质点。上面的地质异常对较远地质点，例如二倍或三倍极距地质点的观测数据可能有一定影响。

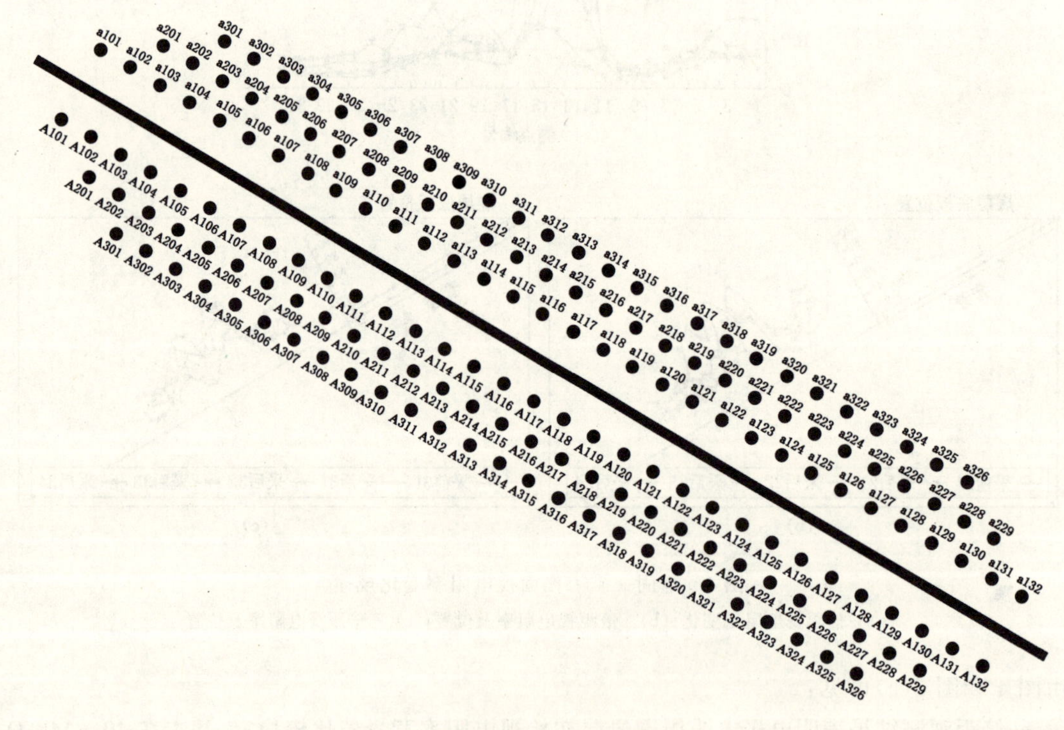

图 5　四极电剖面法测点位置

3.3.2　底板导水破坏深度的定位方法

根据视电阻率变化特征，确定适当的临界视电阻率值，从而确定底板破坏深度是该方法应用的重要内容。鉴于物探方法的多解性和复杂性，观测成果的解释有多种方法。

① 倍数确定法。通过杨村煤矿 301 工作面瞬变电磁探测覆岩破坏与兖州煤田钻探“两带”成果对比，获得基岩的背景视电阻率为 13～15 Ω·m，导水裂缝带视电阻率为 30～50 Ω·m，大于背景值 2 倍；垮落带视电阻率为 150～190 Ω·m，大于背景值 10 倍，如图 6 所示。通过研究和对比“导水裂缝带和垮落带”实测资料表明，在弯曲变形带内，岩体的电阻率变化不大；在导水裂缝带中，其上部裂

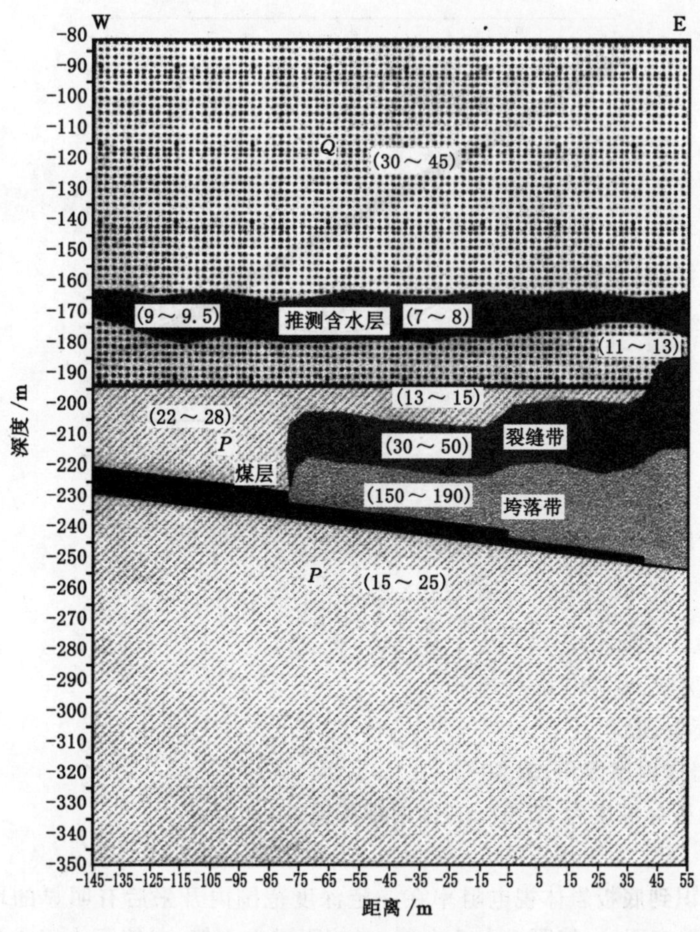

图 6 杨村矿 TEM 地质解释

隙发育弱，岩层电阻率值一般是正常值的 1.5 倍，而在该带下部裂隙发育，其电阻率值是正常值的 2.5 倍左右；在垮落带中，采后一定时间内松散岩块被压实，视电阻率远比正常值大得多，一般是正常值的 4～5 倍以上。这样，便可按照电阻率值的变化情况来确定“三带”的范围。但倍数确定法只是统计成果，有一定指导意义，具体矿井还需具体研究确定。

② 异常区确定法。绝大多数电磁法探测均是通过确定正常区域岩体的背景视电阻率，然后将高于背景视电阻率的区域划为异常区。该方法主要适用于对边界要求不高的探测。例如刘店煤矿采用电法探测巷道松动圈时，根据以往经验砂岩的视电阻率为 100～1 000 Ω·m，结合探测结果确定 1 000 Ω·m作为松动圈的分界。

③ 类比确定法。由于不同矿区、不同岩性的岩体电阻率差异大，因此难以采取通用的方法对底板导水破坏深度这种要求精确的界面进行解释划分。建议采用类比法，即根据本矿区的钻孔测井资料和电法在采前观测获得背景视电阻率值。根据本矿区以往瞬变电磁观测、钻孔注水探测和理论预计底板破坏深度结果对比电法采后观测结果，然后确定视电阻率的临界值或倍数，用于解释本矿区的电法观测成果。

3.3.3 赵固一矿成果解释

(1) 实测成果解释

根据倍数确定法，赵固一矿通过对比认为取视电阻率异常段最深探测点，大于 1.5 倍背景视电阻率值为底板导水破坏深度的临界值，从而确定一倍距 17[#] 测点的地质点(A117)为底板破坏深度极大值位置，深度为 23.48 m(见图 7)。

(2) 赵固一矿工作面底板破坏高度预计

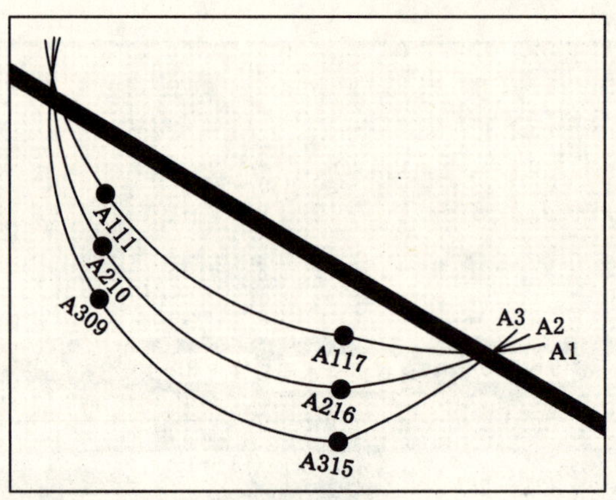

图7 底板导水破坏深度定位

理论计算法预计底板破坏深度的公式为：

$$h_1 = \frac{0.015H\cos\varphi}{2\cos\left(\frac{\pi}{4}+\frac{\varphi}{2}\right)}\exp\left[\left(\frac{\pi}{4}+\frac{\varphi}{2}\right)\tan\varphi\right]$$

式中 H—— 开采深度，取 570 m；

α—— 煤层倾角，取 0°；

φ—— 底板岩体内摩擦角，取 40°。

计算得底板采动破坏深度为 20.07 m，接近观测值。

4 主要结论

(1) 通过观测认识到底板岩体视电阻率在一定深度范围内开采后有明显的增大，其中赵固一矿 11011 工作面观测结果表明，一倍距增大 5.2 倍，二倍距增大 1 倍，三倍距小于 1 倍；五阳矿可由负转正，一倍距 22# 测点视电阻率较背景值高 3.2 倍。表明视电阻率变化符合底板破裂过程和特征。

(2) 参考其他电磁法解释确定岩体开裂、导水异常区的方法，总结出根据视电阻率变化采用倍数确定法、异常区确定法和类比法确定底板导水破坏带深度的方法。解释赵固一矿 11011 工作面底板破坏临界点为 A117 测点，深度 23.48 m，接近理论预计 20.07 m 的结果。

作者简介：许延春(1966—)，男，博士，研究员，现在中国矿业大学(北京)资源与安全工程学院工作，主要从事水体下安全采煤研究。

拟流场测漏技术在探查淮南矿区陷落柱导水性中的应用

淮南矿业集团公司

摘　要:在地质异常体内布置钻孔,通过井间拟电流场测漏技术,结合钻探资料对比研究,来直接判明不同含水层之间水力联系,在淮南张集矿陷落柱、顾桂隐伏构造带探查中已经得到成功应验,为井巷工程或工作面开拓提供直接资料。

关键词:拟电场;陷落柱;导水;测漏

1 引 言

淮南煤矿位于华北型煤田最南端,淮南煤田成煤后受印支运动、燕山运动、喜马拉雅运动多次构造运动叠加,特别是扬子板块和华北板块挤压碰撞,井田构造异常复杂;主体构造为南北对冲挤压,内部由一系列的次级背、向斜组成复向斜构成的"对冲式断—褶构造"带;煤系地层赋存有倒转、直立、急倾斜、缓倾斜;部分推覆构造直覆在煤系之上,煤田边沿大面积裸露太原系、奥陶系、寒武系、震旦系等灰岩地层。

目前矿井井工开采深度已超过千米;主采煤层为二叠系煤系地层,开采煤系地层总厚度约 350 m,开采煤层层数超过 10 层;开采煤田范围 30 km×80 km。

井田开采受到顶板巨厚松散层水、煤系砂岩水、底板高压灰岩水等不同地质含水层共同影响;井巷工程布置和井田开采必须要清楚上覆巨厚松散层水和底板灰岩水是否对煤系砂岩有直接补给及补给路径。淮南谢桥矿、张集矿、潘三矿等矿发现有(疑似)陷落柱存在,在顾桥矿区、顾北矿区发现大型构造断裂带(正在探查),上部发展至松散地层中、下部,从煤系地层一直断裂到深部的太灰、奥灰和寒武灰岩含水层中,很多井巷工程和工作面开拓要穿过陷落柱、构造异常带等地质异常体。通过地面钻探和中南大学的拟电流场测漏技术,在不同钻孔中直接判明不同含水层(松散含水层和岩溶灰岩含水层)对煤系砂岩的补给关系,为井巷工程安全掘进提供较准确的资料。

2 "流场法"测漏原理

2.1 "流场法"基本思路

"流场法"概念是中南大学何继善在研究水库、堤坝管涌问题时提出的,其基本原理是:由于水流场与电流场的势场分布具有相似性,而且描述两者的数学物理方程在形式上也是一致的(见表1),加之导水通道具有良好的导电性,所以通过测量电流以及电位差在井间的分布规律反推不同层位地下水的连通性,为评价煤炭安全开采提供科学依据。该方法在水利工程中已得到成功应用。

根据以上思路研制了"流场法"堤坝渗漏检测仪,该仪器包括向水中发送特殊波形电流场的发送机、在水中测量电流密度的接收探头和用船装载的接收机。汛期堤坝隐患的快速、准确探测对防洪减灾具有十分重要的现实意义。但在实际工作中,由于我国大多数堤防工程不是一次性建成的,而是逐年加高加厚的,并且堤防填土大多就地取材,各种能用的材料(包括砖头、碎瓦)都用来做堤防填土,造成堤防介质不均匀,因此使得各种常规物探方法的应用效果并不十分理想。"流场法"避开了堤身介质不均匀性对测量结果的影响,提出在水中测量电流密度。由于水在同一地区是基本均匀的,因此其测量结果不受坝体介质不均匀性的影响。

表 1　　水流场与电流场对比表

定常、无旋水流场	稳定电流场
流速势 φ	电势 U
水流的连续性方程 $\nabla u = 0$（质量守恒定律）	电流密度连续性方程 $\nabla E = 0$（电荷守恒定律）
微分控制方程 $\nabla^2 \varphi = 0$	微分控制方程 $\nabla^2 U = 0$
不透水面 $\frac{\partial \varphi}{\partial n} = 0$	绝缘面 $\frac{\partial U}{\partial n} = 0$
透水界面 $\varphi_1 \mid \tau_s = \varphi_2 \mid \tau_s, \frac{\partial \varphi_1}{\partial n} \mid \tau_s = \frac{\partial \varphi_2}{\partial n} \mid \tau_s$	不绝缘面 $U_1 \mid \tau_s = U_2 \mid \tau_s, \frac{1}{\rho_1} \frac{\partial U_1}{\partial n} \mid \tau_s = \frac{1}{\rho_2} \frac{\partial U_2}{\partial n} \mid \tau_s$

2.2　井间拟流场测漏工作原理及工作布置

借用流场法堤坝测漏技术开展井间电流场测量，如图 1 所示，井 1 中放置供电电极 A 和测量电极 MN，井 2 中放置供电电极 B。

首先固定电极 B 不动，由绞车 1 控制电极 AMN 由上而下或者由下而上进行连续测量，可以测出井 1 中不同深度的电阻率值和 AB 之间的电流值。然后将 B 固定在不同的位置，由绞车 1 控制电极 AMN 由上而下或者由下而上进行连续测量。

重复上面的步骤，直到井 2 中不同层位均参与了测量。

在两孔间进行测量时，首先确定一个孔况较好的钻孔放置 AMN 作连续测量，另一孔则放置 B 电极。并根据两孔的柱状图初步确定 B 极测点间隔约 10～50 m。在测量前，根据钻孔施工情况（如漏水位置）及测量过程中的测量结果对电极 B 进行加密，其中漏水部位要重点加密测量。

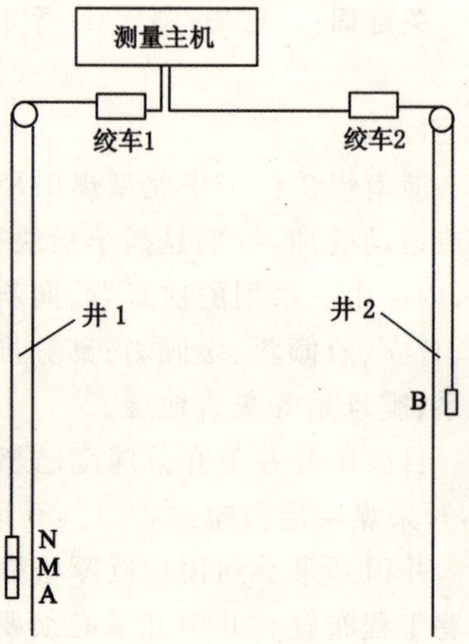

图 1　拟流场测漏示意图

3　井间拟流场测漏应用实例

3.1　顾桂隐伏构造带的应用

顾桂矿区隐伏构造带是指顾桥矿区、顾北矿区其中呈 NW 展布的一组断裂带，断裂带从煤系地层一直断裂到深部的太灰、奥灰和寒武灰岩，局部显现断裂发展到巨厚的松散层中；所发现的断层带中有正断层、逆断层和直立断层等；这些断裂带平面上宽度超 2 km、长 10 km 左右。图 2 为断裂带在顾桥、顾北 13-1 煤层上的平面形态。

从顾桥中央区到顾南矿区有两条大巷要穿过断裂构造带。为了查清构造断裂带中新生界松散层水、深部灰岩含水层是否对煤系地层有直接的补给，影响井巷掘进和采场的安全，沿构造断裂带方向（影响最大的地点）布置 4 组钻孔来探查，目的是通过地面钻孔中揭露的不同含水层相互之间水文地质条件的探查来评价新生界松散层水和深部灰岩含水层对煤系地层的补给关系。研究采用了中南大学拟流场测漏技术。

钻孔的平面分布如图 3 所示，钻孔最深 1 732 m，最浅 1 065 m，平均深度 1 389 m，测漏在 2 个钻孔之间进行，钻孔的布孔孔距在 200～400 m。

整个工作由中南大学现场采集数据，结合钻孔施工的实际资料再进行室内资料分析。下面以 XLZE1、XLZE2 为例解释如下：

(1) 钻孔 XLZE1 的煤系地层对钻孔 XLZE2 的灰岩地层。XLZE1 孔作测量孔，XLZE2 孔放置供电 B 极，每次移动 30 m，测量孔从－780～－1 450 m（见图 4）。从图中可看出，煤系地层对太灰地层总体表现为电流下降的趋势，即水力联系较差，但个别薄层位有较高的电流值，表明其导电性较好，即两层灰岩之间的夹层为泥质砂岩、泥岩或炭质泥岩，与水有联系，一般为隔水层。

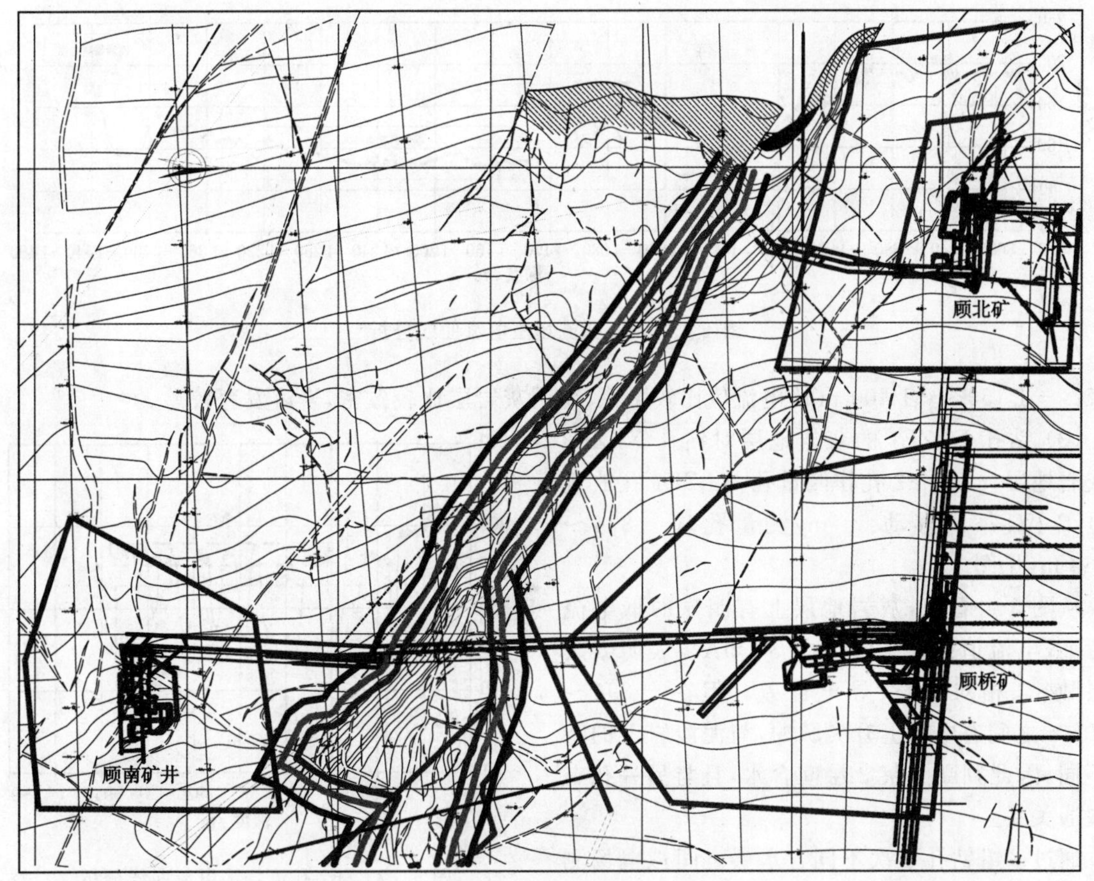

图 2 顾桂矿区隐伏构造带示意图

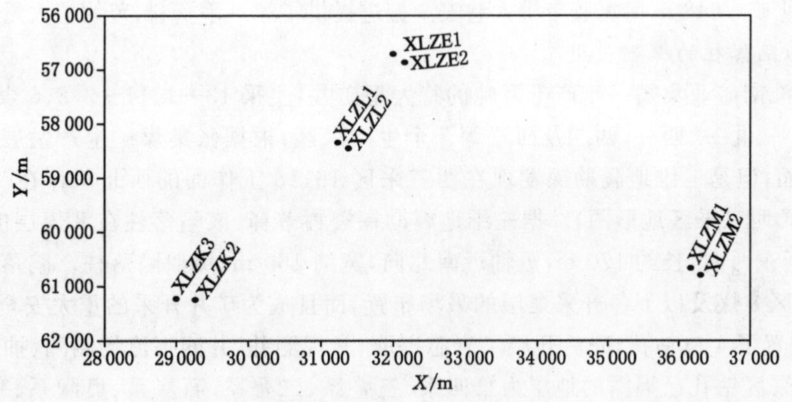

图 3 顾桥钻孔布置示意图

太灰岩地层上(－790～－900 m)有明显的低电流值特征，各灰岩成层非常分明，与其他岩性导电性差别明显，表明灰岩致密，导电性差，与水联系也差。但太灰地层层面较多，电流值最大时在125～200 mA 之间大幅振荡，层间含水较丰富。另外，在－878～－893 m 处有一厚层灰岩，其中有电流升高的窄脉冲，此现象表明该层灰岩中有溶蚀裂隙且含水。

奥灰岩地层上，－900～－960 m 段电流值跳动厉害，说明该层灰岩比较破碎且破碎程度不均匀，说明有岩溶水存在。

在－960～－1 010 m 段有三层较厚灰岩，三层灰岩之间分层明显，且都呈现低电流值，说明该灰岩段岩性较完整，溶蚀不发育；－1 010～－1 150 m 段电流值跳跃厉害，说明该层灰岩中有溶蚀裂隙

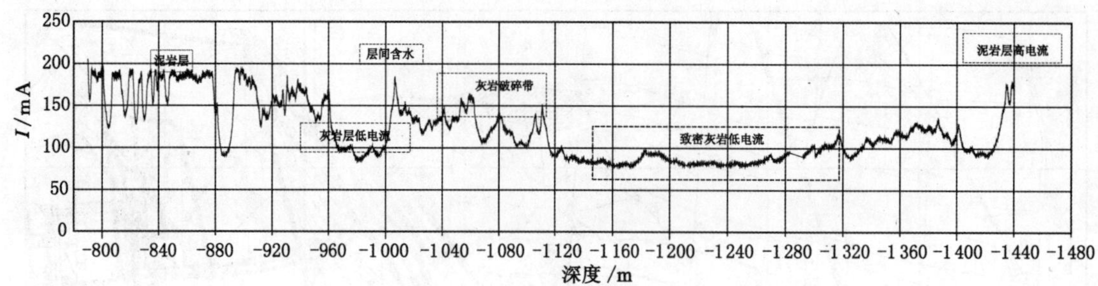

图 4　XLZE1 孔流场法电流曲线分析

发育。－1 150～－1 400 m 段电流值比较平稳，说明灰岩层比较致密，岩溶发育较差。

(2) 钻孔 XLZE1 的灰岩地层对钻孔 XLZE2 的灰岩地层。XLZE2 孔作测量孔，XLZE1 孔放置供电 B 极，每次移动 30 m，测量孔从－876～－960 m(见图 5)。

从图 5 中看出，灰岩地层上有明显的低电流值特征(电流值同比下降 10～30 mA)，表明太灰地层致密、相对完整、导电性差。但在－894～－906 m之间有电流上升尖脉冲，与泥沙岩上的特征不同，因此判断太灰 3 层间含水，且与另一孔有弱联通关系。

通过多组钻孔多次不同含水层之间拟电场测漏技术，结合钻探资料，判明了顾桥南翼－780 m 大巷上 220 m、下 170 m 与上覆新生界松散层、下覆灰岩含水层没有水力联系，为南翼－780 m 轨道上山和胶带机大巷及顾北矿－648 m 南翼胶带机大巷安全掘进提供了第一手资料，节约了大量的工程费用。

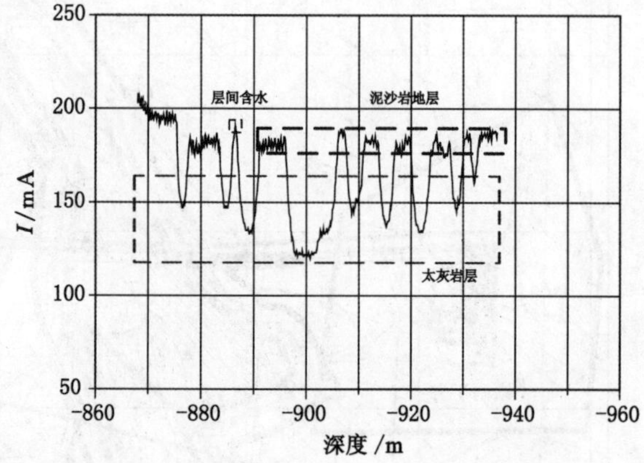

图 5　XLZE2 孔流场法电流曲线分析

3.2　张集矿疑似陷落柱的探测应用

张集煤矿是淮南矿业集团一年产千万吨的特大型矿井，主采 13—1、11—2、8、6 煤等；矿井共划分为东三、东二、东一、北一、西一、西二及西三等 7 个生产采区；根据张集煤矿生产发展规划，准备投产 16118 首采工作面，但是三维地震勘探发现在西三采区 16118 工作面的西北角存在一疑似岩溶陷落柱(见图 6，张集矿西三采区地形图)。据三维地震勘探资料解释，该陷落柱在 8 煤层的形态为一近似椭圆形，其长轴近东西向，长约 170 m，短轴近南北向，宽约 160 m，疑似陷落柱。陷落柱的存在，不仅直接影响西三采区 8 煤及以下各开采煤层的采场布置，而且成为矿井开采的重大安全隐患。

2009 年初布置了 4 口钻孔，先后开展了岩芯提取、常规测井、井间拟流场测漏、抽水实验等工作。

张集矿西三采区钻孔已揭露的地层为第四系、三叠系、二叠系、石炭系、奥陶系、寒武系等。二叠系为本区主要含煤地层，有七个含煤段，32 个含煤层，其中有开采价值的煤层为 12 层，可采总厚度为 28.84 m。主采煤层为 1、3、8、11 煤。

本区含水层由第四系松散砂层孔隙水、二叠系砂岩裂隙水和石灰岩岩溶水三部分组成。

通过在 XLZ1—XLZ2、XLZ1—XLZ3、XLZ1—XLZ4、XLZ2—XLZ3、XLZ3—XLZ4、XLZ4—XLZ1、XLZ4—XLZ2(前一个为测量孔，后一个为 B 极孔)七对钻孔测试，得到拟流场电流曲线共 73 条。下面对检测曲线进行如下解释。

3.2.1　钻孔 XLZ1—XLZ2 异常分析

XLZ1 孔作测量孔，XLZ2 孔放置供电 B 极，每次移动 30 m，测量孔从－430～－740 m(见图7)。

煤系地层上有明显的低电流值特征(电流密度同比下降 50～120 mA)，表明煤系导电性差，与水联系也差，如 8 煤(标高－492～－496 m)、1 煤(－660～－668 m)地层等。

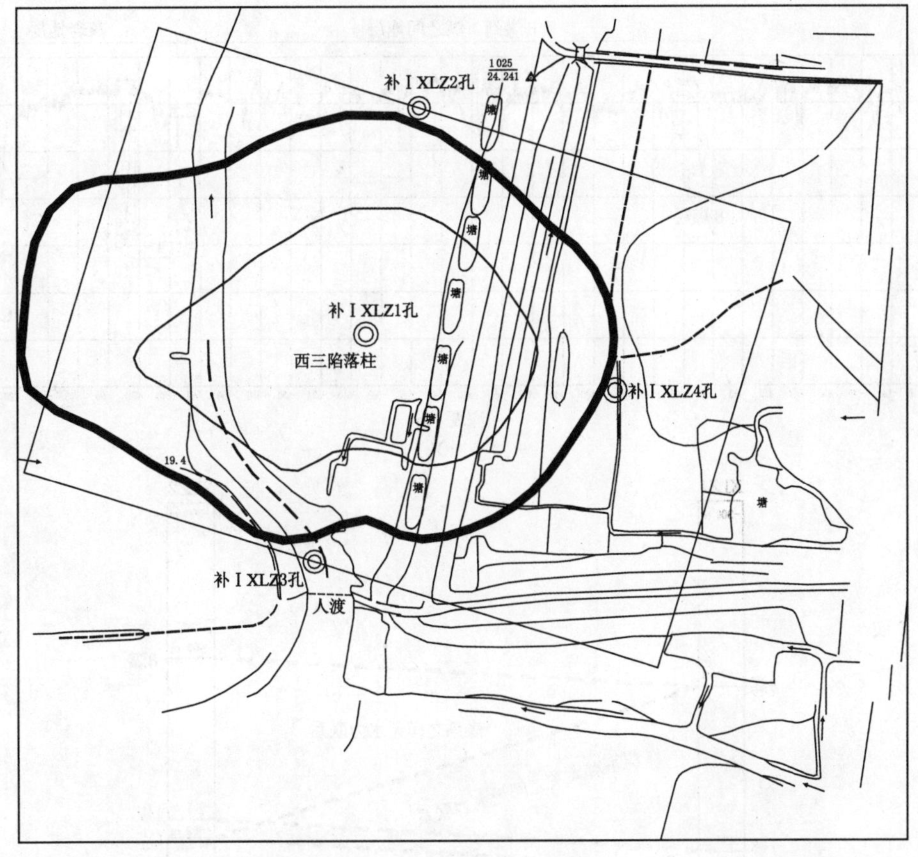

图6 疑似陷落柱示意图

泥岩和碳质泥岩地层上有明显的高电流值特征，表明该地层导电性好，与水联系密切。

煤系地层对太灰地层总体表现为电流下降的趋势，即水力联系较差，但个别薄层位有较高的电流值，表明导电性较好，如－726～－732 m。

太灰岩地层上有明显的低电流值特征，表明灰岩致密，导电性差，与水联系也差。但太灰地层层面较多，特别是XLZ1孔C23～C53与XLZ2孔C33～C93，电流值在230～430 mA之间大幅振荡，层间含水丰富，两孔太灰地层之间水力联系密切。

3.2.2 钻孔XLZ4—XLZ2异常分析

XLZ4孔作测量孔，XLZ2孔放置供电B极，每次移动30 m，测量孔从－430～－740 m(见图8)。

煤系地层上有四层明显的低电流值特征(电流密度同比下降40～150 mA)，层位标高分别为－463～－465 m、－518～－522 m、－634～－636 m、－652～－658 m。

煤系地层对太灰地层总体表现为电流下降的趋势，即水力联系较差，但个别薄层位有较高的电流值，表明导电性较好，如－740～－748 m。

太灰岩地层上有明显的低电流值特征，表明灰岩致密，导电性差，与水联系也差。但太灰地层层面较多，特别是XLZ4孔C_3^3～C_3^8与XLZ2孔C_3^2～C_3^5，电流值在150～380 mA之间大幅振荡，表明层间含水与灰岩之间有很大电性差异，其原因是：一方面可能是矿化度增加引起的；另一方面是层面间富含自由水引起的。但当供电B位于XLZ2孔－720 m时，XLZ4孔太灰地层C_3^8～C_3^{10}(层位标高－752～－760 m)，电流从150 mA突然升为360 mA，表现出良好的导电性，需要特别注意。

3.2.3 钻孔XLZ1—XLZ2—XLZ3异常对比分析

XLZ2孔、XLZ1孔、XLZ3孔对比分析(见图9)：从测漏电流曲线得出以下三点认识：① 太灰、奥灰、寒灰地层层序基本正常，但XLZ2孔灰岩相对较完整，XLZ1和XLZ3孔灰岩裂隙发育；② XLZ3

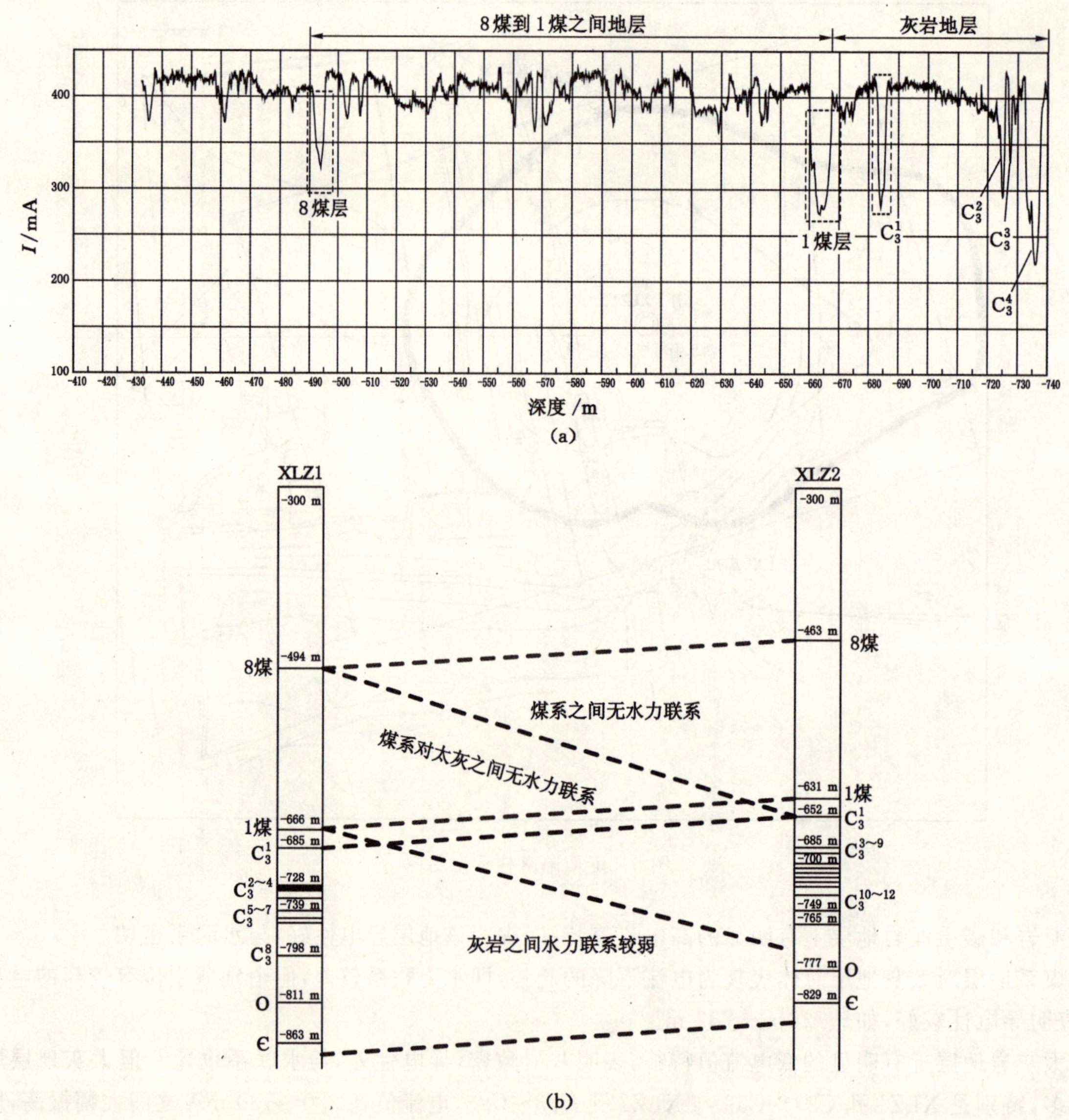

图7　钻孔 XLZ1—XLZ2 水力联系示意图

孔在标高－746～－752 m 和－832～－848 m 处较其他两孔多出两层灰岩，厚度约为 6 m 和 16 m，而且相对完整；③ 三孔寒灰都表现出电流增加的趋势，说明寒灰裂隙发育、矿化度较高。

通过拟电流场测漏，基本查清了下部灰岩含水层对上部煤系地层的补给情况；结合钻探、测井、抽水等基础水文地质工作，确定原来陷落柱不存在，但在 XLZ1 孔 C_3^{11} 底部以下地层存在一个小型岩溶陷落柱，岩溶陷落柱的顶界发育至 C_3^{11} 底，基底在寒武灰岩中，为井下 16118 首采工作面打开和安全回采提供了准确的资料。

4　结论与存在的问题

4.1　结论

利用在地质异常体内布置钻孔，分别揭露不同的含水层，通过拟电流场测漏技术，结合钻探成果资料，可以直接判明不同含水层之间水力联系，在淮南张集矿陷落柱、顾桂隐伏构造带探查中已经得到成功应验，为井巷工程或工作面开拓提供了直接的资料。

4.2　存在的问题

(1) 通过钻孔间拟流场测漏，可以直接得出不同地质体之间水力联系，进而为相互间补给关系的

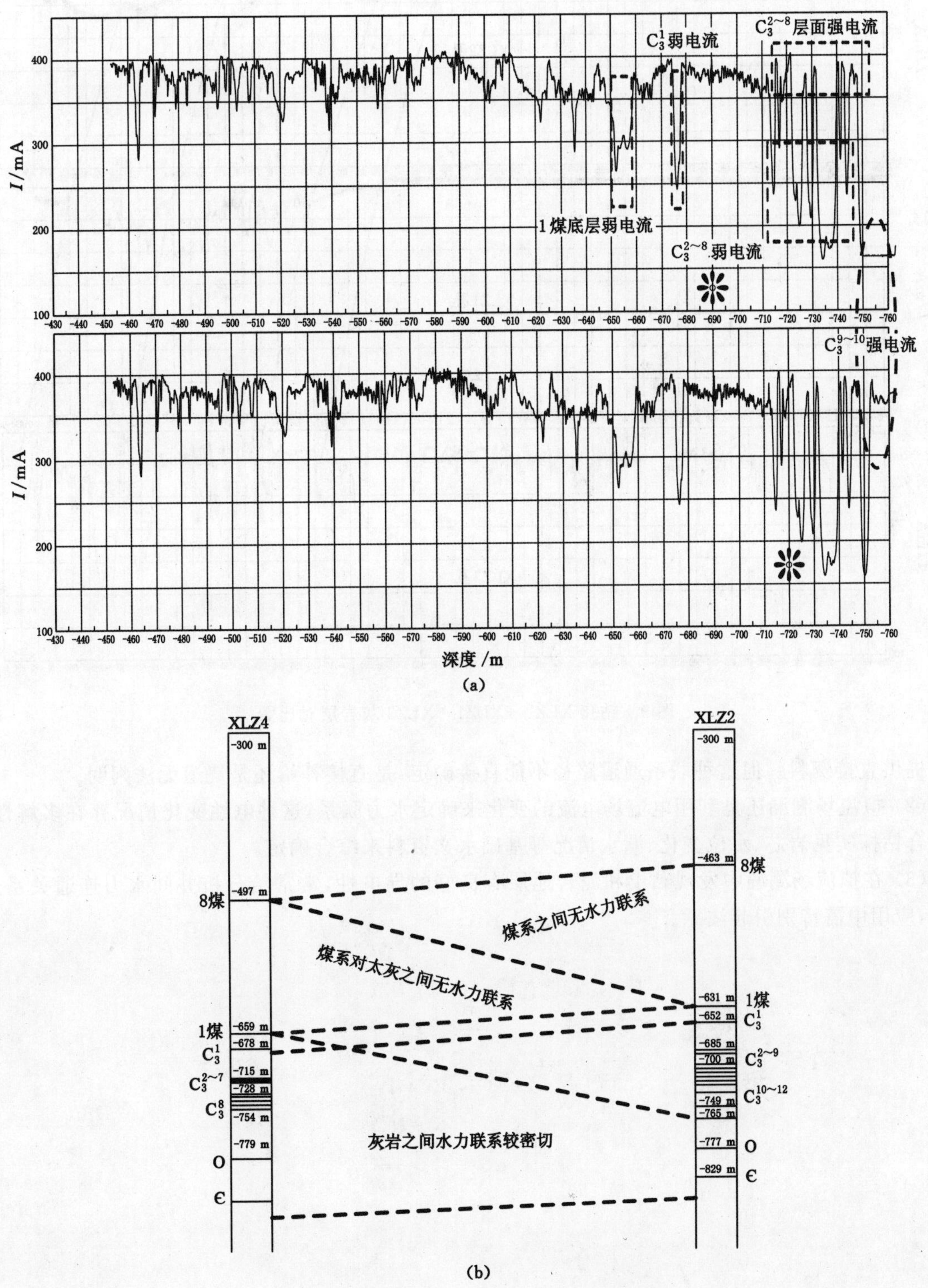

图 8　钻孔 XLZ4—XLZ2 水力联系示意图

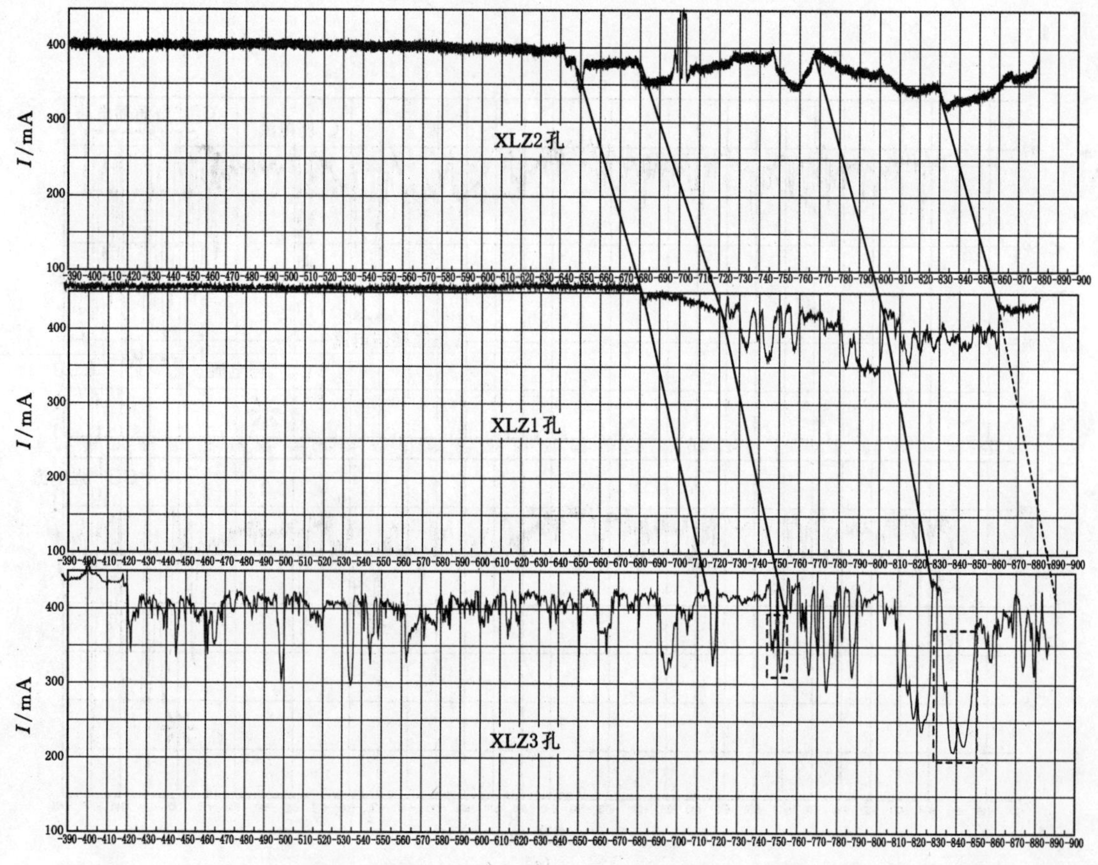

图 9 钻孔 XLZ2—XLZ1—XLZ3 灰岩层对比图

确定提供直接资料。但这种联系通道路径不能直接确定，是直接补给还是绕道无法判明。

(2) 拟流场测漏还是利用电流场电流的变化来确定水力联系，这种电性变化情况存在多解性；必须结合钻探实见岩芯、水位变化、漏水情况等基础水文资料来综合确定。

(3) 在拟流场测漏中发现黏土和泥岩地层有良好的导电性，常常给分析井间水力连通关系造成干扰，应用中需特别引起注意。

瞬变电磁法超前探测在矿井防治水中的应用

山东新汶矿业集团公司　闫　勇

摘　要：通过采用矿井瞬变电磁法勘探成功进行了巷道超前探测，弥补了井下勘探的局限性。该技术具有施工周期短、效率高、效果好的优点，为矿井防治水提供了可靠依据。

关键词：瞬变电磁；超前探测；防治水

随着开采工艺和技术的不断发展提高，对巷道前方岩层和地质构造的富水性探测精度要求越来越高。岩层的富水性一般探测方法有直流电法、电磁法等，探测方式可以是在地面探测，也可以是在井下探测。地面探测以直流电法、大地电磁法、瞬变电磁法为主；井下探测以直流电法、音频电透视法、矿井瞬变电磁法为主。近几年来，随着矿井物探技术的发展和提高，矿井瞬变电磁法在矿井岩层的富水性探测方面发挥越来越重要的作用，由于采用小线圈测量，降低了体积效应的影响，提高了勘探分辨率，特别是横向分辨率。另外，井下测量装置距离异常体更近，大大提高了测量信号的信噪比。利用矿井瞬变电磁法对巷道迎头前方岩层或地质构造及其富水性进行精细探测，力争满足矿井安全高效生产的要求。

1　矿井瞬变电磁法原理

矿井瞬变电磁法是将地面常用的瞬变电磁法应用于煤矿井下，对常规物探方法较难探测的工作面顶、底板富水构造和巷道迎头超前富水构造的发育情况，采用矿井瞬变电磁法进行探测，经过多年和多个矿井实际探测，取得了较好的地质效果。

矿井瞬变电磁法基本原理与地面瞬变电磁法一样，采用仪器和测量数据的各种装置形式和时间窗口也基本相同。受矿井瞬变电磁法勘探环境的限制，测量线圈大小有限，其勘探深度不如地面深，一般深度在 150 m 左右。地面瞬变电磁法为半空间瞬变响应，这种瞬变响应来自于地表以下半空间地层；而矿井瞬变电磁法为全空间瞬变响应（图 1），这种瞬变响应是来自于回线平面上下（或两侧）地层。

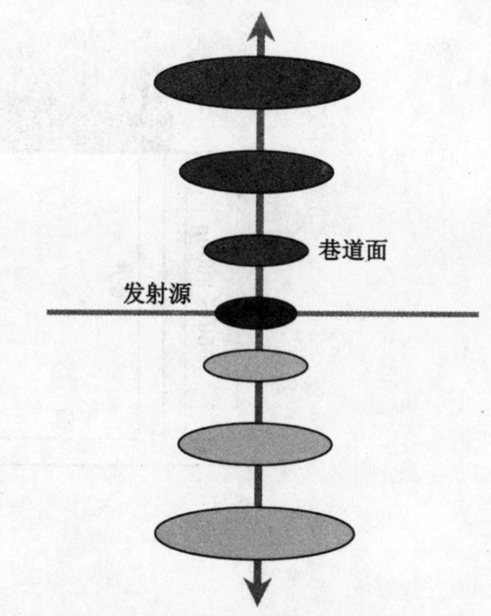

图 1　地下全空间 TEM 信号扩散示意图

矿井瞬变电磁法与地面瞬变电磁法相比具有以下几个方面的特点：

(1) 由于井下测量环境不同于地表，不可能采用地表测量时的大线圈（边长大于 50 m）装置，只能采用边长小于 1.5～2 m的多匝小线框，观测方式一般采用中心观测方式（图 2）或偶极观测方式（图 3）。因此数据采集工作量小，测量设备轻便，工作效率相对较高。

(2) 由于线圈边长小，测量点距较密（一般为 5～10 m），可以降低体积效应的影响，从而勘探分辨率，特别是横向分辨率得到提高。

(3) 井下测量装置距离异常体更近，大大提高测量信号的信噪比，实际测量结果表明，井下测量信号的强度比地面同样有效面积的相同装置测量的信号强度高 10～100 倍。井下的干扰信号相对有用信号近似等于零（大于 30 ms 时间段），而地面测量信号在衰减到一定时间段（一般小于 15 ms）就

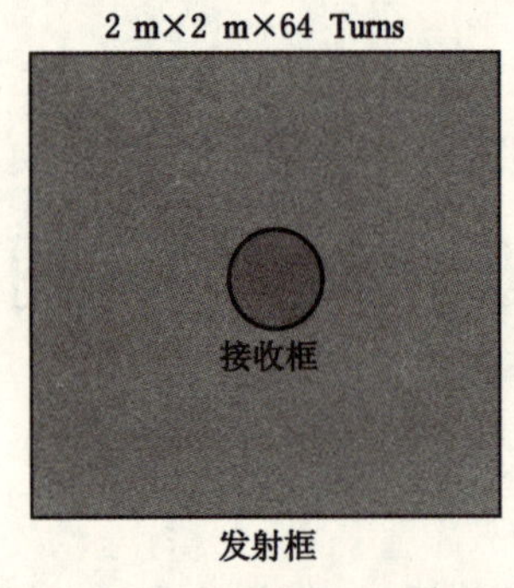

图 2 中心观测方式

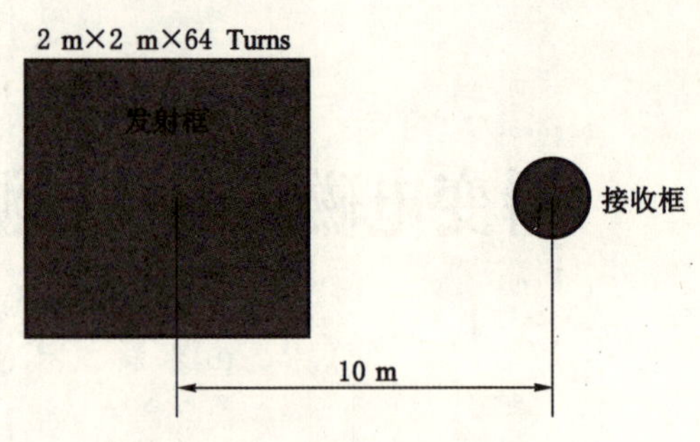

图 3 偶极观测方式

被干扰信号覆盖，无法识别有用异常信号。

(4) 地面瞬变电磁法勘探一般只能将线圈平置于地面测量，而井下瞬变电磁法可以将线圈平面以任意角度放置于巷道中进行测量，探测线圈平面法线方向一定深度内富水异常体垂向和横向发育规律。因此，通过对发射线圈方位的调整可实现对整个工作面内顶板和底板一定范围内富水低阻异常体分布规律的探测。

2 矿井瞬变电磁法探测方法

矿井瞬变电磁探测采用的仪器为加拿大 PROTEM—47 型瞬变电磁仪，该仪器具有抗干扰、轻便、自动化程度高等特点。数据采集由微机控制，自动记录和存储，与微机连接可实现数据回放。由于探测采用小线框，点距可以根据勘探任务要求变化。实际测量时，采用多匝线框，在巷道侧帮测量时，线框平面可根据探测任务的要求设计相应探测方向。发射线框和接收线框分别为匝数不等且完全分离的两个独立线框，以便与地下(前方)异常体产生最佳耦合响应。矿井瞬变电磁法探测测线可布置在工作面轨道顺槽、皮带顺槽内或其他巷道内，测点间距为 2～10 m。图 4 为矿井巷道 TEM 测线布局示意图。

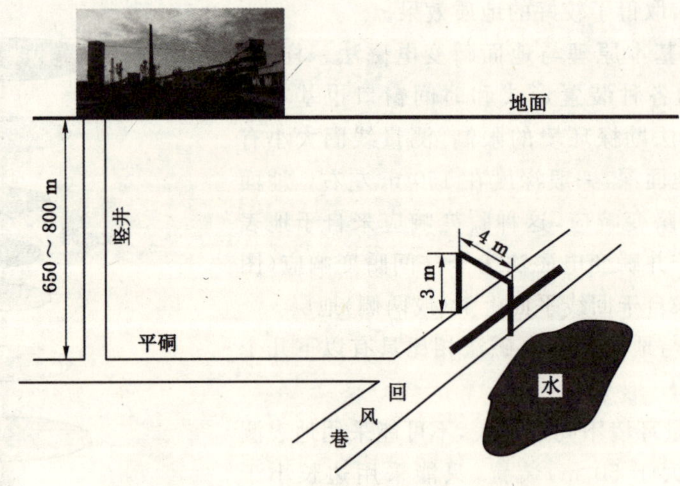

图 4 矿井巷道 TEM 测线布局示意图

2.1 巷道顶底板探测

若发射线框和接收线框水平放置于巷道[图 5(a)]，则探测巷道正上方顶板或正下方底板一定范围的电阻率分布；若发射线框和接收线框倾斜放置于巷道[图 5(b)]，则探测巷道侧上方顶板或侧下方底板一定范围的电阻率分布，根据电阻率分布情况推断顶板或底板岩层的富水性。

2.2 巷道掘进头超前探测

将发射线框和接收线框垂直放置于巷道掌子面后方(图 6)，转换不同角度则可探测掘进头前方

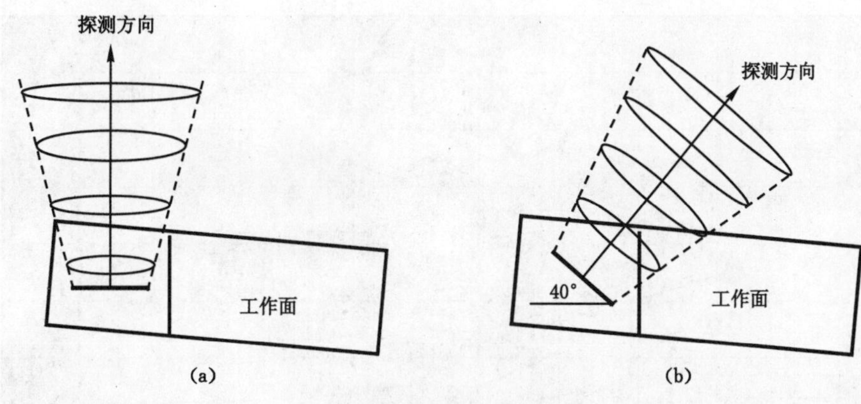

图 5 巷道顶底板探测方式

(a) 正上方(垂直);(b) 侧上方

或侧方一定范围的电阻率分布,根据电阻率分布情况推断巷道掘进头前方是否存在富水异常体。

3 应用实例

济阳煤矿在二采一层进风上山掘进过程中遇煤层顶板砂岩出水,出水量为 200 m^3/h。为给巷道注浆堵水提供技术依据,对二采一层进风上山进行了水平方向超前、向上 20°方向超前、向上 45°方向超前和向上 60°方向超前探测。探测结果如图 7～图 10 所示。

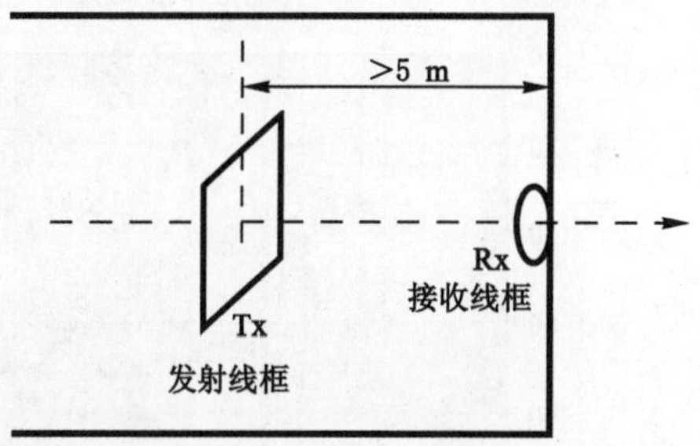

图 6 巷道掘进头 TEM 超前探测装置方式

从一层进风上山探测点前方水平方向超前探测断面图中可以看出,探测点前方超前的视电阻率都大于 1.3 Ω·m,水平方向探测点前方左右侧无明显的富水异常区,但可以看出在右 10°～右 40°电阻率比其他区域有所降低。从探测点前方向上 20°方向超前探测断面图中可以看出,在左 20°～右 30°探测点前方 30～40 m 范围视电阻率在 1.1～1.3 Ω·m,岩层有较强的富水性,其他区域岩层富水性弱。从探测点前方向上 45°方向超前探测断面图中可以看出,在正前方～右 30°探测点前方 28～40 m 范围视电阻率低于 1.1 Ω·m 的异常区,为相对富水性很强区,推断为此次出水的裂隙中心位置,其他区域岩层富水性依次减弱。从探测点前方向上 60°方向超前探测断面图中可以看出,在正前方～右 20°探测点前方 35～45 m 范围视电阻率低于 1.1 Ω·m 的

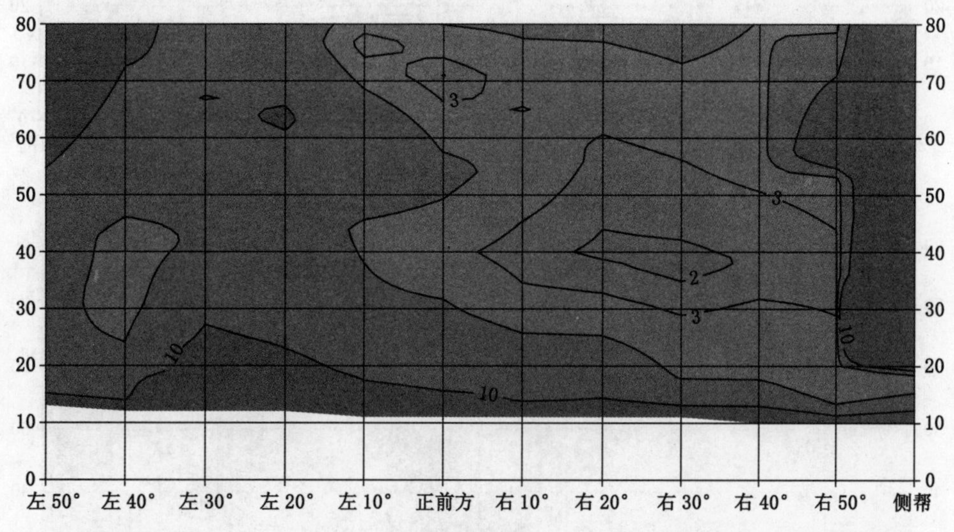

图 7 济阳煤矿二采一层进风上山水平方向超前探测

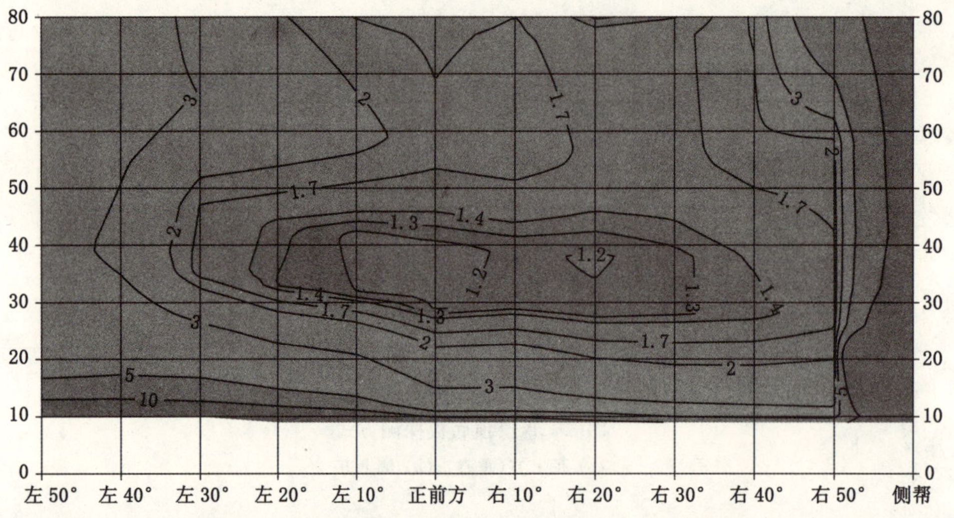

图 8 济阳煤矿二采一层进风上山向上 20°方向超前探测

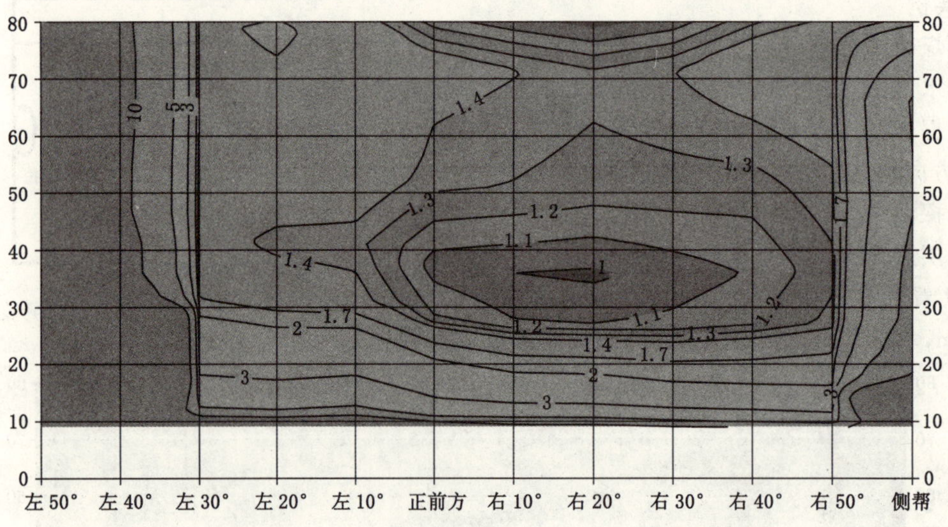

图 9 济阳煤矿二采一层进风上山向上 45°方向超前探测

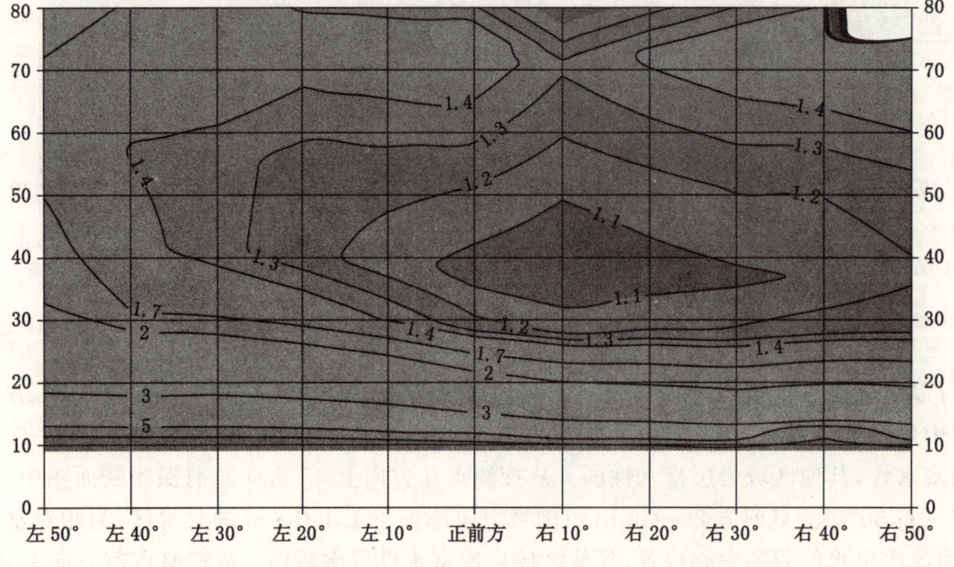

图 10 济阳煤矿二采一层进风上山向上 60°方向超前探测

异常区，为相对富水性很强区，推断为此次出水的平面裂隙中心位置，其他区域岩层富水性依次减弱。在空间分布上裂隙中心位置应位于向上45°方向。

验证结果：在该巷道迎头推后10～15 m左右帮各施工一个钻场，分别施工了1个探水钻孔，钻孔在施工至15.0、17.3 m时分别出水，钻孔出水量约120 m^3/h，表明探测结果正确。

4 结论

(1) 通过对瞬变电磁探测工作装置、相关参数、资料处理的调整，在煤矿井下巷道的超前探测中进行应用，查明了巷道前方岩层的富水区分布情况，经验证效果良好。

(2) 应用表明，采用矿井瞬变电磁法在煤矿井下独头巷道进行超前探测含水构造是有效的。由于井瞬变电磁法具有定向性(方位性)好、探测距离大等突出优点，是矿井超前探测含水构造的有效方法，为矿井防治水提供了一种新的探测手段。

作者简介：闫勇(1968—)，山东淄博人，山东新汶矿业集团公司地质测量处，工程师，从事煤田地质及矿井物探工作。

音频电透视探水技术在鲍店煤矿的应用

兖州煤业股份有限公司鲍店煤矿 刘延欣 王宗胜

摘 要：鲍店煤矿为水文地质条件中等型矿井，矿井采掘活动中涌水量较大，工作面回采时突水量达到 285.4 m^3/h，严重影响了工作面的安全生产。为提前查明煤层顶板的含水情况，做好防治水工作，该矿自2000年开始应用音频电透视探水技术，为矿井的防治水工作提供了科学依据，效果明显。

关键词：音频电透视；探水；应用效果

鲍店煤矿于1986年6月建成投产，设计生产能力300万 t/a，2003年矿井核定生产能力为640万 t/a，井田位于兖州向斜轴部的中段，为华北型隐蔽式煤田，为地下水汇集的中心。

1 开展音频电透视技术探水的必要性

鲍店井田属水文地质条件中等型矿井。开采上组煤的直接充水含水层有红层、山西组砂岩和三灰，间接充水含水层为第四系下组砂岩。矿井含水层发育齐全，富水性强，矿井开采既有红层水的威胁，又有第四系下组水的危害。工作面回采时涌水量较大，最大涌水量 285.4 m^3/h。矿井涌水量居矿区之首，历年最大涌水量 714.6 m^3/h。

五采区为矿井接续采区，5308工作面为五采区首采工作面，自1999年12月27日开始回采，至2001年4月20日停采。工作面回采期间，共发生5次较大涌水，最大水量达 260 m^3/h。因对该面顶板水文地质条件掌握程度不够，造成发生较大突水后，排水能力不足，对工作面的回采造成严重影响，工作面推进缓慢，致使面前顶板压力增大，大量支架被压坏，造成工作面几近停产。另外该工作面在开采过程中，不同区域涌水量就有较大区别，说明3煤顶板突水性具有明显的不均一性，顶部砂岩横向水力联系较差，疏降程度尚不能估计，鉴于上述原因，工作面回采前有必要采用较为先进的音频电透视技术对煤层顶板砂岩水的赋存规律、形态、含水性的强弱等做进一步勘探，为工作面设计提供可靠的水文地质资料，确保工作面安全生产。

2 采用音频电透视技术探水的原理、方法

2.1 地球物理前提

不同岩性地层的物性差异不同，其一般变化规律为从泥岩、粉砂岩、细砂岩、中砂岩、粗砂岩、砾岩到煤层，电阻率值逐渐增高，即煤层相对其顶、底板为一相对高阻层。

测区内正常地层组合条件下，在横向与纵向上物性都有固定的变化规律可循。但当局部构造发育或充水裂隙发育，即局部出现有明显的含水构造，由于矿井裂隙水体的导电性良好，从而在纵向与横向上都打破了原有电性的固有变化规律。

上述物性变化的存在为以电性差异为应用前提的电磁勘探方法的实施提供了良好的地球物理条件。

由于地下各种岩（矿）石之间存在导电差异（如表1所示），影响着人工电场的分布形态。矿井音频电透视法就是利用专门的仪器在井下观测人工场源的分布规律来达到解决地质问题的目的。

表 1　一般煤系地层常见岩石电阻率值

岩　石	煤	泥　岩	砂　岩	石灰岩	矿井水
电阻率/(Ω·m)	$10\sim10^4$	$1\sim50$	$1\sim10^5$	$60\sim4\times10^5$	$1\sim10$

2.2　地电模型及点源场的分布特征

从大的范畴来说，矿井音频电透视法仍属矿井直流电法，与地面电法不同的是，矿井音频电透视法以全空间电场分布理论为基础。

鲍店煤矿煤层与其顶、底板(一般为砂岩、泥岩互层)具有明显的电性差异。而煤层相对其顶、底板为高阻层，可用图 1 所示的 3 层地电模型来模拟上述电性组合特征。

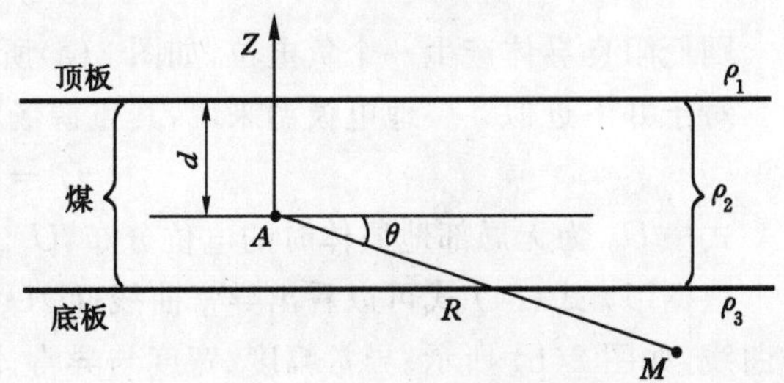

图 1　井下三层地电模型示意图

ρ——均匀空间介质电阻率，Ω·m；

R——观测点到点电源 A 的距离

根据镜像法，可以求出全空间内任意点的电位 $U_{i,j}$。

2.3　含水构造对点源场的电位影响

含水构造可以模拟为局部地质体，如图 2(c)所示。对于井下局部地质体的附加场，可用导电球来说明问题。即电流场中导体的异常可以近似地看做电偶极子的异常。其表达式为：

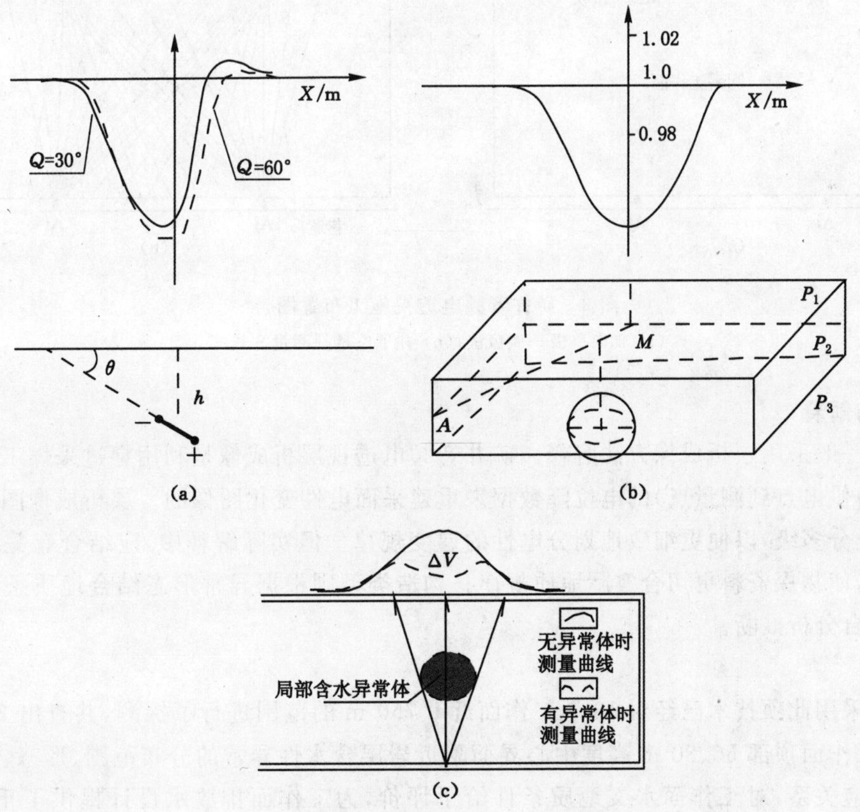

图 2　含水构造的模拟及电位异常反映特征示意图

$$U=\frac{\rho_0 I}{4\pi}\left(\frac{1}{r_2}-\frac{1}{r_1}\right)=\frac{\rho_0 I}{2\pi}\cdot\frac{r_1-r_2}{r_1 r_2} \tag{1}$$

在直角坐标系中，偶极场的电位分布关系式为：

$$U = m\frac{x\cos\theta - h\sin\theta}{(h^2 + x^2)^{3/2}} \tag{2}$$

当 $\theta = 90^\circ$ 时：

$$U = -m\frac{h}{(h^2 + x^2)^{3/2}};E = -m\frac{3hx}{(h^2 + x^2)^{3/2}} \tag{3}$$

则低阻良导体产生一个负电位，如图 2(a)所示。

对于井下近似 3 层地电模型来说，其点源场电位表达式为：

$$U = U_0 + U_n \tag{4}$$

式中 U_0 为无局部地质体时的电位分布，U_n 为局部地质体的异常场。

根据(1) 式、(4) 式可以看出异常曲线(U/U_0) 是以点源 A 与地质体连线的延线为对称轴的轴对称曲线，如图 2(b) 所示。异常幅度、宽度与异常体的大小、异常体与围岩的电性差异及距收发面的距离等有关。异常体规模越大、与围岩的电性差异越大、距收发面距离越小，异常幅度就越大；反之则越小。图 2(c) 为底板下存在含水体与不含局部水体等两种条件下电位测量曲线的比较示意图。

2.4 施工方法

矿井音频电透视技术施工前先作井下标点、定位工作。发射点的间距为 50 m，对应巷道的一定区段进行扇形扫描接收(如图 3 所示)。在井下施工时，可以根据巷道具体情况、施工中测量发现异常情况及对巷道已揭露断层裂隙区域的充分控制，适当调整发射点位和接收范围。

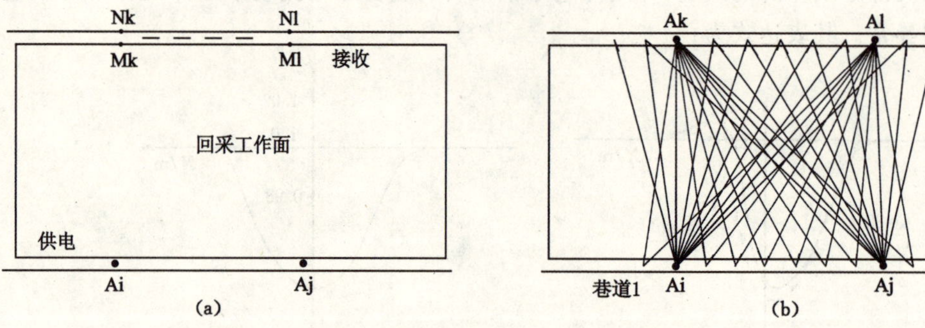

图 3 矿井音频电透视施工布置图

(a) 轴向单极—偶极法；(b) 井下电透视测量方式

3 资料处理与解释

资料处理一般采用层析成像方法解释。矿井音频电透视层析成像是利用穿过采煤工作面内的沿许多电力线(由供电点到测量点)的电位降数据来重建采面电性变化图像的。层析成像图件是以颜色分级的，原则上分多级，以便更细致地划分电性的递变规律。但实际解释中，应结合有关已知地质资料来划分级别，使物探资料更切合实际地质规律。构造类型则根据异常形态结合地质条件与构造发育规律进行综合分析推断。

4 应用效果

鲍店煤矿采用此项技术已经对 13 个工作面近 9 750 m 的范围进行了探测，共查出 20 个含水异常区，探明了工作面顶部 50、80 m 高度中心界面附近岩层含水性异常的分布范围、形态、含水性相对强弱及垂向对应关系，对工作面水文地质条件给予评价，为工作面排放水设计提供了重要的依据。$103_{上}$ 01、$103_{上}$ 04、5310、1307 等工作面涌水情况与异常区的分布范围存在着比较密切的关系，重点以 $103_{上}$ 01 工作面为例(见图 4)。

$103_{上}$ 01 工作面，设计走向长 1 155 m，倾斜宽 198 m，工作面西高东低，自东向西回采，切眼端最低。工作面回采前，进行了音频电透测水，共发现 3 个异常区，第 1 个异常区发育在切眼向东至 145 m 的范围内，最大异常值为 5 个单位；第 2 异常区较小，处于工作面中部，最大异常值为 3 个单位；第

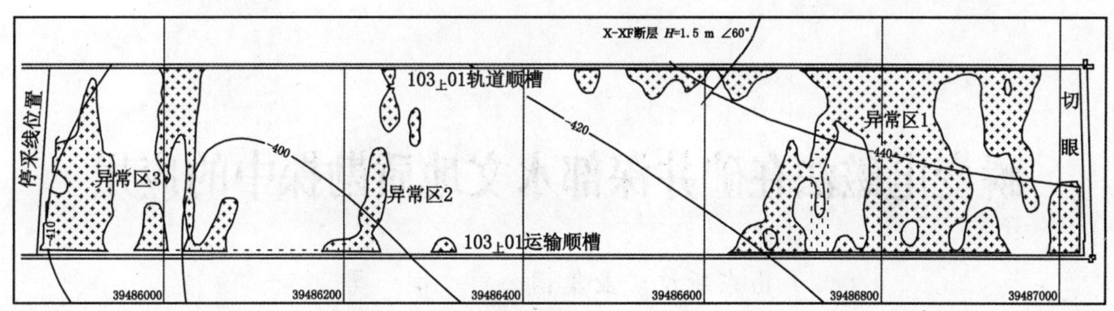

图 4 103上 01 工作面音频电透视成果图

3 异常区发育在停采线向东 210 m 的范围，最大异常值为 5 个单位。工作面推过切眼 50 m 后，发生第 1 次突水，涌水量最大 55 m^3/h，一般在 35 m^3/h，涌水量比较稳定；工作面推过第 1 个异常区 60 m 后，发生第 2 次突水，最大涌水量为 86 m^3/h，水量稳定在平均 70 m^3/h，时间较长，目前该处涌水量在 55 m^3/h。工作面回采中部区段时，涌水量较小，一般在 20 m^3/h，工作面推至距离停采线 80 m，推过第 3 个异常区 130 m 时，工作面发生第 3 突水，最大涌水量 130 m^3/h，平均 76 m^3/h，工作面停采后，该突水点涌水量一直稳定在 55 m^3/h 左右，直到一年后该突水点涌水量开始逐渐减小，目前在 5 m^3/h。资料显示工作面涌水量不仅与异常区的分布范围有关，同异常值的大小也有比较密切的关系，异常值大的涌水量相对比较大，异常值小的涌水量相对比较小。

通过分析各个工作面回采后的涌水资料发现，工作面回采后发生较大突水的位置，均处于异常区附近，受地质条件的影响，可能提前或滞后，而未探测出异常区的地点未发生较大的突水现象，证明音频电透视探水技术比较可靠，对矿井的防治水工作具有较强的指导意义。

作者简介：刘延欣，鲍店煤矿科研测绘中心工程师。

瞬变电磁法在矿井深部水文地质勘探中的应用

山东新汶矿业集团公司 闫 勇

摘 要:通过采用瞬变电磁法勘探成功解决了矿井深部水文地质勘探中的难题,弥补了井下勘探的局限性。具有勘探深度大、施工周期短、效率高、效果好的优点。为查明矿井深部水文地质条件提供了可靠依据。

关键词:瞬变电磁法;水文勘探;深部

1 概 况

良庄煤矿隶属于新汶矿业集团,1954 年由上海煤矿设计院设计,1957 年 7 月 1 日正式投产,1983 年改扩建为年产 120 万 t 的现代化矿井。该矿井于 2000 年和 2003 年分别发生两次工作面底板奥灰突水,突水量分别为 772 m^3/h 和 1 920 m^3/h。此次为解决深部采区有关水文地质问题,选用了地面瞬变电磁勘探对矿井深部徐、奥灰的富水性和 F_{10}、F_8 断层含、导水性进行了探测,取得了较好效果。

勘探区分为两部分,分别编号为 A 区和 B 区。A 区呈带状,由 6 个拐点(A1～A6)确定,面积 0.9 km^2;B 区呈刀形,由 8 个拐点(B1～B8)确定,面积约 7.7 km^2。实际完成测线 29 条,坐标点 1 992 个,检测点 160 个(8.0%),试验点 30 个,共计完成瞬变电磁勘探物理点 2 182 个。A 区采用 100×50 的网度,线距 100 m,点距 50 m;B 区采用 150×50 的网度,顺断层走向布置,线距 150 m,点距 50 m。最大勘探深度约 1 200 m。

2 地质概况

2.1 地层

本区煤系地层基底为奥陶系石灰岩。煤系地层属华北型海、陆交互相沉积,由本溪组、太原组、山西组、石盒子组构成。煤系上覆地层为第三系、第四系。

2.2 构造

新汶向斜属鲁西断块,鲁中块隆的断凹部分。煤田呈一近东西向的向斜构造,向斜南翼保存较完整,北翼由于断层破坏保存不甚完整,南与蒙山基底凸起相邻,北与莲花山大断层基底凸起相接,蒙山大断层将煤田分为东西两段。良庄井田位于煤田的东段,地层走向 290°～310°,倾向 20°～40°,倾角 12°～24°。

井田内断裂较发育,绝大多数为高角度正断层。本次勘探区内较大断层有 F_{10} 和 F_8 断层。

2.3 主要含水层和隔水层

良庄煤矿直接充水含水层有山西组砂岩,太原组第一、第四层石灰岩(简称一灰、四灰),本溪组徐家庄、草埠沟石灰岩(简称徐、草灰);间接充水含水层有第四系含水砂砾层、第三系砾岩及奥陶系石灰岩(简称奥灰)。本测区内对开采深部煤层影响较大的含水层主要为本溪组徐、草灰含水层和奥灰含水层,主要隔水层有第三系红色黏土质粉砂岩层。

3 瞬变电磁勘探方法和仪器

瞬变电磁法属于时间域电磁感应法,它利用不接地回线或接地线源向地下发送一次脉冲场,在一次脉冲场间歇期间利用回线或电偶极接收二次场,该二次场是由地下良导地质体受激励引起的涡流所产生的非稳电定磁场。根据二次衰减曲线的特征,就可以判断地下地质体的电性、规模、产状等。由于该方法是纯二次场测量,故与普通电法勘探相比,具有对低阻地质体反应灵敏,纵横向分辨率高,勘探深度大，工作效率高等优势。

此次瞬变电磁勘探使用加拿大产 PROTEM 67D 瞬变电磁勘探系统，它是目前国内外瞬变电磁勘探中最先进的仪器系统，主要性能参数为：

最大供电电流	25 A
积分时间	0.25～120 s
采样道数	20/30
同步方式	石英钟同步/参考线同步
动态范围	29 bits (175 db)
输出电压	18～150V 连续可调

4 野外数据采集参数

本次勘探采用大定源回线装置。大定源回线装置有勘探深度大、施工效率高的优点。接收用的是专用探头，其接收面积为 200 m^2。根据测区目标层埋深及邻区的勘探情况，发射线框选用 1 000 m×800 m 进行了试验，试验点为 605 号钻孔附近及 309 号钻孔附近。经计算分析观测的有效深度已达 1 300 余米，符合本次勘探的要求。通过试验确定的主要参数如下：

(1) 频率：2.5 Hz。

(2) 电流：16.5 A。

(3) 增益：2^5 倍、2^6 倍。

(4) 积分时间：60、120 s。

(5) 采样道数：20。

(6) 采样时间范围：0.09～69.77 ms。

5 应用效果

5.1 徐灰和奥灰界面下 40 m 的富水区范围划分及分析

5.1.1 徐灰富水区分布情况

图 1 是徐灰富水区分布图，图中浅灰色方格阴影区为富水区，深色斜线阴影区为弱富水区。

图 1 徐灰富水区分布图

整个测区内弱富水区 32 个，编号为 A_{I1}～A_{I32}；富水区 21 个，编号为 A_{II1}～A_{II21}。其中 A_{I1}、A_{I3}、A_{I4}、A_{I5}、A_{I6}、A_{I18}、A_{I28}、A_{I30}、A_{I31}、A_{I32} 分布范围较大，主要集中在测区的西部(F_8—3 断层

以西)、北部(F_{18}断层以北)、南部(孙村矿区)和F_{10}断层附近。富水区有条带状或串珠状的分布规律,其中北西向的有:① A_{I1}、A_{I7}、A_{I8};② A_{I5};③ A_{I6}、A_{I18};④ A_{I31}、A_{I32}。北东向的有:① A_{I1}、A_{I2}、A_{I3}、A_{I6};② A_{I5}、A_{I6}。

5.1.2 奥灰界面下 40 m 富水区分布情况

图 2 是奥灰界面下 40 m 富水区分布图,图中浅灰色方格阴影区为富水区,深色斜线阴影区为弱富水区。其分布规律与徐灰富水区分布规律大致相同。

整个测区内弱富水区 22 个,编号为B_{I1}~B_{I22};富水区 25 个,编号为B_{II1}~B_{II25}。其中B_{I1}、B_{I2}、B_{I3}、B_{I4}、B_{I5}、B_{I10}、B_{I11}、B_{I16}、B_{I18}、B_{I19}、B_{I20}、B_{I21}分布范围较大,主要集中在测区的西部(F_{8-3}断层以西)、北部(F_{18}断层以北)、东部角上、南部(孙村矿区)和F_{10}断层附近。

图 2 奥灰界面下 40 m 富水区分布图

5.2 F_{10}、F_8 断层组的导水性分析和评价

通过对 300 线、450 线、600 线和各加密线视电阻率断面图的分析,F_{10}断层整体上导水性较弱,富水区主要在测线的 300~600 号测点之间和 2600~3150 号测点之间,这两处异常区在 3 条测线上有较强的对应关系。因此F_{10}断层具有一定的导水能力,上述区域可能成为F_{10}断层两侧的水力联系通道。

由 600 线视电阻率断面图可知,在F_{8-2}断层与F_{10-3}断层交汇处有较强的低阻反映,说明该处岩性较为破碎,含水性较好。

虽然在通过F_{8-3}断层各测线断面图上该断层的含水反映不十分明显,但从各顺层切片图的反映来看,F_{8-3}断层上盘有大面积的低阻区出现,断层对水文条件的影响则反映了断层有一定的导水能力。尤其是在 1300 线的 1800~2200 号点之间(F_{8-3}断层与F_8断层交汇处),低阻反映较为明显,该处低阻异常区与F_{8-3}断层下盘低阻区相连,有可能为断层两盘之间的导水通道。

综上所述,F_{10}、F_8 断层组整体上导水性较弱,但在局部地区有一定的导水能力,特别是在断层互相切割的地区断层的含、导水性增强。因此,希望矿方应对构造较为复杂的地区给予足够的重视。

5.3 验证情况

经在井下进行水文钻探验证,效果良好,详见表 1。

表 1　　水文钻探验证结果

探查地点	钻探验证结果
−460 m 水平三采总回风巷	① 徐灰孔：涌水量为 3.5 m^3/h，水温 27 ℃，水压 4.8 MPa，终孔水压稳定在 4.2 MPa。 ② 奥灰孔：涌水量为 4.2 m^3/h，水温 31 ℃；终孔时涌水量为 15 m^3/h，水压 4.6 MPa，水温 31 ℃
三采回风上山	① 徐灰孔：涌水量为 2.3 m^3/h，水压 4.3 MPa，水温 34 ℃。 ② 奥灰孔：涌水量为 0.432 m^3/h，，水压 4.7 MPa，水温 33 ℃；终孔时涌水量为 35.3 m^3/h，水压力 4.9 MPa，水温 35 ℃
四采 11 煤层运输巷	奥灰孔：涌水量为 0.25 m^3/h，水压 3.6 MPa，水温 30 ℃
−580 m 管子井	奥灰孔：钻探徐灰涌水量为 0.25 m^3/h，水压 3.9 MPa，水温 32℃。奥灰涌水量为 15 m^3/h，水压为 4.6 MPa，水温 34 ℃；终孔时涌水量为 15 m^3/h，水压 4.6 MPa，水温 34 ℃

6　结　论

(1) 本次瞬变电磁施工前通过试验选取了适合于本区的工作装置和相关参数，野外采集数据质量良好，勘探深度大。通过对资料的处理、分析、解释，查明了区内徐灰富水区和奥灰富水区分布情况，对富水区进行了分级和评价，并对 F_{10}、F_8 断层的导水性进行了分析和评价，经验证效果良好。

(2) 解决了深部矿井水文地质勘探的难题。该方法具有勘探深度大、施工周期短、效率高、效果好的优点，同时弥补了井下勘探的局限性。

作者简介：闫勇(1968—)，山东淄博人，山东新汶矿业集团公司地质测量处，工程师，从事煤田地质及矿井物探工作。

应用"一震二电一钻"探测方法　有效开展矿井水害预测预防

山西三元王庄煤业有限责任公司　肖全兴

摘　要：三元王庄煤业是一个采空积水隐患较为严重的矿井，近年来该矿突出安全防范重点，采用地面三维地震法、地面瞬变电法、井下瞬变电磁法探测技术和强化钻机探水的"一震二电一钻"探测法，确定掘进巷道前方积水疑点，开展矿井水害预测预防工作，有效消除了突水隐患，取得了较好的安全效果，具有推广应用价值。

关键词：矿井水害；三维地震法；瞬变电法；探测方法；瞬变电磁法

1　矿井自然条件

山西三元王庄煤业有限责任公司位于山西省长治县境内，该矿始建于1964年，1967年投产，井田南北长5.9 km，东西宽3.2 km，井田面积16.7 km^2。该矿为低瓦斯矿井，采用斜井开拓方式，原设计能力0.15 Mt/a，批准开采3#、15#煤，现开采3#煤。2004年以来矿井采用综采放顶煤工艺，核定生产能力为1.2 Mt/a。

该矿3#煤层位于二叠系山西组，煤层厚度4.65～6.07 m，平均5.17 m，煤层倾角3°～8°，含1～3层碳质泥岩夹矸，结构中等，可采系数为1，厚度变异系数为2.11%，属全区发育、全区可采的稳定煤层。顶板岩性为砂岩、泥岩及碳质泥岩，底板岩性为砂质泥岩和碳质泥岩。

根据矿井地质报告和现场生产实践，该矿3#煤层直接充水含水层为顶板砂岩裂隙含水层，煤层开采产生的塌陷裂隙和导水裂隙带含水性较弱，但3#煤层埋深在100～150 m范围内，井田内及周边小煤矿较多，开采无规则，采空积水复杂，给矿井开拓开采留下诸多安全隐患。2008年曾发生过"7·12"掘进透采空积水区重大伤亡事故，教训十分深刻。所以准确探测采空积水隐患及防治工作是矿井安全工作的重中之重。

2008年10月以来，在上级主管部门的正确领导下，该矿认真贯彻《煤矿安全规程》和《煤矿防治水规定》，突出安全防范重点，积极探索矿井防治水和超前探测技术，按照"电法先行，钻探跟进"的原则，应用地面三维地震法确定采空区范围，对采空区范围内采用地面瞬变电法确定采空区积水区域，使用井下瞬变电磁法确定掘进巷道前方积水疑点范围，再用探水钻机探测和验证各个疑点，简称"一震二电一钻"探测法，有效消除了突水隐患，取得了较好的安全效果。

2　一震二电一钻探测方法

2.1　地面三维地震勘探

三维地震勘探主要利用地表震源滚动激发、检波器滚动面积接收的技术，通过采集、处理和解释等一系列手段，实现了从三维空间了解地下地质构造发育情况。通过三维地震勘探，可初步掌握井下采空区分布范围，但对采空区内积水情况不敏感。

2008年11月～2009年3月，该矿委托山西山地物探技术有限公司对304采区进行地面三维地震勘探，勘探区面积2.4 km^2，查明该区域3#煤层的赋存情况、构造发育特征等情况，查明了区内存在采空区3处、小窑破坏区1处，影响面积为0.199 7 km^2。

2.2　地面瞬变电法勘探

地面瞬变电法勘探的原理是不同的岩石具有不同的电性特征，煤层的视电阻率值高于岩层；对于采空区来说，其视电阻率值远高于煤层和岩层，电性差异明显，表现为高阻异常区；当采空区积水时，其视电阻率值明显降低,与煤层、岩层有明显的电性差异,表现为低阻异常。其工作方法首先采用瞬变电磁法对测区进行面积性扫描工作,确定异常区;然后在异常区进行一定量的激发极化测深,进一步确定异常区的范围和性质,确保探测结果的可靠性。

2009 年 7～9 月,根据山西山地物探技术有限公司对 304 采区地面三维地震勘探成果,选定了三个测区进行地面电法勘探,探测结果为三个测区采空及其采空积水情况比较复杂,其中 1 号测区左半部分异常区主要表现为采空积水,右半部分异常区主要表现为采空无水;2 号测区左半部分异常区表现为采空积水,其余部分主要表现为采空无水;3 号测区大部分表现为采空无水,采空积水区零星分布。

2.3　井下瞬变电磁法超前探测

井下瞬变电磁法超前探测,就是在巷道迎头表面放置矩形发射天线,并在天线中供以阶跃脉冲电流,建立稳定的磁场。将电流断开后,直至地层的欧姆损耗,形成瞬变电磁场。通过接收线圈测量感应电动势随时间的变化特征,了解巷道迎头附近介质的电磁性质变化规律,进而确定电磁性质异常体的规模、产状和到巷道迎头的距离等。该探测方法可以查明掘进迎头正前方 110 m 以内、前方底板下 60 m 以内和前方顶板上 60 m 以内的锥体范围内是否存在采空积水区或富水性地质构造,为巷道的安全掘进提供物探资料。

2009 年 12 月 27 日至 2010 年 4 月 29 日,该矿委托中国矿业大学使用井下瞬变电磁法超前探测 31 次,分别提交了探测成果。随着掘进工作面的向前推进,该矿采用钻探方法进行现场验证 29 处。其中,25 处井下瞬变电磁法超前探测结果与钻探结果相同,4 处结果不一致,2 处未验证,井下瞬变电磁法超前探测结果准确率达 86.2%。

2.4　掘进工作面钻机探水

根据《煤矿防治水规定》的要求,该矿采用有掘必探、先探后掘、探掘分离的探放水原则,矿成立探放水机构,配备专职探放水人员,对所有煤巷和半煤巷掘进巷道严格编制探放水设计,每天至少安排一个班次进行钻机探水,在掘进工作面的前方和前方两侧,按水平方向和不同方位角,利用探水钻机钻探一定深度的钻孔,其中中心钻孔深度不低于 60 m,两侧钻孔深度不低于 30 m,确保掘进前方 20 m、巷道两侧各 10 m 的安全警戒线,有效探测钻探范围内是否有采空区积水隐患。

通过采取多种探测方法,该矿成功地在 304 采区进风巷、回风巷、3043 进风顺槽等探测出了采空积水区,并采取排水措施及时安全地进行排放水,其中在 3043 工作面进风顺槽安全排放采空区积水约 12 万 m^3,起到了预测、预防、预控的作用,为采掘工作面巷道布置提供了超前、可靠的依据。

3　初步结论和认识

(1) 煤矿探放水是一项非常重要的安全工作,必须坚持"预测预报,有掘必探,先探后掘,先治后采"的原则,才能消除水患,确保安全生产。

(2) 三维地震勘探、电法勘探均属于体积勘探,存在体积和导电体磁场干扰效应,对探测采空及其积水深度存在一定技术难度,而且地球物理方法本身存在多解性,其探测成果仅供定性与半定量参考使用。

(3) 采用电法先行、钻探跟进的"一震二电一钻"综合探测法是煤矿较为有效的水患探测方法。通过三维地震法确定采空区范围,地表瞬变电法确定积水区域,井下瞬变电磁法确定掘进前方积水疑点,钻机探测法验证和排除各个采空积水疑点的四道关口,"探网恢恢,疏而不漏",提高了探放水的准确性,取得了较好的安全效果。

作者简介:肖全兴,山西三元王庄煤业有限责任公司总工程师。

直流电法技术在霄云煤矿防治水中的应用

济宁矿业集团霄云煤矿

摘　要:本文阐述了全方位探测仪在煤矿井下掘进工作面超前水文地质预测预报的基本原理,介绍了三级对称法超前探测的测点布置的方法,并根据直流电法技术在霄云煤矿超前探测结果,对直流电法的特点和应用中需注意的问题作了归纳总结。

关键词:直流电法;水文地质;预测预报;超前探测

1 概　况

随着我国煤炭工业的快速发展,各矿区开采深度不断增加,矿井水灾害对煤矿安全生产影响越来越大。近年来直流电法和瞬变电磁法在井下水文地质预测预报中得到了广泛运用,尤其直流电法可以测试工作面前方介质的视电阻率,而含水介质的视电阻率变化较大,所测结果对分析前方水文地质状况能起到很好的作用。

霄云煤矿是一个在建矿井,井田位于山东省金乡县肖云镇境内。矿井采用立井开拓,设主、副两个井筒,设计生产能力0.9 Mt/a。主井深度840 m,副井深度860 m,第一开采水平标高为－790 m。本矿井开采深度大,巷道围岩破碎,虽然整个矿井水文地质条件简单,但是局部水文地质条件较为复杂。为了配合井下钻探工作,做好水文地质预测预报,该矿大力开展了井下物探技术的推广与应用,将全方位探测仪应用于巷道的超前探测,取得了很好的效果。

2 全方位探测仪超前水文地质预测预报的基本原理及测点布置

通过在井下巷道周围岩层中建立起全空间的稳定人工电场,测量该电场的变化规律,求取岩层的视电阻率。由于岩层的视电阻率大小主要取决于空隙内的赋水性和空隙空间特征,因此利用这种电性的差异,结合全空间电场理论以及相应的资料解释处理系统,就可得到巷道周围岩层中引起电场变化的水文、地质构造等状况。

直流电法超前探测的基本原理是:一个供电电极向全空间均匀介质中的A点供电,另一个供电电极位于无穷远B点,也就是这两个电极之间的距离非常大。记录点接收的电位主要受A点的电极影响,而B点的电极产生的影响可以忽略不计,因而A电源建立的电场就是单个点电源的电场。以A点为中心形成电场,向四周均匀放射电流,距A点等距离点组成一个球形等位面(在这个面上每个点的电位都是相等的),等位面的变化代表整个球壳中电性异常的综合反映,如图1所示。

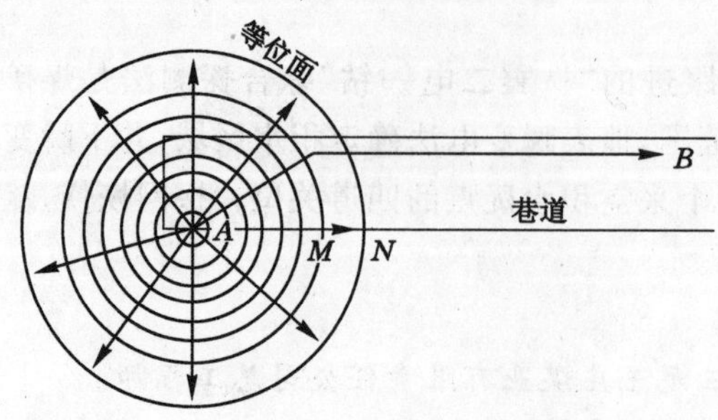

图1　点电源电位及电力线分布图

井下直流电法勘探通常为对称四极测深装置和三极测深装置。对称四极测深装置和三极测深装置的应用较为广泛，二者特点互补，实际探测时应根据探测目的和施工条件选用。该矿主要是对巷掘进工作面前方的岩层含水性及断层含水性进行超前探测，所以采用三极测深布极法。布置方法：在掘进工作面迎头布置供电极 A_1、A_2、A_3，间距 4 m，接收极 M、N，极间距 4 m，在掘进工作面迎头后 300 m 处布置 B 极作为无穷远极，距供电极 A_1 12 m 开始跑极，观测记录各点视电阻率 t，然后在计算机上绘制 A_1、A_2、A_3 点视电阻率曲线图。以各条曲线上距 A_1 供电点等距低阻点为依据，分别以 A_1、A_2、A_3 点为圆心绘圆，三圆相交点即为前方低阻异常点，如图 2 所示。

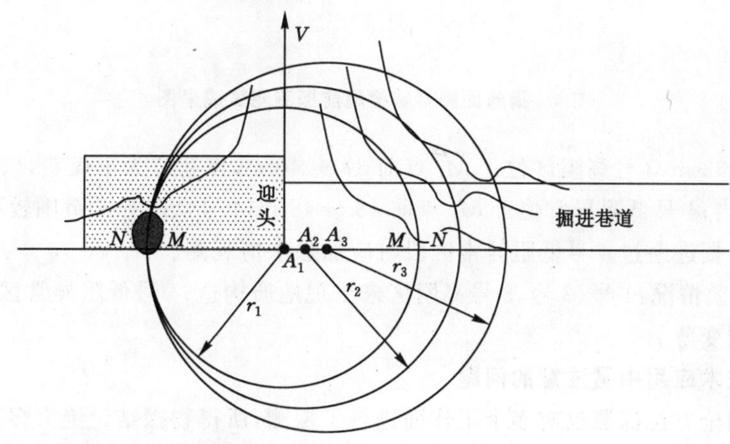

图 2　超前勘探原理示意图

3　直流电法技术的优点和用途

直流电法技术具有理论成熟、方法灵活、仪器简便、抗干扰能力强的优点，可用于探测巷道掘进头前方断裂破碎带和富水区(体)范围，查找巷道周围隐伏构造破碎带位置，划分顶底板岩层贫富水区域，确定放水孔位置及工作面回采时的易突水地段，评价工作面回采时的水害安全性等。

4　实例分析

(1) 1301 轨道顺槽超前探测测试成果见图 3。

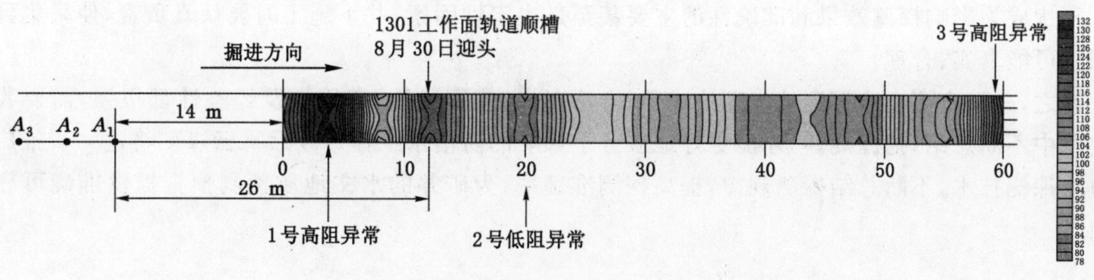

图 3　1301 轨道顺槽超前探测测试成果图

从图中可以看出：

① 巷道超前探测控制距离 60 m，A_1 点距离迎头 26 m，接受电极 M、N 间距 4 m。

② 本次探测共发现 3 组异常：1 号高阻异常位于迎头后方 8 m；2 号低阻异常位于迎头前方 6～12 m 区域，范围较小，强度较弱；3 号高阻异常位于迎头前方 45～48 m，强度较弱，异常未揭露完全。

③ 揭露验证地质情况：1 号高阻区为干燥裂隙破碎带；2 号低阻异常区为裂隙破碎带，稍微滴水。

(2) 措施面胶带顺槽超前探测测试成果见图 4。

从图中可以看出：

① 巷道超前探测控制距离 60 m，A_1 点距离迎头 28 m，接受电极 M、N 间距 4 m。

② 本次探测共发现 3 处高阻区和 1 处低阻异常：1 号高阻区位于 M_4 点前 15 ～ 21 m；2 号高阻区

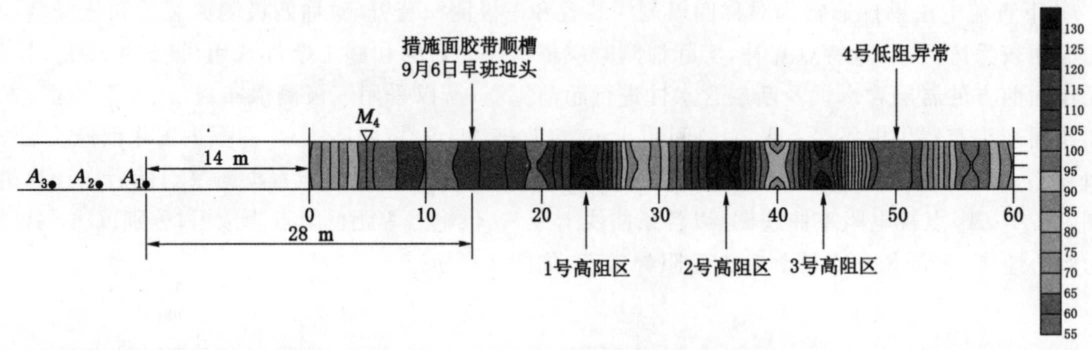

图 4　措施面胶带顺槽超前探测测试成果图

位于 M_4 点前 27 ~ 33 m，3 号高阻区位于 M_4 点前 37 ~ 40 m，该巷道为半煤巷，1、2、3 号高阻区的视电阻率在正常范围内；4 号低阻异常位于 M_4 点前 43 ~ 48 m，4 号低阻异常范围较小，强度较弱，初步推断为裂隙破碎带，掘进通过 4 号低阻异常区段时应加强水情观测。

③ 揭露验证地质情况：1 号、2 号、3 号高阻区未出现地质构造；4 号低阻异常区煤层底板鼓起，顶板未发生变化，煤层变薄。

5　井下直流电法技术应用中需注意的问题

近期，该矿利用全方位探测仪对多个工作面进行了探测，所得物探结论绝大多数已得到巷道掘进的证实，探测准确率在 70%以上。但是在利用全方位探测仪对工作面进行超前探测时，存在较多干扰因素，井下直流电法探测的干扰主要来自四个方面：一是存在铁轨、皮带架、刮板机、工钢、矿车、扒矸机等金属干扰物和水沟等低阻体；二是巷道底板干湿不匀，局部地区存在积水段；三是巷道底板过分干燥引起的接地电阻过大；四是线路漏电影响。

实践发现井下电器产生的电磁场影响往往可以忽略。对金属干扰物和水沟低阻体要让电极尽量远离或均匀保持一定距离即可。在巷道底板干湿不匀区段，应尽量保持 M、N 极间物性均匀。巷道底板过分干燥地段，注意把电极打深打牢，必要时往电极孔中加入盐水、塞入黄泥，或横向易位再打。要经常检查电线绝缘，避免线路漏电。

干扰成为影响探测效果和准确性的主要甚至是决定性因素，井下施工时要认真负责，使采集到的数据尽可能真实、合理。

总之，井下直流电法探测技术理论成熟、方法多样、使用灵活，实用性及经验性都很强，需要我们在实践中不断总结，把握规律，才能更好地服务于煤矿的防治水工作。今后霄云煤矿将进一步推广直流电法探测技术，不断总结探测规律，提高探测准确率，为矿井的水文地质预测预报提供准确可靠的资料。

高分辨直流电法在7604工作面的应用分析

山东新查庄矿业有限责任公司 邱法林 姜 华 张 明

摘 要:查庄煤矿下组煤受底板承压水严重威胁,为延长矿井服务年限,被迫开采深部受水威胁的煤层,然而深部地质条件复杂,水压高、矿压大、构造复杂且控制程度低,应用传统方法难以实现安全生产,为此应用目前高速发展的物探技术进行超前探测,查清水文地质条件,采取有针对性的防治水措施,有效降低了水害事故的发生。

关键词:高分辨直流电法;下组煤;构造复杂;受水威胁;异常区

查庄煤矿由华东煤炭设计研究院设计,1960年破土兴建,1968年4月建成投产,设计能力为60万t/a;1972年与南部中高余小井合并生产,1977年产量达到132.75万;1988年10月煤炭部以〔86〕煤生字第720号文批准查庄煤矿矿井改扩建工程初步设计,设计生产能力150万t/a,1988年动工,2003年竣工;2006年矿井核定生产能力140万t/a;矿井经过四十年的开采,上组煤的储量已接近枯竭,下组煤受水威胁严重,自开采下组煤以来多次发生突水事故,对矿井的安全构成严重的威胁。为延长矿井服务年限,必须依靠科技手段开采深部下组煤,利用物探新技术查清水文地质条件,采取有针对性的防治水措施减少水害事故的发生。查庄矿7604工作面的成功开采就是应用物探新技术的一个实例。

1 采区和采面基本面情况

7600深部采区为−350 m水平的下山采区,北邻F_{27}断层,落差为30 m;西邻F_5和F_{5-1}断层,F_5断层落差大于200 m,F_{5-1}断层落差为50～280 m;东邻F_{40}断层,落差为20～45 m。三面被断层包围,地质条件复杂,尤其是西部F_5和F_{5-1}断层落差较大,导致本采区七层煤与对盘的奥灰含水层对口接触,由于奥灰水位高,富水性强,奥灰水直接补给该盘的四灰、五灰含水层,造成7604工作面开采受五灰奥灰水严重威胁。

7604工作面为7600深部采区首采工作面,东邻F_{40}断层($H=20\sim45$ m);西邻7606工作面(未准备);南邻7600深部轨道巷、胶带巷,北邻7600泄水巷,回采标高−430～−500 m,工作面下部有7600泄水巷,具备自然泄水条件。

工作面走向长52～80/57.5 m,倾斜长460 m,面积为26 450 m^2,煤厚1.25～1.7/1.5 m,工作面储量为48 139 t,煤层走向北西,倾向北东,倾角5°～11°,平均9°左右,巷道掘进过程中揭露落差0.2～1.2 m的断层20余条,落差大于0.5 m的断层5条,其中工作面东侧F_{40}及分支断层落差相对较大,按要求留足了断层煤柱。

7604工作面回采标高已达到−500 m,工作面五灰突水系数为0.133 1 MPa/m,奥灰突水系数为0.130 6 MPa/m,可以看出工作面受五奥灰威胁严重。为了查清7604工作面底板五灰、奥灰浅部含水层的富水性,便于有的放矢地开展防治水工作,查庄矿委托煤炭科学研究总院西安分院对7604工作面底板含水层进行了井下直流电法探测。

2 直流电法的原理

直流电法属全空间电法勘探,它以岩石的电性差异为基础,在全空间条件下建场,使用全空间电场理论处理和解释有关矿井水文地质问题,它采用点源三极装置进行井下数据采集工作,无穷远电极对巷道内测量电极的影响可以忽略不计,故其电场分布可近似为点电源电场,由于供电电极位于巷道中，其电场呈全空间分布，可利用全空间电场理论对数据进行分析解释。

直流电测深法是针对同一测点逐次增大供电电极距，使勘探深度由小逐渐变大，从而观测到测点处沿深度方向地层的电性变化特征，以获得深度方向地电信息的一种物探方法。高分辨电测深技术使用直流电法中的对称四极或三极测深装置，针对探测巷道底板含、导水构造而设计。井下电法常用的四极和三极测深装置如图1所示。

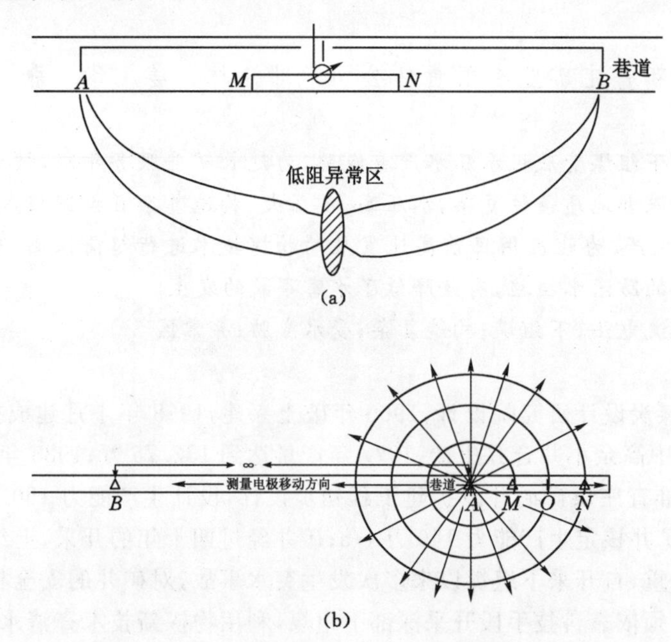

图1　井下电法四极和三极装置探测示意图

(a) 对称四极测深装置；(b) 三极测深装置

3　工作方法选择及工作量

为探测7604工作面底板下100 m内的含水、导水构造的分布情况，结合7600采区井下地质状况，拟采用高分辨直流电法进行井下数据采集。根据已有的钻探资料，7604工作面底板五灰顶界面埋深在底板下60 m左右，奥灰顶界面在底板下75 m左右，针对这种情况，物探时选用最小极距为45 m、最大极距为145 m的三极装置进行井下数据采集。该方法可探测到工作面底板35～100 m深部范围内含水、导水构造的分布情况。

高分辨电测深工作在7604工作面风巷及机巷内进行，探测巷道长度达1 000 m。风巷和机巷按20 m间距布置测点，共布置52个测深点，每个测点测量21组数据，本次井下电法共采集数据1 092组。数据采集过程中，为保证数据的质量，对可疑地段数据做了一定数量重复检查和加密观测，重复观测工作量占总工作量的10%。

4　物探资料分析

井下数据采集工作完成后，对所测的视电阻率数据进行全空间校正、巷道空间校正并形成视电阻率等值线剖面图。视电阻率等值线剖面图以点号为横坐标、以视深度为纵坐标，从中可直观地看出沿巷道方向7煤层底板以下岩层横向、纵向视电阻率的变化情况。

4.1　7604机巷视电阻率低阻异常剖面图

从图2机巷视电阻率低阻异常剖面图中看出，探测区段主要存在4处视电阻率低阻异常，低阻异常区分别位于47～39号、33～29号、23～19号和15～11号探测点附近，依次命名为1号、2号、3号和4号异常。

在以上4处视电阻率低阻异常区段中，1号和2号低阻异常的幅值相对较小，3号和4号异常的幅值相对较大；3号低阻异常部位五灰的富水性相对较强。

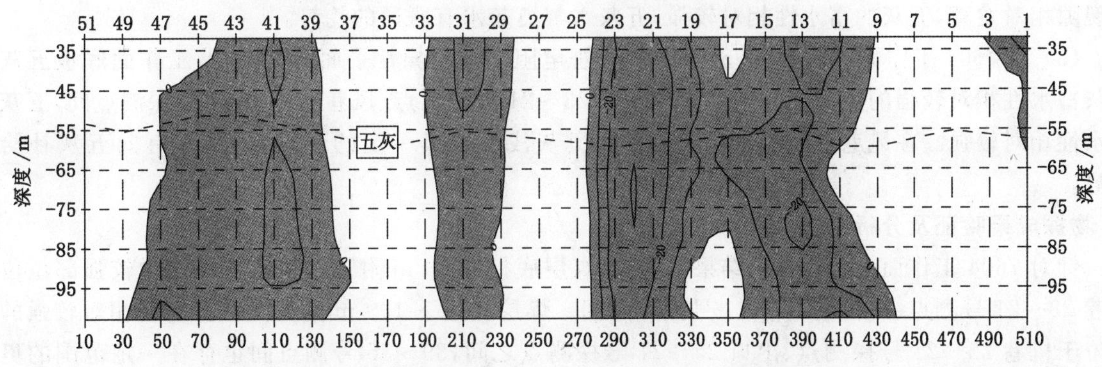

图 2 7604 工作面机巷视电阻率低阻异常剖面图

4.2 7604 风巷视电阻率低阻异常剖面图

从图 3 风巷视电阻率低阻异常剖面图中可以看出，探测区段主要存在两处视电阻率低阻异常，分别位于 39～35 号和 25～19 号探测点附近，分别命名 1 号和 2 号异常。以上两处视电阻率低阻异常区段中，1 号异常深部奥灰存在低阻异常，异常幅值相对较小，含富水性相对较弱；2 号异常部位巷道底板裂隙相对发育，深部灰岩以五灰相对含富水为主，并存在与深部奥灰水联通的趋势。

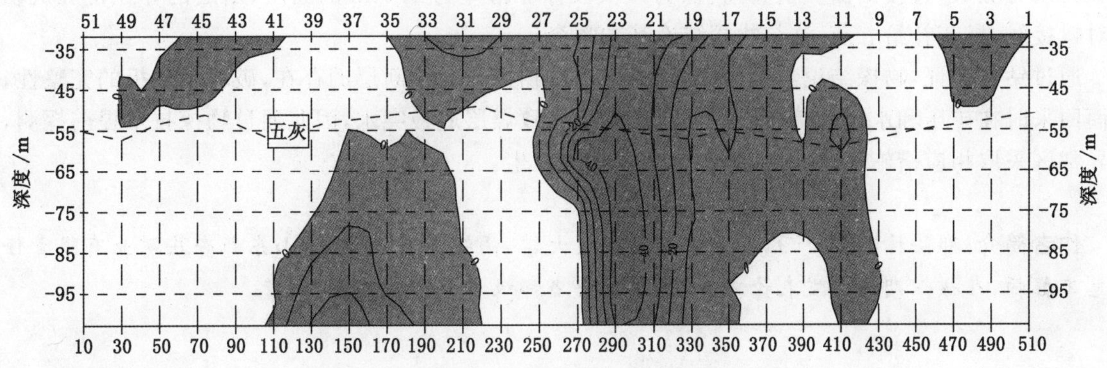

图 3 7604 工作面风巷视电阻率低阻异常剖面图

4.3 7604 工作面底板下某一深度的视电阻率低阻异常平面图

抽取某一深度的视电阻率低阻异常值，投放到 7604 工作面平面图上就形成了某一深度的视电阻率低阻异常趋势平面图。为了搞清工作面底板下低阻异常区的平面分布形态，对五灰深度段和奥灰浅部切出 60 m 和 100 m 的低阻异常平面图。

从煤层底板下 60 m 附近视电阻率低阻异常趋势平面图可以看出五灰富水性相对较强的部位位于机巷的 23～21 号探测点、风巷的 25～21 号探测点间。

从煤层底板下 100 m 附近视电阻率低阻异常趋势平面图，可以看出奥灰的含富水情况。从图中可以看出奥灰富水性相对较强的部位仍位于机巷的 23～21 号探测点、风巷的 25～21 号探测点间。另外，在机巷的 13～11 号测点间和 39～35 号测点间也存在一定范围的奥灰低阻异常。

5 7604 工作面电法物探成果

对 7604 工作面结合井下电法探测资料可得出以下几点结论和建议：

(1) 7604 工作面机巷存在 4 处视电阻率低阻异常，低阻异常分别位于 47～39 号、33～29 号、23～19号和 15～11 号探测点附近。23～19 号探测点附近巷道底板裂隙相对发育，五灰具一定含富水性，其他部位异常的富水性相对较弱。

(2) 7604 工作面风巷探测区段存在 2 处视电阻率低阻异常，低阻异常分别位于风巷的 39～35 号和 25～19 号探测点附近。39～35 号探测点间深部奥灰存在低阻异常;25～19 号探测点部位巷道底板裂隙相对发育,五灰的富水性相对较强,五灰水与奥灰水有联通的趋势。

(3) 从 7604 工作面底板下 60 m 和 100 m 视电阻率低阻异常平面图上分析,工作面底板五灰和奥灰富水性相对较强的区域主要发育在机巷的 23～21 号探测点、风巷的 25～21 号探测点间,五灰的富水性相对较强。在风巷的 23～21 号测点间奥灰浅部也具一定的含富水性,并有向五灰补给的趋势。

6　物探成果验证及分析

针对 7604 工作面电法勘探的结果,工作面煤层底板下 60 m 附近五灰富水性相对较强部位位于机巷 23～21 号测点、出口的 25～21 号测点之间。煤层底板下 100 m 附近奥灰富水性相对较强的部位位于机巷 23～21 号探测点、出口 25～21 号探测点之间,39～35 号测点间也存在一定范围的奥灰低阻异常、针对物探异常区共布置了 3 个钻孔(探 1、探 2、探 3)对勘探成果进行验证。

探 1:47 m 见五灰,56 m 过五灰,水量 2 m^3/h,水位+22 m;73 m 见奥灰,奥灰水量 3 m^3/h,终孔 99.8 m;该孔进入奥灰垂距 19.6 m,五灰、奥灰间距 3.2 m。

探 2:未见五灰,73 m 见奥灰,终孔 88 m;水位－9 m,水量 24 m^3/h,该孔进入奥灰垂距 7.9 m。

探 3:42.3 m 见五灰,52 m 过五灰,水量 2 m^3/h,水位+22 m;56 m 见奥灰,奥灰水量 3 m^3/h,终孔 82.6 m,该孔进入奥灰垂距 20.3 m,五灰奥灰间距 3.0 m。

通过钻探资料分析:3 个钻孔中五灰奥灰含水层富水性较弱,五灰、奥灰间距偏小,平均 3.1 m。探 2 孔未见五灰,直接揭露奥灰,分析认为该块段存在落差为 5.0 m 的断层,断层的存在使五灰和奥灰对口接触,奥灰补给五灰,这与物探结论基本吻合。

通过钻孔验证,物探结论与钻探资料基本一致,物探异常区断层的存在,破坏了底板的完整性,工作面回采时在矿压和水压的综合作用下往往容易导致煤层底板突水,因此通过物探技术提前探测,针对异常区采取相应措施,可有效地降低水害事故的发生。

作者简介:邱法林(1966—),毕业于山东科技大学,高级工程师,现为山东新查庄矿业有限责任公司总工程师,在核心期刊上发表论文多篇,曾获得省部级多项科技成果。

第七章　注浆治理技术

注浆治水技术在煤矿中的应用

四川省攀枝花煤业集团公司　王友长　文泽康　魏克敏

摘　要：随着矿井开采水平的延深，水害将日益突出，攀枝花煤业集团公司(以下简称攀煤公司)把矿井防治水工作放在预防较大以上事故重要位置。针对太平煤矿胶带暗斜井出水情况，与山东科技大学合作对太平煤矿胶带暗斜井进行注浆治水。通过太平煤矿的实际运行，该工作面的治水工程取得了圆满成功，同时证明了注浆治水技术的可靠性，具有很好的推广应用价值。

关键词：煤矿；注浆；技术；应用

2007 年 5 月 8 日，攀煤公司太平煤矿＋700 m 水平胶带暗斜井向下掘送 132 m 处(＋805 m 标高)时，巷道两帮出现涌水，涌水量约 12.0 m^3/h。次日掘进爆破后，水量进一步增大。为了探明含水层情况，施工了 7 个探放水孔，施工探放水孔之后，原来裂隙停止出水，但各钻孔相继出水，经过 3 个月放水，总水量维持 40 m^3/h 不变。

1　太平矿暗斜井水文地质条件分析

1.1　井田水文地质简介

太平煤矿井田北端有金沙江，北东面有摩梭河，南西背靠高山，相对高差达 740 m，加上 4 条主要断层，构成了井田的水文地质轮廓。

井田含水层组出露面积 6.6 km^2，受水面积 12.7 km^2，地形切割强烈，冲沟发育，地表水排泄迅速，不利于地下水补给。

根据含水层、隔水层的排列形式、厚度变化以及含水裂隙发育程度、含水特征等综合因素，煤系岩层可分为 4 个含水组。

含水层发育规律总体是：断层带、背斜轴应力区发育；构造复杂地段比简单地段发育；井田北部比南部发育；浅部比深部发育。

1.2　暗斜井的水文地质情况

＋700 m 暗斜井位于井田北部，大箐向斜转折端。巷道从 41# 煤层底板穿向 40# 煤层顶板，主要岩性为细粒砂岩、中粒砂岩和粗粒砂岩。据 CK502 钻孔柱状图，在 41# 煤层上 1.6 m，有一层厚 2.75 m 的细砾岩。巷道前方发育一正断层 F_{2-2-4}，另有一逆断层 F_{2-2-2} 位于巷道的右帮。从巷道实际揭露情况发现，砂岩层裂隙发育。

1.3　充水水源分析

巷道充水的直接水源无疑为 41# 煤层顶板的粗粒砂岩层含水，该处位于大箐向斜转折端，构造发育，裂隙多，岩性破碎，＋900 m 水平开采时，地下水将渗透至＋700 m 一定水平，胶带暗斜井＋805 m 标高是目前太平煤矿水平最低的巷道，＋900 m 水平以下的静储量将通过该点释放(花山煤矿西大巷＋1 030 m 标高涌水类同)。但作为砂岩水，其水量有限，而本巷道突水点已放水 3 个月，水量仍维持不变，这说明还有其他间接充水水源。可能成为该处间接充水水源的有：金沙江、摩梭河、花山煤矿范围的裂隙水。

(1) 金沙江

胶带暗斜井变坡点离金沙江平距 1 000 m，出水点距金沙江 1 130 m。金沙江在摩梭河出口处的河床位置为＋1 004 m，而涌水点高程为＋805 m，垂直距离近 200 m。灰槽子沟至摩梭河口段金沙江在第Ⅴ含水组下部流过，距 39# 煤层 168～890 m，之间以煤层为核心组成的隔水层有 10 层，单层厚度 10 m 左右。从技术方面分析，金沙江与涌水点处没有水力联系。

从所取水样化学分析来看，金沙江与涌水点的 K、Na、Ca、Mg 含量出入较大，无水力联系。

因此，金沙江与胶带暗斜井涌水无水力联系。

(2) 摩梭河

摩梭河河床标高＋1 017.1 m，胶带暗斜井涌水点标高＋805 m，垂直距离 212 m，河床岩性多为细砂岩、粗砂岩与煤互存。＋900 m 水平水仓、胶带暗斜井曾穿越所有岩层，含水性弱。

从所取水样化学分析来看，摩梭河水与涌水点的 K、Na 比较接近，摩梭河水的 Ca、Mg 含量相当高，涌水处的 Ca、Mg 含量也相应偏高。

因此认为，摩梭河可能成为间接的充水水源。

(3) 花山煤矿含水层

太平煤矿与花山煤矿赋存煤层穿越摩梭河形成一完整向斜，本应为同一水文地质单元，但 F_{38} 断层也穿越摩梭河至花山煤矿 A101 线附近，F38 断层经揭露为阻水逆断层，使得 A101 线以西成为独立的水文地质单元。

花山煤矿的含水层与胶带暗斜井涌水无直接水力联系。通过花山煤矿＋900 m 水平涌水量观测，也证明上述结论。

通过上述分析认为，胶带暗斜井涌水应为砂岩裂隙含水层中的静储量，其间接充水水源为摩梭河水。

1.4 巷道前方富水段分析

(1) 根据 CK502 钻孔揭示的岩性分析，41# 煤层上部的砾岩层，应为重要的富水区。实际上，已有的探放水钻孔情况也反映了 41# 煤层上部砾岩层是富水区，如 1# 钻孔过 41# 煤层后 1.6 m 出水，涌水量 42 m^3/h 左右，再过 3～4 m 后钻杆中心未出水，表明钻孔已穿过了富水区。3# 钻孔施工到 22 m 时(其位置也是 41# 煤层上部砾岩)有 35 m^3/h 的涌水(图 1)。这两个钻孔在所有钻孔中涌水量最大，这表明 41# 煤层上部的砾岩层是一个重要富水段。

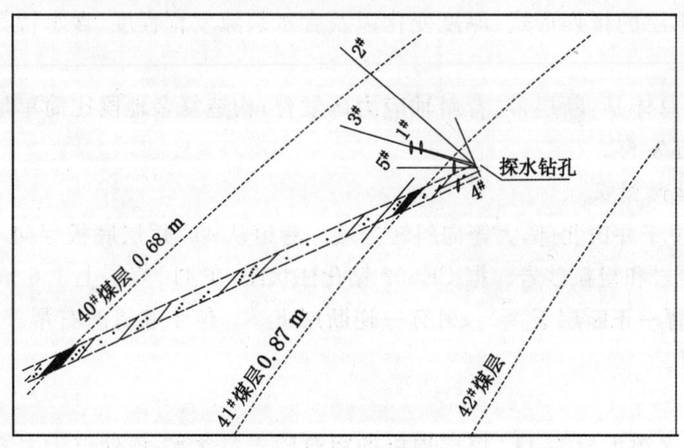

图 1 暗斜井地质剖面图

(2) 根据山东科技大学矿井瞬变电磁法探测资料，巷道前方 30～50 m 为一富水区，见图 2 和图 3。

(3) F_{2-2-4} 断层穿过本巷道，断层附近可能为富水区。

对于以上富水区，在治理过程中要作为重点注浆区域。

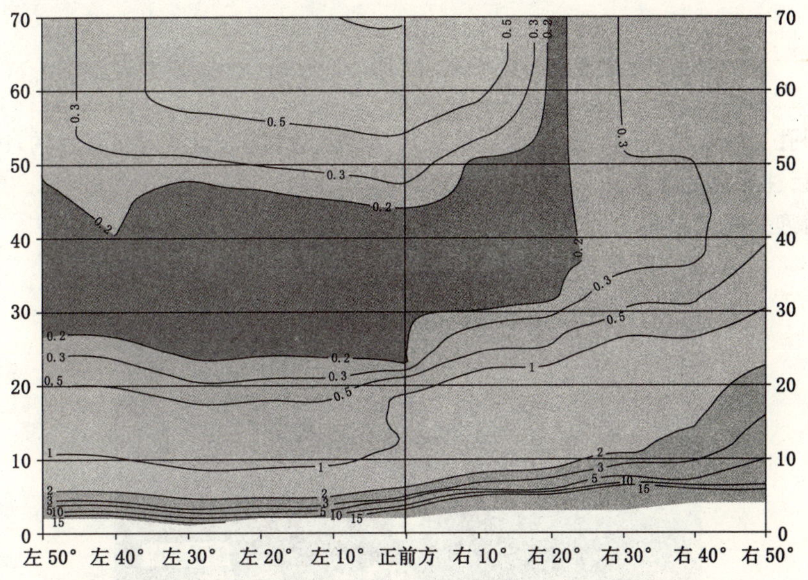

图 2　太平煤矿胶带暗斜井向下 25°方向超前探测成果图

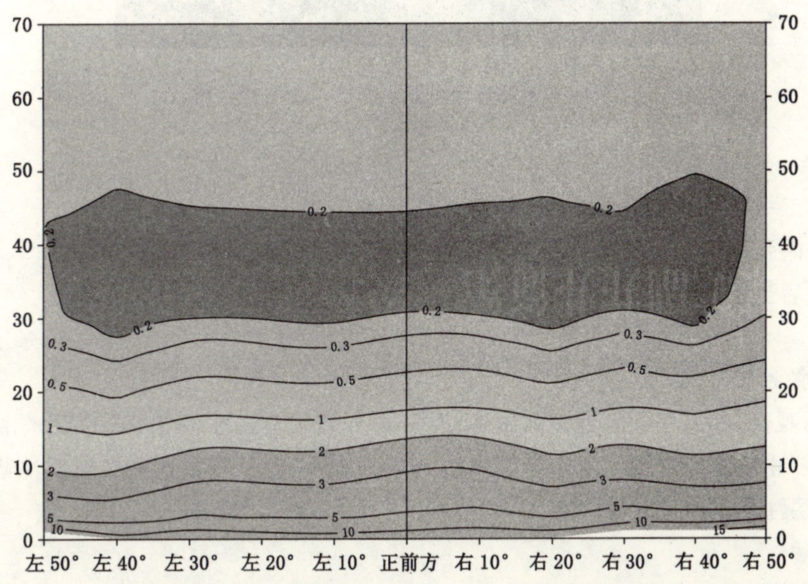

图 3　太平煤矿胶带暗斜井水平方向超前探测成果图

2　太平煤矿＋700 m 胶带暗斜井治水方案

2.1　目的意义

(1) 保障暗斜井安全正常施工。

(2) 减少矿井排水费用。

(3) 为今后巷道掘进遇到此类灾害提供治理经验。

2.2　治水方案的选择

该出水地点虽已放水 3 个月，但水量维持在 40 m^3/h 基本不变，表明该含水层水量较为稳定，难以疏干。目前的水量，巷道难以掘进，但如果巷道强行掘进揭露含水层，由于出水断面增大，巷道中的水量会进一步加大，不能保证安全。另外，如果保持该出水点长期流水，必须将这些水抽至 300 m 高度以后排出地面，长期排水费用很大，在经济上是很不合算的。鉴于以上原因，实施对该出水点进行注浆封堵，对含水层进行注浆改造。

3 注浆方案

3.1 裸孔改造

3.1.1 裸孔改造的目的

如果不对裸孔进行改造，任其自流，注浆浆液会随着水流流出，达不到注浆目的，因此必须对裸孔进行改造，为以后注浆创造条件。

目前在巷道迎头断面存在7个裸孔，见图4。

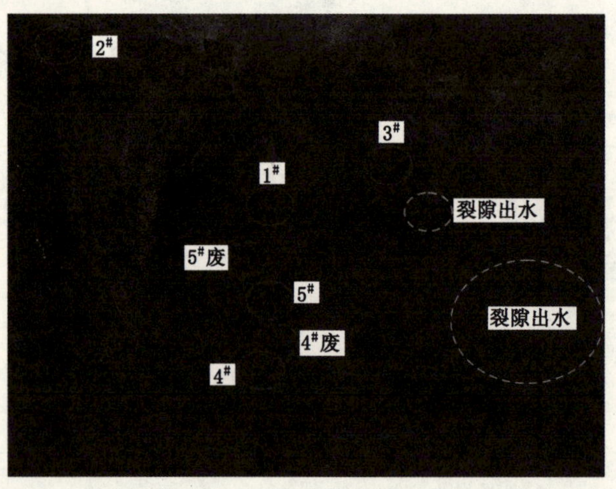

图4 太平煤矿胶带暗斜井巷道迎头裸孔图

3.1.2 改造方法

(1) 首先加工一特殊钢管，加工一固定架。

(2) 向裸孔内强行塞入经过特别加工的钢管(套管)，用固定架将其固定。

(3) 进行壁后注浆，防止套管壁后漏水。

3.2 浅孔注浆

3.2.1 浅孔注浆的目的

从井下现场观察，巷道迎头附近裂隙发育较好，部分裂隙有出水现象，只是后来由于施工钻孔的夺流作用，裂隙停止出水。这说明这些裂隙有较好的导水性，为了防止这些裂隙在注浆中出现漏浆现象，可以采用浅层注浆法封堵这些裂隙。

3.2.2 注浆方法

(1) 实施引流。

(2) 施工浅孔，加工浅孔注浆管。

(3) 实施注浆。

(4) 检查注浆效果。

3.3 深孔注浆

3.3.1 深孔注浆的目的

为了确保巷道在以后的掘进过程中不出水或少出水，必须对含水层进行注浆改造，确保巷道能顺利通过含水层。

3.3.2 注浆原则

(1) 钻孔布置：扇形布置，确保未来掘进巷道周边10 m范围内含水层被封堵。

(2) 施工顺序原则：先疏后密，由浅到深，一孔多用，充分利用现有钻孔。

(3) 浆液由稀到稠、多种浆液配合使用的原则。

(4) 劈裂注浆与引流注浆相结合。

3.3.3　注浆方法

(1) 施工钻孔，下套管，做好注浆准备。

(2) 安装注浆系统，配制浆液，进行注浆。

(3) 检查注浆效果，对部分块段进行补注。

3.4　治水过程出现问题的应对方案

(1) 如出现漏浆现象，将采用以下方案：调整浆液，适当加水玻璃，减少凝固时间；浅层注浆，封堵裂隙。

(2) 如出现难以注入问题，将采用以下方案：增大压力，实施劈裂注浆；放水引流；采用新型化学浆液。

3.5　注浆技术指标

根据该工作面实际情况，适当调整了施工方案，在掘进过程中如果再出水将进行第二段注浆封堵，直至掘进安全通过含水层。注浆技术指标见表1。

表1　注浆技术指标

钻孔 / 项目	钻孔个数/个	水泥用量/t	水玻璃/桶	备　注
浅孔	76	17.5	18	按每孔 3 m 深，共进尺 228 m，另外水仓在碛头注浆完毕后向下掘进一段再进行打孔注浆
裸孔	5	21.6	10	总进尺 147.6 m
深孔	15	34.45	19	总进尺 811.3 m，另外由于各种原因打废了 3 个孔共进尺 95.44 m
合计	96	73.55	47	1 282.34 m

4　结　论

攀煤公司太平煤矿经历了暗斜井出水的巨大险情，面对险情，集团公司和太平煤矿凭借科学的治水方法和勇敢的拼搏精神，经过艰苦的努力，以最小的投入、最短的时间控制了水害。在井下出水和治水的过程中，太平煤矿没有人员伤亡，井下的设备和运转没有受到破坏和影响。第一段注浆治水效果较好，+700 m 胶带暗斜井现已向前掘进 30 多 m。巷道向前掘进 70 m 后，沿巷道方向施工钻孔，探查前面含水情况，如无水，则巷道继续掘进；如有水，则继续注浆改造含水层。该工作面在出水量较大和裂隙发育的情况下，所采取的浅孔＋深孔注浆封堵法，具有创新意义。这项工程使太平煤矿以及攀煤公司掌握了一种新型有效的注浆治水技术，锻炼和培养出了一支素质较高和经验较丰富的矿井水害治理队伍，从而提高了矿井防治水能力。

作者简介：王友长(1957—)，男，四川西昌人，高级工程师，四川省攀枝花煤业集团公司地测处，主要从事矿井地质测量和防治水管理工作。

复杂水文地质条件下动水注浆封堵采煤工作面底板突水

淮北矿业集团公司朱庄矿 王永龙

摘 要:以淮北朱庄矿Ⅲ622工作面为例,全面分析总结了动水条件下工作面底板灰岩突水治理技术,对类似水文地质条件下水害治理技术方法的应用有重要的参考价值。

关键词:灰岩突水;动水注浆堵水;充填盖冒

二叠系山西组6煤层是朱庄矿主采煤层之一,1994～2009年,6煤开采过程中曾发生7次底板太原群灰岩突水淹没工作面,突水量160～1 400 m^3/h,灰岩水害严重威胁6煤安全开采。7次突水中有2次进行了注浆堵水,本文主要介绍了Ⅲ622工作面注浆堵水治理突水情况。

1 突水概况

1.1 水文地质特征

6煤层底板以下51～58 m为太原群灰岩含水层,该含水层上组1～4灰裂隙发育,富水性强。1～2灰与3～4灰局部水力联系不密切,太灰含水层在区域上与奥灰含水层存在水力联系,得到奥灰水的补给。Ⅲ622工作面突水后,太灰水位大幅度下降,奥灰水位下降不明显,水头压力为3.2 MPa。

1.2 工作面基本特征

Ⅲ622工作面左以Ⅲ62采区集中巷石门为界,右至Ⅲ62采区和Ⅱ61采区边界线,上部以二水平南大巷保护煤柱为界,下部分别与Ⅲ621～Ⅲ629等工作面切眼相邻。上覆3、4煤层的工作面均已回采,地表已塌陷。工作面走向长890 m,倾斜宽190 m,里斜机巷180 m,沿F_1断层上盘施工,距断层面15 m左右。煤层倾角5°～9°,煤层厚度平均2.8 m,可采储量63.0万t,机巷标高－314～－327 m,受断层影响,机巷中间有低洼点。

1.3 突水经过

2005年1月25日中班,工作面回采至距切眼185 m处时,首次发现工作面机巷口处出水5 m^3/h左右。至26日工作面涌水量增加到30 m^3/h,出水点位置也上移到39架至机巷一带。26日工作面涌水量起伏变化较大,整体呈上升趋势,保持在60 m^3/h以上。但是,23:30工作面机巷向上27 m范围发生底鼓,涌水量开始迅速增加,到27日18:00水量最大达1 420 m^3/h,水量来势迅猛,工作面被迫停产。

1.4 突水水源

直接水源为太灰水。工作面突水后,地面太灰水观测孔水位大幅度下降,至27日8:00,下降21 m,而奥灰水观测孔水位仅下降0.6 m。

1.5 突水通道

经注浆钻孔证实,F_1断层上盘距断层面25 m处存在与F_1产状一致的羽状裂隙带是本次突水的主要通道。

2 工作面突水治理方案与设计

2.1 治理工程的目的和任务

主要任务是:注浆堵水,最大限度地减少工作面涌水量,为工作面恢复开采创造条件。

2.2 治理方案

可供选择的方案有:一是地面打钻注浆,二是井下打钻注浆,三是井上下结合。经三个方案反复比较，考虑地面塌陷施工难度较大，而井下泄水路线畅通，具备井下施钻条件，选择井下动水注浆堵水方案。方案选择时应充分考虑初期对治水时间的要求，时间过长会失去提前治理时间，易造成水量增大、淹井的可能，全国许多被水淹井案例，大都是出水初期没有及时封堵治理造成的。

根据出水点比较集中、位置明确等情况，提出治理分三步进行，即：上盖、下充、中间封堵。

(1)"上盖"就是上部充填"盖帽"，出水点区域支架与煤壁间为空区，水主要从空区底板以管道流的形式涌出，通过人为充填骨料，使管道流变为渗流，为封堵过水通道创造条件，主要是减少跑浆量。

(2)"中间封堵"就是封堵太灰至 6 煤层底板的过水通道，方法是打钻注浆，注浆材料以水泥为主，或水玻璃水泥双液浆。

(3)"下充"就是对 1～3 灰薄层灰岩岩溶裂隙进行充填，达到彻底根治的目的，注浆材料以水泥为主。

(4) 工作面下部丢综采支架 41 架。

2.3　注浆堵水前期工作

(1) 建立注浆站。为适应大量注浆和注浆材料品种多的现状，必须选择场地宽敞，运输条件好，工艺系统与设备的配套性、先进性、合理性好，使许多工艺系统工作条件好、效率高的场所。经过反复筛选，最终确定选择二水平西配风巷作为注浆站。该处轨道两侧分别设置一套注浆系统，共计两套注浆系统，另外，设置注水玻璃系统一套。巷道一端进水泥车，另一端出空车。注浆泵为石家庄煤矿机械厂生产的 NBB—250/60 四挡泥浆泵。造浆系统一次搅拌和二次搅拌机械均为杭州钻探机械厂生产，该设备机械先进、容量大、造浆速度快。根据注浆孔揭露的情况，采用单液或双液浆不同注浆工艺。

(2) 注浆孔施工场地的选择。根据出水点集中在工作面下部的特点，在机巷距工作面下出口 35 m 处施工一条巷道透工作面 33 架，作为泄水巷，另外在距下出口 55 m 处施工第二条巷道透工作面 40 架，作为注浆巷，在注浆巷内施工钻窝作为施工注浆孔的施工钻场，钻窝规格长×宽×高＝4 m×4 m×3.5 m。本次注浆施工钻场 7 个，为井下施工注浆孔创造了有利条件。

2.4　充填"盖冒"为静水注浆创造条件

在工作面 32 架以下至机巷向外 10 m 计 58 m 范围用碎石、黄砂充填，机巷砂袋墙处留设出水管路作排水用。

砂袋墙设置方法：分两道工序，一是在砂袋墙外口打一排单体密集支柱，用以挡住石子不被水冲走，从巷道底板至顶板用石子人工由前向后充填，至设计范围，顶板接不实的用木料笆片等接实，以减少充填黄砂时流失。二是充填黄砂和瓜子片，在二水平南大巷设置注砂站，在南大巷向工作面上出口施工钻孔，钻孔内下置 ϕ89 mm 地质套管，由钻孔经管路连接至砂袋墙上口（工作面 30 架处）。经过 10 多天的充填，完成充填石子 600 多 m^3，充填黄砂和瓜子片 1 000 m^3。充填"盖冒"过程中，涌水量逐步减少，"盖冒"结束，水量减小 200 m^3/h，使水流由径流变为渗流，为注浆堵水创造了条件。注料工程示意图见图 1。

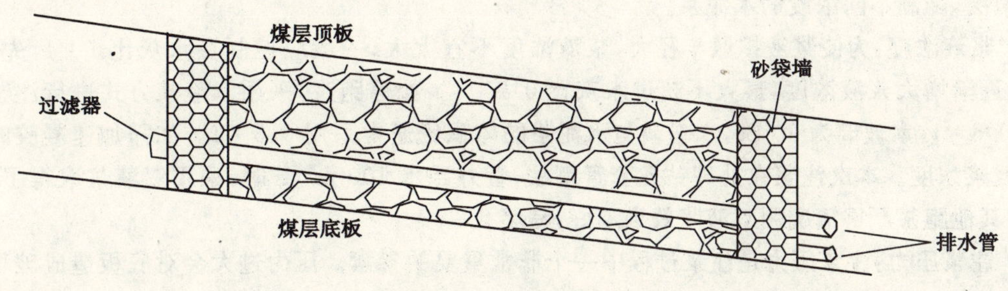

图 1　注料工程示意图

3 注浆工程布置与施工技术要求

3.1 工程布置原则

首先寻找突水通道，根据富水带与断层密切相关理论，考虑出水范围集中在工作面下部。工作面机巷外侧 8 m 的断层是导致突水的主要原因。设计钻孔分三组布设，分批施工，第一组钻孔施工结束后，根据实际资料进行研究、分析，在此基础上再决定第二组钻孔的施工，依此类推。第一组首先考虑断层下盘，从煤壁向老塘 20 m 起开始布孔，终孔间距每 20 m 一个孔，至煤壁向老塘 80 m 止，每组计 4 孔；第二组设计在断层上盘；第三组设计在断层上盘，距断层面 20～30 m 处，第二、三组钻孔布设同第一组。

3.2 钻孔结构及质量技术要求

(1) 钻孔结构：开孔层位为 6 煤底板，岩性为砂页岩，向下施工均为岩石，设计钻孔结构较简单。开孔直径 ϕ130 mm，第一路套管 0～10 m 为 ϕ127 mm 地质管；第二路套管 ϕ108 mm，深度为 25 m，用 ϕ89 mm 施工至泥岩底板，改用 ϕ75 mm 钻进至二灰、三灰底板终孔。

(2) 终孔层位：终孔层位为三灰。底板砂岩、一灰、二灰和三灰分别作为一个独立目的层进行下行式分段注浆。

(3) 钻孔质量要求：① 钻孔方位倾角：由于钻孔密度较大，为避免两孔在孔底相交，故要求钻孔落底偏斜距离不得超过 3 m。为确保钻孔打到设计位置，施工方位要求用经纬仪给线，倾角用挂罗盘由地测技术员给定，钻机安装平稳牢固，钻具组合要合理等。② 套管固结：为缩短固管时间，采用固管添加速凝剂，扫孔后做压力试验，试验压力达到 4 MPa 以上，时间 10 min。③ 地质人员现场跟班，做好钻孔出水深度、水量、压力等参数的记录。技术员经常深入现场整理、分析实际资料，发现异常及时修改图纸，修正方案，以利于注浆工程顺利进行。④ 正常情况下，钻进到一个完整目的层后进行注浆，如遇孔内出水量大于 60 m^3/h 时，停钻进行注浆。

4 注浆工艺

4.1 注砂、注浆工艺流程

(1) 注砂石的工艺流程。采用由漏斗经套管向钻孔灌注的方法，在二水平大巷内用人工由矿车内将砂石送入漏斗，在孔口与水混合，灌入孔内，经过管路流入工作面砂袋墙内，充填时利用孔内吸力，连续注砂。缺点是注砂过快和进入大块石子容易堵孔，因此下料要均匀，避免忽多忽少，填料应始终保持埋住漏斗下口，以减少进入孔内的空气量。水砂(石)比应不低于 5∶1，主要以充填砂子为主，以减少堵孔次数。

(2) 注浆工艺流程。所施工的注浆孔只要与突水通道沟通，浆液消耗量大，兼之孔数多，控制面积大，因而注浆量大。因此采用两套注浆系统，人工上料法，其流程是：在矿车上人工上料，经一次搅拌机、二次搅拌机后，由注浆泵经注浆管路注入钻孔。需要双液浆时，另用泵将水玻璃经注水玻璃管路在孔口与水泥浆液混合，同时在孔口安装止浆塞，以防止水泵压力不同时回浆堵塞注浆管路事故。

4.2 注浆材料及注浆参数的选择

注浆材料选用 32.5 普通硅酸盐水泥，38～42°Bé 水玻璃，以及棉纱等辅料。根据钻孔的吸浆量和压力情况，配制不同浓度的水泥浆。

(1) 浆液浓度：为使浆液扩散半径大，浆液浓度不宜太大，一般应控制在水灰比 1∶1，先期注稀浆，后期逐渐增大浆液浓度，最大不超过水灰比 0.7∶1。如遇跑浆，采用双液浆方式进行注浆，水灰比采用 0.8∶1，水玻璃为 30°Bé，水玻璃与水泥浆的体积比通常采用 0.5∶1。如需加速凝胶时间，则加大水泥浆浓度。本次注浆在处理钻孔套管事故，管外跑水 100 m^3/h 时，采用双液浆取得了很好的效果，但其他跑浆严重情况用双液浆效果不好，易堵孔。

(2) 注浆压力：注浆压力是注浆过程中一个非常重要的参素。压力过大会对底板造成破坏，起到相反的作用；压力过小，又会影响注浆质量，本次注浆压力多控制在 5 MPa 以内，最大注浆压力不超过 8 MPa。压力增大时，降低浆液浓度或降低注浆量；压力减小时，则相反。

(3) 注浆量：本次注浆对单孔注浆不作规定，直到达到结束标准为准。本次注浆时，12 号、18 号孔注浆量分别达 1 000 m^3以上。

4.3　单孔注浆结束标准

判断一个钻孔注浆质量的好坏，其标准有两个，即注浆压力和单位时间注浆量。两者关系十分密切，缺一不可。两者在注浆过程中成反比。每一个钻孔是否结束注浆，主要考虑到它的使命是否已经完成，是否还有可能减少井下涌水量，如果没有就封孔。

5　本次井下堵水的主要特点

治理井下底板灰岩突水，首选方案是地面注浆，本次注浆选择在井下，主要是因为地面已经塌陷。

本次井下动水注浆堵水主要有以下六个特点：

(1) 注浆堵水技术方案正确。设置井下注砂站和人工做滑道运送石子，为“盖冒”充填采空区空间创造了条件，“盖冒”的及时形成，使涌水量有增大的可能变为不可能；井下注浆站场地宽敞，三套注浆设备先进，为大量注浆创造了条件；钻孔布置合理，注浆段、注浆层位合适，注浆孔给向正确，整个治水过程思路清晰、效果明显。

(2) 注浆堵水总工期短。一是从出水到开始注浆时间短。1 月 25 日出水到 2 月 9 日开始注浆仅用了 15 天时间，为早期治理创造了条件。二是从井下出水到治水结束，仅用三个半月时间。

(3) 在水害面前领导协调好，干部职工表现出了高度的凝聚力。几千吨的水泥、黄砂、石子经过地面运到井下，再到施工现场的多次装卸能够按时完成；钻机人员施钻速度快、注浆量大，从 2 月初到 4 月下旬治水工程共打注浆钻孔和底板加固孔 37 个，总进尺 2 800 多 m，共注入水泥 6 000 多 t，充填沙石 1 000 多 m^3。

(4) 可以监视注浆全过程工作面出水口情况，根据注浆时注浆量的大小、出水跑浆情况及注浆压力变化等，及时调整注浆参数，修改注浆方案。

(5) 注浆孔布设灵活。施工时易于把握钻孔的准确度，注浆堵水工作面的区域宜于掌握，可以最大限度地保护采煤工作面，工程量较地面打钻注浆明显少，工程量投入少。

(6) 技术、人力调配及时。治水抢险在技术、人力和物力上得到集团公司的大力调配。技术力量不足，聘请防治水专家指导；施钻人员不足，从桃园、童亭调来了队伍；同时还在设备及材料上得到集团公司的及时补给。

6　注浆堵水效果

6.1　注浆堵水质量的评价

(1) “盖冒”结束时间 15 天，充填了出水地段空间，形成一整体，抵御了底板灰岩水的水压，水量减小 200 m^3/h，解除了水量增大淹井的隐患。

(2) 由注浆初期最大水量 1 420 m^3/h 到注浆结束时的 130 m^3/h，用时仅三个半月，注浆堵水率 91%，工作面得以提前正常回采。

(3) 注浆钻孔控制的范围广、密度大，除 27 个注浆堵水孔外，又施工回采前方底板加固孔 10 个共 700 多 m，注水泥 200 t，为前方回采创造了安全条件。

(4) 本次注浆堵水成功，取得了井下动水治理大水的经验，也为在井下建立注浆站、注浆加固灰岩提供了技术参数，为淮北矿区治理灰岩水提供了依据。

6.2　注浆堵水效益

本次注浆投入约 2 000 万元。如果在地面打钻施工，仅仅 10 个钻孔，加上充填塌陷区，可能就要投入 1 000 万元，全部投入在 5 000 万元以上。地面注浆，工作面上的支架被水泥浆包裹，综采支架难以回收，支架损失将在 700 万元以上。地面治理将丢失资源 4 万 t，仅资源损失少获利润 920 万元。综合分析，本次井下动水注浆可减少经济损失 4 620 万元，经济效益明显。

作者简介：王永龙(1963—)，男，安徽淮南人，高级工程师，主要从事矿井防治水工作。

杨村煤矿副井井筒第三次治理方案优选及实施

兖州煤业股份有限公司杨村煤矿 邵明喜
中国矿业大学(北京)资源与安全工程学院 许延春 李旭东

摘 要:为了保证杨村煤矿副井井筒的安全,提出了多种治理方案并从经济和技术角度进行了对比,结合井筒的实际破坏情况确定出最佳方案。井筒的实际治理结果表明,方案优选的正确性,不仅保证了井筒安全,还为煤矿企业节省了大量资金。

关键词:井筒治理;方案优选;实施

1987年以来,黄淮地区多个矿的立井井筒发生破坏,给各矿区造成了严重的经济损失。经研究表明[1-6],黄淮地区普遍存在着深厚的新生界含水冲积层,采矿引起第四系冲积层底部含水层水位下降,导致土层固结压缩,使地层相对井壁有向下的移动趋势,在井壁内产生竖直向下的附加力,这是井壁设计时未曾考虑的,当附加力达到一定程度后,井壁发生破坏。

根据井筒的实际破坏情况,杨村煤矿分别于1998年和2002年对副井井筒进行了预防性治理。第一次预防性治理采用"开卸压槽(垂深191 m)+壁后注浆(垂深166.2～200 m)+架设井圈(垂深177.8～183 m)"方法,第二次预防性治理采用"开卸压槽(垂深166.2 m)+壁后注浆(垂深124～184 m)+架设井圈(新增加破坏处)"方法。2004年7月对副井井壁进行检查时发现井壁出水点增多,出水量增大,并且有局部开裂现象,因此需要对杨村煤矿副井井筒进行第三次治理。防治井筒破坏的治理方案有多种,如何选择有效可行的治理方法,达到保证井筒安全且治理费用较少的目的,需要根据井筒破坏的实际情况对治理方案进行比较选择。本文作者根据杨村煤矿副井井筒的破坏情况提出了几种治理方案,并从经济和技术角度对各方案进行了比较分析,实现了方案优选。方案优选过程对其他矿区井筒治理方案的确定具有一定的借鉴意义,特别是对黄淮地区类似杨村煤矿副井需多次治理的井筒治理方案的确定具有参考价值。

1 副井井筒的基本情况

1.1 副井井壁结构

杨村煤矿副井于1984年4月8日破土动工,1985年1月23日竣工。井口标高+45.80 m,井底标高-285.0 m,井筒直径6 m。表土段采用冻结法施工,其中冻结施工段210 m,包括表土段184.45 m,基岩风化带9.05 m,基岩16.50 m,为内外双层混凝土结构,井壁厚度1 000 mm,其中内壁500 mm,外壁500 mm,冻结壁座设在标高-159.20 m(垂深205.00 m)处的黑色泥岩中。

1.2 副井第三次破坏概况

2004年7月21日杨村煤矿组织有关人员对副井进行了检查,具体情况为:第20号梯子间东南面井壁渗水,第30号梯子间东面、西面井壁渗水,第31号梯子间西南上2 m处渗水,第36号梯子间东南面渗水,第39号梯子间东面、西南渗水。第二道卸压槽处(即垂深166.2 m)从槽内渗水,并且开裂、炸皮,压力明显加大。从第二道卸压槽处至第46号梯子间处井壁普遍出水,并且出水点增多,涌水量增大。

1.3 井壁破坏原因分析

在杨村煤矿副井井壁第二次破坏治理后不到两年又出现了第三次破坏,对此通过分析和计算认为:副井的第一道卸压槽(垂深191 m)没有起到很好的卸压效果,卸压槽选位不理想,同时副井井壁的施工质量欠佳是造成副井井壁第三次破坏的主要原因。1998 年 2 月～2004 年 8 月副井第一道卸压槽(垂深 191 m)累计平均压缩 32.25 mm,2002 年 10 月～2004 年 8 月副井第二道卸压槽(垂深 166.2 m)累计平均压缩 60.5 mm。两道卸压槽的压缩曲线见图 1 和图 2。

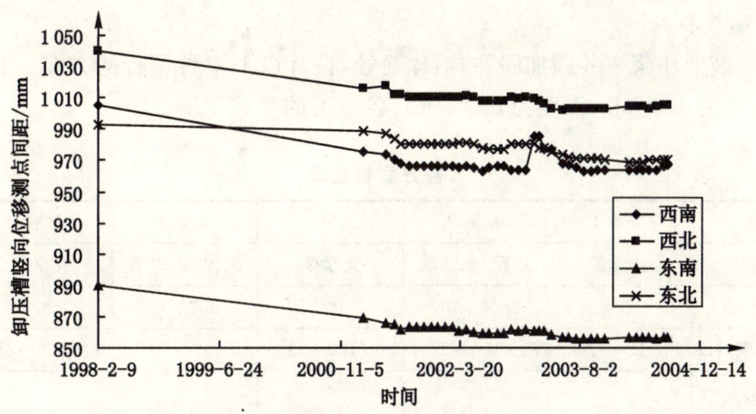

图 1　第一道卸压槽压缩曲线图

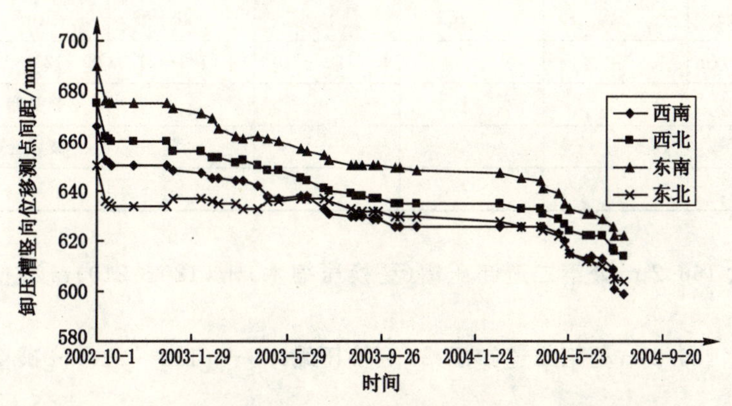

图 2　第二道卸压槽压缩曲线图

2　治理方案优选

2.1　治理途径选择

目前对井壁破坏主要有两种治理途径:一种是以卸压槽为主结合壁后注浆和井圈加固的治理术途径;另一种是以地面钻孔注浆为主的治理途径。两种治理途径的优缺点比较见表 1。

表 1　地面钻孔注浆与卸压槽治理的优缺点

项目	卸压槽＋破壁注浆＋井圈加固	地面钻孔注浆
适用条件	已经破坏的井筒,井筒内有施工断面	没有破坏的井筒,井筒内没有施工条件,对矿井生产影响不大
优点	① 井壁竖向应力减小明显; ② 治理费用低; ③ 对破坏段直接加固,防止掉物伤害; ④ 治理时间短,工期两个月左右	① 不影响矿井的正常生产; ② 服务年限较长
缺点	① 过几年后卸压槽压实,需多次治理; ② 井筒内施工,安全条件较差	① 工程费用较高; ② 采用定向钻进、注浆等,施工技术难度较高; ③ 对破坏段不能直接加固

通过对比分析，认为选择以“卸压槽＋破壁注浆＋井圈加固”的治理途径是较合理的。同时针对副井井筒施工质量较差，为了保证副井的安全和保证卸压槽的卸压效果，认为结合聚氨酯竖向补强的技术措施更为合理。

2.2 工程方案内容与参数

按照“卸压槽＋破壁注浆＋井圈加固”的治理途径，设计以下 6 种可行的方案。其中，扩大 166.2 m 处第二道卸压槽高度为 450 mm，深度为 500 mm。各方案的参数见表 2。

表 2　各方案参数表

项目	内容	方案 1	方案 2	方案 3	方案 4	方案 5	方案 6
破壁注浆	材料	化学浆	水泥/水玻璃	化学浆	水泥/水玻璃	化学浆	水泥/水玻璃
	数量/t	200	600 /50	200	600 /50	200	600 /50
	段高(范围)/m	90 (120～210)	90 (120～210)	90 (120～210)	90 (120～210)	90 (120～210)	90 (120～210)
	限制最大压力/MPa	4.0	4.5	4.0	4.5	4.0	4.5
井圈加固	材料			[22 槽钢	[22 槽钢	[22 槽钢	[22 槽钢
	密集井圈数			40	40	40	40
	段高(范围)/m			90 (120～210)	90 (120～210)	90 (120～210)	90 (120～210)
聚氨酯补强	材料					聚氨酯	聚氨酯
	位置					破坏处	破坏处
	数量/t					10	10

第 1 方案：扩大 166.2 m 处第二道卸压槽(更换压缩木)＋(120～210)m 破壁化学注浆封闭渗漏水。

第 2 方案：扩大 166.2 m 处第二道卸压槽(更换压缩木)＋(120～210)m 破壁水泥注浆封闭渗漏水。

第 3 方案：扩大 166.2 m 处第二道卸压槽(更换压缩木)＋(120～210)m 破壁化学注浆封闭渗漏水＋井壁局部破裂处密集井圈加固。

第 4 方案：扩大 166.2 m 处第二道卸压槽(更换压缩木)＋(120～210)m 破壁水泥注浆封闭渗漏水＋井壁局部破裂处密集井圈加固。

第 5 方案：扩大 166.2 m 处第二道卸压槽(更换压缩木)＋(120～210)m 破壁化学注浆封闭渗漏水＋井壁局部破裂处密集井圈加固＋井壁局部破裂处聚氨酯补强。

第 6 方案：扩大 166.2 m 处第二道卸压槽(更换压缩木)＋(120～210)m 破壁水泥注浆封闭渗漏水＋井壁局部破裂处密集井圈加固＋井壁局部破裂处聚氨酯补强。

2.3 经济技术比较

各方案的费用见表 3。由表中可见，方案 1 和方案 2 费用较低，分别为 98 万元和 63 万元；其次为方案 3 和方案 4，分别为 138 万元和 103 万元；方案 5 和方案 6 费用较高，分别为 178 万元和 143 万元。

表 3　各方案的费用与工期　万元

项目	方案 1	方案 2	方案 3	方案 4	方案 5	方案 6
施工准备费用	5	5	5	5	5	5
壁后注浆费用	65	40	65	40	65	40
卸压槽费用	7	7	7	7	7	7

续表 3

项目	方案 1	方案 2	方案 3	方案 4	方案 5	方案 6
井圈加固费用			40	40	40	40
井筒设备改造费用	5	5	5	5	5	5
工程设计咨询费用	16	6	16	6	16	6
聚氨酯					40	40
合计	98	63	138	103	178	143
工期/天	50	45	60	55	70	65

各方案的对比分析见表 4,通过比较认为:

① 方案 1 和方案 2 费用低,而且工期较短,差别在于化学注浆和水泥注浆,但是没有全面提高井壁强度。

② 方案 3 和方案 4 费用较高,采用局部破裂处密集井圈加固,有效提高了井壁强度,但工期较长。

③ 方案 5 和方案 6 是在方案 3 和方案 4 的基础上,增加了井壁局部破裂处聚氨酯补强的措施,井壁破坏处能得到有效的补强,但费用高,工期长。

表 4　各方案对比分析表

方案	方案内容	优缺点
方案 1	扩大第二道卸压槽＋壁后化学注浆	① 费用较低;② 工期较短;③ 注浆控制渗水效果好
方案 2	扩大第二道卸压槽＋壁后水泥注浆	① 费用最低;② 工期最短;③ 注浆控制渗水效果一般
方案 3	扩大第二道卸压槽＋壁后化学注浆＋井壁局部井圈加固	① 费用较高;② 注浆控制渗水效果好;③ 增加了井壁强度,有效防止井壁出现进一步开裂
方案 4	扩大第二道卸压槽＋壁后水泥注浆＋井壁局部井圈加固	① 费用较低;② 工期较短;③ 注浆控制渗水效果一般;④ 增加了井壁强度,有效防止井壁出现进一步开裂
方案 5	扩大第二道卸压槽＋壁后化学注浆＋井壁局部井圈加固＋井壁局部聚氨酯补强	① 费用最高;② 注浆控制渗水效果好;③ 提高了井壁强度
方案 6	扩大第二道卸压槽＋壁后水泥注浆＋井壁局部井圈加固＋井壁局部聚氨酯补强	① 费用较高;② 注浆控制渗水效果一般;③ 提高了井壁强度

综合考虑杨村煤矿副井情况,认为优先考虑方案 1。因为目前除了卸压槽处有开裂外,基本都是在原治理处渗漏水,再考虑到前两次治理都是注水泥浆,结合相邻矿井注化学浆时注浆压力较小,而且止水效果比注水泥浆要好。

3　治理工程实施

根据上述方案 1,2004 年 9 月对杨村煤矿副井井筒进行了第三次预防性治理。注浆采取分段下行式注浆方式进行破壁注浆,采用化学浆,甲液:脲醛树脂、高效添加剂和辅助剂,乙液:草酸溶液。注浆孔布置在井筒垂深 160 m、165 m、167.5 m、170 m、173 m、182 m、185 m、188 m。累计施工 21 d,完成注浆孔共 80 个。注入化学浆甲液为 132 t,乙液为 44 t。井筒内无渗水现象后,在垂深 166.2 m 处施工 450 mm 高的卸压槽一道。治理工程较顺利,井筒得到了较好的治理,保证了井筒安全。

4　结 束 语

维护井筒安全对矿井的正常生产非常重要,井筒发生破坏或即将发生破坏时,治理方案可有多种选择。本文作者以杨村煤矿副井井筒第三次治理为例,根据井筒的实际破坏情况,对提出的各方案进行了优选,在保证井筒安全的前提下,为矿山企业节省了工程费用。治理工程的实际效果表明所选治理方案的正确性，方案优选过程对其他煤矿井筒治理具有一定的参考价值。

参考文献

[1] 倪兴华，许延春，王同福，等. 厚冲积层立井破裂机理与防治[M]. 北京：煤炭工业出版社，2007.

[2] 席京德，许延春，官云章，等. 注浆法治理井筒破坏的理论分析[J]. 建井技术，1998，19(4)：33-36.

[3] 王树常，葛洪章. 兖州矿区立井井壁破裂的原因分析及防治[J]. 中国矿业大学学报，1999，28(5)：494-498.

[4] 苏骏，程桦. 疏水沉降地层中井筒附加力理论分析[J]. 岩石力学与工程学报，2000，19(3)：310-313.

[5] 张黎明，杨建华，张广学，等. 深厚表土层井筒破坏预防性治理技术[J]. 煤炭科学技术，2008，36(4)：16-19.

[6] 王建军，骆念海，白振明. 开采引起的层间滑动与黄淮地区煤矿井筒破裂关系研究[J]. 岩石力学与工程学报，2003，22(7)：1072-1077.

作者简介：邵明喜(1964—)，杨村煤矿副总工程师，从事矿井地质及资源管理工作，发表专业学术论文十余篇。

化学注浆在兴隆庄煤矿西风井井壁微裂隙防渗中的应用

兖州煤业股份有限公司兴隆庄煤矿　张光明　张圣才　于旭磊

摘　要：由于西风井井壁受到较大地应力的作用，在第四系与下伏基岩接触的部位，井筒已发生严重的变形破坏。为保证井筒的正常使用，在此部位需要开挖卸压槽以缓冲井筒所受的压力。在开挖卸压槽的过程中，如何防止壁后第四系含水层发生溃砂涌水的事故是一个需要解决的难题。结合工程实例，详细介绍了化学注浆的设计方案及施工工艺，评价了化学注浆的效果。结果表明，化学浆液具有较好的渗透性，能有效地封闭岩层中的微裂隙，达到很好的堵水固砂的效果。

关键词：化学注浆；微裂隙；注浆材料；施工工艺；堵水固砂

0　前　言

化学注浆是工程防渗的一项新技术，在国外工业发达国家，化学注浆堵水防渗已广泛应用于大坝、隧洞、地下铁道、地下建筑物、矿井、桥梁、房屋建筑等工程。与常规水泥注浆技术相比，化学注浆有其独特的技术优势，可以解决常规水泥注浆方法难以解决的工程防渗难题，从而使其具有广阔的应用潜力。就主剂材料而言，化学注浆材料大致可分为水玻璃类、无机材料类、高分子材料类等三种类型。不同类型化学材料的工程应用都具有一定的针对性，在矿山工程上，防渗堵漏型材料较多应用于浅层含水层的固砂防渗或井下破碎岩体的预注浆处理，而在通过化学注浆进行井下岩体加固防渗情况下，则通过采用防渗补强型材料，其中，脲醛树脂和聚氨酯两种浆液在矿山井下的应用比较普遍。

脲醛树脂浆液在物理性质（黏度、胶凝时间、聚合特点等）、强度性质（黏结强度、固砂强度）及渗透性等方面可以满足工程固结防渗的要求；此外，脲醛树脂浆液具有稳定性好、挥发性低、析水程度小的特点，在煤矿井下可以安全使用。结合本工程的具体条件，本次化学注浆决定采用脲醛树脂作为注浆材料。

1　工程概况及工程地质条件

1.1　工程概况

兴隆庄煤矿西风井井深285.6 m，井筒直径为5.5 m，井口位置第四系松散层厚度为189.5 m，松散层段井壁壁厚0.95 m，为设计标号300#的钢筋混凝土双层井壁，其中，内壁壁厚0.55 m，外壁壁厚0.40 m。从井壁受力角度分析，第四系压缩沉降形成的剪切压力在井壁的分布具有由上而下累积的特点，由于基岩与第四系之间存在的巨大强度差异，导致第四系下部井壁段成为最大受力部位，而第一次治理开挖的卸压槽位于基岩段，即卸压槽位于井壁主要受压变形段以下。因此，卸压槽并没有真正起到减缓调整井壁变形的作用。因此，为保证西风井井筒的正常使用，必须在井壁主要受力范围重新开挖卸压槽，新卸压槽位置选择在－171.7 m左右的标高位置。在－171.7 m标高位置开挖卸压槽，从技术层面考虑是合理的，因为该部位壁后为粉质黏土层（层厚为3.6 m，分布的范围为－169.9～－173.5 m），是第四系底部最主要的压缩层位。因此，从井壁受力角度分析，在此部位开挖卸压槽最利于其卸压作用的充分发挥。

然而，由于井筒破裂严重，井壁出水量加大且出水点相对集中，如直接开挖卸压槽可能会造成井筒壁后含水砂岩层喷砂涌水而导致井筒报废的严重后果。因此，在进行新的卸压槽开挖之前，对井筒壁后含水层的集中出水点进行注浆堵水的工作是必需的。

1.2 工程地质条件

由于井壁破坏严重,出水量较大且出水点相对集中,如直接采用化学注浆封堵集中出水点,则容易使化学浆液严重流失,造成一定的经济损失。为了节省工程费用,方便化学浆液破壁注浆与其堵水效果,在化学注浆之前先浅孔灌注普通硅酸盐水泥—水玻璃浆液,对集中出水点进行直接堵水施工,待充填大的空隙后,再深孔灌注改性脲醛树脂充填岩体微孔、裂隙,以封堵地下水向井筒渗流的通道。

在化学注浆段影响的范围内,岩性从上到下依次为:亚黏土 8.1 m;砂砾层 10.3 m;亚黏土 3.6 m;中砂岩 4.9 m;砂砾层 5.5 m;亚黏土 2.1 m。其中,在−165～−176 m梯子间向西有一条宽约1.6 m、长约 6 m 的条带状出水段,出水量较大,为本次化学注浆的重点部位。在−176～−177.6 m位置 E—N—W 有一带状出水段,出水量相对较小,为本次化学注浆的次重点部位(如图 1 所示)。本次化学注浆段选择在井深 162～182 m,段高 20 m。

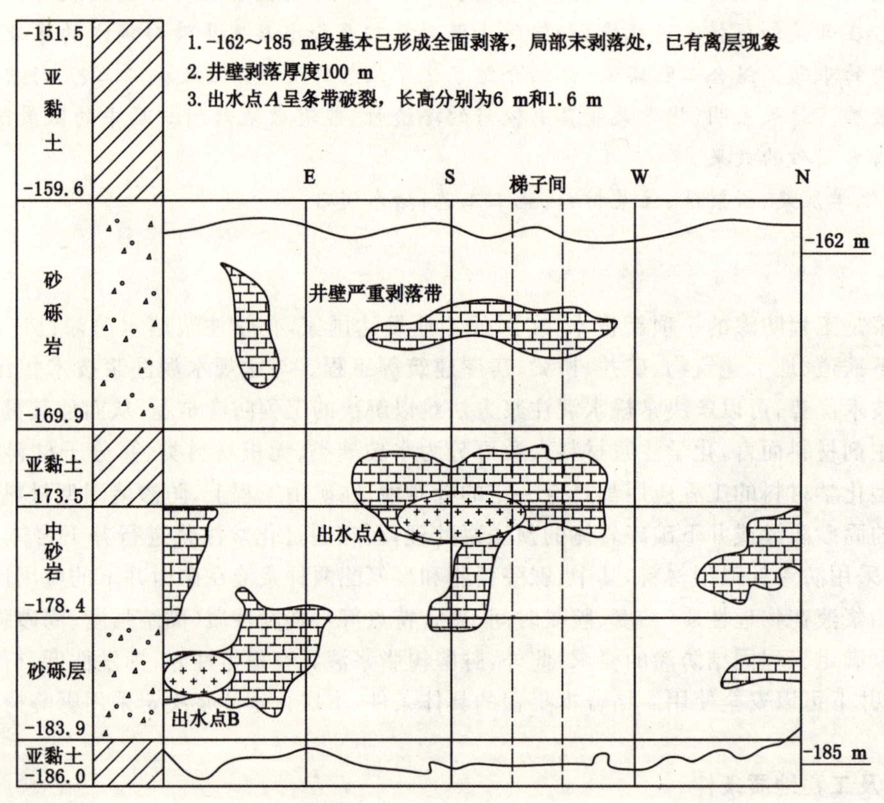

图 1 西风井井壁严重剥落段及高压出水点部位示意图

2 注浆设计

2.1 注浆材料的选择

本次注浆选用的注浆材料为甲、乙液单独配制,注浆时在壁后混合。甲液以脲醛树脂为主液,采用丙烯酰胺增塑,外加一定比例的交联、固化、促凝等添加剂配制,乙液以稀硫酸为主液,外加聚合剂配制。

不同条件下的实验结果表明,改性脲醛树脂的渗透性、胶凝时间可以通过改变浆液浓度进行有效控制,在对黏结强度和抗渗性能不产生较大影响的情况下,浆液的浓度具有较宽的调节幅度,这样使浆液的应用范围具有很大的扩展性,在井下应用时,可根据具体的地质条件和工程应用的目的进行适当调节。根据室内不同浓度浆液在不同促凝剂用量条件下的试验数据,其主要技术性能指标如下:

(1) 浆液浓度的调节范围:10%～50%;

(2) 起始黏度:1.7～15 cp(20 ℃);

(3) 黏结强度:1.5～3.7 MPa;

(4) 固砂强度:1.2～9.5 MPa;

(5) 抗渗透性：$10^{-5}\sim10^{-8}$ cm/s；

(6) 起凝时间(以絮凝为准)：1 min 5 s～35 min 20 s；

(7) 胶凝时间(呈固体状)：3 min 10 s～47 min 30 s。

2.2　注浆压力

注浆压力要根据浆液渗透性、裂隙开口大小和连通性、浆液的压注量、裂隙岩体的强度等因素确定。对于煤矿井下微裂隙岩体的注浆，由于高围压作用，即使较大的注浆压力，一般也不会对岩体的结构产生明显的破坏。所以，注浆压力可在压水试验结果的基础上，根据止水岩盘的强度和浆液的灌注量合理确定。本次化学注浆压力的选择应在井壁能够承受的范围内，取注浆正常压力为 4.5 MPa，终孔压力为 5.0 MPa。

2.3　注浆孔布置

根据计算所得的浆液扩散半径为 1.94 m，初步确定孔间距范围为 3 m 左右，同时，考虑到注浆介质空隙较小，连通性较弱，井壁质量较差，能够承受的注浆压力较低的情况，应适当增加布孔密度，使孔间距在 2 m×2 m 以下。为使浆液沿壁后不同方向的裂隙相互渗透，补充充填，形成一个止水帷幕，本次注浆采用三花眼布置的方式。由于两处出水段均呈不规则破裂，注浆孔的布设可根据现场施工具体情况作适当调整。本次注浆在卸压槽开挖位置上下 8 m 左右段高范围共布孔 45 个，其中注浆孔 27 个，检查孔 8 个，探孔 10 个。施工中，首先对 27 个注浆孔进行间隔注浆，全部注完后，在相对薄弱部位布置检查孔，检查孔布置于含水层中，主要检查浆液对砂及砂砾层孔隙的充填效果，并视实际情况利用其进行补注。探孔布置于卸压槽上下，主要是探查壁后堵水帷幕形成的情况。

2.4　注浆孔结构

设计的注浆孔结构为“孔口管(ϕ42 mm×850 mm)+裸孔(ϕ32 mm)”。孔口管选用 ϕ42 mm 无缝钢管制作，开好的孔口内充入少量的树脂锚固剂，将孔口管推进孔内。孔口管埋设后破壁注浆之前，要进行耐压试验，试验时逐渐加大压力，最大压力为 5 MPa。

3　注浆施工与工艺

3.1　施工机具

本次注浆采用的机具为葫芦岛华明高压表厂生产的 DBGB—22—90/70 型多功能双液高压注浆泵以及搅拌机，盛化学浆液甲液、乙液和水的三个容器等均放置在西风井井口，沿井筒罐道梁下放两趟高压软管，分别输送化学浆液的甲、乙两液至注浆工作面混合器后注入孔内。

3.2　施工工艺流程

首先用风锤开孔(孔径为 43 mm)至出水时(孔深大于 800 mm)，安装孔口管→安设高压阀门(20 MPa)→用直径为 32 mm 的钎头从阀门内套孔穿透外壁进入注浆层位→关闭阀门并连接好注浆设施→打开阀门→开启注浆泵进行压水→注入浆液→关闭阀门→换孔继续注浆，直至全部注浆结束。注浆施工工艺流程如图 2 所示。井筒注浆充分考虑了渗透通道以小空隙为主，空隙间的连通性较弱，井壁质量较差等复杂的注浆条件，采取了有针对性的工艺措施。

(1) 复合注浆工艺。为取得壁后空隙充填和补强井壁的效果，浅孔以灌注水泥—水玻璃浆液为主，以提高井壁的补强效果。为了对壁后岩体孔、裂隙水的外渗通道实施有效封堵，深孔注浆以改性脲醛树脂为主。

(2) 为控制甲、乙两液的注入比例，调节注浆液在壁后混合后的胶凝时间，为此，分别在注浆泵的出浆阀上安装流量计，并在吸浆阀上安装阀门，通过观测流量计并控制阀门来控制单孔注入浆液量，并根据需要随时调节甲、乙两液的比例。

(3) 为了使浆液扩散均匀，可采用诱导注浆工艺，即同时施工 3 个孔，其中一个为注浆孔，另外两个为诱导兼观察孔，诱导孔未注浆前必须安装高压阀，一旦出水或喷砂时可立即关闭阀门。

(4) 可采用单孔少注、群孔多注的施工工艺，以达到在尽量降低泵压情况下而不影响浆液的灌注效果。在注浆工艺上采用先浅后深的注浆措施，即每一个注浆孔注入一定量的浆液后可暂时停止注

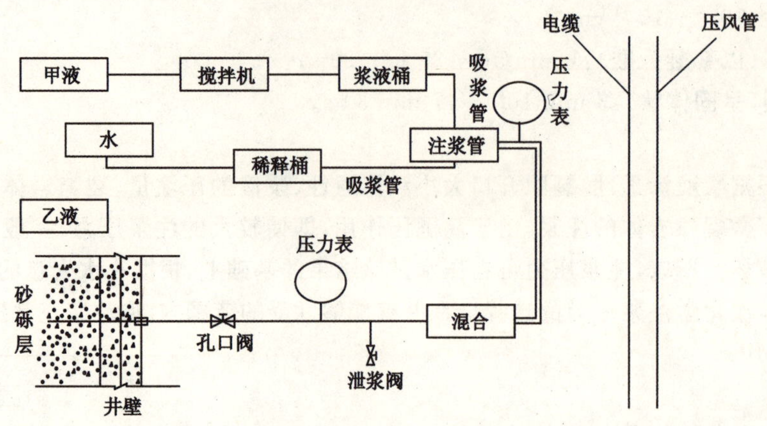

图 2　注浆施工工艺流程图

浆，待浆液凝固养护一段时间后，再逐步加大孔深套孔进行高压灌注，直至达到设计孔深。

4　注浆效果

可以用以下三种方法来检查注浆效果：

(1) 采用钻孔取样的方法检查岩层注浆深度范围内的实际情况。

(2) 钻孔后，在岩层注浆段进行压水试验，根据压水试验的压力及渗水量来判断注浆效果。

(3) 注浆结束后，用潜水泵抽取井筒底部的水，通过观测井壁实际的渗水情况来直接判断注浆止水加固效果。

为掌握注浆的效果，注浆过程中在井底设置水量观测点对水量变化情况进行了全过程观测。注浆前，井筒裂缝处出现严重漏水，出水量在 37 m^3/h 左右，为减少化学浆液的使用量，在井壁破坏严重的集中淋水部位注入一定量的水泥浆充塞壁后大的空隙，井筒涌水量仍然在 4 m^3/h 左右。化学注浆结束后的检验结果表明，无论注浆堵漏率，还是注浆效果的稳定性均达到了预期的堵水防渗的目标，从检查孔、探孔及卸压槽开挖所揭露的情况来看，在注浆段壁后形成了高约 7 m，径向厚度超过 1.0 m 的防渗帷幕，帷幕范围内井筒涌水量为零，基本滴水不漏，开挖卸压槽时内外井壁间干燥无水。综合开挖卸压槽前的检查情况，壁后浆液在土层中形成的固结层厚度(径向厚度)，砂砾层在 1.5 m 左右，粉砂层超过 1 m。

本次注浆历时 18 d，完成注浆孔数 45 个，共注入化学浆液 113.29 t，其中，甲液和乙液的消耗量分别为 82.71 t 和 30.58 t。从总体情况看，本次注浆针对岩土层微孔、微裂隙渗漏封堵所制定的技术方案是比较合理的，在布孔方案、注浆参数、注浆方法等方面均较好地适应了具体的水文地质条件。

5　结　语

处于地应力较大的矿区，为防止井筒变形破坏严重，开挖卸压槽以缓冲井筒所受的压力是一种有效可行的方法，在开挖卸压槽的过程中如何防止壁后含水砂岩层发生溃砂涌水的事故是一个需要解决的问题。为此，可应用注浆的方法对壁后含水砂岩层进行堵水防渗。传统的水泥浆液只能有效地封堵岩层中较大的空隙，不能完全保证井筒开挖时的安全，而化学注浆却能很好地解决这个问题。化学注浆具有较好的渗透性，能有效地封闭岩层中的微裂隙，达到很好的堵水、固砂的效果。随着化学、机械、计算机等工业的迅猛发展，化学注浆也将得到越来越广泛的应用。

作者简介：张光明(1981—)，男，2004 年毕业于山东农业大学水文与水资源工程专业，中国矿业大学地质工程在读工程硕士。现在兖州煤业股份有限公司兴隆庄煤矿地测中心工作，主要从事矿井防治水研究。

马兰矿 18306 工作面涌水陷落柱治理

山西焦煤西山煤电马兰矿　杨高峰　弓金保

摘　要：陷落柱是一种特殊地质构造，它对采掘工作面的合理布置、生产带来严重困难，本文通过对马兰矿涌水陷落柱的揭露、探测、治理过程介绍，改变了人们对陷落柱的认识、观点，同时在18306工作面陷落柱的揭露、探测、治理过程中，取得了丰富的治理经验，为今后治理西山地区涌水陷落柱提供了可借鉴经验。

关键词：马兰矿；涌水；陷落柱治理

西山煤田内北东—北北东向断裂呈束展布，将向斜东翼切割成长方形地块，煤田主要受新华夏系构造体系控制，为山西省多字形雁行斜列的主要煤盆地。

陷落柱是在漫长的地质演变过程中，由于煤系基地碳酸盐岩经地下水溶蚀，形成空洞，上覆岩层在重力的作用下冒落、塌陷形成的一种地质构造。陷落柱的发育不仅减少了煤炭开采储量，且对采掘工作面的合理布置、生产带来严重困难。到2008年年底西山矿区生产揭露和地质勘探揭露的陷落柱总数达3 100个。柱体大多填充密实，只有个别柱体内富水或有空洞，空洞内存水量最大可达600 m^3。马兰矿位于西山煤田西部边缘，煤层在地表均有出露，西部奥灰岩直接接受补给，井田构造发育，因而各类构造具有特殊性。

2009年2月5日9时，马兰矿南一下组煤综采二队18306工作面回采到距停采线4 m时，遇一顶部有空洞的陷落柱，陷落柱内出现涌水，伴有瓦斯、硫化氢气体逸出现象。西山煤电集团公司、马兰矿技术人员当天派人现场对陷落柱进行了察看，并采取了应急措施，迅速组织进行了物探，请有经验的防治水队伍进行了注浆封堵，快速消除了安全隐患，为今后治理导水陷落柱提供了宝贵的经验。

1　工作面概况

18306工作面是马兰矿南一下组煤下山采区首采面，开采8# 煤，该面走向长1 246 m，倾斜长194 m，煤层倾角平均3°～4°，平均煤厚4.10 m，可采储量124.7万t。

工作面地质条件复杂，回采中共揭露落差1 m以上断层13条，其中5 m以上断层2条，断层延伸总长度1 260 m；揭露陷落柱5个，陷落柱最大40 m×25 m，最小7.5 m×4 m；煤层起伏大，共控制2个背斜、1个向斜；断层及陷落柱多发育在褶曲核部，造成煤岩层破碎，局部煤层倾角达28°。

工作面大部分区域带压开采，奥灰水位标高为900 m，工作面遇陷落柱处煤层底板标高为891 m，8# 煤与9# 煤层间距为12 m，8# 煤煤层底板至奥灰顶面间距约为76 m，最大突水系数0.006 MPa/m。工作面位于陷落柱发育带上，停采线处揭露的8.5 m×3.5 m陷落柱柱体胶结松散，导通奥灰水（陷落柱处承压10 m水柱高度），涌水量稳定在10 m^3/h，经过40 d的注浆治理，陷落柱柱体涌水。

2　矿井水文地质条件

井田内地层为第四系松散层及黄土，第三系红色黏土，二叠系砂岩、泥页岩夹煤层，石炭系砂岩、石灰岩、泥岩夹煤层，奥陶系中统峰峰组、上马家沟组、下马家沟组石灰岩、白云质灰岩、角砾状灰岩，奥陶系下统泥灰岩、白云质灰岩，寒武系灰岩等。该陷落柱处于马兰向斜轴的西部约2 500 m，距离狐堰山碱性二长岩侵入体约6 000 m，距GS—6水文孔（终孔为奥陶系上马家沟组石灰岩含水层）为2 000 m，奥陶系岩溶地下水处于相对径流较强的地段。

马兰井田水文地质条件为复杂型，矿井充水水源主要为奥灰岩溶裂隙水、松散冲积层及基岩风化裂隙水、山西组砂岩裂隙水、太原组灰岩裂隙岩溶水以及小窑采空水。

3　陷落柱涌水水源辨识

3.1　现场观测情况

2009 年 2 月 5 日甲班，18306 工作面收尾正常割煤 1.2 m，无涌水征兆，乙班 9 点工作面割煤至距停采线 4 m 时，在 91# 架处出现涌水，瞬时涌水较大，涌水流入采空区，几分钟后涌水量稳定，综采二队立即停止了生产，向矿调度室汇报，矿调度室向局调度室汇报，矿地测科接到通知后立即安排人员下井观测涌水情况，随后公司及矿主要领导到工作面，经观测工作面在 91# 架处底板揭露一个顶部发育 1 m 高空洞的陷落柱(图 1)。

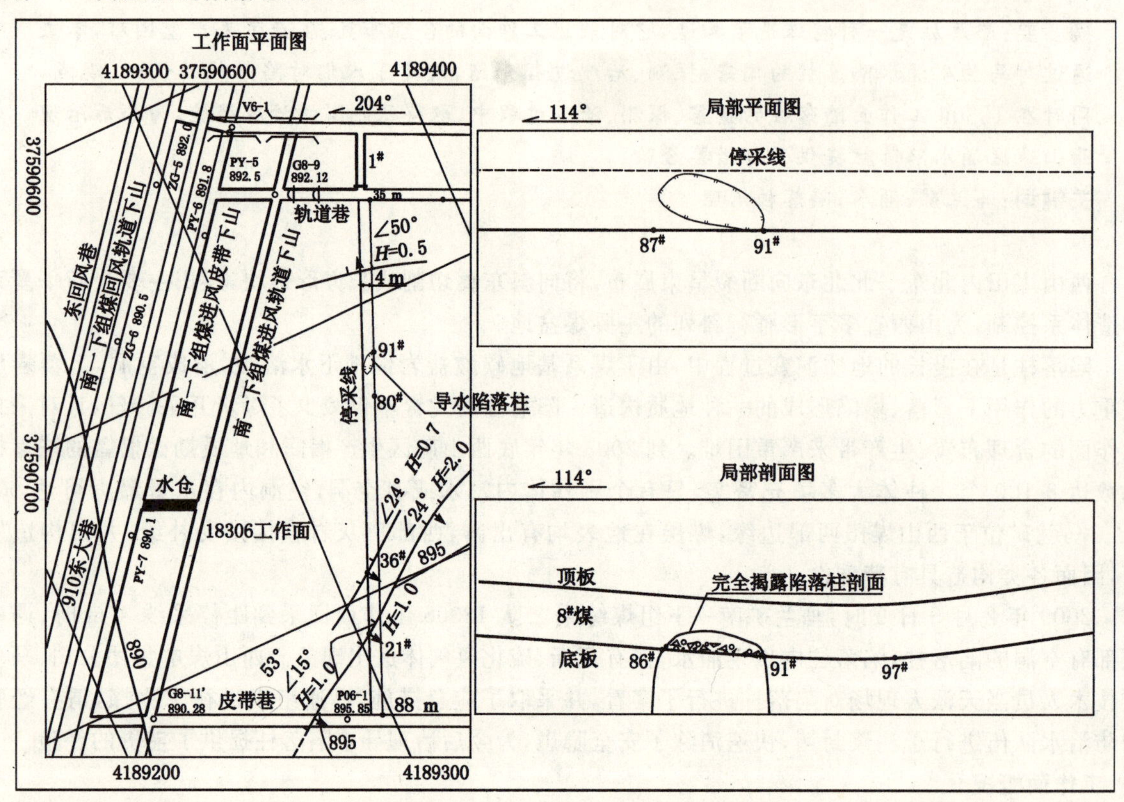

图 1　18306 工作面陷落柱段平剖面图

陷落柱长轴约 8.5 m，短轴约 3.5 m，长轴方位为 141°，空洞上部尚有 2.3 m 的 8# 煤，煤体裂隙充填方解石晶体，陷落柱柱壁、充填物表面及接触处发育钟乳状方解石晶体，柱体胶结松散，有涌水及瓦斯、硫化氢气体异常涌出现象。经测量涌水量约 10 m^3/h，水的温度 17 ℃，空洞中瓦斯浓度大于 10%，硫化氢气体浓度达 300 ppm(10^{-6}，下同)(图 2)。

2 月 5 日丙班，经集团公司领导、矿领导及有关人员现场勘察、研究，初步确定涌水水源疑似奥灰水，并决定进行注浆治理。

为满足注浆治理场地的需要，制定了《马兰矿 18306 工作面收尾扩循环揭露陷落柱综合安全技术措施》并报集团公司，于 2 月 7 日工作面收完尾。期间涌水量稳定，瓦斯涌出量明显减小，硫化氢气体涌出量在涌水点水面处为 20～50 ppm，工作面风流中硫化氢气体已测不出。

3.2　水质化验分析

为确定涌水水源，2 月 5 日立即取水样进行化验分析，2 月 7 日水化学类型发生了重大转变，基本确定为奥陶系岩溶水，2 月 12 日、3 月 2 日继续采取水样进行跟踪化验对比分析(结果见表 1)，陷落柱处涌水的水质类型由 HCO_3-KNa 型水逐渐向奥灰水 HCO_3 · SO4-Ca · Mg 型水转变，确定涌水水源为奥陶系岩溶水。

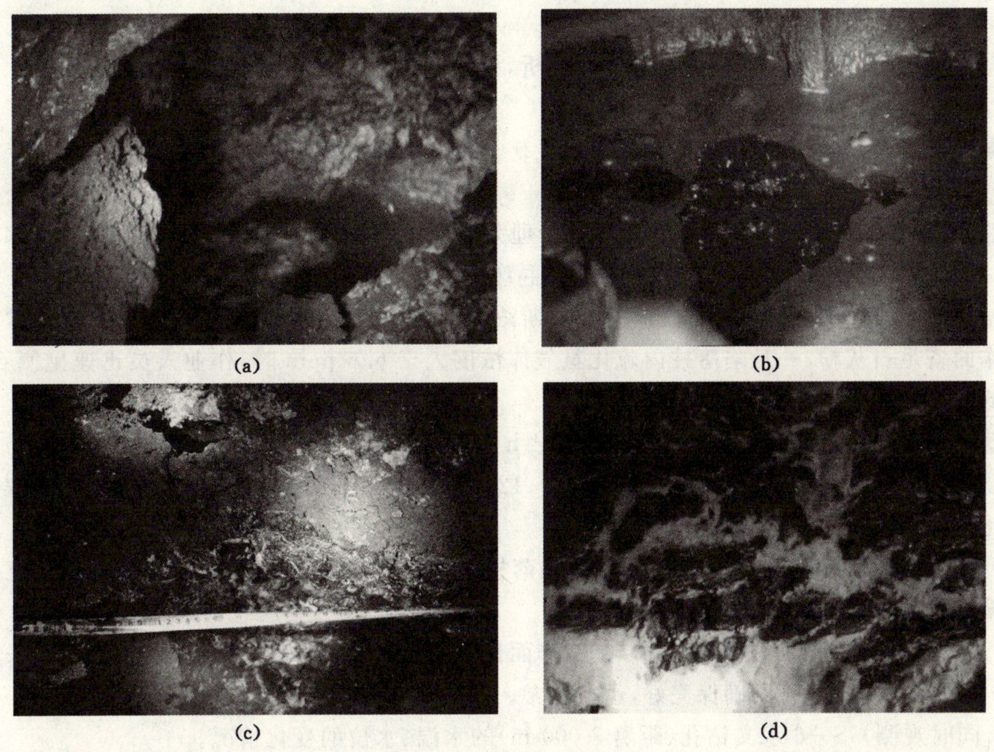

图 2　陷落柱特征

(a) 陷落柱周边涌水点；(b) 陷落柱周边涌水点气泡；

(c) 陷落柱周边涌水点空洞；(d) 陷落柱顶部空洞(方解石晶体)

表 1　相关水样水质分析对比表　mg/L

项目＼水样	18306 顶板水样	18306 陷落柱涌水水样				主斜井底奥灰水样
		2 月 5 日	2 月 7 日	2 月 12 日	3 月 2 日	
总硬度	27.03	135.32	216.18	339.56	719.08	354.13
负硬度	956.75	703.96	440.71	167.85	0.00	0.00
矿化度	1 249	958.00				453
pH 值	8.38	8.30	7.65	7.66	7.66	8.30
$K^{+}+Na^{+}$	496.53	333.09	261.3	215.64	167.77	24.60
Ca^{2+}	7.36	28.82	50.69	87.46	147.7	96.31
Mg^{2+}	2.10	15.38	21.75	29.41	85.03	27.58
Cl^{-}	88.01	46.16	26.52	16.69	13.75	5.79
SO_4^{2-}	3.29	6.59	130.89	366.32	555.66	194.28
HCO_3^{-}	1 080.79	976.42	800.86	618.62	494.90	229.92
CO_3^{2-}	58.34	23.02	0.00	0.00	0.00	3.77
水化学类型	重碳酸钾钠型	重碳酸钾钠型	重碳酸硫酸钾钠型	重碳酸硫酸钾钠钙型	硫酸重碳酸钾钠钙镁型	重碳酸硫酸钙镁型

3.3　利用物探查明导水通道

为确定涌水通道，2 月 10 日至 12 日，该矿聘请西安及重庆煤科院技术人员采用浅层地震仪、高密度电法仪、地质雷达等多种物探手段对陷落柱进行探测，并编制了物探报告，基本查清了陷落柱的分布范围及富水性。

根据水质化验分析及多种物探手段探测分析，该陷落柱为充水并导水的陷落柱。

4 治理期间采取的应急措施

根据现场观测及分析，西山煤电公司及马兰矿及时采取了以下应急措施：

（1）现场跟踪观测。

① 观测涌水量变化。从2月5日到注浆治理完成期间，马兰矿派人24 h值班，观测涌水量的变化情况，一有增大的迹象，立即汇报矿调度室及主管领导。

② 派瓦斯检查员现场监测硫化氢气体、瓦斯浓度的变化情况，派人24 h值班，一有异常及时汇报。工作面备足石灰粉，一旦陷落柱内硫化氢气体浓度大于6.6 ppm时，作业人员迅速抛洒石灰粉，以便降低硫化氢气体浓度。

③ 观测顶板、底板的压力变化情况，派人24 h值班，一有异常及时汇报。

④ 及时采取水样化验分析。2月5日、7日、12日和3月2日持续采取水样送到山西省煤炭地质研究所化验分析，以准确判断水源。

（2）鉴于涌水量基本稳定，为了便于对该陷落柱进行治理，在保证工作面安全的前提下工作面进行了扩循环，清理了现场，共推进4 m。

（3）马兰矿加强工作面的排水工作，在工作面低洼处开挖水仓，完善排水系统，排水泵采用耐酸水泵，并有备用泵。排水管路确保完好，运行正常。

（4）同时观测GS—6水文钻孔（距离2 000 m）的水温、水位的变化情况。

（5）马兰矿编制了应急救援预案，一旦发生硫化氢气体、瓦斯浓度增大，或水量增大，危及生产、人员安全时，及时启动救援预案，采取措施，保证人员及时安全的撤退，保证矿井的安全。

（6）西山煤电公司迅速组织技术人员，于2月7～12日深入井下现场采用瑞利波、浅层地震仪、高密度电法仪、地质雷达等先进的多种物探手段对陷落柱周边进行物理探测，基本查清陷落柱的分布范围和空间位置。

（7）2月13日请煤炭科学研究总院西安分院水文所、重庆分院物探所的专家，以及地质处的地质技术人员对18306工作面的陷落柱出水情况进行了详细的研究分析，通过对现场出水点位置、陷落柱的充填情况、方解石的结晶形态的调查，对水量及水温、硫化氢气体及瓦斯的观测，对奥陶系岩溶水的标高、工作面底板标高及区域水文地质情况的分析，并结合多种物探的结果分析，以及水质化验成果的分析，确定了该陷落柱为导水陷落柱，导水通道为陷落柱与围岩的接触地带。

（8）西山煤电公司及时联系煤炭科学研究总院西安分院水文所编制了注浆堵水治理方案，聘请了有经验的注浆堵水队伍，对陷落柱进行注浆封堵。

（9）工作面回采完毕后，在工作面切眼附近的轨道巷、皮带巷构筑了防水密闭。

5 注浆治理情况

确定陷落柱涌水水源及涌水通道后，根据《煤矿防治水工作条例》及《煤矿安全规程》的有关规定，决定在井下对导水陷落柱进行注浆治理。

2月17日，委托煤炭科学研究总院西安分院专家编制《马兰矿18306工作面陷落柱注浆堵水方案》设计，并由其下属注浆队伍进行施工。集团公司地测处下发了《马兰矿18306工作面陷落柱注浆堵水前期准备工作安排》，马兰矿根据要求完善了采区及工作面排水系统，并进行了注浆前期准备工作，编制了注浆期间专项应急救援预案。

注浆工期前后共40天，共设计4个注浆孔（图3），一次全长注浆，先低压（小于2 MPa）后高压（最大达9 MPa）注浆，单孔注浆2～3次。之后在陷落柱中部施工了一个注浆效果检查验收孔。

注浆工作量如下：

注浆钻孔进尺141.5 m（其中孔口管段孔径130 mm，进尺45 m；裸孔段孔径80 mm，进尺85.5 m；二次及三次扫孔进尺189.5 m）。

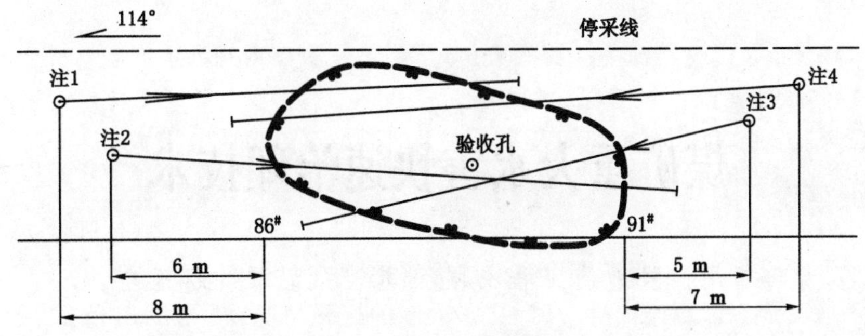

图 3　注浆孔平面布置图

孔口管总长度 51 m，管径 108 mm，4 英寸闸阀 5 个。

水泥总用量 204 t，水泥浆中配水玻璃 6.8 t，消耗浆液量 462 m^3。

注浆效果：根据注浆孔及验证孔施工观测记录，注浆加固段深度大于 25 m，注浆后柱体无涌水，仅陷落柱周边裂隙带有间歇性瓦斯与水涌出，涌水量 0.05 m^3/h。

6　注浆治理导水陷落柱启示

(1) 马兰矿 18306 工作面陷落柱导通奥灰水涌水在西山煤电集团公司是首次，从发现陷落柱导水到治理结束，集团公司、矿各级领导及相关单位高度重视，各项措施得力，有效防止了水害事故的扩大。

(2) 该工作面虽然经过无线电坑透，但由于该陷落柱较小，柱体存在富水空洞，坑透手段对水体探测效果不好，资料无异常显示。今后在带压开采工作面时选择合理的物探方法，探测工作面隐伏导水构造；对带压开采工作面要出台相应的防治水技术管理规定；加强超前探测及隐伏导水构造探测技术攻关。

(3) 陷落柱涌水后，对水源的判别主要靠水质分析，由于没有自己的化验室，化验周期长，经过近 10 天才确定了涌水水源，不能第一时间为防灾救灾提供技术支持。应建立快速水质实验室，各矿井应完善水质数据库，建立涌水水源快速判别的水文地质模型。

(4) 带压区预测预报一般多采用突水系数法及构造分析法，而此次奥灰突水只带压 10 m 水头，位于带压开采安全区内回采，但却出现了导通奥灰水现象。今后要加强奥灰突水机理的研究，尤其是陷落柱导水研究（马兰矿目前共揭露陷落柱 76 个，有约 1/5 陷落柱柱体松散，并出现涌水）；要改进带压区水情水患预测预报方法，坚持带压区有掘必探，先治后采。

(5) 为防止构造滞后导水，工作面采完后应在关键部位施工挡水密闭，此次马兰矿所揭露的陷落柱与奥灰水有连通通道，改变了人们对西山陷落柱不导水的看法。

通过此次对马兰矿陷落柱涌水的治理，积累了丰富的经验，特别是对陷落柱的认识、探测方法、治理方案等，为今后的防治水工作提供了宝贵经验。

作者简介：杨高峰，男，高级工程师，马兰矿地测科科长。

煤矿重大水害快速治理技术

郑州祥隆地质工程有限公司　乔留军　赵玉启

摘　要:通过对煤矿井下突水的分析与认识,制定相应的突水治理方案,针对不同类型矿井突水采用不同注浆堵水技术,同时强调了抓住最佳注浆时机,选择和制定最具有针对性的注浆方法,实现有效、合格注浆,保证堵水段应有的抗水压能力,另外介绍了几种特殊的注浆治水配套技术。

关键词:煤矿;重大水害;快速治理

在煤矿重大水害快速治理方面,通过多年实践,我们自主创新,积累了丰富的施工技术和经验,随着矿井开采深度的增加,煤矿重大水害时有发生,在此对煤矿水害治理经验简单地进行介绍。

1　煤矿井下突水的分析与认识

煤矿开采多为地下作业,在井巷开拓和煤层回采过程中,不可避免地要接近、揭露或波及破坏某些含水层(体),只要这些采掘工程的作业场所处于含水层(体)的水位以下就要承受一定的静水压力,水就会因失去原有的"平衡条件"而向井巷或采场涌出。

煤矿井下的涌水,主要表现为一般性滴、淋水和突破性的大量涌水。突水后的治理要点是:查明突水水源和突水的主要来水通道,注浆封闭来水通道和局部改造中间含水层及隔水层,必要时也可注浆改造局部水源含水层。

1.1　矿井水害分类

矿井水害通常分为三类:正常涌水、突水和灾害性重大突水。

1.1.1　正常涌水

矿井正常的涌水为煤层顶、底板附近正常采动影响范围内的含水层(直接充水含水层)涌水,一般称为矿井的正常涌水量。其基本特征是:静储量大量被消耗,水位有较大的降幅,水量袭夺现象明显,涌水量比较稳定。由于地质勘探时期、矿井设计和采区设计对此已提前防范,一般不会对矿井的正常安全生产造成巨大的危害或威胁。

1.1.2　突水

在隐伏的导水构造中,距离开拓、开采层位较远的非直接充水含水层的水突然涌出,其静储量尚未大量消耗,水量较大,具有相对独立性,接近或超过采区、水平的排水能力,轻则影响局部正常安全生产,重则造成工作面、采区停产。

1.1.3　灾害性重大突水

指那些突水量特别巨大,与当时矿井排水能力相差悬殊,难以抗衡而淹井的重大突水。此种突水来势迅猛、水量特别巨大,突水量大大地超过了矿井的最大综合排水能力。

1.2　矿井水害治理的方针、策略和方法

(1) 矿井正常涌水,在有关的井巷设计、施工中采取回避和限制的对策,以尽可能地减少每个时期的矿井涌水量。即将开拓、开采范围内的含水层,可在低标高位置打钻适当提前疏放,以消耗其静储量,同时还要通过各含水层之间的动态(水位、水质)变化分析和构造断裂分析,查明其可能存在的与某个水源含水层之间的水力联系。

(2) 非直接充水含水层,设法查明它与水源含水层的可能水力联系、连通方式,以便采取有效应

对措施，必要时还要把它作为“信息层”来观测水位、水质、水温，分析水源含水层的动向及变化，及时防范。

(3) 水源含水层及其引发的大突水，是最具有灾害性的，要严加防范。一是建立专门的水文动态长期观测孔(网)，切实查明煤层与含水层之间隔水岩层的岩性、结构、厚度等变化，掌握和分析其动态变化。二是底板开采要符合规程安全值，防水煤柱垂高必须符合规定。三是要用可靠的手段查明含水层与煤层之间有无隐伏的高角度断裂、陷落柱等导水构造。

2　突水治理方案的制定

制定治水方案时必须明确界定矿井突水治理的三大基础条件，分析矿井水文地质条件，研究突水的内在原因，查明突水点位、突水水源和突水构造。

2.1　突水治理的基本原则

突水后矿井是否被淹，突水点位、突水构造(包括空间形态和位置)、突水水源是否清楚，突水矿井的井巷有无规范的导线测绘资料，是突水治理的“三大基础”。

根据“三大基础”及其所处的地质、水文地质条件，研究、采用针对性的优化技术思路和对策，其最终目标是：以最快速度恢复生产、消除隐患和取得最好的封水效果。

2.2　突水治理的主要技术思路

(1) 突水后井下排水系统正常、尚未被淹的矿井

根据不同情况可采取以下三种方式：

① 在突水区两侧的集中过水巷道建造高压(可控放)封水闸墙，把突水区与生产区隔开，这是治理的首选思路。

② 在地面用钻孔注浆封闭突水来水通道。

③ 地面打钻注浆与井下建立非密闭式阻力墙(挡泥沙)相结合。

(2) 突水后排水泵房被淹，但尚未完全淹没的矿井

受这一基础条件的制约，治水工程必须在地面进行。

① 对于突水点位、突水导水构造和突水含水层均已基本查明的突水治理思路是：采用钻孔直接揭露断裂导水构造，以注浆封堵来水通道为主，以局部改造通道附近水源含水层的富水性为辅的技术思路来治理。

② 突水点的位置、突水水源和突水来水通道情况不明时的治理思路是：必须先进行探查，查明突水区的地质构造条件，然后再布孔注浆，或“查”、“注”结合，边查边注。探查导水构造的钻孔一般可布设在距突水点不远的来水方向，找到导水构造的钻孔即为通道注浆孔，延深后即为水源含水层注浆孔。探查孔的布孔方向不明时，也可以突水点为中心，先布设1～2孔作为试探。

③ 突水导水构造一时难以查明时的治理思路是：矿井具有可靠的井巷测绘资料时，采用透巷钻孔先封堵突水过水巷道，待恢复生产后再边生产边进行根治。

(3) 突水后无可靠的井巷测绘资料的矿井

只有罗盘测绘资料而无正规的导线测绘资料的矿井，无法制定方案和设计，只能多打一些探查孔，摸索治理。

2.3　治水方案的研究与制定

方案制订的基础是：正确分析水情(主要包括突水原因、突水构造、突水的直接水源和可能的补给水源以及重新分析、认识矿井水文地质条件等)；分析判断可能的突水类型和突水量的发展趋势；结合矿井开拓、开采现状，突水点(区)与周边井巷的关系及当时综合排水能力等进行综合研究，提出最优化的治水技术思路、工程布署和各项技术要求，指出工程的技术难点和主要解决方法，并对工程概算、工期和工程的治水目标作出预计。

2.4　几种典型的注浆治水方案(要点)及其适用条件

(1) 封堵突水过水巷道的方案要点

当突水的导水构造不清，或一时难以查清，而由突水点流出来的集中过水巷道及其与其他巷道之间的空间关系明确、有合格的导线测绘资料且具备可截堵的条件时，先把突水区与生产区隔开，然后再研究是否需要根治或如何进行根治的问题。如1984年开滦矿务局范各庄矿陷落柱特大突水的治理，2003年邢煤集团东庞煤矿陷落柱特大突水的治理等均是如此。

(2) 封堵导水断层的方案要点

① 对于引发突水的导水断层，搞清断层与突水点的空间关系，在来水方向上布孔进行探查、注浆。孔数多少根据具体情况来定，尽量一孔多用，先设置阻力段，再进行实质性注浆堵水，由上而下封堵，后期钻孔检查和加固注浆。

② 对于突水点附近可能与突水有关的断层，根据现有资料和图纸搞清断层的性质和突水点及突水层位与断层面的空间关系，布孔探查，针对性的注浆。

③ 对于附近未发现可疑对象的隐伏导水构造，若突水点的位置和突水水源明确，以突水点为中心，先以少量钻孔探查，等探明情况后再布孔根治。

(3) 注浆建造“柱内止水塞”封堵导水陷落柱的方案要点

当突水导水构造为陷落柱，且其空间形态、内部结构均已基本查明时，通过钻孔向柱内灌注骨料和水泥建造隔水段（止水塞）来隔断含水层对煤系地层的水力联系。

3　矿井突水后的注浆堵水技术

注浆技术在煤矿防治水中已得到广泛应用，根据我们的实践和体会，现对大型、特大型突水的注浆堵水技术（要点）作一简要论述。

大型突水注浆治理的核心技术，在于解决好以下四个方面的问题。

3.1　制衡水的快速流动，为注浆堵水创造必要条件

制衡水的快速流动是动水条件下实现成功有效注浆的前提，其关键措施有两条：一是在设计堵水段的水流下游建立阻力段；二是设法在突水来水通道中设置水流阻力段。主要方法就是通过钻孔向目标层段灌注各种骨料。

3.2　集中过水通道中的阻力段建设

阻力段位置选定后，注入巨量骨料进行充填，做到多孔联合灌注和不停顿的连续灌注。

阻力段建成的一般标志和检验条件是：经钻孔透孔到底实测，灌入骨料的顶界面标高高于巷顶标高，往下至巷底无“掉空”；经压（注）水试验孔内的单位吸水量已降到可正常注浆的范围；巷道阻力段两侧钻孔的巷内水位，出现较大、较稳定的落差（落差越大越好）。

3.3　突水来水通道中水流阻力段的设置

突水来水通道常常是隐伏的，在钻进中一旦发现孔内严重漏水或揭露断裂破碎带，必须在查明并取得有关地质资料后，做简易压（注）水试验，根据单位吸水量试注各种粒级骨料，反复灌注，直至符合注浆条件。

4　选择注浆时机和注浆方法

影响有效、合格注浆的因素很多，最关键的有以下三个环节。

4.1　抓住最佳注浆时机

(1) 建造巷内高强度堵水段或陷落柱内止水塞的正式、大规模注浆，必须在建成巷（柱）内骨料阻水段以后立即进行。

(2) 断层、破碎带等突水来水通道注浆，其最佳时机就是：钻进过程发现严重漏水，经灌注骨料后，细骨料难以注入，随即转入注浆。

4.2　选择和研究制定最具有针对性的注浆方法，实现有效、合格注浆

成功的水害治理中，采用的治理方案和注浆的具体方法都各不相同，例如：

(1) 邢煤集团东庞矿陷落柱特大突水淹井的治理。《治水方案设计》确定在突水区的集中过水巷道中注浆建造堵水段来封闭突水点。为达到急流条件下对注入浆液的有效控制，制订了以建好严格

的阻力段为基础，以特种早强水泥浆为主的下行、四步（孔口无压自流灌注、缓步升压注浆、高压注浆、检查加固注浆）渐进式、多重复注的注浆法，取得了成功。

（2）皖北煤电集团祁东煤矿冲积层下试采工作面，在按规程留设防水煤柱和采面未见有透水构造的条件下，冲积层水透水淹井的治理。在透水来水通道不清的情况下，《治水方案设计》确定采取“先强排复矿，抢建高压封水闸墙，然后边生产边从地面打钻根治水患”的方案，创造性地提出了“多种注浆材料，多种浆液配方，分层次、分阶段，有控、变量、选择性综合注浆”的注浆方法，取得了成功。

4.3　确定浆液的种类

不同种类的浆液具有不同的特性，合理使用浆液是堵水成功的关键所在。几种常用于大型堵水注浆的浆液如下。

4.3.1　单液水泥浆

是指不含有任何附加剂的纯水泥浆，由水和水泥（32.5 硅酸盐水泥）以不同水灰比调制而成。随着水灰比增大，初、终凝时间逐渐延长。

4.3.2　改良型单液水泥浆

是指添加了某些附加剂的水泥浆，根据加入附加剂后浆液具有的主要特性冠名，如稠化水泥浆、早强型单液水泥浆等。其具有强度高、货源广、适应性强、无毒性反应、操作简单和价格低于化学浆等优点，适合于大规模灌注，在注浆堵水工程中应用极广。

4.3.3　黏土—水泥浆

由单液纯黏土浆加入不同数量的水泥制成，具有较好的可灌性、抗渗性和可塑性，造价低廉，适用于作为防渗充填型材料使用。

4.3.4　水泥—水玻璃速凝双液浆

以不同水灰比的水泥浆与水玻璃双泵压注，经孔口或孔底混合器均匀混合，其胶凝时间人为地予以调控。优点是货源充沛，价格低，可灌性比较好，结石率高，胶凝时间可控，速凝后结石体的强度高，对水源无毒性不良反应。常被用于对孔隙、裂隙含水层等的预注浆封水和小型突水点的前期注浆。

5　保证堵水段应有的抗水压能力

为了确保堵水工程阻水段、改造层段强度，需要从思想、设计到施工科学地增加投入，以雄厚物质为基础，合理确定工程强度指标，严格施工技术管理，建立注浆质量全方位跟踪监测体系，坚持试验排水的“一票否决权”。

6　几种特殊的注浆治水配套技术

6.1　动水条件下封堵突水过水巷道的注浆

6.1.1　注浆前的准备工作

（1）冲扫钻孔底部的砂石骨料，使充填物的顶端充分下落，使巷道得以充分充填，直至钻孔内骨料不能下落为止。

（2）测定孔中水位深度，并与相邻钻孔和井筒水位（标高）进行对比，分析此间可能存在的水流阻力，检验阻力段上、下游之间的水位落差。

（3）对准备注浆的钻孔进行注水试验，求出每米水位抬升的单位吸水量值。

6.1.2　注浆

（1）初期注浆阶段

本阶段注浆的主要目的是通过注浆，把充填入巷道中的骨料初步形成一个以钻孔为中心的混凝土体，并经反复注浆使其成为巷内的一个局部固定的“阻水段”，通过相邻多个钻孔的注浆，建成一定长度堵水段。

（2）升压注浆阶段

通过巷内升压注浆把相邻注浆孔段之间的巷内固结体向两侧扩展相互穿插连接起来，历经升压、降压到再升压的反复注浆，使之成为一个整体，减少“渗透流”。

(3) 检查、加固注浆阶段

本阶段注浆通过综合分析，对前期注浆成果进行鉴定，找出可能存在的薄弱环节，有针对性地进行高压补强注浆、反复高压加固注浆或引流注浆进行进一步的加固。

6.2 陷落柱下部建造"柱内止水塞"的注浆技术

基本内容与要求，与动水条件下封堵突水过水巷道的注浆大致相同，主要方法为：

(1) 先以一定数量的透巷钻孔灌注骨料和水泥浆，阻塞突水点与其他井巷间的过水通道，减少浆液无效扩散。

(2) 根据注前压(注)水试验所测得的单位吸水量，合理选定浆液类别和配方。

(3) 采用自上而下的分段下行注浆法。

(4) 限制和利用孔间窜浆。对相邻钻孔的注浆段尽量做到彼此上下错开，无法错开时，可采用双(多)孔联合注浆；对可能窜浆的钻孔，在孔内水位(或浆液)升出地表前，孔口加盖密闭。注浆期间及时观测相邻钻孔孔内水位的变化，区别窜浆与窜水，掌握注入浆液的运移情况和注入体的充填密实程度。

6.3 立体注浆技术

立体注浆技术的要点是：要从突水的水源含水层、突水来水通道、突水点、去水通道、相邻采区等各个环节全方位地分析研究它们的状况、特点和相互之间的关系，结合矿井的已知条件找出它们中间的复合链接点并以此为切入点，把一个复杂的突水链分解为若干个治理条件比较单一的有限区段，分清主次先后，统一部署，互为条件，各个击破。

6.4 矿井试验排水与引流注浆技术

矿井试验排水、复矿追排水和引流注浆是注浆堵水后期三个紧密联系、互相依存、互为条件的重要环节。

6.4.1 试验排水

(1) 基本原理和主要技术思路

试验排水的目的是找出水位降深点和动平衡条件下的井下涌水量。其基本技术思路是：注后试验排水，对每一个降深点，通过排水量的调节，保持动水位的稳定。在动水位(指井筒下降水位)保持稳定的条件下，取得排水量在一定时间内的稳定，从而达到动平衡、稳水条件下试验排水。

(2) 水泵选型和排水能力的确定

通常采用在直通地表的立井吊挂大型潜水泵的方式，水泵应一次性潜入井底罐窝的积水中。根据试验排水的要求来确定水泵的型号、安装数量及排水能力。

(3) 降深点的确定原则和有关要求

① 一般设 3 个降深点，其总的降深幅度大致应以不小于复矿排水到原突水水平的全部降深的1/3 为宜。

② 对每个降深点达到水位、水量双稳定的操作方法，可先以较大的排量使水位降至设计降深点以深若干米，再以较小的排量开始，由小至大调节排量使水位的回升速度由逐步减缓而至稳定，最后锁定排量稳水。

③ 在排水前必须对井筒水位、突水水源含水层水位以及注浆基本结束且已扫孔到底的各孔孔内水位进行一次准确的统测。

④ 单位时间的排水量(m^3/min)要采用堰测法或电磁流量仪定期进行测定。

(4) 对排水到底后的矿井即时涌水量预计

可根据水位、水量双稳定条件下所测得的三个降程测试资料进行预计。

6.4.2 复矿追排水

复矿追排水要注意以下几个关键性技术问题：

(1) 排水设施的选型和安装要留下余地；安装深度满足排干井底车场积水的要求，同时考虑排水进程中调控水量的可能性。

(2) 提前考虑排水到底后，用其中一部分潜水泵稳住水位的预案，准备好如何把排水量调节到与井下总涌水量大致相当的方法措施。

(3) 排水到底后要认真察看井下水情，采用潜水泵稳水，确定安全警戒水位和采取安全撤人等措施。

(4) 永久泵房全面恢复前，应警惕和防范上部老空积水有残存截留和随时突出的可能危险。

6.4.3　引流注浆

在注浆后期，从井筒抽水，让井口区与原突水点之间形成一定的水压差，在一定程度上让水流恢复流动，让浆液在较高的综合注浆压力(孔口压力＋浆柱有效压力)和水的自行流动的双重作用下，沿着残存过水通道进注，成为一个统一的注浆实体。

(1) 什么时候进行引流注浆

当矿井积水的水位或由堵水段成功“截流”所形成的水位与突水点的水柱压力基本持平，注入浆液已不会再随水流动，且“受注体”已经具有一定阻力，光靠注浆压力已难以注进时，或前期注浆的结果已经形成了对水流的巨大阻力时，需人为产生水头差，才能引流注浆。

(2) 需要多大的水位压差才可引流注浆

由小到大逐步升级，根据进浆量、孔内压力来定，只要能正常进浆就可以了。复矿追排水期间也可引流注浆。

(3) 在哪些部位进行引流注浆和如何注浆

主要是那些尚未全孔结束注浆的钻孔、正在施工的检查孔，重点是在钻进过程中的漏水层段、岩芯破碎尚未被前期注浆固结或压水检查未达标的层段。对试验排水时孔内水位有明显下降的钻孔可检查性加固注浆。必要时也可以补打新孔，用边钻进、边检查、边注浆的分段下行注浆法，坚持注好一段，再延深一段的原则，直至设计终孔层位。对于建造巷内阻水段为主体的堵水工程，对可能隐伏在巷顶以上、巷底以下的构造导水带或导水岩层加以注浆封堵。

(4) 用什么方法来进行检验

试验排水和复矿追排水自身检验。理想的结果是：本次引流注浆的各孔段，各项质量指标达到结束标准，注后全孔段压水检查合格；在矿井水位每降一米的积水量大体相当和排水量保持不变的条件下，井筒水位下降速度明显加快，突水影响区内水源含水层的水位明显回升或回升速度加快。

作者简介：乔留军(1971—)，男，高级工程师，现任郑州祥隆地质工程有限公司副总工程师，主要从事煤田地质、水文地质及煤矿水害治理等工作及研究。

兴隆庄煤矿井下巷道异常出水原因分析及治理

兖州煤业股份有限公司兴隆庄煤矿 赵连涛 岳尊彩

摘 要：兴隆庄煤矿一采石门顶板第三层石灰岩出现淋水现象且出水点由少增多，淋水量由小变大。根据水质化验结果及以往钻孔水质类型对比，为奥灰水质类型。通过对一采石门出水原因、地面奥灰水文长期观测孔水位动态及导水通道分析，认为O_2—4号孔的水位下降可能是造成一采区石门出水的主要原因。为验证理论分析的正确性，对O_2—4号孔采用钻孔电视系统进行观测，结果表明该孔存在漏水情况。之后，对该孔进行了重新启封，治理后井下相应涌水点无涌水。

关键词：井下涌水；原因分析；钻孔电视；治理方法

2008年3月19日，一采石门及一采变电所顶板相继出现淋水，出水层位为第三层石灰岩，淋水量由小变大、出水点由少增多。水样化验后该处水质类型为SO_4-Ca・Na・Mg和SO_4-Ca・Na。根据水质化验结果及与以往钻孔水质类型对比，为奥灰水质类型。另外，通过分析11个地面奥灰水位长期观测孔的水位动态观测资料，其中10个孔的水位变化趋势是基本一致的，而O_2—4奥灰孔水位比其他孔水位明显偏低。2006年兴隆庄煤矿为开采受底板岩溶水威胁的下组煤，进行了大规模的下组煤第Ⅰ勘探区水文地质补充勘探，2007年年初完成了奥灰放水试验。分析认为一采石门三灰段巷道淋水及部分奥灰观测孔水位异常与补勘工程中部分钻孔封孔不良是密切相关的。一采石门三灰巷道淋水虽然对目前的3煤安全生产影响较小，但如果上述现象表明奥灰含水层向三灰等含水层充水，则对即将开展的下组煤采掘工程形成严重的水灾隐患。因此有必要分析一采石门淋水原因，寻找充水水源及导水通道，制定针对性的防治对策，采取防治工程措施，消除水灾隐患。通过理论分析和钻孔电视的实际观测，证明了O_2—4号孔的水位下降是造成一采区石门出水的主要原因。该孔重新启封后治理效果明显。上述方法对其他矿井类似情况造成的井下涌水及钻孔水位异常等现象的分析处理具有一定的借鉴意义。

1 概 述

1.1 水文地质条件

兴隆庄煤矿下组煤水文地质条件的特点是：

(1) 十$_下$灰、十四灰等含水层富水性弱、水量小，自身补给条件差，易于疏干疏降，对矿井的威胁不大。

(2) 奥灰含水层水压高、水量大、补给充沛，发生突水后果严重，是对兴隆庄煤矿下组煤开采影响最大的含水层。

(3) 兴隆庄煤矿陷落柱不发育，断层、裂隙密集带、采动裂隙是奥灰突水的主要通道。

(4) 下组煤埋藏深，底板承受的奥灰水压高，奥灰底板突水是下组煤开采面临的最重要的水文地质问题。下组煤主要层位及间距关系见图1。

1.2 一采石门出水情况

一采石门是连接东风井、东大巷和一采区巷道的主要通道，一采变电所与一采石门平行均穿过三灰地层，三灰已经基本疏干，揭露三灰的巷道已经不再有淋水点。2008年3月19日～4月10日，一采石门及一采变电所顶板相继出现淋水，出水点分布较广，大体分为三处涌水点，出水层位为第三层

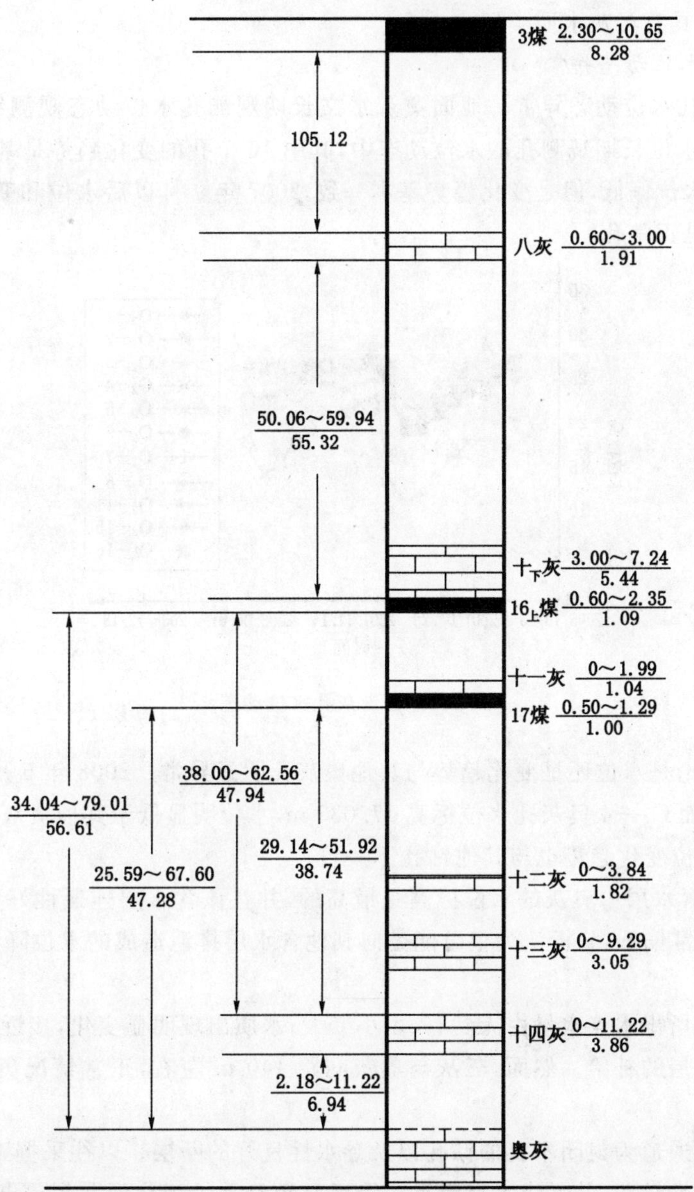

图1 下组煤主要层位及间距关系简图

石灰岩，测得涌水量为0.4 m^3/h，已取样化验。此后日常观测表明淋水量和范围逐渐增大。2008年6月16日观测到一采变电所顶板多点出现淋水，墙上也有渗水点；一采石门第三层石灰岩段，长约50 m出现顶板大面积淋水、侧墙3个涌水点，估算总涌水量为2.0 m^3/h，与三灰涌水的一般情况有明显差异，因此判断为异常出水。

2 一采石门出水原因分析

2.1 出水点处水质化验

在该出水点多次取水样进行了水质化验。根据《矿井地质报告》，三灰的水质类型为 HCO_3^- · Na^+、HCO_3^- · Cl^--Na^+ · Ca^{2+} 和 HCO_3^--Ca^{2+} 型；而出水点处水质类型为：SO_4^{2-}-Ca · Na · Mg 和 SO_4^{2-}-Ca · Na，与原来三灰水质有显著的差异。其中，SO_4^{2-} 含量为87.9%～88.78%；Ca^{2+} 含量为37%～56%。因此判断三灰受到其他含水层的补给。根据《矿井地质报告》奥灰的水质特征为 SO_4^{2-} · HCO_3^--Ca^{2+} · Mg^{2+}、HCO_3^- · SO_4^{2-}-Ca^{2+} · Mg^{2+} 和 SO_4^{2-}-Ca^{2+} · Mg^{2+} 型；中翼材料巷 FO_2-2c孔取样化验结果，其中 Ca^{2+} 含量62.25%，SO_4^{2-} 含量82.46%，与三灰当前水质基本一致，因此

判断三灰的补给水源具有奥灰水质类型。

2.2 奥灰 O_2—4 孔水位动态异常

(1) O_2—4 奥灰孔水位动态异常。地面奥灰水文长期观测孔水位动态观测结果见图 2。由图 2 可见，11 个地面奥灰水位长期观测孔的水位动态中，其中 10 个孔的变化趋势是基本一致的。O_2—11 孔 2007 年 9 月以前水位偏低，但是变化趋势基本一致，2007 年 9 月以后水位和变化趋势与其他奥灰孔一致，因此也认为是正常孔。

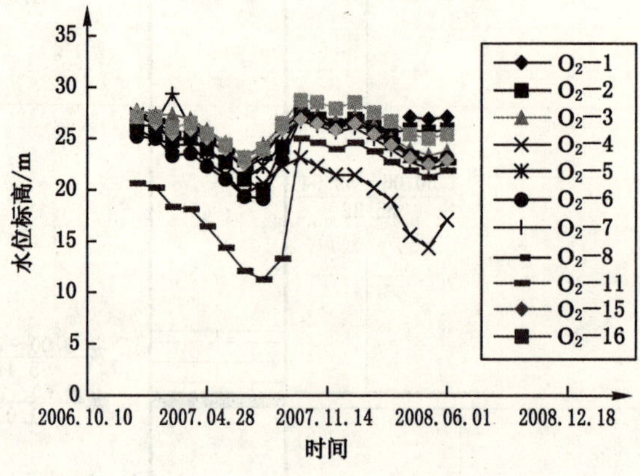

图 2 地面奥灰孔水位动态

(2) O_2—4 孔不论是水位还是变化趋势与其他奥灰孔明显异常。2008 年 5 月底其他孔水位标高 21.822～27.088 m，而 O_2—4 奥灰孔水位标高 17.035 m，水位明显低于其他奥灰孔水位。自 2007 年 6 月以后 O_2—4 孔水位变化趋势也与其他钻孔不一致。

(3) 3 煤底板各含水层中奥灰的水位标高是最高的，并且该含水层连通性好、水位差异小。因此 O_2—4 奥灰孔水位异常偏低，分析认为很可能是向其他含水层排泄造成的水位降。

2.3 导水通道分析

一采石门及变电所出水点水量由无到有、由小变大；水质出现明显变化，接近奥灰含水层水质，分析认为受到奥灰含水层的补给。然而，三灰与奥灰间距 140 m 左右，正常情况奥灰水不会直接向三灰补给。

分析可能的导水通道为封闭不良的钻孔以及导水性良好的断层。以往采掘工程以及物探结果表明兴隆庄矿断层导水性较差，并且出水点附近一采区已经开采的工作面及揭露断层的巷道均未出现具有奥灰水质的出水点，因此认为断层导水的可能性低，而封闭不良钻孔导水的可能性较大。

近期完成的下组煤水文补勘施工了多个奥灰水文孔，其中封闭不良的钻孔可能会成为沟通三灰与奥灰的导水通道。

前面分析 O_2—4 号孔水位低于正常孔，水动态与其他钻孔不一致，认为其封孔不良，形成了导水通道。

2.4 奥灰孔封闭不良原因

由于前期探测表明，奥灰原始导高不发育，奥灰上部 5.7～19.34 m 不含水。因此原设计奥灰孔钻进到奥灰顶部，一般钻孔涌水量小，可顺利下第二路套管至奥灰顶部进行永久固管止水，从而隔断了奥灰与上部各含水层的水力联系。最后裸孔钻进入奥灰进行水文观测与试验。正常情况下，不会造成钻孔封闭不良。

然而，实际施工中部分钻孔位置十四灰地层缺失(表 1)。在下钻孔第二路套管前，如果钻进到与奥灰有水力联系的富含水段时，由于奥灰与三灰等含水层存在很大的水头差，形成高水力比降，因此，奥灰水呈高水压、高流速向其他含水层充水。这种情况下再下第二路套管，采用水泥注浆封孔，可在水泥未凝固前形成各含水层导水通道。虽然钻孔上段可以封孔，但奥灰与其他含水层在套管外形成的隐性导水通道难以完全封堵，很可能造成钻孔潜伏的封孔不良。

表 1　　下组煤补充勘探各孔缺失层位统计表

孔号	十一灰	十二灰	十三灰	十四灰	缺失层位数
FO_2—2a	—	缺失	缺失	缺失	3
FO_2—2c	—	缺失	缺失	缺失	3
FO_2—3a	缺失	—	缺失	—	2
FO_2—3b	缺失	—	缺失	—	2
FO_2—4a	缺失	缺失	—	—	2
FO_2—4b	缺失	缺失	—	—	2
FO_2—5	—	缺失	缺失	缺失	3
O_2—1	—	缺失	—	—	1
O_2—5	缺失	—	—	—	1
O_2—6	—	—	—	缺失	1
O_2—7	缺失	缺失	—	—	2
O_2—8	缺失	—	—	缺失	2
O_2—9	—	缺失	—	—	1
O_2—11	—	缺失	缺失	缺失	3
O_2—15	—	缺失	—	缺失	2
FL_{14}—2	缺失	—	—	—	1
FL_{14}—3	缺失	—	—	—	1
FL_{14}—4	—	—	缺失	—	1
FL_{14}—8	缺失	缺失	缺失	—	3
FL_{14}—13	缺失	—	—	—	1
$L_{10下}$—1	缺失	—	—	—	1
L_{14}—14	—	缺失	—	—	1
C_{14}—1	—	缺失	—	—	1
兴 4	缺失	—	—	—	1
合计	13	13	8	7	41

综上所述，判定 O_2—4 号孔的水位下降可能是造成井下一采区石门出水的主要原因。

3　O_2—4 钻孔漏水的钻孔电视验证

根据钻孔电视（见图 3）观测，得到以下结论：

(1) 259 m 破坏处位于三灰，套管外有水涌入。表明该处套管外三灰水位标高＋6.330 m。正常情况三灰已经基本疏干，水位应低于－200 m，O_2—4 孔位置三灰水位远高于三灰正常水位，说明该位置为向三灰充水源。

(2) 该孔为奥灰孔，水位低于奥灰正常＋25 m，表明为疏降漏斗的中心，由于向其他水位低的含水层充水而水位降低。

(3) O_2—4 孔深度 472 m，自 259 m 以下 213 m 全部被充填，并且观测到有水及砂从钻孔外流入，表明导水通道是套管外面。验证了 O_2—4 孔为奥灰通道向三灰充水，是一采石门出水的重要导水通道的分析结论是正确的。

4　O_2—4 钻孔启封治理

兴隆庄煤矿为封堵奥灰水进入三灰的导水通道，减少矿井涌水量，2009 年 8 月对 O_2—4 号水

图3 钻孔电视系统

文观测孔进行启封。首先封堵奥灰孔段，封堵前孔深 472.95 m，采用袋装水泥、钢粒封堵奥灰孔段至孔深 465 m，后采用水泥砂浆封孔，封孔后探孔深 296.71 m。之后根据实际施工情况将ϕ127 mm、ϕ168 mm 套管留在孔内，进行水泥砂浆全孔封闭。该孔实际冲孔及启封深度 472.95 m。

启封中由水位资料验证了原孔在孔深 258.20 m 与三灰有连通。通过封孔隔绝了该孔奥灰与三灰的水力联系。9 月 3 日封闭奥灰孔段，9 月 4 日井下涌水量变小，至 9 月 16 日，该孔所影响的三灰涌水点无涌水。

5 结 论

通过对一采石门出水原因的理论分析及钻孔电视的实际验证，确定了 O_2—4 孔的水位下降是造成一采石门出水的主要原因。经过对该钻孔的及时治理，减小了井下涌水量，消除了水灾隐患。根据钻孔封闭不良的原因，建议改进钻孔施工方法，加强地质条件变化和构造变化的研究，在兴隆庄矿及其他矿井今后的水文补勘工程中，防止出现新的封孔不良奥灰孔。以上分析和治理的方法在兴隆庄矿和其他矿井发生类似情况时值得借鉴。

兴隆庄煤矿立井重复破坏原因分析及治理

兖州煤业股份有限公司兴隆庄煤矿　张圣才　于旭磊　张光明

摘　要:兴隆庄煤矿主、副井及东、西风井等四个井筒1996～1997年间相继发生了变形破坏,并于1997年9月～1998年3月先后对破坏井筒进行了加固处理。经历了4～5年后,四个井筒原破坏部位又发生了不同程度的重复变形破坏。本文根据主、副井第一次治理后的多项监测数据,对比分析了井筒重复变形破坏的特点、程度及其原因,认为开挖井筒卸压槽是相当有效的治理措施,但合理选择卸压槽位置是非常关键的。

关键词:立井;破坏;机理

1　前　言

兴隆庄煤矿有主、副井及东、西风井等四个立井,井筒位置均分布有巨厚第四系松散层,厚度在176.15～196.85 m范围。自1996年10月西风井井壁最早发生破裂后不到1年的时间内,其他3个立井也陆续发生了不同程度的开裂变形。综合研究结果[1]认为,井筒变形破坏与井田底含水位的大面积持续下降有关,其破坏作用力是松散层失水压缩变形在井筒外壁所形成的向下作用的附加摩擦力。基于这一认识,兴隆庄煤矿于1997年9月～1998年3月对四个变形破裂井筒进行了"破壁注浆加固与井壁设置卸压槽"相结合的第一次加固治理。

四个井筒经加固治理,经历了4～5年运营之后,自2001年7月又相继发生了重复破坏或明显开裂变形。根据实际调查和观测情况,四个井筒重复破坏的程度和特点有较大差异,总体上主、副井变形破坏程度相对东、西风井较轻,且井筒变形破坏特点明显不同。本文根据井筒第一次治理至重复变形破坏期间的井筒变形、第四系土层沉降及卸压槽应力与压缩量等方面的连续观测资料,结合井筒变形破坏的特点,分析井筒第一次治理措施的得失,为优化第二次治理提供科学依据。

2　井筒第一次破坏概况及治理措施

兴隆庄煤矿井筒第一次破坏部位均分布于第四系底含基岩风化带范围,变形破坏特点为:主、副井主要因井筒压缩变形而导致罐道梁弯曲并发生相对位移,局部井壁出现爆皮、渗水等现象;东、西风井因受压而导致井壁严重开裂,局部井壁片状剥落,有些裂缝渗水,渗水量分别为2.8 m^3/h(东风井)和37 m^3/h(西风井)。

在明确了井筒变形破坏原因的基础上,兴隆庄煤矿井筒第一次治理借鉴了淮北矿区已有的井筒破坏治理经验,制定了"抗横放纵"的治理原则,同时结合各井筒具体的变形破坏情况,采取的治理措施有所区别,对主、副井主要是进行预防性治理,采取的措施为"破壁注浆、设置卸压槽",对东、西风井除采用"破壁注浆、设置卸压槽"措施外,考虑到井壁破坏严重,还在破坏井壁段进行了挂圈和套壁相结合的抢险加固处理。

兴隆庄矿各井筒概况、第一次破坏情况及治理措施等情况见表1。

井筒第一次破坏治理的措施主要考虑固砂和卸压两个目的:破壁注浆的目的是通过注浆材料对壁后底含土层孔隙进行有效充填,以取得防渗堵漏和降低土层压缩变形的效果;设置卸压槽则主要是通过压缩木的压缩卸压以减低井壁内应力的集中程度。因此,为掌握井筒治理的效果,监测井筒稳定条件,在完成井筒第一次破坏治理施工后,除已有的第四系底含水位观测外,还增加了对影响井筒变形破坏相关因素的综合观测,包括松散层压缩沉降及水平变形、卸压槽应力和压缩变形等,积累了较系统的观测资料。

表1　　兴隆庄矿各井筒第一次破坏及其治理措施概况

		主井	副井	东风井	西风井
井筒及破坏段井壁概况	井壁结构	300号钢筋混凝土双层结构			
	内径/mm	6 500	7 500	5 000	5 500
	壁厚/mm	外壁:550 内壁:650	外壁:600 内壁:650	外壁:300 内壁:400	外壁:400 内壁:550
	井深/m	399.2	427.7	291.5	282.0
第一次破坏及治理	破坏时间	1997.6	1997.6	1997.6	1995.10
	破坏部位	井深160～280 m范围	井深82～198 m范围	井深156～179 m范围	井深164～176 m范围
	破坏情况	罐道弯曲,相对钢梁发生位移;局部井壁爆皮、渗水	水平环状破裂缝,局部井壁大块片状脱落,裂缝处严重淋水		
	治理时间	1997.9.1～1997.11.10	1997.7.16～1997.9.9	1997.12.12～1998.3.31	1996.8.12～1997.9.17
	治理措施	主要破坏段破壁注浆;在垂深183 m处开挖高度为400 mm、径向宽度为650 mm的环状卸压槽	主要破坏段破壁注浆;在垂深194.4 m处开挖高度为400mm、径向宽度为700 mm的环状卸压槽	主要破坏段破壁注浆;在破坏段间隔0.5 m挂73道圈梁(20B型槽钢)+250 mm厚度套壁; 在垂深181 m处开挖高度为350 mm、径向宽度为630 mm的环状卸压槽	主要破坏段破壁注浆;在破坏段间隔0.5 m挂108道圈梁(20B型槽钢)+250 mm厚度套壁;在垂深195.4 m处开挖高度和径向宽度分别为400 mm和700 mm的环状卸压槽

3　井筒第一次破坏治理效果及存在的问题

3.1　第一次治理的效果

根据井筒第二次变形破坏的程度和特点,第一次治理的效果主、副井要明显好于东、西风井,其对比十分明显:主、副井第二次变形破坏范围较小,主要集中于卸压槽附近,且变形破坏程度较轻,表现为井壁不规则的开裂和小片脱落,除卸压槽渗水外,井壁变形破坏部位无明显淋水;东、西风井的第二次破坏严重,且破坏重复发生于第一次破坏段的较大范围,导致井壁破坏严重,井圈加固段套壁大片脱落,厚度约50～250 mm,并伴随严重淋水,破坏段涌水量分别为3.5 m^3/h(东风井)和31.5 m^3/h(西风井)。

3.2　井筒重复破坏的主要影响因素分析

兴隆庄煤矿于1997年9月～1998年3月完成四个井筒变形破坏的治理后,历经4～5年后发生了井壁重复破坏或明显变形现象,根据这一期间壁后土层、卸压槽的应力和变形等各项观测数据,结合井筒二次变形破坏的情况,可以发现原治理方案中具体实施的措施所存在的诸多不足之处。

3.2.1　固砂减沉措施

治理设计在底部含水层段破壁注浆除要封堵壁后水以防止施工期间发生溃砂涌水外,另一目的是通过浆液对砂、砂砾石含水层孔隙的有效充填以降低三含土层随水位下降而产生的固结变形。但从实际检验结果看,破壁注浆在固砂和减沉两方面的效果都极为有限。

兴隆庄井田第四系分为三个含水层段和两个隔水层段,底含(第三含水层段)水位下降导致整个第四系的沉降,但尤以下部的底含水层和二隔段的压缩沉降最明显。根据1983年12月～1996年12月期间底含水位降与主井地面沉降测量资料基础上的土层压缩特点分析结果,井筒位置底含单位

(m) 水位降引起的第四系地层压缩变形幅度为 1.22 cm，其中底含和二隔两个层段的压缩变形量分别在 0.72 cm 和 0.30 cm 左右，所占比例分别约为 63%和 26%。

第一次井筒治理以来 3 年半期间(1998.4.3～2001.11.27)，第四系底含水位降幅 20 m 左右，同期各井筒位置第四系地层及底含、二隔两个层段的压缩变形量分别如图 1 所示。主、副井位置松散层压缩变形测量值为 22.6 cm，单位(m)底含水位降引起的松散层压缩变形幅度为 1.13 cm，而其中底含和二隔层段的压缩变形量分别为 14.1 cm 和 6.4 cm，相对于第四系总沉降量的比例分别为 62%和 28%，与前期相比大致相同，表明第一次破坏治理对第四系底含的减沉效果微乎其微。

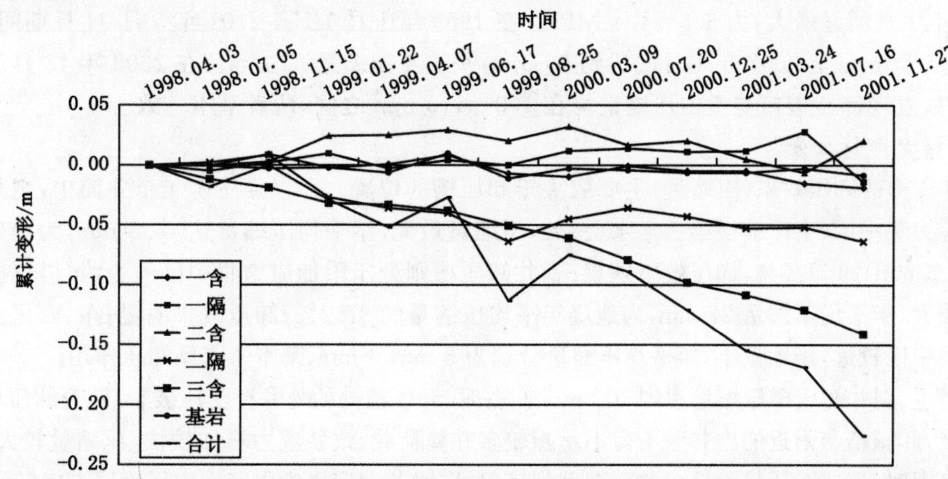

图 1　各井筒第四系及主要压缩层段累计变形观测结果

第一次井筒治理在底含层段均匀布孔进行壁后注浆，四个井筒注入浆液材料高达 2 295.2 t，其中，水泥 2 174.3 t，水玻璃 120.9 t。但从第二次破坏检验结果看，原破壁注浆段打孔后，几乎都出现高压喷水、喷砂，有的孔喷砂直喷至对面井壁，说明第一次治理所注水泥浆液除充填了壁后空隙，大多流失，并没有进入壁后砂层的孔隙。

3.2.2　卸压槽的卸压效果

从卸压木的受力及压缩变形情况(图 2)分析，主、副井达到了释放井壁竖向附加应力的预期效果。

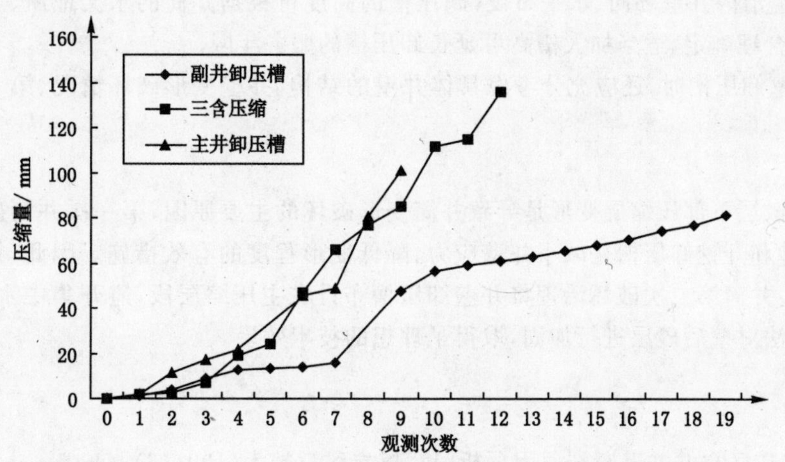

图 2　1999.1.1～2002.1.3 期间主、副井卸压木随地层沉降的压缩变形

(1) 主井卸压槽

1999 年 1 月 1 日至 2000 年 3 月 1 日，主井卸压槽压缩木应力呈逐步增大的趋势，其中 3# 观测点

由 0.41 MPa 增大到 2.07 MPa;卸压槽口的压缩量达到 30.63～48.75 mm。卸压槽口的压缩量自 2000 年下半年至 2001 年上半年明显加快,且卸压槽有水渗出;到 2001 年 5 月 24 日,压缩量已达到 100.7 mm,井壁裂隙已压实无明显渗水现象,卸压槽口的平均年压缩量 40.3 mm。2002 年 5 月主井卸压槽扩槽施工时,发现整个卸压槽槽口压缩量约为 100 mm,槽内压缩量约 200 mm,槽内压缩量约为槽口的两倍。

(2) 副井卸压槽

1999 年 1 月～2001 年 7 月,卸压槽应力一般在 1.2～1.7 MPa 之间变化,较稳定;到 2001 年 10 月～2002 年 1 月明显增大,为 3.5～4.4 MPa。在 1999 年 1 月 1 日～2001 年 5 月 24 日期间,卸压槽压缩量为 47.5 mm,至 2002 年 1 月底达到 63 mm,平均年压缩量 21 mm。在 2002 年 12 月二次治理扩槽施工时,发现卸压槽口与槽内压缩量均在 100～110 mm 之间,两者基本一致。

3.3 卸压槽变形特征分析

(1) 卸压槽的卸压效果(压缩量)主要取决于卸压槽的位置。在兴隆庄矿 4 个井筒中,主井卸压槽位于附加应力集中区(主压缩层第三含水层)处,压缩量最大,年平均压缩量达 40.3 mm,为地层年平均压缩量(56.5 mm)的 71.3%,卸压效果理想;副井卸压槽则处于附加应力集中区的边缘且该处为弱面,故压缩量较大,年平均压缩量 21 mm,为地层年平均压缩量的 37.2%,卸压效果明显;东、西风井卸压槽距其应力集中区较远,压缩量小,年平均压缩量分别为 3 mm、6 mm,基本未起到卸压作用。

(2) 当主、副井卸压槽压缩量达到 100 mm 左右时,卸压槽处的外井壁受压破裂;随着卸压槽变形的进一步发展,卸压槽与附近的内井壁不得不承担较多井筒荷载,致使应力增加较快,压缩量较大;当卸压槽压缩到极限时,造成卸压槽附近内井壁有破裂迹象,同时井壁应力集中区向主压缩层方向转移。

4 井筒卸压槽的合理布设原则

针对第一次治理存在的技术缺陷,结合卸压槽的变形观测研究成果,笔者认为,第二次井筒治理的卸压槽布设应重点考虑以下环节:

(1) 为确保卸压效果,在垂向上井壁卸压槽应布设在主压缩层处,即附加应力集中部位。但在该部位开切卸压槽存在突水、溃砂的施工危险性,危及矿井安全生产,为此,在开切卸压槽之前,必须进行破壁注浆加固壁后砂层,并达到封水防渗的工程效果。

(2) 不宜将井壁卸压槽布设在松散层水平集中变形的层位附近。如将卸压槽布设在该处,则可能使井壁沿卸压槽弱面产生水平错动,从而对井筒安全提升造成不利影响。

(3) 卸压槽应沿内井壁环向、水平布设,卸压槽的高度可根据井筒的水文地质、工程地质条件与内外井壁结构来合理确定,适当加大槽高可延长卸压槽的服务年限。

(4) 布设井壁卸压槽时,还应充分考虑具体井壁的结构、井壁变形破坏情况、第一次治理情况等综合因素。

5 结 论

兴隆庄矿松散层下部压缩层变形是导致井筒变形破坏的主要原因,第一次井筒破坏治理经验表明,壁后注浆固砂和开挖卸压槽是减小井壁应力、降低变形程度的有效措施。因此,结合井壁最大附加应力分布特征,井筒第二次破坏治理将井壁卸压槽布设在主压缩层段,避开集中水平变形处,同时采用化学注浆方法对壁后砂层进行加固,取得了理想的技术效果。

参考文献

[1] 虞咸祥.大屯矿区立井井壁断裂原因分析[J].煤炭科学技术,1991(6):41-45.
[2] 黄定华.临涣矿区地表沉降对井壁破裂的影响[J].煤炭科学技术,1991(7):47-50.
[3] 黄定华,陈德胜.淮北矿区井壁破裂原因浅析[J].煤炭科学技术,1991(10).
[4] 李本连,许大雄.张双楼煤矿副井井壁破裂加固[J].建井技术,1989(3):11-14.
[5] 黄志平.立井井壁破裂原因解释[J].煤炭科学技术,1991(9):50-52,57.

注浆加固技术在软岩巷道过断层过程中的实践

龙矿集团北皂煤矿　王　涛　马鸿祥

摘　要：海域特殊地质条件下掘进巷道过断层施工时，采取适当的方法和适合的支护形式可确保施工安全和一次支护成功。通过对施工方法的总结和应用，可降低支护成本，提高经济效益。

关键词：断层；注浆；软岩巷道

0　前　言

北皂煤矿海域－350 m大巷采用导硐施工时，提前揭露SF－12断层，断层落差20 m，断层施工盘为煤$_3$底板泥砂岩，对盘为煤$_2$顶板含油泥岩，岩层十分破碎，断层带宽0.4 m。断层带附近有少量断层水，水量2～3 m^3/h，并且顶板局部也出现少量淋水，水源经化验确定为煤$_2$底板砂岩水。几天后，断层带处出现剧烈变化，顶板淋水加大，巷道压力显现明显，巷道变形严重，迎头停止扩刷，开始对断层带采取措施进行治理。

1　治理措施

1.1　堵水

为了对断层附近水进行封堵，对围岩进行加固，根据现场出水、围岩及矿目前所掌握的注浆堵水材料情况先后对该地点进行了三个阶段的堵水加固工作。

(1) 第一阶段：利用水泥浆和高水材料对该处进行堵水加固工作

注浆材料先期采用水泥浆封堵小型裂隙，后期采用高水材料封堵较大裂隙。注浆方式为由导硐外施工钻孔进行超前注浆。本次钻孔采用长短交错、平面呈扇形、空间呈半圆锥形布设，施工钻孔17个，合计钻探工程量168.1 m，跟管钻进150.5 m，先期注水泥12 t，后期注高水材料6 t。孔内均下55 mm地质套管。

经注高水材料后，导硐内基本不出水。随时间推移，巷道继续变形，迎头岩层继续外移，上覆岩层中水无泄水处，水压上升，形成二次涌水。

(2) 第二阶段：利用化学堵水材料——马丽散进行堵水加固

该方案采用5 m注浆锚杆，4根一排，排间距1.5～2 m，由外向里采用步步为营的方式注浆施工。本次共施工注浆孔10个，合计工程量为45.5 m，注马丽散128桶(3.5 t)。

该方案在导硐外堵水效果较好，成功地封堵了该处淋水(执行初期，水已到导硐外第二碹，涌水量2 m^3/h)。但进入导硐后，效果变差，已封堵段出现再次涌水，导硐顶板恶化，出现涌水、涌泥砂现象，平均水量2 m^3/h。二阶段注浆堵水失利。

(3) 第三阶段：疏、堵结合进行治水

三阶段堵水方案主要内容为：先期在导硐外7 m处利用钻机施工一个疏水孔，提前释放水压，再在导硐外2 m处破碹利用钻机向导硐顶部施工5个注浆孔，分高低两组，合计工程量为46 m。

本次施工由于中部主要疏水孔淤塞，水压上升，积水从破碹处涌出，形成一自然泄水点，平均泄水量2 m^3/h，在破碹处形成一个掉顶区。三阶段注浆堵水失利。

1.2　强注水泥浆加固围岩堵水

根据现场情况，分析其主要原因是由于巷道支护体破坏严重，新裂隙不断产生，围岩流失严重，原注浆体已开始移动和下沉，在巷道上部特别是断层带附近形成了一定的空间，且空间范围不断扩大，为了进一步封、堵和疏水，为下一步巷道返修施工创造条件，在总结前期工程的基础上，根据现场情况对断层带巷道进行强注水泥浆加固围岩进行堵水。

根据现场钻探施工条件，在后部施工两钻窝，钻窝外各施工一循环水仓。在钻窝内施工钻孔，首先施工 ϕ89 mm 钻孔，施工至设计终孔位置后下 ϕ73 mm 地质管，按设计注浆孔的要求共施工 12 个注浆孔，累计钻进工程量 182.4 m，累计注水泥 119.6 t。

1.3 注浆加固围岩堵水效果分析

(1) 现场涌水量注浆前后对比情况

注浆前巷道顶板淋水，出水点主要集中于巷中，水量 3 m^3/h，由于上部岩层已泥化严重，顶板间断式向下涌矸。注浆后巷道顶板淋水已减少到不足 1 m^3/h，淋水点已分散，主要集中于巷道左帮前后两端，其余水量主要从巷道右底角涌出，巷道合计水量不大于 2 m^3/h。注浆工程堵水有一定的效果。

(2) 巷道注浆效果分析

巷道顶板泥岩已严重泥化，不能利用钻探对其进行取芯鉴定注浆效果，各孔均采用高压注浆，注浆压力情况如图 1 所示。

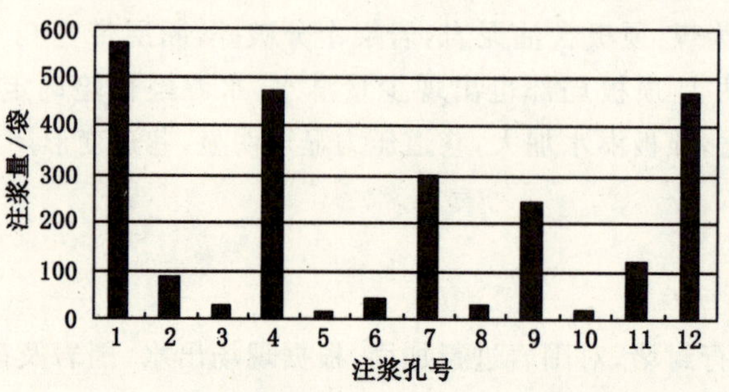

图 1 －350 m 大巷对 SF—12 断层注浆量分布图

注浆过程中由于注浆压力较高，围岩强度较低，个别孔出现鼓破巷道岩体的情况。但通过在注浆过程中各孔注浆情况，可以反映出注浆效果。

① 1# ～6# 孔为左钻窝工程，1# 和 4# 孔为先期的注浆孔，该两孔吃浆量较大，其余各孔为后期钻孔，各孔吃浆量较小，说明左侧钻窝注浆已起到了一定的效果。

② 7#、8# 孔为右侧钻窝工程，12# 孔为该窝内首个注浆孔，所以吃浆量较大，7# 孔为第二个孔，吃浆量略小，其他各孔吃浆量均不同程度的减少。

③ 在右钻窝内注浆，在左钻窝内有少量渗浆，说明注的水泥浆在巷道上方空间分布范围较广。

④ 在右钻窝内施工 11# 孔注浆，钻孔终孔在巷道右帮顶板以上，浆液在中钻窝顶板和门子口钢棚处出浆，也说明上部空间连通性相对较好。

上述情况表明，注浆已起到了一定的效果，水泥浆对上部空间进行了有效的充填，对围岩起到了一定的加固作用，本次注浆工程对巷道已泥化的围岩起到了加固的作用，对巷道涌水起到了一定程度的封堵。

2 注浆堵水在－350 m 皮带大巷过断层时的应用

－350 m 大巷于 2005 年 8 月份过断层施工结束，支护方式为棚喷浇注，施工中没有出现任何安全与施工质量问题，过断层支护成功。

根据在－350 m 大巷过断层施工中的总结和经验，－350 m 皮带大巷在过 HF－23 断层时，采用了超前注浆加固的措施，共注水泥 16 t。过断层施工时，采用了棚喷套碹的支护方式。

－350 m 皮带大巷于 2005 年 10 月份过断层施工结束，施工中没有出现任何安全与施工质量问题，过断层支护成功。

3 结　论

通过对－350 m 大巷过 SF—12 断层及－350 m 皮带大巷过 HF—23 断层研究与应用，总结经验如下：

(1) 海域掘进巷道过含水、破碎、落差较大的断层时，首先要对断层进行注浆加固。

(2) 过断层一次支护方式应选择棚喷支护，无需进行压力释放。

(3) 棚喷结束后，应对巷道进行二次套浇或套碹加强支护。

作者简介：王涛，男，现在北皂煤矿技术科工作。

第八章　防排水技术

大型潜水电泵在康城煤矿中的应用

合肥三益江海泵业有限公司　朱庆龙　单　丽

摘　要：大型潜水电泵具有结构紧凑、性能优越、利用率高、受限制少等特点，是煤矿日常生产排水及救援的主要工具。康城煤矿下组煤开采受水害威胁较大，大型潜水电泵在日常生产排水中的使用，满足了排水设防要求，节省了大量建设费用，解放了300余万吨的优质煤炭资源，解决了矿井生产接续和可持续发展及劳动力的就业问题，为有突水危害的华北型煤田下组煤开采防治水工程起到良好的示范作用和推广价值。

关键词：大型潜水电泵；康城煤矿；排水

我国煤矿水文地质条件相当复杂，大中型煤矿中，水文地质条件属于复杂和极复杂的占25%，华北、东北地区80%的国有重点煤矿受奥陶灰岩岩溶水威胁且时常有突水淹井事故发生。水害事故的发生威胁到了工人的生命和国家的财产安全，而治理水害事故一项重要的程序就是矿井排水。影响排水工作最主要的一个因素是潜水泵的使用，不同的潜水泵在矿井日常排水及救援中起到的作用是有明显区别的。大型潜水电泵，与普通的潜水泵相比，具有结构紧凑、性能优越、利用率高、受限制较少等特点，能够很好地满足当前矿山排水及救援的需要。康城煤矿下组煤开采受水害威胁较大，日常生产排水任务重，使用大型潜水电泵进行生产排水，取得了良好的效果。

1　康城煤矿概况

康城煤矿经过五十余年的开采，加上周边小煤窑的开采破坏，井田上组煤资源即将枯竭。为了矿井合理的生产衔接和可持续发展，决定试采井田北翼赋存条件相对较稳定的9号煤层资源。

康城煤矿在下组煤工程施工过程中，所揭露的含水层涌水量较大，－30 m水平最大疏水量为975 m^3/h左右，稳定疏水量在650 m^3/h左右；－60 m水平最大疏降水量为1 770 m^3/h，稳定疏水量在1 200 m^3/h左右；－90 m水平最大疏降水量为2 772 m^3/h，稳定疏水量在1 860 m^3/h左右。若矿井排水能力能够达到上述水量要求，则具备疏水降压开采9号煤层的条件。

康城煤矿进行－100 m北翼9号煤层试采时，－100 m水平正常涌水量为900 m^3/h，最大涌水量为1 100 m^3/h，其中下组煤采区掘进揭露9号底板H_1火成岩时涌水量为200 m^3/h。预计－100 m水平9号煤层疏干开采正常涌水量为2 560 m^3/h，最大涌水量为3 672 m^3/h。对照矿井目前的设防能力，中央泵房设防能力和大巷疏水能力均不满足要求。因此对下组煤开采防治水技术方案的研究以及矿井排水系统的改造迫在眉睫。

2　大型潜水电泵特点

潜水电泵是由潜水电动机和水泵组装成一体，完全沉没在水中一起工作的机电一体化设备，其防护等级达到IP68。机组结构简单紧凑、体积小、质量轻，泵高效区宽、效率高，电动机潜入水中运行，产生的热量被水带走，温升低、噪声小，解决了泵房多台大泵运转时的通风散热问题，改善了泵房的操作环境。潜水电泵不怕被水淹，即使出现淹井现象时也可以保证排水系统的正常运行；其水力模型和优化的电磁设计，确保了不超功率运行，无过载、烧毁之忧；显著的自平衡性能，具有双吸式（上下分别两个吸入口）和单吸式两种；特有的内外冷却，电动机冷却方式有空冷、风冷和水冷3种；安装方式灵活，有立式、卧式、斜式3种安装方式；智能化控制保护技术，在潜水电泵的制造过程就开始对电泵内部设置保护；可实现在线监控、故障自诊断智能保护，并采用先进自动化技术构建网络系统，实现“无人值班，少人值守”。

3　−100 m 下组煤排水系统改造

3.1　潜水电泵安装布置方式

考虑现场实际条件和使用要求不同，潜水电泵的安装方式有立式（竖井安装）、卧式（水仓安装）和斜式（斜井安装，任意角度）3 种类型。3 种安装方式下，潜水电泵的扬程和排水量等性能参数基本相同，但是对工作环境要求有较大差异。立式安装时，一般吸水井深度和安装起吊高度都很大，工程量大；需要施工立井，施工难度大；在较高的范围内要求岩层的竖向稳定性较好；需要设置和安装起吊高度较小，施工难度小；设备机组安放在轨道上，不需要特殊支撑，便于安装和检修，吊装、拆卸简单易行。斜式安装主要用于倾斜巷道和抢险救灾等临时安装场合。

康城煤矿的地质条件复杂，底板为火成岩含水层，有突水的危险性。综合考虑多种因素，决定采用卧式潜水电泵。卧式潜水电泵作为永久的常规排水设备使用，在我国煤炭行业中尚属首创。潜水电泵卧式运行的关键是大型潜水电动机卧式运行技术，利用轴本身导磁的专用技术，同时对轴系的刚度进行优化，在提高转子刚度、轴承 PV 值、临界转速的同时不降低功率因数和效率，使转子刚度和轴承承载能力在符合性能指标的条件下完全满足卧式运行要求。

3.2　管路控制

在管路中选用多功能液压控制阀。多功能液压控制阀同时具有闸阀、逆止阀、水锤消除器 3 种阀件的功能。

（1）闸阀的功能

闸阀平时处于关闭状态，水泵启动时闸阀慢慢打开，水泵停机时闸阀先慢慢关闭。水泵的闭闸启动和闭闸停车，可以有效地防止开泵水锤和停泵水锤，同时，减少了水泵启动时的电动机负荷。

（2）逆止阀的功能

逆上阀能防止突然断电时所造成的水流流向改变，防止倒流。逆止阀的突然关闭易产生水锤现象。在水泵的几何扬水高度较大时，严重的水锤瞬间高压会导致管道破裂，发生严重的生产事故。

（3）水锤消除器的功能

水锤消除器能在无需阻止液体流动的情况下，有效地消除各类流体在传输系统中可能产生的水外锤和浪涌发生的不规则水击波震荡，从而达到消除具有破坏性的冲击波，起到保护作用。

3.3　自动控制系统

潜水电泵最大的优势是不怕水淹。矿井潜水泵站综合自动控制系统针对潜水泵站特点，可在地面远程操作实现对泵站水泵机组设备的运行进行控制，即使在淹井状况下仍能正常排水。矿井潜水泵站综合自动控制系统是采用自动控制、计算机信息网络、实时在线检测、数据库及专家智能软件等先进技术组成三级或四级分布式自动控制系统，实现了对矿井潜水泵站运行过程自动优化控制、安全保护和信息管理，配合数字视频监控系统，使泵站达到“无人值班，少人值守”的目标。

（1）功能特点

上位机系统主要完成集中监视、数据管理、运行程序管理等以及与其他信息系统的通讯。现地控制系统主要完成对泵站水泵等设备的控制、保护及与上位机系统的通讯。自动采集实时运行参数如水仓水位、流量、温度、闸阀开度等，集中显示监测。自动实时采集设备运行状态、电源工作状态等参数，集中显示监测。掌握各设备动作情况，收集报警信息，同时对实时数据和历史数据按要求进行筛选处理，并存入数据库。

（2）水泵和辅助设备控制

控制对象：水泵机组、供配电设备、泵组附属设备、电动闸门、阀门、高压设备开关合/分操作等。

水泵机组智能控制主要包括自动控制开、停水泵机组，泵组联合运行的投/切控制。控制器按工艺操作要求及控制条件，按一定的控制规律开、停泵站设备。对水位进行自动检测，根据水位情况设置有高高限、高限、低限、低低限、报警及连锁功能。

各种辅助设备的开、停控制包括闸门、阀门等与水泵的联合闭环控制。

安全保护连锁控制主要是根据设备运行状态、异常故障信息等安全连锁控制、报警，顺序停机，保障设备、矿井和人身安全。

(3) 运行监视和事件报警

控制系统可以使运行人员通过CRT等操作站对全站各主设备的运行状态进行实时监视。所有要进行监视的内容包括当前各设备的运行及停运情况，并对各运行参数进行实时显示。

监控系统将对某些参数以及计算机数据进行监视。对这些参数量值可预先设定其限制范围，当它们越限及复限时要作相应的处理。这些处理包括越限报警，越/复限时的自动显示、记录和打印；对于重要参数和数据还应进行越限后至复限的数据存储及召唤显示；启动相关量分析功能时，可对故障原因进行提示。

当水泵泵组发生事故造成跳闸动作等情况时，监控系统可立即以中断方式对相应设备进行控制，并自动显示、记录和打印事故名称及时间；记录和打印相关设备的动作情况，自动推出相关画面，做事故原因分析及提示处理方法。计算机监控系统应能将发生的事故及设备的动作情况按其发生的先后顺序记录下来。

当发生事故时，需对事故发生前后的某些重要参数和相关量进行追忆记录，以供运行人员事后分析。

在线显示实时图形，使运行人员对泵站运行过程进行安全监视。运行人员可通过主控站微机功能键盘或PLC面板，进行在线调整画面、显示数据和状态、修改参数和控制操作等。根据工作人员的职权不同，设置不同的操作权限。

(4) 数据通信

矿井潜水电泵站综合自动控制系统可实现与中央控制室的通信(预留接口)，将泵站的有关数据和信息通过光缆(或无线通信方式)上传到中央控制室管理调度中心，通过光缆(或无线通信方式)接收中央控制室管理调度中心下发的各种命令，实现双向实时通讯，提供标准通讯协议文本和接口配合。

矿井潜水电泵站综合自动控制系统可实现与第三方系统或设备的通信，如变电站监控系统、主井提升监控系统、通风机房监控系统、瓦斯抽放站监控系统、压风机房监控系统和选煤厂监控系统等。

(5) 运行控制方式

运行控制方式可分为泵站现地控制和中央机房远程控制。

由控制器实现自动控制，可在现地控制柜上进行操作控制。在现地控制单元的PLC发生故障时，可以通过现场控制柜的手动按钮控制潜水电泵的启停。控制柜上装有转换开关，实现现地控制与远程控制相互闭锁，并在现地切换。现地控制时，可以将控制信号、运行状态信号在现地控制屏上反映并能送至主控级，现地控制优先于远程控制。

控制器有与远程控制系统通讯的接口，通过光纤网接入地面中央控制室、调度管理信息系统等。能在远方控制室对接入本系统的水泵等设备进行远程监控，操作过程中有对话框事先提示。水泵等设备运行状况实时反馈，运行故障及时报警。

4 －100 m运输大巷排水系统改造

康城煤矿－100 m运输大巷排水系统改造采取整体治理、分段解决的改造方案，在解决大巷过水能力不足的同时，完成大巷运输环境的改善和矿井涌水沉淀的处理。

4.1 水沟断面设计

对原有全大巷2 285 m水沟进行改造和扩修，根据水沟疏水能力和运输大巷的状况，经设计计算选取水沟采用混凝土浇筑，净断面为900 mm×800 mm(宽度×深度，泄水孔以下)，总流水坡度不小于4‰。

4.2 沉淀池设计

根据矿方基础资料，以水量 1 825 m^3/h 作为计算基础。平均流速定为 100 mm/s，沉淀池计算宽度 6.67 m，本设计以两个沉淀池同时使用考虑，取单个沉淀池宽度为 3.8 m。沉淀池计算长度 22.8 m，考虑沉淀池的深度与巷道布置，取沉淀池长度为 75 m。沉淀池下部集泥仓高度为 2.7 m，沉淀池深度为 4 m。

沉淀池每周轮流清理一次。沉淀池清理期间控制进入使用沉淀池的水量不超过 1 000 m^3/h，其余的矿井涌水进入原－100 m 进底水仓，由老泵房水泵排出。沉淀池的清理采用机械清理，煤泥经脱水直接卸入矿车运至地面。

5 大型潜水电泵应用效果

大型潜水电泵即智能控制卧式潜水电泵作为常规排水设备在康城煤矿使用以来，设备运行状态良好，为矿井安全生产提供了保障，取得了良好的效果。

(1) 将常规排水设备和抗灾抢险排水设备二者合一，既满足了排水设防要求，又节省了大量建设费用。

(2) 为康城煤矿解放了 300 余万吨的优质煤炭资源，解决了矿井生产接续和可持续发展以及劳动力的就业问题，具有显著的经济效益和社会效益。

(3) 对水文地质条件复杂，特别是有突水危害的华北型煤田下组煤开采防治水工程具有良好的示范作用和推广价值。

6 结 论

(1) 大型潜水电泵机组结构简单紧凑、体积小、质量轻、温升低、噪声小，泵高效区宽、效率高，不超功率运行，无过载、烧毁之忧，能潜入水中运行，具有显著的自平衡性能，特有内外冷却方式。安装方式灵活，有立、卧、斜式 3 种安装方式。智能化控制保护技术，可实现在线监控、故障自诊断智能保护。

(2) 康城煤矿地质条件复杂，大型潜水电泵的安装采用了卧式方法。管路中选用多功能液压控制阀，多功能液压控制阀同时具有闸阀、逆止阀、水锤消除器 3 种阀件的功能、综合自动控制系统针对潜水泵站特点，在地面远程操作实现对泵站水泵机组设备运行进行控制。采用自动控制、计算机信息网络、实时在线检测、数据库及专家智能软件等先进技术组成三级或四级分布式自动控制系统，实现对矿井潜水泵站运行过程的自动优化控制、安全保护和信息管理，使泵站达到“无人值班，少人值守”的目标。

(3) 大型潜水电泵在康城煤矿使用以来，设备运行状态良好，为矿井安全生产提供了保障，并创造了显著的经济效益和社会效益。

参考文献

[1] 邓波. 大功率潜水泵在煤矿生产性排水中的应用[J]. 煤炭科学技术，2007，35(12)：48-50.
[2] 石磊. 浅谈 FWQB 型风动潜水泵在煤矿的应用[J]. 煤，2007，16(1)：36-38.
[3] 梁京华. QJ 型潜水电泵的安装使用和故障分析处理[J]. 新疆有色金属，2010(2)：65-67.
[4]. 袁江峰，徐慧锦，蔡墩友. 大型深井潜水泵安装及试运行的实践探讨[J]. 能源技术与管理，2009(6)：80-82.

作者简介：朱庆龙(1961—)，安徽寿县人，1982 年获合肥工业大学学士学位，1997 年获中国科学技术大学硕士学位，教授级高级工程师，享受国务院政府特殊津贴专家，合肥三益江海泵业有限公司董事长，合肥工业大学兼职教授。

PLC在矿井主排水系统中的应用

龙矿集团北皂煤矿　怀林盛　苑小光　郭增军

摘　要:采用PLC自动检测水仓水位和其他参数,根据水仓水位的高低、矿井用电信息等因素,合理调度水泵运行,以达到矿井的防治水、避峰填谷及节能的目的。介绍了PLC在北皂煤矿井下主排水控制系统的组成、系统的功能和特点及应用状况。

关键词:PLC;水泵;应用

1　引　言

随着计算机控制技术的迅速发展,以微处理器为核心的可编程序控制器(PLC)控制已逐步取代继电器控制,普遍应用于各行各业的自动化控制领域。煤炭行业也不例外,但目前煤矿井下主排水系统仍多采用继电器控制,水泵的开停及选择切换均由人工完成,还做不到根据水位或其他参数自动开停水泵,这将严重影响井下主排水泵房的管理水平和经济效益的提高。

北皂煤矿是龙矿集团骨干生产矿井之一,始建于1976年11月,1983年底建成投产,设计生产能力90万t/a。投产后,矿井进行了多次技术改造,尤其是集团公司成立以来,通过大规模的技术改造,矿井核定生产能力达到240万t/a。井下涌水量较大,特别是海域扩大区投产以来,－350 m中央泵房担任其主要排水任务,为此于2004年设计并安装3台MD280—65/84×7主排水泵,配套电动机Y450—4,630 kW;2趟排水管路。正常涌水时,1台工作,1台备用,1台检修。鉴于PLC的先进性和可靠性,唐山开诚电器设备有限公司对3台主排水泵及其附属的抽真空系统与管道电动阀门等装置实施了PLC自动控制及运行参数自动检测,动态显示,并将数据传送到地面生产调度中心,进行实时监测及报警显示。

系统通过检测水仓水位和其他参数,控制水泵轮流工作与适时启动备用泵,合理调度3台水泵运行。系统通过触摸屏以图形、图像、数据、文字等方式,直观、形象、实时地反映系统工作状态以及水仓水位、电机工作电流、电机温度、轴承温度、2趟排水管流量等参数,并通过通讯模块与综合监测监控主机实现数据交换。该系统具有运行可靠、操作方便 、自动化程度高等特点,并可节省水泵的运行费用。

2　系统组成

北皂煤矿－350 m中央泵房井下主排水泵自动化控制系统由数据自动采集、自动轮换工作、自动控制、动态显示及故障记录报警和通讯接口等部分组成。

2.1　数据自动采集与检测

自动采集与检测的数据主要分为两类:模拟量数据和数字量数据。模拟量检测的数据主要有:水仓水位、电机工作电流、水泵轴温、电机温度、2趟排水管流量;数字量检测的数据主要有:水泵高压馈电柜真空断路器和水泵软启动柜状态、电动阀的工作状态与启闭位置、真空泵工作状态、电磁阀状态、水泵吸水管真空度及水泵出水口压力。

数据自动采集主要由PLC实现,PLC模拟量输入模块通过传感器连续检测水仓水位,将水位变化信号进行转换处理,计算出单位时间内不同水位段水位的上升速率,从而判断矿井的涌水量,控制排水泵的启停。电机电流、水泵轴温、电机温度、排水管流量等传感器与变送器,主要用于监测水泵、电机的运行状况,超限报警,以避免水泵和电机损坏。PLC的数字量输入模块将各种开关量信号采集到 PLC 中作为逻辑处理的条件和依据，控制排水泵的启停。

在数据采集过程中，模拟量信号的处理是将模拟信号变换成数字信号(A/D 转换)，其变换速度由采样定律确定。一般情况下，采样频率应为模拟信号中最高频率成分的 2 倍以上，这样经 A/D 变换的精度可完全恢复到原来的模拟信号精度。A/D 变换的精度取决于 A/D 变换器的位数。如 5 V 电压要求以 5 mV 精度变换时，精度为 5 mV/5 V＝0.1%，即 1/1 000，十进制的 1 000 用二进制表示时要求为 10 位，而本系统所采用的 A/D 模块分辨率为 16 bit，其精度在±0.05%以上，该精度等级足以满足控制系统要求。同时，PLC 所采用的 A/D 模块均以积分方式变换，可使输入信号的尖峰噪声和感应噪声平均化，适用于噪声严重的工业场所。

2.2 自动轮换工作

为了防止因备用泵及其电气设备或备用管路长期不用而使电机和电气设备受潮或其他故障未及时发现，当工作泵出现紧急故障需投入备用泵时，而不能及时投入以致影响矿井安全，本系统程序设计了 3 台泵自动轮换工作控制，控制程序将水泵启停次数及运行时间和管路使用次数及流量等参数自动记录并累计，系统根据这些运行参数按一定顺序自动启停水泵和相应管路，使各水泵及其管路的使用率分布均匀，当某台泵或所属阀门故障、某趟管路漏水时，系统自动发出声光报警，并在触摸屏上动态闪烁显示，记录事故，同时将故障泵或管路自动退出轮换工作，其余各泵和管路继续按一定顺序自动轮换工作，以达到有故障早发现、早处理，以免影响矿井安全生产的目的。

2.3 自动控制

系统控制设计选用了美国 AB 公司 SLC5—05 型 PLC 为控制主机，该机为模块化结构，由 PLC 机架、CPU、数字量 I/O、模拟量输入、电源、通讯等模块构成。PLC 自动化控制系统根据水仓水位的高低、井下用电负荷的高低峰和供电部门所规定的平段、谷段、峰段供电电价时间段(时间段可根据实际情况随时在触摸屏上进行调整和设置)等因素，建立数学模型，合理调度水泵，自动准确发出启、停水泵的命令，控制 3 台水泵运行。

为了保证井下安全生产，系统可靠运行，水位信号是水泵自动化一个非常重要的参数，因此，系统设置了两套水位传感器，模拟量和开关量传感器，两套传感器均设于水仓的排水配水仓内，PLC 将接收到的模拟量水位信号分成若干个水位段，计算出单位时间内不同水位段水位的上升速率，从而判断矿井的涌水量，同时检测井下供电电流值，计算用电负荷率，根据矿井涌水量和用电负荷，控制在用电低峰和一天中电价最低时开启水泵，用电高峰和电价高时停止水泵运行，以达到避峰填谷及节能的目的。

2.4 动态显示

动态模拟显示选用日本 Digital 公司的 GP—570T 型触摸式工业图形显示器(触摸屏)，系统通过图形动态显示水泵、真空泵、电磁阀和电动阀的运行状态，采用改变图形颜色和闪烁功能进行事故报警。直观地显示电磁阀和电动阀的开闭位置，实时显示水泵抽真空情况和压力值。

用图形填充以及趋势图、棒状图方式和数字形式准确实时地显示水仓水位，并在启停水泵的水位段发出预告信号和低段、超低段、高段、超高段水位分段报警，用不同音响形式提醒工作人员注意。

采用图形、趋势图和数字形式直观地显示 3 趟管路的瞬时流量及累计流量，对井下用电负荷的监测量、电机电流和水泵瞬时负荷及累计负荷量、水泵轴温、电机温度等进行动态显示、超限报警，自动记录故障类型、时间等历史数据，并在屏幕下端循环显示最新出现的 3 条故障(故障显示条数可在触摸屏上设置)，以提醒工作人员及时检修，避免水泵和电机损坏。

2.5 通讯接口

PLC 通过通讯接口和通讯协议，与触摸屏进行全双工通讯，将水泵机组的工作状态与运行参数传至以太交换机，由交换机传至触摸屏完成各数据的动态显示；同时，操作人员也可利用触摸屏将操作指令传至 PLC，控制水泵运行。PLC 同时将水泵机组的运行状态与参数经以太网交换机进入光缆环网系统分站传至地面信息监控中心主机，与全矿井安全生产监控系统联网，管理人员在地面即可掌握井下主排水系统设备的所有检测数据及工作状态，又可根据自动化控制信息，实现井下主排水系统的遥测、遥控，并为矿领导提供生产决策信息。触摸屏与监测监控主机均可动态显示主排水系统运行的模拟图、运行参数图表，记录系统运行和故障数据，并显示故障点以提醒操作人员注意。

3 系统功能及特点

(1) PLC控制程序采用模块化结构，系统可按程序模块分段调试，分段运行。该程序结构具有清晰、简捷、易懂，便于模拟调试，运行速度快等特点。

(2) 系统根据水位和压力控制原则，自动实现水泵的轮换工作，延长了水泵的使用寿命。

(3) 系统可根据投入运行泵组的位置，自动选择启动就近的真空泵，若在程序设定的时间内达不到真空度，便自动启动备用真空泵。

(4) 系统根据电网负荷和供电部门所规定的平段、谷段、峰段供电电价时间段，以"避峰填谷"原则确定开、停水泵时间，从而合理地利用电网信息，提高矿井的电网运行质量。

(5) PLC自动检测水位信号，计算单位时间内不同水位段水位的上升速率，从而判断矿井的涌水量，自动投入和退出水泵运行台数，合理地调度水泵运行。

(6) 在触摸屏上动态监控水泵及其附属设备的运行状况，实时显示水位、流量、压力、温度、电流、电压等参数，超限报警，故障画面自动弹出，故障点自动闪烁。具有故障记录，历史数据查询等功能。

(7) 系统具有通讯接口功能，PLC可同时与触摸屏及地面监测监控主机通讯，传送数据，交换信息，实现遥测遥控功能。

(8) 系统保护功能有以下几种。

① 超温保护：水泵长期运行，当轴承温度或定子温度超出允许值时，通过温度保护装置及PLC实现超限报警。

② 流量保护：当水泵启动后或正常运行时，如流量达不到正常值，通过流量保护装置使本台水泵停车，自动转换启动另一台水泵。

③ 电动机故障：利用PLC及触摸屏监视水泵电机过电流、漏电、低电压等电气故障，并参与控制。

④ 电动闸阀故障：由电动机综保监视闸阀电机的过载、短路、漏电、断相等故障，并参与水泵的连锁控制。

(9) 系统控制具有自动、半自动和手动检修3种工作方式。自动时，由PLC检测水位、压力及有关信号，自动完成各泵组运行，不需人工参与；半自动工作方式时，由工作人员选择某台或几台泵组投入，PLC自动完成已选泵组的启停和监控工作；手动检修方式为故障检修和手动试车时使用，当某台水泵及其附属设备发生故障时，该泵组将自动退出运行，不影响其他泵组正常运行。PLC柜上设有该泵的禁止启动按钮，设备检修时，可防止其他人员误操作，以保证系统安全可靠。系统可随时转换为自动和半自动工作方式运行。

4 结 语

通过PLC在主排水系统中的应用，大大提高了系统的自动化水平，减轻了劳动强度和维修量，安全保护功能更加完善，运行更加可靠，保障了矿井的安全生产。

作者简介：怀林盛，男，毕业于山东大学电子工程专业，机电工程师，北皂煤矿机电科科长。

海域防水闸门远程控制系统的研究

龙矿集团北皂煤矿　张吉亮　马　亮

摘　要：针对开发海底采煤的矿井，在海域采区出现透水事故时，能够快速、安全、可靠地启动海域防水闸门，防止事故的扩大，研究将过去需纯手工操作的防水闸门改造成远程控制防水闸门自动化系统。该研究成果提高了海底采区矿井防治水的安全可靠性，也为国内继续开发海域采区矿井的防治水部分提供了借鉴。

关键词：海域采煤；防水闸门；远程控制

随着现代采煤技术的不断发展，海下采煤已经成为现实，并逐步得到推广和应用。龙矿集团北皂煤矿作为我国第一个海域采煤的现代化矿井，为了提高海域采煤的安全性和可靠性，在海域皮带暗斜井、海域轨道暗斜井、海域回风暗斜井、海域进风井上段均安装了防水闸门，在出现海域透水事故时，能够有效控制灾情的扩大。北皂矿按照建设国内一流数字化矿井的要求，为了安全、可靠、快速启动防水闸门，根据实际情况实现了海域所有防水闸门的远程自动化控制，防水闸门自动化系统的实现降低了现场工人的劳动强度，提高了井下防治水的安全可靠性，下面对此控制系统进行详细介绍。

1　防水闸门的主要组成

系统由防水闸门、自移式卡轨、液压站及防爆控制组成。防水闸门和自移式卡轨是两个独立的活动部件，分别用油缸来驱动，由一台液压泵站提供动力源。研究设计了一个远程控制和就地控制都能实现的双重系统，以保证防水闸门和自移式卡轨动作准确到位，安全可靠。主要包括以下几个控制部分：① 液压站及防爆电器控制部分；② 液压防水门结构部分；③ 自移式卡轨的结构部分。

防水门油缸按照拉紧装置的拉力，及防水门开、关动作的行程来确定其油缸内径、活塞杆直径和长度及安装方式；自移式卡轨油缸是根据卡轨抬起角度和所需扭矩来确定其参数，液压站的设计按照防水门及自移式卡轨的工作过程及工作时间进行。为了保证防水门关上后能关闭严密，在泵站上设计有油压自锁回路，防爆控制采用 PLC，用于远程集中控制及自动化运行。

2　防水闸门的结构与工作原理

防水闸门的具体结构见图 1。防水门 1 由油缸、支座和转轴构成自动启闭装置。油缸 13 与支座 14 连接，油缸活塞杆与防水门铰接，防水门与门框之间设有密封条，它固定在防水门上。自移式卡轨设置在防水门下前方的轨道段内，它主要由油缸 6、轨道 2 和 10、轴承 4 和 8、摇臂 5、支座 7、轴 9、连接板 11 和滚轮 12 等零部件组成，摇臂用键安装在轴的一端，摇臂另一端与油缸 6 铰接，轴承 4、8 分别安装在同一轴上，轴承 4 的底面与轨道 10 的一端连接，两轨道之间用连接板铰接连接，轨道 2 的另一端装有滚轮，轨道 10 的另一端设有搭尖 3，搭尖与相衔接的轨道铰接。

防水闸门的工作原理：当巷道来水时，操作人员可在现场或中央控制室操纵控制油缸 6 通过控制系统先行动作，活塞杆缩回，拉动摇臂，使轨道 2、10 同时抬起，到位后，油缸 13 动作，活塞杆缩回，拉动闸门关闭，通过密封条实现巷道密闭，防止水患对其他巷道的影响；相反，开启防水闸门时，油缸 13 先动作，活塞杆伸出，使闸门打开，到位后，油缸 6 动作，使轨道落下，与两端轨道连接，矿车就可以通过，进行运输作业。

3　自动化控制部分的实现

（1）在各防水门的开、关位置和卡轨的对接位置等主要地点安装保护传感器，信号的采集主要由

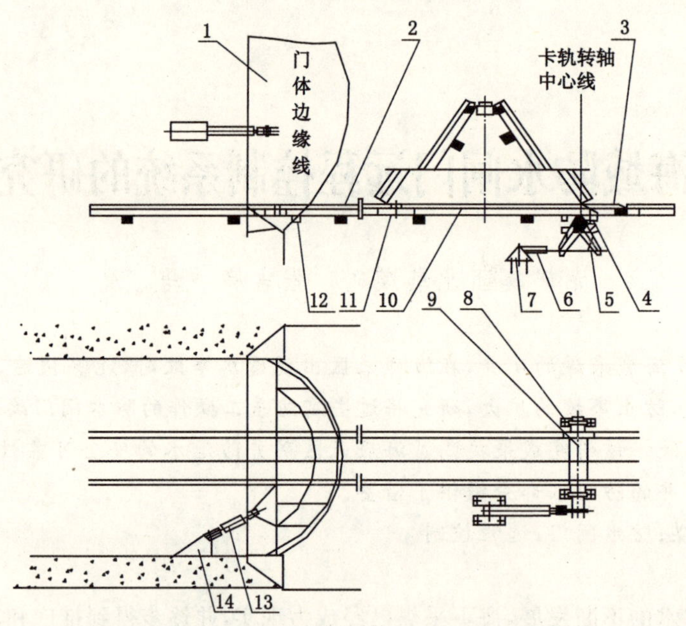

图 1　防水闸门卡轨安装示意图

1——防水门；2——轨道Ⅰ；3——搭尖；4——轴承Ⅰ；5——摇臂；6——油缸Ⅰ；7——支座Ⅰ；8——轴承Ⅱ；9——轴；10——轨道Ⅱ；11——连接板；12——滚轮；13——油缸Ⅱ；14——支座Ⅱ

这些传感器完成防水闸门开到位、防水闸门关到位、卡轨拆装到位、卡轨对接到位等信号的拾取。

(2) 控制部分由在井下现场安装的电控箱完成传感器信号的采集、处理和液压站电机、电磁阀等设备的控制等功能。

(3) 液压站部分，防水闸门、卡轨等设备的执行机构采用双电机双齿泵，电机功率暂定为 22 kW，泵的排量为 50 mL/r，速度可调。油缸 HSGK80/55—880 和管路各 1 套，含高压钢丝编织胶管及 ϕ25 mm×3 mm 无缝钢管、接头。

(4) 通讯部分，在井下现场安装 PLC 控制器，主要完成 PLC 通讯模块与工业以太环网的通讯，以达到远程、自动控制等目的。该系统具有远程控制、自动控制等功能。

(5) 在地面控制中心安装工业控制机和组态控制软件，以完成对整个系统的实时监测、远程控制、数据采集记录等功能。

4　结　论

海域防水闸门远程控制系统，对预防事故的扩大和发生，确保安全生产是完全必要的，控制系统使防水门开关门和轨道抬起、落下按规定程序动作，并且远程控制系统，解决了过去必须有人在现场操作的问题，并设置有行程开关系统，能够实现实时监控功能。该系统结构合理简单，使用操作方便迅速，自动化程度高，降低了工人的劳动强度，有效地保证了矿井的生产安全。

参考文献

[1] 江耕华，胡来培. 机械传动设计手册[M]. 北京：煤炭工业出版社，1982.
[2] 机械设计手册[M]. 第 3 版. 北京：化学工业出版社，1994.

作者简介：张吉亮(1982—)，男，毕业于烟台大学计算机科学与技术专业，现在龙矿集团北皂煤矿信息中心从事自动化系统研究工作。

矿井中央水泵房高位设置防止突水淹井的尝试

湘煤集团南阳煤业公司 阳相连

摘 要:针对煤矿井下中央水泵房布置在与运输大巷同标高层面存在的安全隐患,尝试性地将中央水泵房提高设置到运输大巷上部,同时将水仓提高使水仓的巷顶与运输大巷的水沟平齐,为水患防治提供了新的防范措施。

关键词:中央水泵房;高位设置;突水淹井

煤矿井下中央水泵房一般是布置在与运输大巷同标高的层面上,水仓容量也是按常规涌水量确定的。这样的设置,在井下涌水正常时没有问题,但如果出现异常大水就容易发生淹水泵房进而淹井的事故。这样的严重后果,不仅是在井下突水时可能出现,而且在灾害天气造成供电线路损坏不能给水泵供电时也可能出现。这是很多煤矿都存在的威胁矿井安全的一大隐患,需要抽出一种新的防范措施来解决。解决这一隐患的关键是要给大量涌水寻找临时存蓄地点,使水泵排水有足够的缓冲时间,现针对这个要求提出解决方案如下:以运输大巷为基准保持不动,将中央水泵房提高设置到运输大巷上部,同时将水仓提高使水仓的巷顶与运输大巷的水沟平齐,保持水泵房与水仓的高差在 5 m 左右,能够满足水泵吸水扬程要求(图 1)。这样,在涌水正常情况下,水仓容量仍然没有减小,水泵房位置却可以提高 2 m 左右置于运输大巷上部。当水害发生井下水量突然增大时,即使水泵一时排不完,来水先是灌满水仓,接着水面继续上涨也只是淹进运输大巷,大巷就成了存蓄涌水的缓冲水仓,这样就不至于出现水仓一旦满了就直接淹进水泵房的严重情况。一般矿井运输大巷有数千米,可用来临时存水的巷段起码可存水数千立方米,能够存下几小时甚至十几小时的涌水量。有了这个排水缓冲时间,就能维持处于高位的水泵持续运行,从容地排出矿井突水,避免淹井事故的发生。中央水泵房连同中央变电所作高位设置后,与运输大巷之间的联络巷要设成斜巷,可安装小型绞车用于提升机电设备进出。中央水泵房的高位设置,与传统的设置方式相比,其特点是相对运输大巷来说将水泵房和水仓同步提高了,无需增大水仓容量,却能大大提高排水设备的抗灾能力。

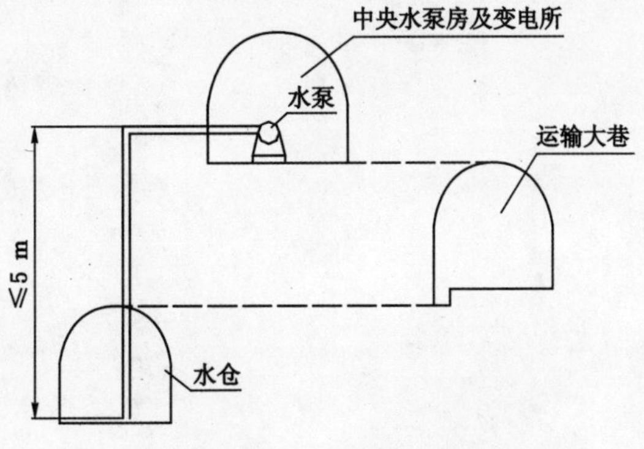

图 1 矿井中央水泵房高位设置示意图

南阳煤业公司所辖三对矿井曾经多次遇到中央水泵房险些被淹或已被淹没的严重情况。例如 2008 年 1 月下旬的冰灾,造成大范围停电,南阳公司各矿井下连续 60 多个小时没电排水,井下涌水几乎淹到了各矿井水泵的基座,矿井安全受到严重威胁;2006 年因台风引发洪灾,前进煤矿井下涌水突然大增，涌水灌满水仓后就直逼水泵房淹没了水泵电机，造成水泵不能排水导致矿井被淹。为吸取历史教训，防患于未然，上述方案被应用到前进煤矿，将该矿的第二水平中央水泵房设计为高位泵房，并已施工完成，以期提高泵房排水设备的抗灾能力。

作者简介：阳相连，男，湘煤集团南阳煤业公司总工程师。

我国大型潜水电泵主要特征及其在煤矿中的作用

合肥三益江海泵业有限公司 朱庆龙 单 丽

摘 要:随着国家提出事先预防治理、疏干排水的矿井防水策略后,排水成为煤矿生产及事故救援中最重要的一个环节。潜水泵则是排水能否顺利进行的一个重要保证,尤其是超大型潜水电泵能够在排水工作中发挥巨大的作用。超大型潜水电泵具有结构紧凑、安装使用简单、性能优越、利用率高、受限制较少等特点,在我国各大煤矿集团都成功应用,对煤矿防治水工作具有重要的意义。

关键词:排水;煤矿;大型潜水电泵

矿井水害事故是仅次于瓦斯事故的又一大煤矿灾害,其造成的人员伤亡和财产损失巨大。水害事故危害面大、影响时间长、救援困难,因此,国家有关部门非常重视煤矿水害的防治,提出以事先预防治理、疏干排水为主的策略,提高对水灾的防治能力。在这一策略中排水工作显得非常重要,而潜水电泵在排水工作中起决定作用。但目前市场上拥有的很多潜水泵都或多或少存在一定的问题,在矿井日常排水和救援过程中受各种条件限制,难以发挥出应有的作用[1-3]。潜水电泵起源于欧美,德国是最早研制潜水电泵的国家之一,20 世纪 30 年代初开始将潜水电泵用于矿山排水。之后美国、英国、苏联等也都先后使用潜水电泵。国外潜水电泵发展速度很快,其技术向模块化方向发展。但国外潜水电泵产品大多数品种单一,电压等级不高,安装方式少;另外,控制方式等方面也不太适应中国煤矿现场开采条件,且价格高昂。中国潜水电泵生产历史较短,而且电机和水泵通常由不同的企业生产,相互封锁和限制,技术发展较慢,严重制约了产品的创新。合肥三益江海泵业有限公司集潜水电机和水泵研究于一体,在潜水电泵的研制方面发展迅速,技术创新力度较大。目前,已成功自主研制出超大型潜水电泵,与普通的潜水电泵相比,它具有结构紧凑、性能优越、利用率高、安装方式灵活多样、受限制较少等特点(表 1),能够很好地满足当前煤矿排水及救援工作的需要。

表 1 国外同类产品与合肥三益江海泵业有限公司潜水电泵现有产品技术性能比较

生产厂家	国外同类产品	合肥三益江海泵业有限公司
水力特性	额定扬程	全扬程不过载
安装方式	立式安装一定角度(30°以内)的斜式安装	立、卧(斜)式安装(任何角度均可)
正导叶结构	悬臂梁结构,导叶片易断裂	双支梁结构、优化材质牌号,解决了导叶片断裂问题
防爆型式(等级)	矿用一般型	矿用一般型、增安型、隔爆型
推力轴承	钢制整体推力轴承盘结构不能长时间承受大推力荷载	“Ω结构 MicheLL”推力轴承结构能长时间承受大推力荷载
水润滑轴承材质	浸渍金属(锑、巴氏合金)碳素石墨,高碎性、易破裂	FB102 高分子材料,高强度、耐磨、不会破碎。其承载能力高于石墨系列约 25%,抗震性、韧性优于石墨

续表 1

生产厂家		国外同类产品	合肥三益江海泵业有限公司
潜水电泵平衡方式		双吸对称平衡式	双吸对称平衡式、单吸对称平衡式两种均可
充分排水性能		排空水位高、残留水量多	接力泵或上机下泵潜水电泵排空水位低、残留水量少
最高电压		6 kV	6 kV、10 kV，专有 10 kV 特殊屏蔽层的耐水绕组线绝缘工艺技术，防电晕技术
自动保护控制技术	监测点	二组 pt100 温度保护	二组 pt100 型绕组温度监控保护 电机内腔贫水监控保护 环境水位监控保护
	绝缘在线动态监控、静态监控	无	在线动态（运行）、静态（非运行）绝缘监控保护
	漏电流在线监控	无	漏电流在线监控保护
	故障诊断	无	故障自诊断，连锁报警
	控制模式	数显	触摸屏智能控制
	通讯	无	RS485/232 工业总线（Profibus、M—BUS） 工业以太网

1　现有排水系统简介及存在问题

目前，我国矿山普遍采用的排水系统的基本方式是预先开设水仓和泵房，在泵房内设置水泵、电机、防爆开关，敷设电缆和管路等排水设备[4]，基本情况如图 1 所示。

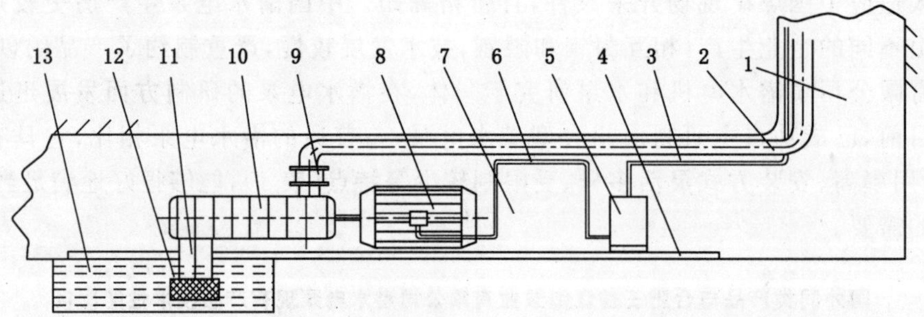

图 1　煤矿现有排水系统布置示意

1——立井或斜井井筒；2——扬水管；3——电源电缆；4——泵房平台；5——开关柜；
6——电机电缆；7——泵房；8——笼型电机；9——阀门组件；
10——卧式多级泵；11——吸水管；12——底阀；13——水仓

电机和开关柜均是主要电器设备，具有防爆性但不具有防水性。当矿井发生突水事故时，瞬间涌水量往往极大地超过泵房的最大排水能力，因排量不足造成泵房被淹，必然造成电机受潮或水淹烧毁、电气系统损坏而断电，排水系统彻底瘫痪，水位迅速上升，不可避免地发生淹井事故。而且排水复矿后排水系统无法修复，需重新购置设备，建设排水系统。

2　超大型潜水泵的结构、原理及供电条件

为解决普通潜水泵及其电力系统在煤矿日常排水和救援中的问题，需要寻求一种能够解决生产排水问题，同时又能够在水灾救援中发挥重要作用的排水系统。由此诞生了超大型潜水电泵，目前看

是煤矿排水及救援的最好设备。

2.1　超大型潜水电泵总体结构和原理

超大型潜水电泵由充水式高压或低压潜水三相异步电动机与双吸或单吸多级离心泵直接相连组成一个整体，在潜水电泵外面安装有吸水罩(拦污栅、过滤网罩、吸水罩)，整体潜入水中运行(经试验验证可潜入水中 2 000 m 以下运行)。

泵体水力件采用优秀水力模型，采用计算机优化设计软件辅助设计，并结合长期水泵水力设计的经验加以修整，在同类产品中效率最高，经过验证已保证了其可靠性及准确性。双吸潜水泵两个吸入口，两组叶轮背靠背对向分布，两组叶轮数量相等、方向相反，产生的水推力大小相等、方向相反，总轴向水推力为零。单吸潜水泵一个吸水口，两组叶轮背靠背对向分布，叶轮总级数为偶数时，每组叶轮数量相等，方向相反，轴向水推力为零；叶轮级数为奇数时，下泵末级叶轮被设计为带有平衡孔的双口环(平衡)叶轮，于是两组叶轮产生的轴向水推力仍然为零。轴向水推力为零、自平衡是大型潜水电泵的主要特点之一，由此能确保长期安全稳定运行。

湿式(充水式)潜水电机，在潜水电机大型化绝缘、冷却、高效节能及可靠性结构等方面重点攻关，采用专有的变形阿诺德电机系数电磁优化、高压绕组绝缘工艺、强制循环散热及预测温升设计计算方法、大推力水润滑轴承结构等技术，根据功率、电压等级，进行电磁方案创建及优化，在电机内部设置不同的散热系统，使得铜在槽内占空率由 25%提高到 55%，降低水摩损耗效率提高 5%，推力轴承载荷下降 30%，性能和可靠性从设计源头得到保证。定子线圈采用防水辐照交联聚乙烯铜线组，内设两组绕组温度传感器和水位传感器，分别监控绕组温度和防止缺水引起电机损坏；另外还配有环境水位传感器，监控水位变化。所有监控信号由控制电缆送至潜水泵专用综合保护仪 HD—200SB，同时还可配备 HDGJK 动静态绝缘监控仪，保护潜水泵安全可靠运行。

2.2　供电条件

超大型潜水电泵根据流量、扬程的选择配套电机功率 55～4 000 kW，电压等级有 380、660、1 140、3 000、6 000、10 000 V，频率 50 Hz(符合国家电网质量标准即可使用)。潜水电泵可以直接启动，也可降压启动、软启动(变频启动)，配微机电动机保护装置和 HD 潜水电泵保护控制器，操作和维护简单。

矿用潜水电泵为多级离心泵，开发了基于离心泵基本原理的泵水力件特殊结构设计技术，通过优化电机、水泵匹配，配套系数科学合理；对叶轮、导叶及流道进行特殊的结构设计，满足较高的扬程要求，适用较大扬程的变化范围，扬程从最低到最高均不会突破单泵最大流量限值，使电泵运行平稳且在全扬程范围内不超功率，确保电泵平稳运行。

3　超大型潜水电泵排水系统

超大型潜水电泵排水系统是由多级泵和电动机进行固定连接组成一体，安装时将潜水电泵装在吸罩内，被输送液体由吸罩吸入经过电动机表面进入泵吸水口，通过多级叶轮传送，经出水口、逆止阀和扬水管排出。井下或地面控制系统实现多种监控。多台潜水电泵、逆止阀、闸阀、管路及电控装置组成潜水电泵排水系统。

4　超大型潜水电泵安装方式

4.1　立式安装方式

立式安装方式适合于竖直井工况排水、井底水窝排水及预先疏干排水(地面垂直钻孔，用潜水泵专门疏干含水层)。潜水电泵悬吊在矿井水仓内，水仓的深度应大于潜水电泵的整体高度。优点是受力方式合理，运行寿命长，维修时可以整体取出，水仓内占有面积小。无论井有多深，选用适当扬程的潜水电泵，一次将潜水电泵下到井底，将积水一次排到地面。管路最短压力损失最小，排水效率高，效果显著。对于无井底水窝或井底水窝浅的排水，建议增加本公司生产的接力潜水泵，或选用三益江海公司专利技术产品上机下泵型潜水电泵，可将排水深度降到 0.8 m 左右，确保排水充分。

4.2 卧(斜)式安装方式

卧(斜)式安装系统吸罩下方装有滚轮(或万向轮、橡胶轮)满足轨道安装要求(轨距600 mm、900 mm或按要求确定轨距),也可以采用固定方式(支架式),或采用漂浮式安装方式。

井下主排水(永久性工作排水):安装在井下联络巷道水仓泵位中,不用建专用泵房,占地面积小,巷道工作面施工量小。潜水电泵及吸水罩直接放于轨道上(矿用小车)或采用固定方式(支架式)安装。

斜井工况轨道安装排水系统:潜水电泵及吸水罩和管道,通过小拖车(矿用小车)沿井坑轨道一次将潜水电泵下到井底,将积水一次排到地面或适当的水平,不受井架的强度和高度的限制。特制的矿用轨道车可在矿下的巷道内移动,同时在管路上有相应的快速接口措施。随着水位和水源位置的变化,机组的位置可很快地做出调整,缩短排水的时间。

无轨道斜井抢险复矿排水:斜井悬浮式接力排水系统。对于巷道坍塌、煤泥淤积严重等不具备直接安装大型潜水电泵排水的矿井,采用潜水电泵+吸水罩+软管+接力泵组成非潜水运行接力排水系统,潜水电泵及吸水罩与接力泵之间通过软管连接分离布置。可以边排水、边修坑、边清坑、边铺设道轨,一直将水排至井底。利用这种方法,可以解决斜井无轨道时的排水复矿问题,便于吊装维护移动,动态追排水,避免陷入泥沙及沉积物吸入水泵造成潜水电泵损坏,方便实用。

露天矿排水系统:直接放于轨道上或采用固定方式(支架式)安装,也可采用漂浮式安装方式,动态排水。

5 超大型潜水电泵的优点及其应用

5.1 超大型潜水电泵的优点

(1) 安装使用简单。对安装环境条件要求低,立、卧、斜式运行均可,在立井、斜井、水仓都容易安装,可因地制宜放置在适宜排水的地方,适用范围广,节省土建投资。潜水电泵由电机和泵组成一体,潜入水中运行。即使是大功率潜水电泵,却没有任何辅助油、水、气系统。无需操作前的准备工作(如灌引水抽真空),一个按钮解决启、停泵的操作过程。因此易于实现泵站自动化和集中控制。

(2) 不怕水淹。矿井正常开采和淹井时均能正常使用,一种设备多种用途(永久性排水主泵、备用泵、检修泵、抢险泵)。即使在矿井全淹没的情况下,仍能保持设计排水能力,其防水患能力是一般卧式离心泵无法比拟的,特别适合于水位落差大、有水患威胁、大水或突然涌水危险、水文条件复杂的矿山使用。

(3) 节能节材环保高效。机电一体,结构紧凑,体积小、重量轻(水泵和电机可拆分运输、安装,高扬程水泵也可分段,易于运输、安装),泵高效区宽、效率高,电动机潜入水中运行,产生的热量被水带走,温升低、噪声小,解决了泵房多台大泵运转时的通风散热问题,改善了泵房的操作环境。

(4) 安全防爆无隐患。电机内部充满清水,潜入水中工作,在任何情况下都不会产生电火花引爆瓦斯,并已取得防爆证书。具有矿用一般型、增安型、隔爆型三大系列产品,取得国家煤安认证和矿安认证,适用于不同矿区环境条件。

(5) 无人值守泵站。泵站综合自动控制系统针对潜水泵站特点,可以在井下进行就地操作、自动控制,也可以在地面进行远程遥控操作、自动化控制,水灾来临时自动切换为井上控制,保证正常排水,充分发挥了潜水电泵不怕水淹的优势。同时依据“轮值控制”“避峰填谷”及“效能优先”原则及水位、流量、设备状态等进行智能控制,保证排水系统安全性、可靠性、经济性和使用寿命,实现“无人值守”泵站。

5.2 超大型潜水电泵的应用

超大型潜水电泵在煤矿、金属矿、非金属矿等矿山都能够应用,且适用条件简单,不受太多因素限制。尤其在煤矿水害事故的救援中,有着极为重要的作用,为挽救工人生命和减少财产损失提供了很好的基础。例如,2009年,冀中能源峰峰集团有限公司九龙矿特大透水事故中大型潜水电泵就发挥了关键性作用,为救援和生产赢得了大量时间。另外,大型潜水电泵在河北峰峰矿业集团、邯郸矿业集团、贵州金宏煤炭公司、徐州矿务集团、山东新汶矿业集团、河南焦作煤业集团、山东肥城矿业集团、河北开滦矿业集团等日常生产排水中都有使用，同时具有抗灾性，效果良好。

6　结　论

（1）超大型潜水电泵结构紧凑合理，充水式高压或低压潜水三相异步电动机与双吸或单吸多级离心泵直接相连组成一个整体，外面安装有吸水罩，整体潜入水中（2 000 m）运行。

（2）超大型潜水电泵供电方式多样，可以直接启动，也可降压（软）启动；电压等级可选性多，有380、660、1 140、30 00、6 000、10 000 V等。

（3）超大型潜水电泵安装方式多样，使用简单，立、卧、斜式运行均可，在立井、斜井、水仓都容易安装，适用范围广，节省土建投资。一个按钮解决启、停泵的操作过程，易于实现泵站自动化和集中控制。

（4）超大型潜水电泵在煤矿、金属矿、其他非金属矿等矿山都能够应用，且适用条件简单，不受太多因素限制。

参考文献

[1] 孙世国，王晓亮，曹艾军．煤矿立井水灾救治中大型潜水泵的安装方法[J]．河北煤炭，2006(1)：27-28．

[2] 袁江峰，徐慧锦，蔡墩友．大型深井潜水泵安装及试运行的实践探讨[J]．能源技术与管理，2009(6)：80-82．

[3] 曾庆荣．大型潜水泵在凹陷露天矿排水中的应用[J]．金属矿，1999(6)：41-43．

[4] 邓波．大功率潜水泵在煤矿生产性排水中的应用[J]．煤炭科学技术，2007，35(12)：48-50．

作者简介：朱庆龙（1961—），安徽寿县人。1982年获合肥工业大学学士学位，1997年获中国科学技术大学硕士学位，教授级高级工程师，享受国务院政府特殊津贴专家，合肥三益江海泵业有限公司董事长，合肥工业大学兼职教授。

第九章　水害防治理论研究

碱场煤矿防水煤柱留设研究

沈阳煤业集团鸡西盛隆矿业有限责任公司　李大勇

摘　要:碱场煤矿东采区与关闭矿井穆棱矿二井采空积水区相邻,积水区水头高度与地表潜水、河流有补给关系,采空区水深 451 m,积水量 67.3 万 m^3。两矿开采同一煤层,开采段与积水区段需要留设安全防水煤柱,经计算按 165 m 宽度留设,通过采掘工程验证,煤柱安全可靠。

关键词:积水区;煤柱留设;研究

1　碱场煤矿矿井概况

碱场煤矿位于鸡西煤田西南边缘,建于 1958 年,东西走向长 6.00 km,南北宽 2.33 km,井区面积 15.17 km^2。斜井片盘开拓,两段提升,两段排水,经改造大倾角皮带运煤至地面装车煤仓。可采煤层单斜构造,单一结构煤层,煤质为肥气煤一、二号,开采标高－200～－380 m,煤厚 0.6～1.4 m,煤层露头 50～250 m 范围内煤层倾角 60°～20°,深部煤层倾角 20°～10°。截至 2004 年末,剩余东采区储量 670 万 t。2005 年开始综合机械化开采东采区 1.2～1.4 m 厚的煤层,采面隔离煤柱 15 m,采区东南部与关闭的穆棱二井采空积水区相邻,长度 570 m,开采－144～－207 m 标高煤层受水害威胁,需要留防水隔离煤柱。因资源枯竭,2009 年在井田南部新扩煤炭资源 5 700 万 t,开采面积 32 km^2。

2　碱场煤矿水文地质条件

2.1　地表水文条件

矿区属低山丘陵地区,地形较陡,含水岩体由坡积残积层及风化裂隙带组成,地下水补给来源为大气降水,排泄条件较好,地表径流和地下水汇入矿区南部穆棱河。穆棱河为季节性河流,洪峰期流量 2 100 m^3/s,枯水期最小流量 1.1 m^3/s,大气降水多集中在 6～9 月份。河床宽 60～110 m,河床两则河漫滩平缓,宽度各为 300～800 m,河床及河漫滩砂和卵砾石层厚 4～12 m。

2.2　含水层

矿区主要含水层分别是:第四系砂砾石孔隙含水层、碎屑岩类孔隙含水层、上第三系鸡东玄武岩类孔洞含水层、基岩风化裂隙含水层。

2.2.1　第四系砂砾石孔隙含水层

主要由砂、含砾粗砂、砂砾石等组成,孔隙发育,连通性好,地下水的补给和贮存条件好,水量丰富,埋藏浅,局部地段又直接裸露地表,可以得到大气降水的直接补给。该含水层富水程度纵向差较小,横向变化较大。潜水水位埋深 1.5～12 m,含水层厚度 5～8 m,含水层涌水量 100～3 000 m^3/d,河谷松散砂砾石层,颗粒稍大,孔隙较发育,连通性较好。

2.2.2　碎屑岩类孔隙裂隙含水层

由细砂岩、粉砂岩及含砾粗砂组成,分布十分广泛,出露于丘陵山区及河谷平原。该区岩石风化较强烈,风化带发育厚度 50～80 m。第四系孔隙潜水区覆盖下的风化裂隙含水层补给条件好,地下水位埋深 6～11 m。局部承压,年水位变幅在 2.6～2.9 m,多数与潜水水位相当,水力联系明显。

2.2.3　上第三系玄武岩类孔洞裂隙水

由于玄武岩有不同喷发期，其厚度与岩层表面分布高度不一，水文地质条件比较复杂。玄武岩厚度小的裂隙较发育，大气降水易于补给，也易于在下伏相对不透水岩层的界面处排泄。其水位埋深一般在1～16 m，均为潜水，单井出水量一般5～100 m^3/d。

2.2.4　基岩风化裂隙水

分布于广大基岩山区，富水性极不均匀。受历次构造运动的影响，区内各类构造体系及其构造断裂发育赋存构造裂隙水，沿两期侵入岩接触带也利于赋存地下水，其地下水沿裂隙带呈脉状分布，并在利于汇水的地形条件下得以富集，多为承压水，局部自流。在各类岩石风化带内赋存风化裂隙水，多为潜水。

2.3　隔水层

2.3.1　猴石沟组

上部以黄绿色、中～细粒砂岩夹数层含砾、粗砂岩、灰色粉砂岩组成，地层厚度300 m。下部以花岗岩、石英斑岩、粗石岩、燧石等砾石组成，夹有薄层或透镜状粉砂岩、砂岩，厚50～300 mm，耐风化，地层厚度240 m。底部由安山质集块岩、安山质砾岩、凝灰岩、岩屑晶屑、凝灰质角砾岩等组成，地层厚度60 m。

2.3.2　穆棱组

2号煤层以上地层由绿色、灰绿色、暗绿色细、粗砂岩中～厚层、灰色、黑色中～薄层泥岩、粉砂岩层及六层凝灰岩组成互层隔水层。细、粗砂岩，坚硬，块状，断口参差不齐，层理不发育，以钙质胶结为主，硅质胶结次之；中～薄层泥岩、粉砂岩以泥质及凝灰质胶结，性脆，断口贝壳状。

凝灰岩有白色、浅绿色或灰白色，质细腻，遇水膨胀，可形成黏泥，隔水性能极佳，膨胀系数1.45。以凝灰岩分界，统计各分层厚度(见表1)，累计2号煤层以上隔水地层厚度473.92 m。地面河流位置含水层厚95 m，对2号煤层的开采，不构成水患威胁。

表1　隔水层地层统计表

凝灰岩层号	凝灰岩厚度/m	泥岩厚度/m	粉砂岩厚度/m	细砂岩厚度/m	中砂岩厚度/m	合计/m
Ⅰ	3.50	65.24	43.93	110.82	4.65	288.14
Ⅱ	9.00		10.15	8.00	2.70	29.85
Ⅲ	8.30	4.80		9.44	0.70	23.24
Ⅳ	10.50	8.50		1.45		20.00
Ⅴ	2.46	24.26	3.10	11.85		41.67
Ⅵ	9.70	23.05	6.10	11.46	3.50	53.81
2号煤顶板	0.30	8.06	4.30	4.55		17.21
合计	43.76	133.91	67.58	157.57	11.25	473.92
比例/%	9.23	24.04	14.26	33.25	2.37	

注：2号煤层以下地层主要由灰白色细砂岩，浅灰色粉砂岩呈互层组成，地层无含水层。

3　穆棱二井水文地质条件

两矿开采同一2号煤层，积水区相邻位置煤层走向基本一致，地面水文地质及地层沉积条件相同，穆棱二井井下封闭不良钻孔以见煤点为中心，留煤柱宽度 30～35 m，断距 25 m 以上断层留煤柱 30～50 m。

1988 年穆棱矿二井断层裂隙涌水点 14 个，涌水点涌水量 3～138 m^3/h，涌水量大的位置主要集中在井筒和开拓岩石巷道中，煤层巷道少见。矿井最大涌水量 380 m^3/h，因水泵故障造成淹井关闭。穆棱矿二井关闭时采空区面积 1.3 km^2，现矿井积水量共计 67.3 万 m^3。经调查，位于穆棱河河漫滩边缘山坡下的穆棱二井报废主井、回风井筒地表高程 244 m，丰水期井口自然溢流，流量 10～20 m^3/h，枯水期水位标高与地表潜水位一致。

4 东采区生产过程中水治理

东采区面积 4.2 km^2，已采面积 3 km^2，近 3 年涌水量 80～104 m^3/h（见表 2），2009 年 6 月涌水量大，是因探放 3204 采空区积水量增加。日常生产中水文地质工作以预防断层破碎带及构造裂隙带水探放治理为主。

表 2　碱场煤矿东采区涌水观测资料　m^3/h

年＼月	1	2	3	4	5	6	7	8	9	10	11	12
2007	20	20	20	20	40	40	40	40	43	35	33	28
2008	35	30	52	60	52	48	45	45	43	75	74	95
2009	87	83.7	86.2	95.5	97.5	249	95.4	94	102	104	95	92
2010	81	74	85.1	80.5	70.9	90	91.2	110	93	105	103	

在掘进过程中遇见的中小断层多为压扭性，个别张性断层有淋水现象，一段时间后，自动疏干，断层带中均有 1～9 m 宽的连续或断续状方解石细脉。采煤过程中遇断层有两种情况：一是见断层少量较长时间淋水或大量短时间涌水；另一种是有断层无水现象。东采区已开采了 15 个综采面（长 180～140 m，走向长 1 000～370 m），其中 6 个下山开采面均有少量淋水，9 个上山开采面有 2 个采面有水害。采面初次直接顶板冒落来压距离切眼 60～80 m，正常直接顶板周期来压 45～50 m。

4.1　采面遇小断层涌水

3210 综采面圈定接近结束时，回顺和切眼遇见断距 0～26 m 的压扭性断层 FX_2，断层破碎带宽 0.1～0.4 m，回顺遇 FX_3，断距 0.7 m（见图 1）。运煤顺槽从切眼起延开采方向有 350 m 的平缓段，过平缓段后上山开采，煤层倾角 2°～8°。开采至 220 m 后，采空区直接顶板周期来压冒落第一次突然涌水，水量 51 m^3/h，颜色发白，有凝灰岩成分。之后连续 3 次采空区周期来压，直接顶板冒落时有 40～70 m^3/h 涌水量，泵排 3～10 天后，涌水量降至 20～30 m^3/h。4 次突然涌水过后，直至终采，采煤支架上后方没有再次出现突然涌水。终采 1 年后，从废巷流出 8～10 m^3/h 涌水量，常年保持，水头高度 47 m。3212 回顺遇 FX_4 断层段也有类似的突然涌水过程。

4.2　采面见断层无水患

3216 综采面圈定过程中，切眼遇见断距 5 m 的张扭性断层，有少量滴水。从切眼起采煤至 240 m 处，断层尖消，新见断层断距由 0 m 增加至 7 m 时，对采面断层部位进行了工程改造。采完 3216 采面走向 1 078 m 终采，见张扭性断层 4 条，断层破碎带宽 0.3～0.8 m，有 2 处滴水点水量不超过 1 m^3/h，3 天后，自动疏干。

4.3　井下钻孔探测

3210、3212 综采面在开采前，对 FX_2、FX_3、FX_4 断层裂隙含水带及附近煤层顶板地层进行了探放水施工（见图 2），有 7 个钻孔确认：采面煤层顶板垂高 30～42 m 范围内的细砂岩、泥岩地层中有断层

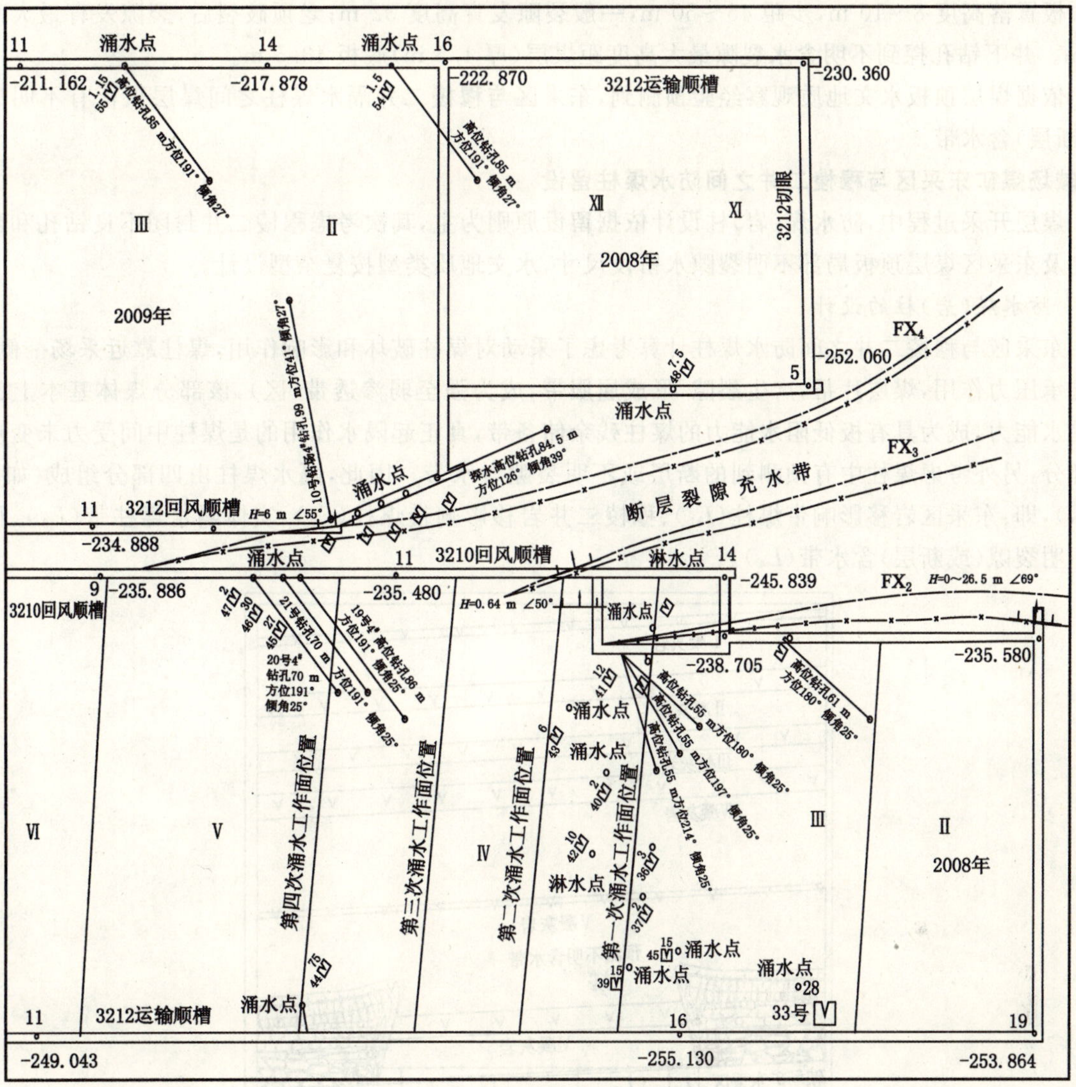

图 1 采煤工煤面涌水情况

终孔位置涌水量30 m³/h

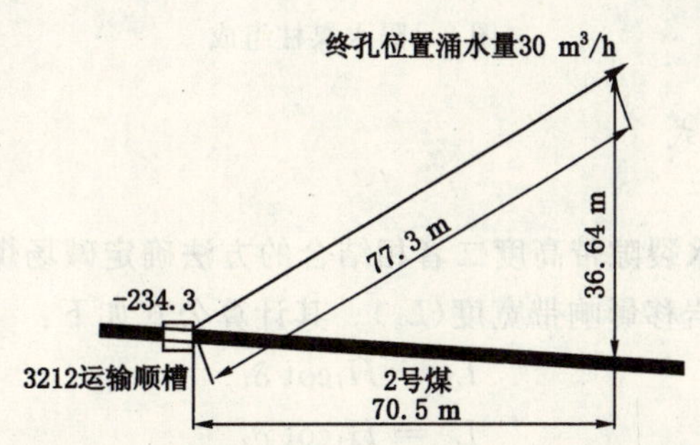

图 2 3212 运输顺槽 21 号探放水高位钻孔剖面图

裂隙含水。大量采空区高位瓦斯钻孔(深 70～150 m),终孔距煤层顶板 25～32 m 的钻孔反映,瓦斯抽放浓度为 40%～80%,距煤层顶板 32～38 m 时,少数钻孔抽放浓度达到 90%。

经分析,2 号煤层上覆隔水地层厚 473.92 m,其中含六层累计 43.76 m 厚的凝灰岩,保证了煤层开采无地表潜水及河流水导入井下的隐患。因凝灰岩的塑性、遇水膨胀和隔水作用,对隔水层内无关联的含水断层破碎带及不含水断层破碎带起到了阻隔作用。综采机械化开采 2 号煤层的过程中,煤层顶板冒落高度 8～10 m，步距 45～50 m，一般裂隙发育高度 32 m；老顶破裂后，裂隙发育最大高度 38 m。井下钻孔探到不明含水裂隙最大高度距煤层(厚 1.5 m)底板 43.5 m。

依据煤层顶板水文地质观察经验预测到，东采区与穆棱二井隔水煤柱之间煤层顶板有不明裂隙(或断层)含水带。

5　碱场煤矿东采区与穆棱二井之间防水煤柱留设

煤层开采过程中，防水煤(岩)柱设计依据留设原则为主，其次考虑穆棱二井封闭不良钻孔和断层煤柱及东采区煤层顶板局部不明裂隙水留设尺寸，水文地质类型按复杂型设计。

5.1　防水煤(岩)柱的设计

东采区与穆棱二井之间防水煤柱计算考虑了采动对煤柱破坏和影响作用，煤柱靠近采场一侧，由于支承压力作用，煤层片帮，产生裂隙，形成屈服带，成为强至弱渗透带(区)，该部分煤体基本上已丧失隔水能力，成为具有极低阻水能力的煤柱残余储备带，真正起隔水作用的是煤柱中间受力未变形破坏部分，另外考虑煤柱中有预测到的断层或不明裂隙含水带。因此，隔水煤柱由四部分组成(如图 3 所示)，即：东采区岩移影响带煤柱(L_1)、穆棱二井岩移影响带煤柱(L_2)、实体隔水煤柱带(L_3)、预测到不明裂隙(或断层)含水带(L_4)。

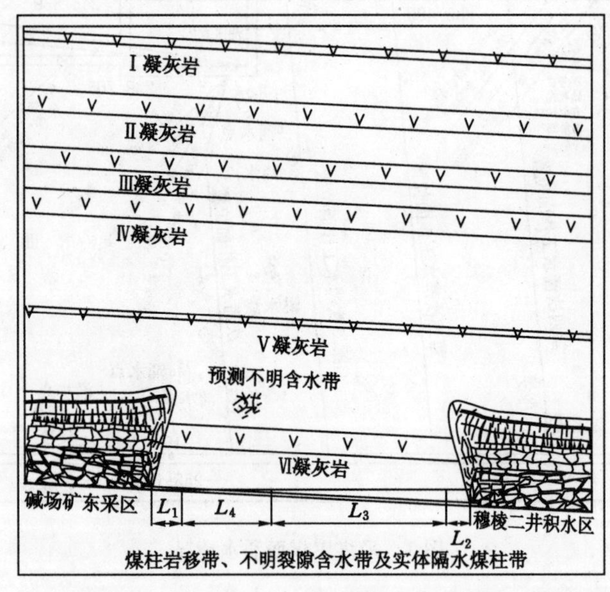

图 3　隔水煤柱组成

5.2　岩移影响带煤柱计算公式

5.2.1　计算公式确定

利用覆岩移动和顶板导水裂隙带高度二者相结合的方法确定碱场煤矿东采区工作面岩移影响带宽度(L_1)和穆棱二井工作面岩移影响带宽度(L_3)。其计算公式如下：

$$L_1 = H_f \cot \delta_1$$

$$L_3 = H_f \cot \delta_2$$

式中　H_f ——导水裂隙带高度，m；

δ ——塌陷角，(°)。

5.2.2 计算参数确定

根据探放水和瓦斯抽放施工钻孔统计的结果确定，导水裂隙带最大高度为 43.5 m，按照加 5 m 安全距离计算：

$$H_f = 48.5 \text{ m}$$

塌陷角分别为：东采区采面塌陷角　$\delta_1 = 71°$

穆棱二井采面塌陷角 $\delta_2 = 75°$

岩移影响带宽度为： $L_1 = H_f \cot \delta_1 = 16.67\ \text{m}$

$L_3 = H_f \cot \delta_2 = 12.99\ \text{m}$

预测到不明裂隙(或断层)含水带经验煤柱值：$L_4 = 50$ m。

5.2.3 实体煤柱带宽度计算

5.2.3.1 计算公式确定

实体煤柱带计算有两种方法：

(1) 侧向静水压力煤柱宽度计算公式

侧向承受静水压力的煤柱宽度计算，可采用由材料力学简支梁原理导出的如下煤柱公式进行计算：

$$L'_2 = 0.5KM\sqrt{\frac{3P}{K_P}}$$

式中 K——安全系数，一般取2～5；

M——煤层厚度或采高，m；

P——水头压力，MPa；

K_P——煤的抗拉强度，MPa。

(2) 经验公式校核

$$L''_2 = \frac{P}{T_s} + 10$$

式中 P——水头压力，MPa；

T_s——突水系数，MPa/m。

5.2.3.2 参数确定

(1) 考虑到本区水文地质条件复杂，探查工作相对薄弱，因此，安全系数取 $K=5$。

(2) 煤层抗拉强度取 $K_P = 0.1$ MPa。

(3) 穆棱二井主井、风井及采空区与地表潜水、山川裂隙含水带沟通，取煤柱所承受的水压为4.51 MPa。

(4) 突水系数 $T_s = 0.06$ MPa/m。

代入计算得：

侧向静水压力计算结果：$L'_2 = 0.5 \times 5 \times 1.5 \times \sqrt{\frac{3 \times 4.51}{0.1}} = 43.6\ (\text{m})$

经验公式计算结果： $L''_2 = \frac{4.51}{0.06} + 10 = 85.16\ (\text{m})$

取计算结果的最大值 $L_2 = 85.16\ (\text{m})$

5.2.4 防水煤柱宽度的确定

碱场煤矿东采区工作面与穆棱二井采空积水区工作面之间煤柱宽度为：

$$L = L_1 + L_2 + L_3 + L_4 = 16.67 + 85.16 + 12.99 + 50 \approx 165\ (\text{m})$$

东采区综采工作面切眼与穆棱二井采空积水区之间，防隔水煤(岩)柱留设宽度应为≥165 m。

6 瞬变电磁、多波地震探测

利用瞬变电磁、多波地震方法，在3220切眼向穆棱矿二井采空积水区方向80 m范围内，对煤层及顶底板进行了水区异常探测发现：瞬变电磁探测到距3220切眼50～60 m处顶板存在一低阻异常区(图4)，有效信号被低阻体吸收，岩体可能相对富水；多波地震探测反映，在深度30～57 m处顶板出现能量减弱异常区，可能与岩体松散、相对破碎有关。瞬变电磁与多波地震探测成果基本一致，证实了预测结果。

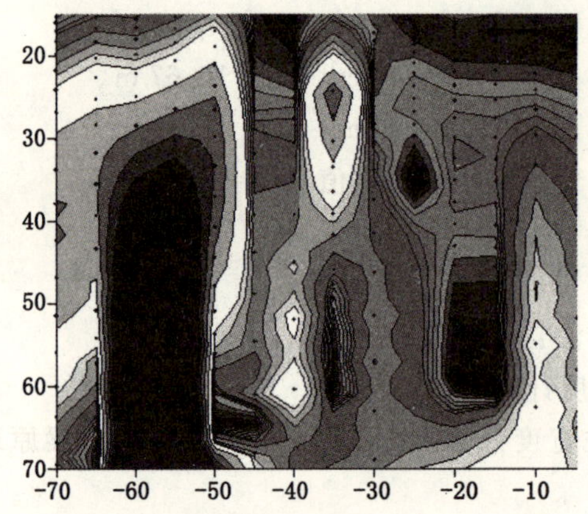

图 4 3220 切眼瞬变电磁异常区水探测图

7 结 论

通过对碱场煤矿沉积地层、多期受力断层含水导水性、综采面顶板周期来压突然涌水，且有少量补给来源及预测到正常煤柱之间可能有不明裂隙含水带被物探方式证实进行分析，确认了东采区水文地质条件由简单转化为复杂，防治水难度增加。按照经验和理论计算留设了 165 m 防隔水煤柱。经采掘工程验证，东采区与穆棱二井隔水煤柱之间增加不明裂隙含水带（或断层）煤柱尺寸安全可靠，确保了正常生产。

参考文献

[1] 国家安全生产监督管理总局，国家煤矿安全监察局. 煤矿防治水规定[M]. 北京：煤炭工业出版社，2009.

[2] 许学汉，王杰，等. 煤矿突水预报研究[M]. 北京：地质出版社，1991.

[3] 范学理，刘文生，等. 中国东北煤矿区开采损害防护理论与实践[M]. 北京：煤炭工业出版社，1998.

[4] 张国平，曹海东，等. 鸡西市新曙光煤电厂煤矿南一采区水害因素论证[R]. 煤炭科学研究总院西安研究院，2010.

[5] 李永军，等. 碱场煤矿 3220 回顺切眼顶板及右帮富水性探测与研究[R]. 北京：华北科技学院，2010.

[6] 楚京耒，等. 穆棱矿二井补充勘探报告[R]. 鸡西矿务局地质队，1989.

作者简介：李大勇，男，地质高级工程师，1982 年毕业于西安矿业学院，现任沈阳煤业集团鸡西盛隆矿业有限责任公司副总工程师。

矿井突水预测理论及监测技术研究

中国矿业大学矿业工程学院　何利辉　陈超群

摘　要：本文着重从煤矿突水事故的机理出发，研究了近几年煤矿突水预测预报的各项新技术及其发展状况，为较好地解决我国煤炭开采中矿井突水防治问题提供了科学依据。

关键词：矿井突水；突水预测；突水因素；监测

1 绪　言

近年来，随着科学技术的进步，煤矿生产与建设过程中的装备、工艺、技术都有了极大的提高，但煤矿突水事故却频繁发生。特别是2000年以来，煤矿突水事故又呈上升趋势。据统计，从2000年到2007年为止，共发生重特大突水事故465起，死亡及失踪2 397人(见表1)。

表1　　2000年以来煤矿重特大突水事故统计

年份	事故次数	死亡及失踪人数
2000	9	98
2001	38	176
2002	93	387
2003	92	424
2004	61	254
2005	104	593
2006	38	267
2007	30	198
总计	465	2 397

由此可知，水患已成为威胁矿区安全生产的重要灾害，分析突水原因，研究突水因素，针对不同的水文地质条件采取相应的防治水措施，减少或消除某些突水因素的影响，预防工作面底板突水，保证矿井安全生产，是广大工程技术人员亟须不断探索的问题。

2　水害类型及突水规律

2.1　水害类型

我国煤矿水害的类型、特点及其近年来的变化趋势主要受开采煤层赋存的地质、水文地质条件及其开采方式的控制，目前占主导位置的水害类型基本可归纳为4种：主采煤层底板高承压岩溶水突水水害、主采煤层顶板砂岩及其松散层孔隙水透水水害、废弃小煤窑及老矿井采空区水溃水水害与地表水倒灌充水水害。

2.2　突水征兆

在各类突水事故发生之前，一般均会显示出多种突水预兆。

(1) 工作面底板灰岩含水层突水预兆

① 工作面压力增大，底板鼓起，底鼓量有时可达500 mm以上。

② 工作面底板产生裂隙，并逐渐增大。

③ 沿裂隙或煤帮向外渗水，随着裂隙的增大，水量增加。

④ 底板破裂，沿裂缝有高压水喷出，并伴有“嘶嘶”声或刺耳水声。

⑤ 底板发生“底爆”，伴有巨响，地下水大量涌出，水色呈乳白或黄色。

(2) 松散孔隙含水层水突水预兆

① 突水部位发潮、滴水且滴水现象逐渐增大，仔细观察发现水中含有少量细砂。

② 发生局部冒顶，水量突增并出现流砂，流砂常呈间歇性，水色时清时浑。

③ 顶板发生溃水、溃砂，这种现象可能影响到地表，致使地表出现塌陷坑。

以上预兆是典型的情况，在具体的突水事故过程中，并不一定全部表现出来，所以应该细心观察，认真分析，并加以判断。

2.3 突水水源识别

近年来，基于水质化验(含同位素)结果的各种数学方法(模糊聚类法、灰色关联度法、频谱分析法、神经网络法)的应用大大提高了突水水源识别的准确度，也使得突水水源的定量识别成为可能。根据煤层采掘过程中揭露的与构造密切相关的煤层综合信息，结合矿井构造条件和物探、化探及钻探成果，使得隐伏导水构造(尤其是小构造)及富水带位置、地下水流速的快速准确定位成为可能。

3 突水预测理论

突水预测预报，是煤矿防治水工作中亟待解决的课题之一。就其重要性而言，它是煤矿防治水决策的基础。就其复杂性而言，突水事故，尤其是底板突水事故的发生，是多因素影响的结果。各种影响因素之间的关系十分复杂，对于不同的突水现象来说，他们时而表现为相互叠加而增强，促使底板突水的发生，时而又表现为相互制约而此消彼长，抑制底板突水的发生。

对于煤层底板突水的预测预报，国内外学者先后从研究底板突水机理出发进行过大量的探索，提出了一系列底板突水预测预报方法。

3.1 地质环境预测法

3.1.1 斯列萨列夫公式法

若将煤层底板视作两端固定、承受均布载荷的梁，按照梁和强度理论可推导出下式：

$$P=\frac{2K_0}{L_1^2}h^2+\gamma h$$

或

$$h_{安}=\frac{-\gamma L_1^2+L_1\sqrt{\gamma^2L_1^2+8K_0P}}{4K_0}$$

式中 $h_{安}$——安全隔水厚度，m；

L_1——第一极限跨度，m；

γ——隔水层岩石的容重，t/m³；

K_0——隔水层岩体的抗拉强度，t/m³；

P——隔水层底板承受的水头压力，tf/cm²。

此即为苏联煤炭工业部门评价底板突水危险性的常用公式，又称斯列萨列夫公式。当煤层底板下承压含水层的实际水头小于由此公式计算的安全水头时，即认为底板稳定，无发生突水的可能；反之，实际水头大于安全水头，则认为有底板突水的危险。

斯列萨列夫公式简化过多，且没有考虑矿山压力等因素对底板的破坏，与采动影响下承压水作用于底板的实际情况并不完全相符。

3.1.2 突水系数法

(1) 确定危险程度

20世纪60年代初，我国水文地质工作者通过大量突水实际资料的统计分析，提出“突水系数”的概念，突水系数是含水层中静水压力与隔水层厚度的比值，其物理意义是单位隔水层厚度所承受的水压。与此同时，匈牙利学者也提出了“相对隔水层厚度”的概念，即单位水压所必需的等值隔水层厚度，在数值上相当于突水系数的倒数。

$$T = \frac{P}{M}$$

式中　T——突水系数，MPa/m；

P——作用于底板的水压，MPa；

M——隔水层厚度，m。

若突水系数值大于临界突水系数(单位隔水层厚度所能承受的最大水压或极限水压)，则认为有底板突水的危险；反之，则无底板突水的可能。

(2) 编制水灾预测图

根据隔水层厚度和矿区各地段的水压值，计算某开采水平的突水系数，编制相应比例的简单突水预测图，然后根据矿区突水系数的临界值，圈定安全区和危险区。

突水系数法也没有考虑矿压对底板的破坏作用，20 世纪 70～80 年代西安煤科分院水文所两度对突水系数的表达式进行了修改，如在考虑矿压破坏因素时，从隔水层厚度中扣除矿压对底板的破坏深度；在考虑隔水层分层岩石力学性质不同时，引用匈牙利等值隔水层厚度的概念对公式进行了修改。

3.1.3 "下三带"法

对承压水体上采煤底板岩层突水机理研究表明，在煤层开采过程中，煤层底板岩层由上到下形成底板导水破坏带、有效隔水层保护带和承压水导升带，称为"下三带"。底板导水破坏带是指由于采动矿压的作用，底板岩层连续性遭到破坏，导水性发生明显改变的层带；有效隔水层保护带是保持采前岩层的连续性及其阻抗水性能的岩层；承压水导升带是指含水层中的承压水沿隔水底板中的裂隙或断裂带上升的高度。设煤层隔水底板总厚度为 h，底板导水破坏带、有效隔水层保护带与承压水导升带的厚度依次为 h_1、h_2 和 h_3，则：

$$h_2 = h - (h_1 + h_3)$$

当 $h > h_1 + h_3$ 时，则保护层存在；当 $h < h_1 + h_3$ 时，则保护层不存在。显然，当 $h < h_1 + h_3$ 时，承压水会直接涌入矿井，导致底板突水；当 $h > h_1 + h_3$ 时，是否会发生底板突水则取决于有效隔水层保护带的厚度及其阻抗水能力；若有效保护层阻水水压 $Z_{总}$ 大于实际水压，则安全；反之则不安全。$Z_{总}$ 等于阻水系数 Z 乘以有效保护层厚度 h_2，即：

$$Z_{总} = Z \cdot h_2$$

"下三带"的概念比较符合煤层采动条件下底板隔水层破坏的实际状况，与应用突水系数作为突水判据相比有了明显的改进，对底板突水预测和开采安全性论证，编制开采安全规程，选择合适带压开采的采煤方法及工作面尺寸等都具有很大的实用价值。但是，这一方法仍不能清楚地表明各种影响突水的因素与突水之间的关系，加之测试工作复杂、费用昂贵、数据获取困难，使其在各种不同条件下广泛应用于底板突水预测预报受到了限制。

3.2　超前探水预测法

超前探水是指井巷开拓工程在高压水环境下施工，为预防矿井突水而在掘进前采取科学的方法进行探水工作。其技术手段主要有借助物探勘探进行超前探水，利用打钻探孔进行探测和利用各种物理射线(如红外线)进行超前探测。此方法在确定煤矿突水原因和圈定水源时发挥着重要的作用。

3.2.1　红外探测法

岩层或煤层由于分子振动和晶格振动，每时每刻都在向外辐射红外电磁波，并形成红外辐射场，场具有能量、动量、方向等特性，不同的地质体产生不同的红外辐射场。而红外热像仪的作用就是沿巷道探测红外辐射场的变化，即通过热像仪显示出红外辐射温度的变化，确定隐伏目标是否存在及其性质。当地质体中含地下水，那么地下水场源产生的红外场会对地质体场源所产生红外场产生影响，使其场强发生变化。地质体所形成的红外场场强变化可用红外线探测仪探测，根据围岩红外场强的变化来预测预报洞壁四周是否隐伏含水体。

3.2.2 矿井直流电法

直流电法勘探是以煤、岩层的导电性差异为基础，通过人工向地下供入稳定电流，观测大地电流场的分布规律，从而确定岩、矿体物性（如贫、富水区域）的分布规律或地质构造的特征。

直流电法灵活，根据不同探测目的，可以采用多种工作装置形式。井下探测通常应用对称四极测深装置、三极测深装置和三点三极超前探装置。直流电法具有理论成熟、仪器简便、抗干扰能力强的优点，可用于探测巷道掘进工作面前方富水体范围、划分顶底板岩层贫富水区域、确定工作面回采时的易突水地段、评价工作面回采时的水害安全性等。

3.2.3 矿井瞬变电磁法

瞬变电磁法（Transient Electromagnetic Method，简称 TEM）或近区属于感应类电磁探测方法。该方法具有勘探深度大，穿透高阻层能力强，随机干扰小，可以在远区或近区观测，也可以选择不同时间窗进行观测，还可以获得不同深度的地质信息等优点。该方法广泛应用于矿产资源勘探、环境地质调查、水文地质与工程地质调查等领域，已成为煤矿水害探测最为有效的方法，为矿井安全生产提供了有力的保证。

当探测地下地质体时，向地面敷设的发送回线中通以一定的稳定电流，从而在回线中间及周围一定区域便产生稳定磁场（称一次场或激励场）。若一次电流突然断开，则一次磁场随之消失，根据法拉第电磁感应定律，可使处于该磁场中的良导地质体内部由于磁通量 Φ 的变化而产生感应电动势 $\varepsilon=d\Phi/dt$（法拉第电磁感应定律），感应电动势在良导地质体中产生二次涡流场，二次涡流又因焦耳热消耗而不断衰减，其二次场也随之衰减。由于感应二次场的衰变规律与地下地质体导电性有关，导电性越好，二次场衰减越慢；导电性越差，二次场衰减越快。所以通过研究瞬变场随时间的变化规律，就可达到探测地下各种地质体分布情况的目的。

3.3 多元信息融合技术

3.3.1 D—S 证据理论的数据融合与合成法则

数据融合不同层次对应不同的算法，在决策层数据融合中，Dempster-Shafer 证据理论（简称 D—S 证据理论）是适合于多传感器目标识别的一种不精确推理方法。它满足比概率论更弱的公理体系，并且能够处理由未知引起的不确定性，从而把不确定和未知区分开。D—S 证据理论采用信任函数而不是概率作为度量，通过对一些事件的概率加以约束以建立信任函数而不必说明精确的难以获得的概率。D—S 证据理论是一种同时利用来自相互独立的不同信息源的证据来提高对事件的置信程度的多信息源体组合法，它提供了一定程度的不确定性，即证据可指定给相互重叠或互不相容的命题，这也是该理论能得到广泛应用的原因。

矿井突水是一种时间性很强的动态地质现象，一般都是由诸多因素，如老窑积水、煤层顶底板承压含水层、煤层顶底板孔隙水和裂隙水、地质结构和构造、人类开采活动等综合作用的结果。由于矿井突水是一个非线性系统，其突水因素具有多源性，在进行突水预测时，不应仅对一种特定的信息独立地做出处理或决策，而应将数据融合技术用于多源数据信息处理，有效地消除了数据信息的不确定因素，提高了检测结果的准确性。

3.3.2 地理信息系统（GIS）技术

地理信息系统（Geographic Information System，简称 GIS）是一种特定的十分重要的空间信息系统。它是在计算机硬、软件系统支持下，对整个或部分地球表层（包括大气层）空间中的有关地理分布数据进行采集、储存、管理、运算、分析、显示和描述的技术系统

应用 GIS 技术，在分析煤矿（矿区）地质、水文地质条件及突水资料的基础上，建立起能反映较多因素综合作用的突水模式，可以帮助煤矿生产决策人员比较直观地对底板突水作出正确的判断，其基本工作流程如下：

(1) 突水因素分析：突水是在一定的水文地质与开采条件下发生的，是诸多因素综合作用的结

果。一般地，水压和隔水层的稳定性是决定底板能否突水的基本矛盾。水压是矛盾的主要方面，是突水的前提条件，底板隔水层是突水的阻抗因素。当水压和隔水层处于相对平衡状态时，断层（控制因素）和矿压（诱导因素）的存在就会削弱隔水层稳定性的作用，并促使矛盾由不突水向突水转化。此外，含水层的岩溶发育程度对于含水层的富水性和水压都有很大的影响。

(2) 数据的采集与量化：矿井突水因素确定后，根据不同的情况分别以不同的方式进行数据采集与预处理。

(3) 专题图件的生成：将各个突水因素的数据编制成单因素图件，然后输入计算机。

(4) 图件的编辑与配准：图件的编辑与配准是进行多因素复合处理的必要前提。

(5) 多因素复合处理：多因素复合就是把多个单因素的 Coverage 复合成一个 Coverage，复合后的 Coverage 中包含所有单因素的信息，满足了应用 GIS 建立突水预测模式的需要。

(6) 拟合与建模：建立突水模式，实际上是构造一个能综合反映各突水因素作用的数学模型。由于地质、水文地质条件的复杂性，各个突水因素的作用很难清楚表明。因此，先依据底板突水因素和突水机理的分析，构筑一个初始数学模型，使之能基本反映各因素的作用，然后通过与突水点反复拟合，不断调整参数，修改模型，逐步逼近目标，最后建立起能够反映实际情况的突水模型。

根据 GIS 的模型分析建立的矿井底板突水多因素数学预测模式，与现有的预测方法相比，对突水因素的考虑更为全面，模式也更合理。应用 GIS 进行煤矿突水预测，具有数据更新方便，运算速度快，可直接输出预测结果图等特点，对于建立煤矿水害动态监测系统具有重要的意义。

4　结　语

纵观近几年煤矿突水预测理论的发展状况，通过对各类突水预测及监测技术的对比，与现有观测方法相比，多元信息融合技术综合考虑了各影响因子，有效地消除了数据信息的不确定因素，提高了检测结果的准确性。尽管还存在一些问题，但作为一种信息处理方法和技术用于煤矿底板突水预测预报，思路是正确的，方法是可行的，其中存在的问题可以通过深入的研究加以改进和完善，它的推广与应用将是必然趋势。

参考文献

[1] 毛红川，刘志，邓春涛，等．煤矿突水预测方法探讨[J]．河北工业科技，2008(7)：196-199.

[2] 虎维岳，田丁．我国煤矿水害类型及其防治对策[J]．煤炭科学技术，2010(1)：92-96.

[3] 邹少海．矿井水害预防与检测技术[J]．知识经济，2010(14)：67.

[4] 李贵炳，郭玉刚，杨永杰．地质雷达技术在探测煤矿井下突水通道中的应用[J]．煤炭工程，2009(6)：54-56.

[5] 王自学，谢进国．徐庄矿区八煤底板突水预测[J]．煤炭技术，2009(10)：119-121.

[6] 张英梅，程珍珍．D—S 证据理论在煤矿水害预测中的应用[J]．太原理工大学学报，2008(11)：589-591.

[7] 曹中初，孙苏南，郑世书，等．GIS 在煤矿底板突水危险性预测中的应用[J]．水文地质工程地质，1996(1)：45-48.

[8] 王鹰，陈强，魏有仪，等．红外探测技术在圆梁山隧道突水预报中的应用[J]．岩石力学与工程学报，2003(5)：855-857.

[9] 余国锋，薛俊华．微震监测技术在煤矿动力灾害防治中的应用[J]．煤炭科技，2010(5)：43-44.

利用脆弱性指数法研究砂岩裂隙型含水层

临沂矿业集团王楼煤矿　吕玉广　任智德　肖庆华

摘　要：对于砂岩裂隙型含水层，常规的煤田水文地质勘探手段往往不能达到预期目的，利用抽水试验取得的单位涌水量等参数来预计矿井涌水量受到制约，王楼煤矿利用脆弱性指数法研究富水性分区是一个成功实例。脆弱性指数法不仅能对井田富水性进行定性分区，结合其他资料也能定量地预计未开采区涌水量。这为矿井防治水工作以及防排水系统的设计提供了依据。

关键词：脆弱性指数；富水性分区；煤矿防治水

新投产矿井预计涌水量通常采用大井法，单位涌水量（q值）和渗透系数（k值）是两个重要的水文地质参数，可以通过钻孔抽水试验获取。对于砂岩裂隙型含水层采用大井法预计的涌水量往往偏小，据此进行矿井防排水设计很难满足安全生产需要。山东临沂矿业集团王楼煤矿主要充水含水层为山西组$3_上$煤层顶板砂岩，抽水试验资料表明单位涌水量为0.007 51～0.078 581 L/(m·s)，依据《煤矿防治水规定》，该含水层为弱含水层。《矿井（精查）地质报告》应用大井法预计矿井投产后全矿井正常涌水量140 m^3/h，最大涌水量取1.5～2.0的系数。该矿2007年7月1日投产，2008年8月27日发生突水淹面事故，事故工作面涌水量达到450 m^3/h，矿井总涌水量达到1 005 m^3/h，事故直接经济损失近亿元。可见这类含水层不可沿用传统的大井法预计矿井涌水量。

砂岩裂隙型含水层的富水性受孔隙及裂隙发育程度控制，基底式胶结的砂岩孔隙度较低，裂隙则成为其富水性的决定因素。基于此，利用脆弱性指数法研究这类含水层具有很好的理论意义和实用价值。

1　脆弱性指数与富水性的相关性

自然界中岩石脆弱性与其富水性之间存在一定的联系，通过脆弱性指数法研究其富水性，进而进行富水性分区。

一般来讲，砾岩、砂岩、岩浆岩、烧变岩等均属较坚硬～坚硬岩石，其力学强度高，受力时多表现出脆性；而泥岩、粉砂岩、油页岩、煤层等力学强度较低，受力后多表现出塑性。脆性岩石在构造应力作用下容易产生大量面状网络裂隙，这些裂隙内被水充填时则成为裂隙含水层。裂隙的发育并不是均匀的，本身具有各向异性、各层异性等特点，这就决定了裂隙含水层富水性具有极不均一性。相同受力条件下，脆性岩石裂隙较发育，富水性较强，反之富水性越弱。

地层是由岩石（岩层）组成的，在某些情况下，一定的地层厚度内脆性岩石累加厚度越大，则该地层富水性也越强。脆弱性指数即脆性岩石累计厚度占地层总厚度的百分比，表达式为：

$$\xi = \frac{Z_1}{Z_2} \times 100\% \tag{1}$$

式中　ξ——脆弱性指数；

Z_1——脆性岩层累计厚度；

Z_2——岩层总厚度。

通过脆弱性指数，在岩层脆性与地层富水性之间建立起相关关系，地层的脆弱性指数越高则其富水性越强。当然这种关系是定性的、相对的。

2 应用实例

2.1 王楼煤矿水文情况简介

临沂矿业集团王楼煤矿设计生产能力 90 万 t/a，主采山西组 $3_上$ 煤层。矿井水文地质类型属复杂型，充水水源为 $3_上$ 煤层顶板砂岩裂隙水。《矿井(精查)地质报告》预计矿井正常涌水量为 140 m^3/h，最大涌水量为 200 m^3/h。

2007 年 7 月 1 日矿井投产后先期开采的六个工作面全部出水，单一工作面涌水量 120～450 m^3/h 不等。2007 年～2009 年全矿井平均涌水量分别为 170 m^3/h、573 m^3/h、835 m^3/h。2008 年 7 月 28 日，11305 工作面推进 80 m 时采空区突水，24 小时内涌水量达到峰值(450 m^3/h)，由于设计排水能力不足，造成淹面停产事故。

从生产实践来看，井下出水点均在工作面采空区(冒落区)涌水；工作面一般推进 50～180 m 后开始出水，数日内即可达到最大值，然后在高位稳定；采空区出水时间长，高位持续数年；同一煤层同一采区，工作面布置参数相同，开采条件相似，但涌水量相差较大。各工作面水质类型均为 SO_4^{2-}-Na^+，阴离子中 SO_4^{2-} 根离子毫克当量百分比占 82.2%～93.3%，阳离子中 Na^+ 离子毫克当量百分比占 77.0%～89.9%；矿化度异常高，从 4 500～11 000 mg/L 不等，一般达到 8 000 mg/L 以上。水质比对说明水源单一，均为 $3_上$ 煤层顶板砂岩裂隙水。

采煤工作面回采前均采取了音频电透视、高分辨率电测深等物理方法探测煤层顶板 80 m 范围内富水异常区，在物探显示的富水性高度异常区域打钻，单孔出水量从未超过 1.0 m^3/h，说明裂隙导通性差，这是该矿砂岩裂隙含水层的典型特点。

2.2 王楼煤矿砂岩裂隙含水层

大量研究证明，王楼煤矿充水含水层是 $3_上$ 煤层顶板砂岩。煤层顶板主要由浅灰、灰白及绿灰色中细粒砂岩以及深灰、灰黑色粉砂岩、泥岩组成，局部为粗砂岩。砂岩厚度 3.30～47.24 m，平均 22.45 m。各种岩石在自然状态下力学试验结果见表 1。

表 1 $3_上$ 煤层顶板岩石力学试验结果

岩石种类	泥岩	粉砂岩	细砂岩	中砂岩
抗压强度/MPa	17.9～29.4	44.7	78.2～145.0	98.5～109.2
抗拉强度/MPa	0.2～2.18	2.13～2.37	4.19～9.42	4.29～7.27
岩石分类	软弱	软弱	坚硬	半坚硬～坚硬

全井田 20 余个钻孔穿过该含水层均未发生漏水现象。12—3 号钻孔抽水，CO_2 洗井后，水位由井口降至 246.10 m，经 27 天 9 小时水位观测，水位标高为 −20.41 m，送风后 40 min 即抽干，73 h 后恢复水位为 −44.30 m。其他钻孔抽水试验，单位涌水量仅 0.007 510～0.078 581 L/(s·m)，依照《煤矿防治水规定》，应属弱含水层，这恰恰体现了砂岩裂隙含水层的反常性。

2.3 采煤冒裂带高度计算

计算采煤冒裂带高度是为了确定计算地层脆弱性指数范围。矿井涌水量与冒裂带内岩层的富水性有直接关系。$3_上$ 煤层属稳定煤层，平均厚度 2.1 m，采煤面一次采全高，采高即煤厚。根据各钻孔揭露的煤层厚度，采用经验公式分别计算各点冒裂高度为：

$$H_L = \frac{100\sum M}{0.84\sum M + 4.57} + 6.3 \tag{2}$$

式中 H_L——冒裂带高度；

M——煤分层采高，本例指全高。

根据井田内 21 个钻孔揭露的煤厚资料分别计算冒裂带高度如表 2 所示。

表 2 冒裂带高度计算成果表

钻孔号	16—1	3C—7	3C—1	3C—2	3C—3	3C—4
煤厚度/m	3.21	2.07	2.08	2.12	2.28	1.99
冒裂高度/m	50.5	38.8	39.2	39.7	41.5	38.2
钻孔号	18—2	18—3	24—1	D20	12—1	12—2
煤度厚/m	1.63	0.57	1.6	1.93	2.35	3.89
冒裂高度/m	33.8	26.1	33.35	37.5	42.2	56.0
钻孔号	32—1	8—1	D29—5	H9—3	4—1	H11—1
煤厚度/m	3.22	1.03	2.16	1.83	2.15	2.40
冒裂高度/m	39.9	25.3	40.2	36.3	40.1	42.8
钻孔号	18—1	12—3	D25—4			
煤厚度/m	3.78	2.01	2.15			
冒裂高度/m	55.9	38.5	40.0			

2.4 计算冒裂带内地层的脆弱性指数

为便于研究，这里将地层简单地分为两大类，即脆性岩层(石)和塑性岩层(石)。

脆性岩层(石)包括粗砂岩、中砂岩、细砂岩等；塑性岩层(石)包括泥岩、粉砂岩、煤层等。

计算地层(岩石)脆弱性指数时注意以下两种情况：

(1) 当冒落裂隙带顶部为塑性岩层(软弱层)时，脆弱性指数仍按公式(1)计算。

(2) 当冒落裂隙带顶部同为脆性岩层，冒裂带与上方脆性岩层之间没有塑性岩层相隔时，脆弱性指数可表示为：

$$\xi = \frac{Z_3}{Z_4} \times 100\% \tag{3}$$

式中 Z_3 ——冒裂带内脆性岩层累计厚度与上方脆性岩层厚度之和；

Z_4 ——冒裂带地层总厚度与上方脆性岩层厚度之和。

可见公式(3)实际上是公式(1)的特例。

根据钻孔柱状图，在综合统计基础上计算各点脆弱性指数结果见表 3。

表 3 $3_上$煤冒裂带范围内脆弱性指数

钻孔	16—1	3C—7	3C—1	3C—2	3C—3	3C—4	18—1
ξ/%	28	37	31	43	33	19	30
钻孔	D20	12—1	12—2	12—3	24—1	18—2	18—3
ξ/%	28	19	27	50	12	78	50
钻孔	32—1	8—1	D29—5	H9—3	4—1	H11—1	D25—4
ξ/%	16	17	30	23	19	43	62

2.5 绘制富水性分区图

富水性分区是个相对的、定性的概念，脆弱性指数越高表明富水性越强，脆弱性指数越低表明富水性越弱，等值线即表示这种富水性相对强弱关系。

因此绘制富水性分区图以前，要先编制综合地层脆弱性等值线图。其方法是将表 3 综合地层脆弱性指数分别标在各钻孔旁，两钻孔之间采用内插法绘制脆弱性指数等值线。然后结合煤田水文地质勘探和井下开采实际情况，综合研究脆弱性指数等值线图，找出富水性区域与脆弱性等值线之间的关系，最后绘制矿井富水性分区图。

为简化说明,这里先选定某一脆弱性指数值作为基准,高于此值视为富水性较强,反之则视为富水性较弱。本次取各脆弱性指数平均值 32 为基准,两点之间用内插法找出 32 等值点,最后连点成线得出富水性分区图(见图 1)。

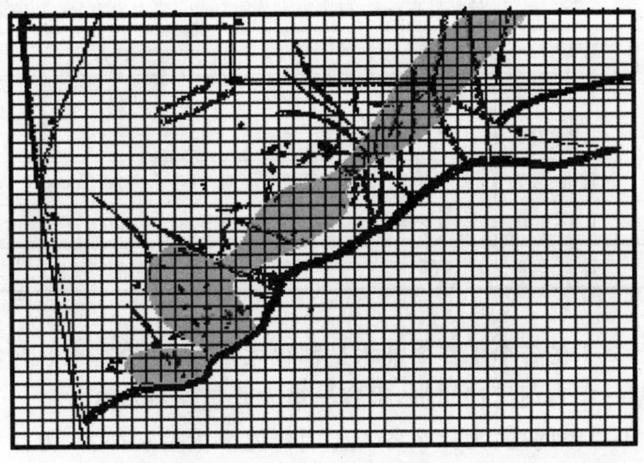

图 1　$3_{上}$煤层顶板砂岩富水性分区图

图 1 中阴影区域地层脆弱性指数超过基准值 32,黄色区域以外脆弱性指数小于基准值 32。根据前边建立起来的地层脆弱性指数与富水性相关关系,可以初步认为图中黄色区域富水性较强,黄色区域以外富水性较弱。这样王楼煤矿全井田就简单地划分为强富水区和弱富水区。

2.6　富水性分区图的初步评价

富水性分区图完成后应进行初步评价,评价的过程也是对图纸修正的过程。

将采掘工程展绘到该图上后发现,已经开采的 11301、11303、11305、11302、11304、11306 六个工作面均处于富水区域内,脆弱性指数均高于 32,最大达到 56,见图 2。

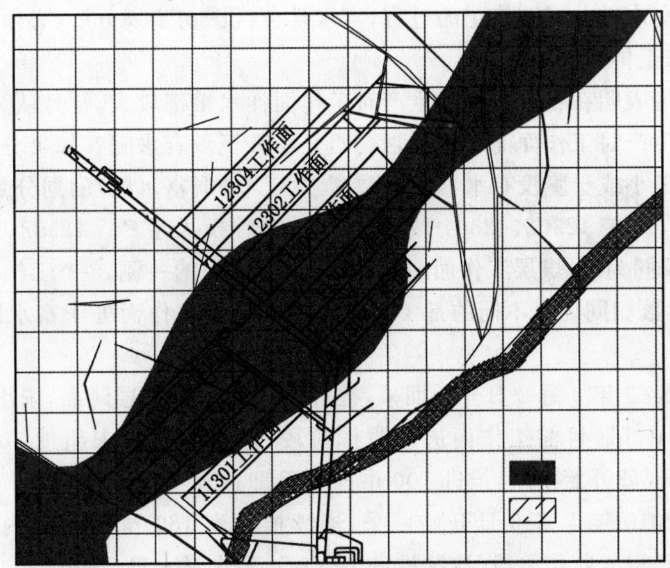

图 2　富水性分区与采掘工程叠合图

上述各工作面最小涌水量 120 m^3/h,最大涌水量 450 m^3/h。工作面初次来水步距差别也较大,最小 50 m,最大 180 m,规律是先开采的工作面初次来水步距较大,后开采工作面初次来水步距较小,这是因为随开采范围增加,煤层顶板受到扰动也越充分。

各工作面开采标高、煤厚、采高、初次来水步距、最大涌水量以及开采先后顺序等工作面参数及出水量统计表见表3。

表3　　工作面参数及出水量统计表

工作面名称	开采标高/m	煤厚/m	最大采高/m	初次来水步距/m	最大步距/m	最大涌水量/(m^3/h)	开采顺序
11301	−718	1.8～2.0	2.5	160	240	180	1
11303	−772	1.8～2.0	2.5	140	200	280	3
11305	−814	1.2～2.0	2.5	50	80	425	5
11302	−676	1.8～3.5	2.8	160	220	140	2
11304	−719	1.8～4.0	3.2	80	120	120	4
11306	−765	1.8～2.0	2.5	60	100	150	6

从表3可以看出，已回采的各个工作面涌水量都很大，初步评价富水区与实际相吻合。单从图形上看，图中阴影区域恰似一条古河床冲刷带，很容易被人联想到富水区。

根据表3自然会提出以下问题：为什么各工作面峰值水量差别很大，为什么各工作面来水时推进度不一致等。

笔者注意到以下几点：

(1) 补给范围影响涌水量。虽然各采煤面都处于富水区内，但所处的富水区范围不同。11302、11304、11306三个工作面所处的富水区宽度较窄，范围较小，水的补给有限；11301、11303、11305三个工作面所处富水区范围较大，也可认为补给范围大，同时有与煤层露头相连、刘官屯断层等影响涌水量的因素。

(2) 开采先后影响初次来水步距。从表3可以看出，工作面开采顺序不同，初次来水时工作面推进度也不同，后回采的工作面较先回采的工作面顶板冒裂更充分，裂隙导通性更好，出水更快。

2.7　对富水性分区图的进一步评价

进一步评价也是富水性分区图修正的过程，富水性分区图初步划分后，必须根据生产实际情况及时进行分析，不断再修正再评价。

通过上述初步评价表明在相对富水区生产时工作面涌水量都较大，暂且认为预测与实际相吻合。那么在相对弱富水区生产时工作面涌水量是否会明显小甚至没有水呢？如果分区图中阴影区域以外工作面生产时水量明显小或干脆没有水，则证明"富水区"与"弱富水区"的划分是正确的。

2010年2月开始，该矿12302、12304两个工作面先后投入生产。12302、12304两个工作面与11302、11304、11306等同为$3_上$煤层工作面，且同处于采区下山的一侧，5个工作面沿煤层倾斜方向依次排列，工作面其他参数相同。所不同的是12302、12304两个工作面处于富水区以外，即弱富水区。见图2。

12302工作面于2010年3月2日开始回采，推进180 m时遇断层跳面，未出水；过断层后又推进了360 m，水量约10 m^3/h。目前工作面进入收作阶段，最大涌水量未超过30 m^3/h。与之相邻的11306工作面推进60 m就开始出水，推进100 m时水量即达到150 m^3/h。

11304工作面于2010年4月6日开始回采，连续推进到160 m采空区内开始出水，涌水量约15 m^3/h，目前工作面已进入收作阶段(连续推进780 m)，最大涌水量28 m^3/h。

上述两个工作面开采过程中实测涌水量表明富水性分区图上阴影区域以内富水性强，阴影区域以外富水性明显较弱，说明该矿对富水性分区的划分与客观情况相吻合。这对以后矿井防排水工作有很大的指导意义，可以更加有目的地布置探放水工程，做到重点区域重点防范，避免盲目性。

3　结　论

对于砂岩裂隙型含水层，常规的煤田水文地质勘探手段往往不能达到预期目的，利用抽水试验取得的单位涌水量等参数来预计矿井涌水量受到制约，王楼煤矿利用岩层(岩石)脆弱性指数研究富水性分区是一个成功实例。脆弱性指数法不仅能对井田富水性进行定性分区，结合已取得的涌水量资料也能定量地预计未开采区涌水量。这为矿井防治水工作以及防排水系统的设计提供了技术支持。

参考文献

[1] GUO BAOHUA. Numerical analysis on water-inrush process due to floor heave [J]. 煤炭学报：英文版，2008(2).

[2] 乔伟，李文平，赵成喜. 煤矿底板突水评价突水系数——单位涌水量法 [J]. 岩石力学与工程学报，2009，28(12)：2466-2474.

[3] 武强，王金华，刘东海，等. 煤层底板突水评价的新型实用方法Ⅳ：基于 GIS 的 AHP 型脆弱性指数法应用 [J]. 煤炭学报，2009，34(2)：233-238.

[4] 吕玉广. 试用赋值法预测断层的导水性 [J]. 山东科技大学学报，2007(12)增刊.

作者简介：吕玉广(1969—)，男，江苏宿迁市人，临沂矿业集团王楼煤矿高级工程师、副总工程师，长期从事煤矿生产技术和防治水工作。

煤层底板岩石模拟开采过程全应力—应变渗透性试验研究

兖州煤业股份有限公司兴隆庄煤矿　张圣才　赵连涛　于旭磊

摘　要：利用美国 MTS 公司 815.02 型电液伺服岩石力学试验系统，采用瞬态渗透法，进行模拟矿井开采过程中的岩石渗透系数变化情况试验，揭示了岩石在加卸载全应力—应变过程中的渗透规律，即岩石渗透系数既与应力状况和应变历史有关，也与岩石自身的结构和性质有关。

关键词：模拟矿井开采；渗透系数；全应力应变；渗透规律

1 引　言

岩石的渗透性不仅对于承压水体上采煤极其重要，而且在岩土工程、水利水电、石油开采等领域都具有重要的意义。多年来，国内外许多学者和工程技术人员致力于岩石和岩体渗透规律的研究，取得了较丰富的试验与理论研究成果和工程经验，对预防岩体突水起到了重要的指导作用。

渗透性的定义是给定面积内液体在压力梯度驱动下流过孔隙介质的度量，是岩石本身所固有的性质，渗透率 k 可以用达西定律来表示：

$$k=-\frac{Q}{A}\frac{\mu}{\rho g}\left(\frac{\partial h}{\partial s}\right)^{-1} \tag{1}$$

式中　Q——单位时间内液体通过横截面积 A 的流量；

μ——流体的黏度：

ρ——流体密度；

g——重力加速度；

$\frac{\partial h}{\partial s}$——在流动方向 s 上的水力梯度。

达西定律本身是岩石在天然状态下的渗透规律，并没有反映出渗流与孔隙介质应力应变状态的关系。

煤层的开采过程使得原有煤层顶底板岩体的应力状态受到改变，改变了原有岩层的渗透状态，形成新的不均匀、各向异性的渗透系数场。这种与应变有关的渗透系数场在评价煤炭回采过程中顶底板水文地质条件具有重要的意义。由于不同岩性的顶底板岩层在应变过程中渗透系数变化很大，这种变化在矿井中很难观测，因此有必要在试验室进行模拟，进一步探讨岩石应力应变与渗透率的关系，为研究岩体渗流特征提供必要的试验基础。

本次试验利用美国 MTS 公司 815.02 型电液伺服岩石力学试验系统，采用瞬态渗透法，模拟矿井开采过程中的岩石在全应力—应变过程中的渗透系数的变化情况，获得了各种岩石渗透参数变化的规律。

2 试验装置简介

MTS815.02 型电液伺服岩石力学试验系统，功能比较完备，除了能进行一般的单轴和三轴试验以外，还能完成孔隙水压和水渗透试验，这是迄今为止国内唯一一台能实现该功能的设备。

该系统可以通过手动、模控和数控方法进行操作；在试验过程中，其控制方式有载荷控制、轴向位移控制（或冲程控制）和环向位移控制（或应变控制）三种方式；试验可提供多种数据及关系曲线，如：

载荷、轴向应力、轴向应变(位移)、环向应变(位移)、体积应变、围压、孔隙水压等。

3　渗透试验原理

试验的基本原理简单示意见图 1。MTS815.02 型电液伺服岩石力学试验系统见图 2。

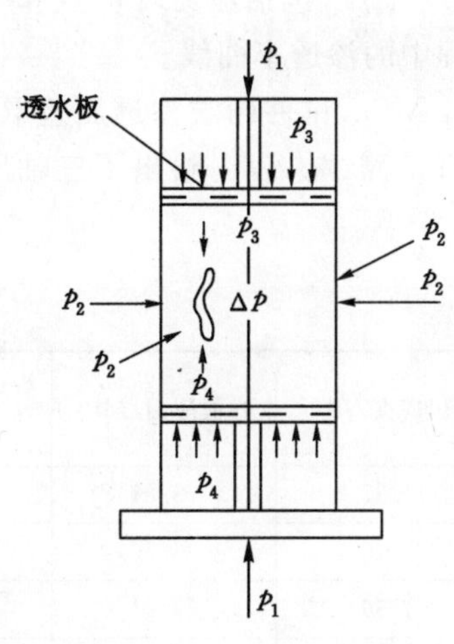

图 1　水渗透试验的基本原理示意图

p_1——轴向压力；p_2——围压；p_3——试件上端水压；

p_4——试件下端水压；Δp——两端压差($\Delta p = p_3 - p_4$)

图 2　MTS815.02 电液伺服系统

试验前，先将试样用真空浸水装置含水饱和，然后用聚四氯乙烯热缩塑料双层致密牢固热封煤样周围，保证流体介质不能从防护套和试件间隙渗漏，然后置于伺服机三轴缸内进行加压试验。

本试验测定渗透率采用瞬态法，其基本原理是：先施加一定的轴压 p_1、侧压 p_2 及孔隙压力 p_3($p_3 < p_2$)，然后降低试件一端的孔隙压力至 p_4，在试件两端形成渗透压差 $\Delta p = p_3 - p_4$，从而引起水体通过试件渗流。渗流过程中，Δp 不断减少，其减少速率与试样种类、组构、试件长度、渗流路程、截面尺寸、流体密度、黏度、应力状态和应力水平等因素有关。

根据试验过程中计算机自动采集的数据(采样时间精度为 1 s)，可根据下式计算求得试样在不同应力应变状态下的渗透率 k：

$$k = 9\,701.597\,6H \frac{\ln(\frac{I_1}{I_2})}{5d^2(A_2 - A_1)} \tag{2}$$

其中　k——试样渗透率，达西；

H, d——分别为试样高度和直径，cm；

I_1, I_2——对应 1、2 时刻的孔压差，即 Δp，MPa；

A_1, A_2——1、2 时刻对应的时间，s。

由此，根据采集到的数据，绘制渗透率与应力应变关系曲线，然后可得出各试样在不同应力应变状态下的渗透规律，并可通过下式计算出试样的渗透系数：

$$K = \frac{\rho g}{\mu} k \approx 9.163k \tag{3}$$

4　试验过程

本次试验选取兖州矿业集团兴隆庄煤矿下组煤首采区煤 17 与奥灰之间的底板岩层中具有代表性的泥岩、砂质(粗砂岩、中砂岩、细砂岩和粉砂岩)、灰岩进行了三轴应力状态下的 14 组伺服渗透实验，其中 7 组在达到峰值应力后进行了卸载，7 组保持围压不变。

试验过程：首先将塑封好的试件(直径 4.9～5 cm、高 8～9 cm)放在下加载盘上，用计算机控制加载到 10 kN 时，降下围压仓，注入加载液，再通过计算机程序向围压仓施加围压和孔隙压力。试验机可以通过三个独立的闭路系统精确控制轴向载荷、围压和孔隙压力。在整个试验过程中，数据采集和绘制 $\Delta p—t$(时间)曲线由计算机控制自动完成。岩石的渗透率根据公式(2)计算。根据所获得的试验数据 $\Delta p—t$ 曲线，可以计算出岩石在该试验载荷下的渗透率，从而得到渗透率—应变曲线 $k—\varepsilon$ 上的一个试验点。接下来，将载荷第二个试验点依次增加到第 N 个点，包括应力峰值点和峰后应力—应变区的试验点。这样，每个试样都可以得到全应力应变过程中的渗透率曲线。

试验参照现场的地应力水平确定围压级别，取围压 $\sigma_3=4$ MPa，试件两端渗透压差取 1.5 MPa。本次试验有选择地对孔隙压力 $P=3.0$ MPa 和 3.8 MPa 进行了测试。表 1 给出了三轴压缩渗透试验的试件描述、试验条件及试验参数。

表 1　试样渗透系数及其他参数表

岩性	围压/MPa	孔隙压力/MPa	孔隙压力差/MPa	峰值应变/10^{-2}	峰值应力/MPa	渗透系数最大值/(10^{-5}cm/s)
中砂岩	4	3	1.5	1.37	73.81	133.14
粗砂岩	4	3	1.5	1.40	83.70	2 363.88
粉砂岩	4	3	1.5	1.56	79.61	94.51
细砂岩	4	3.8	1.5	0.63	89.90	180.91
铁质泥岩	4	3.8	1.5	1.18	2.44	4.26
灰　岩	4	3.8	1.5	0.40	44.83	58.90

当围压和渗透压力施加到设定值后，保持恒定的围压和渗透压力，开始对岩石试件的轴向施加载荷，进行三轴压力的渗透试验。试验过程中，每隔 30 s 测量一次应力、应变和渗透率。岩石渗透试验从静水压力状态开始加载到结束，试件先后经历了弹性变形、塑性变形、达到峰值强度后产生破坏，到完全进入残余强度阶段。

为了模拟由于煤层开采引起的围岩卸载过程，本次试验成功运用了载荷控制和位移控制的转换，即在接近应力峰值前由载荷控制转变为位移控制。在应力—应变曲线达到峰值以后，保持试件的轴向位移不变，卸除围压。由此，可获得不同应力应变情况下的渗透系数。

试验结束后岩样典型破坏形态见图 3。

图 3　试验结束后试样典型破坏情况

本次试验获得岩石试件在全应力—应变过程中，渗透率与变形和强度之间的完整的关系曲线(见图 4～图 15)。

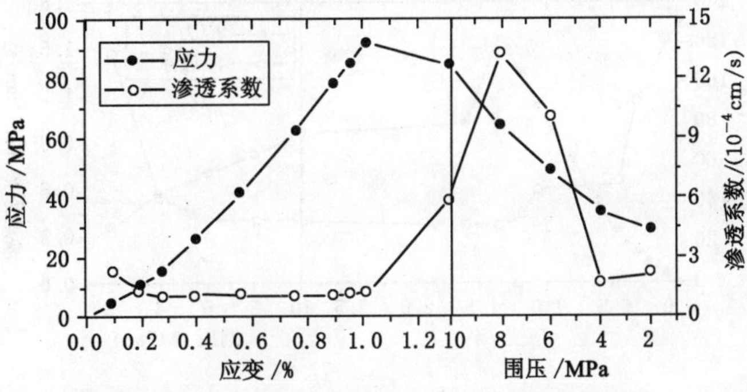

图 4　1# 中砂岩应力—应变、应变渗透率曲线

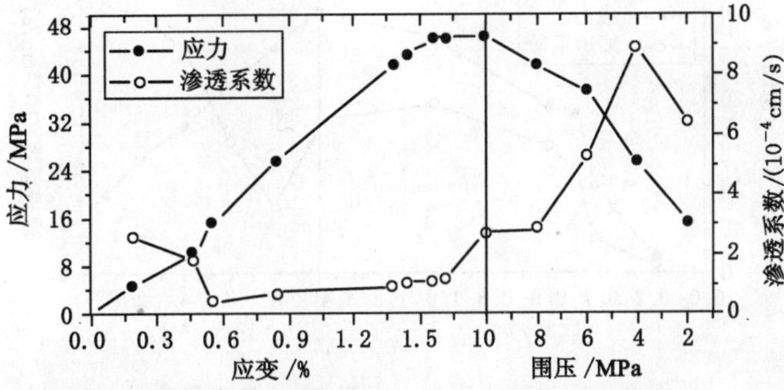

图 5　2# 中砂岩应力—应变、应变渗透率曲线

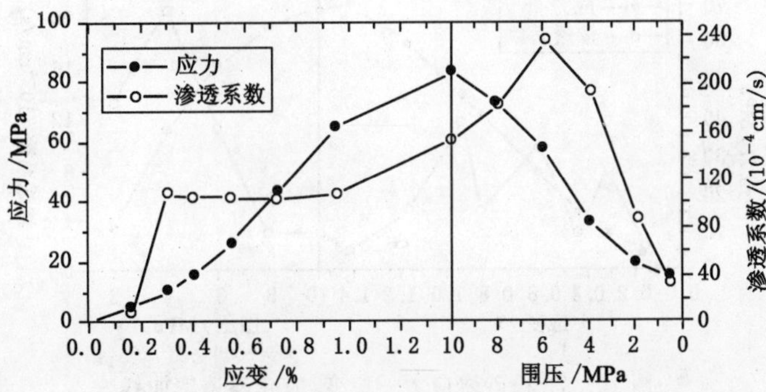

图 6　3# 粗砂岩应力—应变、应变渗透率曲线

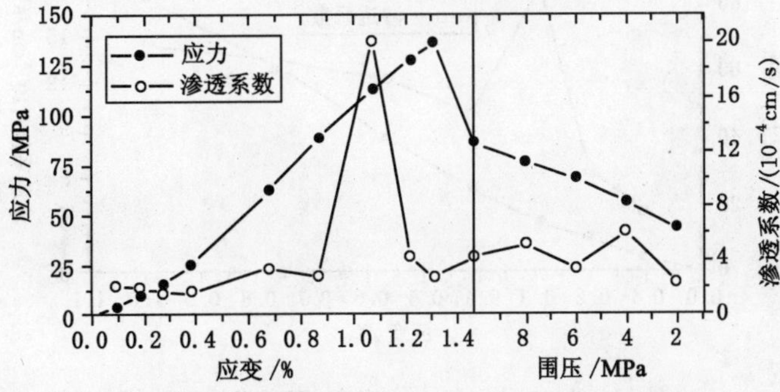

图 7　4# 粉砂岩应力—应变、应变渗透率曲线

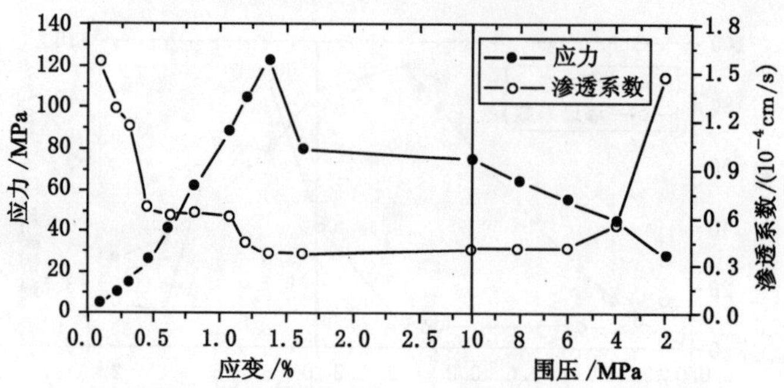

图 8 5# 粉砂岩应力—应变、应变渗透率曲线

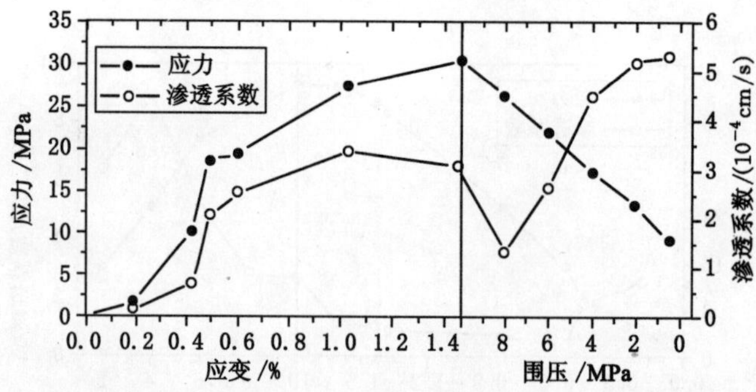

图 9 6# 粉砂岩应力—应变、应变渗透率曲线

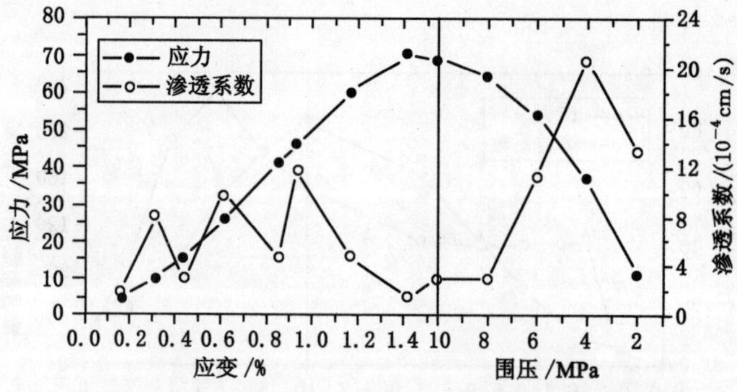

图 10 7# 粉砂岩应力—应变、应变渗透率曲线

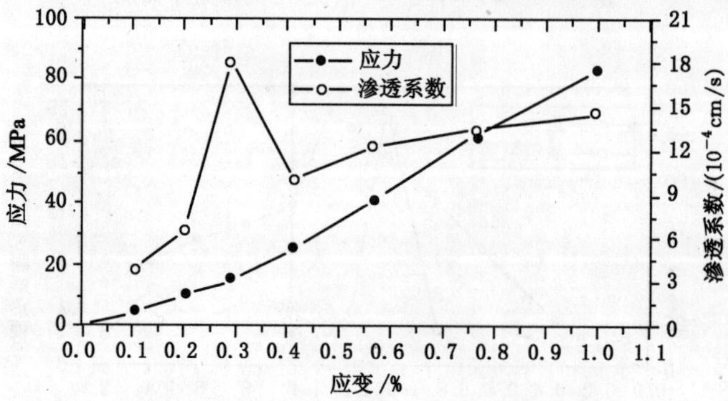

图 11 8# 中砂岩应力—应变、应变渗透率曲线

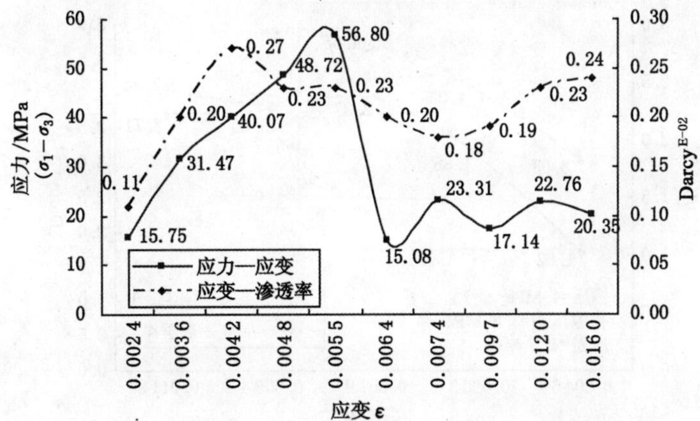

图 12　9# 粉砂岩应力—应变、应变—渗透率曲线

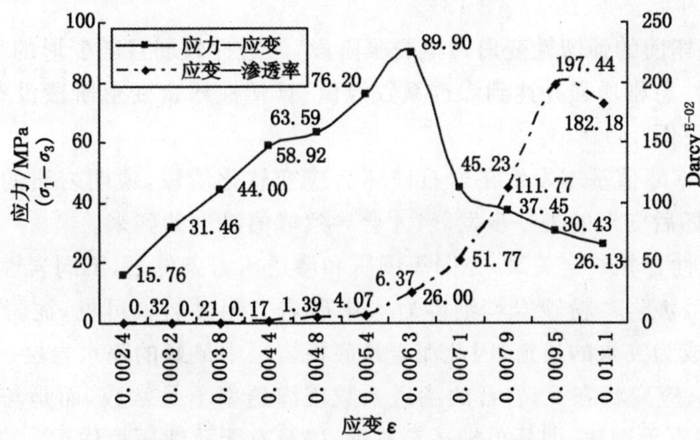

图 13　细砂岩应力—应变、应变—渗透率曲线

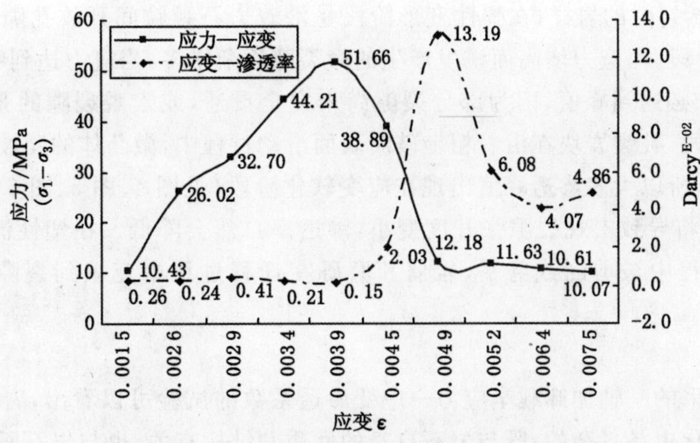

图 14　11# 灰岩应力—应变、应变—渗透率曲线

5　试验结果分析

试验结果揭示出岩石在三轴应力状态下的渗透规律为：

(1) 对于泥岩，在达到岩石的峰值强度前，渗透率随载荷的增加而逐渐增大。

(2) 对于中、细砂岩，在达到岩石峰值强度之前，渗透率变化并不明显，岩石渗透率峰值同样也滞

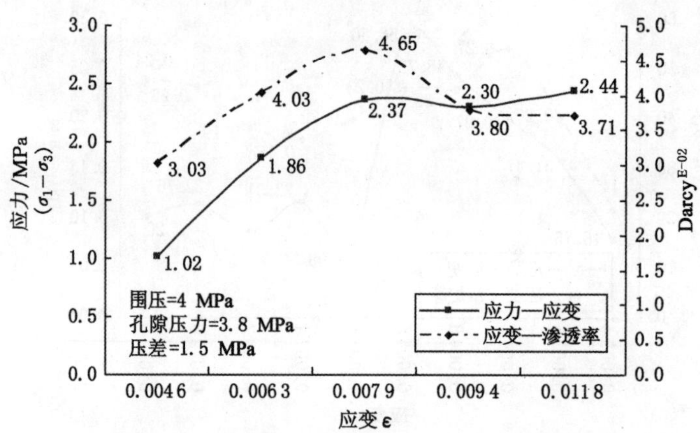

图 15 14# 铁质泥岩应力—应变、应变—渗透率曲线

后于岩石强度峰值(见图 4、图 5、图 11、图 13)。

(3) 灰岩试样在破坏前的弹塑性变形乃至屈服阶段,渗透性较弱且随变形的变化不明显,岩样破坏至应变软化段,渗透性急剧增强并达到渗透系数峰值,且塑性压密变形阶段没有明显降低,随变形扩展而逐步趋于稳定(见图 14)。

(4) 各种岩石渗透率峰值基本发生在岩石破坏后应变软化阶段,说明岩石的破坏并非与渗透极大值同步,只有岩石破坏后变形的进一步发展,才会导致峰值渗透的到来。

(5) 渗透系数与岩性存在一定关系,在同等围压和渗透压力条件下,不同岩性岩石的最大渗透率依次排列顺序是:灰岩<泥岩<粉砂岩<细砂岩<中砂岩<粗砂岩。可见,泥岩和灰岩的渗透率较小,但灰岩较易溶蚀而成为突水的通道,因此泥岩是底板岩层中最好的隔水岩层。

(6) 在不同的应力、应变状态下,岩石的渗透系数或渗透率不是常数,而是与应力状态和应变历史有关。应力状态是指有无围压,即是单轴还是三轴,以及有无孔隙压力作用。应变历史是指岩石处在全应力—应变过程中峰前区的弹性段、弹塑性(应变强化)段,还是峰后区的应变软化段以及塑性流动阶段。

(7) 对于不含天然裂隙的岩样,在弹性变形阶段是沿着岩石颗粒间开放孔隙或天然存在的微裂隙;在峰前应变硬化阶段,因应力增高而诱发产生的微裂隙逐渐增多,当应力达到峰值时,部分微裂隙相互贯通,但渗透率未必达到峰值,因为部分裂隙尚未完全贯通,或宏观裂隙的张开度并不是最大。而在峰后应变软化阶段,破裂岩块在沿着粗糙破断表面滑动过程中,微凸体的爬坡效应可使宏观裂隙的张开度增加到极值,所以大多渗透峰值出现在应变软化阶段(见图 4、图 5、图 6、图 9、图 10、图 13、图 14),这时围压作用将导致宏观裂隙张开度变小,渗透率自然会降低。在塑性流动阶段,由于部分微凸体在剪切滑移过程中被剪断或磨平,岩屑和磨砾在迁移过程中充填到裂隙中,也会使渗透率下降。

6 结 论

通过模拟矿井开采的三轴加卸载全应力—应变渗透系数的试验可以看出,岩石的渗透系数在复杂的应力应变中的变化也是复杂的,既与岩石自身的性质和结构有关,也与岩石所处的应力状况和应变历史紧密联系,特别是渗透性极值普遍产生在岩石破坏后的应力软化阶段。因此,防止岩石破坏与控制岩石破坏后应变软化阶段变形的进一步发展与预防岩层突水是同等重要的。

参考文献

[1] 缪协兴,刘卫群,陈占清.采动岩体渗流理论[M].北京:科学出版社,2004.
[2] 彭苏萍,王金安.承压水体上安全采煤[M].北京:煤炭工业出版社,2001.

[3] 潘别桐,吴旭君.工程岩体渗透性研究现状和趋向[J].地质科技情报,1988(7).
[4] 彭苏萍,屈洪亮.沉积岩石全应力应变过程的渗透性试验研究[J].煤炭学报,2000(2).
[5] 张金才,张玉卓,刘天泉.岩体渗流与煤层底板突水[M].北京:地质出版社,1998.
[6] 张金才.采动岩体破坏与渗流特征研究[D].北京:煤炭科学研究总院,1998.
[7] 姜振泉,季梁军,左如松,等.岩石在伺服条件下的渗透性与应力、应变的关联性特征[J].岩石力学与工程学报,2002(10).
[8] 姜振泉,季梁军.岩石全应力—应变过程渗透性试验研究[J].岩土工程学报,2001(3).

作者简介:张圣才(1985—),男,2008 年毕业于山东科技大学水文与水资源工程专业。现在兖州煤业股份有限公司兴隆庄煤矿地测中心工作,主要从事矿井防治水研究。

软岩矿井采区综合防治水技术研究

龙矿集团洼里煤矿　杨风成　曹思云　王德斌

摘　要：本文通过分析研究软岩矿井砂岩突水特征，根据已掌握的含水层、隔水层资料及煤层顶底板的岩石物理力学性质等参数，进一步分析研究了采区水文地质条件及水害因素，确定综合防治水措施，解除水害威胁，为保证采区内各工作面的安全回采提供有力的技术保证。

关键词：软岩矿井；防治水；技术

1　概　况

山东省黄县煤田洼里煤矿是一个典型的软岩矿井，成岩期短，岩石强度低、蠕变性强、抗风化能力差，具有易软化崩解、易膨胀变形、稳定性差等特征，且不同程度地含有蒙脱石等膨胀性矿物。

该矿水文地质条件虽然为简单类型，矿井涌水量不大，但井田内的主要含水层在矿井的生产建设过程中均发生过不同程度的突水，给矿井安全生产及经济效益造成较大负面影响，特别是 1992 年 7 月 27 日在六采区发生的 6101 综采工作面突水灾害，给矿井造成较大的经济损失。

因此，无论是从安全生产方面需要，还是从深部水平煤炭开采的需要以及提高矿井经济效益的需要考虑，开展采区综合防治水研究有重大意义。

2　采区综合防治水研究思路

洼里煤矿煤层底板砂岩突水在龙口矿区属首例，软岩矿区尚无治理经验，同时，由于过去一直认为龙口矿区水文地质条件简单，井田精查勘探时未进行专门的水文地质工作，因而水文地质资料相对缺乏，给采区防治水工作增加了困难。根据现实情况，我们确定了如下研究思路：

(1) 收集整理 6101 工作面突水原始资料，分析研究砂岩水突水特征，总结砂岩水突出规律。

(2) 根据已掌握的含水层、隔水层资料及煤层顶底板的岩石物理力学性质等参数，进一步分析采区水文地质条件及水害因素，研究确定采区综合防治水措施，彻底解除水害威胁，为保证采区工作面安全回采提供有力的技术保证。

3　采区综合防治水技术研究

3.1　6101 综采面突水灾害分析

洼里煤矿 6101 综采面于 1992 年 7 月 27 日 18 时在材料巷溜尾处发生底板突水，最大涌水量达 51 m^3/h。由于地下水来得突然，工作面一度被淹，虽经抢险救灾保住了工作面，但也造成了较大的经济损失。

通过对 6101 综采面突水实例的研究分析，我们认为其突水机理首先是由于煤层围岩本身松软，并含有大量膨胀性矿物，在采掘过程中这些矿物吸收空气中的水分，发生膨胀泥化，造成巷道底板膨胀底鼓，从而使煤层底板隔水层的原始平衡状态遭到破坏，岩层破碎，抗拉强度降低，由此形成了煤层底板水涌出的薄弱地带，其后在底板水压和矿山压力的共同作用下，薄弱地带的张裂隙逐步扩大并形成涌水通道，最后导致底板水沿导水通道涌出而发生突水。其突水特征主要有以下几方面。

(1) 水源：以煤$_2$底板砂岩水为主，另有少量煤$_2$裂隙水，水量以静储量为主，外界水量补给不明显。

(2) 涌水量变化规律：由小很快增大，又由大逐渐减小，呈前急后缓、由大到小的变化趋势。

(3) 突水类型：为底板裂隙张开型，并伴有少量瓦斯和细沙随水溢出。涌水量波动随采场活动和矿山压力有明显的变化，变化的机理与底板裂隙张裂有关。

(4) 水质：经化验为 $Cl^- \cdot HCO_3^- \text{-} Na^+$ 型水，是循环不畅、矿化度较高的地下水。

6101 综采面突水灾害发生后，该矿对六采区水文地质条件进行了重新认识，进一步分析了该采区内对生产有一定威胁的煤$_2$底板砂岩孔隙水、煤$_1$顶板上部的泥灰岩裂隙水及煤$_1$开采后形成的采空区积水等含水层情况，并针对以上水害因素，分别研究制定了相应的治理措施。

3.2 煤$_2$底板砂岩孔隙水治理

通过对 6101 综采面突水实例的剖析和突水特征的分析可以看出：煤$_2$底板砂岩含水层具有一定的承压性，承压水有突破隔水层而发生突水的危险。为防止砂岩水突出，保证安全生产，须采取以下防治措施：

(1) 在查明含水层水文地质特征的基础上，详细分析每个水文地质单元内含水层、隔水层厚度。根据以往资料确定含水层水位，在巷道未揭露砂岩含水层块段，施工井下水文地质钻孔查明含水层涌水量、水压等基本参数，根据水压计算所需隔水层厚度，计算实际隔水层能否满足隔水需求。如果实际隔水层厚度小于计算所需隔水层厚度，必须施工专门泄水巷，对含水层进行疏水降压，将水压降到安全水头值以下，工作面方可回采。

(2) 加强对软岩地层控制的研究。矿井深部开采，矿压显现强烈，巷道易变形，尤其是巷道底鼓比较普遍；反复落底使得巷道失稳，岩层强度降低，隔水性能减弱，易造成砂岩水突出，对这种特殊的突水类型和机理，应深入进行研究和分析，总结其规律。对巷道底鼓问题，具体应该采取刚性支护、加大支护强度控制岩石膨胀，还是采取卸压法，先柔后刚、二次支护，则要在查清水文地质条件，明确是岩层本身软弱还是承压水作用结果的基础上，区别不同地点、不同层位采取不同的治理方法。

(3) 加强矿井水文地质基础工作，建立健全水文动态观测系统。水文地质工作人员要加强业务学习，不断提高技术素质，深入进行水文地质调查和综合分析，全面掌握矿井水变化规律，做好地质和水文地质预测预报工作，为采掘生产提供准确的地质水文地质资料，真正做到有的放矢，保证矿井安全生产。

3.3 泥灰岩裂隙水治理

六采区泥灰岩裂隙含水层位于煤$_1$顶板上部 28 m 处，平均厚度 8.0 m 左右，其富水性不均一，受构造和裂隙发育程度控制，断层附近裂隙较发育，富水性较强；正常地段该含水层对煤$_1$采掘工作面生产不会构成威胁，但在断层附近，产生的冒落带可能沟通泥灰岩含水层，造成顶板出水，给采掘工作面生产活动带来不便。泥灰岩含水层以静储量为主，衰减幅度快。在 6101 综采面受到煤$_2$底板砂岩突水影响的同时，因工作面局部顶板破碎，受密集断层影响局部顶板冒落，冒裂带沟通煤层上部的泥灰岩裂隙水含水层，一度使工作面的涌水量增大，从而增加了工作面恢复生产的难度。

根据以上分析，为防止泥灰岩含水层突水，须采取以下防治措施：首先在采区、工作面设计前，应尽可能利用各种勘探手段查明地质构造情况，然后根据采区、工作面的具体特点留设防水煤(岩)柱和采用钻探手段进行探测，以解除泥灰岩水对采掘工作面的影响；另外，在正常地段采掘工作面生产期间，应重点加强顶板支护管理，防止因支护不力导致冒顶事故的发生。

3.4 煤$_1$采空区积水治理

煤$_1$工作面开采后所形成的采空区，经过一段时间后会有积水出现，因煤$_1$与煤$_2$平均间距只有 14.8 m，煤$_1$采空区积水对相邻的煤$_1$工作面巷道掘进及煤$_2$工作面开采具有一定威胁。

对其防治措施为：首先认真分析研究煤$_1$采空区积水情况，计算采空区积水量；然后制定专门措施，采用钻探手段，施工探放水钻孔，对采空区积水进行打钻探放；在确认积水疏放完毕后，方可进行采掘生产活动。

4 结 论

通过以上对洼里煤矿六采区突水实例的剖析及对采区水文地质条件和水害因素的分析研究，在明确了采区存在的各种水害隐患的基础上，开展了采区综合防治水技术研究，得到如下结论。

(1) 六采区内对采掘工作面生产有一定威胁的含水层主要有：煤$_2$底板砂岩孔隙水、煤$_1$顶板上部的泥灰岩裂隙水及煤$_1$开采后形成的采空区积水。对其治理需综合分析、区别对待，采取相适应的治理措施。

(2) 煤$_2$底板砂岩含有较丰富的孔隙水，且具有一定的承压性，其对采掘工作面生产有一定威胁，必须提前进行打钻疏放。

(3) 六采区综合防治水技术，对与六采区同属一个水文地质单元的十二采区防治水工作有很好的指导作用，对矿区其他矿井防治水工作也有较好的借鉴意义和推广应用价值。

作者简介：杨风成(1962—)，男，汉族，山东章丘人，1980 年毕业于徐州煤校，毕业后一直从事煤矿技术管理工作。现任洼里煤矿总工程师。

第十章 其 他

开滦矿区矿井水文地质类型划分

中国矿业大学(北京)地球科学与测绘工程学院 孙文洁 武 强 焦 建

摘 要:本文针对开滦矿区矿井水文地质条件发生较大的变化,根据《煤矿防治水规定》中的受采掘破坏或影响的含水层及水体、矿井及周边老空水分布状况、矿井涌水量、突水量、开采受水害影响程度和防治水工作难易程度等六项指标,对开滦(集团)有限责任公司下属的11个煤矿水文地质类型进行重新划分。结果表明11个煤矿矿井水文地质类型有1个为极复杂型,5个为复杂型,5个为中等型。该结论为今后有效地指导煤矿防治水工作提供了科学依据。

关键词:煤矿防治水规定;矿井;水文地质类型;开滦矿区

1 引 言

为了适应当前煤矿水害防治工作的新情况、新变化,进一步规范煤矿防治水工作,有效防治矿井水害,国家安全生产监督管理总局颁布《煤矿防治水规定》(以下简称《规定》),自2009年12月1日起施行。各煤矿企业要求在2010年9月底前完成矿井水文地质类型划分。在1984年颁发的《矿井水文地质规程》和1986年颁发的《煤矿防治水工作条例》中,关于"矿井水文地质类型划分指标"有4项,即受采掘破坏或影响的含水层及水体、矿井涌水量、开采受水害影响程度、防治水工作难易程度。区别以往,这次《规定》在矿井水文地质类型划分中增加了矿井及周边老空水分布状况和矿井突水量两项指标。本文根据新《规定》,针对开滦矿区水文地质条件发生了较大的变化,就开滦(集团)有限责任公司所属11个矿矿井水文地质类型进行重新划分,为进一步指导矿井防治水工作提出建议。

2 地质背景

开滦矿区始建于1878年,位于河北省唐山市境内,由开平和蓟玉两煤田组成,矿区现有开滦(集团)有限责任公司11个煤矿(图1),总面积约890 km^2,尚有可采储量50亿t[1]。唐山市北靠燕山,南临渤海,东以滦河为界与秦皇岛市相望,西以蓟运河为界与天津市毗邻[2],地势北高南低,自西北向东南倾斜。区内地表水系不发育,主要河流有青龙河、陡河、沙河、石榴河、老牛河和幸福河等,因流量受季节控制、多于井田边缘纵贯而过或有隔水层阻隔,故对矿井开采影响不大。区内含煤地层为石炭系、二叠系,目前平均开采深度已达800 m以上,最深超过1 100 m。开滦矿区各可采煤层间距较近,矿区属近距离煤层群开采,煤层开采条件复杂,煤层倾角从近水平到90°。区内主要含水层有5个,即第四系冲积层底部卵砾石孔隙承压含水层,煤5顶板、煤12～煤14、煤14～K_3砂岩裂隙承压含水层,煤系沉积基底奥陶系灰岩岩溶裂隙承压含水层。据不完全统计,开滦矿区7次较大的矿井突水中,2次与奥灰水补给有关,5次为奥灰直接突水[3]。

3 分析方法

矿井水文地质类型划分主要依据《规定》,根据矿井所在位置、范围及四邻关系、自然地理等情况,通过对以往地质和水文工作的评述,分析含水层性质及补给条件、单位涌水量、矿井及周边老空水分布状况、矿井涌水量或突水量分布规律、矿井开采受水害影响程度以及防治水工作难易程度等7方面内容,将矿井水文地质类型划分为简单、中等、复杂、极复杂等4种,分类依据采用就高不就低的原则。

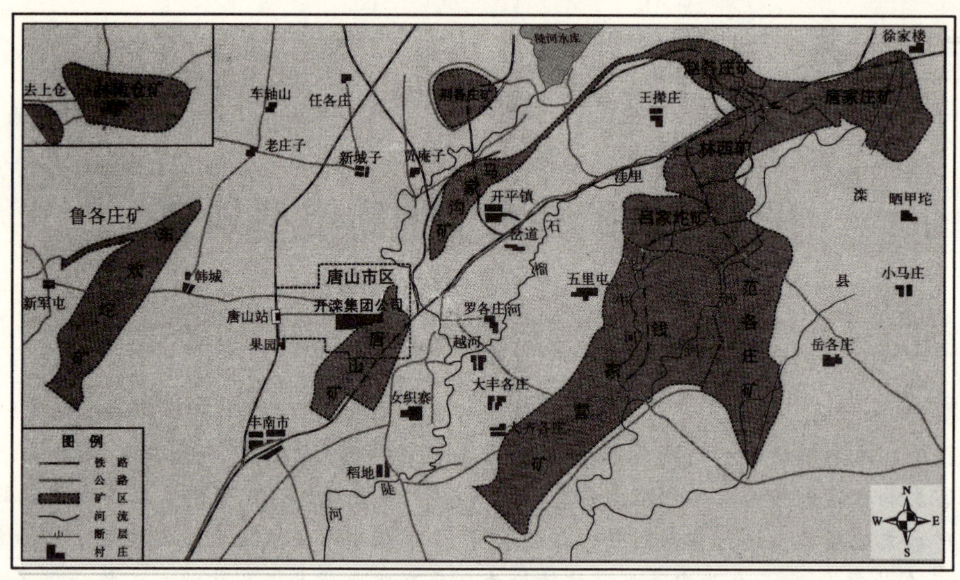

图 1　开滦(集团)各矿业分公司位置示意图

4　结果与讨论

开滦(集团)有限责任公司现有的 11 个生产矿井是赵各庄矿、林西矿、唐山矿、马家沟矿、范各庄矿、吕家坨矿、荆各庄矿、林南仓矿、钱家营矿、东欢坨矿和鲁各庄矿，其 6 项指标分述如下。

4.1　受采掘破坏或影响的含水层及水体

本条分类依据又细分为 2 条：含水层性质及补给条件、单位涌水量。分析见表 1。

表 1　开滦矿区各煤矿含水层性质及补给条件和单位涌水量特征

煤矿	含水层性质及补给条件	单位涌水量 q/[L/(s·m)]	类别
赵各庄矿	受采掘破坏或影响的主要是岩溶含水层、厚层砂砾石含水层、老空水和地表水。奥灰含水层的地表露头区无植被及第四系覆盖，直接接受大气降雨补给，补给条件非常好，补给水源充沛，排泄条件差	单孔涌水量达到 6 m^3/min	极复杂
林西矿	受采掘破坏或影响的含水层主要有煤 5 以上砂岩裂隙含水层、煤 12～煤 14 砂岩裂隙含水层、第四系含水层。砂岩裂隙含水层为矿井涌水的主要补给水源，含水性较强，裂隙发育，连通性好，在遇有较大的构造时，涌水量会显著增加。第四系冲积层底部砾石含水层与地表水联系密切，是煤系地层含水层的补给水源，但因开采转入深部，冲积层水对采掘工程不构成直接威胁	$1.0 < q \leqslant 5.0$	复杂
唐山矿	受采掘破坏或影响的主要是岩溶含水层、厚层砂砾石含水层、老空水、地表水，其补给条件好，补给水源充沛	$q_{max}=2.657\ 69$	复杂
马家沟矿	受采掘破坏或影响的主要是裂隙含水层，补给条件好，补给水源充沛	局部地区 $q \leqslant 1.0$	中等
范各庄矿	矿井直接充水的含水层是 5 煤顶板砂岩裂隙承压含水层、5～12 煤砂岩裂隙承压含水层、12～14 煤砂岩裂隙承压含水层。其充水及导水性较好，含水较为丰富。12～14 煤砂岩裂隙承压含水层接受奥灰水的补给，补给水源充沛	0.002 2～2.887	复杂
吕家坨矿	直接充水含水层组(5 煤层顶板含水层组、7 煤层顶板含水层组、12～14 煤层间含水层组)主要为孔隙、裂隙含水层，补给条件较差。矿井涌水量受大气降水和地表水影响较小	0.002 5～0.286	中等

续表 1

煤矿	含水层性质及补给条件	单位涌水量 $q/[L/(s\cdot m)]$	类别
荆各庄矿	5 煤以上砂岩裂隙承压含水层、9～7 煤砂岩裂隙承压含水层、K_6～12 煤砂岩裂隙承压含水层、K_2～K_6砂岩裂隙承压含水层是煤系地层含水层的主要补给水源，补给条件一般，有一定的补给水源	0.013～0.129	中等
林南仓矿	第四系含水层、奥灰含水层与煤系各含水层之间水力联系微弱，煤系含水层补给条件一般，有一定的补给水源	直接充水含水层 q 为 0.077～0.896	中等
钱家营矿	煤层直接顶、底板均为砂岩裂隙含水层，含水性弱～中等，局部较强，补给条件一般，有一定的补给水源	$q_{max}=0.228$	中等
东欢坨矿	松散的巨厚第四系冲积层水量充沛，构成各煤系含水层的补给水源。下伏中奥陶统石灰岩，裂隙、岩溶发育，含水丰富	0.016～2.258	复杂
鲁各庄矿	煤系各含水层主要在其露头区接受冲积层底部砾卵石层的补给，补给微弱。富水的奥灰含水层位于煤系地层一侧，岩溶裂隙发育，补给条件好，补给水源充沛	0.393～2.533	复杂

4.2　*矿井及周边老空水分布状况*

赵各庄矿矿井煤柱内或煤柱附近存在大量小煤窑，其采空区范围、积水量不清楚。但由于小煤窑开采深度较浅，只可能与矿区上巷采空区连通，与已进行深部开采的 13 水平工作面不发生直接联系。随着矿方持续疏水降压，13 水平开采影响范围内的矿井及周边老空水赋存量较少。类别属于复杂型。

林西矿各煤层回采以后，老空区均有积水，一般积水量为 100～1 000 m^3，最大积水量 10 800 m^3（11 水平 10 石门 7 煤层），因此老塘积水对下部煤层的采掘工程构成威胁。类别属于中等型。

唐山矿井田范围内有两座地方煤矿，均已永久性关闭，目前两矿井区域为南湖修建公园。其中之一的刘庄煤矿自停产后，停止排水，涌水充填巷道及采空区，造成空间积满后溢出下渗。尽管其与唐山矿没有巷道直接连通，但刘庄煤矿 5～6 暗立井与唐山矿 6 水平巷道相通，涌水通过 6 水平巷道进入唐山矿 7792 老塘，再渗透到 9724、9623 等 12 煤层老塘，其间与老塘水混合，经由 9 水平 $17_{1/2}$石门和 8 水平巷道涌出。虽然这是一个相对长期缓慢的过程，但其影响不可忽略。类别属于复杂型。

马家沟矿由于现主要开采的 9_{-2}煤和 12_{-1}煤均属急倾斜煤层，采空区积水条件不理想，积水量很小，可忽略。类别属于中等型。

范各庄矿因受构造影响，工作面和巷道起伏不平，一旦涌水，易在老塘、老巷低洼处形成积水，积水量从几十乃至数万 m^3，对相邻及下伏采掘工程构成水害威胁。因此，随采掘工程施工确定老塘、老巷的积水范围和积水量及其与相邻采掘工程的关系，有计划地疏放积水。类别属于复杂型。

吕家坨矿老塘积水对矿井充水的影响逐渐明显。1998～2008 年共对 12 个地点进行了 17 次老塘水探查、探放工作，钻探工程量 24～237 m。其中，2003～2004 年 5377 巷道和 2006 年在－800 m 水平四采里主巷探放水量较大，分别为 58 300 和 52 000 m^3。类别属于中等型。

荆各庄矿井田周边没有老窑水，井田本身老空水主要为本煤层的老空水和上煤层的老空水，积水量少，位置、范围清楚。类别属于中等型。

林南仓矿周围没有小煤窑开采，对本井田不存在影响。该矿存在少量老空积水，位置、范围、积水量清楚。类别属于中等型。

钱家营矿井田范围内和周围没有小煤矿开采。目前井下工作面中存在老空积水，范围、位置、积水量明确。类别属于中等型。

东欢坨矿仅在中央及北一两个采区内回采，存在老空水的威胁。如 $2192_{下}$风道对上方 $2182_{上}$采空区积水进行探放，共疏放积水 1 728 m^3，2118 工作面对上方 2196 采空区及老巷道进行探放积水及动水 4.3 万 m^3，另外 $2192_{上}$、2094、2116 等工作面在掘进及回采前均进行了探放，证明存在老空水。由于采取了超前的探放水工作，十几年来未因老空水隐患出现防治水事故。类别属于中等型。

鲁各庄矿井田范围外为东欢坨矿，东欢坨矿在下方煤层回采中老空水为主要充水水源，所以鲁各庄矿周边矿井存在少量老空积水，位置、范围、积水量清楚。类别属于中等型。

4.3 矿井涌水量

各煤矿矿井正常涌水量 Q_1、最大涌水量 Q_2 及分析结果见表 2。

表 2 开滦矿区矿井涌水量

煤矿	矿井涌水量/(m^3/h)		类别
	正常 Q_1	最大 Q_2	
赵各庄矿	1 429.2	2 137.2	复杂
林西矿	1998～2008 年逐年减少，一般为 580		中等
唐山矿	1 000～1 300	1 387.2	复杂
马家沟矿	477	774.6	中等
范各庄矿	1 126.02	3 000	复杂
吕家坨矿	464.4	646.8	中等
荆各庄矿	600	714.6	中等
林南仓矿	514.2	881.4	中等
钱家营矿	576	846.6	中等
东欢坨矿	2 100	3 000	复杂
鲁各庄矿	531.6	1 613.4	复杂

4.4 突水量

范各庄矿 1984 年的大型突水后，最大的一次突水量为 1 600.8 m^3/h；赵各庄矿最大的一次突水量为 1 380 m^3/h；东欢坨矿最大的一次突水量为 1 006.8 m^3/h。这 3 个矿突水量在 600～1 800 m^3/h 范围内，类别属于复杂型。

林南仓矿最大的一次突水量为 555 m^3/h(1991 年 2 月)；荆各庄矿 1989 年以来最大的一次突水稳定后突水量为 498 m^3/h(1994 年 5 月 16 日 2048 巷道突水)；唐山矿最大的一次突水量为 196.2 m^3/h；吕家坨矿最大的一次突水量为 150 m^3/h；钱家营矿最大的一次突水量为 144 m^3/h。这 5 个矿突水量都小于 600 m^3/h，类别属于中等型。

林西矿、马家沟矿和鲁各庄矿无突水事故发生，类别均为简单。

4.5 开采受水害影响程度

赵各庄矿建井后曾多次发生过水害事故，1959～2007 年 48 年间发生突(涌)水 18 次；且有大中型断层 20 余条。在采掘活动的影响下，断层可能成为导通开采煤层与奥灰含水层之间的导水通道。类别为复杂。

林西矿未发生过突水，采掘工程不受水害影响。类别为简单。

唐山矿 1989 年至今在煤炭开采过程中发生突(涌)水事故 6 次，偶有突水。在含煤地层中，常在脆性砂岩内形成裂隙含水层，在矿井采掘工程中，揭露涌水后，多年不见衰减，给生产施工造成很大困难，但不威胁矿井安全。类别为中等。

马家沟矿井田范围内可能存在的水害威胁主要来自奥灰水和老空水。可采煤层至奥灰含水层间距在 200 m 以上，奥灰水突板突水的可能性不大；老空水水量有限，对矿井的安全生产威胁也不大。类别为中等。

范各庄矿岩溶陷落柱、大型断裂构造、采动波及影响等可以将奥灰水、冲积层水直接导入煤系地层，矿井时有突水，矿井安全受水害威胁。类别为复杂。

吕家坨矿 1976～2008 年在煤炭开采过程中共发生突水事故 7 次，采掘工程受水害影响，但不威胁矿井安全。类别为中等。

荆各庄矿自 1979 年投产后至 2005 年共发生 6 次重大突水事故，近几年突水次数明显减少，采掘工程受水害影响，但不威胁矿井安全。类别为中等。

林南仓矿以断层水害、煤系裂隙含水层水害为主，矿井的采、掘、开工程受到煤系含水层的影响，但不威胁矿井安全。类别为中等。

钱家营矿从建井至今，曾发生过数次井巷工程及采面涌水，直接水源为煤系地层水。矿井的采、掘、开工程受到煤系含水层的威胁，但 2004～2007 年矿井没有发生突水。类别为中等。

东欢坨矿采、掘、开工程受到煤系含水层的威胁，造成矿井防治水难度较高，类别为复杂。

鲁各庄矿以断层水害、煤系裂隙含水层水害为主，矿井的采、掘、开工程受到煤系含水层的影响，威胁矿井安全。类别为复杂。

4.6　防治水工作难易程度

赵各庄矿作为水文地质条件复杂的大水矿井，奥灰水害以及老空水害尤为严重，特别是针对奥灰含水层富水性强、水压高的问题，防治水工作工程量大，难度高。类别为极复杂。

林西矿开采一百多年，历史遗留防治水工程欠账多，且由于地方煤矿复采，使采空区的连通关系更加复杂。随着开采深度的加深，12 煤将局部带压开采，奥灰水将对矿井安全生产造成一定潜在的影响，防治水工程量较大，难度较高。类别为复杂。

唐山矿作为水文地质条件较复杂的矿井，近年来各类水害隐患不多，防治水工作易于进行。类别为中等。

马家沟矿防治水技术易于实现，经济方面投入不大，总体来说，防治水工作简单，易于进行。类别为简单。

范各庄矿防治水工作基本包括两方面的内容：防治岩溶陷落柱、探放老塘水。工程量较大，难度较高。类别为复杂。

吕家坨矿的防治水工作包括老塘水的探放、地面防排水（包括防淤工作、修建排水井等），防治水工作简单或易于进行。类别为中等。

荆各庄矿防治水工作包括水文地质条件的探查和老塘水的探放，防治水工作简单且易于进行。类别为中等。

林南仓矿防治水工作在技术方面主要包括：安装排水设备、留设防水煤柱、注浆加固、疏水降压、超前探放水、物探等技术，技术工作易于实现，经济方面投入不大，总体来说，防治水工作简单，易于进行。类别为中等。

钱家营矿水害隐患主要有 5 煤顶板水害、第四系冲积层水害、老空水问题、封闭不良钻孔水害。类别为简单。

东欢坨矿作为水文地质条件复杂的大水矿井，各类水害隐患较多，防治水工作尤其繁重，类别为复杂。

鲁各庄矿防治水技术易于实现，工程量较大，经济方面投入较大，总体来说，防治水工程量较大，难度较高。类别为复杂。

5　结　论

开滦矿区 11 个煤矿矿井水文地质类型极复杂型 1 个、复杂型 5 个、中等型 5 个，详见表 3。除林南仓矿位于蓟玉煤田，其他各矿都隶属于开平煤田。矿井水文地质类型复杂程度与矿区区域构造发育程度基本吻合。例如，赵各庄井田位于开平向斜转折端这一特殊的构造部位；林西井田处在阴山纬向构造和新华夏系构造体系的复合和联合的交汇部位，所受应力比较复杂；开平煤田内 2 条大的断层，其中一条 $F_{Ⅲ}$ 号断层为唐山矿东部边界，该断层延伸长，也是唐山井田内规模最大的主断层；开平煤田内另一巨型断裂构造 F_5 断层由开平煤田的东南部边缘一直延伸到唐家庄井田，是范各庄井田的主体构造；东欢坨井田位于车轴山向斜两翼，断裂构造较发育；鲁各庄井田位于车轴山向斜西北翼，地层急陡。矿井水文地质类型重新划分为适应新时期有效地进行防治水工作提供了科学依据。

表3 开滦矿区矿井水文地质类型划分结果

煤矿	受采掘破坏或影响的含水层及水体	矿井及周边老空水分布状况	矿井涌水量	突水量	开采受水害影响程度	防治水工作难易程度	综合水文地质类型
赵各庄矿	极复杂	复杂	复杂	复杂	复杂	极复杂	极复杂
林西矿	中等	中等	中等	简单	简单	复杂	复杂
唐山矿	复杂	复杂	复杂	中等	中等	中等	复杂
范各庄矿	复杂	复杂	复杂	复杂	复杂	复杂	复杂
东欢坨矿	复杂	中等	复杂	复杂	复杂	复杂	复杂
鲁各庄矿	复杂	中等	复杂	简单	复杂	复杂	复杂
马家沟矿	中等	中等	中等	简单	中等	简单	中等
吕家坨矿	中等	中等	中等	中等	中等	中等	中等
荆各庄矿	中等	中等	中等	中等	中等	中等	中等
林南仓矿	中等	中等	中等	中等	中等	中等	中等
钱家营矿	中等	中等	中等	中等	中等	简单	中等

参考文献

[1] 殷作如，邓智毅，董荣泉. 开滦矿区采煤塌陷地生态环境综合治理途径[J]. 矿山测量，2003(3)：21-24.

[2] 张俊栋，代进，刘文利. 唐山市地表水资源特性分析[J]. 安徽农业科学，2009，37(3)：1262-1263，1280.

[3] 张小东. 开滦矿区矿井水资源化研究[D]. 唐山：河北理工学院，2004.

作者简介：孙文洁(1979—)，女，山东省枣庄市人，工程师，博士研究生，主要从事煤矿防治水方面的研究。

浅析杨村煤矿下组煤水文地质类型划分

兖矿集团公司杨村煤矿 刘近国 邵明喜

摘 要:矿井水害是矿山建设与生产过程中的主要灾害之一。煤矿生产企业应切实加强煤矿防治水工作,并紧抓不懈。本文按照最新颁布的《煤矿防治水规定》相关要求,在杨村煤矿实际资料基础上,根据主采的下组煤按照受采掘破坏或者影响的含水层及水体、矿井及周边老空水分布状况、矿井涌水量或者突水量分布规律、矿井开采受水害影响程度以及防治水工作难易程度等六个方面对本矿井主采的下组煤水文地质类型进行了综合分析。这为煤矿今后的防治水规划和安全开采提供了重要的参考依据。

关键词:涌水量;水文地质类型;防治水;下组煤

《国家安全监察总局、国家煤矿安监局关于学习贯彻落实〈煤矿防治水规定〉的通知》安监总煤调〔2009〕233号文件要求:“煤矿企业应当根据井田内受采掘破坏或影响的含水层及水体、井田周边老空水分布状况,矿井涌水量或突水量分布规律,井工开采受水害影响程度以及防治水工作难易程度,编制矿井水文地质类型划分报告,确定矿井水文地质类型,并依此类型制定防治水措施”。下面结合杨村煤矿及邻近井田地质、水文地质、矿井生产及突水等资料,并依据《煤矿防治水规定》[1]的要求对开采的杨村煤矿进行水文地质类型进行划分。

杨村煤矿隶属兖矿集团有限公司,位于兖州煤田的西北缘,北邻杨庄煤矿,东邻兴隆庄煤矿,东南邻鲍店煤矿,南邻田庄煤矿和横河煤矿,西以煤系露头为边界。井田内主要含煤地层为下二叠统山西组和上石炭—下二叠统太原组。山西组的3煤层全区稳定可采,且为兖州矿区的主要可采煤层,厚度大且稳定,但由于杨村井田位于兖州煤田的西北边缘区,3煤层仅分布于本井田的东北部,且为煤层的浅部和露头部分,可采范围较小,且顶底板的富水性均较弱[2]。太原组的$16_{上}$和17煤层为全区稳定可采煤层,均为薄煤层。自建井投产以来,杨村煤矿一直开采太原组$16_{上}$煤和17煤两煤层[3]。太原组主要可采煤层集中在太原组下段,俗称“下组煤”。结合杨村矿实际开采条件,因从建井至今一直以开采下组煤为主,对下组煤进行矿井水文地质类型划分具有重要的实际应用价值。

1 划分依据

根据《煤矿防治水规定》第二章第十一条之规定(详见表1),矿井水文地质类型划分为简单、中等、复杂和极复杂4种。

2 杨村煤矿下组煤矿井水文地质类型的划分

根据表1中的相关内容,结合杨村煤矿下组煤开采的实际条件,下面分别对各个影响因素具体分析如下。

2.1 受采掘破坏或影响的含水层

杨村井田为第四系覆盖下的隐蔽式井田,开采下组煤直接充水含水层是其顶板$十_{下}$灰岩,底板的补给来源为十三灰、十四灰和奥灰含水层,各主要含水层的富水性见表2。另外,根据杨村煤矿二、四采区4个奥灰观测孔放水试验[4-5],两个采区奥灰富水性中等,十三~十四灰和奥灰含水层两者之间无明显的水力联系。根据《煤矿防治水规定》中关于受采掘破坏或影响的含水层的单项标准,杨村煤矿下组煤水文地质类型应属“中等”。

表 1　　矿井水文地质类型

分类依据		类别			
		简单	中等	复杂	极复杂
受采掘破坏或影响的含水层及水体	含水层性质及补给条件	受采掘破坏或影响的孔隙、裂隙、岩溶含水层，补给条件差，补给来源少或极少	受采掘破坏或影响的孔隙、裂隙、岩溶含水层，补给条件一般，有一定的补给水源	受采掘破坏或影响的主要是岩溶含水层、厚层砂砾石含水层、老空水、地表水，其补给条件好，补给水源充沛	受采掘破坏或影响的是岩溶含水层、老空水、地表水，其补给条件很好，补给来源极其充沛，地表泄水条件差
	单位涌水量 q/[L/(s·m)]	$q \leqslant 0.1$	$0.1 < q \leqslant 1.0$	$1.0 < q \leqslant 5.0$	$q > 5.0$
矿井及周边老空水分布状况		无老空积水	存在少量老空积水，位置、范围、积水量清楚	存在少量老空积水，位置、范围、积水量不清楚	存在大量老空积水，位置、范围、积水量不清楚
矿井涌水量/(m^3/h)	正常 Q_1 最大 Q_2	$Q_1 \leqslant 180$ (西北地区 $Q_1 \leqslant 90$) $Q_2 \leqslant 300$ (西北地区 $Q_2 \leqslant 210$)	$180 < Q_1 \leqslant 600$ (西北地区 $90 < Q_1 \leqslant 180$) $300 < Q_2 \leqslant 1\ 200$ (西北地区 $210 < Q_2 \leqslant 600$)	$600 < Q_1 \leqslant 2\ 100$ (西北地区 $180 < Q_1 \leqslant 1\ 200$) $1\ 200 < Q_2 \leqslant 3\ 000$ (西北地区 $600 < Q_2 \leqslant 2\ 100$)	$Q_1 > 2\ 100$ (西北地区 $Q_1 > 1\ 200$) $Q_2 > 3\ 000$ (西北地区 $Q_2 > 2\ 100$)
突水量 Q_3/(m^3/h)		无	$Q_3 \leqslant 600$	$600 < Q_3 \leqslant 1\ 800$	$Q_3 > 1\ 800$
开采受水害影响程度		采掘工程不受水害影响	矿井偶有突水，采掘工程受水害影响，但不威胁矿井安全	矿井时有突水，采掘工程、矿井安全受水害威胁	矿井突水频繁，采掘工程、矿井安全受水害严重威胁
防治水工作难易程度		防治水工作简单	防治水工作简单或易于进行	防治水工程量较大，难度较高	防治水工程量大，难度高

注：1. 单位涌水量以井田主要充水含水层中有代表性的为准。

2. 在单位涌水量 q，矿井涌水量 Q_1、Q_2 和矿井突水量 Q_3 中，以最大值作为分类依据。

3. 同一井田煤层较多，且水文地质条件变化较大时，应当分煤层进行矿井水文地质类型划分。

4. 按分类依据就高不就低的原则，确定矿井水文地质类型。

表 2　　杨村井田下组煤含水层富水性情况表

含水层名称	含水层性质及补给条件	单位涌水量/[L/(s·m)]	富水性等级
十$_下$灰	露头区第四系下组下段水补给，补给来源有限	0.002 7～0.283	弱～中等
十三～十四灰	露头区第四系下组下段水补给，下伏奥灰水的越流补给，补给来源有限	0.000 316～0.18	弱～中等
奥灰	露头区第四系下组下段水补给，补给来源有限；区域补给丰富	0.009 6～0.731	弱～中等

2.2　矿井及周边老空水分布

杨村井田西部边界为煤系露头和王因断层，西南部以 FⅧ—1 断层与田庄煤矿为界；东部北段以铺子断层与兴隆庄煤矿为界；北临杨庄煤矿；东南临横河煤矿；东部南段与鲍店煤矿相邻。通过对杨村煤矿及其周边矿井边界 500 m 内采掘工程，采空区积水情况的调查分析，矿井及周边矿井老空积水危险性评价如下：

(1) 兴隆庄煤矿、鲍店煤矿、横河煤矿和田庄煤矿未发现积水，不存在老空积水威胁杨村煤矿矿井安全的问题。

(2) 对杨庄煤矿的调查发现存在3个采空积水区域，且积水面积、积水量较大，对杨村煤矿北部采区的矿井安全具有一定的威胁。应加强杨庄煤矿开采活动及积水情况调查，杜绝越界开采现象。

(3) 本矿井老空积水的位置、范围、积水量资料详细，并已将老空区积水范围、外缘标高、积水高度、积水量、警戒线、探水线在采掘工程平面图等有关图纸上进行了详细标注，不存在老空积水威胁杨村煤矿矿井安全的问题。

因此，杨村煤矿及其周边部分矿井存在少量老空积水，位置、范围、积水量清楚。根据《煤矿防治水规定》中关于老空水的单项标准，杨村煤矿下组煤水文地质类型应属“中等”。

2.3　矿井涌水量

通过对1984～2009年间矿井涌水量最大值、最小值和平均值的数据分析(图1)，杨村煤矿自1983年底破土动工，1984年7月29日开始涌水，至2009年，多年平均涌水量283.66 m^3/h。建井阶段月平均最大涌水量为1986年8月的488.35 m^3/h；投产后月平均最大涌水量为1996年5月的470.00 m^3/h，主要原因是1996年4月2602工作面发生突水，最大涌水量发生在1996年5月9日，达240.00 m^3/h，导致当天的矿井涌水量达510.00 m^3/h。

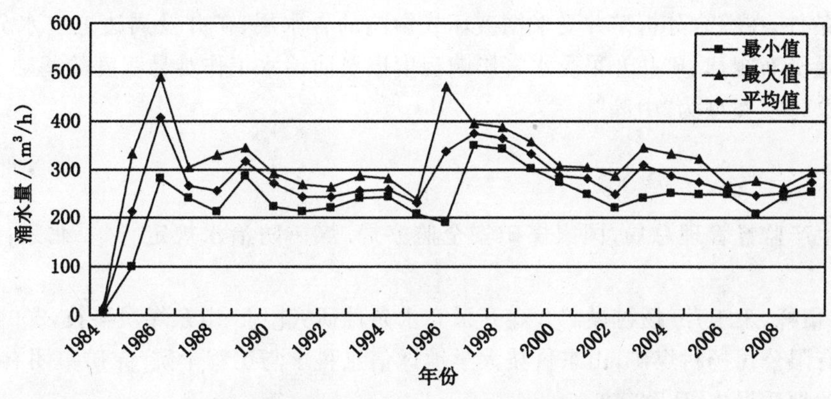

图1　1984～2009年间矿井涌水量变化曲线

自矿井投产以来至1996年，矿井涌水量较为稳定，且稳中有降。但1996～1997年间，由于增加了3煤层开采，开拓开采初期矿井涌水量增大，1996年5月至470.00 m^3/h，但随后又缓慢减少，目前基本稳定在290 m^3/h左右。自1985年以来，年平均涌水量为213.73～406.64 m^3/h，该范围介于180～600 m^3/h之间，最大涌水量也小于600 m^3/h。故根据《煤矿防治水规定》中矿井涌水量单项标准，杨村煤矿下组煤水文地质类型应属“中等”。

2.4　突水量

自建井至今，先后发生大小突水事件40余次，涌水量大于50 m^3/h的突水点14处。其中，1996年4月2日2602工作面发生突水，1996年5月9日观测的最大涌水量达240 m^3/h。最大涌水量在90～100 m^3/h的突水事件4次，均发生在20世纪90年代。最大涌水量在80～90 m^3/h的突水事件1次，发生在2003年3月10日。由此可以看出，矿井最大突水量也小于600 m^3/h。故根据《煤矿防治水规定》中矿井突水量单项标准，杨村煤矿下组煤水文地质类型应属“中等”。

2.5　受水害影响程度

$16_上$、17煤开采，一方面受$16_上$煤直接顶板$十_下$灰的影响，另一方面受底板赋存的富水性弱至中等的十四灰及区域强含水层奥灰水的影响。自矿井投产以来，本矿井开采$16_上$、17煤时，曾多次发生突水事故，多数突水为顶板$十_下$灰水，水量不大，最大突水量97.80 m^3/h。十四灰涌水一般表现为底板渗水，水量一般在30 m^3/h。仅1996年4月发生的2602工作面突水，为矿井有史以来最大的一次，突水量达 240 m^3/h。虽然奥灰水压大，突破底板隔水层的能力强，但 $16_上$、17 煤层的底板岩层组合对底板阻水较为有利。迄今为止，尚未出现过奥灰突水事故。因此，杨村煤矿下组煤开采过程中偶有突水，但不威胁矿井安全。根据《煤矿防治水规定》中矿井开采受水害影响程度的单项标准，杨村煤矿下组煤水文地质类型应属“中等”。

2.6 防治水工作难易程度

由于杨村煤矿下组煤开采受底板承压水的威胁，杨村煤矿历来注重矿井水的防治工作，做了大量的防治水工作：进行水文地质补充勘探、施工探放水钻孔和泄水巷、启封封闭不良老钻孔、开展水文地质物探工作、探放水试验、井下注浆堵水、健全矿井排水系统、构筑井下防水闸门、与相关高校开展水文地质条件研究课题等一系列工作。通过以上工作的开展，目前基本查清了矿井水文地质条件，并对异常地段都采取了积极合理的防治水措施。自 1996 年以来，从未发生过重大井下突水事故，有效地保证了矿井正常安全生产，取得了显著的经济和社会效益。因此，杨村煤矿防治水工作应当说是易于进行的。依据《煤矿防治水规定》中防治水工作难易程度的单项标准，杨村煤矿下组煤水文地质类型应属“中等”。

3 结论

根据《煤矿防治水规定》第十一条关于矿井水文地质类型划分的规定和原则，结合杨村煤矿开采下组煤的实际条件，在综合分析矿井受采掘破坏或影响的含水层、矿井及周边老空水分布状况、矿井涌水量和突水量分布规律、矿井开采受水害影响程度以及防治水工作难易程度的基础上，得出了杨村煤矿下组煤水文地质类型为“中等”。

参考文献

[1] 国家安全生产监督管理总局，国家煤矿安全监察局. 煤矿防治水规定[M]. 北京：煤炭工业出版社，2009.

[2] 邵明喜，尚衍峰，王玉芹. 杨村煤矿 3 煤开采充水条件研究[J]. 山东煤炭科技，2004(3)：62-63.

[3] 兖矿集团有限公司杨村煤矿，山东科技大学地球信息科学与工程学院. 兖矿集团有限公司杨村煤矿生产矿井地质报告[R]. 2006，5.

[4] 邵明喜. 杨村煤矿下组煤二、四采区放水试验研究[J]. 煤矿现代化，2008(3)：60-61.

[5] 张迎秋，魏久传，王敏，等. 杨村煤矿二、四采区奥灰水放水试验及数值模拟分析[J]. 水文地质工程地质，2009(1)：65-68.

作者简介：刘近国(1986—)，男，山东邹城人，2008 年毕业于中国海洋大学地质学专业，现于兖矿集团杨村煤矿地测科从事煤矿工程地质与水文地质研究工作。

砂土渗溃破坏性的检测方法及装置

中国矿业大学(北京)资源与安全工程学院　许延春

摘　要:提供一种砂土渗溃破坏性的检测方法及装置。采用本方法并结合其他标准土工试验,可获得评价砂土渗溃破坏性的指标参数"渗溃破坏孔径"和"渗溃自愈孔径";此两指标参数可作为评价砂土溃入矿井的危险性的关键参数,有助于防止溃砂、溃水安全灾害的发生。对煤矿安全生产有指导意义和实际价值。该方法已经在淮北海孜矿、内蒙古多伦协鑫矿和罐子沟矿成功应用,并申请发明专利。

关键词:砂土渗溃破坏性;指标参数;检测

1　技术背景

煤炭是我国的主要能源,占能源消耗的70%左右。我国绝大多数为隐赋煤田,即煤层被新生界松散地层覆盖。其中,华东、华中、华北、东北地区有许多矿区被厚新生界松散层所覆盖。仅在华东地区就有300多个矿井建在深厚(厚度大于80 m)松散地层中。而陕西、内蒙古、新疆和宁夏的多个矿区被沙漠和黄土覆盖。

新生界松散地层主要由黏质土和砂(砾)质土构成,其中,黏质土的粒径小于0.005 mm,有黏性和塑性,透水性极微,为隔水地层;砂质土的粒径为0.005～2 mm,砾石的粒径为2～60 mm,无黏土,有透水性,常为含水地层。松散层底部常常有含黏的承压含水砂层直接覆盖在煤系地层上方,当该砂层下面岩体受采动影响产生较宽大的裂缝时,同时该砂土又具有良好的渗溃性,则砂土可能大量溃入井下,是矿井溃水、溃砂灾害的主要来源,同时也是地表水体溃入井下的主要通道。2005年12月2日河南寺沟煤矿发生特别重大透水事故,造成42人死亡,直接经济损失为972.6万元。事故的直接原因是寺沟煤矿采掘沟通桥北煤矿,桥北煤矿采空区积水与其存在密切水力联系的松散砂土孔隙水及上伏青河地表水溃入井下,导致了事故发生。另外,安徽淮北桃园煤矿,山东兖州横河煤矿、枣庄柴里煤矿,河北邢台东庞煤矿,内蒙古大柳塔、多仑煤矿等均出现严重溃砂事故,给矿井正常生产和人身安全造成重大威胁,造成重大经济损失。

当前煤矿为防止出现溃水、溃砂事故,据国家煤炭工业局制定的《建筑物、水体、铁路及主要井巷煤柱留设与压煤开采规程》(2000年版)规定,采用留设防水、防砂和防塌安全煤岩柱的方法。具体如下:

(1) 防水安全煤柱。适用于中等、强富水体。渗透系数 $k>1$ m/d,单位涌水量 $q>0.1$ L/(s·m),公式为 $H_{sh}>=H_{li}+H_b$

(2) 防砂安全煤柱。适用于弱、中等富水体,渗透系数 $k\leqslant1$ m/d,单位涌水量 $q\leqslant0.1$ L/(s·m),公式为 $H_s>=H_m+H_b$

(3) 防塌安全煤柱。适用于弱富水,渗透系数 $k\leqslant1$ m/d,单位涌水量 $q\leqslant0.1$ L/(s·m)。公式为 $H_t=H_m$。

式中:H_{sh}为防水煤(岩)柱高度;H_s为防砂煤(岩)柱高度;H_t为防塌煤(岩)柱高度;H_{li}为导水裂缝带高度;H_m为垮落带高度;H_b为保护层厚度。

上述方法,只考虑了含水砂(砾)层的富水性,而没有考虑含水砂(砾)层的流动性和溃入矿井的难易程度。对水体下安全采煤至关重要的底层砂土溃砂危险程度,目前尚无合理的评价方法和试验,尤其是对于含黏砂土渗溃破坏性的检测方法及装置。

实践表明含黏量较高的粗砂层与含黏量较低的细、粉砂层均可以属于弱富水含水层，然而在含水层水头相同的条件下，细、粉砂经由较小采动裂缝，就可以溃入井下，而粗、砾砂则需要较大的裂缝。因此需要探索一种检测方法及装置，测量含水砂土(不同含黏量、不同粒颗和不同水头)溃入矿井的可能性，即含水砂土层的渗溃破坏性。如能检测代表砂土的渗溃破坏性指标参数，结合水体下安全采煤技术体系，将有助于建立砂土溃入矿井危险性评价方法。当含水砂层的水头一定时，确定含水砂层下部岩体的允许最大采动裂缝宽度、最大变形量和最小保护煤柱厚度，可以有效地释放水体下压煤。该方法已经在淮北海孜矿、内蒙古多伦协鑫矿和罐子沟矿成功应用。

2 技术简介

本技术适用于水体下采煤砂土溃入矿井的危险性评价，对不同含黏量的粗砂、中砂和细砂混合土样均适用。

2.1 技术关键名词解释

渗溃破坏孔径：含水砂层可全部渗溃破坏进入矿井，含水砂层上面的其他松散含水层或地表水也可能随后进入矿井的采动破坏裂宽。在本文所述试验中表现为出现砂泥水全部流出时垫片的孔径。

渗溃自愈孔径：含水砂层可部分渗溃破坏进入矿井，含水砂层上面的其他松散含水层或地表水不会随后进入矿井的采动破坏裂宽。在本文所述试验中表现为出现砂泥水部分流出然后停止时垫片的孔径。

2.2 技术中包含的实验仪器

(1) 砂土渗溃破坏性实验仪器(见图1)。

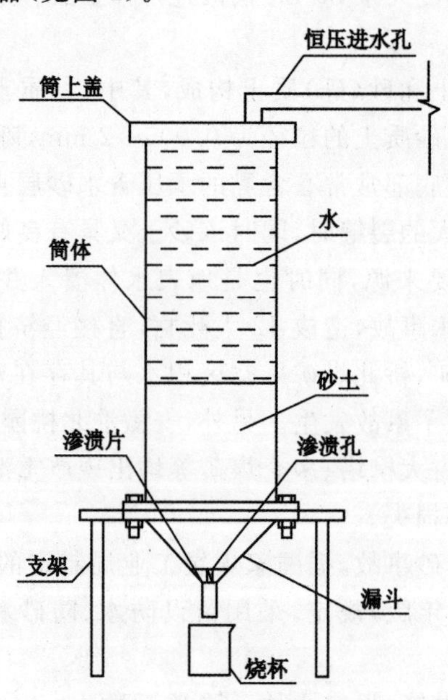

图1 砂土渗溃破坏性实验仪器

(2) 进水孔为恒压进水孔，确保实验过程中水力比降恒定。

(3) 渗溃片垫于漏斗出口处，与漏斗接触处涂凡士林以闭封。渗溃片带孔或裂缝，其孔径或裂缝宽度呈系列变化。渗溃片的孔径在1～10 mm之间，成系列的渗溃片孔径差为0.5 mm。渗溃片的裂缝宽度可以概化为“圆形”的引用半径 r_0。几种裂缝的换算关系如下：

① 细长裂缝：$r_0=0.25S$，S 为裂缝长度，宽/长接近为“0”。

② 矩形：$r_0=\eta(a+b)/4$，η 根据 a/b 关系按表1选取。

③ 椭圆形：$r_0=(D_1+D_2)/4$，D_1，D_2 分别为长、短轴。

表 1　**矩形裂缝半径换算参数 η 数值选取**

a/b	0	0.20	0.40	0.60	0.80	1
η	1	1.12	1.14	1.16	1.18	1.18

3 实验方法

(1) 取待检测土样,深部土样采用钻孔和专门取样器。

(2) 取样地点实测密度,确定试样的相对密度。

① 标准贯入试验锤击数(N):$N<10$,松散;$10\leqslant N<15$,稍密;$15\leqslant N<30$,中密;$30\leqslant N$,密实。

② 静力触探试验测定比贯入阻力(P_S):

a. 中粗砂:$P_S<3.0$,稍密;$3.0\leqslant N<8.0$,中密;$8.0\leqslant N$,密实。

b. 粉细砂:$P_S<6.0$,稍密;$6.0\leqslant N<12.0$,中密;$12.0\leqslant N$,密实。

(3) 取样地点实测水头,确定试样的水力比降。

① 实际含水层水头计算:

$$H_s = h_{水埋} - h_{位} \tag{1}$$

式中　H_s——实际含水层水头,m;

$h_{水埋}$——实际含水层埋深标高,m;

$h_{位}$——实际含水层水位标高(可根据含水层水文长观孔获得),m。

② 实际含水层水力比降计算:

$$i_{实} = H_s / M \tag{2}$$

式中　$i_{实}$——实际含水层水力比降;

H_s——实际含水层水头,m;

M——实际含水层厚度,m。

③ 试验用水头计算:

$$h_s = i_{实} \times M_s \tag{3}$$

式中　h_s——试验用水头,m;

$i_{实}$——实际含水层水力比降;

M_s——样品的高度,m。

(4) 配套的标准土工试验

① 比重试验

按照国家现行试验标准《土工试验方法标准》(GB/T 50123—1999)进行:土样比重试验采用长颈比重瓶,蒸馏水煮沸排气法。比重结果用于颗粒分析试验计算。

② 颗粒分析试验

土样和砂样的颗粒分析试验,采用筛析法($d>0.1$ mm)和甲种比重计法($d<0.1$ mm)联合测定。

③ 相对密度试验

根据《土工试验规程》(SL/T 237—1999)进行相对密度实验。相对密度试验的最小干密度测定采用漏斗法;最大干密度测定采用振击法。本项结果控制试验的结果,为砂土混合料渗透和流动性试验的制样密度控制提供依据。

④ 常水头渗透试验

根据《土工试验规程》(SL/T 237-1999)进行常水头渗透试验。试验用水为无空气水,饱和时水流方向由下至上。样品经水头饱和后,按规范要求进行渗透试验。

(5) 渗溃破坏性试验

① 将试样放入出口为漏斗状的筒体内,如图 1 所示实验装置,在漏斗的底部装置带渗溃孔的渗溃片。

② 用自来水自下而上饱和，试验时水流方向由上至下，顶部溢流以维持水头恒定。

③ 在一定的水头比降作用下，有泥水滴落下时为试验开始的起始时间，测定通过漏斗的流体流量与时间关系，并绘制曲线。

④ 在测定的过程中，切换不同渗溃孔径的垫片。

⑤ 当以某孔径的垫片做测定，出现砂泥水全部流出时，即为渗溃破坏的临界点，孔径为渗溃破坏孔径。记录时间和孔径大小。

⑥ 当以某孔径的垫片做测定，出现砂泥水部分流出然后停止时，即为渗溃自愈的临界点，孔径为渗溃自愈孔径。记录时间和孔径大小。

⑦ 整理试验数据和仪器，进行试验结果分析。

4 砂土渗溃破坏性试验

(1) 取陕西彬县下沟煤矿矿区实物黏土样、粗、中、细砂及试验用其他三种黏土：太原土、菏泽土和涑壁黏土。

(2) 根据矿区情况，渗透和渗溃破坏性试验均制成密实样做试验。然后每增加5％的黏土含量做试验，至含黏土量达到20％。即砂土为：5％黏土＋95％的砂土，10％黏土＋90％的砂土，15％黏土＋85％的砂土，20％黏土＋80％的砂土。

(3) 比重试验：

对 1 中所述土样以及按 2 方法所得砂土混合料按照前述比重试验的要求进行土样比重试验。结果见表 2 和表 3。

表 2　　土样比重试验结果

土样名称	比重
粗　砂	2.69
中　砂	2.67
细　砂	2.67
陕西彬县	2.71
涑壁黏土	2.70
太原土	2.72
菏泽土	2.71

表 3　　砂土混合料比重试验结果

土样名称	比重
5％菏泽土＋95％粗砂	2.70
10％菏泽土＋90％粗砂	2.70
15％菏泽土＋85％粗砂	2.71
20％菏泽土＋80％粗砂	2.71
5％菏泽土＋95％中砂	2.67
10％菏泽土＋90％中砂	2.67
15％菏泽土＋85％中砂	2.69
20％菏泽土＋80％中砂	2.70
5％菏泽土＋95％细砂	2.67
10％菏泽土＋90％细砂	2.67
15％菏泽土＋85％细砂	2.68
20％菏泽土＋80％细砂	2.70

（4）颗粒分析试验：

对1中所述土样以及按2方法所得砂土混合料按照前述颗粒分析试验要求进行土样颗粒分析试验。砂土和中砂混合料的颗粒级配曲线见图2和图3。

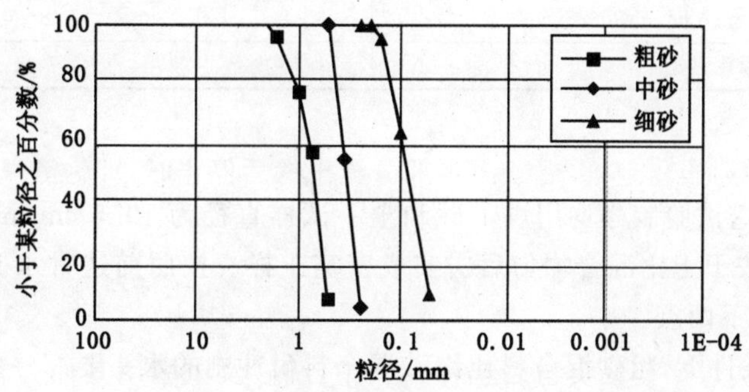

图2　砂土的颗粒级配曲线

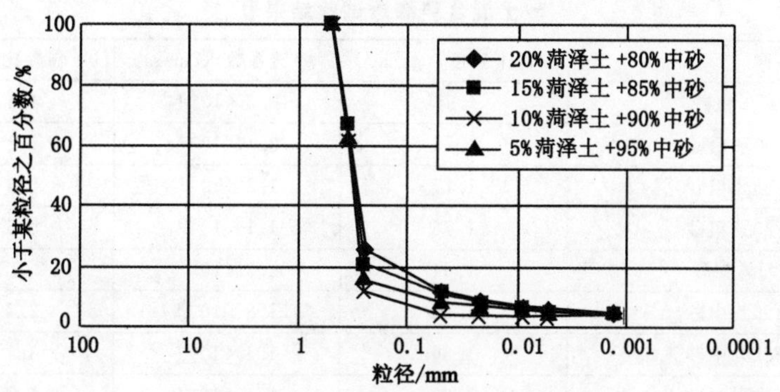

图3　中砂混合料的颗粒级配曲线

（5）相对密度试验：

对按2方法所得砂土混合料按照前述相对密度试验要求进行土样相对密度试验。结果见表4。常用砂土相对密度结果与砂土紧密关系见表5，本项研究选定各砂土混合料相对密度 $D_r=0.75$ 对应的干密度，为常水头渗透和流动性试验的制样干密度。

表4　砂土混合料的相对密度试验结果

土样名称	最小干密度/(g/cm³)	最大干密度/(g/cm³)
5%菏泽土+95%粗砂	1.40	1.92
10%菏泽土+90%粗砂	1.40	1.92
15%菏泽土+85%粗砂	1.40	1.94
20%菏泽土+80%粗砂	1.37	1.94
5%菏泽土+95%中砂	1.35	1.77
10%菏泽土+90%中砂	1.33	1.79
15%菏泽土+85%中砂	1.33	1.82
20%菏泽土+80%中砂	1.32	1.84
5%菏泽土+95%细砂	1.27	1.62
10%菏泽土+90%细砂	1.26	1.64
15%菏泽土+85%细砂	1.26	1.64
20%菏泽土+80%细砂	1.32	1.64

表 5 砂土紧密程度与相对密度关系表

砂土	相对密度
中等紧密砂土	0.4～0.6
紧密砂土	0.6～0.8
很紧密砂土	＞0.8

(6) 常水头渗透试验:

3 种砂土混合料渗透试验制样均用烘干砂和土。试样直径为 10.5 cm,试样高为 10 cm,分 5 层制备,每层砂土混合料按干土比混合均匀后击实成密实土样。按照前述常水头渗透试验要求进行试验。由表 6 可以看出以下两点。

① 同等相对密实条件下,粗砂混合料比细砂混合料耐冲刷的水头要高一些。

② 黏土含量多少对粗砂和中砂的渗透性影响较大,对细砂的渗透性影响较小。

表 6 砂土混合料渗透试验结果表

土样名称	制样干密度/(g/cm^3)	渗透系数/(cm/s)	临界比降	破坏比降
5%菏泽土+95%粗砂	1.76	8.2×10^{-3}	4.1	4.6
10%菏泽土+90%粗砂	1.76	3.4×10^{-3}	4.1	4.6
15%菏泽土+85%粗砂	1.77	1.2×10^{-3}	5.6	6.6
20%菏泽土+80%粗砂	1.76	1.1×10^{-3}	5.6	6.6
5%菏泽土+95%中砂	1.64	4.3×10^{-3}	2.35	2.6
10%菏泽土+90%中砂	1.65	1.8×10^{-3}	2.7	3.0
15%菏泽土+85%中砂	1.66	1.4×10^{-3}	3.1	3.6
20%菏泽土+80%中砂	1.68	8.1×10^{-4}	5.1	5.6
5%菏泽土+95%细砂	1.52	4.1×10^{-3}	1.03	1.15
10%菏泽土+90%细砂	1.53	3.7×10^{-3}	1.25	1.35
15%菏泽土+85%细砂	1.53	2.3×10^{-3}	1.85	2.1
20%菏泽土+80%细砂	1.55	2.3×10^{-3}	2.1	2.6

(7) 渗溃破坏性试验:

制样控制指标与渗透试验相同,土柱与漏斗内砂土合计土厚为 12 cm。砂土混合料在密实状态的试样,经饱和后,在水头为 2 个临界水力比降条件下,通过渗溃片的试验情况。按照渗溃破坏性试验的要求进行试验。

根据多次试验,确定 3 种典型孔径渗溃片,分别为 0# 孔径 $\phi=6.57$ mm、1# 孔径 $\phi=6.33$ mm 和 2# 孔径 $\phi=4.83$ mm。

① 渗溃破坏试验结果见表 7 和图 4,其规律如下。

表 7 砂土混合料渗溃破坏试验结果表

土样名称	制样干密度/(g/cm^3)	渗溃孔直径/mm	混合料最大直径/mm	混合料 d_{50} 直径/mm	渗溃孔直径/混合料最大直径	渗溃孔直径/混合料 d_{50} 直径
5%菏泽土+95%粗砂	1.76	6.57	2	0.68	3.3	9.7
20%菏泽土+80%粗砂	1.76	6.57	2	0.67	3.3	9.8
5%菏泽土+95%中砂	1.64	6.33	0.5	0.33	12.7	19.2
20%菏泽土+80%中砂	1.68	6.33	0.5	0.30	12.7	21.1
5%菏泽土+95%细砂	1.52	6.33	0.25	0.095	25.3	66.6
20%菏泽土+80%细砂	1.55	6.33	0.25	0.08	25.3	79.1

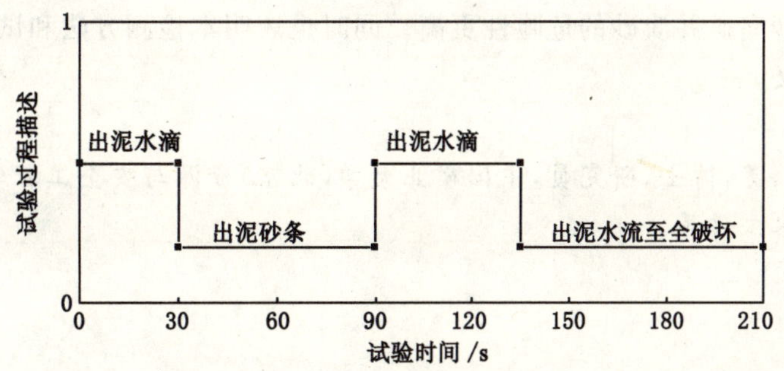

图 4　渗溃试验现象与时间关系图(0 号渗孔　5%菏泽土＋95%粗砂)

a. 当土样在 2 个比降水压的作用下出泥水滴且流量增加时,砂土混合料会在较短时间内破坏。

b. 同等条件下,含黏土量 20%的粗砂和细砂混合料在砂土流失试样总量的 1/5 左右后,还有淤堵自愈的现象;而含黏土量 5%的粗砂和细砂混合料,土样会以出泥水流方式完全破坏。

c. 粗砂混合料的渗溃破坏孔径为 6.57 mm,中砂和细砂混合料的渗溃破坏孔径为 6.33 mm。

② 渗溃破坏试验中自愈状态参数(见表 8)及其规律。

表 8　　砂土混合料(土样自愈状态)流动试验结果表

土样名称	制样干密度 /(g/cm³)	自愈孔直径 /mm	混合料最大直径/mm	混合料 d_{50} 直径/mm	自愈直径/混合料最大直径	渗孔直径/混合料 d_{50} 直径
5%菏泽土＋95%粗砂	1.76	6.33	2	0.68	3.2	9.3
10%菏泽土＋90%粗砂	1.76	6.33	2	0.66	3.2	9.6
15%菏泽土＋85%粗砂	1.77	6.33		0.63		
5%菏泽土＋95%中砂	1.64	4.83	0.5	0.33	9.7	14.6
20%菏泽土＋80%中砂	1.68	4.83	0.5	0.30	9.7	16.1
5%菏泽土＋95%细砂	1.52	4.83	0.25	0.095	19.3	50.8
20%菏泽土＋80%细砂	1.55	4.83	0.25	0.08	19.3	60.4
5%彬县土＋95%细砂	1.52	4.83	0.25	0.093	19.3	51.9
20%彬县土＋80%细砂	1.55	4.83	0.25	0.081	19.3	59.6

a. 试验条件下,中砂混合料在土样稳定渗流状态下的流量,含黏土量 5%的明显高于含黏土量 20%。

b. 细砂混合料在土样稳定渗流状态下的流量在小范围内波动,细砂含黏土量 5%的和含黏土量 20%的混合砂,流量相近。

c. 彬县土料含黏土量 5%的细砂混合料,在流动试验时间内,土样流量有减小的趋势;彬县土料含黏土量 20%的细砂混合料,在流动试验时间内,土样流量在小范围波动。

d. 粗砂混合料的渗漏自愈孔径为 6.33 mm,中砂和细砂混合料的渗漏自愈孔径为 4.83 mm。

(8) 试验结果分析:

以 20%菏泽土＋20%粗砂和 20%菏泽土＋20%中砂的试样为例,粗砂混合土和中砂混合土的渗透系数分别为 1.1×10^{-3}cm/s(0.95 m/d)和 8.1×10^{-4}cm/s(0.70 m/d),其中,中砂混合土的渗透系数较低,富水性更弱。两者渗透系数均小于 1 m/d 同属于弱富水含水层,可以留设防砂安全煤柱。但两者渗溃破坏孔径分别为 6.57 mm 和 6.33 mm,渗溃自愈孔径分别为 6.33 mm 和 4.83 mm,表明中砂混合土在较小裂缝条件下就可以出现渗溃破坏,溃入矿井。两者渗透破坏的水力比降分别为 6.6 和 5.6,表明中砂混合土更易达到渗透破坏的水头较低。综上所述,20%菏泽土＋20%中砂比

20％菏泽土＋20％粗砂向矿井溃砂的危险性更高。同时也表明本检测方法和试验结果有较高的实用价值和明确的工程意义。

作者简介：许延春，男，博士，研究员，中国矿业大学（北京）资源与安全工程学院采矿系，主要从事矿井安全开采及防治水工作等。

北皂煤矿海下过含水层及软弱带施工长观孔实践与效果

龙矿集团北皂煤矿　高明飞　董典军

摘　要:针对北皂煤矿海域开采过程中施工井下长期观测孔所遇到的实际问题,结合井下钻探条件,从特殊地层条件分析出发,提出穿过含水层和软弱带施工技术方案,并最终探索出海下长观孔的施工的工艺,实现了海域典型"三软"地层条件下施工观测孔零的突破,为海域下特殊地质条件下水文观测孔施工提供借鉴。

关键词:海域;软弱带;长观孔

0　引　言

北皂煤矿为我国第一个海域下开采煤矿,地下水位动态监测是防治水的重要部分,而在海面施工地面水文观测孔难度大、费用高,安全性差,而海域井下巷道多施工在主要开采煤层煤$_2$层附近,煤$_2$层之上距矿井煤系地层中的两个主要含水层泥岩夹泥灰岩互层和泥灰岩之间,另外还存在一个裂隙含水层,即煤$_1$油$_2$含水层,并且存在三段软弱地层,即煤$_2$顶板含油泥岩、煤$_{上1}$和煤$_{上2}$层,加之矿井地层为典型的"三软"地层,因此海域井下施工上仰观测孔成功与否的关键就是如何通过这些含水层和软弱带。

1　海域地质情况概况

北皂海域位于山东省龙口市西北隅渤海海域,为北皂煤矿井田由陆地向北部海域的自然延伸,东与柳海煤矿相邻,西北至煤$_4$露头,南至渤海海岸线,东西长约5.5 km,南北平均宽约4.8 km,面积约19 km^2。北皂海域北东及北北东断层较多,它们多是在剪切应力作用下形成的。

2　施工穿过地层情况分析

施工层位为海域主要开采煤层煤$_2$顶板含油泥岩至泥灰岩段,在北皂煤矿地层中,煤$_2$层顶板含油泥岩松软破碎,是最难支护和钻进的层位,海域地层总体比陆地更加软弱,所穿地层自下而上简述如下。

煤$_2$:海域主要可采煤层,厚度3.84~5.93 m,平均4.69 m,单轴抗压强度平均16.7 MPa,下部较上部破碎,为一弱含水层。

含油泥岩:厚度12.34~20.66 m,平均15.68 m,局部为泥岩,上部层理较发育,下部层理不清,局部含钙质夹层和软泥夹层。单轴抗压强度上部14.7~36.3 MPa,平均26.1 MPa,下部8.1~16.95 MPa,平均11.9 MPa,岩石中黏土矿物含量为59.1%,其中蒙脱石含量为66%,浸水24 h后全部发生软化并顺层面开裂或泥化,具弱中等的膨胀性,为软弱层。

煤$_1$油$_2$层:煤$_1$为黑色,小节理发育,含裂隙水,厚0.30~1.21 m,平均0.84 m。油$_2$层处于煤$_1$层底板,平均厚度3.66 m,上部为油$_{2上2}$,一般厚度1.69~2.29 m,其底部以一层比重较小,含碳质页岩与油$_{2上1}$分界,上部含油较高,下部较低,单轴抗压强度10.1~47.8 MPa,平均29.4 MPa;岩石中黏土矿物含量为28.4%~57.6%,其中蒙脱石含量为87%~91%。吸水性很强,加水膨胀,体积可增加几倍到十几倍。煤$_1$油$_2$层也是富水性弱~中等的含水层。

含油泥岩:为煤$_1$顶板,浅灰褐色含油泥岩,局部为油页岩,泥质结构,岩性致密,该层厚3.74~9.00 m,平均厚5.90 m,正常条件下,煤$_1$顶板抗压强度10.1~47.8 MPa,平均29.4 MPa,泊松比平均为0.2,局部含油泥岩层较软弱。

泥岩:浅灰色,平均厚4.53 m,含多层钙质层,浸水24 h后发生不同程度发生崩解和碎裂。

煤$_{上1}$:以碳质泥岩为主,局部夹薄煤层,厚度6.20~12.50 m,平均10.21 m。水稳性最差,浸水

3 min后即开始发生碎解，浸水 24 h 后基本处于泥化状态，为一软弱层。

泥岩夹泥灰岩互层：泥岩夹泥灰岩互层含水层由灰白色泥灰岩夹绿色泥岩薄层组成，块状构造，含白云质高，质地坚硬，遇盐酸微弱起泡。局部为粒屑灰岩。平均厚度为 3.90 m。该含水层富水性弱～中等。矿化度保持在 2 068.81～3 094.84 mg/L 间，水质类型为 HCO_3^--Cl^--Na^+ 型水。该层水以静储量为主，循环和补给条件较差。

煤$_{上2}$：以炭质泥岩为主，局部夹薄煤层，厚度 4.70～10.00 m，平均 6.80 m。性质同煤$_{上1}$，水稳性最差，浸水 3 min 后即开始发生碎解，浸水 24 h 后基本处于泥化状态，为一软弱层。

泥灰岩：质较纯，含白云质，夹燧石条带，裂隙及小溶洞较发育，泥岩多为浅灰色，局部为浅灰绿色钙质泥岩，泥灰岩厚 2.95～15.00 m，平均 10.37 m。该层涌水量一般小于 15 m^3/h，富水性弱～中等，水质类型初期为 HCO_3^--Cl^--Na^+ 型，该层水以静储量为主，循环和补给条件较差。

3　观测孔钻探施工技术方案

受海域巷道施工层位的限制，必须在煤$_2$底板巷道中施工水文观测钻孔，针对现场施工的难度和施工中可能出现的问题，结合现有的钻探设备和地层条件，经分析研究确定利用螺旋钻具、风压钻进、下套管及水循环等多种施工工艺相结合来实现。

3.1　钻孔结构设计和工艺

此类地层工程采用异径结构，终孔层位位于煤$_{上3}$位置，即泥灰岩孔工程：下四级套管即：ϕ146 mm、ϕ108 mm、ϕ73 mm 和 ϕ50 mm。

① 先期采用螺旋钻探钻进到指定位置，钻探至油$_2$底板下 1 m，然后全孔采用扩孔螺旋钻头结合风压钻进进行逐级扩孔。然后全孔下设 ϕ146 mm 孔口管。

② 采用水泥浆进行封堵止水。在孔口管和法兰盘之间加一注浆口，先从管外进行注浆，待水泥浆从孔口管中出浆为止，关闭闸阀，停止注浆。然后从管内注浆，压力达到 2 MPa 并稳定 0.5 h 后停止注浆。经 24 h 凝固后，经不小于 4 MPa 压力试验稳定 0.5 h 不漏水后，孔口安装闸板阀后，再正常钻进。

③ 然后用螺旋钻进，如果煤$_1$油$_2$含水层所出水量不适合螺旋钻进时改用常规水循环钻进。严格判明换层位置，钻进到泥岩夹泥灰岩互层底尚未出水段，再进行扩孔。

④ 全孔下设 ϕ108 mm 套管，采用水泥浆进行封堵止水，方法同上。

⑤ 用 ϕ73 mm 钻头继续施工到泥灰岩底板，全孔下设 ϕ73 mm 套管，全部为实管后用水泥浆，进行封堵止水，方法同上。

⑥ 用 ϕ50 mm 钻头继续施工到终孔深度后，全孔下设 ϕ50 mm 套管，互层泥灰岩段为花管。

终孔层位位于煤$_{上2}$位置，即泥灰夹泥灰岩互层工程，与上述工艺相似，不过只下 ϕ108 mm、ϕ73 mm 和 ϕ50 mm 三级套。

3.2　钻探施工中存在的问题和处置方案

针对海域地层的特点和施工中所穿过的层位，施工中可能遇到如下方面的问题。

① 在煤$_2$层顶板含油泥岩中施工，孔内岩层潮湿，又无法采用水循环施工，孔内岩粉无法带出来，造成无法下设第一级套管。对此种情况，一是采用风压循环，特别是在扩孔过程中，利用的压力，将岩粉带出孔外，二是采用岩芯管到孔内装取岩粉，采用类似取芯的方式提出岩粉。

② 在施工过程中遇见小断层，可能造成提前揭露含水层，引起孔内软弱地层遇水泥化出现塌孔或是局部堵孔造成孔内压力剧增。对此情况，采用小口径进行钻进，距含水层 5 m 左右时，先进行扩孔、取直，扩孔后加大取芯力度，通过取芯来确定岩层的位置，以确保层位在含水层之下，留有一定的隔水岩柱；如遇裂隙发育，含水层水提前涌入孔内，则严密组织，下钻将孔内岩粉冲出后立即下入套管，防止孔内严重塌孔。

③ 下入套管后水泥封孔效果差，含水层可能有连通性。对此问题，下完套管后，先从管外注浆，至管内出浆为止，待水泥凝固后，再从管内加压注浆，压力稳定在 4 MPa 半小时后方可停止，施工前

必须试压达到要求，并且套管内不渗水。

④ 最后一级管下设后，在以后观测过程中孔内掉块可能造成孔内堵孔情况，达不到真正的观测效果，对此，一是最后一级套管下设前，第一根套管前头采用扁头或堵头，管外泥块无法进入管内；二是下最后一级套管后，采用冲浆方式，将孔内岩粉、泥等冲出孔内；三是集中进行放水，水清且稳定后再安装水情在线监测设备，并进行定期放水清孔。

4 穿多个含水层和软弱带实践与效果

海域开拓以来，技术人员对海域地层进行了分析，2005～2007 年，首先从煤$_1$层巷道附近进行了泥灰夹泥灰岩互层含水层上仰水文观测孔的施工，施工了井下观$_1$、观$_2$和观$_3$，在此基础上又进行了泥灰岩上仰水文观测孔观$_6$孔的施工，2009 又从煤$_2$层过含油泥岩施工了上仰油页岩资源孔，在上述工程成功完成的基础上，开始进行煤$_2$层附近施工上仰泥灰夹泥灰岩互层含水层探放水和长期水文观测孔。

(1) H2102 组装硐室探放互层水工程施工：2009 年 9 月在海域 H2102 组装硐室探放互层水孔，此孔由煤$_2$顶板开孔穿越两个软弱层即煤$_2$层顶板含油泥岩和互层底板煤$_{上1}$，经过一个弱含水层，即煤$_1$油$_2$含水层，下设 ϕ108 mm 套管 24 m，ϕ73mm 套管到 59.3 m，最后采用 ϕ52 mm 钻具常规钻进到 76.88 m，其中在 60 m 见互层，64 m 孔内出水，水量仅 0.06 m^3/h，在 75 m 见煤$_{上2}$，因钻孔出水量极小，最后一级套管 ϕ50 mm 未下设，达到探放泥灰夹泥灰岩互层含水层水的目的。

(2) 海域三采轨道巷观$_7$水文观测孔工程施工：2010 年 5 月施工，此孔由煤$_2$顶板开孔穿越两个软弱层即煤$_2$层顶板含油泥岩和互层底板煤$_{上1}$，经过两个弱含水层，即煤$_2$及底板砂岩含水层和煤$_1$油$_2$含水层，最终施工到煤$_{上2}$，下设 ϕ108 mm 套管 22.8 m，下设 ϕ73mm 套管到 58.9 m 采用 ϕ52 mm 钻具常规钻进到 65.04 m，钻孔在 59 m 见互层，59.5 m 出水，水量 2.3 m^3/h，下 ϕ50 mm 套管 64 m，完成泥灰夹泥灰岩互层含水层长期观测孔施工。经过观测，该孔正常涌水量在 2.3 ～1.6 m^3/h，水压力稳定在 2.7 MPa。

通过上述两处从煤$_2$层附近施工泥灰夹泥灰岩互层含水层探放水和长期观测孔，初步掌握了各段软弱带和含水层的特性。

(3) 海域三采轨道巷补观$_8$水文观测孔工程施工：2010 年 6 月至 7 月施工，此孔由煤$_2$顶板开孔穿越 3 个软弱层即煤$_2$层顶板含油泥岩和互层底板煤$_{上1}$及泥灰岩底煤$_{上2}$层，经过 3 个弱至中等含水层，即煤$_2$及底板砂岩含水层和煤$_1$油$_2$含水层及泥灰夹泥灰岩互层含水层，最终施工到煤$_{上3}$，下设 ϕ146 mm 套管 24.1 m，下设 ϕ108 mm 套管到 58.5 m，下 ϕ73 mm 套管 82.6 m，然后采用 ϕ52 mm 钻具常规钻进到 105.01 m，层位煤$_{上3}$。下 ϕ50 mm 套管 95 m，完成泥灰岩含水层长期观测孔。

5 结 论

在海域特殊地层条件下，通过多种工艺相结合，可以在煤$_2$层附近巷道完成泥灰夹泥灰岩互层和泥灰岩含水层长期水文观测孔的施工，实现了海域钻探工程的新突破，实现海域不同区域水位观测，填补国内海域复杂地层条件下过含水层和软弱带施工的空白。

① 工程重点是第一级套管的下设是否顺利，要判层准确，终孔位置一定要位于油$_2$下，否则遇水后，含油泥岩短时间即开始塌孔，可能造成工程报废。

② 第一级套管的施工中，禁忌使用常规水循环钻进，要使用螺旋钻具和压风钻进相结合的钻进工艺，保证孔内状态相对完整并且下管前，需先用两根长岩芯管取一趟直，确保下管顺利。

③ 水文观测孔还要注意套管注浆封堵要合格，要采用承压注浆方式，前几级套管要封堵密实，以便将来所观测的数据准确。

④ 每级孔扩后立即进行套管的下设，否则孔内极易发生塌孔。

作者简介：高明飞(1966—)，男，汉族，1989 年毕业于山东科技大学，高级工程师，长期从事矿井地质和水文地质工作，现任龙矿集团北皂煤矿钻探队队长。

长沟峪煤矿地表水防治技术

北京昊华能源股份有限公司

1　长沟峪煤矿基本情况

长沟峪煤矿为京煤集团权属的北京昊华能源股份有限公司的一座矿山。长沟峪煤矿位于北京市房山区周口店长沟峪村。长沟峪煤矿矿区内煤炭开采历史久远，1930 年开办兴宝煤矿，1937 年该矿被水淹，1958 年由京西矿务局接管；1960 年 4 月超岭平硐动工，1962 年 4 月超岭平硐竣工，1962 年 9 月建立长沟峪煤矿，2010 年矿井核定生产能力达到 110 万 t/a。

2　自然地理情况

长沟峪煤矿位于北京西山（属于太行山脉）东南边缘，东南侧为丘陵地带，与华北平原接壤；西北部为中低山地带，区内最高点为北岭主峰上寺岭，标高为＋1 306.9 m，最低为东南丘陵地带之河谷，标高＋120 m。中低山地带多为 V 形谷，丘陵地带多为 U 形谷。沟谷大部垂直或斜交地层走向。附近地区的河流有大石河，位于井田的北部，周口河位于井田的东南部，均为间歇性河流。

3　气象特征

矿区属大陆性半干旱气候，最大年降水量 1 523.5 mm（1954 年），最小年降水量 296 mm（1975 年），全年降水量集中在七、八月份，降水量占全年 65％以上。

4　矿井水文地质条件

4.1　含水层

根据原京西勘探队提供的地质报告及建矿以来的水文地质资料，将井田内出露的地层自上而下划分为五个含水层。

第一含水层是第四系冲积孔隙含水层。其岩性特征为残积、坡积。此层为松散岩屑及黄土冲积、洪积层为大小不等的砾石、岩屑及砂层；含水层平均厚度 0～12 m。

第二含水层是九龙组砾岩砂岩裂隙含水层。其岩性特征为浅绿色砂岩，砾岩裂隙较发育，井田北部沿本地层底部有泉水出露；含水层平均厚度大于 500 m。

第三含水层是龙门组砾岩裂隙含水层，灰、褐灰色砾岩及中粒砂岩，岩石坚硬，裂隙发育；含水层厚度 10～20 m。

第四含水层是煤系上部细砂岩中粒砂岩裂隙含水层，上部以 15 槽与第三含水层分界，灰、灰黑色中粒、细粒砂岩，裂隙发育，含水层平均厚度 30～70 m。

第五含水层是煤系下部粗砂岩裂隙含水层，上部以 9 槽煤层与第四含水层分界，灰、深灰色粗粒及中粒砂岩，裂隙、节理发育，底界为角页岩、玄武岩；含水层厚度 170～240 m。

4.2　隔水层

由于井田内无明显隔水层，仅底部第五含水层底界以致密的角页岩及辉绿岩相对有一定隔水作用，各基岩含水层均以煤层作为隔水层。

5　矿井充水特点

（1）大气降水是矿井充水的主要因素，矿区年降雨量非常集中，每年 7～8 月份降雨量占全年降雨量的 65％以上。

（2）井田范围内特殊的地形地貌，大气降水能快速地汇集到沟谷之中，形成山洪。一般雨季降水 20 mm 以上时地表形成径流，雨后 3～5 h 沟谷即干。大气降水一部分形成地表径流沿沟谷排出井田以外，一部分补给含水层，另一部分沿基岩裂隙和采空区由矿井排出。

(3) 矿山内煤炭开采历史悠久，浅部煤层大部分补小煤窑采空，地表塌陷坑、裂缝发育。井田内沟谷切割煤层露头，大气降水通过基岩裂隙、小窑采空区、采空区泄入矿井，造成矿井大量涌水。如1963年、1966年、1973年、1974年、1977年、1979年、1988年、1989年、1994年及1996年受雨季降水影响，井下涌水量剧增，造成矿井全部或局部停产数天。其中1994年雨季，矿井最大涌水量117.42 m^3/min，是正常涌水量的32倍。

实例：长沟峪煤矿1996年7月1日至8月5日份连续降雨18次，7月1日至8月5日累计降雨量464.3 mm，8月4日降雨量80.1 mm，8月6日矿井涌水量迅速增大。长沟峪煤矿矿井水由深部水平逐级排至＋141水平，再由＋141平硐排至矿井。因矿井水涌水量迅速增长，导致＋141水平平硐电机车轨道被淹没，＋141水平大巷水深达0.5 m左右，导致长沟峪矿停产数日。

6 地表水防治方法

(1) 完善管理制度，明确责任人。昊华能源公司及长沟峪矿等各级领导高度重视矿井防治水工作，认真贯彻执行了国家、北京市政府及公司下达的各项防汛指示。建立防汛指挥部，建立健全防汛组织机构，从人力、物力、财力做了积极的准备。

(2) 对加强调查分析。长沟峪煤矿井田范围内主要沟谷有喜鹊湾沟、黄羊沟、东沟、北沟、石门沟等。由于历史原因，建矿后修建的防水工程多年久失修，虽然进行过修补，但由于企业过去经济困难，防水工程又需要大量资金投入，大部分防水工程没有得到及时治理。其中荷叶贝沟煤层露头处损坏严重，该沟20世纪80～90年代局部简单修补以后，因施工困难至今未曾再进行彻底修复。其在沟底有多处面积十几至几十平方米，深度在3～5 m左右的塌坑。塌坑下游的防水沟汛期基本上没有流水痕迹。

(3) 地面防水工程治理修复。

长沟峪煤矿近年来对主要沟谷陆续进行修补，取得了一定的成效。经井上下调查及数据分析，长沟峪煤矿认为荷叶贝沟是西区矿井水的重主要充水水源，决定对荷叶贝沟进行彻底治理。荷叶贝沟位于长沟峪主沟上游，汇水面积约981 000 m^2，井下对应长沟峪矿葫芦棚区(西区)。施工地段山高无路、地形复杂、有大量巨石分布其间，施工难度大。

经进行现场踏勘、测量之后，本次防水工程荷叶贝沟主要采取对沟道400 m范围内的塌陷坑进行清淤、回填、平整、混凝土钢筋预制块浇筑、沟道两侧修建浆砌石挡墙的方式。

荷叶贝沟10个塌陷坑中4号塌陷坑为煤层露头处，需重点治理，坑底清淤回填毛石及渣土，距离地面550 mm处铺设400 mm现浇钢筋混凝土(毛石＋混凝土＋钢筋网＋灌浆)，钢筋网与沟道两侧挡墙相接，相接处钢筋网需伸入挡墙200 mm，然后表层150 mm水泥找平层。其他塌坑直接清淤进行毛石回填砌筑、灌浆表层进行C25素混凝土砌筑。

2010年4月15日～2010年6月20日，施工单位按设计精心施工，圆满地完成了该项工程。经计算，修建浆砌石挡墙需浆砌石1 280 m^3，M10水泥砂浆279.2 m^3，PVC管200 m。投入资金约80万元。该项工程完工后，该区域内的汛期洪水直接顺排水沟排出矿区外，矿井下涌水量明显减小。

7 治理效果分析评估

长沟峪煤矿近几年的地表防治水工作取得了显著的成效，主要表现在以下几个方面。

(1) 有效控制了汛期山洪沿煤层露头顺采空区直接灌入井下危害。

(2) 汛期受水影响的工作面涌水量减小，不但提高了资源回收水平，减少地质及水文地质损失，而且为矿井的安全生产提供保证。矿井涌水量减少，降低了矿井排水费用。

大气降水是影响矿井涌水量的主要因素，从对矿井涌水量及降雨量实际观测的数据分析得出，矿井涌水量的大小与矿井开采范围、深度及开采强度有关，与累计降雨量有关，与降雨强度有关，与地表蒸发量和径流量有关。据长沟峪矿井涌水量台账统计1996～2006年汛期(8月份)矿井平均涌水量17.17 m^3/min，2010年8月份矿井平均涌水量3.23 m^3/min，在开采深度、开采范围增加的条件下，矿井平均涌水量明显低于历年平均值。这充分说明近几年通过对防水工程的修补，对减少矿井涌水量起到了比较主要的作用。

(3) 在地表防水工程修复的同时，地表塌陷也得到了综合治理，矿山地质环境得到恢复，取得了较好的社会效益。长沟峪井田内的主要沟谷汛期径流明显增大，生态环境得到一定恢复。

山西焦煤集团矿井防治水安全技术“会诊”经验

中煤科工集团西安研究院 王 新

摘 要：本文介绍了山西焦煤集团2009、2010年矿井防治水安全技术“会诊”工作，较为全面地评述了防治水安全技术“会诊”的方式、特点、取得主要成果和存在的问题。煤矿防治水安全技术“会诊”从形式上和内容上都有所创新，已有的效果表明了这一工作方法的实用和适用性，对其他煤矿企业有较好的借鉴和推广作用。

关键词：矿井防治水；安全技术；会诊经验

1 前 言

近十年来，随着煤炭工业的迅猛发展，山西焦煤集团所属矿井普遍存在的问题有：① 上组煤开采殆尽，下组煤面临开采。以往的矿井地质勘探多以上组煤资源勘探为主，勘探范围较少涉及下组煤，尤其是针对下组煤所处的地质环境及水文地质条件，其勘探程度和认识深度都非常有限，矿井防治水工作在主观认识与客观存在的把握上尚存在很多薄弱环节。② 近年集团公司整合了许多小煤矿，许多国有大矿周边分布着许多越层越界、乱采乱掘的小煤窑，这些小煤窑形成了不同程度的安全隐患。③ 高速发展的煤炭形式与薄弱的煤矿防治水工作基础、较低的防治水技术水平之间的矛盾日益突出。近年来，集团所属矿井突水事故时有发生，不同类型的水害不同程度地威胁着矿井的安全生产，在这样的背景条件下，矿井防治水工作面临着新的开采条件和相对复杂的水文地质条件，防治水工作亟待加强。如何采取有效措施消除矿井水害隐患，实现集团公司矿井安全和高产高效生产，是各煤矿企业都必须面对和必须解决的课题。

2011年以来，煤炭行业陆续发生了数起水害事故，特别是3月1日，神华乌海能源集团骆驼山煤矿和3月28日山西华晋焦煤王家岭煤矿先后发生了特别重大水害事故，给人民生命财产造成重大损失，产生严重社会影响。针对煤矿接连发生恶性水害事故局面，国家安监总局、国家煤矿安全监察局明确要求加强煤矿水害隐患排查工作，全力扭转煤矿安全生产不利局面，山西焦煤集团公司根据上述文件精神，决定全面启动山西焦煤集团公司所属生产矿井、基建矿井、技改矿井、资源整合矿井的防治水安全技术“会诊”工作。本次防治水安全技术“会诊”工作的任务是全面排查矿井水害隐患，协助煤矿企业制定防治水措施，认真分析研究矿井历史及现有的水文地质资料，通过现场实际调研，摸清矿井生产过程中的水害类型，分析评价水害危险性与危害程度，提出解决水害问题的措施，为矿井防治水工作提供科学依据，使焦煤集团公司矿井防治水工作切实得到提高。

2 “会诊”工作概述

为确保“会诊”工作有组织、有计划地开展，山西焦煤集团专门下发了《关于立即开展矿井水文地质类型划分和防治水安全技术‘会诊’的通知》，成立了以集团公司总工程师为组长的领导小组；为保证防治水技术“会诊”工作质量，确定了以国内煤矿防治水领域享有盛誉的煤炭科学研究总院西安研究院为技术牵头单位，组成了包括国内知名防治水专家在内的专家团队。煤矿防治水安全技术“会诊”工作方式为现场调研、集中编写“会诊”报告、专家评审等形式。其中现场调研工作主要以与煤矿防治水管理和技术人员座谈，查阅相关资料，井下、地面实地查勘，编写现场调研工作报告等形式展开。“会诊”包括了矿井水文地质条件、矿井水害隐患、矿井防治水措施以及防治水机构建设和管理工作等四个方面内容。成果包括了矿井防治水安全技术“会诊”现场调研报告，矿井防治水安全技术“会诊"报告,报告不仅指出了矿井开采水文地质条件和矿井目前存在的水害隐患以及防治水措施和管理工作中存在的问题以及解决这些问题的技术措施,还对煤矿水害隐患威胁程度进行了分类,依照这种分类,将矿井防治水工作分出轻重缓急,对防治水工作的布置安排意义重大。此外,还就一些煤矿防治水理论和技术问题,特别是对《煤矿防治水》规定进行了宣讲、答疑,取得了较好效果。

2009 年,集团公司组织实施了第一次矿井防治水安全技术"会诊",主要是针对各子分公司生产矿井,2010 年,第二次矿井防治水安全技术"会诊"主要是面对部分生产矿井和基建、技改矿井和资源整合矿井,"会诊"矿井数量达到焦煤集团矿井总数的 97%,从目前来看,两次防治水"会诊"工作取得了积极成果,今后集团公司还将组织不同形式的防治水专题技术"会诊",充分利用"会诊"这一形式为煤矿防治水服务。

3 防治水安全技术"会诊"的特点

防治水安全技术"会诊"工作特点主要表现在以下方面:

(1) 是贯彻落实煤矿安监总局关于"全面排查矿井水害隐患"的具体措施。这次防治水安全技术"会诊"工作重点就是针对矿井目前以及未来开采区域,从防治水工作不同角度出发,对存在的水害隐患进行排查。

(2) 技术上有专家团队支持。本次防治水安全技术"会诊",山西焦煤集团邀请了煤炭科学研究总院西安研究院为防治水安全技术"会诊"的技术牵头单位,作为全国煤矿防治水领军单位,本次防治水安全技术"会诊"在技术上能够得到有力保障,并且在防治水技术宣讲和防治水技术措施落实等方面,专家团队的作用显得更加突出。

(3) 这次防治水安全技术"会诊"不同于一般检查,强调煤矿企业自检自查,煤矿技术人员和专家共同"会诊",有力地促进了煤矿防治水技术人员的积极性。

(4) 防治水安全技术"会诊"时间短,但影响久远。通过"会诊"方式,建立了煤矿企业和科研院的沟通渠道,不定期的防治水安全技术"会诊",势必对保障安全生产起到极大的促进作用。

4 "会诊"成效评述

4.1 隐患排查效果

矿井在建设和生产过程中的水害隐患排查是防治水安全技术"会诊"的一项非常重要工作内容。通过"会诊",排查了如下有代表性的水害隐患:

(1) 新阳矿带压面积扩大至新阳煤矿大部分面积,由于涉及奥灰水带压开采问题,其隐患威胁程度不言而喻。

(2) 西山屯兰煤矿井下水文观测孔封闭不良,形成了联系奥灰与太灰含水层的人为导水通道,长此以往将改变矿井开采水文地质条件,特别是未来开采下组煤时水文地质条件将趋于更加复杂,因此,漏水钻孔对矿井生产有较大的安全隐患。

(3) 汾西河东煤矿井田周边小煤窑及上组煤采空积水,特别是八一煤矿 4#、6# 煤层采空区对 31005 工作面回采的存在较大威胁的可能;其次,井田面积大,地形复杂,另有小煤窑分布,暴雨后易形成较大的积水区,遇到地表塌陷、滑坡等地质灾害,地表水涌入采空区,易造成较大水害。

(4) 对资源整合矿井,"会诊"组指出,由于被整合的矿井防治水底子薄,资料匮乏,水文地质勘探程度低,特别是周边采空区、积水区分布不明,防治水工作面临很大的困难,这些矿井最大的隐患不仅来客观自然条件,还来自对矿井防治水工作重要性的认识程度和管理层面上。

由于各矿地质条件的不同,矿井水害隐患威胁程度不尽相同。按照"会诊"报告提出的水害隐患威胁程度分类标准,较为详细地评价了各矿井的水害隐患威胁程度,针对这些水害隐患,"会诊"组提出了防止水害隐患转化为水灾的防治水技术措施。通过矿井防治水安全技术"会诊"这一形式,能够有效地协助煤矿企业分析水害发生的条件,排查水害隐患所在,指定消除水害隐患的具体措施。

4.2 水文地质条件认识方面效果

"会诊"组在对原先有关资料、不同时期勘探资料和矿井揭露资料研究分析的基础上,结合区域水文地质单元和控水构造发育特征，对焦煤集团所属矿井水文地质条件进行了梳理。通过“会诊”，很大程度上统一了对区域水文地质条件和矿井开采水文地质条件的认识。

对资源整合矿井水文地质条件认识差异性较大，矿区地表水、地下水补径排特征，地下水水位动态变化规律，各含水层水质特征，含水层水力联系情况，地质构造控水特征，已开采地段水文地质条件，周边采空区分布情况及小煤窑开采情况等因地域勘探程度、资料拥有程度不同而不同，总体来说资料匮乏，勘探程度低，基础工作薄弱是这些矿井目前存在的主要问题。

通过对矿井水文地质条件的“会诊”，为矿井从整体上把握开采水文地质条件和变化规律，对矿井防治水工作起到了很好的效果。

4.3　防治水措施方面效果

矿井防治水安全技术“会诊”的核心作用是通过专家“会诊”，查出水害隐患，有针对性地提出切合实际的、操作性强的防治水措施。内容包括了井下探放水设计、矿井排水系统布置与设计、构造的探查方法、带压开采设计和技术措施、采空积水区探查与防治方法、地表水防治措施以及水文地质补充勘探等方面。“会诊”过程中，“会诊”组针对矿井防治水十六字方针“预测预报，有疑必探，先探后掘，先治后采”作了较深入调研，明确提出了十六字方针中关于“探”的广泛含义，提出了“有掘必探”的条件。通过两次“会诊”，专家组共提出各种防治水措施上百条，其中直接被矿方采用的约占50%，应当说这些措施极大地促进了矿井防治水工作，同时，也使各矿技术人员学到了宝贵的防治水知识。

4.4　防治水管理方面效果

矿井防治水制度和机构是防治水工作的组织保障，“会诊”工作也包括了对各矿在防治水管理方面存在的问题进行了“会诊”。这项工作以《煤矿防治水规定》为指南，矿井实际条件为基础，从防治水工作必需的“四个制度”建设到防治水机构设立，从防治水各级领导和技术人员职责到矿井日常防治水工作安排，从矿井防治水规划实施到矿井水害应急预案编制演练，从防治水投入到防治水工程管理等方面，找出工作中存在的问题，提出解决的措施。

4.5　“会诊”的宣讲效果

“会诊”工作不仅对解决矿井防治水实际问题起到很大作用，在“会诊”的同时，还利用有关专家相对集中的有利时机开展了对《煤矿防治水规定》进行讲解，煤矿防治水基础知识培训，煤矿防治水专题技术培训，煤矿防治水技术现场答疑等活动，受到各煤矿企业的普遍欢迎，凸显防治水专家技术“会诊”效果。

集团公司高度重视“会诊”所取得的成果，将矿井防治水摆在与“一通三防”同等重要的位置来抓，要求矿井针对“会诊”提出的水害隐患和存在的问题提出整改措施，有力地强化了矿井防治水工作。汾西局制定了《汾西矿业集团公司防治水管理办法》，对各矿日常的水文地质基础工作和矿井防治水工作内容和工作程度作了明确而具体的要求，并制定有严格的奖罚措施。对所有带压开采矿井进行了带压开采安全条件和可行性评价，尤其是对带压开采下组煤的可行性进行了充分的论证，并制定了现阶段带压开采的安全技术措施，为矿井防治水工作和水文地质补充勘探工作打下了一定的基础。对带压开采矿井坚持“有掘必探，有水必治”、“小水当作大水来治”的原则。

霍州煤电集团坚决从矿井防治水安全技术管理的角度出发，坚持科学发展观，将防治水安全工作重点放在现场，现场重点督促落实，及时解决了矿井生产过程中遇到的各种疑难问题，保证了矿井安全生产，集团公司各级管理人员的防治水工作理念及意识明显提高，深入开展水害隐患排查治理。集团公司每季度、矿井每月、地测科每周深入现场从排水系统、防治水安全设施、带压开采、构造及其充水性探测、小煤窑采空积水区探测等方面着手，调查摸清矿井防治水工作存在的问题和重大安全隐患，分轻重缓急针对性地提出下一步矿井防治水安全重大隐患整改工作方案，大力开展防突水技术研究，采掘面构造及其充水性探测，水文地质勘探工作以及岩层水治理工作，防治水工作再上新台阶。西山煤电以“会诊”为契机，对重点水害隐患认真落实对策，对古交矿区水文地质条件从整体上进行研究，结合矿井开采条件，委托防治水科研单位编制带压开采矿井防治水中长期规划，全局防治水工作始终处于主动态势。其他单位也都通过防治水"会诊"工作不同程度地提高了对防治水工作重视程度,有针对性地采取了防治水措施。

5 存在的主要问题

5.1 时间紧,矿井多,任务重,"会诊"有漏诊

许多原因致使两次"会诊"工作均在较短的时间内完成现场调研和"会诊"报告编写工作,山西焦煤集团所属矿井数量多,分布地域广。因此,在短时间内完成"会诊"工作无论对组织单位焦煤集团还是对牵头单位"会诊"组、专家组来讲,都是具有很大的挑战性,也正因为这种情况,"会诊"工作难免存在漏诊、不细致等现象。

5.2 组织形式还可优化

"会诊"邀请了煤炭科学研究总院西安研究院为技术牵头单位,"会诊"组成员也主要有西安院技术人员组成,专家组也邀请了国内著名防治水专家,相比较而言,煤矿企业参与较少,即使参与,也由于承担相应任务较少而影响"会诊"质量。

5.3 无经验可借鉴

矿井防治水安全技术"会诊"工作在国内尚属首次,在"会诊"活动的组织、形式、内容、技术要求和程度等方面尚无经验可借鉴,加之时间紧任务重,许多环节都在摸索、探索,有待于不断实践,不断提高。

山西焦煤集团所开展的矿井防治水安全技术"会诊"工作,在深入贯彻执行国务院煤矿安全监察局、山西省人民政府等关于加强煤矿水害隐患排查治理的精神方面,从形式上和内容上都有所创新,尽管"会诊"工作本身还需进一步完善提高,已取得显著效果表明了这一工作方法的实用性和适用性。在未来矿井防治水工作当中,安全技术"会诊"必将发挥越来越大的作用。

作者简介:王新(1963—),研究员,现就职于中煤科工集团西安研究院,从事煤矿防治水技术研究和开发工作。联系电话:13909271401;029-87862253。

煤炭开采对水文资源破坏的环境与生态影响及评价

山西煤矿安全监察局阳泉监察分局　闫令飞

1　地层简介

山西沁水煤田阳泉区含煤地层比较稳定，总体来看地层层序由老至新为奥陶系中统峰峰组、石炭系中统本溪组、石炭系上统太原组、二叠系下统山西组、二叠系下统下石盒子组、第四系中上更新统和第四系全新统。地层由老至新简述如下。

(1) 奥陶系中统峰峰组(O_2f)

主要为灰岩及豹皮状灰岩，其次为泥灰岩及薄层状白云质灰岩。底部为厚层状角砾状泥灰岩。下部岩溶较发育。

(2) 石炭系中统本溪组(C_2b)

本组厚度25.00～49.00 m，平均35.00 m。平行不整合于奥陶系灰岩之上。本组地层由灰色、深灰色泥岩、砂质泥岩及石灰岩组成，夹有1～2层煤线。底部为山西式铁矿，矿石为黄铁矿，呈星散状或团块状分布于灰岩及铝土矿中，其上为G层铝土矿，厚度变化较大。一般含二层灰岩，含少量蜓科及海百合茎化石。

(3) 石炭系上统太原组(C_3t)

全组厚度96.40～121.60 m，平均119.93 m。为主要含煤地层之一，连续沉积于本溪组之上。岩性由灰黑色粉砂岩，砂质泥岩，泥岩，浅灰，灰白色砂岩，3层深灰色石灰岩以及8层煤组成。

(4) 二叠系下统山西组(P_1s)

本组厚度40.10～72.00 m，平均厚度56.14 m。为井田内主要含煤地层之一，连续沉积于太原组之上。岩性主要由灰黑色砂质泥岩、泥岩、灰白色中—粗粒砂岩组成。含煤4～6层。

(5) 二叠系下统下石盒子组(P_1x)

本组地层上部有缺失，地层厚度为80.00～120.00 m，平均厚100.00 m。底界以K_8砂岩连续沉积于山西组之上。下部岩性由黄色、黄绿色砂质泥岩，石英杂砂岩组成，底部有时夹1～2层煤线和碳质泥岩；中部为砂岩夹砂质泥岩；其上为浅灰色砂质泥岩及粉砂岩。

(6) 第四系中上更新统(Q_{2+3})

以不整合覆盖于基岩之上。

中更新统离石黄土(Q_2)：由红棕色、红黄色黄土状亚砂土及亚黏土组成，并含有钙质结核。

上更新统马兰黄土(Q_3)：为浅黄、黄灰色亚砂土或细粉砂土，孔隙度大，垂直节理发育，底部含钙质结核。

(7) 第四系全新统(Q_4)

成分以砂砾为主，混夹浅黄色粉沙土，厚度0～10.00 m，一般厚度5.00 m左右。

2　矿井开采对水资源的影响

煤炭开采对水资源的破坏除了上述可计量的直接影响外，更为重要的是对生态环境的扰动，而这种扰动所产生的影响更具有广泛性和深远性。

2.1　改变了地下水自然流场及补、径、排条件

由于煤、水资源共存于一个地质体中，在天然条件下，各有自身的赋存条件及变化规律。煤炭开采打破了地下水原有的自然平衡，形成以矿井为中心的降落漏斗，改变了原有的补、径、排条件，使地

下水向矿坑汇流，在其影响半径之内，地下水流加快，水位下降，贮存量减少，局部由承压转为无压，导致煤系地层以上裂隙水受到明显的破坏，使原有的含水层变为透水层，原有的水井干涸。

2.2　改变了“三水”转化关系

在自然状态下，降水、地表水与地下水存在一定的补排关系，由于矿井排水在浅部地段，导致“三带”连通，使地表水转化为地下水，涌入矿坑再排出，在下游转化为地表水。地表水、地下水互相转化，相互补给，改变了原始状态下的转化过程，使水资源不能充分利用，使水质受到了污染。

2.3　污染了地下环境

在山西岩溶大泉中，引起岩溶水污染的途径主要有以下几种：

(1) 被污染的地表水在流经裸露岩溶区段时，通过岩溶裂隙呈浅状渗漏污染。目前，山西省主要河道70%以上明显受污染，其中454 km的河段水质超过“三废”排放标准。桃河水在阳泉至西武庄沿途渗漏污染娘子关泉，造成近100 km^2的污染晕，数十平方公里受氰化物严重污染。

(2) 排污场地污染物垂直下渗污染岩溶水。在岩溶地区，裸露或浅覆盖条件下，无衬砌或衬砌不好的选洗矿污水池和尾矿池，工厂排污塘或洗池、矿渣场、电厂灰场、城市垃圾堆放场等地，污染物由污水或大气降水淋滤，携带渗入岩溶含水层造成污染。

(3) 矿坑、钻孔等人工通道导入污水。山西煤矿大部分采区在岩溶泉域的补给、径流区，受到影响较大的有娘子关泉、辛安泉、延河泉、龙子祠泉、郭庄泉、晋祠、柳林泉及神头泉等。

(4) 区域性降水入渗污染。被污染的大气，随降水将污染物带到地表，产生地表径流，流经或入渗进入岩溶含水层造成污染。

(5) 被污染情况。

铁：19个大泉的平均含量为0.025～0.632 mg/L，检出率为100%，除洪山、广胜寺、下马圈、古堆泉外，其余大泉的铁含量超标率达14.3%～100%，超标倍数0.028～3.44倍。

硫酸盐：检出超标的有古堆泉、龙子祠泉、郭庄泉、娘子关泉，超标率16.7%～100%。

总硬度：超标的有柳林泉、三姑泉、龙子祠泉、郭庄泉、娘子关泉、晋祠泉、洪山泉，超标率为9.09%～100%。

矿化度：超标的有柳林泉和晋祠泉。

有机物：大部分泉有机污染程度低，仅有坪上泉和辛安泉COD超标，晋祠泉DO超标，娘子关泉NO_3^-超标，神头泉NO_2^-超标。

蓄积性毒物：蓄积性毒物包括Pb、Cd、Hg、As、Cr^{6+}等。在19个大泉中Pb超标的有晋祠泉、柳林泉、龙子祠泉和三姑泉，超标0.11～1.16倍，平均超标0.621倍。Hg含量大于0.2 Mg/L的有兰村、晋祠、郭庄和辛安泉四个泉域。As、Cr^{6+}在各泉域的检出含量中，绝大部分低于标准值的20%，检出率也相当低。

氰化物：在天然条件下，岩溶水中不含氰化物，但19个大泉中检出率为97.35%，检出含量一般为0.002～0.01 mg/L的有娘子关、下马圈、神头、红石楞、坪上泉，但超标的只有娘子关泉。

氟污染：在天然状态下，岩溶水中氟含量较低，一般在0.2～0.6 mg/L之间，受污染最大高达2.0 mg/L，超标一倍。有超标污染的泉域为晋祠泉、古堆泉、郭庄泉、柳林泉，平均超标在一倍以内。

2.4　造成严重的突水事件

山西煤炭开采层主要是石炭系、二叠系及侏罗系煤层，由于采掘的煤层位于当地侵蚀基准面和奥陶系岩溶水位之上，采掘容易造成严重的突水事件，其水源主要是煤系地层本身的碎屑岩裂隙水、石炭系层间石灰岩岩溶水及上覆松散岩系的孔隙水，吨煤排水量一般小于2 m^3的属小水矿床，开采区吨煤排水量达2～5 m^3的属中水矿床，开采区吨煤排水量大于5 m^3的属大水矿床。煤炭开采破坏了储水构造，改变了地下水径流路线，造成了严重的坑下突水，使水害成为煤炭开采主要的灾害之一，它不但造成人员伤亡，设备破坏，矿井报废，而且浪费了大量地下水资源。

2.5　形成大面积水位下降漏斗区

由于地下井、巷道及采空区的出现，煤系地层及上覆松散岩系中垂向裂缝增多、增大，煤系地层和松散岩系地层中的水均快速地向下渗漏，进入巷道及采空区或排出，形成了以开采区为中心的水位下降漏斗区，造成浅层水资源枯竭。实地调查资料表明，不少地区由于煤炭开采，使原先打的人畜饮用和农业浇地的浅井变成枯井。

2.6　引起地面地质灾害，进一步破坏了水资源

由于采空区的出现及其顶板塌陷，在地面引起较为严重的地质灾害。目前，山西地下采空区估计达 1 300 km^2以上，在地面引起严重地质灾害区域达 540 km^2以上。引起的地质灾害主要有地裂、地陷和滑坡、崩塌。一系列的地质灾害，破坏了浅部隔水层和储水构造，改变了径流路线；枯竭了浅水资源，并影响了侧向的补给量。

2.7　造成植被破坏

浅层地下水的疏干和大面积的土地毁坏，使地表植被受到严重破坏，其结果是，一方面加大水土流失，使环境恶化；另一方面由于地表无植被，减少了降水在该区域的渗漏量，加大了洪水流量，降低了地下水的储蓄能力。

3　水资源破坏影响的宏观经济评价

由于山西煤炭资源开发的大规模、大面积、高强度性，煤炭工业在山西经济发展中的特殊性，其进一步开发不可避免地对全省宏观经济运行将产生多方面的影响。

(1) 煤炭开采对水资源破坏的经济损失有进一步扩大的趋势。随着煤炭开采规模、开采面积、开采深度的继续扩大，煤炭开采对水资源破坏的经济损失有进一步扩大的趋势。据初步测算，在不考虑价格因素的条件下，未来 10 年，煤炭开采造成的水资源破坏经济损失将可能达到 193.19 亿元，占未来 10 年山西 GDP 增长量的 9.7%。

(2) 水资源供需紧张的局面将会持续存在。尽管随着产业结构的调整，单位耗水指标会有所下降，但由于经济总量的扩大、城乡建设和人口的持续增长，从全省范围来看，水资源供给紧张的形势仍难以从根本上得到解决。

(3) 水利设施投资持续增大，经济发展受到较大制约。为缓解日益紧张的水资源供需矛盾，山西省不得不继续在水利设施方面投以巨资。而随着取水条件和取水环境的日益恶化，吨水开发的水利建设成本有进一步上升的趋势，水利设施建设的投资将越来越大，供水成本也越来越高。对山西这样一个经济并不发达的省份来说，无疑是一个巨大的负担。

(4) 煤炭开采成本明显升高，市场竞争压力增大。随着煤炭开采深度的逐步加大，山西煤炭开发的条件将会进一步恶化，成本将逐步提高，而深层提排水成本、污水处理成本以及设施运行成本的提高，无疑将会明显改变煤炭开采的成本结构，使山西煤炭产品的市场价格竞争力受到一定程度影响，煤炭企业的利润将会进一步减少，企业发展的困难会进一步增大。

4　对煤炭及其赋存条件的地下水资源实行保护性开发

(1) 应科学评估地下水环境对煤炭开采的承载能力，合理开发利用各类地质环境资源，凡新建、改建、扩建煤矿时，均应进行地质环境影响的评价工作，严格遵守《矿产资源法》《水法》《环境保护法》等有关法规，并提出保护措施，防止地质环境的恶化。

(2) 合理规划和调整现有煤矿生产布局，避开水源涵养地、重要水利设施、重点名胜区、大中城市人口密集区等。对于布局不合理，矿井过密，导致安全生产条件差和地下水资源破坏严重的小矿，应坚决关停并转。

通过事故教训促进防治水工作

贵州省遵义县金虎煤矿

1 概 述

遵义县金虎煤矿是设计生产能力9万t/a的整合矿井，由原遵义县山盆镇田一井煤矿、遵义县山盆镇乡一井煤矿和遵义县山盆镇胜利煤矿整合而成，鉴定为低瓦斯矿井、设计一水平标高内无煤与瓦斯突出危险性。矿井整合工作结束后，煤矿把所有的精力都放在了技改扩能建设工作上，忽视了煤矿灾害防治特别是水害防治工作。

2 事故教训

2008年6月7日9时10分，矿井在煤层中向上掘进副斜井时，采用电煤钻探水，钻孔深度只有3 m，探水工作完全停留在形式上，掘进时放大炮，揭穿了原遵义县山盆镇田一井煤矿采空区，导致采空区内大量水突然涌入井下巷道，造成主平硐标高以下的巷道完全被淹没，井下大量设备、设施和部分巷道损毁，工业广场被冲塌，工业广场上堆放的约5 000 t原煤全部被冲走，所幸未造成人员伤亡，造成直接经济损失约250万元，停建整改3个月。

"6·7"透水事故的发生，打乱了金虎矿的工作部署，严重影响了矿井建设进度，给煤矿上下当头一棒。这一棒打下来，使全矿上下警醒过来，才真正认识到安全是煤矿的命根子，安全是煤矿的最大效益！痛定思痛，全矿上下清醒地认识到水害防治工作是本矿的重中之重。

3 矿井防治水工作主要做法和成效

3.1 提高认识、统一思想

金虎矿是由3个小矿整合而成，这些小矿开采时间较长，未曾采用正规采煤方法，没有及时处理顶板，空顶点多、范围大，易积水，没有完整的技术资料，原采空范围不确定，积水范围无法准确推定。老空水就像一把利剑悬在金虎煤矿的头顶，是首要灾害，稍有不慎，就有矿毁人亡的可能！"6·7"透水事故发生后，矿方立即召开全矿安全管理人员会议，认真分析查找原因，成立了以实际控制人为总负责人的防治水工作领导小组，由矿实际控制人全面管理矿井防治水工作，进一步明确了各成员的工作职责，层层签订了水害防治工作责任书。以"抓好水害防治工作，就抓住了安全生产'牛鼻子'，抓好水害防治工作，就牢牢掌握了安全生产的主动权"为中心思想多次组织全矿职工学习，广泛宣传，进一步提高了广大职工对矿水害防治工作重要性的认识。

3.2 制定制度、完善措施

金虎矿原制定水害防治制度和措施形式上不规范、内容上不全面，对煤矿防治水工作没有针对性、指导性和可操作性。"6·7"透水事故后，矿严格按照《煤矿安全规程》和煤矿水害防治相关规定，结合金虎煤矿矿井水害类型，制定了新的金虎煤矿水害防治管理制度，完善了防治水工作措施。这些制度的制定和措施的完善极大地规范了本矿水害防治工作行为，推动了矿防治水工作的规范化开展。2009年，《贵州省煤矿水害防治规定》颁布后，本矿又结合新规定要求，对防治水制度和措施进行了全面修订。

3.3 成立机构，落实资金、人员

为保证各项制度和措施能够得到贯彻执行，"6·7"透水事故发生后，金虎矿立即成立了遵义县金虎煤矿水害防治工作领导小组，由实际控制人为总负责人，矿长为组长，安全副矿长、生产矿长、工程师任副组长，领导小组下设办公室。

按照矿防治水工作措施要求，由煤矿实际控制人筹集防治水工程急需资金 50 万元，用于购买设备和设置设施，按照防治水计划筹集后期防治水工程资金 160 万元，用于进一步完善防排水系统。至今，金虎矿实际用于防治水工程资金已超过 300 万元，新聘请了具备专业素质的防治水工程师 1 人、防治水工作人员 2 人。

3.4 加强培训、提高素质

针对金虎煤矿井下从业人员文化程度低、素质差、安全防范意识薄弱和安全自保能力不强的特点，认真开展了井下从业人员安全培训工作。培训中，分批组织人员学习《煤矿防治水规定》和《贵州省煤矿水害防治规定》，重点学习贯彻各项制度和安全技术措施，让井下从业人员真正掌握矿井水害的基本概念，防治水的基本要求，矿井透水前的预兆，发现矿井透水预兆后应采取的措施，透水事故发生后的逃生路线等基本内容。通过培训，进一步提高了井下从业人员特别是掘进工人识别矿井透水预兆、发现透水事故后能够做出迅速报告调度室、及时通知受威胁作业区人员和按避灾路线迅速撤离行为的能力。按规定每年组织一次职工进行防水演习，使全矿职工都能及时迅速地沿着避灾路线撤离到安全地带，达到预想的效果，对演习中发现的问题立即整改，对演习中达不到要求的职工，进行专门的培训学习。

3.5 改进探水方法，把探水工作落到实处

“6·7”透水事故的发生，事实上是本矿采用的探水设备不是专用设备，探水方法不符合矿实际，工人工作中存有侥幸心理造成的。总结这次惨痛教训后，本矿添置了 3 台 ZDY—750 型专用探水钻机，并做到了有掘必探。探水方法、探水钻孔布置、探水距离、允许掘进长度等在作业规程和安全技术措施中做了明确的规定。并明确了掘进队长是探水工作的第一责任人，负责探水工作的组织和实施，班组长、安全员及安全副矿长是探水工作的监督人，负责监督掘进探水工作的开展，同时实行举报奖励制度和弄虚作假处罚制度，调动大家参与的积极性。

对探水钻孔实施严格的现场检查验收制度，对达不到要求的一律返工，现场悬挂探水钻孔记录牌板，超过允掘(采)距离的严禁掘进(采煤)。

3.6 开展矿区水文调查，弄清矿区水文地质情况

“6·7”透水事故发生后，金虎矿组织工程技术人员对矿区水文情况进行了全面调查。金虎矿矿区范围内没有地表水体，且地表水排泄条件良好，只有混子河切割茅口灰岩从矿区边缘穿过，在矿区范围内沿 13# 煤层露头有 4 个小窑(洞)。矿方对这些小窑(洞)的开掘者和参与开掘的知情者进行了详细的了解，初步掌握了这些小窑(洞)的开采方法、开采深度、开采范围等资料，又进一步对原遵义县山盆镇田一井煤矿、原遵义县山盆镇乡一井煤矿和原遵义县山盆镇胜利煤矿的开拓开采情况进行了全面的了解，对老窑积水情况有了基本的了解，根据这些资料，在采掘工程平面图上画出了探水红线，这对指导本矿开展水灾防治工作具有十分重要的意义。

3.7 利用先进的物探技术，为本矿铸就新的治水防线

金虎煤矿开展水文地质调查仅仅摸清了老窑开采范围和老空水对煤矿采掘工作的影响，但对于煤系地层底部的强含水层茅口灰岩里的水对开采的影响却不清楚。茅口灰岩层位厚，富水性很强，岩溶管道发育，且有混子河补给，而且金虎煤矿开采深度低于混子河标高，带压开采，矿井在开采过程中存在底板突水的可能，因此，及时预测茅口灰岩岩溶管道发育情况以及地下水富积情况对金虎煤矿开展防治水工作具有十分重要的现实意义。2011 年 1 月 20 日，金虎矿与贵州省地矿局 103 地质大队签署了物探协议，通过现场物探测试，103 地质大队提交了《遵义县金虎煤矿水患物探勘察报告》，初步查明了金虎煤矿矿区范围的地下岩溶管道发育情况及分布情况、地下水富集情况等资料，在掘进工作中遵照物探先行、钻探验证、物探与钻探相结合的原则，给金虎煤矿开展防治水工作提供了科学依据，为金虎矿铸就了新的治水防线。

四川宝鼎矿区矿井涌水量因素分析

四川省攀枝花煤业集团公司　魏克敏　王友长　文泽康

摘　要：通过对宝鼎矿区矿井充水水源和矿井涌水量影响因素的分析，指出了矿区水文地质条件越来越复杂的原因，提出了矿区防治水工作的重点以及应采取的措施。

关键词：矿井涌水量；影响因素；防治水措施

0　引　言

根据勘探报告和矿井水文地质条件分类，宝鼎矿区水文地质条件简单，而矿区发生的十余次水灾事故给我们敲响了警钟。降雨渗入补给是矿坑充水的主要来源，那么，有多少降雨渗入地下形成了矿井水；除了降雨，还有没有别的水源会影响到矿井涌水量的大小；矿井涌水量与降雨量的关系是怎样的；怎样才能做好矿井防治水工作，确保安全生产；这些一直是宝鼎矿区煤矿防治水工作人员想要解决的问题。

1　矿区水文地质条件

宝鼎矿区地处川滇交界的山区，矿区总体为一轴向北东向南倾伏的向斜构造，即大箐向斜蓄水构造。地形总趋势南高北低，山势陡峻，沟谷发育，地表坡降较大，切割较深，属沟谷侵蚀强烈的高中山地貌。矿区含煤地层为晚三叠系陆相沉积，煤系地层由一套多旋回弱含水性的碎屑岩组成，无岩溶水贮存，加之山高谷深，地形切割深峻，冲沟发育，相对高差大，利于地表水的迅速排泄。基岩风化度轻，多裸露，不利于地下水的补给。但局部第四系残坡积层堆积较厚，植被发育，为地表水下渗提供了有利条件。矿井涌水量与大气降雨密切相关，矿井涌水来源于大气降雨对矿井塌陷区的含水层补给，此外部分来源于断层裂隙导水。矿区北面有金沙江，南端为高山。区内有摩梭河、纳拉河、灰老河、龙潭河，均是季节性河流（矿区地表河流分布示意见图1）。矿区含水层出露面积45.8 km^2，受水面积62.1 km^2。金沙江从矿区北端流过，洪水位标高＋1 020 m，顺岩层走向切割，距最下一层可采煤层（40#煤层）有700～1 000 m。其间隔水层有10层之多，隔水层单层厚度一般在10 m左右，总厚度在200 m以上，对开采无影响。所以，矿区水文地质条件较简单。

2　矿井充水因素分析

宝鼎矿区由于井田处于侵蚀基准面以上，地表主要水体——金沙江于北外侧径流，与最下可采煤层40#之间有三层以上较稳定的以煤层为核心组成的隔水层组，江水透过隔水层补给矿井的可能性不大。矿区内断层带富水性与岩层相近，受含、隔水层控制，断层富水性及导水性差，只有局部裂隙发育地段可能有地下水富集。因此，在矿井开采过程中流入矿井的水源，主要包括大气降雨、地表水、含水层水和老窑积水等。

3　矿井涌水量影响因素

3.1　降雨量对矿井涌水量的影响

宝鼎矿区矿井充水的主要来源是降雨渗入补给，雨水将通过地表裂隙、塌坑、土壤等下渗至地下采空区和含水层。一部分地下水渗至各生产矿井，通过矿井排水系统排至地面，而大部分地下水将积存在采空区或含水层内。因此，降雨量是矿井涌水量的主要影响因素。通过对近三年宝鼎矿区降雨量及矿井涌水量的分析，从近三年宝鼎矿区矿井涌水量及降雨量相关曲线图我们发现：矿井涌水量随着降雨量的增大而增大，在雨季期间（6～10月）各矿井的涌水量明显增大，降雨后，一般要滞后1～2

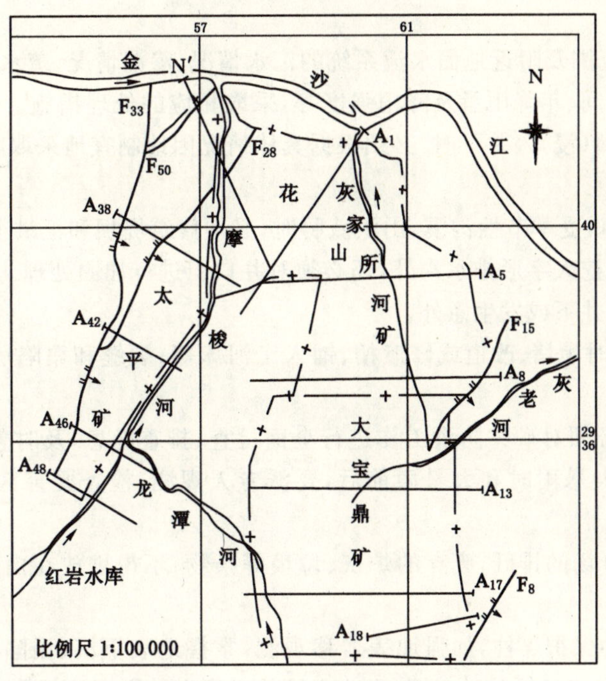

图 1 矿区地表河流分布示意图

个月,矿井涌水量才增大。

3.2 地表水对矿井涌水量的影响

除金沙江外,宝鼎矿区的地表水,包括沟、溪、水库对矿井涌水量都有一定影响。宝鼎矿区内的几条河流,都流经了几个含水组,河水通过强含水层渗透到井下,成为矿井涌水的持续补充来源。特别是当矿井开采造成的塌陷、裂缝通到地表河床,将会造成河水直接溃入井下,使矿井涌水量突然增大。

3.3 含水层水对矿井涌水量的影响

宝鼎矿区共划分有 6 个含水组,每个含水组均有含水量丰富的强含水层,矿井在采掘过程中,揭露到这些强含水层,将会造成矿井涌水量突然增大,影响正常生产。

3.4 老窑与采空区积水对矿井涌水量的影响

宝鼎矿区虽然水文地质条件较简单,但经过多年的开采破坏,在矿区内形成了大量的老窑与采空区积水区域,在采掘过程中,一旦穿透这些老窑与采空区积水区域,其积水将涌入矿井,造成矿井涌水量突然增大,影响安全生产。

3.5 矿井生产用水对矿井涌水量的影响

各矿的矿井生产用水若从地面抽取,随着矿井生产用水量的增大,矿井的涌水量也会有所增大。

4 防治水工作重点及措施

矿井水害往往是由 2~3 种水源造成的。单一水源的矿井水害很少见。矿井水害的危害程度取决于水源水量、水头压力及突水初期瞬间流量。地表江、河、湖、塘水体及采空区积水、溶洞水造成的水害往往来得突然,来势凶猛,时间短,因此危害性极大,容易造成重大伤亡及重大财产损失;含水层的空隙、裂隙水造成的水害往往来势较小,瞬间压力较大,但压力、流量衰减迅速,危害时间长,使人员有时间采取避险措施,不容易造成人员伤亡及重大财产损失。

4.1 地面防治水

4.1.1 工作重点

地面防治水工作的重点是对大气降雨和地表水体的防治,减少降雨向地下的渗透,防止地表水溃入井下。

4.1.2 工作措施

(1) 必须查清矿区范围及附近地面水流系统的汇水情况、渗漏情况、疏水能力和有关水利工程情况，及时了解雨季开始时间、年降雨量及降雨强度等，采取相应的处理措施。井口附近和塌陷(坑)区内外的积水或雨水可能灌(浸)入井下时，必须根据具体情况因地制宜地采取防排水措施，并符合下列要求：

① 矿井各种地面出口受季节性沟溪、山洪威胁时，必须修筑堤坝和汇洪渠，防止山洪灌(浸)入矿井。对使用中的井口，除挖人字形排水沟外，还必须对井口门进行加固处理。报废的井口必须及时封闭填堵，以防地表水灌入井下或发生意外。

② 漏水的沟渠要及时填堵、改道或修渡槽、铺人工河床等；裂缝和塌陷坑要及时填堵，填堵时要有施工安全措施。

③ 每年雨季之前，必须对矿井防洪工作进行全面检查，排查隐患，及时整改。雨季期间，特别是雨季开始和后期及每次大暴雨时和大暴雨前后，要派专人观测、检查要害区段，发现险情必须及时处理。

(2) 所有井口和选矸场的排矸，废弃的炉灰、垃圾等杂物，不得堆放在山洪、沟溪、河流可能冲到的地方。

(3) 按规定留设各种保护煤柱，加强地表岩移观测，掌握地表下沉、塌陷和裂隙变化规律。对矿井有安全威胁的塌陷和裂隙必须及时充填，无法充填的必须在其周围挖好防洪沟渠，尽量减少地表水注入或渗入井下。

(4) 使用中的地面钻孔，必须安装孔口盖，报废的钻孔必须及时封孔。

4.2 井下防治水

4.2.1 工作重点

井下防治水工作的重点是对采空区(老窑)积水及含水层水的防治，采用物探和钻探的手段掌握积水区域，做好探放水工作，预防水害事故的发生，确保安全生产。

4.2.2 工作措施

(1) 矿井必须做好水情水害分析预报，坚持“预测预报，有疑必探，先探后掘，先治后采”的防治水原则。

(2) 查明矿井的水文地质条件、各种充水因素，并分析研究、了解掌握地下水运移规律，划分矿井水文地质类型，为矿井防治水工作提供技术依据。

(3) 矿井必须认真编制矿井中长期水害防治规划和年度水害防治计划，每年必须根据矿井水文、水害特征编制矿井防治水预案，组织抢险队伍，储备足够的矿井防治水和防洪抢险物资。

(4) 在有积水的小煤矿采空区和老空区附近，必须按有关规定留设防水煤柱。相邻矿井间的技术边界要按《矿井水文地质规程》留设隔离煤柱，其尺寸由有资质的设计部门确定。变动井界时，按有关规定重新留设。防水煤柱应由设计部门专门设计，并按技术管理权限报批。

(5) 建立水文观测系统，雨季期间或矿井涌水量异常时每月观测不少于2次，枯水季节时涌水量观测每月不少于1次；井下新揭露的突水点，在涌水量尚未稳定或尚未掌握其变化规律前，连同附近的水文点每天观测一次。对溃入性的突水点，1～2小时观测一次，以后可适当延长观测的间隔时间，涌水量稳定后，按正常要求进行观测。对观测资料进行整理，建立台账，分析矿井水运移规律，形成书面分析材料，制作相关因素曲线图。

(6) 采掘工作面遇到下列情况之一时，必须确定探水线进行探水：

① 接近水淹或可能积水的井巷、老空或相邻煤矿时；

② 接近含水层、导水或可能导水的断层带或裂隙密集带、溶洞和陷落柱时；

③ 打开隔离煤柱放水时；

④ 接近可能与河流、湖泊、水库、蓄水池、水井等相通的断层破碎带时；

⑤ 接近有出水可能的钻孔时；

⑥ 接近有水的灌浆区时；

⑦ 接近其他可能出水地区时。

(7) 必须对旧巷积水区、相邻报废积水的小煤矿、断层、陷落柱、富水带范围、补给途径、井下水仓、排水系统现状等进行调查，形成专门资料，编制矿井充水性图。

(8) 工作面回采前，必须采用物探、钻探或巷探等方法查清工作面内断层、陷落柱等情况。

探水眼的布置和超前距离，应根据水头高低、煤(岩)层厚度和硬度以及安全措施等在探放水设计中规定。

(9) 探放老空水前，首先要分析并查明老空水体的空间位置、积水量和水压。老空积水区高于探放水点位置时，只准打钻孔安设套管探放水；探放水时，必须撤出探放水点以下部位受水害威胁区域内的所有人员。探放水孔必须打中老空水体，并要监视探放水全过程，核对放水量，检查老空水是否放完。

探水或接近积水区域的掘进前或排放被淹井巷的积水前，必须编制探放水设计，并采取防止瓦斯和其他有害气体危害的安全措施。

5 结　论

(1) 宝鼎矿区虽然水文地质条件较简单，但经过多年的开采破坏，造成地表出现塌陷、裂缝，增大了降雨的渗透量，在矿区内形成了大量的老窑与采空区积水区域，使矿区的水文地质条件变得越来越复杂，增加了矿区防治水工作的难度。

(2) 宝鼎矿区矿井充水因素有大气降水、地表水、含水层水、老窑及采空区的积水，以及矿井生产用水等多方面。

(3) 宝鼎矿区矿井涌水量的变化受到降雨量的大小及降雨的形式、地表水体的分布范围及导通形式、含水层的分布范围及富水性强弱、老窑及采空区的积水量等诸多因素的影响。

(4) 针对宝鼎矿区的水文地质特征，在分析了各种影响因素后，我们认为：地面防治水工作的重点是对大气降雨和地表水体的防治，要采取各项措施，减少降雨向地下的渗透，防止地表水溃入井下；井下防治水工作的重点是对老窑与采空区积水及含水层水的防治，要采用物探和钻探的手段掌握积水区域，做好探放水工作，预防水害事故的发生，这样才能确保安全生产。

作者简介：魏克敏(1969—)，男，四川资阳人，高级工程师，就职于四川省攀枝花煤业集团公司地测处，主要从事矿井地质测量和防治水管理工作。

水质化验在煤矿水文地质研究中的应用

山东省煤田地质局第一勘探队　韩希伟　邹双英

摘　要:水质化验方法较多,本文首先利用离子浓度分析法、离子含量百分比分析法及联合分析法对煤矿水质全工业数据分类统计、对比,分析离子浓度、百分含量与划分储水单元、含水层的连通性的联系。然后,利用环境同位素分析法研究含水层的连通性、补给性等。这是一种更为先进的方法,可以获取其他方法难以得到的信息。

关键词:水质化验;煤矿;同位素;统计对比

1　离子浓度分析法

此方法以水中主要离子摩尔浓度为基础,在划分含水层储水单元、分析连通性等方面有重要作用。现以 2009 年山东省滕东生建煤矿首采工作面井下探放砾岩、3 砂、三灰水工程为例介绍此种方法,共取水样 17 组,做水质全工业分析,所得数据见表 1。

表 1　　水质化验主要指标一览表

主要离子 / 水样编号	K^+、Na^+ /(mmol/L)	Ca^{2+} /(mmol/L)	Mg^{2+} /(mmol/L)	Cl^- /(mmol/L)	SO_4^{2-} /(mmol/L)	HCO_3^- /(mmol/L)	总硬度 /(mg/L)	矿化度 /(mg/L)	pH	取水层位
TDJ107—1	79.731	4.546	1.624	13.105	66.784	4.737	308.73	5 936.24	7.8	砾岩
TDJ107—2	79.050	4.330	1.364	13.590	67.217	4.842	284.90	5 959.50	7.8	砾岩
TDJ107—3	62.683	3.464	0.866	12.772	47.084	5.474	216.65	4 599.23	7.9	3 砂
TDJ107—4	61.078	1.948	0.866	9.871	40.698	5.895	140.82	3 985.25	7.8	3 砂
TDJ107—5	66.596	3.680	1.515	12.306	54.986	5.010	259.98	5 038.84	7.7	砾岩
TDJ107—6	41.917	1.407	0.541	7.598	30.524	5.410	97.49	3 115.27	8.5	砾岩
TDJ107—7	48.901	1.732	0.909	9.497	36.802	6.000	132.16	3 668.65	8.1	砾岩
TDJ107—8	76.911	3.680	1.299	13.764	63.537	4.842	249.15	5 722.34	8.0	砾岩
TDJ107—9	46.429	1.515	0.886	8.400	33.879	4.842	119.16	3 370.01	9.0	砾岩
TDJ107—10	91.702	4.654	1.407	20.439	71.005	5.263	303.31	6 732.31	8.4	砾岩
TDJ107—11	48.865	2.106	0.413	9.203	34.276	5.313	126.05	3 508.29	8.4	砾岩
TDJ107—12	38.486	1.363	0.289	6.661	25.810	8.512	82.66	2 926.85	8.1	3 砂
TDJ107—13	47.125	1.734	1.363	9.203	34.895	5.333	154.98	3 502.46	8.4	砾岩
TDJ107—14	47.125	2.230	0.454	9.336	34.792	5.538	134.32	3 510.73	8.5	3 砂
TDJ107—15	41.700	1.445	0.619	8.012	29.733	6.133	103.32	3 101.55	8.5	砾岩
TDJ107—16	57.593	2.994	0.557	11.329	43.671	5.538	177.71	4 249.22	8.3	砾岩
TDJ107—17	42.980	1.755	0.372	8.146	31.137	6.256	106.42	3 212.60	8.2	砾岩
TDL_3—2	61.619	4.546	3.680	11.543	56.285	3.768	411.64	5 024.43	8.4	三灰

山东省滕东生建煤矿位于滕县煤田的南部东端,主采煤层为二叠系山西组 3 煤层。3 煤层的直接充水含水层为:① 山东省上覆侏罗系三台组底砾岩;② 3 煤层顶顶板砂岩(3 砂);③ 太原组三灰。

其中三灰属 3 煤层开采时的底板充水含水层。

通过以上水质化验数据可作出以下分析。

1.1　*砾岩水质分析*

通过对砾岩水质主要离子进行分析对比，我们可以将顶板砾岩水根据矿化度不同明显分成四组：第一组，1、2、8、10 号钻孔水；第二组，5 号钻孔水；第三组，16 号钻孔水；第四组，6、7、9、11、13、15、17 号钻孔水。

通过统计分析（表 2），四组砾岩水各主要离子的含量如下所述：

表 2　**砾岩水质对比表**

组别＼主要离子	K^+、Na^+/(mmol/L)	SO_4^{2-}/(mmol/L)	总硬度/(mg/L)	矿化度/(mg/L)
第一组	82.84	67.14	286.52	6 087.60
第二组	66.60	55.00	259.98	5 038.84
第三组	57.59	43.67	177.71	4 249.22
第四组	45.42	33.04	119.94	3 354.12

第一组离子浓度含量相对较高，其中 K^+、Na^+ 离子平均浓度为 82.84 mmol/L，SO_4^{2-} 离子平均浓度为 67.14 mmol/L，矿化度 5 722.34～6 732.31 mmol/L，平均 6 087.60 mg/L，平均总硬度为 286.52 mg/L。

第二组 K^+、Na^+ 离子浓度为 66.60 mmol/L，$SO_4{}^{2-}$ 离子浓度为 55.00 mmol/L，矿化度为 5 038.84 mg/L，总硬度为 259.98 mg/L。

第三组 K^+、Na^+ 离子浓度为 57.59 mmol/L，SO_4^{2-} 离子浓度为 43.67 mmol/L，矿化度为 4 249.22 mg/L，总硬度为 177.71 mg/L。

第四组 K^+、Na^+ 离子平均浓度为 45.42 mmol/L，SO_4^{2-} 离子平均浓度为 33.04 mmol/L，矿化度 3 101.55～3 668.65 mg/L，平均矿化度为 3 354.12 mg/L，平均总硬度为 119.94 mg/L。

由表 2 可以明显看出，四组砾岩水质有明显的差别。考虑到各组内钻孔平面位置相对集中，可根据首采面上部砾岩水质的四个分组，将首采面顶板砾岩自北向南划分成四个相对独立的砾岩储水单元。这四个储水单元，相互之间不补给或补给很弱。

1.2　*砂岩水质分析*

将砂岩水水质相近的钻孔分别进行分析，砂岩水可分为两组：3、4 号钻孔作为第五组，12、14 号钻孔作为第六组，见表 3。

表 3　**3 砂水质对比表**

组别＼主要离子	K^+、Na^+/(mmol/L)	SO_4^{2-}/(mmol/L)	总硬度/(mg/L)	矿化度/(mg/L)
第五组	61.88	43.89	178.73	4 292.24
第六组	42.81	30.30	108.49	3 218.79

由表 3 可以看出，第五组、第六组的水质明显不同。第五组离子浓度含量相对较高，与砾岩中的第三组（TDJ107—16 号孔）水质较接近；第六组离子浓度相对含量较低，与砾岩中的第三组（即切眼附近的砾岩水）水质较接近。

两组砂岩钻孔揭露含水层的位置很近，但水质化验数据却相差很大，可能原因是：

① 两组砂岩水不连通，均为独立储水单元。

② 由于两组钻孔施工顺序相距约3个月，后期施工的第六组钻孔由于受周围砾岩钻孔施工的影响导致砂岩水和砾岩水窜通，砂岩水受砾岩水的影响导致离子浓度降低。

1.3 三灰水质分析

三灰水质与砾岩水质中的第二组比较接近，但由于该孔距第二组砾岩钻孔较远，三灰水质资料较少，所以仅凭这点还不足以判断三灰水是否与砾岩水有水力联系。

2 离子含量百分比分析法

将各水样阴阳离子摩尔浓度百分含量投影到菱形图上，见图1。此图主要表示某种离子浓度所占主要离子浓度之和的百分比。若不同水样的某种离子含量百分比相近，说明离子之间相对含量相近，离子浓度低的水样可能是由于离子浓度高的水样被稀释造成的。若不同水样某种离子含量百分比差别较大，则可能不是同一含水层或同一时代的水。

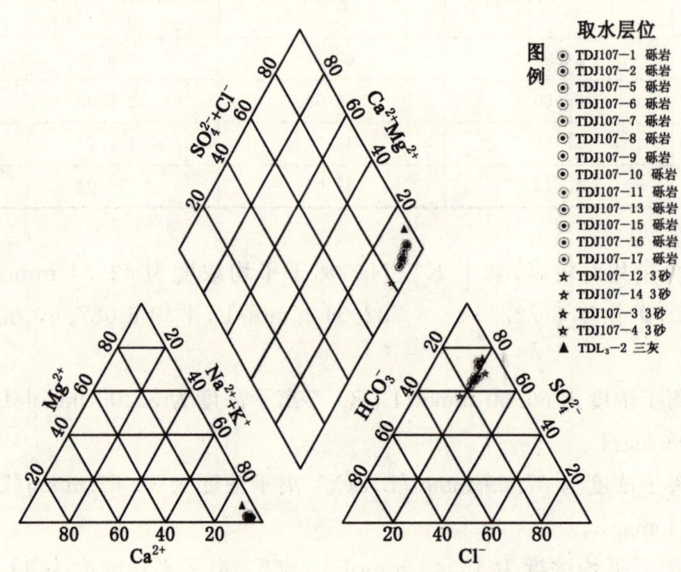

图1 水质叠加图

通过水质叠加图可以发现：在阴阳离子分布图中，除水样 TDL_3—2 号孔含量比稍有差别以外，其他的水样阴阳离子分布较集中，各孔中阳离子都是以 Na^+、K^+ 为主，含量百分比都占阳离子的95%左右。阴离子都是以 SO_4^{2-} 为主，含量百分比占阴离子的70%左右。

3 联合分析

由于离子浓度与含量百分比分析利用的均是水质全工业分析数据，一般情况下将二者结合起来再分析，会得到很多重要信息。

通过以上两方面分析可知，各水样中水质的差别主要是离子浓度的差别，离子之间的相对百分含量差别很小。但离子浓度最低的第三组砾岩水和第六组砂岩水的离子浓度也远远高出附近地表水的离子浓度(附近地表水的矿化度480 mg/L，Na^+、K^+ 含量都在0.5 mmol/L左右，SO_4^{2-} 在2 mmol/L左右)，说明砾岩水并不存在上部第四系水源的补给。

综合上述分析，砾岩含水层为静储量水，无外界含水层补给；砾岩含水层自身可划分多个储水单元，且各储水单元之间的连通性较弱；长时间放水应该会明显降低砾岩的涌水量。

4 环境同位素分析

此方法在2009年山东省田庄煤矿井下联合放水试验中采用过，目的是研究十三灰、十四灰、奥灰之间的水力联系。

用环境同位素的示踪方法来研究地下水的运动规律，能快速和有效地取得其他方法难以得到的重要水文地质信息，由于环境同位素作为天然示踪剂“标记”着天然水和地下水的形成过程，因此研究它们在各水体中的分布规律就有可能直接获得地下水形成和运动过程的信息。其途径就是通过环境同位素的分析，比较地下水体和地表水体中环境同位素的差异和变化规律来揭示地下水的起源、形成条件、补给机制以及各水体之间的水动力关系。因此，这一方法在国内外水文地质研究中得到广泛的应用。

所有元素的同位素可以分为稳定同位素和不稳定同位素两类，前者是无放射性同位素，后者系自发蜕变为其核素的放射性同位素。而环境同位素是指现代循环水中的稳定和放射性同位素，在地下水研究中常用的同位素有^{18}O、^{2}H(D、氘)、^{3}H(T、氚)、^{13}C、^{14}C等，本次采用^{18}O、D、T进行各含水层地下水的分析研究。

本次共采取 14 个同位素水样，化验分析结果见表 4。

表 4　　　　环境同位互测试结果汇总表

编号	样品编号	采样时间	采样层位	$\delta_{DV-SMOW}$/‰	$\delta^{18}{}_{OV-SMOW}$/‰	含氚量(TU)
1	XG13—1	2009-1-4	十三灰	−69	−9.9	11.59±6.40
2	XG13—1	2009-1-12	十三灰	−68	−9.8	2.83±6.35
3	XG13—6	2009-1-4	十三灰	−70	−10.0	11.01±6.40
4	XG13—6	2009-1-12	十三灰	−69	−10.0	17.99±6.44
5	XG14—4	2009-1-16	十四灰	−69	−9.9	6.02±6.37
6	XG14—4	2009-1-18	十四灰	−68	−9.8	8.31±6.38
7	XG14—10	2009-1-16	十四灰	−71	−10.1	15.20±6.43
8	XG14—10	2009-1-18	十四灰	−73	−10.0	7.82±6.38
9	XG0—1	2009-1-21	奥灰	−71	−10.0	19.95±6.46
10	XG0—1	2009-1-23	奥灰	−71	−10.0	5.96±6.37
11	XG0—2	2009-1-20	奥灰	−71	−10.1	27.96±6.50
12	XG0—2	2009-1-23	奥灰	−66	−10.0	1.02±6.34
13	VIGO—1	2009-1-22	奥灰	−68	−9.9	17.89±6.44
14	VIGO—1	2009-1-23	奥灰	−70	−10.0	4.22±6.36

4.1 ^{18}O和D分析

^{18}O、D为稳定同位素，由于稳定同位素的守恒性，地下水中稳定同位素反映的是大气降水进入地下之前的信息，而在进入地下后，其平均含量不会随时间而变化，因此可以推断地下水的来源、现代入渗水和古沉积地下水以及蒸发水体的混合程度。

在稳定同位素研究中，把某一元素两种同位素的丰度比用R值来表示，如D/H、$^{18}O/^{16}O$，在分析时只测定它的丰度比值而不测量单项同位素的绝对含量，通常用δ值表示，δ值定义如下：

$$\delta(‰)=\frac{(R_{样品}-R_{标准})}{R_{标准}}\times 1\,000$$

其意义是样品中一元素的两种同位素丰度相对于某一对应标准丰度的千分偏差。使用国际标准SMOW(为平均大洋水)为标准。SMOW定义$\delta^{2}{}_{H}$和$\delta^{18}{}_{O}$值均为零作为其标准。

一个地区大气降雨全年降水水样混合后的δ_D和$\delta^{18}{}_{O}$值，代表该地区降雨输入值，1980 年北京大学根据我国北京等八个地区资料得出中国雨水线公式：$\delta_D=7.9\delta^{18}{}_{O}+8.2$。

把本次取样的δ_D、$\delta^{18}{}_{O}$值投到中国雨水线图上(见图 2)，落在雨水线附近的水样点，反映出不同时间大气降雨渗入含水层充分混合后的δ_D、$\delta^{18}{}_{O}$值仍然符合雨水线的线性关系，说明该水样与大气降雨关系密切。

根据一元线回性回归方程最小二乘法，即公式 $b=\dfrac{n\sum XY-\sum X\sum Y}{n\sum X^2-(\sum X)^2}$ 对十三、十四灰水样 δ_D、$\delta_{^{18}O}$ 值进行统计，扣除异常值 8＋XG14—10，求得斜率 b_1 值为 9.0，对奥灰水样 δ_D、$\delta_{^{18}O}$ 值统计 b_2 为 15，与国家雨水线斜率 7.9 相比，十三、十四灰线性关系与国家雨水线拟合程度要近于奥灰，说明十三、十四灰受大气降水影响较大，相对奥灰受大气降水影响偏弱，主要原因为奥灰与十三、十四灰受大气降水补给量与原有赋存量比值不同，δ_D、$\delta_{^{18}O}$ 的漂移可能也有所不同。

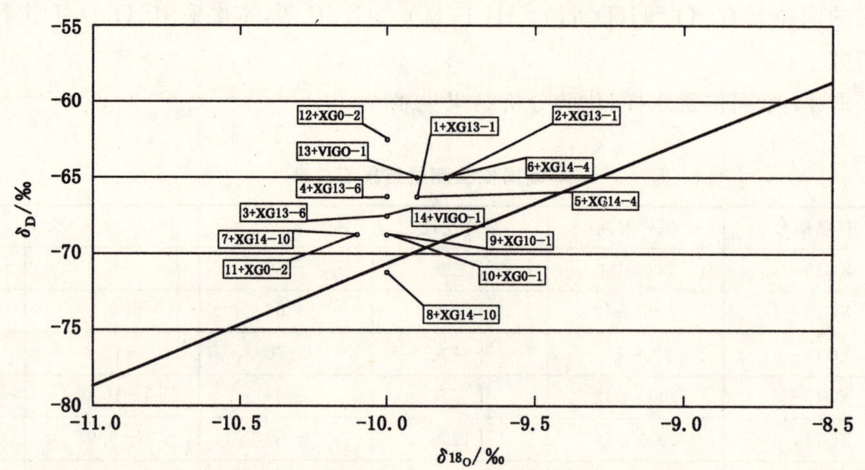

图 2　奥灰及十四、十三灰 δ_D—$\delta_{^{18}O}$ 关系图

4.2　奥灰及十四灰 T 特征及分析

根据本次化验水样氚含量(见表 4-1)，十三、十四灰和奥灰氚含量规律性不明显，氚为放射性元素，根据放射性元素衰变规律及区域资料，年老的水氚含量一般偏低，年轻的水氚含量偏高。本次放水试验，放水前取得的水样氚含量一般偏高，而放水结束水样氚含量变低明显，如奥灰水较为明显，说明奥灰浅层水放水试验初受年轻水补给较强，后期以深层年老水补给为主；而十三、十四灰 XG13—1 号孔变化明显变小，说明放水试验后由老水补给，XG14—4 和 XG13—6 号孔略有变大趋势，说明年轻水补给偏强；XG14—10 号孔氚含量处于十三、十四灰和奥灰水氚含量之间，说明本孔受所老水补给较强，与奥灰水存在一定联系。

5　总　结

水质化验在研究含水层连通性、补给性等方面有重要的作用，对矿井防治水工作有重要意义。充分利用水质化验所采集的数据，且分析时要结合矿井各含水层水文地质参数、地形地质构造、物探、区域地质环境等资料，做到具体分析与统筹分析相结合，分类分析与对比分析相结合。

兖州矿区下组煤充水含水层水化学特征

兖矿集团有限公司地质测量部 胡东祥

摘 要：本文通过研究矿区主要充水含水层地下水水化学成分及其特征，了解掌握矿区各含水层地下水水质成分背景资料，可以用来查明矿区各含水层的补给、径流、排泄，分析矿井突水水源，对针对性采取探、放、堵、截、排等措施具有重要指导意义。

关键词：充水；含水层；水化学特征

地下水水化学成分的形成、演化是一个十分复杂的过程，它与岩性、构造条件、气候条件、水动力条件等因素密切相关，综合反映了地下水在溶滤过程中的物化结果及其平衡条件，反映了径流过程中水岩之间的溶解、溶滤、吸附、交换及其水化学平衡结果。矿区煤田特定的地质和水文地质条件决定了地下水的水化学特征。因此，通过研究地下水水化学成分及其特征，了解掌握矿区各含水层地下水水质成分背景资料，可以用来查明矿区各含水层的补给、径流、排泄，分析各含水层地下水的成因和运移规律，研究和解释矿区地下水水文地质条件。许多学者以此为基础探讨矿井突水水源判别方法[1-3]。

1 矿区下组煤水文地质条件

兖州煤田属华北型石炭—二叠系含煤建造，为厚冲洪积层覆盖的隐蔽式煤田。

矿区下组煤主要可采煤层为$16_{上}$、17煤，其主要含水层为薄层石灰岩第$十_{下}$层灰、第十四层灰岩和煤系地层基底奥陶系石灰岩，均属岩溶裂隙承压含水层。

第$十_{下}$层石灰岩含水层厚度层位稳定，原水位标高＋27.31～＋40.73 m。奥陶系灰岩厚度大，原水位标高＋38.29～＋39.47 m，是$16_{上}$、17煤的主要充水水源。各含水层补给、径流、排泄条件均属不良，以储存量为主。各含水层在构造及裂隙发育区富水性好，构造及裂隙不发育区富水性差；浅部富水性较好，深部富水性减弱。$十_{下}$灰随开采深度的增加，浅部开采区含水层逐渐疏干。

2 矿区水化学特征分析

兖州矿区共采集奥灰水样25个、十四灰水样10个，结合地面奥灰钻孔水样27个、十四灰水样8个、十三灰水样1个、$十_{下}$灰水样11个，全面分析研究各主要含水层的水化学特征。

将水中主要离子的摩尔浓度百分数绘制三角菱形水质图(PiPer图)，将各水样阴阳离子摩尔浓度百分含量投影到菱形图上，以放水试验和前期所有水质资料制作图件(图1)，根据分布区域的不同，直观反映出不同含水层和相同含水层水化学类型的差异，帮助分析各含水层间的水力联系。

2.1 奥灰含水层水化学特征

奥灰含水层水质的pH值的变化范围为7.0～7.9，为中性水，没有CO_3^{2-}出现，HCO_3^-含量同上覆十四灰和$十_{下}$灰相比相对较低，平均244.66 mg/L；水中离子组成以SO_4^{2-}、Ca^{2+}、Mg^{2+}为主，其平均值分别为1 047.5 mg/L、332.40 mg/L、91.83 mg/L；矿化度变化范围为1 090.37～2 823.07 mg/L，其矿化度平均值为1 875.78 mg/L，属中矿化度水。图2为奥灰含水层水样的阴阳离子摩尔浓度百分含量投影叠加图，可直观反映出水质类型的差异，大部分水质类型为SO_4^{2-}-Ca^{2+}·Mg^{2+}型，其他几个水样与该水型相类似，仅HCO_3^-和Ca^{2+}、Mg^{2+}的含量有所差异，其投影叠加区域非常接近。

2.2 第十四灰含水层水化学特征

十四灰含水层为奥灰地层上覆的主要含水层。将十四灰所有水样的阴阳离子摩尔浓度百分含量

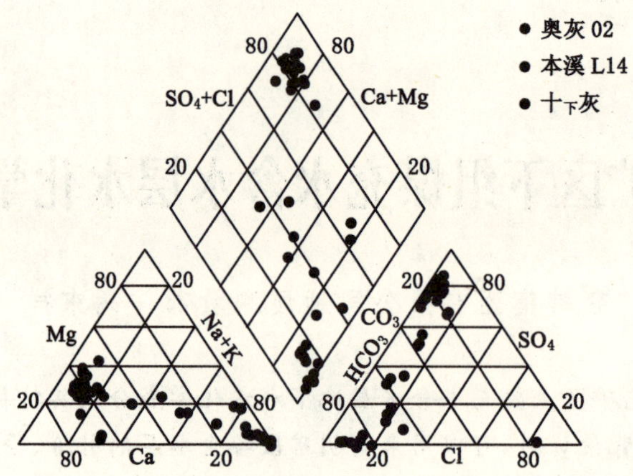

图 1 含水层水质 PiPer 图

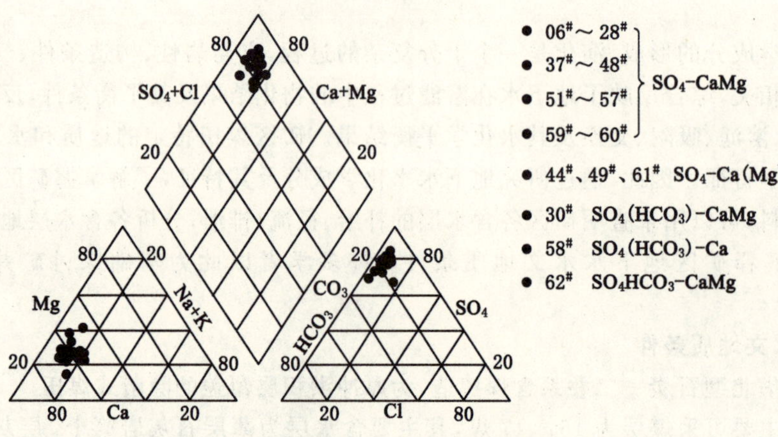

图 2 奥灰含水层水质叠加图

投影到菱形图上，结果如图 3 所示，从图中可以明显地看出不同水质类型分布区域的差异。

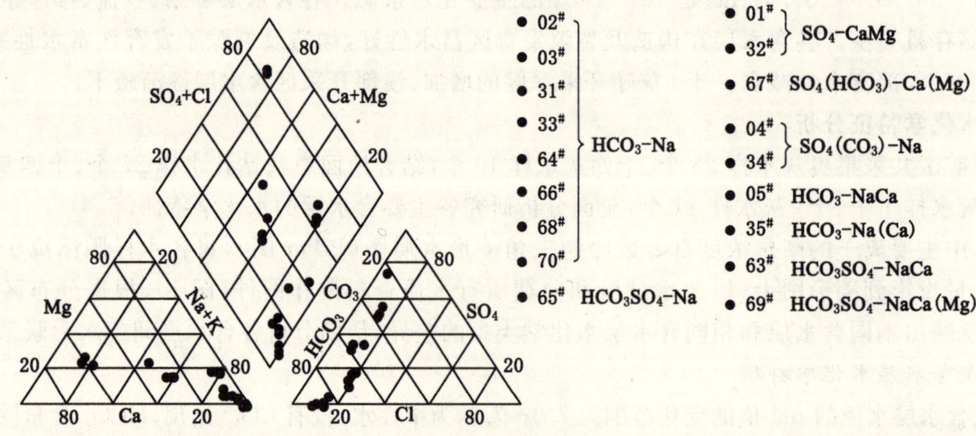

图 3 十四灰含水层水质图

本溪组十四灰 HCO_3^--Na^+ 水型投影落点区域分布在菱形图的下部，为该含水层主要水质类型。该水型地下赋存环境较为封闭，补给径流条件不畅，在弱酸的水解作用条件下致使 pH 值升高，在 pH 值大于 8.3 时，出现 CO_3^{2-}，因发生沉淀反应而导致水中 Ca^{2+}、Mg^{2+} 的含量降低，水样中 SO_4^{2-} 的含量较低和 HCO_3^- 含量较高是由于在封闭的还原环境条件下，SO_4^{2-} 被还原含量降低，使 HCO_3^- 含量大幅增加，所形成 HCO_3^--Na^+ 水型为本溪十四灰含水层的典型水质类型。散落分布在典型奥灰水质

(SO_4^{2-}-Ca^{2+}・Mg^{2+})和典型本溪 L14 灰(HCO_3^--Na^+)之间的水质落点为受奥灰含水层混合补给影响的水样，因其接受两含水层混合补给的差异而导致水质中离子浓度的变化，形成水化学类型的变异，其水型变化较大，出现多种不同的水质类型。

根据分析，和奥灰没有联系的十四灰的水质应该为典型的 HCO_3^--Na^+ 水型。

2.3　第十$_下$灰含水层水化学特征

十$_下$灰含水层水质成分与本溪组十四灰含水层相似，大部分水样的水质类型为 HCO_3^--Na^+ 型，pH 值较高(>8.3)，为碱性水，有 CO_3^{2-} 出现，Ca^{2+}、Mg^{2+} 离子含量极低，这是由于在较封闭的还原性环境下发生沉淀反应的缘故。该含水层 Na^+ 含量较高，为径流和赋存过程中砂质碎屑岩地层的溶解、溶滤及离子交换的结果，该含水层可能接受上覆砂岩地层含水层的补给，存在与本区奥灰地下水赋存及径流条件的差异。

3　结　论

从矿区各含水层叠加 PiPer 图(图 4)综合分析，矿区奥灰含水层水型为 SO_4^{2-}-Ca^{2+}・Mg^{2+} 型，其投影落点区域分布在三角菱形水质图的上部。本溪组十四灰含水层典型水质为 HCO_3^--Na^+ 水型；太原组十$_下$灰含水层水质多为 HCO_3^--Na^+ 型，二者投影落点区域均分布在其下部，散落分布在二者之间的水质落点为受奥灰含水层混合补给影响的水样。

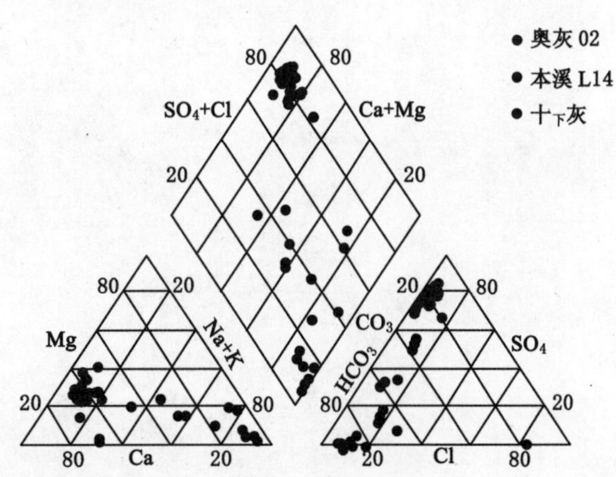

图 4　奥灰、十$_下$灰和十四灰含水层水质叠加图

通过研究水质的特征我们发现，矿区主要含水层地下水成分组成比较稳定，多为中矿化度(1 000～3 000 mg/L)水，其主要含水层如奥陶系灰岩含水层地下水中的离子以 $SO_4{}^{2-}$、Ca^{2+}、Mg^{2+} 为主，绝大多数水样形成 SO_4^{2-}-Ca^{2+}・Mg^{2+} 水型。

本溪组十四灰和太原组十$_下$灰含水层的水化学组成，在较封闭的径流条件下，在弱碱性的还原环境中形成了以 HCO_3^--Na^+ 水型为主的水质成分组成。部分水样的水质类型有所不同，其地下水中的阴离子 HCO_3^-、SO_4^{2-} 和阳离子 Na^+、Ca^{2+}、Mg^{2+} 变化较大，该变化与奥灰含水层的补给和混合有关，具体表现为随奥灰水补给混合比例的增大，HCO_3^--Na^+ 水型向本区奥灰水的 SO_4^{2-}-Ca^+・Mg^+ 水型过渡，含水层中 HCO_3^-、Na^+ 减小，SO_4^{2-}、Ca^{2+}、Mg^{2+} 增加，与真正有代表性的十四灰和十$_下$灰形成了差异和对比。

通过对比分析各含水层不同水化学特征，总结地下水赋存规律，可用来尽快查明矿井生产过程中突水水源，以便及时、有针对性地治理矿井水害，具有现实指导意义。

参考文献

[1] 郑纲.模糊聚类分析法预测顶板砂岩含水层突水点及突水量[J].煤矿安全,2004,35(1):24-25.

[2] 孙亚军,杨国勇,郑琳.基于GIS的矿井突水水源判别系统研究[J].煤田地质与勘探,2007,35(2):34-37.

[3] 陈朝阳,王经明,董书宁,等.焦作矿区突水水源判别模型[J].煤田地质与勘探,1996,24(4):38-40.

作者简介:胡东祥(1971—),男,山东梁山人,高级工程师,从事矿区水文地质、防治水技术管理工作。

四川宝鼎矿区深部水文地质条件研究及涌水量计算

四川煤炭产业集团攀枝花煤业公司 魏克敏

摘 要：川煤集团攀煤公司开采的宝鼎矿区浅部资源行将枯竭，为解决攀煤公司接替及十余万职工家属的生计问题，规划进入深部开采已迫在眉睫，预测深部涌水量成为进入深部开采的当务之急。本文通过对宝鼎矿区深部水文地质条件分析与研究，探索出一套使用巷道长度和采空区面积比拟法计算深部涌水量的方法，通过比拟计算深部第一水平涌水量合计为 2 060.88 m^3/d，为深部规划和矿井建设提供了较为切合实际的水文地质依据。

关键词：宝鼎矿区深部；水文地质条件；涌水量计算

0 引 言

宝鼎矿区位于四川省攀枝花市西区，地处川西高原与云贵高原接壤处，区内地形切割强烈，山高谷深，最高点 2 645 m，最低点为金沙江，标高 1 002 m，属以构造作用为主的中山地形。

矿区主要含煤地层为三叠系大荞地组，厚 1 800～2 500 m，为内陆湖泊、河漫、沼泽、河流沉积，以砂岩、泥岩及煤层为主，含煤 132 层，其中可采煤层 73 层，可采煤层总厚度 58.5 m。

该矿区开采近 40 余年，浅部资源即将枯竭，需规划进入矿区深部开采，如何计算出切合实际的深部涌水量已成为规划和建井的当务之急，也为规划和建井提供切合实际的水文地质依据。

1 矿区深部水文地质条件

宝鼎矿区深部北以金沙江为界，南以宝鼎山—玉麦地—马鹿塘尖山为界南，东以宝鼎山为界，为一个相对独立的水文地质单元。在该水文地质单元内，摩梭河、龙潭河、灰家所河等不同程度切割了宝鼎组、大荞地组，形成河间地块，并以河流为排泄基准面，进一步划分为摩梭河、灰家所河两个次一级水文地质单元。在次级水文地质单元内，地表、地下水主要接受大气降水补给，见图 1。

2 矿井充水因素分析

矿坑充水水源为大气降水、地表水、地下水与老窑积水。上部水平及下部水平的浅埋地段矿坑充水水源主要为大气降水和老窑及采空区积水，而下部水平的主要充水水源为上覆水平采空区积水及地下水。

宝鼎矿区大荞地组煤系地层及上部存在厚厚的砂泥岩隔水层，正常情况下可以阻隔大气降雨与地表水进入地下，而含水层的富水性较弱，地形情况也使大气降水或地表水的补给有限，因此天然情况下地下水水量有限。但随着采矿活动的进行，原始的地质环境被改变，勘探钻孔、各类井筒、采掘、裂隙等垂向导水通道相继出现，特别是采动裂隙，大片、呈面状分布，导致上部各种水源大量进入矿坑，成为重要的导水通道。

3 矿井深部涌水量计算

根据水文地质条件及充水因素分析，结合本区为多煤层开采的特点，采用动力学法和比拟法分别计算延深后矿井第一水平的涌水量。

3.1 边界条件分析

3.1.1 隔水边界

矿区总体为一向南倾伏的大箐向斜蓄水构造。

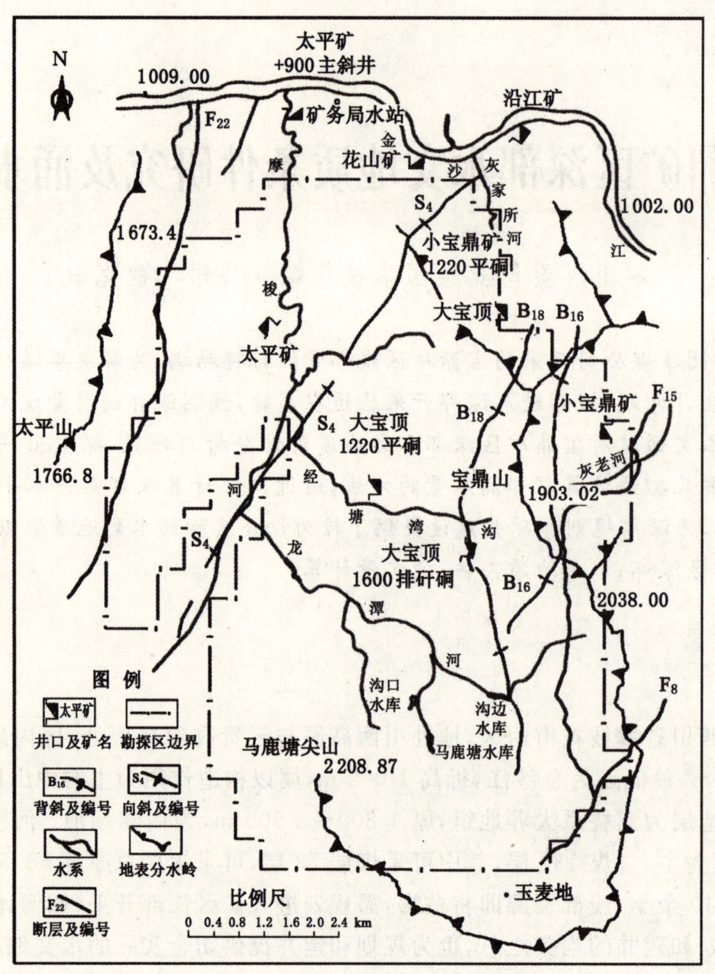

图 1 宝鼎矿区水文地质示意图

矿区北部隔水边界为 39[#] 煤层底板，东部下界为 40[#] ～41[#] 煤层组成的隔水底板，西部隔水边界是 F_{22} 断层。

3.1.2 补给边界

矿区东部 40[#] 煤层以西和南部，地层开阔，植被覆盖密集，岩石粒级粗，接受大气降水渗透的动力补给量较大，地下水径流条件好，是地下水向矿坑汇集的较大的补给边界。另外，摩梭河等地表河流的一部分将补给含水层，矿区内河流所切割的含水层组亦成为矿坑水补给边界。

3.2 计算范围

矿井深部涌水量计算范围为延深的第一接替水平。根据矿区目前开采的实际情况，分四个区段分别计算。区段划分及计算标高见表 1。

表 1 涌水量计算范围

区段	勘探线范围	水平/m	归属矿井
A	A5～A11	＋900～＋700	小宝鼎矿
B	A9～A18	＋1 220～＋900	大宝顶矿
C	摩梭河～A9	＋700～＋500	花山煤矿
D	摩梭河～A46	＋700～＋500	太平煤矿

3.3 计算方法

为合理计算深部涌水量，更接近客观实际，本次采用了两种方法进行计算。

3.3.1 比拟法

区内浅部生产矿井的采空面积大，并有多年的矿井涌水量观测资料，与延深区位于同一构造，水文地质条件基本相同，二者具有可比性，因此可采用比拟法，对第一接替水平的涌水量进行计算。

3.3.2 地下水动力学法

本区为多煤层开采，厚度大，以往勘查已经取得了各含水层组水文地质特征的各项参数，可以采用地下水动力学法计算第一接替水平涌水量。

3.3.3 计算过程

本次计算对象是各矿第一接替水平的涌水量，为了计算的需要，首先分别计算出各矿第一接替水平开采前的涌水量以及各区段第一接替水平开采后的涌水量，二者相减即为所得。

3.4 计算公式及参数的选择

3.4.1 比拟法

根据资料分析，矿井涌水量的增加与矿井采空区面积的扩大、巷道长度的加长和开采水平的延深密切相关，故采用面积和巷道长度比拟。

面积比拟法公式

$$Q = Q_0 \sqrt[3]{\frac{FS}{F_0 S_0}} \tag{1}$$

巷道长度比拟法公式

$$Q = Q_0 \frac{L}{L_0} \sqrt[3]{\frac{S}{S_0}} \tag{2}$$

式中 Q_0——生产矿井涌水量，m^3/d；

F_0——生产矿井采空区面积，m^2；

S_0——生产矿井水位降低值，m；

L_0——生产矿井巷道长度，m；

Q——设计矿井涌水量，m^3/d；

F——设计矿井开采区面积，m^2；

S——设计矿井水位降低值，m；

L——设计矿井巷道长度，m。

3.4.2 地下水动力学法

视各区段延深水平的运输大巷为集水廊道，由于是单翼开采，近似视为单侧进水，故选择下列公式分含水层计算涌水量：

$$Q = LK \frac{(2H - M)\,M - h^2}{2R} \quad \text{（承压水）} \tag{3}$$

$$Q = LK \frac{(2H - S)\,S - h^2}{2R} \quad \text{（潜水）} \tag{4}$$

式中 Q——设计矿井涌水量，m^3/d；

L——设计矿井巷道长度，m；

K——含水组渗透系数，m/d；

H——含水层组承压水头高度，m；

M——含水组真厚度，m；

S——设计矿井水位降低值，m；

R——设计矿井影响半径，m。

3.4.3 参数选择

(1) 渗透系数(K)：采用各含水层组抽水试验取得的渗透系数的算术平均值(表 2)。

(2) 含水组厚度(M):采用各含水层组的平均真厚度(表3)。

表2　含水层组渗透系数一览表

区段	含水层组	钻孔编号	渗透系数 $K/(\mathrm{m/d})$	平均渗透系数 $K/(\mathrm{m/d})$	区段	含水层组	钻孔编号	渗透系数 $K/(\mathrm{m/d})$	平均渗透系数 $K/(\mathrm{m/d})$
A	Ⅰ	A6—3	0.000 244	0.001 72	D	Ⅰ	A6—3	0.000 244	0.001 72
		5021	0.003 2				5021	0.003 2	
	Ⅱ	2028	0.018 3	0.082 7		Ⅱ	A39—1	0.001 47	0.004 79
		1065	0.147				5029	0.008 1	
B	Ⅲ	2026	0.001 96	0.028 4		Ⅲ	5028	0.005 4	0.027 3
		1001	0.063 9				5051	0.049 2	
		1025	0.040 8			Ⅳ	2022	0.033 4	0.010 8
		1063	0.006 98				A5—1	0.003 26	
C	Ⅳ	2022	0.033 4	0.010 8			1043	0.006 51	
		A5—1	0.003 26				106	0.000 012	
		1043	0.006 51						
		106	0.000 012						

表3　含水层组真厚度一览表

区段 \ 含水层组	含水组厚度 M/m			
	Ⅰ	Ⅱ	Ⅲ	Ⅳ
A	177.07	274.94	347.31	288.79
B	177.07	274.94	347.31	288.79
C	103.35	245.83	375.65	279.91
D	95.96	295.84	317.63	

(3) 地下水位标高(H_0):各区段含水层原始地下水位平均标高,分别采用钻孔单层水位、地下水露头点标高的算数平均值。

(4) 水位降低值(S):各区段原始地下水位标高(表4)至计算水平的水位降低值。

表4　各区段含水层组原始平均地下水位标高一览表

区段名称	含水层组地下水位标高/m			
	Ⅰ	Ⅱ	Ⅲ	Ⅳ
A	1 289.37	1 641.77	1 565.19	1 504.25
B	1 265.08	1 480.55	1 549.58	1 360.66
C	1 258.43	1 270.77	1 228.56	1 107.17
D	1 269.37	1 306.66	1 127.78	1 187.18

(5) 含水层组承压水头高度(H):矿井开采水平至含水层原始地下水位标高的距离。当水位降低(S)至开采水平时,$H=S$。

(6) 生产矿井采空面积(F_0)及巷道长度(L_0):F_0 采用地下水位标高至采空区底界的采空区投影斜面积,L_0 采用现采水平的巷道长度。

(7) 设计矿井开采面积(F)及巷道长度(L):F 采用地下水位标高至计算水平的煤层开采区投影

斜面积。L 采用计算水平的巷道长度；

(8) 影响半径(R)：采用经验公式($R=10S\sqrt{K}$)计算。

3.5 计算结果

3.5.1 比拟法

本次分别采用小宝鼎矿+1 220 m 水平、太平矿和花山矿+900 m 水平、大宝顶矿+1 220 m 水平以上 1999～2009 年矿井涌水量的较大值、一般值(为十年矿井涌水量平均值)，比拟计算出各区段第一接替水平开采前及开采后的区段涌水量。计算结果为：A 区段较大涌水量为 903.63 m^3/d，一般涌水量为 336.04 m^3/d；B 区段较大涌水量为 6 479.04 m^3/d，一般涌水量为 1 268.55 m^3/d；C 区段较大涌水量为 1 801.97 m^3/d，一般涌水量为 465.24 m^3/d；D 区段较大涌水量为 2 723.82 m^3/d，一般涌水量为 791.05 m^3/d。

3.5.2 地下水动力学法

利用地下水动力学法计算各区段第一接替水平开采涌水量。计算结果为：A 区段涌水量为 620.9 m^3/d，B 区段涌水量 2 863.56 m^3/d，C 区段涌水量为 748.32 m^3/d，D 区段涌水量为 1 283.25 m^3/d。

3.5.3 结果的采用

经综合分析对比认为，比拟法是采用本区浅部生产矿井作为比拟基础，因二者地质构造、水文地质条件基本相同，又有多年的矿井涌水量观测资料及相关的地质资料，具备比拟条件，运用巷道长度及采空面积比拟法计算结果均比较接近客观实际；因含水组为弱含水层，厚度大，抽水试验水位降低值相对偏小，未能反映出整个含水层组的水文地质特征，加之矿井开采较深，水位降也大，因而采用地下水动力学法计算出的区段涌水量较实际值有一定偏差。因此，建议采用比拟法中的巷道长度比拟法计算结果作为第一接替水平设计依据。

4 结 论

通过对宝鼎矿区深部水文地质条件的研究，认为深部矿井主要含水层仍以弱的裂隙含水层为主，矿坑充水水源为上覆采空区积水及含水层裂隙水，断层虽不导水但其附近的张性裂隙存贮的地下水具有较高压力。本文利用上部水平巷道长度和采空区范围的增长对涌水量的影响比拟计算出矿井深部第一接替水平涌水量，结果为 2 060.88 m^3/d，该结果比用地下水动力学法更切合实际，并据此提出了矿井防治水建议。其计算结果可以作为深部水平规划和建井的水文地质依据。

参考文献

[1] 沈照理. 水文地质学[M]. 北京：科学出版社，1985.
[2] 薛禹群，朱学愚. 地下水动力学[M]. 北京：地质出版社，1981.
[3] 曹剑峰，迟宝明，王文科，等. 专门水文地质学[M]. 北京：科学出版社，2006.
[4] 陈酩知，刘树才，杨国勇. 矿井涌水量预测方法的发展[J]. 工程地球物理学报，2009，6(1)：68-72.

作者简介：魏克敏(1969—)，1991 年毕业于湘潭矿业学院水文地质与工程地质专业，水工地质高级工程师，四川攀煤(集团)公司地测处副处长，一直从事水工地质等相关工作。

川南古叙岩溶地区石屏一矿矿井水害防治方法探讨

四川省煤田地质工程勘察设计研究院 刘光明

摘 要:川南古叙矿区煤炭资源丰富,但岩溶发育、水文地质条件复杂,石屏一矿在基建过程中多次揭露大型导水陷落柱或溶洞,导致突水事故,煤系地层底板 P2m 灰岩直接充水含水层岩溶发育,富水性强。本文从主要含水层的水文地质条件入手,采用地面调查、地面物探、井下验证等综合水文地质工作手段,获取了矿井水害防治的基础水文地质资料。根据综合勘探成果划分了矿井水害威胁区,讨论了矿井水害防治思路和措施。结果表明,综合水文地质勘探是矿井水害防治的有效方法。

关键词:矿井水害;防治方法;石屏一矿;古叙岩溶地区

0 概 况

石屏一矿所处的川南煤田古叙矿区是四川省地质勘探程度相对较高、探明储量多、煤质优良、煤层赋存较稳定、开采条件较好、尚未规模性开发的大型矿区,是国家规划的 13 个大型煤炭基地之一,是四川省 20 世纪的重要能源基地。石屏一矿为古叙矿区的大型骨干矿井,设计生产能力 1.2 Mt/a。该区煤系地层底板直接充水二叠系中统茅口栖霞组(P2m+q)含水层大面积出露,岩溶发育,富水性强,地下水对矿山安全的威胁十分巨大,矿井水害频发。以石屏一矿为例,据不完全统计,该矿自 2006 年开工建设以来,在矿井掘进过程中 2 次揭露暗河河道突水,10 次揭露陷落柱、溶洞或岩溶带突水,因此也多次更改井巷施工方案,给矿井安全生产造成了极为不利的局面。有效防治矿井水害对保障安全生产、合理开发利用煤炭资源具有十分重要的现实意义。

1 地质和水文地质特征

1.1 地层构造

石屏一矿矿区内出露最新地层为三叠系上统须家河组(T3xj),最老为志留系中统韩家店组(S2h),其间缺失志留系上统、泥盆系及石炭系地层。地层走向 NE,倾向 NW,倾角 16°~45°。含煤岩系为二叠系上统龙潭组(P3l),主采 C13、C19、C25 煤层[1-4]。

石屏一矿位于扬子板块西部,川南东西向构造体系~黔北北东向构造体系的娄山断褶带过渡地带的古蔺复式背斜北翼东段龙山断层发育带和高笠笆~铁索桥断层发育带之间[5],呈一北东~南西向展布的单斜构造(图 1)。

1.2 水文地质特征

石屏一矿主要含水层为二叠系上统长兴组(P_3c)和中统茅口栖霞组(P2m+q)含水层。

(1) 二叠系上统长兴组(P_3c)含水层

岩性为深灰色中~厚层状生物碎屑泥晶、粉晶灰岩,平均厚 50 m,呈狭长条带状分布于反向坡。地表岩溶现象以微型溶蚀作用为主,多见小型的溶沟、溶蚀裂隙及少量的溶蚀孔洞,大的岩溶洞穴极少见。

深部溶蚀裂隙及孔洞较发育,其发育程度受当地侵蚀基准面的控制。据统计[1-4],钻孔见溶蚀裂隙、孔洞表现为随深度增加而减弱之势,富水性相应减弱。但局部裂隙发育地段仍具有一定的储水能力。主要接受大气降水补给,受地形限制其接受补给能力有限。为煤系地层顶板富水性弱~中等的岩溶裂隙直接充水含水层。

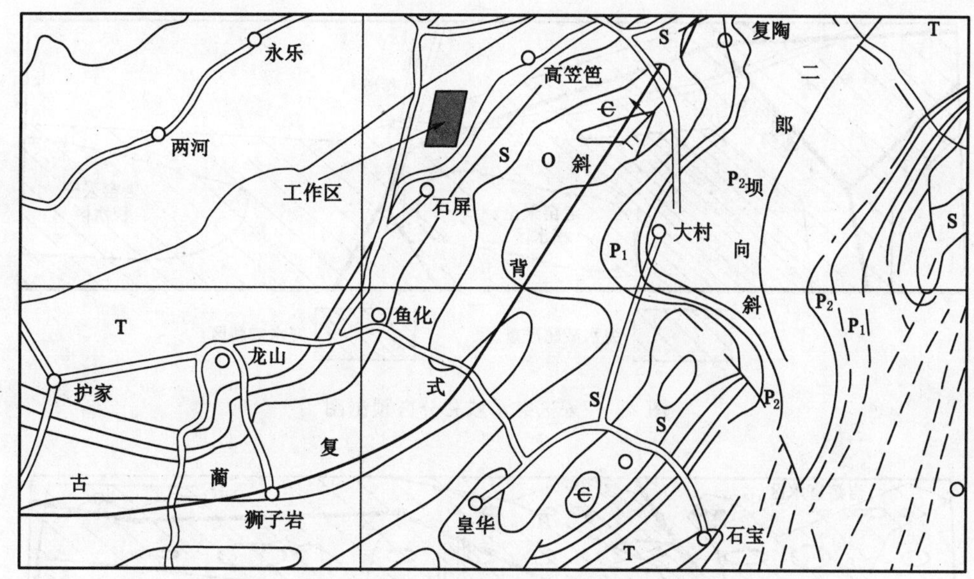

图1 矿区造纲要略图(据区域地质图略加修改)

(2) 二叠系中统茅口栖霞组(P2m+q)含水层

岩性为褐灰、浅灰色层块状生物碎屑灰岩,质纯,平均厚327 m。大面积出露,接受大气降水和地表溪沟水补给。

该含水层岩溶发育,富水性强。地表岩溶以落水洞、干溶斗、岩溶洼地为主;中二叠世末的东吴运动使P2m顶部出现沉积间断[5],发育"古岩溶",规模大且较深,在当地侵蚀基准面(标高390 m)附近发育仍较强烈。岩溶、暗河管道系统主要是沿着NE向和NW向两组裂隙发育,岩溶水具有进口分散、出口集中的特点。由于补给水源补给的频率、势能和动能的不同,使管道岩溶水在局部地段表现出承压或无压的不同特性,为煤系地层底板富水性强~极强岩溶裂隙直接充水含水层。

2 矿井水害防治措施

结合石屏一矿采区井巷布置、掘进情况、首期采煤工作面布置以及远期矿井开拓、采煤计划等,以地面水文地质勘查、地面地球物理勘探(三维地震勘探、瞬变电磁勘探)、井巷掘进相结合为基本工作方法。

2.1 突水威胁区划分

通过地面物探、水文地质测绘、钻孔和巷道揭露情况等多种手段所获资料综合分析研究,结合矿区水文地质条件复杂程度及其对未来矿井生产可能产生的威胁程度,将石屏一矿首采区划分成突水威胁严重区、突水威胁区和无突水威胁区(见图2、图3)。

2.1.1 突水威胁严重区

(1) 暗河径流区域。经连通试验、地面物探及井下揭露证实,结合钻孔简易水文地质观测资料分析,石屏一矿矿区内发育有5暗河,其中有3条经过矿井的首采区。该矿在运输大巷、排矸斜井、井下车场等处巷道有揭露,且发生过规模不等的突水事故,暗河影响带为矿井突水威胁严重区。

(2) 陷落柱。经地面水文地质调查、地面物探和井下揭露证实,本矿区陷落柱较为发育,且多为导水陷落柱,发生过突水事故,陷落柱发育地段为矿井突水威胁严重区。

(3) 浅部小窑采空积水区。本区小煤矿不同程度存在越界开采现象,其采空区积水对矿井开采影响巨大,浅部小窑采空积水区为矿井突水威胁严重区。

(4) 导水断层发育带。在本矿区,切割茅口组或长兴组含水层的断层附近岩溶发育,断层具有较强的导水性和富水性,这些断层发育带为矿井突水威胁严重区。

部分突水威胁严重区得到了井下超前探放钻孔的验证,见图4。

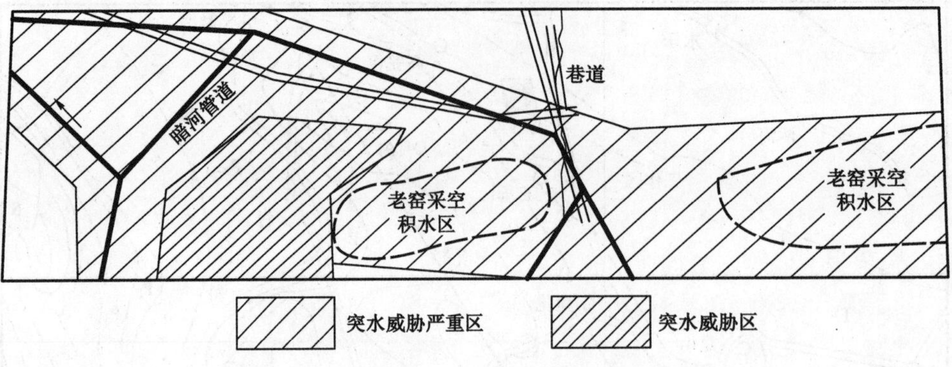

图 2　一采区突水威胁分区预测图

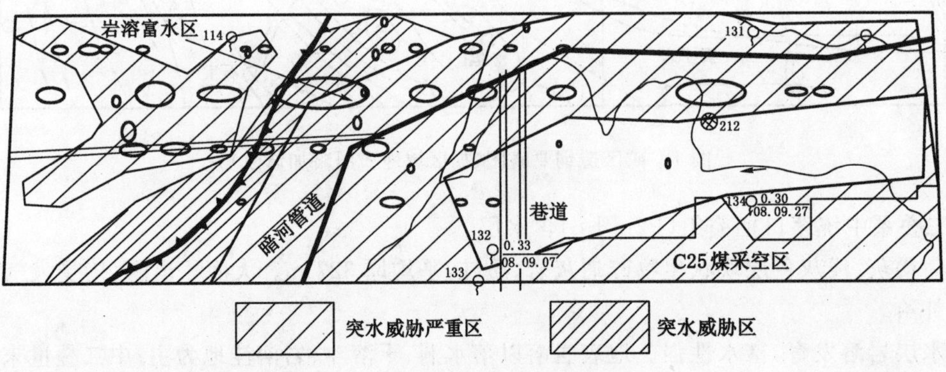

图 3　二采区突水威胁分区预测图

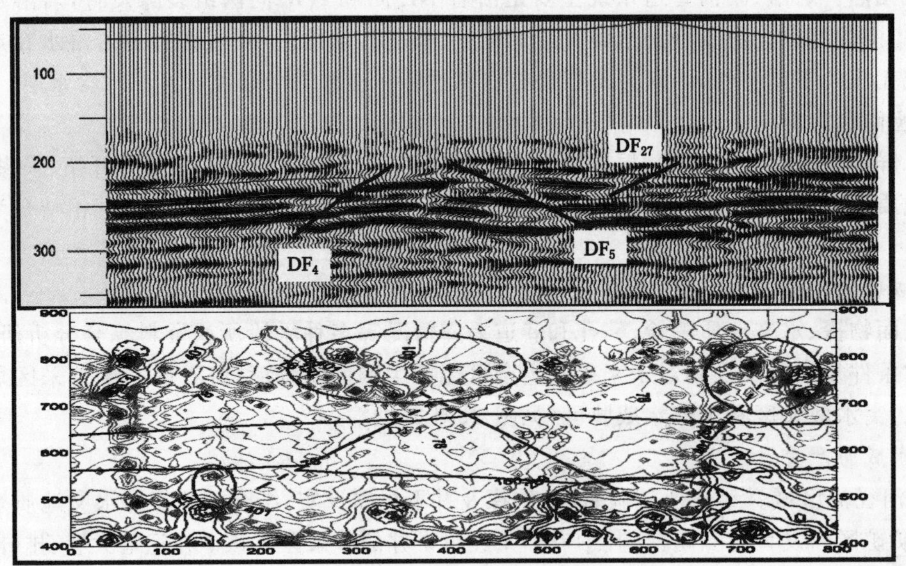

图 4　断层富水性探测成果图

2.1.2　突水威胁区

(1) 断层影响带。部分目前导水性和富水性不强断层在开采、掘进等外在因素扰动下有可能导通上下含水层，成为导水断层，其影响带为矿井突水威胁区。

(2) 裂隙发育带。本区发育的 NW 和 NE 向两组主要裂隙多形成深切沟谷，在其附近施工的钻孔多见有溶洞或裂隙，在这两组裂隙发育带附近为矿井突水威胁区。

2.1.3 无突水威胁区

该区是矿井先期开采地段 435 m 以上除突水威胁严重区和突水威胁区以外的区域。

2.2 矿井水害防治思路及基本原则

根据石屏一矿目前防治水工作中存在的问题，结合矿区水文地质条件复杂程度及其对未来矿井生产可能产生的威胁程度，参考目前国内外较为成熟的矿井防治水技术，认为矿井目前防治水工作主要应以对底板茅口、栖霞灰岩溶水的防治为重点，针对突水威胁程度不同采取不同的防治措施，同时兼顾断层构造、顶板灰岩等水害的防治工作，在不同的区域或时域应有不同的侧重点：在浅部靠近煤层露头区应侧重于老空水的防治，在雨季应侧重于大气降水的防治。

矿井建井期间以巷道掘进为主，由于巷道掘进过程是对井下水文地质条件的充分揭露过程，开挖的巷道是矿区内地下水集中排泄的通道，根据石屏矿区岩溶条件复杂性和水文地质条件的特点，巷道掘进过程中防治水工作应以预防为主，防止误揭大的溶洞、暗河和陷落柱等大的岩溶水体，确保巷道的安全掘进。

必须根据生产实际情况采取“预测预报，有疑必探，先探后掘，先治后采”的十六字原则和“防、堵、疏、排、截”五项综合治理措施，加强矿井的水害防治工作。

2.3 矿井水害防治方法

通过对矿区地质与水文地质条件的分析研究，结合矿井现有的防治水技术水平，认为对矿井水害的防治应按下列三步进行。

2.3.1 条件分析

主要是在区域水文地质与岩溶发育规律分析的基础上，结合矿井的生产计划，确定即将进行水害治理的区域，即突水威胁严重区，明确水害的补给来源、补给通道、补给大小、对矿井生产的影响程度等，对水害的条件分析以能达到对水害的控制或治理为目的。

2.3.2 水害探测

矿井水害探测方法针对石屏矿区岩溶水害特点，探测技术以物探和钻探为主，必要时可结合化探与示踪实验等方法进行。

针对矿区的地质和水文地质条件，并根据各种物探方法在水文地质勘探中的应用效果，选取勘探技术较为成熟的地质雷达、直流电法和瞬变电磁三种水文地质物探方法，探测和确定与矿井水害问题密切相关的陷落柱、暗河、溶洞、断层、裂隙密集带，岩溶富水区和构造带等地质异常体的位置、大小、分布范围以及赋水情况。井下钻探用于巷道掘进前方富水区的超前探测、物探成果的验证和老空水的预疏放。

2.3.3 水害治理

在查明主要含水层水文地质条件的情况下，对水害的治理应根据不同的水害类型与特点采取不同的措施。以某突水点陷落柱为例，治理手段根据陷落柱的特点及其与井巷开拓工程的关系确定：

(1) 该陷落柱为导水陷落柱；

(2) 陷落柱突水与大气降水密切相关；

(3) 受降雨的影响，瞬时水量可能达到上万立方米，淹没巷道，对矿井安全生产构成威胁；

(4) 陷落柱突水点同时往往伴有大量的泥沙、块石涌出，对突水后的巷道清理造成困难；

(5) 陷落柱揭露标高为＋435 m，补给暗河的进口标高为滥田坝＋1 023 m，杉木岩＋698 m，最低相差 263 m，最高相差 588 m，即在突水点可能承受的水压为 2.63～5.88 MPa。

确定对该突水点的隐伏陷落柱治理应采取“控制性疏放”的方法：首先应能对突水陷落柱涌水进行控制，避免自然突水时，由于瞬时水量过大对矿井安全的威胁；按常规陷落柱注浆封堵的方法对陷落柱周围进行高压注浆封堵，在注浆封堵时，在出水点预埋孔口管与滤网，并安装高压阀门与压力表。对陷落柱涌水的疏放主要是由于矿井采用平硐开拓，排水费用低，其次能避免高水压对巷道的直接威胁；疏放水还能对陷落柱揭露标高以浅部分的岩溶水进行疏放，减小对上部巷道掘进或煤层开采时的水害威胁。

参考文献

[1] 四川省煤田地质局一三五地质队.四川省古蔺县川南煤田古叙矿区古蔺矿段勘探(详查)地质报告[R].泸州:四川省煤田地质局一三五地质队,1999.

[2] 四川省煤田地质工程勘察设计研究院.四川省古蔺县川南煤田古叙矿区石屏一井地质(精查)勘探报告[R].成都:四川省煤田地质工程勘察设计研究院,2003.

[3] 四川省煤田地质工程勘察设计研究院.川南煤业公司古叙矿区石屏一矿水文地质补充勘查报告[R].成都:四川省煤田地质工程勘察设计研究院,2010.

[4] 四川省地质局二〇二地质队.四川省古蔺县石屏矿区东段煤、硫综合勘探报告[R].宜宾:四川省地质局二〇二地质队,1980.

[5] 四川省地质矿产局.四川省区域地质志[M].北京:地质出版社,1991.

中篇

水害救援与监管监察经验

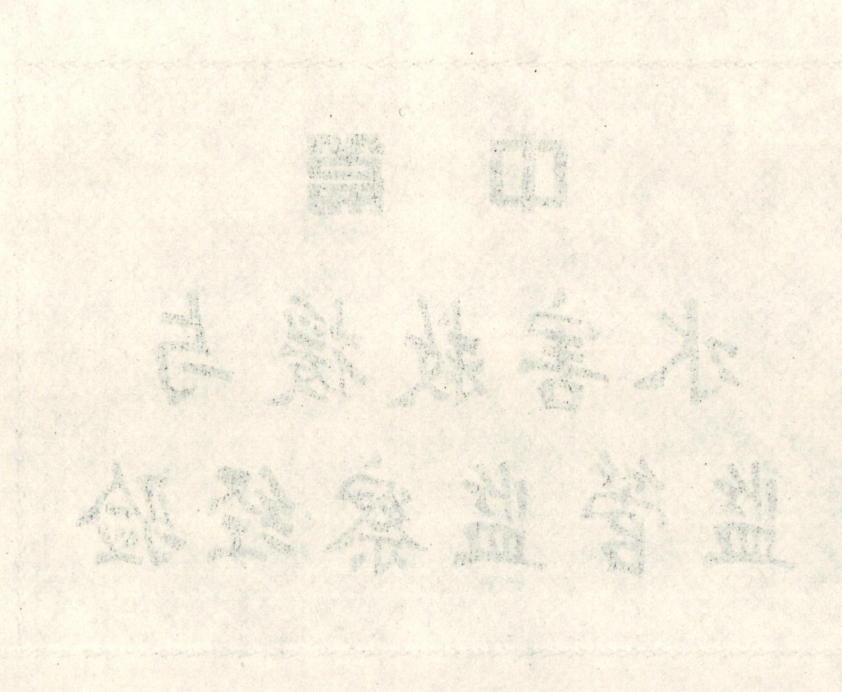

第十一章　水害预警与救援

多参数水文动态监测智能预警系统的综合应用

兖州煤业股份有限公司南屯煤矿　徐建国　朱振雷

摘　要：南屯煤矿下组煤开采受底板十三灰、十四灰和奥灰承压水的威胁，自2003年以来在地面和井下进行了下组煤补充勘探，建立健全了水文地质观测网。为了能掌握各含水层的水文地质参数，研究应用了多参数水文动态监测智能预警系统——KJ402矿井水文监测系统，实现了对主要充水含水层水位、水温、水压、水量及其变化规律的实时监测，达到对水害事故早发现、早预报、早防治的目的，保障了矿井安全生产未受水害威胁。

关键词：下组煤；补充勘探；水文地质；观测网；动态监测；智能系统；保障；安全生产

南屯煤矿于1973年12月投产至今已开采30多年，过去主采上组3上、3下层煤。随着采煤机械化水平的提高和时间的推移，上组煤储量越来越少，为了保持产量均衡，延长矿井服务年限，实现矿井可持续发展，下组16上、17煤的开采提上议事日程。而以往地质及水文地质勘探对象是上组煤，针对下组煤的勘探工程较少，达不到《煤、泥炭勘探规范》和《煤矿防治水规定》的要求。自2003年以来在地面和井下分两个阶段开展了地质及水文地质补充勘探工作，并进行了井下奥灰放水试验，取得了理想的勘探效果。为了能掌握各含水层的水文地质参数，矿井有针对性地研究应用了多参数水文动态监测智能预警系统——KJ402矿井水文监测系统，以实现对主要充水含水层水位、水温、水压、水量及其变化规律的实时监测。

1　矿井补充勘探及水文动态观测孔概况

下组煤开采主要受底板十三灰、十四灰和奥灰承压水的威胁，自2003年以来，开始分两个阶段进行了下组煤－432 m水平和深部水文地质的补充勘探，施工的钻孔多数留设了水位、水压长期观测孔。共施工地面钻孔25个，工程量13 734.02 m，留设十四灰长观孔7个，奥灰长观孔10个。施工井下钻孔13个，工程量2 873.25 m，留设十三灰长观孔1个，十四灰长观孔4个，奥灰长观孔7个。建立健全了十三灰、十四灰和奥灰水位、水压、水温、流量水文地质观测网。

2　KJ402矿井水文监测系统的研究及应用

2.1　系统概述

多参数水文动态监测智能预警系统利用计算机技术、通讯技术和传感器技术解决矿井水害防治问题，是多学科领域与水文科学相结合的产物。能够满足《煤矿防治水规定》中对于地下水动态监测的需求，能直观地反映含水层的水文地质条件，长期监测多层含水层。系统集水文数据的采集、处理、网络共享和水害预警及辅助决策于一体，采用现代化的监测手段，使用户能及时掌握水文动态，达到对水害事故早发现、早预报、早防治的目的，对保障煤矿的安全、正常生产具有重要意义。本系统按照矿用产品命名规范命名为“KJ402矿井水文监测系统”。

2.2　主要设备及技术指标

2.2.1　系统主控站

KJ402矿井水文监测系统分为井上和井下系统两部分，井上部分包括监测系统主控站，数据存储备份服务器，地面遥测系统分站；井下部分包括KJ402—F矿用水文分站及相配套的水压、水温传感器，管道流量传感器，明渠流量传感器等，基层系统采用树状星型网络拓扑结构。井下分站和地面主控站间通过 RS485 信号传输。可以使用专用通讯电缆、光缆、电话线、井下以太网进行数据传输。系统主控站的组成及技术指标见表 1 所列。

表 1　　系统主控站组成及技术指标

<table>
<tr><th>主要设备名称</th><th>技术指标</th></tr>
<tr><td>数据存储服务器</td><td rowspan="8">(1) 数据传输方式：GSM－SMS 双向控制。
(2) 网络传输协议：TCP/IP,NETBUI,SPX/IPX。
(3) 数据库：SQL SERVER 2000/2005。
(4) 可对地面遥测分站实现双向控制。
(5) 平台软件：WINDOWS2000/XP。
(6) 应用软件：C/S 模式实时数据处理系统，B/S 模式动态浏览。
(7) 通讯接口：RS—232/485，速率 1 200～9 600 bits/s</td></tr>
<tr><td>数据上传控制机</td></tr>
<tr><td>数据上传控制机</td></tr>
<tr><td>KJ402—J 传输接口</td></tr>
<tr><td>电源避雷器</td></tr>
<tr><td>信号避雷器</td></tr>
<tr><td>数据处理软件系统</td></tr>
<tr><td>网络数据发布软件</td></tr>
</table>

2.2.2　地面长观孔水文遥测分站

地面水文长观孔的水位、水温监测，由 KJ402—FA 水文分站采集水位和水温数据，通过 GSM 网络将数据传送到监测系统主控站，进行数据处理，上传至数据存储备份服务器。地面水文分站的组成及技术指标见表 2。

表 2　　地面水文分站的组成及技术指标

<table>
<tr><th>设备名称</th><th>主要技术指标</th></tr>
<tr><td>KJ402—FA 水文分站</td><td rowspan="8">(1) 数据传输方式：通过 GPRS 或 GSM。
(2) 测量间隔：1 min～99 h。
(3) 分站暂存容量：60 000 组数据。
(4) 分站操作方式：中文菜单式。
(5) 仪器工作温度：－40～80 ℃。
(6) 供电方式：① 锂离子电池组，一次充电工作时间可达 12 个月；② 太阳能电池供电。
(7) 水位测量范围：0～1 000 m，精度 0.05%F.S，分辨率 0.1 cm；温度测量范围：0～100 ℃，精度 0.1 ℃，分辨率 0.01 ℃。
(8) 传感器电缆：4 芯含通气孔及抗拉伸专用屏蔽电缆。
(9) 通讯距离：无线 GSM 方式，不受距离限制</td></tr>
<tr><td>数据通讯模块(内置)</td></tr>
<tr><td>锂离子电池组</td></tr>
<tr><td>充电器</td></tr>
<tr><td>水位温度一体化传感器</td></tr>
<tr><td>传感器专用电缆</td></tr>
<tr><td>防盗保护罩</td></tr>
<tr><td></td></tr>
</table>

2.2.3　井下水文分站

井下利用 KJ402—F 矿用水文分站挂接压力、温度传感器，水位、温度传感器，管道流量传感器，明渠流量传感器进行数据采集，通过煤矿专线或环型以太网将数据传输到监测系统主控站。井下分站的组成及技术指标见表 3。

表 3　　井下分站的组成及技术指标

设备名称	主要技术指标
KJ402—F 本安型水文分站	(1) 数据传输方式：通过电缆、光缆、工业以太网传输。
水压、水温一体化传感器	(2) 供电方式：矿用隔爆兼本安不间断电源，输入电压：127/380/660 V AC，电压波动范围：(75～110)%。
矿用应力传感器	(3) 水压测量范围：0～10 MPa，精度 0.1%F.S，分辨率 0.1 kPa。
管道流量传感器	(4) 管道流量测量范围：0～2 000 m^3/h，精度 1%，分辨率 0.001 m^3/h。 (5) 通讯距离：≤15 km。
明渠流量传感器	(6) 其他技术指标同地面分站

2.2.4　系统软件介绍

数据处理软件的主要功能是水文孔基本资料的输入、多参数水文数据的采集、水文数据的查询、水文数据的可视化、水位趋势分析以及异常情况报警等。系统以矿井水文信息的查询和分析为核心，提供了输入编辑、查询、分析、输出等实用而丰富的管理功能。核心任务是为进行切实可行的矿井水害预测预报提供可靠的数据来源与趋势分析。系统的软件结构如图 1 所示。

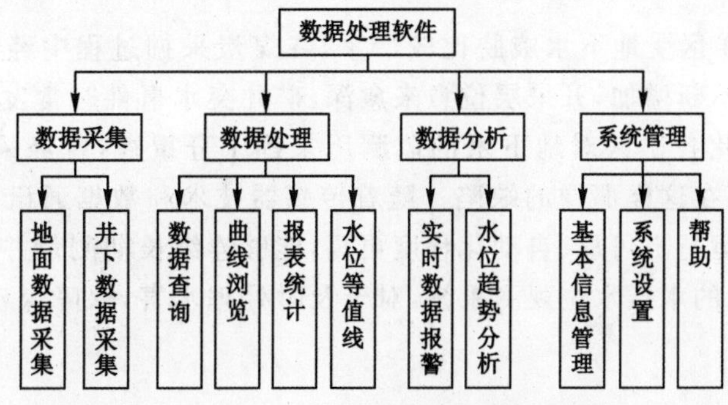

图 1　数据处理软件的结构

2.3　适用范围

KJ402 矿井水文监测系统可以适用于矿井井下水仓水位、水温监测，地面和井下各含水层长期观测孔水位、水压、水温、流量监测，井上、下明渠流量和给排水管道流量、压力等水文参数进行自动测量和记录。

2.4　注意事项

井下观测孔应安装可靠的安全观测装置，主要包括安全闸阀、承压管道等，闸阀的耐压值应大于孔口压力的 1.5 倍以上，并要留设机械压力观测表安装孔，以实现自动和机械同时对比观测。

3　系统的功能特点及应用效果

系统具备多参数监测功能，可靠性高，无人值守下能可靠运行，数据通过通讯网络传输同时记在水文分站内；监测数据可采用有线和无线数据收发装置传输到系统主控站，并实现联网运行，实现了水文数据的实时共享；处理方法完善，采用多种方法以表格、曲线、报表、图形等方式实现数字的动态显示与可视化输出，并可进行相应的编辑、打印等操作；具备了预测、预警功能，实现了水压、水位的等值线和预警等值线图的绘制，并有实时数据的超限报警功能，为矿区的水文动态分析提供了有力的控制与分析手段。

4　效益分析

本系统对于采掘工作面水量的预测预报，合理有效地布置防排水工程，杜绝水害事故的发生，具有重大意义。在节省防治水工程，减少水害事故造成的经济损失方面，其经济和社会效益非常巨大。系统运行成本极低，每个监测点每天运行成本仅为 0.1～0.2 元，系统无人值守、无线通讯等特点也在很大程度上节省了人力、财力，极大地提升了矿井防治水工作的技术水平。

海域水情监测系统在北皂煤矿的应用

龙矿集团北皂煤矿 李荣夫 崔 青 王 强 侯江辉 刘海霞

摘 要:根据确保海下采煤安全生产的四大课题,北皂煤矿开发建设的海域水情监测系统,在国际上尚属首次。井上水文长观孔的水位监测由分站和主站通过GSM网络进行数据通讯,主站进行数据处理转换给安全监控系统。井下将传感器通过自动记录分站转换接入安全监测系统分站,数据传输到地面安全监测系统中心站,由安全监控系统将水情监测部分单独提取分析,为海域开发提供有效的安全保障手段。

关键词:海域;水情;监测

我国有相当一部分矿区受地下水威胁比较严重,在煤炭采掘过程中经常受到水害的困扰,尤其是随着煤炭开采量的不断增加,开采层位愈来愈深,矿井突水事件时常发生,给人民群众的生命财产造成严重损失。因此各矿区对地下水的监测历来都十分重视,曾经采用各种各样的监测方法,但都在不同程度上存在这样那样的缺陷。随着传感器技术和数据通讯技术的发展,建立一个精度更高、实时性更强、运行更可靠、自动化程度更高,能够连续长期测量并利用计算机分析、辅助决策、适用各种不同环境的水压水位观测系统,对于及时处理水害,保障煤矿的正常安全生产具有重要的现实意义。

1 研究目标

北皂煤矿海下采煤填补了国内空白,但在具体实施过程中,首先要解决海下采煤的安全性问题。根据确立的海下采煤四大攻关课题,需要对开采层位上履岩层及含水层的水位、水温进行连续实时监测,对生产期间含水层水位的变化情况进行分析,从而对海水裂隙溃入进行预警,这是保障海下采煤安全的重点。

为确保我矿海域水情监测系统能够快速建立起来,为海下生产提供准确、实时的安全监测保障。并且充分利用我矿现有的安全监控系统网络,实现数据的统一采集和分析,减少系统建设投入。重要的是形成全矿井“水、火、瓦斯、顶板”的统一监控、综合分析的快速反应处理体系。因此我们选择海域水情监测系统在北皂煤矿海域生产中的应用,与我矿KJ95N安全监控系统的汇接作为研究内容。

2 水情监测技术分析

(1) 目前,国内水体下采煤已有成功经验,但对海水这种大型水体的监测尚无先例。为了预防水害的发生,对开采层位地下水位(水压)进行长期观测是煤矿目前普遍采用的手段之一。对水位(水压)的观测通常可以采用两种方法。

一是在地面建立水文长观孔,安装水位自动记录仪器或远程遥测监测分站进行长期观测;

二是在井下安装水压自动记录或遥测仪器进行长期观测。

(2) 井下观测孔记录仪通过安全监控系统实现数据传输,需要解决输出数据制式和设备关联性要求问题。主要内容包括:

① 对传感器输出制式的选择。目前煤矿所采用的传感器多为本质安全型,其输出分为模拟量和开关量。水情监测传感器主要对水压、温度、流量等连续变化的量进行监测,其输出为模拟量。模拟量传感器的输出方式又分为电压型、电流型和频率型,见图1与表1。

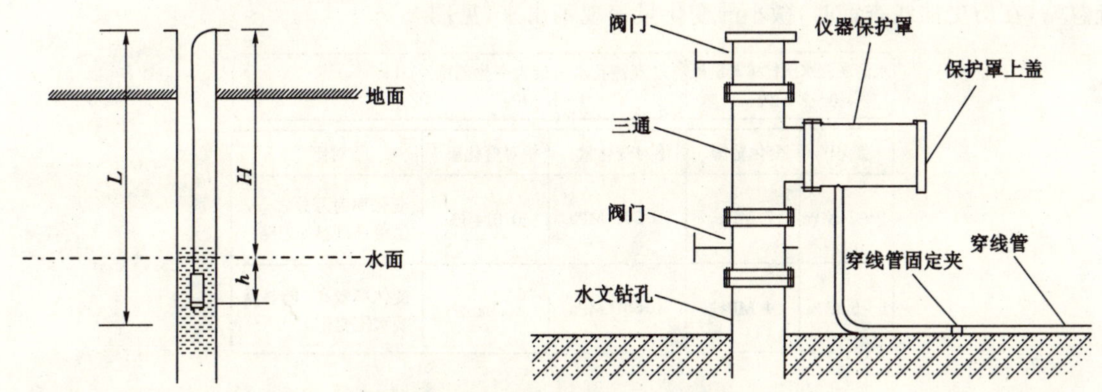

图 1　地面水位、水温分站安装示意图

H——水位埋深；L——线长；h——探头埋深

表 1　　通用传感器输出制式对比表

输出制式	输出范围	抗干扰能力	传输距离	传输质量	便于微机处理	转换设备
电压型	DC1～5 V	差	<1 km	差	否	需要
电流型	DC1～5 mA	一般	<1 km	一般	否	需要
频率型	200～1 000 HZ	好	2 km	优	是	不需要

水情监测系统所采用的水压、流量等传感器，其输出多为电流型，要达到集中远传的目的，就需要转换成频率制信号进行长距离传输。在现场设置自动记录分站，采集传感器数据，进行暂存，并按照设定的方式对传感器数据进行转换和传输，传输分为有线和无线：通过 GSM 网将数据传输到主站微机；通过信号线传输到安全监测分站。

② 解决水情传感器超出监测系统数据存储范围问题。目前煤矿安全监测系统所采用的通用传感器，其测量范围均为正值，所以通用的安全监测系统在数据库结构和数据处理定义时，其数据存储和分析方法是按照正值进行设计的，最低为－100，而水情监测数据均为负值，超出了通用的安全监测系统的数据定义范围，见图 2。

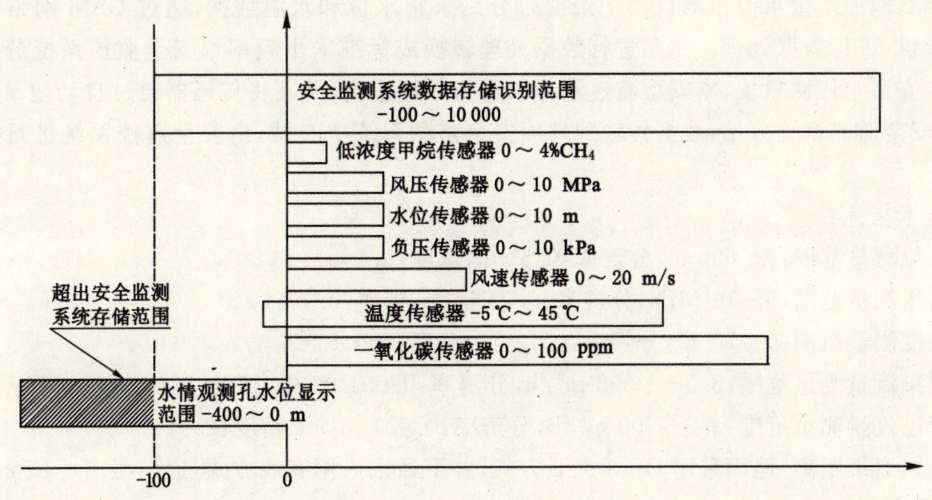

图 2　水情观测水位与安全监控系统标准定义对比图

③ 解决水情水压监测相对变化率太小的问题。对矿井水压监测的传感器，其量程为 0～7 MPa，而水压的变化量为 0.001 MPa，其千分之一的变化量是监测系统能够有效处理的极限，很容易被监测

系统忽略，在历史曲线查询时，微小的变化量表现不出来，见图 3。

水情观测水压传感器量程 0～7 MPa	观测孔水压最大变化范围 1～5 MPa

量程	变化范围	绝对变化量	相对变化率	对比
0～7 MPa	7 MPa	0.001 MPa	0.0143%	变化率为万分之一，监测系统容易忽略
1～5 MPa	4 MPa	0.001 MPa	0.025%	变化率较高，能够反映水压变化

图 3 水情观测水压量程与相对变化率对比图

综合以上分析，海域水情监测系统在北皂煤矿的应用需要达到以下目标：

(1) 地面水文长观孔的水位监测，分站和主站通过 GSM 网络进行数据通讯；井下部分将传感器通过转换器接入安全监测系统分站上，由安全监控系统进行数据存储和分析。形成矿井统一监测、统一反应、统一调度、综合分析查询的安全反应体系。

(2) 将水压监测的相对变化率提高到万分之二以上，满足系统准确性和实时性，并适应井下长距离传输和巷道环境的要求。

水压传感器的量程为 0～7 MPa，根据现场水压的最大变化范围 1～5 MPa，将转换分站的输入量程根据水压传感器的量程定为 0～7 MPa，而将转换分站的输出量程定为 1～5 MPa。通过缩短量程基数来突出变化量。水压传感器的输出为 DC1～5 mA 电流信号，将转换分站的输入制式设定为电流型，而将输出制式设定为标准 200～1 000 Hz 的频率型。从而满足安全监控系统的数据输入标准。

(3) 解决水位监测数据超出安全监控系统数据存储范围的问题。

我矿水情观测孔水位值的显示范围为－400～0 m，超出安全监控系统数据存储最低为－100 的范围。在安全监测系统的设定中，将转换的水位值全部取绝对值进行存储和处理，而数据显示依然采用负值。从而满足数据显示和存储的需要。

3 应用实施

北皂煤矿井上、下海域水情观测孔分为矿井井上和井下两部分，井上部分为地面水文长观孔的水位、水温监测，地面水位水温遥测自动记录混合分站采集水位和水温数据，通过 GSM 网络将数据传送到主站微机，进行数据处理。主站进行数据处理转换成标准输出频率给安全监控系统分站。井下部分利用本安型水压测量仪、本安型流速测量仪进行数据采集，井下将传感器通过自动记录分站的转换后，接入安全监测系统分站，数据传输到地面安全监测系统中心站，由安全监控系统进行数据存储和分析。

主要技术指标：

(1) 水位测量范围：0～600 m，分辨率：0.5 cm，精度：0.1%F.S；

(2) 水压测量范围：0～10 MPa，分辨率：0.01 MPa，精度：0.1%F.S；

(3) 温度测量范围：0～70 ℃，分辨率：0.12 ℃，精度：±0.5 ℃；

(4) 明渠流量测量范围：3.5～1 000 m^3/h，分辨率：0.001 m^3/h，精度：5%；

(5) 管道流量测量范围：3.5～500 m^3/h，分辨率：0.001 m^3/h，精度：2%；

(6) 数据通讯距离：地面采用 GSM 无线方式，井下通讯采用有线方式，通讯距离≤15 km。

4 实施效果

如图 4 所示，自 2005 年海域首采面开采前，将井下观 1、井下观 2、地面观 5、地面观 6 孔的水情监测设备接入 KJ95N 安全监控系统，实现统一的数据采集处理模式。2006 年增加了井下观 3、井下观 4 两个观测站。2008 年增加了水仓明渠流量、出水点氯离子、钠离子浓度监测。2009 年，在水情、水

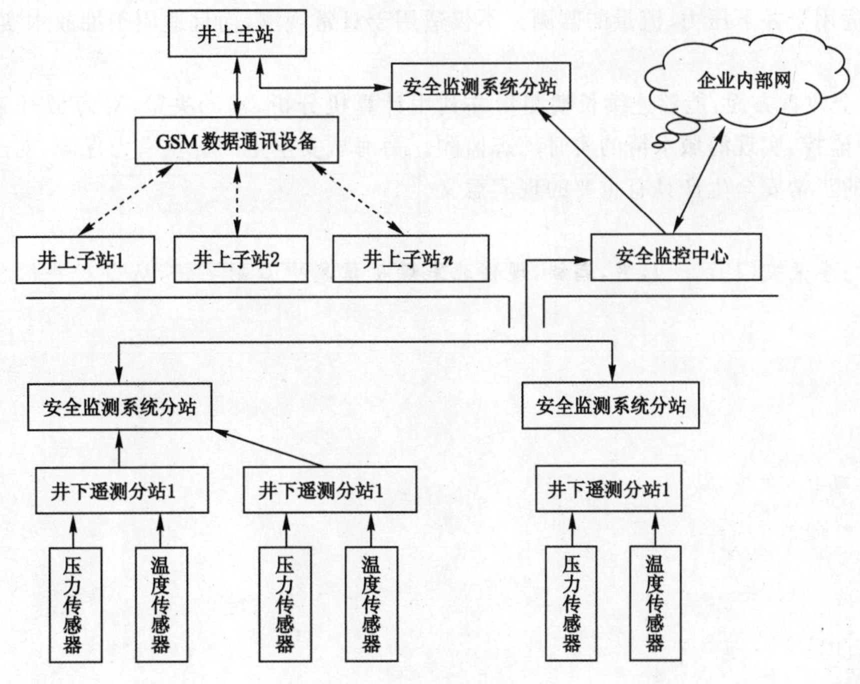

图 4　系统汇接配置图

质在线监测系统的基础上，建立了海域开采防止海水溃入的预警与应急预案系统，将海域水情在线监测系统及水质在线监测数据进行开发。当矿井水位发生变化时，将根据监测数据实现绿、黄、橙、红四级预警，自动调用矿井避灾路线和应急救援预案。经过海域 H2101、H2103、H2106 工作面开采期间及回采后的监测运行，圆满完成了原定目标值。

(1) 设定转换分站的输入/输出量程，将水压相对变化率提高到 0.025%，见表 2 与图 5。

表 2　　**转换效果对比表**

	量程	变化范围	绝对变化量	相对变化率	输出信号制
转换前	0～7 MPa	7 MPa	0.001 MPa	0.014 3%	DC1～5 mA
目标值			0.001 MPa	>0.02%	200～1 000 Hz
转换后	1～5 MPa	4 MPa	0.001 MPa	0.025%	200～1 000 Hz

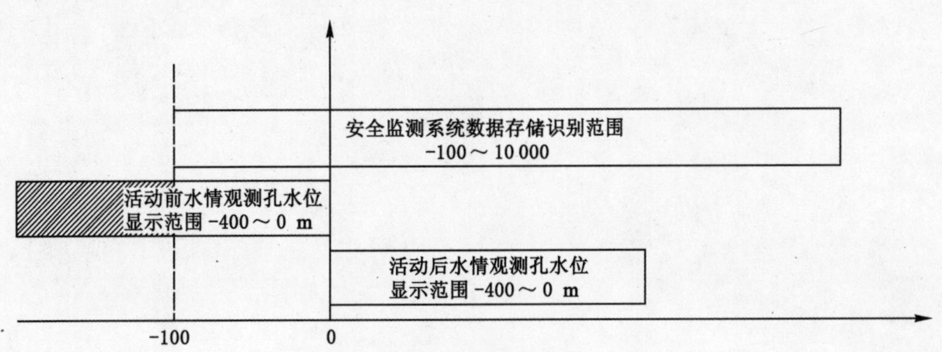

图 5　活动效果对比图

(2) 实现对负值小于－100、超出安全监控系统数据存储范围的水位值的存储和处理。

(3) 适用范围广：由于充分利用现有的安全监控系统基础，实现了不同系统之间数据的统一采集、传输、汇总与分析，从而减少了系统建设资金投入，缩短了系统建设时间。不仅适用于地面长观孔的监测，而且适用于井下压力、流量的监测。不仅适用于日常观测，而且适用于抽放水实验、矿井涌水量自动监测。

(4) 在安全效益方面：能够连续长期测量并利用计算机分析、辅助决策，对海域开采的各种安全因素进行统一监控，实现海域水情的实时动态监测。为海域安全生产提供有力保障，对于及时处理水害，保障煤矿的正常安全生产具有重要的现实意义。

作者简介：李荣夫(1979—)，男，满族，现任北皂煤矿信息中心副主任，从事矿井信息化建设和管理工作。

基于WebGIS矿井水文监测信息发布系统

兖州煤业股份有限公司兴隆庄煤矿 张光明 于旭磊 范宝江

摘 要:基于WebGIS的矿井水文监测信息发布系统涉及了网络技术、地理信息系统技术、数据库技术、软件工程等。本文简要介绍了WebGIS的关键技术,并从数据库、WebGIS综合管理服务、Web服务器和Web浏览器4个方面阐述了构成矿井水文监测信息发布系统的技术框架。根据系统的设计方案进行了相应的开发和配置。

关键词:WebGIS;矿井水文监测;数据库;防治水

1 引 言

矿井水文地质工作直接影响到煤矿的安全。矿井水文监测预警系统则是根据煤矿系统的规范和要求,充分利用数据采集技术、计算机技术、网络技术和数据库技术等实现地下水水文数据的采集、处理和发布为一体的综合信息管理系统,是现代化科技与管理密切结合的一项系统工程。它是煤矿实现地下水管理现代化、决策科学化的一个重要过程。其核心是数据的采集处理和信息发布,通过将水文数据采集并处理后发布,传递给煤矿各个部门,为各个部门在实施煤炭安全开采上提供有力的决策依据和参考,最终实现避免突水事件发生、避免煤矿水灾这一目的,对指导矿井生产和矿井灾害的防治具有十分重要的意义。

随着计算机技术的不断发展及其在实际工作中的广泛应用,处理矿井水文地质信息的思路和方法也在不断更新和提高。其中研制开发水文地质信息集成化处理系统是目前国内外的前沿课题,也是研究的热点。传统的管理信息系统(MIS)可以有效地管理非空间数据,但根本无法管理具有空间位置的矿井水文监测点分布等图形数据。只有借助于WebGIS技术,才能分析、处理水文监测图形数据与属性数据,可视化表达水文监测信息,并将表达的信息在Web站点上发布,使用户能够通过Web浏览器浏览矿井水文监测信息。

2 WebGIS的关键技术

(1) 互联网与万维网 WebGIS(万维网地理信息系统)是通过互联网技术扩展和完善地理信息系统的一项新技术。从万维网的任意一个节点,用户通过浏览器都可以浏览WebGIS站点中的空间数据,制作专题地图,进行各种空间检索和空间分析。

(2) 可扩展的标记语言(XML)是用来定义一种互联网上交换数据的标准。XML能够明确地区分文档的结构、内容和实例化,在XML中分别对他们进行处理。XML对于数据库的应用非常重要,它提供了表达数据库视图结构的标准方法。

(3) 数据库服务器的访问:① 开放数据库连接标准(ODBC);② OLEDB;③ ADO。

(4) WebGIS信息代理与服务。

3 地下水环境监测信息发布系统开发方案

3.1 系统的功能需求与开发策略

(1) 信息发布系统的功能需求。可以概括为以数据库为依托,在WebGIS技术的支持下,利用互联网络实现用户端浏览器与WebGIS服务器的动态交互。服务器根据用户端浏览器的请求从数据库中动态获取数据,并加以分析处理,处理结果以非常直观的图形、曲线、表格、描述性文字等方式返回给浏览器显示,使用户通过浏览器能够查看矿井水文信息。信息发布系统向上面对Web浏览器用户，向下连接数据库，是连接用户浏览器与数据库的桥梁，用户通过浏览器能获取所需要的或者感兴趣的信息。

(2) 信息发布系统的开发策略。当前有多种技术方法被用于 WebGIS 功能的实现，其中应用程序插件/控件法比较常用。这种方法扩充了浏览器功能，使之能够解释自定义格式的 GIS 矢量数据文件，它采用了本地代码，执行速度很快，克服了 HTML 的不足，直接对地理空间数据进行操作。而 Autodesk Mapguide 是应用程序插件/控件法实现 WebGIS 的典型代表，它利用 Autodesk Mapguide Server 地图服务器向浏览器用户端提供图形数据服务，并通过 Mapguide Viewer 将图形数据显示给浏览器用户端。因此，在本系统中采用 Autodesk Mapguide 作为 WebGIS 综合管理服务平台。

(3) 地下水环境监测信息发布系统开发以 Microsoft Internet Information Server 为基础，采用 ActiveServer Pages(ASP)技术构建服务器端应用程序。利用 HTML、XML 语言和 VBScripts 脚本语言编写浏览器端用户界面，通过页面向服务器发送请求，由相关的 ASP 页面响应并执行向数据库查询数据的代码，最终将查询结果反馈给浏览器的用户端显示。

3.2 *矿井水文监测信息的分析与表达*

(1) 水文监测点的空间位置信息表达在服务器端，利用 Mapguide Server 发布集团公司矿区图形数据和公司内各矿的水文监测点分布图数据，通过浏览器浏览水文监测点的位置信息(图 1)。

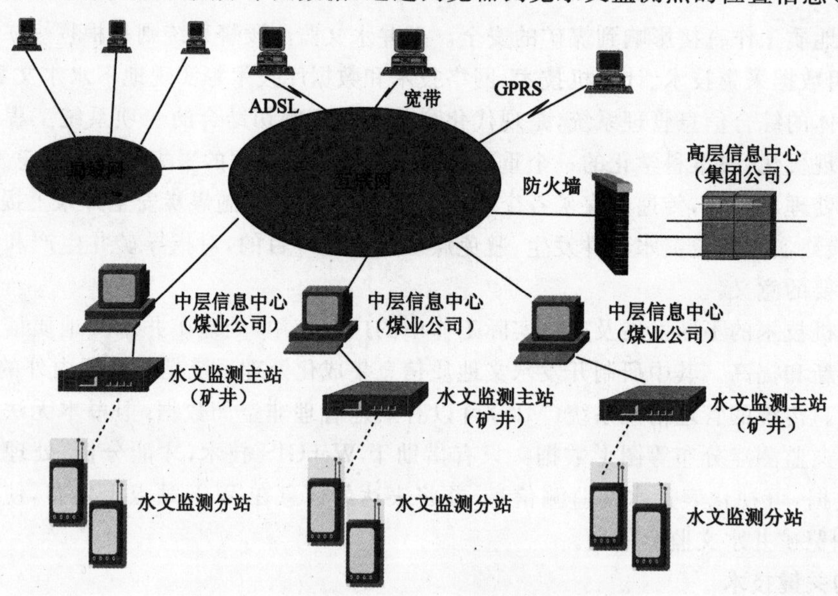

图 1 矿井水文监测预警系统网络结构图

(2) 矿井水文监测点的基本情况信息表达利用 Active Server Page 构建服务器端应用程序，向数据库中请求数据，通过浏览器以表格的形式显示数据查询结果。

(3) 单个监测点表达为矿井水文监测点的水位动态特征。用地下水水位标高值随时间的动态变化曲线表示，X 轴表示时间，Y 轴表示地下水水位标高值。

① 分析某一年的地下水水位动态变化趋势：用该年的水位动态变化曲线表达。其中，X 轴表示实际的监测日期，Y 轴表示每一监测日所对应的实际监测值。表达单个监测点的某一年地下水水位动态变化特征时，需要设计两个 ASP 页面。一个页面用来表达地下水水位动态变化曲线，另一个页面用来表达与动态变化曲线相对应的实际监测数据。

② 分析多年的矿井水位动态变化趋势：用多年水位监测值的月平均值随时间的动态变化曲线表达。其中，X 轴表示实际监测的年月，Y 轴表示地下水水位标高月平均值。表达单个监测点多年地下水水位动态变化特征，也要设计两个 ASP 页面，一个页面显示多年地下水水位动态变化曲线，另一个页面显示与动态变化曲线相对应的数据表。

③ 任意两年的地下水水位变化幅度比较：任意两年的水位变化幅度比较，用后一年的矿井水位平均值减去前一年的地下水水位平均值。按年平均值比较只有一个数值；按月平均值比较共有12个数值，正值表示水位上升，负值表示水位下降。表达任意两年矿井水位变幅比较结果需要一个ASP页面。在页面中，任意两年的年平均水位变幅比较结果在浏览器中用文字表达；任意两年的月平均水位变幅比较结果用图表表达。

(4) 多个监测点的矿井水文动态变化特征表达这种情况比较复杂。分析多个监测点的地下水水位动态变化趋势时，只考虑某一年的情况，不考虑多年的情况。多个监测点的矿井水位动态变化趋势用多监测点的水位动态变化曲线表示。X 轴表示监测点，Y 轴表示监测点在某一月份的水位月平均值。表达多个监测点某一年的矿井水位动态变化特征时，需要两个ASP页面，一个页面显示多个监测点水位动态变化曲线，另一个页面显示与动态变化曲线相对应的数据表。

(5) 矿井水文监测点的水温、水量、水质动态特征表达方法与地下水水位动态特征表达方法相类似，这里不再赘述。

3.3　浏览器页面设计

根据上述矿井水文监测信息的可视化表达方法，水文监测信息在浏览器中的显示共包括11个页面，它们分别是：

(1) 用户登录信息页面显示通过浏览器可以浏览的信息内容和登录信息，要求输入登录用户名和密码，以便浏览详细内容。

(2) 矿井水文监测点空间位置信息浏览页面，显示集团公司矿区分布图，图上叠加各矿水文监测点分布图。该界面作为水文监测信息的查询、分析、显示起点，浏览任何水文监测信息都从水文信息监测点开始。

(3) 显示单个监测点的基本情况信息和设置查询条件页面。

(4) 显示多个监测点的基本情况信息和设置查询条件页面。

(5) 显示单个监测点某一年的地下水水位、水量、水温、水压动态变化曲线页面。

(6) 显示单个监测点多年的地下水水位、水量、水温、水压动态变化曲线页面。

(7) 显示多个监测点某一年的某个月份地下水水位、水量、水温、水压动态变化曲线页面。

(8) 显示单个监测点某一年的监测数据页面。

(9) 显示单个监测点多年的监测数据页面。

(10) 显示多个监测点某一年的监测数据界面。

(11) 显示单个监测点任意两年的地下水水位、水量、水温、水压监测数据变化幅度比较页面。

4　结 束 语

基于WebGIS的矿井水文监测信息发布系统，能够实现矿井水文监测信息的图形数据与属性数据的联合发布，使用户能够在浏览器端获取非常直观的水文监测信息，从而提高我国煤矿安全生产信息化水平，为我国煤矿安全生产提供可靠的保证。

作者简介：张光明(1981—)，男，毕业于山东农业大学，现在兴隆庄煤矿地质测绘中心从事水文地质工作。

水害监测预警系统在煤矿防治水工作中的应用

淮北矿业集团公司杨庄矿 庞迎春

摘 要:本文在详细分析杨庄矿水害因素的基础上,介绍了高精度、自动化、网络化及运行可靠的矿井水害监测预警系统的建立、组成及应用现状。该系统的建立为探测潜在的煤矿水害隐患提供了强有力的分析和预警手段。

关键词:预警系统;多参数动态监测;水害防治

水害是煤矿开采中常见的一种灾害,一旦发生事故,往往具有突发性和极大的危害性,不仅影响生产、造成经济损失,而且易发生重大伤亡事故。煤矿水害是制约我国煤炭行业健康发展的灾害之一,严重威胁煤矿生产安全和矿工生命安全。随着煤炭工业的迅速发展,煤炭资源开采深度及强度不断加大,高产高效的生产管理方式对矿井水害防治安全技术的要求越来越高。

杨庄煤矿是一个水文地质条件极其复杂的矿井,充水水源众多,底板灰岩水、老空水、松散层孔隙水和地表水体均威胁矿井生产安全。开采范围内有 6 个正在开采的小煤矿,这些小煤矿均在井田浅部煤层露头处,开采杨庄矿遗留的残余块段。小煤矿的水文地质基础工作薄弱,一旦发生突水灾害将严重威胁杨庄矿财产和生命安全。如果在这个煤矿水害发生之前或初期能够及时发现并采取措施,就能避免水害的发生或减少水害造成的损失。

1 矿井主要的水患因素及防治措施

1.1 主要的水患因素

矿井可采煤层为 3、4、5、6 煤层,其中 5、6 煤层为主要的可采煤层,3、4 煤层为局部可采煤层。根据矿井水文地质条件,结合开采过程中矿井突水情况分析,矿井水害类型复杂,主要水害有:地表水、5 煤顶底板砂岩裂隙及岩浆岩水、6 煤顶底板砂岩裂隙水、太原组及奥陶系石灰岩岩溶裂隙水、断层及裂隙带导水、老塘水害及封闭不良的钻孔水害、相邻小煤矿采空区水害。其中 6 煤底板灰岩水和 5 煤顶板火成岩水威胁更为突出。

(1) 地表水体

杨庄矿井田河流水系发达,有雷河、闸河、老濉河,还有东、西和乾隆湖 3 个大的塌陷积水区,积水总量达 2 180 万 m^3 以上。小煤矿开采范围处于塌陷积水区以下,河流边缘,历史最高洪水位+32.7 m,存在汛期地表水体倒灌的可能。

(2) 新生界松散层水

杨庄矿属于新生界松散层覆盖的全隐伏矿井,松散层孔隙含水层含水丰富,是农业灌溉的主要水源,浅部开采时均留设了防水安全煤岩柱。

(3) 6 煤底板太灰水

6 煤底板太灰含水层,特别是上段 1~4 使矿井开采的主要含水层(段)由于其富水性较强,且与奥灰含水层有水力联系,水量大,水压高,对矿井生产安全危害较大。

(4) 老塘水

地方煤矿基本上是在开采杨庄矿报废采区的遗留煤柱,属老区复采。由于采区封闭时间长,积水情况不清,一旦接近或揭穿积水区,将发生透水事故。

1.2 水害防治措施

针对杨庄煤矿的水患特点，结合有关规程规范和以往矿井防治水经验，解决矿区水害隐患的措施的关键是：

① 查明充水条件，采取合理有效的水害防治措施。特别是防治和杜绝小煤窑水害。

② 建立健全矿井水害监测预警系统，做到对水害事故早发现、早预报、早防治。

2 矿井水害监测预警系统的建立

2.1 水害监测预警系统的提出

我们知道，煤矿水害是在煤矿建设开采过程中，不同形式、不同水源的水通过某种途径进入矿坑，并给煤矿建设和生产带来不利影响和灾害的过程和结果。如果在这个过程的初期能够及时发现并采取措施，就能避免水害的发生或减少水害造成的损失。随着矿井的开采层位越来越深，矿井水文地质条件也变得越来越复杂，时常会发生矿井突水或透水事件，不但给矿工生命安全和国家财产带来严重危害，而且地下水已成为威胁煤矿安全生产的重要因素。因此，对煤矿地下水的实时监测和预警、预报显得尤为重要，对指导矿井生产和矿井水害的防治具有十分重要的意义。

经过调研，杨庄矿与西安科技大学合作设计了水文监测系统的总体方案，提出了建立一个以集团公司为高层、矿务局等二级实体为中层、各生产矿井为基层的多层次分布式水文多参数监测及水害预警系统，在整个集团公司建立统一标准的水文数据库系统，实现水文参数的动态监测预警和网络共享。

2.2 水害监测预警系统的原理

监测预警是指通过相关技术及仪器提前发现某一警素的隐患，并把该警情传送至安全管理部门，经相关分析及判断预报不正常状态的时空范围或危害程度，并采取相应的防范措施。简单地说，监测预警系统即是基于一定的预警原理，以期完成预警任务而建立的一套完整的系统。

矿井工作面水害的形成和产生都有一个发展变化的过程，不同的阶段都有其相对应的先兆。矿井水害监测预警系统是煤矿水害预测预报中的一项重要工作，是一种多信息监测突水条件产生、变化的系统。可以对控制和影响产生突水的关键因素进行实时监控和分析，对水害的发生进行预报和预警，提早启动应急预案，从而避免突发性灾害事故的发生。

根据杨庄矿的开采情况和小煤矿的分布情况，设立合理的水文观测点及观测量，采用先进的传感器技术和数据通讯技术，以企业内部网为平台，建立一个精度高、实时性强、运行可靠、自动化程度高，能够连续长期测量并利用计算机分析、辅助决策的，适用于地面及井下各种水文参数(水位、水压、水温、管道流量、明渠流量等)的利用局域网进行数据传输的水文监测系统，及时掌握地下水动态，保障煤矿的安全、正常生产。

2.3 水害监测预警系统的组成

2.3.1 水文监测点的设置

在传统的监测方法中，对于井上、井下的水文观测孔通常是采用人工测量记录的方法掌握水位(水压)的变化情况；对于管道流量、明渠流量的测量也是采用人工携带仪器进行实地测量的方法。这种监测方法不能随时取得监测数据，而且借助人工来实现数据的记录和管理，使得工作量极为巨大，不但容易出现错误造成管理上的混乱，而且采集数据的统计和分析工作十分烦琐。水害监测预警系统能大大提高工作精度，减少繁杂重复的劳动。

水文监测点的设置原则：① 能够反映矿井的水文动态(水压、流量、水温)；② 对有小煤矿透水威胁的部位进行重点监测；③ 能够监测或计算出全矿井每条巷道的涌水量。根据以上原则在地面上设置 4 个水文长观孔，井下设置 2 个水压水温观测孔，10 个明渠流量、水温观测点，如图 1 所示。观测点覆盖了正在生产的 3 个水平，随着四水平的开采，可以扩展观测点。

2.3.2 水害监测预警处理系统

(1) 硬件系统和软件系统

矿井水害监测预警系统由硬件系统和软件系统组成。系统的硬件部分主要包括传感器、遥测分站、传输系统(无线及有线方式)和水文监测主站等;系统的软件部分主要包括水文数据的实时采集、组织与数据库建立、水文数据的分析处理、数据发布以及智能预测预警功能的实现。

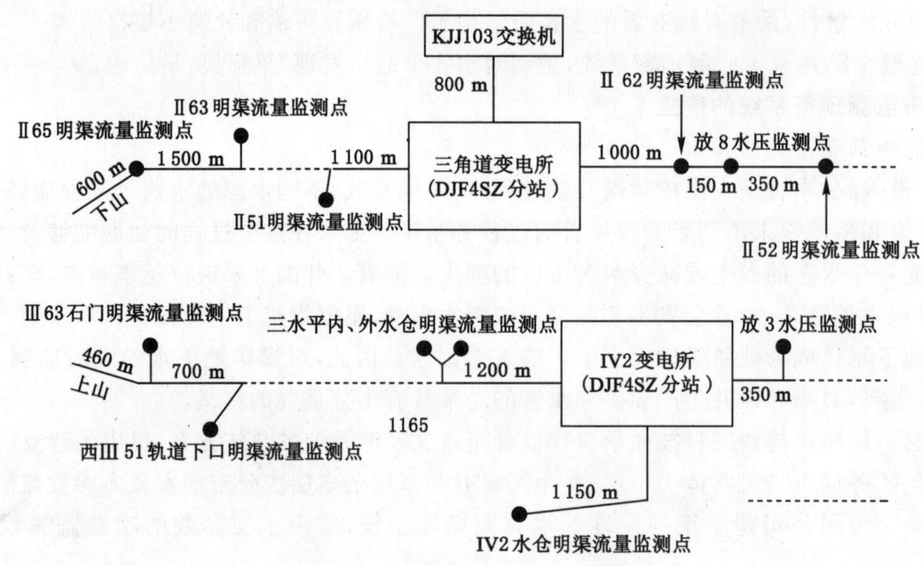

图1 井下水文观测点的设置示意图

(2) 水害监测预警系统的体系结构

该系统采用物理三层结构,分别称为数据采集层(各种监测分站),数据处理层(实时监测主站),水文数据库及网络发布层,如图2所示。

该系统的三层结构中,可以采用组合的方式构成独立运行的系统模式,能够构建的系统模式如下:① 基层系统;② 基层系统+中层系统;③ 基层系统+高层系统;④ 基层系统+中层系统+高层系统。每种系统模式都可独立运行。采用这种系统模型使该项目的研究成果可以适应各种组织结构。

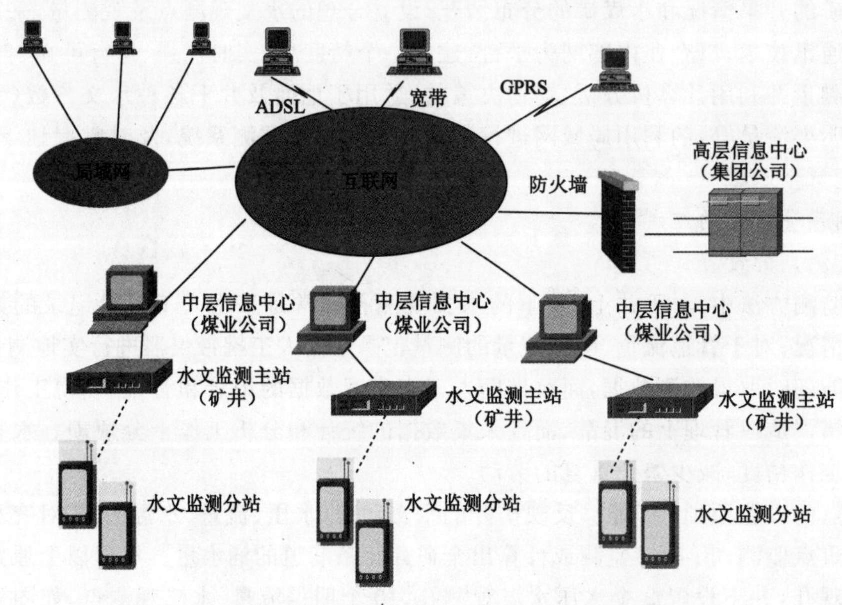

图2 水害监测预警系统的网络结构图

(3) 基层系统组成拓扑结构

该系统分为矿井井上和井下两部分，采用树状星形网络拓扑结构。井上部分为地面水文长观孔的水位、水温监测，地面水位水温遥测自动记录混合分站采集水位和水温数据，通过GSM网络将数据传送到主站微机，进行数据处理。井下部分利用水文监测分站进行数据采集，通过环型以太网将数据传输到地面监测中心站，经过中心站的预处理存入水文数据库中，采用多用户的SQL—SERVER数据库管理系统作为系统的开发平台，利用水文数据发布软件，通过局域网或广域网就可对水文数据进行查询、统计、浏览，使相关领导及专业技术人员能够及时掌握水文动态，指导煤矿的安全生产。

2.3.3　水害监测预警系统软件的功能及实现

水害监测预警系统软件由实时数据采集处理软件和水文数据网络发布软件两部分组成。实现水文数据的实时采集、组织与数据库建立、水文数据的分析处理、数据发布以及智能预测预警功能。

(1) 实时数据采集处理软件的功能

① 数据的实时采集列表显示；② 数据的可视化处理，包括曲线、报表分析等；③ 智能预警功能，采用多参数综合预警、极值预警、趋势预警等。

(2) 水文数据网络发布软件的功能

通过水文数据的网络浏览、水文数据的图形显示及水文数据的图形报表生成，使煤矿水文参数信息在企业局域网内实时发布和共享。

(3) 高级目标

实现集团公司(高层)、煤业公司(中层)、生产矿井(基层)等多层次网络互联，按照分层架构设计系统结构，实现水文监测信息的集团公司内部共享。甚至推广到全省信息共享。

2.4　水害监测预警系统的特点

(1) 常规监测系统的弊端

随着计算机技术的不断发展及其在实际中的广泛应用，处理矿井水文信息的思路和方法也在不断更新。国内外监测设备与系统，从应用于煤矿安全生产的实际需要来看存在以下问题：

① 国外产品针对的是常规的地下水监测，不适应国内煤矿企业防治水的要求；

② 国内产品监测参数比较单一，有的只能测水位；

③ 测量范围有限、精度不高；

④ 供电方式单一，不能方便地在野外恶劣的环境中使用；

⑤ 实时性差、无法满足煤矿工作人员及时掌握地下水各种参数的变化情况的要求；

⑥ 软件分析处理能力弱、无法直观地反映地下水水位变化趋势，不能做到智能预测、预警。

(2) 本监测系统的特点

① 可监测水位、水压、水温和水流量等有关水文的多个观测参数，改变了传统系统只能对地下水水位进行监测的历史。

② 采用软件自复位和硬件看门狗技术，系统在无人值守的情况下能够自动、可靠地运行；监测数据可通过通讯网络自动传输到控制主机，也可以记录于本地仪器内，本地仪器内存可以保存七千多组数据。

③ 分站监测数据可采用有线或无线数据收发装置传输到主机系统，这样既适用于地表地下水资源的监测预警，也适用于地下水资源的合理开发和有效利用以及矿井水害防治。

④ 设计实现了多参数水文动态监测智能预警系统软件，该软件对于采集的水文信息采用多种方法以表格、曲线、报表、图形等方式实现数字的动态显示和可视化输出，并可以进行相应的编辑、打印等操作，方便了用户的直观查询与使用。

⑤ 利用动态网页技术实现了水文数据的网络发布，实现了水文数据的实时共享，方便了各相关部门用户的数据查询。

⑥ 利用多参数实时数据进行超限分析，实现系统的实时综合超限预警功能；提出了多测点、多参数条件下的极值突水预警方法；利用神经网络技术可根据历史数据预测水位的变化趋势，实现趋势预

警功能，为矿区的水文动态分析提供了有力的控制与分析手段。

⑦ 综合应用计算机科学、水文科学、神经网络、电子技术、通讯技术、网络技术和信息处理技术，建立水文信息资源动态管理模型。

3 水害监测预警系统的应用现状

水害监测预警系统自2007年在我矿投入使用以来，运行稳定可靠，应用情况良好，社会效益明显。

① 系统实现了数据采集自动化、数据处理自动化和数据发布的自动化，大大提高了管理水平。

② 系统主站及分站，性能优良，安装及使用灵活方便，能适应于矿井的恶劣环境，水位水温传感器、明渠流量传感器、管道流量传感器、水压水温传感器具有较高的可靠性和稳定性。

③ 系统提供的综合超限预警方法、极值预警方法、趋势预警方法实用性强，对矿井安全生产具有重要的指导作用。

④ 使用该系统能够及时掌握水文动态，提高了我矿水害防治能力，达到了对水害事故早发现、早预报、早防治的目的。节约了大量人力、物力，对保障煤矿的安全、正常生产具有重要的意义。

4 结 语

目前国内瓦斯类的安全监测系统应用相当广泛，技术也比较成熟，但针对水文地质工作的水文监测系统，尤其是可以采集多参数水文信息的监测系统，可以应用到煤矿生产的则比较少见。

多参数水文监测系统实现了高精度、自动化、网络化及可靠运行，所提供的实时监测、数据采集、数据传输、数据分析与处理、报表生成及输出、网络浏览等功能，可以准确地实时监控水文动态，确保这些异常情况得到及时处理。同时借助于该系统能够非常方便地对水文动态中各个参数之间变化的因果关系进行细致的分析和评价，为探测潜在的安全生产隐患提供了强有力的分析手段。

我国当今煤炭安全生产形势依然很严峻，矿井水害事故时有发生，特别是工作面顶底板高压水通过隐伏的导水构造突入矿井和废弃矿井积水因防水煤柱被破坏而突入矿井的水害事故造成的损失尤为突出。矿井水害监测预警系统的构建，实现了对突水前兆的实时监控和分析，能够及时预测预报水害的发生，为我国的煤炭安全生产做出了巨大的贡献。

作者简介：庞迎春(1969—)，男，安徽萧县人，高级工程师，主要从事矿井防治水工作。

浅谈海下采煤过程中的水质监测

龙矿集团北皂煤矿　高明飞　孙桂玉　王永全

摘　要:北皂煤矿海下采煤为全国首例,自2001年开始进行海域开拓,2005年首采面生产。而海域开采的关键问题是防止海水通过第四系地层溃入井下造成淹井事故,因此在生产过程中须对海域水文情况进行监测,并确定充水水源类型,以便有针对性地采取措施。而水质是确定水源类型的关键参数,本文就陆地水质化验资料,初步分析利用水质监测确定出水水源。

关键词:海下采煤;水质;监测

1　引　言

北皂煤矿为我国第一个海下采煤矿井,海下采煤的关键技术问题是防止海水通过第四系地层溃入井下造成淹井事故。在开拓和采掘过程中对井下水情进行监测,除对井下各出水点涌水量进行监测外,确定涌水水源的重要参数是水质,为此根据陆地开采二十多年的水质化验资料,分析海下采煤过程中水质监测的可行性。海域施工至煤$_2$层的钻孔有四个,根据岩性和水质化验资料自上而下各含水层情况与特点分述如下。

2　第四系松散含水层

厚度41.20～110.56 m,平均厚度88.0 m,上部由米黄色海成砂层和隔水黏土组成,大多接受大气降水补给,水质类型主要为SO_4^{2-}-HCO_3^--Ca^{2+}-K^+＋Na^+-Mg^{2+}型水,Cl^-含量相对较少,一般小于300 ppm,与海水相差较大,见表1。

表1　　**第四系浅部水质分析成果表**

取样地点	阳离子/ppm			阴离子/ppm				pH	时间
	K^+＋Na^+	Ca^{2+}	Mg^{2+}	Cl^-	SO_4^{2-}	HCO_3^-	CO_3^{2-}		
矿水源井	94.5	153.9	64.7	119.8	425.0	274.1		6.9	85.8
矿水源井	110.8	153.7	79.4	96.1	600.0	317.8	0	7.3	90.11
北海边井	186	25.8	120	260	420	152	0	8.2	90.1
平均	130.4	111.1	88.0	158.6	418.7	248.0		7.5	

下部为灰～灰绿色及土黄色砂质黏土、黏土质砂层及砂砾层,富水性较强,在近海岸受海水倒灌的影响,水质明显变咸,Cl^-含量相对较高,与海水相似,靠近海边其含量一般在20 000 ppm左右,稍微远离海边处其含量也在10 000 ppm左右,见表2。

表 2　第四系底部水质分析成果表

取样地点	阳离子/ppm			阴离子/ppm				pH	时间
	K^++Na^+	Ca^{2+}	Mg^{2+}	Cl^-	$SO_4{}^{2-}$	$HCO_3{}^-$	$CO_3{}^{2-}$		
Q—1	9 440	2 380	1 690	20 200	3 010	235	4.1	8.4	98.1
Q—2	12 150	2 960	2 290	21 000	10 800	246	0	7.6	98.1
东风检	2 356.8	2 640.7	612.8	9 494.9	625.6	233.7		7.8	03.1
平均	7 882.3	2 660.2	1 620.9	16 898.3	4 811.9	238.2		7.9	

3　钙质泥岩与泥灰岩含水层

泥灰岩裂隙及小溶洞较发育，陆地部分平均厚度 12.44 m，底板距煤$_1$层约 40 m 左右，2001 年在海边东部施工的观$_4$孔，观测该层水位标高为－93.04 m(2004 年 5 月)。海域四个孔揭露该层厚度 2.95～5.50 m，平均厚度 4.36 m，质地较坚硬，局部发育溶蚀裂隙和小溶洞，多被方解石脉及黄铁矿充填或半充填，Cl^- 含量相对较高，一般在 900～13 000 ppm 左右，达到其在海水中含量的一半或2/3，见表 3。

表 3　泥灰岩水质分析成果表

取样地点	阳离子/ppm			阴离子/ppm				pH	时间
	K^++Na^+	Ca^{2+}	Mg^{2+}	Cl^-	$SO_4{}^{2-}$	$HCO_3{}^-$	$CO_3{}^{2-}$		
主井筒	941.9	8.1	12.3	929.1	59.4	914.6		8.2	78.4
主井	1 034.9	14.6	27.9	1 230.0	20.2	773.6		8.1	78.4
－175 大巷	3 541.4	300.4	397.4	6 642.1	400.0	355.3		7.6	85.8
东大巷 F_2	505.7	1 136.8	198.7	8 809.6	600.0	288.4	0	7.3	90.11
东大巷 F_2	6 360.3	641	756	12 300	830.3	231.8	0	7.6	92.6
观$_4$	1 350.0	31.7	17.7	1 290	51.9	1 180	0	7.6	02.4
最大	6 360.3	1 136.8	756	12 300	830.3	914.6		8.2	
最小	505.7	8.1	12.3	929.1	20.2	231.8		7.3	
平均	2 289.0	355.4	2 350	5 200.1	326.9	624.0		7.7	

4　泥岩夹泥灰岩互层含水层

该层质地较纯，裂隙发育，一般厚 7～8 m，下距煤$_1$层 24～28 m。该层水以静储量为主，循环和补给条件较差，海域揭露该层为灰～浅灰绿色，质地较纯，较硬，裂隙发育，陆地施工地面观测孔。观$_2$孔 1997 年 9 月封闭时水位标高为－138.53 m，观$_3$孔 2004 年 3 月水位标高－141.44 m，仍在不断下降。Cl^- 含量相对较大，与泥灰岩比较接近，见表 4。

表 4　泥岩、泥灰岩互层水质分析成果表

取样地点	阳离子/ppm			阴离子/ppm				pH	时间
	K^++Na^+	Ca^{2+}	Mg^{2+}	Cl^-	$SO_4{}^{2-}$	$HCO_3{}^-$	$CO_3{}^{2-}$		
邻矿下山	772.3	3.2	1.3	479.0	30.0	1 706.9		8.5	85.8
四采油$_2$	7 453.5	661	619.9	12 520	913.7	305.6	0		92.5
4101 煤仓口	2 608.6	18.8	10.7	3 100	66.5	695.4	12.6	8.5	92.5
四采油$_2$	4 347.8	390.2	280.6	7 490	373.5	445.3	0	7.6	92.5
4101 采空区	3 217.5	20.8	13.6	4 100	154.5	879.6	0		92.5

续表 4

取样地点	阳离子/ppm			阴离子/ppm				pH	时间
	$K^+ + Na^+$	Ca^{2+}	Mg^{2+}	Cl^-	$SO_4{}^{2-}$	$HCO_3{}^-$	$CO_3{}^{2-}$		
四采油$_2$	3 350	157	255	5 100	528	451		8.3	96.6
4206	3 200	14.4	78.7	4 100	355	684	17.3	8.6	96.6
2407 顶	3 920	135	133	5 680	400	374	0	8.3	01.11
四采下皮联	6 220	347	418	10 100	603	282	0	7.8	01.11
四采油$_2$	6 150	204	168	9 000	428	430	0	7.8	01.11
海回 5# 窝	946	2.4	1.9	422	5.8	1 550	4.2	8.6	02.4
最大	7 453.5	661	619.9	12 520	913.7	1 706.9		8.6	
最小	772.3	3.2	1.3	479.0	30.0	282		7.6	
平均	3 836.7	177.6	180.1	5 644.6	350.7	709.5		8.2	

5　煤$_1$油$_2$含水层

海域内揭露煤$_1$层厚度为 0.95～1.21 m，平均厚度 1.07 m，油$_2$厚一般为 5 m 左右，裂隙发育，揭露煤$_1$层时一般有不同程度的淋水或涌水，涌水量 3.0～10.0 m^3/h，并逐渐减少至干涸，海域开拓过程中在海域回风暗斜井揭露最大涌水量为 5.0 m^3/h，Cl^- 含量初期涌水时较小，后期相对有所增加，一般在 2 000 ppm 以下，为其在海水中含量的 1/9 以下。在井下各含水层中，该层的另一明显特征是 pH 值较大，从化验资料看，均在 8.1 以上，见表 5。

表 5　煤$_1$油$_2$水质分析成果表

取样地点	阳离子/ppm			阴离子/ppm				pH	时间
	$K^+ + Na^+$	Ca^{2+}	Mg^{2+}	Cl^-	$SO_4{}^{2-}$	$HCO_3{}^-$	$CO_3{}^{2-}$		
4212 切眼孔	1 180	4.8	4.4	687	20.6	1 550	77.1	8.7	96.9
4204	1 180	5.6	16.3	364	32.6	2 010	146	9.0	97.11
四采油$_2$孔 F	1 110.8	4.0	1.2	292	0	2 135	78	8.1	92.9
四采油$_2$孔 F	1 000.2	4.0	1.2	285	0	2 037.4	60	8.2	92.9
4204	1 930	38.6	31.3	2 090	63.3	1 310		8.3	01.11
4204	1 070	7.5	21.6	274	76.9	1 980	98.7	8.8	97.11
4204	622	1.7	36.4	148	103	1 180	70.5	8.9	97.11
海回风井	2 340	8.0	4.4	2 080	28.5	1 230	450	9.4	01.11
HF12—2 断层	1 520	7.7	5.1	991	24	1 720	147	9.0	01.11
海回 4# 窝	2 340	8.0	4.4	2 080	28.5	1 230	450	9.4	01.11
最大	2 340	38.6	36.4	2 090	103	2 135	450	9.4	
最小	622	1.7	4.4	148	0	1 180	70.5	8.1	
平均	1 429.3	9.0	12.6	979.1	37.8	1 638.2	121.6	8.8	

6　煤$_2$底板砂岩含水层

海域内钻孔揭露煤$_2$厚度为 4.17 ～4.94 m，平均厚度 4.54 m，裂隙也较发育。其底板砂岩成分以石英、长石为主，分选性极差，黏土质胶结，富水性较弱，生产过程中一般涌水量小于 2.0 m^3/h。Cl^- 含量相对较小，一般在 2 000 ppm 左右，仅为其在海水中含量的 1/9 左右，见表 6。

表6 煤$_2$底板砂岩水质分析成果表

取样地点	阳离子/ppm			阴离子/ppm				pH	时间
	$K^+ + Na^+$	Ca^{2+}	Mg^{2+}	Cl^-	$SO_4{}^{2-}$	$HCO_3{}^-$	$CO_3{}^{2-}$		
海域皮带	2 060	10.4	431	2 140	1 460	1 670	0	8.2	03.12

7 地表海水情况

北皂海域为渤海，海水水源相对而言是无穷尽的，海水的主要特征是 Cl^- 和 $K^+ + Na^+$ 含量相对较高，Cl^- 一般接近 20 000 ppm，$K^+ + Na^+$ 一般在 12 000 ppm 左右。见表7。

表7 海水水质分析成果表

取样地点	阳离子/ppm			阴离子/ppm				pH	取样时间
	$K^+ + Na^+$	Ca^{2+}	Mg^{2+}	Cl^-	$SO_4{}^{2-}$	$HCO_3{}^-$	$CO_3{}^{2-}$		
Q—2 北海边	12 200	459	2 200	18 000	8 730	160	0	7.9	98.1

8 各含水层水与海水水质比较

为了有效地对井下各出水点进行水质监测，利用快速水质分析仪可对水质进行简要分析，主要可以监测的离子为阳离子 $K^+ + Na^+$、Ca^{2+} 和 Mg^{2+}，阴离子 Cl^-、$SO_4{}^{2-}$ 和 $HCO_3{}^-$ 六种离子，各含水层水与海水对比情况见表8。

表8 海水与各含水层水水质对比表

取样地点	阳离子/ppm			阴离子/ppm				pH
	$K^+ + Na^+$	Ca^{2+}	Mg^{2+}	Cl^-	$SO_4{}^{2-}$	$HCO_3{}^-$	$CO_3{}^{2-}$	
海水	12 200	459	2 200	18 000	8 730	160	0	7.9
第四系浅部	130.4	111.1	88.0	158.6	418.7	248.0		7.5
第四系下部	7 882.3	2 660.2	1 620.9	16 898.3	4 811.9	238.2		7.9
泥灰岩	2 289.0	355.4	2 350	5 200.1	326.9	624.0		7.7
泥岩、泥灰岩互层	3 836.7	177.6	180.1	5 644.6	350.7	709.5		8.2
煤$_1$油$_2$	1 429.3	9.0	12.6	979.1	37.8	1 638.2	121.6	8.8
煤$_2$底板砂岩	2 060	10.4	431	2 140	1 460	1 670	0	8.2

从上表可以看出，各含水层水的水质有不同的特征：

(1) 海水：主要特征是 $K^+ + Na^+$、Mg^{2+}、Cl^- 和 $SO_4{}^{2-}$ 离子含量较高，而 $HCO_3{}^-$ 离子含量较低，远低于煤系地层含水层。

(2) 第四系上部含水层水：各种离子含量普遍较低，pH 值是各含水层水中最低的，该资料为陆地资料，由于陆地该层接受大气降水补给，水质较好，但海域内该层可直接接受海水补给，分析其水质可能变差，各种离子含量有所增加，该层水水质在海域仅供参考。

(3) 第四系下部含水层水：与海水相近，陆地取样点均为近海部分，除 Ca^{2+} 离子明显高于海水，约为海水的6倍外，其他离子含量与海水接近。

(4) 泥灰岩含水层水：各种离子含量均不太高，$K^+ + Na^+$ 和 Cl^- 离子含量明显低于海水，含量高时也仅相当于海水的二分之一或三分之二，但比其下部煤$_1$层以下地层高。

(5) 泥岩、泥灰岩互层含水层水：该层与泥灰岩含水层水质相近，由于二者相距较近，且水位标高相似，分析二者可能存在相互渗透和补给关系。

(6) 煤$_1$油$_2$含水层水：该层的明显特点是 pH 值较高，$HCO_3{}^-$ 离子含量是各含水层水中最高的，约为海水的 10 倍，而 $K^+ + Na^+$、Ca^{2+} 和 Mg^{2+} 离子含量远远低于海水，Cl^- 也仅相当于海水的 1/20。

(7) 煤$_2$底板砂岩含水层水：其水质与煤$_1$油$_2$含水层水相似，$K^+ + Na^+$、Mg^{2+}、Cl^-、SO_4^{2-} 离子含量远低于海水，与煤$_1$油$_2$含水层水的主要区别是 Mg^{2+} 和 SO_4^{2-} 离子含量偏高。

综上所述，除第四系底部含水层水与海水水质相近外，煤系地层中各含水层水水质与海水有明显的不同，利用六种离子，可以初步确定出水水源是否为煤系地层中水。

根据北皂海域地质条件，煤系地层之上普遍被第四系地层覆盖，与海水不直接接触，因此海下采煤过程中，海水只有通过第四系地层才有可能向井下充水，因此，海下开采的重点是防止第四系含水层水溃入井下，因此，虽然海水与第四系下部含水层水水质相似，仅 Ca^{2+} 离子含量有所差异，从水质上难以区分，但不影响对井下的安全监测。

9　结论和存在的问题与建议

综合上述分析，海域开拓和采掘过程中，通过水质监测：

(1) 海水或第四系底部含水层为充水水源，其 Cl^- 离子、SO_4^{2-} 离子和 $K^+ + Na^+$ 离子含量较高，是区别煤系地层含水层的重要标志，而海水与第四系底部含水层的主要区别是 Ca^{2+} 离子含量相对较低。

(2) 煤系地层含水层 Cl^- 离子和 $K^+ + Na^+$ 离子含量普遍偏低，而 HCO_3^- 含量则明显高于海水和第四系底部含水层。

(3) 通过水质监测，可以初步确定出水点水源。

但仅从水质来确定水源还存在一些问题：

(1) 由于井下出水并不一定是从某一含水层中涌水，也可能是上部一个或几个含水层水混合后的产物，因此给水源确定带来一定难度。

(2) 为了快速准确地确定水源，建议对含水层水进行同位素测定，以便在难以确定的情况下通过同位素测定来进一步校正。

(3) 在海域施工过程中对出水点进行水质化验，不断修正水质模型，使水质模型更加准确。

作者简介：高明飞(1966—)，男，汉族，1989 年毕业于山东科技大学，学士，高级工程师，现任龙矿集团北皂煤矿钻探队队长。

水文地质在王家岭矿“3·28”透水事故中的应用

山西省煤炭地质局　李振拴

2010 年 3 月 28 日 13 时 40 分，华晋焦煤有限责任公司王家岭煤矿发生特别重大透水事故，当班下井 261 人，升井 108 人，153 人被困井下。在救援工作中采用了从地面打钻的垂直救援方法，使 115 名工人获救，取得了救援史上的突破，创造了煤矿救援史上的奇迹。

1　基本概况

王家岭煤矿属于河东煤田乡宁矿区，井田面积 176.741 5 km^2，地质储量 2 287 Mt，可采储量1 099.721 Mt。

批准开采 2 号和 10 号煤层，首采的 2 号煤层厚度为 3.09～8.50 m，平均厚度 6.2 m，10 号煤层厚度 0.79～6.67 m，平均厚度 2.34 m。采用平硐开拓。一对 12.5 km 长平硐开拓全井田，井下中央变电所和水泵房设在碟子沟风井井底。

两平硐位于 10 号煤层底板下 50 m 处，中央回风大巷、中央带式运输机大巷、中央辅助运输大巷均布置在 2 号煤层中，碟子沟进风斜井和回风斜井连接两平硐和井底车场，首采工作面为 20101 及 20102 工作面，分别施工了 20101 工作面回风巷、20101 工作面运输巷、20102 工作面回风巷及 20102 工作面运输巷。

王家岭井田构造总体上为向西和西北倾斜的单斜构造，并伴有小型褶曲，地层走向大致呈北东向，地层倾角平缓，一般小于 10°。在井田的西南部为一挠曲带，地层倾角为 20°左右，区内构造较简单，落差大于 20 m 的断层共 5 条。

井田内主要含水层自下而上为：中奥陶系石灰岩岩溶裂隙含水层、太原组（k4、k3、k2）岩溶裂隙含水层、下石盒子组（k9、k8）砂岩裂隙含水层、上石盒子组底部（k10）砂岩裂隙含水层、第四系松散砂砾孔隙含水层。

本区域小煤窑开采历史悠久，以开采 2 号煤层为主，主要分布于埋藏较浅的井田南部，经多次勘探和调查了解，查出的老窑有 114 个，采深一般在 100～300 余 m，最大采深可达 500 m 左右，多因运输困难、通风不良或巷道积水等原因而被迫停产。现在正在生产的矿井还有 18 处，年生产规模多在 5～30 万吨之间。这些煤矿大多数没有正规图纸，也很少有资料留存，个别留存资料的真实性也无法验证，给王家岭煤矿开采带来了重大安全隐患。

2　透水经过

2010 年 3 月 28 日，首采工作面 20101 回风巷掘进工作面施工至距辅助运输大巷（开口处）约 790 m 处时，10:30 左右，当班工人发现迎头后方 7～8 m 之间的巷道右帮（北帮）有水渗出，估计总出水量约为 2～3 m^3/h；约 11:25，发现水流有明显增大的趋势，且水很清，经口尝无明显异味；13:15，突然听到风筒接口处有异常响声，发现迎面空气中的煤尘增大，前方 2～3 m 处有约 20 cm 高的水流向外流出，约 13:40，发现 20101 工作面回风巷与总回风巷的联络巷口已被水淹没，水不断向外涌出。至此，该联络巷口以上人员全部逃生，以下人员被困井下。

3　抢险救灾经过

3 月 28 日事故发生当天，胡锦涛总书记就做出指示，要求采取有力措施，千方百计抢救井下人员，严防发生次生事故。接到事故报告后，温家宝总理多次做出指示，要求尽快摸清井下情况，加大排水力度。坚定信心，周密组织，千方百计，争分夺秒，全力以赴救人。事故发生当晚，张德江副总理紧急赶赴王家岭透水事故现场，指导事故抢险救援工作。事故发生后第一时间国家安全监管总局局长骆琳，国家安全监管总局副局长、国家煤矿安全监察局局长赵铁锤和国家煤矿安全监察局副局长兼总工程师王树鹤，山西省委书记张宝顺，山西省省长王君和山西省副省长陈川平都赶赴现场，指导事故抢险救援工作，并成立了由山西省副省长陈川平任抢险救援指挥部总指挥，国家煤矿安全监察局副局长王树鹤等为副总指挥的现场抢险救援指挥部。

29 日零时 20 分张德江主持召开现场会，传达了胡锦涛总书记、温家宝总理的重要指示精神，听取了事故情况和救援进展的汇报。他指出，要全面贯彻落实胡锦涛总书记、温家宝总理重要指示精神，以抢救井下被困人员为首要任务。紧急现场会作出三项决策：

抽水救人，以最大努力调集设备，以最快速度安装，以最大能力排水；

通风救人，向井下强压通风，为井下被困人员提供生存支持；

科学救人，成立专家组，以最快的速度、最有效的办法进行抢救。同时要防止瓦斯、塌方等次生事故的发生。

从各地共组织调运了 109 台水泵到现场排水或备用，共调集排水管路 27 853 m，电缆 21 813 m，开关 118 台，此次事故总排水量 31.5 万 m^3。但从 28 日到 31 日，井口水位仅下降 0.18 m，救援进展非常缓慢。

4　地面打钻、垂直救援

3 月 29 日，抢险救援指挥部成立了抢险专家组，由水文地质、采煤、机电、安全及救护等专业的专家组成。

经反复研究，在充分利用现场地形的基础上，结合井下开拓和人员分布情况，决定在地面打两个钻孔，一个作为抽水，另一个作为通风、输送食物用。1 号抽水孔确定在 20101 回风巷道积水最深处；2 号通风、输送食物孔在辅助运输巷北部。在确定 2 号钻孔的位置时，发现具有以下有利条件：第一，孔位附近预计积水深度为 2 m 左右，上部有 3 m 的空间；第二，该位置有多个作业点，近百名被困工人可能在此；第三，距出水点较远，有逃生的时间；第四，人员在逃生时有向此方向聚集的可能。钻孔位置在图纸上确定后，通过 GPS 在地面确定了位置。

经过山西省煤炭地质局 148 勘查院 16 个小时的连续奋战，2 号钻孔进尺 251.8 m。4 月 1 日上午 9 时 18 分，这条生命信息通道终于打通了。

2 号钻孔是一个通风通道、信息通道、生命通道，收到了“一孔三用”的效果。

4.1　通风通道

从 4 月 1 日 9 时 18 分到 4 月 2 日 6 时，共排气 20 多小时，总排气量约 10 万 m^3。由于排气起到了如下五方面的作用：第一，在排气阶段，井下水位快速下降 2.6 m，（在 3.28～3.31 日，3 天来，水泵排水水位仅下降 0.18 m），给位于水位距顶板仅 30～40 cm 的 9 名被困者增加了生存空间；第二，由于排气使井上、井下压力达到了平衡，解决了井下被困人员呼吸困难的问题；第三，在排气的初期，测出的二氧化碳含量高，而氧气含量低（13%～14%），这是 100 多名井下被困工人 4 天来呼出的，如果不及时排出，将会导致被困矿工窒息；第四，该矿为高瓦斯矿井，由于 4 天不通风，瓦斯大量积聚，随着气体的排出，瓦斯浓度也在降低；第五，特别是当整个积水巷道贯通后，2 号钻孔由排气转变为进风，给井下被困人员提供了新鲜空气。

总之，由于排气及通风，改善了被困矿工的生存条件，延长了他们等待救援的时间。

4.2　信息通道

在 4 月 2 日下午 14 时 12 分发现井下有敲击钻杆的声音，并有工人在钻杆上绑了铁丝，充分证明井下有生命迹象，完全起到了地面与井下信息沟通的作用。由于信息的及时沟通，起到了如下三方面的作用：第一，树立了井下被困矿工活下来的信念；第二，更加坚定了地面抢险救援人员的决心；第三，更为重要的是被困矿工家属看到自己亲人有了生还的希望，崩溃的情绪发生了转变，得到了安慰，为抢险救援工作创造了良好的条件。

4.3　生命通道

从4月2日16时50分到4月5日11时，通过采用各种方式分七次向井下输送营养液、牛奶共计560余袋(桶)。令人遗憾的是未看到被困矿工能喝到营养液及牛奶的报道。但输送营养液及食物是该通道的最大作用，为今后的救援工作积累了非常重要的经验。

综上所述，救援采用了在传统平面救援方法的基础上，增加了垂直救援，形成了立体救援方法。拓展了煤矿现场救援的思路，大胆创新，大胆借鉴，由于"三个通道"的建立，经过8天8夜的艰苦奋斗，使井下115名被困矿工成功获救，创造了生命的奇迹，创造了煤矿救援的奇迹。

5　几点体会

第一，垂直救援可以从通风、信息、输送食物进一步扩大到在信息孔旁边施工大口径救生井，从大口径救生井直接让被困矿工垂直升井。这样救援工作就不受排水进度的影响。

第二，对于华北地区底板岩溶水突水事故的类似条件煤矿，采用垂直救援意义更大。因为，采空区透水的水量是有限的，易于疏排；而底板岩溶水突水水量有源源不断的补给，是不易疏排的。

第三，对于长距离的隧道塌方，若塌方部位不易疏通，且里面有被困矿工时，可通过垂直救援的方法，解救被困者。

第四，建议矿井在今后的建井中，在主要巷道的适当位置预留信息井，以备有事故发生时作为井下与地面沟通所用。

第五，煤矿的矿井建设和煤矿正常生产过程中，一定要落实《煤矿防治水规定》并遵照《煤矿安全规程》，预防为主，主动治水，科学治水。

作者简介：李振拴(1956—)，男，山西静乐人，教授级高级工程师，1982年毕业于山西矿业学院。全国煤田地质系统优秀科技工作者，山西省第三届优秀科技工作者。现任山西省煤炭地质局副总工程师兼总工办主任。

坚持生命高于一切　提高应急救援能力

河南煤矿安全监察局

2000年以来，在国家安全生产监督管理总局、国家煤矿安全监察局和河南省委、省政府的正确领导下，河南省高度重视煤矿安全生产工作，按照国家关于"国家监察、地方监管、企业全面负责"格局的要求，在"源头治理、过程监管、应急救援、事故查处"方面取得了显著成绩。在煤矿事故应急救援工作方面，我们不断完善应急救援预案，理顺应急救援运行机制，加强矿山救护队伍建设，组织应急救援演练，提高了应急救援水平，成功实施了2007年陕县支建煤矿"7·29"透水事故、2008年郏县安良镇高门垌煤矿"11·17"透水事故等多起煤矿事故的抢险救援。现汇报如下。

1　煤矿事故抢险救援成功案例

1.1　2004年郑煤集团超化矿"4·11"透水事故

2004年4月11日16时32分，郑煤集团超化煤矿21051上副巷掘进过程中，与废弃小煤窑采空区贯通发生透水事故，造成该巷局部巷道淤煤堵塞和巷道垮落冒顶，当班工人和检查工作的矿领导及技术人员共12人被困。接到报告后，胡锦涛、温家宝、黄菊、周永康等中央领导同志做出重要批示，国务委员华建敏率国务院工作组赶赴现场。河南省省委书记李克强、省长李成玉，国家安全生产监督管理局(国家煤矿安全监察局)局长王显政、副局长赵铁锤，副省长史济春等领导赶赴现场，指挥抢险救援，安排善后事宜。河南煤矿安全监察局、省煤炭局、省公安厅、省卫生厅等部门和郑州市市政府负责人一直坚守现场，指导救灾工作。

事故抢险主要措施：一是加快上副巷加固悬空支架、清除淤煤进度，畅通安全退路。之后，从上副巷冒顶后方开挖绕道，绕过冒落区，寻找遇险人员。二是利用下副巷运输系统，从下副巷向上开掘巷道绕过冒顶区与上副巷贯通。三是查清小煤窑补给水源和越界开采情况，由地方政府安排邻近所有小煤窑强力排水，并从小煤窑寻找营救路径。12日19时，指挥部决定采用快速冲击钻进技术，从地面打钻，向遇险人员可能避灾的地点输送新鲜空气和食品。经国家煤矿安全监察局协调，连夜从涿州调动中美地质公司的钻机运往事故现场，并于13日16时开钻打孔。与此同时，上下副巷掘进过程中，坚持先探后掘的同时采用一棚一换班、风镐与放炮交替进行的方式，提高了掘进效率。15日13时16分，在上副巷掘进过程中听到被困人员敲打水管传递的信号，随后又听到喊话要求送风，指挥部决定改变绕巷方向，加大通向人员被困区域的压风量，16日6时34分，绕巷与上副巷打通，至16日7时50分，历时109小时，遇险的12人全部安全生还。

1.2　2006年平煤集团新峰一矿"7·2"淹井事故

2006年7月2日3时50分，由于暴雨导致水库溃坝，洪水涌向距水库3 km的平煤集团新峰一矿副井口，引发淹井事故，导致井下中央变电所、中央泵房及部分大巷被淹没，威胁着井下254名作业人员的生命安全。

新峰一矿在2006年6月曾进行过应急演练。事故发生后，该矿立即启动应急预案，通知井下施工人员从回风斜井升井，安排抢险突击队和防洪预备队迅速到井口用沙袋加高挡水墙；启动井下全部水泵排水，用沙袋隔离泵房通道，防止泵房被淹，延缓井下水位的上涨速度，为井下矿工撤离赢得了1小时的宝贵时间。井下带班矿领导按照预案确定的路线组织人员向风井方向有序撤离。6时30分，井下254名作业人员全部安全升井。

1.3 2007年陕县支建煤矿"7·29"淹井事故

2007年7月29日8时50分,由于暴雨引发山洪暴发,流经河南省陕县支建煤矿矿区的铁炉沟河洪水暴涨,洪水经废弃的老窑溃入支建煤矿井下,透水量达4 000多立方米,导致井下+260水平巷道600余米被淹。当时井下有102名矿工,33人及时升井,69人被困。

淹井事故发生后,国务院总理温家宝、国务委员华建敏做出重要批示,要求全力施救、科学施救,力争把井下被困的所有矿工全部营救出来。国家安全生产监督管理总局局长李毅中、国家煤矿安全监察局局长赵铁锤,河南省委、省政府领导徐光春、李成玉、陈全国、李克强、史济春及有关部门负责人,三门峡市委、市政府,陕县县委、县政府主要领导赶赴现场,指挥抢险救援工作。武警部队、义马煤业(集团)公司等企业和社会各界共2 700多人参与了应急救援工作。整个抢险救灾工作围绕"一堵二排三送"进行。

一是坚决堵住不再漏水。初期煤矿及铝土矿使用挖掘机、装载机,用石块、沙土基本堵住了河床上泄露的废弃巷道。随着雨越来越大,调集350名武警官兵和80名矿工对河道继续加固,共装填11 000余条沙袋,在河堤筑起防渗堤坝,在河床铺设隔水布,并在隔水布上下各铺2层沙袋以防止渗漏。并安排专人对上游水库进行严密监测。8月1日,对危险点段用速凝水泥、钢丝网进一步加固。

二是排水清碴,打通营救通道。在断面不到5 m^{2}的巷道里,边排水、边清碴,先后投入使用和备用的水泵共20台,排水4 000 m^{3}以上。同时,每天组织450人,分3班从水中清挖淤泥矿渣,装到编织袋后,由人工向外传递。共清理整断面巷道45 m,局部断面巷道13 m。当淤泥与巷道顶部出现缝隙时,开挖一条仅能容一人爬过的快速通道,使被困人员及早升井。在排水清碴过程中,开启局部通风机,不间断监测瓦斯等有害气体。

三是送风送氧送食物,维持被困人员生命。利用矿井压风和防尘洒水管道,不间断地向被困人员避灾地点压送新鲜空气和医用氧气。30日,在压风管道加接"三通",使压风管道成为压风和输送液体食物的两用管道。30日21时,成功向井下被困矿工输送新鲜牛奶,31日继续向被困矿工输送牛奶。8月1日早上,向被困人员输送100公斤面汤。

在整个抢险过程中,与井下被困职工保持电话联系,井下被困矿工有组织地开展自救,向地面报告情况。电力、交通、通信、气象、卫生防疫等部门提供保障。经过76小时的艰苦营救,8月1日11时36分到12时53分,69名被困矿工全部安全升井,8月4日下午,全部康复出院。

1.4 2008年禹州市大仝煤业公司"1·16"透水事故

2008年1月16日17时07分,河南省禹州市大仝煤业有限公司11010机巷进行探水作业时发生透水事故,当班入井31人,其中13人自行升井,18人被困。抢险救援指挥部根据逃生矿工的介绍和下井侦查,判断被困矿工可能跑到一个10 m长的斜巷道内的高处,距离水面垂直距离有两三米。但里面空气可能有限,如果水位得不到控制,他们可能被淹没。根据现场情况,采取了四项平行作业的紧急措施。一是大致确定被困矿工的具体位置,启动周边3个煤矿的抽水系统进行排水,防止水位继续上涨。二是调集国有大矿平煤集团平禹煤电新峰一矿救护队,在事故矿井的主井安装抽水泵抽水。三是组织禹州市救护队等人力清挖一条与被困矿工所在巷道平行的废弃矿井巷道,试图通过废弃巷道横向连通被困矿工的巷道,营救矿工。四是组织附近的另一国有大矿永煤集团永锦公司着手打钻送风,为被困矿工提供生存的条件。永锦公司矿长带着设备和300多名救护队员连夜冒雪赶到现场参与救援,禹州市矿山抢险救援备用的五台水泵全部开足马力排水,通过相邻矿井的抽水,使该矿在每小时仍透水70 m^{3}的情况下,井下水位没有进一步上涨。救护队员沿着废弃巷道清挖了50多米,大致与被困矿工所处巷道在同一平面时,开始向透水的巷道横向作业。被困矿工也在井下安检员郭振毛的带领下奋力自救,用工具向这个废弃的巷道方向横向挖掘,被困矿工挖了六七米,与同时挖掘的救护队员不期而遇,抢险救灾工作完成后,17人脱险,1人遇难。

1.5 2008年郏县高门垌煤矿"11·17"透水事故

2008年11月17日7时10分,河南省郏县安良镇高门垌煤矿发生透水事故,致使35名矿工被困井下。事故发生后，国务院总理温家宝、河南省委书记徐光春做出重要批示，代省长郭庚茂、国家安监总局副局长王德学、国家煤矿安监局副局长彭建勋、副省长史济春赶赴现场指导抢险救援工作。河南省煤矿安全监察局局长牛森营和煤炭工业局、平顶山市委、市政府领导组织开展抢险救援工作。抢险指挥部判断井下被困矿工生存的可能性很大，迅速制定了“核人数、查水源、清巷道、强排水、保通风、畅通讯”的18字初步抢险救援方案，组织1 000余名抢险救援人员分批分班入井进行巷道抢修、清淤、加固工作；现场出台激励措施，加快巷道抢修、清淤、加固工作进度；召请平顶山市地方煤矿救护队和平煤集团、郑煤集团等矿山救援队伍支援抢险救灾；迅速调集各类抢险物资；组织专业人员架设通讯线路，确保通讯生命线畅通；组织通风专业队伍加强通风；打通临近旧巷道，缩短抢救时间；使用大型快速钻孔机，从地面打钻，在最短的时间内开辟抢救生命的新通道，18日6时，33名矿工成功获救。

1.6 2009年义煤集团李沟矿业公司“12·6”冒顶事故

2009年12月6日4时40分，义煤集团李沟矿业公司16121工作面发生冒顶事故，6人被困。事故发生后，河南省政府领导批示我局及省有关部门迅速赶赴现场指导抢险救援工作。针对事故现场切眼冒实、瓦斯超限等复杂情况，事故抢险指挥部组织矿山救护队入井侦查，全面准确地掌握事故现场情况后，有针对性地制定了先恢复通风系统排放瓦斯，再分上下两头同时组织抢险救援，并多组轮换作业快速救人的施救方案。经6小时紧张施救，冒顶巷道被打通，形成救援通道，被困6人中的5人成功获救生还。

2 煤矿事故抢险救援工作的经验与做法

(1) 领导高度重视，亲切关怀，为事故应急救援工作提供组织保障。重大煤矿事故发生后，党中央、国务院，国家安全监管总局、国家煤矿安全监察局和河南省委、省政府领导高度重视，对事故做出重要批示，国家安全监管总局、国家煤矿安全监察局和河南省委、省政府的领导亲自到现场指导事故抢险救援工作，调动了应急救援各方力量，在人、财、物等方面为抢险救援提供强有力的保障。如在2007年陕县支建煤矿“7·29”淹井事故抢险救援过程中，正是由于温家宝总理、华建敏国务委员的批示，国家安全监管总局、国家煤矿安全监察局和省委、省政府领导坐镇指挥，才能够调动党、政、军各方力量和整建制地调动省属煤炭企业矿山救援专业队伍，特别是调动武警、消防官兵参与抢险救援工作，并针对不断出现的新情况、新问题，及时调整部署，科学果断决策，积极协调有关事宜，保障了救援工作顺利有序开展。

(2) 组织指挥坚强有力，正确决策，为科学施救提供了依据。国家安全监管总局、国家煤矿安全监察局、河南省委、省政府等主要领导充分听取煤监、煤炭、安监等职能部门、专家和煤矿企业的意见，结合事故单位和险情具体情况，制定出科学的救援方案和措施。在“7·29”抢险救援中，确定和组织实施了“一堵、二排、三送”的救援方案。针对井下被困矿工较多、空间狭小、空气不流通、氧气含量不足、被困矿工体力下降等情况，指挥部领导和有关专家一起，大胆施救，精心施救，创造了通过压风管路把医用氧气送入井下、通过防尘洒水管路把液体食品输入井下等多个煤矿抢险救援史上的第一。针对不断出现的新情况、新问题，及时调整部署，在河道上方水库漫坝、井下巷道贯通后有害气体异常时，及时撤人，排除险情后再实施救援，确保了抢险救灾人员的安全。在高门垌煤矿“11·17”透水事故抢险救援中，抢险指挥部制定了“核人数、查水源、清巷道、强排水、保通风、畅通讯”的18字抢险救援方案，并果断采取了“通知事故矿井邻近3个煤矿的150名矿工，自备抢险物资赶赴现场，组织治水专业队入井核查出水点具体位置和涌水量，同时安排架设三套排水设备向地面排水，防止涌水流向矿井深部”等措施，最终将35名被困矿工中的33名矿工成功救出。

(3) 加强矿山救护队伍建设，为搞好应急救援提供了高素质的专业队伍。矿山救护队伍是煤矿事故抢险救援的中坚力量，在历次抢险救援过程中都发挥了主力军的作用。在国家安全监管总局的正确领导和各级地方政府的支持下，我局认真做好矿山救援专业队伍的建设工作，全省矿山救援专业队伍应急救援能力不断提高。一是完善救护体系。目前，我省各产煤省辖市都设置有矿山救护中队，各省属煤炭企业都设置有矿山救护大队，共有单独救护单位25个、指战员1 818人，其服务半径基本覆盖全部煤矿，能够在接到事故报告后30分钟内到达事故矿井现场。还建立了1个国家级矿山救援基地、4个省级矿山救援基地、1个国家级矿山救援技术培训中心。二是提高救护装备。2001年初，经我局向国家局申报，国家有关部门向我省下达煤矿救护装备改造项目资金800万元，经国家局集中招标采购，为我们购置了20辆矿山救护车，180套正压氧呼吸器，装备了6个救护大队，10个救护中队，23个救护小队，使我省六个国有重点煤炭企业救护队装备落后的状况得到明显改善。目前，全省矿山救护队整体装备和技术水平不断提高，拥有119台救护车、34台指挥车、3台化验车、1 259台正压氧呼吸器、103套灾区电话等应急救援装备。三是搞好培训和战备训练。按照国家局要求协调组织矿山救护大、中队长参加国家局组织的专门培训，认真组织副中队长、小队长和救护队员培训、复训。指导全省矿山救护队实行军事化管理，坚持每季一次综合演习、每月一次佩用氧气呼吸器4 h的万米耐力训练和有计划地进行一般技术操作训练，同时经常性地开展煤矿预防性安全检查，增强了指战员的身体素质和实战能力。在第五届、第六届国际矿山救护比武竞赛上，河南矿山救护队均取得了好成绩。四是搞好抢险救灾工作。矿山救护队坚持在实战中不断提高救护水平。其中，2008年矿山救护队开展抢险救灾103起，抢救遇险人员257人，生还155人。通过以上工作，使全省矿山救护队伍“招之即来、来之能战、战之能胜”，在抢险救援中发挥了骨干作用。

(4) 建立煤矿安全应急救援体系，为搞好事故应急救援打下基础。近年来，我局狠抓了煤矿安全生产应急救援体系的建设工作，成立了以局长牛森营为组长的煤矿安全生产事故应急工作领导小组，制定了《河南煤矿安全监察局关于可能引发煤矿安全生产事故的自然灾害预警信息处置工作程序》、《防范和应对自然灾害引发生产安全事故应急预案》和《应对恐怖事件应急预案》，进一步完善了事故信息收集、报告和处理体系，严格执行24小时值班制度，组建了煤矿安全生产专家组。每次煤矿事故发生后，我局都立即启动应急预案，及时汇报事故情况和下达领导指示，主要领导迅速带领有关人员赶赴事故现场，参与、指导抢险救灾工作，充分发挥了专业部门的职能作用。

(5) 提升矿井防灾抗灾能力，为成功开展抢险救援工作提供良好条件。对省属煤矿企业，通过安全设施“三同时”和安全生产许可工作，严格安全生产条件，大力推进质量标准化建设，矿井安全保障能力显著提高。对地方煤矿企业，自2004年以来，全面部署开展煤炭资源整合，大力整顿小煤矿，提高产业集中度和技术装备水平，我省小煤矿数量从1997年的6 000多处减少到目前的598处，单井生产规模从1万吨提高到15万吨；在强力推进整治、整合、整顿的同时，我们坚持“抓大系统、除大隐患、防大事故”，采掘工艺、井下通风、瓦斯监控、巷道支护和探放水等五大生产系统得到改造升级。目前全省小煤矿均已实现壁式工作面正规开采，井下瓦斯全部在线监控，小煤矿安全软硬件水平全面提高，矿井生产秩序井然，技术装备、人员素质、安全保障都有了明显改观。在陕县支建煤矿“7·29”淹井事故中，该矿压风系统、防尘系统和通信系统在事故发生后仍然畅通有效，为被困矿工提供了生存条件，保障了抢险救灾工作的成功，成为救援被困矿工的“三条生命线”。

(6) 提高从业人员应急避险能力，为抢险救援工作提供了有力的配合。近年来，我局将应急救援知识纳入各级煤矿安全管理人员、特种作业人员的培训内容，积极组织各类人员参加应急救援专题培训，适时组织煤矿企业应急救援演练，通过报刊、网站等媒体宣传贯彻应急救援工作，还专门汇编了2008年河南省8起重特大事故案例并免费印发给全省各级煤矿安全监管部门和煤矿企业，使广大煤矿从业人员的安全生产素质和应急避险能力得到提高。在大仝煤业“1·16”透水事故抢险中，被困的17名矿工在井下安检员郭振毛的带领下奋力自救，用工具向废弃巷道方向横向挖掘，结果与正在挖掘救援通道的救护队员不期而遇，17名矿工全部获救。在超化矿“4·11”透水事故救援中，被困矿工轮流使用矿灯，并主动、定时敲击管道，发出救援信号。在支建煤矿“7·29”淹井事故抢险中，69名矿工被困后组织科学自救，把压风管路接到被困区域，为通风通氧创造条件；矿工分组轮流值班，检查瓦斯和观察水位变化；矿灯只开3盏，其他矿灯关闭；不值班矿工一律保持躺卧姿势进行休息，为抢险救援工作提供了有力的配合。

(7) 社会各界积极支援，为开展事故应急救援提供了强有力的保障。在支建煤矿“7·29”淹井事故抢险中，武警部队、义马煤业(集团)公司等企业和社会各界共 2 700 多人参与了应急救援工作。电力部门启动供电应急预案，调集 80 余名专业人员以及移动发电车等 20 余台救援车辆、5 000 m 电缆、1 000 kV·A 变压器等相关救援物资，并制定了三套供电方案，在变电站因雷击造成全矿停电时，启动应急预案，6 分钟内恢复了矿区供电。移动公司及时对矿区进行了紧急扩容，调集了 2 台应急通讯车和发电车，保证了矿区通信畅通。气象部门进行重点监测、重点分析，做到了一小时一预报；并在矿区周围发射了 1 000 多发人工消雨炮弹，实施了局部消云减雨作业。卫生防疫部门调集 25 台救护车辆，150 名医护人员，准备了 90 余张病床，保证了被困矿工随时升井，随时救治，使各项应急保障服务到位，确保救援工作顺利开展。

通过开展煤矿抢险救援，我们深刻地认识到，搞好抢险救援工作，一要发扬立党为公、执政为民的精神，在各级党委政府的统一领导下搞好事故抢险工作。二要发扬“一方有难，八方支援”的社会主义精神，形成抢险救援工作的合力。三要发扬争分夺秒、快速反应的精神，第一时间搞好抢险救灾。四要发扬讲究科学的精神，实施专业化救援。采用先进的监测、预测、预警、预防和应急处置技术及设施，充分发挥专家队伍和专业人员的作用，提高应对突发事件的科技水平。五要提高职工安全意识和技能，提高他们的识灾避险能力。六要坚持“安全第一、预防为主、综合治理”的安全生产方针，居安思危，预防为主，深入隐患排查治理，将隐患消灭在萌芽状态，防患于未然。

虽然我们在煤矿抢险救援中做了一定工作，取得了一定成绩，但与国家安全生产监督管理总局、国家煤矿安监局的要求还有一定的差距，下一步，我们将认真按照国家安全生产监督管理总局和国家煤矿安全监察局的要求，扎实搞好安全生产工作，按照三定方案的要求，做好指导、协调、参与应急救援各项工作，及时预防和处置险情，最大限度地减少事故损失和人员伤亡，为煤矿安全生产工作做出应有的贡献。

严密科学组织矿井透水后的抢险追排水

枣庄矿业集团甘霖实业公司 高树运 宋忠亮

摘 要:本文介绍了“4·17”突水事故经过、抢险情况,以及采取的针对性的抢险救灾措施,比预定时间提前一个月恢复了三水平泵房的排水系统,此项做法值得受水害威胁矿井或大水矿井借鉴。

关键词:煤矿;水灾;抢险

1 矿井概况

枣庄甘霖实业公司前身为甘霖煤矿,位于陶枣煤田中部的枣庄市薛城区邹坞镇境内。1958 年投产,设计年生产能力 30 万 t,服务年限 45 年。1987 年底,因有效可采储量枯竭被山东省煤炭工业局注销,按照国家政策性破产的要求,于 2004 年破产改制重组为枣庄甘霖实业公司。为保证西部矿井以及地方矿井的正常生产,甘霖公司的重点工作是防排水,同时利用防排水间隙回收煤炭资源。

1999 年,由于东邻的枣庄矿、朱子埠矿关井,受东部两井矿井水威胁严重。2007 年,因地方矿原因造成西邻的通晟公司(山家林矿)被淹,甘霖公司又受到了西部矿井水的威胁。

由于历史等原因,在本井田内浅部露头和边角先后有 13 家小煤井。到 2009 年底,甘霖公司周边仍有 4 家地方煤矿生产,其中 2 家煤矿与我公司井下直接连通,矿井水也直接泄入甘霖公司二、三水平,形成了水流通道,对我公司的生产安全构成水患威胁。因此,自 2001 年以来,由于受东部老空积水和地方煤矿水害影响矿井被山东煤矿安全监察局列为受水害威胁严重矿井进行重点监控。目前矿井正常涌水量为 1 500 m^3/h,最大涌水量 2 700 m^3/h,为大水矿井。

2 “4·17”突水经过及抢险情况

2009 年 4 月 17 日 13 时 45 分,甘霖公司调度员从水情视频监控图像中发现三水平 16 层西大巷水闸门水量突然增大,水色发黑、发浑,接着听到水位报警系统报警。发现和接到水情报警后,调度员立即通知 9 名三水平清挖水仓人员撤离现场上井,通知三水平泵房开启另外 2 台水泵,共 6 台水泵全力排水,并安排水泵司机密切关注水情变化;接着水越来越大,突水沿三水平 16 层煤西大巷进入三水平泵房水仓。泵房司机紧急开启所有水泵并关闭防洪门。至 14 时,泵房吸水仰井子出现大量返水,泵房南北防洪门进水,水接触水泵开关柜,造成地面变电所供电跳闸,导致三水平泵房被淹。估算此次瞬间突水量约 4.6 万 m^3/h (15 分钟突水量 1.15 万 m^3)。

事故发生后,甘霖公司及时将突水情况向集团公司信息化调度中心作了汇报,集团公司领导迅速赶赴现场,立即成立抢险指挥部组织抢险,对三水平轨道下山暗斜井水情进行观测,调查分析出水水源、补给水量以及周边矿井连通关系,研究制定三水平追水方案以及恢复三水平泵房方案。通过采取“堵、截、追、排”等综合治理措施,经过连续 21 天昼夜奋战,抢险救灾工作取得了全面胜利,于 5 月 13 日恢复了三水平泵房正常排水。比预期提前了一个多月的时间,受到了集团公司的表扬。

这次水害事故,是由于与甘霖公司紧邻的地方煤矿超层越界开采,私自泄放水造成的。给甘霖公司造成经济损失达 2 500 余万元,其中直接经济损失 800 万元。

3　采取有效措施，取得抢险救灾全面胜利

3.1　超前防范，增设水位预警预报系统，是事故损失和影响降到最低的根本

2008年初，集团公司要求枣矿集团各个生产矿井必须增设水位报警预警装置。为此，甘霖公司在井下东西大巷、水闸门以及各个出水点安设8套水位预警报警系统和人员应急撤人系统，并就预警预报装置进行了演练。在“4·17”突水事故中，由于该系统的及时报警，才使得调度人员在第一时间内发出撤人的正确指令，迅速启动应急预案，确保了在三水平工作的9名员工及时安全撤离，同时也为抢险工作赢得了第一时间。可以说，报警系统的增设发挥了至关重要的作用，是“4·17”突水事故避免了人身伤亡的关键，其作用不言而喻。

3.2　领导重视，措施得力，是打赢这场抢险救灾战的关键

自枣庄、朱子埠矿关井以来，甘霖公司按照枣矿集团的部署，首要任务就是防治东部矿井水，保障山家林、陶庄矿以及周边地方矿井安全生产，在维护枣庄东部矿区稳定、促进区域经济发展方面，发挥了重要作用。“4·17”突水事故，造成三水平及其泵房被淹，如果不恢复三水平泵房，仅以二水平排水能力还不能把井下涌水排至地面，其后果就是甘霖公司矿井难保。一旦甘霖公司防排水防线失守，山家林、陶庄以及周边地方矿井也就无法组织生产，严重影响区域经济发展和一方稳定。因此，集团公司接到事故汇报后，集团公司分管领导立即带领地测处、机电处、生产处、安监局、救护队等有关部门负责同志赶到现场指挥抢险，鲁南分局领导也在第一时间赶赴甘霖公司指导抢险工作，连夜制定抢险救灾方案和措施。集团公司当即决定：不惜一切代价，集中人力、物力、财力全力以赴抢险救灾。在当天连夜制定了抢险救灾方案，成立了以集团公司负责人、甘霖公司负责人为副组长，集团公司各处室负责人为成员的抢险救灾领导小组和抢险救灾指挥部。为抢险工作的快速进行打下了坚实基础。

在抢险工作中，事故抢险领导小组在集团公司领导的统一指挥下，设立现场抢险组、抢险监护组、技术分析组、调度秘书组、后勤保障组五个专业组，分工负责落实抢险救灾各项工作。一是因地制宜采取“堵、截、追、排”等综合措施，大大缩短了追水和恢复三水平泵房的时间。在二水平16层西大巷安水泵截水；在二水平14层东大巷堵水、引水；在三水平轨道暗斜井下山追水，共安设水泵4台。二是认真分析，查找水源。由鲁南分局、集团公司牵头，组织技术分析组人员对周边的大甘林二号煤矿进行现场勘察，了解突水原因，查清了水流通道，掌握了突水水量、补给水源以及与甘霖公司的连通关系，严防二次突水。三是由救护队员现场测气体并监护，组织安监员、瓦检员、测水员在暗斜井下山三水平泵房出口处进一步观察水情，5分钟一测一汇报，掌握水位变化情况。四是甘霖公司所有管理人员也全部沉在现场，盯在一线，抓关键岗点、关键环节和重点工程，集中精力保安全，保证抢险任务顺利完成。同时，现场安装报警、通讯设施，确保信息灵敏可靠，严防次生事故发生，确保抢险排水人员生命安全。

3.3　众志成城，聚集全力，是取得抢险救灾全面胜利的重要保障

为了能够早日恢复三水平泵房，保证甘霖公司矿井安全度汛，集团公司针对甘霖公司人力、物力、财力不足，技术人员匮乏的情况，迅速从集团公司供应处、物流中心、柴里矿、田陈矿、新宇公司、联创公司、通晟公司、薛城开关厂、华波泵业公司、河南郑泵公司等近20个单位调拨20余台潜水泵，10余套清水泵，10余台交流弧焊机，30余台低压开关，4 000余米电缆，3 200余米各种型号的排水管道等一批应急抢险物资。先后抽调集团公司矿山救护大队及柴里、高庄、付村、联创等20余个单位2 800余人次夜以继日地安装设备，追水排水，全力以赴抢险救灾、恢复三水平泵房。

在抢险工作中，不论是抢险救灾领导小组成员、集团公司各处室领导，还是奋战在一线的职工，都严格按照集团公司的统一部署，发扬特别能吃苦、特别能战斗的工作作风，夜以继日，连续作战，使得排水抢险和恢复三水平泵房工作比预期提前了一个多月，创造了集团公司抢险追水的新纪录。

4　结　语

甘霖公司排水是保证枣陶煤田安全生产的需要，意义非常重大，是一项严肃的政治任务。通过“4·17”突水事故，我们可以看出防治水害不仅对于矿井本身安全和矿工的生命财产有着现实的重要

意义，也看出我们在集团公司、各级政府的领导下，通过兄弟单位的大力支持和配合，利用最短的时间恢复了三水平泵房排水，消除了水害隐患威胁，确保了矿井生产安全和地区稳定，为东部矿井生产安全打下了坚实的基础。

作者简介：高树运(1962—)，男，汉族，1987年毕业于中国矿业大学，高级工程师，现任枣庄矿业集团甘霖实业公司总工程师。

黑龙江省七台河市勃利县恒太矿业有限责任公司四井“8·23”透水事故抢险救援总结

国家煤矿安全监察局

2011年8月23日12时，黑龙江省七台河市勃利县恒太矿业有限责任公司四井发生透水事故，26人被困井下。事故发生后，国务院副总理张德江同志立即做出重要批示。国家安全生产监督管理总局局长骆琳和国家安全生产监督管理总局副局长、国家煤矿安全监察局局长赵铁锤同志立即组织研究，并派国家煤矿安全监察局副局长黄玉治同志率工作组连夜赶赴事故现场，协助地方指导事故抢险救援工作。黑龙江省委省政府和七台河市委市政府主要领导同志及时赶赴现场，全力组织开展抢险救援。经各方通力合作、全力抢救，27日3名矿工获救(被困井下102 h)，30日又有19名矿工获救(被困井下165 h)，抢险救援工作取得重大进展，成为近年来我国煤矿抢险救援工作的又一成功范例。

1　矿井基本情况

七台河市勃利县恒太矿业有限责任公司四井(以下简称恒太矿业四井)是一个非法开采的矿井。该矿为乡镇煤矿，于1989年建井，原生产能力为3万t/a，2007年被关闭，矿井证照已被吊销。2009年该矿拟与勃利县恒太矿业三井进行资源整合，整合方案已报省相关部门待审批，属于关闭待整合矿井。但该矿井私自开工生产，生产系统不完善，以掘代采，且没有执行井下探放水的相关规定，引发透水事故。

2　事故发生经过和抢险救援情况

8月23日，恒太矿业四井在非法开采过程中，盲目掘进，与废弃老窑打通，导致老窑积水溃入矿井，引发透水事故。当班入井作业人员45人，有19人安全升井，26名矿工被困井下。

事故发生后，七台河市迅速成立了抢险救灾指挥部，在国家安全生产监督管理总局、国家煤矿安全监察局和黑龙江省委省政府的正确指导下，及时制定了“排水、打钻、救人”救援方案，不惜一切代价全力以赴救人。8月27日18时30分，累计排水量达6.1万m^3、水位垂深下降11.45 m时，指挥部迅速安排救护队员入井搜救，在矿井东部区域发现并救出3名被困矿工，发现1名遇难矿工。8月30日7时，经过连续165个小时的艰苦奋战，累计总排水量达13.3万m^3、水位垂深下降36.48 m，6个钻孔共打钻1 491 m，救护队员又在井下搜寻到19名被困矿工并安全运送出井，送往医院救治。随后，又找到3名遇难矿工。

3　事故救援的成功经验和有效做法

这次救援在图纸资料不准确、巷道断面狭小、安装设备困难的情况下，抢险救灾指挥部克服重重困难，各方面全力合作，成功救出22名被困矿工，创造了全国煤矿透水事故救援史上的又一奇迹。其中一些经验做法值得总结借鉴。

(1) 各级领导高度重视，快速反应，组织得力。事故发生后，张德江副总理即做出重要批示，国家安全生产监督管理总局局长骆琳，国家安全生产监督管理总局副局长、国家煤矿安全监察局局长赵铁锤同志立即组织研究，并派国家煤矿安全监察局副局长黄玉治同志率工作组于当晚赶到现场，传达领导指示，提出工作要求。救援期间总局领导多次做出批示并与现场保持联系，了解情况指导救援。黄玉治同志彻夜不眠现场指导协调，并深入井下察看灾情和抢险进展情况，指导完善抢险救援方案，督促加快排水和打钻进度。黑龙江省省委书记吉炳轩、省长王宪魁、副省长徐广国等率领黑龙江省相关部门及时赶赴事故现场，全力组织抢险救援工作。七台河市委、市政府成立了以市委书记、市长以及龙煤集团七台河分公司总经理为总指挥的抢险救援指挥部，组建了抢险救灾、家属稳控、医疗救护、安全保卫、宣传报道、后勤保障、善后处理和专家技术等8个专业组，启动了事故抢险应急预案，迅速调集了水泵和排水管路16台(套)、变压器5台、车载钻机3台和辅助设备数十台等救灾设备设施，紧急调集龙煤集团7支矿山救护队和166名技术骨干组成救援队伍，为成功营救被困矿工提供了强有力的组织保障和技术支撑。

(2) 抓住关键环节，科学制定方案，抢险救援工作严密有效。在认真分析事故煤矿基本情况、详细询问熟悉井下情况的生产管理人员的基础上，根据专家意见，制定了“排水、打钻、救人”的工作方案，并按照实际情况及时调整和优化方案。

一是全力以赴加快排水。从8月23日晚6点20分第一套排水系统投入运转排水，指挥部不断增加大功率水泵的数量。8月24日，通过调查了解和井下勘察，发现矿方提供的图纸资料不准，实际透水量远远超过按图纸计算的透水总量，同时发现附近的恒太三井与恒太四井井巷相连通。指挥部立即决定在两个矿井同时排水，并于当天在恒太三井安装了3台水泵，每小时增加排水能力350 m^3。期间先后在恒太四井安装了5台水泵，在恒太三井安装了8台水泵，总排水能力达到了1 280 m^3/h，极大提高了排水的效率和速度。在排水过程中，救援人员克服重重困难，及时采取措施，提高延泵和延管的速度，在污水中不停地用手清除淤泥杂物，确保了正常排水。

二是打钻通风供氧。为了打通被困矿工的“生命通道”，指挥部选择在被困矿工可能逃生躲避的地点上方施工三个救生孔，以便及时通风供氧和运送食物。考虑到钻孔施工过程的复杂性和不确定性，还特意从黑龙江省地质队调来最先进的瞬变电磁仪进行电测分析，研究判定采空区没有积水，加快钻孔施工进度。由于图纸资料不准确，先期施工的3个钻孔达到预定的280 m深时均未打到设计位置。后经重新测定巷道方位，进行第二批3个钻孔施工。8月29日凌晨，二号钻机第5号钻孔在打入279 m深度后成功与采空区贯通，钻探人员两次听到疑似敲击钻杆的声音，指挥部决定通过钻孔救生物品仓向井下输送矿灯、营养液、纸笔等物品，遗憾的是采空区冒落危险，两次送去的物品被困矿工均未取到。但5号孔起到了向井下通风供氧的作用，同时被困矿工听到了打钻的声音，振作了精神，矿井上下有了信息沟通，井上坚定了救援决心，井下增强了获救信心。

三是打通救援通道。井下巷道由于溃水冲击、浸泡出现了两处冒落，共有40余米长，抢险救援人员克服重重困难清理维护，保证了抢险工作正常进行。该矿属于薄煤层开采，很多巷道的高度不足40 cm，救护队员多次爬行进入灾区进行侦查，被困人员无法背、抬，只好将身体虚弱人员固定在溜煤槽上面拖行救出。

(3) 精心组织，合理安排，确保了救援工作整体推进。从抢险救援开始，指挥部就统筹兼顾，现场秩序维护、被困矿工家庭稳控、医疗救护准备、矿工救护安排、后勤供应保障等各项工作都有条不紊进行。

一是家属稳控。指挥部安排勃利县13名处级干部牵头、各科局和乡镇组成26个包保组，配备50台车辆，每组包一户家属，入户做稳定工作。还指派专人定时通报救援进展情况，同时在出水口搭建帐蓬，请家属现场监督排水情况，并安排专家及时解答家属提出的问题，取得了家属们的理解与支持，保证700余名家属情绪稳定。

二是医疗保障。七台河市卫生局组成专门救援小组，动员全市医疗救护力量，在佳木斯、鸡西等地的援助下，组织医护人员200余人、26台救护车，24小时在救援现场守候。勃利县从机关抽调志愿者200余人，确保事故现场救援物资、供水、饮食等供应到位。

三是善后处置。民政部门积极做好善后处置工作，市县自8月24日起每班安排工作人员20人、车辆10台，实行24小时值班，积极配合公安、煤矿企业做好家属劝导、安抚和遗体处理工作。

四是现场安保。出动大批警力和车辆，24小时在井口、路口和现场引导，维护现场秩序，保障了抢险救援工作顺利进行。

五是舆论引导。市县两级宣传部门积极做好舆论宣传引导，定期如实发布事故救援最新进展情况。引导中央电视台、新华网等主流新闻媒体及时、客观、准确地对外报道事故救援进展情况，报道各级政府为抢救被困矿工所做出的努力，营造了有利于救援、有利于稳定的舆论氛围。

(4) 密切配合，协同作战，形成了抢险救援的强大合力。一方有难、八方支援。黑龙江省直有关部门和单位及时伸出援助之手。龙煤集团、省煤田地质局负责人连续6个昼夜守候在打钻现场，指挥打钻救援工作。龙煤集团七台河分公司全力以赴，迅速出动大批车辆、排水设备以及救护队员，全面参加抢险救援。该公司总经理昼夜坚守在恒太矿业三井现场指导排水，还深入井下察看排水进展情况。所属煤矿均抽调机电方面技术骨干现场支援，公司机修厂全力保证排水设备维修和临时管件加工。黑龙江省武警总队紧急调集两台野战餐车、两台炊事挂车，保证了1 000多名救援人员特别是一线救援人员每天都能吃上热饭热菜。黑龙江省气象局应急保障车在8月24日凌晨赶到事故现场，准确发布气象信息。黑龙江省移动公司、电信公司、联通公司等单位都调集专用车辆和设备赶到现场，保证了事故现场通讯畅通。各方患难与共、同心协力，为成功救援提供了坚强有力的保障。

(5) 安全科学施救，凸显了国家监察的指导和协调作用。黑龙江省煤矿安全监察局和佳合分局于发生事故的第一时间赶到现场，迅速了解煤矿事故性质和被困人员情况，及时收集入井人员记录和矿井相关图纸资料，核查当班入井人员、升井人员和井下被困人员的具体情况。当时汇报入井作业人员为32人，6人安全升井，26人被困井下，经过核对相关记录和询问相关当事人，当班实际入井作业人员45人，19人安全升井，26人被困井下，并及时将结果通报给抢险救援指挥部。同时监察人员昼夜坚守在抽水和打钻作业现场，及时掌握最新进展情况并坚持定时报告，保证了抢险救援信息的畅通。国家安全监管总局工作组和黑龙江煤监局主要负责同志赶到现场后，昼夜坚守在事故抢险救援第一线，深入井下、了解救灾现场井巷工程实际情况和排水进展情况，及时与省市领导研究完善抢险救援方案及措施，先后在矿井增加排水设备、地面钻孔建立生命通道等救援方案的制订中，借鉴贵州、山西等省重大水灾救援的经验，为地方政府科学施救提供专业支持和科学指导。

(6) 被困矿工意志顽强、有效自救，为最终获救创造了条件。事故发生后，被困矿工有序地往高处转移，有效地组织起来，通报时间，定时用尺子测量水位下降情况；轮流开启矿灯延长照明时间，将井下水沉淀后饮用，坐卧休息尽量节省体能；听到排水和打钻的声音传递到井下后，更加坚定了“一定能活着出去”的信心，他们互相鼓励、顽强坚持、奋起自救，为成功获救创造了必要条件。

4 成功救援的几点启示

这次抢险救援的成功，进一步彰显了党和政府以人为本、执政为民的执政理念；充分体现了各级领导干部和广大救援人员“不放弃、不抛弃”的坚定信念和不畏艰险、团结协作的科学精神；再次展现了社会各界“一方有难、八方支援”的和谐氛围和良好风尚，有力显示了我国社会主义制度的巨大优越性。

启示之一：这次抢险救援再次体现了党和国家对安全生产的高度重视，展示了以人为本的科学理念逐步深入人心。特别是国务院领导的重要批示和要求，为这次成功救援提供了强大的精神动力。

启示之二：国家安全生产监督管理总局、国家煤矿安全监察局工作组、黑龙江省委省政府、七台河市委市政府主要领导亲临一线、靠前指挥，确保了抢救救援的组织有力、正确决策和科学施救。

启示之三：努力发挥煤矿安全“国家监察”积极协调、现场督促、畅通信息、严把救援安全关的重要作用，有力地推动了抢救救援工作的高效、安全、有序进行。

启示之四：举全省之力抢险救援，国有重点煤矿发挥主力和骨干作用，各方积极支援，齐心协力、通力合作，保证了抢险救援的技术人才、人力和物力发挥整体效能。

启示之五：应急救援方案组织实施得力、被困矿工顽强自救，最大限度减少了灾害的损失程度，为救援创造了条件，增加了成功救援的概率。

启示之六：坚持公开透明、准确真实的原则，认真做好信息发布和舆论引导工作，使事故的应急救援最大限度地得到社会的理解和支持。

5 事故发生的原因和存在的主要问题

经分析，事故发生的直接原因是事故煤矿在非法开采过程中，打通了周边废弃矿井，导致老窑积水涌入，造成井下作业人员被困。该起事故所暴露出的主要问题：

(1) 公告关闭矿井未关闭到位。勃利县恒太矿业四井已于2007年被公告关闭，各种证照已全部吊销，地方政府没有按照有关规定彻底关闭到位，埋下了祸根。

(2) 对非法违法生产行为打击不力。该矿在2007年被公告关闭后，一直在非法组织生产，相关部门对该矿监管不到位，地方政府对非法生产打击不力。

(3) 探放水措施不落实。该矿没有配备水文地质技术人员，没有按规定查清相邻矿井的老空积水，未采取探放水措施。

(4) 矿井管理十分混乱。该矿井乱采乱掘，通风系统不健全，图纸与井下实际不符，原预计透水4万 m^3，实际透水量远远超过了预计水量，给抢险救援工作带来很大难度。

6 工作措施

(1) 严肃认真地开展事故调查处理工作。国务院安委会将对该起事故实施挂牌跟踪督办。一要开展现场勘查、技术鉴定、调查取证、综合分析和专家论证等工作，详细查明事故发生的经过、原因、人员伤亡情况及直接经济损失；二要严肃认真、科学负责地认定事故的性质和事故责任；三要严肃追究相关责任人的责任，构成犯罪的要移送司法机关；四要按照煤矿生产安全事故“四项制度”，对该起事故通报、约谈、分析和督导，深刻总结事故教训，提出防范和整改措施。

(2) 严厉打击违法非法生产建设行为。这起事故，充分暴露出黑龙江省目前部分煤矿企业安全生产主体责任不落实，无视国家法律法规，非法违法组织生产问题较为严重。同时也反映出，部分地区领导干部对安全生产重视程度不够，安全意识淡薄，重发展、轻安全；安全监管和属地管理责任不落实；打击非法违法生产行为态度不坚决，手段不硬，措施不力。为此，督促各地加强对煤矿“打非”工作的组织领导，强化责任，狠抓落实，加强联合执法，不断把“打非”工作引向深入，推动煤矿“打非”工作走向制度化、规范化、常态化轨道。

(3) 切实加强煤矿防治水工作。督促各煤矿企业按照“预测预报，有疑必探，先探后掘，先治后采”的防治水原则，落实“防、堵、疏、排、截”综合治理措施，认真查清矿井及相邻矿井老空积水，建立与实际相符合的采掘工程平面图，配齐水文地质专业技术人员，井下探放水要采用专用探放水设备、专职队伍进行施工，井下发现有透水征兆时要立即停产撤人。同时，要加强对职工防治水知识的培训，制定水害应急预案并进行演练，使每个职工在发生透水事故后都知道逃生的路线。

(4) 全面开展煤矿安全隐患排查治理。督促各地、各单位紧紧围绕有效防范和坚决遏制重特大事故的目标，立足于查大系统、治大隐患、防大事故，突出抓好煤矿“一通三防”、煤与瓦斯突出及水害、火灾等方面的隐患排查治理工作，深入推进煤矿井下安全避险“六大系统”建设；要进一步健全完善隐患排查治理责任体系，推进煤矿严格执行领导带班下井等制度，层层落实各级管理人员在隐患排查治理中的责任；要健全完善隐患排查治理定期报告、挂牌督办和检查评估制度，积极推行煤矿安全风险预控管理体系，做到隐患排查治理制度化、规范化、常态化。

第十二章　监管监察

建章立制　依靠科技
提高煤矿水害防治监察水平

山东煤矿安全监察局

1　山东煤矿水害基本情况

2009年末山东省共有各类煤矿233处，其中生产煤矿225处（省属煤矿54处、市县属煤矿171处），核定生产能力16 915万吨/年；基建矿井8处，设计生产能力600万吨/年。

山东煤矿水文地质条件复杂，水害类型较多，既有受到海水、湖水、河流及含水冲积层的水害威胁，又存在受高承压岩溶水的威胁，部分矿区历史上遗留了大量古井和古空区，再加上近几年各地政府关闭了部分不具备安全生产条件的小煤矿，这些遗留的古井、古空区和关闭的小煤矿存有大量的老空积水，使我省煤矿安全开采条件变得十分复杂，是受水害威胁较为严重的省份之一。全省225处生产矿井中，受水害威胁的矿井有187处，占生产矿井的83%，水害严重威胁着山东煤矿的安全生产，山东煤矿防治水任务极为艰巨。

通过全省煤炭系统上下的共同努力，全省煤矿水害事故虽有波动，但总体呈下降趋势。2001年发生5起水害事故、死亡26人，2002年发生4起水害事故、死亡7人，2003年发生4起水害事故、死亡51人，2004年发生1起水害事故、死亡4人，2005年发生2起水害事故、死亡2人，2006年发生1起水害事故、死亡3人。2008年、2009年杜绝了水害事故。

2　煤矿防治水监察经验

2.1　建章立制，规范和强化矿井防治水关键环节的管理和监察

根据我省煤矿水文地质条件复杂的实际情况，几年来制定了一系列的办法和规定，并把涉及煤矿防治水专业的重点内容纳入矿井安全程度评估和安全生产许可证颁证条件中，实行“一票否决”。2002年7月，根据有关法律法规规定，为突出煤矿安全监察重点，统一防治水技术、装备与措施的监察内容，制定了《矿井防治水安全监察实施细则》。2003年3月根据《安全生产法》和《煤矿安全监察条例》等有关规定，结合我省煤矿水害实际，决定对全省受水害威胁严重的煤矿实行重点排查与监控，明确了监控范围、监控内容和监控方法，每年进行一次审定，实施专项监察和重点监察。2005年制定了《山东煤矿防治水安全示范矿井标准及检查考核办法(试行)》，每年进行一次考核。2006年，为了统一各监察分局对煤矿防治水工作的执法监察标准，根据煤矿防治水方面的有关规定，制定了“山东煤矿防治水现场安全监察办法”。2007年为进一步加强煤矿老空水害防治工作，制定了《山东煤矿老空水害防治安全监察规定》。2007年山东省监管局、煤炭局、煤监局联合制定了《山东省加强井工开采矿山水害防治工作特别暂行规定》。为汲取山东华源矿业有限公司“8·17”因自然灾害引发的溃水淹井灾难的教训，制定了《山东煤矿安全监察特别规定》，明确大雨期间煤矿停产撤人的规定。通过这些办法和规定的实施，提升了各煤炭企业对矿井防治水工作的认识，进一步充实了专业人员，健全了制度，落实了责任。

2.2　建立专家库，构建煤矿防治水安全监察技术支撑体系

为充分发挥和整合全省煤矿防治水技术资源，强化煤矿防治水技术监察，进一步提升全省煤矿防治水技术和安全管理水平，实现超前预防和及时消除事故隐患，从根本上遏制煤矿重特大事故的发

生。我局从全省煤炭系统和科研院校中，选聘了20名煤矿防治水技术理论水平高、实践经验丰富的专业人员，组成了"山东煤矿防治水技术监察专家库"，构建了全省煤矿防治水技术专家支持系统，制订了山东煤矿防治水技术监察专家11条工作规则。防治水技术专家每年都参加水害方面的技术分析、论证工作，对全省受水害威胁严重的煤矿进行重点剖析，对疑难问题进行攻关，促进全省煤矿防治水技术和安全管理水平的不断提高，实现超前发现和及时消除事故隐患，遏制煤矿重、特大水害事故的发生。

2.3 实施科技兴安，督导煤矿推广应用防治水先进技术

一是开展水害防治资金落实情况的专项监察。按照《煤炭生产安全费用提取和使用管理办法》、《关于规范煤矿维简费管理问题的若干规定》的要求，明确了专项用于防治水项目的资金提取标准与投入数量，推广了肥城矿业集团吨煤提取6元专项用于防治水资金的标准。督促煤矿提足用好安全费用和维简费，实现专户存储、专款专用，保证了防排水重点工程的落实，防治水钻探与物探设备、监测监控仪器的购置，初见成效。二是大力推广先进实用技术。在全省受水害威胁的煤矿中推广应用物探新技术、新工艺、新设备。目前大部分省属煤矿防治水钻探与物探设备、仪器及水文自动监测和预警系统、含水层监控系统配备较好，正在提升装备水平；大部分市、县煤矿按要求配备数量充足的探放水设备和仪器。三是受水害威胁严重的矿井基本实现了井下泵房地面远程监控集控。受水害威胁严重的矿井通过对井下排水泵房进行自动化改造，安装了井下泵房地面远程监控集控装置，在地面可对井下水泵进行远程控制，并可实时监测设备的运行情况，也实现了无人值守，进一步提高了井下排水系统的安全性和可靠性，提升了矿井透(突)水的应急处置能力。

2.4 建设示范矿井，提高煤矿防灾抗灾综合能力

2004年以来，为把易发重特大事故矿井的预防为主和关口前移工作做好，以提升矿井防治水整体安全技术和装备管理水平，带动安全生产质量标准化建设，充分发挥典型带动和榜样示范作用，在全省煤矿开展了建设防治水安全示范矿井活动，2005年度表彰了28对、2006年度表彰了36对防治水安全示范矿井。对达到"防治水安全示范矿井"标准的矿井，颁发山东煤矿"防治水安全示范矿井"奖牌；对"防治水安全示范矿井"达标矿的矿长、总工程师、地测科(防治水科、区)长、有突出贡献的防治水专业人员和有突出贡献的有关部门或个人，给予表彰并提出奖励建议。通过"创建活动"，推进了煤矿安全质量标准化和"双基"建设工作，促使煤矿提高了防灾抗灾综合能力。

2.5 重点监控，努力遏制重特大水害事故的发生

每年4月份，省局与各煤监分局对全省各类煤矿进行隐患排查工作，确定省局和各煤监分局重点监控矿井，印发《年度全省受水害威胁严重矿井重点监控意见》，提出指导思想和工作目标，明确重点监控内容，实施重点监控措施，强化防、疏、排水系统和防治水措施的监察。各监察分局严格执行《重点监控意见》，并结合辖区实际，进一步扩大监控面，强化专项和重点监察。各集团公司、煤炭管理部门和重点监控矿井认真落实安全责任，结合各自实际，从机构、人员、制度、系统、装备和设施等方面完善防排水体系，加大科技公关和新技术推广力度，建立了较为稳定的安全投入机制，确保重点监控矿井的安全生产。

2.6 立足防范，强化雨季"三防"专项监察

在雨季"三防"方面立足早准备，早预防。每年雨季前专门召开防治水工作会议并下发《关于提前做好对煤矿雨季"三防"监察工作的通知》，督促企业制定雨季"三防"应急预案，及时维修或更新设备并加强管理；将雨季前需要治理的防排水工程进行集中梳理，建档立案，及时调度，跟踪监察；提前开展雨季"三防"专项检查，落实工程进度，依法查处超层越界、擅自提高开采上限和破坏各种保安煤(岩)柱等可能导致重大水害事故的重大安全违法行为。大雨期间，地处沿河、泄洪区、湖泊、水库或低洼地带的；有明显沟渠、河床、坑洼、井筒、塌陷区等漏水，造成地面水异常补给井下的；井下涌水量大于矿井正常涌水量，有异常情况的，这些煤矿必须立即停产撤人，再分析原因。山东煤监局在确实掌握将要出现灾害性天气和其他紧急情况时，及时向各级地方政府、煤矿安全生产监管部门和各煤矿企

业及煤矿发布停产撤人指令，对拒不执行指令的煤矿依法实施行政处罚。

2.7 落实规定，进一步加强煤矿水文地质基础工作

以落实《煤矿防治水规定》为契机，加强矿井水文地质基础工作，采用综合探测技术，查明矿井或采区水文地质条件，编制水文地质基础图纸，编制矿井中长期防治水规划和年度防治水计划；完善和健全地下水动态观测网，收集、调查和核对相邻煤矿及废弃老窑情况，并在井上、下工程图上标出其位置、开采范围、开采年限、积水情况等，为防治水工作提供可靠的基础资料；建立水害隐患排查制度，建立水害预测预报制度，坚持“预测预报，有疑必探，先探后掘，先治后采”十六字原则，根据矿井年度、季度、月度生产作业计划，进行水害预测预报，确定矿井水害防治的重点。因此，煤矿必须做到：一是保证矿井防排水系统完好。矿井必须具备完善的排水系统，排水能力满足规程要求，排水设备要定期检测、检查和维修，保持完好状态，并制定应急处置预案。二是保证按规定留设防水煤(岩)柱。矿井必须严格执行技术规范，按规定留设各类防水煤(岩)柱，严禁未经批准私自提高开采上限、超层越界开采、破坏防水煤柱和在防水煤柱内进行采掘活动。三是保证坚持探放水原则。各类矿井必须配备探放水设备，加大施工现场安全管理。四是对水文地质条件复杂的矿井，要建立地下水动态观测系统，并制定相应的“防、堵、疏、排、截”综合防治措施。对于矿井水文地质条件不清的，必须进行补充勘探工作。五是加强科学技术研究，推广应用综合物探新技术，提高矿井防治水工作的科学性。

2.8 强化管理，落实水闸墙检测评估监控措施

部分煤矿用于封堵老空积水的水闸墙，由于服务年限久远、超压变形或疏于管理，已成为煤矿重大危险源。依据《关于开展重大危险源监督管理工作的指导意见》(安监管协调字〔2004〕56号)和《关于对煤矿水闸墙专项隐患排查的通知》(鲁煤安监字〔2008〕145号)的要求，对辖区煤矿井下存在封堵积水或用于有计划疏放积水的水闸墙的设计、施工监理、竣工验收、构筑用途、水平位置、服务年限、在籍数量、建档管理情况进行专项隐患排查，督促煤矿在水闸墙前安设视频摄像头进行实时监控，对于长期积水的水闸墙纳入重大危险源管理，定期检测、评估、监控，制定水害应急预案。分析论证水闸墙与封堵积水区容积、积水量、积水上下限标高、水闸墙体厚度和强度承受涌水压力等是否符合设计要求，经论证存有隐患的水闸墙必须采取补救措施。

3 存在的问题及建议

(1) 部分矿井水文地质专业人员不足，不能掌握矿井的水文地质条件，不能及时发现存在的水害隐患，不能识别明显的突水预兆。

(2) 部分矿井对水文地质工作重视不够，基础工作薄弱，资料不完整、不系统，在矿井水文地质资料不清的情况下，易盲目开采，引发事故。

(3) 山东煤矿开采历史悠久，古井、古空、老空多，部分老矿区矿矿相通，地质情况不明、水文地质条件不清，隐患突出。

(4) 部分老矿井或新建矿井勘探程度低，欠账大，达不到勘查规范的要求，使矿井设计和生产先天不足。

(5) 建议国家煤监局设立防治水专项资金，对水文地质勘查欠账大的煤矿给于补助，调动积极性，加强矿井防治水安全保障。

4 结束语

我局在国家安监总局、国家煤监局的正确领导下，坚持“安全第一，预防为主，综合治理”的方针，遵循“预测预报、有疑必探、先探后掘、先治后采”的煤矿防治水工作原则，认真落实“防、堵、疏、排、截”综合治理措施，严格执行《煤矿防治水规定》，加强煤矿水害防治基础工作，大力推广煤矿水害防治新技术、新装备和新工艺的应用，强化现场管理，坚决有效地遏制煤矿水害事故的发生，进一步促进山东煤矿安全生产形势持续稳定好转。

深化水害防治攻坚　夯实水害治理基础 促进全省煤矿安全生产形势持续稳定好转

贵州煤矿安全监察局

1　总结经验教训，客观认识我省煤矿水害防治工作现状

（1）各级政府及部门高度重视煤矿水害防治工作。省委、省政府领导同志对我省煤矿水害防治工作多次做出重要指示。2009年，省政府在广泛调研的基础上，出台了《省人民政府办公厅关于转发省安全监管局等部门贵州省煤矿水害防治规定的通知》（黔府办发〔2009〕64号），对防范煤矿水害事故及加强水害防治工作提出了明确、具体的要求。

各地政府及部门认真履行职责，出台相关煤矿水害防治规章制度，开展专项监督检查，组织、引导煤矿企业开展区域性水文地质调查，使煤矿水害防治工作不断得到加强。思南事故以后，铜仁地区安监局、煤管局组织贵州省地矿局103地质队利用物探方法查明了辖区内煤矿的地下水及地下岩溶管道的分布情况，为矿井水害防治工作提供科学的参考依据；大方县要求整合矿井及未查清矿区水文地质条件的矿井必须实行“有掘必探”的制度，对未认真执行“有掘必探”制度的矿井按照煤矿存在重大安全隐患的标准予以处罚，发现一起、处罚一起、严格执法，很好地遏制了水害事故的发生。自2005年以来，全县煤矿没有发生过水害事故。遵义县在2008年就组织了全县煤矿进行水害情况调查，并对煤矿水害威胁情况进行了分类。2009年，为增强煤矿水害调查的科学性和准确性，经过县政府出面，邀请103地质队对全县煤矿开展物探工作，并且县煤管局安排专人全程参与物探过程，以保证物探成果的质量。山盆镇金虎煤矿已经全面完成物探工作，提交的物探报告共查出断层异常点6个，岩溶管道异常点17个，岩溶空洞异常点4个，在施工过程中，部分充水点已得以证实并成功排除水患威胁，物探成果极具指导性。

（2）煤矿企业水害防治主体责任意识不断提高。大部分煤矿都能重视煤矿水害防治工作，按规定设置机构、配备人员、健全岗位责任制、保障投入、落实措施，有效地遏制了水害事故的发生。遵义县柿花田煤矿经过不断探索，树立了“区域防治是基础、局部防治是关键、管理体系是保障、消除水害是目的”的水害防治理念，采取“物探先行、钻探验证、区别对待、综合治理”水害治理措施。极大地提升了煤矿水害防治能力。一是通过建井前开展水文地质勘探，建井过程中开展三维地震勘探工作，补充查明探查范围内落差大于5 m的断层位置、性质、导水性以及老窑、采空区的大致位置和积水分布情况等，查明矿井水文地质条件，将采掘工作面划分为突水危险区、突水威胁区、无突水威胁区，然后针对不同的情况，采取不同的局部防治手段。二是强化现场管理，严格过程控制。探放水钻孔施工前由地测技术人员现场标注钻孔参数，施工中由安全员跟班全程监督，完成后由地测部门进行现场验收，确保钻孔质量。掘进现场标注防水基点，悬挂防水图板，由施工单位和地测管理部门严格控制掘进距离。三是采用先进的排水系统，确保灾害性突水事故发生后不淹井。选用自动控制的、全国最先进的矿用大型潜水泵代替了以前的矿用主排水泵，最大排水能力可达2 000 t/h以上，最大扬程可达1 000 m以上，可满足各种条件下的排水要求。而且在井下中央变电所被水淹没后，仍然可由地面计算机自动控制系统启动潜水泵进行救灾排水。通过采取以上措施，柿花田煤矿已在茅口灰岩中安全掘进巷道约7 000 m，打破了黔北地区不能在茅口灰岩中布置永久性巷道的禁区。

林东矿业（集团）黄家庄煤矿认真开展水文地质调查工作，并将收集到的本矿水文资料及相关周边小矿开采积水情况编制成矿井充水性图、矿井涌水量与相关因素动态曲线图、矿井综合水文地质柱

状图、矿井水文地质剖面图及其他有关水害防治图件，指导水害防治工作。2006 年，矿井在回采 19110 及 19112(M9 煤层)回采工作面之前，根据掌握的水文地质资料分析、估算，19110 采面上部 M8 煤层采空积水约 42 474 m^3，19112 采面上部 M8 煤层采空区积水约 38 147 m^3，对矿井生产造成极大的威胁。黄家庄煤矿坚持“预测预报，有疑必探，先探后掘，先治后采”的原则，采取由 M9 煤层向 M8 煤层采空区打钻孔疏排的方式疏干采空区积水，分别在 19110 及 19112(M9 煤层)回采工作面的切眼、下顺槽及采区下山均布置有钻孔。通过钻孔疏排，最终 19110 回采工作面探放 41 360 m^3 采空区积水，19112 回采工作面上部共探放 37 896 m^3 采空区积水，成功避免了水害事故发生。

水城县鲁能矿业有限公司(30 万吨/年乡镇煤矿)专门设立了由通防副总工程师任队长、配备 1 名专业技术人员、12 名专职人员的探水队，配备 3 台 ZDY—500 煤矿用全液压坑道钻机，3 台主水泵 D155—67×4，ϕ218×9 主排水管 1 500 m，为矿井水害防治提供了有力的保障。

(3) 水害防治工作成效较明显。水害事故逐年下降，从 2002 年的占全省煤矿事故总数和死亡人数的 6.77％和 11.55％下降到 2009 年的 3.21％和 6.68％。2009 年，全省煤矿共发生水害事故 10 起，死亡 29 人，同比减少 1 起事故、少死亡 7 人，分别下降 9％和 19.44％；2010 年 1 至 11 月份，全省煤矿共发生水害事故 6 起，死亡 27 人，同比减少 3 起，死亡人数持平。全省煤矿水害防治工作取得了阶段性的成效。

在总结煤矿水害防治工作取得成效的同时，还必须清醒地认识到：煤矿水害事故所占比例虽然逐年下降，但重大水害事故尚未得到有效遏制(自 2002 年以来，全省每年都要发生一起煤矿重大水害事故)，煤矿水害防治形势依然严峻，工作仍需加强。

分析近几年来煤矿水害事故原因，反映出一些煤矿企业存在水害防治工作主体责任不落实，基础工作薄弱，水害防治措施不到位，部门监管仍有待加强等问题，突出表现在以下几个方面：

一是煤矿企业水害防治工作主体责任不落实。主要表现在煤矿企业对水害防治工作认识不足，防范意识差，未将水害防治列入重要议事日程，未制定水害防治规划。水害防治制度不落实，责任不明确，水害防治机构弱化、不健全，专业技术人员不足，基础管理工作薄弱。

二是水文地质资料不清。部分矿井缺乏必要的水文地质报告和基础图纸资料，对可能造成水害事故的含水层、导水通道，井田内老窑积水、采空区积水情况不清楚。加之矿井采掘工程图与实际误差较大，难以有效地开展矿井区域性水害预测和防治工作。事故调查发现，发生水害事故的乡镇煤矿均未开展过水文地质调查工作。

三是探放水措施不落实。个别矿井根本不进行探放水，盲目掘进，导致水害事故的发生，如西秀区柏秧林煤矿 2008 年发生的“12·31”重大透水事故。有些煤矿虽然进行了探放水，但未将水害彻底根治，如晴隆县新桥煤矿 2009 年发生的“6·17”重大透水事故。还有当发生透水征兆后，未及时撤出井下作业人员，违规组织生产，导致事故的发生，如天柱县大壕煤矿 2005 年发生的“9·10”重大透水事故。

四是对防范自然灾害引发煤矿水害事故认识不足。对防范自然灾害引发的事故灾难重视不够，防洪体系存在漏洞，防洪设施不牢靠，对井田内报废的井筒没有彻底充填，留下重大安全隐患。

五是非法、违法组织生产。2008 年发生“12·31”重大透水事故的柏秧林煤矿采用非正规采煤方法，通风和排水系统不健全，在矿井不具备基本安全生产条件的情况下违法组织生产；2009 年发生“6·17”重大透水事故的新桥煤矿，除三条井筒外，其他巷道均与批准的安全专篇无关，违法组织施工；2009 年全省发生的 10 起水害事故中，资源整合和技改矿井发生 7 起，死亡 25 人，分别占水害事故的 70％和 86.21％。

六是部门监管和行业管理存在漏洞。我省是典型的喀斯特地貌，岩溶十分发育。加之小煤窑开采历史久远，已关闭取缔的 15 000 多处小煤窑，其实就是 15 000 多个地下小水塘和小水库，其采空区分布情况和积水分布情况不明，是隐藏在合法生产和建设矿井井田范围内的 15 000 个重大安全隐患。水害防治任务十分艰巨，可仍有一些地区对煤矿水害防治工作不重视，部门监管和行业管理存在薄弱环节。本地区煤矿发生水害事故后，没有认真汲取事故教训、举一反三，导致同一地区在同一时间段接连发生同类事故，在很大程度上反映了部门监管和行业管理不到位。

2　认清水害特点，有的放矢，夯实煤矿水害防治基础工作

2.1　全省水害事故的主要特点

历年事故调查发现，我省煤矿水害主要有以下特点。

(1) 主要发生在乡镇煤矿。自2000～2009年，全省共发生水害事故184起，发生在乡镇煤矿的水害事故165起(其中非法开采57起)，占89.67%。2002年以后，国有重点煤矿未发生过水害事故，2007年以后，国有地方煤矿未发生过水害事故。

(2) 主要水源为老空(窑)区积水。2000～2009年，全省发生的水害事故透水水源为岩溶溶洞或岩溶裂隙水的只有2起，其余水害事故的透水水源均是老空区积水。

(3) 新建、资源整合、技改矿井发生水害事故的几率高。2009年发生的10起水害事故中，资源整合、技改和新建矿井发生透水造成事故的7起、死亡25人，分别占70.0%和86.2%。

2.2　强化措施，狠抓落实，坚决有效地遏制煤矿水害事故的发生

(1) 高度重视煤矿水害防治工作。各煤矿企业要增强做好煤矿水害防治工作的责任感和使命感，将水害防治工作列入重要议事日程，建立健全水害防治工作机构并明确工作职责。一是煤矿法定代表人(实际控制人)要承担水害防治工作第一责任，总工程师(技术负责人)要担负起水害防治技术管理工作；二是全面落实各级安全生产责任制。制定煤矿水害事故应急处置预案，补充、备足防排水设备和物资，切实做到领导、组织、队伍、预案、物料五落实；三是煤矿要建立专业的探放水队伍，配齐专用探放水设备，整合矿井和水文地质条件复杂的矿井必须配备水害防治专业技术人员；四是煤矿要建立健全水害防治工作各级岗位责任制、水害防治技术管理制度、水害预测预报制度和水害隐患排查治理制度等；五是煤矿要加强对从业人员水害防治知识培训，提高职工对矿井水害的防范意识、灾害辨识能力及自我保安能力。特别是要让井下作业人员牢记：当工作地点有透水预兆时，必须立即停止作业撤到安全地点，并及时向调度室汇报。

(2) 全面贯彻落实《煤矿防治水规定》。各地要加强《煤矿防治水规定》的宣传工作，通过会议、文件、检查等形式督促煤矿企业认真落实《煤矿防治水规定》。各级煤矿技术培训中心要针对煤矿企业负责人、总工程师(技术负责人)、水害防治专业技术人员、专门的水害防治工作人员等分别组织不同层次的培训班进行有针对性的培训，提高水害防治意识和技能。煤矿企业要加强对井下作业人员水害防治知识培训，增强自主保安意识。

(3) 大力推广“物探先行、提供目标、钻探验证、综合治理”的煤矿水害防治理念，坚持“预测预报、有疑必探、先探后掘、先治后采”的煤矿水害防治原则。“有疑必探”的“探”不仅仅是指钻探，在充分认识矿井水文地质特征，熟练掌握物探技术的条件下，采用物探方法也是一个有效的探测手段。2009年5月，在青岛召开的全国煤矿水害防治工作座谈暨技术研讨会上提出了“物探先行、提供目标、钻探验证、综合治理”的煤矿水害防治理念，要求采用物探方法开展水害预测预报工作。目前，遵义县柿花田煤矿已经在利用物探技术指导水害防治工作方面取得了成功的经验，各地煤矿企业要认真借鉴、学习。一是通过物探手段，查明矿井水文地质条件和矿区内断层位置、性质、导水性以及老窑、采空区的大致位置和积水分布情况，明确水害防治重点区域。二是编制水害防治年度计划和探放水设计时，充分依据物探资料，加强对可能的导水断层和积水区域的钻孔探放，消除水害威胁。因此，水文地质条件不清的矿井、整合矿井及水文地质条件复杂的矿井必须开展物探工作，查清矿区内各类积水区域及导水通道，为专门的探放水钻孔设计提供依据和指明方向。自身没有技术力量利用物探技术开展水文地质调查的煤矿，要聘请专业技术人员或专业队伍查清水文地质情况。

(4) 进一步完善防排水设施，提高矿井抗灾能力。矿井应当配备与矿井涌水量相匹配的排水系统等，确保矿井能够正常排水；合理采掘部署，严禁“剃头下山”开采。

(5) 认真做好井下探放水工作。针对我省煤矿水害事故原因和特点，当务之急是要加强井下探

放水工作。一是没有开展水文地质调查工作、整合矿井及水文地质条件复杂的矿井必须坚持有掘必探。二是开采近距离煤层群的矿井，在编制探放水设计和实施探放水钻孔时，在探放本煤层的采空区积水的同时，必须考虑探放上覆煤层采空区积水，防止开采过程中上覆煤层采空区积水溃入井下。三是在预计水压大于0.1 MPa的地点探放水时，必须预先固结套管。套管口安装闸阀，套管深度在探放水设计中规定。探到老空积水时，要监视放水全过程，并核对放水量，直到老空积水放完为止并钻孔核实。四是在探放水过程中矿井有透水预兆时，受水害威胁区域要立即停止作业、撤出人员，分析原因、采取有效措施。

(6) 防范暴雨洪水引发煤矿事故。目前，极端灾害天气情况逐年增加，由暴雨洪水引发的煤矿事故也越来越多，煤矿要将防止暴雨洪水引发煤矿事故提上议事日程。一是各级安全监管部门要主动与气象部门联系，掌握可能危及煤矿安全生产的暴雨洪灾信息，并及时通报辖区内各类煤矿企业。对有淹井危险的煤矿要下达停止作业、撤出人员指令。二是煤矿要安排专人负责对本井田范围内及可能波及的周边废弃小窑、地面塌陷、可能受采动影响的地表水体等部位进行巡查，特别是接到暴雨预警后，要实施24小时不间断巡查。三是煤矿要建立暴雨洪水可能引发淹井事故的撤人制度。发现暴雨洪水灾害严重、可能造成淹井时，必须立即撤出井下作业人员，只有在淹井危险彻底消除后才能恢复生产建设。

(7) 进一步完善我省煤矿水害救援工作体系。一是进一步完善我省矿山安全生产应急救援联动机制。按照事故分级，启动相应预案，县、市、省分级响应。建立完善的由公安、气象、医疗、通讯、交通、地质、大型煤矿骨干企业和专业矿山应急队伍等各种社会力量构成的应急联动机制。二是各地要加快建设救灾物资储备基地步伐，按要求储备排水泵、排水管路、配电设施及相关配套器材等，确保抢险救灾物资供应。三是切实做好煤矿抗灾和救灾“双能力”建设工作。进一步做好矿井水文、地质测量等基础工作。将“双能力”建设纳入煤矿初步设计及安全专篇的编制内容，特别是评估为灾害严重的矿井，应将开采范围内地面应急救援钻孔位置的选择及“三通”(路、水、电)纳入设计内容。督促设计单位和煤矿企业编制工程图件时使用统一坐标系，为今后事故抢险救援实施钻孔提供条件和依据。四是强化煤矿排水设施建设，提高矿井自身水害抢险能力。为争取宝贵的抢险时间，凡主排水管路管径小于$\phi150$ mm的矿井，必须安设一套管径不小于$\phi150$ mm的主排水管路。

(8) 强化监管监察，严厉打击违法违规生产行为。各级安全监管部门要认真履行对煤矿水害的日常监管职责，加强对辖区内煤矿的监督检查力度，组织煤矿水害防治专项检查，对于没有成立水害防治机构、没有建立正规排水系统、没有配备专用探放水设备及水害防治措施不落实、超层越界开采的煤矿必须责令其停产(建)整顿，经停产(建)整顿仍不合格的，要依法提请当地县级以上人民政府予以关闭。

完善制度　提升装备　依靠科技创新　全面提升煤矿防治水工作水平

河南省工业和信息化厅

近年来，河南煤炭企业高度重视煤矿基础管理工作，以“双基”建设为抓手，以“矿井创‘五优’、区队创优胜、班组创‘五好’、员工创星级”为着力点，狠抓矿井瓦斯防治和防治水工作，加强领导，完善制度，加大投入，提升装备，全省煤矿防治水工作取得了显著成效，水害事故发生起数和死亡人数逐年呈下降趋势。

1　完善制度，强化责任，加大投入，全力提升防治水工作水平

全省各级煤炭行业管理部门和各煤炭企业都高度重视煤矿水害防治工作，认真贯彻落实党中央、国务院和省委、省政府关于煤矿水害防治的重要指示精神，坚持“预测预报，有疑必探，先探后掘，先治后采”的防治水原则，认真落实“防、堵、疏、排、截”五项综合治理措施，完善体制、加大投入、依靠科技，强化现场管理，积极推广使用新技术、新设备，煤矿地质测量和防治水工作取得了新进展。

(1) 完善制度，强化责任，构建水害防治新机制。一是结合实际，完善规章制度。针对全省煤矿地质测量工作存在的问题，省工业和信息化厅下发了《关于加强全省煤矿地质测量管理工作的意见》，从强化地测基础资料管理、加强机构和人员配置、完善资金提取与使用、鼓励科技创新等方面对全省的地质测量工作进行了统一部署。在充分调研的基础上，推广了郑煤集团水害防治工作经验，下发了《关于在全省煤矿实施水害预测评价的通知》，要求全省各煤矿企业不断加强防治水管理机构和人员设置、基础资料和技术管理等，切实提高矿井防御水害综合能力。二是加强领导，充实队伍。省骨干煤业集团公司均成立了防治水工作领导小组，设立了防治水机构，组建了专业的防治水队伍。三是制定目标，强化责任。各单位都能按照省厅要求，结合实际制定防治水工作目标，同时强化了防治水的第一责任人、防治水工作的技术负责人以及分管地测工作的有关负责人及地测人员职责，确保防治水工作有效开展。

(2) 加强基础和现场管理，努力做到超前防范。矿井水文地质工作是实现煤矿安全生产的一项基础工作，针对近年来全国煤矿水害事故呈上升趋势的现状，全省各煤炭企业从地测基础工作入手，不断强化现场管理，收到了显著成效。一是规范基础资料管理。自 2007 年以来，各单位按照有关要求，组织所属矿井进行了地质报告修编工作，全省累计编制或修编矿井地质报告 70 余份，为煤矿的安全生产提供了基础依据。同时，各单位进一步加强了对地测防治水资料档案的规范管理，使大批有价值的地测资料得到了及时延续和充分利用，保证了地测基础工作的连续性和可靠性，为水害防治提供了可靠的依据。二是建立计算机测控技术、网络技术和远程数据通信传输技术为一体的井下水位监测系统，实现井下水位数据远距离采集、传输，为水害预测预报、水源判断、水害治理提供了基础信息。三是严格落实水害预测预报和隐患排查制度。各煤矿企业能够认真落实水害预测评价制度，每月对采掘区域前方的地质构造、钻孔、老空、物探异常区及采区防排水系统等各个环节进行专项评价，制定针对性的防范措施，做到“不评价不生产”，达到了超前防范、有效地控制各类水害事故发生的预期目的。四是以创建“五优”矿井和“双基”建设为契机，狠抓地测防治水安全质量标准化达标和基础工作，夯实了地测防治水工作基础，提升了地测防治水整体管理水平，体现出地测防治水在煤矿安全生产的重要地位。

(3) 采用新技术、新设备，不断提高装备水平。近年来，各单位积极引用新技术，为矿井安全保驾

护航。一是针对底板水、老空水害问题，各煤炭企业采用坑透仪、直流电法仪、远红外探测仪、地质雷达等物探仪器，对水文地质条件疑难区段进行探测，并采取有效措施，有针对性地开展矿井防治水工作，及时解决采掘生产过程中的水文地质问题，消除水害隐患。二是利用三维地震和地面瞬变电磁仪，查清地质构造状况和地下水富积区及补给通道，对指导矿井防治水工程的布置，提高防治水工程效果，发挥了积极的作用。三是积极推广应用煤层底板注浆改造技术，实施井上下联合注浆，治水效果显著。四是积极应用测量新技术，为矿井的快速开拓和掘进创造有利条件。

(4) 加大投入，完善体系，增强综合抵御抗灾能力。一是加大资金投入，提高装备水平。近年来，各煤炭企业抓住当前煤炭经济运行良好的机遇，不断加大地测防治水安全资金的投入，弥补安全欠账，购置充实了仪器设备，充分发挥了先进仪器装备在治理水害中的作用。二是完善矿山水害应急救援体系。各单位根据有关要求加强了对水情报告、应急预案、调度联络、水情监测、排水抢险、物资储备、后勤保障等组织领导工作，通过建立健全水害事故应急救援机制，加快应急救援基地队伍建设，实行部门联动，有效地防止了水害事故的发生。

(5) 产研结合，科技攻关，提高水害综合治理水平。全省各煤炭企业积极开展与国内科研机构和高等院校的合作，联合攻克生产中的技术难题，取得了较好的效果。如河南煤化集团焦煤公司与大中专院校及科研单位的大力协作，近几年完成了一系列重大科研攻关项目，其中"焦作矿区煤层底板含水层注浆改造技术研究"和"煤矿突水点井下封堵技术研究与应用"项目获得了河南省科技进步二等奖；"大水矿区水害控制技术及水资源综合利用"项目获中国煤炭协会科技进步二等奖，为矿井的安全生产提供可靠的基础保障。

(6) 加强队伍建设，提高专业人员素质。各煤业集团公司高度重视地质测量和防治水专业技术人员的培养，不断充实和加强地质测量和防治水队伍。针对煤矿地测防治水专业技术人员缺口较大，技术人员力量不足的状况，一方面采取与大中专院校联合培养的方式，选拔矿上优秀职工参加培训，另一方面面向社会招聘地质、测量、水文地质等技术人才，充实到地测防治水队伍中。此外，各单位在注重理论培训的同时，还在现场工作中开展"带徒弟"、"结对子"，提高了地质测量和防治水专业技术人员的业务水平，推动了防治水工作的有效开展。

虽然河南省在煤矿防治水工作中做了大量的工作，也取得了一定的成绩，但还存在一定的差距和不少问题，主要表现在以下几个方面：

一是重视程度不够。部分煤炭企业对水害防治工作认识还不到位，防范意识差，未将水害防治工作列入重要议事日程。个别单位对水害防治工作的重要性没有引起足够的重视，水害防治制度不完善，责任不落实，防治水机构弱化、不健全，专业技术人员不足，基础管理工作相对薄弱。

二是水文地质资料不清。部分矿井，尤其是小煤矿没有编制系统的地质报告和必要的基础图纸资料；一些矿井井下采掘工程平面图与实际不符；部分矿井老空、老窑积水不清楚，个别矿井没有按要求开展水害评价预测预报工作，制约着全省煤矿的安全生产。

三是技术措施不到位。随着开采深度的增加，全省煤矿水文地质条件日益复杂，水害威胁日趋严重，但是相应的技术措施还不到位。一些矿井没有制定有效的探放水措施；部分矿井虽然进行了探放水，但未将水害彻底根治，水害威胁没有消除；少数矿井没有按要求配备探放水设备，存在用煤电钻代替探水钻的问题，起不到排除隐患的作用；一些矿井甚至不进行探放水，盲目掘进，水害威胁严重。

四是矿井地质测量和防治水专业技术人员依然比较缺乏。目前全省煤矿地测防治水技术人员不足，且业务素质参差不齐，尤其是资源整合矿井地测防治水技术人员更是不足，部分矿井没有地质测量和防治水专职人员，这些都严重影响了地测防治水工作的正常开展。

2 提高认识，加强基础工作，有效遏制重特大水害事故的发生

水害是影响煤矿安全开采的主要因素之一。据统计，至2009年底，河南全省累计查明的280.87亿吨保有储量中，受水害威胁严重的储量占近60%。且随着矿井开采水平延伸和开采强度的不断加大，水压增大，造成矿井突水概率和突水强度也越来越大，水害对河南煤矿安全生产的威胁日益严重。

(1) 提高认识,增强煤矿水害防治工作的紧迫感。受地质条件和开采历史等客观因素的影响,全省煤矿水文地质条件极为复杂,底板奥灰水、承压水、老窑(空)水、底板水、地表水等各种类型的水害样样齐全,随着开采水平的不断延伸,受水害威胁的面积范围越来越广,受水害威胁的矿井越来越多,受水害威胁的程度也越来越严重。各煤矿企业一是要切实增强做好煤矿水害防治工作的责任感和紧迫感,将水害防治工作列入重要议事日程,明确水害防治工作职责。二是配备专门负责防治水工作的专业技术人员,配齐专用探放水设备,建立专业探放水队伍。三是要建立健全并严格落实水害防治工作各级岗位责任制、水害防治技术管理制度、水害预测预报制度和水害隐患排查治理等管理制度。

(2) 全面加强水文地质基础工作。以贯彻落实《煤矿防治水规定》为契机,全面加强矿井水文地质基础工作。一是要按照《煤矿防治水规定》的各项内容和要求,及时修改本单位有关防治水的工作制度、措施,并贯彻落实。二是要进一步加强对煤矿水害防治的领导,建立健全水害防治专门机构,充实防治水专业技术人员,全面加强煤矿防治水基础工作,切实提高矿井抵御水害能力。三是要按要求及时编制矿井地质报告和矿井水文地质类型划分报告,并根据需要开展矿井水文地质补充勘探工作。四是要加强对老空老窑及周边矿井的调查研究。调查周边矿井的位置、范围、开采层位、充水情况、地质构造以及与相邻矿井的空间关系,以往发生水害的观测研究资料,收集系统完整的采掘工程平面图及有关资料,为水害防治工作提供依据。

(3) 完善制度,形成防治水新机制。一要严格执行探放水制度,坚持"预测预报、有疑必探、先探后掘、先治后采"的原则。水文地质条件复杂和极复杂的矿井,在地面无法查明矿井水文地质条件和充水因素时,必须坚持有掘必探。采掘工作面探水前,必须编制探放水设计,确定探水警戒线,严格按设计进行探放水。二要建立应急救援预案。各类煤矿企业都要建立应急救援预案,每年要进行一次紧急救援预案演习,提高应对突发事故的应急能力,做到防患于未然。三要建立健全安全投入机制。要根据矿井水文地质条件的复杂程度和井型大小不同,按标准足额提取水害防治专项费用,做到专款专用。

(4) 加大隐患排查和治理力度。深刻吸取各类水害事故的教训,按照《国家安全监管总局国家煤矿安监局关于今年以来七起较大以上煤矿水害事故的通报》(安监总煤调〔2010〕96 号)的要求,认真落实各项防治水措施,加大水害隐患排查力度,切实防范水害事故。重点加强对矿井水文地质资料不清,水体下采煤,受顶板水、底板岩溶水、断层水、导水陷落柱威胁,存在老空积水等重大水害隐患矿井的日常及定期排查和整治工作。

(5) 加快地质测量及防治水人才队伍建设。一是建立和完善行之有效的培训制度和考核制度,采取"以师带徒,结对互助"的方式,提高职工的整体素质。二是积极开展技术比武活动,逐步实现"一专多能、一人多用"的技能岗位制度,激发职工学习的积极性。三是采取校企联合、对口单招、远程教育等灵活多样的形式培养专业技术人才,缓解地质测量及防治水人才短缺的状况,为矿井地质测量及防治水工作提供保障。

强化基础管理　加强安全监管
全面提高煤矿防治水工作水平

江西省煤炭行业管理办公室

摘　要： 近年来，省煤炭行业办狠抓源头管理，设立小煤矿开采限制条件，加强矿井水文地质勘测，坚持组织煤矿水害隐患大排查，建立完善的小煤矿自然灾害预警制度，全省市县属和乡镇煤矿水害防治水平明显提高，水害事故显著减少。

关键词：

江西是煤炭资源较贫乏的省份。由于煤炭资源赋存条件差，地质构造复杂，褶皱、断裂发育，造成开采条件恶劣，水、火、瓦斯、煤尘、顶板等自然灾害齐全，特别是市县属和乡镇煤矿建井时没有正规的地质报告，没有进行系统的水文情况调查，水患危险源不清，尤其是对老窑开采情况缺乏调查，给矿井防治水工作带来了较大压力，安全生产技术管理工作难度大，水害事故时有发生。

进入新世纪以来，我办在煤矿防治水上狠抓源头管理，设立小煤矿开采限制条件，加强矿井水文地质勘测，坚持组织煤矿水害隐患大排查，建立完善的小煤矿自然灾害预警制度，全省市县属和乡镇煤矿水害防治水平明显提高，水害事故显著减少，促进了全省煤炭行业健康安全发展。2005 年，全省市县属和乡镇煤矿水害事故共发生 7 起，死亡 37 人；2009 年，全省市县属和乡镇煤矿水害事故共发生 3 起，死亡 15 人，比 2005 年减少 22 人，下降 59.5%；特别是进入 2010 年以来，全省煤矿水害事故进一步减少，到目前为止，只发生 1 起水害事故，死亡 2 人。

近几年来，江西省煤炭行业办在煤矿防治水方面主要强化了以下几项工作。

1　建立小煤矿安全开采保障机制

为从源头上保障小煤矿的安全有序开采，省煤炭行业办制定印发了《江西省小煤矿安全开采保障机制》，针对小煤矿防治水力量薄弱的现状，规定了“三个严禁”，即严禁小煤矿开采受长兴灰岩、茅口灰岩等强含水层严重威胁的煤层；严禁小煤矿在受承压水威胁区域进行采掘活动；严禁顶水采煤。“三个严禁”的实施，从源头上杜绝了一些重大水害危险源，提高了小煤矿的安全保障能力。

2　持之以恒地坚持防治水专项检查

针对每年汛期水害事故多发的特点，为重点消除煤矿水害隐患，有效预防和减少煤矿水害事故的发生，确保我省煤矿安全度汛，自 2007 年以来，每年汛期前省煤炭行业办都要在全省市县属和乡镇煤矿组织开展一次煤矿水害隐患专项大排查，并对全年煤矿防治水工作，特别是防洪度汛期间的防治水工作做出细致安排。各级煤炭行业管理（监管）部门、各煤矿企业根据全省的统一安排，对矿井水文地质基础资料、防治水机构设立、防治水工作制度的建立和落实、探放水设备配备、地面防洪设施完好、防治水安全措施的制定和执行、井下排水系统、对地质构造资料的收集整理以及防水煤（岩）柱留设、应对水害事故预案编制及落实、对下井人员进行防治水方面的安全教育等情况进行认真排查。据不完全统计，自 2007 至 2010 年全省市县属和乡镇煤矿共检查出煤矿防治水方面的安全隐患 14 940 条，整改率达 95%以上，及时消除了一大批水害隐患，确保了煤矿安全生产。

3　全面开展矿井地质补勘和水文物探

由于先天不足，加之技术力量薄弱，我省市县属和乡镇煤矿普遍存在煤炭资源分布不清、水文地质资料不齐全、老窑和采空区位置不清等突出问题，给矿井防治水工作带来了很大的困难。为此，我省积极开展了矿井地质补勘、水文物探等工作，通过查明矿井地质构造发育情况及可能存在的水体、空洞等状况，为指导井下探放水、地面防治水和采掘方案编制等工作奠定了基础。目前，全省已有近500处矿井聘请地勘队伍进行地质调查和补勘，重新编制矿井地质报告；全省已有275处矿井聘请专业物探队伍进行水文物探，基本摸清了这些矿井井下积水分布情况，2011年全省所有小煤矿将完成水文物探工作。萍乡市已率先统一聘请有资质的测量部门，对煤矿集中地区的矿井巷道进行联测，统一上图，弄清各煤矿之间及小煤窑的开采关系，将较大的含水构造、含水体及物探结果上图，统一制定联排、联治的措施，取得了明显的效果。

4　建立完善的小煤矿自然灾害预警制度

为有效防范自然灾害可能对煤矿安全生产造成的威胁，组织煤矿企业做好应对准备工作，省煤炭行业办建立了《小煤矿自然灾害预警告知制度》，明确预警告知的自然灾害范围、预警告知的主要内容、预警告知形式、预警告知程序及有关工作要求。在每次恶劣自然天气来临前，以预警告知和电话通知等方式通知各地，逐矿落实防范措施的实施。各产煤设区市、县（市、区）煤炭行业管理（监管）部门高度重视，与当地气象部门保持密切联系，掌握本地降雨情况；对可能造成溃水淹井的煤矿，均做到在暴雨来临之前，撤出井下所有作业人员，确保不因溃水淹井而造成人员伤亡。

如2008年1月，我省遭遇了特大雨雪冰冻灾害天气，在雨雪冰冻灾害期间，丰城市突遇大面积停电，由于应急预案准备充分，预警及时，措施得力，井下人员迅速上井，避免了重大安全事故的发生。2008年5月份，上栗县、袁州区在遭遇历史罕见的暴雨前，由于预警及时，启动了预案，通知辖区各煤矿撤出了井下人员，在随后20余处井口被淹堵的情况下，无1人伤亡。实践表明，这一制度对小煤矿防范自然灾害起到了积极作用，在近年数次恶劣自然天气来临前，通过及时预警，启动预案，全省市县属和乡镇煤矿没有发生人员伤亡事故。

实施预防监察 强化过程控制 严防水害事故发生

安徽煤矿安全监察局淮北监察分局 许立民

摘 要:本文从加强防治水专业组内部管理、提高监察员防治水业务水平,以及实施预防性监察、强化过程控制等方面介绍了煤矿监察分局做好防治水专业监察工作的一些经验和做法。

关键词:预防监察;过程控制;严防;水害事故

淮北监察分局负责安徽省淮北市、宿州市、亳州市行政区内各类煤矿国家安全监察行政执法工作。淮北矿区煤矿地质条件极为复杂,煤层赋存极不稳定,水、火、瓦斯、煤尘、顶板、地压等灾害严重,瓦斯灾害和水害尤为突出,历史上曾发生数起煤与瓦斯突出、瓦斯爆炸和水害淹井事故。73 对各类矿井中,大部分矿井不同程度地受四含水、灰岩水、顶底板水和陷落柱的影响。为遏制水害事故的发生,淮北分局认真发挥防治水专业组的作用,在防治水监察方面的总体思路是围绕一条主线(贯彻落实国家局和省局防治水方面的各项部署),突出两个监察重点(松散层水害、老空水害防治),抓好三个环节(事前监察、过程监控、严格执法),着力四项推进(煤矿防治水基础工作、水害预测预报、重大突水源防控、防治水科技攻关),全力做好防治水安全监察工作。力争实现一个杜绝(杜绝较大以上水害事故)、两个下降(中等以上突水事故持续下降,重大水害隐患持续下降)。2009 年在防治水方面:查处隐患 569 条,提出相关监察建议 341 条,实施处罚 55.5 万元,先后责令 39 个采掘工作面停止作业、6 对矿井停止井下生产活动,杜绝了水害伤亡事故的发生。

1 运行"1+1+2"模式,加强防治水专业组内部管理

在分局"5+4+10"矩阵式运作模式的框架下(5 个监察室、4 个专业组、10 个协作组),淮北分局在防治水监察方面推行"1+1+2"运行模式,即分局成立了 1 个防治水专业组,每个监察室明确 1 名防治水业务监察员,与淮北矿业集团地测处、皖北煤电集团通地处 2 个业务处室加强联络。淮北分局不断完善"1+1+2"运行模式,明确内部分工,完善业务支撑,确保防治水专业组高效运作。科室防治水主办监察员都有明确的岗位职责,同时专业组经常举行互教互学活动,定期利用分局业务分析会,对防治水监察工作进行分析总结,积累经验,总结教训。定期与两大矿业集团业务处室交流沟通,加强信息交流,完善业务支撑,实现超前防范,取得了较好的效果。

2 以"710"素质工程为载体,提高监察员防治水业务水平,为实施预防监察提供保障

淮北分局长期开展"710"素质工程,即要求监察员在业务素质等 7 个方面达到 10 个方面的水平。防治水专业组充分利用"710"素质工程,开展全体监察员"防治水业务大练兵"活动。制定了分局防治水业务学习计划,认真组织,以考促学。业务学习上注重理论与实际相结合,用理论指导实践,学用结合,注重学习水害预测预报、地球物理勘探以及各种先进的水害治理技术。《煤矿防治水规定》出台以来,防治水专业组及时组织学习、贯彻,掀起了学习贯彻《煤矿防治水规定》的热潮。全体监察员认真学习,深入理解,积极贯彻。在业务学习过程中,监察员既当老师又当学生,主讲人充分准备,制作了电子课件,既提高了自己的专业水平,也提高了全员的防治水专业水平。为及时了解、掌握一些新技术、新工艺,还积极组织人员参加有关专家举行的讲座。几年来,分局在防治水监察业务方面未出现过一起行政执法错案。

3 实施预防性监察，强化过程控制，严防水害事故的发生

3.1 积极介入矿井水害防治规划

通过联席会等形式，提前介入矿业集团及部分煤矿中长期水害防治规划的编制，提前进行干预，及时督促企业完善水害防治中长期规划。对企业提前进行科研攻关的水害防治项目，从科研环节就提前进行过程监督，如对皖北煤电任楼煤矿Ⅱ五一轨道大巷疑似陷落柱的探查治理科研论证工作、五沟煤矿 CT101 上提充填开采试采面的前期科研工作，专业组都提前介入其中。

3.2 跟踪企业重大防治水工程的进展情况

对一些重大水文地质补充勘探工作、灰岩水治理工程、水文地质类型划分工作，进行过程监控，实现超前防范。督促煤矿按照《煤矿防治水规定》和《安徽省煤矿水害防治工作暂行规定》的要求，完善水害防治机构，配齐专业技术人员。目前两大矿业集团已经全部配备了地测副总，地方煤矿也都全部增加了防治水专业技术人员，企业的防治水技术力量得到了显著增强。

3.3 督促企业全面加强防治水基础工作

督促企业查明矿井、采区水文地质条件，完善水害防治规划、年度水害防治计划和水害应急预案，及时填绘《矿井综合水文地质图》、《矿井充水性图》等基础图纸，完善各类防治水台账，定期开展水害隐患排查工作，推进"预测预报，有疑必探，先探后掘，先治后采"原则的落实。在监察促进下，目前淮北、皖北两大矿业集团已经基本形成了"一矿一策"的水害治理模式，结合各矿的水文地质条件和水害类型，各矿形成了具有自身特点的水害治理模式，集团公司定期对各矿的"一矿一策"治理模式进行检查，取得了诸如任楼矿的"陷落柱水害"成套治理技术、刘桥一矿"灰岩水害"成套治理技术等具有较高推广价值的水害治理成果。

3.4 督促企业形成水害防治的科研攻关机制

淮北矿区各类煤矿水害威胁严重，要时刻提防底板突水、陷落柱突水、顶板溃水、老塘透水等水害的威胁。督促企业提高水害防治的科技水平，是防治水专业监察的一项重要任务。在监察促进下，遇重大水害威胁，企业都会与科研机构合作，借"脑"思考，充分利用高校和科研院所的科技资源，提高水害防治的技术水平。

3.5 督促企业加强地面三维地震和电法探查

目前两大集团各矿已经基本实现了地面三维地震全覆盖，地面电法也得到了推广应用。仅皖北煤电集团公司就完成三维地震 50 km^2，完成地面电法 13.88 km^2，完成地面瞬变电磁 25.66 km^2。同时，督促企业广泛采用井下电法、井下音频电透视、井下瞬变电磁、井下瑞利波和井下无线电波等。其中任楼煤矿物探室配备有 TEM47 瞬变电磁仪、KDZ 震波探测仪、WKT—E—F 坑透仪、DZ—Ⅲ直流电法仪、YTR—D 瑞利波、YHO—X 钻孔测斜仪及 YD32 高分辨电法仪各 1 台。

3.6 督促企业完善水文自动监测系统，做到井上下水文实时动态监测

根据监测结果分析水文流场，对水害进行相应预测。督促企业建立水害预警系统。恒源煤矿、刘桥一矿和祁东煤矿相继安设了井下水害预警系统，对水害进行预测预报。通过对应力场和渗流场的监测，监测水害入侵过程，超前实现灾害预警。

4 深严细实，全面做好防治水专业监察工作

4.1 明确水害防治的重点对象和内容

明确了海孜、祁南、桃园、朱庄、杨庄、祁东、任楼、刘一、恒源公司、百善、界沟等 11 对矿井作为年度水害防治重点监察的矿井。防治水专业组成员在监察工作中认真收集矿井相关资料和信息，根据掌握的安全工作重点，适时向防治水专业组提出专项监察建议。祁东煤矿 7130 采煤面受松散层水威胁，防治水专业组成员及时向防治水专业组汇报工作面防治水工作开展情况，分局对该矿开展了解剖式监察，将 7130 采煤面作为防治水专业组监察的重点，检查时从井上、下对该工作面水文地质资料进行全面分析，作出责令 7130 采煤面停止作业的处理决定，及时消除了一起涉险生产现象。

4.2 及时更新、完善所辖煤矿涉及防治水专业的各类报表、台账

年初，根据矿井水文地质情况的变化和年度防治水计划，分矿更新《煤矿水文地质基本情况表》，编制矿井《年度矿井防治水重点工程表》；半年度，根据矿井生产计划的安排，及时完善《采区及工作面接替表》；每季度，根据上级主管部门对上提开采面的批复情况及已批复上提面的开采情况，及时更新《提高回采上限工作面开采情况表》，同时监察一室每季度定期完善《放顶煤工作面开采情况表》；每月定期填写《矿井原煤产量月报表》，监察二室编制《月度辖区受水害威胁工作面表》，监察三室克服地方煤矿资料不全的缺点，建立了地方煤矿水害防治台账。

4.3 认真组织编写防治水专项监察预案

不论分局内部组织的解剖式监察还是省局组织的防治水专项监察，防治水专业组成员都要根据矿井实际情况和监察内容要求，认真编制有针对性的防治水监察预案，对于监察工作的高效开展有很好的促进作用。界沟煤矿在地方矿井中受水害威胁最为严重。这个矿自投产以来，其工作面的放水巷、中央采区的正规水仓建设，都是在我们的防治水专项监察中推动完成的。目前该矿已经与几家科研机构合作，防治水工作正逐步完善。

4.4 始终把杨庄矿周边煤矿列为防治水监察的重点

认真监察矿井是否严格控制回采上限和封闭墙管理、相邻矿井安全协议执行情况是否到位等，督促企业落实“大矿自保、小矿自律、政府监管、国家监察”的十六字原则。杨庄矿周边的六对矿井受水害威胁严重，是全省焦点。友一、洪杨两个矿，井田直接就在塌陷坑的积水下面。详细收集了这两个矿的开采上限设计依据和批文，并对六对矿井历年科研项目进行了解，建议市煤炭局做好这六个矿的水害论证工作。目前，这六个矿已经全部与省防治水协会签订了技术服务协议，提高了技术保障能力。

4.5 督促企业做好雨季“三防”工作

要求企业认真编制应急抢险预案，储备抢险物资，完善排水系统，及时对水泵进行性能测定和联合试运转试验，加强水位观测，清理水仓、疏通井上下排水通道，积极防范自然灾害引发的安全事故。同时，加强供电线路的巡查、清障，及时进行电气预防性试验和避雷器的防雷试验，确保矿井安全度汛。对受萧县倒流河影响的煤矿，只要得到有强对流天气的信息，都会进行电话调度，要求企业按措施监控水情，停产撤人。

4.6 加大对水害防治的执法力度

凡防治水机构不健全、防排水系统不完善、雨季“三防”工作不落实、涌水不正常及治理不到位、与相邻矿井间的开采关系不明晰、采掘工作面附近积水情况不清楚、应急救援预案不落实的，发现一处停一处。2009 年重点对祁东煤矿 7130 第三块段四含水，朱庄煤矿 3628 采煤工作面、卧龙湖煤矿 105 工作面、界沟煤矿 1015 工作面等底板灰岩水，百善煤矿 6121 工作面、朱仙庄煤矿 871 工作面、芦岭煤矿 9107 工作面等提高开采上限是否严格落实省经委批复进行盯防。促使祁东煤矿 7130 工作面提前收作，避免了在高风险情况下的采煤作业。

4.7 加强协调配合和信息沟通，充分发挥地方煤矿安全监管部门和企业内部职能部门的作用

在日常工作中，与地方煤矿安全监管部门、两大集团公司有关部门加强协调、沟通，收集掌握矿井水文地质基础资料，并及时将分局监察执法情况通报给相关部门，督促煤矿加快隐患整改进度。定期与地方煤矿安全监管部门、两大集团公司有关处室举行座谈会，互相通报情况，对存在的问题提出建议和意见，在工作中形成强大的安全合力。在与地方监管部门的协调方面，每半年与市级监管部门召开一次联席会议，每季度对县(区)煤矿安全监管部门进行一次检查指导，一些重大水害隐患和一些共性、难点问题，都要在这些联席协调会议上进行讨论、分析，达成共识，制定解决方案，通过监管监察的合力来消除水患威胁。对国有矿井，每季度要与集团公司召开联席会议，并与相关业务处室随时沟通，及时交流。两大集团的月度水害头面、月度水害工程，我们都及时了解，确保能够有针对性地采取监察措施。

近年来，淮北监察分局始终贯彻落实国家局和省局防治水方面的各项部署，坚持“预测预报、有疑必探、先探后掘、先治后采”的防治水工作原则，督促企业采取“防、堵、疏、排、截”的综合治理措施。随着开采深度的增加和新井建设步伐的加快，淮北矿区水害治理的难度在不断增加，但通过企业和煤矿监察机构以及相关部门的共同努力，自2006年以来，矿区杜绝了水害事故的发生。

作者简介：许立民(1974—)，男，在安徽煤矿安全监察局淮北监察分局工作。

百年矿区水患的防治

吉林省蛟河市煤炭管理局

摘 要:蛟河矿区是一个具有132年开采历史的老矿区,矿井间连通、采空积水区遍布、地表水体及沉陷、断层和钻孔导水等水害危险源直接威胁着煤矿安全生产和矿工的生命安全。2005年以来蛟河市委、市政府十分重视煤矿防治水工作,通过对生产及报废煤矿充水条件、水害危险源的分布等资料的调查、收集、整理和分析,形成了比较完整的煤矿水文地质和水害危险源分布资料,采取了有效的防治水措施,取得了较好的效果。

1 矿区概况

蛟河矿区地处吉林省东部蛟河市境内,位于蛟河煤田东北部,面积约40 km^2。蛟河聚煤盆地为晚侏罗—早白垩世陆相沉积地层,属孤立小型山间断陷盆地。现有矿井12家,其中证照齐全的生产矿井7家,正在进行技术改造的矿井4家,1家煤矿正在办理相关证照当中。

蛟河矿区自1878年发现矿床进行小规模开采,至今已有133年的开采历史。从1932年至1945年(新中国成立前)共建矿井14个,新中国成立后新建矿井5个。从20世纪70年代至今约建设地方小煤矿和乡镇小煤矿100余个,在蛟河矿区曾有矿井约120余个。由于蛟河矿区曾经经历过日伪统治的疯狂掠夺和小煤矿的无序开采,因此,矿井间连通、采空积水区遍布、地表水体及沉陷、断层和钻孔导水等水害危险源直接威胁着煤矿安全生产和矿工的生命安全。

2 水害危险源分布及威胁程度分析

2.1 矿井间水力连通关系

全市12家煤矿中,除两家煤矿外,从矿区南部到矿区北部矿井之间互相连通。这些矿井之间有的是巷道连通,有的是采空区连通,形成了很好的水力连通关系。根据目前对全市生产和建设矿井的调查情况看,煤矿通过采空区和巷道与邻井或报废矿井连通的有34处之多。由于各煤矿之间存在水力连通关系,一旦煤矿受到水害侵袭必将殃及邻矿。例如2005年"4·24"吉安煤矿因非法开采五井二号井一层煤防水隔离煤柱,造成透水事故,致使与之连通的腾达煤矿被淹,69人被困井下,最后造成30人死亡的严重后果。这是一起典型的两矿之间通过旧巷道连通,将采空区积水溃入处于开采标高较低的腾达煤矿的事故案例。

2.2 采空积水区分布情况

蛟河矿区12家煤矿均不同程度地存在采空积水区。根据目前对其中生产建设的11家煤矿的采空积水情况调查,有采空积水区54处,积水面积287.2万 m^2,积水量295.77万 m^3。其中采空积水区处在本矿范围内的有43处,积水面积239.1万 m^2,积水量249.18万 m^3;周边已报废矿井采空积水区11处,积水面积48.1万 m^2,积水量46.59万 m^3;对开采有影响的采空积水区有19处,积水面积170.71万 m^2,积水量79.58万 m^3。这些采空积水区水的来源为大气降雨、地表水体和含水层水。

蛟河矿区从伪满时期至今小煤窑遍布整个矿区,这些报废小煤矿积水情况因有的资料不全,其中一小部分很难掌握清楚,给煤矿安全生产埋下了隐患。例如20世纪70年代,原蛟河煤矿五井因测量出现错误,致使掘进送道误透采空积水区,造成2人死亡。另外,已报废的蛟河市联谊煤矿和宏升煤矿南井在掘送一层煤巷道时,因对积水区位置掌握不准,与采空积水区相透,险些造成人员伤亡事故。

2.3 矿区地表水体和沉陷区分布情况

蛟河矿区近 40 km^2 的面积上，南北边缘各有一条河流通过，有的河床下已被小煤矿开采，对邻区煤矿构成了水患威胁。有的煤矿上游筑有塘坝，因为缺少安全设施和监管，对下游煤矿存在一定的威胁。另外，矿区地表部分区域存在水田、季节性的泄洪沟和灌溉用水渠。历史上由于地表水淹井的事故曾发生过多次，例如 1989 年雨季，一场暴雨过后，嘎呀河河水上涨并冲出堤岸，河水进入坐落在嘎呀河旁的乌林乡小井工业广场，由于乌林区第四纪风化裂隙带含水层渗透能力强，大量河水通过流沙层进入乌林乡小井后，通过断层裂隙流入乌林立井，将一个年产 30 万 t 的矿井淹没；再如 2002 年雨季，一场暴雨过后，乌林区上游两座塘坝被洪水冲垮，大量洪水进入原复兴煤矿副井工业广场，在井筒处形成一个塌陷坑，大量洪水溃入井下，造成 2 人死亡，致使相邻而且巷道连通的乌林立井第二次被淹没。

蛟河矿区所经历的私人开采、官商合办、日伪统治三个时期的非正规和掠夺式开采，以及新中国成立后蛟河煤矿、地方小煤矿及乡镇小井的开采，使蛟河矿区地表形成了大面积的沉陷区和塌陷坑，其中部分塌陷坑已变成积水区，这些积水区通过第四系风化裂隙带含水层渗透到煤矿井下，对目前生产建设煤矿具有一定的影响。例如 2006 年雨季，一场暴雨过后，因泄洪沟狭窄无法正常泄洪，大量洪水进入已报废的奶子山街煤矿四井开采后形成的地表沉陷区，在水的压力作用下，地表沉陷区形成了塌陷坑，近 7 万 m^3 的地表水溃入该井旧采区，并通过旧采区流入与之连通的生产建设煤矿，因措施得当，没有酿成伤亡事故。

2.4 断层和钻孔导水情况

蛟河聚煤盆地在接受沉积时受重力和水平张力的作用，在蛟河矿区所形成的断层均为正断层。正断层所形成的破碎带受采动的影响，都会形成不同程度的导水。根据目前对全市煤矿大中型断层的调查，矿区内大部分断层受采动影响均存在不同程度的以点的形式导水，小部分断层则以面的形式导水，对煤矿安全生产有一定的影响。

蛟河矿区内伪满时期施工的钻孔近 100 余个，均没有进行封孔。新中国成立后六七十年代重新对钻孔进行了封孔工作，由于一小部分钻孔难以查找到而无法封闭，这些未封闭钻孔将含水层水和采空区积水导入井下，加大了矿井的涌水量，给煤矿井下采掘活动造成威胁。蛟河矿区因钻孔未封闭或封闭质量不好曾经发生过井下溃水事故，虽没有造成人员伤亡事故，但却是煤矿一大安全隐患。

3 水患防治措施

3.1 矿井间连通关系的防治措施

(1) 各煤矿在与相邻矿井连通点本矿一侧建立涌水量观测站，安排专人负责观测涌水量和水温变化，做好观测记录，及时分析变化原因，及时采取防范措施。目前全市各煤矿均建立了涌水量观测站，设有专人进行定期观测。

(2) 在有条件的连通地点实施堵水工程，构筑防水闸墙，堵截连通通道，隔绝地下水的来源，防止水害事故的发生。从原蛟河煤矿至今在 7 家煤矿共建造防水闸墙和挡水墙 20 座，除其中的两座防水闸墙受下部煤层采动影响，导水裂隙带波及防水闸墙，与下部采区形成渗透关系外，其他防水闸墙均起到了很好的堵水及隔水作用。

(3) 生产建设煤矿新掘送的巷道和回采工作面杜绝与邻井巷道和采空区相透而形成新的通道。

3.2 采空积水区的防治措施

(1) 2005 年“4・24”腾达煤矿透水事故发生以后，蛟河市委、市政府十分重视煤矿防治水工作，聘请吉林地区防治水专家对我市煤矿水害危险源情况进行了评价，提交了《蛟河矿区水患调查评估报告》。

之后，我市组织全市煤矿相关技术人员，利用近五年的时间，收集整理了全市各煤矿水文地质及邻区报废矿井水文地质资料。从煤矿地表水文条件、气象条件、矿区地层情况、矿区煤层赋存及开采情况、矿区含水层与隔水层情况、矿井地质构造情况、矿井涌水量与降雨量的关系、矿井涌水的水源分析、旧采区积水情况、钻孔封闭情况、采后冒落带及导水裂隙高度的情况、矿井排水系统情况、矿井存在水的隐患情况等方面进行了研究与分析。至2010年9月，先后编绘了大量水文地质图件，编写了全市各煤矿《矿井水文地质工作总结》、《矿井水害调查报告》和《矿井水文地质类型划分报告》。基本查清了本矿和四邻煤矿以及地面水系的充水条件，查清了积水区位置、积水上下线标高、积水量、四邻煤矿及地表水系连通关系和开采与积水区的关系等。

我市各煤矿还聘请省相关机构对煤矿的充水性、连通关系、水害危险源的危害性和所采取的打水闸墙、留设防水煤柱和确定的探水区域线等防治水措施进行了专项评价，为我市煤矿防治水工作奠定了良好的基础。

(2) 按照《煤矿防治水规定》的要求，本着“预测预报、有疑必探、先探后掘、先治后采”的原则，对井下积水可疑区进行探放水工作。全市各煤矿都配备了完好的煤矿井下安全型钻机两台，成立了煤矿防治水工作领导机构，配备了防治水技术人员，有的煤矿成立了井下探放水队伍。我市还利用原蛟河煤矿地质勘探队的下岗人员组成了一个备用探放水队伍，在煤矿需要进行探放水工程时参与煤矿的探放水工作。

(3) 根据矿井开拓和开采揭露的实际资料，本着严肃认真、深入细致的工作作风，进一步完善对老窑积水资料的调查。并且做到反复分析核实，判别可靠程度，指出疑点和问题。最后，依据资料的可靠程度，本着“留有余地，以防万一”的原则，在有关图纸上圈出积水线、探水线和警戒线。采掘工程进入警戒线，必须向不同方向打警戒性探孔，初步控制层位、构造和积水存在的可能性。对于有测绘资料作依据的积水区，也要划定积水线和探水线。上述资料和“三线”要经过审慎审定，然后作为老空积水防治的依据。对确定的“三线”标定在采掘工程平面图和相关水文地质图上。即使有了资料和确定了“三线”，应用时仍要随时警惕，不绝对化和盲目自信，而要根据现实的新情况，及时重新分析判断、补充调查，采取相应的防范措施。

(4) 对于能够准确确定积水区位置的矿井，根据矿井地质构造、水文地质条件、煤层赋存条件、围岩性质、开采方法、积水区水头压力以及岩层移动规律等因素，计算出防水煤(岩)柱宽度，留设永久性保护煤(岩)柱，不得进入防水煤(岩)柱中进行采掘活动。

(5) 要积累准确的矿井测绘资料，并做好校对审核工作。及时对新发生的采掘活动进行测量，及时填绘各类生产用图，以防误入采空积水区，造成透水事故。

3.3 地表水体的防治措施

(1) 对暴雨季节有可能受到洪水威胁倒灌井下的废弃井筒，筑有挡水堤和泄洪沟等安全保护设施，并在汛期前清挖好排水沟，保持排水沟的畅通。对河流的堤坝进行加固、加宽和加高。

(2) 为减少水稻田水、水渠泄洪沟水和塌陷坑积水通过第四系风化裂隙带含水层渗入井下，我们将近219亩(1市亩=0.066 7公顷)水田改成旱田，水渠泄洪沟用厚层塑料布铺底600余m，塌陷坑回填28 945 m^3，减少了地表水对井下涌水的补给。市政府在2010年还拨付了专项资金用于矿区沉陷坑治理，收到了很好的效果。

(3) 每次降大到暴雨时和降雨后，市煤炭局和煤矿派专人检查四邻报废矿井及其矿区地面有无裂缝、塌陷等情况，发现后及时进行回填处理；检查上游塘坝蓄水量、泄洪沟泄洪、河流堤坝和河水水位上涨等情况，发现险情及时通知相关煤矿采取措施。受地表水威胁的矿井，在大到暴雨来临前，全部停止井下作业，撤出人员。

(4) 受地表水威胁的矿井井筒标高必须达到历史最高洪水位+287.5 m以上，井筒发碹要发至基岩以下5 m，防止地表水通过井筒溃入井下。雨季低洼容易积水的工业广场要配备排水设备、设施，以便及时排除工业广场积水。

3.4 断层和钻孔导水的防治措施

(1) 对有条件留设防水煤(岩)柱的导水断层和钻孔，已采取留设断层或钻孔防水煤(岩)柱的防范措施，采掘活动不得进入断层或钻孔防水煤(岩)柱中。

(2) 对能够查找到的未封闭钻孔，采取全孔封闭的措施，隔绝含水层水和上一煤层采空区积水流入矿井深部。目前对能够查找到的未封钻孔正在着手进行封闭工作。

4 煤矿水患安全监管工作

4.1 成立机构，落实责任，健全制度和预案

(1) 健全了煤矿安全监管责任制，在继续实施煤矿安全监管工作"一把手"负总责，分管领导负全责的安全监管责任制的基础上，进一步细化量化煤矿安全监管指标，并将安全监管责任目标分解到各科室，分解到每名监管人员身上，将安全生产监管指标完成情况与干部职工绩效挂钩，评价监管人员政绩、业绩，兑现奖惩。

(2) 成立了煤矿防治水领导机构，由煤矿负责人亲自抓，技术矿长和其他管理人员分工负责。

(3) 进一步强化煤矿企业的安全主体责任，一方面与各煤矿企业签订了安全生产责任状，并监督各煤矿企业内部安全生产责任的分解和落实。督促企业主要负责人重视支持煤矿防治水工作，将煤矿防治水责任明确和落实到所有管理人员、班组、岗位，落实到人头。督促企业严格兑现奖惩。同时，结合我市煤矿企业的实际，采取有效措施，对煤矿企业主要负责人履行安全管理职责情况进行监督检查。对于安全生产责任的分解和落实不到位的煤矿企业，加大了监管力度限制其生产，直至停产整顿。另一方面，强化煤矿企业的安全生产责任主体意识教育，彻底改变过去煤矿企业只注重生产忽视安全的错误认识，从根本上解决煤矿企业内部的安全生产问题。

(4) 建立健全了煤矿探放水设计和措施审批、煤矿防治水、雨季"三防"工作、井下探放水、采掘工作面水害预测预报、汛期值班巡查及汇报、煤矿水害防治技术管理、水害隐患排查治理、煤矿水灾和灾害性天气停产撤人、防汛物资储备、地表水监控防范和水害检查等制度，制定了矿井防治水岗位责任制。建立了矿井出水点观测记录、采掘工作面水害预测预报记录、采掘工作面水害通知书、矿井水患排查治理记录、水泵司机交接班记录等记录和台账。建立了煤矿水害重大危险源档案，编制了针对水害危险源的监控预防措施，由煤矿技术矿长负责水害危险源监控措施的落实。

(5) 各煤矿编制了年度灾害预防处理计划、煤矿防治水年度和中长期计划、突发事故综合应急预案、水害事故专项应急预案、汛期突发事故应急预案、防汛应急预案及应急管理数据库等。

4.2 狠抓汛期防汛、防雷电、防排水工作

(1) 在每年的四月份，我市就下发了《做好煤矿防汛、防雷电、防排水工作的安排》，做到"三防"工作早安排、早部署、早落实、早防范。市煤炭局还根据各煤矿存在的水患情况，下发专门文件提出具体要求和措施，各煤矿根据文件精神进行安排和落实。

(2) 各煤矿成立了抢险领导机构和抢险队伍，防汛抢险物资都作了比较充足的准备。各煤矿针对监管部门检查和企业自检时发现的问题，制定整改方案或措施，落实整改和验收负责人，落实整改完成时间，使问题能得到及时解决。

(3) 市煤炭局和煤矿加强与气象部门的联系，密切关注天气预报，做到防汛工作心中有数。各煤矿在汛期设专人二十四小时值班，密切监控汛情和井下水情，一旦出现险情及时启动应急预案，并及时向有关部门汇报。

(4) 市煤炭局组织人员深入煤矿摸清各煤矿井下排水能力和汛期抢险物资、设备储备情况，对各煤矿井下水泵数量、排水能力、电机功率、管路直径、长度、铺设条数、水仓设计容积、实际容积、矿井最大最小自然涌水量和水仓需要清扫量及运行水泵电机和备用水泵电机的检修运转情况等进行了调查，摸清了各煤矿的排水能力，编制了《蛟河市辖区年度井下排水能力调查汇总表》和《煤矿抢险物资及设备储备情况统计表》。各煤矿按照《煤矿安全规程》的要求，配备好防排水设施和设备，做好排水设施设备的检修、水仓清扫和联合试运转工作，确保矿井排水设备的完好和正常运转，有足够的水仓容积和排水能力。

(5) 在接到强降雨预报时，市煤炭局通知煤矿做好预防和加强值班工作，对受地表水威胁的矿

井，责令煤矿及时停产撤出井下作业人员。每年进入汛期后，市政府领导多次听取煤矿防汛工作汇报，并与监管人员一起深入煤矿检查工作。

(6) 在汛期前组织各煤矿进行水害事故应急演练。由各煤矿矿长负责，相关副矿长、各岗位和全体职工参加，有组织、有计划地开展应急演练工作，并提交应急演练工作报告。市政府分管领导、市相关部门领导和媒体参与了演练，通过演练使煤矿应急处置能力得到进一步提高。

4.3　根据煤矿存在水患的特点，制定防治水措施，加强监管和服务

(1) 根据蛟河市煤矿水患特点，编制下发了《蛟河市做好煤矿水害预测预报和探放水工作规定》，提出了做好采掘工作面的水害预测预报和做好井下老窑、旧采区积水的探放水工作要求，对如何坚持"有疑必探、先探后掘"的原则、做好矿井水害调查分析、制定合理有效的防治对策、组织实施探水掘进、近探近放、贯通积水巷道或积水区等进行了详细的规定，为做好矿井防治水工作打下了很好的技术基础。

(2) 根据《煤矿防治水规定》和《吉林省煤矿水害防治工作实施细则》以及煤矿水害安全专项评价所提出的要求，结合各煤矿水患特点，市煤炭局编写了《蛟河市煤矿防治水工作要求》，对各煤矿水害防治工作提出了具体要求，各煤矿防治水工作第一责任人和主要负责人在要求上签字、盖章。各煤矿按照要求担负起防治水工作责任，做好本矿防治水工作。

(3) 为了做好煤矿防治水监管工作，市煤炭局还编写了《对煤矿防治水工作监管内容》，下发到每一位监管人员手中，并由防治水专业人员向监管人员作了详细讲解，安全监管人员负责在日常监管工作中监督煤矿进行落实。对受水患威胁的煤矿进行重点监管，对查实存在超越防水保护煤岩柱或防水警戒线进行采掘活动现象的煤矿进行严肃处理。

(4) 采掘作业规程规定需要进行探放水的工作面，必须使用探水钻机进行探水作业，对不进行探水作业或使用煤电钻探水的煤矿进行严厉处罚。

(5) 加大对煤矿职工防治水基础知识的教育和培训工作。利用本市全员安全培训的课堂，对职工进行煤矿地表和井下防治水知识的普及，介绍蛟河矿区各煤矿之间的水力连通关系、水害危险源分布情况、防治措施、目前在防治水工作中存在的问题和解决办法，使职工在煤矿防治水方面的知识得到了增长。

(6) 加大了对个别排水系统不合理煤矿改造的监管力度，督促煤矿加大排水系统改造资金的投入，改善了排水系统不合理的状态。

(7) 指导煤矿进行探放水设计、防水煤柱留设和打钻放水工作，指导煤矿进行各类水文地质图件的编绘和报告的编写，协助研究制定煤矿防治水方案和措施，提高煤矿防治水技术管理水平。

以上是我市在煤矿防治水工作中的一些做法。我们深知蛟河市煤矿防治水工作任重道远，我们目前的工作距国家和上级有关要求还有很大差距，我们需要把兄弟省市在煤矿防治水工作方面的好经验、新技术和新方法学过来，运用到我市煤矿防治水工作当中去。我们有决心在省市和蛟河市政府的正确领导下，在上级主管部门的指导下，把蛟河市煤矿防治水工作做好，为煤矿安全生产提供有力保障。

建立“13551”防治水体系　确保煤矿安全生产

山西省长治县煤炭工业局

1　长治县煤矿基本情况

在兼并重组前，全县有煤矿69座，兼并重组后，全县有获批准的煤矿主体企业6个，矿井51座。其中：保留矿井30座（单独保留矿井5座），过渡期矿井21座。

2　防治水工作经验和做法

抓好煤矿防治水工作，是长治县煤矿安全监管的重中之重。多年来，长治县煤矿开采的实际情况是：小煤矿开采历史长，小煤矿整合关闭多，小煤矿采空区面积大、积水多，小煤矿工人业务素质差，小煤矿防治水装备差。2005年，长治县煤炭工业局就针对性地提出了“有水必排、有掘必探、有疑必停、有兆先报、先报后探、专人探放”的防治水24字规定。经过几年的努力，煤矿防治水工作状况有了较大地改善。到目前为止，经过“有掘必探”，已有31座煤矿探出了采空区积水，根据统计结果，累计排放采空区积水约23万 m^3，有效地预防了煤矿透水事故的发生。

长治县在煤矿防治水管理工作上，突出重点，分类防治，加大投入，强化监管，初步形成了“13551”综合防治水工作格局和管理体系，即“坚持一个目标、落实三个统一、强化五项举措、严把五大环节、树立一个典型”。我们的具体做法如下所述。

2.1　坚持以安全生产为目标，提高防治水管理能力

根据长治县煤矿的实际情况，在煤矿生产中，我们始终坚持以安全生产为最终目标，将防治水工作作为煤矿安全生产的重中之重，认真落实“预测预报、有掘必探、先探后掘、先治后采”的防治水原则和采取“防、堵、疏、排、截”的综合治理措施，进一步强化防治水管理，从根本上预防透水事故的发生。

2.2　坚持三个统一，提高防治水保障能力

一是统一防治水管理。长治县煤炭工业局通过对防治水管理工作的进一步经验总结，并根据市煤炭局制定的防治水暂行规定，在保留煤矿安全指挥中心的基础上成立了防治水科（地测科）和探放水队，防治水科由4人组成，探放水队由6～9人组成，探放水队归防治水科领导。基本理顺了煤矿防治水管理机构和职权划分。同时，长治县煤炭工业局还编制了长治县煤矿《防治水检查细则》，并印制成小册子分发到各煤矿，要求局各职能科室、煤管站、驻矿安检站及煤矿安全检查人员，要进一步认真学习防治水有关知识，掌握防治水工作检查要点和标准。并统一规范了探放水各种管理制度、图表、牌板和检查程序，进一步推进了我县煤矿防治水管理工作。

二是统一探放水装备。2006年，县政府投资400多万元，采取“买一赠一”的办法，为每个煤矿配备了两台探水深度大于60 m的专用液压探水钻，保证了采掘面的探放水工作。随着探放水工作的不断深入，各煤矿的探放水设备进行了较大升级，煤矿又购买了大功率的液压架柱式回转探水钻机，目前，全县共购买钻机60多台，进一步提高了采掘面的探水效率。2011年5月，长治县煤炭工业局还统一为有关科室和保留煤矿配备了探水深度测量杆70套，为采掘面检查探水深度提供了有效的检查手段。

三是统一防治水培训。从2005年开始，长治县就将煤矿探放水人员列入特殊工种进行管理。每年春节后，长治县煤炭工业局都要集中全县煤矿的探放水人员，按照特殊工种的要求进行培训发证。我们根据《煤矿安全规程》中防治水的有关章节和煤矿防治水的最新规定，结合我县煤矿在防治水方面的实际情况，自编教材，对探放水人员进行强化培训，严格考核发证。近几年累计培训探放水人员

950人,大大提高了探放水人员的业务素质和现场操作能力。

2.3　强化防治水工作,提高防治水管理能力

在防治水工作中,长治县煤炭工业局采取了"领导挂帅、定人蹲矿、科室包片、站为基础、驻矿监管"的措施,层层签订安全目标责任书,形成"一级抓一级,层层抓落实"的监管体系。

一是领导挂帅。主要领导亲自挂帅,统筹管理全县煤矿防治水工作,对受水患威胁严重的矿井实行挂牌督办,由分管领导牵头负责对受水患威胁严重的矿井隐患进行跟踪落实整改,直至销号。

二是定人蹲矿。各业务科室骨干人员进行蹲矿,每人负责一至二个煤矿,每月到矿不少于两次,吃住在矿,参加班前(后)会,必须深入井下,现场检查指导探放水工作。

三是科室包片。各科室人员对所包煤矿探放水工作进行严格监管,每月下矿检查不得少于一次,并对水患严重的矿井实行重点监督。

四是站为基础。煤管站对辖区内煤矿探放水工作进行动态管理,巡回检查掘进工作面探放水情况,并实行煤矿水患双向汇报制度(每月逢带3、6、9日为水患汇报日)。

五是驻矿监管。驻矿安检站按规定要求对煤矿采掘面探放水工作进行跟踪监管,认真检查探水钻孔的个数和深度,并在探放水公布牌上签字确认。若遇重大险情或透水预兆,要及时撤出受水害威胁区域的所有工作人员,并上报县局。

2.4　严把工作环节,规范防治水工作

通过不断探索总结,长治县逐步形成了一套切合煤矿实际情况的综合防治水五步工作法。

(1) 水患调查工作:从2005年起,全县所有煤矿在复工(复产)前,要进行水患调查,做好水文地质补充调查工作,完善充水性图和综合水文地质图等防治水基础资料,进一步查清周边矿井及本矿采空区积水和老窑积水情况,填写水患调查表,经四邻煤矿签字确认,主体企业审查同意后,报县局备案。经过对水患调查结果的统计,按水患威胁程度分为三类矿井:一类为严重水患威胁矿井,共有7座;二类为有水患威胁矿井,共有16座;三类为基本无水患威胁矿井,共有5座。各煤矿根据水患威胁程度的现状,针对性地制定了水患治理方案。

(2) 编制报告工作:各矿对准备布置采掘的区域,要聘请有地质勘查资质的单位,查清该区域水文地质情况,编制《矿井水文地质补充勘探报告》。经主体企业审查并报县局备案后,该区域方可进行采掘布置。

(3) 编制设计工作:掘进前,煤矿要根据该区域水文地质条件和水患调查采集的相关数据资料编制探放水设计,并由矿总工程师组织有关科室审定同意,主体企业审查批准备案(单独保留矿由矿总工程师审查批准备案)后,探放水队按设计进行探放水。

(4) 探掘分离工作:① 每次探水工作开始后,每班实际完成探水钻孔个数、深度,由防治水科(地测科)、驻矿安检站、探水队现场有关人员共同检查验收并填写《工作面探水检查验收表》;每次探水工作完成后,由防治水科(地测科)对本次探水情况进行汇总,并填写《工作面探水检查验收汇总表》,报矿总工程师和安全副矿长签署同意掘进的意见,交由安全指挥中心主任下达掘进指令,掘进队接到指令后方可进行掘进。② 探出水后,由防治水科(地测科)、探放水队共同派人监测水情,认真填写工作面排放水记录表;排放水工作完成后,由防治水科(地测科)、探放水队、驻矿安检站有关人员共同验收,报矿总工程师和安全副矿长签署同意掘进的意见,交由安全指挥中心主任下达掘进指令后,方可进行掘进。③ 掘进队根据要求的掘进距离进行掘进,掘进工作完成后,由防治水科(地测科)、掘进队、驻矿安检站按要求共同检查验收合格并填写工作面掘进检查验收表,报矿总工程师和安全副矿长签署同意探放水的意见,交由安全指挥中心主任下达探放水的指令,探水队接到指令后方可进行探放水。

(5) 挂牌督办工作:对发现有严重水患威胁的矿井,局安监科会按照《长治县重大安全生产隐患挂牌、督办、验收、销号制度》进行挂牌督办,直至隐患完全整改销号为止。

例:长治县振义煤矿兼并重组后,整合了已关闭的北苍和煤矿,在今年年初经过水患调查和补充

勘探后，分析北苍和矿原北采区巷道和采空区可能存有大量积水，振义矿今年的采掘计划中，两条掘进巷道均需布置在该区域，根据这个情况，我局及时按照重大隐患挂牌督办制度进行挂牌督办，由安监科牵头组织有关业务科室多次到矿指导督办探放水工作。经过多方努力，该矿于5月25日中午12:30，在南1#掘进面探出原北苍和矿北采区巷道积水，6月6日积水排放完毕，共排放积水6 980 m^3。8月1日早8点班，对南1#掘进面右帮进行探水，探深53 m，探出北苍和矿斜岩巷底绕道积水，8月3日积水排放完毕，共排放积水约690 m^3。两次累计排放积水7 676 m^3。矿方又经过半个多月的观察，发现出水孔水流量保持在日均3 m^3 左右，没有太大变化，应为矿井正常涌水量。8月21日，经过局有关科室现场检查验收，一致同意销号。

2.5 树典型，看有样板学有标准

为了稳步推进全县煤矿防治水管理工作，使防治水管理工作整体再上一个新台阶，长治县煤炭工业局选定了防治水管理较规范的雄山五矿作为长治县防治水工作的典型矿。该矿按有关防治水要求，建立了一整套较为完善的防治水管理系统，从管理机构到管理制度，从探水设备到采掘面探放水现场管理，从人员数量到人员素质，都走在了全县防治水工作的前列。

总之，我们根据长治县煤矿防治水工作的实际情况，做了一些力所能及的工作，取得了一些成绩，但还存在一些不足之处，在今后的防治水管理工作中会进一步提高和完善。同时，真诚希望各位领导和同志们对长治县煤矿防治水工作多提宝贵意见，促使长治县煤矿安全生产工作再上一个新台阶。

下篇

典型水害案例

第十三章　水害事故分析

"十一五"期间全国煤矿水害事故分析报告

国家煤矿安监局调查司　赵苏启

"十一五"(2006～2010 年)期间,在党中央、国务院的正确领导下,全国煤矿安全监察监管、行业管理部门和煤矿企业,坚持"安全第一、预防为主、综合治理"的方针,牢固树立安全发展的科学理念,实现了煤矿安全状况持续稳定好转。煤矿事故总量连年下降,由 2006 年的 2 945 起减少到 2010 年 1 403 起,下降了 52.4%,死亡人数由 4 746 人减少到 2 433 人,下降了 48.7%;煤炭生产百万吨死亡率由 2.04 下降到 0.749,下降了 63.3%。在加强瓦斯治理、整顿关闭工作的同时,不断加强煤矿防治水工作,水害防治取得了新成效。

一、煤矿防治水工作不断得到加强,成效显著

(1) 党和政府高度重视煤矿防治水工作。党中央、国务院高度重视煤矿防治水工作。重特大水害事故发生后,中央领导同志都及时做出重要指示批示。2006 年 1 月 30 日,温家宝总理对煤矿防治水工作专门做出重要批示;2007 年时任国务委员兼国务院秘书长的华建敏专程赶赴山东华源矿业公司"8・17"透水事故现场,指导抢险救援和事故调查工作;2010 年 3 月,国务院副总理张德江赶赴现场指导骆驼山煤矿"3・1"和王家岭煤矿"3・28"透水事故的抢险救援和调查处理工作。2006 年 6 月 15 日,国家安全生产监管总局、国家煤矿安监局在北京召开全国煤矿水害防治工作座谈会,国家安全生产监管总局局长李毅中、副局长王显政和国家煤矿安监局局长赵铁锤等出席会议并讲话。会议确定了煤矿水害防治要坚持"预测预报、有疑必探、先探后掘、先治后采"的原则和防、堵、疏、排、截五项综合治理措施,极大地推动了煤矿防治水工作。

(2) 煤矿防治水法律、法规不断健全完善。为吸取事故教训,切实加强煤矿水害防治工作,国家安全生产监管总局、国家煤矿安监局在 2006 年出台《关于加强煤矿水害防治工作的指导意见》,2008 年出台《关于预防暴雨洪水引发煤矿事故灾难的指导意见》和《关于进一步加强煤矿水害防治工作的意见》,2009 年以国务院安委会办公室名义下发《关于防范煤矿水害事故的紧急通知》。2009 年正式颁布实施《煤矿防治水规定》(国家安全生产监督管理总局令第 28 号),2011 年颁布实施新修改的《煤矿安全规程》(国家安全生产监督管理总局令第 37 号)。山东、河南、山西等地结合实际,亦制定了规范性文件和相关规定。法律、法规的不断健全完善,为做好煤矿防治水工作提供了有力支持。

(3) 开展防治水专项检查,促进防治水工作。2006 年 7 月,针对全国煤矿防治水的严峻形势,国家煤矿安监局组织 7 个督查组对山西、四川、贵州、内蒙古、黑龙江、河南、河北等 7 个地区的煤矿进行了煤矿水害防治安全督查;2010 年 3 月,骆驼山煤矿和王家岭煤矿透水事故发生后,国家安全监管总局、国家煤矿安监局在全国煤矿系统开展了为期 3 个月的水害隐患排查专项行动。水害重特大事故的危害性仅次于瓦斯事故,所以全国各地区煤矿安全监察机构均把水害防治列入重点监察、专项监察和定期监察之中;同时,安全监管部门、煤炭行业管理部门高度重视水害防治的日常监管工作。通过开展专项行动和监察监管活动,水害防治工作不断得到加强。

(4) 加强防治水基础工作,提升水害防治能力。国家安全生产监管总局、国家煤矿安监局组织编写了《全国煤矿典型水害案例与防治技术》、《华北地区奥灰水综合防治技术》、《煤矿防治水工作指南》、《〈煤矿防治水规定〉释义》和《〈煤矿安全规程〉(防治水部分)释义》等,为监管监察和煤矿企业做

好煤矿防治水工作提供技术支持。国家煤矿安监局组织了3期《煤矿防治水规定》宣贯学习班，在《中国煤炭报》上解读《煤矿防治水规定》的有关内容，支持有关单位举办煤矿水害防治研讨会，收到了较好效果。地质勘查、设计、科研单位、大专院校和中介机构积极参与水害防治工作，提升了防治水技术和工作水平。

(5) 煤矿防治水害技术和装备不断取得新进展。在水害防治理论、综合探查、预测预报、水害治理等方面取得了新进展。对煤层底板含水层进行注浆加固改造、变强含水层为弱含水层或隔水层的加固技术，二维和三维地震勘探技术、瞬变电磁(TEM)探测技术、高密度高分辨率电阻率法探测技术，大口径钻机和大流量、高扬程潜水电泵排水技术等已广泛应用于煤矿生产。

(6) 严肃事故调查和责任追究，通过事故教训推动防治水工作。认真开展事故调查工作，查明事故原因，公布事故调查处理结果，落实防范措施，探索水害发生的规律特点，通过事故教训推动防治水工作。据统计，2006～2010年共发生4起特别重大水害事故，死亡162人，共有166人受到处分，其中刑事处分65人，党政纪处分101人，涉及处级干部44人、厅局级干部23人，对4个事故矿井共处罚1.49亿元。通过严格的事故查处，促进了防治水工作。

(7) 防治水工作成效显著。经过各有关方面的共同努力，水害事故大幅度下降，2010年与2006年相比，全国煤矿水害事故起数由99起下降到38起，下降了61.6%，死亡人数由417人下降至224人，下降了46.3%。

二、煤矿水害的特点和事故原因分析

(一) 煤矿水害的主要特点

经过有关方面的共同努力，水害事故虽持续下降，但重特大水害事故仍时有发生，老空水水害仍是防治水工作的重点。

(1) 水害事故持续下降。“十一五”期间(2006～2010年，下同)全国共发生水害事故306起、死亡1 325人，分别占同期煤矿灾害事故的3%和7.9%；事故起数从2006年的99起下降至2010年的38起，死亡人数由417人下降至224人，分别下降了61.6%和46.3%；较大事故(3～9人)由2006年40起下降至2010年13起，死亡人数由213人下降至60人，分别下降了67.5%和71.8%(表1)。

表1　2006～2010年全国煤矿水害统计表

年度	全国煤矿灾害事故人员死亡情况		其中，水害事故人员死亡情况							
			起数	人数	其中，3～9人		其中，10～29人		其中，30人以上	
	起数	人数			起数	人数	起数	人数	起数	人数
合计	10 339	16 811	306	1 325	114	577	22	344	4	162
2006年	2 945	4 746	99	417	40	213	4	68	1	56
2007年	2 421	3 786	63	255	28	146	3	56		
2008年	1 954	3 215	59	263	17	81	7	99	1	36
2009年	1 616	2 631	47	166	16	77	4	54		
2010年	1 403	2 433	38	224	13	60	4	67	2	70

(2) 重特大水害事故没有明显改善。“十一五”期间共发生10人以上重特大水害事故26起，死亡506人，分别占同期全国煤矿重特大灾害事故的17.4%和16.5%。平均每年发生5起左右，没有明显改善。详见表1和附表1。

(3) 乡镇煤矿水害事故所占比例仍然较大。“十一五”期间，国有重点煤矿发生28起水害事故、死亡182人，分别占全国水害事故起数和死亡人数总数的9.1%和13.7%；国有地方煤矿发生40起水害事故、死亡180人，分别占总数的13.1%和13.6%；乡镇煤矿发生238起水害事故、死亡963人，分别占总数的77.8%和72.7%。乡镇煤矿仍是水害事故的多发区(表2)。

表 2　**2006～2010 年全国三类煤矿发生水害事故统计表**

年　度	合　计		国有重点煤矿		国有地方煤矿		乡镇煤矿	
	起数	人数	起数	人数	起数	人数	起数	人数
合　计	306	1 325	28	182	40	180	238	963
2006 年	99	417	6	15	18	85	75	317
2007 年	63	255	4	38	8	22	51	195
2008 年	59	263	9	45	4	49	46	169
2009 年	47	166	2	2	5	12	40	152
2010 年	38	224	7	82	5	12	26	130

(4) 发生水害事故的类型主要是老空水。据统计，“十一五”期间，全国共发生 3 人以上水害事故 140 起、死亡 1 083 人，主要有老空水、地表水、岩溶水、冲积层水和其他水害。其中，老空水害发生 129 起、死亡 971 人，分别占较大以上水害事故起数的 92.1%和死亡人数的 89.7%；地表水水害发生 7 起、死亡 55 人，分别占较大以上水害事故起数的 5%和死亡人数的 5.1%(表 3)。

表 3　**2006～2010 年全国煤矿较大(3 人)以上水害事故类型统计表**

年　度	合　计		老空水水害		地表水水害		岩溶水水害		冲积层水水害		其他水害	
	起数	人数	起数	人数	起数	人数	起数	人数	起数	人数	起数	人数
合　计	140	1 083	129	971	7	55	2	36	1	16	1	5
2006 年	45	337	45	337								
2007 年	31	202	29	186	2	16						
2008 年	25	216	22	198	3	18						
2009 年	20	131	17	108	1	3	1	4	1	16		
2010 年	19	197	16	142	1	18	1	32			1	5

(5) 国有煤矿重特大水害事故时有发生。“十一五”期间，全国共发生 4 起特别重大透水事故，死亡 162 人。其中，国有煤矿发生 3 起，中央企业发生 2 起特别重大透水事故，损失严重，社会影响巨大。2008 年 7 月 21 日，广西壮族自治区右江矿务局那读煤矿(国有地方)发生老空透水，造成 36 人死亡；2010 年 3 月 1 日，神华集团乌海能源有限公司骆驼山煤矿(中央企业)发生陷落柱底板奥陶系灰岩突水事故，造成 32 人死亡；2010 年 3 月 28 日，山西华晋焦煤公司王家岭煤矿(中央企业)发生老空透水事故，造成 153 人被困，经全力抢救 115 人获救、38 人死亡。

(6) 个别地区水害事故相对较多。“十一五”期间共有 10 个地区发生重特大透水事故。其中，山西发生 5 起、死亡 142 人，黑龙江发生 5 起、死亡 75 人，贵州发生 5 起、死亡 68 人，河南发生 4 起、死亡 64 人。四省发生的重特大透水事故占全国水害事故起数的 73.1%和死亡人数的 69.0%(表 4)。

表 4　**2006～2010 年重大以上水害事故分地区统计表**

序号	合计	1	2	3	4	5	6	7	8	9	10
地区		山西	黑龙江	贵州	河南	吉林	广西	内蒙古	辽宁	湖南	甘肃
起数	26	5	5	5	4	2	1	1	1	1	1
人数	506	142	75	68	64	34	36	32	29	13	13

(7) 发生多起重大透水淹井事故和未遂事故。2006 年 12 月 16 日河北省金能集团井陉矿务局临

城煤矿、2009 年 1 月 8 日河北省峰峰集团公司九龙煤矿、2010 年 7 月 25 日河南省焦煤集团宝雨山公司何庄煤矿、2010 年 10 月 15 日山西省大远煤业等矿井，先后都发生过底板突水而造成矿井被淹事故。

2009 年 3 月 25 日中煤平朔煤炭公司三号井工矿发生老空透水事故，矿井局部被淹。2009 年 4 月 18 日国投新集能源股份公司板集矿井筒发生透水涌沙事故，矿井被淹，当班入井 622 人，621 人安全升井，1 人死亡。2010 年 2 月 6 日，江苏省徐州矿务集团旗山矿因邻近关闭破产矿井的老空水溃人矿井，部分巷道被淹，灾害波及旗山矿周边 6 个矿井。

2007 年山西孝义庆平煤矿有限公司（原招携煤矿）发生“7·26”透水事故（被困 9 人），江西省丰城矿务局上塘镇榨一煤矿发生“8·16”透水事故（被困 14 人），2010 年四川内江市威远县八田煤矿发生“11·21”透水事故（被困 29 人），经奋力抢救，被困人员全部成功获救。2008 年，河南平顶山郏县高门垌煤矿发生“11·17”透水事故，涉险 35 人，成功救出 33 人。

(8) 由自然灾害引发多起矿难。2006 年 7 月 2 日，河南省平煤集团新峰一矿发生水库溃堤倒灌井下事故，造成部分大巷被淹。2006 年 7 月 14 日至 16 日，湖南省受第 4 号强热带风暴影响，衡阳、郴州等地发生特大洪涝灾害，致使 113 对矿井被淹和 138 对矿井开采水平被淹，造成地面 6 人死亡、井下 8 人失踪。2007 年 7 月 22 日，山西吕梁市兴县魏家滩镇马圐圙煤矿，因山洪暴发造成河槽下采空区发生塌陷，沉陷面积约 800 m^2，洪水经采空区进人矿井，导致 11 人死亡。2007 年 7 月 29 日，河南省三门峡市陕县支建煤矿由于洪水倒灌井下，造成 69 人被困，经全力抢救全部获救。2007 年 8 月 17 日山东华源矿业有限公司因突降暴雨，山洪暴发、河水猛涨、河堤决口，溃水淹井引发事故灾难，致使 172 人死亡；与其相邻的新泰市名公煤矿也因洪水淹井而造成 9 名矿工遇难。

（二）事故原因分析

通过对“十一五”时期水害事故进行分析，发现一些煤矿企业对防治水工作不重视、责任不落实、措施不到位、管理不严格、安全投入不足，部门监管、监察和管理方面有漏洞，突出表现在以下几个方面：

① 对防治水工作不重视。主要表现在一些矿井防治水机构、防治水技术人员和探放水设备及队伍不到位；防治水制度不健全、责任不明确；安全投入不足，应急预案不落实等。在小煤矿普遍存在防治水工作无人管、不会管的状态。

② 防治水基础工作薄弱。一些矿井防治水必备的地质报告、图纸、台账等基础资料不健全；矿井和周边水文地质资料不清，制定的防治水措施针对性不强；水害预测预报和水患排查治理制度不落实，对水害隐患心中无数。防治水工作尚处于盲目状态之中。

③ 防治水措施不落实。一些矿井超层越界、非法违法违规开采，破坏防隔水煤（岩）柱，井下防水密闭设施不符合有关规定要求；在地质构造薄弱地带（如断层、裂隙、陷落柱等）开拓掘进或回采前没有进行注浆加固等措施；探放水措施不落实，用煤电钻代替探水钻机，达不到探水距离；对开采煤层存在底板高承压水情况下没有进行疏水降压；矿井排水系统不健全、不配套；雨季防洪截流措施不到位，灾害性天气预警预防机制不健全，对影响矿井安全的废弃老窑、地面塌陷坑、堤防工程等巡视检查不够；一些矿井虽然制定了防治水措施但并未根本落实，只是为了应付检查。

④ 水害应急预案不健全。一些矿井根本没有水害应急预案，发生透水后束手无策；一些矿井虽有水害应急预案，但从未进行应急演练；一些矿井水害应急预案内容不全，没有应急设备，不具操作性。

⑤ 防治水职工队伍不适应。据统计，90％以上的透水事故都有透水征兆，但由于职工素质不适应，在透水征兆十分明显情况下仍违规组织生产或进行探放水，导致探水作业人员伤亡或整个矿井被淹；一些矿井执行防治水措施不到位，虽然进行了探放水但未将水害彻底根治；在暴雨洪水期间不执行有关部门停产撤人制度，未及时撤出井下所有受水威胁的作业人员，导致人员被困伤亡。

⑥ 监管监察和行业管理有漏洞。一些地区对防治水工作不重视，监管监察和行业管理存在薄弱

环节。发生事故后没有认真吸取教训，导致同一地区的透水事故接二连三发生。如 2008～2010 年某市先后发生 5 起重大透水事故，死亡 86 人。事故教训极为深刻。

三、对策建议

按照《国务院关于进一步加强企业安全生产工作的通知》要求，认真贯彻落实《煤矿防治水规定》和新版《煤矿安全规程》(防治水部分)，坚持"预测预报、有疑必探、先探后掘、先治后采"的防治水原则，落实防、堵、疏、排、截五项综合治理措施，进一步强化企业水害防治主体责任，加强防治水基础工作，加大隐患排查和治理力度，健全水害应急预案，有效遏制重特大水害事故。

1. 健全防治水机构、明确水害防治责任

煤矿企业、矿井的主要负责人要承担本单位防治水工作的第一责任，在人力、物力和资金等方面要给予大力支持。总工程师(技术负责人)具体负责防治水的技术管理工作，组织力量对矿井水文地质类型进行划分，制定防治水各项规章制度，组织编写防治水规划、专门防治水设计、措施等。定期组织开展水患排查活动，研究制定治理措施。煤矿企业(矿井)分管领导要按照职责分工，做好相应的防治水工作。

煤矿企业和矿井应当按本单位的水害实际情况，配备满足工作需要的防治水专业技术人员，配齐专用探放水设备，建立专门的探放水作业队伍。水文地质条件复杂、极复杂的煤矿企业和矿井，还应当设立专门的防治水机构。专业技术人员应由受过正规院校地质、水文地质专业教育的技术人员担任。

煤矿企业和矿井要建立健全防治水岗位责任制和有关防治水技术制度。特别要建立水害防治岗位责任制、水害防治技术管理制度、水害预测预报制度、水害隐患排查治理制度和水害应急救援制度。水文地质条件复杂或极复杂的矿井还应建立探放水制度、重大水患停产撤人制度等。制定的各项制度都要组织广大职工宣传学习。

煤矿企业和矿井有责任和义务对煤矿职工进行防治水知识的教育和培训，使职工了解做好防治水工作的基本知识，掌握井下透水征兆相关知识，组织井下职工开展水害应急救援演练，提高职工防治水工作的技能和抵御水害的能力。特别是要让职工牢记：当发现井下有突水征兆时，必须停止作业立即撤到安全地点，并及时报告调度室，采取切实有效安全措施，组织专家分析查找透水原因。

2. 全面加强水文地质基础工作

全面加强水文地质基础工作，是做好防治水工作的前提，为此要全力做好以下几项基础工作。

① 编制矿井水文地质类型划分报告。煤矿企业应当根据井田内受采掘破坏或影响的含水层及水体，矿井及周边老空水分布状况，矿井涌水量或突水量分布规律，井工开采受水害影响程度以及防治水工作难易程度，编制矿井水文地质类型划分报告，确定本矿的矿井水文地质类型，并据以制定本矿防治水的措施。

② 建立健全防治水基础地质资料。煤矿企业应当组织力量编制井田地质报告、建井设计和建井地质报告，并必须有相应的防治水内容。编制矿井充水性图、矿井涌水量与各种相关因素动态曲线图、矿井综合水文地质图、矿井综合水文地质柱状图、矿井水文地质剖面图等有关图件，图件内容要真实可靠并实现数字化。建立矿井涌水量观测成果、气象资料等有关基础台账，为防治水决策提供科学依据。

③ 要加强对古井、老窑和周边矿井的调查研究。调查古井、老窑的位置及开采、充水、排水的资料及老窑停采原因等情况。调查周边矿井的位置、范围、开采层位、充水情况、地质构造、采煤方法、采出煤量、防隔水煤岩柱以及与相邻矿井的空间关系、以往发生水害的观测研究资料，并收集系统完整的采掘工程平面图及有关资料，为防治老空水害提供翔实资料。

④ 废弃关闭矿井要编写闭坑报告。大量关闭的废弃矿井是煤矿安全生产的重大隐患，特别是废弃积水矿井对煤矿安全生产已构成严重威胁，发生了多起重特大水害事故。《煤矿防治水规定》要求所有矿井在关闭前必须编写闭坑报告，对闭坑前的矿井采掘空间分布情况，可能存在的充水水源、通

道、积水量和水位等情况进行分析评价，必须包含闭坑对邻近生产矿井安全的影响和采取的防治水措施。

⑤ 开展水文地质勘查。当矿区(矿井)现有水文地质资料不能满足生产建设需要时，应当针对存在的问题进行专项水文地质补充勘探。矿区(矿井)未进行过水文地质调查或者水文地质工作程度较低的，应当进行水文地质补充勘探。勘探方法可采用物探、钻探、化探等多种方法相互结合。物探成果必须经钻探方法验证后方可作为矿井设计、施工的依据。

⑥ 加强基建矿井防治水工作。新建井筒开凿到底后必须优先施工永久排水系统，在进入采区施工前应当建好永久排水系统。基本建设矿井的施工队伍也要配备防治水专业技术人员，配置专用探放水钻机，加强井下探放水工作。当矿井水文地质条件比地质报告复杂时，必须针对揭露的水文地质情况开展水文地质补充勘探，查明水害隐患，采取可靠的安全防范措施。

3. 认真落实防治水各项措施

① 相邻矿井的分界处，应当留设防隔水煤(岩)柱。矿井以断层分界的，应当在断层两侧留设防隔水煤(岩)柱。矿井防隔水煤(岩)柱一经确定，即不得随意变动。严禁在各类防隔水煤(岩)柱中进行采掘活动，严禁超层越界或超深开采。

② 矿井应当配备与矿井涌水量相匹配的水泵、排水管路、配电设备和水仓等，以确保矿井能够正常排水。不得将矿井水在井下向老空区排放。每年全矿井要进行一次联合排水试验，检修设备，清挖水仓，确保雨季有充足的排水能力。

③ 水文地质条件复杂、极复杂的矿井，应当在井底车场周围设置防水闸门，或者在正常排水系统基础上安装配备排水能力不小于最大涌水量的潜水泵排水系统。

④ 井下需要构筑水闸墙的，要按照设计进行施工，并按规定进行竣工验收后方可投入使用。报废巷道封闭时，在报废的暗井和倾斜巷道下口的密闭水闸墙应当留泄水孔，每月要定期进行观测，雨季需加密观测。

⑤ 煤层(组)顶板导水裂缝带范围分布有富水性强的含水层时，应当进行疏干开采。当开采煤层底板高承压含水层时(如华北地区奥灰水)，应当进行疏水降压、注浆加固等措施，以防突水淹井。

⑥ 有突水历史或带压开采的矿井，应当分水平或分采区实行隔离开采。在分区之前应当留设防隔水煤(岩)柱并建立防水闸门，以便在发生突水时能够控制水势、减轻灾情、保障矿井安全。

4. 积极开展水害隐患排查治理

① 开展水害预测预报。对于采掘工作面受水害影响的矿井，应当坚持"预测预报、有疑必探、先探后掘、先治后采"的原则，进行充水条件分析，落实防、堵、疏、排、截综合治理措施。每年年初，要根据采掘接续计划，结合矿井水文地质资料，全面分析水害隐患，提出水害分析预测表和水害预测图。在采掘过程中，对预测图、表逐月进行检查，不断补充和修正防范措施、消除水患。

② 矿井掘进、回采前要查明水害并进行治理。采用钻探方法为主，配合物探、化探等方法，查清掘进巷道或回采工作面内断层、陷落柱和含水层(体)富水性等情况，提出水文地质情况分析报告和水害防范措施。发现断层、裂隙和陷落柱等构造充水的，应当采取注浆加固或者留设防隔水煤(岩)柱等安全措施。否则，不得掘进和回采。基建矿井掘进巷道、首采工作面回采前，必须先物探后钻探验证再进行掘进和回采。

5. 认真做好井下探放水工作

① 确定探水警戒线。矿井接近水淹或可能积水的井巷、老空、含水层、导水断层、暗河、溶洞和导水陷落柱时要进行探放水。探水前，应当确定探水警戒线并绘制在采掘工程平面图上。

② 编制探放水设计。采掘工作面探水前应当编制探放水设计，并采取防止瓦斯和其他有害气体危害等安全措施。探放水钻孔的布置和超前距离，应当根据水头高低、煤(岩)层厚度和硬度等确定。一般情况下，其超前距不得小于 30 m。

③ 做好探放水过程中的安全措施。在探水钻孔钻进中发现煤岩松软、片帮、来压或者钻眼中水

压、水量突然增大和顶钻等透水征兆时，应当立即停止钻进、监测水情。如发现情况危急，应当立即组织所有受水害威胁区域的人员撤到安全地点，然后采取安全措施进行处理。

④ 在地面无法查明矿井全部水文地质条件和充水因素时，应当采用井下钻探方法，按照有掘必探的原则开展探放水工作，并确保探放水效果。

6. 严格控制水体下采煤

① 严禁在水体下、采空区水淹区域下开采急倾斜煤层。

② 在水体下采煤，其防隔水煤（岩）柱的留设，应当根据矿井水文地质和工程地质条件、开采方法、开采高度和顶板控制方法等，按照《建筑物、水体、铁路及主要井巷煤柱留设与压煤开采规程》中有关水体下开采的规定，由具有乙级及以上资质的煤炭设计单位编制可行性方案和开采设计，报省级煤炭行业管理部门审查批准后实施。采煤过程中，应当严格按照批准的设计要求，控制开采范围、开采高度和防隔水煤（岩）柱尺寸。

③ 临近水体下采掘工作时，要采用有效控制采高和开采范围的采煤方法，防止急倾斜煤层抽冒。在工作面范围存在高角度断层时，应采取有效措施防止断层导水或沿断层带抽冒破坏。

④ 在水体下开采缓倾斜及倾斜煤层时，宜采用倾斜分层长壁开采方法，并尽量减少第一、第二分层的采厚；上下分层同一位置的采煤间歇时间不小于 4～6 个月，岩性坚硬顶板情况间歇时间应适当延长。

7. 防范暴雨洪水引发煤矿事故灾难

① 煤矿应主动与气象、水利、防汛等部门联系，建立灾害性天气预警和预防机制。掌握可能危及煤矿安全生产的暴雨洪水灾害信息，密切关注灾害性天气的预报预警信息，及时掌握汛情水情，主动采取防范措施。并与周边相邻矿井沟通信息，当矿井出现异常情况时立即向周边相邻矿井进行预警。

② 煤矿应安排专人负责对本井田范围内和可能波及的周边废弃老窑、地面塌陷坑、采动裂隙及可能影响矿井安全生产的水库、湖泊、河流、涵闸、堤防工程等重点部位进行巡视检查，特别是接到暴雨灾害预警信息和警报后要实施 24 h 不间断巡查。

③ 煤矿应建立暴雨洪水可能引发淹井等事故灾害紧急情况下及时撤出井下人员的制度，明确启动标准、撤人的指挥部门和人员及撤人程序等；发现暴雨洪水灾害严重可能引发淹井时，必须立即撤人，只有在确认隐患已彻底消除后方可恢复生产。

④ 所有煤矿在雨季前都要开展一次隐患排查治理行动。隐患排查治理的重点是——位于地表河流、湖泊、水库、山洪部位等附近矿井的防洪设施和防范措施是否到位；与矿井连通的采煤塌陷坑是否填平压实；井口标高低于当地历年最高洪水位的矿井是否采取了防范措施；违法违规开采防水保护煤柱的矿井是否采取了加固和阻隔工程措施；井田范围内及周边已关闭的废弃煤矿是否充满填实；矿井防排水系统是否完善等。对排查出的隐患，要落实责任，限定在汛期前完成整改；不能完成的，要落实安全防范措施。

8. 强化水害应急救援

① 煤矿企业应当根据矿井主要水害类型和可能发生的水害事故，制定水害应急救援预案和现场处置方案。应急预案内容应当具有针对性、科学性和可操作性，处置方案应当包括发生水害事故时人员安全撤离的具体措施；每年都应当对应急预案进行修订完善并组织 1 次救灾演练。

② 发现矿井有透水征兆时，应当立即停止受水害威胁区域的采掘作业，撤出作业人员到安全地点，采取有效安全措施，分析查找透水原因。

③ 煤矿企业应当装备必要的矿井防治水抢险救灾设备。主要设备要包括适合矿井救灾的排水泵、排水管路、配套的电缆以及定向钻机等。大中型企业要储备足够的抢险排水设备和材料。

④ 水害事故发生后，矿井应当依照有关规定报告政府有关部门，不得迟报、漏报、谎报或瞒报。力争在救援黄金时间内救出井下被困人员。

9. 进一步加大水害防治的监管、监察力度

煤炭行业管理、煤矿安全监管部门和煤矿安全监察机构要密切配合，指导煤矿企业加强对水害隐患的排查整改，加强对辖区内煤矿的监管监察力度。煤矿安全监管部门要认真履行对煤矿水害的日常监管工作职责，严防非法违规组织生产；严厉打击水害瞒报事故；对辖区内重大水害隐患要登记建档、重点跟踪，督促企业认真落实水害防治责任制。各级煤矿安全监察机构对发生水害事故的矿井要认真调查事故原因，严肃追究事故责任，公布处理结果，接受社会舆论监督，典型水害事故应及时发出通报。对重大未遂透水事故和恶性淹井事件也要彻查原因，吸取教训、举一反三，采取措施防范类似事故发生。

附表1　2006～2010年全国煤矿重特大水害事故统计表

序号	事故时间	事故地区	事故单位	经济类型	死亡人数	水害类型	事故地点
1	2006-03-18	山西	吕梁市临县胜利煤焦有限公司樊家山井	地方国有	28	老空水	掘进头
2	2006-04-09	黑龙江	鸡西密山市秦友棉煤矿	乡镇煤矿	12	老空水	上山掘进头
3	2006-05-18	山西	大同市左云县张家场乡新井煤矿	乡镇煤矿	56	老空水	掘进头
4	2006-07-05	贵州	安顺市紫云县偏坡院煤矿	乡镇煤矿	18	老空水	掘进头
5	2006-11-07	山西	太原市万柏林区私开煤矿	非法煤矿	10	老空水	掘进头
6	2007-03-10	辽宁	抚顺矿业集团公司老虎台矿	国有重点	29	老空水	综采工作面放顶煤后透水
7	2007-03-22	河南	平顶山汝州市半坡阳商酒务煤矿(瞒报)	乡镇煤矿	15	老空水	掘进头
8	2007-08-07	贵州	毕节地区黔西县羊场乡垅华煤矿	乡镇煤矿	12	地表水	副斜井距井底70 m处
9	2008-02-28	黑龙江	鸡西市麻山区建宝煤矿(谎报)	乡镇煤矿	14	老空水	掘进工作面
10	2008-05-30	黑龙江	鸡西市原兴农煤炭开发有限责任公司兴新煤矿技术改造井(瞒报)	非法煤矿	13	老空水	采煤工作面
11	2008-07-12	山西	长治市长治县王庄煤矿	国有地方	10	老空水	掘进头
12	2008-09-07	河南	禹州鹤煤仁和矿业有限责任公司	国有重点	18	老空水	探煤巷
13	2008-09-13	河南	洛阳市新安县鑫泰煤业有限公司	乡镇煤矿	10	老空水	井田水井出水
14	2008-10-29	河南	济源市马庄煤矿	乡镇煤矿	21	老空水	掘进头
15	2008-07-21	广西	右江矿务局那读煤矿	国有地方	36	老空水	掘进头
16	2008-12-31	贵州	安顺市西秀区蔡官镇柏秧林煤矿	乡镇煤矿	13	老空水	掘进头
17	2009-03-21	湖南	衡阳市常宁市三角塘镇企业办煤矿	非法煤矿	13	老空水	掘进上山

续附表 1

序号	事故时间	事故地区	事故单位	经济类型	死亡人数	水害类型	事故地点
18	2009-04-04	黑龙江	鸡西市天源煤炭股份有限公司金利煤矿	乡镇煤矿	12	老空水	掘进工作面
19	2009-06-17	贵　州	黔西南州晴隆县新桥煤矿(瞒报)	乡镇煤矿	13	老空水	掘进头
20	2009-11-27	吉　林	通化市梅河口市中和煤矿	乡镇煤矿	16	冲积层水	工作面放顶煤后抽冒
21	2010-3-1	内蒙古	神华集团乌海能源公司骆驼山煤矿	国有重点	32	奥灰水	掘进工作面
22	2010-03-28	山　西	华晋焦煤公司王家岭煤矿	国有重点	38	老空水	掘进工作面
23	2010-07-17	甘　肃	酒泉市金塔县金源矿业公司芨芨台子煤矿	乡镇煤矿	13	老空水	掘进工作面
24	2010-07-31	黑龙江	鸡西市恒山区恒鑫源煤矿	乡镇煤矿	24	老空水	掘进头
25	2010-08-10	吉　林	通化市宏远煤矿	乡镇煤矿	18	地表水	洪水井口倒灌
26	2010-10-27	贵　州	安顺市普定县大坡煤矿(瞒报)	乡镇煤矿	12	老空水	掘进工作面

第十四章　2010年水害

贵州省安顺市普定县大坡煤矿“10·27”重大透水事故

2010年10月27日7时35分，安顺市普定县马场镇大坡煤矿611070回风巷掘进工作面发生一起重大透水事故(瞒报)，透水量约3 368 m^3，造成12人死亡、1人受伤，直接经济损失974.5万元。

一、矿井基本情况

(一) 矿井由来

大坡煤矿位于普定县马场镇，2004年由钟云树、林绳护、林坚、林荣高、蔡起正、陈美辉等6人出资筹建。4月29日办理了个人独资企业营业执照，陈美辉任大坡煤矿的法定代表人。12月27日取得9万t/a生产规模的采矿许可证，并完善相关手续后开始建矿。2007年通过竣工验收，取得安全生产许可证和煤炭生产许可证。

2008年初，陈美辉等6人将大坡煤矿卖给杨明汉，1月8日，经省工商行政管理局变更工商营业执照，法定代表人变更为杨明汉。

2010年1月22日，杨明汉又将煤矿转让给董松慧，签订了煤矿整体转让合同，转让价格为1 800万元，首付1 300万元，待杨明汉将采矿许可证、工商营业执照全部变更到董松慧或董松慧指定的股东名下后5个月内付清全部余款。为逃避向国家缴纳矿权转让税费，二人在合同中特别约定：提交工商部门变更工商营业执照的甲乙双方的合伙协议不实际生效执行，普定县大坡煤矿实际归董松慧或董松慧指定人所有。1月27日，杨明汉和董松慧向省工商行政管理局提交了合伙协议和变更营业执照申请，省工商行政管理局将大坡煤矿个人独资企业营业执照变更为合伙企业营业执照，执行事务合伙人为董松慧、杨明汉。

(二) 企业经济性质

按照营业执照，大坡煤矿属普通合伙企业，执行事务合伙人为董松慧、杨明汉。但大坡煤矿实际归董松慧个人所有，董松慧是大坡煤矿的法定代表人、实际控制人。

(三) 持证情况

大坡煤矿为证照齐全的生产矿井，设计生产能力9万t/a，持有以下证照：采矿许可证，证号为5200000410289；合伙企业营业执照，注册号为520000000028921；安全生产许可证，证号为(黔)MK安许证字[0255]；煤炭生产许可证，证号为205225270094；矿长景占玉持有矿长资格证、安全资格证，证号分别为200910137、10052010100188。

(四) 矿井开采自然条件

大坡煤矿矿区面积为0.952 km^2，井田长1.19 km、宽0.8 km，开采深度：+1 220～+1 050 m。可采煤层2层，分别是6号、7号，倾角6°～22°，6号煤层厚2.7 m，7号煤厚2.0 m，层间距8～13 m。

经鉴定：6号煤煤尘无爆炸性，7号煤煤尘有爆炸性，6、7号煤层自燃倾向性均为三类(不易自燃)；2008年度瓦斯等级鉴定为低瓦斯矿井，2009年度未进行瓦斯等级鉴定；6号煤层在+1 050 m标高以上区域内无煤与瓦斯突出危险性，7号煤层未作煤与瓦斯突出危险性鉴定。

矿井正常涌水量10 m^3/h，最大涌水量30 m^3/h，主要充水因素为裂隙水、地表水和老窑水。虽然矿井涌水量不大，但周边老窑密布，其开采深度、范围和井下积水情况不明，是矿井开采的主要水害威胁，加之煤层埋深浅，地表水易沿老窑、采动裂隙和断层进入井下，矿井水患严重，属水文地质条件复杂类型矿井。

（五）矿井各环节状况

矿井开拓方式为斜井开拓，布置有主斜井、副斜井和回风斜井3条井筒。沿6号煤层布置运输下山、轨道下山和专用回风下山等3条采区下山，进行下山开采，但下山采区未形成正规排水系统。井下现有611030采煤工作面、611070运输巷、611070回风巷、专用回风巷改造等4个作业点。采煤方法为长壁后退式，放炮落煤，单体液压支柱配合铰接顶梁支护。巷道掘进采用放炮落煤（岩），支护方式为木梯形棚或工字钢梯形棚支护。主运输为皮带运输，辅助运输为绞车提升。通风方式为对角式，通风方法为抽出式通风。装备有KJ101型瓦斯监测监控系统，但运行不正常。

主副井井底布置有主排水系统，建有容量约200 m^3的水仓，安装80DF—30×4型水泵两台，流量43 m^3/h，扬程120 m，排水管路为两趟3英寸铁管。下山采区因未形成正规排水系统，在易积水点设临时水窝，使用潜水泵经1.5英寸的塑料管排至主水仓，共设置了6台潜水泵。

（六）安全管理机构

大坡煤矿为独立法人单位，实行矿长负责制，矿长和财务人员由董松慧任命，其他管理人员由矿长提名，由董松慧宣布任命。主要管理人员有：法定代表人董松慧（无证），矿长景占玉（矿长资格证编号：200910137，安全资格证编号：10052010100188），常务副矿长赵西营（无证），安全矿长张学中（无证），生产矿长梁爱学（无证），生产矿长李占东（安全资格证证号：10052020200122），机电矿长刘卫东（安全资格证证号：10052020200120），技术矿长景国柱（无证）。

煤矿仅设有采煤队、掘进队等生产队组，未建立安全生产管理机构，也未成立防治水机构。矿井管理人员中5人无证，配备的特种作业人员数量不足（安全员3人、瓦检员3人、放炮员3人、电工3人、监控员3人、绞车司机3人）。

（七）政府及部门监管情况

远洋煤矿"5·13"重大煤与瓦斯突出事故后，普定县政府办于5月14日下发了《关于全县矿山企业立即停产整顿的通知》（普府办发〔2010〕12号），要求全县煤矿停产（建）整顿。在大坡煤矿尚未申请复产验收的情况下，安顺市政府组织的"普定县煤矿安全生产综合督查组"于6月12日对大坡煤矿进行督查，发现存在"掘进作业未进行探放水"等19条安全隐患，又责令该矿停产整顿。普定县煤矿复工复产验收组针对市督查组提出的隐患，于6月29日对整改情况进行复查，尚有12条隐患（含掘进作业未进行探放水）未完成整改，要求继续整改。

8月12日，按照《省人民政府办公厅关于加强当前煤矿安全生产工作的通知》（黔府办发〔2010〕73号）文件要求，普定县政府办下发了《关于全县煤矿立即停产（建）整顿的通知》（普府办发〔2010〕83号），要求全县煤矿停产（建）整顿，大坡煤矿又属"五个一律停产整顿"的矿井列入停产整顿煤矿名单中。

8月20日，县煤管局检查发现该矿未停产整顿，作出停产整顿并处9万元罚款的行政处罚。

9月2日，该矿发生一起机电事故造成1人死亡，盘江监察分局牵头调查完事故后，于9月5日针对在事故调查中发现的"掘进工作面未进行探放水"等9条安全隐患，作出责令该矿停产整顿并处24万元罚款的行政处罚。

10月以来，马场镇政府及安监站到大坡煤矿检查过4次，但检查不深入井下，对该矿未认真落实停产整顿、违法生产的行为未采取措施制止。

（八）事故地点状态

事故地点为611070回风巷掘进工作面。该工作面未编制作业规程，也未编制探放水专项设计及安全技术措施，掘进中使用煤电钻探水。到事故发生已掘进了237 m，前段130 m采用木支护，后段

107 m采用工字钢支护，巷道为梯形断面。

（九）大坡煤矿违法生产情况

2010年5月14日～10月27日，大坡煤矿一直被责令停产整顿（期间多个检查组均下达继续停产整顿指令），但该矿拒不执行监管监察执法指令，违法组织生产原煤9 645 t。

二、事故发生经过及抢险救援过程

（一）事故发生经过

10月26日11时30分，景国柱（事故当班带班矿领导）组织召开27日零点班班前会，共安排48人入井作业，其中：带班矿长1人、安全员1人、瓦检员1人、611070回风巷11人、611070运输巷6人、专用回风巷改造作业点4人、611030采面22人、抽水工2人。27日7时35分，611070回风巷掘进工作面使用煤电钻钻眼，钻透前方老窑积水导致透水，透水量约3 368 m^3。

事故发生时，景国柱已提前升井，611030采面的22名工人、2名抽水工及安全员已于7时10分升井。井下有夜班作业人员22人和早班前来接班的8名工人共计30人。其中：专用回风巷改造作业点在透水后未受到波及，该作业点4人安全升井；611070运输巷6名工人发现透水后立即同瓦检员及前来接班的6名工人外撤安全升井；611070回风巷掘进工作面当班11名作业人员全部遇难，早班前来接班的2名工人1人遇难、1人重伤。

（二）事故抢险救援过程

27日7时50分，赵西营接当班安全员朱志敏电话报告井下发生透水后，立即将情况告诉景占玉。景占玉立即安排赵西营组织管理人员及工人入井进行抢救。8时左右，救出一名受伤工人，景占玉安排李占东送伤员到医院救治，并向董松慧汇报发生事故，董松慧让其先将井下情况了解清楚，并告知马上派景文庆来处理。煤矿未向各级政府和部门报告事故情况，自行组织抢险救援。17时左右将12名遇难人员尸体全部找到后，为隐瞒事故将尸体分两处藏匿井下。

17时许，煤矿一工人向普定县公安局举报该煤矿发生事故，公安机关立即通知马场镇政府和马场派出所核实。马场镇政府经核实确认发生事故后，立即向县政府和有关部门汇报。县委、政府及盘江监察分局接事故报告后，立即率相关人员赶赴现场组织抢险救援。

21时，省有关部门、市委、市政府有关领导赶赴事故指挥抢险救援和善后处理工作。

21时30分，安顺市矿山救护队、盘江监察分局、普定县安监局等相关人员第一次入井进行侦查。在井底车场绕道两组风门之间的一矿车内发现用风筒布包裹着的6具尸体。

28日凌晨5时39分，在一名矿工的带领下，搜救人员在井底车场消防器材硐室找到用风筒布包裹着的另6具尸体。

经矿山救护队对井下巷道进行全面搜寻并经公安部门对相关人员进行调查核实，于28日9时30分确认此次事故造成12人遇难、1人重伤。至此，抢险救援工作结束。

（三）善后处理情况

对事故遇难人员的经济赔偿，普定县政府依据国家和省的有关规定进行了妥善处理。

三、事故隐瞒过程

事故发生后，煤矿不向各级政府和部门报告，将出入井检身记录等资料销毁。带班矿领导景国柱逃逸。

17时左右，在井下抢险救援的景占玉与赵西营商量后，安排工人将6具尸体放在井底车场绕道两组风门之间一矿车内，另6具尸体藏匿在井底车场消防材料硐室内，并用锁将硐室门锁住，用一油桶堵住门，并吩咐在场的人员在升井后不能乱说。二人升井后一起跑到煤矿后山的稻田里藏匿。

17时15分，群众向普定县公安局110举报了该事故。县公安局立即通知马场镇政府和马场派出所核实。马场镇政府经核实确认发生事故后，立即向县政府和有关部门汇报。但因煤矿管理人员逃离不配合调查核实，事故伤亡人数不清。

28日凌晨1时，景占玉打电话联系景文庆，景文庆要求景占玉和赵西营回煤矿汇报事故情况，但两人未回矿；3时30分，景占玉又电话联系景文庆，要求与景文庆见面，让赵西营回煤矿，他赶往六枝见景文庆；4时左右，景占玉在前往六枝的路途中被公安机关抓获。

经公安机关对景占玉审讯，景占玉供述了因事故死亡人数多，怕承担责任而刻意隐瞒事故的事实。

四、事故原因分析

（一）事故直接原因

大坡煤矿611070回风巷掘进工作面前方存在老窑积水，未按规定进行探放水，工人使用电煤钻钻眼时穿透老窑积水，导致透水事故发生。

（二）事故间接原因

(1) 煤矿安全生产主体责任不落实，违法组织生产。① 停产整顿期间未认真开展隐患排查治理工作，未制定有针对性的整改措施落实隐患整改，拒不执行停产整顿监管监察指令，停而不整，违法组织生产；② 煤矿明知掘进工作面前方有老窑积水，在未消除隐患的情况下，违章指挥工人冒险蛮干；③ 未建立相应的安全生产管理机构，5名矿级管理人员未取得安全资格证，特种作业人员配置不足；④ 未认真开展水文地质调查工作，对周边区域老窑积水情况调查不清，未建立防治水机构，未配齐专用探放水设备，掘进作业不按规定进行探放水，防治水工作不落实；⑤ 下山开采系统不全，未形成正规排水系统；⑥ 未认真执行《煤矿领导带班下井及安全监督检查规定》，带班矿领导未与工人同时下井、同时升井；⑦ 未按规定提取和使用安全生产费用，安全投入不足，安全监测监控不能正常运行，排水系统不完善，防治水装备、设施达不到规定要求；⑧ 事故发生后不按规定报告事故，将遇难人员尸体藏匿，刻意隐瞒；⑨ 未按规定对从业人员进行安全生产教育和培训，导致工人的安全生产知识欠缺，不能辨识生产安全事故预兆。

(2) 马场镇对煤矿安全监管不力。① 10月份两次检查发现煤矿存在违法生产行为，未采取有力措施制止，也未向有关部门汇报；② 安全检查不深入井下，未能及时发现煤矿存在的重大隐患；③ 未严格落实驻矿员管理办法，未督促安监站工作人员和驻矿员认真履行工作职责。

(3) 普定县工业与经济贸易局未认真履行工作职责。① 煤炭产品准运管理混乱，致使该矿违法生产的煤炭产品获得准运销售票据外运销售；② 对煤矿停产整顿审批方案不严，对煤矿存在的重大隐患、整改内容、资金、整改期限、下井人数和整改作业范围等未进行明确，导致煤矿停而不整，以整改之名违法组织生产；③ 检查发现该矿违法生产后，虽进行了经济处罚并责令停产整顿，但对停产整顿跟踪督促落实不到位；④ 督促煤矿开展防治水工作不力，要求煤矿上报《水文地质报告》备案，至此事故发生时，全县32对煤矿中仅8对上报。

(4) 普定县安全生产监督管理局煤矿安全监管工作不到位。① 对煤矿隐患排查治理工作要求不严，未采取有效措施督促煤矿按规定上报隐患排查治理情况；② 对煤矿申请火工品供应的审查，未根据煤矿整改项目进行量化核实；③ 贯彻落实上级文件和会议精神不制定具体措施和办法，简单以转发或会议进行贯彻；④ 未认真落实监管执法计划，未针对县煤矿停产整顿的实际，制定监督煤矿停产整顿、打击非法违法生产的具体措施。

(5) 普定县对煤矿安全生产工作重视不够。① 未认真吸取远洋煤矿“5·13”重大煤与瓦斯突出事故教训，打击非法违法生产手段不硬、措施不力；② 未建立安全生产部门沟通协调工作机制，未形成齐抓共管的安全生产工作格局，尤其对停产整顿煤矿，未能从火工品、准运、供电等各环节进行综合监控，导致煤矿有违法生产之机；③ 黔府办发〔2010〕73号文件下发后，未结合实际制定有效的停产整顿工作方案和验收标准，对煤矿停产整顿督促不力，煤矿停而不整或以停代整，存在的重大隐患未得到消除；④ 未制定煤矿安全费和维简费提取、使用的监管制度，大部分煤矿安全投入不足，系统不完善、安全设施设备不足，矿井防灾抗灾能力低，不具备基本安全生产条件；⑤ 对乡镇政府和有关部门工作检查、督促不够，乡镇政府和有关部门工作作风官僚；⑥ 安全监督管理队伍建设存在差距，各级安全监督管理队伍人员配备不够，装备不足，尤其是煤矿专业技术人才缺乏，导致安全监管难以到位。

五、防范措施和建议

(1) 煤矿企业要增强依法办矿、依法管矿意识。严格遵守有关煤矿安全生产法律法规规定，认真贯彻落实《国务院关于进一步加强企业安全生产工作的通知》(国发〔2010〕23 号)和《省人民政府关于进一步加强企业安全生产工作的意见》(黔府发〔2010〕13 号)、《省人民政府关于切实加强煤矿安全生产工作的意见》(黔府发〔2010〕18 号)等文件精神，全面落实煤矿企业安全生产主体责任，严格规范生产经营行为，严格落实隐患排查治理报告制度和矿级领导带班下井制度，积极采用先进适用的新技术、新工艺和新装备，建立健全安全生产管理机构和安全生产责任制，配备齐全安全生产安全管理人员和特种作业人员，加强从业人员安全生产教育和培训，加大安全投入，提足用好煤矿安全生产各项费用，确保安全生产。

(2) 煤矿企业要切实加强水害防治工作。严格落实《煤矿防治水规定》，建立健全煤矿防治水机构，配备防治水专业技术人员，配齐专用探放水设备，建立专门的探放水作业队伍，认真开展矿井水文地质调查工作，查清矿区水患情况，完善矿井防排水系统，编制有效的矿井防治水设计和措施并认真组织实施，确保防治水工作到位。

(3) 煤炭行业管理和安全监管部门要加强对煤矿的监督检查。加大执法力度，对拒不执行监管监察指令的煤矿，要采取强有力的措施予以严厉打击，并制定有效措施保证执法到位。加强煤矿水害防治工作，指导、督促各煤矿企业编制科学有效的防治水专项设计和措施。制定出台煤矿安全费和维简费提取、使用的监督管理办法，确保煤矿安全投入到位。

(4) 各级政府要高度重视煤矿安全生产工作，切实将安全生产监管主体责任落实到位。加强对安全生产工作的领导，制定有效可行的措施办法，切实将《省人民政府办公厅关于印发贵州省各地人民政府和有关部门安全生产监督管理责任的规定的通知》(黔府办发〔2009〕30 号)的各项规定、要求落到实处；建立健全安全生产部门协调机制，及时协调、解决安全监管过程中发现的重大问题，形成各部门齐抓共管的安全生产工作格局；加大打非治违工作力度，对停产整顿煤矿要从火工品、准运、用电量等环节进行综合监控，防止煤矿在停产整顿期间非法违法生产，保证切实做好隐患排查、认真落实整改消除隐患；严格落实驻矿员管理制度，加强对驻矿员的管理，采取有效措施督促驻矿员真正驻矿并认真履行职责；加强监管队伍建设，配齐人员和装备，提高部门的执法水平，保证安全监管到位。

(5) 国土资源、工商管理等部门要加强对采矿权转让和交易的监管。进一步规范煤矿采矿权的转让和交易工作，加强对工商营业执照、采矿许可证的变更、年检的审查把关工作，并加强日常监督检查，严肃查处不按有关法律法规规定、不按程序转让和交易的违法违规行为，严厉打击逃避国家税费的非法转让和交易行为，确保采矿秩序和谐有序，防止煤矿因采矿权的炒卖导致安全投入不足，安全管理机构不健全，管理人员不到位，不具备安全生产条件而违法违规生产导致事故发生。

吉林省通化市宏远煤矿 "8·10"重大暴雨洪水事故灾难

2010年8月10日1时32分，吉林省通化市二道江区宏远煤矿(以下简称宏远煤矿)发生一起因暴雨洪水引发的事故灾难，矿井被淹，18人死亡，直接经济损失2 363.8万元。

一、矿井基本情况

宏远煤矿位于通化市二道江区铁厂镇，隶属于通化市二道江区管辖，为私营企业，属资源整合矿井。

矿井始建于1996年7月，1998年10月投产。2008年1月29日，省煤炭资源整合工作领导小组办公室研究同意通化市宏远煤矿和通化市祥发煤矿进行资源整合，宏远煤矿为整合主体。整合方案确定保留原宏远煤矿斜井作为副井(井口标高为+424 m)，原祥发煤矿的斜井作为主井(井口标高+426 m)，整合后的矿井名称仍为通化市宏远煤矿。2008年10月，通化市安全生产监督管理局核准通过矿井初步设计，2009年4月，吉林煤矿安全监察局白山监察分局批复该矿初步设计安全专篇，矿井设计能力为6万t/a。该矿持有采矿许可证、工商营业执照、矿长资格证和矿长安全资格证。

至事故发生前，矿井整合改造工程已完成通风系统改造，主副井贯通和原有的立井报废；矿井主副井筒、主要运输巷已由木支护更换为工字钢支护。矿井正常涌水量39.7 m^3/h，最大涌水量61.8 m^3/h。现矿井排水系统在主井+335 m标高水仓安设3台125D25×5水泵，担负主井侧排水，在副井+357 m标高安设3台125D25×5水泵，担负副井侧排水，矿井总排水能力400 m^3/h。同时暗主井在+322 m、+305 m、+287 m设了3个临时排水点。矿井主提升绞车、副井绞车均为JT—1200/1028型。

矿井井田东侧紧邻大罗圈沟河，井口门距河道最近处有80 m。大罗圈沟河由南向北流经，汇入浑江。大罗圈沟河铁厂水文站有观测记录以来，正常流量53 m^3/s，最高洪峰流量792 m^3/s，最高洪水位+424 m标高。二道沟河在矿井的东侧上游由东向西汇入大罗圈沟河。矿井井田位于大罗圈沟河床河漫地段，地表被第四系河流冲积砾石覆盖，地表水系较发育。地表受采动影响，基岩破坏形成较丰富的导水裂隙。

《通化市二道江区宏远煤矿防治水安全评价报告》认定：该矿存在水害威胁，必须采取雨季不生产不维修的封井措施，任何人员不得入井。.

该矿井在资源整合期间一直是边技改边生产出煤。2009年11月27日梅河口市中和煤矿重大水害事故发生后，通化市政府对辖区内所有煤矿停供火工品，要求停产整改，排查隐患。2010年4月份以来，通化市政府再次要求全市所有煤矿均要停产整改，任何煤矿不得擅自生产，同时要求各有关部门要加强监管。按照相关要求，二道江区铁厂镇政府自4月份以来就安排镇煤炭办人员对包括宏远煤矿在内的镇行政区域内的全部4个煤矿进行了包保，主要监督煤矿是否存在非法生产。但该矿采取白天上午停产，有人检查时停产等做法逃避监管，其他时间则采用风镐落煤方法继续非法生产。进入汛期后，7月14日，二道江区煤矿安全专项整治工作领导小组办公室依据该矿的《水害防治专项评价报告》向该矿下达了撤出井下所有作业人员的通知书。7月30日，省政府全省抗洪抢险救灾工作紧急视频会议提出"对于有可能出现汛情的小煤矿要全部停产，确保万无一失"的要求后，铁厂镇煤炭管理办公室也向该矿下达了撤出井下所有作业人员的指令，并继续安排专门包保人员进行监督，但没有落实到位。8月上旬，铁厂镇政府有关领导多次到该矿井进行了监督检查，虽然发现该矿没有按要求撤出井下所有作业人员，但没有采取果断处置措施。8月9日晚，在大罗圈沟河水不断上涨的情况下，铁厂镇有关领导相继给该矿主要投资人（实际控制人）、实际负责人、法定代表人多次打电话，要求要全部撤出井下所有作业人员，但没有得到落实。

2010年1～7月，该矿共非法生产及翻修出煤近1.5万t。自7月末以来，该矿虽然停止了非法生产，但始终有人在井下进行维修和排水。该矿有职工130人，分3个班作业。

二、事故经过及抢险救灾情况

8月9日16点班，该矿井下正常排水。但因紧邻主井井口的大罗圈河水因上游降雨，河水上涨，该矿辅助生产人员及临时找来的部分白班井下作业人员均在河坝加固堤坝。生产矿长孙锡斌安排值班矿长张玉金将当班人员分成两部分，一部分人员入井排水，一部分人员在地面抢险护坝。接班后，主井侧先后有10人入井，其中＋344 m暗斜井绞车司机、主水泵司机各1人，＋322 m看护临时排水点2人，＋305 m和＋287 m看护临时排水点3人，瓦检员、当班段长和值班矿长各1人。副井侧有3人在井下排水。接班一段时间后，生产矿长孙锡斌叫张玉金安排人把＋287 m的水泵撤上来。张玉金按照孙的要求从地面领了5个人入井到＋287 m开始撤水泵、开关和电缆。大约22时30分左右，张玉金与撤设备的人员撤完设备后升井休息。23时30分，矿井实际负责人朱文录在主井办公室安排孙锡斌、张玉金、当班段长王立民等人零点班工作主要是回撤设备。孙锡斌则详细安排了拆撤井下设备的具体事项和人员，同时要求16点班的人员要连班一起撤设备。

按照安排，23时38分，张玉金带领8名工人共9人入井开始拆撤设备，加上先期下井接班的6名排水人员，此时主井侧井下共有15人。入井后，他们直接到＋305 m运输巷拆撤设备。0时31分，又从地面下来5人帮助拆撤设备。大约1时左右，朱文录安排人向井下打电话找孙锡斌，孙接到电话后升井。孙升井后，张玉金隔了不长时间与把钩工高玉华也一起升井。此时主井侧井下尚有18人，副井侧井下有3人。孙升井后，大约过了20多分钟在河坝找到朱文录，此时河水已开始漫堤，地面人员便分别向主井、副井井下打电话告诉撤人。与此同时，1时22分，张玉金与高玉华升井后，看到水已漫堤，便打点将矿车放至井底，与其他几名人员一起在井口门等着井下打点向上拉人，等了约七八分钟后，井下打点开始提车，在提至距井口门约20 m左右时，矿车突然受阻停住，就在这时，井口门左侧的碹墙受洪水冲击倒塌，漫堤洪水迅即由此处冲入井下，矿井被淹。

当地政府及有关部门接到事故报告后，立即成立抢险救援指挥部，在吉煤集团等有关救援专家的协助下，制定了修复主井巷道、加大副井排水力度的总体方案。至18日，主井已累计修复巷道51 m，副井侧总排水量达到7万m^3。

鉴于主井在修复过程中，因井筒处在采空区上方，已修复巷道出现严重变形、下沉的情况，抢险指挥部根据专家组“井下失踪人员已没有生还可能，继续按原计划修复巷道寻找失踪人员有可能发生次生灾害危险”的意见，于8月18日停止了主井的修复工作。副井排水工作于9月3日停止，全部抢救工作结束，转入善后处理。

通化市和二道江区政府积极开展善后工作，迅速落实相关政策，遇难矿工家属得到妥善处理，保持了社会稳定。

三、事故原因分析

（一）事故直接原因

大罗圈沟河上游突降暴雨，最大日降雨量达116.2 mm，最高水位8.06 m，流量581 m^3/s，为该矿建矿以来最大暴雨。8月10日1时30分，大罗圈沟河上游的洪峰和二道沟河洪峰同时汇流，形成更大的洪峰，导致河水暴涨，同时河水裹着砂石、民用烧材、树木等杂物，冲入大罗圈沟河，造成大罗圈沟河道局部堵塞，漫堤淹井，导致事故发生。

（二）事故间接原因

(1) 矿井未执行省、市、区、镇政府及有关部门关于汛期受水害威胁矿井停止井下作业，撤出井下所有人员的指令和要求；未落实矿井《防治水安全评价报告》提出的“雨季不生产不维修、任何人员不得入井”的评价意见；在大罗圈沟河水位暴涨，已出现淹井险情的情况下，不但拒不执行政府立即撤出井下所有作业人员的指令，又强令工人冒险入井拆撤设备。

(2) 矿井受利益驱动，在整合技改期间违反国家有关法律法规规定，边技改边非法生产出煤。

(3) 该矿在有关部门对其检查时采取临时停产、临时撤人或不汇报井下真实情况的办法，逃避监管。

(4) 该矿未按规定配备、配齐安全生产管理人员，部分管理人员未取得安全资格证书；未对职工进行安全教育和培训，工人安全意识和自我保护能力差。

(5) 监管责任落实不到位。铁厂镇政府及镇煤炭办对省、市、区政府及有关部门关于汛期受水害威胁矿井停止井下作业，撤出井下所有作业人员的指令和要求落实不到位，发现该矿没有按要求撤出井下所有作业人员后，没有采取果断处置措施，对矿井违规安排大量人员入井拆撤设备失察；二道江区政府及有关部门对下达的“停止井下作业，撤出井下所有作业人员”的监管指令督促检查不到位，对该矿组织工人入井作业问题失察；通化市煤矿安全监管部门对发现的宏远煤矿存在未建立巡视制度和重大水害隐患及时撤人制度等水害事故隐患督促整改不到位。

四、防范措施

(1) 煤矿企业要认真落实企业安全生产主体责任，严格遵守煤矿安全生产法律法规，贯彻执行各级政府及有关部门对安全生产的各项要求和指令，认真排查和治理安全生产隐患，加强对煤矿安全生产管理人员和从业人员的培训，不断提高职工安全意识和自我保护能力，煤矿业主和安全生产管理人员要诚实守信，自觉接受政府及有关部门的监督和检查。

(2) 煤矿安全监管部门和煤炭行业管理部门要加强与气象、防汛等部门的联系，加强汛情水害预测预报，加强对煤矿企业预防暴雨洪水危害的监督检查，对存在洪水淹井隐患的矿井，要确保在大雨、暴雨期间撤出井下所有人员。

(3) 通化市、二道江区政府及有关部门要按照国家打非治违专项行动的要求，以更加严密的组织方式，更加有力的打击措施，更加严格的监管手段，更加有效的执法监督，切实加大对资源整合矿井、“六证”不全矿井非法违法生产的打击力度，对存在非法违法生产、不执行政府监管指令、不顾工人安全的行为，一经发现，要该罚的罚、该关的关，绝不能姑息。

(4) 通化市、二道江区政府及有关部门要认真贯彻落实国家煤矿整顿关闭政策，对受水害威胁严重、资源枯竭、安全基础条件差、严重超过整合技改期限的煤矿，要下决心依法实施关闭；对保留的煤矿要加强监管，督促企业认真落实安全生产主体责任，不断加大安全生产投入，加快安全质量标准化建设，大力推进并完善矿井“六大系统”，真正提高企业安全生产管理水平，努力实现煤矿安全生产形势的好转。

(5) 二道江区、铁厂镇政府要切实加强煤矿安全监管工作，努力调整、充实、配备责任心强、懂专业的煤矿安全监管人员，确保按法律法规规定严格执法、跟踪复查，并按规定及时向政府和有关部门报告重大隐患查处情况，严肃认真地履行煤矿安全监管职责。

黑龙江省鸡西煤业恒鑫源煤矿“7·31”重大水害事故

2010年7月31日13点30分，黑龙江省鸡西煤业恒鑫源煤矿发生透水事故。死亡24人，直接经济损失1 464万元。

一、基本情况

鸡西煤业恒鑫源煤矿位于鸡西市恒山区红旗乡义安村河东地区，距鸡西市区18 km，井田范围在原鸡西矿务局恒山煤矿报废区内，井田面积为0.367 7 km^2，属恒山煤矿六井三斜地区的浅部边角煤，资源范围由黑龙江省国土资源厅2007年9月颁发的采矿许可证(证号为2300000730373)确定。该煤矿建于1997年，2005年更名为鸡西煤业恒鑫源煤矿，属私营企业，法人代表李占军。矿井设计生产能力6万t/a，2006年核定生产能力为6万t/a。2008年度鉴定为低瓦斯矿井。矿井开采煤层为城子河含煤组1#、2#、3#煤层。煤层倾角16°～18°，煤层厚度1～1.2 m，剩余储量26万t。

该矿井为片盘斜井开拓，主副井布置在井田中央，二段提升。一段井底标高－25.2 m。二段井底最低标高－100 m。分设3#右侧二段、3#左侧二段、2#左侧二段，共三个二段。按照恒山区煤炭局收集整理的恒鑫源煤矿采掘工程平面图对照，恒鑫源煤矿3#煤层左二段和2#煤层，二段均属越界开采。其中：3#煤层左二段进入原鸡西矿务局恒山矿遗留旧巷和采空区下部。

该矿井采用中央并列抽出式通风，地面安设两台主(备)扇。总入风量1 200 m^3/min，总排风量1 280 m^3/min。矿井安装了KJ19N型安全监控系统，地面建有200 m^3的静压水池。

矿井水文地质条件简单，井田西南侧为黄泥河，属季节性河流，矿井含水层主要为断层和风化裂隙带。矿井采用二段排水，一段水泵硐室设在井下－21.7 m标高处，安设两台D155—67×5型水泵，两趟6英寸排水管路，将水排至地面；二段水泵设在井下－62 m标高处，安设两台80 D—30水泵，铺设3英寸钢管，将水排至一段水仓。

该矿井采用两段提升，地面安设JTP1.6—155 KW绞车提升，提升距离960 m；二段使用JT1.0—45KW型绞车提升，提升距离300 m。

该矿井采用双电源供电，电压为10 kV。地面安设4台变压器，其中，两台为地面供电，两台向井下供电。

该矿采矿许可证于2010年4月20日办完延续工作，安全生产许可证、煤炭生产许可证、工商营业执照均已过期。经矿方申请，鸡西市、区两级煤炭主管部门同意其回收回撤，定于2010年11月末予以关闭。

二、事故发生经过及事故救援情况

(一) 事故发生经过

2010年7月31日白班，当班出勤26人，早7时30分，生产矿长刘正军主持召开班前会，布置在4个工作面作业，分别是：3#层右二段左四上山采煤；2#层左二段右五掘进采煤；3#层左二段左二上山采煤；3#层左二段右三掘进拉底。会后，刘正军和带班井长徐士国等与工人一同入井，刘正军在巡视完工作面后，于12时10分升井。带班井长徐士国入井后，对井下4个作业地点巡查了一遍，没有发现异常情况，第二遍巡查完3#层左部工作地点后，准备到3#层右部工作地点查看，大约13时30分左右，徐士国在左十六平巷往右部走，忽然听到有异常响声并有疾风扑面，看到水流很急涌过来，已来不及通知其他人撤离拼命跑出来，升井后向生产矿长刘正军报告，刘正军接到报告后，于13时45

分从主井入井核实情况，14 时 30 分升井。14 时技术矿长辛正军从副井入井核实情况，15 时 20 分升井，发现水已淹至 14 片，于是向矿长李占军报告。16 时 30 分，该矿赵广生打电话向区煤监分局报告，区煤监分局领导接到事故报告后一边逐级上报区政府领导一边赶往事故矿井，启动应急预案，组织抢救。区煤监分局领导核实事故情况后，报告给市政府及有关部门。

（二）事故救援情况

事故发生后，鸡西市委、市政府和恒山区委、区政府的主要领导于第一时间赶到现场，成立了由市政府主要领导任总指挥的抢险指挥部，全力开展抢险救灾工作。

国家、省领导对这起透水事故高度重视，国务院副总理张德江、省委书记吉炳轩分别就现场救援做出批示。省委书记吉炳轩、省长栗战书、省政法委书记黄建盛及黑龙江煤监局、黑龙江省安监局、煤炭生产安全管理局等领导迅即赶到事故现场，安排部署抢险救援工作。

国家煤监局副局长王树鹤和国家应急救援中心领导也相继赶到事故现场指导救援工作，并要求，“只要有一分希望，就要尽百分之百努力”。龙煤集团鸡西分公司领导、沈煤集团领导亲临现场，协助开展抢险救援。

2010 年 7 月 31 日下午 6 时，鸡西救护队入井勘察，主井水位标高为＋87 m。随着陆续排水，水位仍持续上涨，至 8 月 5 日早 6 时，水位上涨至标高＋156.3 m，距井口门为 336 m。

根据事故现场实际情况，抢险救灾指挥部制订了抢险救援排水方案：一是由龙煤集团鸡西分公司负责，在主井铺设 3 趟排水管路，安装 5 台电潜泵进行排水；二是由沈煤集团鸡西盛隆公司负责，在副井铺设 4 趟管路，安设 4 台电潜泵进行排水；三是调集大庆石油钻井队、双鸭山勘探公司钻井队在地面施工钻孔，安设水泵进行排水。

按照省委、省政府领导的指示，抽调 6 名省级水文地质专家到事故现场对救援工作提供技术支持。

5 日 11 时 30 分，按指挥部要求，主、副井及 2 号钻孔 10 台水泵，开始满负荷排水，每小时排水能力达 770 m^3，日排水量达 16 000～17 000 m^3，水位开始缓慢下降。至 12 日早 6 时，总排水量为 144 935 m^3，主井水位标高下降至＋154.29 m，比 8 月 5 日早 6 时最大标高＋156.3 m 下降了2.01 m。

经水文地质专家组测算，矿井淹没区内，静态水量最小 1 283 万 m^3，最大 1 480 万 m^3，动态补给量最小 2 000 m^3/d，最大 16 000 m^3/d。按现有排水能力计算，水位降到二段绞车硐室需排 571 d，降到二段井底需排 839 d。为此，排水救援工作于 8 月 25 日停止进行。

三、事故原因分析

（一）直接原因

3# 煤层左二段左一片采煤工作面已开采到鸡西矿务局恒山矿（该矿已报废）采空区下部，左一片长壁后退回采后，顶板发生垮落，通过上覆岩层产生的裂隙和断层破碎带与恒山矿采空区连通，采空区积水缓慢涌入恒鑫源煤矿 3# 层左二段左一片采空区，上覆围岩经过长时间冲刷，岩性发生变化，受采动影响围岩承压能力失衡，在鸡西矿务局恒山矿采空区积水的高压作用下，压垮与采空区之间的岩柱，采空区大量积水溃入矿井，造成事故。

（二）间接原因

(1) 恒鑫源煤矿违法越界盗采矿产资源，安全管理混乱，违法、违规冒险蛮干。一是该矿自 2006 年起，以探煤扩储为由，越界盗采矿产资源，违规开采保护煤柱，明知开采已经临近报废的老矿井积水区，仍利用回收回撤期间，疯狂盗采与采空区相透。二是忽视水害危险，违章冒险蛮干。该矿此处曾于 2009 年 8 月发生水淹事故，但该矿不吸取事故教训，不采取防治水措施，滥采乱掘，冒险作业。三是该矿精心设计制造活动密闭，在活动密闭前设置铁栅栏上锁，在栅栏内堆放坑木、风筒等材料，以材料库作为掩护，同时，从地面到井下分工明确，建立了预防干扰安全监管人员检查的通讯、造假网络，欺骗、阻挠监管人员的检查。

(2) 鸡西市、恒山区煤矿安全监督管理部门监督管理不到位。一是安全监管、行管部门对煤矿回收、回撤方案批准后，检查、管理不到位。二是恒山区安全监督管理局二分局煤矿安全监管、行管人员监督检查工作不认真，应该发现而没有发现该矿利用隐蔽工程超层越界非法开采问题。

(3) 恒山区国土资源局管理部门在为事故矿井办理采矿许可证延续初审及年检工作中，审查把关不严，没有认真核查该矿储量变化情况，违规同意上报延续意见，致使该矿越界违法盗采资源问题没有被及时发现和制止。

(4) 恒山区政府对其所属管理部门存在的问题失察，管理不力。

四、事故防范和整改措施

(1) 鸡西市(区、县)政府部门、煤矿企业，要认真吸取这起水害事故教训，以此事故为例，加强对地方煤矿法人、矿长和安全管理人员守法意识的教育，消除各种违法违规生产行为，加强安全管理和水害防治工作力度，采取切实措施，防止类似事故发生。

(2) 鸡西市煤矿企业要强化安全主体责任落实工作，加强水害防治工作的管理。对有水患、疑似水患或在水患区域内的矿井，必须建立专职探放水队伍，配备专业技术人员，切实将“有疑必探、先探后掘、先治后采”的防治水原则落实到位。

(3) 鸡西市(区、县)政府监管部门要针对这起事故中暴露的问题认真研究制定办法和措施。要针对超层越界开采、设置假密闭掩护非法开采导致事故的问题，加大监管力度。要细化重点区域、重点部位的监督管理措施，彻底清查、取缔隐蔽工程。严厉惩处利用隐蔽工程非法生产的矿井。今后再出现越界造假违法生产导致事故的矿井，将严厉追究政府领导责任。

(4) 鸡西市各级国土资源管理部门，要切实加强资源管理工作。在采矿许可证延续和储量动态监测中严格把关，要按规定加强对采矿权人履行法定义务情况的各项内容的核查，及时发现和查处违法违规越界盗采煤炭资源和保护煤柱行为，确保煤炭资源的合理开发和利用。

甘肃省酒泉市金塔县
金源矿业有限责任公司芨芨台子煤矿
2 号井“7·18”重大透水事故

2010 年 7 月 18 日 10 时 50 分，甘肃省酒泉市金塔县金源矿业有限责任公司芨芨台子煤矿 2 号井发生一起重大透水事故，死亡 13 人，直接经济损失 650.5 万元。

一、事故单位概况

（一）芨芨台子煤矿基本情况

金塔县金源矿业有限责任公司芨芨台子煤矿（以下简称芨芨台子煤矿）位于酒泉市金塔县城北部，距金塔县城约 120 km，矿区为沙漠及戈壁荒滩，可通行汽车。井田东西长 7.2 km、南北宽 1.9 km，占地面积 13.6 km^2，矿区内仅有金源矿业有限责任公司一个采矿主体，共有 1 号、2 号两对矿井，该矿是金塔县招商引资项目，也是该县重点煤炭生产企业之一。法人和矿长为袁治海。井田内含煤 2 层，共探明资源储量 402.7 万 t，保有资源储量 238.6 万 t。煤质属中灰分、中高硫、高热值肥煤，可作为炼焦配煤。

（二）芨芨台子煤矿 2 号井基本情况

芨芨台子煤矿 2 号井保有资源储量 126.5 万 t，2006 年 3 月该矿委托兰州煤矿设计研究院编制了矿井初步设计，设计生产能力为 6 万 t/a，服务年限 11.2 年。瓦斯等级鉴定为低瓦斯矿井。

该矿采用一对斜井单水平上下山开拓，主井作为主提升（胶带输送机）及进风井，风井作为辅助提升及回风井。矿井通风方法为中央并列式，通风方式为抽出式，风井安装有 BD—Ⅱ—6—No13 轴流式通风机两台。采用走向长壁单体液压支柱配合铰接顶梁炮采采煤法，工作面采用 DZ10—25/80G 型单体液压支柱和 HDJA—1000 铰接顶梁及长钢梁配套成对支护。矿区内共有两层含水层，分别为第四系洪积～冲积孔隙含水透水层和中侏罗统孔隙弱含水、弱透水层。矿井正常涌水量为 20～24 m^3/d，排水系统采用一级排水方式，安装 2 台 D40—30×5 型多级离心泵，排水管选用 $\phi57\times3$ 无缝钢管，沿主斜井井筒敷设排至地面。矿井地面设置空压机房。矿内安装矿用程控调度通讯系统，装备 KJ102N 型煤矿安全监测监控系统，并与酒泉市矿山救护大队签订了救护协议。

该矿区在 1949 年前就沿煤层露头开采，先后形成大大小小 28 个老窑，多年前均已关闭，其开采深度多在 100 m 左右，老窑内积水情况不明。

事故发生前该矿已经按照设计布置有一个壁式工作面，但在未报批的情况下，擅自于 2010 年 6 月 20 日在主井西翼准备布置一个残采工作面，事故发生时正在掘进残采工作面的上回风顺槽。

（三）该矿证照情况

该矿采矿许可证（证号 6200000610129）有效期至 2016 年 8 月。安全生产许可证（证号 X0439）有效期至 2013 年 7 月。矿长袁治海，其矿长资格证（证号 MK620900003）有效期至 2012 年 8 月，主要负责人安全资格证（证号 0906201JQ00025）有效期至 2012 年 8 月。事故发生前正在申请办理煤炭生产许可证。

（四）透水地点情况

透水地点位于芨芨台子煤矿 2 号井主井西翼上回风顺槽掘进工作面。该巷道于 2010 年 6 月 20

日开始掘进，至事故发生已经掘进 55 m，事故发生后经过现场勘察，该掘进巷道迎头上方有一直径约 2.0 m 的不规则圆形洞口，洞内情况不明。

二、事故发生经过及抢险救援情况

（一）事故发生经过

2010 年 7 月 18 日上午 7 时 30 分，早班工人在安全员马永生和刘志红的组织下召开班前会，安排了工作任务，交代了注意事项。8 时左右，34 名工人陆续下井分别到西翼上回风顺槽、西掘进巷、主井延伸巷和水仓反向掘进巷进行作业。10 时 50 分，西翼上回风顺槽在掘进爆破过程中与废弃老窑导通，导致 6 000 余方老窑积水迅即涌向矿井下部巷道。透水发生后，21 人相继安全升井，13 人被困井下。

（二）抢险救援过程

金塔县委、县政府在接到事故报告后立即启动了重特大安全事故应急救援预案，并向市委、市政府报告，同时安排两位副县长立即带领安监、国土、公安、消防等相关部门赶赴事故现场抢险救援。

酒泉市委、市政府接到事故报告后，市政府主要领导带领相关部门紧急赶赴现场救援，迅速调集多支专业救援队伍赶赴事故现场，并立即成立了抢险救援指挥部，在多名专家及技术人员的指导下迅速展开救援工作。针对巷道坍塌变形严重、淤泥杂物堆积、有害气体超标的不利局面，特别是透水地点位置高，涌水量大，被淹巷道多等不利因素召开现场救援分析会，对搜救过程进行全方位分析会诊，根据矿井采掘工程平面图、作业记录及救护队初次入井侦察情况，深入分析，初步判定被困人员所在位置。为加大排水力度，加快救援进度，抢险救援指挥部决定利用主井西侧一废弃老窑井筒作为排水井，敷设两趟排水管道，安装排水设施，加大排水量。同时明确救援重点，强化抽水、清巷、支护、监测、搜救等关键措施。通过紧张有效的科学施救、全力搜寻，至 7 月 23 日凌晨 1 时 30 分，13 名被困矿工全部找到，但均已遇难，事故救援结束。

三、事故原因分析

（一）直接原因

该矿在未探明周边废弃老窑积水的情况下，没有严格执行探放水措施，作业人员在西翼上回风顺槽掘进工作面爆破时，与废弃老窑导通，导致老窑积水突然涌出，是造成这起事故发生的直接原因。

（二）间接原因

(1) 该矿地处戈壁荒滩，无常年性和季节性河流，降水量远远小于蒸发量，矿井主要负责人及安全管理人员对防治水工作认识不够、麻痹大意，未查明矿区的水文地质及周边老窑积水情况。

(2) 该矿在未报批的情况下，擅自在主井西翼布置残采工作面，违法组织生产和施工，且在生产和施工过程中未严格执行探放水制度。

(3) 该矿未严格落实防治水规定，安全生产管理机构不健全。防治水措施无针对性，未配备满足工作需要的探放水专业技术人员，未建立专门的探放水作业队伍。

(4) 该矿职工安全教育培训不到位。职工的培训时间和培训内容均达不到要求，实际在岗特种作业人员数量不足；从业人员安全意识淡薄，违章作业现象突出。

(5) 金塔县安全生产监督管理局对芨芨台子煤矿 2 号井擅自在主井西翼布置残采工作面的违法行为失察，对其在采掘作业过程中未执行探放水制度的事故隐患没有采取有效措施予以制止。

四、防范措施

(1) 煤矿企业要认真吸取透水事故教训，进一步加强矿井水文地质基础工作，加大水害隐患排查治理力度，严格落实防治水措施。全面排查矿井周边老窑及采空区积水情况，凡水文地质资料不详、老窑积水不清、水害防治存在隐患的，严禁进行采掘活动。

(2) 严格现场管理，加强技术管理，建立健全各项安全管理制度。严格规范各种安全规程、作业规程和操作规程的制定、审批和实施，保证各项制度和措施落实到位。严格按照批准的设计方案在划定的采矿范围内依法组织生产和施工。

(3) 严格落实企业安全生产主体责任，加强职工安全培训及特种作业人员岗位培训，督促从业人员熟悉有关安全生产规章制度和安全操作规程，掌握本岗位安全操作技能，杜绝“三违”现象，不断提高职工安全意识和自我防范能力。

(4) 酒泉市和金塔县人民政府及有关部门要认真履行职责，进一步强化政府安全生产监管主体责任。加大小煤矿整顿关闭及资源整合工作力度，进一步提升安全生产水平，夯实安全管理基础，加大监督检查力度，促进隐患排查治理，对存在重大事故隐患的矿井一经发现，坚决责令其停产整顿，防止重特大事故的再次发生。

华晋焦煤有限责任公司王家岭矿“3·28”特别重大透水事故

2010 年 3 月 28 日 13 时 12 分，华晋焦煤有限责任公司（以下简称华晋焦煤公司）王家岭矿在基建施工中发生透水事故，造成 38 人死亡、115 人受伤，直接经济损失 4 937.29 万元。

一、矿井基本情况

（一）王家岭矿概况

王家岭矿区地处山西省运城市河津市、临汾市乡宁县境内，为基建矿井，设计生产能力 600 万 t/a。该矿采用平硐—斜井开拓方式，设计分 2 个水平开采，按高瓦斯矿井设计。可采煤层共 5 层，自上而下分别为 2、3、7、10、12 号煤层。设计首采工作面为 20101 和 20102 两个综采工作面。该矿区范围内小窑开采历史悠久，事故发生前该矿井田内及相邻共有小煤矿 18 个。

（二）王家岭矿建设情况

王家岭矿由华晋焦煤公司开发建设。

1988 年 10 月，中煤西安设计工程有限责任公司（以下简称中煤西安设计公司，原煤炭工业西安设计研究院）编制了《王家岭矿井可行性研究报告》，1993 年 4 月 17 日，原国家计委以计能源〔1993〕646 号文件进行了批复；1993 年 12 月，该院编制了《王家岭矿井初步设计》，设计能力 600 万 t/a；1994 年 3 月，经原国家能源投资公司批复，并将其列为国家“九五”重点建设项目，后因煤炭市场需求下滑，未开工建设。

2003 年 2 月，以中煤西安设计公司为主重新编制了《王家岭矿建设可行性研究报告（修改）》。2005 年 9 月，国家发展改革委以发改能源〔2005〕1563 号文件对王家岭矿项目核准进行了批复。2006 年 11 月，山西省发展改革委以晋发改设计发〔2006〕513 号文件对王家岭矿项目初步设计进行了批复。2006 年 12 月，国家煤矿安监局以煤安监函〔2006〕30 号文件对王家岭矿初步设计安全专篇进行了批复。2009 年 10 月，因原首采区三维地震勘探发现多处采空区、陷落柱、断层，设计修改将首采的两个采煤工作面向北移 500 m，山西省煤炭工业厅在 2009 年 11 月 23 日以晋煤办基发〔2009〕283 号做了批复，安全专篇尚未做相应的修改和审批。

该矿于 2007 年 1 月 16 日开工建设，至 2010 年 3 月 27 日，矿井一期工程已完成 98.3%，剩余工程量 418 m；二期工程已完成 55%，剩余工程量 2 921 m；三期工程的 20101、20102 采煤工作面等巷道已完成 23.1%，剩余工程量 9 302 m。建设单位原计划于 2010 年 9 月上旬开始联合试运转、10 月投产。

（三）王家岭矿建设项目组织管理情况

（1）建设单位。华晋焦煤公司，由中国中煤能源集团有限公司（以下简称中煤能源集团）和山西焦煤集团有限责任公司（以下简称山西焦煤集团）合资组建，各占 50% 股份。下设王家岭矿区建设指挥部负责建设工作。

（2）施工单位。发生事故的王家岭矿碟子沟项目井巷工程由中煤能源集团下属的中煤建设集团有限公司（以下简称中煤建设集团）中煤第一建设公司（以下简称中煤一建公司）第六十三工程处（以下简称中煤一建六十三处）施工。中煤一建公司具有矿山工程施工总承包特级资质。

（3）监理单位。北京康迪建设监理咨询有限公司（以下简称康迪监理公司），为中煤建设集团的全资子公司。主要承揽房屋建筑工程监理、矿山工程监理等监理任务，具有房屋建筑工程监理甲级、矿山工程监理甲级资质。

(4) 设计单位。中煤西安设计公司，隶属于中煤建设集团，具有甲级设计资质。

(5) 井下物探项目单位。西安研究院，隶属于中国煤炭科工集团，资质等级为甲级。西安研究院电法勘探研究所 2007 年开始承担王家岭矿一期工程井巷探测项目。2010 年 1 月 27 日，与王家岭矿区建设指挥部就王家岭矿井巷二、三期探测工程有关事项进行协商，形成了"王家岭矿井巷探测工程会议纪要"，纪要明确由西安研究院负责王家岭矿井巷二、三期探测工程，探测手段为电法和瑞利波。

(四) 碟子沟工程项目施工情况

碟子沟工程项目进、回风斜井井筒于 2008 年 7 月开工，分别于 2009 年 3 月底、4 月底完工。2009 年 5 月进入二期工程施工。2009 年 10 月开始三期工程施工。事故发生前，井底车场、临时变电所、临时煤仓、临时水仓、泵房等措施工程已完成。中央运输大巷、中央辅助运输大巷、中央回风大巷等三条大巷正在施工。

发生事故的首采工作面 20101 回风巷，由中煤一建六十三处 27 队负责施工。该工作面于 2009 年 11 月 10 日开工，至事故发生时已掘进 797.8 m。工程采用直流电法、瑞利波物探方法进行井下超前探水。

二、事故发生及抢险救援经过

(一) 事故发生经过

2010 年 3 月 28 日早班，入井人员分别在 20101 回风巷、20101 皮带巷等 15 个开拓、掘进工作面及运输、供电等辅助环节作业。10 时 30 分，在 20101 回风巷掘进工作面作业的工人发现迎头后方 7～8 m处的巷道右帮渗水并报告当班技术员吴某，吴某和碟子沟项目部生产副经理曹某经查看确定在底板向上约 20～30 cm 的煤壁上有明显的出水点，曹某即命令暂停掘进，加强排水，对已掘巷道两帮补打锚杆。约 11 时 25 分，吴某又和碟子沟项目部技术副经理张某到现场实地查看，发现水流没有明显变化，且水质较清无异味，也要求停止掘进、加强支护并观察水情，随后升井并在约 11 时 55 分向项目部经理姜某汇报了情况。12 时 10 分，姜某向西安研究院电法与瑞利波勘探项目现场技术负责人王某咨询情况，但均没有做出正确判断，也没有采取有效防范措施。

13 时 15 分，当班瓦检员李某在 20101 回风巷与总回风巷的联络巷下口处休息时，突然听见风筒接口处有异常响声，并看到有约 20 cm 高的水从 20101 回风巷向外流出，且巷道中煤尘飞扬，于是他转身向外跑，并沿途喊："27 队出水了，快跑"。13 时 40 分，李某跑到进风斜井底的电话处向地面调度室进行了汇报，调度室当即向姜某进行了汇报，姜某立即打电话通知各队升井，此时 20101 回风巷掘进工作面电话已打不通。

13 时 45 分，碟子沟项目部紧急召集有关人员开会，通报井下情况，并安排人员分头查看水情。约 14 时 10 分，张某跑到井下总回风巷，发现 20101 回风巷与总回风巷的联络巷上口已全部淹没，辅助运输大巷内的水位上涨很快，于是向地面调度室及有关领导进行了汇报。

14 时 5 分，姜某向中煤一建六十三处进行了汇报。14 时 15 分，又向王家岭矿区建设指挥部进行了汇报，王家岭矿区建设指挥部即向山西煤矿安监局临汾监察分局和华晋焦煤公司进行了汇报；15 时，华晋焦煤公司分别向山西焦煤集团、中煤能源集团报告了事故情况。随后，山西焦煤集团、中煤能源集团分别向山西省有关部门、国家有关部门报告了事故情况。

事故发生时井下共有作业人员 261 名，事故发生后有 108 人升井，153 人被困井下。

(二) 抢险救援经过

事故发生后，胡锦涛总书记、温家宝总理和张德江副总理做出重要批示，要求采取有力措施，千方百计抢救井下人员，严防次生事故发生；要求尽快摸清井下情况，加大排水力度，坚定信心，周密组织，千方百计，争分夺秒，全力以赴救人。当晚，张德江副总理率领有关部门负责人紧急赶赴王家岭矿事故现场，指导事故抢险救援工作。山西省成立了抢险救援指挥部，共设现场救援、后勤保障、医疗、善后等10个工作组，全力展开抢险救援工作。

抢险救援指挥部按照张德江副总理提出的“排水救人、通风救人、科学救人”的重要指示精神，立即细化了抽调大功率排水泵排水、平硐打孔向南大巷导水、地面打钻排水及输送营养液等全面救援方案，全力抢救井下被困矿工。同时，抽调10支矿山救护队投入救援。中煤能源集团、山西焦煤集团调集了4 000余人参与救援。

4月1日，地面2号钻孔与井下辅助运输大巷打通，14时12分，井下传出敲击管道的声音，第一次传出井下有生命迹象的信号。

4月4日22时10分，水位下降15 m后，被淹没的回风大巷顶板露出，救护队在回风大巷看到了被困人员晃动的灯光，立即向抢险救援指挥部报告。并于4月5日0时30分，将第一批9名被困人员成功救出；至4月5日14时10分，又有106名矿工陆续成功获救。

按照张德江副总理提出的“水排干、泥挖尽、人找到”的要求，经过艰苦努力，至4月25日11时15分，将最后一名遇难人员找到。此次事故153名被困人员中，115人成功获救、38人遇难。

三、事故原因分析

（一）直接原因

该矿20101回风巷掘进工作面附近小煤窑老空区积水情况未探明，且在发现透水征兆后未及时采取撤出井下作业人员等果断措施，掘进作业导致老空区积水透出，造成＋583.168 m标高以下的巷道被淹和人员伤亡。

（二）间接原因

1. 地质勘探程度不够，水文地质条件不清

未按照设计要求完成201盘区三维地震勘探，未查明老窑采空区位置和范围、积水情况。建设、施工和井下物探单位未严格执行《煤矿防治水规定》（国家安全监管总局局长第28号），对物探成果没有认真进行审查，对探测出的异常现象没有按照设计要求预留20 m进行钻探验证。

2. 水患排查治理不力，发现透水征兆后未采取有效措施

在井下巷道施工过程中曾经两次揭露小窑老空巷道和采空区，其中进风斜井底主水仓揭穿的老空巷道从2010年1月以来一直涌水，但未彻底查明原因。水害隐患排查治理工作不力，对小窑老空区积水的重大隐患未引起高度重视，事故当班20101回风巷掘进工作面出现透水征兆后，未正确辨识和引起重视，没有采取停止作业、立即撤人等果断措施。

3. 施工组织不合理，赶工期、抢进度

在一、二期工程没有全面完成，主要排水系统尚未建成，三期工程施工组织设计尚未编制审批、安全技术措施未经监理单位审查、20101回风巷作业规程尚未报批情况下，赶工期、抢进度，违规进行三期工程施工作业。

4. 安全培训不到位

未对职工进行全员安全培训，对部分新到矿的职工未进行培训就安排上岗作业；部分特殊工种人员无证上岗。

事故发生后，施工单位中煤一建公司第六十三工程处27队技术员吴某（事故后在山西省临汾市蒲县北峪煤矿打工）组织工人补填安全考卷、安全培训弄虚作假。

（三）相关单位责任

1. 施工单位存在的问题

中煤一建公司六十三处碟子沟项目部在事故当班发现透水征兆后未正确辨识和重视，没有采取停止作业、立即撤人等果断措施；在三期工程施工组织设计尚未编制审批、安全技术措施未经监理单位审查、20101回风巷作业规程尚未报批的情况下，违规组织三期工程施工作业；没有按照要求配足探放水钻机，没有严格按照《煤矿防治水规定》进行探放水，对日常发现的水患治理不力；劳动用工管理混乱。

中煤一建公司六十三处对碟子沟项目部每周上报的安全生产隐患和问题未及时研究并提出处理意见；没有按照规定编制王家岭煤矿三期工程施工组织设计并报中煤一建公司审批，对碟子沟项目部违规组织三期工程施工作业的问题未予以制止。

中煤一建公司对王家岭矿的安全生产工作检查针对性不强，对碟子沟项目部三期工程施工组织设计未报批就违规施工的问题失察。

中煤建设集团未认真开展安全隐患排查和治理工作，对中煤一建公司和康迪监理公司未正确履行职责的问题失察。

中煤能源集团贯彻落实国家有关煤炭安全生产法律法规不到位，对中煤建设集团、中煤一建公司和康迪监理公司未正确履行职责的问题失察。

2. 建设单位存在的问题

华晋焦煤公司王家岭矿区建设指挥部没有严格执行《煤矿防治水规定》，未按照设计要求完成201盘区三维地震勘探，在未查明采空区位置和范围、积水情况下，赶工期、抢进度，违规安排三期工程施工；对西安研究院提交的物探成果未认真进行审查，只是照收照转，没有严格按照设计要求进行验证；《王家岭矿井初步设计》变更后，未及时组织修改和报批安全专篇；未及时纠正施工单位没有配足探水设备、没有建立专业探水队伍等问题。

华晋焦煤公司贯彻落实国家有关煤炭安全生产法律法规不到位，重效益、轻安全，赶工期、抢进度，违规安排王家岭矿三期工程施工；对王家岭矿区建设指挥部长期对西安研究院提交的物探成果不认真组织审查、照收照转的问题督促检查不力；对王家岭矿区建设指挥部没有严格落实《煤矿防治水规定》的情况督促检查不到位。

3. 监理单位存在的问题

康迪监理公司王家岭项目监理处对碟子沟项目部在三期工程施工组织设计尚未编制审批、安全技术措施未经审查、20101回风巷作业规程尚未报批的情况下违规施工问题，未依照规定下达工程暂停令，也未向上级有关部门报告；对防治水措施审查把关不严，明知20101回风巷施工图中标注有两条老空巷道，但在审查作业规程时，没有提出针对性的监理意见；未认真履行对安全生产管理人员和特种作业人员资格进行合法性审查的监理职责；对《王家岭矿井初步设计》和《安全专篇》提出的每个掘进工作面均配备探水钻机的要求监理不力。

康迪监理公司没有按照要求为碟子沟监理处配齐监理人员，并对碟子沟监理处不正确履行职责的情况管理监督不力。

4. 物探单位存在的问题

西安研究院在电法超前探测发现巷道前方有三处异常，现场技术负责人明知"探测过程中巷道后方较长一段距离积水较深、对数据采集有一定影响"的情况下，没有按照规定将探测结果报技术专家审查，也没有按照规定建议对异常区进行钻探验证，而是作出富水性不强的错误结论，并向王家岭矿区建设指挥部提出"总体上看，在探测区段内可正常掘进"的错误建议。

5. 设计单位存在的问题

中煤西安设计公司在王家岭矿井首采工作面位置变更后，矿井安全设施设计尚未进行修改、报批，且首采盘区三维地震勘探报告也未提交的情况下，违规交付首采盘区施工图。

6. 政府有关部门存在的问题

山西省煤炭工业厅基本建设局作为煤矿基本建设监管部门，自2009年以来，未按照要求组织对王家岭矿开展安全生产监督检查工作，对王家岭矿基本建设中存在的探放水措施不落实、违反施工建设程序、违规施工作业、隐患排查治理不力等问题失察。

四、防范措施建议

(1) 认真吸取事故教训，切实加强煤矿安全生产工作。要认真贯彻落实《国务院关于进一步加强企业安全生产工作的通知》(国发〔2010〕23号)精神，坚持"安全第一、预防为主、综合治理"的方针，积极调整煤炭产业结构，全面加强企业安全管理，夯实安全生产基础。中煤能源集团要深刻吸取近年来所属基建施工单位多次发生事故的教训，举一反三，加强对所属企业尤其是基建施工单位的管理、安全检查和业务指导力度。山西省以及有关地市安全生产监管部门、行业管理部门，对当地企业包括中央、省属企业实行严格的安全生产监督检查和管理，督促煤矿以及施工单位严格执行领导带班下井制度，强化生产过程管理的领导责任。要针对当前兼并重组、资源整合的情况，按照《国务院办公厅转发发展改革委关于加快推进煤矿企业兼并重组若干意见的通知》（国办46号）要求，落实监管责任，加强过程监管，严防非法违法生产。同时要加快建设完善井下安全避险“六大系统”，提高矿井安全保障能力。

（2）全面加强建设项目管理，严格落实建设工程主体责任。要加强对基本建设项目的管理和安全监督检查工作，严格落实建设、设计、施工、监理、监管等各方安全责任，把安全生产责任制落实到基本建设的全过程；加强对基本建设项目的技术管理工作，特别是要加强对施工单位安全作业规程和安全技术措施的检查审核工作，确保建设工程安全施工。要严格施工组织管理，按照批准的施工组织设计要求，科学合理组织施工，不得违反施工程序，把安全生产设施与主体工程“三同时”工作真正落到实处。

（3）加强防治水基础工作，严格落实探放水措施。煤矿企业要认真落实《煤矿防治水规定》，建立健全水害预测预报制度、水害隐患排查治理制度、水害防治技术管理制度，不断促进矿井防治水工作制度化、规范化。存在水患的煤矿企业，要采用适合本矿井的物探、钻探等先进适用技术，查明矿区水文地质情况，特别是本矿区范围内及相邻煤矿的废弃老窑情况，准确掌握矿井水患情况。采掘工作面物探不能代替钻探，必须进行打钻探放水。探放水要制定专门措施，由专业人员使用专用探放水钻机进行施工，保证探放水钻孔布孔科学合理并保证一定的超前距离，探放水钻孔必须打穿老空水体；探放水时，要撤出探放水点位置以下受水害威胁区域的所有人员，发现有透水预兆时，必须立即撤出所有受威胁区域的人员，并采取有效措施治理隐患，水患消除后方可继续施工作业。

（4）认真排查治理安全隐患，坚决遏制重特大事故。煤矿企业要建立重大隐患整治效果评价制度，立足于查大系统、治大隐患、防大事故，全面深入开展隐患排查治理工作。要建立和完善重大隐患分级挂牌督办制度，隐患治理措施、责任、资金、时限、预案“五落实”制度等，实现隐患排查治理工作常态化、规范化，务求隐患排查治理取得实效。

（5）加强队伍建设，加大安全培训教育力度。中煤能源集团要进一步加大对职工的安全培训教育工作力度，提升员工素质和安全意识。要定期开展警示教育活动，以案说法，使安全教育深入人心。要严格安全培训，未经培训合格的不得上岗作业，特殊工种人员必须持证上岗。针对矿区水文地质情况，制定科学完善的应急预案和现场处置方案，开展有针对性的应急演练，从而提高企业的安全生产保障能力。

神华集团乌海能源有限责任公司骆驼山煤矿“3·1”特别重大透水事故

2010年3月1日7时20分，神华集团乌海能源有限责任公司（以下简称乌海能源公司）骆驼山煤矿发生特别重大透水事故，造成32人死亡、7人受伤，直接经济损失4 853万元。

一、矿井基本情况

（一）矿井概况

骆驼山煤矿隶属乌海能源公司，地处内蒙古自治区乌海市海勃湾区，属于基建矿井，设计生产能力150万t/a，主要开采煤层为9号（厚4.32 m）、16号（厚5.11 m）煤层。该矿采用斜井—立井混合开拓方式，矿井设计采用综合机械化开采。

事故发生在16号煤层回风大巷掘进工作面。该工作面设计为矩形巷道，宽5.2 m、高3.5 m，采用炮掘、沿煤层顶板掘进。顶板为砂泥岩、泥岩，底板为泥岩、碳质泥岩，底板下距奥灰岩的距离为34 m。

（二）矿井建设情况

2005年9月，国家发展改革委员会委托内蒙古自治区发展改革委对神华集团公司《关于骆驼山煤矿及选煤厂可行性研究报告的请示》进行了批复。骆驼山煤矿于2006年初开始建设施工。初步设计及安全专篇均由中煤西安设计工程有限公司负责设计和编制。地质勘探工作由内蒙古自治区煤田地质局117勘探队负责。2006年9月，神华集团批复了骆驼山煤矿初步设计。2006年12月，国家煤矿安监局批复了安全专篇。

2010年1月10日，主、副井与回风立井之间通过9号煤层回风大巷贯通，该矿大部分开拓巷道完成，一期工程竣工。事故发生前矿井正在进行二期、三期工程建设。

（三）矿井建设组织管理情况

(1) 建设单位。乌海能源公司，为神华集团下属企业。骆驼山煤矿除按施工合同和工程施工安全协议的规定对各施工单位进行安全、工程质量监管外，还通过每日早调度会、下午碰头会等方式沟通信息，共同研究解决施工过程中存在的问题。

(2) 施工单位。该矿二期、三期工程由中第五建设公司（以下简称中煤五建公司，具有矿山工程施工总承包特级资质）第一工程处（以下简称中煤五建一处）和河南郑州矿山建设公司（以下简称河南郑建公司，具有矿山工程施工总承包二级资质）中标承建。2009年1月和7月，中煤五建一处在未经乌海能源公司同意的情况下，先后两次将部分工程分包给民营企业陕西榆林宏泰建设工程有限公司（以下简称榆林宏泰公司），并将榆林宏泰公司临时组建的施工队伍编为中煤五建一处132队；同时，因河南郑建公司施工速度慢，乌海能源公司在未报经神华集团同意的情况下，于2009年5月与陕西煤炭建设公司（以下简称陕西煤建公司，具有矿山工程施工总承包一级资质）签订合同，将由河南郑建公司负责施工的部分井巷工程转给陕西煤建施工。

骆驼山煤矿事故当班井下共有3方施工队伍，其中：榆林宏泰公司施工队在16号煤层回风大巷施工，河南郑建公司施工队和陕西煤建公司施工队在9号煤层施工。

(3) 监理单位。辽宁诚信建设监理有限责任公司（以下简称辽宁诚信监理公司）对骆驼山煤矿建设项目的土建、矿建、机电设备安装进行全程监理。具有工程监理甲级资质。

(4) 设计单位。中煤西安设计工程有限责任公司，隶属于中煤建设集团公司，具有甲级设计资质。

二、事故发生和抢险救援经过

(一) 事故发生经过

2010年3月1日零点班，共66人入井作业。5时50分，榆林宏泰公司施工队副队长王某发现在16号煤层回风大巷施工的工作面有一个炮眼突然喷出一股水，喷出距离约4 m、持续时间约5 s。6时许，王某向矿值班调度员张燕斌报告工作面炮眼出水，并向榆林宏泰公司骆驼山项目部队长岳某汇报了工作面出水的情况，岳某当时安排王某排水。

6时20分，工作面出现左帮片帮、出水以及底鼓等情况。6时25分，王某又向矿调度室及岳某汇报了上述情况，岳某仍安排王民良继续排水，矿调度室未作出停工撤人指令。随后，矿方井下当班安检员刘某将此情况又向矿值班调度员张某进行了报告，并建议该工作面断电，但矿调度室未向值班领导报告，也未下达断电指令。

6时30分，工作面多处炮眼往外淌水，耙斗机后出现底鼓。6时40分许，刘某又一次将此情况向调度室汇报，并建议该工作面立即断电。约1分钟后，张某请示调度室主任尚某后，告知刘某可以断电，但未下达撤出井下全部人员的指令。7时，施工队切断工作面动力电，但因未接到项目部队长岳某撤人指令，施工人员仍继续排水。

7时20分，井下发生透水。但直至7时30分，矿方才通知井下各施工队撤人。透水发生后，共有31人被困井下。

(二) 事故报告和抢险救援经过

7点50分，骆驼山煤矿向乌海能源公司汇报了事故发生情况。9时13分，乌海能源公司向内蒙古煤矿安全监察局乌海监察分局和神华集团汇报了事故有关情况。有关部门和企业在得到事故发生信息后均逐级进行了上报。

事故发生后，有关企业和部门及时成立了事故抢险指挥部，确定了打钻、排水、封堵“三管齐下”的工作方案，先后调集12台高性能钻机和8台大功率排水泵进行打钻、排水和注浆堵水。自3月5日到4月28日，施工救援钻孔9个、工程量3 948 m，堵水注入骨料102 m^3、水玻璃95 m^3、水泥6 502 t，累计排水144 m^3。

至5月7日5时，井下积水基本排干，被困井下的31名矿工遗体陆续找到，搜救工作结束。本次事故共造成32人死亡(其中1人在升井后，抢救无效死亡)。事故善后工作平稳有序，矿区社会秩序稳定。

三、事故原因分析

(一) 直接原因

骆驼山煤矿16号煤层回风大巷掘进工作面遇煤层下方隐伏陷落柱，在承压水和采动应力作用下，诱发该掘进工作面底板底鼓，承压水突破有限隔水带形成集中过水通道，导致奥陶系灰岩水从煤层底板涌出。

(二) 间接原因

1. 探放水措施不完善，防治水工作不到位

在发生事故的16号煤层回风大巷掘进过程中，建设单位、施工单位和监理单位均存在探放水措施不完善、防治水工作不到位等问题。

骆驼山煤矿为16号煤层回风大巷施工配备的探放水设备不足，没有督促施工单位制定探放水安全技术措施。乌海能源公司及神华集团有关部门对骆驼山煤矿探放水措施不完善等问题监管不力。

中煤五建一处及其骆驼山项目部片面依赖“水文地质条件简单”的结论，没有在16号煤层回风大巷作业规程中制定探放水方案，超前探放水工作不完善。

辽宁诚信监理公司及其项目监理部对施工单位在16号煤层回风大巷作业规程中没有编制防治

水安全技术措施的问题，未提出监理意见。

2. 应急处置不当，贻误撤人时机

自3月1日5时50分许井下发现透水征兆，至7时20分井下大量透水，历时1个半小时，建设单位和施工单位判断错误、应急处置不当。

乌海能源公司及骆驼山煤矿应急预案不完善，预警机制不健全，事故当天的两名值班矿领导没有按值班制度的规定带班下井；在得知井下发生透水征兆后，值班人员处置能力差，贻误撤人时机。矿调度室值班人员在事故发生后弄虚作假，填写虚假调度日志。

中煤五建一处骆驼山项目部及其分包单位榆林宏泰公司施工队发现透水征兆后，没有采取停止作业、立即撤人等措施。

3. 违法分包工程，施工组织混乱

中煤五建一处违反《招标投标法》等规定，未经建设单位同意，两次将部分工程违法分包给榆林宏泰公司，并将该公司施工队编为中煤五建一处132队，以掩盖其分包行为。

乌海能源公司违反《招标投标法》、《工程建设项目招标范围和规模标准规定》等规定，未经神华集团同意，将原本应由中煤五建一处施工的16号煤层部分工程、原本应由河南郑建公司施工的9号煤层部分工程转交陕西煤建公司施工。

辽宁诚信监理公司骆驼山煤矿项目监理部未按照规定对中煤五建一处的违法分包问题予以有效监理。

4. 现场施工管理不到位，技术力量薄弱

榆林宏泰公司承担施工任务后，临时组织施工队进场施工，仅派驻1名项目经理负责，对施工队的安全监管有名无实。中煤五建一处也仅派出项目经理、安检员各1名进行现场管理。

5. 建设、施工等单位安全培训不到位

建设单位和施工单位对施工人员安全培训教育不够，未严格执行三级安全培训制度，致使施工人员对隐患识别能力差、风险意识淡薄。

6. 政府有关部门监管不到位

内蒙古乌海市属地监管责任落实不到位，市煤炭局对骆驼山煤矿探放水措施不完善等问题监管不到位。内蒙古煤矿安监局乌海监察分局对骆驼山煤矿探放水措施不完善等问题执法监察有漏洞。

四、防范措施建议

(1) 认真落实安全生产主体责任。神华集团公司和中国中煤能源集团公司要认真贯彻落实《国务院关于进一步加强企业安全生产工作的通知》(国发〔2010〕23号)精神，坚持“安全第一、预防为主、综合治理”的方针，牢固树立安全发展的科学理念。要全面加强企业安全管理，健全规章制度，完善安全标准，提高企业技术水平，夯实安全生产基础，严格落实《煤矿领导带班下井及安全监督检查规定》(国家安全监管总局令第33号)，带班矿领导与工人同时下井、同时升井，强化生产过程中的安全管理，要把企业的发展建立在安全生产有保障的基础上。内蒙古自治区要加强辖区内中央企业的安全生产监管工作，提高监管水平。当前，要针对煤炭资源开发力度空前加大的情况，加强对在内蒙古自治区办矿的外来企业监管。

(2) 加强煤矿防治水工作。煤矿企业和煤矿建设施工单位要认真贯彻《煤矿防治水规定》，坚持“预测预报、有疑必探、先探后掘、先治后采”的原则，落实“防、堵、疏、排、截”综合治理措施。加大科研投入，加强技术研究，特别是要加强水文地质基础工作，提高矿区地质勘探程度，查清矿井水文地质条件。配备防治水专业技术人员和探放水设备，建立健全各项防治水规章制度，加强对从业人员的防治水知识培训，提高对水害的防范能力。要认真总结透水事故教训，充分认识防范水害的重要性，将防治水工作列入重要议事日程，落实防治水各项措施，提升防治水工作水平。

(3) 全面落实基建矿井安全管理职责。要按照国家四部委《关于进一步加强煤矿建设项目安全管理的通知》(发改能源〔2010〕709号)要求，地方政府要对本地区煤矿建设安全工作负总责；项目建设单位必须落实法定代表人建设安全第一责任人的责任，要全面负起安全管理职责；项目施工单位要对煤矿建设施工负建设安全主体责任，并严格施工现场安全管理，严禁转包工程和挂靠施工资质；项目监理单位要对煤矿安全施工承担监理责任，要强化责任意识，严格审查安全技术措施，对存在重大隐患的，要立即进行整改；项目设计单位要对其设计负责。

(4) 强化基建矿井现场施工组织安全管理。要按照批准的设计要求，科学合理组织施工，坚持正规循环作业，严禁压缩工期，超能力、超定员、超强度组织施工。要按照《施工组织设计》有序推进工程进度。建设项目施工过程中遇到水文地质类型等发生变化，原设计的开拓方式、开采工艺以及首采工作面布置等需要变更的，应立即停止施工，对初步设计和安全设施设计进行修改，报原批准部门重新审批后方可恢复施工，不得先施工后报批、边施工边修改。水害严重的矿井，必须优先建立永久防、排水系统等重要安全设施。

(5) 全面提升煤矿安全保障能力。煤矿企业要进一步明确安全避险“六大系统”建设完善的目标、任务、措施及进度安排。要建立投入保障制度，加大安全投入，从人、财、物等各方面保证建设进度，强力推进安全避险“六大系统”的建设完善工作。要根据矿井主要水害类型和可能发生的水害事故，制定水害应急救援预案和现场处置方案，储备足够的抢险排水设备和材料；处置方案应当包括发生水害事故时人员安全撤离的具体措施，每年都应当对应急预案修订完善并进行 1 次救灾演练。发现矿井有透水征兆时，井下带班领导、班组长和调度人员要立即组织井下撤人，确保人员安全。

第十五章 2009年水害

吉林省梅河口市中和煤矿有限公司“11·27”重大水害事故

2009年11月27日13时55分，吉林省梅河口市中和煤矿有限公司（以下简称中和煤矿）井下+143 m水平7502采区采煤工作面发生一起重大水害事故，造成16人死亡，直接经济损失794.176万元。

一、矿井基本情况

中和煤矿位于梅河口市中和镇东夏村境内。该矿始建于1985年，1986年9月投产，设计生产能力6万t/a。2005年6月，梅河口市政府对该矿进行改制，将其拍卖给刘亚秋，当年12月迟文臣投资入股，法定代表人、矿长为迟文臣，2006年刘亚秋退股，该矿由迟文臣经营。2008年8月改制完成，矿井更名为梅河口市中和煤矿有限公司，企业性质为私营（自然人独资），生产能力核定为6万t/a。

该矿井“五证一照”齐全，均在有效期内，事故前矿井处于生产状态，属合法矿井。

该矿2008年生产原煤1.9万t。2009年到事故发生前，共生产原煤5.3万t。全矿共有职工180人，采用三班作业。

该矿井为双斜井片盘开拓，地层属梅河煤田地层，由前震旦系变质岩、白垩系赤色岩层、第三系含煤地层及第四系等组成；第三系含煤地层和第四系为不整合接触，煤田全部为第四系地层覆盖。第四系表土层厚度10～14 m，流沙层厚度6～10 m，含水丰富，是矿井自然涌水的主要来源。

开采煤层为第三系梅河组下含煤组12号煤层，赋存状态为单斜构造，煤层发育稳定，层理节理发育，是单一煤层，煤层倾角75°～80°，煤层厚度20～50 m，煤种为长焰煤，煤质松软破碎，滤水性差。顶板为片状泥岩，底板为块状泥岩，泥岩遇水膨胀。

该矿正常涌水量25～30 m^3/h，两段排水，排水标高分别为+143 m和+165 m。水仓容量400 m^3，排水能力85 m^3/h。由于多年来的开采和煤层抽冒，冒落裂隙带已波及第四系砂层水和地表，顶、底板泥岩冒落后和流入采空区的水形成泥水混合物留滞在上部采空区。

2009年1月23日，矿长迟文臣以提高煤质和发热量为名，召集相关管理人员，决定废弃长壁式采煤方法，重新改回原高落式采煤方法（该矿称之为挑仓式采煤方法）。2009年3月10日，技术副矿长李殿双编制完高落式采煤作业规程后，由矿长迟文臣召集矿里有关管理人员开会研究通过，3月12日开始正式采用高落式采煤方法采煤。发生事故的7502采区回风巷标高+165 m，运输巷标高+143 m。该区上部已经开采完+157 m、+170 m、+190 m三个阶段，其中+157 m为金属网假顶、长壁式采煤方法开采，+170 m、+190 m为高落式采法开采。

2009年11月20日和11月23日中和煤矿地表连续两次出现塌陷坑（经调查取证和测算，就是事故后发现的塌陷坑），矿井组织进行了回填。23日中午，第十九开切第二回采小川回采时跑下一股稀泥，段长万德发升井向矿长助理庞恒金报告了情况，安全副矿长姜军林安排其打上木垛。之后又拉了第三回采小川，事故发生时正在第三小川回采。

二、事故经过及抢救情况

2009年11月27日白班，中和煤矿井下出勤56人；其中＋143 m水平7502采区01采煤队工作面出勤10人、02掘进队工作面出勤10人，其他人员在＋133 m水平掘进及回风道维修、＋143 m水平东翼回风上山回收铁棚，事故发生前井下有9人先后升井。13时55分，掘进2队装车工迟立德听到“呼隆”的响声，随后泥水冲了过来，他立即顶着泥水向回风立眼跑，爬上立眼到达上部＋157 m回风巷脱险。14时，矿长助理庞恒金接到井下＋143 m水平作业人员事故报告后，立即入井查看事故情况，发现＋143 m运输巷泥水距车场只有10 m多远，距棚梁0.3 m左右，水面已经涨至＋152 m标高，人员已无法进入7502采区，有16人被困，其他作业地点的人员已安全升井。事故发生后，地表发现一个直径20 m、深12 m的塌陷坑。

当地政府及有关部门接到事故报告后，立即成立抢险救援指挥部，同时聘请7名省内外煤矿防治水专家组成了事故抢险救援专家组。

指挥部根据有关人员和救护队员多次下井探险和侦察的情况，决定采取井下排水、回填地面塌陷坑等措施进行施救。12月6日，事故抢险救援工作已经进行到第9天，专家组经分析论证，判断井下被困人员已没有生还可能，认为继续抢救随时可能再次发生溃水(泥)并可能发生火灾、瓦斯爆炸事故(井下瓦斯浓度达到2.5%，风流中伴随着明显的煤油味道)。抢险指挥部根据专家组的意见，做出暂时停止井下抢险救援的决定。

三、事故原因分析

(一) 直接原因

该矿违规采用高落式采煤方法开采，煤层发生抽冒导通上部采空区，采空区内的积水(泥)溃入作业地点导致事故发生。

(二) 间接原因

(1) 中和煤矿采用国家明令禁止使用的高落式采煤方法采煤，并设临时密闭弄虚作假，逃避有关部门监管。

(2) 中和煤矿在地表出现塌陷坑、井下出现溃水(泥)等事故预兆的情况下，既不查明原因，也没有采取相应的安全技术措施，且不按规定向有关部门报告。

(3) 中和煤矿不执行“预测预报、有疑必探、先探后掘、先治后采”的防治水原则，没有查清矿井和采区的水文地质情况，没有对7502采区上方采空区积存的大量水(泥)进行探放。

(4) 中和煤矿安全培训教育不到位，致使工人对透水预兆不了解，且安排未取得安全资格证书人员从事安全生产管理工作。

(5) 有关地方政府及监管部门履行煤矿安全监管职责不到位。中和镇政府没配备专业煤矿安全管理人员，安监站工作职责不清，未及时发现该矿地表出现塌陷坑等重大隐患，填报的煤矿隐患排查治理专项行动检查表有关水害防治内容不真实，隐患排查流于形式。梅河口市政府对煤矿安全监管部门没有认真履行煤矿安全监管职责的行为失察；原梅河口市中小企业局2009年7月28日检查时，发现中和煤矿采用高落式采煤的重大隐患，虽下达了停止作业的现场处理决定，但未按有关法律法规规定作出相应行政处罚，未按规定报送政府和上级有关部门，也未按规定进行复查；没有落实监管监察部门下达的“督促该矿摸清矿井水文地质情况，采取相应防治措施”的意见书要求。通化市煤矿安全监管部门对梅河口市煤矿安全监管部门工作指导不到位，在日常监管中督促企业落实上级有关煤矿防治水各项规定和措施不够。

四、防范措施

(1) 煤矿要认真遵守国家有关煤矿安全生产的法律法规，严禁采用国家明令禁止和淘汰的高落式采煤工艺采煤。

(2) 煤矿要严格执行国家、省水害防治的有关规定，严格执行“预测预报、有疑必探、先探后掘、先治后采”的防治水原则，加强水文地质资料的收集、整理，高度重视急倾斜煤层流砂层下开采的安全工作，严格按有关规定做好采空区的探放水工作。

(3) 要认真执行煤矿隐患排查、治理和报告制度，对排查出的重大事故隐患要登记建档，指定专人跟踪监控，挂牌督办，特别要加强煤矿水害防治方面的隐患排查，认真落实煤矿防治水害安全技术措施，杜绝水害事故发生。

(4) 有关地方政府及其煤矿安全监管部门要切实加强煤矿安全监管工作，调整、充实、配备责任心强、懂专业的煤矿安全监管人员，确保按法律法规规定严格执法、跟踪复查，并按规定及时向政府和有关部门报告重大隐患查处情况，严肃认真地履行煤矿安全监管职责。

黑龙江省鸡西市鑫永丰煤矿 “7·22”重大水灾事故

2009年7月22日23时10分，鸡西市鑫永丰煤矿（以下简称鑫永丰煤矿）发生一起水灾事故，死亡23人，直接经济损失1 201万元。

一、矿井概况

（一）矿井历史沿革

鑫永丰煤矿原名为鸡西市恒山区红旗乡煤矿二井，始建于1988年，原隶属于鸡西市恒山区红旗乡。2005年鸡西市恒山区红旗乡将鸡西市恒山区红旗乡煤矿二井的产权和采矿权转让给齐永丰个人。2005年12月，鸡西市恒山区红旗乡煤矿二井经鸡西市工商局核准为鸡西市鑫永丰煤矿，企业投资人为齐永丰。2007年6月21日齐永丰因无力投入，将该矿50%股权转让给吴长林。2008年7月8日吴长林将其所持有该矿的全部股权转让给其弟弟吴常顺。2009年7月9日，齐永丰、李洪明又将其共同持有的鑫永丰煤矿的另外50%股权转让给吴常顺。至此，鑫永丰煤矿由吴常顺个人拥有并控制。

（二）矿井自然概况

鑫永丰煤矿位于黑龙江省鸡西市恒山区红旗乡薛家村境内，距鸡西市区15 km，矿区公路与二道河子煤矿及国道相连，原设计生产能力1.0万t/a，开采6c#、6a#煤层，2005年增扩4#煤层。现采矿证批准开采6c#、6a#、4#三个煤层，剩余储量为46.73万t。2006年9月经黑龙江省煤炭工业局批准进行改扩建，改扩建后设计生产能力为9.0万t/a，改扩建设计单位为鸡西市浩威工程设计有限责任公司。

矿井为片盘斜井开拓，中央并列式通风，主扇型号FBCDZ—12.5—2×22KW，矿井总入风量为980 m^3/min，总回风量为1 020 m^3/min。矿井绝对瓦斯涌出量为0.025 4 m^3/min，相对涌出量为0.391 1 m^3/t，属低沼气矿井。矿井安装了监测监控系统，型号为KJF—2000N，矿井两段提升，主井一段斜长400 m，副井斜长370 m，二段斜长120 m，主提升绞车型号为JT1.2(75 kW)绞车。矿井有双回路电源，分别来自恒山区郊区农电局变电所和二道河子矿变电所。矿井水文地质类型简单，正常涌水量为20 m^3/h，一段排水，主排水水泵2台，型号为80D30×5，水仓设在井底三片车场，水仓标高62.2 m，总排水高度142 m，水仓容量为150 m^3，水泵流量43 m^3/h，扬程150 m，排水管路2趟，管径为ϕ108 mm。地面建有200 m^3的消防水池，管路齐全。地面设有暖风炉1台，型号为WSRF—15 kW。压风机1台，型号为SE75—8(75 kW)13 m^3。井下现有三个掘进工作面和一个采煤备用面。

（三）矿井水文地质及气象状况

矿井地面有黄泥河、二道河子两条河流。黄泥河原河道流经矿井井田，1961年河道迁移至现河道，流量一般为1 500～5 000 m^3/h；二道河子流量一般为100～1 200 m^3/h。地下水主要为煤系地层岩石本身的含水，主要靠大气降水补给。第四纪冲积层最厚可达16 m左右，一般为4～7 m，主要由砂质黏土、砂和砾石组成。在雨季富含水分，其他季节潜水水位较低，含水量不大，透水性中等。矿区地形属于低山丘陵区。井田内普遍发育的是风化裂隙含水带，地表水和大气降水直接渗入，含水丰富，透水性强。

矿井井田区域6、7月份降雨量224.5 mm，较历年同期增30.5%，井田范围内累计降雨入渗量

1.9万 m^3；原有各类孔隙及裂隙为入渗雨水所充满，井筒围岩层及其上覆冲积层含水达超饱和状态。7 月份井田区域内有 3 次降雨高峰，第一次是 9～11 日，日最高降雨量为 21.8 mm，第二次是 15～17 日，日最高降雨量为 30.5 mm，第三次是 21～23 日，日最高降雨量为 45.2 mm。7 月 22 日 15 时 40 分鸡西市气象台发布暴雨蓝色预警。

(四) 矿井区域内的历史开采情况和事故后地表状况

自 20 世纪 70 年代起至 90 年代末，矿井井田区域内先后有二道河子矿公司二队、81650 部队、潘姓立井等矿井进行采掘活动，开采 3# 煤层、4# 煤层、6# 煤层，地下留有较多的旧巷和采空区。鑫永丰煤矿开采范围多位于二道河子矿公司二队矿井开采范围内。事故发生后在距井口 160 m 范围内共出现大小不等的 9 处塌陷坑。其中，最大 1 处塌陷坑位于主井井筒上部距井口门北 28 m 处，形状呈椭圆形，近东西向长 50 m，近南北向宽 40 m，深 12 m，坑帮上陡下缓坡角 70°～85°，流失砂土量约 21 000 m^3。

该矿建设手续齐全有效。矿井的行业管理和安全监管工作由恒山区煤炭安全生产监督管理局负责。

二、事故经过及抢险救灾过程

7 月 22 日下午 4 点班矿井出勤 24 人，班前会后，23 名工人在值班井长宋修钊的带领下，陆续入井。分别到井下 4 处地点进行作业，其中一段水仓清淤 4 人，一段右二上山掘进 7 人，一段右三恢复 5 人，三段联络巷拉底架棚 5 人，另外井底水仓上部 1 人，主副井联络巷岔口处 1 人。

6 月底以来，鸡西地区连续降雨，特别是 7 月 22 日鸡西恒山地区发生强降雨。对此，恒山区煤炭安全生产监督管理局研究决定，对受水害威胁的黄泥河周围的 12 个煤矿进行停产撤人，并责成该局副总工程师李金海逐矿通知。18 时 20 分左右，李金海来到鑫永丰煤矿，发现井下有人作业，便告知矿井地面值班人员肖文涛(更夫)，责令井下作业人员立即升井。并让肖文涛在通知送达单上签字，然后到其他煤矿通知落实。

当晚 23 时左右，煤矿井下值班井长宋修钊和瓦检员李金祥一起蹬车升井，当矿车行至距井口 190 m 处时，发现沿提升斜井井筒底板下泄深约 200 mm 涌水，并伴有泥沙，到距井口门约 50 m 处时，发现井筒顶板出现泥浆喷涌，并将宋修钊的矿工帽打掉。矿车升井后，宋修钊发现瓦检员李金祥没有上来，他随后向井下打电话联系准备撤人，但电话无人接听。待返回井口门查看时，发现主井井口段铺设的轨道、管路和电缆全部随泥沙溃入井筒深部，井口被封堵无法进入，23 人被困井下。

事故发生后，煤矿管理人员李云峰于 23 日 1 时 20 分左右向区监管局报告。接到报告后，鸡西市委、市政府和区委、区政府的主要领导先后赶到现场，立即成立事故抢险救灾指挥部，迅速组织人员开展抢险救灾工作。

23 日 4 时 50 分，鸡西市煤炭工业局矿山救护队入井进行搜救。23 日 16 时龙煤集团鸡西分公司救护大队到达该矿增援。

从 7 月 23 日开始，事故抢险救灾工作一直紧张有序、日夜不停地进行。先后从地面往井下打救灾钻孔 6 个，通过视频监测设备，设法与井下取得联系，最大限度地挽救被困人员，但终因事故发生时水位标高为 118 m，均高于井下作业地点的最高标高，而使得抢险救灾工作极为艰难。8 月 14 日在主井井下风桥处发现 5 名遇难矿工遗体并运至地面。随着抢险救援工作的进行，井巷不断延伸，受综合因素影响，巷道恢复进度越发缓慢，日进度平均 2 m 左右，加之受降雨影响，事故后地表又出现新的塌陷和裂隙，在该矿井田范围内塌陷坑多达 20 处，所有塌陷坑均与该矿井相连，且在新塌陷坑形成过程中，井下已恢复的巷道又出现淋水现象，继续恢复施工十分困难，安全难以保证。9 月 3 日，经黑龙江省煤炭工业协会专家组论证，被困人员无生还可能，继续清理、恢复巷道已无实际意义。鸡西市人民政府在做好遇难矿工家属稳定工作的前提下，经征得省有关部门同意，于 9 月 19 日决定停止事故抢险救灾工作。至此，仍有 18 名遇难矿工遗体没有找到。在整个事故抢险救灾过程中，累计排水 38 208 m^3，清淤泥 1 744 m^3，恢复巷道 717 m。

三、事故原因分析

（一）直接原因

本井田区域气象变异强降水，老窑旧巷和原有各类孔隙及裂隙为入渗雨水所充满，井筒围岩层及其上覆冲积层含水达超饱和状态；水体从裂隙渗流到井筒，破坏了井筒周围的岩土稳定性，使井筒现有支护形式和支护强度不能抵御上覆饱水冲积层压力和水沙冲击，井筒围岩与支护垮塌，上覆水泥沙溃入井下，导致水灾事故发生。

（二）间接原因

(1) 矿主和煤矿管理人员法律意识、安全意识淡薄。没有认真执行市、区两级政府关于雨季"三防"工作的规定，在连续降雨的情况下，未按规定停止井下作业。

(2) 该矿没有执行区级监管部门要求停产撤人的指令。区监管部门人员通知停产撤出人员指令下达后，没有贯彻执行，工人仍在井下照常作业，造成人员伤亡。

四、防范措施

(1) 要加强对煤矿的法人代表、矿长、实际控制人和安全管理人员的安全主体责任教育，提高煤矿矿主和安全管理人员的法律意识和安全生产意识，对不按监管指令要求，擅自进行违法生产的煤矿，要坚决予以打击；对情节严重的煤矿，坚决予以取缔，保证监管指令贯彻执行。

(2) 鸡西市、区（县）政府及有关部门要认真吸取这次事故教训，切实加强煤矿雨季"三防"和水害防治工作，进一步完善自然灾害预防和处理机制。对全市所有煤矿企业要认真开展隐患排查，特别要加强黄泥河流域煤矿井田地表巡查，发现通向采空区的裂隙、陷落坑时，要立即采取有力措施，如有水害预兆或异常降雨，必须停止作业，撤出人员。

(3) 要切实加强煤矿建设项目的安全管理。对不符合条件擅自开工的，必须责令停止施工；对施工过程中存在安全生产隐患的，主要巷道采用木支护等落后、禁用设备和工艺的，应立即取缔或停止施工。

(4) 要进一步落实政府有关部门管理主体责任，完善健全部门联动和责任约束机制，建立有效的气象预报和灾害预警机制。要结合全省正在开展的煤矿先天条件认定工作，特别是国土资源牵头部门要采取科学有效的手段和措施，对所有煤矿采矿范围内的空区、相邻煤矿和废弃老窑等情况勘察清楚，建立健全矿井资源管理档案，切实做到矿井水文地质情况清楚。同时要督促煤矿企业切实加强矿井水文地质基础工作，配齐配强专业人员，加强安全技术管理，建立翔实的技术档案，严禁在地质情况不明和重大安全隐患未排除的情况下盲目组织工人井下作业。

贵州省黔西南州晴隆县中营镇新桥煤矿“6·17”重大透水事故

2009年6月17日8时10分，晴隆县中营镇新桥煤矿发生透水事故，造成9人死亡、4人失踪，直接经济损失1 802.8万元。

一、新桥煤矿基本情况

新桥煤矿属整合技改矿井，私营企业，位于贵州省晴隆县中营镇。该矿由原新桥煤矿与相邻的山鹰煤矿和新田煤矿整合而成，整合方案2006年经省政府批复。整合技改规模为15万t/a，已取得省国土资源厅颁发的采矿许可证。2008年9月22日，《开采方案设计》经省煤炭管理局批复；2008年12月8日，《安全专篇》经贵州煤监局盘江分局批复；2008年12月23日，经晴隆县煤炭局批准开工建设。

（一）开采条件

新桥煤矿井田面积为2.711 9 km^2，开采标高+400～+850 m，资源量544万t。井田内有C4、C5、C8、C10、C25、C28、C30七层可采煤层，属高瓦斯矿井。经鉴定，C5煤层自燃倾向性为Ⅰ类，C4、C8、C10煤层自燃倾向性为Ⅲ类，C25、C28、C30三层煤未做鉴定。C4、C5、C8、C10四层煤尘有爆炸性，C25、C28、C30三层煤未做鉴定。

（二）矿井建设及违法生产情况

新桥煤矿整合技改系统设计采用斜井开拓，布置主斜井、副斜井、风井三条井筒。利用原新桥煤矿3万t/a老系统主井为副井，新建主井和风井。分为上下煤组开采，上煤组为C4、C5、C8、C10煤层联合布置，下煤组C25、C28、C30煤层联合布置。全矿分为10个采区，上煤组为一～五5个采区，下煤组为六～十5个采区，开采顺序为一采区、二采区，依次至十采区。首采面布置在C4煤层。至事故发生，主斜井已施工完毕，并与原新桥煤矿3万t/a老系统的主井（技改设计副井）、风井贯通，新风井施工了130 m，尚未与主、副斜井贯通。

省人民政府批复原桥煤矿整合方案后，该矿未停止原3万t/a老系统的生产，于2006年5月由主、副井井底施工运输反斜巷和回风反斜巷，于2007年底揭露C25号煤层并沿煤掘进生产出煤，至2008年12月《安全专篇》批复前出煤3 000余吨。

新桥煤矿进入整合技改施工阶段后，未按批复的《开采设计方案》施工，仍在原有C25煤层布置的两条上山沿煤掘进，实际达到以掘代采违法生产的目的。2009年生产出煤1 000余t。至事故发生，C25号煤层累计出煤4 000余吨。

事故发生时，在C25号煤层生产区域有4个掘进工作面（回风上山一平巷、运输上山、上平巷、下平巷切眼反掘头），井下巷道主要采用木支护。井下在+622 m水平建有一个排水水仓，容量约200 m^3，尚未安装排水设备及排水管路。在回风反斜巷底部设临时水窝，使用潜水泵将水排出地面。

（三）新桥煤矿管理模式

新桥煤矿法定代表人鲁万里（主要投资人）；矿长杜建康（又名杜明道，有矿长证、安全资格证）；生产副矿长王宗锦（无证）；安全副矿长鲁万均（事故发生时在贵阳参加矿长资格培训）；总工程师王忠武（无安全资格证），负责全矿技术工作；技术员高电水，负责井下安全技术措施的落实；机电负责人潘辉清；C25号煤层承生产包人卢月海（无任何资质）。

2009年1月，鲁万里（甲方）与肖丰艳（乙方）签订劳动承包合同，肖丰艳负责井下采煤。2009年

5月，肖丰艳（乙方）将承包权转让给卢月海（丙方，另一合伙人为毛家明，出资150万元），甲、乙、丙三方于2009年签订了一份承包补充协议，协议商定，丙方享有并承担甲乙双方2009年1月25日所签订的生产合作合同的权利和义务，并向甲方交纳风险费200万元，向乙方支付90万元转让费，获得一年半的采煤权，从事C23号、C24号、C25号煤层的生产工作（事故时仅在C25号煤层生产）。甲方按吨煤80元决算给丙方承包费。生产系统的管理方式为：丙方只负责井下生产和施工；甲方负责安全投入和日常安全管理，并配备管理人员和特殊工种。

技改回风井的施工承包给丁志银，所有材料由矿方承担，技术和质量管理由矿方委派王忠武负责，丁志银施工的人工费按3 200元/m结算。

（四）探放水工作情况

该矿未设立专门的防治水机构，未编制探放水设计，仅在2008年编制了井下通用的探放水措施，未针对每个作业面的具体情况编制有针对性探放水安全技术措施。2009年4月2日对该措施进行修改，但仅是对防治水领导小组进行了调查，内容未作修改。煤矿配备了两台探放水钻机，但仅有一台探放水钻机（旧设备，无标牌）下井，放在C25号煤层生产区域。

2009年5月2日上午，上平巷掘进工作面发现工作面上帮煤壁变潮，立即停止了作业。王忠武、鲁万均、王宗锦等人组织召开会议，决定开展探放水工作。煤矿5月7日起进行探放水，5月10日，煤矿对采煤掘进队下发通知，要求加强井下所有掘进作业点探放水工作，并于5月11日由王宗锦对各班进行了贯彻。

5月7日、11日、17日，探放水记录显示：在上平巷掘进工作面打三个探水眼，孔深20～30 m，无异常情况。

5月20日早班，运输上山迎头出现挂汗现象。高电水要求从5月20日四点班起必须进行探水掘进，探水钻眼不得少于2个，深度不小于20 m，要求必须有矿领导现场指挥作业。

2009年6月16日八点班，在C25号煤层运输上山作业时发现有渗水现象。6月16日下午四点班，在运输上山进行掘进作业的王宁青等5人于21时左右在打眼时发现有水流出并有压力，5人随即停止作业，并升井进行汇报。6月17日零点班，高电水、王宗锦、路春宝及当班带班队长朱国辉等人到运输上山查看流水情况，发现流水炮眼内被煤块堵住，水量不大，无压力。看完后，高电水说问题不大，并让朱国辉安排人员清扫浮煤，随后升井。

二、事故经过、瞒报情况及抢救过程

（一）事故发生经过

2009年6月17日八点班，王宗锦、高电水及卢月海等人根据井下情况商量后，停止了C25号煤层运输上山的掘进，但仍然由王宗锦安排20名工人在C25号煤层生产区域作业，其中：4人在一平巷掘进、5人在切眼反掘头掘进、5人清理水仓、运水泵及打杂人员6人。矿管理人员高电水、王宗锦2人也到C25号煤层生产区域检查，该区域共入井22人。8时10分左右，运输上山掘进工作面左侧帮老窑水压碎煤壁，溃入井下，透水事故发生。透水量约3 400 m^3，将在C25号煤层生产区域的高电水、王宗锦和14名工人（共16人）困在井下。

（二）事故瞒报经过

事故发生后，新桥煤矿未向有关部门汇报。6月18日凌晨3时25分左右晴隆县莲城派出所接到群众举报，立即通报给了中营镇派出所。中营镇派出所核实确认发生事故，于4时26分报告中营镇政府和晴隆县公安局。中营镇政府接报后，立即组织人员赶往现场核实情况，于当日5时55分将初步情况向县政府报告。县政府接报后立即组织相关部门赶往事故现场，同时上报州政府及有关部门。

中营镇派出所核实确认发生事故后，新桥煤矿才于18日5时左右向县煤炭局及中营镇政府报告事故，但隐瞒了实际被困人数，只上报7人被困井下。县煤炭局及中营镇政府赶到事故现场，对下井人数、被困人数进行核对，煤矿藏匿下井人员真实名单，又谎报10人被困井下。12时左右，经州、县有关部门多方调查询问，找到了煤矿下井人员原始签名名单，通过反复核对下井人员当班工作安排情况及身份证明等，确认事故当班下井 22 人，其中 6 人脱险，16 人被困井下。

（三）事故抢险救援情况

黔西南州州委书记和州长率有关部门赶赴现场后，立即成立了抢险救援指挥部，并制定了救援方案。接到事故报告后，贵州省人民政府启动了《贵州省矿山事故灾难应急预案》，指派省政府副秘书长陈训华率省有关部门领导赶赴现场，指导事故抢险救援工作，并陆续调度了黔西南州救护队、盘江煤电集团矸石山救护大队、水矿集团公司救护大队和永贵煤业公司救护队参加抢险救援，调运了大量抢险救援物资保障抢险救援工作。

由于煤矿排水系统不完善，事故前仅用一台 18 kW 的潜水泵将水排出地面。事故发生后，矿井通风系统、提升运输系统、井下供电系统均遭到严重破坏。加之煤矿井巷不规则、断面小，造成了抢险救援排水系统安装进度缓慢。

另外，新桥煤矿在事故发生后，刻意隐瞒不报，事故隐瞒长达 19 h，严重影响了抢险救援工作。事故发生后，部分管理人员逃匿，仅有一名矿长和一名机电副矿长（到矿时间不长）参加抢险救援。熟悉井下巷道情况的工程技术人员在事故中被困井下，地面技术员到矿时间不长，对井下巷道情况及设施、设备布置情况不熟悉，缺乏了解现场的人员，对指挥部抢险救援工作决策造成难度。煤矿提供的图纸不完善，不能反映井下真实情况，尤其是巷道断面、长度、坡度等不清，对抢险救援方案的落实造成困难；特别是对透水量的判断造成误差，矿方最初估计 1 500 m^3，经过抢险救援技术组不断核实和修正，透水量达 3 400 m^3。同时，事故发生后的一周内，当地发生强雷电、暴雨，导致电网停电多达 28 次，给抢险救援工作带来严重影响。

6 月 20 日 20 时 5 分，排水系统正常运行。

7 月 12 日，成功救出赵卫星、王圈杰、王矿委 3 人。

8 月 26 日，针对井下多次出现瓦斯超限等情况，抢险指挥部暂停了抢险工作，并于 8 月 27 日请贵州天宝矿产资源咨询服务有限公司及黔西南州有关煤矿方面的专家对抢险的安全风险性进行了评估，评估结论为不具备继续抢险救援的条件。据此，黔西南州人民政府于 8 月 27 日向省人民政府作出终止抢险的请示。

9 月 12 日，省安监局按省人民政府的批示精神，召请贵州大学矿业学院、贵州煤矿设计院等单位有关煤矿安全生产方面的专家对《黔西南州人民政府请求终止晴隆县新桥煤矿抢险救援工作的请示》进行专题论证。专家一致认为：透水事故发生至论证会当天已 77 天，4 名失踪矿工已无生还可能，且井下安全条件差，再强行搜救可能引发次生事故的危险。根据论证结论和省政府的批示精神，抢险救援指挥部决定终止搜救工作，并宣布抢险救援工作结束。

三、事故原因分析

（一）直接原因

在已发现明显透水预兆的情况下，未采取有效措施处理，并违章安排工人在水害危险区域作业，老窑积水由运输上山 180 m 处左帮透入井下导致的事故。

（二）间接原因

（1）煤矿拒不执行监管指令，违法生产。该矿边建设、边在 C25 号煤层组织违法生产；拒不执行县煤炭局和中营镇安监站作出的“停止 C25 号煤层的所有作业”的监管指令。

（2）煤矿管理混乱，蓄意瞒报事故。① 未按批复的《开采设计方案》施工。② 技术管理混乱。未认真进行水文调查工作，对周边小窑积水情况不清，未制定有针对性的矿井水害防治设计和安全技术措施。③ 现场管理混乱。已出现透水预兆的情况下，未采取有效措施处置，违章指挥工人在水害危险区域作业，冒险蛮干。④ 安全投入不到位。矿井建设至今，通风系统、排水系统尚未完善。为缓解资金压力，以包代管，将井下生产发包给无资质人员违法组织生产。⑤ 安全管理机构不健全，多数矿级管理人员和部分特种作业人员无证上岗。⑥ 事故发生后，蓄意瞒报。

(3) 中营镇政府对煤矿安全生产工作的重要性认识不足,工作不到位。分管安全的副镇长2008年11月调走后,一直未明确其他副职分管或代理,对安监站工作督促不力,导致未能督促煤矿停止在C25号煤层的违法生产行为。

(4) 晴隆县煤炭工业管理局工作制度不完善、执法不到位。① 对煤炭产品准销证的管理制度不严格,对存在重大隐患停产整顿的煤矿,无停发和清退准销证机制,导致新桥煤矿能将违法生产的煤炭产品外运销售;② 联发煤矿"3·20"透水事故后,牵头组织对全县煤矿复工复产进行验收,在新桥煤矿验收未通过的情况下,向公安部门签署同意向该矿审批火工产品的意见;③ 2009年3月18日发现新桥煤矿擅自在C25号层违法生产行为后,虽责令其停止违法生产,但没有向有关部门通报情况,也没有跟踪落实,更没有采取果断措施制止其违法生产行为。

(5) 晴隆县安全生产监督管理局履行职能不到位。① 对新桥煤矿在C25号层违法施工和生产未能采取有效措施制止;② 在联发煤矿"3·20"透水事故发生后,未认真吸取事故教训,隐患排查治理工作不到位,致使新桥煤矿存在严重水患、违法生产等重大隐患未得到排除;③ 煤炭局签署同意公安机关向新桥煤矿恢复审批火工产品意见后,在未核实该矿是否验收通过的情况下签署同意。

(6) 晴隆县对煤矿安全生产的重要性认识不足,安全监管主体责任落实不到位。① 晴隆县人民政府对煤矿安全日常监管由谁承担未行文明确,仅是口头明确由煤炭局负责,导致对煤矿安全日常监管不到位;② 未按照《关于进一步加强县(市、区、特区)分管煤矿安全生产的领导干部选拔任用和监督管理工作的意见(暂行)》(黔组发〔2006〕4号)的要求配备乡镇分管煤矿安全生产的干部,尤其是中营镇政府分管安全的副镇长于2008年11月份调走后一直未配备;③ 煤矿安全监管队伍建设与煤炭产业发展不相符。县煤炭局应配备20名专业技术人员,但实际仅有1名,县安监局无煤炭专业人员;④ 对省人民政府办公厅《关于加快整合技改煤矿建设进一步做好安全生产工作的通知》(黔府办发〔2009〕32号)贯彻不力,对整合技改矿井的施工进度和安全状况不进行调度和督促,对保留一套生产系统未进行挂牌管理;⑤ 未认真吸取联发煤矿"3·20"透水事故教训,在事故发生后虽将全县煤矿停产整顿并组织了验收,但由于督促不力,导致验收工作流于形式,未能将隐患消除。

四、防范措施

(1) 煤矿要树立依法办矿管矿意识。健全安全生产管理机构,配足安全生产需要的安全管理人员和特种作业人员,落实好安全生产责任制;按照规范要求进行设计、报批、施工,严禁不按设计进行施工作业和在技改区域边建设边生产的违法行为。

(2) 整合技改煤矿认真做好防治水工作。在整合技改施工中,必须加强探放水工作,制定严格的探放水措施,并严格实施。加强防治水安全管理基础工作,制定和落实好各项规程和措施,设立专门的防治水机构,完善排水系统和配备足够的探放水设备。对周边老窑及井田范围内采空区进行彻底调查,摸清区内水患情况,严格做到"预测预报、有疑必探、先探后掘、先治后采"。

(3) 政府要加强监管队伍建设和完善安全监管机制。明确煤矿日常安全监管部门,配齐安全生产监管人员特别是煤矿安全监管专业人员,充实经费和装备;政府和部门要建立、完善安全生产工作会议、煤矿安全监管工作计划等制度,保证煤矿安全监管工作规范和有序。

(4) 加强领导,强化煤矿安全生产监督管理。各地政府要把煤矿安全生产摆在更加突出的位置,主要领导亲自抓,对制约本地煤矿产业发展的工作重大问题,要随时发现及时研究。重点产煤地区和年生产100万t/a以上的重点产煤县要按照黔组发〔2006〕4号等有关文件的要求尽快配备到位分管安全生产的负责人,定期组织召开会议,研究煤矿安全生产工作。加强监管队伍建设,配齐足够人员和装备,保证安全监管到位。

黑龙江省天源煤炭股份有限公司鸡西金利煤矿“4·4”重大透水事故

2009年4月4日5时10分，黑龙江省天源煤炭股份有限公司鸡西金利煤矿(以下简称金利煤矿)发生透水事故，死亡12人，直接经济损失307.6万元。

一、矿井概况

(一) 矿井自然概况

金利煤矿原名为鸡西市煤炭公司鸡兴煤矿二井，始建于1982年5月，原隶属于鸡西市煤炭公司。2004年4月，鸡西市煤炭公司将所属4个煤矿(含鸡西市煤炭公司鸡兴煤矿二井)的产权和采矿权转让给黑龙江天源煤炭股份有限公司(以下简称天源公司，天源公司是辽阳佰亿房地产开发公司于2004年整体收购原国有天源煤炭公司和煤炭公司部分资产后组建的民营企业)，2006年8月，矿井更名为黑龙江天源煤炭股份有限公司鸡西金利煤矿。

该矿井位于黑龙江省鸡西市鸡东县兴农镇境内，距鸡西市区31 km，矿区公路与201国道相通，矿井设计能力4万t/a，核定生产能力4万t/a。该井为片盘斜井开拓，中央并列抽出式通风，主扇型号为FBCZ—4—37，矿井总入风量1 260 m^3/min、总回风量1 340 m^3/min。矿井绝对瓦斯涌出量0.8 m^3/min、相对涌出量1.45 m^3/t，属低瓦斯矿井。矿井安装了监测监控系统，型号为KJF—2000。矿井两段提升，主井一段斜长580 m，二段斜长110 m，主提升绞车型号为JT1600/1224(130 kW电机)。矿井有双回路电源，分别来自兴农变电所和四海变电所。矿井水文地质类型简单，正常涌水量为15 m^3/h，一段排水，排水泵2台，型号为100D—45X6，水仓设在井底八片车场，水仓标高129 m，总排水高度216 m，水仓容量为180 m^3，水泵流量42 m^3/h，扬程270 m，排水管路2趟，管径ϕ108 mm。地面建有200 m^3 的静压水池，消防尘管路齐全；地面设有暖风炉和螺杆式压风机，暖风炉型号为RF—90(15 kW电机)，压风机电机功率为132 kW。矿井采矿证批准开采21#、22#层2个煤层，剩余储量105万t。

该矿证照均在有效期内，安全生产许可证、煤炭生产许可证被发证机关暂扣没有返还。2009年3月28日该矿经市煤炭局返还证照现场条件验收合格，正在办理相关证照返还手续。该矿现有矿长1人，证件齐全有效。安全管理人员5人，其中生产、安全副矿长无安全资格证书，技术、机电副矿长证件有效，通风负责人证、岗不符。矿井现有职工186人，实行三班八小时作业制。

事故当班有5处作业地点，分别是21#右八片采煤工作面、20#左八片全煤上山掘进工作面、八片后石门掘进工作面、二段22#右一平巷掘进工作面、九片后石门掘进工作面。

该矿开采未经批准的20#煤层，属盗采国家资源。该矿于2008年10月31日开始施工20#左八片平巷，2009年3月28日因遇构造复杂带停止20#左八片平巷施工。20#左八片平巷全长137 m，巷道截面中高2.2 m，底宽2.4 m。2009年3月29日该矿退至20#左八片平巷130 m处施工20#左八片全煤上山，直至事故发生。

(二) 矿井监管情况

该矿的安全监管部门为鸡西市安全生产监督管理局，行业管理部门为鸡西市煤炭工业局。

该矿于2008年11月3日按照鸡西市政府统一要求停产整改达标，证照被相关发证机关暂扣。该矿从2009年2月13日开始擅自开工生产，直至事故发生。火工品由天源公司火工品直供库提供，来源是该公司开采非煤矿山的火工品，属非法挪用火工品。

2008 年 12 月 20 日天源公司以“黑源股司字〔2008〕165 号”文件向鸡西市煤炭工业局申请质量标准化验收，2009 年 1 月 6 日鸡西市煤炭工业局到该矿进行质量标准化达标验收，井下有一采两掘三个工作面，分别是 21# 右八片采煤工作面、左八片 21# 切眼上山掘进工作面和二段 22# 右一平巷掘进工作面，验收结论是该矿质量标准化达标。2009 年 3 月 18 日天源公司以“黑源股司字〔2009〕20 号”文件向鸡西市煤炭工业局申请返还煤炭生产许可证验收，2009 年 3 月 28 日鸡西市煤炭工业局对该矿进行了返还证照现场条件验收，井下有一采两掘三个工作面，分别是原 21# 右八片采煤工作面、原二段 22# 右一平巷掘进工作面、新增加九片后石门掘进工作面，验收结论是达到返还证照条件。此次验收前一天夜间，天源公司安排该矿在 20# 左八片入口处打了一道密闭，以逃避检查，而验收人员没有认真检查，同时也没有注意到两次验收工作面及工程量的情况变化，没有发现该矿私自生产行为。

鸡西市安全生产监督管理局为避免煤矿私自非法生产，于 2008 年 12 月 12 日对该矿上了锁。于 2008 年 12 月 23 日到该矿巡查和 2009 年 1 月 8 日按计划到该矿安全检查，该矿未生产。2009 年 1 月 15 日天源公司以“黑源股司字〔2009〕4 号”文件向鸡西市安全生产监督管理局申请开工验收，2009 年 1 月 18 日鸡西市安全生产监督管理局对该矿进行了复产验收，验收结论是合格，并以鸡安监复函〔2009〕30 号文件要求“该矿按正常程序履行证照核发手续，证照齐全后同意开工生产”。春节后，鸡西市政府按照省政府要求，重新下发了矿井开工复产验收条件和程序，该矿到事故发生前，未进行开工复产验收。2009 年 3 月全国“两会”期间，鸡西市安全生产监督管理局对该矿进行巡查时，未发现该矿擅自生产行为。

鸡东县公安局按照市政府统一停产要求，于 2008 年 12 月 13 日对该矿地面火工品库进行了查封。2009 年 3 月 10 日鸡东县公安局对该矿进行夜查时发现该矿违规使用火工品，对该矿进行了罚款 5 万元的行政处罚，并收缴 5 箱零一包火药和 580 发雷管。但是未对火工品使用情况进行深入调查处理，也未及时就火工品来源情况向市公安局等有关部门汇报。

二、事故经过及抢险救灾过程

2009 年 4 月 4 日零点班入井 23 人(包括值班井长 1 人，瓦检员 2 人)，分别到井下 5 处采掘地点开始作业，其中左八 20# 全煤上山掘进工作面 6 人，21# 右八采煤工作面打木垛 1 人，八片后石门掘进工作面 4 人，九片后石门掘进工作面 4 人，二段 22# 右一平巷掘进工作面 5 人。4 月 4 日 5 时 10 分左右，八片后石门掘进工作面作业的工人东晓林和贾兴江从工作面往外将装满矸石的矿车推到八片车场后，从车场往工作面推空车皮，当行至右八后石门和平巷交叉口处时，就听见左八平巷里传来“轰隆”的一声，随即一股强大的水流将两人冲倒，贾兴江遇难，东晓林被八片车场矿车挡住后，奋力爬出水面，和共同被水冲出来的八片后石门掘进工作面工作其他 2 人一同从主井逃生。另有 4 人事故发生时，从八片车场沿主井安全升井。

事故发生后，蹬钩工张明立即向矿长李仁海报告，说井下透水了。矿长李仁海在向天源公司喻强副总经理报告的同时，立即组织人员下井抢险救灾。

接到报告后，鸡西市委、市政府领导立即赶到事故现场，成立了以市长王兆力为总指挥的事故抢险救灾指挥部，迅速组织人员开展抢险救灾工作。4 月 4 日 9 时 20 分恢复第一套排水系统，排水量为 50 m^3/h，4 月 4 日 9 时 50 分鸡西市煤炭局矿山救护队入井搜救，确定当时井口水位淹至左九车场子以上 25 m 处，标高为 110 m。同日 23 时 50 分建成并投入使用第二套排水系统，总排水量达到 100 m^3/h，并具备 150 m^3/h 排水能力。为防止次生事故的发生，指挥部按照国家局领导和省领导的意见，于 4 月 5 日 1 时 30 分，在透水点左八片建立了挡水墙。4 月 6 日 2 时 30 分又建成第三套排水系统作为排水的备用系统，从而，极大地加快了排水速度和抢险救灾的步伐。经鸡西市煤炭局矿山救护队积极努力地搜救，于 4 月 5 日成功搜救出 4 名被困人员。4 月 9 日 1 时 10 分将 12 名遇难矿工遗体全部找到并升井，至此事故抢险救灾工作全部结束。在抢险救灾过程中，累计排水 6 000 多立方米，清淤泥 630 多吨。

三、事故原因分析

（一）直接原因

20#层全煤上山掘进工作面接近报废多年的立井采空区，采空区存在大量积水，掘进工作面放炮时与采空区的一条采煤下巷尾部相透，采空区积水溃入，导致水害事故发生。

（二）间接原因

(1) 煤矿超层盗采、违规生产。一是矿井制造隐蔽工程，逃避监管，超层开采20#煤层，盗采国家资源；二是矿井多头作业，违规私开两个掘进工作面；三是在与周边报废矿井关系不清、水文地质情况不清的条件下，未落实鸡西市政府规定的“逢掘必探”防治水措施。

(2) 天源公司安全生产主体责任不落实。一是未经批准，擅自违规组织生产；二是对煤矿多头作业熟视无睹，对煤矿超层开采行为予以批准；三是安全管理体制机制不健全，日常管理、安全监督检查流于形式。煤矿无规程作业无人问津，安全管理责任不落实。

(3) 火工品管理不到位。一是天源公司违规挪用火工品；二是鸡东县公安部门发现金利煤矿非法储存、使用火工品未向鸡西市公安部门及时报告情况，致使该矿违规使用火工品和私自开工生产现象未能得到有效制止；三是鸡西市公安部门对天源公司违规挪用火工品情况失察。

(4) 行业管理不到位。鸡西市行业管理部门在矿井返证验收过程中，工作不细，未及时发现矿井违规生产和私开工作面；对煤矿水患排查和防治水措施落实情况检查指导不到位。

(5) 安全监管不到位。鸡西市安全监管部门在日常监管过程中，对煤矿擅自违规开工生产情况监督检查不到位；对煤矿未按照规定配备驻矿安全员。

(6) 市直煤矿企业监管体制不顺。对市直煤矿企业缺乏有效的政府监管，特别是该矿驻矿安全专盯员未落实。

四、防范措施

(1) 鸡西市政府要认真总结和吸取这起事故的教训，加强矿井安全生产监督管理，严防类似事故发生。一是以这起事故为典型案例对全市地方煤矿的法人代表、矿长和安全管理人员开展一次警示安全教育，教育其摆正安全与生产、安全与效益的关系，树立依法办矿、依法管矿的意识。二是要进一步规范市直煤矿企业安全管理体制机制，落实煤矿企业和政府监管主体责任，推进完善驻矿安全专盯制度，发挥驻矿安全专盯作用，堵塞安全监管盲区。三是进一步加强水害防治的技术管理。要指导煤矿企业做好矿井水害防治工作，组织有经验的专家和工程技术人员对辖区矿井水患情况重新进行排查。对矿井工程技术人员进行防治水专业知识培训，提高技术管理水平。对存在水害隐患的矿井或区域必须建立探放水队伍，配齐探放水设备，坚决做到“逢掘必探”。

(2) 要进一步落实煤矿企业水害防治工作主体责任。鸡西市各煤矿企业要认真开展隐患排查，切实加强矿井水文地质基础工作，配齐配强专业人员，定期收集、调查本矿及相邻煤矿的废弃老窑情况，加强井上、下对照，认真编制水害防治规划和应急预案，完善隐患排查制度，加大本质安全型矿井建设力度。

(3) 要进一步落实政府有关部门管理主体责任，完善健全部门联动和责任约束机制，针对本次事故中暴露出来的违法开采、违规生产、违法使用火工品等问题，监管、行管、公安部门要举一反三，深刻反思，明确职责，采取措施，完善制度，严格监督，加大对工作人员的履职教育，促进依法行政。国土资源部门要严格规范管理，科学合理地审批煤炭资源，采取针对性措施，加大打击盗采资源行为的执法力度，有效杜绝盗采资源现象的发生。

(4) 市、区（县）政府要严厉打击非法生产的矿井。加强对打击煤矿安全生产非法违法行为的组织领导，完善打击非法违法行为工作责任制，明确分工，落实责任，联合执法。严格密闭管理和图纸交换，严厉打击隐蔽私开作业地点、超层越界盗采资源等违法违规行为，并形成长效机制。同时要加强火工品管理，特别要加强对火工品直购单位和直供库的管理，从源头上防止矿井违法生产。

湖南省衡阳市常宁市三角塘镇企业办煤矿“3·21”重大透水事故

2009年3月21日16时15分，常宁市三角塘镇企业办煤矿在非法开采过程中发生重大水害事故，造成13人死亡，直接经济损失332万元。

一、事故单位概况

(一) 煤矿概况

企业办煤矿位于常宁市三角塘镇境内，始建于1966年，有山神庵等多处开采井筒，1982年停办。1995年，刘五成等人集资7万元，购买了山神庵井筒，沿用原企业办煤矿矿名，恢复了矿井生产。此后，又陆续购买和恢复了多个井筒进行开采，因资源枯竭，先后关闭。2007年12月，山神庵井结束开采。

在组织山神庵井生产的同时，2005年上半年，现企业办煤矿股东在距该井470 m处购买了1个井筒(以下称排水井)，进行非法生产。2008年5月，常宁市人民政府组织力量关闭了排水井。2008年9月起，企业办煤矿擅自恢复了排水井生产。2008年，排水井共生产原煤4 694 t。

2007年6月，企业办煤矿股东又花3万元收购了一个非法井筒(距排水井20 m处，是发生事故的矿井，以下称“新井”)。2008年9月，安装水泵抽排井筒积水，至12月底排干。2009年元月起，在新井和排水井同时非法组织煤炭生产。2009年元月至事故发生，新井和排水井共生产原煤4 839 t。

企业办煤矿由李桂伢(又名李三毛)、李元芽、刘五成、刘黑子(又名刘亿伦)、詹石生、廖建刚、廖爱国、廖楚平、彭青春9人合伙经营，每人股金25万元，总股金225万元。

企业办煤矿由李桂伢全面负责。李元芽协助参与煤矿经营管理。彭青春分管煤炭销售。廖建刚分管采购。廖楚平任出纳、保管兼电工。刘五成任安全生产负责人。刘黑子、廖爱国分管新井(即事故矿井)的井下安全生产。詹石生分管排水井的井下安全生产。聘请廖国成、廖年林负责瓦斯检查和井下探放水工作。

新井采用三班制作业，排水井采用两班制作业，每班作业8 h。全矿下井作业人员60人。

企业办煤矿没有取得火工产品购买、使用许可资格。矿主采取非法手段，从外地购买火工产品。2008年11月至事故前，企业办煤矿非法购买和使用炸药1 692 kg。

企业办煤矿没有取得用电许可。矿主私自搭接电源后，供电部门按月收取电费。2008年8月至事故前，企业办煤矿用电11.908万kW·h，交纳电费10.169 7万元。

(二) 企业办煤矿采矿权项目出让和资源整合情况

企业办煤矿曾于2001年取得采矿许可证，2002年底过期失效。2003年12月，省发展计划委员会和省煤炭工业局同意将企业办煤矿列入规划矿井。2005年9月，省国土资源厅同意采取拍卖或挂牌的方式公开出让企业办煤矿等14个煤矿的采矿权。因国家产业政策调整，上述采矿权的出让计划停止实施。

2007年12月，省人民政府办公厅复函同意了衡阳市人民政府煤矿整顿关闭规划。为解决历史遗留问题，其中批准同意常宁市盐湖镇五七煤矿“扩界整合盐湖镇五八、瓦文、杉树、明星、三角塘镇企业办煤矿等5个采矿权项目”。在该整顿关闭规划中，企业办煤矿新井(事故矿井)位于企业办煤矿采矿权项目和五七煤矿规划的扩界整合范围外。

2008年6月，常宁市人民政府根据批准的煤矿整顿关闭规划，组织有关部门对五七煤矿的整合后的矿区范围进行审查，同意其上报《湖南资源整合矿区范围申请书》。该申请书中，企业办煤矿新井(事故矿井)不在申请范围。企业办煤矿矿主为将事故矿井纳入五七煤矿矿区范围，行贿买通了常宁市国土资源部门经办人员。经办人员未经批准，私自将五七煤矿整合后的矿区范围坐标进行篡改后上报，将事故矿井纳入了五七煤矿矿区范围。2008年8月18日，省国土资源厅下文同意了五七煤矿整合后的矿区范围申请，并于10月27日颁发了五七煤矿扩界后的采矿许可证。

至事故发生，五七煤矿扩界后资源整合初步设计方案仍在编制中。五七、五八、瓦文、杉树、明星和企业办煤矿尚未进行资产评估和股权分配，各自独立组织生产经营。

(三) 矿井基本情况

1. 矿井开采技术条件

企业办煤矿新井和排水井位于衡阳市市属裕民煤矿井皂井田2勘探线附近，处于该井田不对称向斜转折端，地质条件较简单。矿井开采二叠系龙潭组上段煤层，含煤5层，主采6煤层。6煤层煤厚0.1～2.0 m，平均厚1.5 m，倾角17°～20°，煤层不稳定。企业办煤矿没有进行过瓦斯等级鉴定，其邻近的井皂矿井为低瓦斯矿井，所开采煤层不易自燃，煤尘无爆炸危险性。

2. 矿井水文地质情况

矿井开采井皂矿井(已关闭)井筒护巷煤柱。井皂矿井水文地质条件简单，煤层顶、底板含弱裂隙水，大气降水和老窿水为矿井主要充水水源。从20世纪80年代后期开始，井田内众多私采小窑在煤层露头附近乱采滥挖，造成地面塌陷、开裂，大量地表水通过地面塌陷、裂隙进入矿坑，矿井水文地质条件趋向复杂，井下雨季涌水量显著增大。1998年5月23日，井皂矿井被水淹，淹井时涌水量1 080 m^3/h，最高淹没水位+110 m。邻近的五七煤矿于2007年下半年排水后，至事故前淹没水位下降为+75 m。井皂矿井被水淹后，−50～+75 m标高段积水量39.5万m^3。+20～+75 m标高积水量17.4万m^3。

3. 矿井生产系统

排水井井口标高+150.25 m，开采+75 m水淹线以上煤层。井下安装一台125D25×6型55 kW水泵抽排积水。采区巷道贯通邻近一个废弃小窑，实行自然通风。井下安装2台工业鼓风机向工作面通风。

新井为发生事故的矿井。井口标高+150.26 m，井筒坡度30°，断面3 m^2，全长245 m，落底标高+20 m。新井采用“独眼井”开拓方式，在地面安装5台工业鼓风机，通过塑料管道向各工作面通风。矿井在+20 m和+28 m区段沿东、西两翼分别沿煤布置巷道，采用木棚支护，风镐落煤，巷道式开采。新井涌水量3～4 m^3/d，没有建立排水系统，矿井积水每天用矿车装运出井。

4. 事故地点概况

事故发生在新井东翼+28 m区段二伪斜上山掘进工作面。该上山从东二上山与东平巷贯通点上6 m处东侧开门，沿6煤层掘进，煤厚1.2 m，事故前已掘进6 m。

2009年3月18日晚班，探水工廖年林对该工作面施工探水钻孔，共施工钻孔3个。其中：左帮和前进方向钻孔各1个，孔深4 m和5 m，未探到水；右帮1个孔探到2 m时遇底板岩石，探到了水。拔出探水钻杆后，有小手指头般大小水流涌出。19日早班，刘黑子安排人员用圆木将工作面煤壁封闭，并用黄泥筑了简易拦水坝，用塑胶管将水引至井底车场。

(四) 对企业办煤矿监管情况

企业办煤矿采矿权项目出让计划取消后，2007年1月9日，衡阳市国土资源局和煤炭工业局函告常宁市人民政府，指出企业办等煤矿视同非法煤矿，应立即予以关闭。2007年9月14日，衡阳市人民政府发出通知，要求所有决定关闭(含被整合的)煤矿必须立即停止供电，收缴火工产品，按标准关闭到位。

2008年3～5月，衡阳市和常宁市开展了整顿和规范矿产资源开发秩序“回头看”活动。3月6日，常宁市国土资源局向企业办煤矿下达了通知书，责令立即停止非法采矿行为。4月7日，常宁市整顿和规范矿产资源开发秩序领导小组办公室(以下称整规办)函告三角塘镇人民政府,要求按国务院“六条标准”彻底取缔企业办煤矿。5月7日,常宁市整规办函告常宁市电力局和公安局,要求停止向无证开采的企业办煤矿等58家矿点供电和供应火工产品。5月20日,常宁市政府组织力量,对企业办等13处煤矿进行了关闭,封闭了井口,拆除了地面设备、设施。9月16日,常宁市国土资源局发现企业办煤矿排水井非法采矿,给予了“责令停止非法采矿行为,没收违法所得2万元、并处罚款1万元”的行政处罚。

2009年2月20日,衡阳市煤炭工业局对列入资源整合矿区范围的原规划矿井进行了暗访,发现企业办等煤矿正在非法组织生产,当天在常宁市政府召开了情况通报会,向常宁市政府及其国土、安监、煤炭、公安、电力等部门通报了情况,指出企业办等煤矿“矿井排水系统不完善,水患威胁严重,采用独眼井开采方式,正在非法组织生产。要求将企业办等煤矿按标准关闭到位,并派人驻矿盯守”。

2009年2月23日,常宁市人民政府在常宁市国土资源局召开了专题会,决定对企业办等煤矿进行整治,依法予以关闭。在2月24日的全市煤炭安全生产工作会上,常宁市人民政府领导再次进行了强调。为落实上述会议精神,三角塘镇政府组织力量,先后于2月28日和3月10日对企业办煤矿进行了整治,封闭了井口,拆除了部分生产设施,但关闭不彻底。常宁市国土资源局、安全生产监督管理局、公安部门和电力部门也先后对企业办等煤矿进行了督查,但都没有查处到位。

二、事故发生经过及抢救情况

2009年3月21日早班(8~16时),新井安排3处作业地点,共17人下井。其中:西二上山掘进7人,中斗口处采煤5人,井底车场巷道修理3人,探水工1人,由安全生产负责人刘五成井下带班。

作业人员于8时下井。14时,探水工廖国成对修理工刘建荣讲:“探水当头顶板上有水了,水也加大了。”14时30分,井底车场3名修理人员出井。15时30分,刘五成出井。至此,事故发生前,出井4人,井下仍有13名作业人员。

16时15分,新井绞车司机李太佑与井下矿工通话时,通讯突然中断。李太佑便向刘五成反映井下对讲机联系不上。于是刘五成安排探水工廖年林下井查看。廖年林下井发现井筒下段已被水淹没,意识到发生了突水事故,立即向刘五成汇报了情况。随后,刘五成电话通知所有股东迅速赶到煤矿。股东见赶来的遇难者家属越聚越多,除彭青春外,其他股东先后逃离事故现场,并带走了煤矿所有图纸、文字资料和账本。

18时50分,常宁市煤炭局局长胡泽文接到本局一名职工电话,说有群众反映企业办煤矿发生了事故,便立即赶往事故现场,并向有关单位进行了报告。

接到事故报告后,常宁市党委、政府迅速成立了事故救援指挥部。救援人员通过改造矿井供电系统、恢复矿井通风系统,安装水泵抽排积水,至27日15时,累计排出积水410 00 m^3,水位下降9.68 m。

3月27日,事故抢险救援专家组认为现场条件制约了增大排水能力的可能性;现有排水能力有限,积水多,有动水量补给,排水时间较长;排干后可能引发地质灾害;继续进行救援排水,威胁救援人员安全。在确认13名失踪人员无生还希望的情况下,提出了终止救援工作的建议。事故救援指挥部经认真研究,向常宁市人民政府提交了停止救援的请示。常宁市人民政府在报请衡阳市人民政府批准后,于3月28日17时宣布停止井下救援。至此,事故救援工作结束。

在开展事故救援的同时,常宁市党委、政府做了大量善后工作,矿区稳定。现场救援结束后,常宁市人民政府组织力量彻底关闭了企业办煤矿,并在井口为13名遇难者立碑。

三、事故原因分析

(一)直接原因

企业办煤矿新井非法开采已关闭的井皂矿井积水区煤柱,开采点附近采空区静态积水量达13.3万m^3,存在严重突水危险。3月18日晚班,+20 m水平二伪斜上山工作面钻孔探穿积水区后,高压积水沿着探水孔不断浸入和冲刷钻孔周围煤体,使煤体抗压强度越来越低。3月21日16时15分,二伪斜上山作业点与积水区之间的煤柱被大面积击穿，高压积水迅速溃入井下开采空间。井下出现明显的突水预兆后，矿主没有停止作业，撤出人员，造成人员伤亡。

（二）间接原因

1. 企业办煤矿新井属非法矿井，矿主无视矿工生命安全，非法组织生产

收购非法矿井（事故井），行贿买通常宁市国土资源部门经办人员，设法将收购的非法矿井井筒位置纳入了五七煤矿资源整合矿区范围内。然后，以收购的非法矿井是五七煤矿的被整合矿为“借口”，拒不执行政府和部门责令关闭的监管指令，非法开采煤炭资源；新井不具备安全生产条件，乱采滥挖。采用“独眼井”方式开采，没有两个安全出口。没有建立排水系统，没有采取有效的防治水措施。出现突水预兆时，没有采取措施，撤出人员，违章指挥，强令工人冒险作业；事故发生后，矿主不积极组织救援，逃离现场，贻误抢救。

2. 三角塘镇人民政府对企业办煤矿监管不严，整治关闭不到位

企业办煤矿长期存在非法生产行为，取缔不到位。2009 年 2 月 20 日后，已知企业办等煤矿存在严重水害威胁，并非法组织生产，虽于 2 月 28 日和 3 月 10 日组织人员进行了整治，但关闭矿井不彻底。整治后没有安排人员驻矿盯守，没有及时发现和制止其擅自恢复生产行为。

3. 常宁市有关部门对企业办煤矿监管不到位

常宁市国土资源部门对五七煤矿资源整合矿区范围审查把关不严。经办人员未经批准，私自将常宁市人民政府已审定的五七煤矿整合后的矿区范围进行窜改后上报，致使事故矿井纳入了五七煤矿资源整合矿区范围，给企业办煤矿逃避关闭、拒不服从监管，非法开采煤炭资源提供了“借口”。有关人员没有及时发现和纠正上述违法行为；2009 年 2 月 20 日以来，衡阳市煤炭工业局多次督查，通报了企业办煤矿非法开采问题，相关部门没有采取有效措施予以制止并依法查处：国土部门没有采取没收违法所得和开采设备等有效措施；煤炭管理部门没有依法查处其非法生产经营行为；公安部门没有查明其火工产品来源，收缴其火工产品；电力部门没有彻底切断其供电电源；安全生产监督管理部门现场检查时，多次发现其非法生产行为，没有采取有效措施予以制止。

4. 常宁市人民政府对矿业秩序清理整顿和煤矿整顿关闭工作要求不严

没有认真落实衡阳市煤炭局提出的关闭企业办煤矿建议，对企业办煤矿整治关闭不到位；对职能部门执法监督与考核不严。没有及时发现和查处少数执法人员在对企业办煤矿监管中存在的滥用职权、玩忽职守、徇私舞弊等行为。

四、防范措施

（一）依法解决煤矿整顿关闭过程中的突出问题

(1) 在关闭三角塘镇企业办煤矿的同时，依法关闭盐湖镇五七煤矿和七一煤矿扩界整合范围内的五八、瓦文、杉树、明星、富鑫、冯家园、小湖铺、九祁、平和鑫等 9 处煤矿。关闭煤矿必须达到下列标准：停止供应并处理火工用品。停止供电，拆除矿井生产设备、供电、通信线路。封闭、填实矿井井筒，平整井口场地，恢复地貌。妥善遣散从业人员。原有关闭矿井达不到上述标准的，要组织力量，按标准关闭到位。

(2) 五七煤矿和七一煤矿开采范围位于已关闭的井皂矿井积水区附近，带压开采，存在水害威胁的重大安全生产隐患，责令五七煤矿和七一煤矿停止井下生产，组织专家论证，根据论证结论，作出是否关闭矿井的决定，并组织实施。

(3) 严厉打击煤矿非法违法生产行为。彻底关闭无证非法开采的煤矿。对借整合、技改之名非法违法组织生产以及不能按要求完成整合技改的煤矿，必须一律取消保留资格，依法予以关闭。

（二）进一步加强煤矿防治水工作

煤矿企业必须定期收集、调查和核对相邻矿井和废弃的老窑情况，并在井上、下工程对照图上标出井田位置、开采范围、开采年限和积水情况。有积水的井巷及采空区的积水范围、标高和积水量，必须绘在采掘工程平面图上，在水淹区域应标出探水线的位置。对带压开采，存在重大水害威胁的煤矿

企业，要组织专家进行论证，根据论证结论，作出是否关闭矿井的决定，并组织实施。对如下五类矿井必须责令停产整改：一是存在未查明矿井水文地质条件和采空区、相邻矿井及废弃老窑积水等情况而组织生产的；二是矿井水文地质条件复杂没有配备防治水机构或人员，未按规定设置防治水设施和配备有关技术装备、仪器的；三是在有突水威胁区域进行采掘作业未按规定进行探放水的；四是矿井排水系统不完善的；五是矿井、采区和工作面无两个安全出口的。

（三）常宁市国土资源管理部门要加强矿产资源规划管理

审批煤矿企业矿区资源范围申请时，应当严格按照省人民政府审批同意的煤矿整顿关闭规划进行。确需调整规划的矿区范围时，必须按程序严格进行审批。严防非法矿山借资源整合之名逃避关闭。

（四）建立矿产资源管理联合执法机制，有关部门在各自职能范围依法履行职责

(1) 常宁市国土资源管理部门要加强煤炭资源开采的监督管理，严厉打击和查处违法开采行为。对各类非法采矿行为，应当没收非法采出的矿产品和违法所得，给予行政处罚，并提请政府立即关闭。对涉嫌犯罪的煤炭矿产资源违法的行为，要及时依法移送司法机关处理。

(2) 煤炭行业主管部门和煤矿安全监管部门要加大巡查力度，及时掌握和依法查处煤矿企业非法违法生产经营行为。同时，应充分发挥行业指导协调作用，及时向国土、公安、电力、劳动、工商等部门和乡镇政府通报煤矿企业非法、违法生产经营情况。

(3) 安全生产监督管理部门应当履行综合监管职能，对发现煤矿企业各类非法、违法生产行为，应当督促有关部门和乡镇政府及时依法查处。

(4) 公安部门要严格煤矿企业火工产品的审批和监管。严格按照《民用爆炸物品管理条例》的要求核发煤矿企业的民用爆炸物品购买证；向煤矿企业批供火工产品，应先得到矿山企业行业主管部门的核准。对资源整合技改扩能矿井和停产整顿矿井，应根据行业主管部门核准的数量停供或限时限量供应火工产品。对无证非法矿井，严禁批供火工产品；要加强煤矿企业火工产品使用情况的监督检查，及时查处其非法、违法买卖和使用火工产品的行为。

(5) 煤炭税费统征部门要进一步规范煤炭税费征收管理，从原煤销售渠道上杜绝煤矿非法生产现象。要进一步完善现有的煤炭税费征收规定。向煤矿企业提供煤炭税费吨位票据时，应先审查其持证情况和生产能力，并报煤炭行业主管部门核准。各征收验票稽查站在验查运煤车辆时，凡没有提供煤矿企业合法性证明和煤炭税费吨位票据的，一律不得放行。

(6) 电力部门应当强化煤矿企业供电管理。严格用电许可审批，不得向非法煤矿企业供电。发现非法转供电的，要立即切断其供电电源，拆除其供电设备。

（五）进一步强化政府监管职能

(1) 健全安全生产目标管理责任制。按国家有关规定要求，进一步明确政府及部门在煤炭资源开发秩序中的监管责任，建立和落实领导干部联矿责任制和执法人员驻矿盯守责任制。

(2) 完善政府与部门联动机制。建立部门联席会议制度，加强政府与部门之间信息传递。定期组织有关部门整顿和规范矿产资源开发秩序的联合检查，通报检查情况，切实抓好矿产资源勘查开采的清理整顿工作。凡按要求应当关闭的煤矿企业，在组织关闭的同时，要及时通知公安、电力、煤炭税费统征等部门停供火工产品、停供电、停供准销准运票据，要抄送有关部门，依法撤销或吊销其有关证照。做到层层有人把关，环环有人负责。

(3) 加强执法监督与考核。严格按照国家有关规定要求，落实各部门监管责任。定期开展对执法监管人员的执法监督与考核，严查其滥用职权、玩忽职守、徇私舞弊等行为。对因监管不力，导致煤矿企业出现非法违法生产行为的，要依纪追究责任，构成犯罪的，要从严追究。受处理的有关人员不得提拔，不得异地重用。

第十六章 2008年水害

贵州省安顺市蔡官镇柏秧林煤矿“12·31”重大透水事故

2008年12月31日5时40分，贵州省安顺市西秀区蔡官镇柏秧林煤矿发生透水事故，造成13人死亡，直接经济损失1 499.8万元。

一、煤矿基本情况

柏秧林煤矿为个体私营企业，矿井原设计生产能力3万t/a。2006年该矿经省政府批准被列为整合矿井，与老板洞煤矿进行整合。2008年12月该矿整合技改开采方案设计经省煤炭管理局审批，但直至事故发生安全设施设计尚未报批。

矿井采用斜井开拓，设有主斜井和回风井，采用中央并列式通风。矿井在东翼布置了运输大巷掘进工作面，在西翼M14煤层中开拓了1409运输下山，在接近原矿界附近遇断层后布置了一工作面，采用“蜈蚣型”非正规采煤方式，即以1409运输下山(独头巷道)为轴线，往左右两侧布置采煤工作面(其中沿左侧采长70 m，右侧采长59 m)，采用放炮落煤方式。全部垮落法管理顶板。采煤工作面供风由1台11 km对旋式局部通风机同时向左右两侧供风。由于柏秧林煤矿与西翼相邻的林兴煤矿相互越界开采，两矿边界已实际贯通，1409采煤区域右侧前方存在一采空区(约67 000 m^3)。

2008年12月25日，1409采煤区域沿运输下山左侧推进了90 m后由于积水严重停采。1409采煤区域右侧事故发生时已推进了100 m。在距1409运输下山右侧20 m处，顶板在2008年10月份就开始有滴水，事故前3天变为淋水。

矿井在主斜井采用五部胶带运输机运输，未设辅助提升系统，采煤区域及掘进工作面采用刮板运输机运输。矿井未设水仓，主要利用中部一采空区(距离主井井口约1 165 m处)作为临时水仓，采用二级排水，利用防尘水管作为排水管路(管径为1.5英寸)。事故发生前，采煤区域和临时水仓处各使用一台水泵，两台水泵功率分别为11和2.2 kW。临时水仓处水泵平时不开启，仅在临时水仓积水溢出影响井下生产时才启动。矿井安装有KJ90型安全监测监控系统一套，运行不正常。

2008年7月，柏秧林煤矿总回风巷积水严重，就将积水排往主运输平巷右侧附近一采空区(此采空区后作为临时水仓)。8月份，1409运输下山掘进过程中揭穿了林兴煤矿形成的采空区，未发现积水，煤矿打了两道栅栏防止工人进入。11月初，张文彬发现该采空区积水已满，向张平进行了汇报，张平回答说“不管是在掘进和采煤都要做好探水工作”。随后李高国就以“积水太多，没有管路和设备来排水”为由，仅利用防尘水管将部分积水通过虹吸自流的方式流向1409采煤区域采空区。

1409采煤区域未编制探放水措施。作业过程中，只安排用煤电钻在右侧采煤区域沿刮板运输机尾方向打3 m深的探水眼。

二、事故经过及抢险过程

2008年12月30日23时，生产矿长主持召开夜班班前会，安排了当班工作，23时30分，工人陆续入井。当班入井36人，其中，采煤队长胡春雷带19名工人在1409采煤区域右侧回采(事故点)、东翼运输开拓大巷掘进工作面有6人、运输班8人、瓦检员1人及矿带班负责人谭志学(于31日凌晨2时升井)。

采煤区域由胡春雷负责管理，电工李金明负责在左侧区域抽水，当班班长唐龙、何光杰负责来回巡查，采煤区域共分为12个作业点，每个作业点1人，负责5 m左右范围的攉煤、移溜、回柱、支柱等工作。31日0时，采煤队到达作业地点，在准备工作完成后，放炮工王奉维开始从刮板运输机尾向机头方向分段放炮，工人紧随攉煤，至3时，整个采面放完炮。3时许，瓦检员袁永胜、工人孙金宝等发现在距运输下山20 m处顶板淋水加大，颜色变浑浊，建议班长唐龙安排立即在此处打探水眼，但唐龙未采纳建议。因该处煤壁突出，影响移溜，于是唐龙安排在该处补炮，切平煤壁。补炮后，工人继续回到各自岗位作业。31日5时40分，淋水处发生突水。采煤队队长胡春雷及在突水点外侧的5名采煤工、瓦检员、机电工共8人立即沿1409下山往井口方向逃生，但在突水处以里的12人无法撤出，正在左侧采煤区域抽水的电工李金明听到喊声后，从里面跑出来，被水冲入老塘。在1409大巷工作的8名运输工和在东翼开拓运输巷掘进施工的6名矿工听到发生事故后，也立即撤出地面。

接到井下发生事故的报告后，生产矿长李高国立即组织救援，但水已淹至1409运输下山口40 m处，只好撤出井口。经清点人数，共有13人被困井下。

接到事故报告后，省应急救援指挥中心立即启动了应急预案。召请了安顺市矿山救护队、林东矿业集团公司矿山救护队、永贵集团救护队等三支矿山救护队共60名队员参加事故抢险，并从林东矿业集团公司黄家庄煤矿、安顺市华荣公司及周边17个煤矿共抽调约1 360余名技术人员和骨干矿工参加抢险。

从2008年12月31日22时40分，第一套抽水设备开始排水，之后又陆续安装了三套排水设备投入抽水，至2009年1月10日，累计排水26 000 m^3，并在1409采煤区域搜寻到了5名遇难矿工的尸体。1月17日上午7时，距离事故发生397 h，经全力搜救，仍有8名矿工下落不明。15时30分，抢险指挥部接到搜救人员发现工作面老顶来压垮塌的报告后，经研究作出了暂时停止搜救的决定。

三、事故原因分析

（一）事故直接原因

柏秧林煤矿擅自启用不具备基本安全生产条件的生产系统违法组织生产。且在透水预兆明显的情况下，违章指挥，冒险蛮干，采动诱透老空积水，导致事故发生。

（二）间接原因

(1) 柏秧林煤矿采用非正规的采煤方法，通风和排水系统不健全，探放水措施不落实，不具备基本安全生产条件。1409采煤区域采用沿下山两翼布置后退回采，只有一个安全出口；1409采煤区域采用局部通风机供风，与东翼开拓运输巷掘进工作面串联通风，通风系统不完善；井下未设置专用水仓，利用采空区作临时水仓、以防尘管路作为排水管路；明知采煤工作面前方采空区存在大量积水，也不按规定编制和采取探放水措施。

(2) 柏秧林煤矿安全管理极为混乱。一是违法将井下生产承包给个人；二是未健全安全生产管理机构和配备满足安全生产需要的安全管理人员，煤矿无矿长和工程技术人员，现场安全管理失控；三是在1409采煤区域发现明显透水预兆后，未立即组织撤人，仍继续冒险违法生产。

(3) 镇人民政府对国家有关法律、法规和文件贯彻不力。未督促安监站和乡企站认真履行职责，对违法生产打击不力；明知柏秧林煤矿等证照不全的煤矿违法组织生产，未采取有效措施制止。

(4) 对越界非法开采查处不力，在整合技改煤矿储量核实工作方面存在薄弱环节。

(5) 在柏秧林煤矿证照不全，不能组织生产的情况下，有关部门违规向其发放煤炭调运标识卡，致使该矿非法生产的煤炭产品进入市场；煤矿执法检查走过场，未下井检查就编造隐患下达执法文书。

(6) 火工品审批把关不严。违规向证照不全，不具备基本安全生产条件的柏秧林煤矿审批火工品。

(7) 中介机构违反职业操守出具虚假报告。

四、防范措施

(1) 加快资源整合步伐。一是资源整合矿按规定完善技改施工手续，进入实质性的施工阶段。

严禁在原老系统以整改为名非法组织生产。要尽快完善手续，将主要精力放到新井的建设中，不能边建设、边生产；二是要加强整合前各煤矿老系统开采、生产情况的图纸、技术资料的收集，并建立相应的技术档案，将采空区等标注到新井建设的图纸上，编制有针对性的防治水措施并实施。

(2) 加强整合矿井防治水工作。一是中介机构在对煤矿的开采设计方案和安全专篇进行设计时，必须对整合前涉及的煤矿的开采情况资料进行全面的收集，明确标示出采空区和相关参数，以便于煤矿在新井建设时采取有针对性的探放水措施。二是国土资源部门在前期进行资源配置时，加强审查，督促中介机构必须将煤矿已开采并形成空区的部分标示出来，不能作为资源配置给煤矿，误导煤矿。国土资源部门越界查处中发现的采空区要及时向安监、煤炭部门通报。三是行业管理部门加强对资源整合前原矿井的图纸和采掘活动等技术资料的收集和整理，以便指导整合后煤矿的防治水工作。

(3) 安监部门要牵头建立和完善联合执法机制。在煤矿完善资源整合技改手续前，从源头上切断煤矿的火工产品、电力及煤炭准运凭证的供应，严防其非法生产；同时各部门要依法履行职责，对煤矿建设项目行政许可中，要严格把关审查，督促煤矿收集齐整合前的相关技术资料，科学规划，安全建设。

(4) 要注意处理好经济发展和安全生产的关系，认真学习国家和省对资源整合的产业政策，并加大宣传力度；认真理解和贯彻国家及省对资源整合矿井、单井扩能扩界和新增矿权等各类矿井的相关要求、办理程序和办理时限，督促和帮助煤矿尽快完善相关手续，投入建设；对已完善手续的，要采取措施督促煤矿将主要精力放到技改施工建设中，争取早日建成一批生产能力大、本质安全的新型矿井。

河南省济源市马庄煤矿“10·29”重大透水事故

2008年10月29日19时10分许，济源市马庄煤矿发生一起重大透水事故，造成18人死亡，3人下落不明，直接经济损失590万元。

一、矿井概况

（一）矿井基本情况

济源市马庄煤矿始建于1984年，为个人独资企业，属于资源整合单独保留的技术改造矿井，矿井法人代表、矿长范旭营。矿井设计生产能力15万t/a，服务年限5.8 a，可采储量112.86万t。矿井设计采用一对立井单水平上下山开拓方式，中央并列抽出式通风。开采二$_1$煤层，煤层平均厚度9.17 m，由南向北变薄，煤层倾向340°～345°，倾角18.5°～34.5°，局部变化较大，一下山煤层倾角达到43°。矿井瓦斯绝对涌出量0.15 m^3/min，瓦斯相对涌出量0.9 m^3/t，属低瓦斯矿井，煤层不易自燃，煤尘无爆炸性，矿井正常涌水量50 m^3/h，最大涌水量100 m^3/h。

该矿采矿证号4100000620188，有效期为2006年12月至2012年9月。2005年12月11日，河南省煤炭铝土矿资源整合领导小组办公室以豫资源整合办〔2005〕25号文件批准该矿单独保留。2006年9月8日济源市安全生产监督管理局以济安监〔2006〕128号文件批准了该矿的技术改造初步设计，生产能力由6万t/a改造为15万t/a。2006年10月9日河南煤矿安全监察局豫西监察分局以豫西煤安监〔2006〕109号文件批准了该矿的技术改造初步设计安全专篇。2006年10月30日济源市安全生产监督管理局以济安监〔2006〕145号文件批准该矿技改工程开工。

截至事故发生前，矿井提升系统、通风系统、供电系统、瓦斯监测监控系统、消防灭尘供水系统已形成。该矿井底内、外水仓已投入使用，水仓容量677 m^3。泵房内安装有三台水泵，两台型号为D85—45×5，一台型号为D155—30×8，敷设直径ϕ133 mm和直径ϕ159 mm的排水管路两趟，顺主井敷设至地面，排水能力为325 m^3/h。在技改区轨道下山底、非技改区一下山和二下山中下部分别安装有3台3寸潜水泵将巷道淋水排至井底水仓。矿井无专用探水钻机，使用煤电钻代替探水钻进行探放水。

济源市马庄煤矿正式下文件任命（在今年10月份申请复工上报的）的矿长为：矿长范旭营（有矿长资格证和矿长安全资格证，以下简称有证），安全矿长范营柱（有证）、生产矿长郎运动（有证）、技术矿长王同宽（有证）、机电矿长于剑波（无证）；实际负责工作的矿长为：矿长范旭营（有证），安全矿长范营柱（有证）、生产负责人（生产矿长）王小庄（无证）、技术矿长王同宽没有干技术工作，实际无人负责技术工作，机电矿长闫正桥（无证）。设有生产科、机电科、安全科（3名带班队长兼任安全员，实际无安全员）等管理机构，有专职探水工2名。共有5个包工队，2个在技改区施工岩巷，3个在非技改生产区施工煤巷。矿井没有反映井下实际开采情况的图纸，非技改区所有生产掘进工作面没有作业规程。

（二）开采现状

批准的矿井技术改造初步设计和安全专篇中，以两条岩巷下山（运输下山和轨道下山）为基准，将矿井分为上下两个采区，分别是位于深部的11采区（下山采区）和浅部12采区（上山采区），首采区安排在11采区（技改区）。在技改工程中，目前主副井延伸工程、主井底车场、水仓、泵房均已完工；2007年9月份副井扩井筒延伸落底，井深149.2 m。2007年12月主井扩井筒延伸落底，井深203 m。技改区域两条岩巷下山(运输下山和轨道下山)基本到位,尚未开拓其他巷道,技改区所有巷道全部采用工字钢支护,规格是:顶宽 2.0 m,底宽 2.6 m,巷高 2.3 m。

该矿副井延伸落底后,开始在副井底非技改区维修、掘进并生产出煤。副井底非技改区域现有两条煤巷平巷、两条煤巷下山,上平巷(也叫一平巷)连接一下山,下平巷(也叫二平巷)连接二下山,在上下平巷之间开有一联络巷、二联络巷、三联络巷(尚未贯通)。非技改生产区现有生产掘进工作面为:一下山正头、二下山正头、三联络巷、小溜子巷(也叫南起坡巷)以及小溜子巷西拐巷,没有正规采煤工作面。2008 年 9 月 1 日,该矿开始在一下山变坡点向下 18 m 处右帮上山方向(向南)施工一条小溜子巷,掘进 12 m(向南起坡,铺设溜煤槽),接着向东稍偏一点又掘进平巷 12 m(巷道在煤层中,内铺设一部 11 型小溜子),在平巷中间向西又掘一西拐巷(平巷),西拐巷长约 8 m。在一下山底部向北(向下)掘进 4 m 小巷道,计划作为临时水仓。巷道全部在煤体内掘进,采用手镐破煤,遇到较硬实体煤时采用放炮破煤,巷道采用密集棚木支护,支护规格为顶宽 1.6 m,底宽 2.6～2.7 m,巷高 1.6 m。

该矿非技改区的生产区域及向南到煤层风化带全部处于 2004 年以前巷采法采过的老空区内。现生产区域一平巷向南(向上山煤层露头风化带)最近水平距离 55 m 处进入富水区。2007 年以来,在非技改区域上平巷 40 m 以上(为上平巷保留了 40 m 煤柱),采用巷采法生产,每隔 20 m 左右向南开掘一条上山巷道(角度达 43°),向南开掘的上山巷道斜长最远达 80 m 长,依次向东最远的上山巷道在一下山口。在上山巷道内每隔十几米就向两侧开掘平巷长 10 m 左右,在平巷内隔段扩帮(每侧扩帮 3 m)、落顶出煤,在采过煤退出时,隔两棚拆一棚。2008 年 5 月份,开始维修掘进上平巷,采用巷采法把原来留下的 40 m 宽煤柱进行了穿采,同时在上平巷南侧预留 10 m 宽煤柱。在巷采过程中曾多次遇到以前的老空区巷道,部分巷道还有空间(没压实)。至事故发生前,共出煤约 3 万 t(2008 年出煤 2 万 t)。

(三) 矿井防治水情况

2005 年 4 月和 2007 年 2 月该矿委托河南省焦作地质工程勘察院,在地表做了矿区富水性高密度物探,出具了《济源克井镇马庄煤矿物探工作报告》和《马庄煤矿定井排水工作成果图》,报告圈定了矿井富水区域,现生产区域二平巷向南(向上山煤层露头风化带)水平最近距离 55 m 处进入富水区。并在矿区周围施工了 3 口排水井,其中 2 口井已投入使用。同时,主井正常排出的水量为 50 m^3/h。

该矿所有煤巷掘进没有探放水专用措施,但矿井有一个通用的探防水制度,掘进过程中进行了探放水,探放水制度要求探水钻孔个数不少于 5 个,深度不少于 30 m。探水使用煤电钻打孔,实际掘进工作面一般打 4 个探水钻孔,孔深一般 5～12 m,最深孔只有 15 m,钻孔没人检查验收。小溜子巷和西拐巷于 9 月 17 日停止掘进,巷道开在实体煤中,两条巷在掘进过程中曾探过水,打过的钻孔都有渗水现象;在小溜子巷内距巷口 5～6 m 处,向西帮打了个 6 m 深的钻孔探水时发现有报废的老巷道,当时又打了个 13 m 的钻孔,钻孔内有少许水流出。

9 月 17 日,按照济源市政府要求,该矿停止了井下一切作业活动。10 月 17 日,济源市批准该矿维修与技改有关的巷道,当天该矿开始维修,并在非技改区安排工人掘进维修巷道。至 10 月 29 日,零点班包工队在小溜子巷内维修 6 个班、此巷道高度只有 1 m,为长期停工顶板下压所致。29 日零点班,已经维修到接近溜子头,发现小溜子巷内小溜子头处从巷道里面沿底板有水流出,水量约 4 m^3/h,比 9 月 17 日放假时要大些。

二、事故发生及抢险救援经过

10 月 29 日 15 时,四点班代班长兼安全员常云奇到生产矿长王小庄办公室领活,15 时 20 分开始开班前会,随后范中全在井口点名,当班共有 32 人入井。在技改区轨道下山底部安排浙江包工队 5 名工人维修岩巷,其中 1 人开泵,1 人开绞车,3 人在下山修棚;在非技改生产区姚卫东班入井 27 人,其中副井底安排孟富平和卫国军 2 人把罐推车,一下山上部溜子头 2 人修巷,一下山中部小溜子巷口向上 10 m 处 2 人修巷,一下山小溜子巷口以下 15 m 处 2 人修巷,一下山底部水涡和中部水涡安排周小文 1 人开泵,二下山底部水仓口处修棚 2 人,二下山高处水涡开泵 1 人,二下山底部水仓清淤及开泵2人，二下山底部联络巷开泵1人、开溜子1人、整理溜子4人，二下山高处安排3人运风机并由流动电工张国民1人来此安装，二下山高处开溜子1人，二下山安排代班长1人兼安全员，包工队队长姚卫东1人。

入井后，工人按分工到各自地点开始作业。15时50分，四点班包工头姚卫东下井，先在二联络巷和8点班工人一起修溜子，17时左右，8点班工人出井，姚卫东接着走到一下山正头等修巷地点查看情况。之后，姚卫东帮助从井底往修巷地点运材料，运完料后坐在一下山上部溜子头处休息，19时10分许，听到在一下山内距小溜子巷口向上约10 m处维修的工人周文举喊“出水了”，在一下山中上部修巷的周文举、周爱国、梁光元等4人立即往外跑，姚卫东听到喊声后立即向下跑到一下山距小溜子巷口3～4 m处，看到有水正从小溜子巷涌出流向一下山底部，水非常猛，并带有“轰轰”的响声。姚卫东拔腿就往外跑，顺着一下山、上平巷跑到副井底和周文举等4人一起乘罐出井，在井口姚卫东看了看表是19时20分，并问井口的人，得知在副井底的两个人已经升井了。19时15分许，从副井底上来的2个工人(卫国军、孟富平)跑到地面办公楼院子里，见到矿长范旭营和副矿长范营柱后跟他们报告说井下出水了。范营柱立即顺副井下井看情况。约19时18分，听到井下出水的消息后，负责技改区轨道下山岩巷施工的包工头沈亚青立即换衣服从副井下井，寻找本队在轨道下山岩巷修棚的工人，在井底碰到本队逃出的4个工人(裴帮奎、马中银、裴帮庆、蔡义成)，没有吴水岭，因为水已淹到1.2 m深，他就赶快带领本队的4个工人升井了，升井时在井底见到安全矿长范营柱和管理人员吕国营。范营柱走到副井底下平巷一联络巷口看到水已淹满巷道，无法前行，遂返回立即升井。约19时35分，范营柱升井并跟范旭营讲井下水已淹到副井底，范旭营立即给济源市工业经济发展服务局局长和正新报告并请求救援。约19时55分，济源市煤炭局局长王波赶到了矿上，20时10分许，济源市救护队赶到矿上参加救援，20时35分，济源市政府主要领导赶到事故现场，启动应急救援预案，全力组织实施抢救。

事故发生后，河南省委、省政府高度重视，徐光春书记从国外打回电话，就事故抢救和善后处理作出重要指示；郭庚茂代省长、陈全国副书记、李克常务副省长对事故抢救、事故查处和善后处理分别作出重要批示。史济春副省长带领省安全监管局、省煤炭工业管理局、河南煤矿安全监察局有关负责同志连夜赶赴事故现场，组织指导抢险救援工作。10月30日早上，国家安监总局和国家煤矿安监局分别派出赵苏启副司长和孟斌成副主任等3人紧急赶赴事故现场指导事故抢险救援工作，并传达了张德江副总理和赵铁锤副局长的重要指示精神，要求全力抢救事故，避免次生事故发生，尽速查明事故原因，吸取事故教训，采取得力措施，扭转安全生产被动局面。

这次事故中，透出的水从小溜子巷出来后，由一下山流经二联络巷、二下山、三联络巷、下平巷、主副井联络巷、轨道下山、运输下山；造成了在非技改生产区一、二下山内维修及掘进作业的20名工人和在技改区轨道下山修棚的1名工人共21人遇难。至12月24日，已救出18名遇难人员，尚有3人被困井下(推定死亡)。由于现场抢救工作艰难危险，济源市抢险指挥部聘请了专家论证后，于12月24日停止了抢险工作。

三、事故原因分析

(一) 事故的直接原因

突水点(西拐巷正头)西部以上存有大量的老空区，老空区内存有大量的承压水，突水点处到老空区的防隔水煤柱宽度不够，在承压水长期的压迫和浸渗下，防隔水煤柱被突然冲垮，老空区内的水瞬间溃出。

(二) 事故间接原因(煤矿方面)

一是矿井长期违法违规生产。该矿为技改矿井，应该按照批准的技改设计的工程施工，不得施工与技改无关的工程，但该矿自去年以来，长期组织在非技改区域开掘巷道、生产出煤。

二是矿井防治水措施不到位，存在重大安全隐患。用煤电钻代替探水钻进行探水；探放水人员没有经过培训；探放水工作无人监督检查，探放水制度落实不到位，小溜子巷及其西拐巷掘进中虽进行了探水，但最深孔只有 15 m 深，没有按矿上要求打够 30 m。在探水时发现了西拐巷正头周围有老空区并且钻孔有少许水流出，接近老空区的西拐巷在掘进及探水时发现有渗水、淋水等透水征兆，这些水害重大隐患没有引起矿上的重视，并采取措施彻底消除。

三是矿井安全生产管理混乱。实际行使职责的矿井管理人员除矿长和安全矿长外均无上岗资格证，矿上任命的生产矿长、技术矿长和机电矿长没有履行职责，井下没有跟班安全检查员和瓦斯检查员，由带班队长兼职安全员检查员，矿上管理人员违章指挥工人冒险作业。

四是矿井技术管理严重疏漏。没有专职负责技术工作的副矿长(技术负责人)，对矿井的水文地质条件了解的不清，对老空区的范围和积水量不清；没有绘制井下实际工程图，生产掘进巷道没有作业规程；没有专项探放水措施。

四、防范措施

一是济源市技改煤矿必须严格按照技改设计程序施工，不得擅自施工与计该设计无关的巷道。

二是济源市煤矿应加强探放水工作，建立专业探放水队伍，采用专用探水钻，制定专项探放水措施和作业规程，安排专人对探放水工作进行现场监督、验收。坚持有掘必探、不探不进的探放水制度。

三是济源市煤矿应健全机构，配齐安全管理人员，加强技术和安全管理工作，井下工程施工及时上图，研究并掌握井下地质条件变化情况，掌握矿井水文和老空区情况。

四是济源市煤矿应严格落实各项安全生产规章制度。应加强职工安全教育和技术培训工作。煤矿安全生产管理人员和特种作业人员必须经过培训，持证上岗。

河南省洛阳市新安县鑫泰煤业有限公司“9·13”重大透水事故

2008年9月13日13时30分许，洛阳市新安县鑫泰煤业有限公司(以下简称鑫泰煤业公司)发生一起重大透水责任事故，造成10人死亡，1人受伤，直接经济损失282.53万元。

一、事故单位概况

(一) 鑫泰煤业公司基本情况

鑫泰煤业公司位于新安县石寺镇西沟村附近，由原石寺镇棠前煤矿、棠子沟煤矿、三号桥煤矿、棠西煤矿、棠东煤矿整合而成，为乡镇煤矿。原有矿井全部关闭，现正在技改。该矿新设计采用一对斜井开拓。设计生产能力15万t/a，开采二叠系山西组二$_1$煤，可采储量177.86万t。属低瓦斯矿井，煤层不易自燃，煤尘具有爆炸性，矿井正常涌水量15 m^3/h，最大涌水量90 m^3/h。

鑫泰煤业公司采矿证号4100000730497，有效期为2007年9月至2014年3月。2006年11月5日洛阳市煤炭局以洛煤〔2006〕222号文批准该矿技术改造初步设计，2006年11月14日河南煤矿安全监察局豫西分局以豫西安监〔2006〕137号文批准该矿安全专篇；2007年9月13日洛阳市煤炭局以洛煤〔2007〕127号文批复该矿技术改造开工许可。目前该矿地面土建工程已基本完工，井下矿建工程已完成80%(两条上山基本到位、水仓已基本形成、首采11011工作面正在掘进)，矿井提升系统、通风系统、供电系统、瓦斯监测监控系统、消防灭尘供水系统已形成。

该矿以顶板裂隙和老窑充水为主。大气降水是矿井充水的主要水源，矿区范围内老窑多、分布广、采空区面积大，采空区积水对煤矿开采威胁较大。

该矿排水系统中内环水仓已投入使用，外环水仓正在施工。泵房内安装有两台水泵(一用一备)，一台型号为MD155—30×5，另一台型号为MD155—30×6，敷设2趟直径为133 mm的排水管路，排水能力为155 m^3/h。

矿井配备有4台探水钻，其中1台为ZDY550S型全液压坑道钻机，2台为KHYD140型岩石电钻，1台为KHYD40型岩石电钻。编制有矿井探放水措施。

鑫泰煤业公司配有矿长和分管生产、安全、技术、机电工作的副矿长，设有安全科、生产科、技术科、调度室等管理机构，配备有3名安全员(兼瓦检工)，设有探水队配9名探水工。共有6个掘进队，分别在井下1个岩巷掘进工作面(外环水仓)和5个煤巷掘进工作面(11051绕巷、11051上巷、11011上巷、11011下巷、轨道上山)作业。

2008年7月底，该矿开始施工11051下巷，采用风镐掘进，掘进过程中进行了探放水。8月份，该矿派人对在其井田内东北部的水井位置进行了测量和上图，上图后发现水井位于11051下巷正前。8月30日，11051下巷掘进到120 m时，在巷道迎头探出水(水量约10 m^3/h)，就停止掘进，排水观察。为了躲避水井积水威胁，矿上经研究决定后退30 m向右开11051绕巷，绕巷中宽2.4 m，高2.1 m，工字钢支护，并于9月7日零点班开始施工。11051绕巷掘进5 m后，于9月11日八点班和四点班进行了探水，共打了5个钻孔，最深孔只有15 m，在此后的掘进过程中没有再进行探水，冒险进行掘进，至事故发生时共掘进21 m。

（二）水井情况

根据坐标对照，井下发现的立井即为井田内东北部的水井，井深118 m、直径2.5 m，储水水量约450 m^3，水深84.9 m。事故发生时，11051绕巷迎头右帮距水井井壁只有1 m距离。

二、事故发生经过和抢险救灾情况

9月13日八点班，开完班前会后，该矿共有70名工人入井，其中：11011上巷17人安装皮带、11011下巷13人掘进、皮带上山9人安装探水钻、外环水仓6人掘进、11051上巷6人掘进、11051绕巷掘进工作面11人（掘进9人、皮带工1人、放煤工1人），另有水泵房开泵1人、皮带下山开皮带1人、皮带上山探水工2人、电工1人、测量工1人、瓦检工1人、跟班矿长1人。

入井后，11051下巷皮带工贾保明先在上仓皮带巷清理落煤，清理完后，沿11051下巷从皮带机头处向里清理落煤，当清理到距东联巷口以里20多米时，听到里边有人喊"赶快走"，就扭头往外走，刚走了两三步，就被水打翻，滚了几下，倒在水里，爬起来向后一看，发现里边巷道被杂物堵严，巷道内有水，知道发生了事故，就赶快升井了。大约13时30分，八点班瓦检工贾学敏在11051上巷掘进工作面，看到井下有煤尘扬起，下到11051下巷看到有水漫出。事故发生后，60人安全升井，10人被困井下。

接到事故报告后，新安县委、县政府立即启动煤矿事故应急预案，成立抢险指挥部，下设抢险组、善后组、后勤组等7个工作组，开展抢险工作。河南省委常委、洛阳市委书记连维良，省政府副秘书长赵瑞东等省、市领导和省直有关部门负责人迅速赶赴现场，指导事故抢险工作。

9月14日0时10分，井下巷道右上角出风、风无异味、风力较大。根据出现的情况，省委常委、洛阳市委书记连维良再次主持召开抢险指挥部会议，按照省、市专家的意见和建议，抢险指挥部果断决策，采取先全力排水再小断面修复冒顶区掘进的抢险方案，立即调集水泵9台，全力开展排水工作；同时，在井下、井口各成立指挥小组，负责排水、修复冒顶及抢险物资供应，全力营救被困人员。9月14日0时20分，冒顶区以里水量基本排完，经测算，突水量约450 m^3。

9月14日5时45分，在修复冒顶区域2 m处，发现6名遇难者；20时40分，井下共恢复巷道12 m，发现第10名遇难人员。23时50分，最后一名遇难者升井。抢险工作结束。

经反复调查核实，这起事故造成了在11051绕巷内掘进作业的9名工人和来此处安装煤电钻综合保护开关的1名电工共10人死亡。

三、事故原因分析

（一）直接原因

施工11051绕巷时，导致水井井筒内积水瞬间溃出，是事故发生的直接原因。

（二）间接原因

(1) 探放水措施执行不到位。11051绕巷掘进5 m后，进行了一次探水，打了5个钻孔，最深孔只有15 m深，在以后掘进中，直至事故发生没有再进行探水。

(2) 对水井位置的测量和上图严重失误。矿上测量人员对水井位置测量后，上图的水井位置偏离实际位置直线距离约70 m。11051下巷及绕巷违反技改程序施工，在外环水仓及上山没有施工结束的情况下违规提前施工。

(3) 矿井安全管理混乱，存在重大漏洞。矿井安全管理人员对11051绕巷掘进过程中没有严格执行探放水措施，监督管理不到位，对探水孔深度没有验收，探水人员未经培训上岗，五职矿长除矿长陈天成外均无上岗资格证，今年以来技术矿长连换5人。

(4) 县煤炭局对上级监管部门检查指令重视不够，安排部署落实工作不扎实；对煤矿安全生产监管不力，检查督促煤矿落实上级监管部门整改要求不到位，没有采取断然措施使煤矿真正停工整改、消除事故隐患；对检查过程中发现煤矿存在的无证上岗等问题没有及时要求整改解决。

(5) 县、乡(镇)政府对煤矿安全生产监督管理安排部署不周密；镇政府落实百日安全督查活动不到位；设置煤管站不规范，煤管站职责规定不明确，管理驻矿员不规范；对煤矿矿长和职工安全教育培训监督检查不够。

四、防范措施

(1) 煤矿企业要认真落实企业主体责任，加强安全管理工作，严格落实各项安全生产规章制度。加强职工安全教育和培训工作，煤矿安全生产管理人员和特种作业人员必须经过培训，培训合格后持证上岗。加强技术管理和探放水工作，充实技术队伍，提高技术管理和测量水平，安排专人对探放水工作进行现场监督、验收。煤矿必须严格按照技改设计和程序施工。

(2) 煤矿安全监管部门要扎实开展煤矿安全生产监管工作，继续创新工作思路和方法，从细处着手，督促煤矿充实技术力量，抓好职工培训和持证上岗工作，提高办矿水平；对发现隐患要督促整改并跟踪落实，消除事故隐患，杜绝违法违规施工现象。

(3) 县、乡政府要高度重视和周密部署煤矿安全生产监督管理工作，明确煤管局、煤管站和驻矿员职责，规范管理；督促煤矿企业加大安全投入，认真进行职工安全教育和培训，提高安全生产水平。

河南省禹州鹤煤仁和矿业有限责任公司“9·7”重大透水事故

2008年9月7日5时40分许，河南省禹州鹤煤仁和矿业有限责任公司发生一起重大透水事故，造成6人死亡，另有12人下落不明，直接经济损失1 545.18万元。

一、事故单位概况

(一) 禹州鹤煤仁和矿业有限责任公司历史演变及其矿井有关情况

2005年9月，河南省煤炭铝土矿资源整合领导小组办公室同意将禹州市苌庄乡梨园福顺煤矿等11个小煤矿调整加入鹤煤集团。鹤煤集团将梨园福顺煤矿、梨园沟煤矿规划整合为1个煤矿，于2005年10月8日在禹州市工商行政管理局将煤矿的名称预核准为禹州鹤煤仁和矿业有限责任公司(以下简称该矿)。

2006年12月，鹤煤集团和范明钦(以禹州市苌庄乡梨园福顺煤矿名义)签订了出资协议书，协议该矿注册资本1 500万元，鹤煤集团出资51%，梨园福顺煤矿出资49%。2008年5月，河南省煤炭工业管理局对鹤煤集团提出的该矿技术改造初步设计修改予以批复(技术改造后生产能力由6万t/a提高到30万t/a)。

该矿位于禹州市苌庄乡梨园村境内，矿区面积1.237 2 km^2，可采储量343万t，开采$二_1$煤层；目前共有老主井(井深120 m，技术改造完成后改作风井)、老风井(技术改造完成后报废)、主井(井深213.7 m，尚未与副井贯通)、副井(井深136 m)4个立井；通风方式为中央并列抽出式，老主井和副井进风，老风井回风；矿井正常涌水量120 m^3/h，最大涌水量200 m^3/h，矿井水的主要组成部分为$二_1$煤层底板岩溶裂隙承压水，其井田浅部老空积水较多。该矿在副井底和二平巷分别设有临时水仓和泵房，副井底水仓泵房安装两台D155—30×7型水泵，一备一用(流量为155 m^3/h，功率为160 kW、扬程为210 m)，二平巷临时水仓和泵房安装有两台D155—30×7型水泵，配备3趟直径为150 mm的排水管。

(二) 该矿证照情况

该矿采矿许可证证号为4100000730658，有效期自2007年11月至2015年6月。总经理纪丙壮，其矿长资格证编号为MK41HEM0013，有效期自2007年12月至2009年12月，尚未取得安全资格证。该矿还未办理安全生产许可证、煤炭生产许可证和工商营业执照。

(三) 事故地点有关情况

事故发生地点为11021工作面上付巷一探巷，一探巷斜长为41.8 m，下段开口处采用单体液压支柱加Ⅱ型钢梁支护，上段采用木支护，在其上部向西施工有四个平巷，向东施工一个平巷。各平巷均为2 m×2 m木支护的梯形巷道。2008年9月5日，井下作业人员在掘进一平巷6 m后，一平巷出水，便停止施工并打木垛。接着向东掘进一个平巷7 m后，该巷道又出水，于是停止施工，开始在二平巷采煤。

(四) 该矿安全生产管理有关情况

鹤煤集团为对资源整合煤矿进行统一管理，组建了鹤煤集团郑鹤公司。郑鹤公司于2007年9月与该矿签订了安全生产委托管理协议。之后，鹤煤集团又明确禹州煤炭资源整合筹建处(成立于

2005年)在郑鹤公司的领导下对该矿开展日常安全生产管理工作。该矿配有董事长、总经理(矿长)和负责生产、技术、安全的负责人,其中董事长和负责技术、安全的负责人由鹤煤集团委派。

2008年以来,郑鹤公司和禹州煤炭资源整合筹建处对该矿进行过多次安全检查,发现仁和矿业公司存在通风系统不完善、水文地质资料不清、探放水设备设施不完备等重大事故隐患。2008年8月7日,郑鹤公司和禹州煤炭资源整合筹建处对该矿检查后,下达了要求从2008年8月7日～31日"停止一切采掘活动,只允许整改重大隐患"的安全监察人员意见书及停止作业通知书,并将该矿的井口绞车锁住。2008年9月1日,禹州煤炭资源整合筹建处在该矿安全检查时发现该矿私自撬开井口绞车的锁并违法组织生产活动,同时事故隐患也未整改到位,便给予5 000元罚款,并于9月2日又一次下发了停止作业通知书。但该矿继续违规进行生产活动,直至事故发生。

二、事故发生经过和抢险救灾情况

(一) 事故发生经过

2008年9月7日零点班,该矿副总经理杨松长和矿井调度负责人张书灿安排62人在井下从事维修、掘进及采煤等工作。2008年9月7日4时30分,11021工作面上副巷一探巷二平巷透水,事故瞬时出水量达3 000 m^3 以上,很快将一联络巷、二联络巷和皮带下山等的839 m巷道淹没,冲垮巷道200多米,多处巷道冒顶严重,11021工作面上副巷低洼处被水和淤煤堵死,被堵巷道以里瓦斯浓度达到10%以上。事故发生后,有38人安全升井,24人被困井下。

(二) 事故报告和抢险救灾情况

事故发生后,该矿没有及时向有关部门报告,部分负责人和知情人员逃匿。当日7时57分,郑鹤公司总经理靳利民接到该矿安全生产工作负责人王洪超事故报告后,立即向鹤煤集团报告,鹤煤集团随即向上级有关部门报告了事故情况。鹤煤集团启动事故应急救援预案,成立了以鹤煤集团董事长李永新、总经理苗河根为指挥长的事故抢险救灾指挥部开展抢险救灾工作。到2008年9月18日,共搜救出12名遇险矿工,其中6人生还、6人死亡,还有12名矿工下落不明。至事故调查工作结束,抢险搜救工作仍在进行中。

接到事故报告后,河南省政府张大卫副省长立即带领河南煤矿安全监察局和河南省安全生产监督管理局、煤炭工业管理局等部门主要负责人赶到事故现场指导抢险救援工作;郭庚茂代省长两次来到事故现场听取事故抢险情况汇报并对抢险工作提出具体要求;史济春副省长在外出差期间得知事故情况后,立即从外地赶到事故现场指导抢险救援。国家煤矿安全监察局付建华副局长于事故发生当天带领有关司、局和国家应急救援指挥中心负责同志赶到事故现场指导抢险救援工作。

三、事故原因分析

(一) 直接原因

该矿违反技术改造初步设计,擅自在老空区边界开掘一探巷采煤,导致老空积水溃出。

(二) 间接原因

(1) 该矿不服管理,对上级管理机构先后两次下达的停止作业通知书置之不理,在老空边界进行乱挖滥采的采煤活动,特别是在一探巷有明显透水征兆的情况下,继续组织井下作业人员冒险作业。

(2) 该矿安全管理混乱,存在安全管理机构不健全、不按照有关要求配备"五职矿长"、水文地质资料不清、违反国家规定在井下使用包工队作业等重大事故隐患。同时,安全教育和培训不到位,井下作业人员事故防范意识不强,在出现明显透水征兆的情况下仍冒险作业。

(3) 郑鹤公司和禹州煤炭资源整合筹建处没有认真履行安全管理职责,对该矿安全管理不力,没有及时督促解决该矿存在的重大事故隐患,对该矿的违规生产行为没有采取有效措施予以制止。

(4) 鹤煤集团对该矿安全生产管理重视不够,没有使该矿的人员素质、技术装备水平和安全生产水平得到实质性提高。

四、防范措施

(1) 鹤煤集团要采取有效措施，按照“谁整合、谁投资、谁管理、谁负责”的原则，切实加强对资源整合矿井的监督管理，坚决制止资源整合技改矿井违规组织生产行为。

(2) 鹤煤集团对资源整合矿井的资源、资产、人员等生产要素予以优化重组，并按照生产管理、技术管理、安全管理、考核标准、各种报表“五统一”的原则，纳入到集团公司的管理体系中去，真正提高资源整合煤矿的人员素质、技术装备水平和安全生产水平。

(3) 鹤煤集团资源整合煤矿要严格按照《煤矿安全规程》和国家安全监管总局、国家煤矿安监局《关于进一步加强煤矿水害防治工作的通知》(安监总煤调〔2008〕160 号)要求，严格落实水害防治责任制，建立健全水害防治专门机构，进一步充实矿井水文地质专业技术人才，配齐探放水设备，保证防治水工程、资金、措施、责任落实到位，并按照“预测预报，有疑必探，先探后掘，先治后采”原则，认真开展防治水工作，防止类似事故再次发生。

广西壮族自治区百色市右江矿务局那读煤矿“7·21”特别重大透水事故

2008年7月21日15时32分，广西壮族自治区百色市右江矿务局那读煤矿发生特别重大透水责任事故，造成36人死亡，直接经济损失989.8万元。

一、矿井基本情况

那读煤矿原为百色市田东县国有煤矿，始建于1973年10月，1976年12月正式投产，设计能力为3万t/a。1996年12月被右江矿务局兼并，1997年开始改扩建，2007年核定生产能力19万t，2008年1至6月实际产量为9.2万t。

该矿持有采矿许可证、煤炭生产许可证、安全生产许可证、工商营业执照。那读煤矿矿长赵汉博在事故发生前4个多月已不在岗，由矿党委书记、常务副矿长李太云主持工作，李太云持有煤矿矿长资格证书和安全资格证书。以上证照均在有效期内。

该矿采用双斜井单水平开拓，主斜井为进风井，兼出煤、进料；副斜井为回风井，兼运人行人。井下运输大巷采用电机车运输。中央并列抽出式通风，主斜井进风量为1 573 m^3/min，副斜井回风量为1 667 m^3/min。安有一套KJ90安全监控系统，运转正常。采用倾斜或走向长壁式全部冒落采煤法，爆破落煤。

该矿二、三、四煤层为可采煤层，其中三煤层为主采煤层，煤层厚度平均2.36 m。矿井正常涌水量为9 m^3/h，最大涌水量为20 m^3/h，－52 m水平设有中央泵房，水仓总容量936 m^3，排水能力255 m^3/h；＋60 m设有防洪泵房，水仓容量为590 m^3，排水能力300 m^3/h。矿井周边有废弃小煤矿老窑积水。

二、事故发生和抢险救灾经过

（一）事故发生经过

2008年7月21日白班，该矿入井人数为99人。11时40分，掘进一队在4304工作面的中间巷与第三切眼的交叉处发现水流突然增大，随后该矿通知4301工作面及其他作业地点撤人并进行排水、观察水情。半个小时后，出水点水量减小，该矿党委书记、常务副矿长李太云下达了“水小了就可以恢复生产的意见”，已撤到安全地点的工人又返回作业地点正常作业。下午15时32分，正在4304中间巷的掘进工区副区长黄宏杰突然听到“砰砰”两声巨响，接着透水事故发生。事故发生后，42人自行升井，57人被困井下。

（二）事故抢险救援经过

16时5分，那读矿调度室通知右江矿务局救护队前来救援，17时那读矿将井下透水的情况向田东县安监局报告。接到事故报告后，百色市、田东县立即组织抢救，百色矿务局主要负责同志率领本企业救援队伍第一时间前来支援。

抢险救援工作在广西壮族自治区党委、政府和国家安全监管总局、国家煤矿安监局的指挥协调下，围绕“保电、排水、通风、救援”的工作主线，紧张有序地开展抢险工作，现场克服了瓦斯超标、巷道坍塌、井下积水和煤渣淤泥阻塞、搜救空间狭窄等重重困难。事发当晚20时30分，21名被困矿工陆续被成功救出；至8月5日14时30分，36名遇难矿工遗体全部找到，救援工作结束。

三、事故原因分析

事故直接原因：该矿四采区4304工作面风巷第三切眼，掘进导透老空区水，导致采掘区域被淹，造成作业人员死亡。

事故间接原因主要有：

一是那读煤矿和右江矿务局安全生产责任制不落实，违反《煤矿安全规程》组织生产，安全生产和现场管理混乱，没有认真开展隐患排查治理工作。

——违规组织生产。该矿在4304工作面违规开掘3个切眼，没有实施探水措施，前两个切眼掘进都因透水而停止施工，随后又在距第一个切眼30 m处重开切眼，在发现透水征兆的情况下，未按规定撤出受威胁区域的作业人员，仍在相对较低的4301回采工作面组织生产；在7月21日事故发生前，没有认真分析水量变化的情况下通知已经撤到安全地点的作业人员返回作业地点恢复生产，致使本次事故造成重大人员伤亡。

——违反探放水规定。该矿没有严格按照《煤矿安全规程》中"坚持有疑必探，先探后掘"的探放水原则进行作业，违反"如果前方有水，应超前预注浆封堵加固，必要时预先建筑防水闸门或采取其他防治水措施"的规程操作。

——企业安全生产主体责任不落实。自2008年3月以来，那读煤矿矿长长期缺位，安全管理混乱。该矿没有按要求开展隐患排查治理工作，没有查清老空区或周边废弃小煤窑积水等重大安全生产隐患；多次发现透水征兆后，未采取进一步的探查和判定措施进行根治。

——右江矿务局对那读煤矿安全生产管理不到位，安全生产责任不落实；没有按照要求组织全局开展安全生产百日督查专项行动；对那读煤矿监督检查不到位、生产技术指导不力，安全检查走过场，对那读煤矿存在透水隐患的问题失察。

二是百色市政府有关部门履行职责不到位，对右江矿务局和那读煤矿安全生产监管、行业管理不力，百色市委组织部对市属国有企业领导班子建设重视不够。

——百色市经济委员会未正确履行行业管理职责。对安全生产工作重视不够，分管领导和职能科室未认真贯彻执行《广西壮族自治区人民政府办公厅关于进一步开展安全生产隐患排查治理工作的通知》等文件要求，既没有召开专题会议布置，也没有认真组织检查，致使隐患排查治理、百日督查流于形式，没有查出那读煤矿存在透水隐患的问题。

——百色市安监局履行职责不到位，贯彻落实《广西壮族自治区人民政府办公厅关于进一步开展安全生产隐患排查治理工作的通知》等文件要求不力，对那读煤矿存在重大透水隐患的问题失察；对右江矿务局及那读煤矿安全生产管理混乱状况失察；对百色市煤矿防治水工作重视不够，未采取有针对性的安全监管措施。

——百色市委组织部、市国资委对煤矿等高危行业领导班子在组织安全生产管理方面的重要性认识不足，在右江矿务局三名主要领导涉嫌经济犯罪被司法机关采取强制措施近一年的时间内，未提出配齐该局领导班子的建议，致使该局法定代表人和安全生产第一责任人长期缺位、安全管理混乱。

三是百色市人民政府对安全生产工作重视不够，贯彻落实国家安全生产工作方针政策和法律法规不到位。对安全生产隐患排查治理和百日督查专项行动工作督促不够，对安全生产监督管理、煤炭行业管理和国有资产监管部门未认真履行职责的情况失察。

四、防范措施

一要切实做好矿井水害防治工作。广西各地要深刻汲取这次事故教训，认真分析本地区、本部门防治水工作中的薄弱环节，督促煤矿企业按照"预测预报，有疑必探，先探后掘，先治后采"的防治水原则，真正落实"防、堵、疏、排、截"五项综合治理措施。煤矿企业要配备水文地质技术人员，建立专业化探放水设备和队伍。对煤矿防治水责任不落实、防治水人员不足、探放水设备不到位、矿井及周边小煤矿的积水情况不清的，要坚决停产整顿，整顿不符合要求的依法实施关闭。

二要切实加强基础管理。建立健全安全生产责任制，加大投入、加强技术管理和现场管理，不断提高安全管理水平；强化安全教育培训，全面提高从业人员的安全技术素质；深入开展安全质量标准化工作，建设本质安全型矿井。支持大型煤矿企业收购、兼并、重组和改造小煤矿，坚决淘汰浪费资源、破坏环境、安全无保障的小煤矿。

三要深化隐患排查治理工作。百色市有关部门要结合本地区煤矿灾害主要是水害和瓦斯的特点，按照治大隐患，防大事故的要求，进一步健全隐患排查治理制度和重大隐患分级管理制度，使隐患排查日常化、制度化。督促各煤矿企业要认真整改检查中发现的隐患和问题，落实治理责任、方案、资金、人员、物资、期限和安全预案等。要始终保持高压态势，对隐患排查治理工作不认真、不负责企业和责任人员，要从严追究责任；导致重特大事故的要依法依纪严肃追究领导责任。

四要进一步强化煤矿安全生产“两个主体责任”。进一步落实地方政府行政首长负责制，落实煤矿监管主体责任，强化联合执法，严格执法，不断探索、完善煤矿安全生产长效机制。要进一步强化煤矿企业安全生产主体责任，在煤矿主要负责人变动情况下，更要及时做好工作安排，防止煤矿主要负责人长期缺位。

山西省长治县王庄煤矿"7·12"重大透水事故

2008年7月12日23时20分，山西省长治县王庄煤矿井下总回风巷掘进工作面发生一起重大透水责任事故，造成10人死亡，3人轻伤，直接经济损失365.5万元。

一、事故单位概况

1. 基本情况

山西省长治县王庄煤矿是一座国有控股股份制企业，位于长治县荫城镇西陕村。该矿始建于1964年，1967年投产，矿区面积16.698 8 km^2，地质储量1.8亿t，批准开采3#、15#煤层，现开采3#煤层，煤层厚度为4.65～6.07 m，平均厚度5.17 m，煤层倾角2°～7°，煤质为中灰特低硫高热值的贫煤。根据山西省煤炭工业局《关于2007年度年产30万吨及以上煤矿矿井瓦斯等级和二氧化碳涌出量鉴定结果的批复》(晋煤安发〔2007〕2030号)，该矿绝对瓦斯涌出量为4.12 m^3/min，矿井相对瓦斯涌出量为1.51 m^3/t，为低瓦斯矿井。矿井煤尘具有爆炸性，煤层自然发火等级为Ⅲ类，属不易自燃煤层。矿井正常涌水量为80 m^3/h，最大涌水量为130 m^3/h。该矿安全许可能力为120万t/a。2007年该矿原煤总产量为154.153万t，2008年1～6月份原煤总产量为50.768 4万t。矿井分三班生产。

2. 经营管理方式

2004年7月，长治县国有集体资产管理局(甲方)与山西省煤炭运销集团晋东南铁路煤炭销售有限公司(乙方)、山西省煤炭运销总公司长治分公司(乙方)、山西三元煤业股份有限公司(乙方)和山西振东实业集团有限公司(丙方)协议，出让长治县国有企业王庄煤矿85%的股权(股本总额为18 000万元)，其中甲方长治县国有资产管理局留股额2 700万元(占出资总额的15%)，乙方持股额11 350万元(占出资总额的75%)，其中山西省煤炭运销集团晋东南铁路煤炭销售有限公司出资8 100万元(占出资总额的45%)控股，山西省煤炭运销集团总公司长治分公司出资3 600万元(占出资总额的20%)，山西三元煤业股份有限公司出资1 800万元(占出资总额的10%)，丙方山西振东实业集团有限公司出资1 800万元(占出资总额的10%)。2004年7月20日，甲乙丙三方签订出资协议，确定公司名称为长治王庄煤业有限责任公司，到事故发生时该矿营业执照名称尚未变更，仍为长治县王庄煤矿。根据2004年9月制定的《长治县王庄煤业有限责任公司章程》第三章第十二条第1项，"公司由山西省煤炭运销集团晋东南铁路煤炭销售有限公司相对控股，法定代表人由山西省煤炭运销集团晋东南铁路煤炭销售有限公司出任"。

3. 安全生产组织机构

该矿董事长为孔德荣，负责督促总经理落实全面工作，主要负责洗煤厂筹建工作；总经理、法人代表、矿长为李平书，负责全面工作；副总经理为王志胜，负责安全生产工作；总经理助理侯忠德协助分管生产工作；总经理助理崔有宝协助分管安全工作；总工程师为汤林，负责全矿技术工作。矿井设有调度中心、安全科、通风科、机电科、生产科、技术科等安全管理机构。

4. 矿井持证情况

该矿采矿许可证证号为1000000720069，批准开采3#、15#煤层，有效期至2037年8月13日；安全生产许可证证号为(晋)MK安许证字〔2007〕D1146Y3B2，有效期至2010年11月13日；煤炭生产许可证证号为201404210160，有效期至2018年1月30日；企业法人营业执照证号为

1400001592292，法人代表李平书，有效期至2008年1月17日。2006年10月19日，山西省工商行政管理局下达企业名称变更核准通知书[（晋）名称变核企字〔2006〕第2060号]，核准企业名称变更为：山西长治王庄煤业有限责任公司，有效期至2007年4月19日。矿长李平书的矿长资格证证号为K050206174，安全资格证证号A050206929，有效期均至2008年6月（李平书正在长治职业技术学院进修大专学历）。

副矿级领导王志胜、侯中德、崔有宝、张金平等都取得安全资格证，并在有效期内。

5. 各生产系统情况

开拓系统：该矿采用斜井立井混合开拓方式，主斜井断面17.6 m^2，斜长280 m，担负矿井提煤、进风任务，兼作安全出口；副斜井断面6.5 m^2，斜长190 m，担负矿井运料、提人、进风等任务，兼作矿井安全出口；回风立井直径3 m，深98 m，担负矿井回风任务。

开采系统：该矿在批准开采区域内布置有两个综采低位放顶煤回采工作面，其中3014回采工作面生产，3041回采工作面配采，安装ZF2600/16/24B型液压支架，4MQ200型采煤机。布置有三个综掘工作面，其中3042、3043工作面回风顺槽掘进工作面装备两台EBZ50TY型综掘机，总回风巷掘进工作面装备一台EBZ120型综掘机。

通风系统：该矿采用中央并列抽出式通风，安装有2台BDK54—6№20型轴流对旋式通风机，电机功率220 kW×2，矿井总进风量为3 320 m^3/min，总回风量为3 340 m^3/min。

消防及防尘洒水系统：主斜井地面设一个250 m^3沉淀池和一个250 m^3清水池；副斜井地面设一个200 m^3清水池。矿井水沉淀后分别通过主、副斜井敷设的ϕ180 mm无缝钢管静压供水管路供给井下消防及防尘洒水。

运输系统：原煤运输系统，采掘工作面割煤经工作面SGZ—630/180型刮板运输机、顺槽SSJ80/40/2×40型皮带运输机、采区SSJ800/2×40型皮带运输机、大巷SSJ1000/125×2型皮带运输机、主斜井安装的DTL100/100/200型220 kW皮带运输机运出井；运料通过副斜井安装的JK—2×1.5/3.5型245 kW单滚筒提升绞车、大巷ZKJ—6/550型电机车、采区调度绞车运至工作面。

供电系统：矿井采用双回路供电，两路分别来自荫城110 kV变电站和八义110 kV变电站的35 kV母线端，到矿后经地面安装的两台4 000 kV·A变压器变为6 kV直接入井。

排水系统：矿井主斜井井底构筑主水泵房和主、副水仓。主水泵房安装三台5DA—8×7型水泵，其中两台功率75 kW，一台功率为55 kW，敷设两趟ϕ159无缝钢管排水管路，从主水泵房经主斜井至地面。主、副水仓容积分别为1 000 m^3和800 m^3。

矿井安设有安全监测监控系统、井下人员定位系统和BH—WTA型产量监控系统。

6. 矿井周边及井田内小煤窑状况

该矿东部与雄山煤炭有限公司、西火镇山后煤矿相邻，西部与南宋乡北宋煤矿、兴隆煤矿、东掌煤矿、长治曙光煤业有限公司相邻，北部与荫城镇西陕煤矿相邻，东南部与西火镇西掌煤矿相邻。井田周边还有位于南部的已经关闭的西掌煤矿二口，井田范围内有20世纪80年代已关闭的东沟煤矿、底山煤矿、平家煤矿、晒里煤矿等小煤矿破坏区和矿井西部的原西沟煤矿（已被长治曙光煤业有限公司整合关闭）曾越界进入该矿形成的采空区。

井田范围内已关闭的4个小煤窑和西沟煤矿越界形成的采空区，对王庄煤矿开采构成威胁。

矿井周边的长治曙光煤业有限公司的采空区对王庄煤矿开采构成威胁；东掌煤矿暂时对王庄煤矿开采不构成威胁，但在王庄煤矿开采后期时，对王庄煤矿开采构成威胁；西陕煤矿、北宋煤矿、兴隆煤矿、雄山煤炭有限公司、西掌煤矿、山后煤矿对王庄煤矿目前开采不构成威胁。

7. 事故地点概况

事故巷道为王庄煤矿主要回风巷掘进工作面。巷道设计布置在3#煤层中，沿顶板掘进，煤层厚度4.86～5.12 m，平均厚度5.02 m，巷道倾角2°～50°，巷道设计长度1 000 m。巷道断面为矩形：净高3.0 m，净宽3.8 m，净断面11.4 m^2。采用综掘机掘进，支护采用锚杆＋锚索＋钢筋梁＋冷拔丝网＋喷射混凝土联合支护。事故发生时，该工作面已施工758 m。

现场勘查时：在巷道正头中部有一个探水钻孔，该钻孔距离巷道底部1.0 m；距离巷道正头0.6 m的左下方有一个出水口，小窑内积水流进巷道内，流量约为20 m^3/h；在紧挨巷道正头煤墙底部，有一个宽2.5 m，长2.5 m，深2.2 m的积水区，水清见底；综掘机（EBJ—120）位于巷道正头，截割头处于升起状态；第一部刮板输送机（SGW—320/17）被水流冲击产生了位移。在距离巷道正头13.8 m处两帮各有一个探水钻孔，钻孔距巷道底部1.7 m；距巷道正头23.8 m处巷道底部有一钻孔痕迹，显示半个钻孔，钻孔直径0.05 m，长0.8 m；距离巷道正头41.8 m两帮各有一个探水钻孔，钻孔距离巷道底部1.0 m，钻孔是水平的。在距离巷道正头90.8 m处有一个探水钻机架（KHYD75—3.0 kW），钻机被水流冲击下解体，钻机导轨、链条被煤淤泥掩埋；巷道内有两个比较明显的低洼处，第一个低洼在巷道正头，第二个低洼在距离巷道正头500 m。低洼处部分区段煤淤泥厚度超过1 m，皮带机的部分机架、连接管、托辊被水流冲击倒、斜、脱离、丢失；矿车被水流冲击翻倒，脱离了轨道，煤淤泥进入了矿车内；绞车被煤淤泥埋了大部分；油桶半部分深埋在煤淤泥内；锚杆钻机（VT—28）也被深埋在煤淤泥中。部分有坡度的巷道，轨道被水流冲击下脱离了轨枕，轨道断开；皮带机在水流冲击下组件散开；绞车被水流冲击移动了一段距离。

二、事故经过及抢险情况

（一）事故经过

事故发生时，该矿井下布置3014回采工作面和3041备用回采工作面，3042回风巷、3043回风巷、980总回风巷三个掘进工作面。当班井下共有82名矿工入井作业，其中3041配采工作面22人、3042回风顺槽13人、运输巷6人、3043掘进工作面1人、3043回风顺槽8人、304采区轨道5人、304采区进风巷5人、304采区运输巷2人、304采区掘进巷4人、发生事故总回风巷掘进工作面共有16人作业。当日15时，太原安畅建筑工程有限公司掘进队队长崔某主持召开班前会后，15时30分，带班长尹某、周某，安全员赵某，瓦检员霍某，电工崔某，装溜工宋某、丁某，支护工吴某，皮带机司机李某，喷浆手渠某、景某，拌料工贾某、刘某、郭某、赵某和宋某共16名工人开始入井，16时到达总回风巷掘进工作面。工人在巷道内打顶锚杆、接溜、接管等用时约3 h后，开始掘进。22时20分，皮带机停止运行。皮带机司机李某向巷道里面打信号联络，没有回应，再试开皮带机时已经断电，随后去变电所给皮带机送电也没有送上。当李某返回叫前部皮带机司机一同到变电所送电时，发现风门处已经积水，积水约1.2～1.3 m。此时总回风巷掘进工作面已经发生了透水事故，在巷道外的皮带机司机李某和电工崔某、瓦斯员霍某顺利逃生。其余13人被困巷道内。景某、刘某、郭某三人事故发生时在距事故巷正头20～30 m处清理巷道，突然从巷道正头方向喷过来大量的水，当时就充满了巷道。他们三人均被水冲出去20～30 m后，分别抓住通风管、皮带机架、管线，都站在巷道中部的背斜处的皮带机上等待救援。

7月12日23时20分，王庄煤矿调度室值班人员郭某接到井下304变电站值班人员电话："总回巷掘进面透水"。郭某立即向生产副矿长王志胜电话报告，王志胜接电话后立即向矿长李平书报告。李平书接电话后，立即赶到副斜井查看相关情况，并组织工人自救，同时安排调度室值班人员将透水情况报告给了当地政府和上级有关部门。

（二）抢险过程

7月13日0时40分，长治市煤炭工业局和长治市人民政府先后接到事故报告，便立即通知长治市矿山救护队出动救援。0时55分，长治市矿山救护队接到电话招请后，迅速出动2个小队，共19人，携带救护装备、一套4英寸水泵及配套设施，于2时30分到达事故矿井。简要了解矿井情况后，救护队迅速派6名救护人员下井侦察。救护队从副斜井入井，经材料大巷到达980运输大巷，该巷积水深约50 cm左右。矿井主要通风系统正常，井下中央变电站、采区变电所、主水仓水泵受水淹，井下停电，水泵停转。行程约3 000 m后，到达总回风掘进巷，巷道口有被水冲出的煤块、皮带架等杂物，部分运输皮带被冲毁，还有水不断从巷道流出，流量约为80 m^3/h。进入巷道100 m处，积水超过

1 m,3 名救护队员踩着巷道旁的皮带架,手抓巷道悬挂电缆,涉水再前进 30 m 后,水已至胸,队员无法进入。巷道局部通风机停转,通风系统破坏,气体浓度不超限。

同时,潞安集团矿山救护大队两个小队共计 19 人,于 13 日 3 时 35 分增援到达矿井。在长治市政府的协调下,指挥部结合市救护队侦察情况,制订了救灾方案,由两个救护队的 38 名队员及矿方工人配合,5 时 30 分下井安装水泵。到达总回风掘进巷后,立即分成 3 组人员,矿工为第一组抬运水泵,长治市救护队为第二组铺设电缆,潞安救护队为第三组连接水管。13 日 12 时 30 分,第一台 4 寸水泵已连接好安装到位,13 时 30 分井下恢复供电,14 时第一台 4 英寸水泵开始排水,排水量为 80 m^3/h,16 时第二台 2 英寸泵开始排水,排水量为 20 m^3/h。随后救护队与矿工连续安装 4 英寸水泵一台、3 英寸水泵 3 台、2 英寸水泵 5 台。最大排水量最高时达 300 m^3/h。随着排水时间的推进,水位明显下降,水泵不断前移。经过 10 h 的排水,水位下降近 0.7 m,明显感觉有风流从掘进头流出。经过 15 h 的排水,14 日 5 时 20 分,水位下降近 1 m。此时救护队员发现前方有 3 盏矿灯晃动,救护队员们立即乘坐皮划艇进入,在距开拓巷口约 290 m 处发现了 3 名被困矿工踩在皮带架上,手抓电缆,水位至胸。救护队员用皮划艇将他们运出,于 6 时 40 分将 3 名被困矿工护送出井,并立即送往长治医学院附属和平医院。

14 日 7 时 20 分救护队员第二次乘坐皮划艇进入,分别在距开拓巷口约 230 m、240 m、260 m、340 m、420 m、460 m、490 m、570 m 处发现 8 名遇难矿工;14 日 15 时 30 分,又在距掘进巷道口约 300 m 处小水仓中,发现第 9 名遇难矿工;15 日 0 时 30 分在距开拓巷口约 440 m 处发现第 10 名遇难矿工。至 7 月 15 日 3 时 20 分,10 名遇难人员全部被抬运出井。至此抢险工作结束。

此次抢险工作历时 52 h,共计排水量约 6 000 m^3,并成功解救 3 名被困矿工,搬运 10 名遇难矿工。

三、事故原因分析

(一) 直接原因

由于井下巷道与小煤矿破坏区之间的煤壁变薄,小煤矿破坏区内积水压力大,在总回风巷掘进时,没有严格按照作业规程制定的探放水方案进行探放水工作。在接近小煤矿破坏区时,未能及时补充、完善探防水措施,导致了事故的发生。

(二) 间接原因

(1) 王庄煤矿对井田内已关闭小煤矿的水文地质情况掌握不清;违规将井下总回风巷掘进工作面的施工进行劳务承包,没有将包工队纳入矿井的统一管理,以包代管;对作业规程的审批把关不严,安全生产责任制落实不到位;对施工队组的安全技术管理不到位。

(2) 王庄煤业有限责任公司董事会对该矿安全生产工作疏于管理。

(3) 山西煤炭运销集团有限公司安全管理机构不健全,对王庄煤矿的监管存在漏洞。

(4) 当地政府对职能部门要求不严;煤炭行业管理部门、驻矿安监员对王庄煤矿监管不到位。

四、防范措施

(1) 长治市、长治县人民政府、山西煤炭运销集团有限公司要认真汲取"7·12"重大透水事故的教训,认真贯彻落实党和国家的安全生产方针,全面落实安全生产责任制。要站在全面落实科学发展观、构建社会主义和谐社会的高度,从企业和政府两个层面建立健全隐患排查治理分级管理和重大危险源实施有效监控这"两个机制",加强协调合作,理顺安全生产监督管理关系,明确职责,加强对改制煤矿的安全监督管理,夯实煤矿安全基础工作,努力建设本质安全型矿井。

(2) 煤炭行业管理部门要加强对煤矿的行业管理和安全监管,要加强对驻矿安检员的管理,切实发挥驻矿安检员的日常监督作用。

(3) 各级人民政府、山西煤炭运销集团有限公司要积极探索煤矿改制、托管等经营方式安全管理的新思路、新方式、新模式,认真研究股份制煤矿的安全管理问题,探索出一条如何进行有效管理的新路子,避免出现监管空档。

(4) 要下大力气抓好煤矿安全生产隐患排查治理工作，深化安全生产隐患排查治理专项行动。加大工作力度，采取断然措施，有针对性、有重点地认真开展隐患排查治理，特别是对以包代管或层层转包等问题，进行重点排查，对查出的重大隐患要做到“五落实”，即治理责任、措施、资金、期限和应急预案的落实，必须整改到位，不留后患。对存在重大隐患的煤矿，该责令停产整顿的，要果断停产，凡是在人力、技术、安全装备等方面无法保证安全开采的企业，一律停产整顿，彻底消除矿井水患。对个别整改无望又严重危及生产安全的，或者拒不停产整顿的煤矿，要坚决予以关闭。

(5) 山西煤炭运销集团有限公司、晋东南煤炭铁路运输公司要建立健全安全管理机构，认真履行职责，落实监督管理责任，加强对煤矿的日常安全监督管理，定期组织专业人员对煤矿进行安全检查，确保安全生产。

(6) 王庄煤矿要加大矿井防治水工作力度，做好矿井水文地质基础工作，建立水害预测预报制度，聘请专业地质队伍，采用先进设备，摸清矿井水文地质情况，绘制详细的水文地质图纸。必须依据《井下探放水技术规范》(MT/T 632—1996)编制探防水设计，适时修改补充，并认真贯彻执行。

(7) 王庄煤矿要加强对职工的安全教育培训工作，提高全体从业人员的素质和安全意识，做到自保互保，并能自觉抵制违章指挥行为；要加强劳动用工管理，确保实现劳动用工登记备案率、劳动合同签订率、职工工伤保险交纳率和全员培训率“四个百分之百”；要加强劳动组织管理，严禁将井下采掘工作面和井巷维修作业对外进行劳务承包。

黑龙江省鸡西市原兴农煤炭开发有限责任公司兴新煤矿技术改造井"5·30"重大透水事故

2008年5月30日1时30分,鸡西市原兴农煤炭开发有限责任公司兴新煤矿技术改造井发生一起重大透水责任事故,死亡13人,直接经济损失416.35万元。

一、矿井概况

(一)矿井沿革过程

鸡西市原兴农煤炭开发有限责任公司兴新煤矿技术改造井(以下简称:技改井)位于鸡西市鸡东县兴农镇兴农村,隶属鸡东县兴农镇。该矿1980年建井,原名综合一井。1997年因欠外债,无力经营,转给兴农煤炭开发有限责任公司(以下简称:兴农公司)经营,后因资源枯竭,各种证照没有办理延续。2003年,因兴农公司中心井(以下简称:中心井)与综合一井开采一块资源和整顿关闭矿井等原因,两矿井资源合并,将中心井更名为兴新煤矿。此后,由于中心井资源枯竭,兴农公司决定把综合一井进行技术改造,作为兴新煤矿的接续井,立项为"兴新煤矿技术改造工程",待技改完成后将中心井关闭。2003年10月,鸡东县煤炭工业管理局以鸡政发〔2003〕176号文件向鸡西市煤炭工业局呈报关于兴新煤矿改造设计的请示,同年10月27日鸡西市煤炭工业局批复,开拓方式为两立一斜。根据省政府取消小煤矿立井开拓的意见,确保矿井具备两个以上行人安全出口,2004年,鸡东县煤炭工业管理局又向鸡西市煤炭工业局呈报了兴新煤矿补掘斜井的请示,同年6月16日鸡西市煤炭工业局批复,矿井开拓方式为两斜一立。同年9月,黑龙江煤矿安全监察局鸡西办事处(现哈南分局)对兴新煤矿改造设计安全专篇进行审查并批复,要求技改井竣工投产前,中心井关闭。

2004年4月,因兴农公司与付永亭存在债务关系,公司以130万元价格将技改井(综合一井)转让给付永亭,此后付永亭又交给公司30万元,取得了兴新煤矿相关证照。2004年5月,兴农公司开始对外承包回撤中心井,2005年5月公司将回撤矿井承包给时术清,同年年末兴农公司破产,法院将兴新煤矿(中心井)公开拍卖,2006年1月,时术清购得该矿。时术清取得该矿后,发现21号煤层有储量,不甘心技改井工程结束后自己的矿井被关闭,便与付永亭协商,让其放弃技改。此时,付永亭也因技改井22号和超层开采的21号煤层资源枯竭,6号煤层接续难度大等原因,于2006年12月与时术清达成协议,同意放弃技改,并将兴新煤矿相关证照转让给时术清。时术清在取得相关证照后,于2007年7月陆续办理了新采矿证和其他证照的延续、变更手续,将兴新煤矿更名为恒达煤矿。

时术清与付永亭达成协议后,便向鸡东县煤炭工业管理局提出放弃技改申请。此间,鸡西市煤炭工业局对全市技改矿井进行清理,掌握兴新煤矿放弃技改情况后,要求县局以文件形式上报,以便将兴新煤矿技改项目销号。2007年3月23日,县局向市局呈报了《关于保留兴农煤炭开发有限责任公司兴新煤矿矿井关闭(技改井)的请示》。6月4日,市煤炭工业局以鸡煤函〔2007〕28号文件向黑龙江煤矿安全监察局哈南分局函告了包括兴新煤矿在内的8处矿井放弃技改的情况。哈南分局于6月26日把关于取消兴新煤矿在内的8处矿井建设项目意见的文件(黑煤安监哈南监字〔2007〕24号)主送鸡西市煤炭工业局,抄送鸡西市安全生产监督管理局,要求立即停止建设项目的施工,加快建设工程设备回收,对已发生的建设工程予以关闭,对列为关闭的矿井要按黑龙江省政府规定限期予以关闭。鸡西市煤炭局接到文件后,没有给予鸡东县批复意见,只是电话通知县煤炭局取回哈南监察分局下发的黑煤安监哈南监字〔2007〕24号文件,但县煤炭局一直未取该文件。

（二）矿井监管情况

事故矿井的安全监管部门为鸡东县煤矿安全监管局，具体由兴农二分局管辖；行业管理部门为鸡东县煤炭工业局。2007年3月事故矿井放弃技改后，县、市有关部门没有提出矿井回撤关闭的意见，仍把该井作为技改井（长停井）管理。在这期间，县煤矿安全监管局兴农二分局多次到该井检查，三次发现矿井有违法生产行为，虽实施了行政处罚，但未采取有效措施予以制止或关闭。县政府在2008年2月29日煤矿安全工作会议上，要求将事故矿井一类"挂靠井"一律按非法井管理并上报矿井情况，县煤矿安全监管局兴农二分局局长和县煤炭局副局长没有汇报该井的真实情况。此后，县煤矿安全监管局也未将该井作为非法井进行打击。5月2日，兴农二分局建议县局对该井派出驻矿安检员。5月12日，驻矿安检员到该矿后，不履行职责，没有制止和向上级反映事故矿井的非法生产行为，事故后逃匿。经调查，事故矿井超层越界开采21、22号煤层，投资人付永亭从非法渠道取得火工品从事非法生产活动。2007年事故矿井非法生产原煤12 000 t，2008年非法生产11 500 t。

二、事故经过及抢险救灾过程

2008年5月30日零点班入井16人，井下有2处采掘作业地点。西二段21号层前进式局部通风机采煤作业区域10人，东二段21号层采煤工作面作业区域6人。1时20分左右，在西二段22号层左零平巷密闭处（第一节溜子尾和第二节溜子头处）看溜子的李正财大喊："老侯你快来看，里面空巷不对劲。"侯慧华和闵立国从车场跑到此处，在密闭观察孔看到煤尘飞扬，听到密闭里面像刮旋风似的，声音很大，他们三人又跑到西二段21号层左零平巷（两层层间距3.5 m）查看，在残缺的密闭处首先闻到了臭味，感到迎面有一股急风，再往前看，就发现水头离他们有20 m远的距离，侯慧华就喊："透水了，快跑。"他们三人在跑经东二段21号层右零采煤片盘口时，侯慧华往里大喊了三声："透水了，快跑啊。"该工作面没有人回应，他们3人就顺着五路平巷跑到一段井底，在井底车场上方等了1分钟，水头就将一段井底车场淹没，他们3人蹬矿车升井逃生。

事故发生后，3名逃生工人找到在矿上住的矿井实际管理人付耀亭，说井下透水了，水很大。付耀亭安排带班井长于林和侯慧华下井查看情况。于升井后，说水已经长到了四路。约3时左右付耀亭向矿井投资人付永亭报告了事故情况。付永亭、付耀亭二人感到事态严重，决定瞒报事故情况。付永亭于凌晨3时20分起至早晨6时，电话向县煤监局局长杨忠、副局长袁德海，县煤炭局副局长李金洲等人报告，说矿井发生了事故，井下有十余人，并表示要瞒报这起事故。接到电话的3人认可了付永亭瞒报事故的想法。

当日上午10时鸡东县兴农派出所接到群众举报，到该矿找到付耀亭询问矿井是否发生事故，付予以否认。当日14时50分，黑龙江煤矿安全监察局哈南分局接到群众举报后，立即向鸡西市政府报告了情况，鸡西市政府当即安排鸡东县政府组织有关部门调查核实，经入井勘察，透水是事实，但矿主付永亭矢口否认有人员遇险。当日18时，有几位矿工家属到该矿寻找上零点班未归的亲人，经调查，证实有3名矿工失踪，付又说井下只有3人。经公安机关对付永亭、付耀亭、逃生工人及相关人员进行讯问和调查，最终确认在井下有13人遇险没有升井。

接到事故报告后，鸡西市委、市政府，鸡东县委、县政府主要领导和相关部门立即赶赴事故现场，成立了排水抢险指挥部，积极组织抢险救灾，紧急调集水泵、管路、变压器、电缆等设备器材，6月6日23时井下四套排水管路全部正常排水，实际排水能力达460 m^3/h，先后共投入水泵21台，管路4 600 m，电缆5 700 m。6月28日16时，东采区二段积水全部排完，开始恢复维修巷道和搜寻遇难矿工。6月29日凌晨1时50分，在东二段找到3名遇难矿工。7月5日11时50分西采区二段溜子道恢复到溃水点处，未找到遇难人员。至7月9日6时，共排出水量17.54万 m^3，水位标高由＋80.8 m下降至＋35.5 m，恢复巷道8条，共计1 211 m，处理采空区9 470 m^2。由于事故矿井受到原兴农集团六井近25万 m^3 积水威胁，有发生再次透水的可能，为保证井下救灾人员的安全，现场救灾指挥部决定，从7月8日起，井下放弃搜寻遇难人员，设专人监测水位变化情况。至此，抢险救灾工作全部结束。

三、事故原因分析

（一）直接原因

矿井西二段21号层前进式采煤工作面上山头爆破，破坏了与原鸡东县四海煤矿七井之间的煤柱，原鸡东县四海煤矿七井采空区积水溃入井下，导致水害事故发生。

（二）间接原因

(1) 矿井违法生产，滥采乱掘。一是事故矿井放弃技术改造后，没有履行停产关闭程序，非法组织生产；二是超层越界开采21、22号煤层，盗采国家资源；三是在与周边报废矿井关系不清，明知有水患并有透水预兆的情况下，未采取措施，组织工人冒险作业。

(2) 行业管理部门不依法履行工作职责。事故矿井放弃技改后，鸡东县煤炭工业管理局未提出矿井回撤关闭的意见，没有启动矿井关闭程序，致使非法矿井长期存在。鸡西市煤炭局没有及时将哈南监察分局关于取消兴新煤矿建设项目意见的文件送达鸡东县煤炭局，贻误了工作。

(3) 安全监管工作不到位。鸡东县煤矿安全监管局打击非法矿井不力，事故矿井放弃技改后仍按技改矿井（长停）监管，发现事故矿井非法生产行为，措施不果断，没有及时关闭矿井，放任非法生产行为。

(4) 国土资源部门审批把关不严。县国土部门在对兴新煤矿采矿许可证延续、变更、年审期间，未对已废弃的原鸡东县四海煤矿七井对技改井有水患威胁及该井超层越界开采问题提出意见。

(5) 鸡东县公安部门对火工品监管不严，对事故矿井非法使用火工品问题失察，为非法生产提供了条件。

四、防范措施

(1) 鸡西市政府要认真吸取事故教训，严格落实安全生产责任制，做好整顿关闭和资源整合工作。一是要提高门槛，严格准入，严把煤矿新建项目审批关，坚决防止小煤矿前关后建、边关边建；二是要打击非法，淘汰落后，对无证开采、证照不全、不具备安全生产条件的煤矿要坚决予以关闭，并严防死灰复燃；三是要大力推进资源整合，通过整合提高小煤矿的产量规模、技术装备水平和安全生产水平，鼓励引导国有煤矿通过兼并、收购、控股、托管等形式，对小煤矿进行改造，通过改造提升小煤矿管理水平；四是对存在非法小窑和未经复产验收擅自开工矿井的县（市、区），要按省政府要求严肃追究主管领导和党政主要领导的责任。

(2) 建议鸡西市各级政府、司法机关、纪检监察机关要尽快追究相关责任者的法律责任，落实党纪政纪处分，严查事故背后的腐败问题，并将处理结果向社会公布，以起到震慑和警示的作用。

(3) 要切实加强矿井水患排查治理工作。煤矿行管、监管部门要监督指导煤矿企业定期收集、调查本矿及相邻煤矿的废弃老窑情况，有关资料要绘制在井上、下对照图上，编制和落实水害防治规划和探放水措施。同时，相关部门要做好关闭矿井闭坑资料的收集归档工作，以利于今后其他矿井进行对照和排查隐患。

(4) 鸡西市、鸡东县政府要针对行管、监管、国土、公安部门在本次事故中暴露出来的问题，举一反三，明确职责，完善制度，严格监督，加大对工作人员的履职教育，严格执法行为。

湖北省荆门市东宝区 李家洲煤矿“5·7”透水事故

2008年5月7日12时，荆门市东宝区漳河镇李家洲煤矿二级上山+78 m北平巷北六支道发生透水事故。此次事故造成李家洲煤矿、费家堡煤矿被淹，1人下落不明，直接经济损失2 065万元。

一、矿井基本情况

（一）矿井概况

李家洲煤矿位于荆门市东宝区漳河镇新建村，距荆门市区55 km。矿井始建于1990年，建井时没有进行正规设计。在2002年全省煤矿安全专项整治期间，荆门市国土资源局安团地矿管理所委托长阳土家族自治县矿产勘察设计室编制了《荆门市漳河镇李家洲煤矿开采设计方案》，设计能力1万t/a。此后，矿井进行了多次转让。至2005年1月，由现任煤矿投资人、矿长阮平等人，出资95万元买断经营。2005年6月，该矿委托大冶市煤炭规划设计研究所编制了《荆门市漳河镇李家洲煤矿设计生产能力变更(3万t/a)补充设计》(以下简称《补充设计》)，矿井扩建能力3万t/a。《补充设计》对保安煤柱留设的要求是：漳河水库防水保安煤柱大于100 m，老窑防水保安煤柱大于100 m。+70 m标高以上为老窑防水保安煤柱区，严禁任何采掘活动。

2007年实际生产煤炭6 000 t，2008年1～4月生产煤炭1 000 t。

（二）矿井地质、水文情况

矿井开采侏罗纪下统香溪组$Ⅶ_3^2$煤层，煤层走向西北—东南，倾向西南。煤层平均厚度0.32 m，倾角4°～15°，平均倾角10°。井田内从西往东分布有F_{17}、F_{15}和F_{10}三条断层，具有弱导水性。

矿区地表最大水体为位于矿区西北部的漳河水库。漳河水库系拦截漳河及其支流而成，水库流域面积为2 980 km^2，总库容为20.35亿m^3。事故发生时漳河水库蓄水量为15.45亿m^3，水库水位为+121.18 m。

李家洲煤矿矿区范围距漳河水库最近水平距离40 m。漳河水库与李家洲煤矿之间有4处老窑，此外还有4处老窑井口位于漳河水库水位以下(20世纪60年代兴建漳河水库时只对废弃老窑井口进行了简易充填)。通过钻孔勘探，表明矿区东北部+100 m标高附近存在老窑采空区。

矿井正常涌水量为0.25 m^3/h，雨季最大涌水量0.67 m^3/h。

（三）矿井开采情况

1. 开拓方式

李家洲煤矿采用反斜井开拓方式，中央并列式通风。主井井口标高+109.3 m，井底标高+29 m；风井井口标高+115.5 m，井底标高+21 m。

采区布置采取两级上山方式。一级上山上部标高+56 m，二级上山上部标高+78 m。2007年10月开始，在二级上山+78 m水平布置南、北平巷。2008年3月开始，在+78 m水平南、北平巷向东北方向布置13条支道采煤，支道长3～50 m。至事故发生时，+78 m北平巷超越漳河水库警戒线16 m，北五支道至北十支道共6条支道超越老窑防水煤柱警戒线，超越距离最近3 m，最远30 m。

2. 矿井的安全管理

该矿现有职工 40 人，其中管理人员 6 人，工人 34 人。从事安全生产管理 4 人，即矿长阮平，专职安全员王正伦、万正平、康家华。井下劳动组织采用两班生产，每班工作 8 h。

3. 矿井的技术管理

该矿技术管理工作委托荆门市天时矿山技术咨询有限公司负责，签订了矿山技术服务合同书。具体服务内容包括：每年不少于 4 次技术咨询，负责井下测量和现场技术指导。今年 3 月 7 日，荆门市天时矿山技术咨询有限公司派人到李家洲煤矿井下进行了测量。3 月 24 日，为李家洲煤矿绘制了“荆门市漳河镇李家洲煤矿地形地质及井上下对照图”、“荆门市漳河镇李家洲煤矿采掘工程平面图”，将＋70 m 以上的老窑防水煤柱警戒线范围内煤层，规划为李家洲煤矿 2008 年的开采区域。

4. 矿井的防治水情况

李家洲煤矿与相邻的当阳市费家堡煤矿开采同一煤层，井下相互沟通，其井下涌水全部由位于深部的费家堡煤矿排出。该矿没有建立专门的防治水机构，没有制订和落实“有疑必探、先探后掘”的防治水措施。

5. 事故点基本情况

4 月 30 日，＋78 m 水平北平巷掘进工作面出现滴水现象，矿长阮平安排停止掘进。5 月 4 日，运输工秦大明下班时，发现南一支道有水向外流出。5 月 5 日早班，曹红军上班时发现南一支道水从底板裂隙向外涌出，报告安全员王正伦，王正伦确认后叫曹红军不要上班。5 月 6 日白班，北六支道采煤工张玉金在工作面爆破后，发现一股有指头粗的水从底板向外涌出，张玉金将底板出水情况向王正伦作了汇报，王正伦下班后向阮平汇报了井下涌水情况，阮平没有作出任何安排。

（四）事故前的监管情况

荆门市东宝工商分局漳河工商所针对李家洲煤矿工商营业执照过期问题，于 2008 年 2 月 28 日下达预警通知书，要求 6 月 30 日前办结延期手续；荆门市工商局于 2008 年 3 月 5 日下发通知收缴了过期的工商营业执照。

2008 年 2 月 23 日，李家洲煤矿提出节后复工验收申请。2 月 26 日，由东宝区煤炭局牵头，区安监局、漳河镇政府有关人员参加，对该矿进行了复工验收。2 月 28 日，区政府分管领导签字，同意其恢复生产。

二、事故发生经过及抢险救援过程

（一）事故经过

5 月 7 日 7 时，矿长阮平安排 28 名工人下井。当班安排 15 人在二级上山＋78 m 平巷采煤，2 人在一级上山北二平巷回收煤柱，1 人在一级上山北三平巷回收煤柱，3 人在主斜井支巷采煤，2 人在车场平巷掘进，3 人运输，2 人安全检查，1 人带班（矿长阮平）。

上午 9 时，阮平到南一支道，发现涌水较大，安排作业人员曹红军更换作业地点，然后阮平到北六支道，在此作业的张玉金报告说淋水较大煤太湿了，阮平未问原因，就离开了现场，并于 10 时出井。

12 时，北六支道采煤工张玉金用煤电钻打第 2 个眼时，发现有手指粗的水向外冒，无法装药，便在原炮眼上方 10 cm 处打第 3 个眼，当第 3 个眼钻到 1.6 m 深时，钻孔内承压水喷涌而出。张玉金撒腿就跑，并呼喊其他作业人员迅速撤离现场。因此，透水地点为＋78 m 北平巷北六支道采煤工作面，标高为＋84.5 m。

至当日 12 时 30 分，28 名作业人员安全升井，1 人下落不明（曹孙云，男，51 岁，漳河镇雄峰村四组人）。

（二）抢险救援过程

透水事故发生后，阮平下井抢救遇险人员。会计邬道全立即向费家堡煤矿通报了透水情况。接到事故报告后，荆门市东宝区政府迅速向当阳市相关部门通报了情况。荆门、宜昌市政府和东宝区、当阳市政府立即启动矿山重大事故应急预案，成立救援指挥部。救援指挥部根据现场情况，采取了在李家洲煤矿主井安装水泵强制排水和查找、封堵水源渗漏点等一系列救援措施，共计投入救援人员300余人，设备30台(套)、排水管1 000余米。当阳市在1 h内撤出可能受到威胁的7家煤矿的366名井下作业人员。

三、事故原因分析

(一) 直接原因

(1) 李家洲煤矿违章开采老窑防水保安煤柱，采通了与漳河水库存在水力联系的老窑采空区，造成透水事故。

(2) 李家洲煤矿与费家堡煤矿上下相邻，开采同一煤层，互相采通，李家洲煤矿透水后导致费家堡煤矿被淹。

(二) 间接原因

(1) 违规开采保安煤柱。＋78 m水平北平巷超过水库防水煤柱警戒线16 m；＋78 m水平北平巷6条支道超过老窑防水煤柱警戒线3～30 m。

(2) 违章指挥、冒险作业。对矿井存在的积水隐患未认真进行排查、整治。在存在明显透水征兆的情况下，未按要求立即停止生产，撤离井下受水害威胁的工作人员。从4月30日至事故当班，＋78 m水平多处作业点出现涌水预兆，但煤矿管理人员没有采取有效措施，继续安排生产，直至打穿老窑采空区。

(3) 违法组织生产。李家洲煤矿工商营业执照已于2007年12月到期，今年以来，该矿一直没有停止生产经营，违法生产原煤1 000 t。

(4) 安全管理混乱。安全管理机构不健全；矿井没有执行“有疑必探、先探后掘”的防治水方针；从业人员安全教育培训不够，安全意识淡薄。

(5) 技术管理混乱。采掘工作面无设计方案、无作业规程；技术服务机构违规指导采掘部署，在李家洲煤矿＋70 m水平以上老窑防水煤柱内布置采掘作业。

(6) 煤矿安全监管不力。没有及时发现、处理李家洲煤矿存在的违法组织生产、违规开采保安煤柱、违章指挥和冒险作业等重大事故隐患；放宽验收标准，批准不符合复工条件的李家洲煤矿节后复工生产；没有对李家洲煤矿证照过期而违法开采行为进行跟踪监管。

(7) 水库安全监管不力。2007年以来，水库工程管理部门没有对李家洲煤矿在陈家冲溢洪道下超采问题实施有效监控，没有及时发现和向地方政府及相关部门反映周边煤矿开采危及水库安全的问题。

四、防范措施

(1) 加强矿井防治水工作。煤矿企业要加强矿井水文地质基础工作，查清矿区范围内和临近矿区范围的采空区、老窑情况；建立防治水机构，配备水害防治技术人员和探放水设备，坚持防治水方针；建立完善的排水系统，建立永久性水仓，安装固定排水设备和管路；严禁开采各类防水、隔水煤柱。

(2) 加强企业安全基础工作。煤矿企业要建立健全安全管理机构，按要求配备专业技术人员和安全管理人员；坚持正规采掘部署，淘汰巷道式采煤方法，严禁乱采滥挖；积极实施安全技术改造，完善生产系统，增强矿井安全保障能力；加强技术管理和现场管理，编制采区设计，完善采掘作业规程；加强劳动组织管理，严禁以包代管，切实落实企业负责人下井带班制度；加强对从业人员的安全教育，坚持“三项岗位人员”持证上岗；认真落实隐患排查、报告、治理制度，及时查处重大安全隐患；积极开展安全质量标准化矿井创建，不断提高煤矿安全生产管理水平。

(3) 强化煤矿安全监管工作。坚持安全第一，不折不扣地贯彻和落实安全生产方针、政策、指令；严格证照管理，证照必须合法有效，过期失效的，必须责令其停止生产经营，并对停产情况进行跟踪监督；依法行政许可，认真审查许可条件，涉及井下开采的重要事项必须到现场进行核查；严格日常安全监管，建立行政执法责任制，明确检查周期、检查内容、检查方法，对查处的隐患实施跟踪督办，确保隐患整改到位；严格行政执法，严肃查处非法开采、超层越界及存在重大隐患的违法、违规行为；切实加强煤矿安全基础管理工作。

(4) 做好漳河库区周边小煤矿的处置。水行政主管部门要会同国土资源管理部门划定漳河水库安全保护范围和禁采区范围；荆门市、宜昌市政府要按照省政府的要求关闭威胁库区安全和存在重大水患的10处煤矿，组织有关部门和专家进行论证，对可能危及水库安全和水患严重的矿山予以关闭。

(5) 深入推进煤矿整顿关闭。认真组织开展煤矿安全生产百日专项督查行动，立足于查大隐患，防大事故；6月30日前坚决完成今年的煤矿关闭任务；关闭水库、江河、塘坝等禁采区内擅自开采的煤矿；关闭超层越界开采拒不退回，或因此造成矿井相互贯通，形成通风、水害等重大隐患的煤矿；关闭经停产整顿仍不具备安全安全生产条件的煤矿。

黑龙江省鸡西市建宝煤矿“2·28”重大透水事故

2008年2月28日10时15分，鸡西市麻山区建宝煤矿发生一起重大透水责任事故，死亡14人，直接经济损失992.8万元。

一、矿井概况

鸡西市麻山区建宝煤矿始建于1996年，位于鸡西市麻山区跃进地区，隶属麻山区管辖，私营企业，生产能力4万t/a，证照齐全有效。

该矿为片盘斜井开拓，中央并列抽出式通风，主通风机型号为KBZ—10—15KW，矿井总入风量795 m^3/min、总回风量815 m^3/min。属低瓦斯矿井，矿井绝对瓦斯涌出量0.96 m^3/min、相对涌出量0.013 m^3/t，监测监控系统型号为KJF—2000。矿井一段提升，主井斜长400 m，主提升绞车型号为ZHO850(55 kW电机)。矿井双回路电源分别来自林口县农电局西麻山变电所和滴道供电局东麻山变电所。矿井涌水量7 m^3/h，一段排水，水泵型号为D25—30。矿井开采城子河组15、18、19和穆棱组4号煤层，剩余储量19万t。

该矿现有矿长(法人)、生产矿长各1名。2008年1月1日，因穆棱市顺发煤矿发生事故，按照市政府的要求，该矿被麻山区安监局责令停止作业，并在井口门上了安全锁。春节后2月16日矿井擅自打开安全锁组织生产，2月28日发生透水事故。

二、事故经过及抢险救灾过程

2008年2月28日8点班入井20人，井下有4处采掘地点作业(1采3掘)。右五路掘进工作面作业的4名工人入井后，清理上班留下的矸石，在半煤岩工作面放了两个煤炮，装出了2车煤1车岩石。约10时左右，班长李崇奎在上班留下的两个底板岩石炮眼内装了药，在距工作面约100 m处放了1个炮眼炮。炮烟未散尽，他进入工作面准备联第二炮，当走到距工作面5 m位置矿车处时，听到“吱吱”响，并发现有水从工作面流出来，他拿起工具往外跑出10多米后，听到有很大的水啸声和水推动矿车的响声，就全力奔跑，并大声喊“透水了，快跑”。因此，右五路掘进工作面4人，在躲炮地点外部补风筒的1名瓦检员和在底弯道处的生产矿长共6人逃生。

事故发生后，矿长马洪伟的朋友郭志军得知事故情况后电话通知他矿井发生了事故。马洪伟到煤矿了解情况后，感觉事态严重，决定虚报事故死亡人数。在电话向区煤炭局局长刘文武报告事故情况时，谎报在透水事故中有两人失踪。2月29日，黑龙江煤监局接到举报后，责成哈南分局先期核查。哈南分局和鸡西市政府指示市公安局与麻山区政府成立联合调查组，到建宝煤矿附近村屯进行人员核查，最后认定该矿在透水事故中有14人遇难。

得到事故报告后，鸡西市政府，麻山区委、区政府主要领导和相关部门、黑龙江煤监局哈南分局及鸡西市矿山救护队立即赶赴事故现场，成立了救灾指挥部，先后启动四套排水应急预案进行抢险。从2月28日晚开始，抢险救灾指挥部相继从邻近煤矿和鸡西矿业集团滴道煤矿紧急调集水泵和管路，开始排水，3月1日排水能力120 m^3/h。3月2日至13日由哈尔滨购回的3台110 kW电潜泵相继安设并排水，总排水能力达到640 m^3/h。在加大排水能力同时，据工人反映可能生还的情况，果断开辟3条救生通道。一是迅速恢复事故主井右零巷道及右一切眼，经救护队员搜救未发现生还者，用生命探测仪探测未发现生命迹象。二是恢复与建宝煤矿有连通关系已废弃的原劳服公司二井 42 m,用生命探测仪探测未发现生命迹象。三是实施积水区以上钻探工作,通过钻孔向井下投放食物并喊话,未发现生还者。至 2008 年 4 月 21 日共排出水量 43.3 万 m^3,水位标高下降 49.2 m,斜长下降 182.5 m,水位已抽至右五片车场以下。4 月 22 日 2 时,14 名遇难矿工尸体全部找到,经鸡西市公安机关尸检确认,死亡矿工身份与排查出死亡人员名单无误。至此,历时 54 天的抢险救灾工作全部结束。

三、事故原因分析

(一) 事故直接原因

右五路掘进工作面爆破,震动破坏了与原麻山矿六井四路前石门之间的煤岩柱,原麻山矿六井采空区积水导入井下,形成溃水,导致水害事故发生。

(二) 事故间接原因

一是矿井非法组织生产,瞒报事故。矿井未经验收,擅自组织生产,拒不执行监管指令,强行作业,事故发生后,隐瞒事故真相,虚报死亡人数。

二是技术管理不到位,隐患排查不彻底。矿井无专职工程技术人员,发生事故工作面无规程作业;矿井没有收集邻近废弃矿井的资料并认真核对,对废弃矿井旧区旧巷位置及积水情况不掌握,未采取探放水措施。

三是政令不通,监管不到位。区安监局擅自同意该矿整改,未认真执行区政府主管领导要求立即把矿井停下来的工作安排,没有采取断然措施,至使矿井仍在生产,最终导致事故发生。

四是资源审批把关不严。国土部门在该矿资源审批过程中,现场勘查走过场、资料审查不认真,导致没有发现该矿扩储的 4 号煤层与已关闭麻山矿六井存在巷道连通关系,为事故发生埋下了祸根。

五是火工品管理不到位。麻山区公安部门到建宝煤矿收缴火工品未与安监、行管等部门配合,未能发现该矿在井下私存火工品问题,为非法生产提供了条件。

六是矿井管理人员和工人缺乏对重大安全隐患的防范意识。工作面在发生透水事故前已出现淋水加大、顶板来压等透水预兆,但没有引起警觉,采取措施。

四、防范措施

(1) 鸡西市各煤矿企业要认真开展隐患排查,切实加强矿井水文地质基础工作,配齐配强专业人员,定期收集、调查本矿及相邻煤矿的废弃老窑情况,有关资料要绘制在井上、下对照图上,认真编制水害防治规划和应急预案。麻山区政府应指导煤矿企业做好矿井水害防治工作,组织有经验的专家和工程技术人员对全区矿井水患情况重新进行排查。

(2) 鸡西市、区政府要加强对监管、国土、公安、行管等部门的监督检查工作,要加大对工作人员的履职教育,严格执法行为。

(3) 加强安全培训工作,增强从业人员识别、预防灾害的能力,提高自主保安意识。对矿井工程技术人员进行防治水专业知识培训,提高技术管理水平。

(4) 鸡西市、区政府要严厉打击不服从监管、抗法生产和瞒报事故的矿井,一经查实,要予以重罚,直至关闭。要进一步研究完善煤矿复产工作方案,严把验收质量关,坚持“谁验收、谁签字、谁负责”。对不符合条件的矿井不能批准复产,要通过复产验收严格排查治理安全隐患,提高矿井的防灾抗灾能力。

(5) 严格矿井安全管理人员的配备和证照管理,市、区安监、行管部门要认真查处安全管理人员配备不齐、人证不符的矿井,消除管理薄弱环节。

第十七章 2007年水害

贵州省毕节地区黔西县羊场乡垅华煤矿“8·7”重大水害事故

2007年8月7日18时10分，毕节地区黔西县羊场乡垅华煤矿发生水害事故，溃水量7 000 m³，造成12人死亡，2人受伤，直接经济损失300万元。

一、垅华煤矿基本情况

(一) 矿井概况

黔西县羊场乡垅华煤矿（以下简称垅华煤矿）位于贵州省毕节地区黔西县羊场乡玉米村境内，1992年开办，1996年6月14日登记注册成立，法定代表人是刘家云。2004年8月，重庆市坤金矿业有限责任公司投资入股（占80%的股份）。该矿为合法的技改扩能矿井，采矿许可证、煤炭生产许可证、工商营业证照、矿长资格证、矿长安全资格证均在有效期内，安全生产许可证被贵州煤矿安全监察局水城分局暂扣。

井田内有可采煤层3层，编号分别为：M_4、M_6、M_7，厚度依次为：2.3 m、2.1 m、1.8 m，煤种为无烟煤，煤层倾角为18°。M_4和M_6煤层自然发火倾向性等级鉴定分别为二类和三类，煤尘无爆炸性。M_7煤层未做自然发火倾向性等级鉴定和煤尘爆炸性鉴定。

垅华煤矿原设计生产能力6万t/a，2006年进行改扩建，设计生产能力30万t/a，相关技改手续齐备。改扩建工程利用原生产系统进行技改扩能，为平硐斜井联合开拓，新建一条平硐暗斜井作主井，将原主斜井改为副斜井、原副斜井改为行人斜井、原风井不变。主井于2006年12月开工建设，已掘进340 m，还未与老系统贯通。

矿井提升方式为绞车串车提升运输；通风方式为边界并列抽出式通风；供电为单回路供电，配有一台200 kW柴油发电机作为备用电源；采煤方法为走向长壁后退式采煤法，全部垮落法管理顶板，采掘工作面均采用煤电钻打眼（岩巷掘进时采用风钻打眼），爆破落煤（矸）；2006年度瓦斯等级鉴定为低瓦斯矿井，已安装KJ90型安全监测监控系统，并投入运行。

事故发生在行人斜井，该斜井位于井田西部边界，全长280 m，倾角18°，沿M_7煤层布置，井筒净高2.0 m、净宽2.5 m，巷道断面约4.5 m²，采用料石砌墙支护，墙厚300 mm，顶板未支护（约10 m顶板破碎段穿工字钢梁）。井筒西侧矿界外为滚占岩煤矿采空区（原民用煤井，现已关闭），垅华煤矿行人斜井井口往下210 m处有一巷道与该采空区相连，该巷距井壁5 m位置有一道红砖构筑的密闭墙，后在进行井筒维修时又将该巷砌封。

(二) 水文地质情况

矿区位于黔西县南部向六广河、鸭池河倾斜的斜坡地带，区内无地表河流及大中型水体。矿区外围南东侧发育一条季节性溪沟，枯水季节干枯。区内地下水类型主要为岩溶裂隙水和基岩裂隙水，其次为孔隙水，地下水动态随季节变化较为明显，地表水与地下水流向一致，总体上从西南向东北流动，属乌江水系。

矿区内主要含水层为下三叠统夜郎组、上二叠统长兴组和中二叠统茅口组，岩性以灰岩为主，裂隙发育，富水性强，透水性中等。

相对隔水层为下三叠统夜郎组顶底及上二叠统龙潭组地层中的页岩、黏土岩、粉沙质黏土岩，含水性、透水性弱，为相对隔水层。

矿井充水水源主要是大气降水，雨季矿区煤炭开采受降雨影响较大。

（三）矿井防治水情况

垅华煤矿编制了矿区水害防治规划、2007年年度水害防治计划、掘进工作面探放水措施及“雨季三防”工作安排意见。

矿井地质报告提供的正常涌水量为10 m^3/h，最大涌水量为15 m^3/h。矿井为一级排水，井下设有一个临时水仓，容积为150 m^3，安装2台IH80—50—315型离心泵（电机功率37 kW、流量50 m^3/h、扬程125 m），敷设2趟排水管将水排出地面（其中：一趟排水管为ϕ80 mm钢管、另一趟为ϕ110 mmPZ塑料管），备用水泵1台为同型号同功率。

垅华煤矿对2007年“雨季三防”工作作出了安排部署，5月19日组织生产技术部人员对地面老窑及采空区积水情况进行排查，未排查到老窑及采空区有积水的隐患。由于原垅华煤矿基础工作差，未留下更多的地质及开采资料，且未设立专门的防治水工作机构，也未配备水文地质工程技术人员，缺乏必要的防治水技术手段，水害调查工作较为薄弱。在7月下旬连降大、暴雨及井下涌水量明显增大的情况下，局部巷道被淹后，煤矿主要负责人仍未高度重视，没有及时安排人员对井田西侧滚占岩煤矿采空区及相关情况进行排查和观测，也未制定老窑及采空区积水的防治措施。

二、事故经过及抢险救灾情况

（一）事故发生经过

2007年8月7日中班，垅华煤矿当班入井20人（包括瓦检员2人、安全员1人、机电副队长1人、副矿长1人、矿长1人）。安全员带3人到主石门用编织袋装黄泥堵水，2名瓦检员到新建平硐接风筒和各个点检查瓦斯，副矿长刘家云带4人到水泵房修水泵，矿长李广清带其他人员从行人斜井抬水泵电机下井。

18时左右，胡国华等四人修好一台水泵，已开始修第二台水泵，田贵学等六人抬水泵电机到水泵房，在离修泵人员约10 m左右地点休息。18时7分左右，行人斜井有水流下来，李广清、刘家云带着机电队长苏中成、电工陈定祥从行人斜井往上查看情况。18时10分，行人斜井210 m处西帮老巷密闭溃决并冲毁井壁，水从行人斜井往下冲，田贵学和胡国华通过行人上山向行人斜井跑，其他人直接从行人斜井往上跑；在主石门堵水的4人发现联巷的水迅速往上涨，立即从副斜井跑到地面；两名瓦检员在$16A_1$采面液压泵站处时听到异常水流声音，顺斜风井跑到地面。事故发生后，主石门堵水的4人和2名瓦检员共6人安全升井，其他14人被困（包括矿长和副矿长）。

（二）抢救经过

发生事故后，垅华煤矿立即组织人员下井进行抢救，同时向县政府及有关部门进行了报告。

18时31分，县委、县政府接到事故报告后，主要领导率领县有关部门赶到事故现场指导事故抢险救灾工作。

23时15分，省政府副秘书长陈训华、省安全生产监督管理局（贵州煤矿安全监察局）局长何刚等有关部门领导赶到事故现场，指导事故抢险救灾工作。

贵州省应急救援指挥中心接到事故报告后，立即召请青龙煤矿救护队、林东救护队、六枝救护队、黔金煤矿救护队赶到事故矿井实施抢险救援，黔西、大方两县消防大队也参与事故抢险救灾工作。经20多小时的奋力抢救，在行人上山与行人斜井岔口处营救出2名被困矿工（受伤），8日21时20分最后1名遇难人员运到地面，至此，救援工作结束，确认12名矿工遇难。

三、事故原因分析

（一）直接原因

由于7月下旬矿区连续9天降大到暴雨，大量雨水不断通过地表裂隙渗透、充满矿井边界西侧的老窑采空区，致使行人斜井210 m处西帮老窑密闭墙内的老窑积水溃决，冲毁井壁灌入井下，导致事故发生。

（二）间接原因

（1）垅华煤矿对自然灾害引发的矿井水害重视不够，防范措施不力。据省气象局提供的资料显示，1961年以来黔西县7月下旬的历年平均降雨量为51.5 mm。2007年7月21日至30日羊场乡连续9天降大、暴雨，降雨量达291.4 mm，为该地区历年平均降雨量的5.7倍。垅华煤矿主要管理人员知道井田边界存在老窑，但没有考虑到连降暴雨造成老窑积水从而导致行人斜井西侧密闭墙溃决的重大隐患，更未采取相应的防治措施。

（2）羊场乡政府对上级有关煤矿安全生产工作精神贯彻落实有差距，未认真贯彻执行《黔西县人民政府关于建立乡镇副科级领导干部包保煤矿安全生产和实行安全督察员驻矿的通知》（黔政发〔2007〕18号），乡镇包保领导责任不落实。

（3）黔西县煤炭局对煤炭准销证的管理存在漏洞，未建立煤矿准销证管理、审批、核发制度，对准销证发放监管不严；对全县煤矿安全费用、维简费的提取、存储、使用未制定相关监督制度，缺乏有效监督；对煤矿水文地质调查工作的督促、检查不力。

（4）黔西县安全生产监督管理局对煤矿日常安全监管不到位。2007年1月承担煤矿日常安全监管以来，日常安全监管要求不严，隐患排查专项行动开展不深入，对隐患排查专项行动未跟踪落实；对停产整顿的复查验收把关不严，不严格按标准复查验收；对煤矿"雨季三防"工作的开展落实情况及水患排查情况不清楚。

（5）黔西县人民政府在贯彻落实国务院、省委、省政府有关煤矿安全生产方针政策方面存在差距，煤矿安全费和维简费制度不落实，风险抵押金制度落实力度不够，煤矿安全投入不足；煤矿双回路供电建设滞后；煤矿安全生产监管力量滞后于全县煤炭产业发展；隐患排查专项行动开展不深入，煤矿"雨季三防"工作及水患排查工作不到位。

四、防范措施

（1）各煤矿企业要认真吸取"8·7"事故教训，切实落实煤矿企业安全生产主体责任。认真开展安全检查和隐患排查，及时发现和排除存在的重大安全生产隐患；加强水文地质调查工作和"雨季三防"工作，建立健全水害防治管理机构和制度，摸清地面废弃老窑，加大对采空区水患的排查和治理；完善矿井排水系统，矿井的排水能力必须达到《煤矿安全规程》的要求；技改矿井不能边技改边生产，要严格按程序组织建设工程的施工。

（2）黔西县煤炭行业管理和安全生产监督管理部门要严格执行停产整顿矿井复产（复工）验收程序和条件，加大隐患排查力度，督促煤矿企业认真整改存在的隐患。规范和加强联合执法，安监、煤炭、国土等部门要加强配合与协调，认真履行各自的工作职责，形成各部门齐抓共管煤矿安全生产的工作格局。

（3）黔西县人民政府要积极为煤矿安全监管部门开展工作创造条件，配备足够的专业人员，并督促其履行好煤矿安全监管职责。要严格按照国家和省政府有关规定，建立和规范煤矿维简费、安全费、风险抵押金制度；督促有关部门认真开展隐患排查治理工作，确保煤矿企业安全生产主体责任落实到位。

（4）垅华煤矿开拓系统布置不合理。垅华煤矿要进一步对井田周边老窑和采空区情况进行调查和勘察。在此基础上，委托有资质的设计单位对原矿井开采设计和安全设施设计进行修改，并按照有关规定和程序报批后实施。

河南省汝州市半坡阳商酒务煤矿“3·22”重大透水事故

2007年3月22日22时30分，河南省汝州市半坡阳商酒务煤矿(以下简称商酒务煤矿)发生透水事故，造成15人遇难、9人受伤，直接经济损失826.5万元。

一、事故单位概况

商酒务煤矿开采二$_1$、三$_{10}$、四$_6$煤层，技术改造后先期开采二$_1$煤层。二$_1$煤层厚度1.14～6.56 m，平均煤厚3.78 m，倾角22°，直接顶板为泥岩、沙质泥岩或细砂岩，底板为泥岩、砂质泥岩，地质储量323.2万t，可采储量132.56万t。二$_1$煤层煤的自燃倾向性为不易自燃，其煤尘具有爆炸危险性，煤尘爆炸指数为26.51%。矿井绝对瓦斯涌出量为0.567 m^3/min，相对瓦斯涌出量4.22 m^3/(t·d)，属低瓦斯矿井。矿井正常涌水量为20 m^3/h，最大涌水量为80 m^3/h。

商酒务煤矿开拓方式为三立井开拓，主井和风井已形成通风系统(副井已按设计延伸落底，但尚未与主井贯通)。主井井深364 m，直径3.8 m，安装1台2JK—2.5/20型提升机，使用双箕斗提升。风井井深296 m，直径2.4 m，安装2台型号为BDK—№12(2×45 kW)对旋式主要通风机(1备1用)和JTP—1.6/1.2型提升机，使用非标准罐笼提升。矿井采用中央分列抽出式通风，主井进风，风井回风，总进风量为1 790 m^3/min，总回风量为1 910 m^3/min。该矿主井底水仓容量为300 m^3，安装2台型号为D46—50×8d的水泵(1台工作1台备用)，敷设2趟直径为75 mm的排水管路，排水能力为90 m^3/h；副井底水仓容量为150 m^3，安装1台型号为D46—30×3的水泵，敷设1趟直径为75 mm的排水管路，排水能力为40 m^3/h。

商酒务煤矿井下有2个采煤工作面(西翼、东翼采煤工作面)和2个掘进工作面(西翼第二切眼西上、下平巷掘进工作面)，职工总数230余人(包括2支采煤队、3支掘进队)，设有矿长和分管生产、安全、机电工作的副矿长等安全生产管理人员，并配备有9名安检员(兼职负责瓦斯检查和技术工作)。

2006年5月5日，该矿曾发生一起炸药爆炸事故，造成8人死亡。

二、事故经过、抢险救灾和事故隐瞒情况

(一) 事故经过

2007年3月22日四点班，李超班共出勤49人，分别是副井口下料3人、副井底把钩工2人、运料8人、修风巷8人、主井煤仓放煤1人、皮带巷1人、溜子司机1人、西上平巷11人、西下平巷14人，另有跟班煤师及管理人员3人。约15时，李超组织召开班前会后，工人陆续入井。西上平巷掘进工作面作业人员进入工作地点后，开始打眼、放炮、架棚、出煤作业。22时10分，当第二茬炮放完后，工人发现工作面煤壁潮湿、底板有渗水现象，先后向公司跟班安检员宋广伟和矿跟班煤师兼安全员温振川汇报。宋广伟没有采取处理措施就离开现场。温振川告诉工人：“底花水，没事儿。”说完也没有采取处理措施就离开现场。工人继续清煤、架棚作业。约20分钟后，工作面迎头突然溃水，将西上平巷内的多名工人冲倒，溃出的水将坑木、梢子、大量的粉煤及一辆矿车顺西上平巷、第二切眼冲至西下平巷，将第二切眼内的1名溜子司机冲击至当场死亡，水和淤煤将在西下平巷掘进工作面作业的14名工人堵在长约21 m的巷道内。

(二) 事故抢险救灾情况

2007年3月22日22时30分左右，李儿子接到温振川从井下打来的事故电话报告。随后，李儿子和李建彬、王现国等先后下井查看情况并组织抢救，但由于缺少排水设备和抢险经验，抢险救灾工

作进展缓慢。3月23日9时左右,汝州市人民政府煤矿安全生产严防死守驻商酒务煤矿特派员发现异常情况后,即向汝州市人民政府进行报告。平顶山和汝州市人民政府接到事故举报和报告后,立即成立抢险救灾指挥部,迅速启动应急处置预案,有序开展抢险救灾工作。汝州市军事化矿山救护队于2007年3月23日10时15分接到召请电话后,于3月23日11时赶到事故现场,立即入井展开侦察救护工作。汝州市人民政府组织160余名矿工分成4班轮流下井进行巷道清淤、排水、搜寻遇险人员等抢险救灾工作,每班由1名汝州市煤炭工业局副局长带队指挥,并配6名矿山救护队员进行气体监测、侦察险情等安全防护工作。随后,平顶山市地方煤矿救护大队赶到事故现场增援抢险救灾工作。2007年3月24日4时,抢险救灾人员在第二切眼和西下平巷交汇处发现1具遇难矿工尸体。到2007年3月24日16时,井下突出的老空水被排干。经过对巷道进行清淤,到3月24日22时30分许,在西下平巷内发现14具遇难矿工尸体。至此,在该起事故中遇难的15名矿工尸体全部被找到。3月25日1时45分,遇难矿工尸体被运至地面,抢险救灾工作结束。

(三)事故隐瞒情况

事故发生后,王建利、连乐平、王彦章(“建利公司”外事协调人员)、白国政(“建利公司”外事协调人员)和王现国等在商酒务煤矿二楼会议室对事故如何处理进行了商议,决定由王彦章、白国政“处理被困人员家属安抚问题,凡有下落不明找到矿上的(工人)家属先给3万元,如果死亡,1人赔偿60万元,如果没事,给的3万元也不要了”。3月23日3时许,李建彬及其儿子见抢救无望后逃匿(2人于2007年3月31日被公安机关抓获)。随后,王建利、连乐平、王彦章和余听文先后逃匿(连乐平于4月3日归案)。接到事故报告后,平顶山市人民政府和汝州市人民政府及其有关部门负责人赶到该矿核查事故情况。河南煤矿安全监察局于3月23日10时30分接到事故举报后,立即安排豫南监察分局人员到该矿对有关情况予以核实。同时,出差在外地的河南煤矿安全监察局副局长薛纯运赶赴事故现场指导抢险救灾和事故核查工作。在核查事故人数过程中,发现矿方已将入井记录等资料予以转移销毁。在事故核查工作初期,矿方只承认发生透水事故而否认有人员伤亡。经过深入调查,到3月23日23时,矿方承认事故造成3人遇险。经过进一步加大调查力度,到3月24日1时40分,王现国承认井下有15人遇险。

三、事故原因分析

(一)直接原因

商酒务煤矿在西翼第二切眼西上平巷掘进过程中,掘进工作面迎头距邻近矿井积水旧巷的距离仅剩2.5~3 m,巷道前方煤体承受不住旧巷积水压力,积水溃出,导致事故发生。

(二)间接原因

(1)商酒务煤矿在对本矿及周边矿井水文地质资料不清的情况下,违反《煤矿安全规程》第二百八十五条“矿井应当做好充水条件分析预报和水害评价预报工作,加强探放水工作”的规定,既不进行水害分析预报,也不在西上平巷进行探放水工作,盲目冒险施工;违反《中华人民共和国煤炭法》第三十一条“采矿作业不得擅自开采保安煤柱”等规定,非法进入边界保护煤柱。

(2)商酒务煤矿违反《中华人民共和国煤炭法》《国务院关于预防煤矿生产安全事故的特别规定》等法律法规的规定,在证照不全的情况下,非法组织生产;不按照《汝州市技术改造矿井单项工程开工通知书》(汝煤技〔2007〕31—1号)的要求进行单项工程施工,擅自改变施工计划,违规超人数入井进行巷道掘进等活动;在事故发生后,不按照规定向当地人民政府及有关部门报告事故情况,贻误事故抢救时机。

(3)商酒务煤矿职工不具备基本安全技术水平和事故防范意识,主要表现为:事故当班安检员严重不负责任,在发现明显透水征兆后,未采取任何处理措施就离开现场;不按规定对井下作业人员进行安全教育和培训,工人安全意识淡薄,发现明显透水征兆后,未撤出水害威胁区域;未配齐“五职”矿长,且部分副矿长没有矿长资格证和安全资格证,不具备基本煤矿安全管理能力。

(4)汝州市小屯镇人民政府对商酒务煤矿超人数入井和违法违规生产行为监督管理不到位,对本单位派驻商酒务煤矿安全生产严防死守驻矿人员管理不严、督促不够。

(5) 汝州市煤炭工业局违反有关规定，在商酒务煤矿“未配齐‘五职’矿长”的情况下，批准商酒务煤矿技术改造工程开工建设，对商酒务煤矿“边技改边生产、不按批准的设计施工、超人员入井作业”等违法违规行为查处不力；有关人员未严格贯彻落实煤矿安全生产严防死守责任制，对商酒务煤矿超人数入井和违法违规生产行为监管不力。

(6) 汝州市人民政府未认真贯彻落实有关安全生产的法律、法规和规章，对有关部门的安全生产工作督促不够。

四、防范措施和建议

(1) 汝州市各煤矿企业要认真吸取这起事故的教训，严格按照《煤矿安全规程》和《煤矿防治水条例》的规定，进行水害分析预报，坚持“有疑必探，先探后掘”的探放水原则，开展好探放水工作；对矿井水文地质资料不清、存在老空积水等重大水害隐患的矿井，必须先调查清楚老空区分布位置和老空区边界、积水量、水位，采取科学有效防治措施；矿井具有突水预兆时，要立即撤出井下作业人员；必须留设边界保安煤柱，严禁非法开采保安煤柱。

(2) 汝州市人民政府及其有关部门要加强对资源整合煤矿的安全管理，通过整改安全隐患、完善安全装备、提高职工素质、进行技术改造等综合措施，使资源整合煤矿能够提高安全意识，强化安全管理，改善安全条件，提升安全水平。

(3) 汝州市人民政府及其有关部门要根据《安全生产法》《国务院关于预防煤矿生产安全事故的特别规定》等法律法规的规定，按照河南省人民政府《关于严厉打击非法和违法生产煤矿遏制重特大事故的决定》(豫政〔2005〕48 号)的要求，依法严厉查处资源整合煤矿违法违规生产行为，特别是对“边技改边生产、只生产不技改”的煤矿，要依法吊销其所有证照后予以关闭，坚决遏制同类事故再次发生。

(4) 汝州市人民政府及其有关部门要督促各煤矿企业依据有关法律法规开展安全生产教育和培训，做到煤矿主要负责人、安全生产管理人员及特殊工种持证上岗；井下作业人员具有必备的安全生产知识，熟悉有关安全生产规章制度和安全操作规程，掌握本岗位的安全操作技能，全面提高安全管理水平和自我保安能力，增强安全防范意识。同时，进一步严厉惩处不按规定开展煤矿安全教育培训和无证上岗行为。

(5) 平顶山市人民政府要督促汝州市人民政府认真分析研究新形势下对煤矿的监督管理工作，查找当前煤矿安全生产监督管理工作中存在的问题，创新煤矿安全监督管理模式，整合煤矿安全监管力量，健全煤矿安全监管机构，完善煤矿安全监管责任制，切实提高煤矿安全监管整体水平，充分发挥煤矿安全监管综合效能。同时，要进一步健全事故信息收集报告网络，完善事故应急报告处理机制，严厉打击隐瞒不报、谎报、拖延报告事故行为，将事故损失和影响降低到最小限度。

辽宁省抚顺矿业(集团)有限责任公司老虎台矿"3·10"重大水害事故

2007年3月10日20时44分,抚顺矿业(集团)有限责任公司(简称抚矿集团公司)老虎台矿发生水害事故,死亡29人,直接经济损失786万元。

一、事故单位概况

抚矿集团公司前身为抚顺矿务局,于2001年9月组建,注册地址抚顺市,省属国有企业,有职工34 003人,独立核算单位41个,其中生产矿井(露天)3处,核定生产能力809万t,2006年煤炭产量577.1万t。

老虎台矿位于抚顺市区的南部,隶属于抚矿集团公司,1907年进行开采,现矿井于1937年开工建设,1942年竣工投产,矿井设计能力为300万t/a;2005年辽宁省煤炭工业管理局核定矿井生产能力为335万t/a;2006年计划控制煤炭产量260万t,实际生产煤炭242万t;2007年1~2月份生产煤炭36.98万t。

老虎台井田位于抚顺煤田中部,东西走向长4.95 km,南北宽2.2 km,井田面积约10 km^2。近年来,按照国家"保城限采"的政策要求,现井田东西走向长为3.23 km,南北宽为2.13 km,井田面积减少到6.88 km^2。至2006年年末,矿井尚有地质储量6 753.6万t,可采储量4 661.3万t,主要开采本层煤。

矿井采用斜、立井阶段水平大巷开拓方式,矿井共有十一条井筒,其中:一条立井,十条斜井。中央七条井为入风井,两翼四条井为回风井。矿井现有3个生产水平(－330 m水平、－630 m水平、－730 m水平)和一个准备水平(－830 m水平,无采煤工作面,正掘瓦斯巷工程)。采煤方法为走向长壁综合机械化放顶煤,井下现有3个采煤工作面,即－330 m东翼综放面、63003综放面、73003综放面;4个掘进工作面,即83002运输顺槽煤掘面、83002回风煤门岩掘面、73003二期尾巷煤掘面、－630～－580 m排风道煤掘面。

矿井通风方式为两翼对角抽出式,矿井总入风量14 488 m^3/min,总回风量15 840 m^3/min。矿井绝对瓦斯涌出量为218.31 m^3/min,相对瓦斯涌出量为41.5 m^3/t,矿井瓦斯等级为高瓦斯及煤与瓦斯突出矿井。煤层自然发火期为1～3个月,煤尘爆炸指数41.5%,矿井有冲击地压危险。

矿井水文地质比较简单,共有4个含水层,除第四纪冲积层为强含水层外,其余均为弱含水层。井下水来自两方面,一是矿井自然涌水,最大为816 m^3/h,最小为540 m^3/h;二是原龙凤矿来水,最大为744 m^3/h,最小为510 m^3/h。

井下排水方式为阶段式排水,在矿井五个水平设有排水泵房,向地面排水的顺序是－880 m水平、－830 m水平、－730 m水平、－630 m水平和－580 m水平直至排到地面各贮水池。－730 m水平水泵房水仓容积14 500 m^3,设有7台300S250A型水泵,单台最大排水量为750 m^3/h;井田东部、中部及北部对应地面各有一处泵房,用于抽排地表塌陷坑积水。

事故发生在－730 m水平73003采面。该工作面2006年9月15日正式开采,至2007年3月10日,共推进194 m。西邻83001已采区,东边至F_{16-1}断层,以东为无煤区,南邻－680 m水平中央煤柱未准备区及－680 m水平68002与73001已采区,北至F_{18}、F_{16}煤柱线。煤层平均厚度19 m,煤层倾角14°～32°,标高为－730～－630 m,正常涌水量82.8 m^3/h,最大涌水量93.6 m^3/h。采煤方法为走向长壁综采放顶煤,具有冲击地压倾向性,采空区采用自然垮落法管理,ZF8000—19/29H型液压支架支护顶板，端头支架 ZFT28000/20/32S 型。运输顺槽（以下简称运顺）680 m（其中一期 300 m，二期 380 m），采用 U_{36} 拱形棚及金属锚网复合支护，断面 12.6 m^2，回风顺槽（以下简称回顺）走向长 700 m，采用 U_{29} 拱形棚及金属锚网复合支护，断面 12.6m^2，运、回两顺局部采用 O 形棚及金属锚网复合支护。工作面长 79.5 m，采高 2.8 m，每刀截深 0.5～0.6 m，原班推进度 1.25 m。

作业方式为“四、六”作业制，即一班割煤，一班放煤，一班检修，一班空班。

矿井证照齐全。

二、事故经过及抢救情况

2007 年 3 月 10 日二班，73003 采面工作正常。该区域事故当班出勤 53 人，其中：综采一队 28 人，综采二队 14 人，煤掘区 2 人，安监科 1 人，保安区 8 人。在 73003 运、回顺及综放面作业有 35 人，18 人在外围清理皮带水沟，看皮带及高、低压变电所和注水泵、乳化泵等。

据 3 月 10 日老虎台矿 KJ2000 瓦斯监测系统 73003 采面瓦斯传感器瓦斯浓度显示值 20 时 44 分为 0.8%，到 20 时 49 分 24 秒达到最大值 9.8%，到 20 时 58 分瓦斯监测系统信号中断。约 20 时 45 分瓦斯超限工作面断电，安全员马占海及瓦检员、代班队长等人发现断电，立即用扩音电话呼喊撤人，同时向矿调度田志明打电话汇报。在运输顺槽作业的高敏、齐国兴、郭玉宝、王野、王永权、郭复祥 6 人听到扩音电话喊撤人后，刚一跑就发现大量湍急的水从工作面方向涌出，他们都就地就近，攀爬到支架上或电缆上。约 20 分钟左右，涌水消退。在距 4 号皮带头 20 m 处的高敏从棚梁上下来与外围人员相遇后升井。齐国兴等 5 人下来进入 4 号皮带尾附件压风自救处避难。

20 时 58 分，－730 m 的 1 号皮带运输机司机牟广友用中继指挥部的电话向矿调度报告“－730 m 水平大巷有水”。矿调度田志明立即向矿总工程师李国宏汇报，并通知集团公司救护大队立即下井勘察情况。矿其他领导和抚矿集团公司领导接到报告后相继赶到矿上。启动了抢险救灾紧急预案，成立了以董事长尹亮任组长的事故抢险救灾指挥部，向上级有关部门报告了事故。紧接着按现场抢险救灾、地面后勤保障、善后处理三条线开展工作。

21 时 09 分，救护大队副大队长唐荣久带领第一值班小队出动，到达－730 m 水平大巷时涌水已退。他们探查前进，当走到 73003 入风煤门时发现 2 名遇难人员，又在煤门与回顺交岔口处发现 2 名遇难人员，在运顺 145 m 处和 225 m 处及 245 m 处分别发现 3 名、1 名和 2 名遇难人员。第一小队和赶来增援的第二小队分别在运顺 380 m 处和 400 m 处压风自救袋内发现 3 名和 2 名幸存者。第二小队接替第一小队继续向前探察，在二期工作面与 5 号皮带机三角点处和工作面转载机附近分别发现 9 名和 3 名遇难人员。到工作面后，发现第 21 号综采架处巷道已堵死，无法前行返回。

由于特大水害事故造成了 73003 采面运输顺槽和回风顺槽以及煤门巷道及其机械运输设备的严重破坏，事故抢救区域瓦斯、透水、顶板垮塌的危险，时刻威胁着抢救人员的安全，事故抢救工作十分艰难。到 3 月 17 日，还有 5 名矿工下落不明。

在抢险搜救人员过程中，共恢复巷道 2 000 多米，清挖淤泥、浮货 5 000 多立方米，打探放水钻孔 76 个，总长度 1 603 m。事故发生当时发现死亡 22 人，直到 5 月 11 日分别于 10 时 20 分和 21 时 20 分，才将下落不明的最后 2 名遇难者找到，事故抢救工作历时 62 天结束，整个事故灾区区域经现场处理恢复到了事故前的状态，采掘机运通各大系统都已经正常。

三、事故原因分析

（一）直接原因

事故发生的直接原因是：位于 73003 采面上方的 68002 西采面采空区积水，受 73003 采面采煤影响，积水溃出，导致事故发生。

（二）间接原因

(1) 该矿矿井水文地质技术管理存在问题。73003 采面作业规程中，只说明了其南部和上部 68002 西采煤工作面（以下简称 68002 采面）和 73001 采煤工作面（以下简称 73001 采面）两个已采面采空区可能有积水，但未按“有疑必探”的原则编制相应的探放水措施；73003 采区设计预计 68002 采面采空区的涌水量为 0.010 5～0.019 8 m^3/mim，但在安全措施中未规定探放水的有关内容；该矿各级技术管理人员在编制、审批及执行上述设计和规程时，没有对此提出“有疑必探”的补充建议和要求。

(2) 该矿井下防治水管理工作薄弱，技术上存在偏差。没有完全搞清 73003 采区的水文地质情况，采区设计时，考虑该采面与相邻各已采面关系不够，忽视了 73003 采面上部 68002 采面采空区可能有积水的重大隐患，未按规定对 73003 采面进行防治水预测预报，未查清矿井水文地质情况，没采取探放水措施；在 73003 采面回采接近 68002 采面采空区附近时，各级生产、技术管理人员都未向有关部门提出采取探放水措施的建议和要求，抚矿集团安全监察人员也未督促有关部门采取探放水措施。

(3) 该矿在治理重大事故隐患上，顾此失彼，相当多管理人员防治水患意识不强。在矿井灾害的防治方面，偏重于矿井冲击地压、瓦斯、煤尘、火等重点灾害的防治工作，偏重于对地表水和龙凤矿老窑水的治理，而忽视了井下防治水工作；工作中凭经验办事，在去年 73003 采面回风道掘进冒顶并与 68002 采面冒顶通透时，没有发现有水，即错误地认为上部采空区没有积水，忽视了对水患的预测预报工作；大部分生产技术管理人员对 73003 采面作业规程中的防治水内容及有关矿井防治水规定不了解、不掌握。

(4) 该矿防治水安全教育和培训不到位，工作缺乏针对性，相当数量作业人员不掌握正确的水患逃生措施。

(5) 抚矿集团公司相关领导和生产、技术管理人员井下水患意识淡薄，认为老虎台矿为百年老矿，矿井水文地质情况不复杂，且从未发生过重特大水害事故，而产生麻痹思想；主管部门领导和管理人员对老虎台矿的防治水工作重视不够，监督、检查、指导不力。

(6) 抚矿集团公司水文地质工作力量薄弱，虽然成立了地测公司，但是主要领导不懂地质测量业务，专业技术人员缺乏，无法开展正常的井下防治水工作。

四、防范措施

(1) 认真落实《煤矿安全规程》有关防治水的各项规定，进一步强化水文地质基础工作，邀请专家、组织专业技术人员查明老虎台矿水文地质条件，编制老虎台矿中长期防治水规划和年度防治水规划，并组织实施。

(2) 建立老虎台井上下水文观测系统，进行井上下水文动态观测、水害预测分析，并有针对性地制定矿井水害综合防治措施。

(3) 建立健全老虎台矿水害防治制度，定期分析水患情况，坚持“预测预报、有疑必探、先探后掘、先治后采”的原则。

(4) 对地表水及可能造成的导水通道采取措施，认真治理，做到：井田范围内地面的疏水、排水和防水设施和设备齐全，地表水防治系统健全。防止地表水溃、渗进入井下；对地表沉陷区范围内的裂缝及可能导水的断层裂隙（破碎带）、地表钻孔开展普查，杜绝地表水通过上述通道渗（溃）入井下。

(5) 加强井下水患治理，进一步完善井下水的防治设施和设备，健全井下水防治系统。通过调控排水量控制水位标高，杜绝原龙凤矿井下积水对老虎台矿的威胁。对井下已采的采空区及旧巷内积水情况进行彻底普查，如发现有积水立即采取措施，消除采空区及旧巷积水对矿井的威胁。对“三带”（冒落带、裂隙带、弯曲下沉带）进行观测，采取措施，防止水通过导水裂隙渗（溃）入井下。采掘工程施工前，必须编制防治水专项设计及措施，并认真组织落实。

(6) 严格执行国家安全生产监督管理总局《关于修改〈煤矿安全规程〉第六十八条和一百五十八条的决定》，采放比不大于 1∶3，杜绝采空区上方岩层形成导水通道。

(7) 加强防治水的安全思想教育和培训。提升抚矿集团公司和老虎台矿各级干部、工人的水患意识，把防止水害事故与防瓦斯、防冲击地压、防火灾事故等同起来一把抓。要举一反三，加强水害事故案例的教育，开展防止水害事故演习，克服经验主义、麻痹思想，杜绝水害事故的发生。

河南省三门峡市陕县支建煤矿"7·29"洪水淹井事件

2007年7月28日傍晚至29日上午8时，河南省三门峡市陕县境内突降暴雨，山洪暴发，流经支建矿业有限公司支建煤矿矿区的铁炉沟河水位暴涨。7月29日8时50分左右，洪水经废弃的老窑溃入井下，导致井下＋260水平巷道600余米被淹，透水量达4 000多立方米。当时井下有102名矿工，其中33人及时升井，69人被困。事故发生后，经76小时多方全力抢救，被困的69名矿工全部生还。

一、矿井概况

1. 矿井基本情况

三门峡市陕县支建矿业有限公司下属支建煤矿、峭山煤矿和刘家山煤矿3对矿井。支建煤矿，始建于1958年，1970年10月建成投产，原属地方国营煤矿，设计生产能力21万 t/a，2006年核定生产能力为14万 t/a。该矿"六证"齐全，2003年3月取得了煤铝联采的采矿许可证。2005年9月，支建煤矿进行了国有企业改制，三门峡市惠能热电有限责任公司占股84.64%，其余15.36%为企业职工自然人入股，并于2005年10月换发采矿许可证，改制为民营股份企业。

支建煤矿主要开采煤层为二$_1$煤，煤层平均厚度为2.0 m，煤层平均倾角18°，瓦斯相对涌出量为2.23 m^3/t，绝对涌出量0.671 m^3/min，为低瓦斯矿井，煤层无自燃倾向，煤尘具有爆炸性，矿井正常涌水量28 m^3/h，最大涌水量40 m^3/h，地表有一条铁炉沟河流经矿区，为季节性河流。

矿井为三个斜井多水平开拓。采用中央并列抽出式通风，安装两台主通风机，型号BK54—11，一台工作一台备用。矿井安装有型号为KJ—90的瓦斯监控系统。地面安装有3台空压机，一台使用两台备用。

矿井井底有主、副2个水仓，容积696 m^3，安装3台水泵，型号为D155—30×5，实测排水能力为110 m^3/h，敷设两趟ϕ159排水管道。主、副下山各布置一趟3英寸排水管路，装备2台D16×5水泵，将主副下山底部水仓的水排至矿井井底水仓。

矿井主井敷设型号为SP800型皮带，担负全矿井的煤炭运输任务；副井安装提升机型号为25M2000/1220，改造后尚未使用；风井提升机型号为JT1600/1224，担负辅助运输任务，采用1吨矿车串车提升。

2. 生产状况

支建煤矿为"六证"齐全的生产矿井，劳动定员为116人/班。井下布置两个采区(20采区和22采区)，其中:20采区已结束，22采区布置一个采煤工作面(22071工作面)和两个掘进工作面(22061准备工作面上、下巷掘进面)。2006年支建煤矿共生产原煤13.1万 t，2007年1～7月份共生产原煤7万 t。

3. 周边铝土矿开采情况

2000年以后，支建煤矿矿区内陆续出现非法开采的小铝矿。为了合理、规范开采矿区内的铝土矿资源，2002年6月，支建煤矿委托三门峡市矿山技术服务中心编制了《河南省陕县支建煤矿矿区铝土矿储量(地质)报告》，认定:"整个矿区C+D级地质储量49.77万 t，其中C级地质储量39.79万 t，矿区矿石质量较好，为低铁、低硫质铝土矿石，主要可用于冶炼金属铝和加工耐火材料"。2002年11月，河南省冶金规划设计研究院编制了《河南省陕县支建煤矿矿区铝土矿资源开发利用方案》。2003

年支建煤矿办理了煤、铝联采采矿许可证后，主要以支建煤矿三产办(后改为铝管办)与部分采矿户签订协议或默许其开采为主。2003年5月支建煤矿与中国铝业有限公司河南分公司签订联合开发协议后，这些小铝矿被支建煤矿关停。2003年5月9日中国铝业公司河南分公司与支建煤矿签订了“联合建设支建煤矿矿区铝土矿项目的协议”，开采范围为支建煤矿采矿许可证的范围，中国铝业公司河南分公司是该项目的投资方，负责对矿区内的铝土资源情况进行勘探及开发设计、技术指导，投产后按采出的合格铝土矿石支付支建煤矿基础设施等投入的固定折旧费用。2003年8月中国铝业公司河南分公司对铝矿资源情况进行了勘探，2004年2月委托沈阳铝镁设计院对首采区进行了露天开采设计。2004年4月，沈阳铝镁设计院编制了《中国铝业股份有限公司河南分公司扩建70万t/a氧化铝工程联办支建煤矿铝土矿首采区露天采场建设方案》。2004年6月，中国铝业公司河南分公司开始剥离工作。2005年3月，中国铝业公司进行了改制，以河南分公司矿业公司为基础成立了与河南分公司互为独立的矿业分公司，负责对河南的铝土资源进行开发。2006年6月6日，中国铝业公司矿业分公司与改制后的陕县支建矿业有限公司支建煤矿重新签订了“联合开发合同”，合同规定中国铝业公司矿业分公司分两批向陕县支建矿业有限公司支建煤矿支付3 300万元，取得支建煤矿煤层露头以外0.2 km^2的铝矿开采和销售权，所开采的铝矿全归矿业分公司所有。2006年6月12日，中国铝业公司矿业分公司与陕县卓立矿产品有限公司签订了“支建联办矿委托生产、加工、运输铝土矿合同”，由卓立公司负责铝矿石的开采，同时，中国铝业公司矿业分公司委托本公司渑池铝矿对陕县卓立矿产品有限公司开采的安全、技术进行管理。2006年6月陕县卓立矿产品有限公司开始剥离表土层进行露天开采。到事故发生时，共剥离土石110万m^3，开采铝矿石4万t左右。

2007年6月24日，由于陕县锦江矿业公司坟上联合铝矿发生窒息伤人事故和“雨季三防”的要求，陕县人民政府通知辖区内所有非煤矿山企业停产，支建联办铝矿立即停止了作业活动，并安排了值班人员进行巡查。

二、事故发生经过

2007年7月28日傍晚至29日上午8时，河南省三门峡市陕县境内突降暴雨(据气象部门监测：降雨量达115 mm)，山洪暴发，流经支建矿业有限公司支建煤矿矿区的铁炉沟河洪水暴涨。7月29日8时50分，中国铝业公司矿业分公司在支建铝土矿联合开采区现场巡查人员张长兴在巡视河道时发现河道边有一斜井漏水，铁炉沟河断流，河水流入矿坑，立即向采区负责人张玉朝汇报，张玉朝随即组织人员调动挖掘机、装载机进行填堵，同时通知支建矿业有限公司。9时08分支建矿业有限公司机电副总经理李宗贤去巡查河道，发现铁炉沟河断流，河水通过一废弃老窑斜井灌入地下，他立即向支建矿业有限公司安全副总经理李少卿进行汇报。李少卿立即带领工人赶到透水现场和卓立矿业有限公司的工人及已调来的挖掘机和装载机一起进行堵漏，大约10时10分左右斜井被堵住，随后他们又发现在河道中有一直径约1 m左右的立井向下漏水，10时30分左右，立井被堵住。

2007年7月29日8点班，支建煤矿共入井102人，具体工作地点为：22071采煤工作面26人，22071采煤工作面上下巷维修10人，22061掘进工作面12人，22采区上、下山维修9人，杂工12人，清挖井底水仓8人，推车工4人，信号工5人，各机电硐室操作工16人。8时40分支建煤矿调度室接到报告称副井口排洪沟被石块堵塞洪水从井筒流入矿井。支建矿业有限公司安全副总经理李少卿、支建煤矿井长贺井祥等组织工人到副井口疏通防洪道，9时值班调度员贺金祥开始通知井下撤人，井下工人刑长兴将电话打至井口工郭帮民汇报井下主、副下山上口0.8平台处出水，水源不明，郭帮民立即向调度室进行了汇报。后来，由于井下电话线被洪水冲断，安全科长王当生、支建煤矿井长贺井祥等人立即入井排查情况，撤出在主、副井底附近工作的33名矿工。王当生与贺井祥一起来到0.8平台处，发现水从主、副下山联络巷两道风门之间流出，水深大约1.1 m，呈黄色。王当生、贺井祥、卫发财(在现场的副井长)、刑长兴想关闭风门，但关不住，他们就用3根坑木顶住了风门，同时将洪水引向一条废弃的巷道，大量洪水已基本不再流向22采区下山。王当生升井向有关领导汇报情况，贺井祥到22采区下山排查透水情况。10时20分贺井祥升井后汇报下山平巷已被水淹没。10时23分、

10 时 34 分王当生电话分别向陕县煤炭局、安监局汇报了情况。10 时 57 分，公司安全副总经理李少卿电话召请三门峡市矿山救护队，并通过三门峡市矿山救护队向义马煤业集团公司求救。支建矿业有限公司成立了抢救小组，决定地面堵漏的同时，维修井下电话线路。11 时左右启动地面的压风机向井下供风（风管通向 22 采区下山平台开拓掘进工作面，希望能给被困工人送风）。大约 12 时 45 分，电话维修工宁保军汇报 0.8 平台电话修通，随后被困人员打电话称人员全部在 22 采区液压泵站处，水位距此处大约还有几米远，压风管已经通风（在洪水全部淹没 22 采区下山平台开拓掘进工作面前，被困工人已将压风管拉至被困地点）。经地面核查和井下清点共有 69 名工人被困。

三、事故抢救经过

淹井事故发生后，支建矿业有限公司、中铝河南矿业公司铝土矿立即组织抢险自救，查找并堵截透水点，同时上报事故情况。

接到事故报告后，三门峡市市委、市政府，陕县县委、县政府及有关部门的领导立即赶赴现场，成立抢险指挥部组织抢救。河南省委书记徐光春，省长李成玉，省委副书记陈全国，常务副省长李克，副省长史济春，河南煤矿安全监察局局长李九成，副局长李尚宽、薛纯运、河南省煤炭工业管理局局长李恩东、副局长陈党义及其他省直有关部门的领导也相继赶到事故现场指导事故抢救工作。国家安全生产监督管理总局李毅中局长接到事故报告后，当即电话指示：首先要堵住水源，加大排水力度，尽快向井下被困人员送风。温家宝总理、华建敏国务委员对事故抢救也作了重要批示，要求不惜一切代价抢救被困矿工。

抢险指挥部根据井下情况制定了“一堵二排三送”的抢救方案，即：堵住漏水源头，加强井下排水，向遇险工人聚集点送风、送氧、送牛奶。

7 月 29 日晚，李毅中局长和赵铁锤局长带领有关司局领导和专家赶到现场，立即传达了温家宝总理、华建敏国务委员的重要批示精神，冒着倾盆大雨，通宵达旦查看险情，研究措施，进一步确定和完善了“一堵、二排、三送”的抢险方案。李毅中局长和井下被困矿工通电话，传达了党中央和国务院对他们的关心和问候，并要求他们沉着自救。李毅中局长和徐光春书记要求指挥部，认真贯彻落实国务院主要领导的指示精神，不惜一切代价，全力施救、科学施救、精心施救，做到忙而不乱、紧而又紧、细而又细。省市县及有关部门、有关单位都要增强大局意识，不计条件，全力以赴投入救援抢险工作。

整个抢险救灾工作围绕“一堵”（坚决堵住不再漏水）、“二排”（加快排水清碴速度）、“三送”（送风、送氧、送奶）的抢救方案，在确保切断地面补给水源、确保向井下连续供风送氧、确保抢救工作不发生次生事故的情况下紧张有序地进行。

一是查堵地面漏洞，确保井下不再进水。事故发生后，及时组织 350 名武警官兵和 80 余名机关干部在 200 m 的河道上查堵泄露点，从 29 日下午 2 时开始持续奋战，经过 6 个小时的艰苦努力，成功堵住了透水点。同时，在河床底部铺设防水布，防止河道渗水。29 日晚，当地又降暴雨 90 mm，武警官兵坚守现场，严阵以待，加强巡查，发现险情，立即处理。一直在透水点附近严防死守，保证了井下不再进水。

二是全力排水清渣，打通营救通道。鉴于支建煤矿抢险力量薄弱，东风井因突水井下排水系统瘫痪，指挥部果断决定，由省属国有煤炭企业——义煤集团承担井下排水清渣工作。义煤集团董事长、总经理、常务副总经理、副总经理兼安监局长轮流下井带班指挥，一天 3 班每班 120 人昼夜不停入井排水清渣。共出动 1 360 人次，组织调运水泵 8 台、电缆 2 400 m、排水管道 1 200 m 等抢险物资，安装投用 3 台水泵和 3 趟管路，铺设电缆 2 250 m，清理巷道 45 m。同时，义煤集团还派出 110 名矿山救护队员全过程参加抢险。

三是送风送氧送食物，维持被困人员生命。送风工作最初由矿方负责，为了保证万无一失，指挥部专门成立了压风送氧工作小组，由义煤集团抽调 4 名专职空压机司机操作设备，保证一台空压机运行，两台备用；利用矿井压风和防尘洒水管道，不间断地向被困人员地点压送新鲜空气和医用氧气，随时与被困矿工保持联系，及时调整压风量和输氧量。共向井下输送医用氧气 106 瓶计 636 m^3，为被困矿工创造了生存条件。

随着营救时间的推移，被困矿工体力下降，为保护矿工生命，争取救援时间，指挥部精心研究制定方案，在压风管道加接“三通”，使压风管道成为压风和输送液体食物两用管道。30日晚上9时，成功向井下被困矿工输送新鲜牛奶400 kg。31日上午10时，再次输送牛奶175 kg；7月31日下午6时和8月1日早上，又分别向被困人员输送了170 kg牛奶和100 kg面汤。井下被困矿工体力得到补充，情绪得到稳定。

经过76 h的艰苦营救，抢险救援工作克服了种种困难和不确定因素，最终取得了圆满成功。被困矿工被转移到安全区域，有组织地分批升井。每位被困矿工由两名救护队员、一名抢险队员从井下护送出井。8月1日11时36分，第一名被困矿工出井，至12时53分，69名被困矿工全部安全升井，并分别送往3所医院进行治疗，现场抢救工作圆满结束。8月3日下午，67名矿工全部康复出院。

四、事故原因及经验教训

（一）事故原因

(1) 造成这起事故的直接原因是：由于三门峡市陕县境内突降暴雨，支建煤矿矿区山洪暴发，造成流经矿区的铁炉沟河流水位急剧上涨，洪水冲垮多年前废弃老窑的充填物，通过采空区、报废巷道溃入支建煤矿井下。

(2) 支建煤矿防治水工作存在漏洞，对矿区及周边存在的透水事故隐患排查治理不认真、不落实。没有严格按照《煤矿安全规程》的规定对矿区及周边存在的老窑、矿坑、地面裂缝和塌陷地点等进行彻底的充填；在降大到暴雨时，没有派专人检查矿区及附近地面有无裂缝、老窑陷落和岩溶塌陷等透水事故隐患，不能及时发现漏水情况并进行处理；铝土矿剥离的土石方挤占河道，致使洪水位升高；暴雨期间未停工撤人等，也是造成事故发生的重要原因。

（二）经验教训

由于社会各界的共同努力，抢险指挥部制定了科学的抢救方案，采取了切实可行的措施，经过76小时的积极营救，终于成功救出了被困的69名矿工。总结本次事故的抢救过程，我们可以得到以下几方面的经验：

(1) 各级领导的高度重视。事故发生当日，温家宝总理作出重要批示，要求抓住时机，科学部署抢救工作，确保被困人员安全；7月31日，温家宝总理再次批示，要求紧急调集人员和设备，予以支援。华建敏国务委员在两次批示中，要求全力施救，科学施救，防止次生事故；加大送风、清淤和排水力度，力保向被困矿工送上牛奶，力争尽早救出被困矿工。刘云山同志、华建敏同志还打电话，对救援和舆论宣传工作提出了明确要求。国家安全监管总局、国家煤矿安全监察局、省委、省政府的领导亲自到现场指挥事故抢救工作，科学制定施救方案，精心组织施救措施，针对不断出现的新情况、新问题，及时调整部署，科学果断决策，保障了救援工作科学、有序的开展。各级领导的高度重视，使参与救援的同志受到鼓舞和鞭策，也使受困人员增添了获救的信心。

(2) 制定科学的营救方案。抢险指挥部根据井上下的实际情况，制定了“一堵二排三送”的抢救方案，即堵住漏水源头，加强井下排水，向遇险工人聚集地送风、送氧、送牛奶。在实施过程中充分考虑到各种因素变化，针对不断出现的新情况、新问题，及时调整部署，走一步看两步，科学果断决策，排除险情，破除难关，确保了被困人员的生命安全。科学的抢救方案、有效的组织实施，为成功抢救提供了坚实的基础。

(3) 社会各界的积极参与。事故发生后，社会各界高度关注，“一方有难，八方支援”，从机关部门到社会团体，从公安干警到武警战士，从企业厂矿到一般群众都全力投入到事故的抢救中，在人力、物力、财力上给予无私的援助，才保证了抢救工作的顺利实施。350多名武警、消防官兵在支建煤矿和中铝矿业分公司铝土矿职工的配合下，在大雨中连续奋战，成功地堵住了透水点并加固了河堤。义煤集团公司成建制调队伍，成批量调物资，全面承担了井下排水清淤等抢险营救工作；集团公司负责同志一线指挥，基层干部冲锋在前，从各矿抽调的人员在井下水中轮班作业。市县两级党委政府调集各方面力量全力投入，为抢险救援提供了保障。电力部门排除故障，精心调度，保证了供电；交通部门组织队伍抢修公路，保证车辆通行；移动通讯部门进行紧急扩容，保证了信息畅通；气象部门实施了局部消云作业，减轻了洪水压力；水利部门紧盯上游水库的安全；医疗、防疫部门保证脱险矿工得到及时救治；荥阳水泵厂连夜加班组装水泵；中原油田做了地面打钻准备；中铝公司总部负责人赶到现场；当地一些企业主动提供抢险救援人力物力支持；各类媒体做出了客观、及时的报道，社会公众反映正面。

(4) 支建煤矿和被困矿工积极自救。支建煤矿前身为国有地方矿，核定能力 14 万 t/a，安全生产有一定基础。该矿采用壁式开采、金属锚喷支护，井下有电话、压风管路和防尘喷水管线，提供了通讯、通风送氧、输送流食的通道，形成了“三条生命线”。事故发生后支建煤矿和当地铝土矿积极组织自救。被困人员按照指挥部的要求划分了若干小组，互相鼓励，保持镇定，及时监测有害气体浓度，妥善处置携带的炸药雷管，探水探路进行自救，为救援行动创造了有利条件。

(5) 事故报告及时。铝土矿发现透水后，及时组织人员对河道溃水点进行了封堵，并通知支建煤矿及时撤离人员，减少了井下被困人数。支建煤矿发生事故后，及时向县煤炭局、安监局汇报，并召请三门峡市、义煤集团等救护队到现场救援，事故报告及时，为救援争得了宝贵时间。

五、防范措施及建议

虽然这起事故中被困的 69 名矿工全部成功获救，但也暴露出地方政府及其有关部门和煤矿企业在防范自然灾害引发的事故灾难上缺乏预报、预警机制；暴雨期间未停工撤人；废弃井筒充填不实；铝土矿剥离的土石方挤占河道，致使洪水位升高等问题。教训十分深刻，要认真吸取教训，改进工作。

(一) 防范措施

(1) 各级政府要进一步健全自然灾害预防和救助体系，组织各有关部门加强水库、涵闸、堤防工程设施及重大地质灾害隐患点的除险加固。气象、水利、国土资源等有关部门要及时准确发布各类灾害预警信息，加强对企事业单位防灾避险的指导。各生产经营单位特别是工矿企业要认真分析周边自然环境对安全生产可能造成的影响，全面落实防汛、防洪、防透水、防坍塌、防泥石流等措施。对受水库、河流等威胁或与塌陷区、废弃井口连通的矿井，要采取修筑堤坝、开挖沟渠、填实废井口等疏堵措施，防止地表水倒灌井下。要密切与气象、防汛等部门的联系沟通，及时掌握汛情水情预警预报信息。要制订完善的水害事故应急抢险救援预案，配备必要的应急排水设备和物资，确保抢险救灾工作及时到位，确保安全生产。

(2) 地方政府有关部门和煤矿企业要进一步加强应急救援体系建设，完善应急预案，加强应急预案演练。一旦发生事故，要在第一时间报告并组织开展救援工作。要加强应急救援队伍、救援物资和装备建设，进一步完善应急救援体制和机制，建立小企业与大企业、专业力量与社会力量相结合的联动机制，充分发挥专家作用，提高应急救援能力和水平，做到科学施救。

(3) 煤矿企业要严格执行《煤矿安全规程》的规定，深入开展防治水工作，特别是雨季防治水工作。每年雨季前必须对防治水工作进行全面检查，对矿区内河道进行彻底地清挖、疏通，严禁将矸石、炉灰、垃圾等杂物堆放在山洪、河流可能冲刷到的地段，保障河道的畅通；对漏水的河沟和河床，应及时堵漏或改道；每次降大到暴雨时和降雨后，必须派专人检查矿区及其附近地面有无裂缝、老窑陷落和岩溶塌陷等现象，发现漏水情况必须及时处理。

(4) 煤矿企业要进一步加强矿井水文地质工作。必须定期收集、调查和核对相邻煤矿和废弃的老窑情况，并在井上下工程对照图上标出其井田位置、开采范围、开采年限、积水情况。要全面弄清矿区及周边存在的老窑、矿坑、地面裂缝和塌陷地点等情况，对报废的老窑、矿坑和可能导水的地面裂缝和塌陷地点等要进行彻底充填。

(5) 煤矿企业在雨季里要随时了解天气预报信息，时刻关注天气变化。存在洪水淹井隐患的矿井，在遇到大到暴雨等恶劣天气时要立即停工撤人，不得进行井下作业。雨季受水害威胁的矿井，除了要制定雨季防治水措施外，还要组织抢险队伍，并储备足够的防洪抢险物资。

(6) 三门峡惠能热电有限责任公司和支建矿业有限公司支建煤矿应尽快建立和完善安全管理机

构,充实安全管理人员,确保安全生产工作各项规章制度落到实处。

(7) 支建煤矿事故当班共入井 102 人,没有超过 116 人/班的定员人数。但是,对于核定年生产能力只有 14 万 t 的矿井,今后应该提高机械化开采水平,优化劳动组织、减少生产环节、压缩辅助人员,进一步减少劳动定员,达到高产高效。

(8) 支建联办铝矿在今后的开采过程中,要注重全面搞好安全生产工作:一是要抓好自身的安全生产工作,认真排查、治理矿坑、边坡、尾矿等存在的事故隐患;二是对剥离的土石方要专区堆放,严禁占据河道、河床;三是对于铝土矿与支建煤矿采通或连通的地点要及时填堵,并告知支建煤矿以便于治理和消除事故隐患。

(二) 建议

(1) 在这起事故抢救中,矿井的压风系统、防尘系统、通讯系统发挥了不可估量的作用,事实上这也是提高矿井防灾、抗灾能力的基本条件。建议在煤矿安全生产法律法规和《煤矿安全规程》等煤炭行业标准中加入"矿井必须建立压风自救系统,并保障压风自救系统、防尘系统的管路直通地面,并通向各个作业地点;建立完善的井上下通讯系统,并保障畅通、使用可靠"等内容。

(2) 在这起事故抢救中,曾遇到大型设备无法入井的问题,给抢险救援工作带来一定的困难。建议在《煤矿安全规程》《煤矿设计规范》中提高对巷道断面的要求,不仅要满足生产过程中通风、行人、运输的需要,还要考虑突发事件的抢险救援需要,以适应新的技术发展要求。

(3) 在这起事故抢救过程中,岩石巷道和金属支护的巷道大大降低了抢救的难度,为抢险救灾工作创造了基础条件。建议在全国范围内大力推广质量标准化工作,提高对井下巷道支护的要求,主要巷道要尽量布置在岩层中或采用金属支护,井下要彻底取消木支护。

(4) 要加大社会救援体系建设,特别是应急救援设备、物资的储备,建议将应急救援的设备、物资集中存放在当地的救援中心或有实力和能力的大型骨干企业中,以保障设备的完好,能随调随用。

山东省华源矿业有限公司“8·17”洪水淹井事件

2007年8月17日，山东省华源矿业公司因突降暴雨，引发山洪暴发，河水猛涨，导致河岸决口，溃水淹井，造成172人被困井下遇难，与此同时，在同一井田与其相邻的名公煤矿也被洪水淹没，致使9名矿工遇难。损失惨重，教训深刻。

一、矿井基本概况

山东华源矿业有限公司位于山东省新泰市，原为新矿集团张庄煤矿，1957年投产，2004年3月28日按照关闭破产政策完成改制重组，同年4月16日完成交割，独立运营。公司性质为股份制企业，总股本全部由参与重组的员工出资，公司组建时，股本构成中高层管理人员占10%，中层管理人员占20%，员工占70%。目前拥有6个控股公司，6个参股公司，现有员工6 200人，其中：从事原煤生产的职工2 952人。矿井核定生产能力78万t/a，为立井、斜井混合开拓，共有3个立井、皮带斜井、东都立井和2个风井，设−210 m、−450 m和−860 m三个水平。事故灾难发生前，−210水平生产已基本结束，−450水平为生产水平。−860水平正在开拓。该矿共有4个采区，分别为：−210水平四采区、−450水平一采后组下山采区、−450水平八采区、−450水平九采区。布置4个采煤工作面和12个掘进迎头，该矿井最大垂深1 117 m，工作面距井口最远距离11 099 m。

至2006年年底矿井尚有地质储量3 477万t，可采储量543万t，矿井可采煤层有2、4、6、11、13、15煤层。目前实际开采煤层有4、6、11、13煤层，其中：4煤层厚1.8～2.2 m，平均厚2 m，6煤层厚0.8～1.05 m，平均厚1.00 m。11煤层厚为1.60～1.90 m。

地质报告预计山东华源矿业有限公司正常涌水量863 m^3/h，最大涌水量1 122 m^3/h，现矿井实际平均涌水量573 m^3/h。矿井为分级接力排水。−210 m排水泵房安设9泵5管，水仓容量为5 100 m^3，最大排水量3 150 m^3（D450—60×7型水泵3台，D450—60×8型水泵6台；ϕ219 mm排水管2趟，ϕ273 mm排水管2趟，ϕ325 mm排水管1趟）。−450 m排水泵房安设5泵2管，水仓容量为5 380 m^3（D450—6×5型水泵5台，ϕ273 mm排水管2趟）。−450 m水平以下一采后组在−700 m安设2泵2管，水仓容量为360 m^3（DM85—45×7型水泵2台，ϕ159 mm排水管，ϕ219 mm排水管各1趟）。九采在−671 m安设3泵2管，水仓容量为221 m^3（DA1—100×10型水泵2台，100D45×7型水泵1台，ϕ159 mm排水管2趟）。

该矿2006年瓦斯等级鉴定为低瓦斯矿井，为“五证一照”齐全的合法矿井。

二、事故灾难发生经过及抢险救援过程

1. 事故灾难发生经过

2007年8月16日至17日，新泰市连续两天集中强降雨，导致山洪暴发，流经华源矿区的柴汶河水位暴涨漫过河岸，漫溢的洪水冲蚀河岸，掏空基础，最终冲开约65 m的决口，冲入落差约5 m的岸外低洼处，在洪水强烈冲刷作用下，形成3个集中溃水点溃入井下。

8月17日14时30分许，正在巡查水情的华源矿业有限公司技术科副科长王仲泉接西都煤矿赵文武电话，称柴汶河岸洪水外溢，王仲泉立即赶往现场，并向调度室值班员孔令印报告险情。14时31分，−210 m水平残采轨道绞车房绞车司机李庆华汇报残采轨道出水，孔令印立即向副总经理张灿君、总工程师谢清孝、调度室主任娄元彪、副主任庄和东汇报。张灿君接报告后，当即安排−210 m水平残采轨道绞车房人员李庆华在绞车房待命等待救援，−210 m新四采区及−450 m二采下山采区其他人员撤至－450 m 水平。14 时 54 分，－450 m 水平通防工区刘守仁报告一采后组总回发现水情，张灿君安排－450 m 水平一采后组及－860 m 延深区域人员撤离。16 时 46 分，因－450 m 水平水流大，猴车无法运行，张灿君安排－450 m 水平所有人员向东都方向撤离，与八、九采区人员一起沿－160 m 轨道上撤。

17 时左右，总经理徐勤玉等 4 人从井下去张庄方向查看撤人情况，遇到从张庄方向撤离的王奎涛等 20 余人，一起往东都方向撤离。17 时 30 分左右，徐勤玉等人连同八采、九采撤离人员一起撤到－160 m 轨道下车场。徐勤玉安排其他人员立即升井，留下 4 人与自己在－160 m 轨道下车场三岔门处等待其他撤离人员。19 时左右，张庄井区域各地点通讯中断，徐勤玉等 5 人一边观察水情，一边等待，20 时 50 分，没再发现后续撤离人员，最后从东都井升井。此时已淹没－860 m、－450 m 水平。

23 时 05 分，－210 m 水平泵房氧气含量不足，按指挥部的要求关闭了泵房防水闸门，保持强排。因水势过大，在泵房排水的 16 人及救护队员被迫从管子道撤离。18 日凌晨 1 时 30 分，－210 m 水平被淹。19 日 7 时 30 分，井下水位升至＋92.6 m，矿井被淹。由于溃水流量大、速度快，水流湍急，增加了撤人难度，当班井下作业人员 756 人，有 584 人安全升井，172 人被困井下遇难。

2. 事故灾难抢险救援过程

事故灾难发生后，胡锦涛总书记、温家宝总理和回良玉副总理，周永康，华建敏国务委员，郭伯雄军委副主席相继作出重要批示，要求尽快调集设备和人员，采取各种必要措施，尽一切努力抢救井下被困人员。国家安全生产监督管理总局局长李毅中、国家煤矿安全监察局局长赵铁锤同志立即带领有关人员连夜赶赴事故现场，国务委员兼国务院秘书长华建敏也亲临现场指导抢险救援工作。

山东省委、省政府接到事故灾难报告后，立即启动了应急救援预案。省委书记李建国，省委副书记、代省长姜大明，省委常委、常务副省长王仁元，省委常委、副省长王军民，省委常委、省委秘书长王敏，济南军区司令员范长龙，省军区司令谈文虎，省武警总队队长戴肃军，省有关部门领导带领有关人员以及泰安市、新泰市和新汶矿业集团公司主要领导迅速赶赴现场，成立了由姜大明同志为总指挥的现场抢险救援指挥部，在国家安监总局的具体指导下，果断采取“堵”、“排”、“救”、“停”的抢险救援措施。紧急调集解放军、武警官兵、当地干部群众和煤矿职工 6 700 余人一起全力以赴封堵决口，在约 65 m 宽的垮塌处，共下沉载石卡车 27 辆，船舶 1 艘，投入铁笼 480 个、编织袋 20 余万只、土石方 2 万 m^3。至 19 日凌晨 3 时 38 分，经过 36 小时紧张抢险，决口成功堵住。同时，在国家安监总局的协调下，先后从河南、河北、山西等地调集 14 台大流量高扬程水泵，从胜利油田调集了 4 台高速钻机，加快矿井排水。抢险救援最大排水量达 7 569 m^3/h。调集了 3 个矿业集团公司 7 支救护队伍、黄河河务局 2 支抢险队赶赴现场进行抢险救援。为防止上游水库垮坝，指挥部连夜紧急撤离了柴汶河两岸低洼处 20 万村民，组织沿柴汶河低洼处的矿山全部停产撤人。至 10 月 14 日，累计排出水量 622 万立方米，矿井水位为－85.89 m，与最高水位相比下降了 178.49 m。

三、事故原因分析

经气象、水利、地质和采矿等方面专家组成的专家组，对溃水矿井周围的地形地貌进行 GPS 测量，对溃水通道采用地质雷达探测，查阅了水利、地质、气象、采掘工程等方面的资料，对事故灾难前后当地的降雨量，柴汶河上游洪水汇集情况，河道行洪能力，河岸决口处地形地貌和岩石特征，溃水区域的地表特性、地层岩性及溃水通道的形成等因素进行了全面的分析和论证。主要原因为：

一是突降暴雨。今年进入主汛期以来，新泰市降水明显增多，降水量为 192.2 mm，较常年多一倍，16 日 4 时至 18 日 6 时，柴汶河上游又突降大暴雨，降水量为 262.3 mm，三天降雨量为 50 年一遇，而且主要集中在 17 日 2 时至 15 时，这一时段降雨量占本次降雨量的 70%，为 70 年一遇。

二是山洪暴发。柴汶河上游北、东、南三面环山，土层薄、地表植被不发育，水土保持能力差，加之地形坡度大，大面积出露的古老变质岩持水能力差，降水易于汇集，雨水汇集后流速湍急，形成的地表径流量大，导致山洪暴发。

三是河水猛涨。山洪暴发后,17 日 9 时柴汶河上游东周水库在水位比汛末允许蓄水位低 0.07 m 时,开始泄洪,14 时 30 分达到最大泄洪流量 538 m^3/s,水库下游降水通过涓水河、平阳河、东周河、东干渠、西都冲沟等汇入柴汶河,最大洪峰流量 1 840 m^3/s,大大超过柴汶河的行洪能力 1 089 m^3/s,导致柴汶河最高水位超过河岸高程 0.85 m,洪水漫溢。

四是河岸决口。柴汶河河岸决口处位于磁莱铁路柴汶河大桥上游 335 m 处左岸,该处多河交汇同时来水,流量大、流速快,水流紊乱湍急,对河岸形成强烈冲刷剥蚀;该处河岸地层以砂性土为主,结构松散、黏结性差、透水性强,易渗漏,容易被流水侵蚀。洪水漫溢后,很快将河岸基础掏空,最终被冲开 65 m 决口,洪水冲入落差约 5 m 的岸外低洼处。

五是洪水淹井。河岸决口后,洪水巨大冲刷力造成约 4.4 万 m^3 的冲刷区,形成了三个集中溃水点:第一个在冲刷区的西南端,形成了直径约 50 m、深度 10 m 左右的锅底状塌陷坑,其坑底明显见到地层断裂下陷;第二个在冲刷区的南端,形成了一个直径为 80 m、深 6～8 m 的塌陷坑;第三个是水流在通过废弃砂立井周围受阻时,形成强大涡流,将砂立井井筒周围剥离近 12 m 深,形成约 60 m 长、30 m 宽、10 m 深的塌陷坑。洪水通过三个集中溃水点沿空洞裂隙进入井下。溃入井下的水量约 1 260万 m^3,砂石和粉煤灰约 30 万 m^3,导致淹井。

四、主要问题和薄弱环节

这起由严重自然灾害引发的事故灾难,同时也暴露出了政府、部门和企业在应对自然灾害、防范生产安全事故等方面存在的一些问题和薄弱环节,主要有以下几个方面:

(1) 对安全生产工作的艰巨性和复杂性认识不足,一些地方和企业安全生产责任制和防范措施没有落到实处。多年来,山东省未发生重大洪涝灾害,近几年来也没有发生特大安全生产事故,一些地方政府、部门和企业产生了麻痹松懈思想,政府和企业的两个主体责任在某些环节没有得到坚决、全面地落实,抓安全生产的力度不大,措施不得力,监管不到位,而正是这些基础基层安全生产责任制的不落实,在严重自然灾害发生时,暴露出许多薄弱环节,造成洪水淹井、人员伤亡。

(2) 对严重自然灾害可能引发事故灾难重视不够,缺乏防范。政府各部门之间、部门和企业之间对自然灾害的发生缺乏有效、快捷的信息共享和协调联运机制,气象预报、防洪预警和灾害预防机制不够健全,手段落后,应对暴雨和山洪的防汛方案措施针对性不强。对自然河道的危险河段排查不够,尤其是对曾出现过险情的区段没有采取有效整治和监控措施,行洪河道堤岸不稳固,承载能力低。河道汛期巡查工作不落实,没有及时发现险情。

(3) 隐患的排查治理工作措施不到位,力度不够。当地政府对河道中树木和障碍物隐患的排查整治工作力度不够,治理不彻底,直接影响了河道的行洪能力;华源矿业公司对于历史上采砂形成的洼地及其积水这一隐患对井下作业的危害严重性认识不到位,对煤矿安全监察机构多次下达的隐患整改指令落实不到位,仅限于填平使之不再积水,没有针对该位置地质条件复杂而采取根治措施,同时,也没有制定针对性的应急预案。当地有关部门对历史上煤矿私挖乱采造成的事故隐患排查治理不彻底,给矿井安全埋下了重大隐患。

(4) 开采河沙和煤炭资源管理存在漏洞。对溃水区内的河砂资源,当地政府没有明确的监管部门,有关部门也没有依法行使相关职能,查处整治力度不够。对过去存在的煤矿违法违规超层越界开采破坏防水岩层,滥采保安煤柱等行为底数不清,整治力度不够,同时存在多个煤矿在同一井田范围内开采的状况,给矿井埋下重大隐患。

(5) 对破产改制的煤矿企业安全生产监管责任不清,安全生产管理弱化。华源矿业公司由张庄煤矿破产改制成为股份制企业后,泰安市人民政府确定"破产改制重组的山东华源矿业公司仍由新矿集团公司管理",新矿集团公司以与华源矿业公司无资本联结关系等情况为由,制定了《关于华源矿业公司作为新矿集团松散层企业管理的通知》,对华源矿业公司的管理采取一事一议及"不告不理"的原则,在安全管理方面,仅负责上级有关安全生产通知的下达,未与华源矿业公司签订安全生产目标管理责任书,未对华源矿业公司实施安全生产监督检查和考核,也没将这种管理方式,尤其是未将安全生产管理方面的实际情况书面告知泰安市政府。2006年3月，省政府办公厅鲁政办发〔2006〕35号文件明确规定，“关闭破产后新重组为非国有企业且继续从事煤炭开采的，其安全监管职责由企业所在地政府负责”，泰安市政府和新矿集团均未就落实华源矿业公司的安全生产监管职责采取措施，造成了华源矿业公司安全生产监管的主体不清、实际监管缺失。

(6) 企业安全生产责任制不落实，没有严格执行国家有关法律法规。改制以来，华源矿业公司未向上级有关部门主动反映和报告安全生产工作情况，对突发性自然灾害可能给矿井安全造成的危害，对水库、河流可能发生泄洪、河岸溃口给矿井安全带来的威胁，估计不足，认识不到位，隐患排查整治不彻底。应急预案不完善，矿井防洪预案中汛期险情不全，抢险措施针对性不强，没有灾害性天气停产撤人的应急措施。企业没有严格贯彻落实国务院安委会、省政府及省安委会关于灾害性天气停产撤人的要求。8月17日，即使数次接到上游水库泄洪通知的情况下，仍安排正常生产。事故发生时，井下作业人员比有关规定多61人，再加上151名检修人员，增加了事故灾难的遇险人数。发现井下透水后，没有及时作出一次性撤离升井的决定，而是分三次下达撤人命令，延误了部分人员的最佳撤离时机。事故灾难发生后，没有在规定时间内按程序立即上报，贻误了当地政府在第一时间组织抢救的时机。

五、措施与建议

(1) 建立有效的预报预警机制。提高对自然灾害引发事故灾难的认识，把防范自然灾害摆到安全生产工作重要位置上来。加强气象灾害发生机理研究，引进和研发先进适用的气象观测、预报技术和设备，提高灾害性天气预报准确率，扩大气象信息覆盖面。加快气象灾害防御体系建设，完善灾害性天气的监测、预报、预警体系，增加自动气象站的密度，重点加强短时、临近灾害性天气的监测预报工作。抓好汛期中小河流、湖泊、水库的监测监控，发现异常情况及时报告和处置。运用现代科技手段建立重大危险源和重特大事故监测预警预报系统，用信息网络技术代替传统手段，提高灾害的预警时效。

(2) 建立联防联动应急救援平台。建立地方政府、有关部门和企业应对自然灾害有效的联合处置机制、灾害预防和救助体系网络，设置如“110”这样的矿山应急救援指挥平台，统一指挥、协调应急救援工作，提高防范自然灾害的系统性、严密性和主动性。

(3) 加大应急预案体系的建设。成立防御自然灾害专家技术支撑体系，实行煤矿应急预案审批制度，解决技术支持缺位和煤矿企业应急预案审批不规范现象。

(4) 加快自然灾害责任追究立法。每年我国的自然灾害所造成的生命财产损失都是可以用“损失惨重”四字来形容。尽管各级人民政府、有关企业在预防自然灾害上的投入每年都在加大，但依然有个别地区对防御自然灾害存在侥幸心理，往往是自然灾害发生后再治理，远远不能适应目前防范自然灾害的需要。如果算一下近几年的自然灾害所造成的财产损失与防范自然灾害投入这笔账，就会发现这一比例大得惊人，而人的生命损失又是无法用简单用经济账计算的。对政府来说，加强防御自然灾害的投入，社会效益是非常突出的，因而，政府必须加快立法，通过立法，促进各级政府、各有关企业加大这方面的投资力度，加强对地方政府、企业防范自然灾害行为的约束机制，增强其防范自然灾害的法律责任意识，强化应急预险体系的建设。

(5) 加强洪水河道和中小水库治理。做好自然河道的确权划界工作，明确管理职责，加强对自然河道尤其是泄洪主干道的安全管理。禁止围垦河流，严禁在行洪河道内种植林木和高秆植物，及时科学合理地开展河床清淤疏浚，提高河道行洪能力。加强对危险河段的排查治理，加大资金投入，尽快制定我省泄洪河道和中小水库的加固治理工作规划，完成“头顶库”、“串联库”加固保安全任务。

(6) 提升煤矿抗灾害的能力。合理规划煤炭资源划分，规范煤炭开采秩序，重点解决重叠、交叉和“大矿套小矿”问题。严厉打击各种非法开采行为，建立和维护良好的矿产资源开发秩序，严格控制煤矿开采上限，采取更加有效的措施，严厉打击煤矿滥采滥挖、超层越界、相邻矿井相互贯通等非法开采行为。改革采煤工艺，提高机械化水平，在各煤矿建立健全井下无线通讯系统和井下人员定位系统，运用视频技术对矿井生产水平水仓入口、可能突水的地点、可能的过水通道进行实时监控。建立矿井地面重大隐患排查治理机制，全面治理排查整治水害隐患，重点治理矿井周围的塌陷区和废弃井口，从煤矿自身加强抗灾害的能力。

（7）制定煤矿企业劳动定员，防止超劳动定员组织生产。山东省煤炭工业局、山东煤矿安全监察局联合下发《山东省加强煤矿安全生产工作规范煤矿企业劳动定员管理实施意见》（鲁煤安管〔2007〕64号），明确了煤矿企业劳动定员管理和标准编制的原则，健全、完善煤矿企业劳动定员管理的相关工作制度，加强了对煤矿企业劳动定员的监管与监察。

第十八章 2006年水害

贵州省安顺市紫云布依族苗族自治县偏坡院煤矿“7·15”重大透水事故

2006年7月15日23时30分，安顺市紫云县坝羊乡偏坡院煤矿发生一起特大透水事故，造成18人死亡，直接经济损失579万元。

一、偏坡院煤矿概况

(一) 偏坡院煤矿矿井基本概况

偏坡院煤矿位于安顺市紫云县坝羊乡新羊村，距安顺市中心65 km，距紫云县城34 km，安(顺)紫(云)公路从矿区西面通过，有简易公路相连。

该矿为私人合伙企业，2001年12月取得采矿许可证，2003年12月取得煤炭生产许可证，2004年10月取得营业执照，原法定代表人刘洪亮，2005年5月法定代表人变更为刘传元，2006年4月取得了安全生产许可证。矿长朱建华，持有矿长资格证书和矿长安全资格证书。

该矿于1995年10月由原长顺县干果公司、长顺县杜仲公司和长顺县桉树公司合资兴办，同年11月建井，1997年8月投产。1999年8月，以2.8万元将煤矿转让给紫云县板当镇人罗俊、罗刚开采。2001年9月，煤矿以15万元转让给紫云人刘敏、张祖刚开采。2003年8月，煤矿以40万元转让给紫云县呈祥建材有限公司，矿主变更为四川人刘洪亮，这之前的转让均未变更企业名称。2005年5月19日，刘洪亮以400万元将煤矿80%股份转让给湖北人刘传元和朱建华，同年10月19日，刘传元和朱建华再以100万元将该矿20%的股份买下。买断后刘传元占2/3的股份，朱建华占1/3的股份，转让过程中煤矿均未变更企业名称。

该矿由朱建华任矿长，负责煤矿全面工作；生产副矿长李红山(无矿长资格证和煤矿主要负责人安全资格证)分管矿井安全生产；技术负责人陈云华，于2006年5月离矿(离矿期间由李红山代管技术工作，李红山无技术资格证书、非煤矿专业技术人员)。事故发生时煤矿仅有瓦检工3人，安全员3人，爆破工由瓦检工和安全员兼任，绞车工2人，电工1人，特种作业人员不能满足矿井正常生产的需要。

偏坡院煤矿矿区面积1.351 1 km^2，矿井走向长820 m，倾斜宽1 647 m，现有可采储量156万t。可采煤层一层，煤层编号为M3，煤层平均厚度为0.9 m，煤层倾角8°～10°，煤层赋存稳定，直接顶为燧石灰岩，底板为黏土岩，厚0.5～2.0 m。

偏坡院煤矿设计生产能力3万t/a，核定生产能力3万t/a。矿井采用斜井开拓，主斜井长80余米，倾角18°，现只有1个采区、1个回采工作面(为安全生产许可证验收时准备，实际未回采)和6个掘进工作面(301回风平巷一个、301运输平巷2个、二平巷2个、三平巷1个)；落煤方式为爆破落煤，运输方式为矿车运输，斜井绞车提升，平巷人力推车，巷道木点柱支护；采用“两班”制作业，全矿有从业人员80余人，其中管理人员13人；为30名工人办理了工伤社会保险，但未按规定与工人签订劳动用工合同；2005年共生产原煤1万余吨，2006年起至事故发生时共生产原煤1 800余吨。

矿井采用中央并列抽出式通风，主要通风机和备用主要通风机为15 kW离心式风机，矿井总进风量600 m^3/min、总回风量620 m^3/min;煤矿无正规的排水系统,井下未设主水仓,仅在运输下山二平巷附近设有一个水窝子。矿井主要机电设备有:2.2 kW对旋式局部通风机2台,5.5 kW局部通风机5台,15 kW潜水泵1台,22 kW离心式水泵1台,JT800X600—30主提升绞车1台,井下有25 kW提升绞车1台,200 kV·A变压器1台(供井下),50 kV·A变压器1台(供地面),自备75 kW柴油发电机组1台,2 kW探水钻1台,KJ101矿井安全监测监控系统一套。

偏坡院煤矿2005年度矿井瓦斯等级鉴定结果为低瓦斯矿井,矿井绝对瓦斯涌出量0.39 m^3/min,相对瓦斯涌出量为3.74 m^3/t。煤层有自然发火倾向,煤尘有爆炸危险性。

(二) 偏坡院煤矿上部老窑积水的处理及监督检查情况

偏坡院煤矿井田范围内西北面有一关闭老窑,始建于1976年,2000年9月28日被炸封取缔,该废弃老窑存在大量积水。业主刘传元接手偏坡院煤矿后,曾做过水害调查,并准备将此老窑积水抽干。但因当地的村民阻挠,最终未能实施。2006年1月12日,紫云县委书记陈好理率队到偏坡院煤矿召开现场办公会,针对该矿矿区上部存在老窑积水的安全隐患,责成县安监局、乡企局、发改局和坝羊乡政府协助煤矿尽快落实村民搬迁,排除隐患。

2006年7月1日,偏坡院煤矿301回风巷掘进工作面在采掘过程中发现顶板淋水增大。次日,煤矿使用2 kW的煤电钻在巷道上帮每隔4 m沿煤层倾向向上打一个7～15 m的探水眼进行探水(但未编制有针对性的探放水设计和措施)。7月2日至7月4日探水过程中发现有一股直径为1 cm的水从探眼中流出,同时,301回风巷上帮压力明显,片帮严重,但上述预兆并未引起煤矿管理人员的重视。7月8日矿长朱建华、副矿长李红山现场察看后,安排从原掘进工作面迎头退回来16 m的位置,与原巷成45°夹角沿煤向下掘3 m,然后再沿原平巷同一方向重新布置301回风巷。至事故发生时,新掘巷道已成巷14 m,在掘进过程中再未实施任何探放水措施。

2006年6月14日,安顺市安监局副局长李振英、县安监局局长杨槐等人对偏坡院煤矿进行安全检查,针对矿井探放水等问题下达了限于6月21日前整改完毕的指令。6月20日,偏坡院煤矿就整改落实情况向县安监局作了专题报告。7月13日,县乡镇企业局王仕勇副局长等3人对煤矿进行安全检查,也指出了煤矿存在老窑水、未及时填图等安全隐患,但对煤矿没有进行探放水作业就违法生产这一重大隐患未能依照《煤炭法》第七十五条规定责令其停止作业,也未进行处罚。

二、事故经过及抢险过程

2006年7月15日16时,安全员朱大俊、瓦检员唐进云、绞车工杨涛带领21名工人入井作业,其中高顺平、高顺能、陈发忠在301回风巷掘进工作面作业。3人打完2个炮眼后,由安全员朱大俊放炮,随后装运出7矿车煤。19时30分,白班工人下班出井。

20时,安全员汪圣明、瓦检工刘传友带领29名夜班工人入井作业。作业人员分布情况:4人在井底车场至绞车巷内负责推矿车、三平巷掘进工作面3人、三平巷配风巷掘进工作面2人、二平巷掘进工作面2人、二平巷配风巷掘进工作面3人、一平巷采煤工作面6人、301运输巷掘进工作面6人。由于当天调班,301回风巷掘进工作面白班的高顺平、高顺能、陈发忠3名工人出井吃晚饭后继续下井在原处作业。23时20分许,高顺平等3人打了2个岩眼和2个煤眼,并叫当班瓦检工刘传友放了炮,过了约8分钟,高顺平、高顺能、陈发忠3人返回掘进工作面,正准备装煤时,高顺平发现离掘进工作面迎头2 m处的巷道上帮在掉渣并片帮,立即向高顺能、陈发忠大喊"快跑",当高顺能、陈发忠与高顺平逃离工作面迎头时,巷道片帮处随即发生了突水。

事故发生后,高顺平带领高顺能、陈发忠往回风巷的高处跑,跑在后面的陈发忠因体力不支,被突水冲往下山巷道,高顺平、高顺能逃生。另在301运输平巷掘进工作面作业的6名工人、在绞车巷推矿车的4人和当班瓦检员刘传友等11人也逃出了井外(其中刘传友、张友明和张风华等3名工人受伤被送到坝羊乡卫生院进行治疗);井下尚有18人下落不明。负责煤矿生产经营的李红山、朱建华、刘传元三人在得知事故发生后随即逃逸。坝羊乡卫生院院长金儒方在对刘传友等三名受伤矿工治疗时得知偏坡院煤矿发生透水事故,且井下还有十多人被困的情况后,立即报告了乡党委书记梁发彰。

接事故报告后，安顺市委、市政府主要领导及相关部门，紫云县委、县政府及相关部门负责人相继赶赴现场，并组成了以安顺市委常委、副市长杨梦龙为组长的事故抢险组，并召请六枝工矿（集团）公司救护大队、林东矿务局救护队、安顺市救护队等进行现场抢险。经过13天抢险，7月27日7时15分，最后一名遇难矿工尸体运出地面，确认18名矿工遇难，抢险工作结束。

遇难矿工遗体运送出井后，紫云县人民政府认真开展善后工作，根据相关规定，对每名遇难矿工作了不低于20万元的赔偿。

三、事故原因分析

（一）直接原因

偏坡院煤矿未按规定编制和落实探放水措施，违章指挥在老窑水患危险区域进行掘进作业，放炮震动破坏隔水煤柱，导致透水事故发生。

（二）间接原因

(1) 偏坡院煤矿安全生产主体责任不落实，安全管理混乱。未按规定对从业人员进行安全教育和培训，安全意识淡薄，无专业技术人员指导生产，“三图”填绘不及时。明知存在严重水患，既不编制探放水设计，也未采取任何探放水措施，组织工人在水患危险区域冒险蛮干。

(2) 坝羊乡人民政府有关负责人对“安全第一，预防为主”的方针贯彻不力，对县主要领导1月12日在偏坡院煤矿召开现场办公会时要求煤矿尽快排除水患指示未落实，在乡长李永荣2006年5月24日被停职后，安全工作责任制不落实。

(3) 紫云县乡镇企业局作为煤炭行业主管部门和县煤矿停产整顿关闭工作领导小组办公室，在矿井复产和安全生产许可证现场复查验收中不负责任，对煤矿落实探放水措施要求不严，对煤矿从业人员、特种作业人员培训督促不力，在专家查出该矿探放水设备不合格，且专家在“探放水”和“安全生产条件”栏目未出具现场验收结论的情况下，出具验收合格的结论。7月13日，组织人员对煤矿进行行政执法检查时，发现煤矿有严重水患未采取探放水措施仍违法生产这一重大隐患后，既不依照《煤炭法》第七十五条规定责令其停止作业，也未按规定对其予以行政处罚。

(4) 紫云县安监局对《国务院关于预防煤矿生产安全事故的特别规定》贯彻落实不力，未及时督促煤矿排除老窑水患。2006年6月14日，陪同市安监局对偏坡院煤矿进行安全检查，针对矿井探放水等问题下达了限于6月21日前整改完毕的指令后，直至事故发生再未组织人员对偏坡院煤矿排除老窑积水隐患、落实探放水措施进行督促落实，对其在水患危险区域违法组织生产失察。

(5) 紫云县人民政府安全生产责任制不落实。一是对矿井复产和安全生产许可证现场复查验收工作组织领导不力，放松标准，在水害未有效排除、探放水措施不落实的情况下出具验收合格意见；二是煤矿监管职责不明确；三是对省政府有关煤矿安全生产的方针政策贯彻落实不力，驻矿安全监督员制度、安全费用制度、规范提取煤矿维简费等规定均未得到落实。

四、防范措施

(1) 各煤矿企业要认真吸取“7·15”特大透水事故教训，建立健全防治水专门机构，配备专业技术人员和足够数量的探放水设施设备，完善矿井排水系统。要认真执行《国务院关于预防煤矿安全生产事故的特别规定》等一系列安全生产法律、法规的规定，切实落实安全生产主体责任。健全安全管理机构，配足安全生产需要的安全管理人员和特种作业人员，按规定对工人进行安全教育培训，加强现场安全生产的监督管理，杜绝违章指挥、违章作业；配齐工程技术人员，规范煤矿技术管理，井下采掘作业必须编制结合本矿实际、操作性强的作业规程和安全技术措施，并认真贯彻实施，要按规定及时填绘“三图”，查清水文地质情况，严格落实“预测预报、有疑必探、先探后掘、先治后采”的探放水原则。对已发现的重大事故预兆或事故隐患及时采取措施处理，及时消除事故隐患。

(2) 提高认识、加强领导，继续深入贯彻相关文件精神，督促小煤矿加大安全投入，加强煤矿水害防治工作。一是行业主管部门推广壁式采煤方法，督促煤矿企业加强水文地质勘察工作，编制有针对性的防治水措施和计划。二是煤矿安全监督管理部门要切实履行日常监管的职责。督促煤矿企业建立健全防治水专门机构，配备专业技术人员和足够数量的探放水设施设备，完善矿井排水系统。要以水害隐患排查治理为重点，督促煤矿企业查清井田范围内的水文地质情况和老空积水情况，并按规定标明突水区域和留设隔水煤柱，否则必须按照规定进行停产整顿，对逾期不改正继续违法生产的，要提请关闭。

(3) 各产煤县人民政府要进一步提高对安全生产工作的重要性认识，贯彻落实好安全生产有关法律法规的规定以及国家和省委、省政府有关煤矿安全生产的方针政策；尽快明确煤矿安全监管的部门；督促有关部门依法履行煤矿监管和行业管理职责，加大对煤矿的指导和服务，尽快落实驻矿安全监督员制度；督促煤矿企业足额提取并使用好维简费、安全费以及风险抵押金。

山西省大同市左云县新井煤矿“5·18”特别重大透水事故

2006年5月18日19时36分，山西省大同市左云县张家场乡新井煤矿发生一起特别重大透水事故，造成56人死亡，直接经济损失5 312万元。

一、矿井基本情况

新井煤矿属张家场乡乡办集体煤矿，始建于1995年，1996年投入生产，但1998年起才陆续取得有关证照。该矿批准开采4#煤层，设计生产能力为9万t/a。2003年3月以前，主井由湖北人韩春恩承包，副井由李付元(又名李富元、李玉峰)承包，各自从承包的井筒出煤。2003年3月，李付元将韩春恩承包的主井买回。同年4月，李付元总承包新井煤矿，全面负责煤矿的生产、经营、安全等工作。随后，在没有任何设计、未经任何部门审批情况下，开始进行煤矿的主、副井贯通巷道的改造和4#到8#、8#到14#煤层的暗斜井延深等工程。同年6月，新井煤矿主、副井在4#煤层的贯通改造工程完工，未经任何部门验收即开始生产，直至事故发生。改造后的新井煤矿实际主、副井系统与煤炭生产许可证审批的主、副井系统颠倒。2005年10月，该矿主井通过暗斜井延深至14—2#煤层。2006年3月前，该矿矿长、法定代表人为韩占如，3月后矿长、法定代表人为司功。至事故发生前，在矿职工计1 401人。

该矿具有采矿许可证、煤炭生产许可证、企业法人营业执照、安全生产许可证。原矿长韩占如和现任矿长司功均具有矿长资格证、煤矿企业主要负责人安全资格证。但该矿在矿长、法定代表人变更后，没有变更矿井其他有关证照上的矿长、法定代表人名称。

该矿采用一对斜井开拓，主斜井主要用来运煤、进风，副斜井主要用来行人、下料、回风。采用非正规的采煤法，以掘代采，爆破落煤，人工装煤，木支护。

该矿矿井通风方式为中央并列式，通风方法为抽出式，使用局部通风机进行局部通风。矿井总进风量为1 600～1 700 m^3/min，总回风量为2 400～2 500 m^3/min。该矿在批准的4#煤层进行过瓦斯等级、煤尘爆炸性等鉴定，瓦斯相对涌出量2.1 m^3/t，绝对涌出量0.39 m^3/min，为低瓦斯矿井，煤尘具有爆炸性，属容易自燃煤层。该矿仅在4#煤层设有瓦斯监测系统。

该矿主要充水水源为四周老窑和采空区积水及断层导通的砂岩裂隙含水层地下水，地下水补给来源有限。矿井总排水量约1 200 m^3/d。

该矿采用二趟供电线路供电，供电电压10 kV。在地面设容积为200 m^3的静压水池一个，矿井只在4#煤层设有防尘洒水系统。

二、事故发生和抢险救灾经过

2006年5月18日14时，该矿工人自行入井，到达各自岗位工作。19时30分，作业点在14$^{-1\#}$层的郭永奇队跟班小队长许德枝到离工作面约70 m处的临时水仓排水，大约排了20分钟，积水排完，许德枝与前来找他的支护工孟千海两个人一起往工作面返，大约往工作面方向走了20 m，突然听到有嗡嗡的声响，有一股风迎面扑来，看到在前方四五米远处大量的水迎面涌来，许德枝与孟千海两人赶快往出井的方向奔跑，并将沿途遇到的工人拦住，一同往出井方向跑，20时5分左右许德枝跑至14$^{-1\#}$层溜煤眼，将东巷透水的消息告诉计煤工薛二平，薛二平马上给在地面的副矿长张胜胜打电话，报告井下 $14^{-1\#}$ 层东巷发生了透水事故。

事故当班下井人数共 266 人，脱险 210 人，另 56 人被困井下。

事故发生后，新井煤矿承包人李付元及相关责任人不是积极组织抢险，而是蓄意逃避责任，瞒报事故被困人数，破坏调度出勤牌板，转移藏匿财务和销售台账，删除计算机数据资料，抽逃和转移账户资金。负责该矿安全、生产、技术的副矿长张胜胜，该矿调度室主任班月红，该矿包工队队长王金星，该矿会计刘子义等先后逃匿，后全部被公安机关抓获。

5 月 19 日凌晨，左云县人民政府接到有关部门报告后，县政府主要领导及有关部门的负责人赶到现场，成立了抢险指挥部，启动应急救援预案，组织救护队入井侦察营救。2 时 50 分，左云县救护中队两个小队分别从主、副井入井进行侦察营救。10 时 30 分，副井第一台水泵开始往地面排水。

5 月 20 日 13 时，安全监管总局接到群众举报，称新井煤矿透水事故伤亡人数有重大隐瞒。19 时 20 分，安全监管总局局长李毅中、国家煤矿安监局副局长彭建勋带领有关人员抵达事故现场，会同山西省委书记张宝顺、省长于幼军、副省长胡苏平、省政府秘书长李政文等听取了市县两级政府领导和当地公安机关的情况汇报，指导抢险救灾工作，决定从大同煤矿集团公司(以下简称同煤集团)燕子山矿和事故矿井的主、副井三个排水点进行排水，统一由同煤集团组织实施。同煤集团接到紧急抢险任务后，立即成立指挥部，制定抢险方案，组织人员，调集设备，全力以赴开展排水抢险工作。山西省副省长靳善忠出访归来便立即赶到事故现场，参与指导抢险救灾工作。

5 月 24 日，国家煤矿安监局局长赵铁锤中断正在外地召开的会议，带领有关人员到达事故现场，参与指导事故抢险救灾工作。

在大同市委、市政府的精心组织和有力领导下，大同市投入事故抢险的各有关部门、单位以及同煤集团通力合作，克服种种困难，经过 40 天的紧张排水抢险和对井下逐层逐工作面搜救，累计排水 42.24 万 m^3，至 6 月 28 日 13 时，56 名遇难矿工遗体全部找到(其中 14—1# 层死亡 16 人，14—2# 层死亡 40 人)，事故抢险工作结束。在抢险排水过程中，同时采取了有效的防治污染措施，因此，所排出的矿井水没有对环境造成污染。

三、事故原因分析

(一) 直接原因

新井煤矿在 14—1# 煤层多条巷道透水征兆十分明显的情况下，未采取有效的防治水措施，仍违法在燕西 1# 井靠近采空区处组织生产，冒险作业，由于受爆破震裂松动、水压浸泡以及采掘活动带来的矿山压力变化影响，破坏了燕西 1# 井采空积水区与新井煤矿违法开采的 14—1# 层东 13 巷迎头之间有限的安全煤柱，导致燕西 1# 井采空积水区的积水溃入东 13 巷，造成了这起特别重大透水事故。

(二) 间接原因

1. 新井煤矿违法、违规开采，管理混乱

(1) 非法超层越界开采。

新井煤矿采矿许可证、煤炭生产许可证、安全生产许可证均批准该矿开采 4# 煤层，但该矿还违法开采了 8# 层、11# 层、14—1# 层、14—2# 层。政府及有关部门曾多次责令新井煤矿停止违法超层越界开采活动，但该矿无视法律法规，无视政府监管，长期违法开采。

(2) 违规严重超能力、超强度和超定员生产。

新井煤矿的核定生产能力为 9 万 t/a，而该矿在 2004 年 7 月至 12 月期间，产煤 12.7 万 t、销售 16.6 万 t(含外购煤，下同)；2005 年，产煤 60.5 万 t、销售 74.0 万 t；2006 年 1 月至 5 月 17 日期间，产煤23.3万t、销售32.4万t。按照山西省有关规定，该矿最多只能布置两个回采面和两个掘进工作面，当班井下作业人数最多为29人，而该矿同时开采了4#、8#、14—1#、14—2#四层煤，以掘代采，多头掘进，共布置82个掘进工作面。日常每班下井人数竟达到250～300人，事故发生当班下井达266人，2006年4月29日夜班下井人数多达413人。

(3) 安全生产管理极其混乱。

管理制度、技术资料不健全，已有的制度也形同虚设。如每班下井前不开班前会、工作安排无记录，无正规的图纸、探放水设计、作业规程，上下井无登记制度、检查汇报制度、领导跟班制度等。特别是隐患排查治理制度没有落实，对存在的积水隐患未认真进行排查、整治，在多条巷道存在明显透水征兆情况下，也未按要求立即停止生产，将人员撤至安全地点。

层层转包，以包代管。新井煤矿由李付元总承包后，又转包给了12个包工头，包工头又分别再转包，最多竟有五层转包。生产中的人员安排、安全管理等都由承包人负责，以包代管，煤矿安全生产责任制也因层层转包而形同虚设。

火工品管理混乱。井下使用火工品没有健全的领用、发放、储存、清退制度。每个包工队及其下属各小队在井下违规设置炸药存放点。炸药的使用情况既不登记，也无人监管。

井下大量使用非防爆设备。事故发生后，在井下共发现机动三轮车466部，大部分为非防爆车；井下8#、14—1#层各有一部电焊机，用以维修三轮车；井下电气系统明刀闸、明接头等失爆现象普遍存在。

违章指挥、作业，冒险蛮干。新井煤矿没有执行探放水的有关规定，5月12日该矿工人在14—1#煤层打钻时就发现有顶钻、顶板滴水和淋水等明显的透水征兆，即向矿方进行了汇报，但该矿没有停产、也没有撤人，继续违章指挥生产，最终导致事故的发生。

(4) 在办理煤炭生产许可证延续、申办安全生产许可证时提供虚假资料。由于改造后的实际主、副井系统与煤炭生产许可证注明的主、副井系统不符，新井煤矿在办理煤炭生产许可证延续、申办安全生产许可证时，仍按照煤炭生产许可证中的主、副井系统提交工程平面图和安全生产评价报告等，骗取了两个许可证，为其违法生产提供了合法依据。

2. 政府部门监督不力

政府有关职能部门不执行或不正确执行国家有关法律法规，对新井煤矿安全生产监管不力。一些工作人员失职渎职、玩忽职守。有关服务单位和中介机构违法违规。

有关地方党委、政府未认真履行职责、贯彻执行国家法律法规和上级政府决定，命令不力。

四、防范措施

(1) 煤矿企业要加强矿井水文地质工作。有水害隐患的煤矿企业要坚持“预测预报，有疑必探，先探后掘，先治后采”的防治水十六字原则。合理留设各类防水煤柱，探明煤矿自身采空区、周边煤矿采空区积水和地面水源的情况，对承压含水层进行疏水降压，完善矿井的排水系统，加强对地表水的截流治理。

(2) 煤矿企业要切实加强安全管理工作。要按照核定的生产能力组织生产，严格控制下井作业人数；使用防爆的矿用设备，坚决淘汰落后、性能老化的设备；建立健全火工品的领用、发放、储存、清退制度；建立严格的现场管理制度，杜绝以包代管和层层转包；加强对从业人员的安全生产教育和培训，提高安全生产技能，增强事故预防和应急处理能力，切实保护职工的合法权益。

(3) 山西省及大同市有关部门要严厉打击煤矿私挖滥采、超层越界行为。山西省有关部门要开展联合执法，切实加强矿产资源的监管力度，对非法勘查、非法采矿进行集中整顿，严厉查处私挖乱采、超层越界开采、非法转让探矿权或采矿权、已关闭矿井死灰复燃等行为。对私挖滥采的，要坚决打击取缔；对超层越界开采的，要限期整改并没收违法所得；对拒不停止超层越界的，坚决依法予以关闭。

(4) 山西省有关部门应严格证照的颁发和管理。要严格按照有关法律、法规规定的条件颁证，不得采取变通、降低颁证标准、减少颁证程序等做法违规颁发有关证照。同时依法加强对有关证照的换证、年检管理。加强对中介机构的监管，凡发现工作不负责任、出具虚假证明材料的要依法严肃处理。

(5) 山西省要切实加大小煤矿整顿关闭工作力度。山西省政府及有关部门要深刻吸取这次事故教训，举一反三，按照国务院安委会办公室《关于制定煤矿整顿关闭工作三年规划的指导意见》(安委办〔2006〕19号)和《国务院办公厅转发安全监管总局等部门关于进一步做好煤矿整顿关闭工作意见的通知》(国办发〔2006〕82号)的要求，按照16种关闭矿井类型，对辖区内煤矿进行重新认定，落实关井计划和关闭矿井名单，并按照有关规定关实、关死。

(6) 山西省要进一步完善举报制度，坚决打击虚报、瞒报事故行为。要深刻吸取近年来省内发生的数起瞒报虚报事故的教训，采取得力措施，坚决打击虚报、瞒报事故，以及隐瞒事故真相、欺骗政府和社会的恶劣行为，消灭不按程序及时上报事故的现象。要完善事故举报制度，充分发挥群众对煤矿安全生产的监督作用，举报事故查实的，要依法给予举报人奖励。

黑龙江省鸡西密山市 秦友绵煤矿"4·9"重大透水事故

2006年4月9日13时10分，黑龙江省鸡西密山市秦友绵煤矿右零片上山发生一起特大水害事故，死亡12人，直接经济损失319.5万元。

一、矿井概况

密山市秦友绵煤矿位于密山市珠山区，距密山市35 km，属私营煤矿，矿长和法人代表均为秦友绵。该矿井证照齐全。采矿证注明的生产规模为3万t/a；煤炭生产许可证标注的生产能力为1万t/a。

该矿井田走向长300 m，倾斜宽500 m，开采4#层，煤层倾角20°～30°，煤厚1.6～2.0 m。该矿属低瓦斯矿井。

该矿始建于1989年，一立一斜开拓。秦友绵于1992年接管该矿后，新建一个斜井，改变为双斜井开拓。2004年2月，该矿以矿井井筒失修，资源枯竭为由申请矿井报废。重新改造建一对斜井，于2005年12月形成系统。主井斜长310 m，副井斜长260 m，均布置在全岩中，井筒倾角平均26°。矿井通风方式为中央并列抽出式，设YBF—N09—15KW轴流式节能风机2台，工作和备用各1台，矿井正常涌水量4 m^3/h，设80D3×6型号主排水泵直排地面，排水能力21～43 m^3/h，主提升绞车JT—800型。

该井在主井斜长320 m处向左方掘送斜下244 m，沿煤层布置3个掘进工作面，即左一平巷、右一平巷和右零上山。该井经鸡西市煤矿安全监察执法支队现场检查，由于存在较多隐患于2006年3月17日被责令停产整顿。2006年4月7日，矿主私自恢复生产。

二、事故隐瞒过程

2006年4月9日13时10分，矿长秦友绵接到地面人员报告井下异常，曾到井口查看，发现透水后觉得抢救无望，便收拾有关资料离开井口，谎称到市里报告求援，到密山市借到现金后驾车逃匿，未向有关部门报告，私自隐瞒事故。4月9日17时，该煤矿附近人员发现矿井异常，向在哈尔滨公出的密山市煤炭局局长刘海军电话报告，说该矿可能发生事故。刘海军立即责成副局长宋德敏查清此事。宋德敏责成秦友绵矿近邻的矿主前去查看，确认有事故发生立即向主管副市长王晓利报告。王晓利、宋德敏二人分别赶往事故矿井。查明发生透水事故后，立即向鸡西市、密山市有关领导及部门报告。由于事故后矿主携带所有资料逃匿，矿井有关人员离散，当班入井人数无法确定。后经查找到当班唯一幸存的张国刚介绍，2006年4月9日8点班，入井10人，分别在左一、右一掘进和右零路掘送回风上山，其中右一3人，左一3人，右零路上山4人。为及时向上级有关部门报告事故情况，抢险救灾指挥部初步认定井下遇险人员为9人。经抢险救灾后证实，当班实际入井11人，一人负伤升井，12时30分，生产矿长和安全矿长入井察看水患情况时一同遇难，实际死亡12人。

三、事故经过及抢险救灾过程

据调查，2006年4月9日8点班，张国刚等4人在右零路回风上山作业，工作面距顶板200 mm处的一个炮眼内有水流从煤壁中流出，在打眼过程中炮眼里都有水，并且有臭味。放第二遍炮时，有一个炮眼没响，张国刚去查看时，炮眼里的煤渣喷出，将其眼睛射伤，张国刚受伤后，由一同工作的冉茂国、张国祥和杨金和3人护送升井。12时30分，秦有绵又让冉茂国等3人返回井下继续作业，工人在放炮过程中发生透水事故。

4 月 9 日晚 18 时 30 分，接到该矿发生事故报告后，密山市委副书记、常务副市长杜吉君立即带领煤炭、公安等有关部门负责同志赶到现场，成立了抢险救灾指挥部，下设抢险、物资供应、稳定、抓捕和接待五个工作小组，分别负责组织井下抢险救灾、调配紧急抢险物资、安抚被困人员家属，对相关责任人员布控抓捕以及事故处理接待等项工作。

鸡西市委书记邱玉泉、正在外地赶回来的密山市委书记赵玉斌、鸡西矿业集团孙永奎董事长等领导赶到现场亲自指挥抢险。鸡西矿业集团为抢险调来 1 200 m 管路、4 台水泵、1 000 m 电缆，抽调 30 人，沈煤集团派来 20 名钳工帮助抢险。抢险物资到达现场后，指挥部立即组织在主井安装。10 日 23 时 40 分第一趟排水管路铺设到位开始排水，13 日 8 时第二趟排水管路从副井铺设完毕并开始排水。第三趟排水管路 15 日 5 时开始排水。三趟管路的水泵总排水能力 220 m^3/h。20 日 1 时，在斜下左部新左零巷道拉门处找到第一名遇难人员，21 日 18 时，找到第 12 名遇难人员。

经过对井下全面清理，最终确认，这起事故死亡 12 人。历时 42 天的抢险救灾工作全部结束。

四、事故原因分析

（一）直接原因

由于矿井地质资料不清，盲目施工作业，在右零路回风上山掘进工作面放炮时，与老井斜下相透，致使老井采空区积水涌入井下，造成水害事故。

（二）间接原因

(1) 矿主法律意识、安全生产意识极其淡薄，未执行停产整顿指令，擅自开工生产，特别是在上山掘进工作面已经发现有明显透水征兆的情况下，置矿工生命安全于不顾，违章指挥，继续进行生产作业，造成重大透水事故。

(2) 技术力量薄弱，管理混乱。没有专职工程技术人员，矿井技术资料不全，新老井之间的巷道以及采空区的关系不清。该工作面没有制定作业规程和探放水措施，盲目掘送上山，导致这起特大事故。

(3) 安全管理、培训不到位。企业主体责任不落实，安全管理人员未履行工作职责，对出现的透水预兆没有采取有效防范措施并及时撤出作业人员。矿井从业人员安全培训教育不到位，缺乏预防透水事故安全知识，在井下出现明显透水预兆且伤人情况下，仍然违章作业，自我保护意识差。

(4) 密山市国土资源管理部门未按要求履行工作职责，对该矿井 2004 年改造呈报的虚假地质资料没有认真核实，审查把关不严，工作失职，致使地质资料与实际不符，开采造成透水事故。

(5) 密山市煤矿管理部门的安全监管和技术管理不到位。虽然对矿井的安全监管派驻了安全包保人员，但包保人员未认真履行工作职责，在矿井停产整顿期间，违规脱岗，没有按要求停产整顿，现场监督不力。在技术管理上，未全面掌握该矿井的图纸等相关技术资料，技术指导不到位。

(6) 督导站与煤矿安全监管的关系职责不清，对停产整顿矿井进行安全检查、验收目的不清，检查意见不明，误导了监管人员和矿主。

五、防范措施

(1) 提高办矿人员、煤矿矿长的法律意识和安全生产意识。要切实解决好煤矿企业是安全工作的主体作用，对煤矿安全工作的规定和要求要真正做到“严得起来，落实得下去”，对不按监察监管指令要求，擅自进行违法生产的煤矿，要坚决予以严厉处罚。情节严重的煤矿，坚决予以取缔。

(2) 要立即解决小煤矿技术力量薄弱、技术管理混乱问题。对未设专职工程技术人员，技术管理混乱以及地质资料不清，周边矿井资料不清的煤矿一律停止生产，防止类似事故的再次发生。

(3) 煤矿企业要建立健全安全管理体制，逐级落实安全责任。要切实落实《黑龙江省煤矿企业安全生产长效机制》的各项规定和要求，对安全生产、安全管理组织机构和责任落实不到位的煤矿企业，要监督整改到位，否则不得进行生产。

(4) 加强入井从业人员安全知识的培训和自我保护意识的教育，防止走过场。教育职工严格按作业规程要求操作，做到不违章作业。

(5) 国土资源管理部门要认真履行工作职责，严把资源和地质材料审查关，在煤矿资源管理上加大力度，对超层越界生产的煤矿企业要坚决予以制止和严厉打击，情节严重的要取缔办矿人的采矿资格。

(6) 密山市煤矿管理部门要认真吸取这次事故的教训，在抓好煤矿"一通三防"的同时，对全市所有煤矿企业进行一次水患排查，对有水害威胁的矿井必须先停下来，制定完善的防治水措施，消除水害威胁后，方可进行生产。同时做好煤矿作业规程的审批和技术指导等项工作。对有水害威胁的矿井，监督指导煤矿企业坚持做到"有疑必探，先探后掘"的原则。对无规程作业和不按规定要求进行生产的煤矿企业，要予以严厉处罚，情节严重的要坚决予以关闭。

(7) 密山市煤矿管理部门要认真理顺监管职责，落实包保人员的责任。

山西省吕梁市临县胜利煤焦有限责任公司樊家山坑口"3·18"重大透水事故

2006年3月18日13时30分，吕梁市临县胜利煤焦有限责任公司樊家山坑口井下南5#掘进工作面左侧掘进头发生一起特大透水事故，造成28人死亡，直接经济损失623万元。

一、事故单位概况

（一）公司概况

临县胜利煤焦有限责任公司位于临县招贤镇工农庄村，是由临县胜利煤矿改制而成的股份制企业，采矿许可证载明开采4#、5#、8#、9#煤层，井田面积6.122 1 km^2，保有储量8 710万t，可采储量4 324万t。1996年12月28日，临县胜利煤矿进行规范化股份制企业改制，由企业内部职工集股210股，股金总额21万元购买原企业产权，改组为临县胜利焦煤有限公司，隶属关系县营，经济类型国有，当时井田内有三对生产矿井，即临县胜利焦煤有限公司、临县胜利焦煤有限公司樊家山坑口和临县胜利焦煤有限公司贺家洼坑口。2001年12月，临县胜利焦煤有限公司贺家洼坑口关闭。2005年11月22日，选举张继生为董事长、法人代表，并决定原临县胜利焦煤有限公司股份不变，股金由每股1 000元扩大到每股1万元，股金总额210万元作为注册资本。2005年11月25日，经山西省工商行政管理局注册登记，更名为临县胜利煤焦有限责任公司，经济类型为有限责任公司。

该公司现有两对生产矿井（一证两坑），分别是临县胜利煤焦有限责任公司和临县胜利煤焦有限责任公司樊家山坑口。两对矿井独立生产、独立经营、自负盈亏，核定生产能力均为15万t/a。事故发生在临县胜利煤焦有限责任公司樊家山坑口（以下简称樊家山坑口）。

（二）事故矿井概况

樊家山坑口始建于1958年8月，1960年6月投产，批准开采5#煤层，井田面积1.9 km^2，保有储量1 054万t，可采储量653.5万t。

该坑口采矿许可证有效期限至2010年1月；安全生产许可证标明生产能力为15万t/a，有效期自2006年1月9日至2009年1月9日；煤炭生产许可证有效期限自2003年6月16日至2004年12月30日，根据国务院令第397号《安全生产许可证条例》第七条、第二十二条规定，从2005年1月13日起，煤矿企业在领取煤炭生产许可证前，要取得采矿许可证和安全生产许可证，该坑口2006年1月9日取得安全生产许可证后，还未办理煤炭生产许可证延期、变更手续；企业法人营业执照自2005年11月25日至2006年2月25日，法定代表人张继生，矿长杨爱顺，矿长资格证书、安全资格证书有效期均至2006年6月。

该坑口井田地质构造简单，主要含煤地层为二叠系下统山西组和石炭系上统太原组，5#煤层厚度2.71～5.95 m，平均厚度4.39 m，煤层倾角8°～12°，属全井田可采的稳定煤层，煤层顶板大部为泥岩、砂质泥岩，局部为碳质泥岩、细砂岩。底板多为泥岩、粉砂岩，局部为碳质泥岩。奥陶系地层在井田内全部覆盖，为井田内主要含水层，5#煤层下有一稳定连续的泥岩地层，包括K3之下的钙质泥岩，厚度可达10 m左右，由于山西组含水层富水性弱，且井田及外围未发现断层等构造存在，该泥岩地层是山西组煤层与太原组灰岩含水层间较好的隔水层，对煤层开采影响不大。山西组4#、5#煤层直接充水含水层为山西组砂岩裂隙含水层，属弱含水层，水文地质条件属简单型。

其西南方相邻废弃老窑贺家洼坑口，有古空区存在，但资料不详。井下正常涌水量为2.1～2.5 m^3/h，最大涌水量为3.3 m^3/h。

瓦斯绝对涌出量为0.521 m^3/min，相对涌出量为2.59 m^3/t，属低瓦斯矿井。现采5#煤层，自燃等级为Ⅲ级，自燃倾向性为不易自燃，煤尘具有爆炸性。

开拓方式为斜竖混合开拓，主斜井斜长400 m，倾角23°，用于提煤、下料、行人和进风；回风立井直径为2 m，垂深100 m，用于回风，该风井外围设人行梯坡作安全出口。

通风方式为中央并列式，通风方法为机械抽出式。回风井井口安装BK—№11型主通风机1台、BK54—4—№11型备用通风机一台，电机功率均为30 kW。

运输方式为主斜井安装DSJ—800型胶带输送机一部，电机功率2×75 kW，担负矿井原煤提升任务；主斜井井口安装JTK—1.2型提升绞车一台，电机功率55 kW，担负矿井辅助提升任务。回采工作面采用刮板输送机运输，顺槽及大巷采用胶带输送机运输。

排水系统为主斜井井底设主、副水仓，主水仓容量为300 m^3，排水垂高102.1 m，主水泵房安装D46—30×7型水泵3台，电机功率均为45 kW，额定扬程210 m，排水能力46 m^3/h，一台工作，一台备用，一台检修时使用，敷设两趟直径75 mm钢管，经主斜井排至地面。采掘工作面积水经运输上山和大巷自流至主、副水仓。

防尘洒水系统为地面设容积280 m^3 静压洒水池一座，井下巷道、工作面及运输机各转载点装有防尘洒水设施，工作面顺槽及主要巷道悬挂隔爆水袋。

供电系统为10 kV双回路供电，分别来自临县林家坪35 kV变电站和临县三交110 kV变电站，地面设置变电所，入井电压660 V。

安全监控系统为KJ—4型综合监控系统，在井下设分站2台，地面风机房设分站1台。

通讯方式为行政和调度合一。对外有一部固定电话，对内有一部型号为KTH111型程控交换机作为调度总机，井下使用KTH—11安全型按键电话。

井下布置503壁式炮采工作面一个，单体液压支柱配合金属铰接顶梁支护，全部垮落式管理顶板。至今，还未正规回采。

（三）煤矿及经营方式

胜利煤焦有限责任公司从1992年开始，一直将樊家山坑口承包给杨爱顺经营。第一次承包是1992年至1998年，时任法人代表（矿长）刘贵勤；第二次承包是1998年至2004年，时任法人代表（矿长）王欣勤；2004年9月，草拟了《胜利焦煤公司樊家山坑口在“双改”中独立投资协议》，承包期限从2004年9月10日至2044年9月10日。

2006年1月23日（农历2005年12月24日），杨爱顺与涂伦学、肖体林签订了“临县胜利煤矿樊家山坑口原煤生产承包合同书”，将井下原煤生产任务承包给此二人。

该坑口在春节后于2月9日开始组织工人入井整顿，2月20日开始生产。坑口共有职工164人，每天组织3班生产。2011年以来，共违法生产原煤1万余吨。

（四）事故地点概况

该坑口井下布置503壁式炮采工作面一个，单体液压支柱配合金属铰接顶梁支护，回采工作面及顺槽分别采用刮板输送机、胶带输送机运输，至今还未正规回采，开采方式以掘代采，沿原进回风顺槽继续掘进。在503回采工作面回风顺槽西南方布置南1#、南2#、南3#、南4#、南5#（工人称4号）、南5#工作面左侧掘进头6个工作面，在503回采工作面运输顺槽西南方布置1个掘进工作面（503掘进工作面），在501、502布置2个掘进工作面，多头掘进，以掘代采，爆破落煤，人工装煤，采区三轮车运输，顶板支护方式为木棚架支护。

据技术分析鉴定，事故发生的地点位于本坑口煤炭生产许可证载明开采边界外，南5#掘进工作面左侧掘进头越界410 m。

二、事故经过及抢险情况

（一）事故经过

3月12日，井下安全和技术负责人薛运河，在南5#工作面发现顶板有挂汗现象，和其他矿领导研究后暂停下来。3月16日，坑口管理人员及现场工人对此安全隐患没有引起高度重视，也未采取相应的探放水措施，盲目继续组织进行作业，直至事故发生。

3月18日早班，共58人入井作业，其中西南上山采区26人，井下胶带及刮板输送机司机6人，502、503工作面5人，修路工8人，501工作面6人，另有杂工7人。

带班长熊龙奇安排了西南上山采区工作，采工（爆破工）刘少华、装煤工黎胜兵和吴兴林、三轮车司机董明心和刘明发在南2#工作面作业；采工（爆破工）吴风忠、装煤工王学保和吴风朴、三轮车司机何正宽和李胜华在南4#工作面作业；采工（爆破工）王家宝、装煤工曹祥党和贺怀祥、三轮车司机段廷树、杨朋生在南5#掘进工作面作业；支护工、瓦检员、机电工、胶带及刮板输送机司机、记工员、修路工和运料工到各自岗位作业。501、502、503工作面及其他岗位人员也相继入井。

由于未及时领到火工品，9时30分左右，西南上山采区工人们陆续下井到各自作业地点，放完第一茬炮后，开始出煤；放完第二茬炮，正常出煤，期间因503运输胶带打滑，带班长熊龙奇招呼修理；工作面落煤拉完后，准备放第三茬炮，工人们各自躲避起来，炮响后，爆破工王家宝发现散去的硝烟又返回，他觉得奇怪，出去看时，见从西南方巷道涌出了大量古空积水，发生了透水事故，时间是13时30分。

事故发生后，王家宝、黎胜兵、刘少华、王学宝、曹祥党、贺怀祥及熊龙奇躲避到巷道高处；李胜华、董明心、杨朋生、何正宽、刘明发和段廷树爬上三轮车，水位上升，刘明发跳车求生时被大水冲走。等水位下降后，王家宝、黎胜兵等12人从副立井人行安全出口爬出。另有18人从副立井、主斜井自行安全出井。刘明发等28人被困井下。

跑出井口的工人陈太海，向矿领导薛运河汇报了事故情况。相关部门接到事故报告后，按有关规定逐级上报了事故。

（二）抢险救灾过程

事故发生后，吕梁市政府成立了以代市长为总指挥的抢险救灾指挥部，立即启动事故应急救援预案，制定抢险方案、抢险措施，全力进行抢险工作。指挥部下设抢险救灾、医疗救护、现场保卫、善后处理、后勤保障、新闻媒体6个组。一方面紧急调用、购买、安装排水设备，尽最大力量进行排水；另一方面从临近企业抽调救护人员，并安排现场救护队员入井进行井下侦察，营救积水区域的被困人员。先期到达的吕梁市军事化矿山救护大队第一批侦察小队于18时30分从副井入井进行侦察营救，在运输上山发现编号1#遇难者，救护人员受阻；21时20分，另一小队从主斜井入井侦查营救，到距井口294 m处，发现积水充满巷道。从3月18日至4月1日，28名被困人员相继找到，全部遇难。到4月2日，累计排水达16 000 m^3，抢险救灾工作结束。

三、事故原因分析

（一）直接原因

矿井超越本坑口煤炭生产许可证载明的井田边界违法组织生产，没有执行“有疑必探，先探后掘”的探放水原则，在发现透水预兆后，未采取有效措施，盲目爆破掘进，导致挡水结构产生突发式破坏，使古空区16 000 m^3积水突然涌出。

（二）间接原因

（1）该坑口无视国家法律、法规和地方各级人民政府的有关规定，春节后未经批准，在相邻的废弃老窑有关资料不明、未按规定进行隐患排查的情况下，私自组织生产；对存在的重大透水隐患未能有效预防、治理，在发现明显透水征兆后未及时向有关部门报告。

（2）该坑口安全管理混乱，安全组织机构流于形式，安全管理人员不足，安全管理责任不明，以包代管，严重超定员、超工作面数随意采掘。安全技术措施不到位，安全培训工作不落实，职工安全素质差。未严格执行班前会制度、入井检身制度、矿灯管理制度和矿领导下井跟班制度。

(3) 胜利煤焦有限责任公司及有关部门对该坑口监管不够；对该坑口擅自生产行为制止不力；对该坑口存在的重大安全隐患排查不细，督促整改不到位；驻该坑口“三委派”人员未能尽职尽责。

(4) 地方政府在煤矿安全生产管理工作中存在漏洞，对有关职能部门指导、督促不够。

四、防范措施

(1) 吕梁市人民政府及有关部门要深刻反思，认真吸取事故教训，加强全市煤矿安全生产工作。要不断深化煤矿安全生产专项整治，搞好春节后煤矿复产验收工作，采取强有力的措施，有效遏制煤矿重特大事故的发生。

(2) 临县人民政府要组织相关部门立即对全县煤矿进行一次隐患大排查，做到检查到位、服务到位、措施到位、落实到位。加强对驻矿“三委派”人员的监管力度，切实发挥其应有的作用。督促煤矿企业健全、完善安全生产隐患排查、治理、报告制度，并及时排查和治理安全生产隐患。

(3) 严格执行《山西省人民政府关于严厉打击非法违法煤矿有效遏制重特大事故的决定》(晋政发〔2005〕30号)，切实加强各级、各部门的安全责任，加大联合执法力度，建立相互配合机制，增强执法效果，确保执法到位。吕梁市人民政府要根据本市的实际情况，明确国土、煤炭部门对“一证多坑”的矿井、坑口开采范围的监管职责。

(4) 加强煤矿安全技术管理，健全安全技术档案。各煤矿要定期收集、调查、核对相邻煤矿和废弃的老窑情况，在井上、下工程对照图上标出其井田位置、开采范围、开采年限、积水情况，并制定相应的采掘计划和切实可行的灾害预防措施。严禁地质情况不清、水文地质条件不明、相邻矿井资料不详、不具备安全生产条件的煤矿组织生产。

(5) 各煤矿必须做好水害分析预报，严格执行“有疑必探，先探后掘”的探放水原则，建立健全探放水制度和措施。发现透水预兆，必须停止作业，撤出人员，进行处理。

(6) 加强煤矿现场管理，严格执行班前会制度、矿灯领退制度、入井检身制度、出入井人员登记制度和矿领导入井跟班作业制度，杜绝违章指挥、违章作业、违反劳动纪律的“三违”行为。

(7) 严格执行煤矿职工培训的有关规定，加强对煤矿职工的安全教育培训，不断提高职工的安全技术素质和安全防范意识。要规范煤矿用工行为，严格职工准入制度，未经培训或培训不合格的，严禁下井作业。